大气重污染成因与治理

攻关项目研究报告

国家大气污染防治攻关联合中心　主编

科学出版社

北京

内 容 简 介

本书是大气重污染成因与治理攻关项目研究成果的总结，共8章。介绍了京津冀及周边地区“2+26”城市大气重污染的成因与来源，分析了七大重点行业及领域的排放现状并提出了强化管控方案，阐述了重污染天气联合应对技术体系、差异化的“2+26”城市大气污染防治综合解决方案，建立了区域空气质量调控技术与决策支持平台，提出“2+26”城市空气质量改善的时间表和路线图，对未来大气污染防治研究工作进行展望。

本书可供大气污染防治相关基础学科和研究领域的科技工作者参考，也可为生态环境保护相关管理部门提供有效决策支撑。

审图号：GS(2021)1648号

图书在版编目(CIP)数据

大气重污染成因与治理攻关项目研究报告／国家大气污染防治攻关联合中心主编. —北京：科学出版社，2021.6

ISBN 978-7-03-069119-4

Ⅰ. ①大… Ⅱ. ①国… Ⅲ. ①空气污染控制–研究报告–华北地区 Ⅳ. ①X51

中国版本图书馆CIP数据核字(2021)第109022号

责任编辑：朱 丽 郭允允 赵 晶／责任校对：何艳萍
责任印制：吴兆东／封面设计：蓝正设计

科学出版社 出版
北京东黄城根北街16号
邮政编码：100717
http://www.sciencep.com

北京中科印刷有限公司印刷

科学出版社发行 各地新华书店经销

*

2021年6月第 一 版 开本：889×1194 1/16
2024年3月第二次印刷 印张：31 3/4
字数：952 000

定价：328.00元

(如有印装质量问题，我社负责调换)

指导委员会

（按姓氏笔画排序）

编写委员会

主　编：郝吉明

副主编：李海生　徐祥德　刘文清　张远航　贺克斌
柴发合　施小明　姜　华

编　委：（按姓氏笔画排序）

丁　焰　马永亮　王　凡　王　迪　王　涵
王书肖　王军方　王学中　王跃思　王淑兰
尹　航　田　苗　冯银厂　朱　彤　乔　琦
刘　欢　刘世杰　许艳玲　杜　鹏　杜谨宏
李　静　李　慧　李时蓓　李俊华　李新创
李燕丽　杨　汀　杨小阳　吴丰成　邱雄辉
邹天森　张　凡　张　烃　张　强　张文杰
张新民　张鹤丰　陆克定　易　鹏　胡　敏
胡京南　段　雷　姚　强　姚　燕　徐义生
高　健　郭　祥　唐　伟　唐桂刚　黄　成
黄家玉　曹颜儒　彭　林　程苗苗　谢绍东
雷　宇　鲍晓峰　褚旸晰　燕　丽　薛志钢
魏文强　魏永杰

序

党中央、国务院高度重视生态文明建设和生态环境保护工作，党的十八大首次将生态文明建设纳入中国特色社会主义“五位一体”总体布局。党的十九大把污染防治攻坚战列为全面建成小康社会三大攻坚战之一。十九届五中全会对生态环境保护工作做出新部署、明确新任务、提出新要求，要继续深入打好污染防治攻坚战。

为推动解决大气污染治理的突出难点，2017 年 4 月，国务院第 170 次常务会议确定由环境保护部牵头，科技部、中国科学院、农业部、工业和信息化部、中国气象局、国家卫生健康委员会、高校等多部委和单位协作组织开展大气重污染成因与治理攻关（以下简称大气攻关）项目。在攻关领导小组的坚强领导下，4 大专题、28 个课题针对大气重污染成因与来源、重点行业和污染物排放管控技术、大气污染防治综合科学决策支撑和居民健康防护等方面开展集中攻关，取得了一系列重大成果。开展跟踪驻点研究的“2+26”城市 2019 ～ 2020 年秋冬季相较 2016 ～ 2017 年同期 $PM_{2.5}$ 浓度下降 33%，重污染天数减少 61%，有力支撑了《大气污染防治行动计划》和《打赢蓝天保卫战三年行动计划》的顺利收官。

为凝练攻关项目各专题及课题特色，形成标志性成果，突出攻关项目技术增量和亮点，突出攻关成果的系统性、整体性、标志性、突破性，助力大气污染防控工作，在攻关领导小组的统一部署下，国家大气污染防治攻关联合中心（以下简称攻关联合中心）组建编写组启动大气攻关项目研究报告编制工作。

大气攻关项目 28 个课题和 28 个驻点城市研究成果既有差异又有联系，需要将分散的研究成果整合凝练成系统完整的成果体系。编写组成员与各课题进行充分沟通，在理解吸收和转化整合后，最终形成“一套机制、两项机理、三大技术体系、四方面转化应用”的标志性成果。为全面客观真实地反映大气攻关项目的研究成果，兼顾科学性与可读性，在攻关项目管理办公室的指导下，攻关联合中心先后组织召开动员会、推进会、专题研讨会，并在会外广泛征求第三方专家意见，集思广益，收集整理了上千条建议。根据这些意见建议，编写组邀请攻关联合中心学术委员会、顾问委员会和相关业务司局对研究报告进行了多轮的论证。经过一年多的辛勤工作，两次大规模的集中封闭撰写，字斟句酌、几易其稿，最终编制完成《大气重污染成因与治理攻关项目研究报告》（以下简称《研究报告》），经攻关领导小组审定后上报国务院，得到了国务院领导的充分肯定和高度评价，向党中央、国务院以及人民交上一份满意的答卷。

《研究报告》是对大气攻关研究工作的一次全面总结，是大气攻关项目最重要的成果产出。

《研究报告》首次系统全面地阐述了大气重污染成因，回应社会关切；从区域层面、产业布局角度总结提炼了大气污染规律，持续引导大气污染防治工作；集成当前大气环境领域最新的权威研究成果，总结出有中国特色的大气污染治理模式和方案，为世界其他国家大气污染治理贡献中国智慧。

大气攻关项目对“十三五”期间国家大气领域各项约束性指标的完成做出了突出贡献。“十四五”时期攻关联合中心将坚持面向世界科技前沿、面向经济主战场、面向国家重大需求、面向人民生命健康，在细颗粒物和臭氧、空气质量全面改善与碳达峰协同控制等方面继续奋力攻关，全面推进多污染物协同减排和空气质量改善–气候变化应对协同研究，深化新型举国体制集中攻关，继续写好精准治污、科学治污和依法治污的生态文明建设“新篇章”，为美丽中国目标早日实现再立新功。

2021 年 5 月

前言

2016年秋冬季，京津冀及周边地区遭遇多次持续雾霾天气，严峻的大气环境形势给中国的经济社会发展带来了巨大挑战，也给环境保护领域的广大科技工作者和政府管理人员提出了亟待解决的难题。面对我国大气污染防治科技支撑工作存在的主要问题，大气重污染成因与治理攻关项目（以下简称攻关项目）开展了3年的集中攻关，基于4大专题、28个课题的研究基础，构建跨学科闭合研究体系，全面弄清秋冬季重污染成因，厘清区域存在的突出环境问题，提出系统性解决方案，建立区域空气质量调控技术与决策支持平台，提出空气质量改善的时间表和路线图，创新科研组织实施机制，实现科学研究与管理需求的深度融合。本书高度总结攻关项目的研究成果，从观测到模拟、从现象到机理、从成因到来源、从排放到治理、从机制到管理、从方法到工具、从技术到应用，多维度、系统化、全方位凝练了当前大气重污染成因与治理取得的丰硕成果，以期为解决我国大气污染防治关键问题和区域难题提供有效参考。

全书共8章，其中第1章介绍了本书的研究背景、目标及技术路线、攻关项目的组织和实施及三大机制体制创新。第2章介绍了相互客观印证的闭合研究技术体系、区域大气污染特征和演变及大气重污染的成因和来源。第3章基于高分辨率大气污染源动态排放清单，介绍了京津冀及周边地区大气污染物排放特征，梳理了重点行业和领域的行业发展现状和排放控制现状，找出了存在的主要问题，提出了解决路线并开展了减排潜力评估。第4章从大气重污染特征及分类、重污染天气预测预报技术的优化、预警分级和差异化管控及舆情分析和引导的角度介绍了重污染天气联合应对体系。第5章围绕“2+26”城市跟踪研究工作，介绍了“一市一策”城市跟踪研究技术路线与工作机制，根据“2+26”城市跟踪研究结果提出了差异化的“2+26”城市大气污染防治综合解决方案，并开展跟踪研究的效果评估。第6章基于大气污染物排放与空气质量的反算技术及费效评估的大气污染防治方案优化技术，介绍了区域空气质量调控技术与决策支持平台的架构、功能及在典型区域和城市的示范应用。第7章介绍了区域大气环境容量的测算方法，开展了大气污染防治效果评估，提出了区域及城市空气质量目标，并给出了与之匹配的大气污染防治路线图和对策。第8章为全书总结。

本书编写历时一年半，在攻关领导小组的坚强领导和攻关项目管理办公室的缜密组织下，编写组在各专题和各课题的密切配合下就本书编写进行了多轮讨论，几易其稿，后经国家大气污染防治攻关联合中心主任办公会、顾问委员会及第三方评审专家审核，最终定稿。衷心感谢为书稿编写辛勤工作的全体人员。

此外，本书的出版得到了生态环境部、科技部、中国科学院、农业农村部、工业和信息化部、中国气象局、国家卫生健康委员会、教育部等多部门和单位的鼎力支持，本书的出版也离不开各级地方政府密切配合、295 家参与单位全力投入，在此一并表示诚挚感谢。

随着管理需求的动态调整，治理技术和方法推陈出新，一些学术观点有待未来进一步完善，书中的缺憾和疏漏在所难免，敬请广大读者和同行朋友们批评和赐教。

编　者

2020 年 12 月

摘 要

2016年秋冬季京津冀及周边地区多次出现长时间、大范围的大气重污染过程，严重时个别地区甚至出现空气质量指数（AQI）“爆表”的情况，其成为社会各界关注的焦点和空气质量持续改善的难点。党中央、国务院高度重视大气污染防治工作，为进一步推动解决京津冀及周边地区大气重污染的突出难点，打好蓝天保卫战，2017年4月26日，国务院第170次常务会议决定设立大气重污染成因与治理攻关项目（以下简称攻关项目），该项目由环境保护部牵头，科技部、中国科学院（以下简称中科院）、农业部、工业和信息化部、中国气象局、国家卫生健康委员会、教育部等多部门和单位协作，针对京津冀及周边地区秋冬季大气重污染成因和来源、重点行业和污染物排放管控技术、居民健康防护等难题开展攻坚，实现重大突破，推动京津冀及周边地区空气质量持续改善。

当时，我国大气污染防治科技支撑中主要存在以下几个方面的问题：一是大气污染成因研究缺乏大规模系统的现场观测验证，现有的实验室机理研究也缺乏外场观测验证，已有的外场观测点位孤立、时间不同步、要素不完备、质控不统一，对秋冬季$PM_{2.5}$浓度快速升高机理难以形成整体全局的科学认知。二是随着减排的持续深入，污染源结构和污染成因正在发生深刻变化，传统非重点排放源，如非电工业、交通、农业等行业的研究基础、治理技术和监管能力严重不足，缺少民用散煤、“散乱污”企业、挥发性有机物（VOCs）和氨（NH_3）等重要污染源、重要污染物的排放信息和治理途径，难以支撑精准治污。三是科研项目和团队分散，没有形成集中优势兵力联合攻关的机制，现有科研成果缺乏明确的目标导向，未能有效集成并转化为管理支撑。四是迫切需要建立有明确管理目标导向的综合科学决策支持系统，提升重污染天气应对和大气污染防治的科学化、系统化与信息化水平，增强机理认识、预报预警、治理措施的科学性、有效性和可操作性。

为贯彻落实党中央、国务院的决策部署和破解以上四个突出问题，生态环境部会同科技部、农业农村部、国家卫生健康委员会、中科院和中国气象局等部门和单位，按照“问题导向、需求牵引，加强领导、研管结合，创新机制、强化协作，注重衔接、强化集成，突出重点、分步实施”的原则，编制形成攻关项目实施方案，攻关项目从京津冀及周边地区大气重污染成因和来源、排放现状评估和强化管控技术、大气污染防治综合科学决策支撑、京津冀及周边地区大气污染对人群的健康影响（大气污染对人群的健康影响部分另行出版）等方面共设置4个专题、28个课题及28个城市跟踪研究组；成立多部门协作的大气攻关领导小组，以“1+X”模式组建国家大气污染防治攻关联合中心（以下简称攻关联合中心）并作为攻关项目的组织管理和实施机构，聚集295家科研单位、2903名优秀科研人员开展协同攻关；组建28个专家团队深入京津冀大气污染传输通道“2+26”城市（以下简称“2+26”城市）一线，开展“一市一策”驻点跟踪研究和技术帮扶。

攻关项目实施三年来，在攻关领导小组的统一领导下，在北京、天津、河北、山西、山东、

河南6省（直辖市）及“2+26”城市人民政府的大力支持配合下，在吸收国家重点研发计划“大气污染成因与控制技术研究”重点专项等研究成果的基础上，全体攻关人员深入一线，在弄清秋冬季大气重污染成因、支撑区域和城市污染治理、回应社会关切等方面取得了积极进展，圆满完成了各项目标任务，取得了丰硕成果，实现了一批关键突破，有力支撑了《大气污染防治行动计划》（以下简称“大气十条”）的圆满收官和《打赢蓝天保卫战三年行动计划》的制定和实施，推动了京津冀及周边地区空气质量的持续改善。2019年，“2+26”城市$PM_{2.5}$浓度较2016年下降26%、重污染天数减少44%；北京市$PM_{2.5}$浓度由73μg/m^{3}下降到42μg/m^3，重污染天数由34天下降至4天。2019～2020年秋冬季，“2+26”城市$PM_{2.5}$浓度较2016～2017年秋冬季下降33%、重污染天数减少61%，公众的蓝天获得感和幸福感大幅提升。

攻关项目实现了重大突破，取得了一套创新机制、两项成因机理、三大技术体系、四类转化应用等一批标志性成果。

一套创新机制：创新科研组织实施机制促进科研与应用的深度融合。生态环境部按照“1+X”模式组建攻关联合中心，加强业务应用部门和研究单位互动，形成了多部门紧密协作、多学科高度交叉、课题共性技术研发与驻点跟踪应用协同推进、高效运转的攻关工作机制，为在生态环境保护领域构建集中攻关新型举国体制进行了有益的探索和先行先试。“一市一策”驻点跟踪研究形成了“边研究、边产出、边应用、边反馈、边完善”的工作模式，工作组把脉问诊开药方，向地方政府提供各类咨询报告和对策建议2800多份，着力解决了科研与实际脱节、科研成果不落地的问题，这种工作机制现已推广至汾渭平原11个城市和长江流域58个城市。打破数据孤岛，整合环境、气象、工业、卫生等部门的数据资源，建成大气环境科研数据共享和管理平台，数据资源达4.3 TB，数据共享总量达21亿条，实现了及时全面共享，有效破解了科研资源过于分散、科研数据存在壁垒等瓶颈。

两项成因机理：弄清了京津冀及周边地区秋冬季大气重污染的成因和来源，定量评估了大气颗粒物污染的健康影响，形成系统性科学共识。

在大气重污染成因方面，通过大规模的科学观测和实验研究，采用多技术融合的方法，从污染物排放、化学转化、气象条件、污染传输4个方面，全面阐明了区域大气重污染的成因。一是污染物排放量超出环境容量50%以上，这是大气重污染频发的根本原因。区域内主要大气污染物排放量仍居高位，单位国土面积主要污染物排放量是全国平均水平的2～5倍、美国的3～14倍；除二氧化硫（SO_2）外，主要污染物排放量超出环境容量50%以上，部分城市超出80%～150%，秋冬季主要污染物排放量高于春夏季。2018～2019年秋冬季$PM_{2.5}$来源解析结果表明，区域内工业、民用散煤和柴油车对$PM_{2.5}$的贡献分别为36%、17%和16%，它们是大气重污染的主要来源。二是大气中氮氧化物（NO_x）和VOCs浓度高造成大气氧化性强，这是大气重污染期间二次$PM_{2.5}$浓度快速升高的关键因素。$PM_{2.5}$中既包含一次排放的颗粒物，也包含由气态污染物二次转化生成的颗粒物。2013年以来，随着大气污染防治工作的深入，一次组分占比明显下降，二次组分占比却逐渐升高，大气重污染期间二次组分占到60%以上。区域内NO_x和VOCs浓度高，在大气中快速发生光化学反应产生大量的氢氧自由基等氧化剂，导致大气氧化性总体处于高位，这是促使二次组分快速增长的决定性因素。三是不利气象条件导致环境容量大幅降低，这是大气重污染形成的必要条件。京津冀及周边地区位于太行山东侧和燕山南侧的半封闭地形中，存在大地形“背风坡”弱风区及其对流层中层气温距平“暖盖”结构等特征，大气扩散条件“先天不足”；受气候变化影响，区域环境容量整体呈下降趋势。区域环境容量呈现显著的时间差异，秋冬季比春夏季平均小30%左右，当出现逆温、近地面小风、高湿等极端不利的气象条件时，区域环境容量进一步减少 50% ～ 70%，极易导致大气重污染发生。四是区域传输对 $PM_{2.5}$ 影响显著，各城市 $PM_{2.5}$ 受区域传输的影响为 20% ～ 30%，大气重污染期间进一步增加到 35% ～ 50%。对 2013 年以来近百次大气重污染过程的分析表明，大气重污染期间区域传输对北京市 $PM_{2.5}$ 的平均贡献率为 45% 左右，个别过程可达 70%。大气污染物主要沿西南、东南和偏东 3 条通道向北京市传输。

在大气颗粒物污染健康影响方面，基于大样本数据，综合运用现场流行病学调查技术、个体污染物暴露监测技术、实验组学测定技术和多种数据分析方法，筛选和识别了大气重污染健康影响的敏感效应生物标志物以及大气污染暴露关键组分，定量评估了大气颗粒物污染的急性健康影响。

三大技术体系：形成重点行业和城市关键问题识别与精准治理技术体系、区域大气环境容量和空气质量综合调控科学决策技术体系、重污染天气联合应对技术体系。

在污染源排放问题识别与治理方面，构建了区域 – 城市耦合动态排放清单编制和校验技术体系，建立了时间分辨率为月、空间分辨率 3 千米、包含 19 万多个点源信息的“2+26”城市 2016 ～ 2018 年动态排放清单，污染物由 3 项扩充至 7 项，摸清了区域污染物排放现状；揭示了晋冀鲁豫交界地区、太行山沿线和环渤海沿线城市高能耗、高污染企业高度聚集对区域空气质量影响显著的突出问题；提出了区域内重点行业和领域的污染深度治理技术对策：钢铁焦化行业压减产能并实施超低排放改造，建材行业淘汰落后产能并推进治污设施提标升级改造，石化行业进行产能整合、布局优化和落后产能淘汰，煤炭利用领域稳步推进“煤改气”“煤改电”并持续提升外来电、天然气等清洁能源使用比例，交通运输领域推进“公转铁”并强化柴油车污染综合管控。

在空气质量综合调控科学决策方面，开发了以 $PM_{2.5}$ 目标浓度为约束的多污染物环境容量算法，大幅提升了时空分辨率，测算了常年平均、不利气象年、有利气象年等区域和城市大气环境容量，定量解析了气象条件对大气环境容量的年际和月际影响，提出了“2+26”城市分阶段空气质量持续改善目标，为制定“十四五”及中长期空气质量持续改善规划提供了核心科学依据；建立了空气质量 – 排放快速响应模型，研发了不同空气质量改善目标情景下的大气污染物减排量反算技术，开发了区域空气质量双向调控与综合科学决策技术支持平台，实现了污染物减排措施的成本效益动态评估和优选。

在重污染天气应对方面，建立了“预测预报—会商分析—预警应急—跟踪评估”全过程的应急技术体系，全面支撑区域应急联动；改进了集合预报技术方案，充分发挥了多模式空气质量预报的优势，预报时长由 7 天拓展至 10 天，实现了对大气重污染过程起止时间、影响范围、峰值浓度的精准预测；建立了环保绩效指标体系，提出了差异化的应急管控技术要求，系统评估了 39 个重点行业、十万多家企业的应急减排潜力；建立了重污染天气应急管理技术支持平台，研发了大气多证据耦合的污染成因实时分析技术和应急效果评估方法，支撑了应急管控措施动态调整，实现了应急管控的最大效益。

四类转化应用：项目边研究、边产出、边应用，在国家层面、地方层面、行业层面和社会层面上全面支撑精准治污、科学治污和依法治污，推动了区域空气质量的全面改善。

在国家层面，基于秋冬季大气重污染的来源与成因、排放现状及时空变化规律研究成果，论证提出将京津冀及周边地区作为重中之重，将秋冬季作为重点时段，将“散乱污”企业整治和工业企业深度治理作为产业结构调整重点，将散煤清洁替代作为能源结构调整重点，将柴油车污染监管和“公转铁”作为交通运输结构调整重点，明确了主攻方向和重点举措，为《大气污染防治行动计划》圆满收官提供了技术支撑，为《打赢蓝天保卫战三年行动计划》绘制了路线图；提出了区域空气质量持续改善的时间表和路线图，以 NO_x 和 VOCs 为重点，实施多污染物协同控制，加强传输通道城市污染管控，将苏皖鲁豫交界地区纳入联防联控范围，以产业、能源、交通运输等结构调整为重点，推动经济绿色高质量发展。同时，项目研究成果为秋冬季大气重污染的及时有效应对、庆祝中华人民共和国成立 70 周年等重大活动空气质量保障提供了有力支撑。

在地方层面，“2+26”城市“一市一策”专家团队结合当地大气污染特征，深入开展源清单、源解析、重污染天气应对工作，按年度编制城市秋冬季攻坚行动方案和重污染天气应急预案，明确减排重点任务清单。研究提出针对性的中长期大气污染防治综合解决方案，将国家的空气质量改善路线图转化为各个城市的施工图和任务书，切实解决地方“有想法、没办法”的难题，全面提升地方大气污染精细化管控能力。

在行业层面，系统梳理了重点行业领域治理现状和突出问题，提出了系统的管控方向和措施，形成了标准、方案、规范、导则、指南和政策建议等 304 项。冶金行业重污染工艺偏多，高炉、焦炉限制类工艺产能占比高达 55% 以上，应压减钢铁产能，实施全行业超低排放改造；建材行业燃煤炉窑多、清洁生产水平低、部分子行业排放标准宽松，应推进落后产能淘汰及治污设施提标升级改造；芳香烃、长链烷烃等活性 VOCs 对二次有机颗粒物贡献大，化工和工业涂装等行业应着力提升过程管控的效率和源头替代的力度；能源结构偏煤，工业用煤量大面广，散煤治理工作难度大，应推进煤炭减量替代、集中清洁利用；公路运输占比大，柴油车超标严重，应推进“公转铁”运输结构调整，强化柴油车污染综合管控；在强化 NO_x 和 VOCs 减排的基础上，逐步开展重点行业 NH_3 的污染控制。

在社会层面，建立科学家、媒体、公众间的良性互动机制，坚持边干边说，构建多主体、多渠道、多形式的立体宣传体系，努力做到说得“清”、让老百姓听得“明”，正面引导公众科学认知，理性对待大气污染问题，凝聚广泛共识，坚定社会信心。攻关项目通过中央电视台、人民日报社、生态环境部“双微”等媒体平台发表形式多样的解读文章、科普作品 1200 多篇，累计阅读量 3500 余万次。

尽管我国空气质量改善成效显著，但大气污染防治形势依然十分严峻。全国 $PM_{2.5}$ 年均浓度为发达国家的 3 倍左右，仍有近半数城市 $PM_{2.5}$ 年均浓度未达标；2015 年以来，O_3 浓度上升了 20%，其已成为空气质量持续改善的重要制约因素。下一步，我们将深入贯彻习近平生态文明思想，持续为大气污染防治提供坚实科技支撑；建议充分利用攻关项目已建立的平台资源，通过中央财政科技计划开展 $PM_{2.5}$ 和 O_3 复合污染协同治理科技攻关，重点攻克 O_3 污染成因机理与精准溯源、VOCs 和 NO_x 等前体物深度治理和监管等难题，为重点区域空气质量持续改善提供强有力的科技支撑，积极推动美丽中国的目标早日实现。

目 录

1 项目立项与实施

1.1 项目背景

1.1.1 项目意义

2016 年秋冬季，京津冀及周边地区秋冬季区域性大气重污染天气频发，引发社会各界的高度关注。秋冬季大气重污染已成为制约京津冀及周边地区等重点区域空气质量持续改善的难点和焦点，大气污染防治工作对科技支撑提出了更高的要求。

党中央、国务院高度重视大气污染防治工作。特别是党的十八大以来，习近平总书记多次做出重要指示。2017 年 3 月，李克强总理在“两会”期间明确提出设立专项资金，组织相关学科优秀科学家，针对雾霾形成机理与治理开展集中攻关。2017 年 4 月 26 日，国务院第 170 次常务会议决定，由环境保护部牵头，科技部、中科院、农业部、工业和信息化部、中国气象局、国家卫生健康委员会、教育部等多部门和单位协作，针对京津冀及周边地区秋冬季大气重污染成因和来源、重点行业和污染物排放管控技术、居民健康防护等难题开展攻坚，实现重大突破，推动京津冀及周边地区空气质量持续改善。

1.1.2 项目组织

攻关项目涉及环境科学、地学、气象学、化学、卫生学、经济学等多个学科，是一个复杂的系统工程。攻关项目的最终成果不是单一产品或技术，而是研究清楚社会高度关切的大气重污染成因以及提出支撑大气污染治理的技术方案。这是我国新形势下大气污染防治领域的首次集体攻关，也是科学研究与业务化应用无缝衔接组织机制创新的重要尝试，其意义重大、影响深远。为此，攻关项目坚持“统一领导、统一决策、统一标准、统一行动、统一考核”的原则，以目标为导向，以需求为牵引，建立健全统一领导、协调推进、合作高效的项目管理和实施机制，为实现攻关项目预期成果和战略目标提供坚实的组织保障。

为深入推进攻关项目实施，在国务院的领导下，成立以生态环境部主要负责同志为组长，生态环境部、科技部、农业农村部、国家卫生健康委员会、中科院、中国气象局负责同志为副组长的攻关领导小组，负责对攻关项目的组织领导、统筹协调、考核验收等工作；设立领导小组办公室，负责制定攻关项目工作规则、编制攻关方案、监督考核攻关过程等。

成立以中国环境科学研究院为主体，联合生态环境部直属单位、相关高校和科研院所等的攻关联合中心，并将其作为大气重污染成因与治理攻关的组织管理和实施机构。攻关联合中心基本架构为“中心—研究部—研究室”三级，成立攻关联合中心领导机构，设立学术委员会与顾问委员会。攻关联合中心设置成因与来源、清单与管控、应对与决策、健康影响、“2+26”城市跟踪5个研究部和运行管理部，5个研究部下设28个研究室（图1-1）。

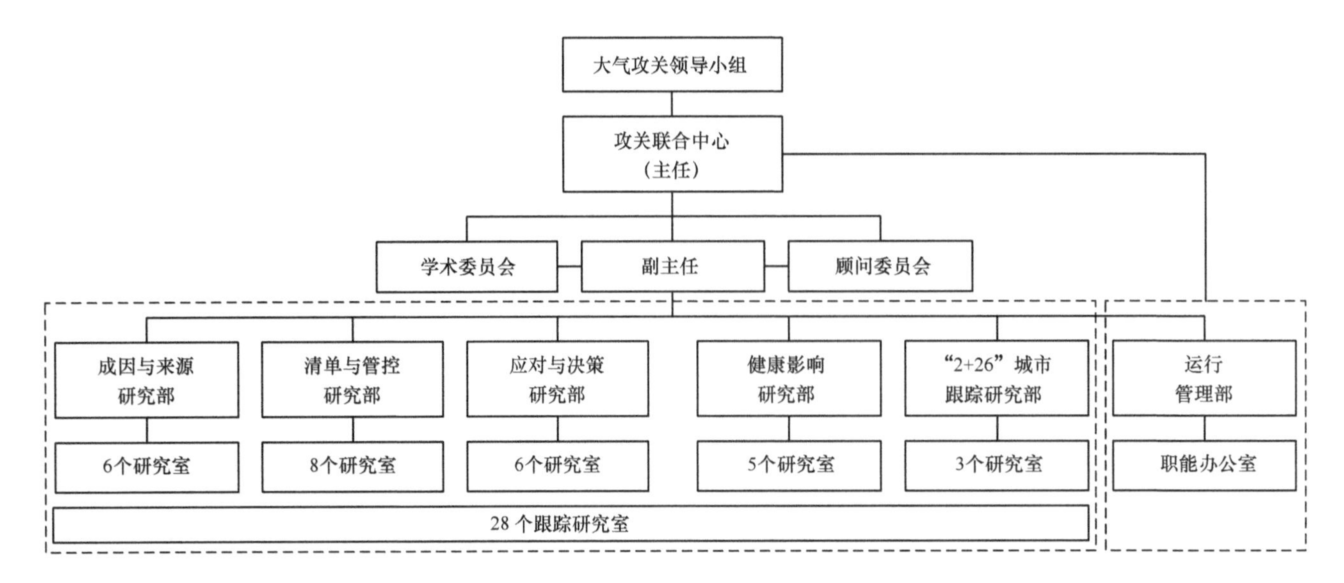

图1-1　攻关联合中心组织构架

攻关联合中心主要组成单位包括中国环境科学研究院、中国环境监测总站、生态环境部环境规划院、生态环境部卫星环境应用中心、北京大学、清华大学、南开大学、中国农业大学、北京工业大学、中科院大气物理研究所、中科院生态环境研究中心、中科院合肥物质科学研究院、中科院空天信息创新研究院、中科院地球环境研究所、中国气象科学研究院、中国农业科学院、中国疾病预防控制中心等优势单位，实行动态调整。

攻关领导小组聘请中国环境科学研究院李海生院长担任攻关联合中心主任，郝吉明院士担任攻关联合中心第一副主任，张远航院士、贺克斌院士、刘文清院士、徐祥德院士、柴发合研究员、施小明研究员担任攻关联合中心副主任。同时，聘请张远航院士、贺克斌院士、柴发合研究员、施小明研究员、孟凡研究员分别担任攻关联合中心5个研究部主要负责人，聘请中国环境科学研究院鲍晓峰研究员为中心运行管理部主要负责人，聘任各课题负责人为各研究室的首席专家，聘请郝吉明院士担任攻关联合中心学术委员会（总体专家组）主任，成立了由相关领域资深专家组成的顾问委员会（顾问组）。

1.1.3　项目实施

为保障攻关项目的组织实施与顺利推进，生态环境部牵头组织编制了《大气重污染成因与治理攻关实施方案》。根据国家在大气污染治理方面的需求和存在的问题，对攻关项目的组织实施提出了明确清晰的要求。项目从专题、课题任务设计到承担单位、负责人遴选，都经过攻关总体专家组逐一审核、顾问组咨询论证和攻关领导小组办公室会议审议等程序，最终提出攻关项目组织实施原则、方法和技术路线，同时确定各专题、各课题重点研究任务及主要承担单位和研究人员，并向社会公示。

2017年8月，环境保护部部长李干杰听取了攻关组织实施机制汇报，提出“要建立一套行政管理和技术研发深度融合的紧密型实体化的科研组织模式”的重要指示。2017年9月14日，李干杰部长主持召开攻关领导小组第二次会议暨攻关项目启动大会，会议通过了《大气重污染成因与治理攻关实施方案》，标志着攻关项目正式启动。

1.2 目标与内容

1.2.1 攻关目标

根据当前大气污染防治现状和存在的问题，环境管理部门提出了 16 项大气重污染成因与治理攻关工作需求：针对大气重污染成因及来源，分别为空天地一体化综合立体观测、区域大气颗粒物精细化来源解析、秋冬季大气重污染成因与主控因子、京津冀及周边地区大气环境承载力、大气污染物比较风险评估与急性健康影响；针对排放现状评估和强化管控技术，分别为区域动态高时空分辨率大气污染源排放清单编制和快速量化响应技术、区域内非电领域大气污染治理及调控政策工具研究、区域内煤炭使用强度降低和清洁利用政策工具研究、降低移动源排放强度及治理技术政策工具研究、农村和农业排放状况及强化治理方案；针对大气环境质量改善路径及重污染天气应对策略，分别为大气污染防治综合科学决策支撑平台、京津冀及周边地区空气质量改善路线图、重污染天气应急管理、大气污染源动态监管、舆情应对管理、环境管理政策措施库。

基于京津冀及周边地区大气污染防治的需要和环境空气质量管理需求，设定攻关项目总目标为构建立体观测、实验室模拟和数值模拟相结合的综合研究系统，识别京津冀及周边地区秋冬季大气重污染来源和主要成因，实现空间上城市尺度、时间上污染过程尺度的精细化描述，建成综合科学决策支持系统，形成科学结论，回应社会关切，支撑京津冀及周边地区大气污染防治的科学决策和精准施策，为其他区域提供科学指导与行动指南，打好蓝天保卫战，保护公众健康。具体目标包含以下 3 个方面：一是结合现有环境监测网络，构建支撑大气污染机理研究和科学决策的大气污染综合立体观测系统，明确秋冬季大气重污染的气候、气象影响和二次转化机理，实现对不同地区、不同时段 $PM_{2.5}$ 及有毒有害物质来源的精确识别，形成大气重污染来源成因的科学结论，评估大气重污染对人群健康的影响和健康防护措施的效果，并做好向公众科学解读。二是完善京津冀及周边地区污染源排放清单，建立非电行业、柴油机、农业和农村面源的动态高时空分辨率排放清单，制定重点行业强化管控技术方案。三是构建集重污染天气应对和空气质量持续改善于一体的大气污染防治综合科学决策支持平台，为全国和重点区域大气污染防治提供科学方法、工具包、优化措施和政策体系。

1.2.2 研究内容及专题设置

为实现攻关目标，从京津冀及周边地区大气重污染成因和来源、排放现状评估和强化管控技术、大气污染防治综合科学决策支撑、京津冀及周边地区大气污染对人群的健康影响等方面共设置 4 个专题、28 个课题及 28 个城市跟踪研究组。

京津冀及周边地区大气重污染成因和来源专题。针对当前大气重污染成因研究碎片化和认识片面化的问题，以重污染发生—演变—消散全过程的核心科学问题为导向，采用闭合研究的技术思路，开展边界层气象和大气化学过程空天地一体化同步立体综合观测实验，构建基于观测的模型、近真实条件下烟雾箱模拟和空气质量模型相互印证的方法体系，强化硫–氮–碳污染物转化机制及高湿富氨条件下二次颗粒物形成机制的研究，定量解析污染排放、气象过程和化学转化对重污染过程的影响，提出我国大气重污染成因的耦合新机制及参数化方案，形成具有共识性的科学结论，构建持续开展重污染过程全方位监控和来源成因诊断的业务化能力，为环境管理部门综合决策提供科学支撑。

排放现状评估和强化管控技术专题。基于“2+26”城市排放清单编制和快速量化响应技术，针对冶金、建材、涉 VOCs 重点行业、“散乱污”、煤炭使用、柴油机和农业源七大关键领域开展研究，构建一套区县级高时空分辨率大气污染源动态排放清单的编制、校验和更新技术方法体系；厘清非电行业多污染物排放特征，分析大气污染控制方面存在的问题，建立最佳可行技术和综合整治方案，建立不同行业“散乱污”企业的界定标准，形成生产全过程污染物管控方法体系，提出重污染天气非电行业应急措施预案；提出涉煤行业煤炭减量化与清洁利用一揽子解决方案；形成以交通结构优化和需求调控为核心的柴油机强化管控方案和重型柴油车远程在线监控及决策核查平台；提出农业氨、土壤风蚀扬尘和秸秆焚烧的强化治理方案。

大气污染防治综合科学决策支撑专题。研发区域空气质量调控技术与决策支持平台，提出区域大气承载力与空气质量改善路线图，研发重污染天气联合应对和舆情分析技术平台，提出“2+26”城市大气污染综合解决方案，开展基于环境监测和比较风险评估的环境管理支撑技术等研究；形成能够有效支撑近期秋冬季重污染天气应对决策实施、动态识别有毒有害污染物、中长期大气污染防治科学决策的技术能力；在此基础上，通过开展数据管理平台与质量控制、攻关项目成果集成与应用示范研究，建立统一的综合科学数据管理平台，并开展整个攻关项目的成果集成与应用，以全面支撑大气污染防治综合科学决策的相关需求。

京津冀及周边地区大气污染对人群的健康影响专题。开展大气污染的人群健康危害和健康防护产品的防护效果攻关研究。在京津冀及周边地区“2+26”城市范围内，依托我国现有的健康监测项目，通过加密调查、死因回顾性调查，增加现有监测数据的代表性。基于空天地一体化的大气环境综合观测网，评估大气污染，尤其是重污染天气对普通人群死亡、因病就诊的急性健康影响；通过对多中心人群流行病学以及固定群组等研究设计，开展大气污染物（包括颗粒物粒径和组分）对普通人群和老人等特定人群生物效应指标的影响研究，筛选出大气污染物（包括颗粒物粒径和组分）对人体健康损害的特异性效应标志物；利用既往多中心临床研究的呼吸系统、心血管疾病队列研究，开展补充性人群健康调查，评估大气污染对心肺患者和敏感人群的健康影响和疾病负担；评估大气污染对肺癌等主要癌症的归因风险及疾病负担；基于研究中所攻关的数据结果，开展京津冀及周边地区大气污染的健康风险评估，了解该区域的大气污染健康影响现状及健康风险；评估不同场所空气净化器 / 新风系统的使用情况及对重点人群的健康防护效果，同时研究公众不同认知状况下，以 $PM_{2.5}$ 为首要污染物的重污染天气健康教育核心信息，设计和开发健康教育策略、宣传资料与应对方案。

“2+26”城市跟踪研究。对京津冀及周边“2+26”城市派驻 28 个城市跟踪研究组，驻点分析城市大气污染来源，实地支撑城市重污染应对和大气污染防治工作，同时将其他专题研究成果就地转化应用于城市大气污染防治实践，送科技，解难题，解决地方政府“有想法，没办法”的问题。

1.3 总体研究技术路线

1.3.1 工作原则

一是问题导向，需求牵引。以京津冀及周边地区秋冬季重污染天气应对的科学决策和精准施策为核心目标，根据重污染天气成因分析、预报预警、应急调控、效果评估、公众解读等业务化工作需要，部署攻关任务。二是加强领导，研管结合。以支撑服务管理决策为核心，加强对资源配置、质量管理、进展调度、成果集成、信息发布、公众解读等工作的组织领导和沟通协调，建立“边研究、边产出、边应用”的工作机制，形成科学研究与管理决策、治理方案紧密结合、相互促进的科研管理体系。三是创新机制，强化协作。整合环保、农业、工信、气象、卫生等系统及中科院、高校的科研资源以及相关学科优秀科研骨干，充分发挥各自优势，明确各自分工，建立资源共享与分工明确的协作机制，形成重污染天气应对科技合力。四是注重衔接，强化集成。注重与相关科技计划以及“大气十条”《京津冀协同发展生态环境保护规划》、京津冀环境综合治理科技重大工程等衔接，全面梳理任务部署情况，加强已有成果集成和应用，加快已部署任务研究进度，尽快补齐薄弱或尚未部署环节。五是突出重点，分步实施。近期集中力量重点攻克秋冬季大气重污染成因与治理的核心科学问题和关键技术，兼顾中长期空气质量持续改善的管理需求，优先在京津冀及周边地区开展重污染天气应对科技支撑工作，并逐步在其他区域开展示范应用。

1.3.2 技术路线

为识别京津冀及周边地区秋冬季大气重污染来源和主要成因，回应社会关切，支撑京津冀及周边地区大气污染防治的科学决策和精准施策，攻关项目围绕目标设置了 4 个专题、28 个课题，专题一京津冀及周边地区大气重污染成因和来源下设 7 个课题，专题二排放现状评估和强化管控技术下设 9 个课题，专题三大气污染防治综合科学决策支撑下设 7 个课题，专题四京津冀及周边地区大气污染对人群的健康影响下设 5 个课题。其中，专题一的成因和来源、专题二的排放和管控以及专题四的健康影响为专题三的综合科学决策提供基础数据和理论支撑。4 个专题分别向“2+26”城市跟踪研究工作组提供来源解析、排放清单、应急预案、决策平台、达标规划、监测监控、调控治理等共性技术支持，支撑“2+26”城市形成“一市一策”大气污染综合治理解决方案。

攻关项目总体研究技术路线如图 1-2 所示。

4 个专题的技术路线如图 1-3 ～图 1-6 所示。

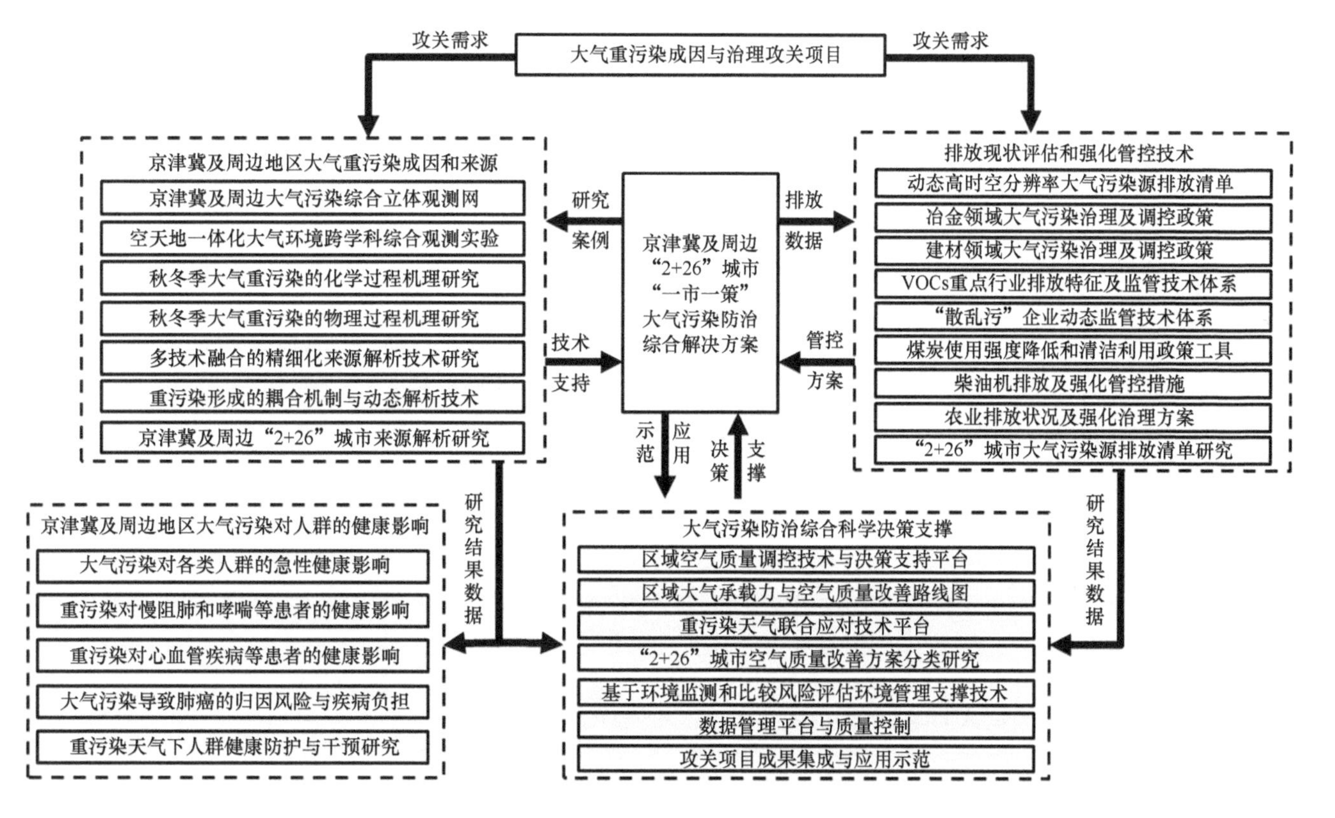

图 1-2 大气重污染成因与治理攻关项目总体研究技术路线

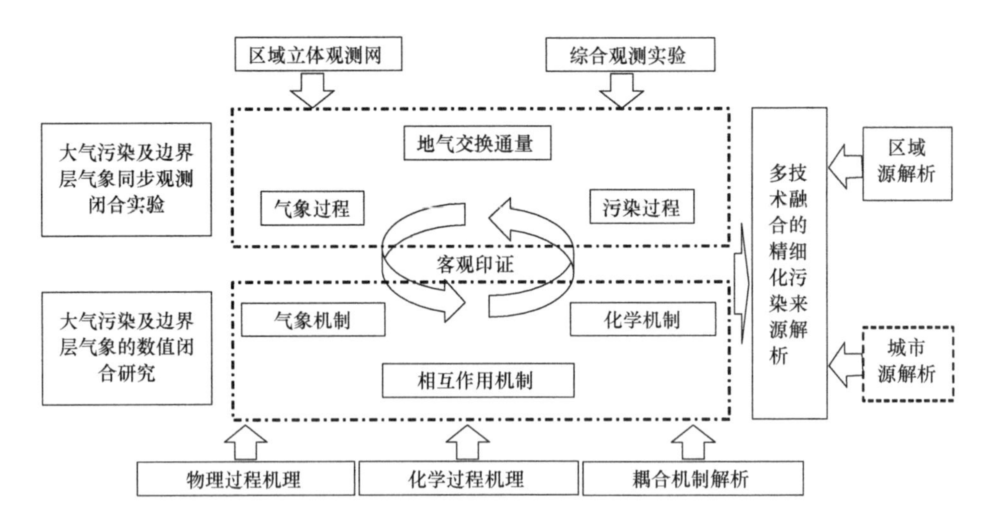

图 1-3 专题一的技术路线

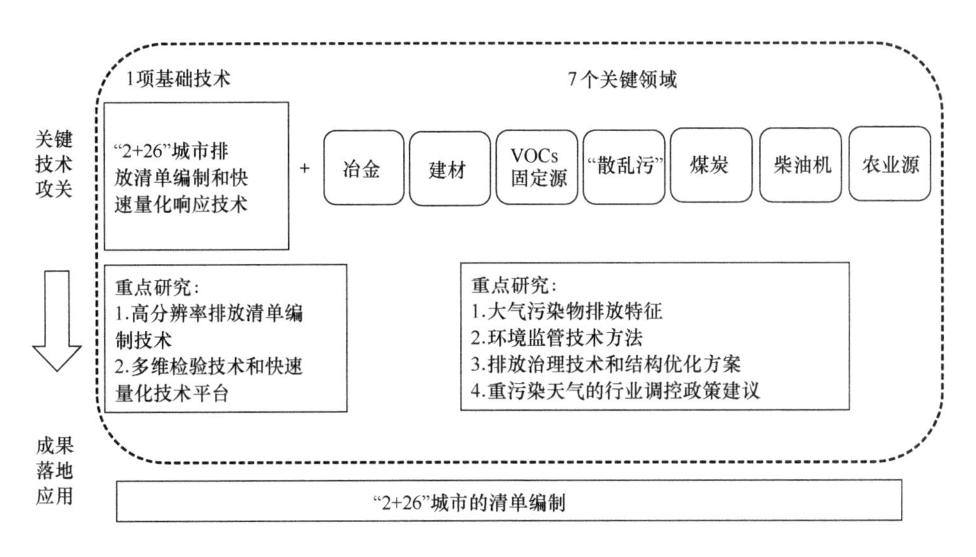

图 1-4 专题二的技术路线

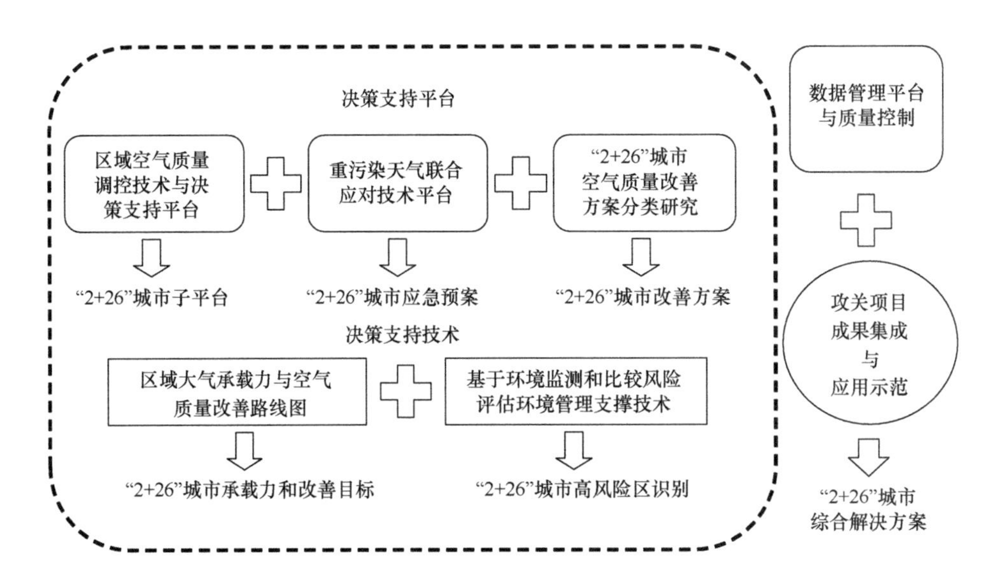

图 1-5 专题三的技术路线

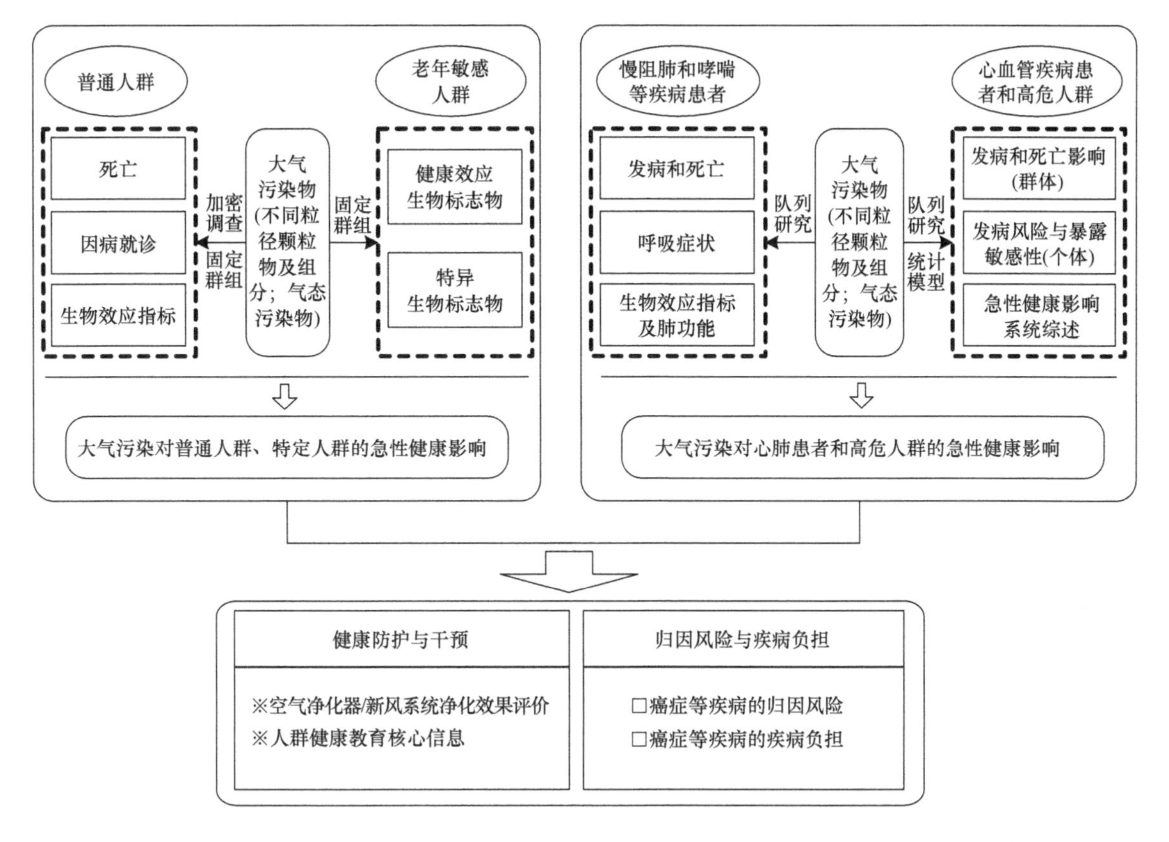

图 1-6　专题四的技术路线

1.4 机制创新

1.4.1 建立“1+X”联合攻关机制

以“1+X”模式组建攻关联合中心，即以中国环境科学研究院为主要依托单位，联合生态环境部相关直属单位、相关高校和科研院所等 200 多家优势单位，集中全国大气领域 2000 多名顶尖科技工作者（含 20 位院士）和一线科技工作者形成“中心—研究部—研究室”三级架构，构建了一套全新的、完整的科研组织管理模式，以开展大气重污染成因与治理集中攻关。

作为攻关项目的组织管理和实施机构，攻关联合中心将所有参与研究的科研人员统一纳入攻关联合中心进行调度、监督和考核，形成“大兵团联合作战”的科技协同攻关模式，促进了科学研究与行政管理的深度融合，破解了过去科研工作“小散慢”、科研成果“难落地”的问题。

攻关联合中心先后发布《大气重污染成因与治理攻关工作规则》《大气重污染成因与治理攻关项目管理办法》《大气重污染成因与治理攻关项目实验室管理办法》《大气重污染成因与治理攻关项目数据管理办法》《大气重污染成因与治理攻关研究成果发布机制》《大气重污染成因与治理攻关项目经费管理办法》6 项管理办法，针对攻关项目组织实施过程中的工作规则、数据质控及共享、成果发布、经费预算编制及执行过程，构建了较为完善的攻关项目运行管理制度。依据《大气重污染成因与治理攻关方案》《大气重污染成因与治理攻关工作需求》《大气重污染成因与治理攻关项目实施方案》，与大气攻关各课题参与单位签订了《大气重污染成因与治理攻关项目课题任务书》，印发了《关于做好大气重污染成因与治理攻关“一市一策”跟踪研究工作的通知》，与城市跟踪研究工作组签订了《大气重污染成因与治理攻关项目“2+26”

城市“一市一策”跟踪研究工作任务书》。攻关项目运行管理制度更加科学完善，可以持续助力攻关项目深入推进。

在运行过程管理方面：一是完善并坚持会议制度。攻关联合中心研究决定重大事项实行民主集中制，定期召开主任办公会，坚持“月调度”工作机制。自2017年9月以来，攻关联合中心召开月调度会、主任办公会共计20次，阶段工作汇报会、工作推进会、经验交流会、培训会共计30次，总体专家组研讨会8次，专题会10次，碰头会24次。其中，有攻关领导小组、攻关领导小组办公室领导出席的会议17次，攻关项目管理办公室领导出席的会议28次，总计形成会议纪要87期。其间，生态环境部原部长李干杰、副部长赵英民，中央纪委国家监委驻生态环境部纪检监察组原组长吴海英、原副组长陈春江，科技部副部长徐南平，韩国环境部部长赵明来等多位领导来攻关联合中心调研指导工作。财政部组织专家组对攻关项目进行绩效评审，并对项目的立项、管理、产出和效果给予了肯定，项目中期绩效评价获得89分，综合评价等级为“良好”。《人民日报》《中国环境报》等近20家知名新闻媒体莅临攻关联合中心参观。党中央和社会各界高度肯定攻关项目的组织管理和运行管理工作。二是建立健全考核机制。分层次设计可操作的考核指标，支撑总体目标实现。攻关项目专题、课题、城市跟踪研究组接受攻关联合中心调度、考核。攻关联合中心按照“强化应用、分类考核、公平公正”等原则科学制定《大气重污染成因与治理攻关项目考核办法（试行）》，完成了攻关项目4个专题、28个课题和28个城市跟踪研究的中期考核工作，并向社会通报了考核结果。其中，3个专题、16个课题、22个城市跟踪研究考核结果为优秀，其余均为良好。三是健全经费管理制度，严把经费执行关。攻关项目建立经费监督检查机制，对课题所有承担单位预算执行情况实施监督检查；先后举办8次经费管理培训班，600多人次参加培训，以规范经费的使用；对项目经费的执行情况进行随机抽查，多次赴项目参与单位对经费执行情况进行调研，协调解决经费执行过程中的困难和问题。四是强化项目产出，回应社会关切。攻关联合中心对标环境管理需求，及时向攻关领导小组、攻关领导小组办公室报送项目进展及成果；先后向中共中央办公厅、国务院办公厅报送专报4期，向攻关领导小组及攻关领导小组办公室报送工作简报62期。2017年11月、2018年2月底和2020年2月，攻关联合中心分别向国务院报送《环境保护部关于精准治霾研究有关情况的报告》《环境保护部关于大气重污染成因与治理攻关阶段性进展的报告》《关于我国氨排放及管控工作情况的报告》等，其中，《环境保护部关于大气重污染成因与治理攻关阶段性进展的报告》得到了李克强总理、张高丽副总理的重要批示。生态环境部原部长李干杰和副部长赵英民多次做出重要批示，指导推进攻关成果产出。

1.4.2 实施“一市一策”驻点跟踪研究

为解决科研成果不落地、地方政府大气污染防治工作“有想法、没办法”的瓶颈问题，攻关联合中心探索创建了“一市一策”驻点跟踪研究工作机制。该机制是科研成果落地应用的快车道，是强化区域污染联防联控、协同作战的有效手段。它既是攻关方案研究产出落地的重要载体，也是一种新型科研成果的应用组织模式。

创建“一市一策”驻点跟踪研究工作模式。攻关联合中心成立“一市一策”驻点跟踪研究工作组。驻点跟踪研究工作采取管理部门（攻关项目管理办公室）、技术支撑部门（攻关联合中心）、承担单位（城市驻点跟踪研究工作组）和用户（地方人民政府）四方合同约定的方式进行。攻关项目管理办公室负责驻点跟踪研究的组织协调、监督考核等工作。攻关联合中心作为技术支撑部门，负责制定统一的技术规范和要求，其提供技术方法和工具，组织开展技术培训和对质量把关，制定区域大气污染防治整体解决方案。各城市驻点跟踪研究工作组是责任主体，具体执行各项跟踪研究工作任务，主要负责科学指导、协调督促地方相关部门和企业大气污染防治工作。攻关联合中心组织成立“2+26”城市研究部，集中管理和调度各城市驻点跟踪研究工作组，建立驻点跟踪研究信息报送和考核模式，组建驻点跟踪源清单、源解析、综合管理决策研究技术专家组，指导地方有效应对重污染天气精细化管控，并提升地方环保队伍建设能力。

“一市一策”驻点跟踪研究工作应用和模式推广。攻关联合中心制定了一套统一的“2+26”城市大气污染防治跟踪研究工作手册、技术方法和技术指南，并完成了统一规范下不同类型城市差异化分类指导的“2+26”城市大气污染防治综合方案，极大地推动了“2+26”城市科学治污进程，为其他城市群开展大气污染防治工作提供了可复制、可推广的工作经验。

城市驻点跟踪研究工作组有力地支撑了地方空气污染治理和空气质量保障工作，其研究工作受到了各城市的广泛好评。“一市一策”驻点跟踪研究工作组发布信息专报、成因分析工作专报和专家解读，直接服务于地方政府科学决策。河北省8个城市驻点跟踪研究工作组向市委常委汇报研究成果，得到了充分肯定。“2+26”城市跟踪研究成果全面支撑了秋冬季大气污染防治攻坚工作。

“一市一策”驻点跟踪研究工作机制还在雄安新区、汾渭平原等区域得到了广泛应用，在全国产生了较大影响。

1.4.3　实现多源数据共享

按照攻关领导小组关于“统一方法、统一质控，强化资源整合与共享”的要求，建立了集外场联合观测、实验室分析、数据管理为一体的攻关项目综合观测统一质控体系，整合了环保、气象、高校、中科院等方面的科研资源，建立了大气环境科学综合数据采集与共享平台。大气综合观测统一质控体系和大气环境科学综合数据采集与共享平台各有侧重，形成了贯穿样品采集、实验室分析、数据审核等环节的完整质控链条，实现了多家监测单位的同步统一质控，有效保证了项目监测数据的有效性和可比性，实现了大气攻关项目数据统一管理和全面共享，强化了数字信息质量控制，加强了信息资源的整合与共享，促进了科研成果的产出与应用，全面助力了打赢蓝天保卫战的相关需求。

质控体系针对攻关项目监测单位多、监测手段多样、监测项目种类复杂、数据体量大的特点，发布了相关文件，统一了技术要求；组织了监测单位考核和筛选，确认了监测单位技术水平；开展了监测同步外部质控监督，强化了监测过程的规范性；实施了数据审核和质量评价，保证了观测数据的准确和科学；实现了区域大气综合观测质控体系和关键技术的突破。

大气环境科学综合数据采集与共享平台数据覆盖范围涵盖了京津冀及周边地区“2+26”城市、汾渭平原的11个城市，首次集成环境、气象、卫生系统和中科院及其他渠道公开的环境监测、科学实验、污染源、气象观测、健康风险和历史研究数据。该平台已成为攻关项目数据共享机制的载体，率先在国内完成跨机构、跨行业、跨部门的科研数据采集与整合，围绕大气环境数据资源，为大气重污染成因与治理提供数据支撑服务。

该平台接入了国控站点、非国控站点、气象观测、组分观测、手工采样、立体监测、高架源监测、污染源及排口监测等各类数据（7.0亿条记录、64万个文件、4.3TB数据量），实现数据共享总量21亿条，截至2020年3月，接口实时推送数据集90个，平台登录检索次数7万余次，破解了长期以来科研资源分散和数据共享的难题。

1.5　小　　结

攻关项目目标导向、研究内容满足国家和京津冀及周边大气污染防治工作的需要，其技术路线明确，实现了攻关项目组织机制的重大创新。

1）大气攻关是落实党中央、国务院相关要求的具体举措

2017年之前，京津冀及周边地区秋冬季区域性大气重污染天气频发，引发社会各界的高度关注。习近平总书记对大气污染防治做出了系列重要指示，李克强总理在2017年“两会”期间明确提出设立专项资金，国务院第170次常务会议决定，由生态环境部牵头，组织相关学科优秀科学家，针对雾霾形成机理与治理开展集中攻关。

2）问题导向、目标引领，构建了完整的研究体系

根据国家在大气污染治理方面的需求和存在的问题，制定了攻关项目的总目标和分目标，从京津冀及周边地区大气重污染成因和来源、排放现状评估和强化管控技术、大气污染防治综合科学决策支撑、京津冀及周边地区大气污染对人群的健康影响等方面，共设置4个专题、28个课题、28个城市跟踪研究组，项目与课题之间设计了相互衔接、相互支撑的技术路线，对攻关项目的组织实施提出了明确清晰的要求，构建了完整的攻关项目研究体系。

3）构建了高效的项目管理和实施机制

为深入推进大气攻关项目实施，成立了攻关领导小组，负责攻关任务的组织领导、统筹协调、考核验收等工作，并设立领导小组办公室，负责制定攻关工作规则、编制攻关方案、监督考核攻关过程等。攻关联合中心作为攻关项目的组织管理和实施机构，下设“中心—研究部—研究室”三级架构，并设立学术委员会与顾问委员会，负责攻关项目重大问题审核与咨询。

4）实现了三大科研组织机制创新

组建了“1+X”攻关联合中心，创新科研项目的管理模式，促进了基础研究、技术研发和成果转化的无缝衔接；建立了“一市一策”驻点跟踪研究机制，形成了“边研究、边产出、边应用、边反馈、边完善”的工作模式，实现了研究成果落地转化，支撑了“2+26”城市精准治污；建立了迄今为止我国最大的大气科研数据共享和管理平台，实现了科研资源共建和数据共享，避免了重复研究造成的浪费。

2 京津冀及周边地区大气重污染成因和来源

攻关项目以重污染“发生—演变—消散”全过程特征和机制的核心科学问题为导向，设计了相互客观印证的大气污染及边界层气象综合观测、实验分析和数值模拟相结合的闭合研究技术体系。攻关项目建成了全要素、统一质控的国内最大的区域空天地综合立体观测网，对“2+26”城市$PM_{2.5}$及其组分进行了多维分析，结合受体模型、排放清单、空气质量模型构建了综合源解析方法，实现了空间上区域和城市尺度、时间上污染过程尺度的精细化解析，特别强化了硫－氮－碳污染物转化机制及二次颗粒物形成机理的研究；详细分析了30多次秋冬季重污染过程演化特征，判明了区域主要大气输送通道，定量估算了输送通量和每次重污染过程污染排放、气象条件、化学转化相对贡献；建立了从宏观、中观和微观尺度上解析大气重污染过程的技术方法体系，弄清了区域大气重污染的来源与成因，并形成了广泛的科学共识，支撑重点区域空气质量持续改善。

2.1 闭合研究体系

建立大气污染传输通道立体观测网，开展走航和遥感观测，综合运用大气环境监测网和超级站等观测平台，开展边界层气象和大气物理化学过程空天地综合观测实验，构建基于外场观测、近真实大气条件下烟雾箱模拟和空气质量模型模拟相互印证的技术体系，为京津冀及周边地区秋冬季大气重污染成因分析奠定方法基础。

2.1.1 空天地综合立体观测

攻关项目在环境和气象部门常规监测与组分监测网的基础上，集合超级观测站、移动观测平台、地基雷达和卫星遥感等，建成了国内最大的区域空天地综合立体观测网（图2-1），其包括22个区域站，2个背景站，38个组分自动监测站，15个中国生态系统研究网络站，4套走航观测设备、卫星遥感，3个梯度观测站，16台多轴差分吸收光谱仪，16台激光雷达立体观测设备、气象观测网和成分站以及6个超级观测站，针对不同的监测和观测技术形成了统一的管理、操作和质控方案，构建了大气环境综合观测质控技术规范体系。攻关项目在气象和环保部门常规监测网络的基础上，实现了颗粒物组分的区域在线观测；集合流动车观测平台、地基雷达网、多轴差分吸收光谱仪监测网和卫星观测手段，实现了污染输送的动态立体监测；围绕主要污染输送通道设置了超级观测站网络，在分子水平对区域尺度上颗粒物的化学转化过程开展了动态追踪分析。

2.1.1.1 站点布设

建立立体监测网络站点的选址技术体系。我国大气污染的区域性、复合性特征明显，建立大气环境综

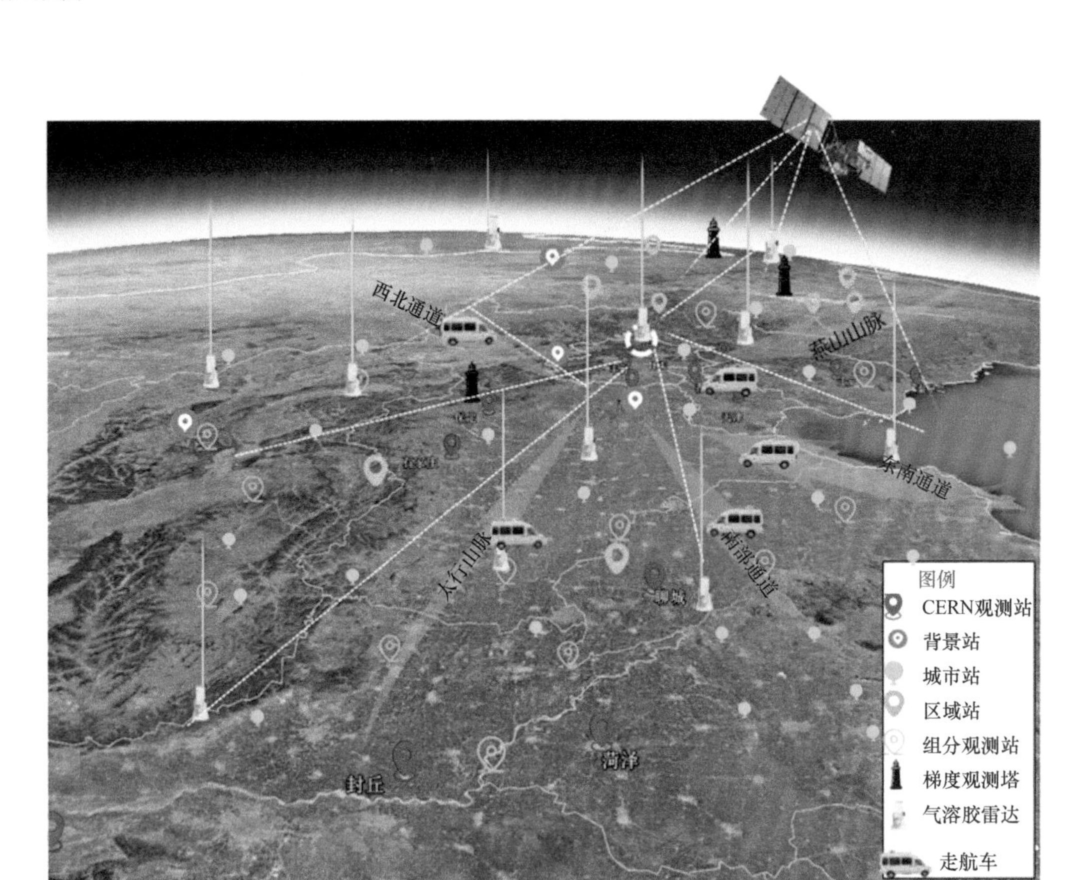

图 2-1　区域空天地综合立体观测网

合立体观测网的科学需求越来越迫切。以北京为中心，根据京津冀及周边地区特有的地形地貌、历史气象资料积累和污染案例聚类分析结果，设计西南、东南等主要污染输送通道上的立体观测组网方案，评估各站点位置的代表性，分析同一输送通道内站点之间的关联性，优化观测网络布局，以及通过对立体观测有效半径的分析研究，最终以北京周边地区为核心观测区，以污染输送观测为重点，形成涵盖西南通道、东南通道和偏东通道的激光雷达和多轴差分吸收光谱仪立体监测（图 2-2）。

建立多平台协同观测技术体系。综合区域地理气象条件（地理地形、主风场等）、城市边界、污染源、大气污染输送通道和污染预警预报等因素，合理设计能有效反映区域污染分布和输送特征的多平台协同观测方案，科学设计车载、机载观测路线。利用地基激光雷达观测网和车载激光雷达协同开展城市闭环观测和共轭走航观测，研究颗粒物的区域分布和输送规律。在京津冀及周边地区开展车载、机载激光雷达和多轴差分吸收光谱仪协同观测，获取西南输送通道污染物分布特征；利用地基激光雷达和星载高分辨率光谱仪提供的大气污染物垂直廓线，评估反演过程中大气污染物垂直廓线对模型分辨率变化的敏感性，确定卫星反演算法中垂直廓线参数的优选和评估原则。

2.1.1.2　数据质控和综合分析

形成多元统一的立体观测网数据质控技术体系。基于数据处理算法方向的考虑，构建了激光雷达系统光机结构、电子学模块、数据反演、数据一致性和其他控制参数的多元数据质量控制体系（图 2-3）；建立了科学、公正、有效的数据评价标准，确保了激光雷达反演的数据具有高稳定性、高可靠性、高精度、高一致性等。

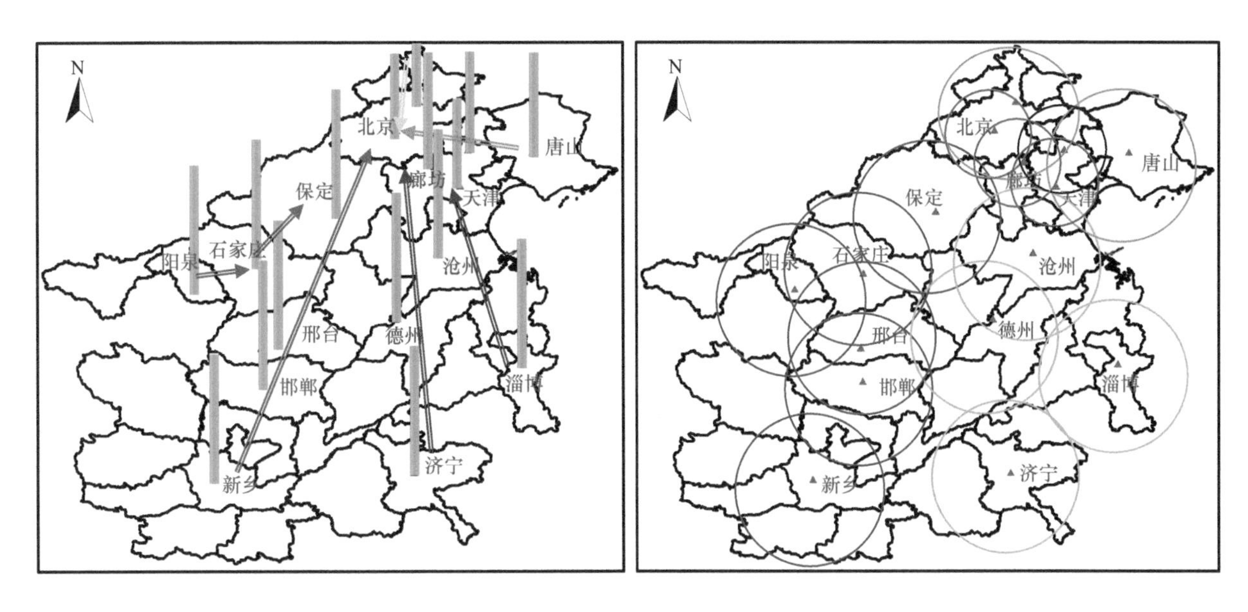

图 2-2 地基观测点位分布及其有效半径

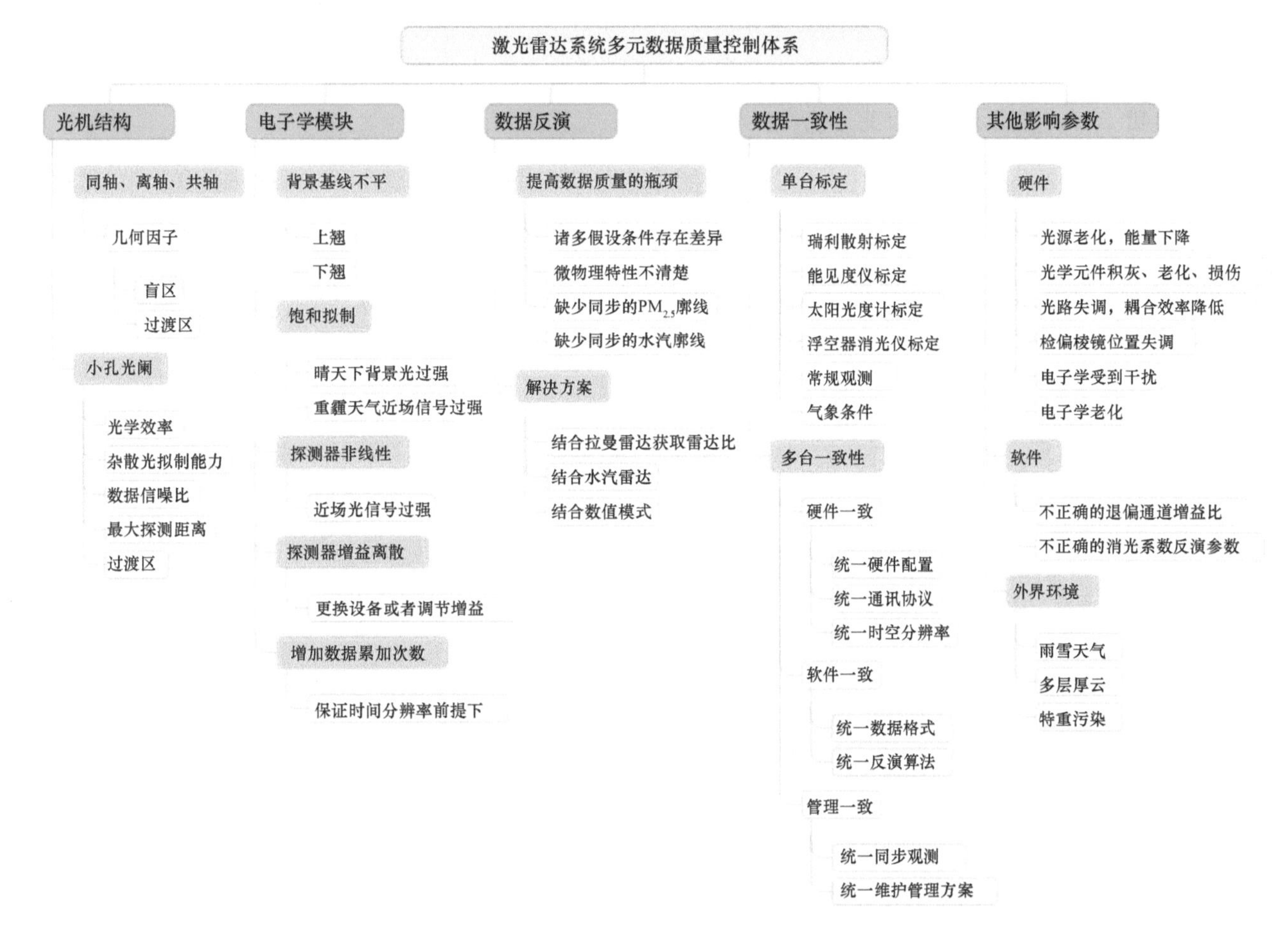

图 2-3 激光雷达系统多元数据质量控制体系

建立京津冀空天地一体化数据同化与综合分析方法。组网监测数据、车载走航等反演结果数据用于分析颗粒物浓度和气态污染物浓度，常规气象站和天气预报模式（WRF）用于确定天气形势，建立以空气质量模式为核心，以污染物浓度和气象场为输入的同化平台（图 2-4），提高空气质量模式模拟的精度和准确

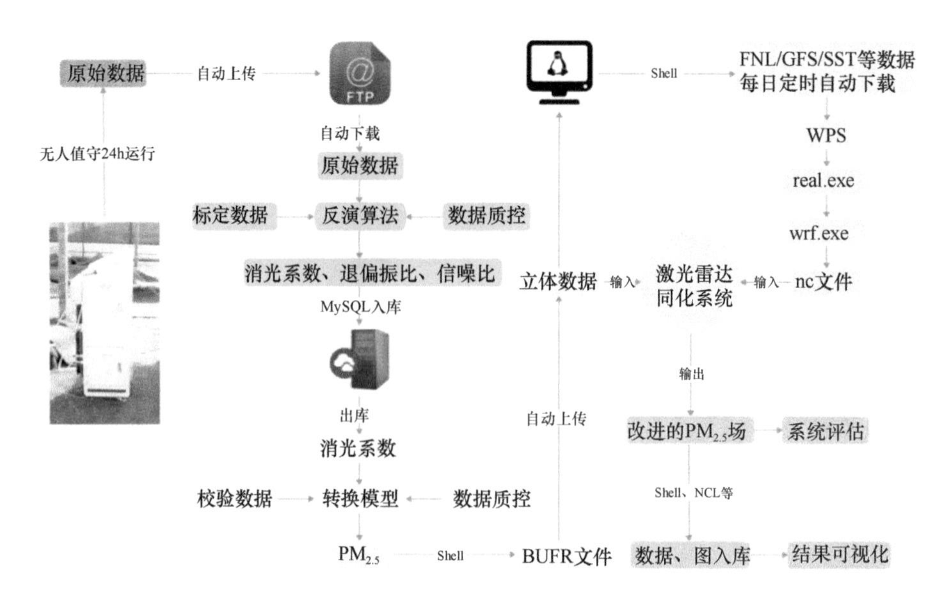

图 2-4 京津冀空天地综合分析平台运行流程

度，给出经过立体观测数据约束的颗粒物和其他污染物的再分析场，复原区域重污染过程，对比地基校验点数据验证污染物浓度场，给出输送通量的置信区间。该综合分析方法集成为京津冀空天地一体化数据同化与综合分析平台，并实现了每日业务化、自动化操作。

2.1.1.3 系统性和创新性

攻关项目构建了立体观测参数最全的监测系统，建立了涵盖颗粒物、臭氧及其前体物等气态污染物、环境气象参数的研究型立体监测网络，见表 2-1。

表 **2-1** 立体监测网产品信息

序号	数据产品分类	数据产品名称	数据主要指标
1	边界层垂直结构	$PM_{2.5}$/PM_{10} 垂直廓线、边界层高度、水汽廓线、逆温层高度、云结构	时间分辨率：1 ～ 15min 空间分辨率：<30m
2	大气光化学立体探测数据	O_3、SO_2、NO_2 和甲醛（HCHO）廓线	时间分辨率：20min 空间分辨率：<30m
3	污染物区域分布特征	模式同化的颗粒物 /O_3/SO_2/NO_2 等污染物的区域时空分布、SO_2/NO_2/ 吸收性气溶胶指数 (AAI) 区域卫星遥感数据、区域秸秆燃烧火点遥感数据	京津冀区域分布 24h 更新
4	主要污染物输送通量	颗粒物输送通量、前体物（SO_2/NO_2）输送通量、O_3 输送通量	5 个输送通道、指定区域周界 24h 更新
5	走航监测	输送通道的颗粒物瞬时剖面、前体物（SO_2/NO_2）剖面、风廓线等气象参数剖面	重污染期间加强观测 空间分辨率：<30m
6	环境气象参数	风廓线雷达数据，水汽激光雷达数据，温度激光雷达数据，模式输出的区域温、湿、压、风场数据	时间分辨率：20min 空间分辨率：<30m

综合观测实验中所用的全部技术与设备均为自主研发，其提升了卫星反演结果精度，使卫星反演结果优于国外同类数据产品。其融合地基遥感的新型卫星反演算法后提高了遥感准确度，实现了高分辨率连续监测。由中科院合肥物质科学研究院和中科院安徽光学精密机械研究所自主研发的 3 个高分 5 号载荷（包

括用于大气环境探测的 3 台主要载荷大气痕量气体差分吸收光谱仪、大气主要温室气体监测仪和大气气溶胶多角度偏振探测仪）具有光谱分辨率高和覆盖范围大的优点，能够提供重污染过程中的高分辨率的气溶胶光学厚度及 SO_2、NO_2 和 HCHO 观测结果，NO_2 每日空间分辨率为 3.5km×3.5km，每周空间分辨率达 1km×1km，误差小于 10%；SO_2 与地面遥感网络对比误差小于 30%，其精度优于同类其他产品；于国际上首次开展挥发性有机物（VOCs，此处以甲醛为标志物）准业务化卫星遥感监测，误差小于 30%。采用图像边缘检测法，通过绘制回波信号的时间和空间的二维图像来确定边界层高度，解决了重污染期间常用算法不能很好地表征边界层高度连续变化的问题。该方法适用于晴朗、灰霾、有云等多种复杂天气下对边界层高度的监测。

在已有报道的对气溶胶质量浓度廓线分布与消光系数之间的物理模型研究的基础上，考虑整层高度上相对湿度对气溶胶的影响，对 $PM_{2.5}$ 质量浓度垂直分布模型进行优化研究，定期更新模型中的参数，得到更加精确的颗粒物浓度和消光系数的转换模式，提高 $PM_{2.5}$ 垂直浓度廓线反演的准确度（图 2-5）。

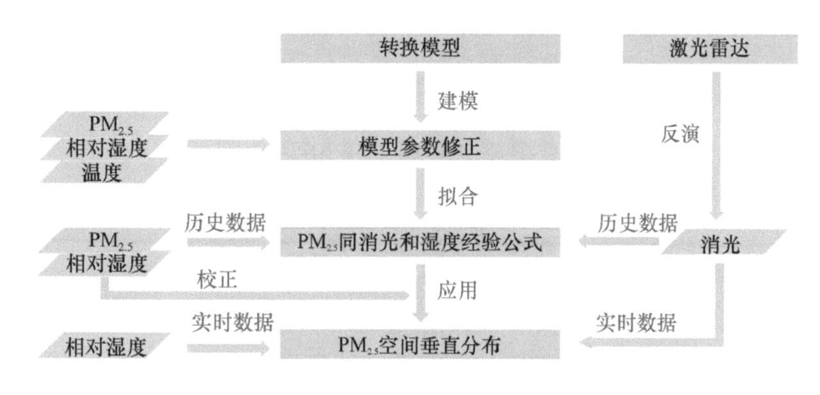

图 2-5　激光雷达湿度订正方法

科学设计车载走航观测路线，获取主要通道污染传输通量。在大气重污染期间加强观测，针对各种风向和应用场景设计了有针对性的车载走航路线与方案，开展了西南通道、东南通道、偏东通道等和指定区域周界（北京五环、北京六环和天津外环等）上的车载走航观测，走航观测航次共计 130 余次，走航里程 2 万余千米，获取了各输送通道和指定区域边界上的颗粒物和 SO_2、NO_2 等前体物瞬时剖面与相应的输送通量。

在项目执行期内，立体观测网络为攻关联合中心提供数据共享，共提交立体组网分析报告 200 余份，行驶超过 2 万 km 的走航报告 130 余份，卫星遥感报告 90 余份。攻关项目团队参与了 2017 年中国环境监测总站《空气质量数值预报同化激光雷达资料技术指南（试行）》和《空气质量数值预报同化卫星资料技术指南（试行）》的编写工作。

立体观测网相关成果（组网监测方案、数据融合综合分析平台）在我国重大活动 [第三届中国国际进口博览会（上海）、上海合作组织成员国元首理事会会议（青岛）、金砖国家领导人第九次会晤（厦门）等] 中进行了有效应用与推广，提供了组网观测建议、车载走航观测、数据综合分析等服务，确保了重大活动空气质量保障工作的圆满完成。

2.1.2　超级站观测实验

为摸清区域大气重污染发生、发展、消散过程中大气化学组成、化学反应过程、化学反应驱动力等核心要素的特征和变化规律，从微观层面深入探究和理解导致区域大气重污染形成的关键化学机制，在西南通道（太行山沿线）和东南通道（山东中部—沧州—廊坊沿线）部署了 6 个大气污染综合观测超级站（图 2-6），于 2017 ～ 2018 年和 2018 ～ 2019 年秋冬季开展了两次外场同步连续观测实验。

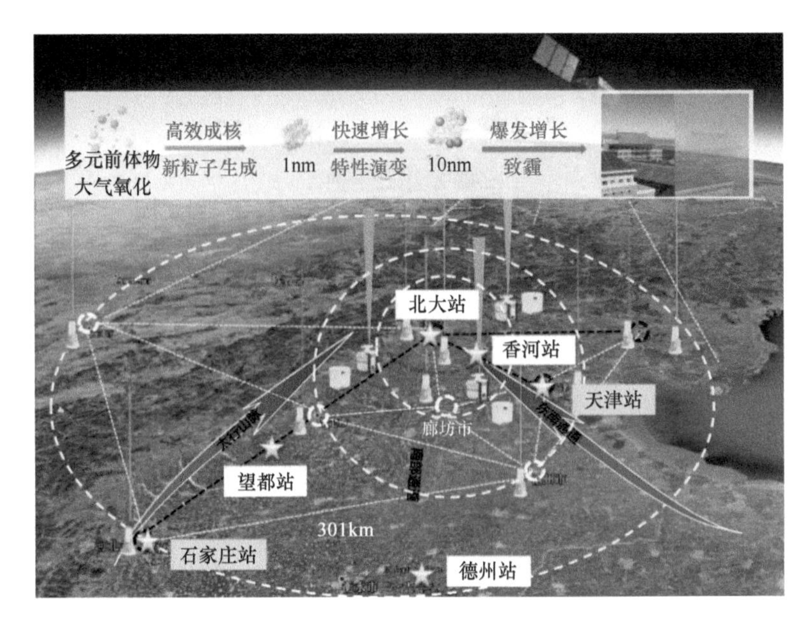

图 2-6　大气污染综合观测超级站站点布局

空天地综合立体观测网超级站的布设采取国际通行做法，并参考在国内开展的相关工作经验，设置两种类型的超级站：核心超级站和辅助超级站。核心超级站共设置 4 个，以北京为中心，在城市地区设置 1 个城市超级站（北大站），在 3 个重要的污染物传输通道上各设置 1 个区域超级站，包括西南传输通道（望都站）、东南传输通道（德州站）和偏东传输通道（香河站）；从区域代表性上，以北大站为圆心，3 个区域超级站向京津冀及周边地区辐射，分别为香河站 60km、望都站 200km、德州站 300km。另外，在 2 个重要的传输通道上设立 2 个重点城市辅助超级站，分别为西南传输通道上的石家庄站和东南传输通道上的天津站。由此，构成地面超级站观测网。

各站点均配置了定量表征气象参数（风、温度、相对湿度、地面气压、光解速率常数和能见度等）、大气自由基和气相化学（自由基、过氧化氢、活性含氮物种、挥发性有机物）、新粒子生成与颗粒物增长（颗粒物数谱分布、分粒径化学组成）三大类大气污染关键参数的在线监测设备。此外，以构建大气污染关键化学和物理过程的闭合实验体系为出发点，在北大、望都和德州 3 个站点还部署了针对大气自由基、活性含氮含氧前体物、大气氧化中间态物种、颗粒物二次组分、颗粒物吸湿增长因子、颗粒物相态等参数的在线监测，基本实现了对大气自由基和大气二次污染物关键源汇过程的动态跟踪（表 2-2）。6 个超级站的联网运行，强化了在区域尺度定量表征硫－氮－碳污染物转化机制及二次颗粒物形成机理的研究。

表 2-2　大气污染综合观测超级站测量参数

参数	北大站	望都站	石家庄站	德州站	香河站	天津站
气象参数						
风、温度、相对湿度、地面气压	√	√	√	√	√	√
光解速率常数	√	√	√	√	√	√
能见度	√	√	√	√	√	√
风廓线	√	√		√	√	
气溶胶廓线	√	√	√	√	√	√
臭氧廓线	√				√	

续表

参数	北大站	望都站	石家庄站	德州站	香河站	天津站
大气自由基和气相化学						
常规六参数	√	√	√	√	√	√
自由基（$\cdot OH$、$HO_2\cdot$）	√					
五氧化二氮（N_2O_5）	√					
甲醛（HCHO）	√		√	√		
亚硝酸（HONO）	√	√	√	√	√	√
硝酸（HNO_3）	√	√	√	√	√	√
过氧化氢（H_2O_2）	√	√				
过氧乙酰硝酸酯（PAN）	√	√	√	√	√	√
非甲烷总烃（NMHCs）	√	√	√	√	√	√
含氧挥发性有机物（OVOCs）	√	√	√	√	√	√
新粒子生成与颗粒物增长						
气态硫酸、高氧化态有机物	√	√		√		
氨气	√	√	√	√	√	√
有机胺		√		√		
元素碳（EC）、有机碳（OC）	√	√	√	√	√	√
1～3nm 颗粒物数浓度	√	√	√	√		
3～500nm 颗粒物数浓度	√	√	√	√	√	√
500nm～10μm 颗粒物数浓度	√		√	√		√
颗粒物化学组成（分粒径）	√	√		√	√	√
颗粒物吸湿 / 挥发特性因子	√					√
颗粒物吸光系数	√	√	√	√	√	√
颗粒物散射系数	√	√	√	√	√	√
金属元素	√	√	√	√	√	√
颗粒物相态	√					
离线膜采样	√	√	√	√	√	√

注：“√”表示有此参数的在线测量结果。

本次超级站联网综合观测共动用了包括低压扩张激光诱导荧光、腔衰荡光谱、腔增强吸收光谱、在线气相色谱–质谱联用系统、高分辨质子转移质谱、高分辨化学离子化质谱、串联式颗粒物吸湿 / 挥发特性测定仪、高分辨气溶胶质谱等在内的高科技在线测量设备 100 余套，在 2017 年 11 月～ 2018 年 1 月和 2018 年 11 月～ 2019 年 1 月累计开展 6 个月的外场观测，参与观测人员 200 余人次，观测规模与强度均远超欧美国家和地区及国内在近 30 年开展的同类型观测计划。

为确保上述设备长时间稳定运行、产出高质量连续数据，基于以往的外场观测经验，攻关项目建立了超级站联网运行的质量保证与质量控制体系，其涵盖点位架设、日常维护、预防性和弥补性维护、数据追踪、深度检查五大方面（图 2-7）；编写了针对大气自由基、挥发性有机物、颗粒物物理和化学特性等关键参数在线测量的标准操作规程13套，并进一步完善了常规污染物在线监测的标准操作规程；形成了超级站运行的体制机制，通过各站点负责人每日召集例会，集中开展数据自查、污染研判、成因分析，形成每日简报并报送专家组，做到对超级站运行状态、方案和问题的及时掌握、调整与解决；构建了超级站联网观测数据库，实现了对多个超级站数据的集成展示，支撑了对区域大气重污染过程的集成分析。在2017～2018年和2018～2019年秋冬季观测期间，超级站观测网络采集数据约150万条，占用存储空间5000MB，为大气重污染成因分析提供了较为完备和高质量的数据集，及时地服务于每次污染事件成因追踪，也为建立我国超级站运行规范、推动超级站高质量业务化运行提供了借鉴。

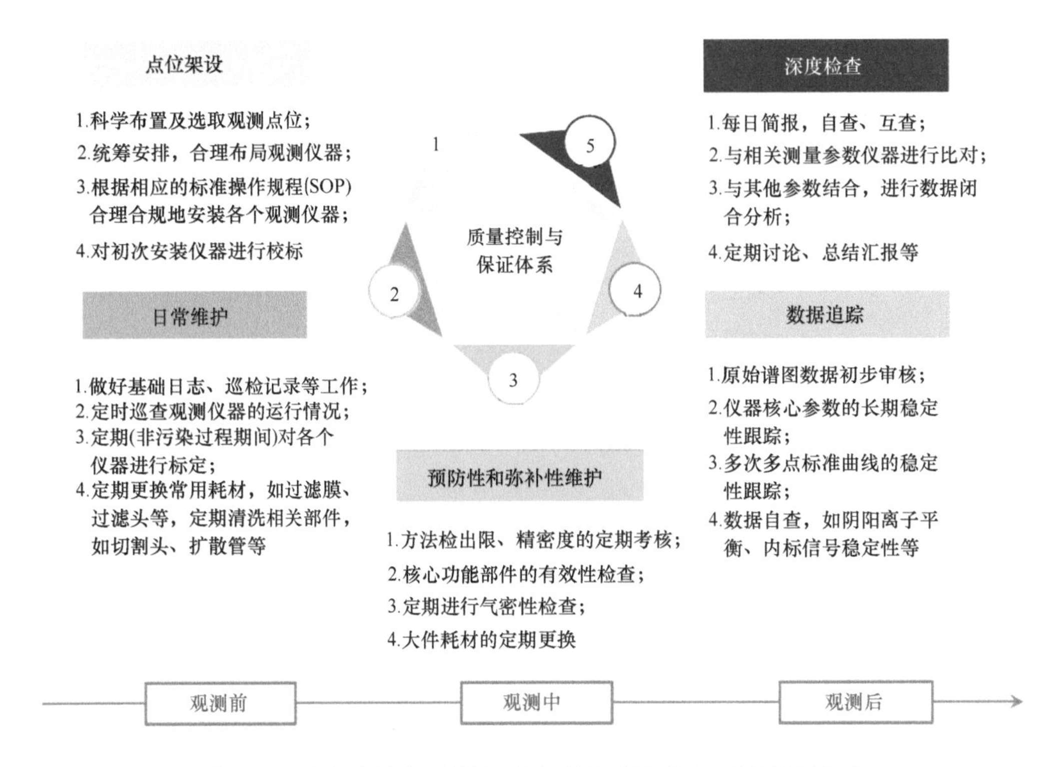

图2-7　大气污染综合观测超级站运行的质量保证与质量控制体系

2.1.3　颗粒物组分网

整合业务网和科研网已有组分手工和在线监测数据，采用区域监测网络优化技术，提出京津冀及周边地区二次组分网设计方案。在常规38个组分监测站监测的基础上，融合中国生态系统研究网络京津冀及周边区域15个观测站（主要集中在城市之间、农牧区和背景区域，作为城市站点的补充）的颗粒物组分手工和在线观测，结合区域气象观测，获取污染输送的关键证据；进一步结合“2+26”城市污染特征，在各城市增设3～5个采样点，共设采样点109个（图2-8）。在2016～2019年秋冬季期间，共采集5.8万个样品。另外，在“2+26”城市增加对关键站点碳质组分、水溶性离子和重金属等参数的在线测定，共计49万条。攻关项目建立的颗粒物组分网为研究大气重污染成因和重污染过程的表征提供了基础数据。

针对我国颗粒物组分监测规范尚不完善等问题，攻关项目构建了统一的大气环境立体观测作业指导书和网络化数据质控技术体系，研究了组分网观测数据的质控措施和质控技术，设计了观测数据库优化方案及多数据融合的传输连接方式；通过开展各类仪器的测试校验、比对和性能评估，制定监测设备性能要求技术规范和外场监测综合技术规定。

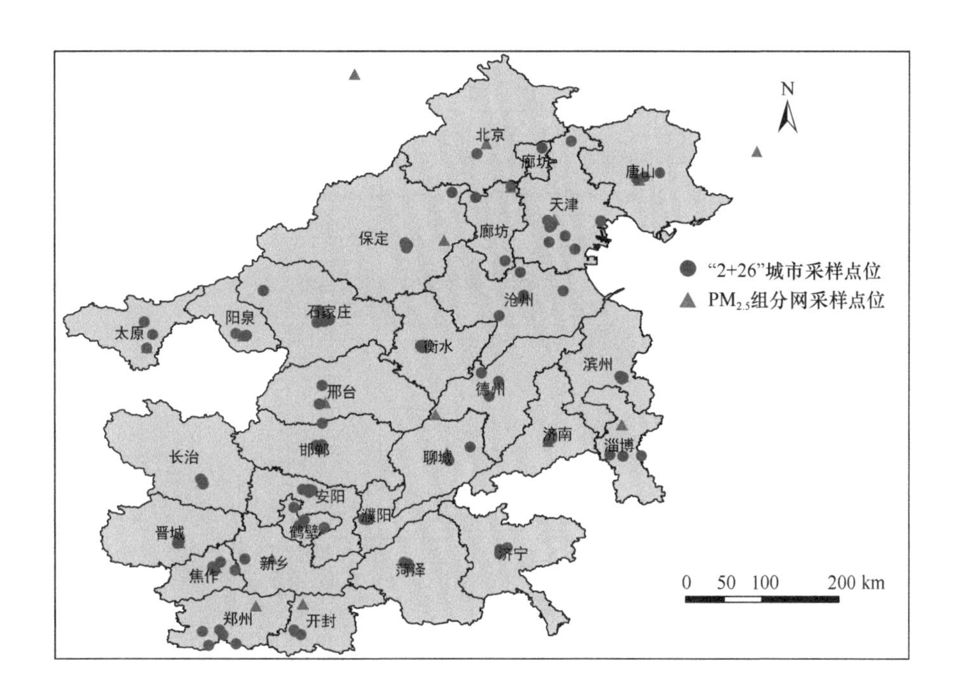

图 2-8 “2+26”城市 $PM_{2.5}$ 采样点位分布

2.1.4 烟雾箱模拟实验

烟雾箱系统作为研究和评价光化学反应机理的有效手段，对认识和解决局地、区域和全球尺度的大气污染问题发挥着重要作用。攻关项目为了研究复合污染条件下二次颗粒物的生成机制，建立了 $30m^3$ 的室内烟雾箱。烟雾箱采用“箱中箱”的设计思路，主要由零空气发生系统、特氟龙反应器、光源系统、温度控制系统、进样控制系统和检测系统构成（图 2-9）。特氟龙反应器为 3.0m×2.5m×4.0m 的长方体，比表面积为 $1.97m^{-1}$，由 125μm 的特氟龙膜焊接缝合而成。采用 120 盏 365nm 的紫外灯作为主要光源，NO_2 的最大光解速率为 $0.55min^{-1}$。

基于烟雾箱实验系统，研究人员定量评估了 NH_3 和 NO_2 对硫酸根离子生成的促进作用。针对多污染物共存的复合污染条件，研究人员评估了 NH_3 对 NO_2 液相氧化 SO_2 过程中溶解和氧化的促进作用，发现 NH_3 可提升硫酸根离子的生成速率，表明 NO_2 和 NH_3 共存时对硫酸根离子生成的促进作用不是简单的线性叠加，二者共存表现出协同效应 [1]，此外，表征了相对湿度和矿尘粒径对硫酸根离子界面生成的影响。研究人员模拟了不同相对湿度条件下硫酸根离子在碳酸钙颗粒物表面的多相反应过程，表明相对湿度增加极大地促进了碳酸钙颗粒物表面硫酸根离子的生成，并根据实验结果建立了参数化方程。研究人员分析了 3 种代表性粒径的碳酸钙颗粒物对硫酸根离子生成的影响，发现碳酸钙颗粒物的粒径不会影响产物的化学组成，但碳酸钙颗粒物粒径与硫酸根离子的生成速率呈反相关（图 2-10 和图 2-11）[2]。

2.1.5 空气质量模式模拟

研究人员利用自主研发的嵌套网格空气质量预报模式系统（NAQPMS）定量解析了污染排放、气象条件变化、化学转化和污染–气象耦合机制对大气重污染过程的影响。NAQPMS 模式融合了最新的气溶胶微观动力学模拟技术、污染–气象“双向反馈”模拟技术，改进了有机气溶胶模块，提高了对二次有机气溶胶

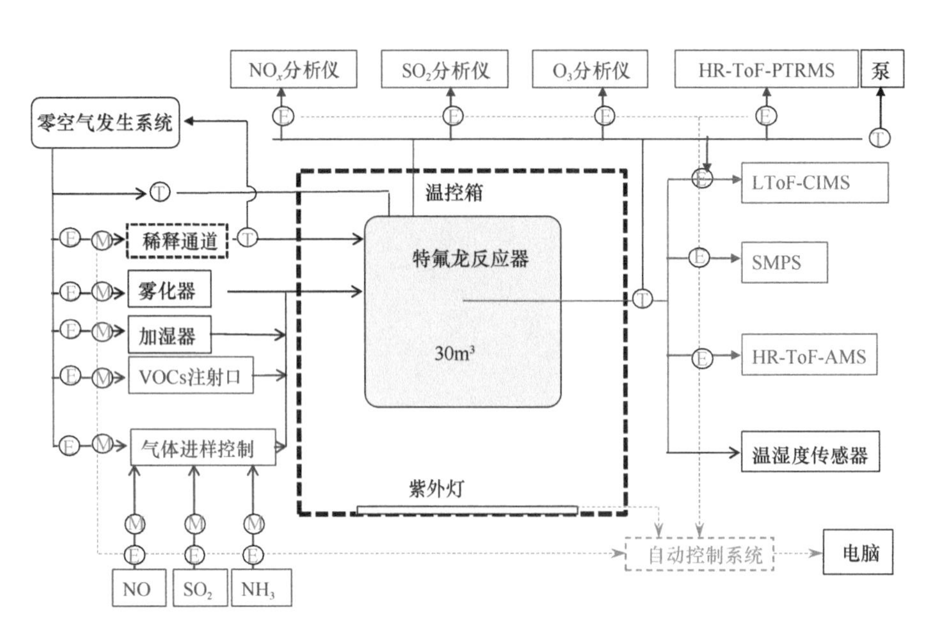

图 2-9　室内烟雾箱系统

E，电子阀；M，流量控制器；T，三通阀；HR-ToF-PTRMS，高分辨率飞行时间质子转移质谱仪；LToF-CIMS，飞行时间化学电离质谱仪；SMPS，扫描电迁移率粒径谱仪；HR-ToF-AMS，高分辨率飞行时间气溶胶质谱仪

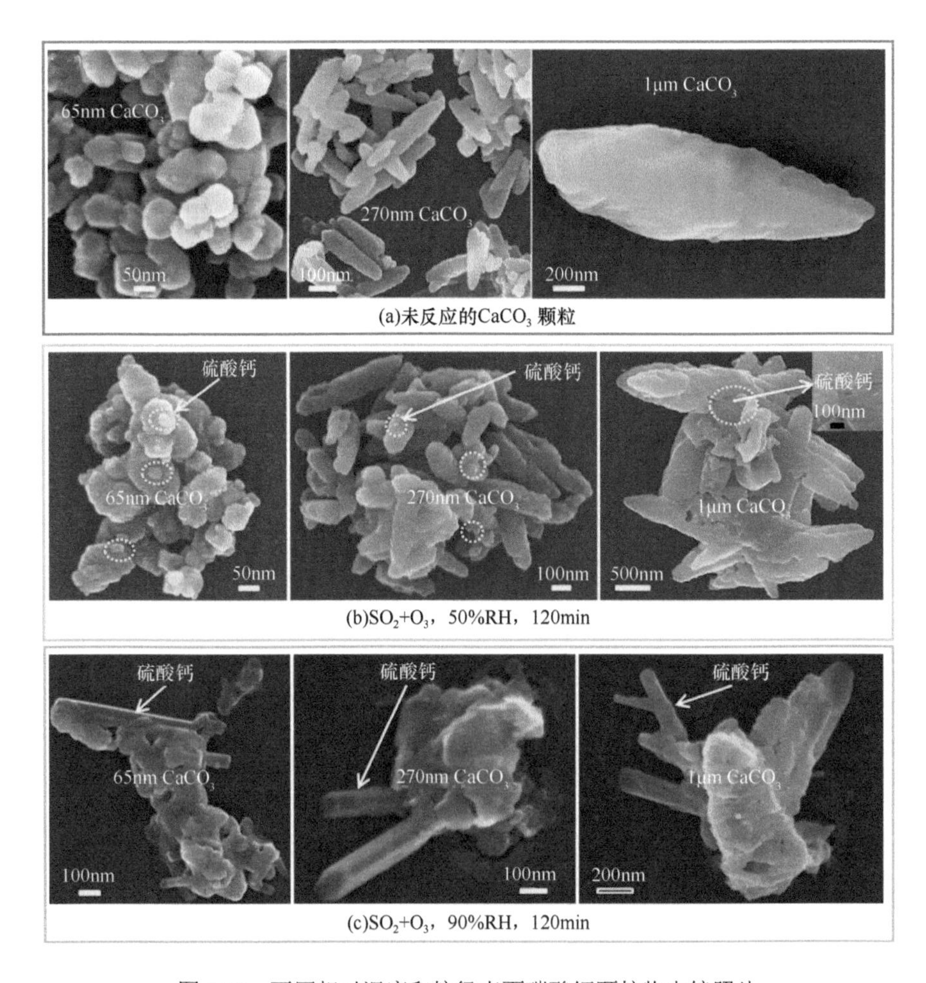

图 2-10　不同相对湿度和粒径表面碳酸钙颗粒物电镜照片

RH，相对湿度

的模拟能力，扩展了气溶胶粒径模拟范围，显式地计算成核率、新粒子的增长和碰并过程，可综合表征控制大气细粒子谱分布的化学、热力学和微观动力学过程，可对大气细粒子的微物理参数在三维空间上进行高分辨率模拟，较好地再现了气溶胶质量浓度（包括无机和有机气溶胶）的日变化特征，与观测数据的对比表明，NAQPMS 模式可以重现重污染天气下气溶胶生成和消亡的主要特征。基于 NAQPMS 模式与算法的发展，实现了重污染天气的启动—爆发—消散全过程精细化模拟及物理和化学耦合定量解析。化学解析算法加速的新方法的发展提高了整体运算效率，实现了 7 ～ 14 天的中长期预报。研究人员综合敏感性模拟技术、过程定量分析技术和污染物来源追踪技术构建了重污染过程定量解析方法，该方法具备定量解析重污染过程的能力。

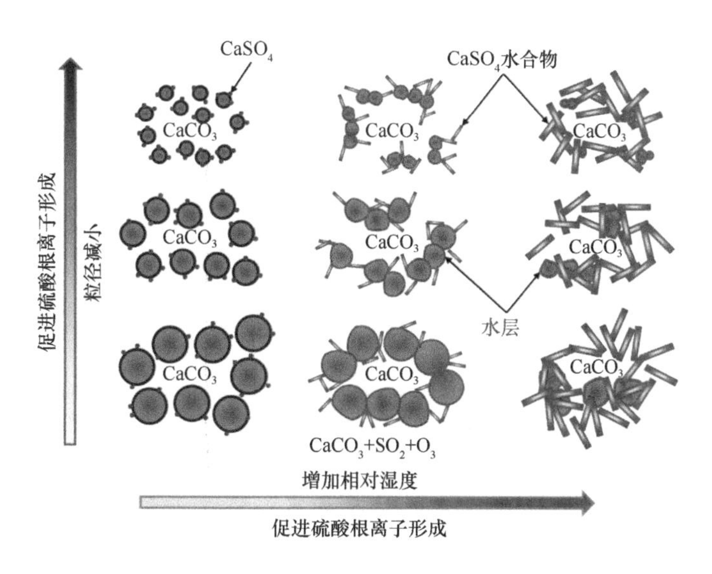

图 2-11　相对湿度和颗粒物粒径对硫酸根离子生成的影响示意图

为评估 NAQPMS 模式的模拟能力，选取 2017 年 11 月～ 2018 年 1 月和 2018 年 11 ～ 12 月不同城市 $PM_{2.5}$、NO_2、SO_2 和 CO 小时浓度的观测和模式模拟结果进行对比。结果显示，该模式可以较好地模拟各城市的重污染情形（图 2-12）。

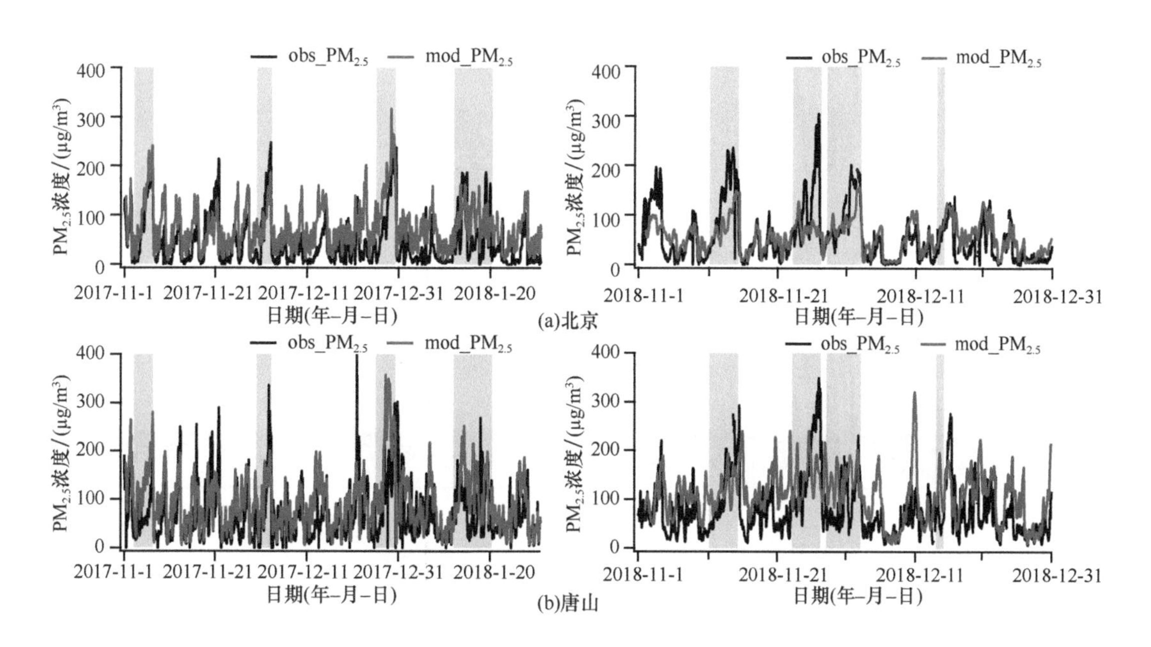

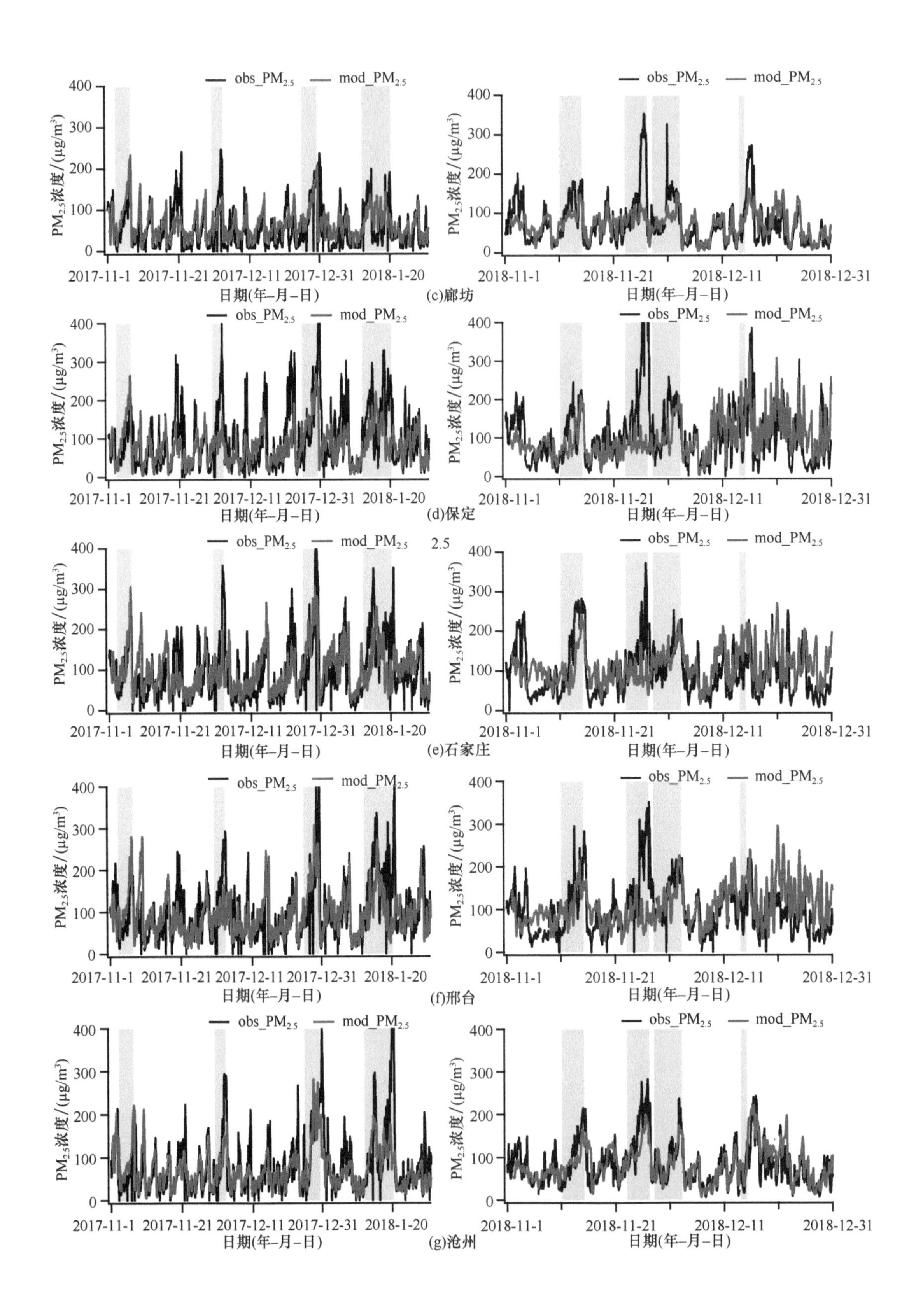

(c)廊坊

(d)保定

(e)石家庄

(f)邢台

(g)沧州

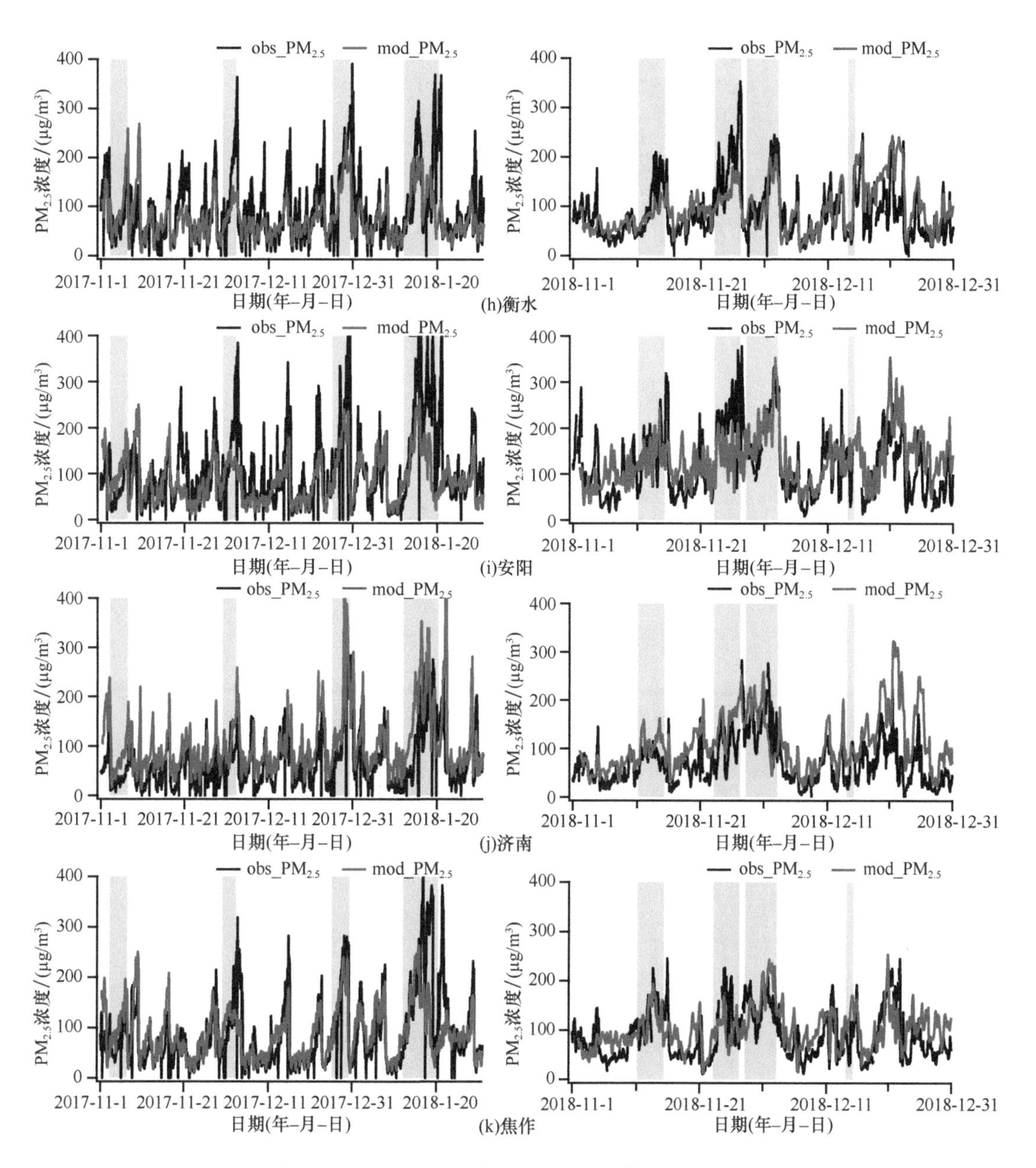

图 2-12 2017 ～ 2018 年 $PM_{2.5}$ 观测和模拟时间序列图

黑色代表观测（obs）值；红色代表模拟（mod）值

从统计参数来看，2017 年 11 月～ 2018 年 1 月各城市 $PM_{2.5}$ 小时浓度的 NAQPMS 模式模拟值和观测值相关性较好，相关系数（R）为 0.48 ～ 0.72，各城市的均方根误差（RMSE）为 37.0 ～ 64.5μg/m^3，平均偏差（MB）为 –28.4 ～ 9.3μg/m^3，其中北京、唐山、廊坊和郑州的 MB 较小，为 –3.3 ～ 5.5μg/m^3。对于 CO，各城市 RMSE（≤ 1.5mg/m^3）和 MB（–0.3 ～ 1.2mg/m^3）均较小。对于 SO_2 和 NO_2，各城市的模拟值总体较观测值有一定程度的高估（表 2-3）。2018 年 11 ～ 12 月，总体上城市 $PM_{2.5}$ 小时浓度的 NAQPMS 模式模拟值和观测值的相关性较好，R 大部分在 0.5 以上，石家庄和邢台的模拟值和观测值相关性稍差；各城市的 RMSE 为 38.7 ～ 82.2μg/m^3，MB 为 7.8 ～ 47.3μg/m^3，表明模拟值存在一定程度的高估。对于 CO 的模拟值存在小幅低估，RMSE ≤ 1.3mg/m^3，MB 为 –1.0 ～ –0.3mg/m^3。对于 SO_2，各城市模拟值与观测值相关性较差，R 小于 0.5，RMSE 为 7.3 ～ 18.2μg/m^3，MB 为 –13.0 ～ 4.8μg/m^3。对于 NO_2，各城市模拟值与观测值相关性较 $PM_{2.5}$ 略差，但明显优于 SO_2，R 基本为 0.31 ～ 0.58，RMSE 为 23.8 ～ 68.8μg/m^3，MB 为 –8.3 ～ 49.0μg/m^3（表 2-4）。

表 2-3　2017 年 11 月～2018 年 1 月 NAQPMS 模式模拟评估结果

城市站点	$PM_{2.5}$			CO			SO_2			NO_2		
	R	RMSE/(μg/m³)	MB/(μg/m³)	*R*	RMSE/(mg/m³)	MB/(mg/m³)	*R*	RMSE/(μg/m³)	MB/(μg/m³)	*R*	RMSE/(μg/m³)	MB/(μg/m³)
北京	0.64	39.5	1.8	0.60	1.5	1.1	0.43	18.7	14.7	0.58	75.3	59.4
天津	0.67	47.7	9.3	0.67	1.5	1.2	0.48	25.3	17.5	0.62	77.1	66.1
石家庄	0.56	64.5	–24.9	0.44	1.1	0.4	0.26	29.0	14.9	0.50	44.0	26.1
唐山	0.69	44.4	5.5	0.62	1.2	0.1	0.42	36.1	22.1	0.77	54.9	49.1
廊坊	0.68	37.0	0.5	0.59	0.8	0.4	0.55	10.5	4.7	0.59	37.5	27.0
沧州	0.72	43.1	–9.5	0.68	0.6	0.1	0.47	19.1	–11.7	0.68	30.1	16.1
衡水	0.61	59.5	–28.4	0.66	0.5	0.1	0.47	14.3	7.6	0.64	29.1	20.6
邢台	0.48	59.4	–21.0	0.26	1.2	–0.2	0.27	29.2	12.6	0.47	42.1	22.2
郑州	0.70	49.4	–3.3	0.57	0.9	0.7	0.41	19.5	16.2	0.69	59.1	53.7
焦作	0.59	48.5	–10.3	0.50	0.8	–0.3	0.19	20.9	6.0	0.54	32.0	19.1

表 2-4　2018 年 11 ～ 12 月 NAQPMS 模式模拟评估结果

城市站点	$PM_{2.5}$			CO			SO_2			NO_2		
	R	RMSE/(μg/m³)	MB/(μg/m³)	*R*	RMSE/(mg/m³)	MB/(mg/m³)	*R*	RMSE/(μg/m³)	MB/(μg/m³)	*R*	RMSE/(μg/m³)	MB/(μg/m³)
北京	0.64	43.8	7.8	0.60	0.6	–0.3	0.29	7.7	3.3	0.58	42.8	28.6
天津	0.55	65.2	43.9	0.32	0.8	–0.3	0.03	17.8	4.8	–0.06	68.8	49.0
石家庄	0.39	77.3	35.9	0.35	1.0	–0.6	0.15	15.8	4.7	0.43	34.5	21.3
廊坊	0.66	47.3	13.5	0.49	0.9	–0.7	0.25	11.6	–2.0	0.36	33.5	13.1
沧州	0.77	38.7	16.7	0.47	0.8	–0.6	0.18	18.2	–13.0	0.51	23.8	–6.6
衡水	0.62	56.9	26.2	0.51	0.8	–0.6	0.42	9.5	–2.4	0.31	24.6	–8.3
邢台	0.22	82.2	33	0.20	1.3	–1.0	0.25	14.0	–1.7	0.41	24.1	2.0
郑州	0.70	67.5	47.3	0.51	0.6	–0.4	0.38	7.3	–1.0	0.50	33.7	14.3
焦作	0.55	53.7	27.9	0.39	1.1	–0.8	0.18	15.2	–4.4	0.29	25.2	–8.2

在闭合实验研究框架下，本书的研究基于综合外场观测获得实际大气条件下颗粒物的化学组分、二次颗粒物产生的化学反应途径、颗粒物污染传输通道和边界层高度变化等理化参数信息；在实验室做模拟实验，对关键反应途径的动力学常数进行测量，构建相应的参数化描述方案；在动力学模式和空气质量模式中集成最新的研究成果，综合外场观测开展针对污染过程的来源解析工作，为实现时间上精确到过程、空间上精确到城市的定量解析提供综合技术方法体系。

2.2　京津冀及周边地区大气污染特征和演变

根据生态环境部 2018 年 8 月 14 日印发的《环境空气质量标准》（GB 3095—2012）修改单的要求，

将 2013 ～ 2018 年全国环境空气质量监测数据回溯到实况状态，基于修正后的环境空气质量监测数据和颗粒物组分网观测数据，利用统计分析方法，比较分析区域主要污染物年际变化规律、秋冬季变化特征、区域背景点变化特征和重污染天数变化趋势，识别影响区域城市环境空气质量达标的关键污染物和大气污染防治重点控制时段及“热点地区”。

2.2.1　空气质量年际变化趋势

2016 ～ 2019 年，京津冀及周边地区“2+26”城市 $PM_{2.5}$、PM_{10}、SO_2、NO_2 和 CO 浓度均明显下降，O_3 浓度逐年显著上升。2019 年区域内 $PM_{2.5}$、PM_{10}、SO_2、NO_2 平均浓度和 CO 平均浓度第 95 百分位数分别为 57μg/m^3、100μg/m^3、15μg/m^3、40μg/m^3 和 2mg/m^3，与 2016 年相比分别下降了 22%、19%、59%、9% 和 33%；O_3（8h）浓度第 90 百分位数为 196μg/m^3，较 2016 年上升了 27%（图 2-13）。

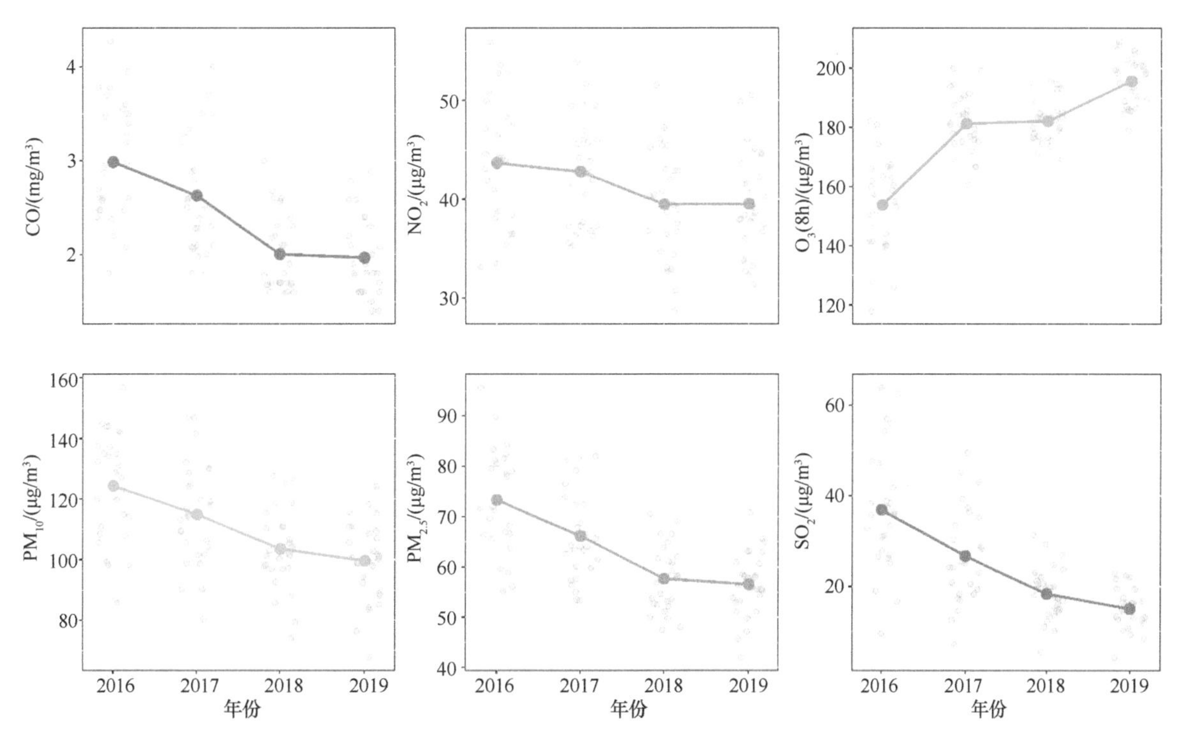

图 2-13　2016 ～ 2019 年“2+26”城市主要污染物浓度年际变化

2016 ～ 2019 年，区域优良天数占比总体略有下降，轻中度污染天数逐年递增，重污染天数显著减少。2019 年，“2+26”城市平均优良天数为 194 天，较 2016 年减少了 15 天；轻中度污染天数为 151 天，较 2016 年增加了 28 天；重度及以上污染天数为 20 天，较 2016 年减少了 13 天（图 2-14）。

2016 ～ 2019 年，O_3 对轻、中度污染天数的贡献逐年上升，重度及以上污染仍以颗粒物（PM_{10} 和 $PM_{2.5}$）污染为主。2019 年轻度污染天数中，以 $PM_{2.5}$ 为首要污染物的污染天数比例为 31.5%，而在重度及以上污染天数中，以 $PM_{2.5}$ 为首要污染物的污染天数比例为 95.6%；2019 年轻度污染天数中，以 PM_{10} 为首要污染物的污染天数比例为 11.9%，在重度及以上污染天数中，以 PM_{10} 为首要污染物的污染天数比例为 0.9%；O_3 污染天数主要出现在轻、中度污染等级中。从年际变化来看，在轻中度污染等级中 $PM_{2.5}$ 和 PM_{10} 污染天数贡献逐年递减，O_3 则呈显著逐年递增趋势。与 2016 年相比，2019 年 $PM_{2.5}$ 污染天数比例在轻、中度污染等级中分别下降了 17.9 个百分点、26.8 个百分点，但在重度及以上污染等级中上升了 3.7 个百分点；

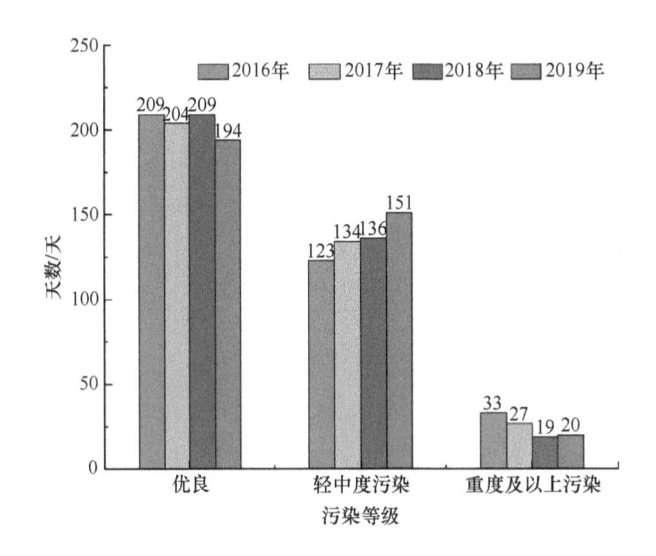

图 2-14　2016 ～ 2019 年“2+26”城市不同污染等级天数统计

PM_{10} 污染天数比例在轻、中、重度及以上污染等级中分别下降了 4.8 个百分点、6.3 个百分点、6.3 个百分点；2019 年 O_3 污染天数比例在轻、中度污染等级中占比分别为 56.4%、46.1%，与 2016 年相比，分别增加了 23.6 个百分点、33.1 个百分点（图 2-15）。

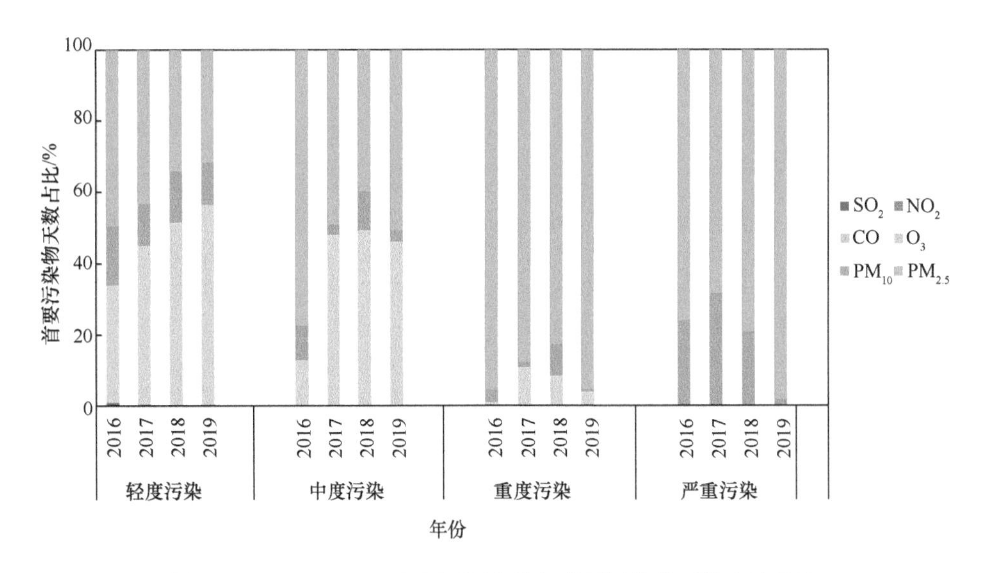

图 2-15　2016 ～ 2019 年不同污染等级首要污染物天数占比统计

区域内 $PM_{2.5}$ 超标天数显著减少，但超标情况依然严峻，主要分布在秋冬季。区域内 O_3（8h）浓度超标天数明显增加，表明区域内 O_3 污染逐渐凸显。NO_2 超标天数改善不明显，超标现象主要分布在秋冬季。SO_2 超标天数降低显著，到 2019 年仅个别天出现轻度超标现象（图 2-16）。

基于卫星观测全时空覆盖的气溶胶光学厚度（AOD）产品反演的 2016 ～ 2019 年近地表 $PM_{2.5}$ 浓度和 NO_2、SO_2 柱浓度数据，结合地面站点监测浓度数据，分析 4 年来京津冀及周边地区 $PM_{2.5}$、NO_2、SO_2 地面站点监测浓度与卫星观测浓度变化特征（图 2-17）。与 2016 年相比，2017 ～ 2019 年地面站点监测与卫星观测的 $PM_{2.5}$、NO_2、SO_2 浓度均呈现逐年递减的特征。其中，地面站点监测 $PM_{2.5}$ 浓度降幅与卫星观测浓度降幅高度一致，地面站点监测 NO_2、SO_2 浓度降幅则低于卫星观测浓度降幅（2018 年 NO_2 地面站点监测浓度降幅高于卫星观测浓度降幅）。

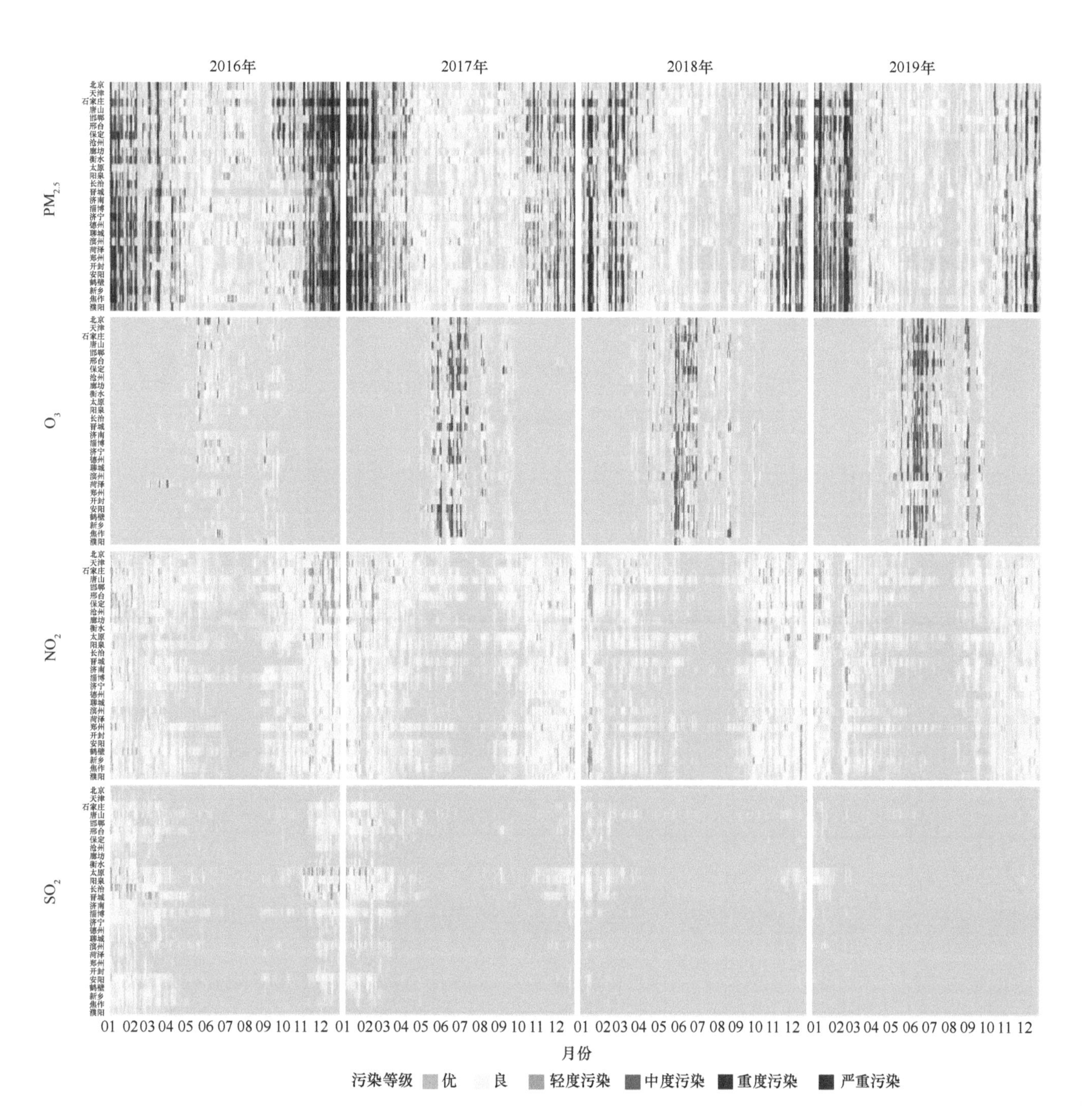

图 2-16　2016 ～ 2019 年“2+26”城市主要污染物浓度超标情况

2.2.2　秋冬季大气污染变化趋势及特征

2016 ～ 2019 年秋冬季（11 月至次年 3 月），京津冀及周边地区 $PM_{2.5}$、PM_{10}、SO_2、NO_2 和 CO 浓度均显著下降，O_3 略有上升。2019 ～ 2020 年秋冬季区域 $PM_{2.5}$、PM_{10}、SO_2、NO_2 平均浓度和 CO 平均浓度第 95 百分位数分别为 74μg/m^3、113μg/m^3、15μg/m^3、43μg/m^3 和 2mg/m^3，与 2016 ～ 2017 年秋冬季相比分别下降了 35%、36%、72%、30% 和 50%；O_3（8h）浓度第 90 百分位数为 103μg/m^3，与 2016 ～ 2017 年秋冬季相比上升了 3.5%（图 2-18）。

为分析京津冀及周边地区和“2+26”城市 $PM_{2.5}$ 组分变化特征，在已有组分网的基础上，结合“2+26”

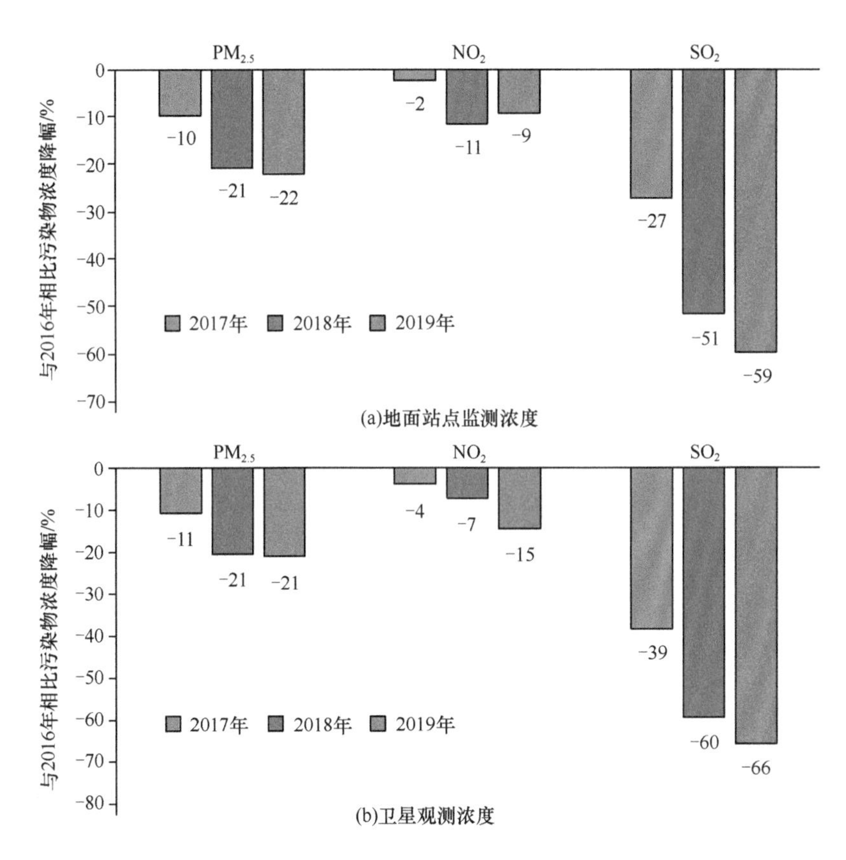

图 2-17　与 2016 年相比 2017 ～ 2019 年京津冀及周边地区主要污染物浓度变化情况

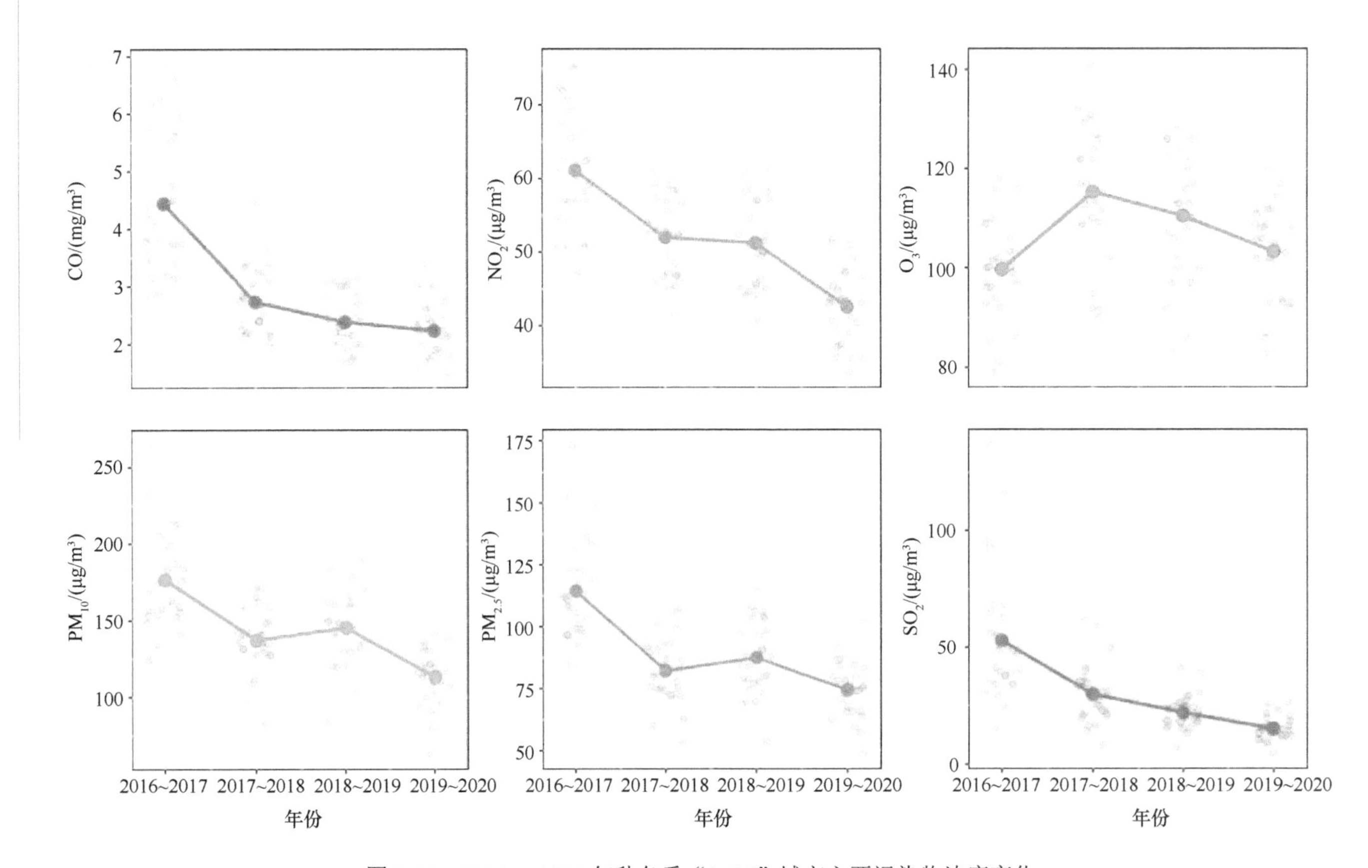

图 2-18　2016 ～ 2020 年秋冬季“2+26”城市主要污染物浓度变化

城市的污染特征，分别增设 3 ～ 5 个采样点，共设采样点 109 个，于 2017 ～ 2018 年和 2018 ～ 2019 年两个秋冬季进行连续采样，共采集 5.8 万个样品。

区域尺度上，京津冀及周边地区 2016 ～ 2019 年秋冬季 $PM_{2.5}$ 主要组分浓度明显下降，其中占比较大的有机物（OM）、硫酸根离子浓度大幅下降，表明区域内燃煤治理取得显著成效。硝酸根离子成为最主要的二次无机组分，体现了 NO_x 管控的重要性和紧迫性。铵根离子在 $PM_{2.5}$ 中的占比为 10% 左右，随着 SO_2、NO_x 等酸性气体的减排，铵根离子浓度同步降低。有机物来自一次排放（占 50% ～ 70%）和挥发性有机物的二次转化（占 30% ～ 50%），硝酸根离子、硫酸根离子和铵根离子主要来自气态污染物的二次化学转化，元素碳、地壳物质和微量元素主要来自一次排放。2018 ～ 2019 年秋冬季，区域内 $PM_{2.5}$ 中有机物、硝酸根离子、硫酸根离子和铵根离子的占比分别为 27.2%、20.1%、11.6% 和 10.4%（图 2-19），其浓度同比 2016 ～ 2017 年秋冬季分别下降了 31.3%、10.8%、41.6% 和 22.4%。北京 $PM_{2.5}$ 中有机物、硝酸根离子、硫酸根离子和铵根离子的占比分别为 28.1%、18.6%、8.9% 和 8.6%，其浓度同比 2016 ～ 2017 年秋冬季分别下降了 47.7%、27.0%、45.4% 和 40.7%。

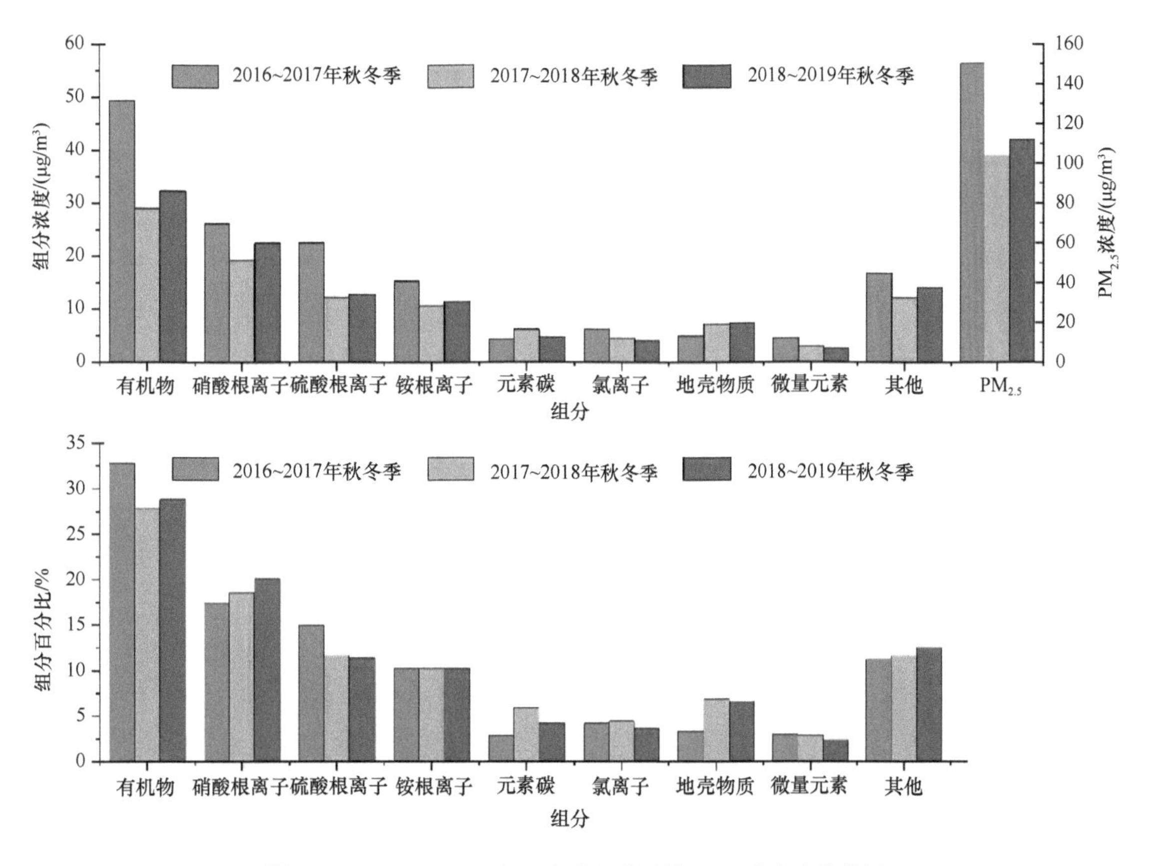

图 2-19 2016 ～ 2019 年 3 个秋冬季区域 $PM_{2.5}$ 组分变化特征

城市尺度上，虽然近 3 个秋冬季有机物浓度降幅较大，但仍是 2018 ～ 2019 年秋冬季“2+26”城市 $PM_{2.5}$ 中的首要组分，其次为硝酸根离子和硫酸根离子。2018 ～ 2019 年秋冬季（图 2-20），有机物占比超过 30% 的城市有保定、廊坊、滨州、焦作和石家庄等，其中保定占比最高（51%）；有机物浓度同比降幅最大的是安阳（25.7%），增幅最大的是保定（23.8%）。硝酸根离子占比超过 20% 的城市有郑州、开封、德州、聊城、濮阳、北京、济南、晋城、邯郸、济宁、滨州、鹤壁和廊坊等，其中郑州占比最高（26%）；硝酸根离子浓度同比降幅最大的是新乡（39.5%），增幅最大的是阳泉（214.4%）。硫酸根离子占比在所有城市中均低于 15%，占比超过 10% 的城市有晋城、安阳、鹤壁、邯郸、长治、阳泉、淄博、太原、济南、德州、滨州、郑州、沧州、新乡、邢台和济宁等，其中晋城和安阳占比为14%；硫酸根离子浓度同比降幅最大的是开封（53.1%），增幅最大的是安阳（108.6%）。地壳物质占比超过10%的城市有唐山、北京、沧州、新乡、邢台、聊城、天津、太原、长治、衡水和焦作等，上述城市的扬尘管控仍有很大潜力，其中唐山占比最高（20%）。元素碳占比在所有城市中均小于10%，对$PM_{2.5}$的贡献较小，同比变化来看，降幅最大的是安阳（64.5%），增幅最大的是廊坊（97.2%）。

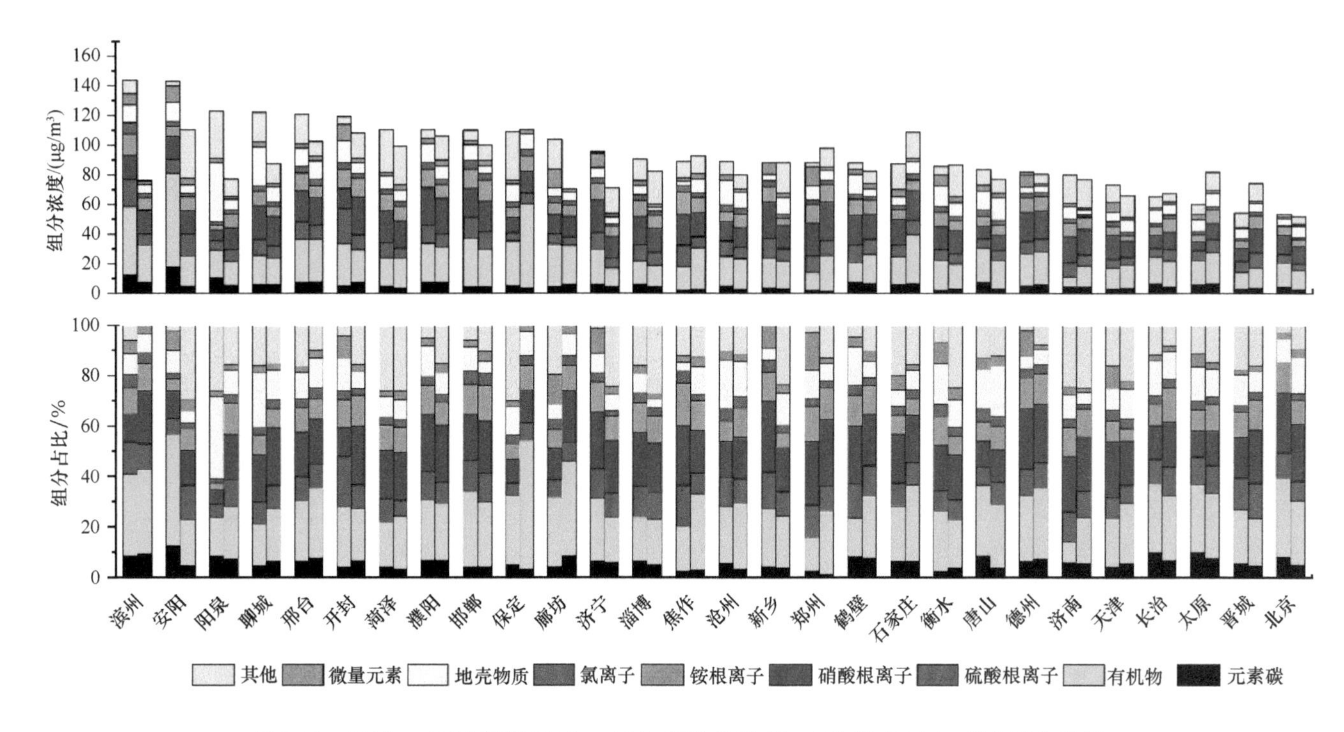

图2-20 2017～2018年和2018～2019年秋冬季“2+26”城市$PM_{2.5}$组分变化特征

每个城市对应的两个柱中，左柱为2017～2018年秋冬季，右柱为2018～2019年秋冬季

2018～2019年秋冬季，北京$PM_{2.5}$中二次无机组分（硝酸根离子、硫酸根离子、铵根离子三者之和）的占比达40%，有机物占比最高，为25%，地壳物质占比15%。

通过分析2018～2019年秋冬季“2+26”城市$PM_{2.5}$主要组分（有机物、硝酸根离子、硫酸根离子、铵根离子、氯离子、地壳物质、微量元素等）浓度随$PM_{2.5}$污染等级的变化趋势，将28个城市归纳为硝酸根离子主导、有机物主导、硝酸根离子–有机物“双主导”3种类型（图2-21），分析各城市重污染的主导因素（图2-22）。

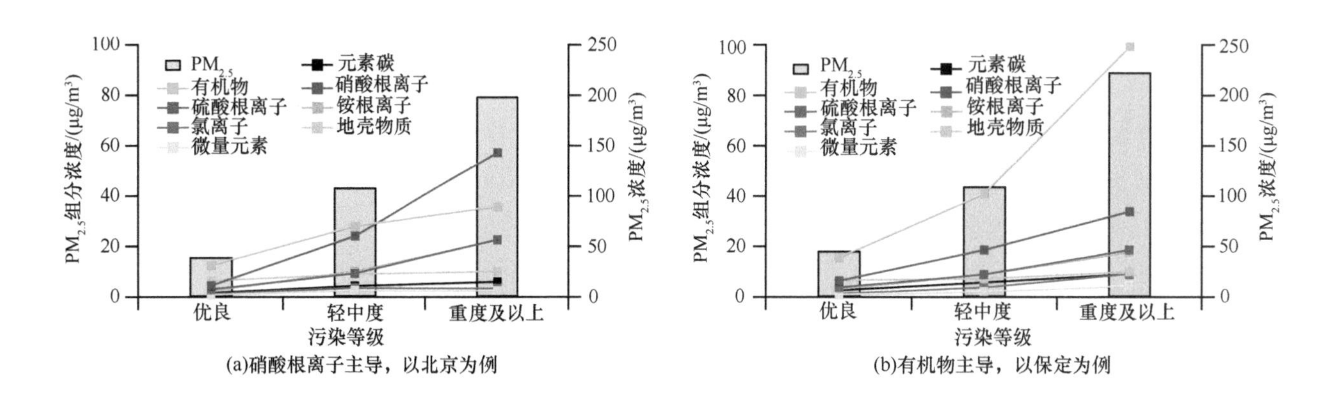

(a)硝酸根离子主导，以北京为例　　(b)有机物主导，以保定为例

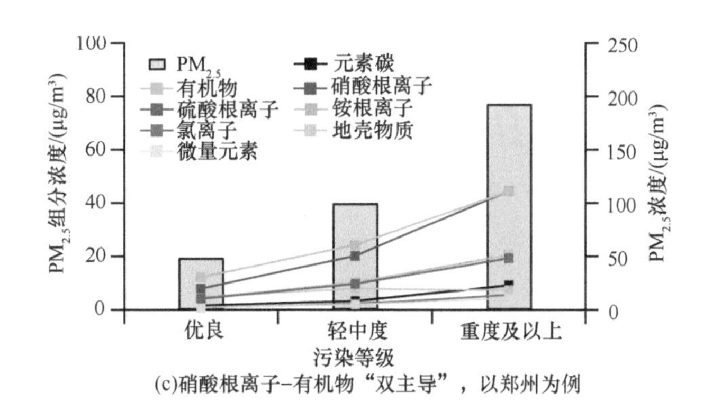

(c)硝酸根离子-有机物“双主导”，以郑州为例

图 2-21　2018 ～ 2019 年秋冬季典型城市 $PM_{2.5}$ 组分浓度随污染等级变化

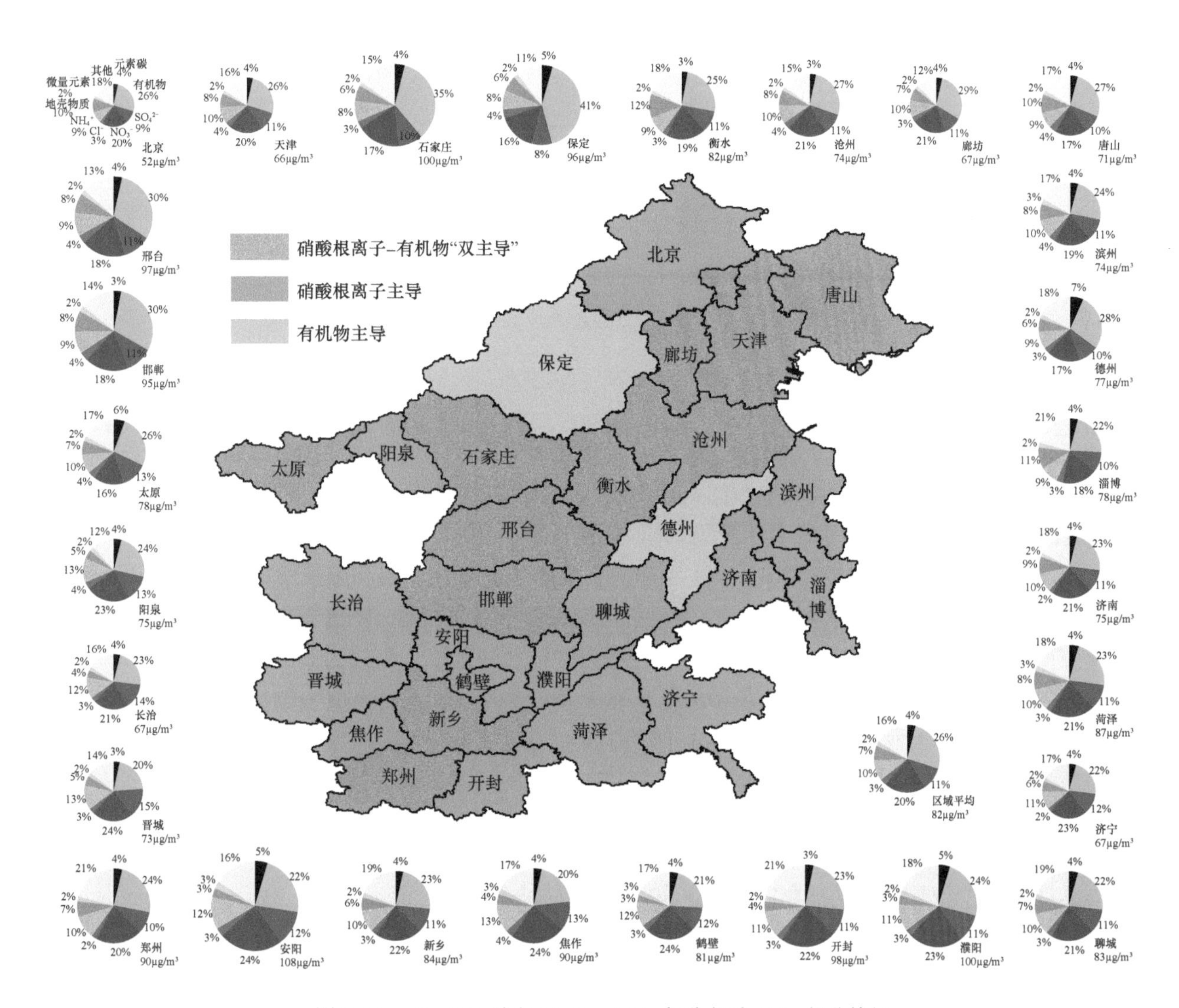

图 2-22　“2+26”城市 2018 ～ 2019 年秋冬季 $PM_{2.5}$ 组分特征

饼状图图例同左上角“北京”；因数值修约所致数值加和存在误差，下同

北京、阳泉、济南、安阳等城市的硝酸根离子对 $PM_{2.5}$ 浓度上升贡献最大且超过 20%，显著高于其他组分。特别是北京，其贡献高达 33%，成为重污染主导因素。

保定、德州等城市的有机物对 $PM_{2.5}$ 浓度上升贡献最大且超过 20%，显著高于其他组分。特别是保定，其贡献高达 47%，成为重污染主导因素。

天津、石家庄、太原、郑州等城市的硝酸根离子、有机物对 $PM_{2.5}$ 浓度上升的贡献均超过了 20%，显著高于其他组分，显示重污染受硝酸根离子 – 有机物“双主导”。

2016 ～ 2019 年秋冬季，京津冀及周边地区优良天数大幅增加，污染天数明显减少。2019 ～ 2020 年秋冬季（图 2-23），“2+26”城市平均优良天数为 90 天，比 2016 ～ 2017 年秋冬季增加了 66.7%（36 天）；城市出现轻中度、重度及以上天数平均分别为 48 天、14 天，比 2016 ～ 2017 年秋冬季分别减少了 21.3%（13 天）、61.1%（22 天）。

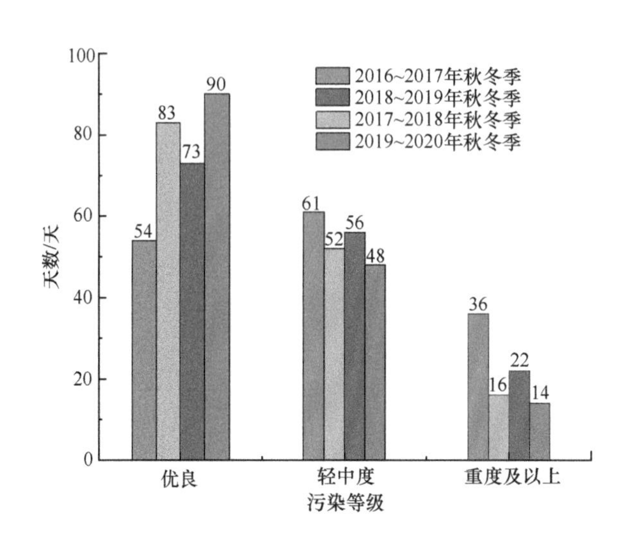

图 2-23　2016 ～ 2020 年 4 个秋冬季“2+26”城市优良、轻中度污染、重污染天数变化

从秋冬季空气质量综合指数分析来看，京津冀及周边地区大气污染呈由北向南逐渐加重的分布特征，表现出明显的空间差异性：位于区域中西部太行山沿线的保定、石家庄、邢台、邯郸大气污染较重；而位于北部地区的北京、天津和廊坊，总体上空气污染程度较轻[1]。2018 ～ 2019 年秋冬季空气污染空间分布同比发生了变化（图 2-24）：2017 ～ 2018 年秋冬季，石家庄、邢台、邯郸和阳泉污染较重，其中石家庄污染最严重；2018 ～ 2019 年秋冬季整个区域空气质量平均综合指数为 6.25，同比变化不大，仅下降了 1.1%。然而，污染重心向南偏移，石家庄、邢台和邯郸污染程度依然较重，安阳成为新的重污染区。经分析，虽然邢台和邯郸空气质量综合指数较 2017 ～ 2018 年秋冬季改善了 2% 左右，但安阳、保定和石家庄空气质量综合指数同比上升了 1.7% ～ 6.0%，且这 5 个城市的空气质量综合指数在整个区域排名前五，突显出污染较重的趋势。研究区北部地区中除北京外，天津和廊坊空气质量综合指数均同比上升，且廊坊上升幅度最大，为 9.0%。然而，这 3 个城市空气质量综合指数最低，为整个区域空气质量最好的城市。

2.2.3　基于区域背景监测站的主要污染物变化特征

在区域尺度上，背景监测站的监测数据反映了所在区域空气质量的本底值，称为背景值。目前，我国共建成 14 个环境空气质量背景监测站，位于京津冀及周边地区的背景监测站有砣矶岛站[2] 和庞泉沟站[3]。砣矶岛位于山东省烟台市长岛县，地处渤海海峡中部，位于京津冀及周边地区东南下风向处[4]；庞泉沟位于区域西部的山西省国家级野生动植物保护区内。此外，世界气象组织在我国布设了 6 个区域大气本底站，位于京津冀及周边地区东北方向的上甸子站是其中之一。这 3 个站点均远离城市等人口密集地区，为京津冀及周边地区“相对清洁”区域，不受局地污染源影响。本书研究选取上甸子、砣矶岛和庞泉沟 3 个大气背景监测站点（图 2-25），基于获得的主要污染物浓度，采用中位数统计分析方法，确定京津冀及周边地区主要污染物的区域背景值；同时，在上甸子、砣矶岛站开展大气颗粒物组分观测，分析 $PM_{2.5}$ 组分变化特征。

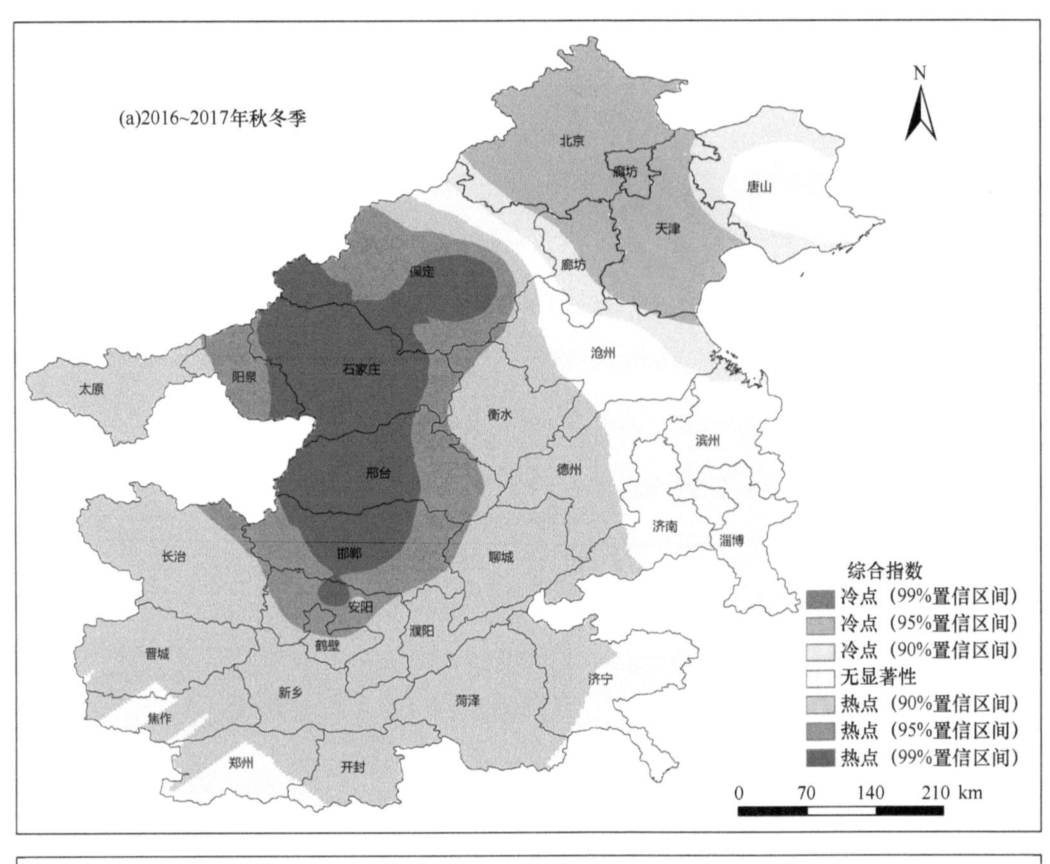
(a)2016~2017年秋冬季
N
北京
廊坊
唐山
天津
保定
廊坊
沧州
太原
阳泉
石家庄
衡水
滨州
邢台
德州
济南
淄博
长治
邯郸
聊城
安阳
晋城
濮阳
鹤壁
济宁
新乡
菏泽
焦作
郑州
开封
综合指数
冷点（99%置信区间）
冷点（95%置信区间）
冷点（90%置信区间）
无显著性
热点（90%置信区间）
热点（95%置信区间）
热点（99%置信区间）
0 70 140 210 km

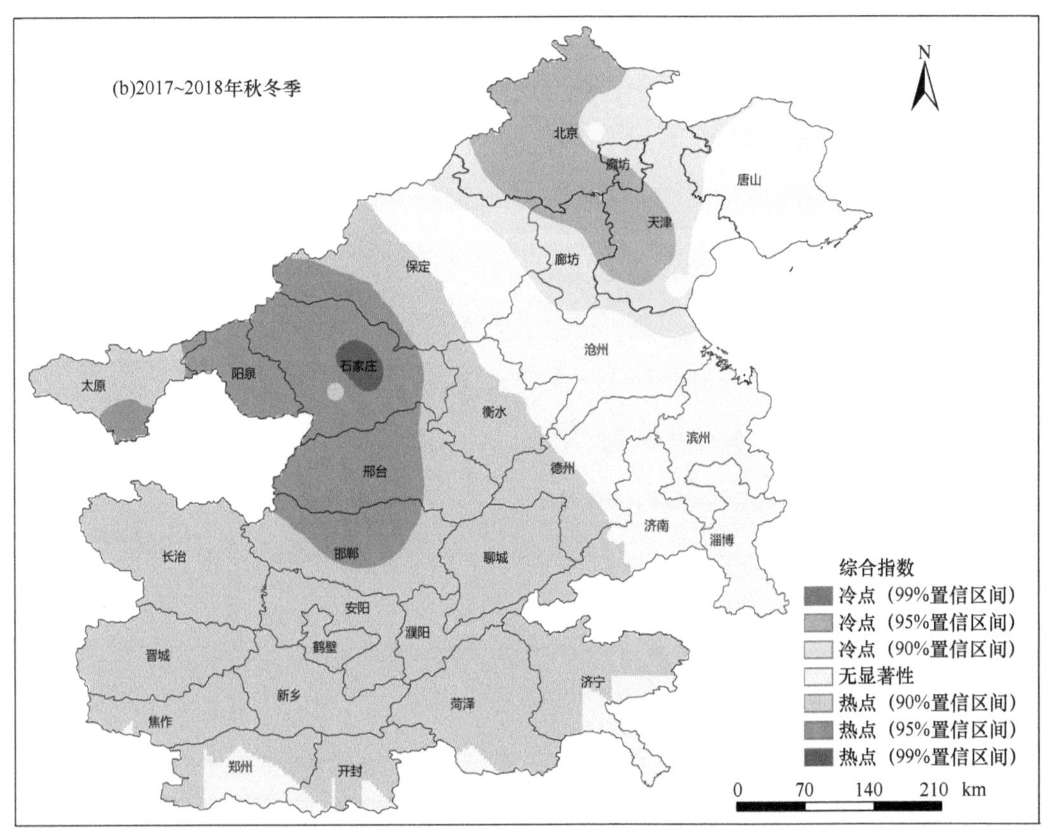
(b)2017~2018年秋冬季
N
北京
廊坊
唐山
天津
保定
廊坊
沧州
太原
阳泉
石家庄
衡水
滨州
邢台
德州
济南
淄博
长治
邯郸
聊城
安阳
濮阳
晋城
鹤壁
济宁
新乡
菏泽
焦作
郑州
开封
综合指数
冷点（99%置信区间）
冷点（95%置信区间）
冷点（90%置信区间）
无显著性
热点（90%置信区间）
热点（95%置信区间）
热点（99%置信区间）
0 70 140 210 km

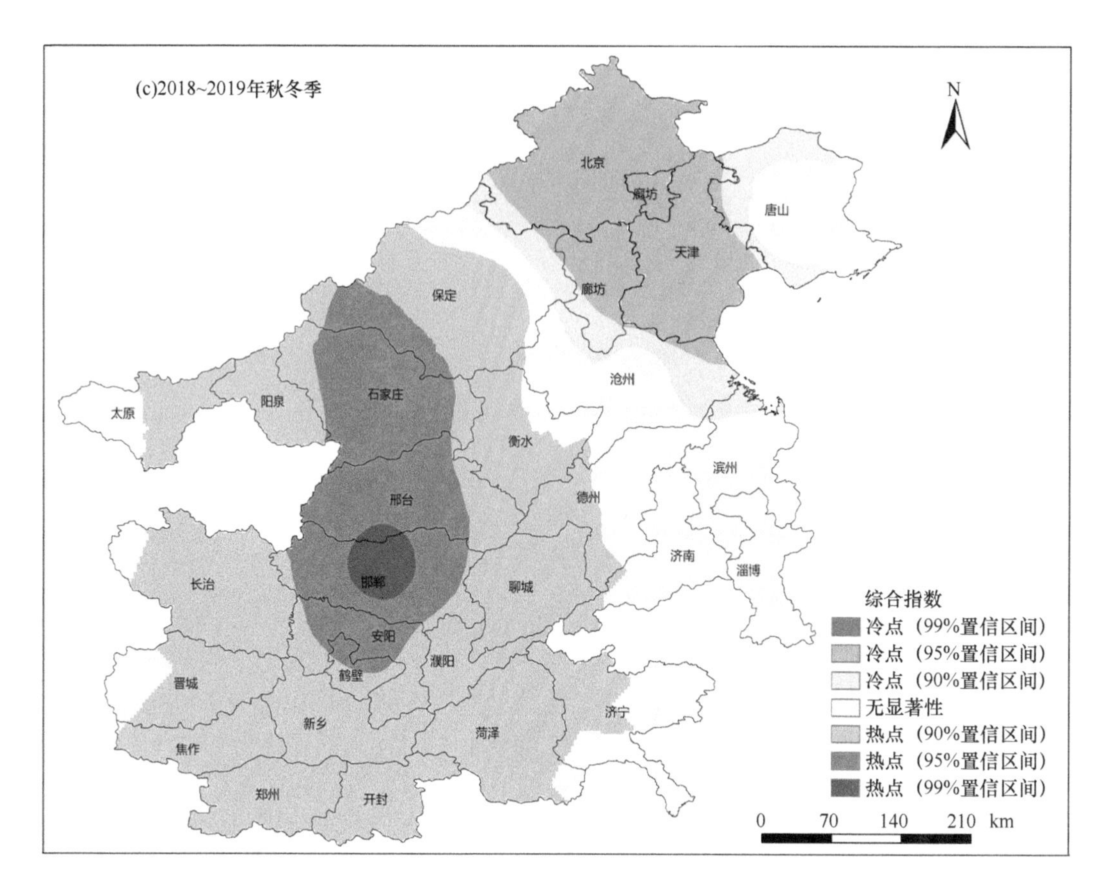

图 2-24　2016 ～ 2019 年 3 个秋冬季区域空气质量综合指数时空变化

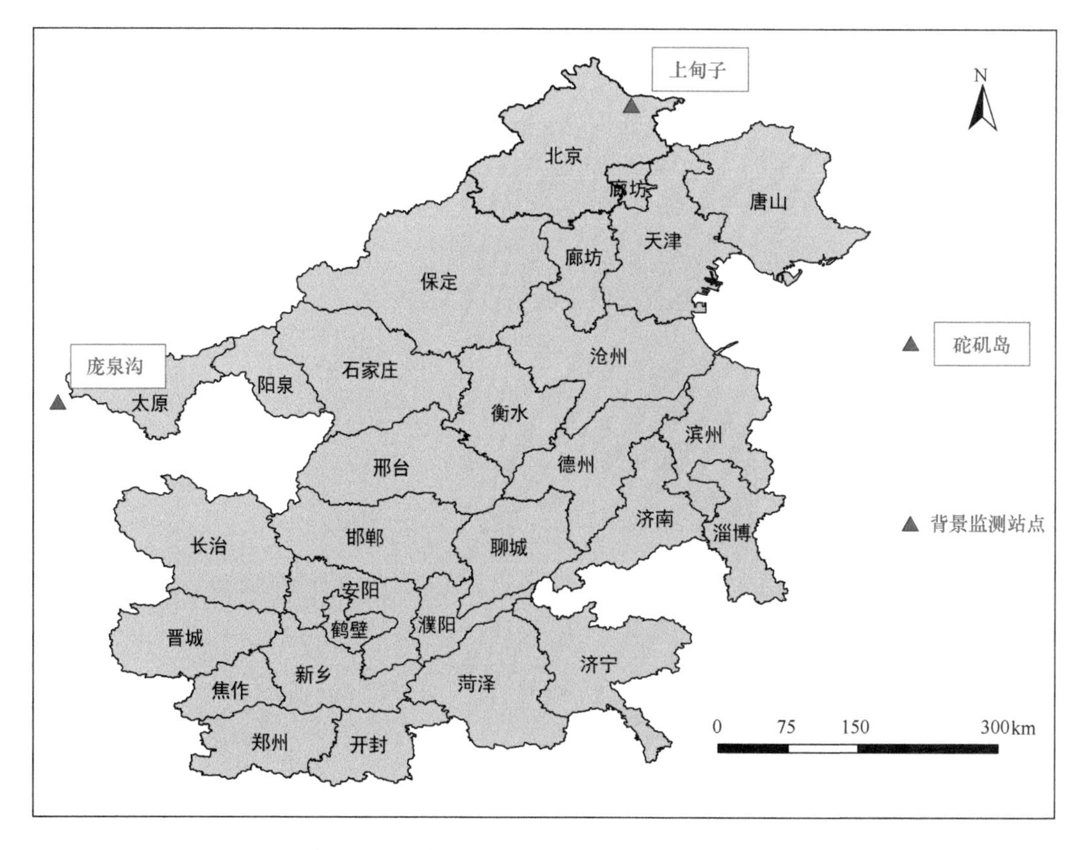

图 2-25　京津冀及周边地区背景监测站点示意图

2013 ～ 2019 年，3 个背景监测站点主要污染物浓度均呈现逐年下降特征。2019 年砣矶岛、上甸子和庞泉沟 $PM_{2.5}$ 浓度分别为 33μg/m³、29μg/m³ 和 21μg/m³，均优于环境空气质量二级标准 [5-7]，其中庞泉沟 $PM_{2.5}$ 浓度优于世界卫生组织第二阶段过渡值 [8]；2013 年以来，$PM_{2.5}$ 浓度平均年下降速率分别为 3.1μg/m³、4.1μg/m³ 和 1.2μg/m³；与 2015 年相比，2019 年砣矶岛和庞泉沟 $PM_{2.5}$ 浓度下降幅度分别为 35% 和 7%。气态污染物中 SO_2 浓度下降最显著，上甸子呈现显著逐年下降特征，年均下降速率为 2.5μg/m³；砣矶岛和庞泉沟则呈现先增加、2015 年达到顶峰后持续下降的特征，2015 ～ 2019 年，年下降速率分别为 3.3μg/m³ 和 1.4μg/m³。砣矶岛和庞泉沟 O_3（8h）浓度逐年上升趋势明显，上甸子则呈现下降趋势。砣矶岛处于京津冀及周边地区东南下风向，受陆源传输和海上交通影响较大。上甸子位于京津冀及周边地区北部，一定程度上受区域排放影响，各项污染物浓度变化明显反映了区域大气污染控制效果。庞泉沟位于西部山区，受人为污染源影响最小，因此各项污染物背景浓度在 3 个站点中为最低（图 2-26）。

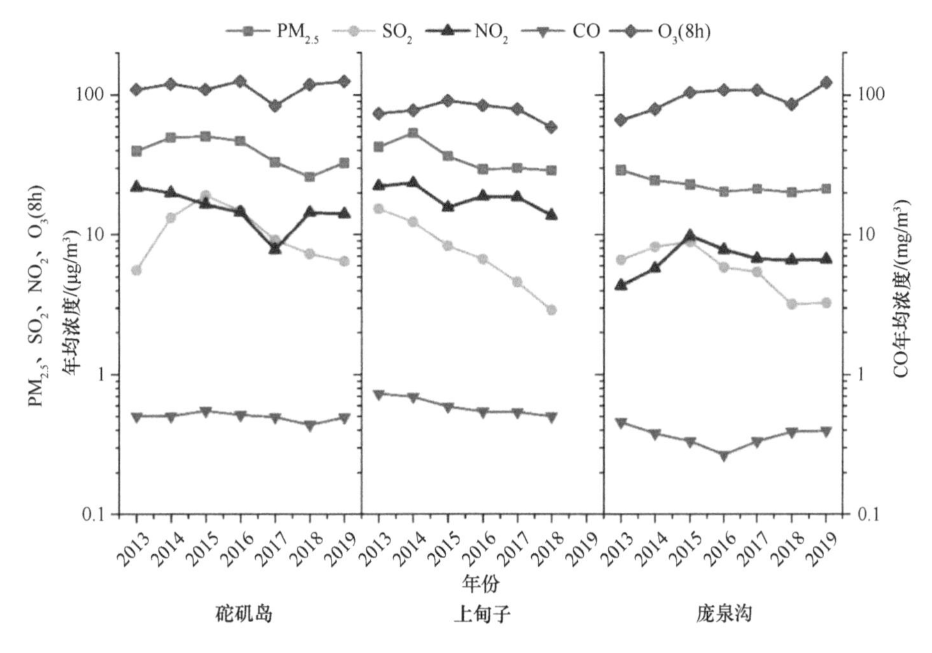

图 2-26　砣矶岛、上甸子和庞泉沟 6 种污染物浓度年际变化

2013 ～ 2018 年为标况数据；2019 年为实况数据

3 个背景监测站点主要污染物年均浓度及降幅均明显低于区域平均降幅，但是庞泉沟 NO_2 变化与区域不一致，说明局地源对背景点贡献不容忽视。2019 年背景监测站点 $PM_{2.5}$、SO_2、NO_2 和 CO 年均浓度比区域浓度低 53%、68%、74% 和 55%；O_3（8h）年均浓度高出区域 13%。与 2013 年相比，2019 年背景监测站点主要污染物年均浓度降幅比区域低 25% ～ 61%；O_3（8h）年均浓度则高于区域 19%。3 个背景监测站点中，上甸子各项污染物浓度及变幅与区域变化一致，而庞泉沟则与区域存在差异。

虽然上甸子站与北京城区距离仅为 100km，但二者主要污染物（SO_2 除外）年变化特征明显不同。2014 ～ 2019 年，上甸子 SO_2 年均浓度与北京变化一致，均呈现逐年下降特征；上甸子 $PM_{2.5}$、NO_2、CO 年均浓度变化基本一致，而北京 $PM_{2.5}$ 年均浓度则呈现逐年显著下降特征；上甸子 O_3（8h）年均浓度逐年降低（2015 年除外），而北京 O_3（8h）年均浓度呈现波动增加趋势（图 2-27）。

秋冬季（11 月至次年 3 月），背景监测站点主要污染物浓度及降幅显著低于区域。2018 ～ 2019 年秋冬季，背景监测站点 $PM_{2.5}$、SO_2、NO_2 和 CO 浓度分别比区域低 63%、67%、75% 和 60%，O_3（8h）浓度比区域高 37%。与 2013~2014 年秋冬季相比，2018 ～ 2019 年秋冬季背景点主要污染物浓度变幅在 47% ～ 37%，

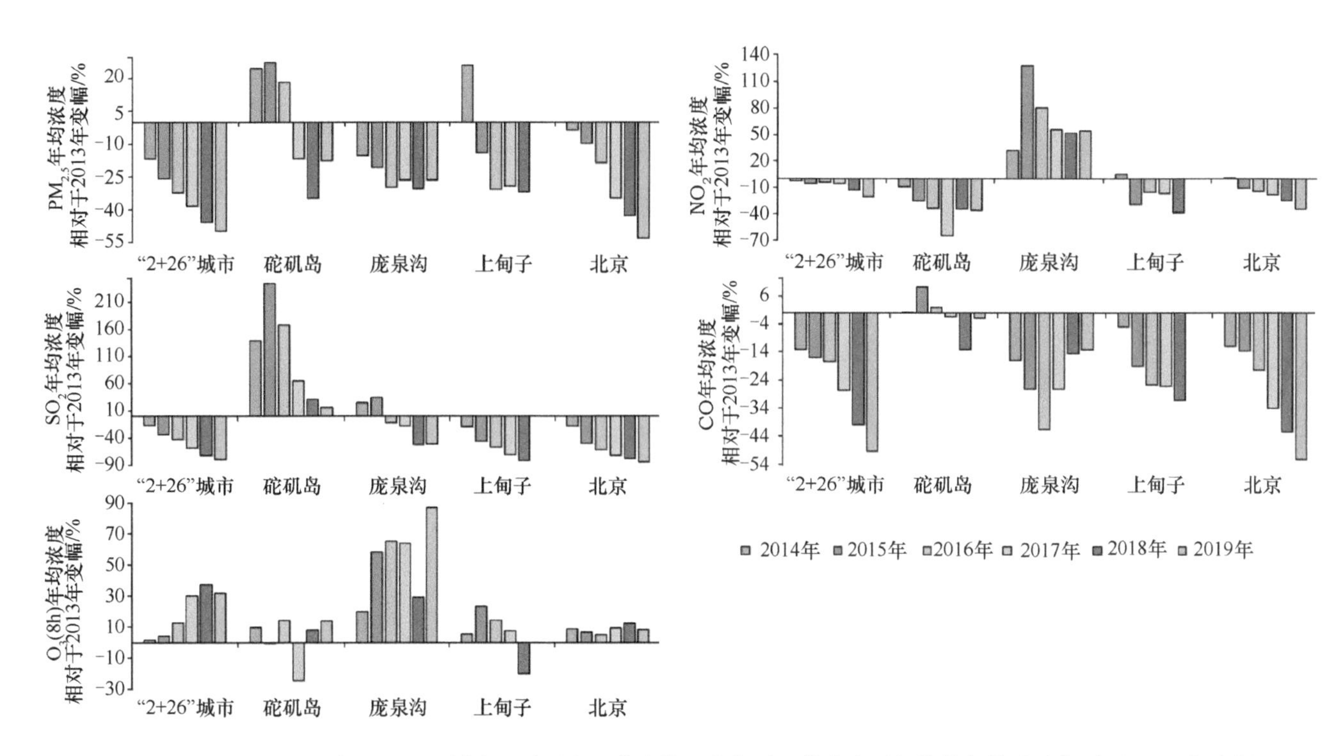

图 2-27 2014 ~ 2019 年“2+26”城市、砣矶岛、庞泉沟、上甸子、北京主要污染物年均浓度相对于 2013 年变幅

其中 PM_{10}、$PM_{2.5}$ 和 NO_2 降幅则分别比区域高 7 个百分点、1 个百分点和 20 个百分点，SO_2 和 CO 浓度下降幅度则低于区域。除庞泉沟外，其他 2 个站点各项污染物浓度及变幅与区域变化基本一致。上甸子与北京主要污染物秋冬季浓度变幅趋势基本一致。上甸子 $PM_{2.5}$、NO_2 浓度降幅明显高于北京，SO_2、CO 降幅则低于北京，上甸子 O_3（8h）秋冬季浓度逐年降低，而北京 O_3（8h）浓度逐年明显增加（图 2-28）。

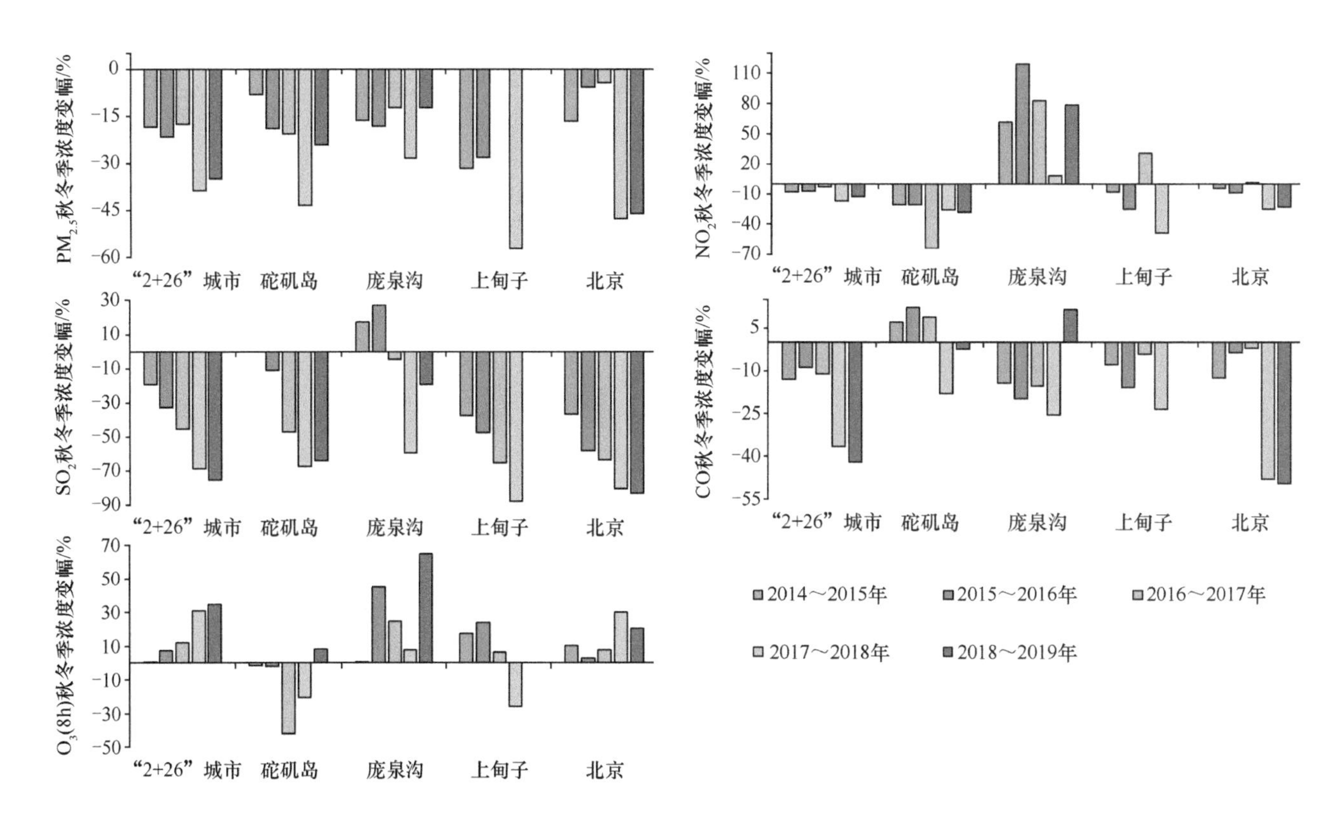

图 2-28 “2+26”城市、砣矶岛、庞泉沟、上甸子、北京主要污染物秋冬季浓度相对于 2013 ~ 2014 年秋冬季变幅

为分析背景监测站点 $PM_{2.5}$ 组分特征，选取陆地背景监测站点上甸子和近海背景监测站点砣矶岛，于 2017 年 11 月 15 日～ 2018 年 3 月 15 日进行膜采样。两个背景监测站点 $PM_{2.5}$ 中有机物、硝酸根离子、硫酸根离子和铵根离子浓度分别为 8.3μg/m³、8μg/m³、4.3μg/m³ 和 4.3μg/m³，是“2+26”城市平均浓度的 30%、40%、35% 和 40%。与“2+26”城市平均 $PM_{2.5}$ 组分特征一致，两个背景监测站点 $PM_{2.5}$ 组分同样以有机物、硝酸根离子、硫酸根离子和铵根离子为主，四者相对贡献占比总和为 64% ～ 68%，与区域占比高度相似（68%）。但上甸子地壳物质浓度高出砣矶岛 1 倍多，说明其陆地下垫面特征显著（图 2-29）。

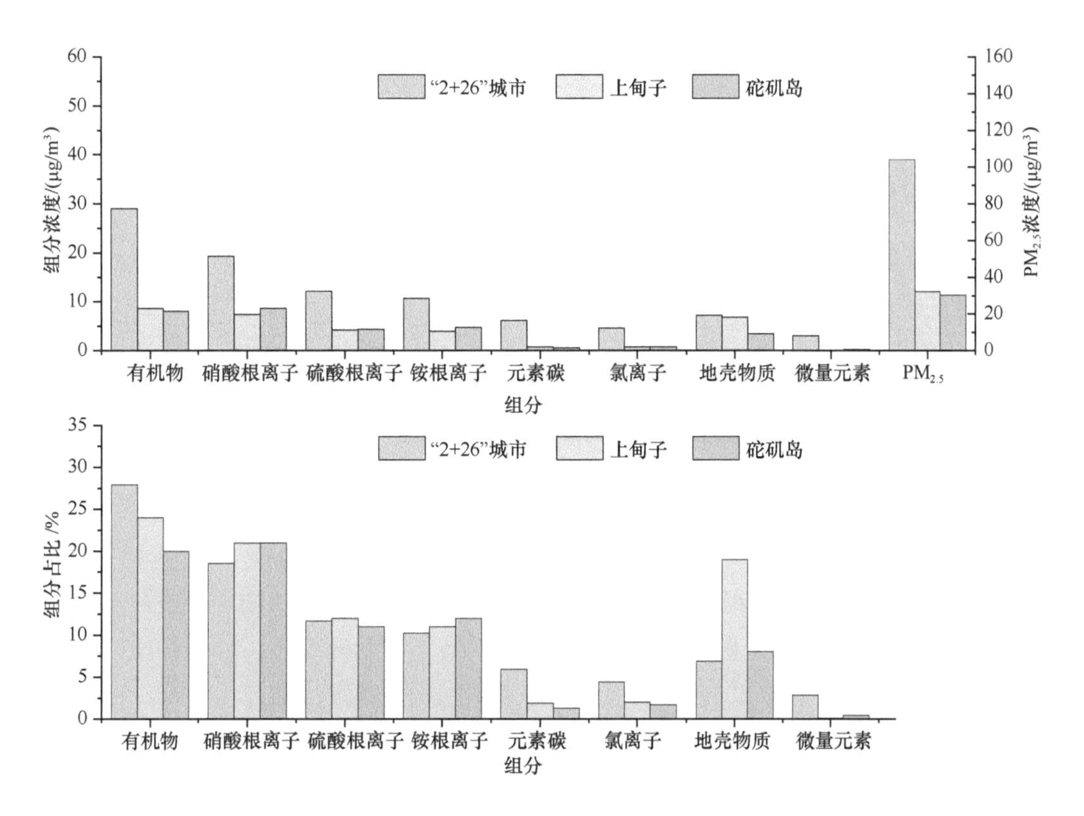

图 2-29 背景监测站点与京津冀及周边地区 $PM_{2.5}$ 组分特征比较

北京 $PM_{2.5}$ 受工业、燃煤等人为排放影响明显，上甸子 $PM_{2.5}$ 受扬尘等天然源影响明显。除地壳物质外，上甸子 $PM_{2.5}$ 主要组分浓度都明显低于北京，其中有机物、元素碳、氯离子、微量元素浓度比北京低 55% ～ 96%；硝酸根离子、硫酸根离子、铵根离子比北京低 30% ～ 37%；地壳物质比北京高 25%。与北京 $PM_{2.5}$ 主要组分特征略有不同，上甸子 $PM_{2.5}$ 组分以有机物、硝酸根离子、地壳物质、硫酸根离子为主，四者相对贡献占比总和为 76%（图 2-30）。

2.2.4 秋冬季 $PM_{2.5}$ 污染仍是区域大气重污染的主要因素

2016 ～ 2019 年，京津冀及周边地区“2+26”城市 $PM_{2.5}$、PM_{10}、SO_2、NO_2 和 CO 年均浓度均明显下降，重污染天数逐年显著减少。但区域优良天数占比因 O_3 污染天数增加而略有减少。O_3（8h）浓度第 90 百分位逐年上升，且对轻、中度污染天数贡献逐年上升；重度及以上污染仍以颗粒物（PM_{10} 和 $PM_{2.5}$）污染为主，主要分布在秋冬季。

“2+26”城市秋冬季主要污染物浓度变化趋势与年变化趋势相同，除 O_3 呈上升趋势外，其他 5 项污染物均显著下降，优良天数明显增加，重污染天数显著减少，但 2018 ～ 2019 年秋冬季重污染天数同比略有增加。

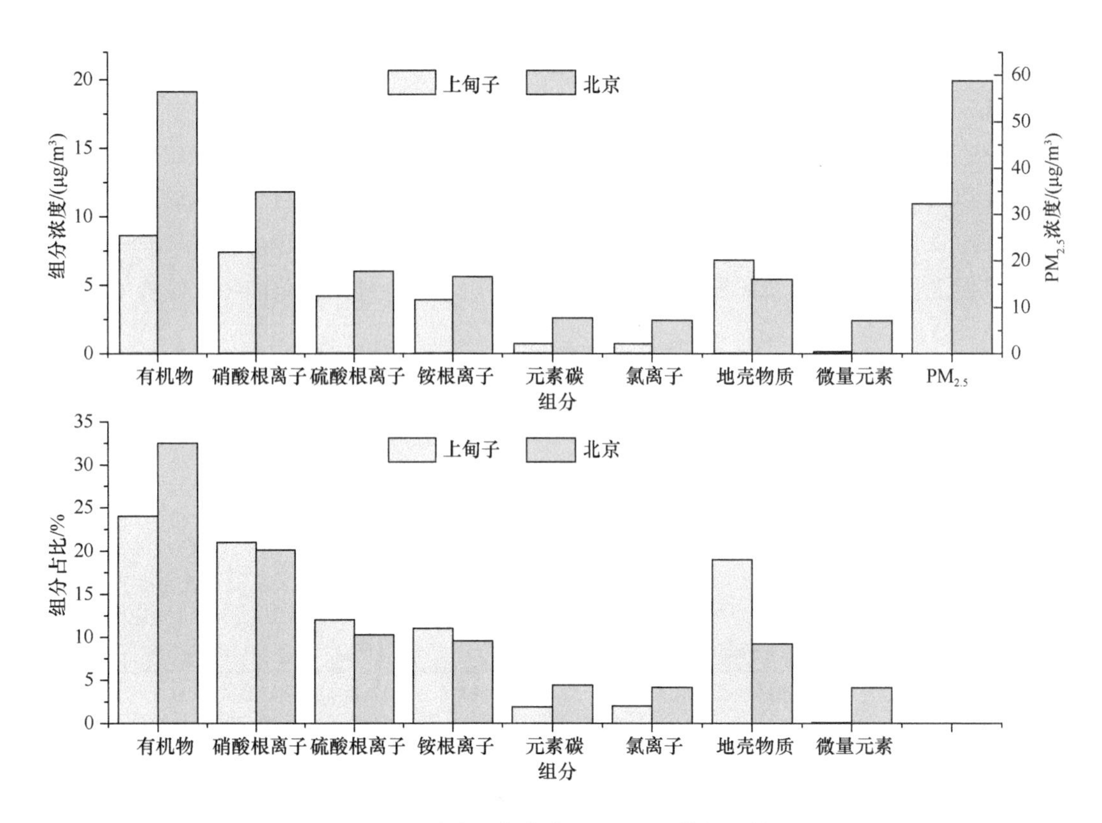

图 2-30　上甸子与北京 $PM_{2.5}$ 组分特征比较

从颗粒物组分特征来看，$PM_{2.5}$ 中主要组分浓度明显下降，其中占比较大的有机物、硫酸根离子浓度降幅显著，表明区域内燃煤治理取得显著成效；硝酸根离子成为最主要的二次无机组分，体现了 NO_x 管控的重要性和紧迫性。从空气质量综合指数来看，区域大气污染呈现由北向南逐渐加重的分布特征，位于区域中西部太行山沿线的保定、石家庄、邢台、邯郸为大气重污染显著区域。

从区域背景监测站点分析来看，背景监测站点主要污染物年均浓度、秋冬季平均浓度和主要组分浓度均显著低于区域平均值；年均浓度降幅均明显低于区域平均值，而秋冬季降幅则略高于区域平均值；与区域一致，背景监测站点 $PM_{2.5}$ 组分以有机物、硝酸根离子、硫酸根离子、铵根离子为主，但也具备其典型下垫面特征。总的来看，3 个背景监测站点主要污染物浓度均不同程度地受区域城市排放影响，上甸子各项污染物浓度及变幅与区域变化高度相似，而庞泉沟与区域差异（NO_2）明显，应引起关注。为更科学、准确地评估区域背景浓度和区域传输影响，建议可适当增加或调整京津冀及周边地区的背景点位。

2.3　秋冬季大气重污染的成因

基于建立的闭合研究体系，强化硫 – 氮 – 碳污染物转化及二次颗粒物形成机制的研究，评估区域大气污染输送和城市间大气污染的相互传输量，揭示边界层气象和大气污染的演变规律，定量解析污染排放、气象条件、化学转化对大气重污染形成与发展的贡献。京津冀及周边地区“2+26”城市地理条件先天不足，秋冬季不利气象条件使污染扩散能力进一步下降。在主要污染物排放总量仍居高位和排放强度远超全国平均水平的态势下，大气氧化性总体较强，二次转化速率较快，叠加各城市相互传输影响等综合作用，导致区域内秋冬季大气重污染频发。研究厘清了 $PM_{2.5}$ 二次组分快速增长的最优控制途径，高浓度的 NO_x 和 VOCs 是导致大气强氧化性的主要因素。研究成果形成广泛科学共识，支撑了重点区域《打赢蓝天保卫战三年行动计划》和《秋冬季大气污染综合治理攻坚行动方案》的编制和实施，推动了“2+26”城市空气质量持续改善。

2.3.1 污染物排放的影响

研究人员研究了区域近 20 年的污染物排放量变化，总结了污染治理历程和效果，同时基于行业特征建立了高时间分辨率排放清单，分析了污染排放的季节和月度变化，以及重点行业的空间分布特征。

2000 年以来，京津冀及周边地区经济社会快速发展。截至 2018 年，GDP 增长了 8 倍，粗钢产量增长了 9.6 倍，公路货运量增长了 2.3 倍，化石能源消费量增长了 2 倍，若不采取控制措施，污染物排放量将大幅增加。“十一五”期间国家启动实施 SO_2 总量控制，京津冀及周边地区的 SO_2 排放量在 2005 年后开始持续下降。“十二五”期间国家启动实施 NO_x 总量控制，区域 NO_x 排放量在 2012 年后开始持续下降。2013 年国家实施“大气十条”以来，京津冀及周边地区的一次 $PM_{2.5}$、SO_2 和 NO_x 排放量分别下降了 45%、67% 和 27%，但 VOCs 排放量仍持续增长（图 2-31）。2018 年，“2+26”城市共排放一次 $PM_{2.5}$ 95.0 万 t、SO_2 74.6 万 t、NO_x 232.5 万 t、VOCs 218.7 万 t、NH_3 140.7 万 t。总体而言，一次 $PM_{2.5}$ 和 SO_2 排放量较 2000 年大幅削减，NO_x 排放治理取得成效，但一次 $PM_{2.5}$、NO_x、VOCs 和 NH_3 等污染物排放量仍然处于高位，单位土地面积主要污染物排放量（排放强度）是全国平均水平的 2 ～ 5 倍、欧盟平均水平的 5 ～ 12 倍、美国的 3 ～ 13 倍（详见 3.1.2 节和 3.1.4 节）。

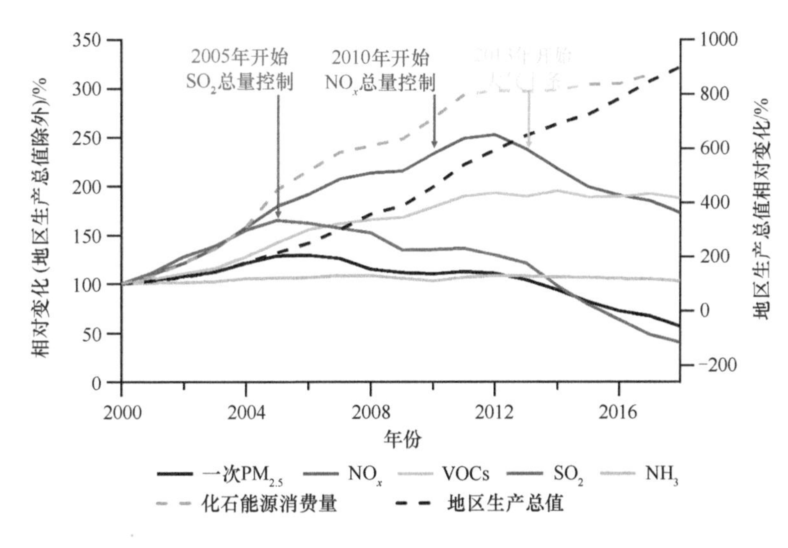

图 2-31 2000 ～ 2018 年京津冀及周边地区主要污染物排放变化趋势

高度聚集的重化工产业、煤炭占比 70% 的能源利用方式、公路运输占比 80% 的货运方式，是导致区域污染物排放量居高不下的重要原因。钢铁焦化、建材、石油化工等工业行业对一次 $PM_{2.5}$、SO_2、NO_x 和 VOCs 等污染物排放量的贡献均较高（27%、46%、27% 和 38%），而且存在大量不可中断的生产工序，重污染期间无法采取临时停产等应急减排措施；民用燃烧对一次 $PM_{2.5}$ 和 SO_2 排放量的贡献较高（11% 和 22%），主要集中在采暖季（11 月至次年 3 月）；移动源对 NO_x 和 VOCs 排放量的贡献较高（52% 和 15%）；畜禽养殖对 NH_3 排放量的贡献居于主导地位（59%）。

以晋城、邯郸、聊城、安阳为代表的晋冀鲁豫交界地区和以石家庄、邢台为代表的太行山沿线城市，集聚了大量钢铁、建材企业等高耗能、高污染企业，是大气污染的“热点地区”；以唐山、天津、沧州、滨州为代表的渤海湾沿线城市，钢铁、化工企业高度集聚，污染物排放量巨大，且污染发生前期多位于上风向，对区域空气质量影响大。

“2+26”城市主要污染物排放逐月变化趋势显示，采暖季一次 $PM_{2.5}$ 和 SO_2 的月均排放强度约是非采暖季的 1.2 倍和 1.6 倍，主要来自采暖活动和民用散煤排放的贡献。NH_3 在夏季（6 ～ 8 月）的排放量更高，比冬季（12 月至次年 2 月）高出 90%。NO_x 和 VOCs 排放随季节变化不大。高强度的污染物排放，一旦在秋冬季遇到不利气象条件就会发生重污染 [9]。

2.3.2 特殊地理地形和气候背景下气象条件的综合影响

2.3.2.1 地形影响

京津冀及周边地区位于太行山东侧和燕山南侧的半封闭地形中，在这样的地形布局状况下，城市群对于大气污染排放的承受能力较低 [图 2-32（a）]。其在秋冬季受气候变化影响更为突出，不利于区域内大气污染物的清除。中国区域大气污染分布走势与中国“三阶梯”特殊大地形较为相似 [图 2-32（b）]。在中国

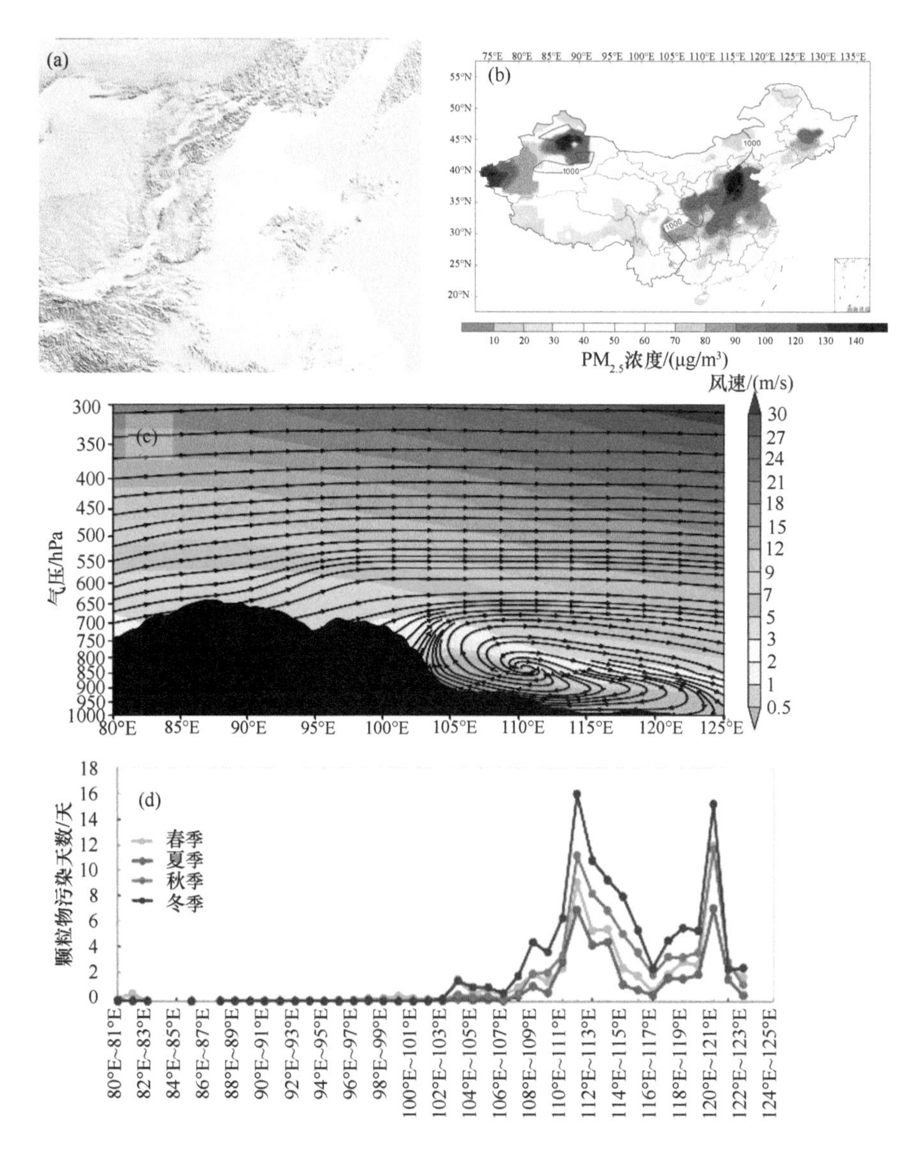

图 2-32 我国 $PM_{2.5}$ 污染分布与地理地形相关性

（a）地形特征示意图；（b）2013 ～ 2017 年冬季 $PM_{2.5}$ 浓度分布；（c）1961 ～ 2012 年区域 27°N ～ 41°N 水平风速；（d）1961 ～ 2012 年区域 27°N ～ 41°N 不同季节颗粒物污染天数纬向分布

区域特殊大地形背景下，冬季大气环境“脆弱性”突出，尤以京津冀及周边地区最为显著，且该地区是中国地区冬季大气污染与其他季节差异最为显著的区域。在西风带背景下，秋冬季高原大地形东侧存在类似的顺时针下卷环流圈 [图 2-32（c）]，类似背风坡弱风区“避风港”效应，其恰好对应颗粒物污染日频发峰值区。春、夏季背风坡则为逆时针垂直环流圈，且伴随上升气流特征；背风坡弱风区不同季节颗粒物污染日频数峰值大小依次为冬、秋、春、夏季 [图 2-32（d）]。秋冬季盛行的西北季风与大地形效应协同作用亦是造成区域内冬季大气污染年际变化显著差异的重要因子。

京津冀及周边地区位于太行山东侧和燕山南侧的半封闭地形中，这种“弧状”地形对冷空气活动起到了阻挡和削弱作用，导致山前空气流动性较弱，形成气流滞留区，使污染物和水汽容易聚集。当高空气流越过“弧状”山脉后容易在背风地区产生弱的下沉运动，下沉增温进一步促使低层逆温形成。逆温层的形成和发展使得大气趋于稳定、抑制了垂直扩散能力，使半封闭地形中大气环境容量下降；当污染物和水汽在低层东南风和南风气流的作用下向京津冀地区输送时，污染物在该区极易聚集或爆发性增长，从而导致重污染天气形成 [图 2-33（a）]。

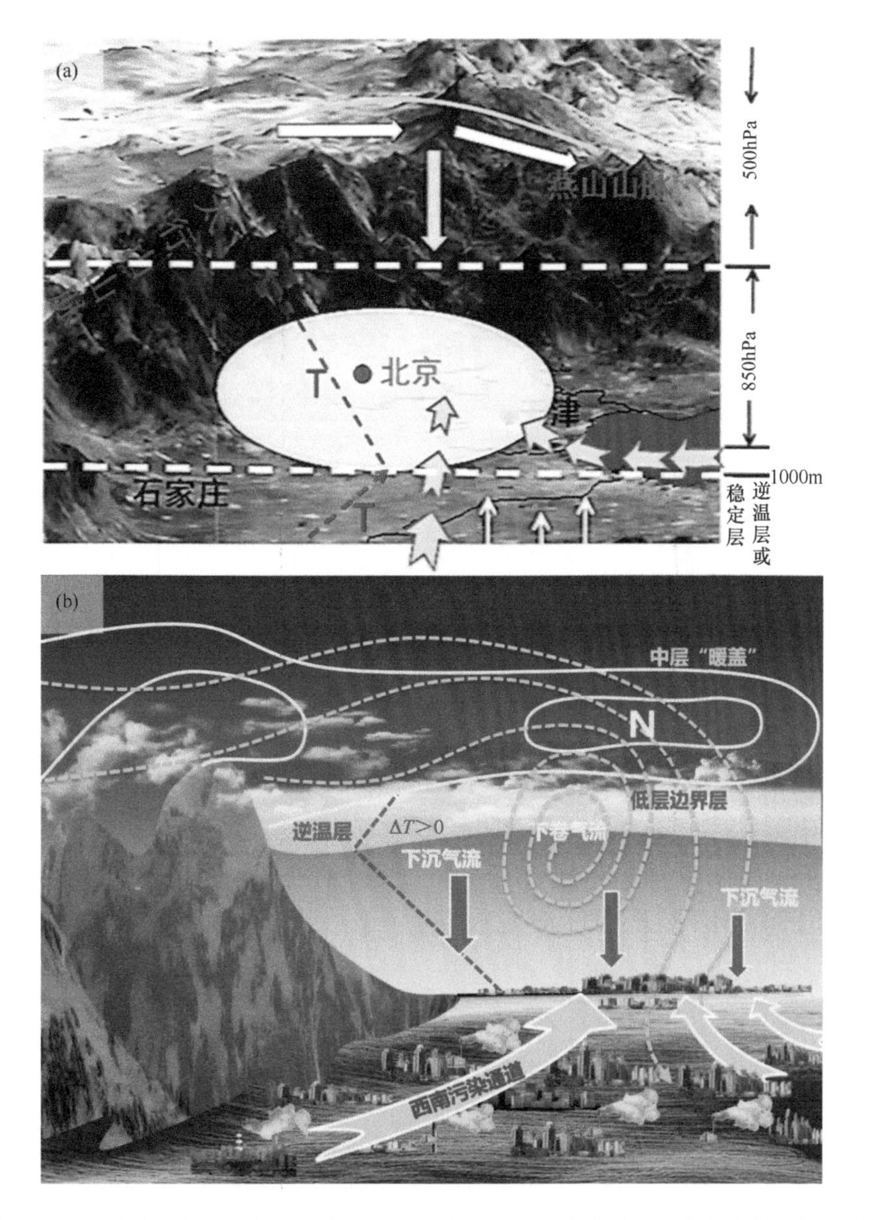

图 2-33 京津冀及周边地区冬季大气污染过程大地形效应（a）与大气动力、热力结构综合影响模型（b）

冬季区域内背风坡下沉气流特征显著，导致出现下卷垂直环流及其“弱风区”。同时，在气候变暖背景下，与冬季大地形热源相关的对流层中层“暖盖”结构有利于高原东侧低层逆温层频发，大气边界层高度偏低，在偏南气流影响下形成低层高湿状态等，从而可描述出重污染过程大气对流层与边界层相互影响及其与大气低层温、湿状况的“互反馈”效应，并构成区域重污染天气过程的大地形效应与大气动力、热力结构综合影响模型 [图 2-33（b）][10]。

2.3.2.2 气候变暖的影响

在全球气候变暖的背景下，京津冀及周边地区冬季气温持续升高，对流层中层气温逐渐上升，东亚冬季风强度总体减弱，大气稳定度增强 [图 2-34（a）]。实际观测的统计资料与模拟试验也支持了上述研究结果。关于冬季对流层中层大气热力结构变化特征，值得注意的是，冬季高原大地形东侧不仅背风坡垂直环流出现

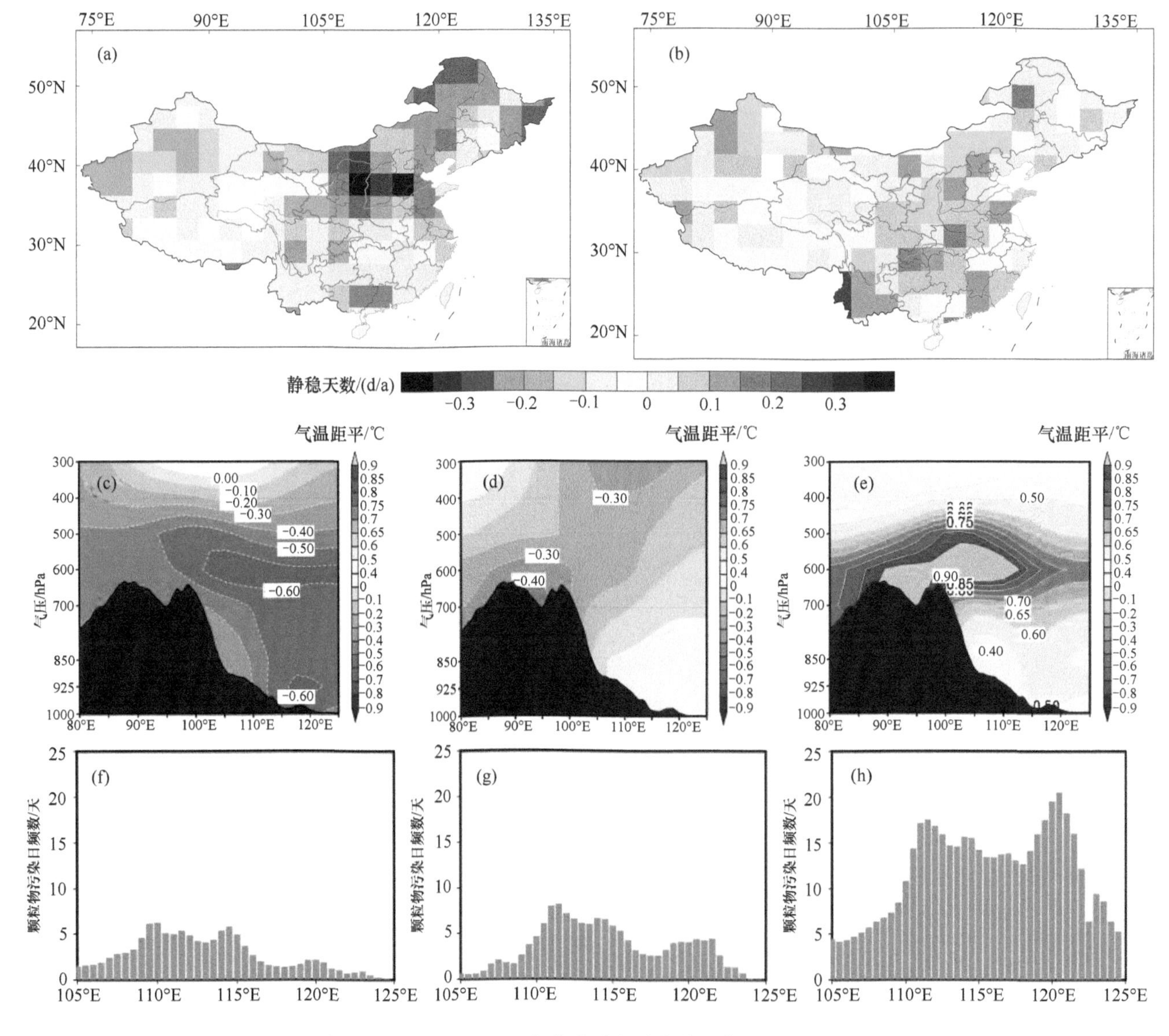

图 2-34 1979 ～ 2012 年北半球冬季静稳天数的变化趋势

（a）全强迫驱动下（包括气候变暖和自然因子影响）的模拟结果；（b）只考虑自然强迫下的模拟结果；中国东部区域 25°N ～ 40°N 气温距平垂直结构特征及其颗粒物污染日频数年代际变化三阶段：1961 ～ 1980 年 [（c）和（f）]、1981 ～ 2000 年 [（d）和（g）]、2001 ～ 2018 年 [（e）和（h）]

“逆转”，而且下游区域对流层中层大气热力结构亦出现“逆转”，大地形东侧大气对流层中层气温距平呈现“上暖下冷”大尺度“暖盖”结构特征，冬季地形背风坡下沉气流效应及其“暖盖”结构使中国东部上空大气层结变得更加稳定，有利于边界层高度降低、大气逆温频次上升，其为该区域大气重污染过程形成提供了关键性季节性气候背景 [图 2-34（b）]。从年代际变化来看，研究揭示出中国东部区域颗粒物污染天气频发趋势与大地形东部热力结构年际特征密切相关，对流层大气热力结构亦具有明显的年代际气候特征。如图 2-34（c）～图 2-34（h）所示，冬季 1961 ～ 1980 年大地形东部上空大气气温距平呈偏冷结构 [图 2-34（c）]；1981 ～ 2000 年大地形东部高层则为偏冷结构，低层则为偏暖结构 [图 2-34（d）]；2001 ～ 2018 年大地形东部中高层呈“暖盖”结构，其年代际特征转换为“上暖下冷”的典型稳定层结 [图 2-34（e）]。对比中国东部 25°N ～ 40°N 区域雾霾日数东 – 西向分布状况可以发现，三阶段中 2001 ～ 2018 年时段颗粒物污染日频数最高，即 21 世纪以来大气污染恶化状况特征最为显著 [图 2-34（h）]，1981 ～ 2000 年颗粒物污染日频数次之 [图 2-34（g）]，而 1961 ～ 1980 年颗粒物污染日频数最少 [图 2-34（f）]。统计分析亦表明，冬季近 10 年较之前 30 年对流层中低层气温变化呈显著“上暖下冷”的“暖盖”结构特征。气候变暖增加了大气层的稳定性，减弱了大气对流扩散能力，使大气污染加重，从而增大了空气质量改善的难度，这是科学界的共识 [11]。

20 世纪 60 年代以来，我国北方地区秋冬季盛行的西北季风减弱，气温偏高，京津冀污染气象条件总体在不断转差，2010 年（1980 ～ 2010 年）后更为显著。京津冀近 10 年（2010 ～ 2019 年）较 1960 ～ 1989 年气温平均升高 8.7%，风速平均降低 3.1%（其中北京降低 10.5%），相对湿度年代际总体变化不显著，污染气象条件总体转差约 10%（图 2-35）[12]。

虽然我国大气气溶胶污染的年代际长期变化的主因不是气象条件而是污染排放，但是在污染排放相对稳定的时段（如一年的冬季），仍会出现重污染过程。这是因为区域出现了停滞 – 静稳的不利气象条件，且不利气象条件与 $PM_{2.5}$ 污染之间还存在双向反馈效应（在 2.3.2.3 节和 2.3.2.4 节详述）。

2.3.2.3 气象影响

我国现有基础排放仍然居高不下，在污染排放相对稳定时段（如一年的冬季），当区域出现了以停滞 – 静稳为特征的不利气象条件时，就会出现污染事件甚至是持续性重污染事件。对 2014 年以来区域内典型重污染过程气象条件的分析表明，区域内重污染过程的气象条件均表现出相似的特征。从高空环流形势场上看，污染过程发生时，我国中东部对流层中层（500hPa）出现“高压脊”型、“北脊南槽”型或“平直西风”型的高空环流，经向风弱，无明显槽脊活动，形成异常稳定的天气条件；低层（975hPa）污染区大多位于高层高压“停滞”、低层高压后部或低压系统控制下的强辐合区内（图 2-36）。从垂直结构上看，在重污染期间，对流层中层气温距平“暖盖”结构特征显著，低空逆温和近地层高湿是重污染天气发生的两个必要条件。从近地面上看，当风速小于 2m/s、边界层高度低于 500m（约为清洁时段的 40%）、存在大气逆温等不利气象条件时，极易形成污染的快速累积；来自海上的水汽沿西南和东南通道向京津冀地区输送，当相对湿度高于 60% 时，气态污染物向颗粒物的二次转化显著加快，颗粒物的吸湿增长加强，从而使污染程度加重，大气能见度下降 [13]。

统计表明，持续性大范围污染过程中，京津冀及周边地区有 62.5% 的持续性重污染的大气环流场（位势高度距平）为阻塞结构。区域内持续性不利气象条件与斯堪的纳维亚和鄂霍茨克海阻塞高压（即“双阻塞”）的特殊气象背景密切相关，这类位势高度距平场上特定环流形势维持使区域持续处于高压系统控制，甚至可形成 6 天及以上的持续性区域重污染天气（图 2-37）。分析典型“双阻塞”高空位势高度距平垂直结构时间剖面图，可以发现这类对流层中高层位势高度正距平“高值带状”区有长时间维持的特征，此现

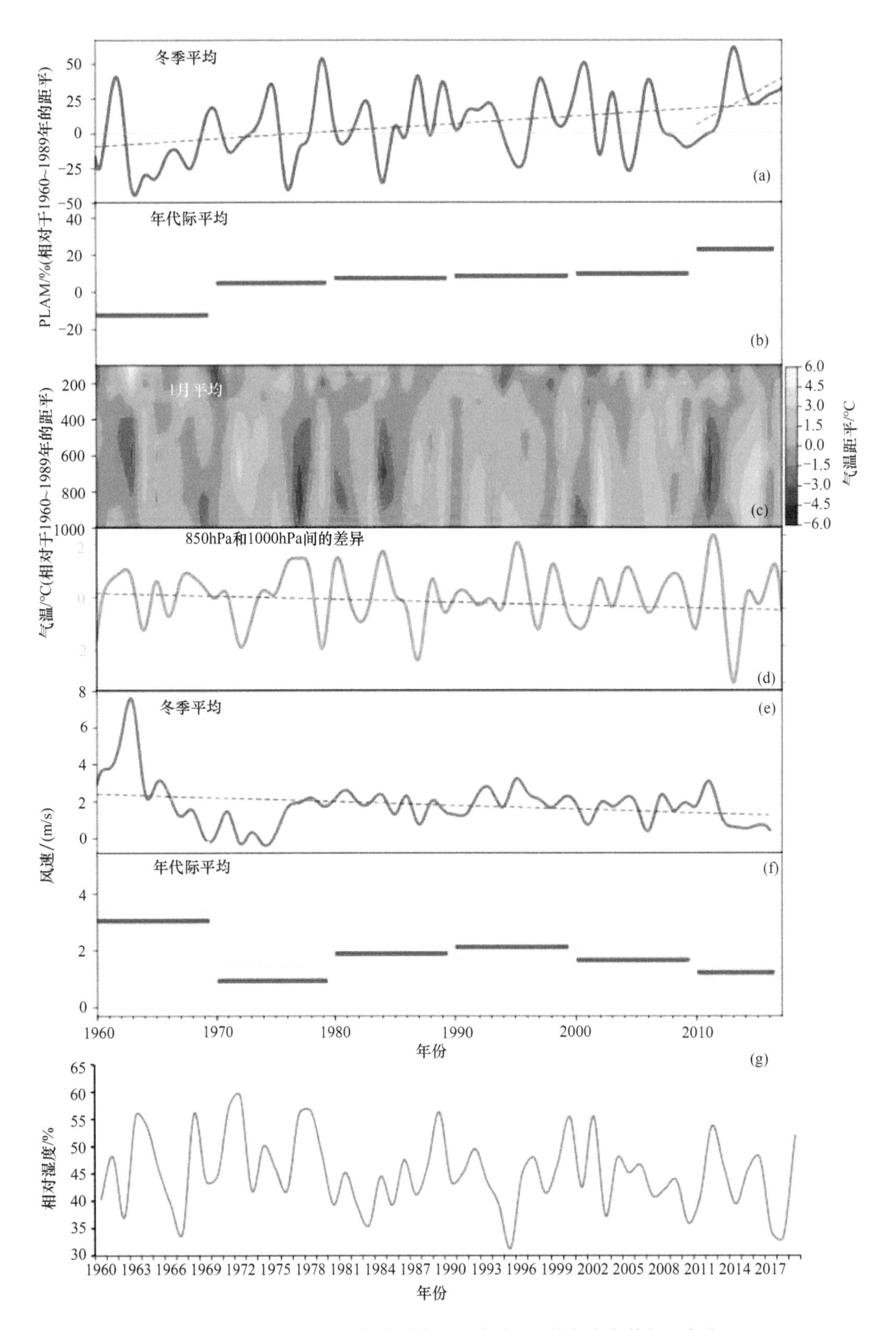

图 2-35　1960 ～ 2018 年京津冀及周边地区污染气象条件年际变化

象反映了京津冀地区持续性严重污染天气与其上空特定环流形势（鄂霍茨克海阻塞高压）“停滞”密切相关。另外，大气气温距平时间剖面图上对流层中低层“暖盖”结构持续特点亦十分显著，并伴随着边界层高度低、低层大气相对湿度持续偏高（图 2-38）等特征，上述研究可揭示出异常持续重污染过程形成的特殊气象背景。

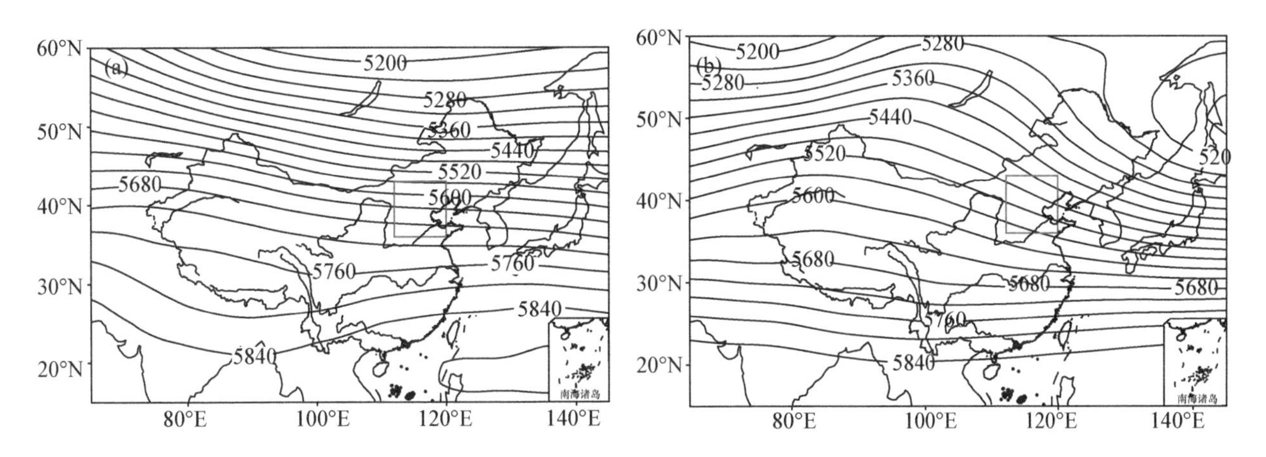

图 2-36 1980～2013 年京津冀持续 5 天及以上典型持续性污染事件的 500hPa 位势高度场合成图（单位：位势米）

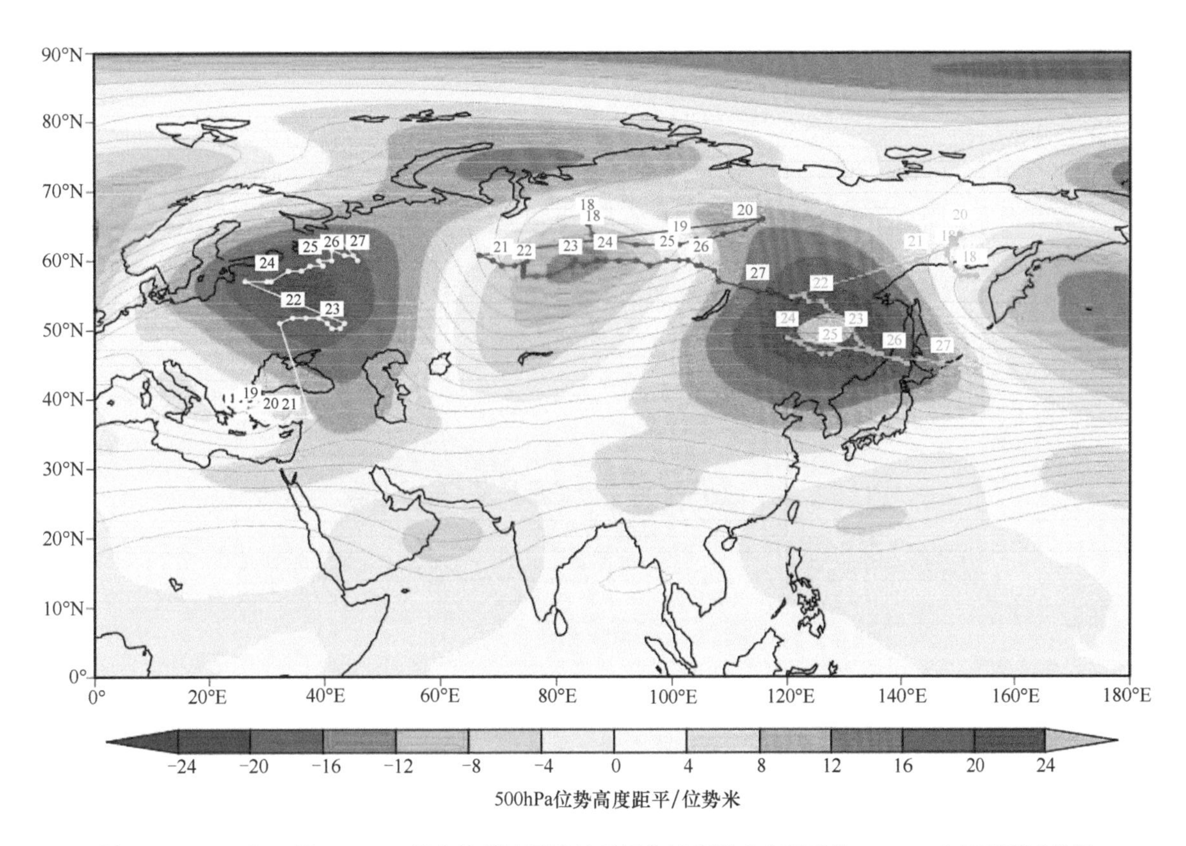

图 2-37 2014 年 2 月 20～26 日京津冀地区持续重污染过程阻塞高压系统 500hPa 大气环流形势场

填色由 500hPa 位势高度距平场合成；灰色等值线为 500hPa 位势高度；白线为乌拉尔山阻塞高压移动轨迹；蓝线为贝加尔湖低值系统移动轨迹；绿线为鄂霍茨克海阻塞高压移动轨迹

2.3.2.4 污染 – 气象的双向反馈效应

伴随区域不利气象条件的出现，$PM_{2.5}$ 浓度不断上升；随着 $PM_{2.5}$ 累积到一定程度（通常 $PM_{2.5}$ 浓度大于 100μg/m^3）[14]，$PM_{2.5}$ 污染会使到达地面的辐射反 / 散射回空间，使湍流进一步下降，导致出现或加强近地逆温、边界层低层增湿，边界层高度下降到污染事件形成初期的约 1/3 时，$PM_{2.5}$ 浓度进一步上升，甚至在数小时或十几小时内 $PM_{2.5}$ 浓度至少翻倍，出现污染 – 气象之间的双向反馈效应 [15, 16]。这种机制可导致 $PM_{2.5}$ 浓度快速增长，且在 2013～2017 年冬季北京出现的绝大多数重污染过程中被证明 [17]。

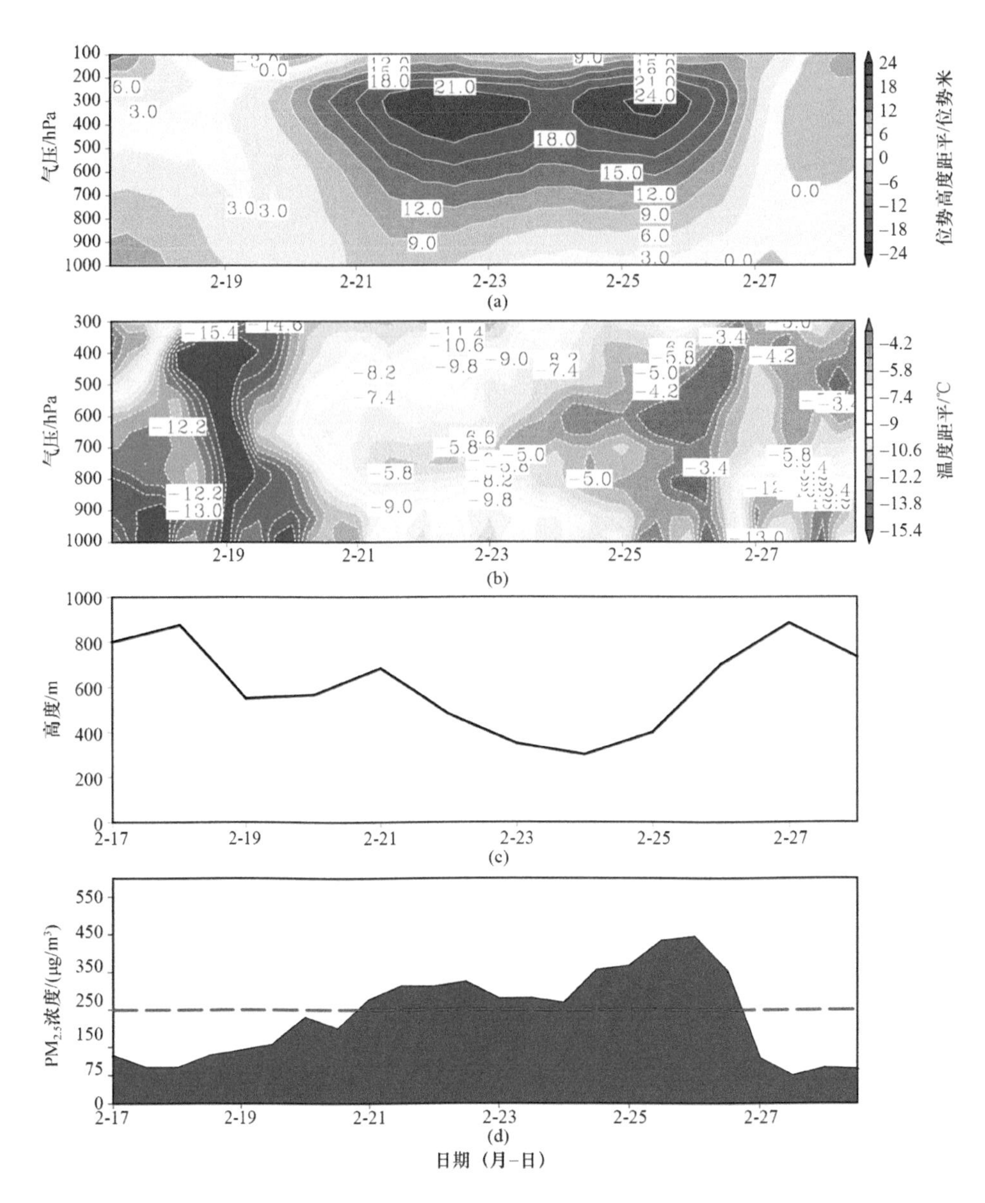

图 2-38　2014 年 2 月 18 ～ 27 日典型“双阻塞”持续性严重污染天气过程的鄂霍茨克海阻塞高压系统稳定维持区域的位势高度距平（a）、京津冀区域温度距平（b）、京津冀区域平均的边界层高度（c）和 $PM_{2.5}$ 浓度（d）变化

应该指出，随着《大气污染防治行动计划》的实施，$PM_{2.5}$ 浓度下降，2017 年之后的双向反馈效应有所减弱，在 2017 ～ 2018 年冬季日均 $PM_{2.5}$ 浓度最高的 10% 天数中，污染 – 气象双向反馈效应导致的近地面降温、水汽含量增加和相对湿度增高程度分别为 2016 ～ 2017 年冬季的 38%、65% 和 36%[18]。但双向反馈效应仍然存在，如在 2017 年 11 月 4 ～ 7 日、11 月 19 ～ 22 日和 12 月 27 ～ 31 日的污染过程中，颗粒物的辐射冷却效应均改变了大气层结，包括近地面温度降低、相对湿度增加等。在重污染过程的积累阶段，地面至 500m 均呈现出小风或静风、相对湿度达 60% 以上（最高时接近饱和）、存在逆温的特点（图 2-39）[19]。

2.3.3　大气化学转化机制

基于实验室模拟实验和外场观测，攻关项目揭示了秋冬季大气重污染成因的物理化学原理，改进了适

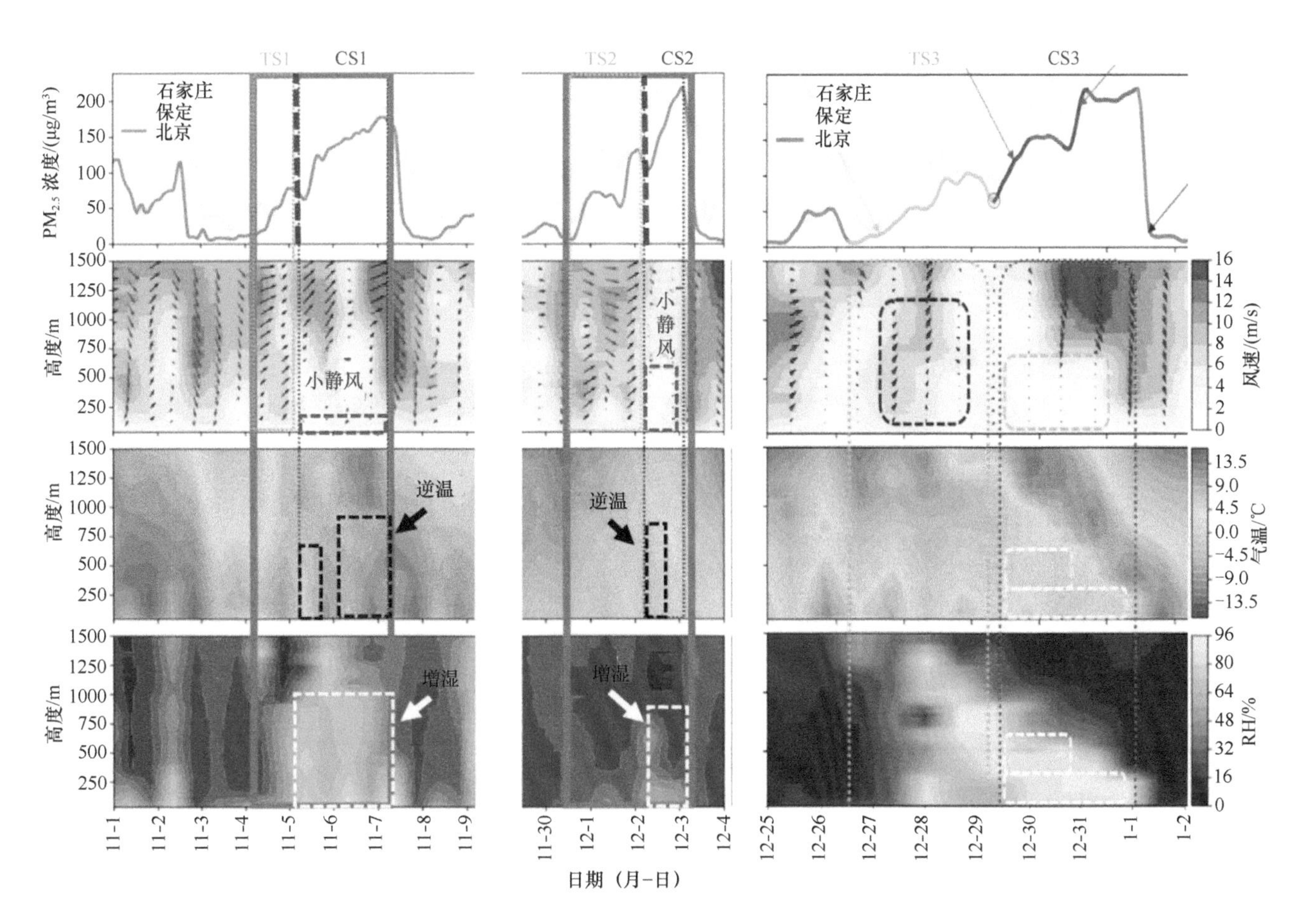

图 2-39　典型污染过程中 $PM_{2.5}$ 污染与不利气象条件之间的双向反馈效应（2017 年）

TS，污染形成初期输送阶段；CS，污染累积阶段

用于模拟重污染过程的气相和非均相化学反应机制及参数化方案，定量解析了主导重污染形成关键化学反应通道的贡献，为制定京津冀秋冬季大气重污染的精准控制提供了理论基础。

$PM_{2.5}$ 中既包含一次排放的颗粒物，也包含由 SO_2、NO_x、VOCs 和 NH_3 等气态污染物二次转化生成的颗粒物。在京津冀区域开展的综合观测实验结果显示，2013 年以来，随着大气污染防治工作的深入，$PM_{2.5}$ 一次组分的浓度和占比均显著下降，如由于扬尘得到有效控制，地壳物质占比从 20% 下降至 10% 左右；二次组分（硝酸根离子、硫酸根离子、铵根离子和二次有机物等）浓度有所下降，但占比从 40% 上升至 50% 左右（二次无机组分约占 40%，二次有机物约占 10%），重污染期间个别城市个别时段可高达 80%（二次无机组分可达 60%，二次有机物可达 20%）[20-23]。

二次 $PM_{2.5}$ 生成的核心机制是大气中气相、颗粒物表界面和颗粒物水体相的多相过程中的氧化反应（图 2-40）。人类和自然界排放了大量的气态污染物（如 NO、VOCs、SO_2 和 NH_3 等），它们在阳光照射下通过气相氧化生成 O_3、NO_2 和 H_2O_2 等长寿命氧化剂，同时生成了羟基自由基（·OH）、氢过氧自由基（HO_2·）和硝酸自由基（NO_3·）等短寿命活性大气自由基，以 ·OH 为代表的大气自由基将 SO_2、NO_x、VOCs 等气态污染物氧化为气态硫酸、气态硝酸和高氧化态有机物等，其在动力学和热力学作用下通过新粒子生成或凝结碰并等理化过程生成二次 $PM_{2.5}$；气相生成的长寿命氧化剂进一步进入颗粒物表面和体相，促进了硫酸根离子、硝酸根离子和二次有机气溶胶的非均相生成[24]。综合而言，大气氧化性主要来自气相反应，包括以 ·OH 为代表的大气自由基和以 O_3、NO_2 和 H_2O_2 为代表的长寿命氧化剂等。京津冀秋冬季大气氧化性强，其加快了气态污染物的氧化过程，推动了二次颗粒物的快速生成。

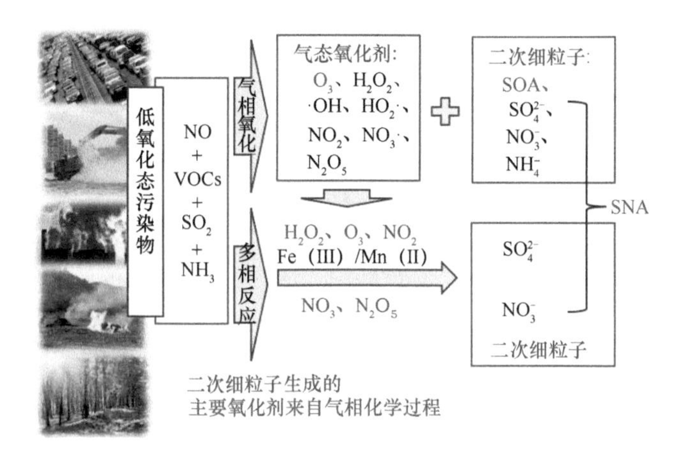

图 2-40　冬季大气二次 $PM_{2.5}$ 生成化学机制的概念模型

2.3.3.1　大气氧化性的强度、来源和构成

为厘清冬季大气氧化性的强度、来源和构成，攻关项目于 2016 ～ 2019 年，在北京城区和郊区连续开展了 4 次冬季大气氧化性综合观测实验，包括 2015 ～ 2016 年冬季怀柔站点观测（以下简称怀柔 2016）、2016 ～ 2017 年冬季中科院大气物理研究所站点观测（以下简称大气所 2016）、2017 ～ 2018 年冬季北京大学站点观测（以下简称北大 2017）和 2018 ～ 2019 年冬季北京大学站点观测（以下简称北大 2018）。4 次观测中 ·OH 和 HO_2· 的测量和模拟值、·OH 总反应活性（k_{OH}）各组分的平均日变化廓线如图 2-41 所示。怀柔 2016 和大气所 2016 观测中 ·OH 浓度相当，清洁天和污染天的平均日间峰值浓度分别为 4.0×10^6 分子 /cm^3 和 2.0×10^6 分子 /cm^3 左右；北大 2017 和北大 2018 观测在清洁天和污染天 ·OH 浓度相当，平均日间峰值浓度均为 2.0×10^6 分子 /cm^3 左右[25]。总体而言，北京冬季大气氧化性（以 ·OH 表征）在 2016 ～ 2019 年呈现下降趋势，表明二次污染的生成潜势受到一定遏制。

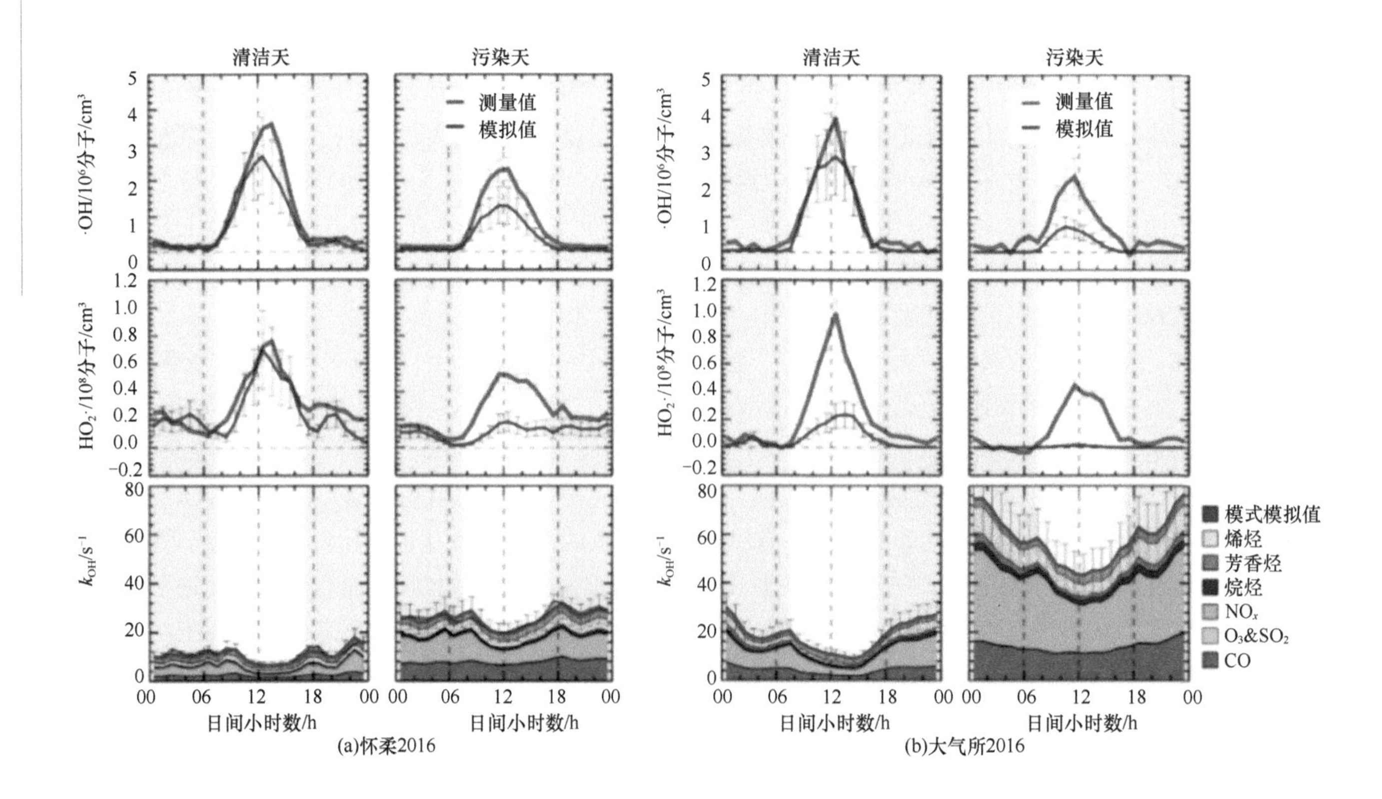

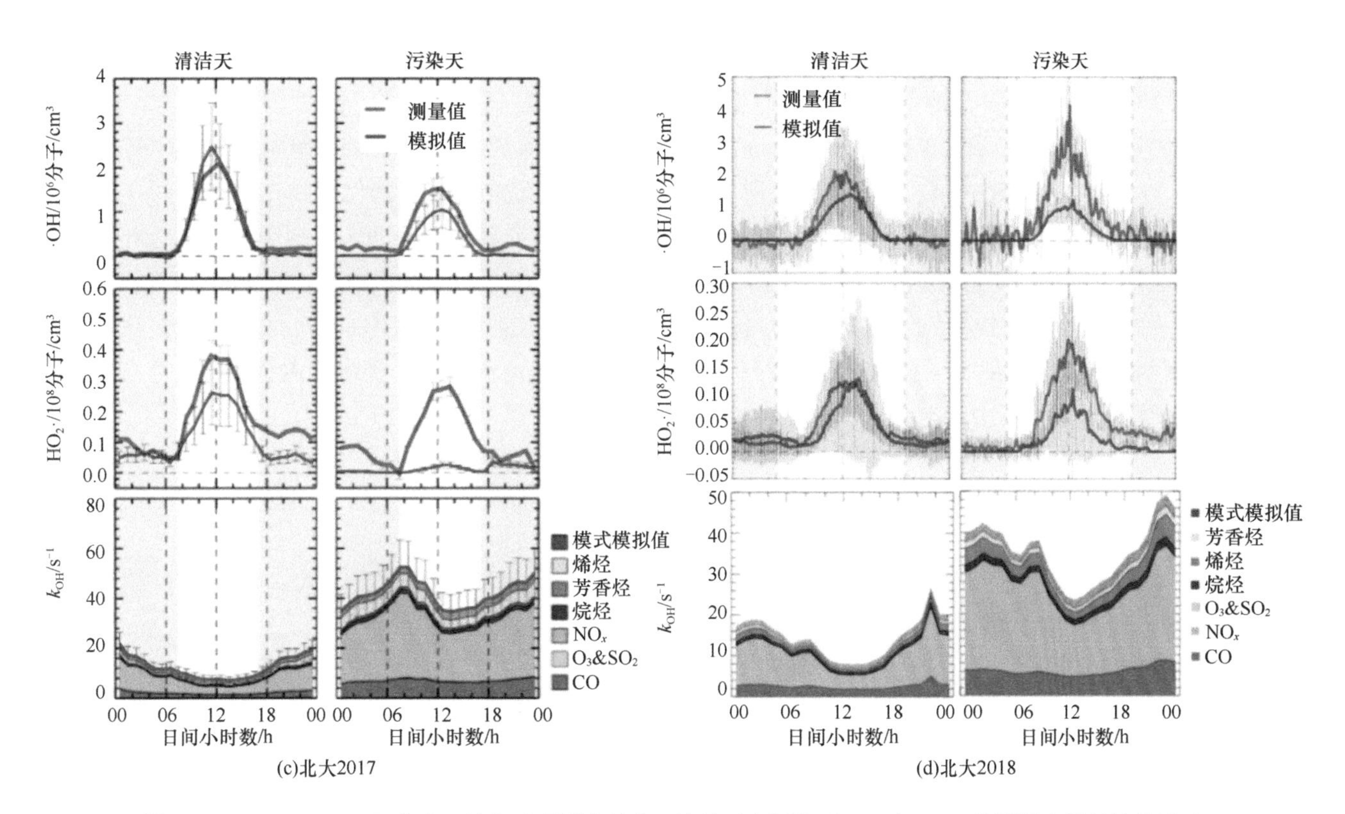

图 2-41　2016 ～ 2019 年北京 4 次冬季观测实验中，清洁天和污染天 ·OH 与 HO_2· 的测量和模拟结果以及 ·OH 总反应活性（k_{OH}）组分平均日变化廓线

尽管区域内大气氧化性呈现总体下降趋势，但在世界范围内其仍处于较高氧化性水平，与伯明翰、纽约、东京 3 次冬季观测相比，北京 4 次观测期间的 ·OH 浓度高出东京、纽约、伯明翰等城市 1 ～ 2 倍（图 2-42）[26-28]。重污染期间，·OH 浓度因参与化学反应降低 50% ～ 70%，而气态污染物（SO_2、NO_x、VOCs 等）反应活性（浓度）约增加一个数量级，使二次转化速率上升。观测结果表明，北京 4 次观测中污染天的 ·OH 氧化速率（$\cdot OH \times k_{OH}$）为 10 ～ 20 ppb[①]/h，较清洁时段上升 3 ～ 5 倍；与国外典型城市地区观测结果相比，北京 ·OH 氧化速率高出东京、纽约和伯明翰等城市 2 ～ 4 倍（图 2-43）。在北京的 4 次观测中，怀柔 2016 的 ·OH 浓度最高，而大气所 2016 的 ·OH 氧化速率最高，这是由于大气所 2016 观测期间与 ·OH 反应的物种

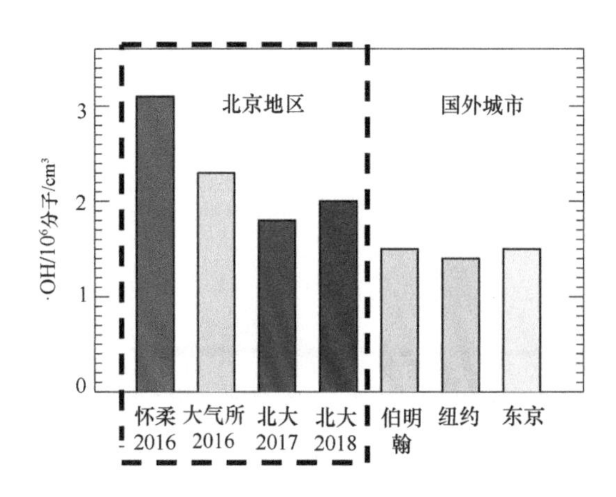

图 2-42　典型城市地区冬季观测 ·OH 日间峰值浓度水平比较

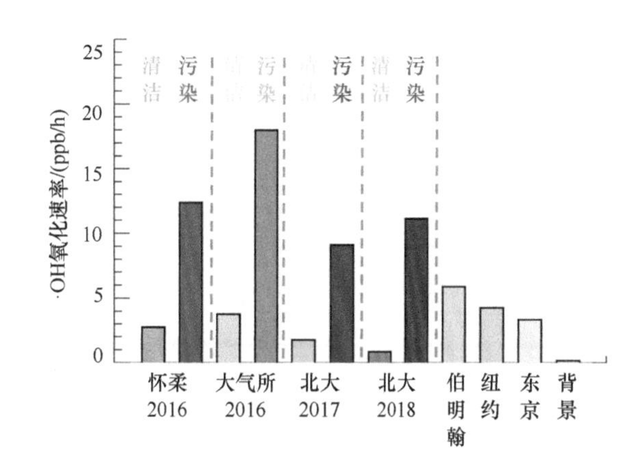

图 2-43　国内外典型城市地区 ·OH 氧化速率

① 1ppb ≈ 2.7×10^{16} 分子 /m^3。

（如 SO_2、NO_x、VOCs 等气态污染物）浓度较高，故 ·OH 氧化速率更高。北大 2017 和北大 2018 观测期间，SO_2、NO_x、VOCs 等与 ·OH 反应的物种浓度相当，·OH 浓度与 ·OH 氧化速率的一致性较好。

从大气氧化性来源来看，4 次观测期间 HONO 光解和 O_3- 烯烃反应对北京的氢氧自由基（HO_x·，即 ·OH+HO_2·）起主要贡献；在怀柔 2016 和大气所 2016 观测中，甲醛光解和羰基化合物光解对日间 ·OH 也有显著贡献（图 2-44）[29]。因此，高浓度的 NO_x 和 VOCs 是导致大气氧化性强的主要原因，这和近年来区域柴油货车和工业炉窑等 NO_x 排放量下降不明显、VOCs 排放量居高不下密切相关[30]。从自由基终极去除途径来看，在冬季 NO_x 浓度较高的环境下，HO_x· 主要通过与 NO_x 反应（包括 ·OH+NO、·OH+NO_2）去除；此外，在冬季气温偏低的情况下，过氧乙酰硝酸酯（PAN）与自由基之间的热平衡向自由基去除的方向进行，因此 PAN 的生成对自由基去除也有一定贡献。

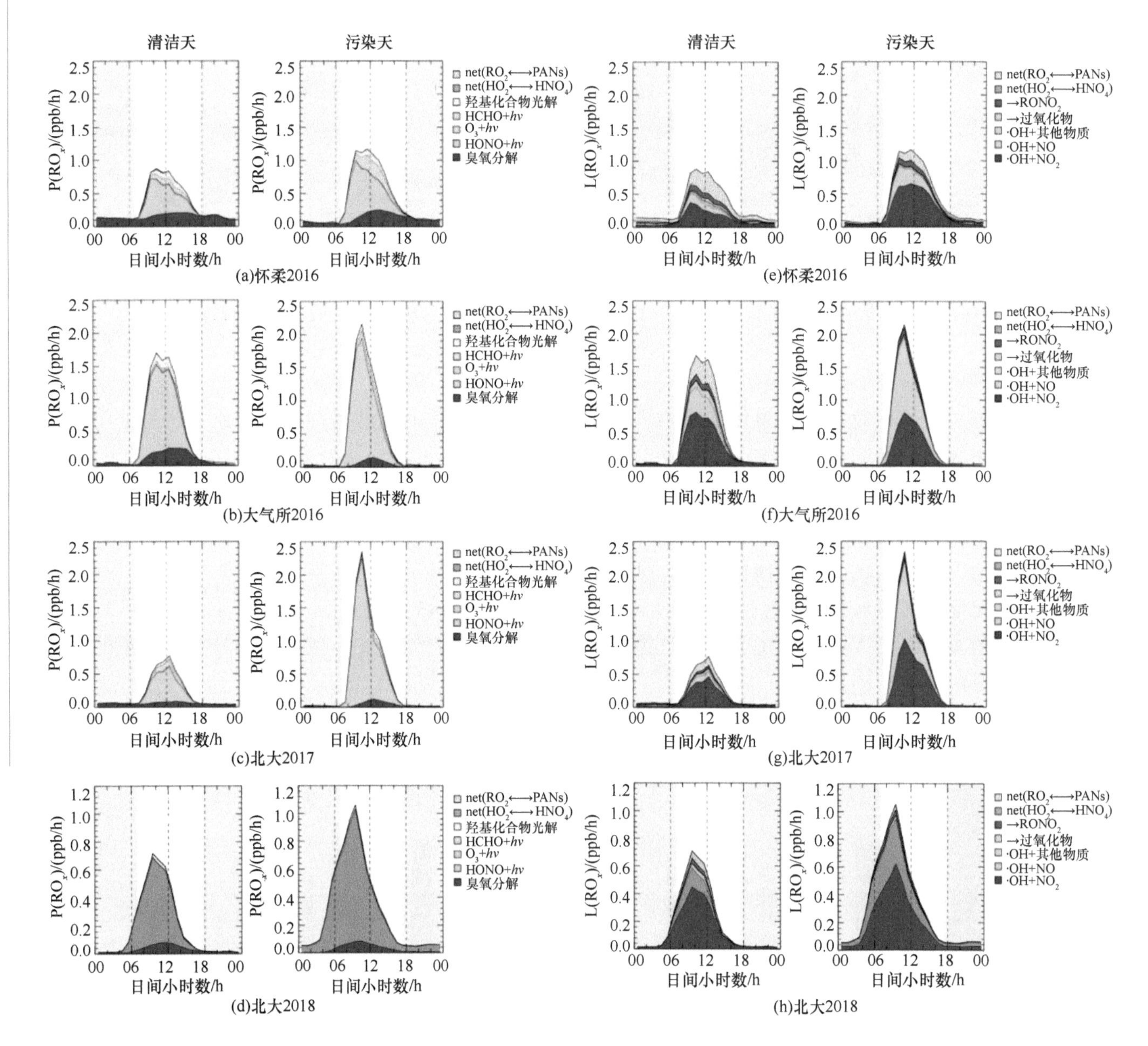

图 2-44　基于模型结果的 RO_x 自由基初级来源［（a）～（d）］和终极去除［（e）～（h）］的日间廓线

net，净反应对自由基损失或贡献的生成；P，生成速率；L，消耗速率根据观测期间污染程度不同，按照 $PM_{2.5}$ 浓度小于 15μg/m^3、$PM_{2.5}$ 浓度为 30 ～ 80μg/m^3 和 $PM_{2.5}$ 浓度大于 100μg/m^3 三档分别进行分析发现，随着 $PM_{2.5}$ 浓度上升，自由基初级来源速率不断升高，自由基来源缺失也愈发严重。当 $PM_{2.5}$ 浓度小于 15μg/m^3 时，自由基来源速率与链终止速率基本相当，并不存在明显的自由基来源缺失。当 $PM_{2.5}$ 浓度为 30 ～ 80μg/m^3 时，开始出现自由基未知来源，但未知的自由基来源速率小于已知的自由基初级来源速率。当 $PM_{2.5}$ 浓度大于 100μg/m^3 时，模型模拟存在严重的自由基来源缺失，未知自由基来源速率为已知自由基来源速率的 2 ～ 3 倍。总体上，现有模式系统可以较好地模拟清洁天的 HO_x· 观测结果，但对 HO_2· 和污染天的 ·OH 存在显著低估的情况；从后续大气自由基化学循环决定的二次污染生成速率可以看到，上述模式偏差是目前大气重污染成因解析以及后续控制策略制订中的主要不确定性来源。

综上，基于自由基直接测量结果发现，北京冬季大气自由基浓度和氧化速率高于国外大城市的冬季观测结果，显示出大气的强氧化性。大气氧化性主要来自气态亚硝酸光解、醛类物质光解、臭氧烯烃反应和其他未知的来源过程（图 2-45）[31]，其显示出 NO_x 和 VOCs 协同防控的必要性和紧迫性。在重污染过程中，未知来源过程可能居于主要地位，在国外多个特大城市地区也发现类似现象，这是目前国际大气环境科学研究的关键前沿问题，这种未知来源可能与硝酰氯（$ClNO_2$）等活性含氮化合物种有关。

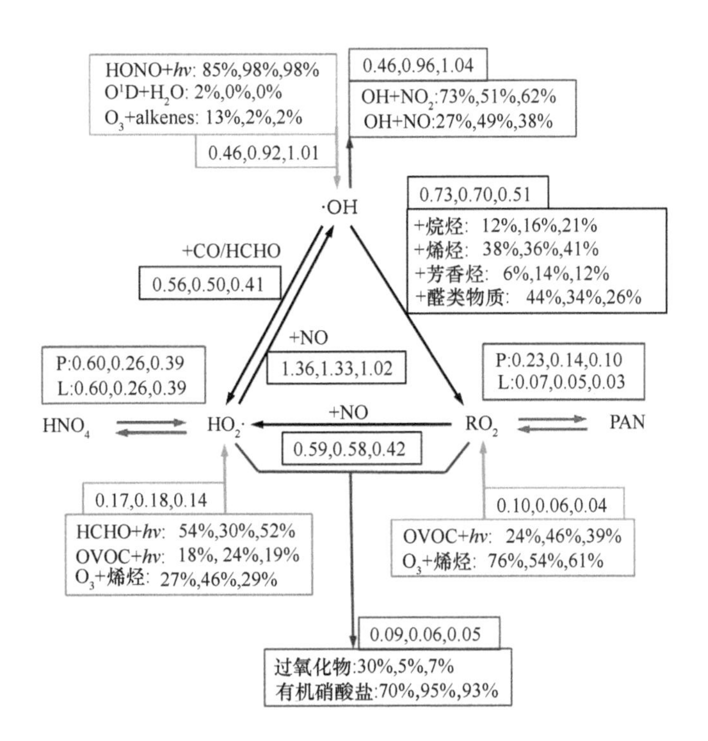

图 2-45　怀柔冬季观测（左）、大气所冬季观测（中）和北大冬季观测（右）基于模型模拟结果的 RO_x 自由基收支分析（8：00 ～ 17：00 平均结果）

P，生成；L，消耗

2.3.3.2　新粒子生成机制

人为源及天然源能够向大气中排放 VOCs、SO_2 等气态污染物，这些污染物经过大气氧化剂氧化能够生成极低挥发性有机物、气态硫酸等低挥发性物种。低挥发性物种进一步与无机氨、有机胺等物种结合生成 1 ～ 2nm 的分子簇，该过程称为颗粒物核化过程。分子簇通过冷凝、碰并初始增长生成 3nm 左右的颗粒物，颗粒物通过冷凝、碰并、非均相反应进一步增长生成 50nm 左右的爱根核模态颗粒物（图 2-46）。

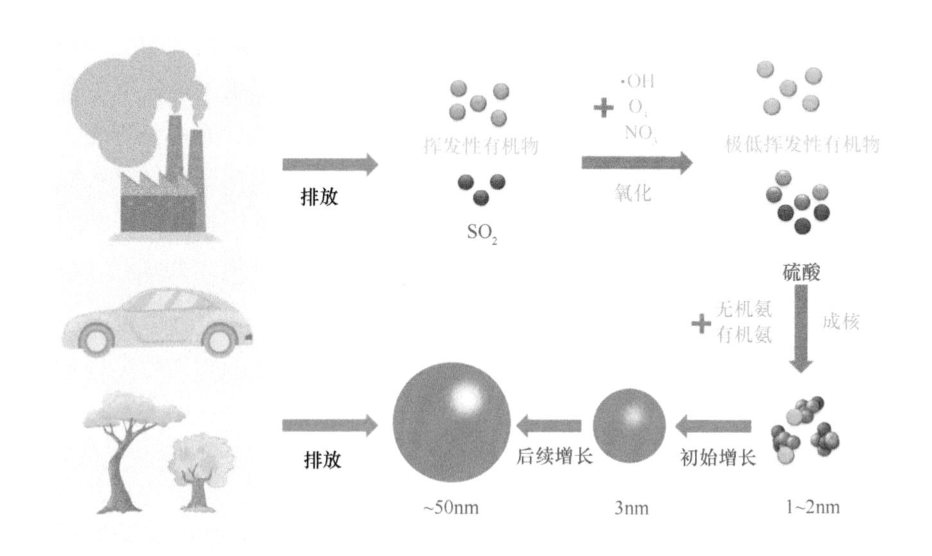

图 2-46　爱根核模态颗粒物来源示意图

2017 ～ 2018 年和 2018 ～ 2019 年秋冬季，在北大站和德州站同步开展了两次综合观测。2017 ～ 2018 年和 2018 ～ 2019 年秋冬季北大站 9 次污染过程中，共有 6 次由新粒子生成引发；德州站 9 次污染过程中，共有 2 次由新粒子生成引发。以北大站 2017 年 11 月 3 ～ 7 日污染过程为例，分析新粒子成核对区域内污染过程的影响。

2017 年 11 月 3 日 10 时发生新粒子生成事件，随后颗粒物粒径迅速增长。11 月 3 日 18 时颗粒物中值粒径达到 50nm。在这一阶段有机物质量浓度以及在颗粒物中的占比迅速增加，而二次无机组分的贡献相对较少。在颗粒物后续增长过程中，颗粒物中值粒径逐渐由 50nm 增长至 100nm，颗粒物质量浓度快速增加，达到 100μg/m^3。在这一过程之中，有机物对颗粒物贡献逐渐降低，二次无机组分尤其是硝酸根离子对颗粒物贡献迅速增加。同时颗粒物吸湿性增加，进一步促进了颗粒物摄取气态前体物，进而发生非均相反应持续增长，颗粒物质量浓度迅速增加，从而引发 $PM_{2.5}$ 污染（图 2-47）。

目前科学界认为内陆地区新粒子生成机制主要包括气态硫酸 + 无机氨 + 水、气态硫酸 + 有机胺 + 水、气态硫酸 + 高氧化态有机物（HOMs）[32-35]。在美国城市地区进行研究发现，气态硫酸 + 有机胺 + 水成核机制能够解释新粒子生成现象；在欧洲地区进行研究发现，气态硫酸 + 无机氨 + 水以及气态硫酸 + 有机胺 + 水成核机制能够解释新粒子生成现象；在欧洲森林地区进行研究发现，自然源高氧化态有机物能够参与到新粒子生成中 [36]。目前，中国新粒子生成的研究集中在城市地区。其中，在上海发现气态硫酸 + 有机胺 + 水能够解释新粒子生成现象 [37]。攻关团队在京津冀及周边地区开展的研究使人们对新粒子生成机制有了新的认识（图 2-48）。

成核速率表示单位时间、单位体积内生成新粒子的个数，是描述新粒子生成的关键参数。气态硫酸被认为是参与新粒子生成的核心物种，而成核速率与气态硫酸的对应关系常被用来研究新粒子生成机制。北大站、德州站新粒子成核速率与上海观测结果处在同一水平，相比欧洲森林点观测结果高 1 ～ 2 个数量级。另外，北大站、德州站气态硫酸浓度低于上海观测结果，尤其是德州站气态硫酸在 6×10^5 ～ 3×10^6 分子 /cm^3 范围内。攻关团队使用分子簇动力学模型模拟发现，气态硫酸 + 无机氨 + 水在硫酸浓度大于 4×10^6 分子 /cm^3 的情况下能够解释北大站成核速率，气态硫酸 + 有机胺 + 水在全部情况下能够解释北大站成核速率。然而在德州站的研究发现，气态硫酸 + 无机氨 + 水以及气态硫酸 + 有机胺 + 水的机制均无法解释成核速率，说明可能有未知物种参与到成核中（图 2-49）。

以甲苯浓度与臭氧光解速率常数的乘积 {[甲苯]×J(O^{1}D)} 代表人为源高氧化态有机物浓度，使用该值对

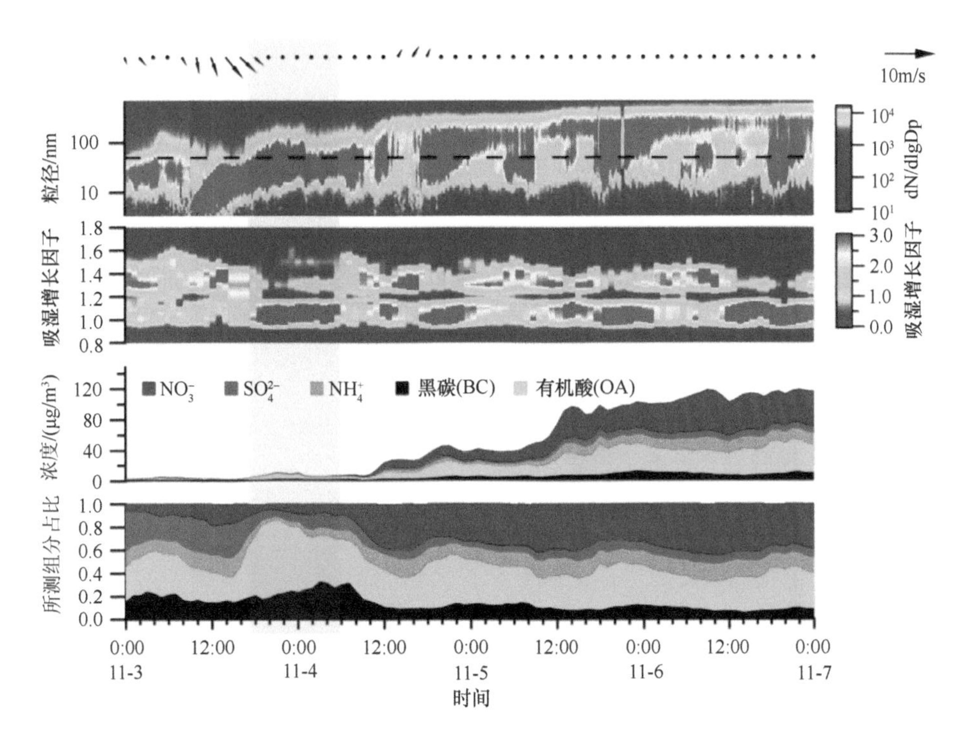

图 2-47 北大站 2017 年 11 月 3 ～ 7 日风向风速、颗粒物数谱分布、吸湿增长因子分布、颗粒物组分浓度与占比时间序列

0:00，时 : 分；11-3，月 – 日，余同

图 2-48 世界内陆地区新粒子生成机制

成核速率与气态硫酸浓度关系图进行染色，分析成核机制。在气态硫酸浓度相同的条件下，成核速率随着 [甲苯]×J(O^{1}D) 的增加而增加。成核速率 /[气态硫酸]^2 通常用来表示除气态硫酸以外其他气态前体物对成核的贡献。结果发现，该值与 [甲苯]×J(O^{1}D) 有较好的相关性（图 2-50）。研究结果在一定程度上说明，在华北地区乡村点新粒子生成过程中，人为源高氧化态有机物对其具有重要贡献 [38]。

综上所述，华北城市地区气态硫酸 + 有机胺 + 水以及气态硫酸 + 无机氨 + 水是新粒子生成的主要机制；乡村地区在气态硫酸 + 有机胺 + 水及气态硫酸 + 无机氨 + 水成核机制的基础上，人为源高氧化态有机物也参与到新粒子生成过程中。

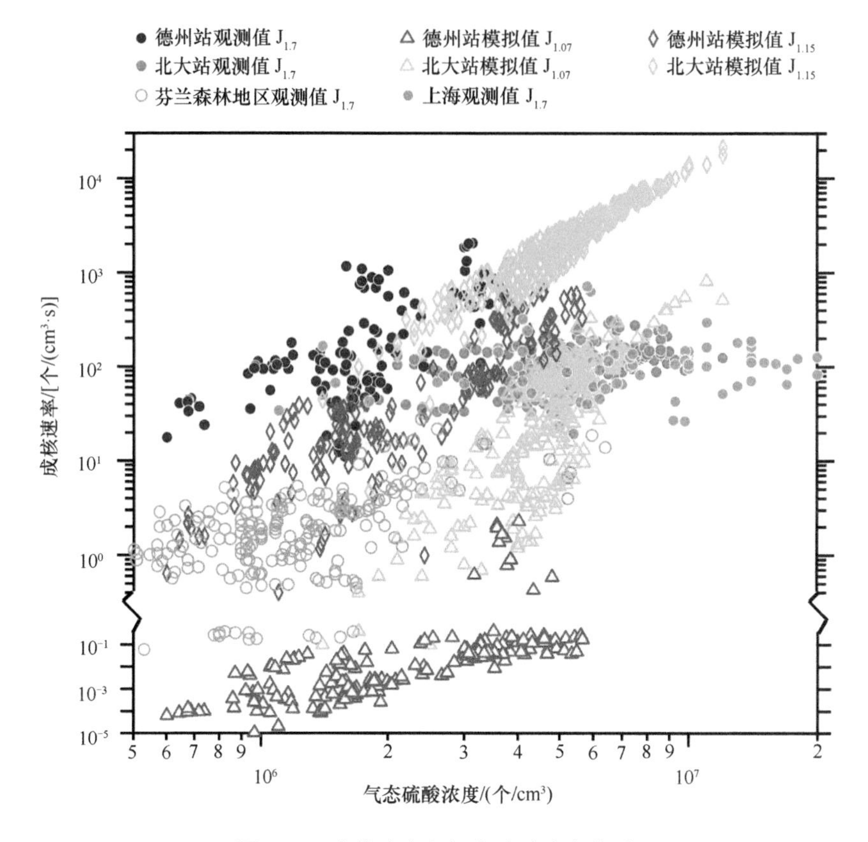

图 2-49　成核速率与气态硫酸浓度关系

红色代表德州站；绿色代表北大站；灰色代表其他研究结果；菱形代表气态硫酸 + 有机胺 + 水模拟值；三角形代表气态硫酸 + 无机氨 + 水模拟值

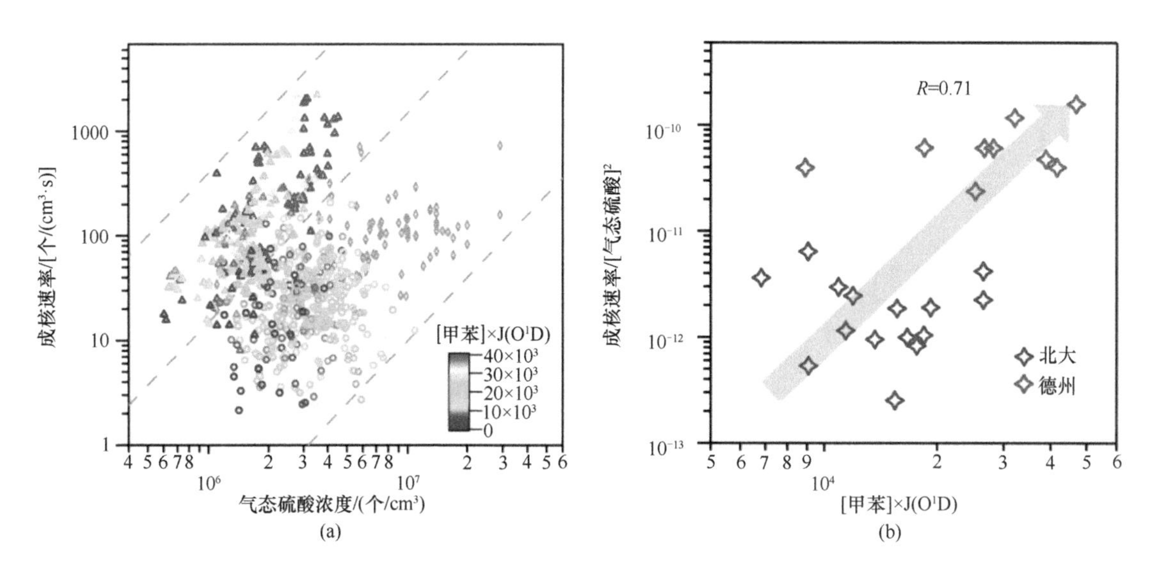

图 2-50　新粒子成核速率与气态硫酸浓度的关系以及成核速率 /[气态硫酸]^2 与 [甲苯]×J(O^{1}D) 的关系

（a）中三角形为德州站，圆形为北大站；菱形为上海研究结果

2.3.3.3　硝酸根离子生成机制

利用 ·OH、NO_2 观测结果模拟的硝酸根离子增长情况与实际观测结果在趋势上基本吻合，表明了气相 ·OH 氧化对本地硝酸根离子的生成有主要贡献（图 2-51）。首次结合北京地面观测和塔测结果，发现日间

NO_x 的气相 ·OH 氧化通道对硝酸根离子生成的贡献约为 70%，夜间自由基氧化产物 N_2O_5 非均相摄取的贡献约占 30%，液态颗粒物中硫酸铵浓度上升有助于 N_2O_5 非均相摄取生成硝酸根离子的过程。

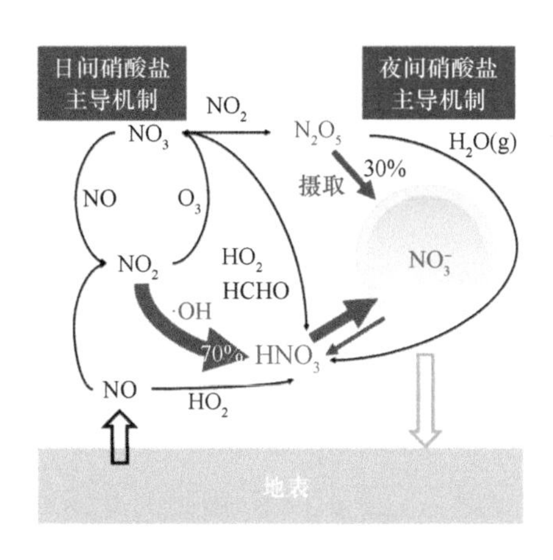

图 2-51　硝酸根离子生成途径示意图

在 2017～2018 年的秋冬季观测中，选取 4 次典型污染过程（2017 年 11 月 3～7 日、2017 年 11 月 30 日～12 月 3 日、2017 年 12 月 25 日～2018 年 1 月 2 日和 2018 年 1 月 11～16 日）分析模式对硝酸根离子生成的模拟效果，进而验证硝酸根离子的生成机制。污染过程中硝酸根离子对颗粒物贡献占比超过 20%，依据硝酸根离子的化学生成途径，结合前体物的浓度水平，包括 ·OH、NO_2、N_2O_5 及常规气象参数等，可计算得到硝酸根离子的生成速率，并和观测值进行比对。4 个站点 11 月 3～7 日的硝酸根离子观测结果和基于前体物观测值约束的模拟结果如图 2-52 所示。该污染过程中 4 个站点的硝酸根离子均从 11 月 4 日开始持续呈现出阶梯式增长，在 11 月 7 日凌晨达到峰值，浓度水平为 40～65μg/m³，4 个站点的硝酸根离子增长趋势基本一致，体现出硝酸根离子污染的区域性。浓度水平方面北大站≈望都站 > 香河站≈德州站。其中，

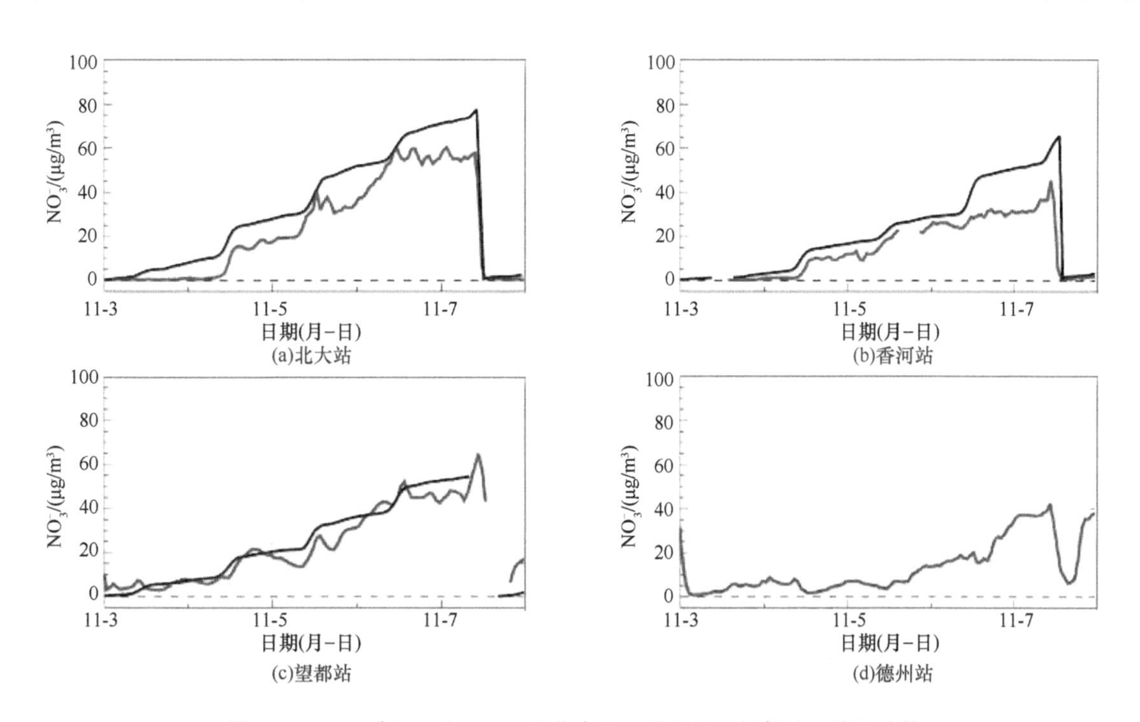

图 2-52　2017 年 11 月 3～7 日北大站、香河站、望都站、德州站的硝酸根离子浓度观测结果（红线）和模拟结果（黑线）

北大站、香河站以及望都站的硝酸根离子模拟值和观测值吻合得较好。上述站点观测和模拟的平均情况如图 2-53 所示，其中模拟值略高于观测值，但两者之间的差异在模型计算的不确定性范围以内，说明区域性硝酸根离子的化学生成潜势十分显著，这可能是硝酸根离子区域性污染的主要原因。

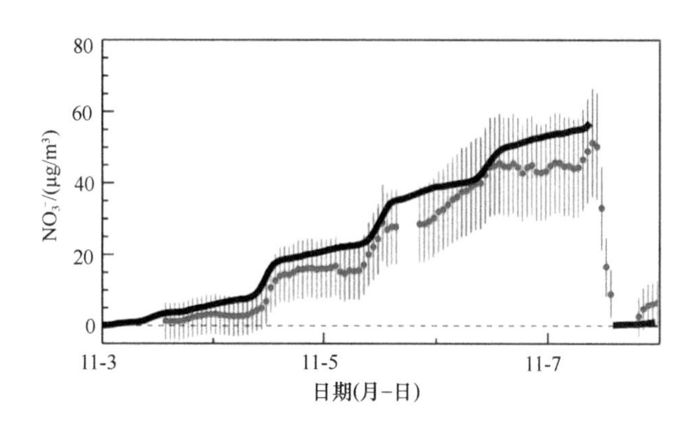

图 2-53　2017 年 11 月 3 ～ 7 日 4 个超级站平均的硝酸根离子浓度观测结果（红线）和模拟结果（黑线）

4 个站点 2017 年 11 月 30 日～ 12 月 3 日的硝酸根离子观测和模拟结果如图 2-54 所示。本次污染过程中硝酸根离子的浓度水平较上一个污染过程要低，峰值低于 30μg/m³（德州站除外）。

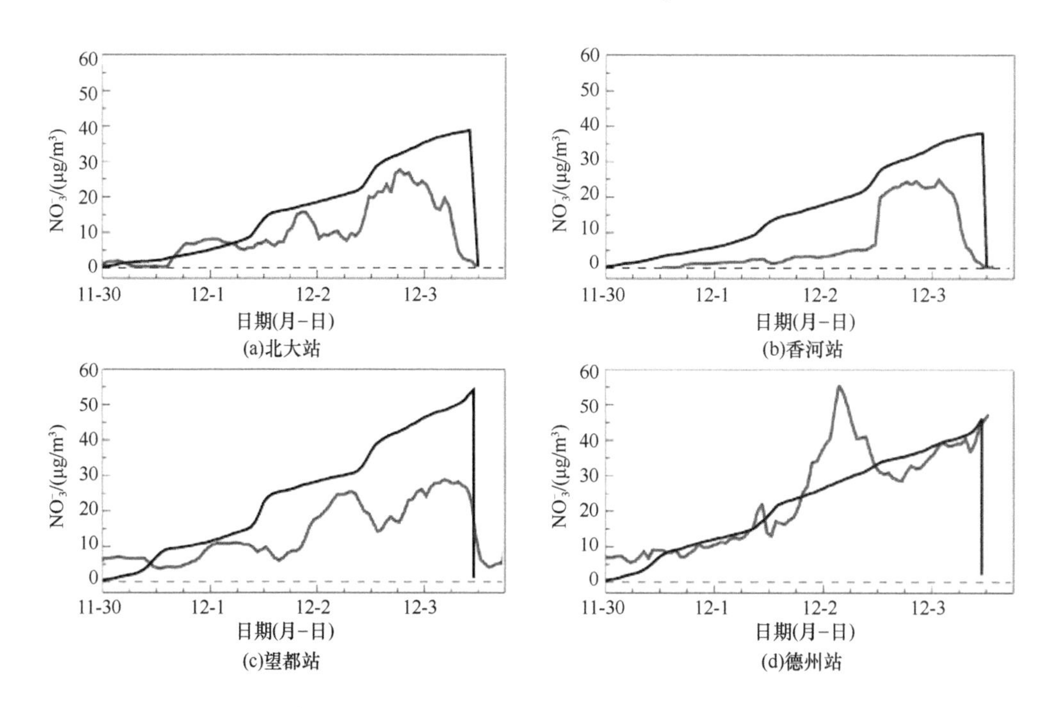

图 2-54　2017 年 11 月 30 日～ 12 月 3 日北大站、香河站、望都站、德州站的硝酸根离子浓度观测结果（红线）和模拟结果（黑线）

4 个站点 2017 年 12 月 25 日～ 2018 年 1 月 2 日的硝酸根离子观测和基于前体物观测值约束的模拟结果如图 2-55 所示。该污染过程中 4 个站点的硝酸根离子均从 12 月 25 日开始持续并呈现出阶梯式增长，在 12 月 30 日正午达到峰值，浓度水平为 20 ～ 70μg/m³，4 个站点的硝酸根离子增长趋势基本一致，体现出硝酸根离子污染的区域性。浓度水平方面：北大站 > 德州站 > 香河站≈望都站。上述站点观测和模拟的平均情况如图 2-56 所示，模拟值与观测值基本吻合，说明区域性硝酸根离子的化学生成潜势十分显著，这可能是硝酸根离子区域性污染的主要原因。

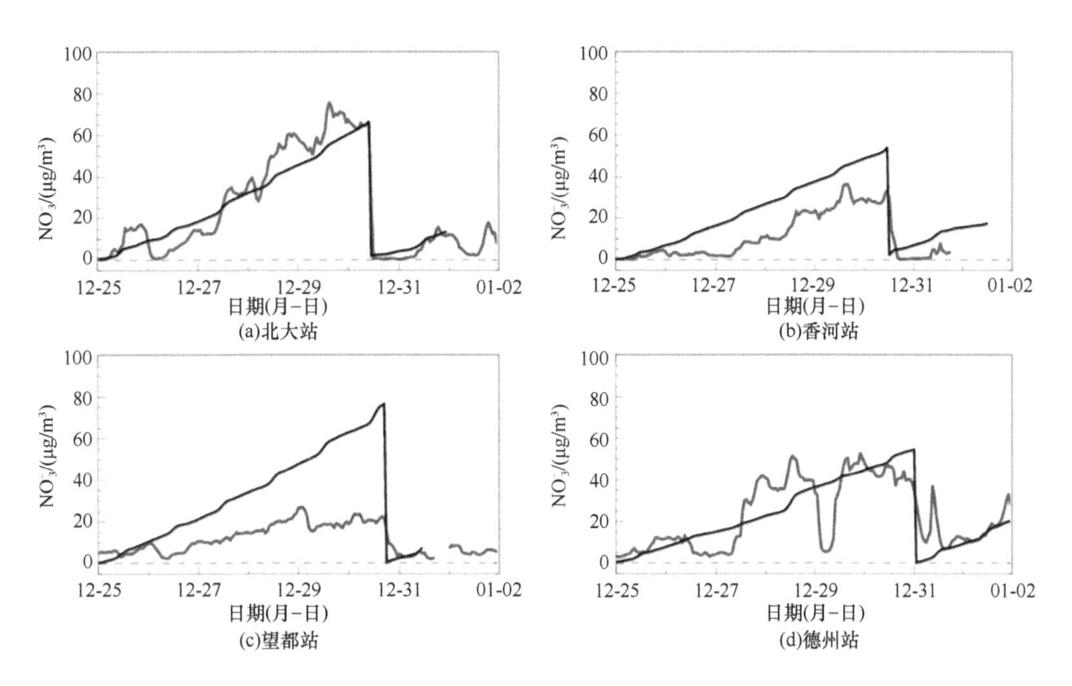

图 2-55 2017 年 12 月 25 日～ 2018 年 1 月 2 日北大站、香河站、望都站、德州站的硝酸根离子浓度观测结果（红线）和模拟结果（黑线）

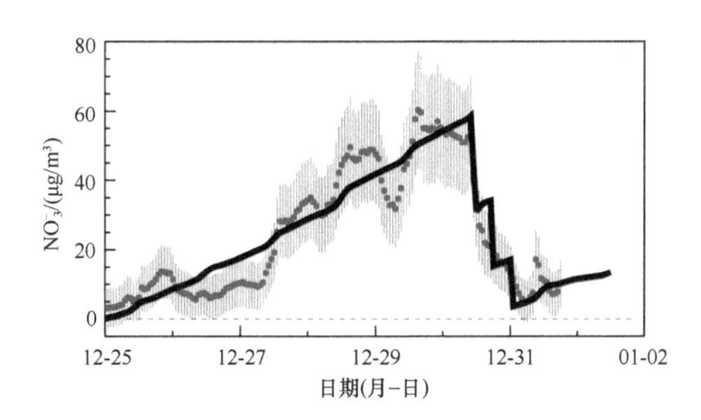

图 2-56 2017 年 12 月 25 日～ 2018 年 1 月 2 日 4 个超级站平均的硝酸根离子浓度观测结果（红线）和模拟结果（黑线）

以北大站为例，2017 ～ 2018 年秋冬季 4 次典型污染过程颗粒物中硝酸根离子含量的变化时间序列如图 2-57 所示。可以看到，虽然 4 次污染过程持续时间不同，且间隔时间较长，但硝酸根离子的增长趋势几乎一致，增长速率为 5 ～ 15μg/（m^3·d），这说明冬季在北大站乃至整个华北地区 $PM_{2.5}$ 中硝酸根离子的产生机制类似且来源稳定。考虑到在重污染期间 N_2O_5 被高浓度的 NO 滴定，故颗粒物中硝酸根离子的主要来源为白天 ·OH 与气态 NO_2 反应。利用北大站观测得到的数据，通过化学计算得到这一途径的硝酸根离子产量，发现其与观测值吻合较好。其中，从 2018 年 1 月 11 ～ 16 日的重污染过程中（图 2-57 中红线所示）可知，硝酸根离子含量呈现明显的白天光照条件下持续增长、夜间由于沉降等清除作用浓度有所回落的规律，这种典型变化规律验证了北京地区秋冬季 $PM_{2.5}$ 硝酸根离子的主要来源为白天 ·OH 氧化通道的结论。

类似地，在 2018 年冬季观测中，同样捕捉到 2 次重污染过程（2018 年 11 月 23 ～ 27 日和 11 月 28 日～ 12 月 4 日），硝酸根离子实际增长趋势与 ·OH 主导化学的硝酸根离子生成潜势的模拟结果吻合得较好，硝酸根离子浓度增速为 5 ～ 15μg/（m^3·d），与 2017 ～ 2018 年秋冬季的 4 次典型污染过程一致（图 2-58）。

总体而言，在当前排放条件下，区域内秋冬季硝酸根离子主要通过 NO_x 的气态 ·OH 氧化通道生成，贡献约为 70%；NO_x 的自由基氧化产物 N_2O_5 的非均相摄取通道对硝酸根离子的贡献约为 30%[39]。

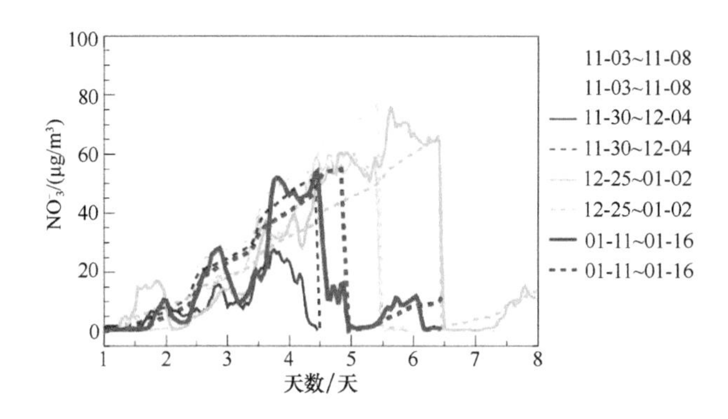

图 2-57 2017 ～ 2018 年秋冬季 4 次污染过程中北大站硝酸根离子浓度变化

实线为观测值，虚线为计算值

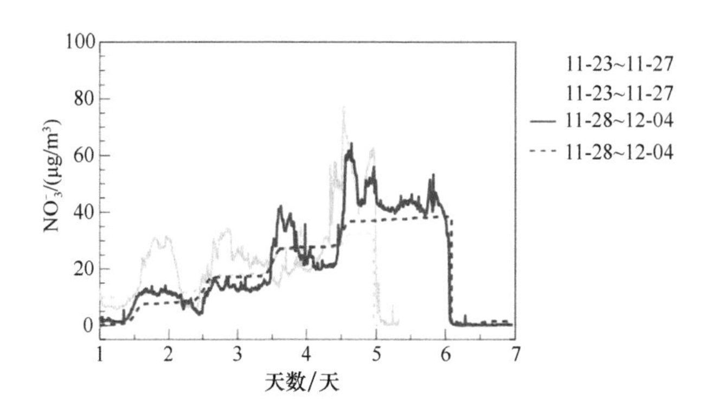

图 2-58 2018 年冬季 2 次重污染过程中北大站硝酸根离子浓度变化

实线为观测值；虚线为计算值

2.3.3.4 硫酸根离子生成机制

经典的硫酸根离子生成机制主要是 SO_2 的多相化学反应，包括 SO_2 的气相氧化以及 SO_2 在颗粒物液态水中的 O_3 氧化、NO_2 氧化、过渡金属离子（TMI）催化氧化和 H_2O_2 氧化（图 2-59），各个途径的相对贡

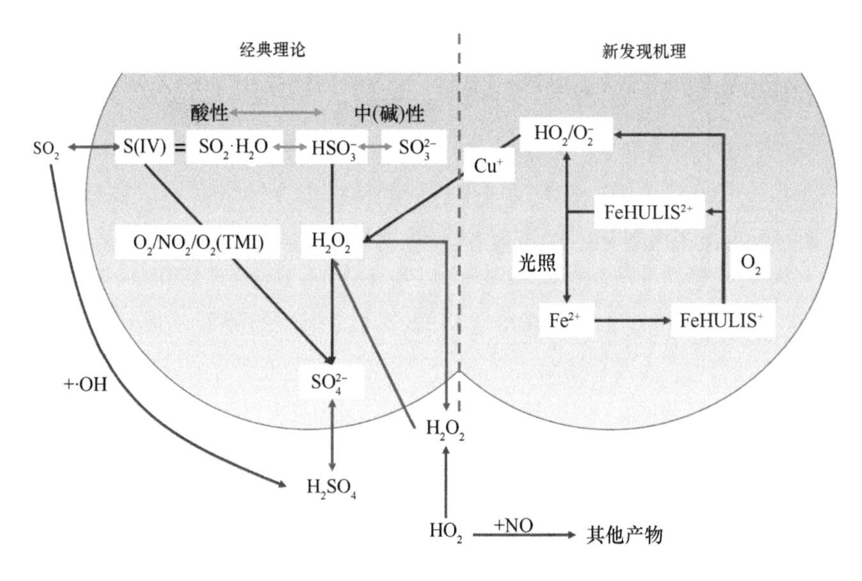

图 2-59 硫酸根离子生成机制示意图

献取决于氧化剂浓度和颗粒物酸碱度（pH）。重污染过程中，相对湿度上升到60%以上，颗粒物由固态过渡到液态并吸湿增长，液态水在颗粒物中的质量分数可达30%以上[40]；据热力学模型计算[41]，颗粒物呈弱酸性（pH=4.5～5.5），加速SO_2的摄取、颗粒物界面和非均相化学反应可促进SO_2的二次转化（图2-60）。

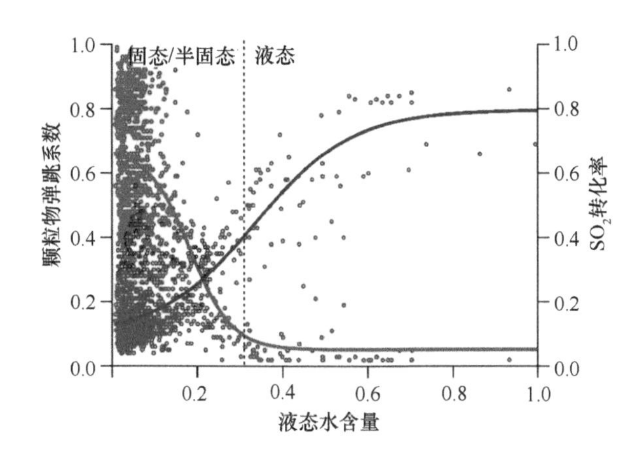

图2-60 颗粒物相态及SO_2转化率随颗粒物含水量的变化

对硫酸根离子生成通道的系统分析发现，空气质量模式有可能严重低估了H_2O_2浓度，从而导致模式严重低估H_2O_2氧化途径对硫酸根离子的贡献。2016年在北京、河北观测的结果表明，环境中的H_2O_2浓度为0.1～1.5ppb，2018年在河北的观测结果显示，H_2O_2浓度为0.05～0.5ppb，平均值为0.2ppb（图2-61）[42]；

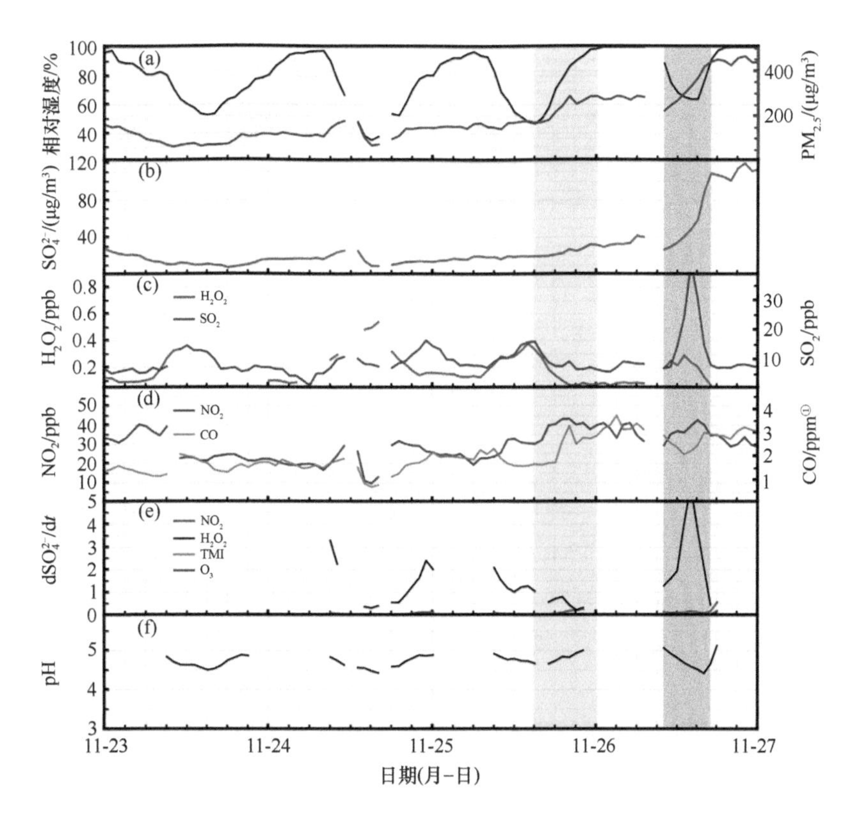

图2-61 2018年11月23～27日河北外场观测中相对湿度和$PM_{2.5}$浓度（a）、硫酸根离子浓度（b）、H_2O_2和SO_2浓度（c）、NO_2和CO浓度（d）、各反应途径的硫酸根离子生成速率（e）和颗粒物pH的时间序列（f）

① 1ppm ≈ 1.16mg/m^3。

而模式中模拟得到的 H_2O_2 浓度主要为 0.01ppb[43]，说明模式严重低估大气环境中的 H_2O_2 浓度约 20 倍，模式计算得到的各氧化途径对硫酸根离子生成的贡献必然有很大偏差。

过往研究认为，在高浓度 NO 条件下，H_2O_2 无法生成，H_2O_2 氧化通道对硫酸根离子贡献很小。通过外场观测对 H_2O_2 浓度的订正，并基于温度、相对湿度等气象参数和 O_3、NO_2 等反应物浓度，利用气溶胶动力学模型计算得到了硫酸根离子生成速率。模式计算表明，在望都站，当颗粒物 pH=3 ～ 4 时，液相 H_2O_2 氧化通道对硫酸根离子生成的贡献约为 55%，气相 ·OH 氧化通道的贡献约为 45%，研究人员提出了导致高浓度 H_2O_2 这一现象的“过渡金属－类腐殖质－光化学”耦合反应新机理；随颗粒物 pH 上升，过渡金属催化氧化和 NO_2 氧化通道的贡献上升，在 pH=6 时分别达 40% 和 30% 左右，其成为对硫酸根离子的主要贡献途径。在北大站观测中，未发现高浓度 H_2O_2，这与受类腐殖质和过渡金属影响较小有关，气相 ·OH 氧化仍是北京硫酸根离子的主要生成途径（图 2-62）。因此，硫酸根离子存在多种生成通道，各反应通道的相对贡献比例在不同城市存在较大差别。

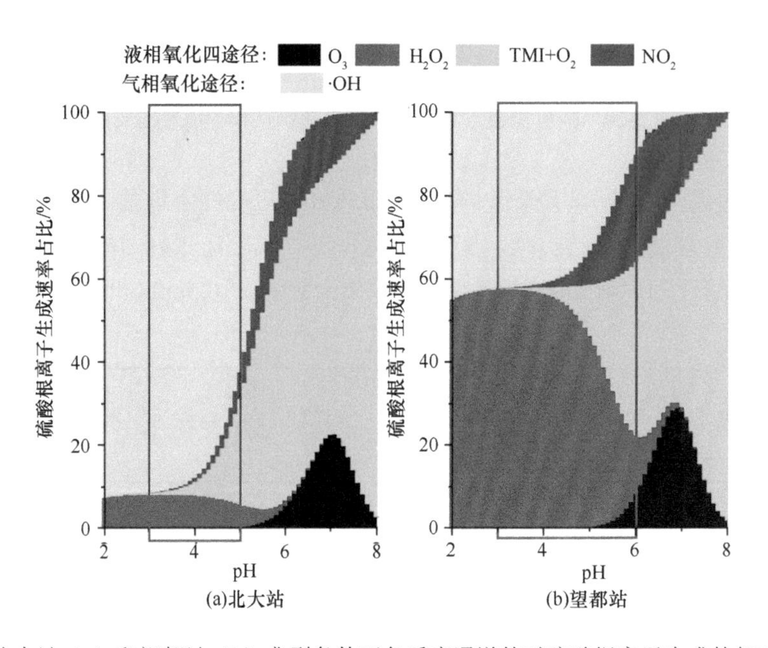

图 2-62　北大站（a）和望都站（b）典型条件下各反应通道的对硫酸根离子生成的相对贡献比例

2.3.3.5　铵根离子生成机制

铵根离子主要来自氨和大气中含硫、氮等酸性物质发生的中和反应，其浓度随硝酸根和硫酸根离子浓度变化。观测表明，“2+26”城市秋冬季 $PM_{2.5}$ 中铵根离子约占 10%，且 2013 年以来硝酸铵的比例逐渐上升。北京的外场观测结果表明，在清洁天，氨气与铵根离子的浓度当量之和大于以硝酸根离子为首的阴离子浓度当量之和，大气处于富氨状态；在重污染期间，酸性气体氧化速率加快，硝酸铵和硫酸铵浓度显著上升，大气富氨程度显著降低。

北京 2015 年、2016 年冬季外场观测结果显示，在清洁天，当 AQI< 50 时，只有当氨减排超过 33.9%，$PM_{2.5}$ 才会开始被削减，即北京大气中明显富氨。随着污染加重，气态污染物的二次转化增加，大气中富氨程度降低。当 AQI 为 300 ～ 400 时，只需减排超过 7.7% 的氨气，$PM_{2.5}$ 就会开始被有效削减。而当 AQI > 400 时，大气环境已经变成贫氨状态，此时 $PM_{2.5}$ 对氨减排非常敏感（图 2-63）。

因此，$PM_{2.5}$ 二次组分爆发式增长主要来自大气强氧化性驱动下 SO_2、NO_x、VOCs 等气态污染物的二次转化，氨不是秋冬季重污染的主控因子 [44]。

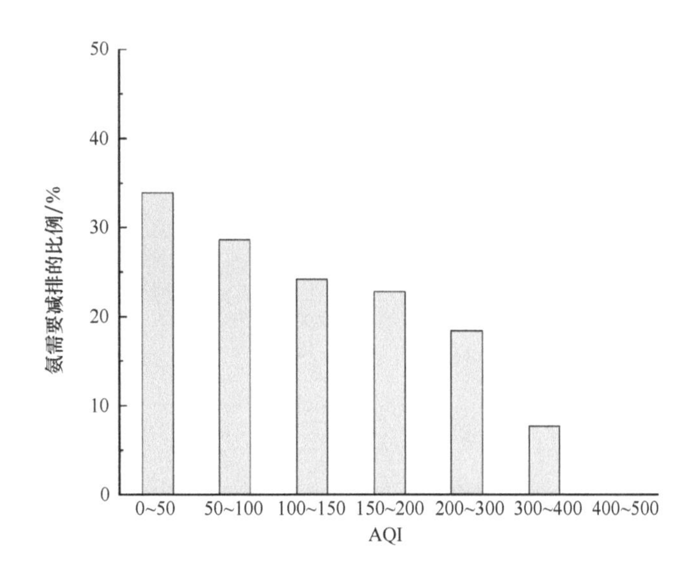

图 2-63 基于观测数据测算的北京 2015 年和 2016 年冬季不同 AQI 下大气富氨程度

2.3.3.6 二次有机颗粒物生成机制

秋冬季区域内一次有机颗粒物（POA）主要来自燃煤、本地机动车和生物质燃烧的排放，二次有机颗粒物（SOA）来自人为源 VOCs 的氧化，主要生成途径是气相氧化和非均相氧化（图 2-64）。

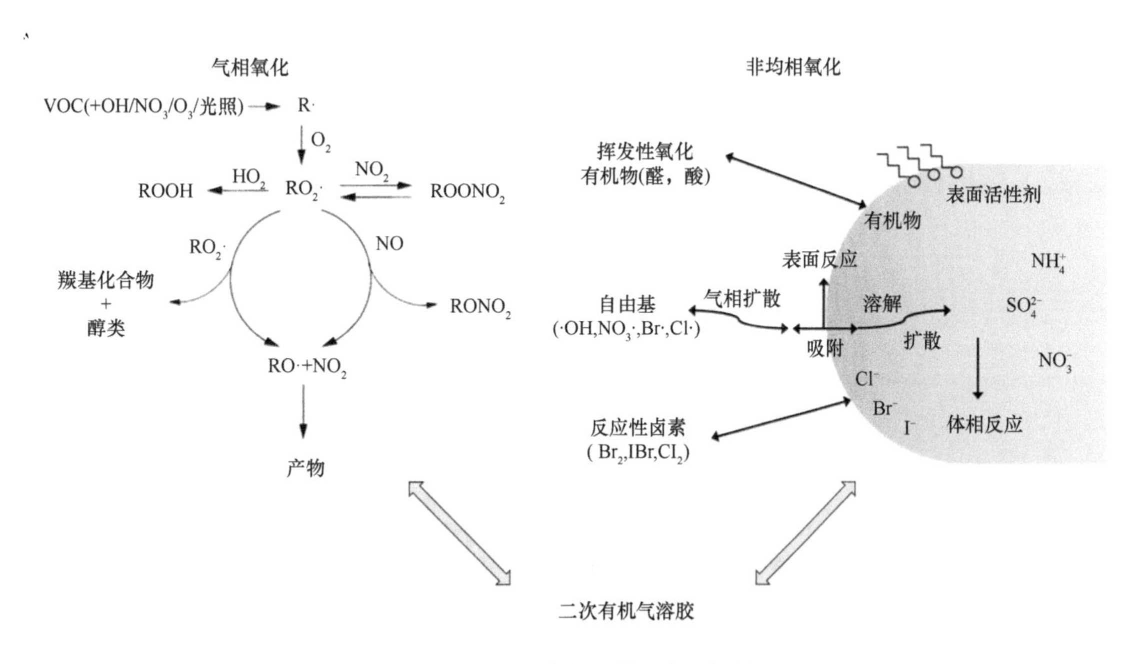

图 2-64 二次有机颗粒物生成机制

2017 年冬季北大站观测结果显示，在 POA 方面，生物质燃烧、机动车排放和燃煤等源的贡献较大，分别为 16.1%、15.8% 和 13.7%，植物碎屑贡献较小（2.8%）；在 SOA 方面，人为源甲苯 SOA 贡献最大（13.6%），高于天然源 α- 蒎烯 SOA、β- 丁香烯 SOA、异戊二烯 SOA 的总和。德州站观测结果显示，在 POA 方面，生物质燃烧贡献最大（22.7%），其次是机动车排放（11.0%），燃煤和植物碎屑贡献分别为 7.4% 和 7.0%；在 SOA 方面，人为源甲苯 SOA 贡献最大（17.3%），其次是 α- 蒎烯 SOA（6.7%）、异戊二烯 SOA（3.4%）和 β- 丁香烯 SOA（1.1%）。仍有一些未知源有待解析，北大站占 30.7%，德州站占 23.4%（图 2-65）。两

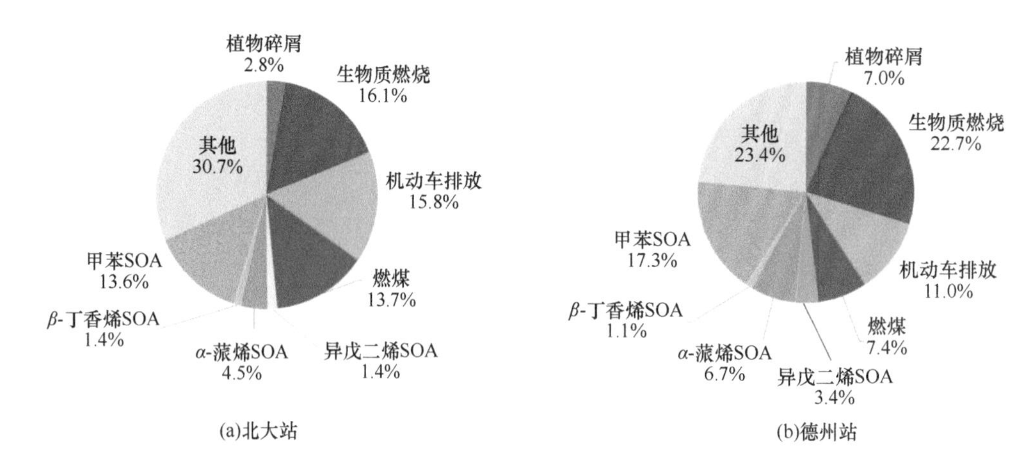

图 2-65　2017 年冬季北大站和德州站颗粒物源解析结果

地 2017 年冬季有机物中，POA 以燃煤、机动车排放和生物质燃烧为主，SOA 以人为源 VOCs 氧化为主。德州站受生物质燃烧影响更大，北大站机动车排放影响有所上升。此外，冬季燃煤也是一次排放的重要来源。对 SOA 来说，与其他地方相比，区域内 SOA 生成以人为源 VOCs 氧化为主，其中甲苯氧化生成的 SOA 贡献要高于解析出的生物源 SOA 总贡献。因此，降低区域内人为源 VOCs 排放对于控制区域内的 SOA 污染具有十分重要的意义 [45]。

基于半定量分析发现，在污染积累的初期，气相氧化是二次有机颗粒物的主要生成途径，贡献比例约为 40%（图 2-66）。重污染期间，液相氧化对二次有机颗粒物的生成有主要贡献，约占 60%（图 2-67）。高氧化态氧化性有机颗粒物的浓度随相对湿度上升显著增加 [46, 47]，有机硝酸酯、有机硫酸酯等液相反应示踪物的浓度随污染程度上升而逐渐增加 [48]。

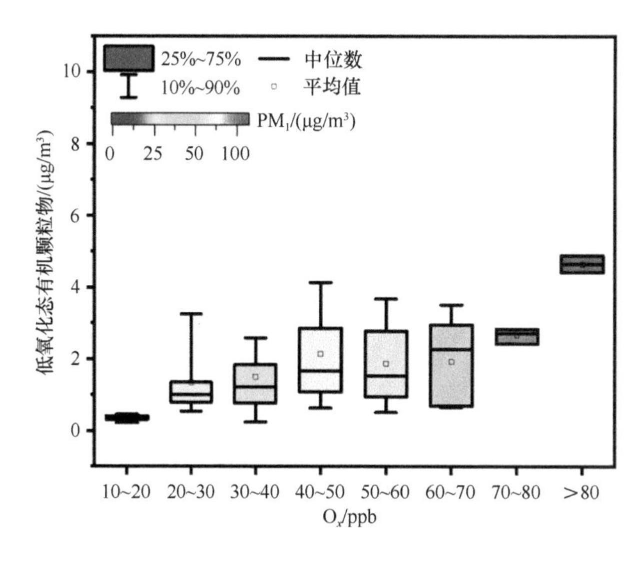

图 2-66　代表气相氧化反应通道的低氧化态氧化性有机颗粒物浓度随气相氧化剂 O_x 浓度的变化

液相氧化通道对于 SOA 生成的重要性也通过不同角度得以证实。北大站 2017 年观测期间 SOA 与相对湿度的关系显示，当相对湿度低于 20% 时，SOA 浓度随着相对湿度升高的增长率为 0.10μg /（m^3·%）；当相对湿度大于 60% 时，SOA 浓度增长率增至 0.79μg /（m^3·%），是低相对湿度（<20%）时的 7.7 倍，表明高湿条件对 SOA 生成有促进作用（图 2-68）。

从分子水平对 SOA 进行物种识别能更直观地反映出 SOA 的生成途径。利用电喷雾离子源结合静电

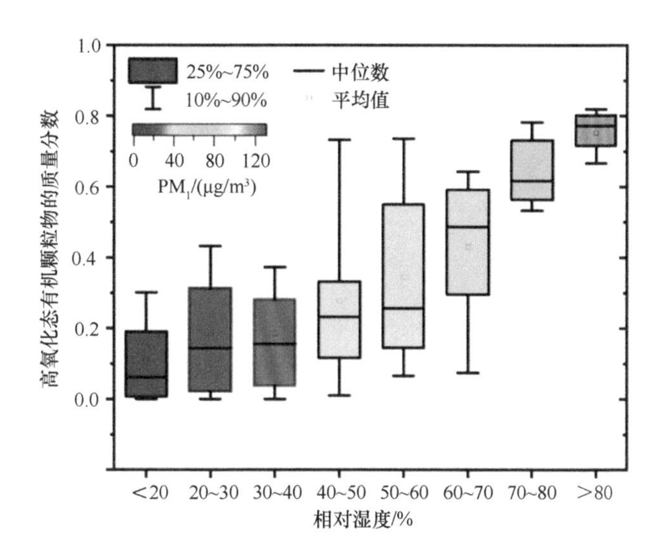

图 2-67 代表液相氧化反应通道的高氧化态氧化性有机颗粒物的质量分数随相对湿度的变化

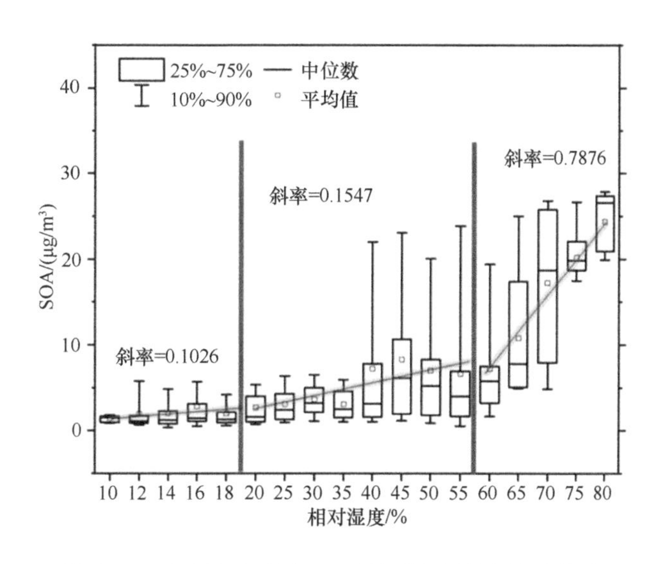

图 2-68 北大站 2017 年 SOA 浓度与相对湿度的关系

场超高分辨率质谱对有机物的分子组成进行表征，并按照元素组成进行分类，主要包括 CHO、CHON、CHOS 和 CHONS。2017 年和 2018 年污染过程有机物分子组成的变化如图 2-69 和图 2-70 所示，其中含硫组分（CHOS、CHONS）在饼图中以黑色标出。清洁天时，CHO 和 CHON 类物种是有机物中的主要组分；重污染过程发生时，含硫组分的占比均显著增加。有机物中的含硫组分 CHOS 和 CHONS 多以有机硫酸酯或硝基有机硫酸酯的形式存在。有机硫酸酯通常为酸性硫酸盐与生物源或人为源 VOCs 及其氧化产物相互作用下，通过液相反应二次生成的产物；有机硫酸酯的变化趋势在一定程度上反映了液相反应生成 SOA 的过程。污染过程有机硫酸酯的增加为 SOA 液相氧化通道的主导贡献提供了直接证据。

2.3.4 区域城市间相互影响

京津冀及周边地区区域性污染特征突出，城市之间相互影响，但因污染状况、所处地理位置不同影响程度有所差异。攻关项目采用常规污染物浓度监测、立体观测（地基激光雷达、多轴差分吸收光谱仪、车

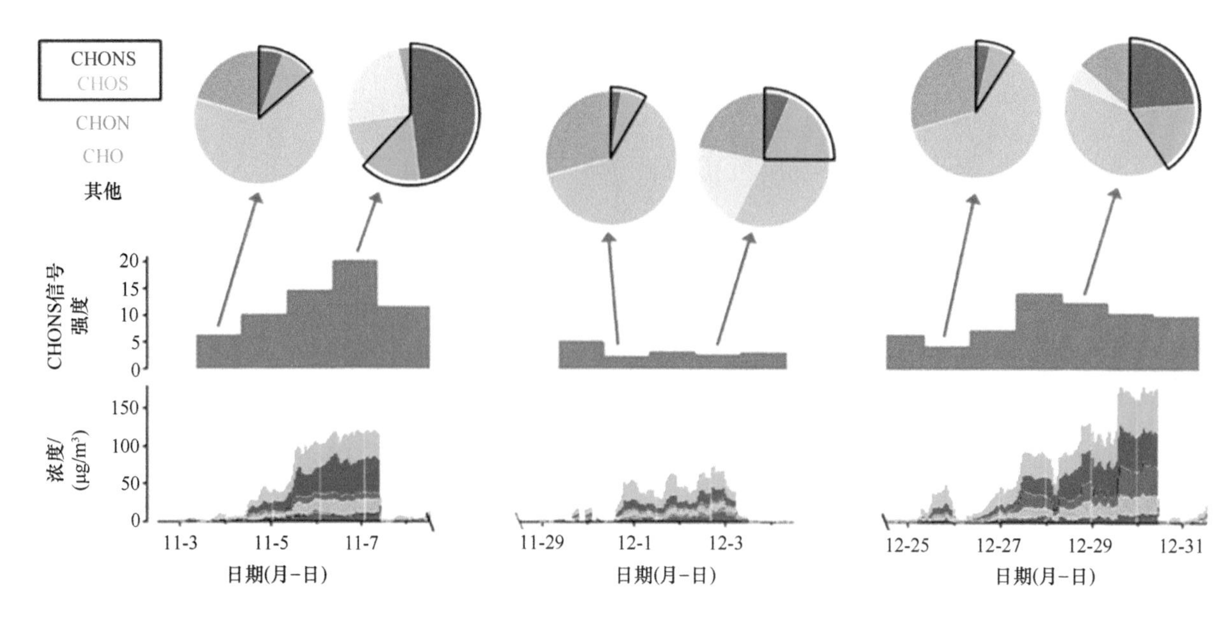

图 2-69　2017 年冬季污染过程中不同类别组分的占比

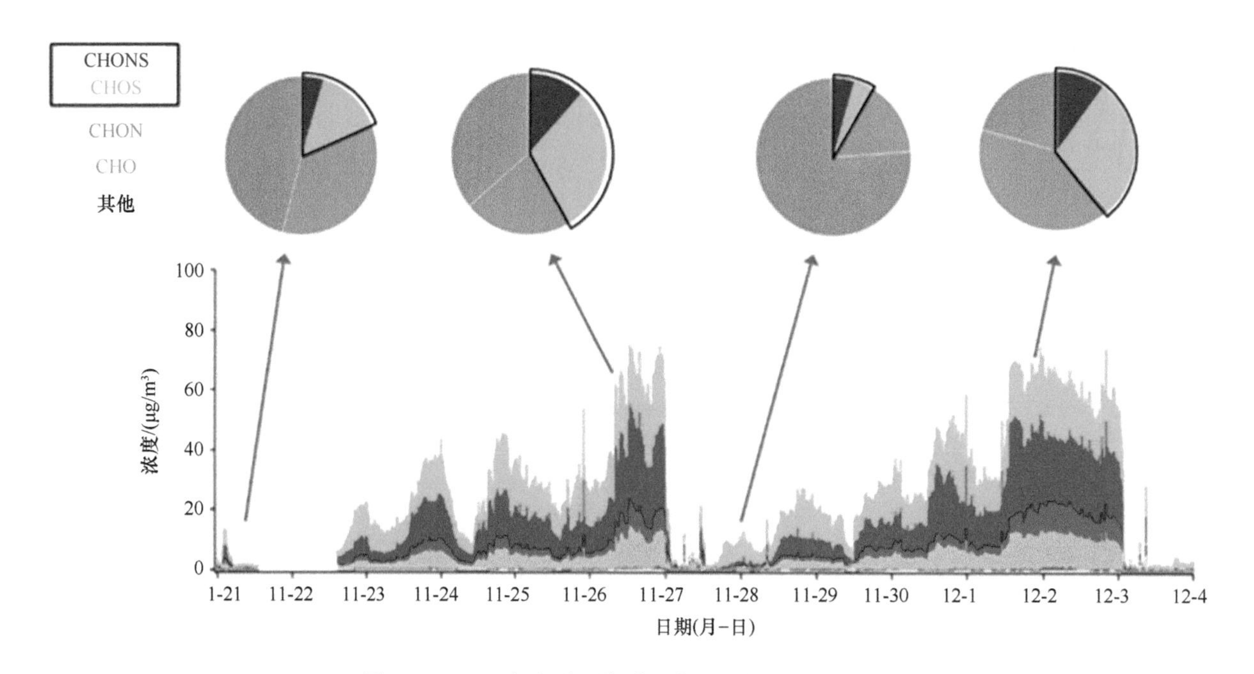

图 2-70　2018 年冬季污染过程中不同类别组分的占比

载走航等）、后向轨迹和印痕分析相结合的技术方法，分析了区域内污染输送通道。研究结果表明，区域内存在 5 条主要的传输通道，分别为西南通道（河南北部—邯郸—石家庄—保定沿线）、东南通道（山东中部—沧州—廊坊沿线）、偏东通道（唐山—天津沿线）、西北通道（内蒙古中部—张家口沿线）和偏西通道（山西北部—保定沿线）（图 2-71）。其中，西北通道主要通过沙尘传输形式影响区域北部和东南部下风向城市；偏西通道主要影响山西北部和保定、张家口的山区谷地，对平原地区影响程度较小。因此，区域内污染传输主要沿西南、东南和偏东 3 条通道进行[49-51]。

通过走航实验发现，北京地区污染呈现明显的区域性特征：秋季主要受西南通道传输影响；进入冬季后主要受西南、东南通道混合层内传输与区域扩散条件不利共同影响；进入春季后主要受区域扩散条件不利及沙尘传输影响。典型重污染和沙尘过程的污染传输特征见表 2-5 和表 2-6。

图 2-71　区域内 5 条传输通道

表 **2-5**　典型重污染过程的污染传输特征

污染过程时段	污染传输特征	消散原因
2017 年 11 月 4 ～ 7 日	西南通道混合层内传输	西北风入境
2017 年 11 月 30 日～ 12 月 3 日	西南通道混合层内传输	北风入境
2017 年 12 月 26 ～ 30 日	偏东通道混合层内传输、西南通道高空传输	西北风入境
2018 年 1 月 12 ～ 20 日	东南通道混合层内传输、西南通道高空传输	西北风入境
	沙尘沉降，后转为西南通道混合层内传输	西北风入境
2018 年 11 月 11 ～ 15 日	西南通道传输	西北风入境
2018 年 11 月 23 ～ 27 日	区域静稳	北风入境
2018 年 11 月 28 日～ 12 月 3 日	西南通道混合层内传输	西北风入境
2018 年 12 月 14 ～ 16 日	西南通道传输	西北风入境
2018 年 12 月 19 ～ 21 日	区域静稳	北风入境

表 **2-6**　典型沙尘过程的污染传输特征

污染过程时段	污染传输特征	消散原因
2018 年 3 月 28 ～ 29 日	西北方向沙尘传输	西南风入境
2018 年 4 月 2 ～ 3 日		东北风入境
2018 年 4 月 10 日（北京受影响较小，消散较快）		北京受影响较小，消散较快
2018 年 4 月 16 ～ 19 日		偏南风入境

重污染期间，区域内各城市受传输影响程度更高。研究人员利用空气质量模式，评估了区域传输对污染的贡献率。京津冀及周边地区污染传输对各城市 $PM_{2.5}$ 的全年平均贡献率为 20% ～ 30%，重污染期间还会再提升 15% ～ 20%，重污染的区域性特征突出。在重污染期间，区域传输对一次 $PM_{2.5}$ 的贡献在 20% 左右，对二次 $PM_{2.5}$ 的贡献为 50% ～ 80%。其中，以颗粒态形态输送的二次 $PM_{2.5}$ 占 40% ～ 70%，以气态污染物形态输送并在下风向发生化学转化的二次 $PM_{2.5}$ 约占 10%。

对北京而言，污染传输在重污染过程中对 $PM_{2.5}$ 的平均贡献率为 45%，个别过程可达 70%。西南通道影响频率最高、输送强度最大，重污染过程中的平均贡献率为 20%，个别重污染过程可达 40% 左右；定量分析显示，在典型重污染过程起始阶段，污染物向北京的输送通量可达 500 ～ 800μg/（m^2·s），重污染形成阶段的输送通量为 100 ～ 200μg/（m^2·s）（图 2-72）；东南通道和偏东通道次之，平均贡献率分别为 10% 和 5% 左右。

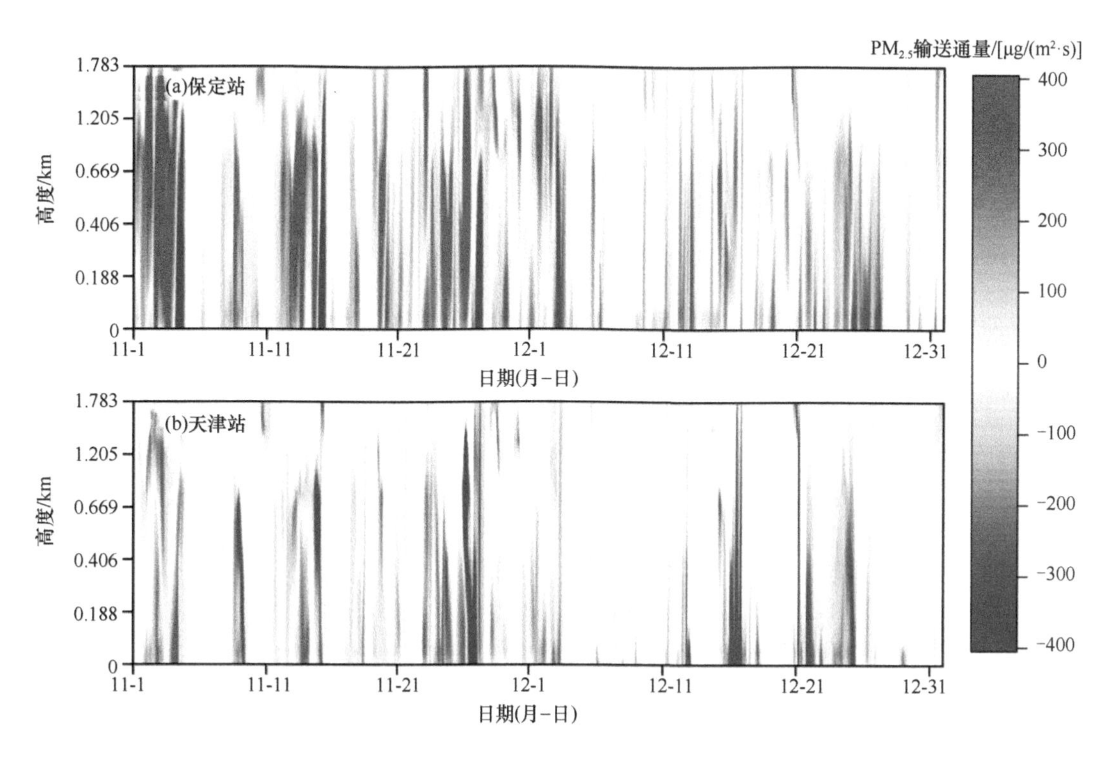

图 2-72　2018 年冬季西南通道（保定站）和偏东通道（天津站）$PM_{2.5}$ 输送通量（正值表示向北京输入）

各城市也对邻近城市的 $PM_{2.5}$ 污染存在贡献。“2+26”城市内部城市间相互影响矩阵显示，各城市对邻近城市的 $PM_{2.5}$ 污染有一定贡献。例如，2018 ～ 2019 年秋冬季，邯郸对邢台 $PM_{2.5}$ 的贡献为 15% 左右；安阳对邯郸 $PM_{2.5}$ 的贡献在 5% 左右、对鹤壁 $PM_{2.5}$ 的贡献在 20% 左右。

总体来看，区域内各城市的大气污染来源以本地污染为主，占 70% ～ 80%；污染传输对各城市 $PM_{2.5}$ 的全年平均贡献率为 20% ～ 30%，重污染期间会再增加 15% ～ 20%。各城市也对区域整体污染产生影响，贡献率为 1% ～ 5%。

2.3.5　污染排放、气象过程和化学过程的综合解析

研究人员定量解析了京津冀地区 2017 ～ 2019 年秋冬季典型重污染过程中气象条件变化、污染－气象耦合作用、一次污染排放和二次化学转化的贡献比例。各城市平均解析结果显示，秋冬季重污染期间，一

次污染排放对区域内 $PM_{2.5}$ 累积的贡献率为 14% ～ 30%，平均贡献率为 23%（本地一次污染排放贡献率为 10% ～ 25%，区域传输贡献率为 3% ～ 7%），二次化学转化贡献率为 50% ～ 70%，平均贡献率为 62%（区域传输贡献率为 26% ～ 55%，本地二次化学转化贡献率为 12% ～ 27%）；近地面静稳高湿、边界层高度下降、存在逆温等导致气象条件转差，对区域 $PM_{2.5}$ 浓度累积的平均贡献率为 15%（5% ～ 22%），污染－气象耦合作用的贡献率不超过 5%。

在区域综合解析的基础上，为实现空间上城市尺度的精细化解析，对典型城市的重污染过程进行污染排放、气象过程和化学过程的综合解析。

北京市：气象条件变化对重污染过程中 $PM_{2.5}$ 浓度累积的贡献率为 1% ～ 33%，污染－气象耦合作用的影响小于 9%，本地一次污染排放 / 二次化学转化贡献占比 29% ～ 56%，区域传输贡献占比 21% ～ 48%。其中，本地一次污染排放占比 12% ～ 30%，本地二次化学转化占比 13% ～ 35%；区域传输一次污染排放占比 2% ～ 8%，区域传输二次化学转化占比 19% ～ 40%。

保定市：气象条件变化对重污染过程中 $PM_{2.5}$ 浓度累积的贡献率为 2% ～ 21%，污染－气象耦合作用的影响小于 8%，本地一次污染排放 / 二次化学转化贡献占比 26% ～ 56%，区域传输贡献占比 25% ～ 52%。其中，本地一次污染排放占比 7% ～ 27%，本地二次化学转化占比 19% ～ 34%；区域传输一次污染排放占比 1% ～ 6%，区域传输二次化学转化占比 33% ～ 47%。

石家庄市：气象条件变化对重污染过程中 $PM_{2.5}$ 浓度累积的贡献率为 5% ～ 24%（负值表示气象条件有利于污染物扩散，使 $PM_{2.5}$ 浓度降低，本节下同），污染－气象耦合作用的影响小于 12%，本地一次污染排放 / 二次化学转化贡献占比 30% ～ 60%，区域传输贡献占比 19% ～ 55%。其中，本地一次污染排放占比 12% ～ 35%，本地二次化学转化占比 16% ～ 33%；区域传输一次污染排放占比 3% ～ 9%，区域传输二次化学转化占比 16% ～ 51%。

邯郸市：气象条件变化对重污染过程中 $PM_{2.5}$ 浓度累积的贡献率为 2% ～ 26%，污染－气象耦合作用的影响小于 7%，本地一次污染排放 / 二次化学转化贡献占比 39% ～ 42%，区域传输贡献占比 25% ～ 71%。其中，本地一次污染排放占比 8% ～ 22%，本地二次化学转化占比 10% ～ 22%；区域传输一次污染排放占比 4% ～ 14%，区域传输二次化学转化占比 31% ～ 64%。

郑州市：气象条件变化对重污染过程中 $PM_{2.5}$ 浓度累积的贡献率为 9% ～ 22%，污染－气象耦合作用的影响小于 6%，本地一次污染排放 / 二次化学转化贡献占比 22% ～ 46%，区域传输贡献占比 40% ～ 71%。其中，本地一次污染排放占比 9% ～ 27%，本地二次化学转化占比 10% ～ 32%；区域传输一次污染排放占比 5% ～ 13%，区域传输二次化学转化占比 35% ～ 58%。

唐山市：气象条件变化对重污染过程中 $PM_{2.5}$ 浓度累积的贡献率为 5% ～ 23%，污染－气象耦合作用的影响小于 5%，本地一次污染排放 / 二次化学转化贡献占比 24% ～ 66%，区域传输贡献占比 9% ～ 64%。其中，本地一次污染排放占比 11% ～ 31%，本地二次化学转化占比 13% ～ 42%；区域传输一次污染排放占比 1% ～ 13%，区域传输二次化学转化占比 8% ～ 52%。

德州市：气象条件变化对重污染过程中 $PM_{2.5}$ 浓度累积的贡献率为 22% ～ 29%，污染－气象耦合作用的影响小于 6%，本地一次污染排放 / 二次化学转化贡献占比 12% ～ 30%，区域传输贡献占比 47% ～ 92%。其中，本地一次污染排放占比 5% ～ 14%，本地二次化学转化占比 7% ～ 19%；区域传输一次污染排放占比 8% ～ 18%，区域传输二次化学转化占比 39% ～ 73%。

太原市：气象条件变化对重污染过程中 $PM_{2.5}$ 浓度累积的贡献率为 3% ～ 39%，污染－气象耦合作用的影响小于 3%，本地一次污染排放 / 二次化学转化贡献占比 41% ～ 65%，区域传输贡献占比 14% ～ 53%。其中，本地一次污染排放占比 14% ～ 35%，本地二次化学转化占比 20% ～ 33%；区域传输一次污染排放占比 1% ～ 11%，区域传输二次化学转化占比 13% ～ 49%。

2.4 区域 $PM_{2.5}$ 来源特征解析

基于京津冀及周边颗粒物组分网和“2+26”城市环境空气质量监测、颗粒物组分、排放源清单等数据，综合受体源解析方法和空气质量模型方法，研究人员构建了大气颗粒物精细化源解析技术体系，并对2017～2018年、2018～2019年采暖季区域和城市 $PM_{2.5}$ 来源开展解析。解析结果综合考虑了一次污染排放和二次化学转化、本地排放和外地输送、行业精细化等要素，在区域尺度研究了2年采暖季 $PM_{2.5}$ 主要来源变化特征，分省份、传输通道和污染等级特征，进一步开展了城市尺度 $PM_{2.5}$ 来源行业精细化解析。解析结果表明，采暖季京津冀及周边地区 $PM_{2.5}$ 主要来源为工业源、燃煤源、机动车源，2018～2019年区域工业源和燃煤源浓度贡献同比去年同期有所增加，其中河北的工业源增幅最为显著；随着污染等级加重，工业源、燃煤源贡献逐渐升高，机动车源贡献变化不大，扬尘源贡献逐渐降低。相关研究成果为掌握京津冀及周边地区采暖期大气颗粒物污染特征与成因、评估主要措施成效、制定下一步管控对策提供了技术支撑和决策依据。

2.4.1 多技术融合的 $PM_{2.5}$ 来源解析方法

对区域和城市的源解析的方法主要有源排放清单法、受体模型法和空气质量模型来源解析法，3种方法有各自的优势，但也有各自的局限性[52, 53]。源排放清单法根据各城市排放源的统计和调研结果将排放清单精细化到35类源，但是清单中排放的量并不能直接反映空气中的污染物浓度，特别是无法解析不同源的排放高度对空气中的污染物浓度的贡献[54-56]。受体模型法基于观测组分数据，可以解析出各类源的贡献信息，但由于受源成分谱的限制无法解析出所有源类，并且无法识别污染源区域内外的贡献，也无法将二次化学转化回归到一次排放源上[57, 58]。空气质量模型来源解析法可以解析各类污染源的本地、外地贡献，进一步对二次污染源进行解析，但空气质量模型来源解析结果会受到源排放清单、气象场和化学机理中的不确定性限制[59, 60]。

本书研究构建了多技术融合的来源解析技术方法（图2-73），首先利用受体模型，针对颗粒物组分数据，解析出主要的一次排放源和二次来源；其次利用空气质量模型，将二次来源追溯到一次排放源；最后利用

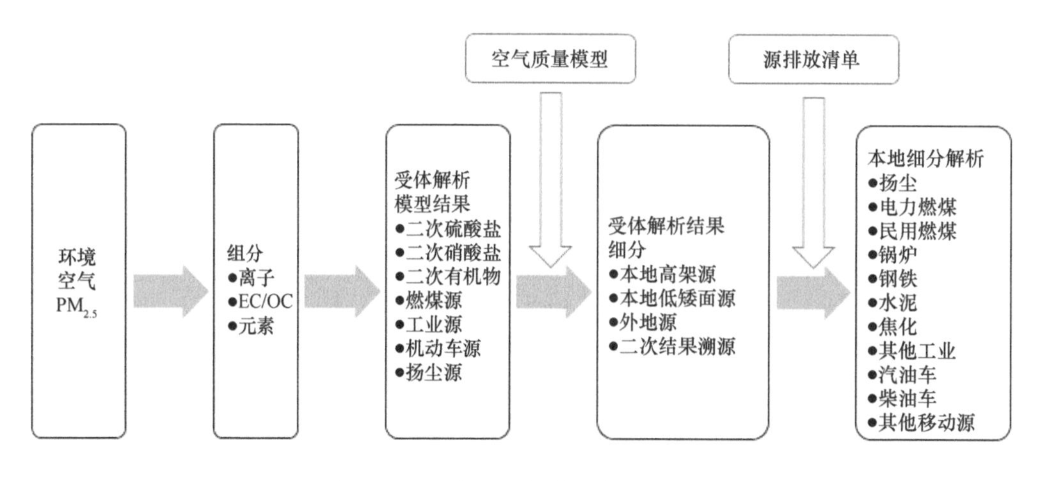

图2-73 多技术融合的来源解析技术方法

源排放清单对一次排放源类进行精细化解析。该方法满足了解析结果在源类、空间、时间等角度的精细化需求，最终完成了对颗粒物来源解析结果的精细化分类。

多技术融合的来源解析技术具体方法如下：

（1）在区域层面上，基于京津冀及周边颗粒物组分网数据，通过正定矩阵因子分析（positive matrix factorization，PMF）受体模型解析了2017～2019年2个采暖季的$PM_{2.5}$主要来源。在城市尺度上，基于"2+26"城市109个采样点获得的5.8万个样品数据，通过化学质量平衡（chemical mass balance，CMB）受体模型和源排放清单解析了"2+26"城市2017～2019年2个秋冬季$PM_{2.5}$主要来源。基于PMF和CMB受体模型解析的大类源分为工业源、燃煤源、机动车源、扬尘源、二次硫酸盐、二次硝酸盐、二次有机物7类。

（2）基于"2+26"城市高时空分辨率排放清单，集合国内空气质量模拟优势单位，使用CMAQ、CAMx、NAQPMS、RegAEMS、WRF-Chem等多个空气质量模型对"2+26"城市重污染过程、秋冬季的空气质量进行模拟，并对多模型间的模拟结果以站点监测数据为基准进行比对和校验。利用空气质量模型，获得城市尺度$PM_{2.5}$本地排放和区域输送比例、一次排放与二次源再分配的关系、城市排放与农村排放贡献、不同排放高度（如高架源、低矮面源等）贡献等。

（3）基于空气质量模型来源解析结果，区分基于受体模型解析出的七大类源的本地、外地贡献。根据空气质量模型得出的工业、民用、电力的比例系数，将本地燃煤源细分为工业燃煤、民用燃煤和电厂燃煤；根据空气质量模型解析出的工业、民用、电力、交通的比例系数，将本地的二次硫酸盐、二次硝酸盐和二次有机物分别追溯到工业、民用燃煤、电厂燃煤和机动车，并与一次排放源进行合并；结合排放清单，将扬尘源细分为道路扬尘、施工扬尘和其他扬尘，将本地机动车源细分成汽油车、柴油车和其他移动源，将本地工业源根据不同工业源类排放的比重细分为锅炉、钢铁、水泥、玻璃、焦化、石油化工、其他工业等。

按照综合源解析方法，通过融合多种精细化源解析模型和软件，构建了大气污染精细化源解析技术业务化平台（图2-74）。该平台具备实时受体数据存储、受体模式和数值模式高时间分辨率解析等功能，满足了解析结果在源类、空间、时间等角度的精细化需求，实现了大气污染物来源解析的业务化、可视化和自动化，达到了来源解析多方法的验证及时效性。

图2-74 大气污染精细化源解析技术业务化平台

2.4.2　主要污染源的源谱库

源成分谱表征了大气污染源排放颗粒物的理化特性，通过构建大气颗粒物主要污染源成分谱库，可以为定性识别污染来源、定量解析污染源贡献提供基础信息。

2.4.2.1　污染源的分类

研究人员基于颗粒物产生原理和产生过程，建立颗粒物排放源分类规范，其中一级源类 5 个，分别是固定燃烧源、工艺过程源、移动源、扬尘源和其他源。其中，其他源包括生物质燃烧、餐饮源、海洋粒子等类别。固定燃烧源主要指利用化石燃料燃烧时产生的热量，为发电、工业生产和生活提供热能和动力的燃烧设备（不包括工业生产过程中的窑炉）。工艺过程源是指在工业生产和加工过程中（不包括发电、取暖等用途锅炉），在对工业原料进行物理、化学等处理时产生颗粒物排放的源类。移动源是指由发动机牵引的能够移动的各种客运、货运交通设施和机械设备，包括道路移动源和非道路移动源。扬尘源是指在自然力或人力的扰动作用下，表面松散物质再次扬起，以无组织、无规则排放的形式进入空气的颗粒物排放源类。

为获得主要污染源的精细化源谱，对于各一级源类，进一步根据燃料类型或行业的不同构建了 100 余条精细化的子源类综合源谱。对固定燃烧源按照燃料类型建立二级源类，其分为燃煤源、垃圾焚烧两类。燃煤源按照不同行业建立三级源类，分别是电力、热力、工业锅炉、民用燃煤等；垃圾焚烧无三级源类。工艺过程源按照不同行业建立二级源类，主要分为钢铁、有色冶金、建材、石油化工和其他等。移动源包括 2 个二级源类，道路移动源和非道路移动源，按照燃料类型建立三级源类，道路移动源燃料类型包括汽油、柴油、天然气、其他；非道路移动源燃料类型包括柴油、航空煤油、其他。扬尘源根据具体的排放特性建立二级源类，主要分为土壤风沙尘、道路扬尘、建筑（施工）扬尘等。

2.4.2.2　主要污染源的排放特征及化学组成

不同污染源类排放特征不同，在空间分布、排放周期、排放高度、排污环节等方面存在差异，其颗粒物排放水平和化学组成受多种因素的影响，本节通过对二级、三级污染源类的排放特征进行归纳总结，对实测源成分谱数据进行统计分析，来为筛选源标识组分、构建代表性源成分谱提供依据。

1）燃煤源

燃煤源子源类的排放特征具有显著差异，其化学组成受多种因素的影响，包括煤炭的种类和性质、锅炉或炉灶的类型和效率、燃烧条件、除污设施以及采样方法等。燃煤源颗粒物中的主要化学组分为 SO_4^{2-}、OC、Cl^-、Si、Al、Ca 和 EC 等。电厂排放烟气中的 SO_2 经过石灰石浆液洗涤反应生成 SO_4^{2-}，且当烟气通过石灰石洗涤过程时，Ca 也被带入烟气中。民用燃煤源排放的烟气中含有较高的 SO_4^{2-}，且含量稳定。燃煤排放的颗粒物中还含有 Al、Si 和 Ca 等地壳类元素，这些地壳类组分的含量与煤的类型和产地有关。综合来看，燃煤源中 OC、EC、Al 和 SO_4^{2-} 相对稳定，标准偏差和变异系数相对其他组分较小（图 2-75）。此外，煤燃烧排放的 As 的含量明显高于其他源类，具有辅助判断燃煤源的标识作用。

2）工艺过程源

我国工业体系门类齐全，工业排放子源类众多，其颗粒物排放水平和化学组成受到多种因素的影响，且因工业行业及工序、原材料、污染控制措施不同而具有不同的排放特征。对于钢铁工业源，含量最高且稳定的组分是 Fe；对于有色冶金工业源，Si、Zn、OC、Fe 含量相对较高；对于水泥工业源，含量最高且稳定的组分为 Ca、Si 等（图 2-76）。

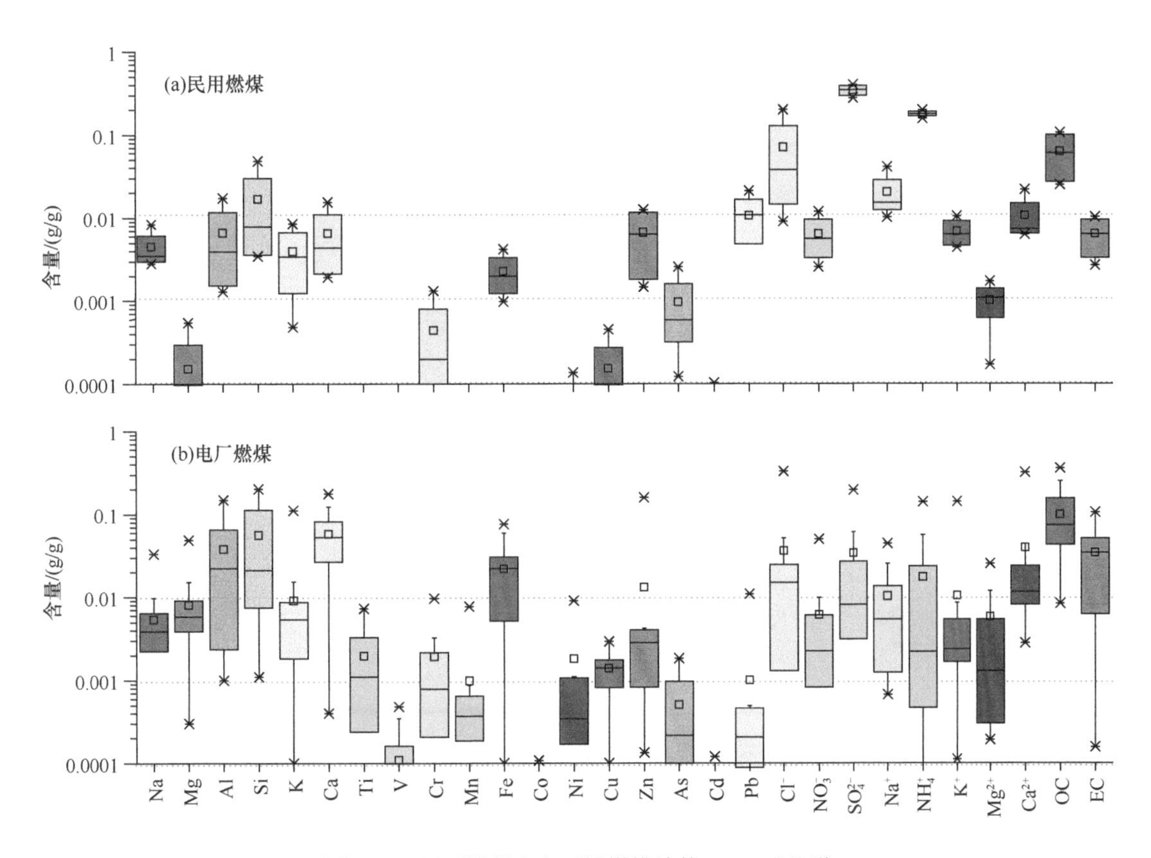

图 2-75 民用燃煤和电厂燃煤排放的 $PM_{2.5}$ 成分谱

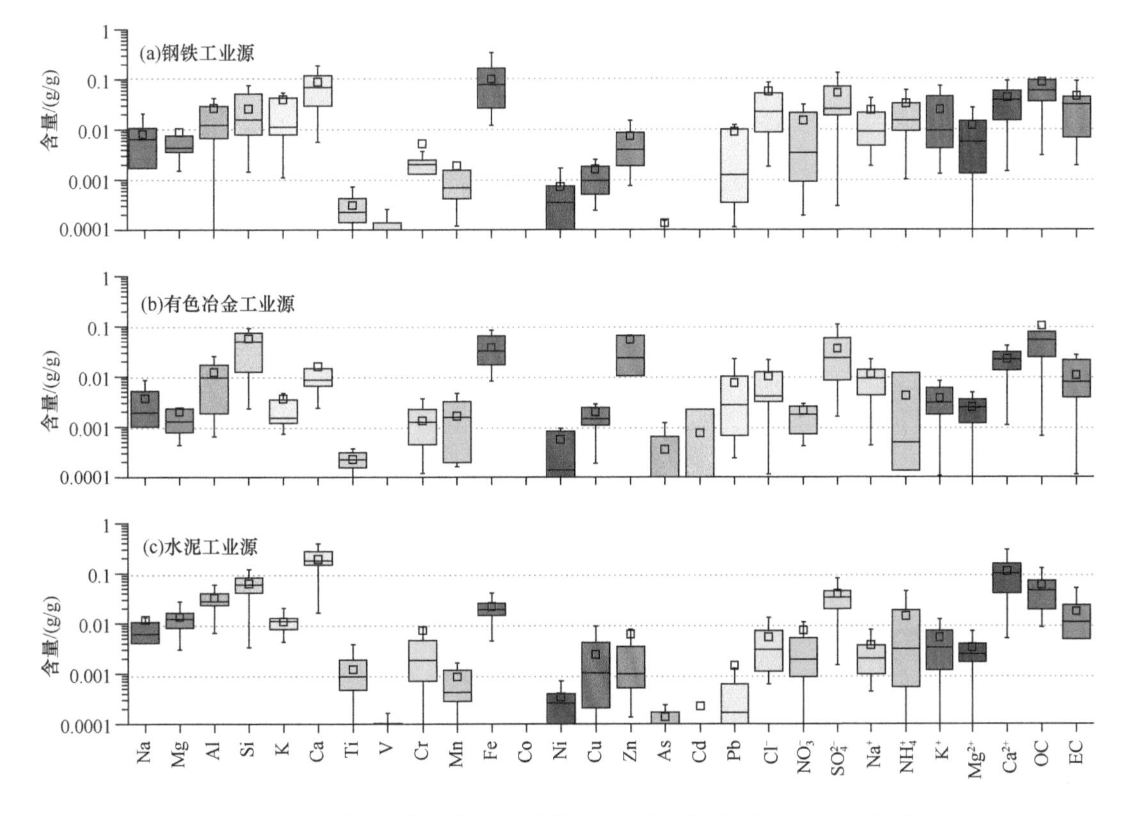

图 2-76 工艺过程源（钢铁、有色冶金、水泥）排放的 $PM_{2.5}$ 成分谱

3）道路移动源

影响道路移动源排放的因素包括燃料类型、油品、车辆类型、运行条件、发动机性能和排放控制技术以及采样方法等。柴油车尾气（特别是重型柴油车尾气）中 EC 含量高于汽油车尾气；机动车轮胎和刹车片磨损还会产生橡胶颗粒和金属元素（如 Zn、Cu 等）。不同采样方法获取的机动车源成分谱有明显区别，如在随车采样或隧道采样中由于不可避免地会采集到车辆行驶过程中产生的道路扬尘，因此其机动车源谱中有一定含量的 Ca、Si 等地壳类元素。随着机动车燃料标准的升级，其排放的颗粒物化学组分含量发生明显变化，目前机动车源谱中 Pb、Mn、SO_4^{2-} 的含量大幅下降，已不再适用作为机动车源的标识物。总的来看，机动车源谱中的标识组分 EC、OC 的含量较高且变异系数最小（图 2-77）。

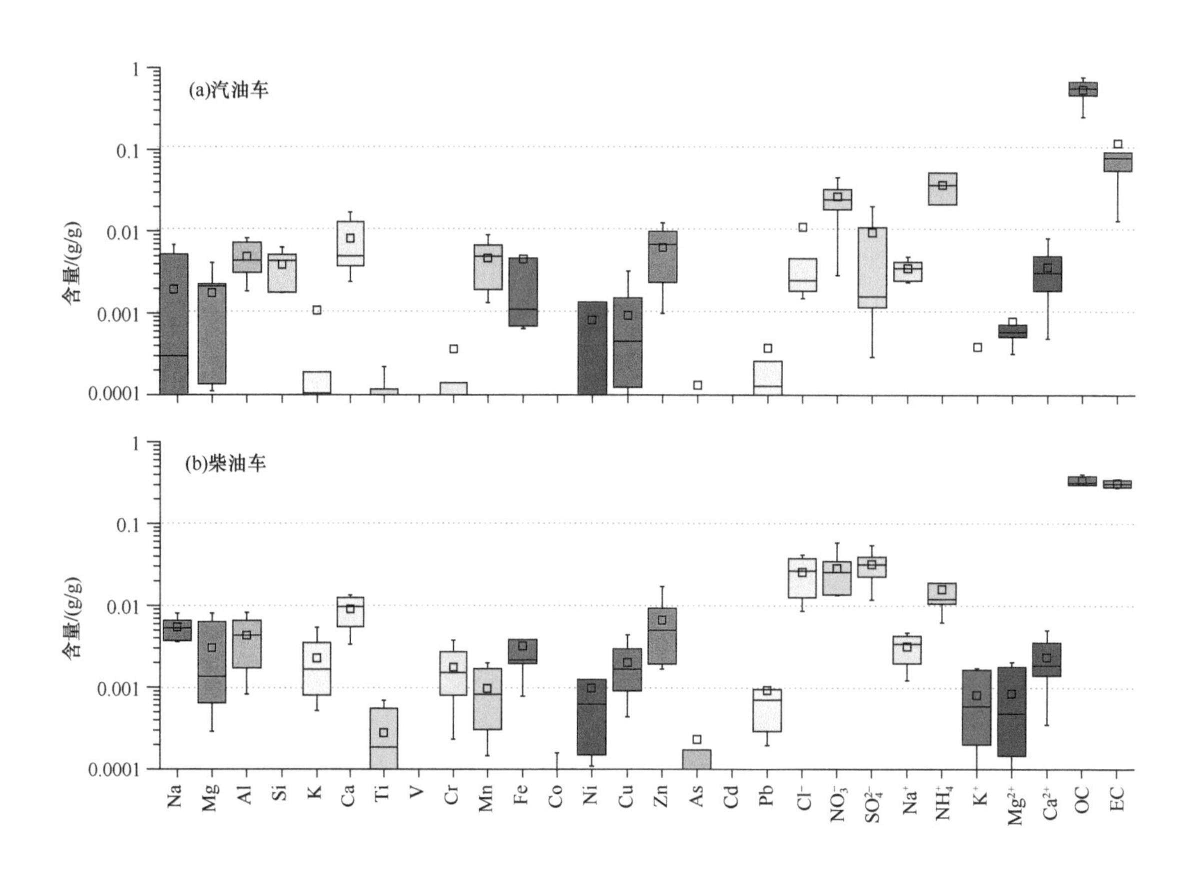

图 2-77　汽油车和柴油车排放的 $PM_{2.5}$ 成分谱

4）扬尘源

扬尘源排放受地理位置、气候条件、土壤性质等影响，按照排放特点和化学组成差异，扬尘通常分为土壤风沙尘、道路扬尘和建筑扬尘。土壤风沙尘的主要化学组分为 Si、Al、OC、Ca、Fe 和 Na 等，以 Si 的含量最高；道路扬尘中的主要化学组分为 Si、Ca、Al 和 OC 等，且受到车辆排放或其他人为源的影响，其 Cu、Ni 和 SO_4^{2-} 含量高于土壤风沙尘；建筑扬尘因在施工过程中大量使用水泥等建筑材料，其排放的颗粒物中 Ca 的含量高于其他污染源。总的来看，扬尘源谱中 Si 和 Ca 的标准偏差和变异系数均较小，含量稳定且高于其他源类，可作为扬尘源的标识组分（图 2-78）。

5）生物质燃烧

生物质燃烧，包括露天焚烧、民用生物质炉灶燃烧和生物质燃料锅炉燃烧。生物质燃烧的颗粒物排放水平和化学组成受生物燃料类型和燃烧条件的影响，其中小麦秸秆、玉米秸秆和稻草占我国生物质燃烧的

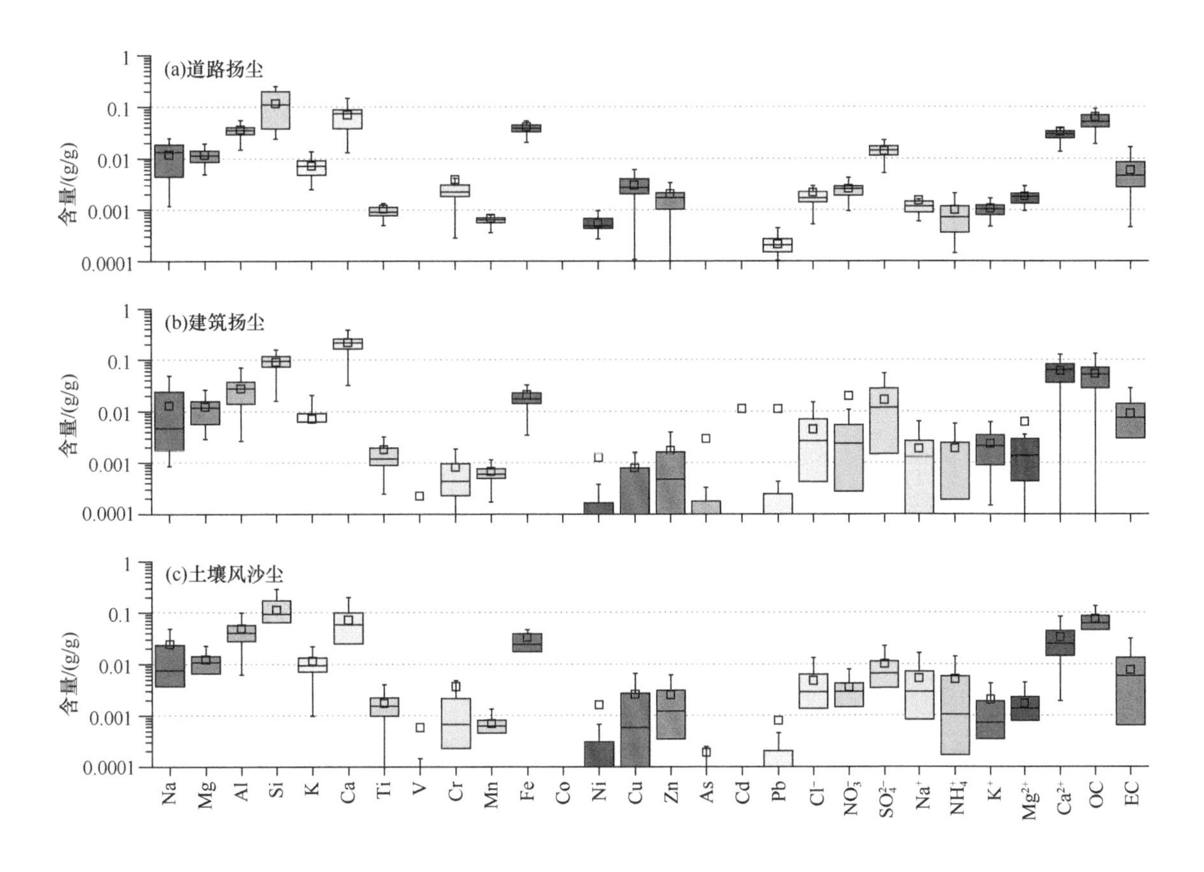

图 2-78　道路扬尘、建筑扬尘和土壤风沙尘 $PM_{2.5}$ 成分谱

80% 左右，此外还有其他燃料，如木材、大豆和油菜籽秸秆。生物质燃烧排放的颗粒物的主要化学成分是 OC、EC、K^+、Cl^- 等，其中 K 和 K^+ 明显高于其他源类，且 K^+ 和 Cl^- 的含量相对稳定；生物质中的纤维素在燃烧过程中分解形成的左旋葡聚糖的来源相对单一。因此，K^+ 和左旋葡聚糖可作为生物质燃烧的标识组分（图 2-79）。

通过京津冀及周边地区各类源成分谱数据的变异系数分析源谱的稳定性发现，扬尘源类具有相对较小的变异系数，其成分谱之间差异性小、较为稳定；燃煤源和机动车源子源类具有较大差异，其变异系数较大；工艺过程源因行业差异、生产工序不同、排放环节众多，其源谱差异性最大。

对于标识组分的选取，理想情况下，每一类源均具有特异性的标识组分，而在实际中应用 CMB 模型进行解析时，受限于有限化学组分的测定以及实际污染源构成的复杂程度，源标识组分的选择需要综合考虑受体与源类的匹配程度以及各源类之间的差异性。

2.4.2.3　各源类代表性源谱构建方法

在对源谱影响因素以及各类源谱数据差异性分析的基础上，提出了各类源谱构建方法：对于源谱差异性较小的扬尘源，可直接取算术平均值；燃煤源和机动车源分别采用基于环境影响和排放量的加权方法进行构建；工艺过程源利用各生产工序的颗粒物排放量进行加权，根据本地掌握的排放资料，因地制宜构建特定工艺的源谱。

1）扬尘源、生物质燃烧

由于扬尘源类成分谱相对稳定、源谱间的差异性较小，在构建扬尘源和生物质燃烧源谱过程中，直接

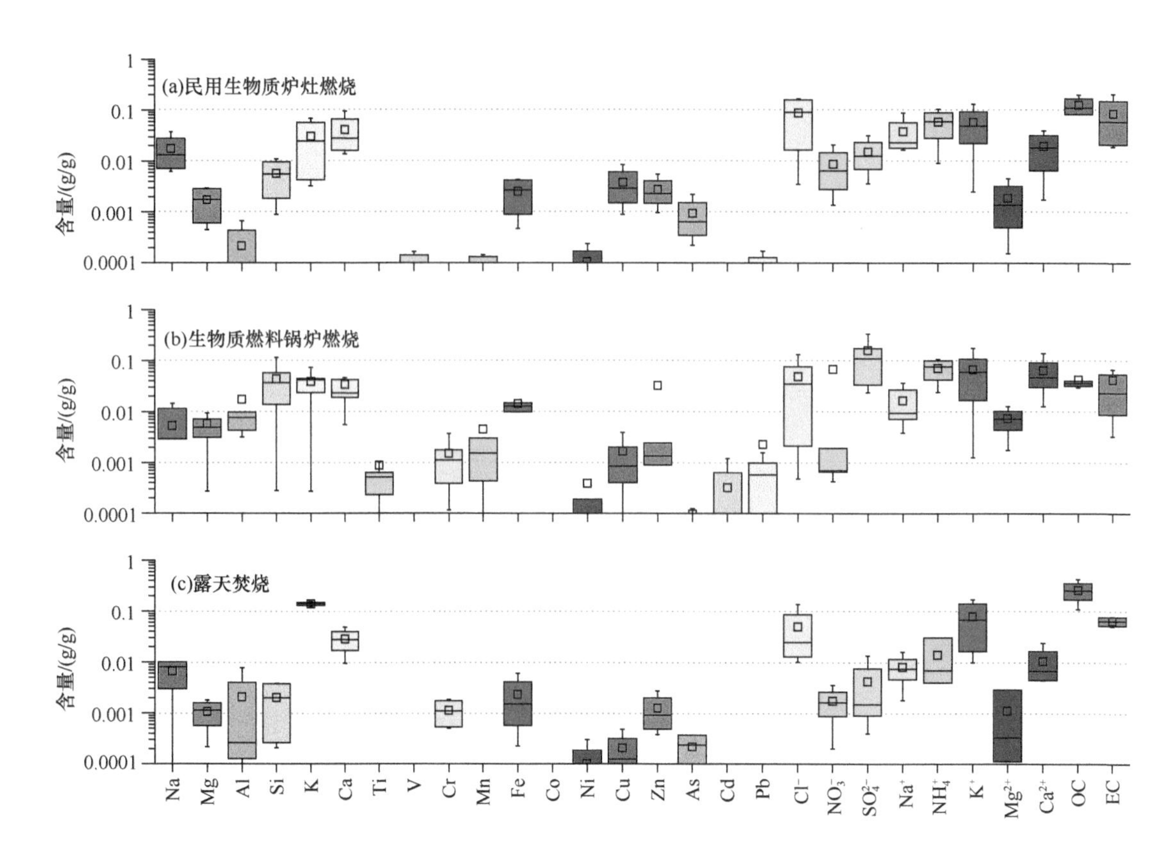

图 2-79　民用生物质炉灶燃烧、生物质燃料锅炉燃烧和露天焚烧 $PM_{2.5}$ 成分谱

对实测源成分谱数据中各组分取算术平均值，将其作为最终构建的代表性源成分谱，其公式如下：

$$\bar{C}_m = \frac{C_{m_1} + C_{m_2} + \cdots + C_{m_i}}{n} \tag{2-1}$$

式中，$\bar{C}_m$ 为源谱中 m 组分占比的算术平均值；C_{m_i} 为第 i 条源成分谱数据中 m 组分占比；n 为使用实测源成分谱总数量。

2）燃煤源

由于燃煤源子源类较为复杂、不同燃煤源排放特征不同，本书研究构建的源谱不能直接采取算术平均的方法。考虑到工业燃煤、电厂燃煤和民用燃煤排放高度不同，污染物的扩散符合高斯扩散模式，为了更好地反映燃煤源对环境受体的影响情况，利用扩散模式（CALPUFF 模式）对燃煤源多种子源类的排放、扩散过程进行模拟，得到燃煤源各子源类对环境受体中 $PM_{2.5}$ 的影响权重，从而构建更具代表性的燃煤源成分谱。源成分谱构建的具体流程如图 2-80 所示。

3）机动车源

机动车源包括柴油车、汽油车和其他燃料车，其标识信息变异系数差异较大，不能直接采用算术平均法。由于机动车属于近地面排放源，其污染物的排放相对于其他高架源类，可认为呈近似线性关系，故考虑基于排放量加权处理的方法对机动车源成分谱进行构建。利用排放清单获得各类型机动车的排放量大小，进而计算出各类型机动车对环境受体排放污染物所占权重，依据各权重系数，构建基于排放量的机动车源成分谱。权重系数计算方法如下：

$$f_i = \frac{g_i}{g_1 + g_2 + \cdots + g_j} \tag{2-2}$$

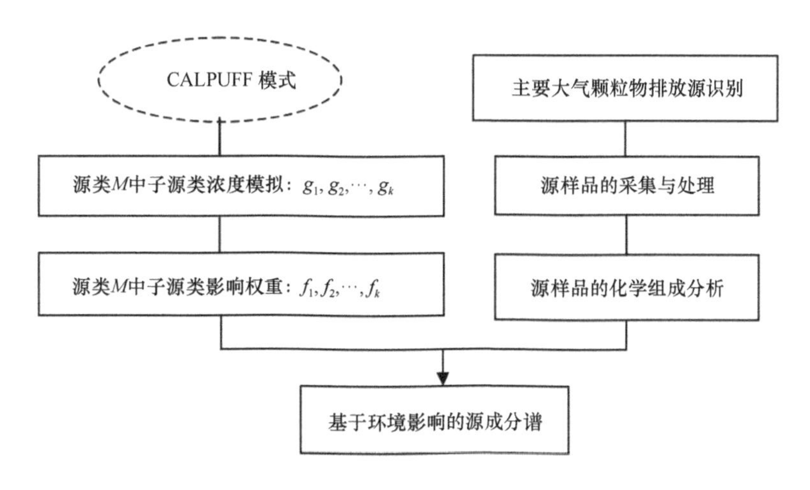

图 2-80　基于环境影响的源成分谱构建流程

式中，f_i 为第 i 类机动车向环境受体排放污染物的权重系数；g_i 为第 i 类机动车的排放量；j 为机动车类型的总数。

4）工艺过程源

由于不同行业、不同生产工序排放的颗粒物成分不同，工艺过程源成分谱间存在较大差异。建议对同一行业不同生产工序排放的颗粒物进行实测，利用各生产工序的颗粒物排放量进行加权，根据本地掌握的排放资料，因地制宜构建特定工艺的源谱。

2.4.2.4　源谱库的构成及更新

基于攻关项目研究，构建了包括 5 个一级源类、25 个二级源类和 38 个三级源类的 100 余条污染源精细化源谱库。与国内外其他源谱库相比，本书研究构建的源谱库系统将污染源类进行了更为科学、详细的划分，其涵盖了更多不同粒径、不同类型的组分信息，在时效性、代表性、可靠性、精细化等方面均有所提高，可以有效地为源解析技术精细化和在线化提供基础信息。源谱库更新按照如下程序开展：完成样品采集分析后，在源谱评估系统下载相应类型的模板，将采集的源样品准确分类，并按照样品编码规则和源谱编码规则分别进行编码；将采样信息、分析组分及方法等其他需要标注的信息尽可能详细地补充到模板表格中；将审核后的组分数据信息对应填入，最后完成上传和更新。

2.4.3　京津冀及周边区域 $PM_{2.5}$ 综合源解析

基于综合源解析方法，利用 2017 ～ 2018 年和 2018 ～ 2019 年 2 个采暖季京津冀及周边地区颗粒物组分网数据，研究区域尺度 $PM_{2.5}$ 污染来源，并对 2 年采暖季结果进行对比分析。

2.4.3.1　受体模型解析结果

2018 ～ 2019 年采暖季京津冀及周边地区 $PM_{2.5}$ 受体源解析结果表明，京津冀及周边地区 $PM_{2.5}$ 一次来源以燃煤源为主，二次来源以硝酸盐为主（图 2-81）。京津冀及周边地区 $PM_{2.5}$ 一次来源中，燃煤源浓度贡献量为 15.6μg/m^3，占比最高（14.2%）；其次为扬尘源和机动车源，浓度贡献量分别为 12.3μg/m^3、11.5μg/m^3，占比分别为 11.2%、10.5%。京津冀及周边地区 $PM_{2.5}$ 二次来源中，二次硝酸盐浓度贡献量为

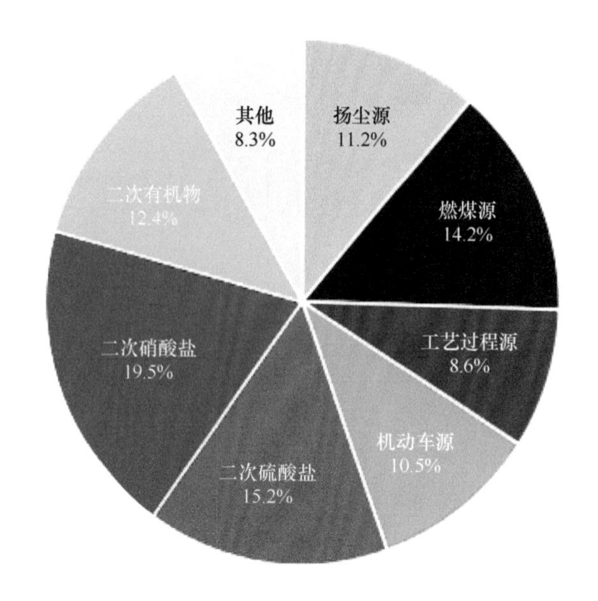

图 2-81　2018 ～ 2019 年采暖季京津冀及周边地区 $PM_{2.5}$ 受体源解析结果

由数值修约所致数据加和不为 100%，下同

21.3μg/m^3，占比最高（19.5%）；其次为二次硫酸盐，浓度贡献量为 16.6μg/m^3，占比 15.2%；二次有机物浓度贡献量为 13.6μg/m^3，占比 12.4%。

同期相比，2018 ～ 2019 年采暖季京津冀及周边地区 $PM_{2.5}$ 来源中扬尘源、燃煤源、二次硝酸盐贡献下降明显，工艺过程源、二次硫酸盐、二次有机物贡献增加显著。与 2017 ～ 2018 年采暖季相比，2018 ～ 2019 年采暖季京津冀及周边地区 $PM_{2.5}$ 扬尘源、燃煤源、二次硝酸盐的贡献浓度和占比均有所降低，其中扬尘源降幅最大，贡献浓度降低了 2.4μg/m^3，降幅为 16.4%；二次有机物、二次硫酸盐、工艺过程源的贡献浓度和占比同比增加，二次有机物升高最显著，贡献浓度升高了 5.7μg/m^3，增幅为 72.3%；机动车源浓度和占比基本持平（图 2-82）。

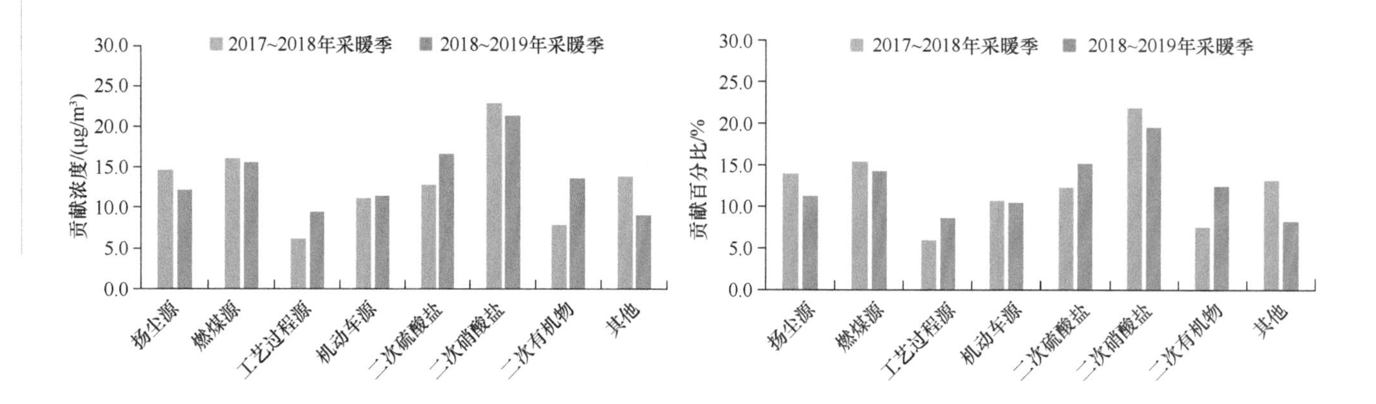

图 2-82　2017 ～ 2018 年和 2018 ～ 2019 年采暖季 $PM_{2.5}$ 受体源解析结果比较

2.4.3.2　区域源解析特征

2018 ～ 2019 年采暖季京津冀及周边地区 $PM_{2.5}$ 主要污染来源为工业源、燃煤源、机动车源。区域采暖季 $PM_{2.5}$ 的污染来源中，工业源为京津冀及周边地区的第一大污染源，贡献浓度为 39.4μg/m^3，占比为 36.0%，包括工业燃煤和工艺过程。其次是燃煤源，贡献浓度为 28.0μg/m^3，占比为 25.6%，包括电厂燃煤

和民用燃煤。机动车源位列第三，贡献浓度为20.7μg/m³，占比为18.9%，包括汽油车、柴油车和其他燃料车。扬尘源为排名第四的污染源，对$PM_{2.5}$的贡献浓度为12.3μg/m³，占比为11.2%。其他源包括餐饮油烟、生物质燃烧等，贡献浓度为9.0μg/m³，占比为8.3%（图2-83）。

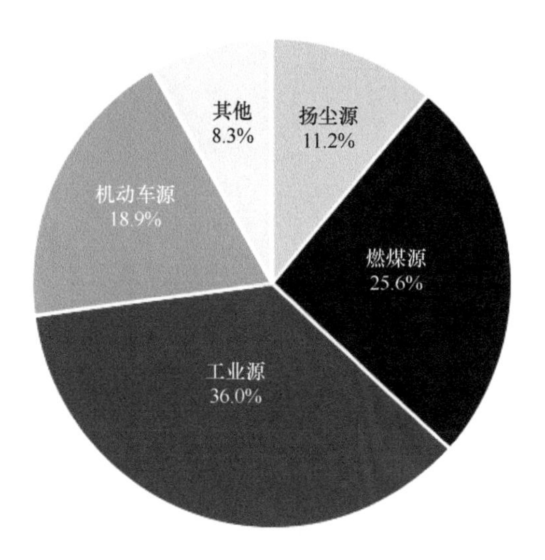

图2-83　2018～2019年采暖季京津冀及周边地区$PM_{2.5}$来源特征

与2017～2018年采暖季相比，2018～2019年采暖季京津冀及周边地区各源类的占比排序没有变化，工业源和燃煤源同比贡献浓度有所增加，扬尘源贡献浓度同比下降，机动车源贡献浓度无明显变化。与2017～2018年采暖季相比，2018～2019年采暖季区域工业源和燃煤源贡献增幅明显，贡献浓度分别升高8.5μg/m³和3.3μg/m³，增幅分别为27.3%和13.2%；扬尘源贡献下降明显，贡献浓度降低2.4μg/m³，降幅为16.4%；机动车源贡献浓度基本持平（图2-84）。

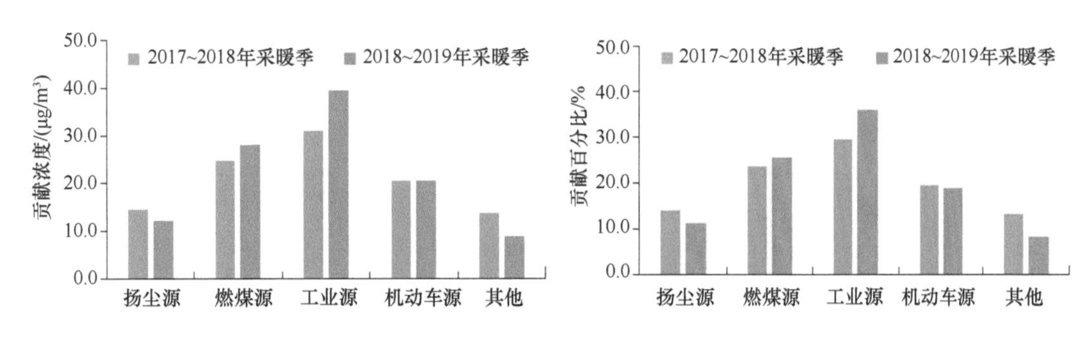

图2-84　2017～2018年和2018～2019年采暖季京津冀及周边地区污染源贡献变化

2.4.3.3　分省份源解析特征

基于区域源解析结果，将“2+26”城市按照省份划分后，对各省采暖季源解析特征进行分析。河北涉及石家庄、廊坊、保定、唐山、衡水、邯郸、邢台和沧州8个城市，河南涉及郑州、新乡、鹤壁、安阳、焦作、濮阳和开封7个城市，山东涉及济南、淄博、聊城、德州、滨州、济宁和菏泽7个城市，山西涉及太原、阳泉、长治和晋城4个城市。

河北2018～2019年采暖季主要污染源为工业源、燃煤源和机动车源，贡献浓度依次为50.6μg/m³、27.1μg/m³和19.6μg/m³，分别占$PM_{2.5}$的41.6%、22.3%和16.1%。与2017～2018年采暖季相比，工业源、燃煤源和扬尘源的贡献浓度和占比均有所升高，其中工业源升幅最为明显，贡献浓度同比增加16.8μg/m³，增幅为49.9%；其次，燃煤源同比增加6.5μg/m³，增幅为31.6%；扬尘源同比增加2.7μg/m³，增幅为18.8%；机动车源贡献浓度减少3.2μg/m³，同比降幅为14.0%（图2-85）。

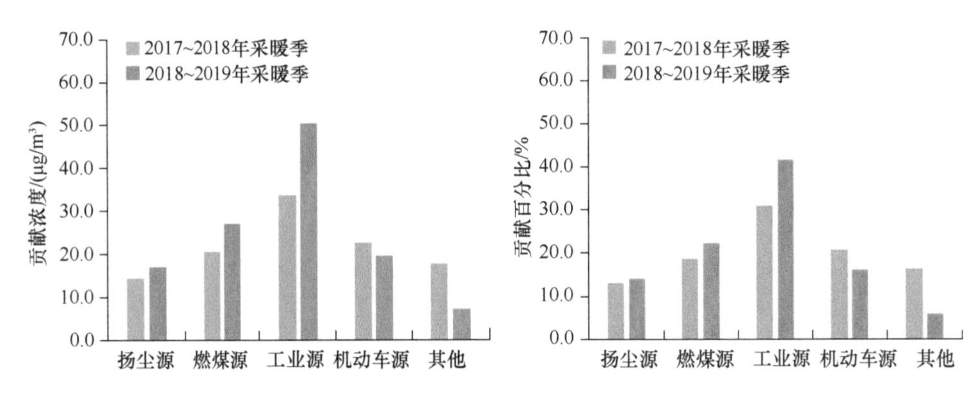

图2-85　2017～2018年和2018～2019年采暖季河北污染源贡献变化

河南2018～2019年采暖季主要污染源是工业源、燃煤源和机动车源，贡献浓度依次为38.3μg/m³、30.4μg/m³和22.2μg/m³，分别占$PM_{2.5}$的33.8%、26.9%和19.6%。与2017～2018年采暖季相比，扬尘源的贡献浓度降低5.5μg/m³，降幅为41.3%；工业源和燃煤源的贡献有所升高，其贡献浓度分别增加了5.4μg/m³和2.0μg/m³，增幅分别为16.3%和6.9%；机动车源贡献浓度略有降低（浓度减少0.6μg/m³，降幅为2.4%）（图2-86）。

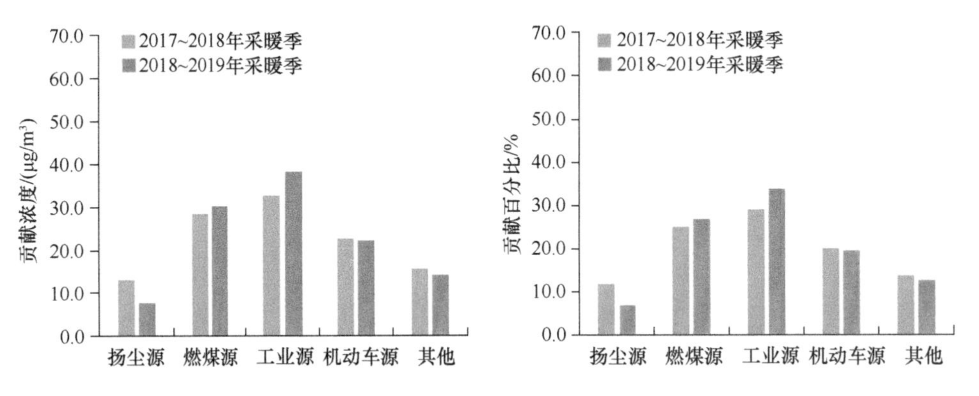

图2-86　2017～2018年和2018～2019年采暖季河南污染源贡献变化

山东2018～2019年采暖季主要污染源为工业源、燃煤源和机动车源，贡献浓度依次为33.0μg/m³、27.3μg/m³和20.7μg/m³，分别占$PM_{2.5}$的31.8%、26.4%和20.0%。与2017～2018年采暖季相比，扬尘源的贡献降幅明显，贡献浓度同比减少6.7μg/m³，降幅为31.7%；工业源、机动车源和燃煤源的贡献浓度均有所升高，分别增加了2.5μg/m³、1.2μg/m³和0.8μg/m³，增幅分别为8.1%、6.0%和3.2%。需要注意的是，山东2018～2019年采暖季机动车源贡献占比超过扬尘源，成为$PM_{2.5}$的第三大来源（图2-87）。

山西2018～2019年采暖季工业源、燃煤源和机动车源是主要污染源，贡献浓度依次为37.3μg/m³、30.3μg/m³和18.5μg/m³，分别占$PM_{2.5}$的36.6%、29.8%和18.2%。与2017～2018年采暖季相比，扬尘源的贡献明显下降，贡献浓度下降了1.6μg/m³，降幅为16.6%；工业源、机动车源和燃煤源的贡献浓度同比升高，其中工业源增幅最大，贡献浓度增加了7.8μg/m³，增幅为26.7%（图2-88）。

综上，2018～2019年采暖季河北、河南、山东和山西四省$PM_{2.5}$的主要来源是工业源、燃煤源和机动车源，

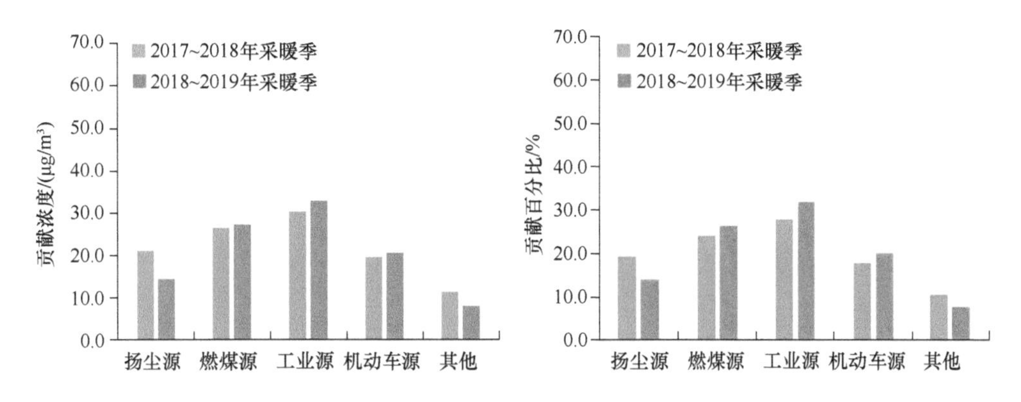

图 2-87　2017 ～ 2018 年和 2018 ～ 2019 年采暖季山东污染源贡献变化

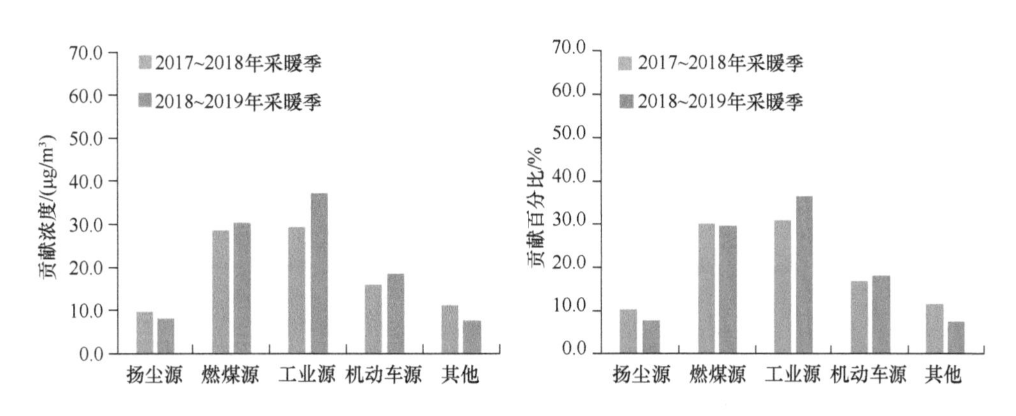

图 2-88　2017 ～ 2018 年和 2018 ～ 2019 年采暖季山西污染源贡献变化

其中工业源为各省份第一大污染来源。与 2017 ～ 2018 年采暖季相比，各省份工业源和燃煤源的贡献浓度均有所升高，整体来看工业源增幅要大于燃煤源，并且两类源的贡献均是河北增幅最大；对于机动车源贡献浓度，河北和河南同比降低，山东和山西同比升高，山西增幅最大；扬尘源贡献浓度除河北升幅明显外，其余省份均有所降低，其中河南降幅最显著（图 2-89）。

2.4.3.4　主要传输通道源解析特征

将“2+26”大部分城市划分为 3 个主要传输通道进行分析（图 2-90）：西南通道（太行山沿线，即保定、石家庄、邢台、邯郸、安阳、鹤壁、新乡、焦作和郑州 9 个城市）；东南通道（衡水、沧州、德州、济南、滨州、淄博和聊城 7 个城市）；偏东通道（廊坊、天津和唐山 3 个城市）。

各传输通道 $PM_{2.5}$ 的主要污染来源是工业源。2018 ～ 2019 年采暖季京津冀及周边地区传输通道各源类累积贡献浓度大小为西南通道 > 东南通道 > 偏东通道，各传输通道贡献浓度最大的均为工业源，其次是燃煤源、机动车源。

与 2017 ～ 2018 年采暖季相比，2018 ～ 2019 年采暖季各传输通道工业源贡献浓度明显上升，上升幅度为偏东通道 > 西南通道 > 东南通道。西南通道中污染源类贡献变化呈“两升两降”趋势，工业源和燃煤源贡献浓度明显上升，机动车源和扬尘源贡献浓度同比下降；东南通道工业源、燃煤源和机动车源贡献浓度同比上升，扬尘源降幅明显，贡献浓度下降了 4.8μg/m³，降幅为 22.2%；偏东通道所有源类贡献浓度同比均明显上升，其中扬尘源贡献浓度上升了 6.7μg/m³，升幅为 82.1%（图 2-91）。

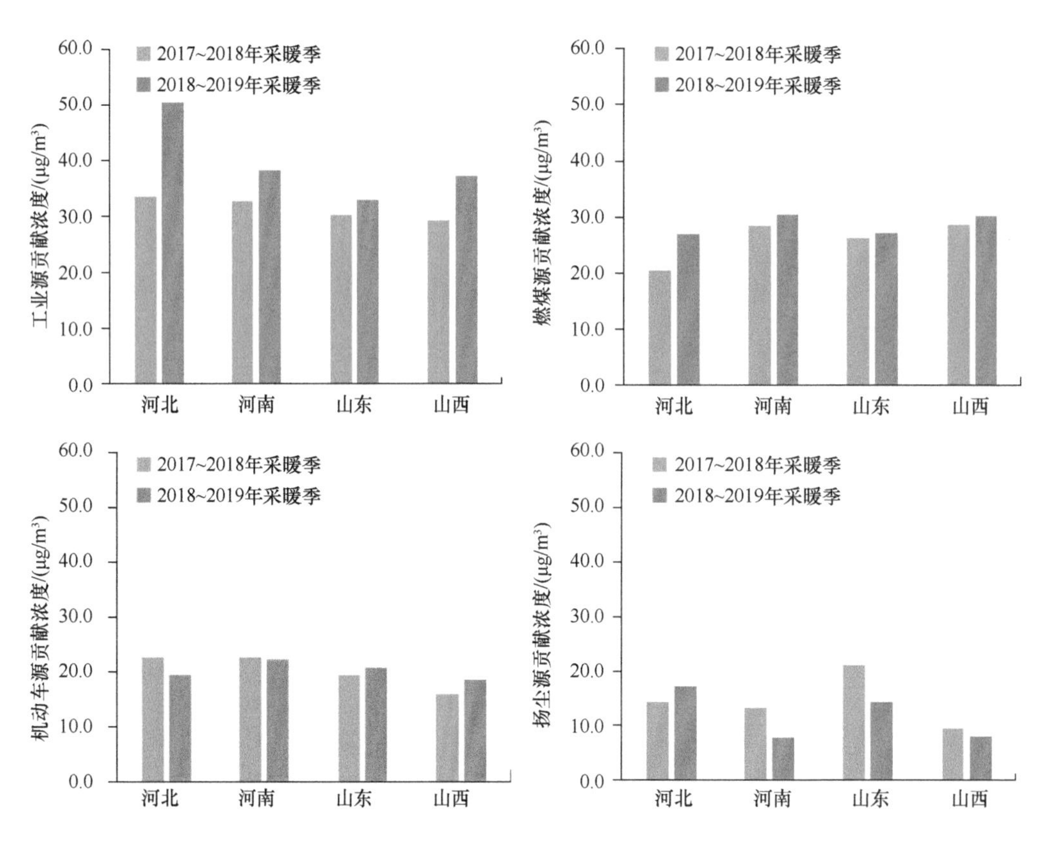

图 2-89　各省 2017 ～ 2018 年和 2018 ～ 2019 年采暖季污染源贡献浓度变化

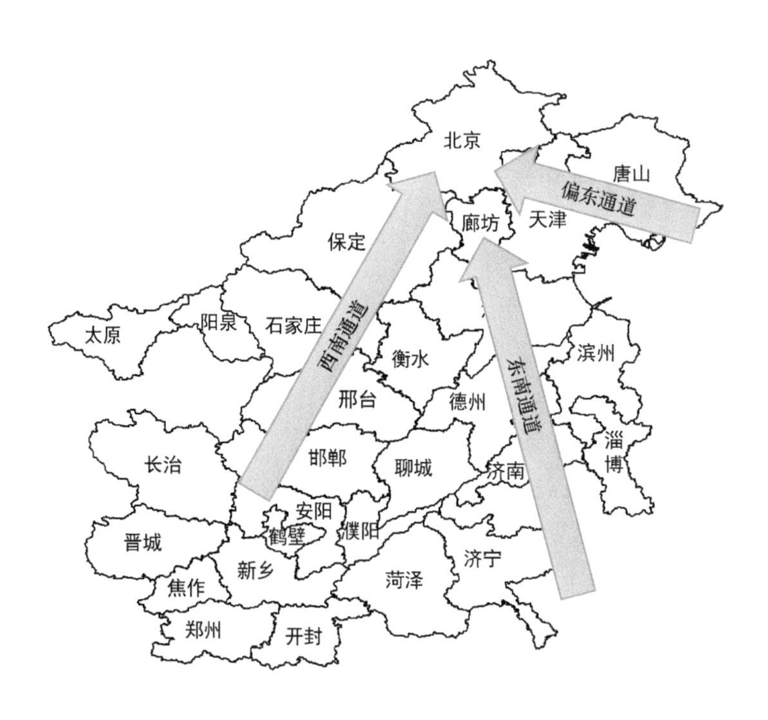

图 2-90　京津冀及周边地区主要传输通道划分

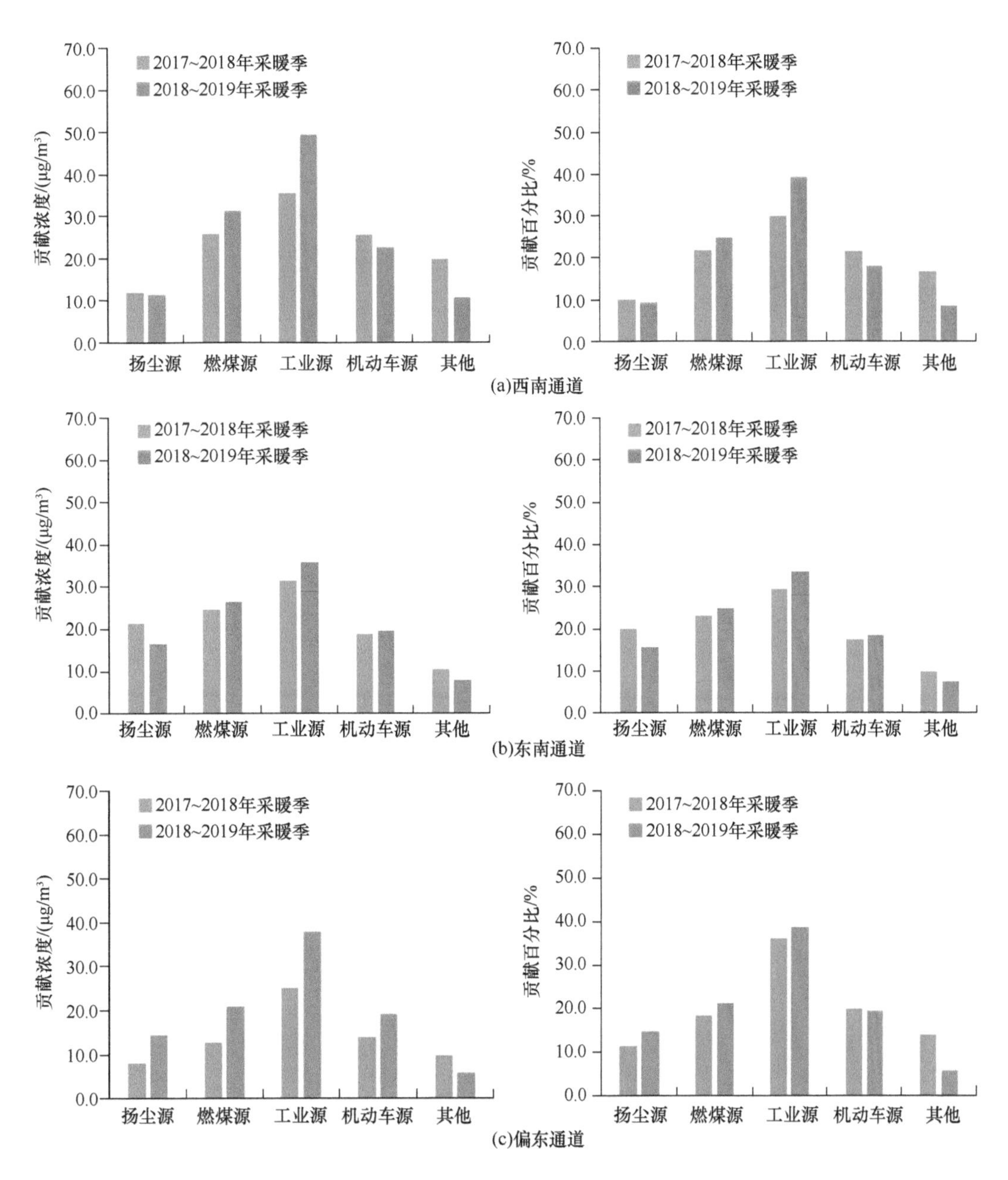

图 2-91 京津冀及周边地区主要传输通道 2017 ～ 2018 年和 2018 ～ 2019 年采暖季污染源贡献变化

2.4.3.5 各污染等级颗粒物源解析特征

图 2-92 为 2018 ～ 2019 年采暖季各源类贡献随污染等级的变化趋势。从贡献浓度来看，整体上京津冀及周边地区工业、燃煤、机动车三大源类贡献浓度随污染等级的加重逐渐升高，扬尘源贡献浓度随等级的加重依次降低。从源类贡献占比来看，随着污染等级的加重，工业源和燃煤源的贡献占比上升显著，机动车源占比变化不大，扬尘源占比逐渐降低，因此重污染过程主要受工业源和燃煤源影响。

与 2017 ～ 2018 年采暖季相比，2018 ～ 2019 年采暖季工业源和燃煤源在轻度及以上污染等级的贡献占比有所升高，工业源升高更为明显，机动车源贡献明显下降，说明 2018 ～ 2019 年采暖季对于机动车源污染的控制措施为应对重污染起到了良好作用。

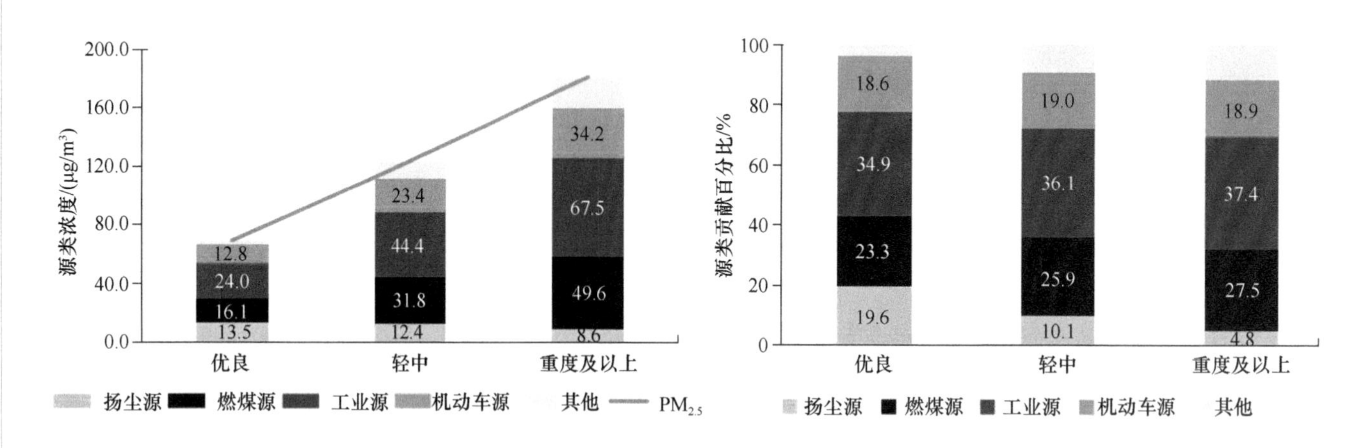

图 2-92　京津冀及周边地区 2018 ～ 2019 年采暖季不同污染等级污染源贡献变化

2.4.4　区域和城市间相互影响

集合中国环境科学研究院、清华大学、北京大学、中科院大气物理研究所、浙江大学、南京大学、中国人民解放军陆军防化学院 7 家单位空气质量模型，对“2+26”城市采暖季 $PM_{2.5}$ 区域来源解析综合计算，结果显示，“2+26”各城市本地和区域的排放对 $PM_{2.5}$ 的贡献存在较大的空间差异。总体上看，京津冀地区本地排放源对 $PM_{2.5}$ 的贡献为 75% ～ 85%，区域外的输送贡献为 15% ～ 25%。

从图 2-93 可以看出，在“2+26”城市范围内，城市秋冬季 $PM_{2.5}$ 绝大部分以本地贡献为主。本地贡献大于 60% 的城市有太原、长治、晋城、石家庄、唐山、沧州和保定；本地贡献在 40% ～ 60% 的城市有滨州、淄博、聊城、邢台、邯郸、天津、济南、济宁、菏泽、濮阳、新乡、安阳、焦作、郑州、阳泉、廊坊和北京；本地贡献小于 40% 的城市有德州、衡水、鹤壁和开封。

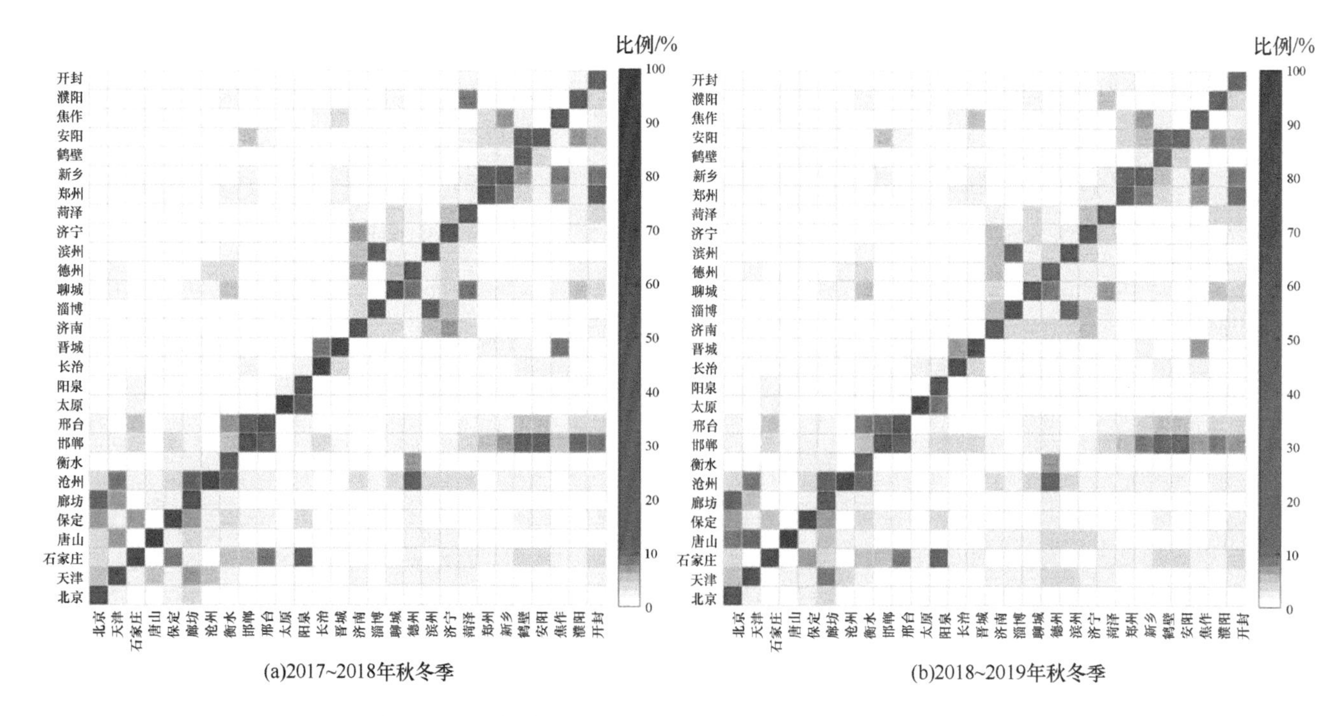

图 2-93　2 个采暖季“2+26”城市 $PM_{2.5}$ 相互影响贡献矩阵

“2+26”城市中，对区域 $PM_{2.5}$ 浓度贡献较大的城市有邢台、石家庄、唐山、沧州、保定、天津、邯郸、滨州、济宁和淄博。河北各城市间 $PM_{2.5}$ 相互影响平均在 9% 左右；山东各城市间 $PM_{2.5}$ 相互影响平均在 8% 左右；河南各城市间 $PM_{2.5}$ 相互影响平均在 7% 左右；山西各城市间 $PM_{2.5}$ 相互影响平均在 5% 左右。

河北各城市排放对北京 $PM_{2.5}$ 的影响相对较大，范围在 2% ～ 10%；山东各个城市对北京的影响范围在 0.5% ～ 2%；山西各个城市对北京的影响范围在 0.2% ～ 0.5%；河南各个城市对北京的影响范围在 0.2% ～ 0.7%。

2.5 重污染过程分析

基于空天地综合立体观测，在 2017 ～ 2018 年、2018 ～ 2019 年和 2019 ～ 2020 年秋冬季捕捉到 10 次典型的重污染过程，分别为 2017 年 11 月 3 ～ 7 日、2017 年 11 月 30 日～ 12 月 3 日、2017 年 12 月 26 ～ 30 日、2018 年 1 月 12 ～ 20 日、2018 年 11 月 11 ～ 15 日、2018 年 11 月 23 ～ 27 日、2018 年 11 月 28 日～ 12 月 3 日、2018 年 12 月 14 ～ 16 日、2018 年 12 月 19 ～ 21 日和 2020 年 1 月 25 日～ 2 月 13 日。通过地基监测、移动观测、卫星遥感等手段，研究人员测量了气象要素、污染物浓度、颗粒物组分、大气消光系数等重要参数，实现了对空间上区域和城市尺度、时间上污染过程尺度的大气污染物理化学特征的精细化描述，归纳总结了重污染过程中气象条件、物理和化学机制上的异同点，用之改进校验空气质量模式，开展了重污染过程的精细分析，定量解析了污染排放、气象条件和化学转化对重污染过程的影响。

2.5.1 分析方法

研究人员使用微型气象站、常规气体分析仪、在线气相色谱 – 质谱联用仪、大气常压飞行时间质谱仪、气溶胶粒径谱仪、气溶胶飞行时间质谱仪等仪器进行外场加强观测，测量了气象要素、颗粒物和气态污染物浓度等重要信息。通过地基雷达组网、移动走航和卫星遥感观测，辨识了污染传输特征，估算了污染过程的输送通量。

利用 NAQPMS 对颗粒物、前体物的排放源和二次污染物的生成地进行区域来源解析，进而区分前体物和二次污染物的输送贡献：

$$\sum_{i=1}^{n}\left(C_{1i}-C_{2i}\times \mathrm{CC}_i\right) \tag{2-3}$$

式中，i 为区域；n 为标记的区域总数；C_{1i} 为采用标记前体物的方法得到的区域 i 排放的前体物对受体点的浓度贡献量；C_{2i} 为采用标记生成物生成地的方法，得到的区域 i 对受体点的浓度贡献量；CC_i 为区域 i 对前体物的本地贡献比例；$C_{2i}\times\mathrm{CC}_i$ 为区域 i 排放的前体物在当地发生化学转化后，传输到受体点的量；i=1 时，$\mathrm{LC} = C_{21}\times \mathrm{CC}_1$，表示受体点所在区域排放的前体物在当地发生化学转化的量；$\mathrm{LTC} = C_{11} - C_{21}\times \mathrm{CC}_1$，表示受体点所在区域排放的前体物传出当前区域，在其他区域发生化学转化后又传回受体点区域的量；$\mathrm{RTC}=\sum_{i=2}^{n}\left(C_{1i}-C_{2i}\times \mathrm{CC}_i\right)$，表示其他区域 i 排放的前体物，在该区域之外其他区域发生化学转化并传输到受体点区域的二次污染物的量；$\mathrm{RLC}=\sum_{i=2}^{n}C_{2i}\times \mathrm{CC}_i$，表示其他区域 i 排放的前体物，在当地（区域 i）发生化学转化并传输到受体点区域的二次污染物的量。以北京的硫酸根离子为例，可分为四部分（LC、LTC、RLC和RTC），其中LC为北京排放的SO_2在北京转化成硫酸根离子的量；LTC为北京排放的SO_2传出北京后，在其他区域转化成硫酸根离子后又传回北京的量；RLC为北京之外的其他区域排放的SO_2在当地转化成硫酸根离子后传到北京的量；RTC为北京之外的其他区域排放的SO_2在向北京传输的过程中发生化学转化，对北京硫酸根离子的贡献量。对于二次污染物来说，LTC+RTC表示区域输送过程中的化学转化的量，其实现了对二次污染物输送形态的区分。

2.5.2 典型重污染过程定量描述

2.5.2.1 过程1：2017年11月3～7日

总体情况：2017年11月4日起，保定和太原等城市$PM_{2.5}$小时浓度首先达到中度污染（参考日均评价标准，下同）；5日夜间，保定、太原、阳泉等城市$PM_{2.5}$小时浓度首先达到重度污染，并在西南风作用下逐渐发展为区域性$PM_{2.5}$重污染，其主要集中在太行山沿线城市（图2-94）；6日晚间至7日上午区域内污染程度最重。区域内$PM_{2.5}$日均浓度峰值为193μg/m³（石家庄，11月6日），达重度污染水平；$PM_{2.5}$小时浓度峰值为255μg/m³（石家庄，11月6日19时）。北京$PM_{2.5}$日均浓度峰值为152μg/m³（11月6日），$PM_{2.5}$小时浓度峰值为176μg/m³（11月7日2时）。

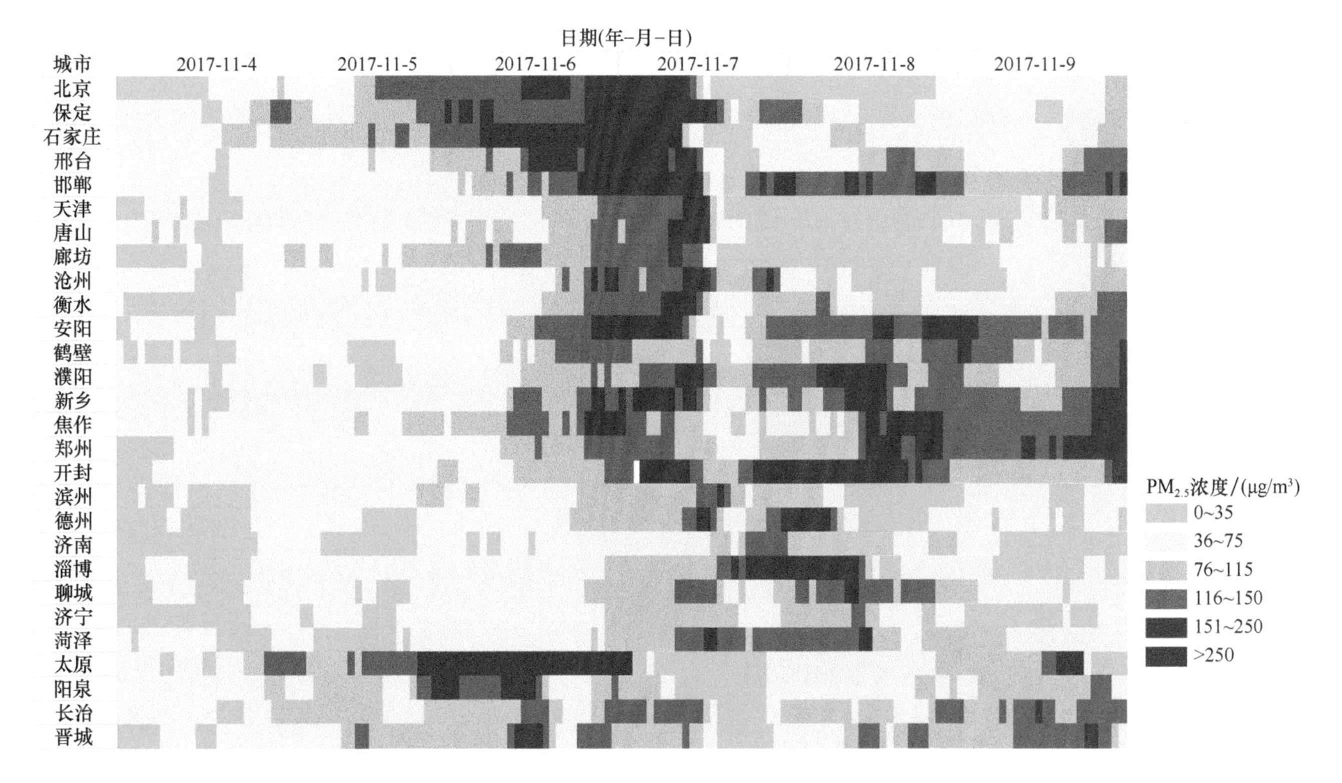

图2-94 过程1期间“2+26”城市$PM_{2.5}$小时浓度变化

气象条件：大气环流形势上，高空（500hPa）环流形势场以平直纬向环流为主，经向风弱，无明显的槽脊活动；低层（975hPa）以偏西南气流为主（图2-95）。气温、流场距平垂直结构上，冬季京津冀及周边地区在西风带背景下，大地形东侧呈下沉气流特征（区域内从地面至700hPa出现强下沉气流），且对流

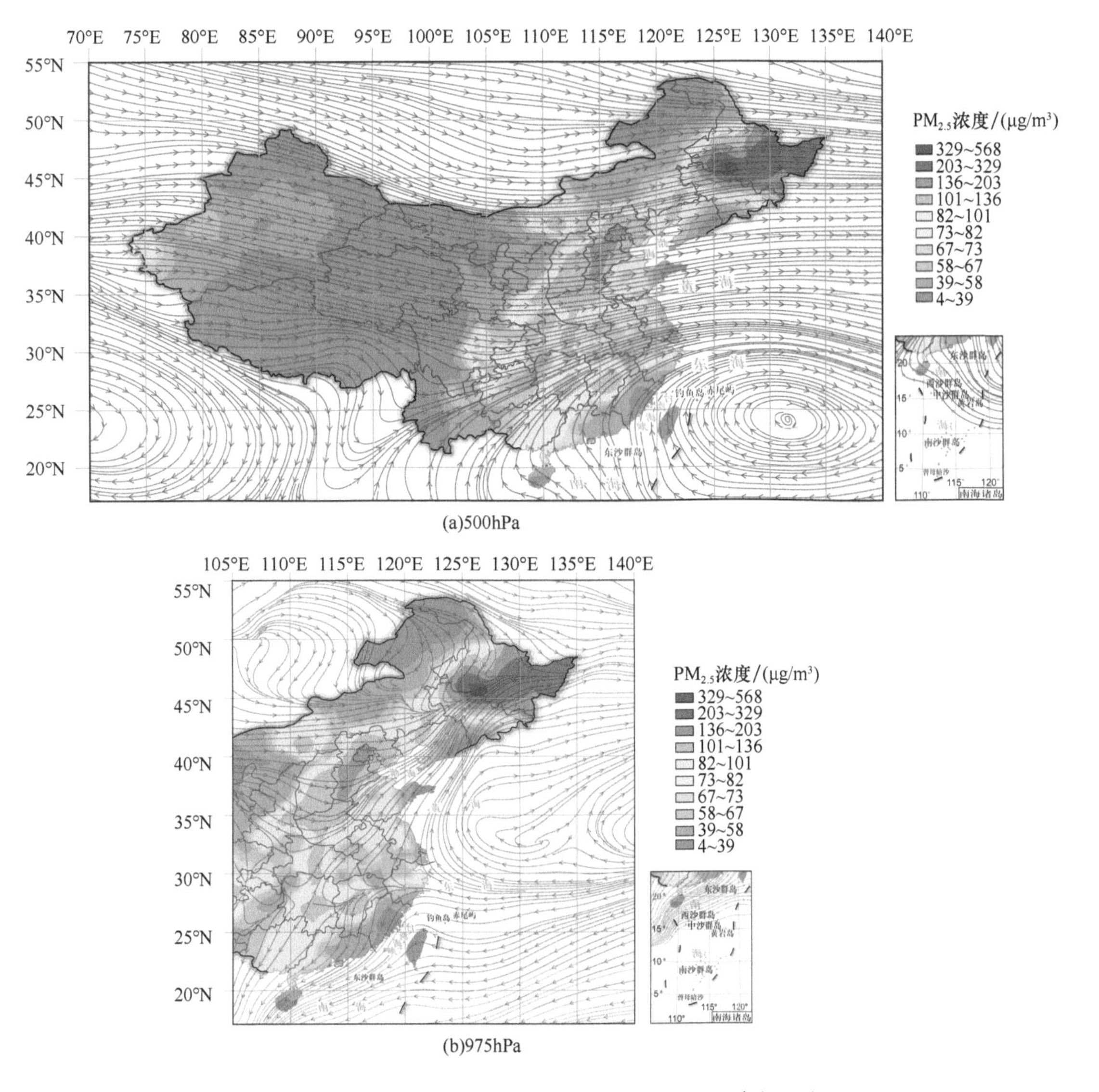

图 2-95　2017 年 11 月 3 ～ 7 日 500hPa 和 975hPa 大气环流场

层低层存在“暖盖”特征，导致大气污染垂直扩散作用显著减弱（图 2-96）。边界层结构上，探空资料显示，北京的边界层高度维持在 250m 左右（图 2-97）；近地面出现强逆温，2017 年 11 月 6 日北京近地面与 850hPa 之间的温差最高，达到 5.6℃，较低的边界层高度和稳定的逆温结构不利于污染物的扩散。在近地面，3 ～ 5 日，区域受西南偏南弱风和地面辐合影响，大气趋于静稳，地面相对湿度在 60% 左右；6 ～ 7 日，地面受低压控制，辐合作用增强，相对湿度高于 60%；7 日转为强偏北风控制，边界层高度抬升，污染消散。

$PM_{2.5}$ 组分特征：有机物和二次无机离子（SNA）浓度在河北、河南北部及山东中部较高。有机碳和元素碳之比（OC/EC）在河北较低，表明当地有机颗粒物以一次排放为主；OC/EC 在北京、山东、河南较高，表明二次有机颗粒物生成显著。二次无机离子和元素碳之比（SNA/EC）可表征二次无机颗粒物的生成程度或受外来传输影响的程度。该比值在区域内差别不大，表明二次无机颗粒物的生成效率在各城市类似。

北大站的在线观测表明，北京颗粒物浓度的增长主要源于硝酸根离子（占比 30% 左右）和有机物（占比 20% 左右）的贡献。硝酸根离子主要来自机动车、工业源排放的 NO_x 的二次化学转化；有机物中，2017 年 11 月 4 日 12 时前后，区域传输贡献突出，低氧化态氧化型有机物（LO-OOA）占比骤降，高氧化态氧化型有机物（MO-OOA）占比骤升，反映出氧化程度较高的二次有机颗粒物对重污染的显著贡献（图 2-98）。

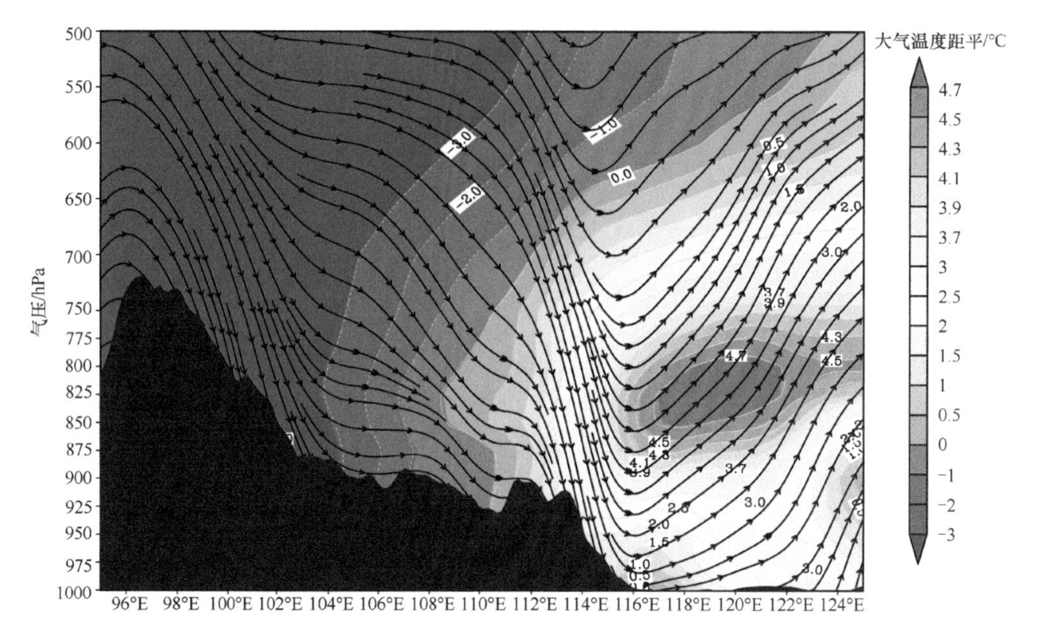

图 2-96 2017 年 11 月 6 ～ 8 日平均中国东部污染区域（37°N ～ 39°N）大气温度距平与流场结构东 – 西垂直剖面

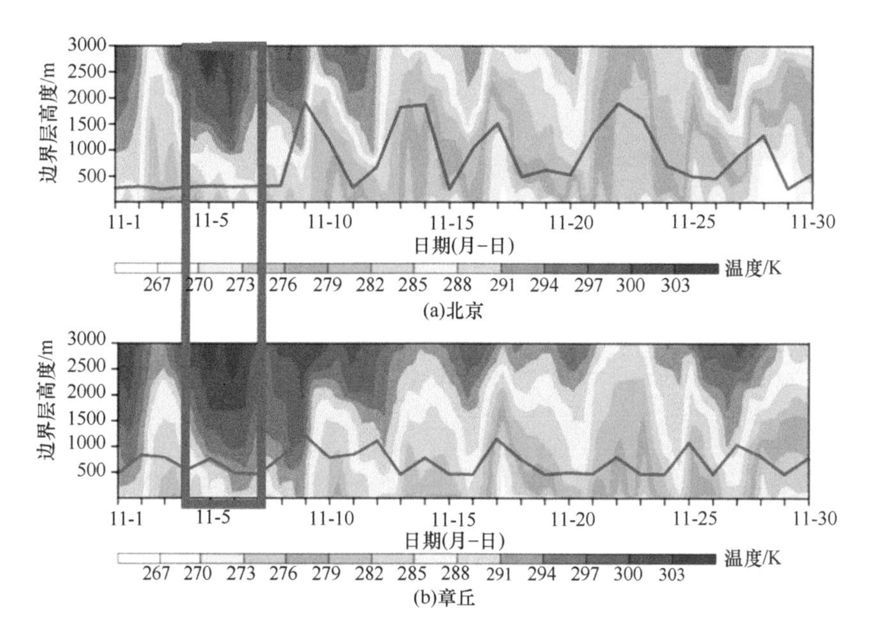

图 2-97 2017 年北京和章丘大气垂直热力结构

红线为边界层高度

德州的颗粒物污染过程滞后于北京，2017 年 11 月 5 日起 $PM_{2.5}$ 开始累积，11 月 7 日午后出现短暂清除，随后 $PM_{2.5}$ 浓度迅速上升。从颗粒物化学组分来看，有机物是主要成分，占比达 50% 左右；有机物与元素碳浓度变化一致性较好，且有机物浓度骤升由碳氢类有机物（HOA）和生物质燃烧有机物（BBOA）主导（HOA+BBOA 共占有机物的 80% 左右），表明一次有机物排放是德州出现重污染的主要原因[61, 62]（图 2-99）。

区域传输：2017 年 11 月 4 ～ 5 日，区域处于西南风控制，西南通道传输特征显著。6 日区域大气趋于静稳，以本地积累和二次化学转化为主。7 日转为西北风控制，污染自北向南消散（图 2-100）。通过立体监测数据与空气质量模式的数据融合和数据同化技术，将气象场和化学场输入区域输送通量分析模型中，根据设定的行政区域周界、输送通道界面得到定量化的输送通量。分析发现，11 月 4 日、5 日和 6 日分别出

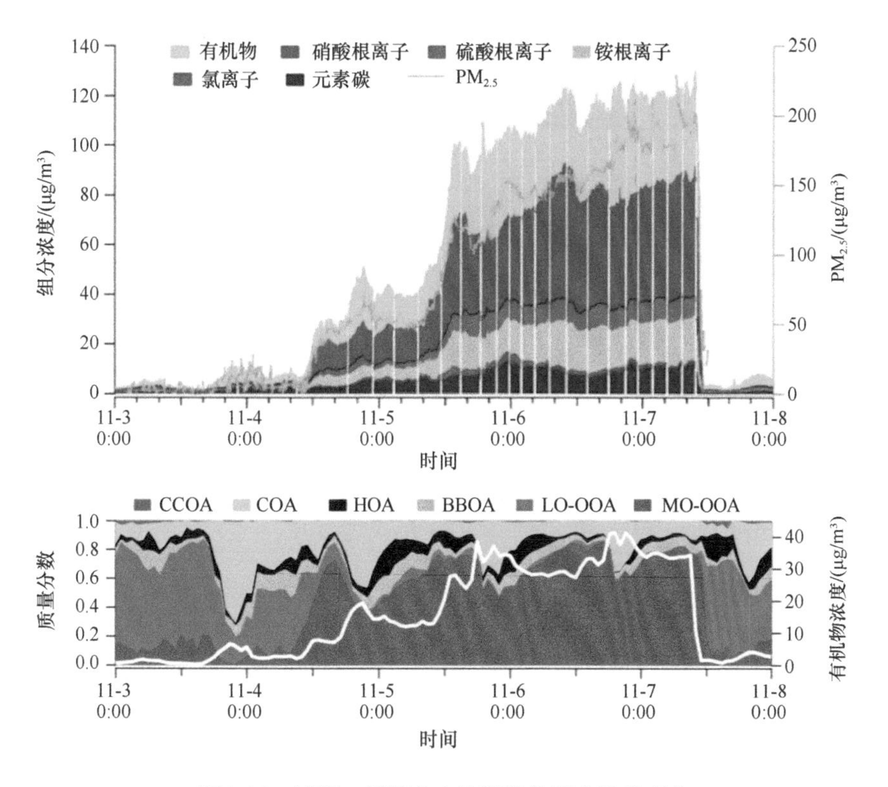

图 2-98 过程 1 期间北大站颗粒物组分浓度变化

CCOA，燃煤有机颗粒物；COA，烹饪有机颗粒物，下同

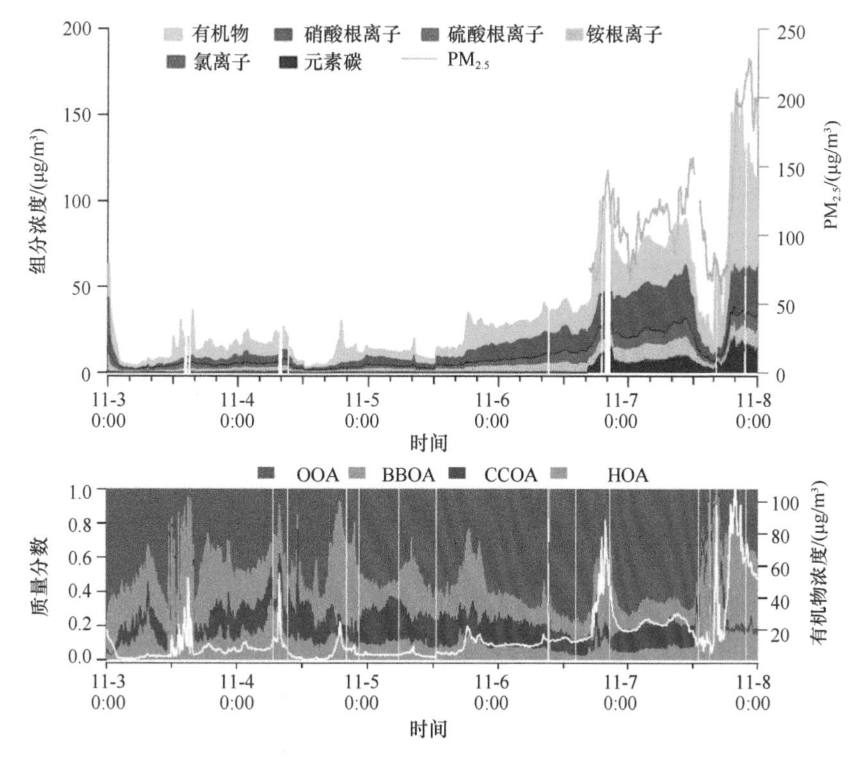

图 2-99 过程 1 期间德州颗粒物组分浓度变化

OOA，氧化型有机颗粒物

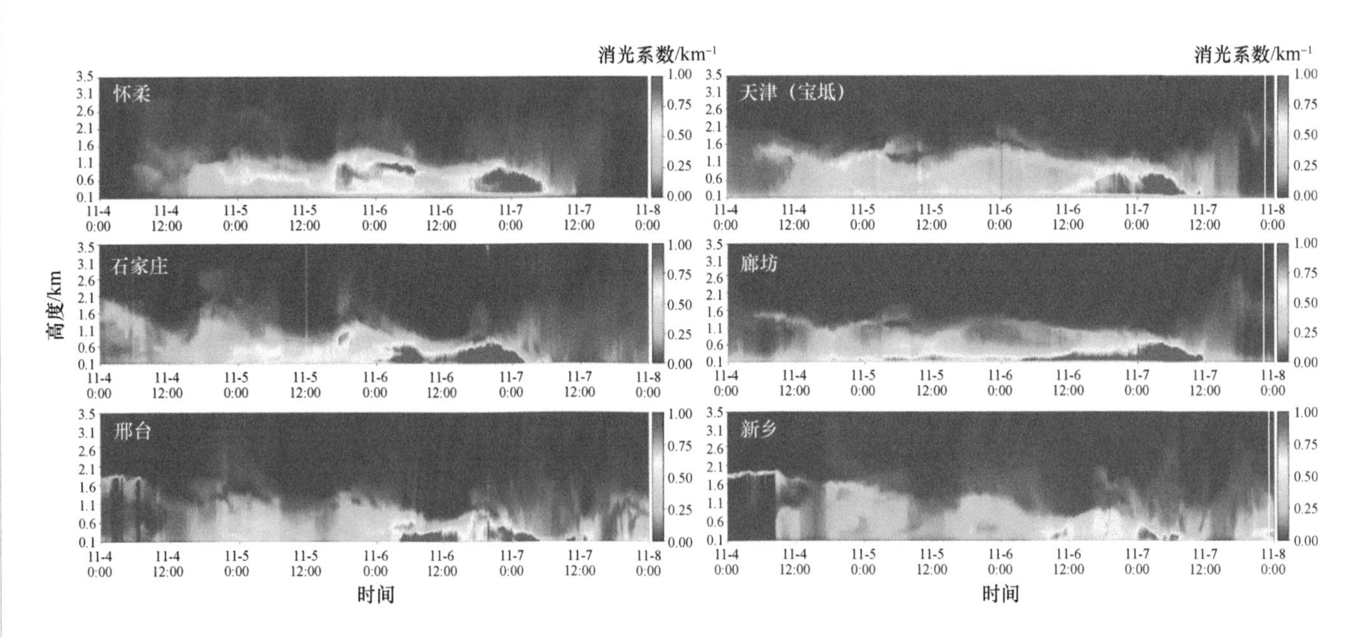

图 2-100　过程 1 期间组网激光雷达大气消光系数观测结果

现 3 次沿西南通道明显的传输过程，从保定向北京的 $PM_{2.5}$ 输送通量达 300 ～ 400μg/（m^2·s）（图 2-101），其对应了北京 3 次 $PM_{2.5}$ 浓度“阶梯式”上升的过程。

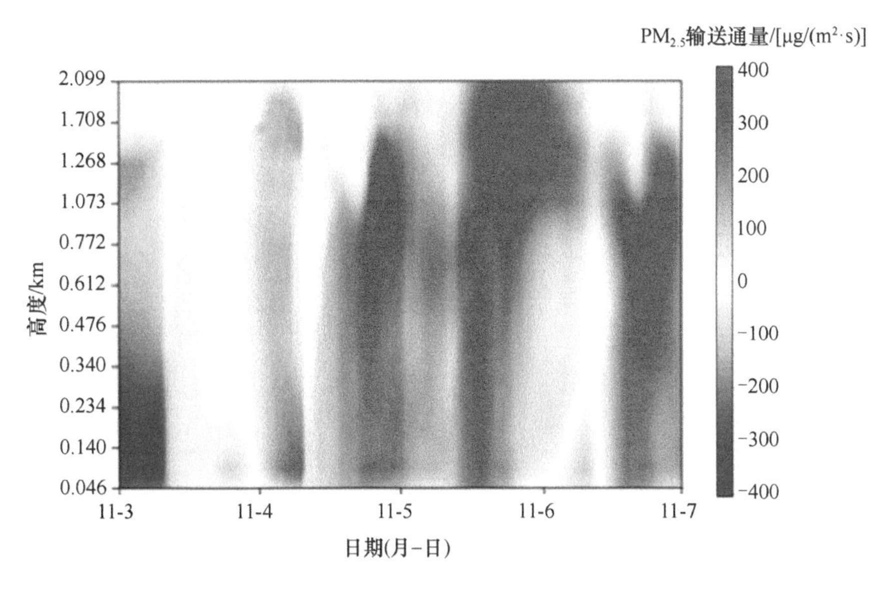

图 2-101　过程 1 期间西南通道（保定站）$PM_{2.5}$ 输送通量

红色为自南向北输送；蓝色为自北向南输送

定量解析：从区域内各城市平均结果来看，污染物排放对本次重污染过程区域 $PM_{2.5}$ 浓度累积的贡献率约为 86%；地面静稳、高湿和边界层下降（至 250m 左右）导致气象条件转差，其对区域 $PM_{2.5}$ 浓度累积的贡献率小于 14%；污染 – 气象耦合作用的贡献率小于 3%（图 2-102）。其中，一次污染排放对 $PM_{2.5}$ 浓度累积的贡献率为 28%（本地一次污染排放贡献率为 23%，区域传输贡献率为 5%）；二次化学转化贡献率为 58%（区域传输贡献率为 45%，本地二次化学转化贡献率为 13%）。

过程 1 期间，不同城市污染物排放对北京 $PM_{2.5}$ 浓度的贡献如图 2-103 所示。由于 2017 年 11 月 3 日较强冷空气的清除作用，4 日早晨北京污染物浓度较低，以本地贡献为主。4 日白天，北京转高压后部西南风

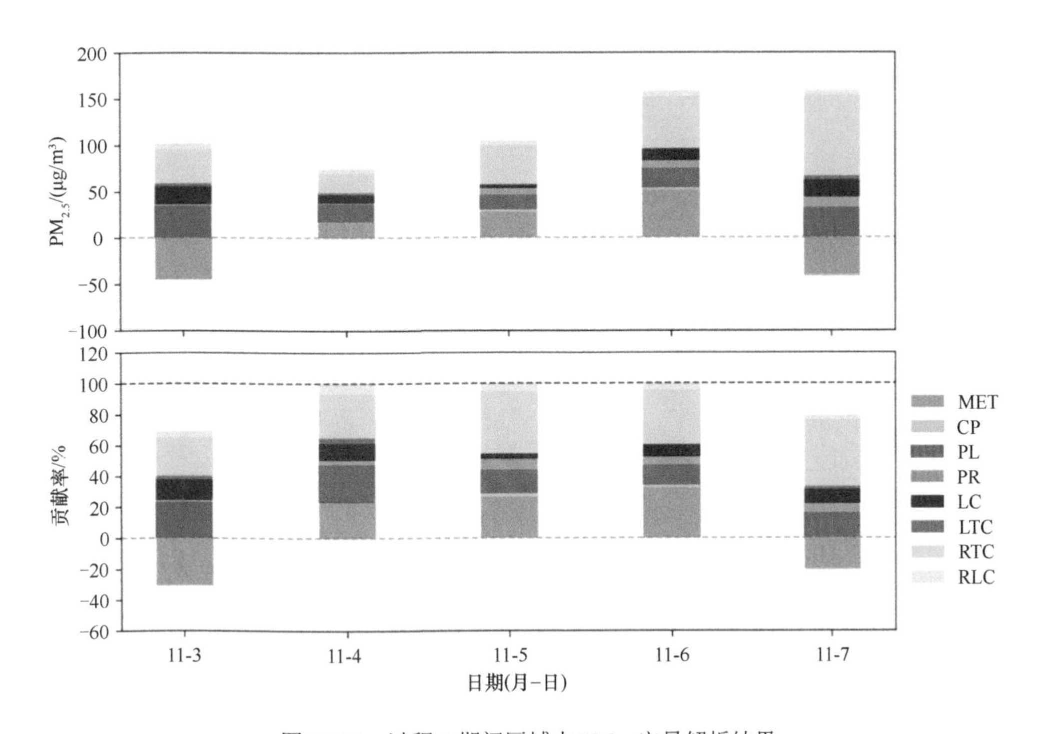

图 2-102 过程 1 期间区域内 PM$_{2.5}$ 定量解析结果

MET，气象条件；CP，污染－气象的耦合作用；PL，本地一次颗粒物排放；PR，区域一次颗粒物排放；RTC，区域排放的气态前体物在传输过程中发生化学转化生成二次颗粒物输送到本地；下同

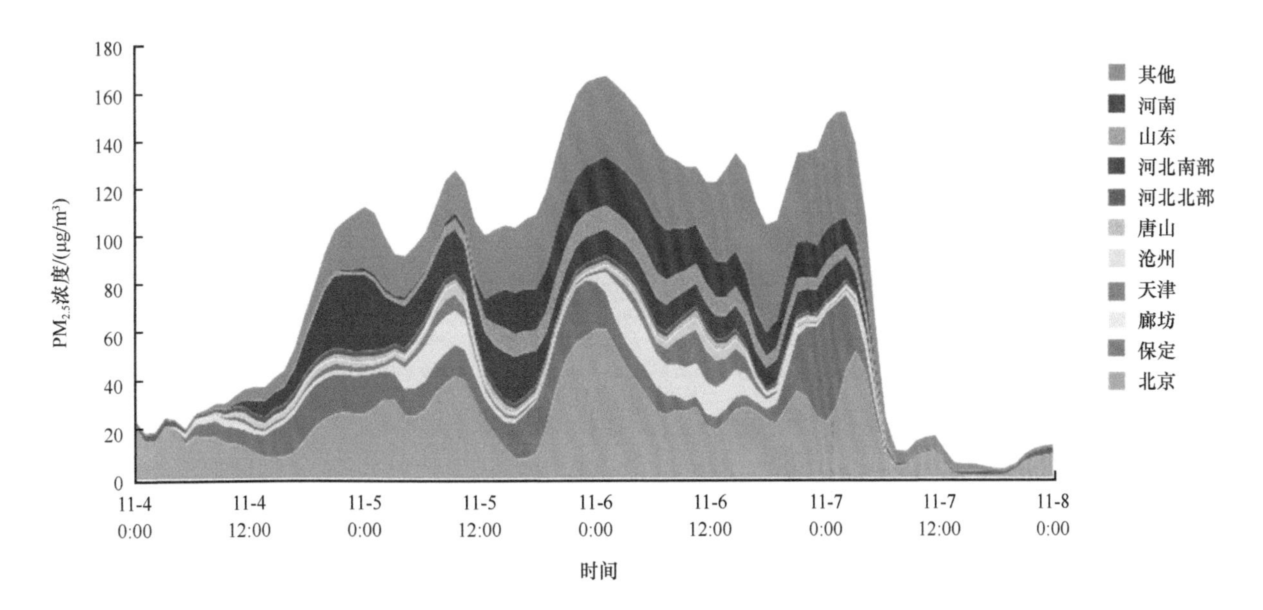

图 2-103 过程 1 期间北京 PM$_{2.5}$ 区域来源解析

场控制，来自保定和河北南部的贡献分别上升至 20% 和 30% 左右，到 4 日夜间北京本地贡献已不足 50%。5 日上午，来自东南方向廊坊的贡献升至 15% 左右。5 日下午起，在持续西南风场的作用下，来自河南和山东的远距离输送贡献快速上升，分别达 5% 和 10% 左右。6 日白天受到风场辐合影响，区域来源仍以保定、河北南部、河南和山东为主（累计约为 40%），也存在天津、廊坊的贡献（累计为 20% ～ 25%）。6 日晚到 7 日凌晨，受西南风作用，以保定、河北南部和河南的贡献为主（50% 左右）。到 7 日上午，冷空气将污染物清除，本地贡献再次占主导。

2.5.2.2 过程 2：2017 年 11 月 30 日～ 12 月 3 日

总体情况：2017 年 12 月 1 日白天，太行山沿线的保定、邢台、邯郸和山西晋城、山东济宁等城市率先出现小时重度污染。1 日夜间，区域扩散条件转为不利，受系统性偏南风和区域性逆温影响，污染逐渐向太行山沿线堆积，石家庄、郑州、开封、安阳等城市也转为重度污染，首要污染物为 $PM_{2.5}$。2 日白天，区域各城市 $PM_{2.5}$ 浓度快速上升，河北中南部、河南北部出现小时重度污染。3 日区域北部污染缓解，中南部污染持续。4 日，区域大部污染得到有效缓解，空气质量总体转为优－良（图 2-104）。本次过程期间，$PM_{2.5}$ 日均浓度峰值为 304μg/m³（安阳，12 月 3 日），达严重污染；$PM_{2.5}$ 小时浓度峰值为 388μg/m³（濮阳，12 月 3 日 14 时）。

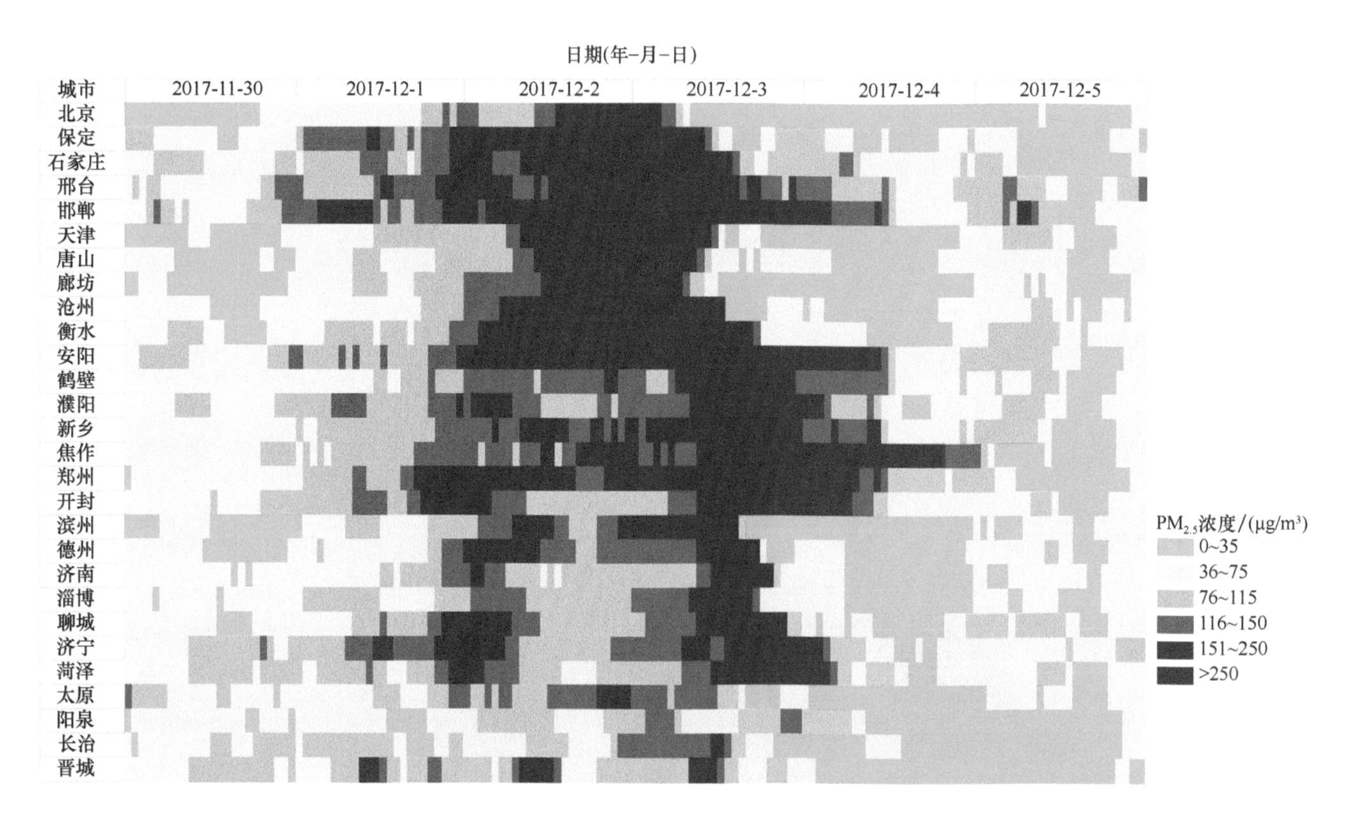

图 2-104 过程 2 期间“2+26”城市 $PM_{2.5}$ 小时浓度变化

气象条件：大气环流形势上，高空（500hPa）以平直纬向环流为主，无明显的槽脊活动；低层（975hPa）以偏西南气流为主（图 2-105）。气温、流场距平垂直结构上，冬季京津冀及周边地区在西风带背景下，大地形东侧呈下沉气流特征（区域内从地面至 500hPa 出现强下沉气流），且对流层低层存在“暖盖”特征，导致该地区大气污染垂直扩散作用显著减弱（图 2-106）。边界层结构上，区域边界层高度逐渐降低，2017 年 12 月 2 日中午边界层高度降至 500m 以下（图 2-107）；近地面出现强逆温，2 日北京 900hPa 与地面之间的温差为 7.1℃，北京较低的边界层高度和稳定的边界层结构不利于污染物的扩散。在近地面，12 月 1 ～ 2 日，西南风将区域中南部污染物向北输送，太行山东侧出现辐合带，相对湿度达 70% 以上，造成污染累积并持续二次化学转化。

$PM_{2.5}$ 组分特征：有机物在河北中部及河北－河南交界处浓度较高，OC/EC 在大部分城市较低（北京、廊坊、衡水、长治、德州除外），表明区域内有机物一次排放的贡献总体较大。SNA 浓度的分布以长治—邢台—

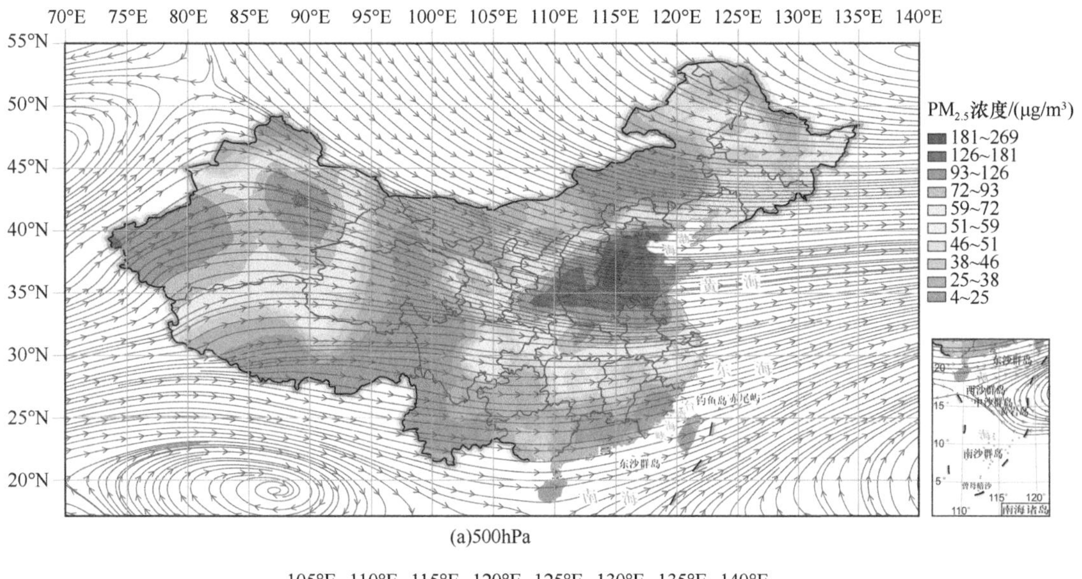

(a)500hPa

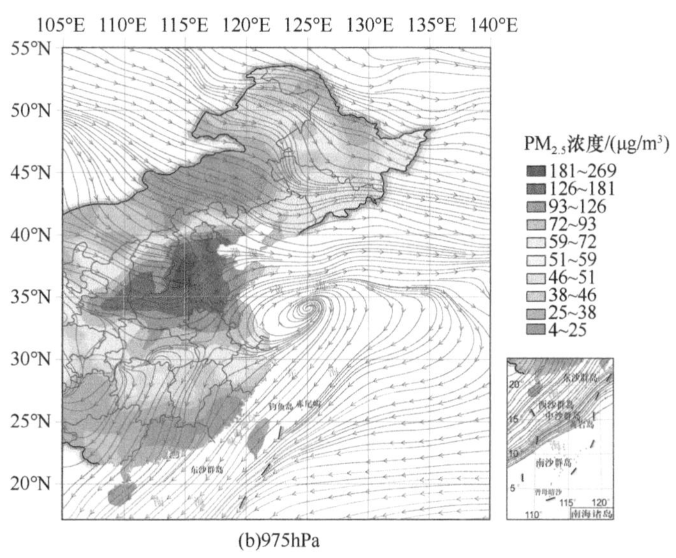

(b)975hPa

图 2-105 2017 年 11 月 30 日～ 12 月 3 日 500hPa 和 975hPa 大气环流场

德州—沧州为界，呈现东南高、西北低的特点，SNA/EC 与 SNA 浓度的空间分布特征较为一致，表明二次无机组分的生成在区域东南部更显著。

北大站的在线观测表明，2017 年 12 月 1 ～ 2 日北京颗粒物浓度的增长主要源于有机物和硝酸根离子的贡献，在所测组分中的分别约占 35% 和 20%，元素碳浓度也与有机物同步变化，反映了燃烧源（散煤、生物质等）和机动车源、采暖燃气锅炉的突出贡献。有机物中，12 月 1 ～ 2 日一次有机颗粒物的占比约为 60%，体现了一次污染排放对有机物的主要贡献（图 2-108）。

安阳的 $PM_{2.5}$ 组分特征与北京类似，有机物是 $PM_{2.5}$ 的首要组分，重污染期间占比在 30% 左右；元素碳浓度与有机物浓度变化趋势一致，表明有机物的一次排放是安阳 $PM_{2.5}$ 浓度上升的主要原因。硝酸根离子含量其次，占比为 25% 左右，工业和机动车排放的 NO_x 的二次化学转化也对 $PM_{2.5}$ 浓度上升有显著贡献（图 2-109）。

区域传输：污染起始阶段，邢台—石家庄—保定—北京混合层内消光系数依次升高，污染沿西南通道传输的特征明显。污染发展阶段，各个观测站点均存在长时间的高消光现象，北京、保定和石家庄消光系数基本同步达到峰值（分别为 $0.8km^{-1}$、$1.7km^{-1}$ 和 $1.8km^{-1}$），表明大气趋于静稳，各地污染加重，

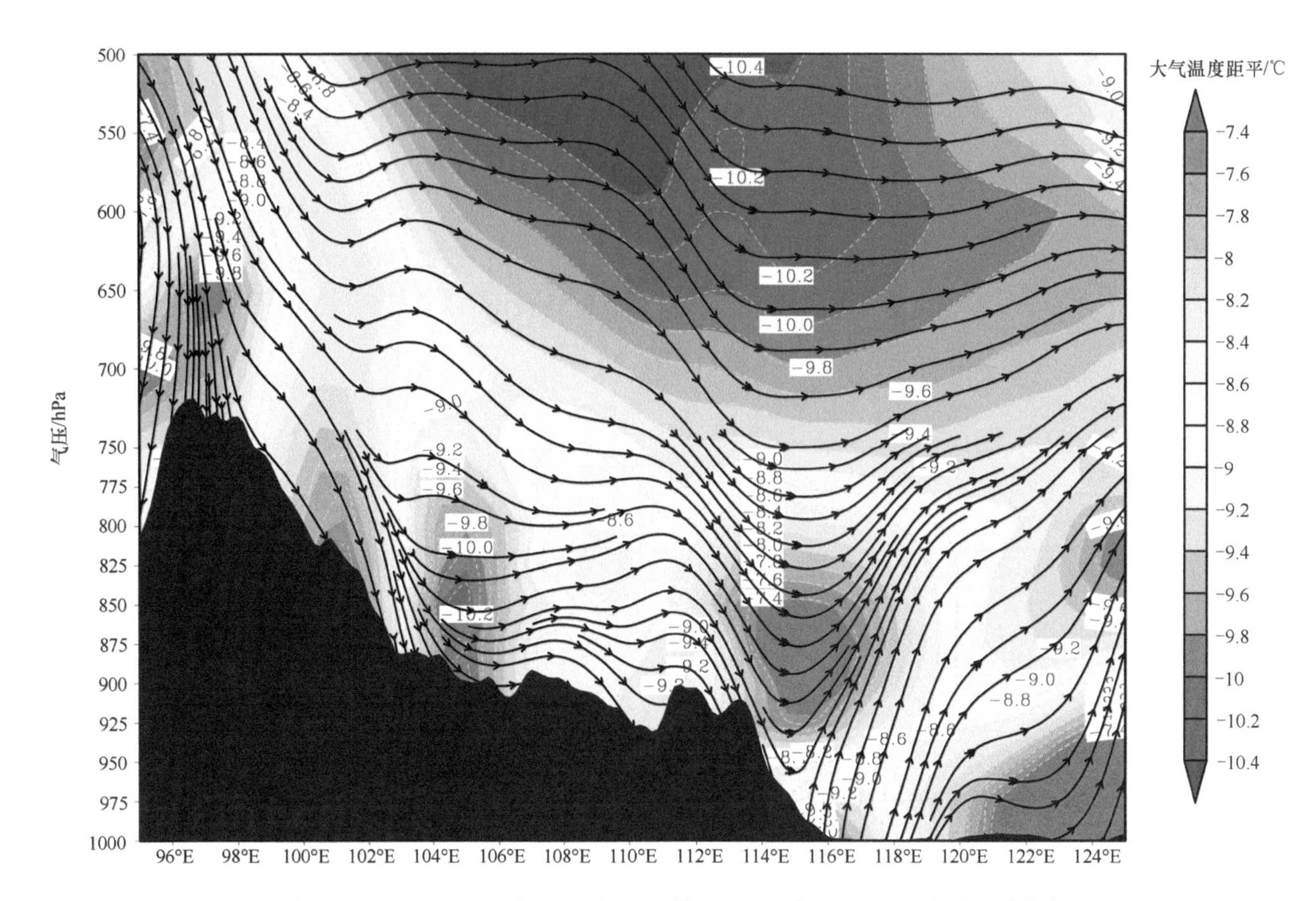

图 2-106 2017 年 12 月 2 ～ 3 日平均中国东部污染区域（37°N）大气温度距平与流场结构东 – 西垂直剖面

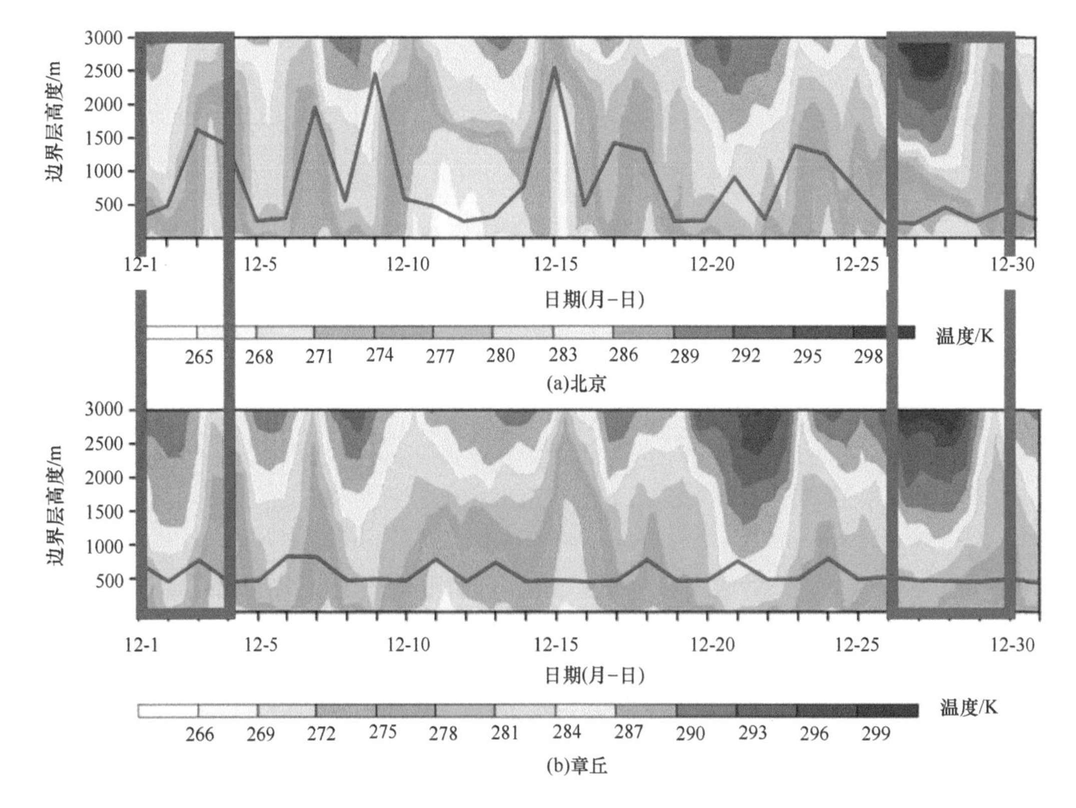

图 2-107 2017 年北京和章丘大气垂直热力结构

红线为边界层高度；左侧框为过程 2

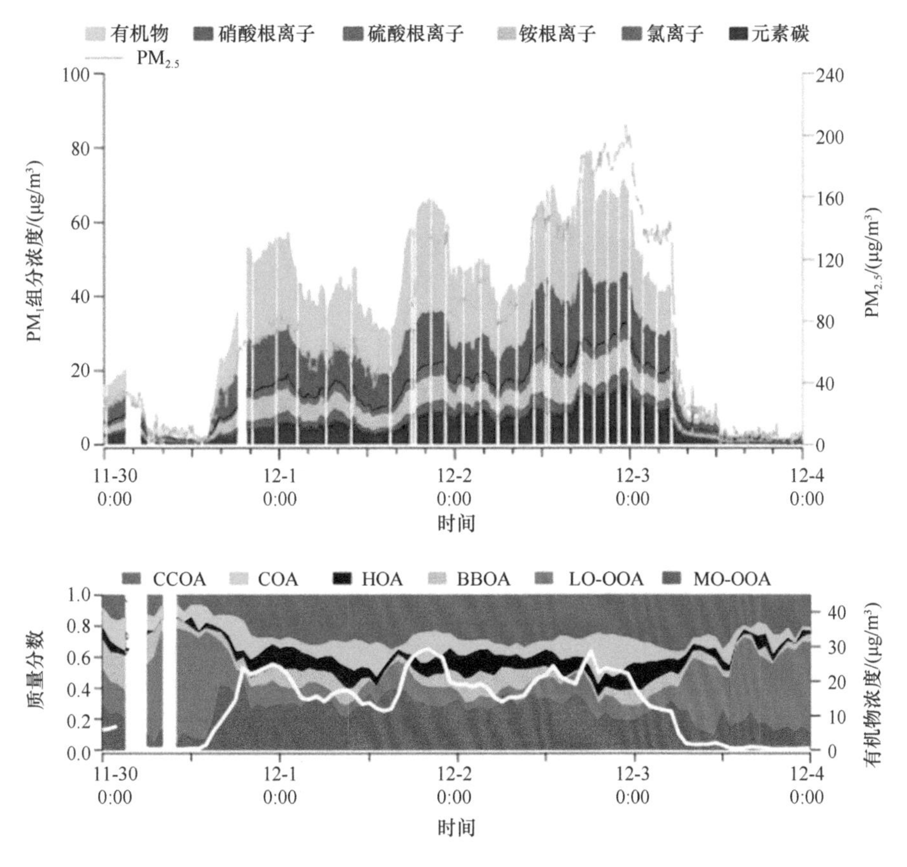

图 2-108 过程 2 期间北大站颗粒物组分浓度变化

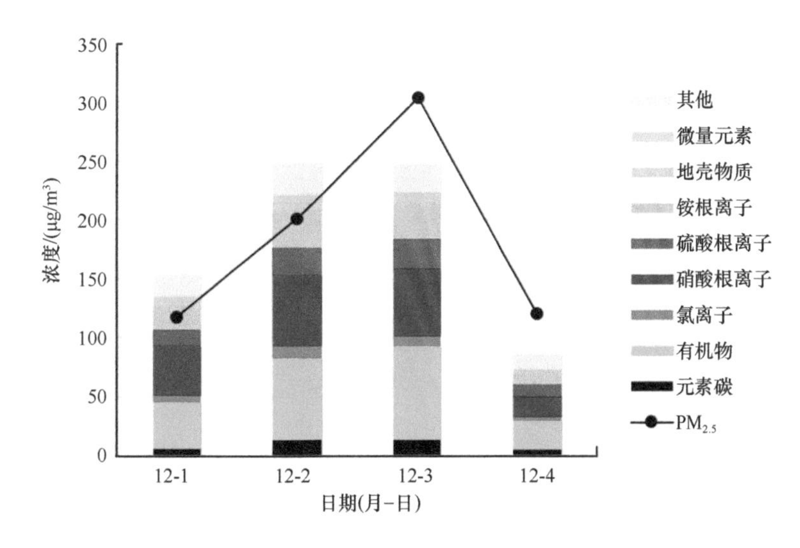

图 2-109 过程 2 期间安阳 $PM_{2.5}$ 组分浓度变化

以污染物的本地积累和二次化学转化为主。污染消散阶段，受较强偏北风影响，污染自北往南消散，邢台、济宁等站点受上游污染传输影响，出现短时大气高消光现象（图 2-110）。输送通量反演结果显示，过程 2 中存在两次明显的西南通道从南向北的输送现象。第一次发生于 12 月 1 日 0 时前后，主要集中在近地面 150m 范围内，$PM_{2.5}$ 输送通量 200 ～ 300μg/（m^2·s）；第二次发生于 12 月 1 日下午至 12 月 2 日上午，从地面至 1000m 范围内均存在传输现象，输送强度更大，$PM_{2.5}$ 输送通量为 300 ～ 400μg/（m^2·s）（图 2-111）。

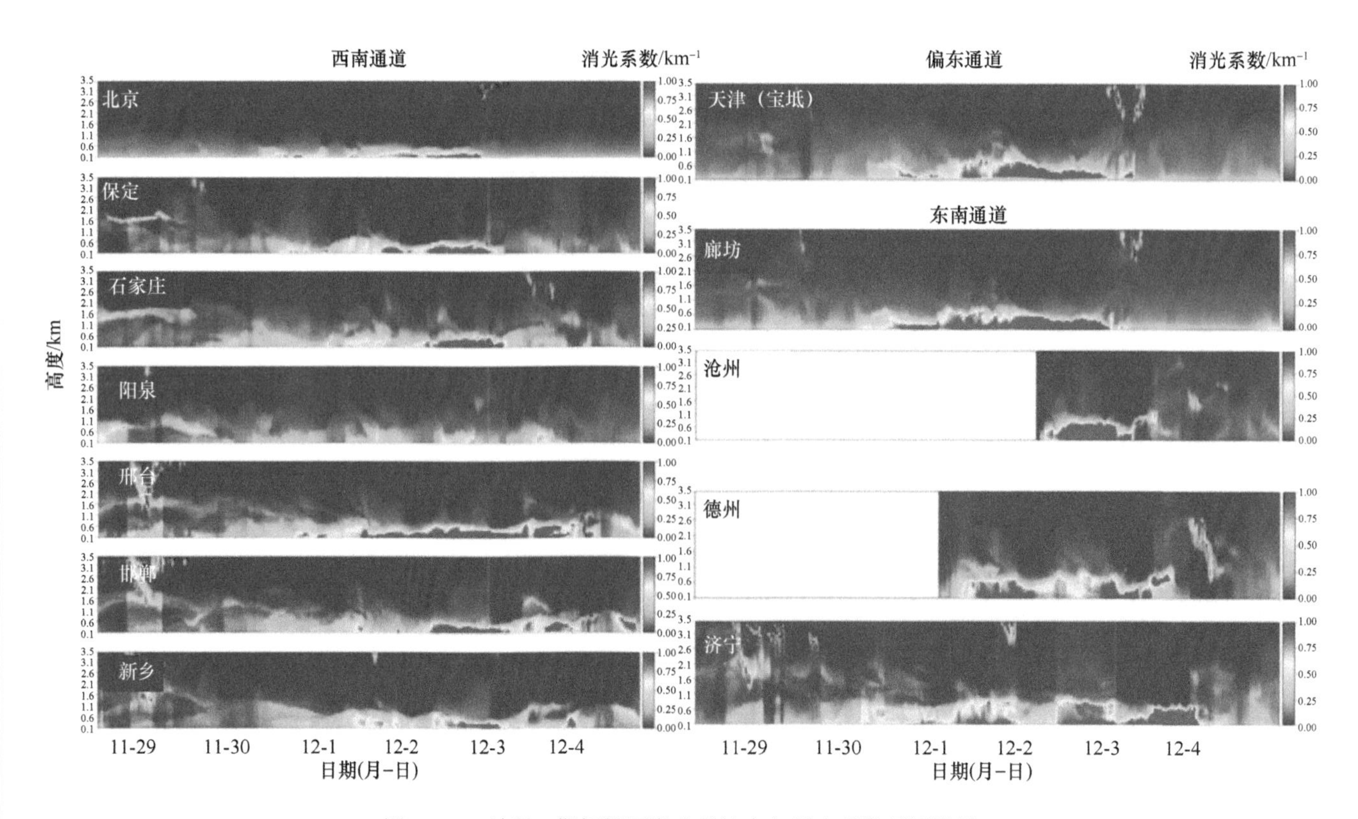

图 2-110　过程 2 期间组网激光雷达大气消光系数观测结果

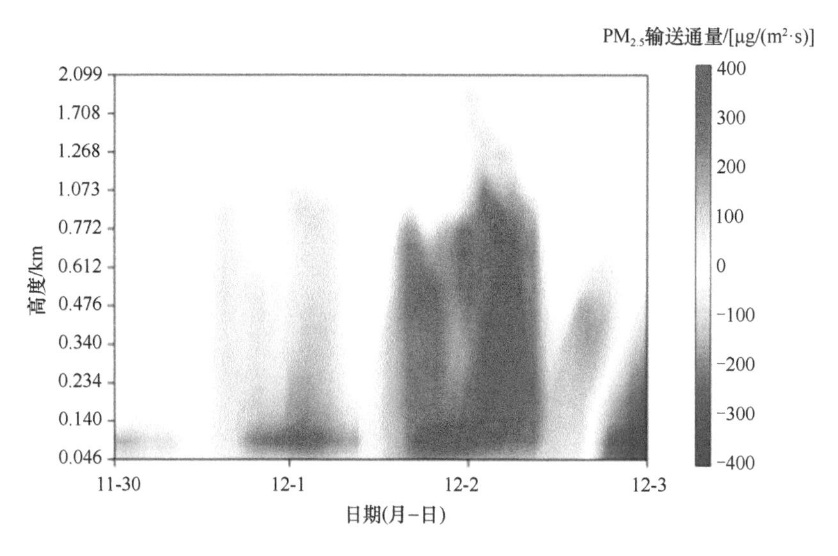

图 2-111　过程 2 期间西南通道（保定站）$PM_{2.5}$ 输送通量

红色为自南向北输送；蓝色为自北向南输送

定量解析：污染物排放对本次重污染过程区域 $PM_{2.5}$ 浓度累积的贡献率为 77%，气象条件变化的贡献率为 22%，污染－气象耦合作用的影响为 1%（图 2-112）。一次污染排放对 $PM_{2.5}$ 浓度累积的贡献率为 26%（本地一次污染排放贡献率为 22%，区域传输贡献率为 4%）；污染物二次化学转化的贡献率为 50%（区域传输贡献率为 36%，本地二次化学转化贡献率为 14%）。

基于空气质量模拟的区域来源解析结果表明，2017 年 11 月 30 日～ 12 月 2 日北京 $PM_{2.5}$ 污染总体以本地贡献为主。但在 11 月 30 日下午至夜间和 12 月 1 日下午至夜间，北京 $PM_{2.5}$ 浓度的两次陡升过程，都发

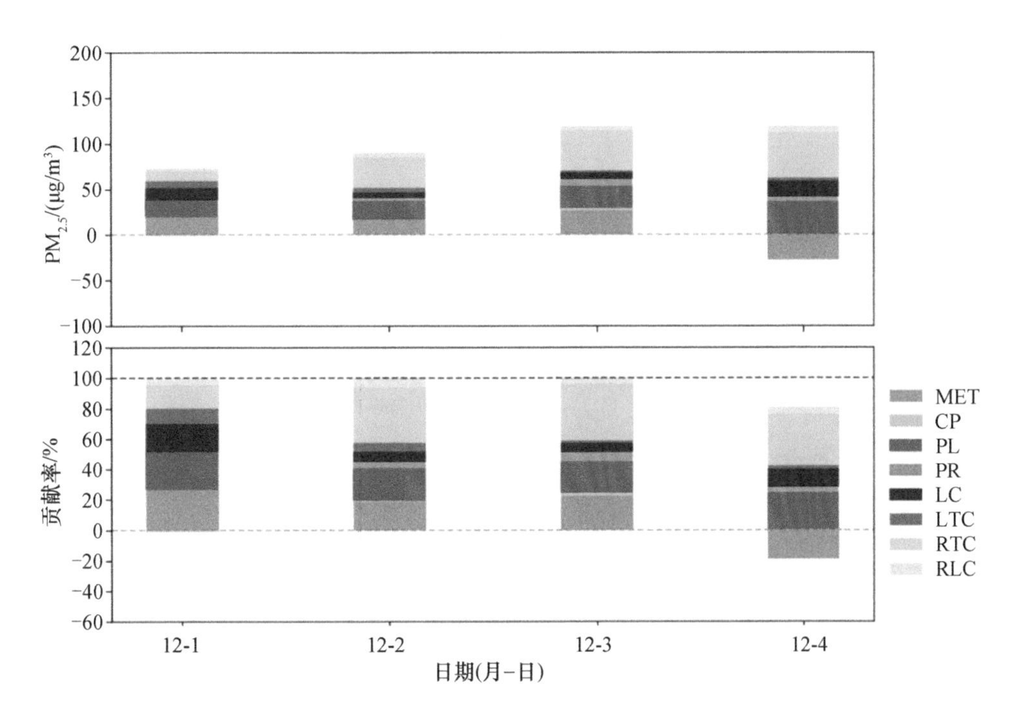

图 2-112　过程 2 期间区域内 $PM_{2.5}$ 定量解析结果

现保定及其他地区污染传输对北京的显著影响，特别是 12 月 1 日下午北京 $PM_{2.5}$ 浓度从良升至中度污染，区域贡献达到近七成（图 2-113）。

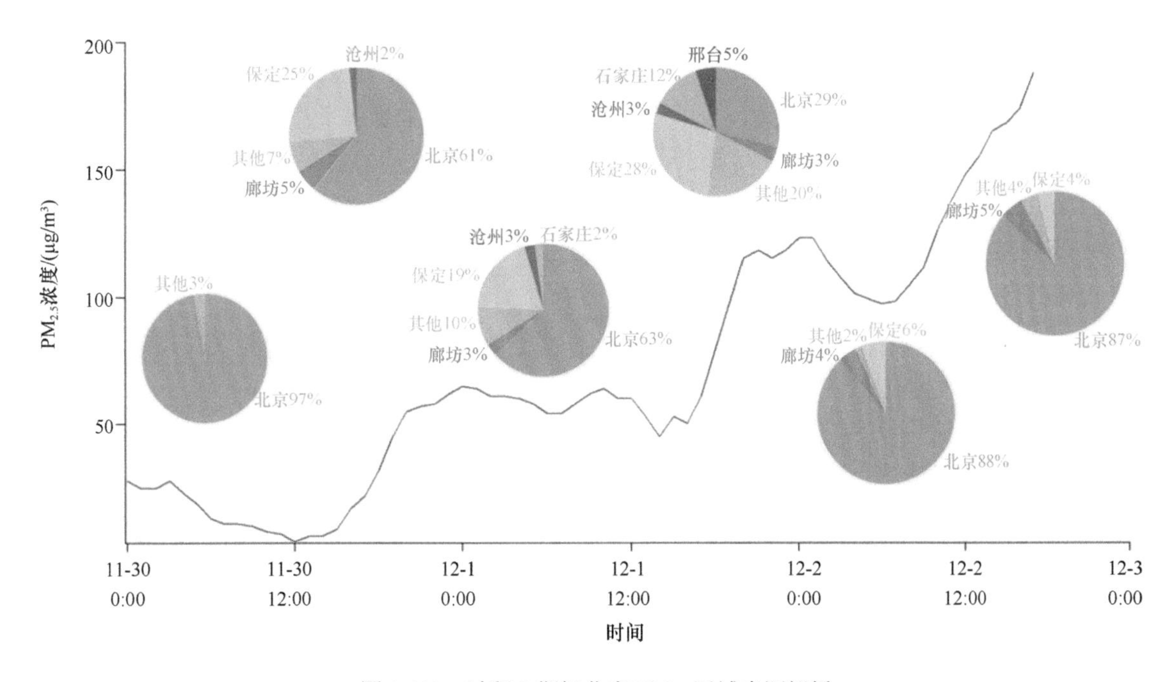

图 2-113　过程 2 期间北京 $PM_{2.5}$ 区域来源解析

2.5.2.3　过程 3：2017 年 12 月 26 ~ 30 日

总体情况：长时间的静稳、高湿天气，导致区域内 28 个城市均呈重度污染天，其中 14 个城市出现严重污染天，首要污染物为 $PM_{2.5}$，太行山沿线城市污染程度相对最重。2017 年 12 月 27 日，河北中南部的邯郸、衡水、邢台、石家庄与河南北部的安阳等城市最先出现小时重污染。29 日区域内污染最重，仅阳泉未出现日均重度及以上污染。随着 30 日区域转为西北风控制，近地面风速增大，大气扩散条件转好，污染逐渐消散（图 2-114）。区域内 $PM_{2.5}$ 日均浓度峰值为 321μg/m^3（石家庄，12 月 29 日），达严重污染；$PM_{2.5}$ 小时浓度峰值为 507μg/m^3（石家庄，12 月 29 日 16 时）。北京 $PM_{2.5}$ 日均浓度峰值为 175μg/m^3（12 月 29 日），达重度污染；$PM_{2.5}$ 小时浓度峰值为 216μg/m^3（12 月 30 日 8 时）。

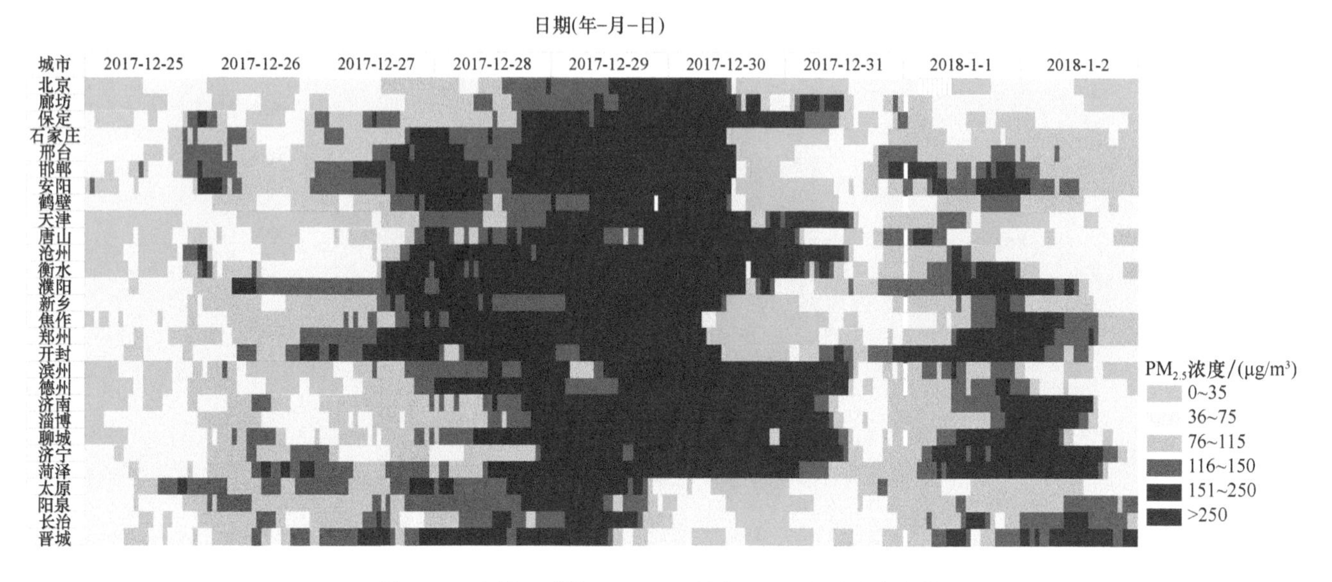

图 2-114　过程 3 期间“2+26”城市 $PM_{2.5}$ 小时浓度变化

气象条件：环流形势上，高空（500hPa）以平直纬向环流为主，无明显的槽脊活动；低层（975hPa）位于高压脊线控制下（图 2-115）。气温、流场距平垂直结构上，冬季京津冀及周边地区在西风带背景下，大地形东侧呈下沉气流特征（区域内从地面至 600hPa 出现强下沉气流），且对流层中低层存在“暖盖”特征，导致该地区大气污染垂直扩散作用显著减弱（图 2-116）。边界层结构上，北京和章丘的边界层高度低于 500m，热力结构稳定（图 2-117）；近地面出现强逆温，2017 年 12 月 29 日 900hPa 和地面温差达到 5.7℃，较低的边界层高度和稳定的逆温结构不利于污染物的扩散。在近地面，区域内大部分地区相对湿度高于 80%，局地接近饱和，风速低于 2m/s 且持续时间较长；12 月 29 日北京相对湿度为 75%，风速降至 1.3m/s，容易导致污染物的累积和二次化学转化。

$PM_{2.5}$ 组分特征：OC 和 SNA 的空间分布较为均匀，较高的浓度出现在河北中部、河南北部及山东西部。OC/EC 和 SNA/EC 的高值主要集中在区域中北部的北京、天津、廊坊、石家庄等城市，表明在这些城市二次颗粒物的生成较为显著，这可能是气态污染物在气团传输过程中向二次组分的转化及颗粒物的老化所致。本次污染过程中硫酸根离子和硝酸根离子浓度同步上升，两者相关性极高并且浓度相当。该过程是典型重污染过程中唯一硫酸根离子与硝酸根离子浓度相当的案例。

北大站颗粒物组分的在线监测结果表明，颗粒物浓度上升主要来自硝酸根离子、硫酸根离子和有机物的贡献，三者在所测组分中的占比分别约为 25%、20% 和 30%（图 2-118）。有机物中，氧化型有机颗粒物（OOA）的贡献约为 60%。因此，机动车和工业（含燃气锅炉）排放的 NO_x、燃煤排放的 SO_2 以及工业、燃烧、机动车等源类排放的挥发性有机物在高湿条件下向硝酸根离子、硫酸根离子和二次有机物快速转化，导致 $PM_{2.5}$ 污染程度快速加重。

本次过程污染较重的石家庄 $PM_{2.5}$ 组分特征显示，有机物是主要成分，在 $PM_{2.5}$ 中约占 45%，随着污染

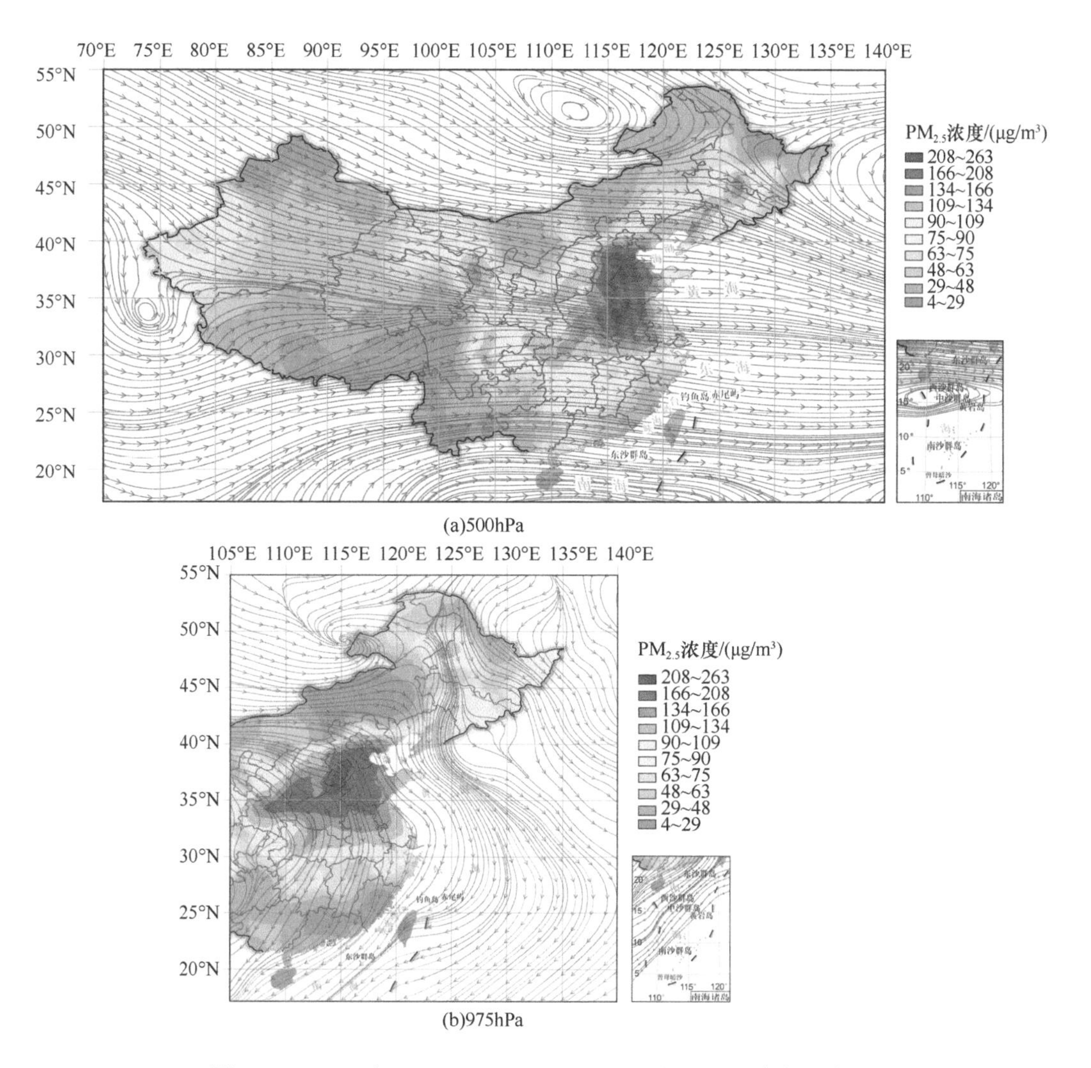

(a)500hPa

(b)975hPa

图 2-115 2017 年 12 月 26 ~ 30 日 500hPa 和 975hPa 大气环流场

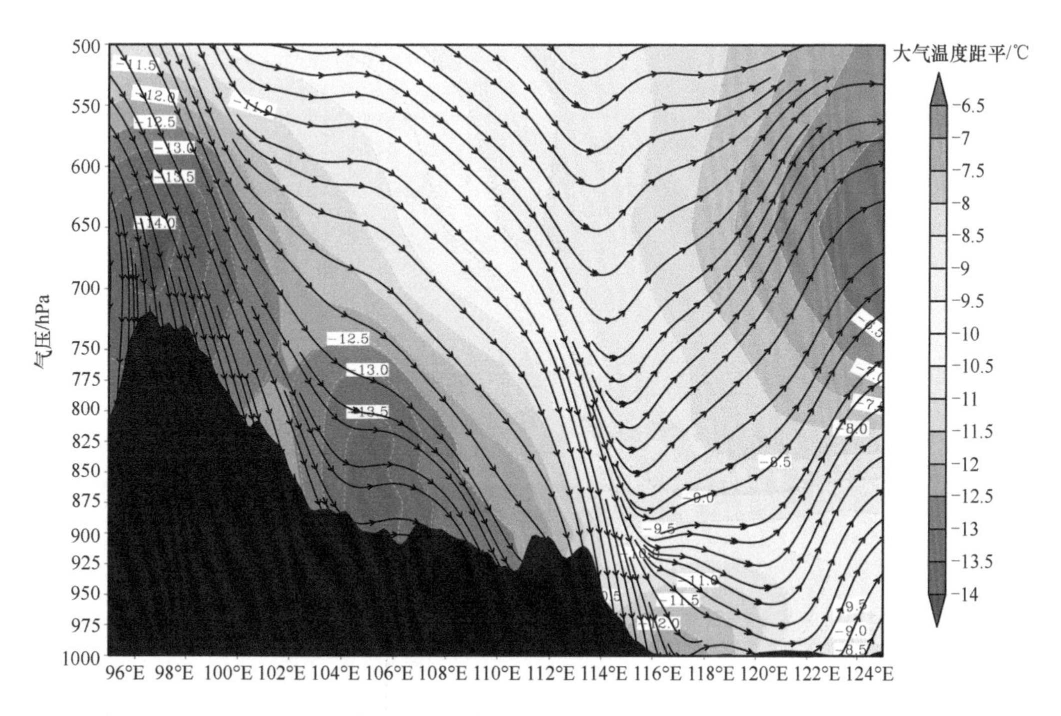

图 2-116 2017 年 12 月 28 ~ 31 日平均中国东部污染区域（36°N ~ 39°N）大气温度距平与流场结构东－西垂直剖面

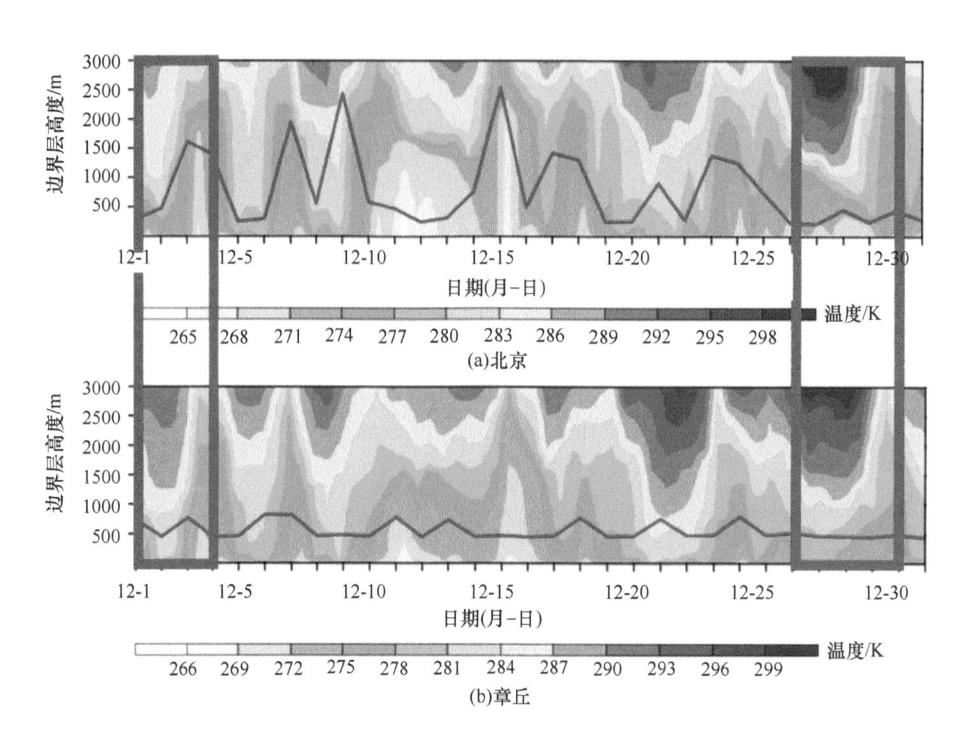

图 2-117　2017 年北京和章丘大气垂直热力结构

红线为边界层高度，右侧框为过程 3

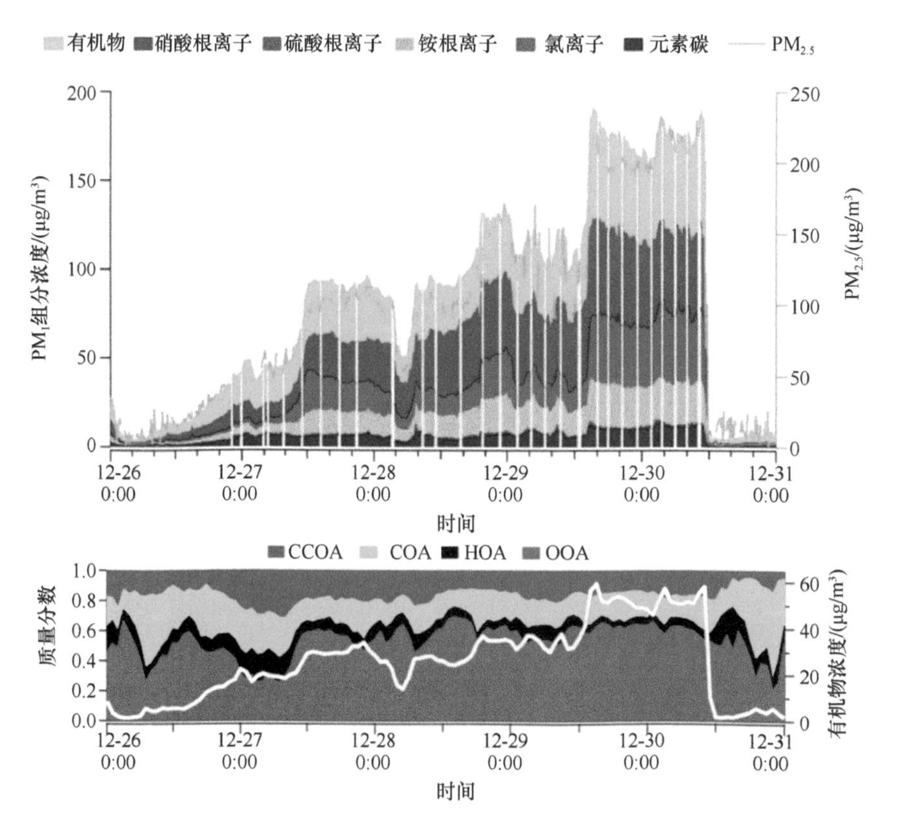

图 2-118　过程 3 期间北大站颗粒物组分浓度变化

加重，元素碳、有机物、氯离子和硫酸根离子浓度总体均呈上升趋势，表明燃煤对 $PM_{2.5}$ 污染存在突出贡献。总体上，硝酸根离子和硫酸根离子的占比分别为 15% 和 10% 左右；但在污染最重日（12 月 29 日），硫酸根离子（占比 19%）超过硝酸根离子（占比 14%）成为最主要的二次无机组分。地壳物质浓度随 $PM_{2.5}$ 浓度上升而下降，故扬尘不是造成重污染的主要原因（图 2-119）。

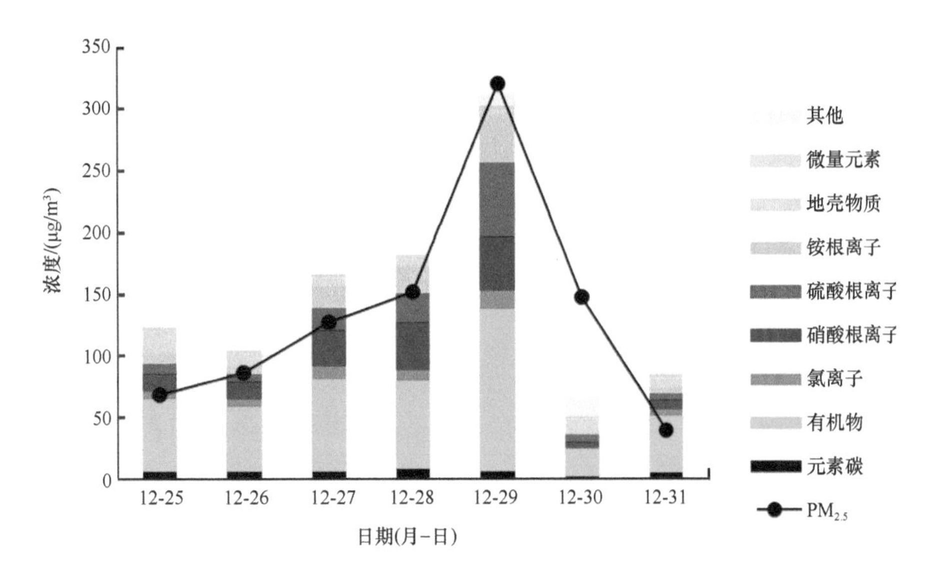

图 2-119　过程 3 期间石家庄 $PM_{2.5}$ 组分浓度变化

区域传输：2017 年 28 ～ 29 日凌晨，受西南气流影响，西南通道各城市均监测到不同程度的高空污染输送带。污染期间大气长时间静稳，总体来看，高消光度出现的时间基本同步。随着 30 日区域转为西北风，风速增大，扩散条件转好，污染消散（图 2-120）。传输通量反演结果显示，过程 3 期间，12 月 27 日 0 时前后，近地面至 150m 范围内存在西南通道自南向北的 $PM_{2.5}$ 输送，$PM_{2.5}$ 输送通量为 100μg/（m^2·s）左右；12 月

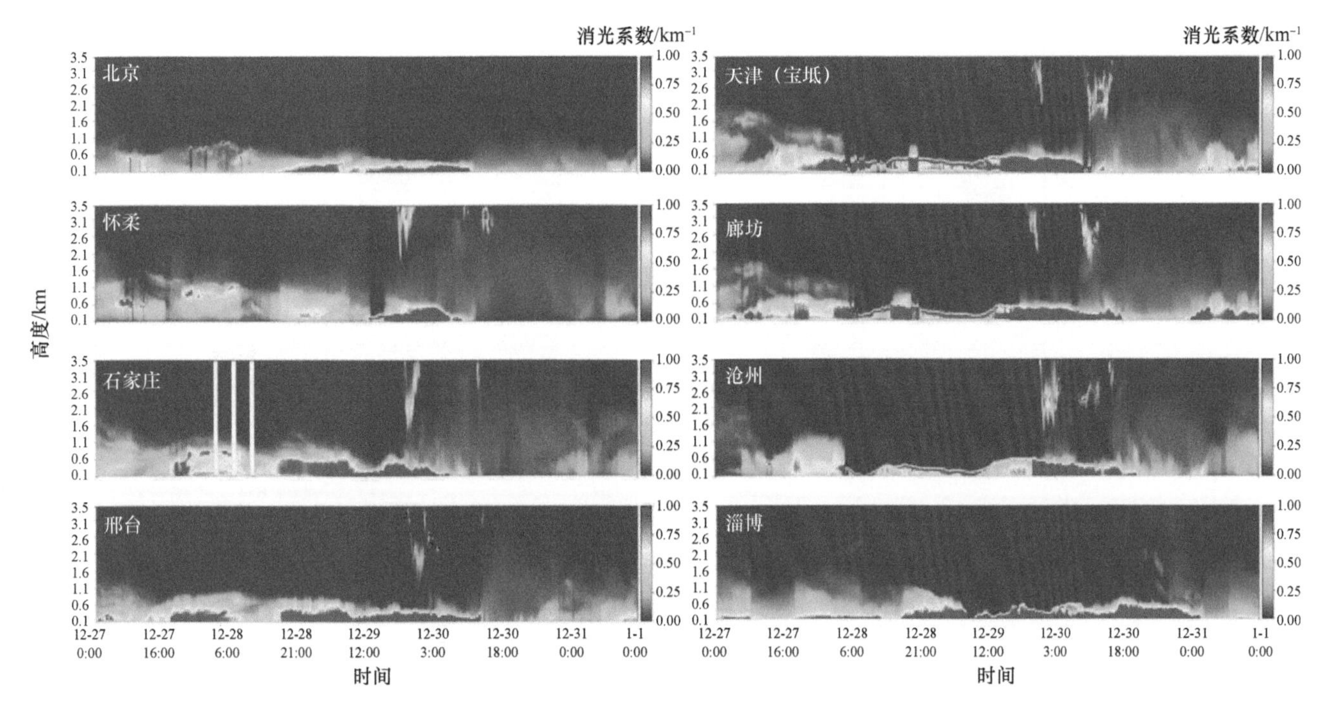

图 2-120　过程 3 期间组网激光雷达大气消光系数观测结果

28 日近地面存在自北向南的输送，而高空 1000m 左右输送方向相反；此后输送现象不显著，表明太行山沿线大气静稳，污染持续累积、转化（图 2-121）。

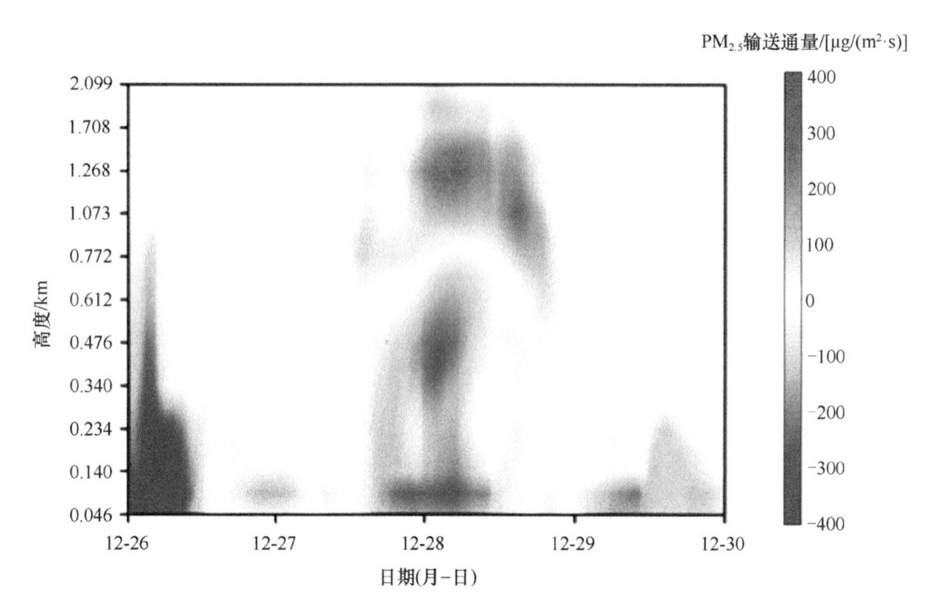

图 2-121　过程 3 期间西南通道（保定站）$PM_{2.5}$ 输送通量

红色为自南向北输送；蓝色为自北向南输送

定量解析：污染物排放对本次重污染过程区域 $PM_{2.5}$ 浓度累积的贡献率为 76%，气象条件变化贡献率为 20%，污染–气象耦合作用的贡献率为 4%（图 2-122）。一次污染排放对 $PM_{2.5}$ 浓度累积的贡献率为 24%（本地一次污染排放贡献率为 22%，区域传输贡献率为 2%），二次化学转化贡献率为 52%（区域传输贡献率为 26%，本地二次化学转化贡献率为 26%）。

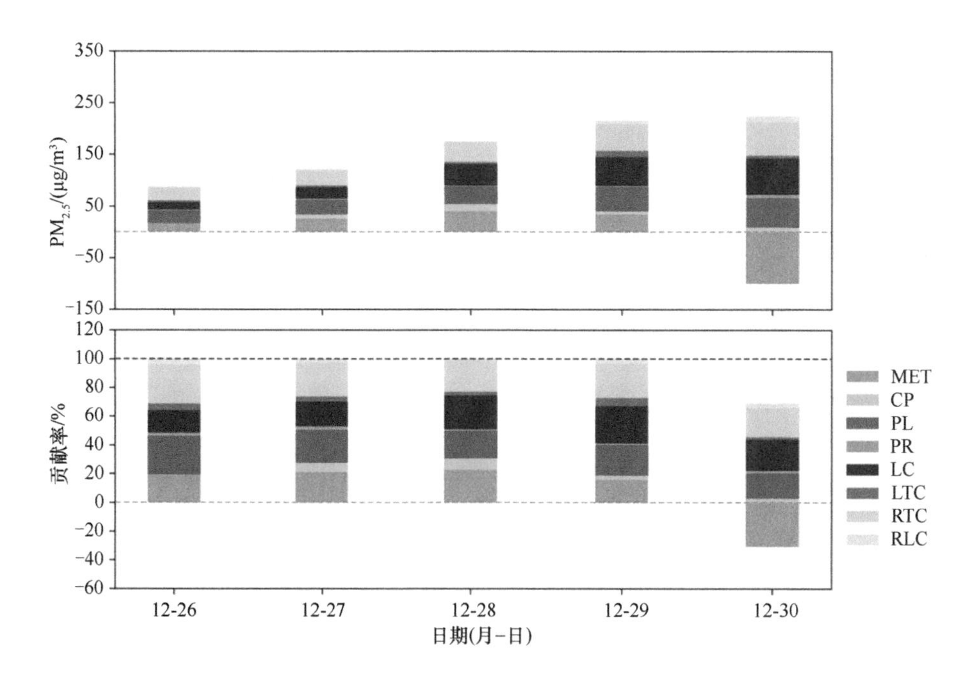

图 2-122　过程 3 期间区域内 $PM_{2.5}$ 定量解析结果

基于空气质量模拟的区域来源解析结果表明，本次过程污染程度最重的是石家庄，本地对 $PM_{2.5}$ 的贡献总体在 70% 以上；在 2017 年 12 月 27 日晚间和 29 日中午污染快速发展过程中，本地对 $PM_{2.5}$ 的贡献可达 75% ～ 80%。北京的 $PM_{2.5}$ 污染以本地为主，对 $PM_{2.5}$ 的贡献为 70% 左右；在 12 月 29 日污染发展过程中，区域对北京 $PM_{2.5}$ 的贡献有所增加，最高时达到 44%（图 2-123）。

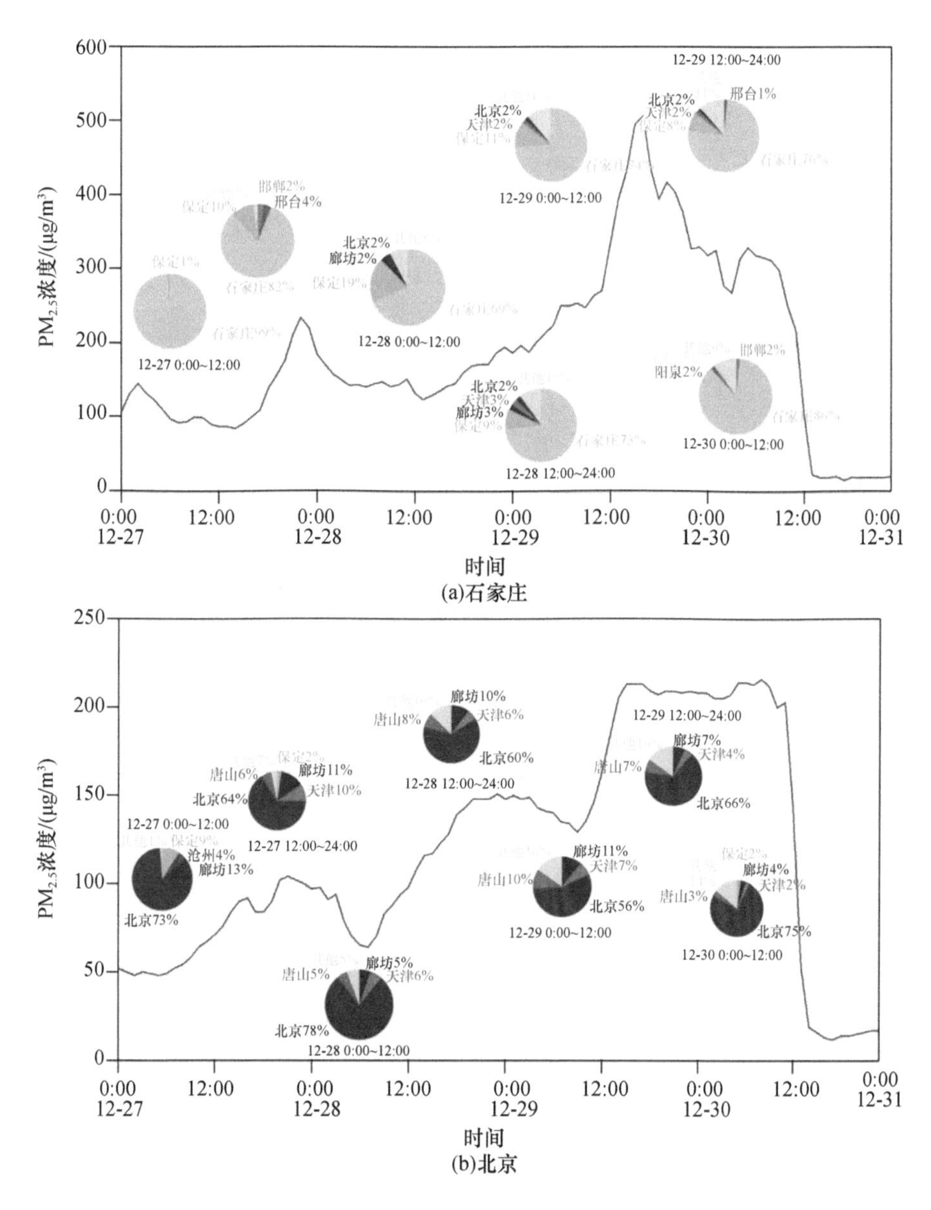

图 2-123　过程 3 期间石家庄（a）和北京（b）$PM_{2.5}$ 区域来源解析

2.5.2.4　过程 4：2018 年 1 月 12 ~ 20 日

总体情况：2018 年 1 月 12 日起，受系统性偏南风和不利气象条件影响，京津冀及周边地区出现一次大气重污染过程，主要集中在太行山沿线城市，区域内 24 个城市出现重度污染。1 月 13 日，邢台、石家庄、保定、郑州、安阳、焦作等城市最先出现小时重度污染。13 日夜间至 14 日上午，在偏南风作用下发展为区域性重污染。15 ～ 19 日，区域出现两股弱冷空气，北支槽后冷空气受燕山阻隔影响，对北京、天津、唐山、廊坊起到清除作用；南支槽后冷空气受太行山阻隔影响，仅对山西中北部城市起到清除作用；太行山与燕山交界区域受冷空气清除作用有限，$PM_{2.5}$ 浓度波动上升。20 日 8 时后，多股冷空气不断补充南下，污染扩散显著改善，污染有效清除（图 2-124）。区域内 $PM_{2.5}$ 日均浓度峰值为 368μg/m^3（安阳，1 月 15 日），达严重污染；$PM_{2.5}$ 小时浓度峰值为 594μg/m^3（晋城，1 月 19 日 14 时）。北京 $PM_{2.5}$ 日均浓度峰值为 132μg/m^3（1 月 14 日），达中度污染；$PM_{2.5}$ 小时浓度峰值为 206μg/m^3（1 月 13 日 19 时）。

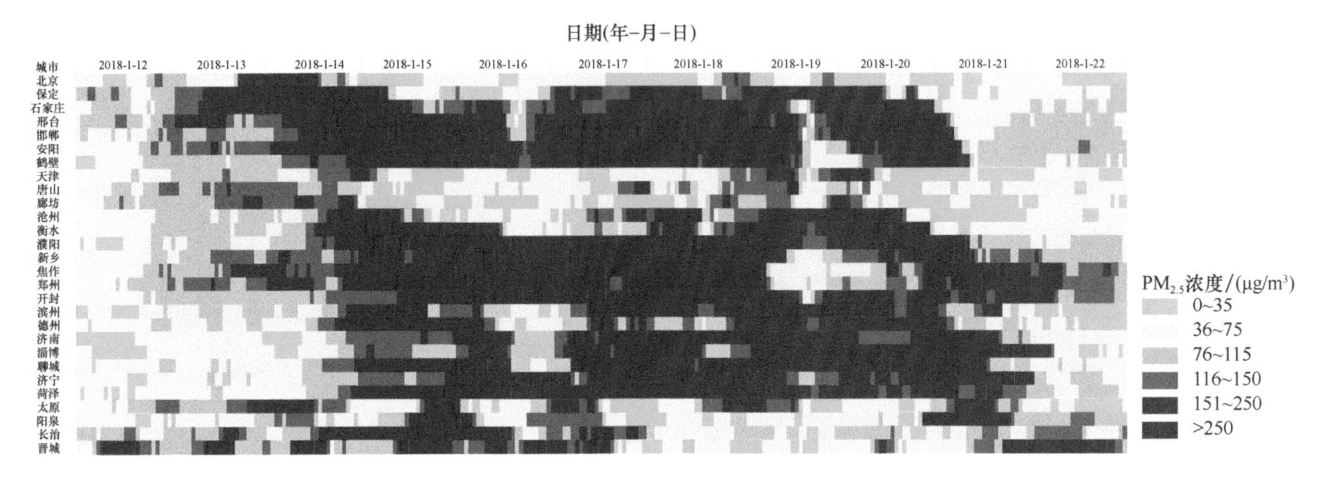

图 2-124　过程 4 期间“2+26”城市 $PM_{2.5}$ 小时浓度变化

气象条件：大气环流形势上，高空（500hPa）以平直纬向环流为主，无明显的槽脊活动；低层（975hPa）河北中南部–河南北部位于高压系统后部南–北向浅槽系统控制下，以偏西南气流输送为主(图2-125)。气温、流场距平垂直结构上，冬季京津冀及周边地区在西风带背景下，大地形东侧呈下沉气流特征（区域内从地面至 700hPa 出现强下沉气流），且对流层中低层存在“暖盖”特征，导致该地区大气污染垂直扩散作用显著减弱（图 2-126）。边界层结构上，2018 年 1 月北京 12 ～ 14 日边界层高度低于 400m，15 ～ 16 日上升至 600m 左右，17 ～ 19 日再次降至 500m 以下，出现重污染的 14 日早 8 时近地面出现强逆温，160m 与地面的温差为 4℃；章丘边界层高度较北京偏高，随污染过程发展呈下降趋势，最低时降至 500m 左右（图 2-127）。在近地面，14 日，太行山沿线和山西南部地区存在明显的污染辐合带，相对湿度超过 60%，其有利于 $PM_{2.5}$ 污染累积和吸湿增长。污染较重的晋城、邯郸、安阳自 12 日凌晨至 16 日中午相对湿度相继超过了 60%，且这 3 个城市地面平均风速都在 2m/s 以下，其容易造成污染的积累和转化。

$PM_{2.5}$ 组分特征：河北–山东和河北–河南交界地区 OC 和 SNA 浓度相对较高，其他地区浓度较低，“热点地区”污染突出，区域传输作用不显著。OC/EC 在大部分城市较低，表明有机颗粒物主要来自一次污染排放。SNA/EC 在太原—阳泉—石家庄—保定—北京—天津沿线城市和晋冀鲁豫交界处较高，表明这些城市的二次无机组分在 $PM_{2.5}$ 中的占比相对较高。

北京的 $PM_{2.5}$ 组分在线监测结果显示，有机物是 $PM_{2.5}$ 的首要组分，重污染期间其占比约为 30%；元素碳含量与有机物同步变化，表明燃煤和生物质燃烧排放的一次有机颗粒物是 $PM_{2.5}$ 浓度上升的主要因素。二次无机组分（硝酸根离子、硫酸根离子和铵根离子）占比之和在 30% ～ 35%，其中，硝酸根离子浓度上升明显，重污染期间占比约为 15%，表明机动车源和工业源排放 NO_x 的二次化学转化也对 $PM_{2.5}$ 浓度上升有一定贡献（图 2-128）。

保定 $PM_{2.5}$ 的组分特征（图 2-129）显示，有机物占比约为 50%，较北京明显偏高；元素碳与有机物的浓度同步变化，说明燃煤和生物质燃烧是保定地区 $PM_{2.5}$ 的主要来源。二次无机组分占比之和与北京相近，

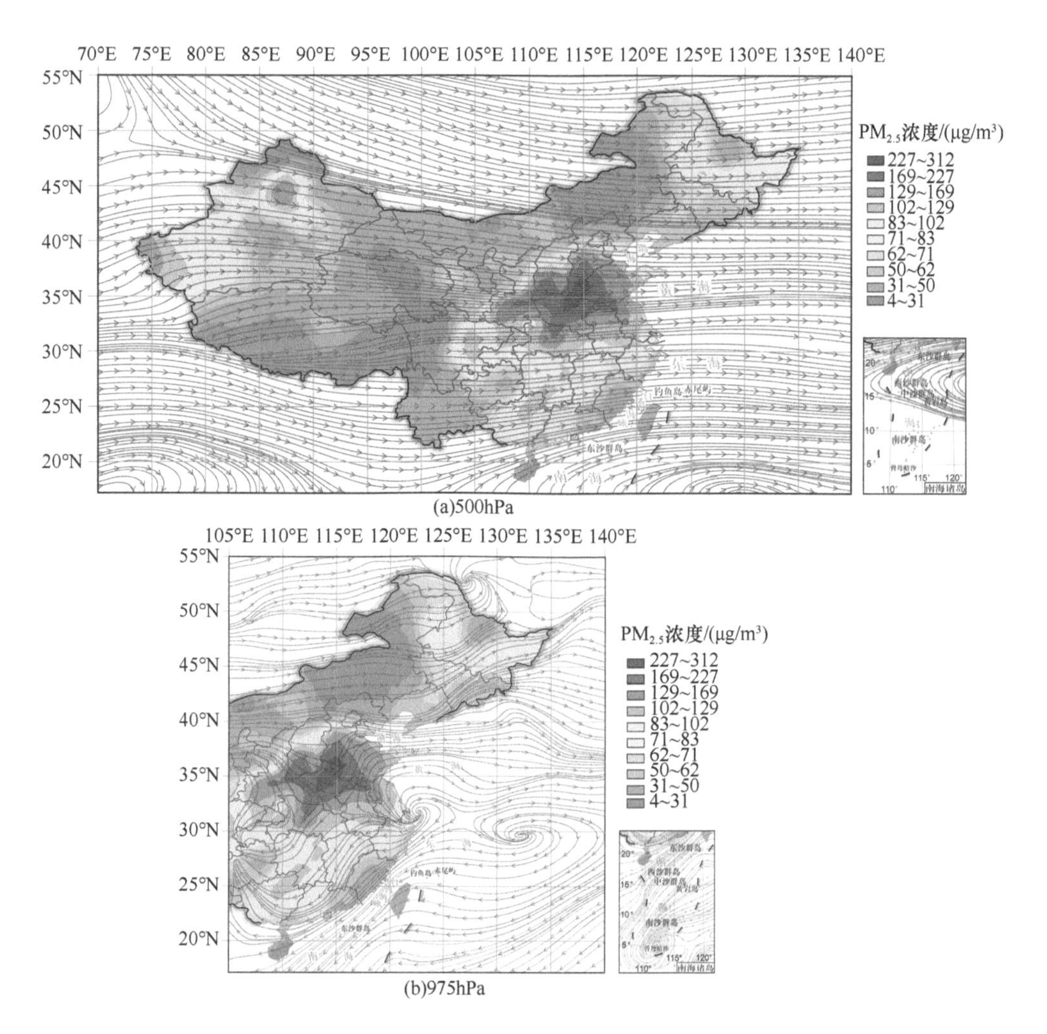

(a)500hPa

(b)975hPa

图 2-125　2018 年 1 月 12 ～ 20 日 500hPa 和 975hPa 大气环流场

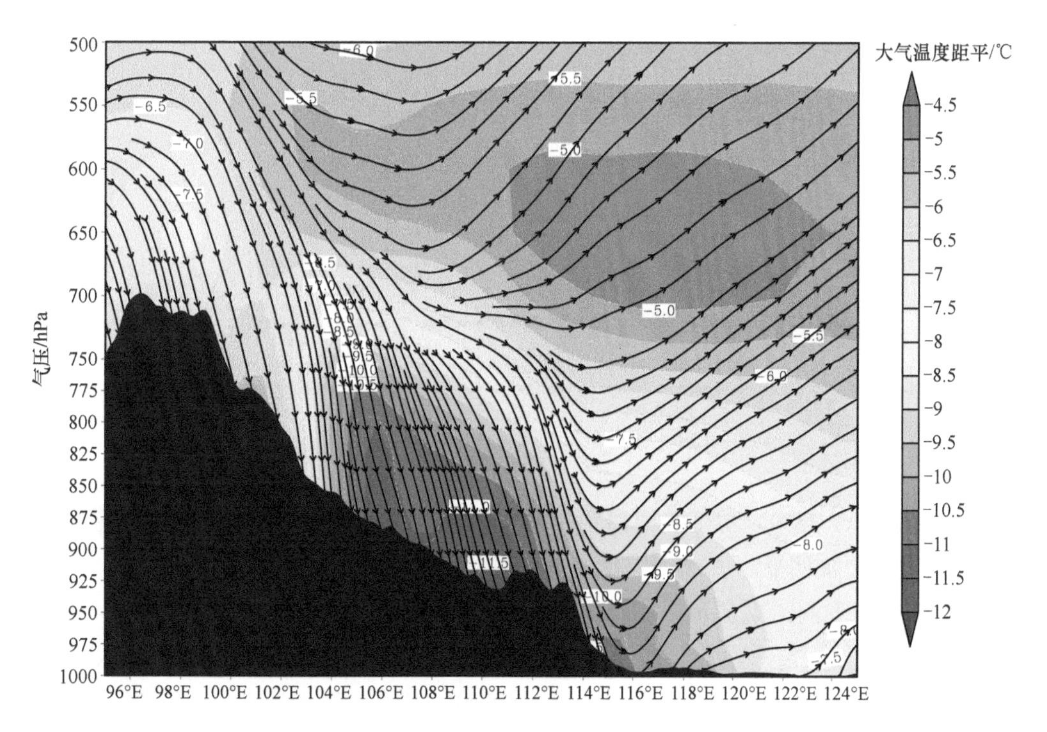

图 2-126　2018 年 1 月 14 ～ 19 日平均中国东部污染区域（34°N ～ 37°N）大气温度距平及流场结构东 – 西垂直剖面

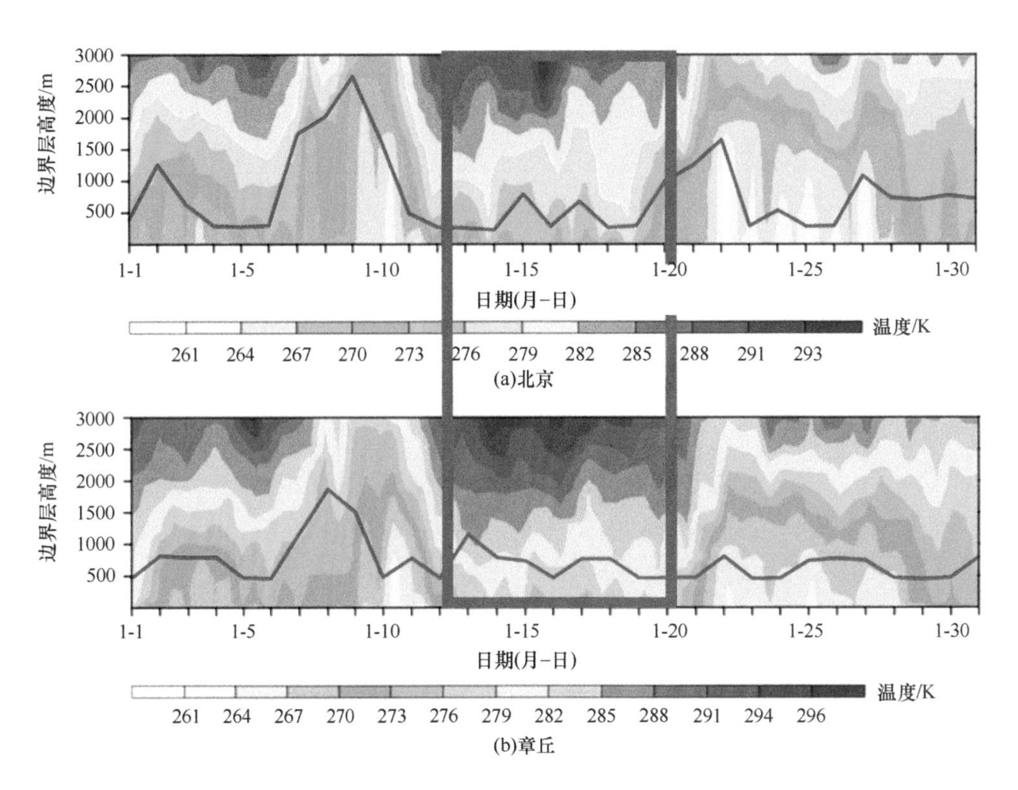

图 2-127 2018 年北京和章丘大气垂直热力结构

红线为边界层高度

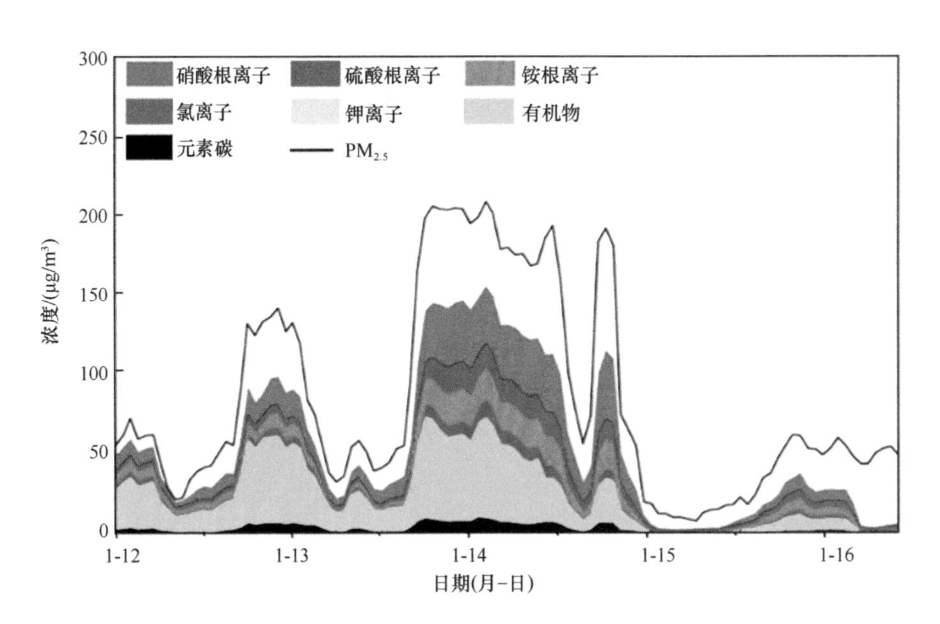

图 2-128 过程 4 期间北京 $PM_{2.5}$ 组分浓度变化

但硫酸根离子占比（10% ～ 15%）与硝酸根离子（15% ～ 20%）相当，较北京有所上升，燃煤排放的 SO_2 对二次 $PM_{2.5}$ 污染的贡献更加明显。

区域传输：地基雷达观测结果显示，2018 年 1 月 11 日白天区域整体空气质量较好，12 日中午边界层逐渐降低，保定达中度污染；12 ～ 13 日，在西南风的作用下，区域内的污染物沿太行山东侧自南向北传输；13 日，石家庄、保定、北京先后达到重度污染（图 2-130）。1 月 13 日下午至夜间 $PM_{2.5}$ 浓度快速升高阶段，污染沿西南通道传输特征明显。传输通量反演结果显示，1 月 12 ～ 13 日污染物存在沿西南通道自南

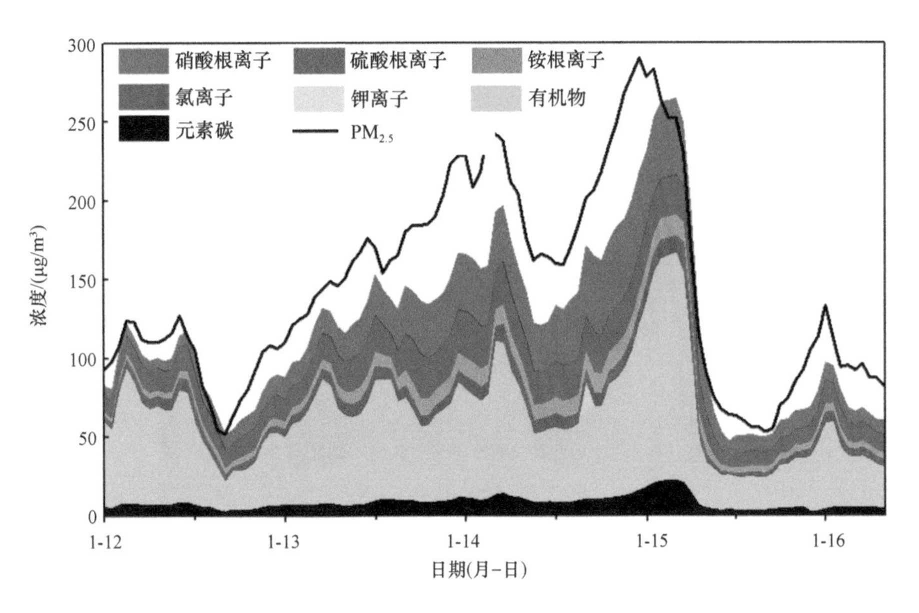

图 2-129 过程 4 期间保定 $PM_{2.5}$ 组分浓度变化

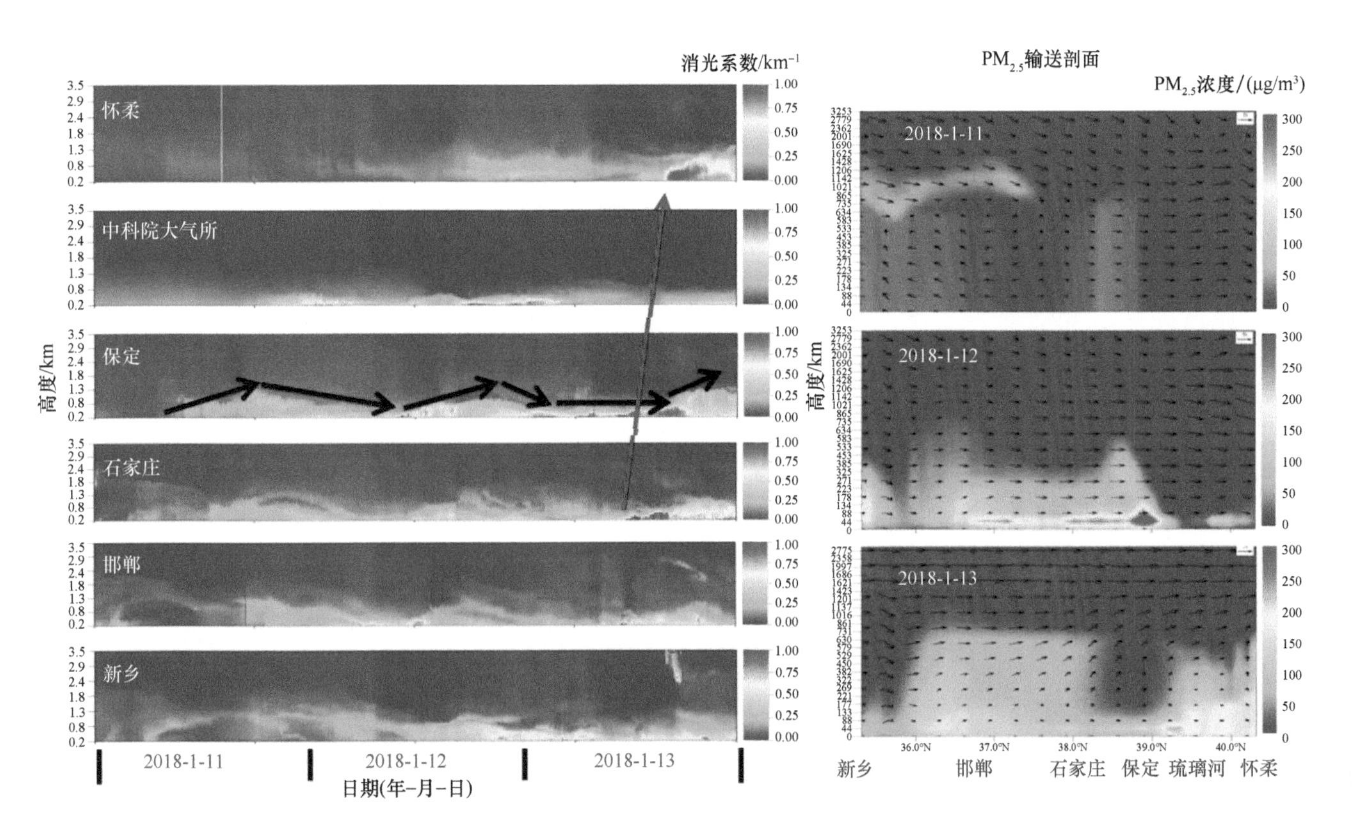

图 2-130 过程 4 期间组网激光雷达大气消光系数观测结果

向北输送的特征，近地面至 600m 处的 $PM_{2.5}$ 输送通量约为 300μg/（m^2·s），导致北京 $PM_{2.5}$ 浓度快速上升。14 日下午，在强偏北风作用下，污染呈现自北向南的传输特征，输送通量达 400μg/（m^2·s）（图 2-131）。

定量解析：污染物排放对本次重污染过程区域 $PM_{2.5}$ 浓度累积的贡献率约为 94%，气象条件变化的贡献率为 5%，污染 – 气象耦合作用的贡献率为 1%（图 2-132）。一次污染排放对区域 $PM_{2.5}$ 浓度累积的贡献率为 30%（本地一次污染排放贡献率为 25%，区域传输贡献率为 5%）；二次化学转化的贡献率为 64%（区域传输贡献率为 44%，本地二次化学转化贡献率为 20%）。

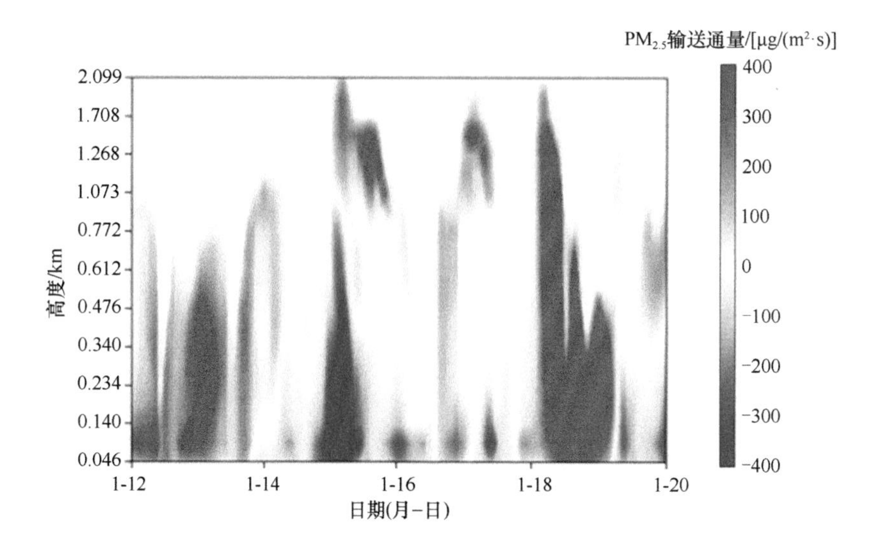

图 2-131　过程 4 期间西南通道（保定站）$PM_{2.5}$ 输送通量

红色为自南向北输送；蓝色为自北向南输送

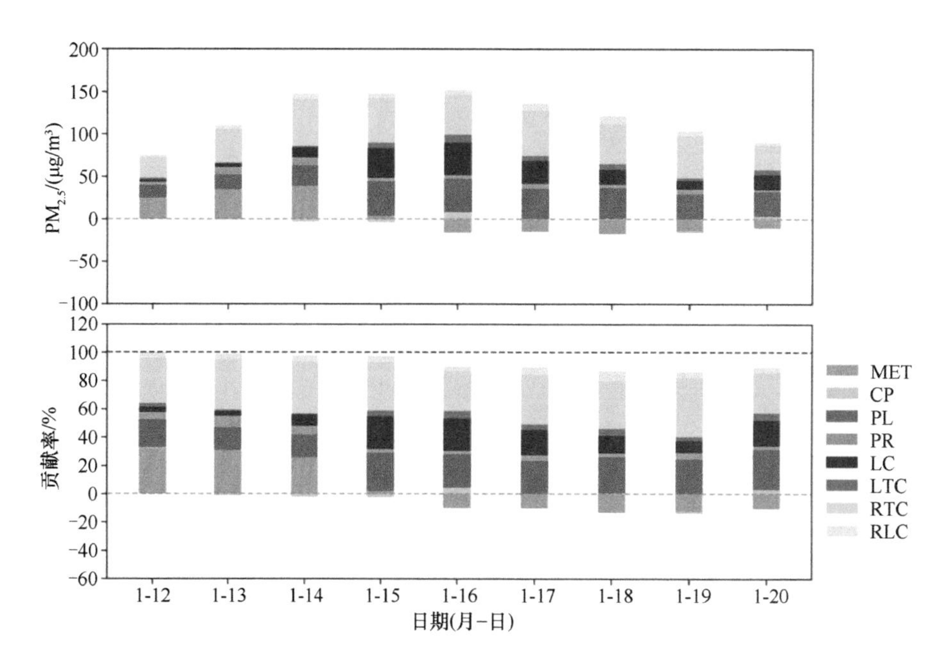

图 2-132　过程 4 期间区域内 $PM_{2.5}$ 定量解析结果

基于空气质量模拟的 $PM_{2.5}$ 来源解析结果显示，在北京 $PM_{2.5}$ 浓度快速上升阶段，区域贡献占 50% 以上。其中，2018 年 1 月 12 日下午，西南通道的贡献在 1/3 左右；1 月 13 日下午夜间，西南通道（13%）和东南通道（22%）均有一定贡献。石家庄以本地贡献为主，平均贡献率为 3/4 左右；区域来源中，保定、邢台、邯郸、太原和阳泉等周边城市影响相对较大，但不超过 10%（图 2-133）。

2.5.2.5　过程 5：2018 年 11 月 11 ~ 15 日

总体情况：区域内采暖排放增加，叠加持续静稳、逆温、高湿、边界层高度低等不利气象条件，导致出现重污染过程。2018 年 11 月 12 日，邢台、石家庄、保定和安阳、郑州、新乡等城市率先出现小时重度污染，随后在西南风作用下发展为京津冀区域性重污染，河南中北部也出现中 – 重度污染，首要污染物为

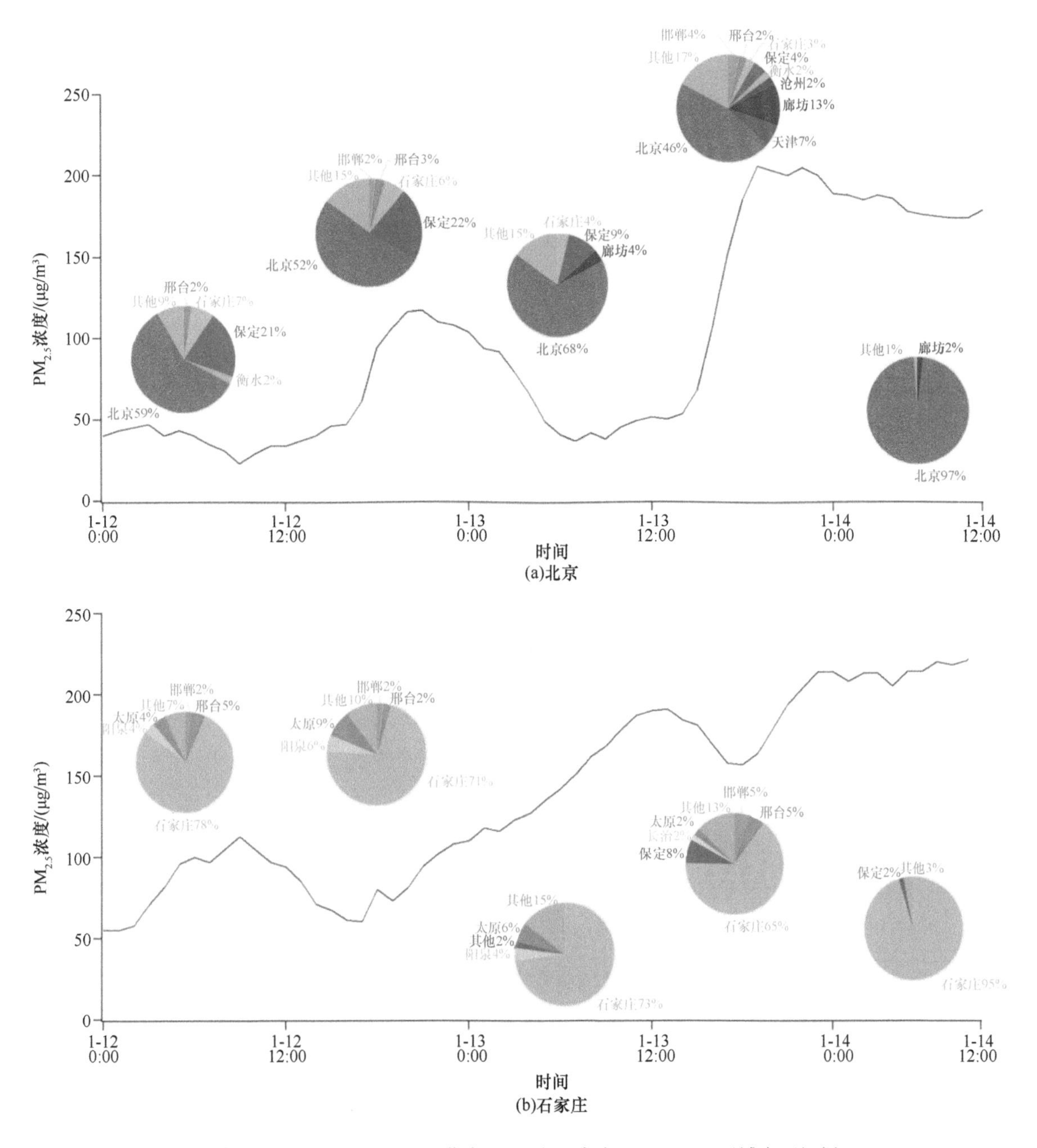

图 2-133　1 月 12 ～ 14 日北京（a）和石家庄（b）$PM_{2.5}$ 区域来源解析

$PM_{2.5}$（图 2-134）。区域内 $PM_{2.5}$ 日均浓度峰值为 220μg/m^3（北京和石家庄，11 月 14 日），达重度污染；$PM_{2.5}$ 小时浓度峰值为 289μg/m^3（邢台，11 月 13 日 13 时），北京 $PM_{2.5}$ 小时浓度峰值为 261μg/m^3（11 月 14 日 11 ～ 12 时）。

气象条件：大气环流形势上，高空（500hPa）以平直纬向环流为主，经向风弱，无明显的槽脊活动；低层（975hPa）位于高压西侧偏南输送区内（图 2-135）。气温、流场距平垂直结构上，京津冀污染区近地面至 850hPa 大地形东侧偏东部分呈下沉气流特征，表明污染区处于下沉辐散区，且对流层中层存在“暖盖”特征，大气污染垂直方向上扩散受到抑制（图 2-136）。边界层结构上，2018 年 11 月 12 日北京边界层高度为 800m 左右，13 日下降至 500m，且边界层日变化不明显（图 2-137）；过程 5 期间全天持续出现逆温，13 日 8 时 975hPa（约 300m 处）和地面温差为 5℃。区域东南部边界层高度较北部更高，总体在 500 ～ 1000m，大气扩散条件相对较好。在近地面，12 ～ 14 日区域内出现大雾，北京平均相对湿度达

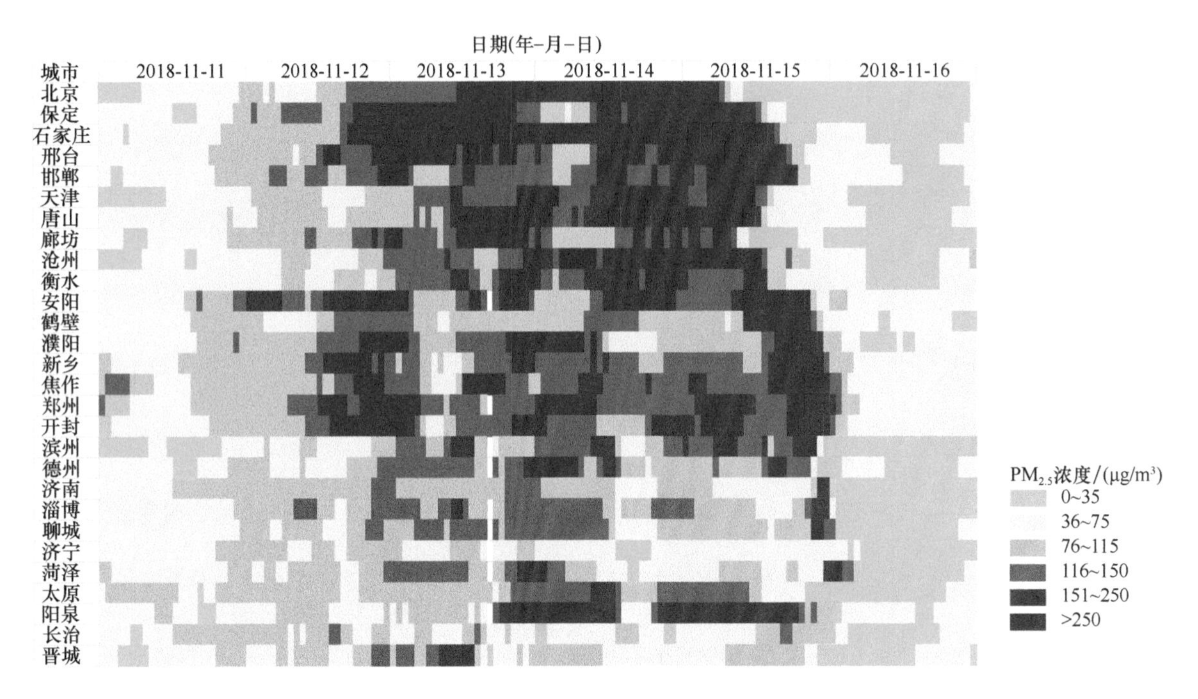

图 2-134　过程 5 期间“2+26”城市 $PM_{2.5}$ 小时浓度变化

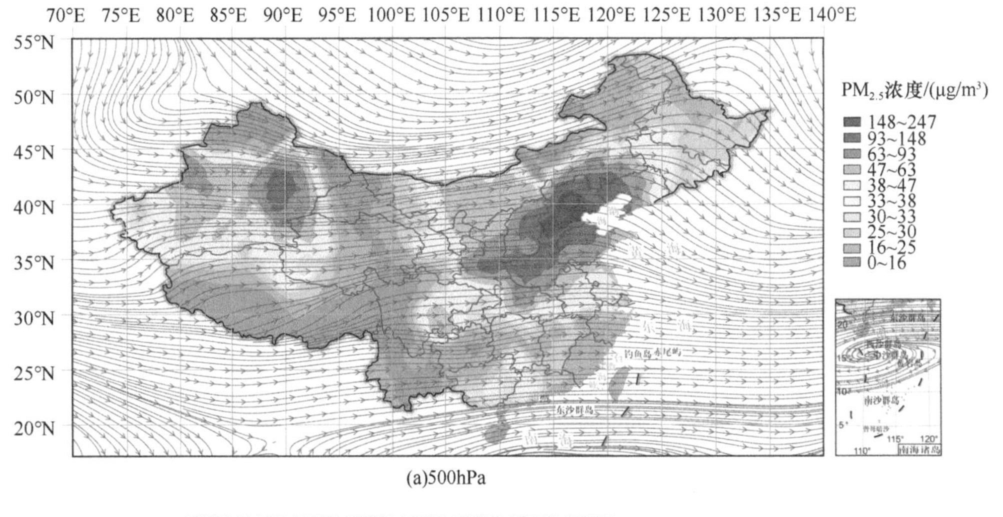

(a)500hPa

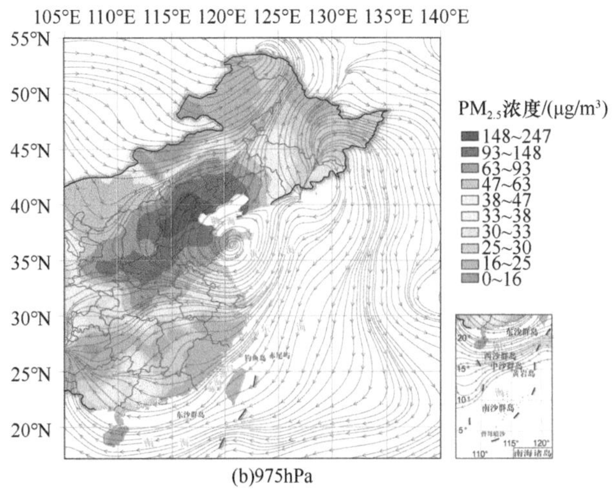

(b)975hPa

图 2-135　2018 年 11 月 11 ～ 15 日 500hPa 和 975hPa 大气环流场

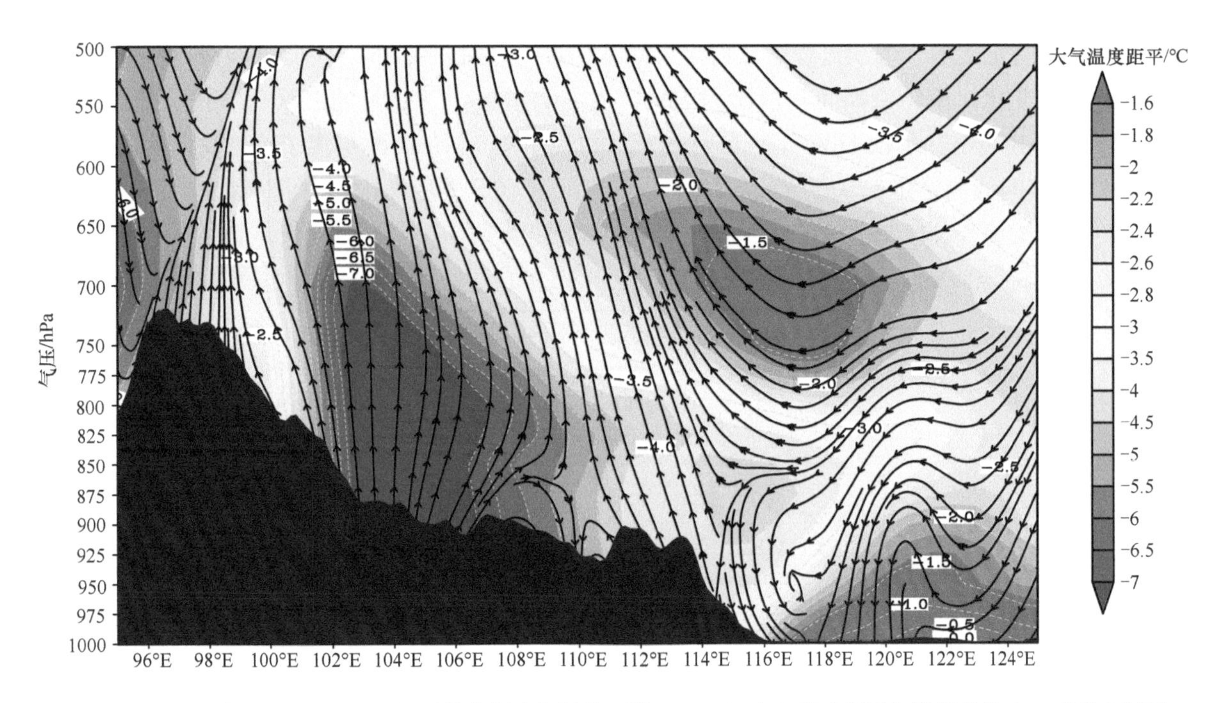

图 2-136　2018 年 11 月 13 ～ 15 日平均中国东部污染区域（37°N）大气温度距平与流场结构东 – 西垂直剖面

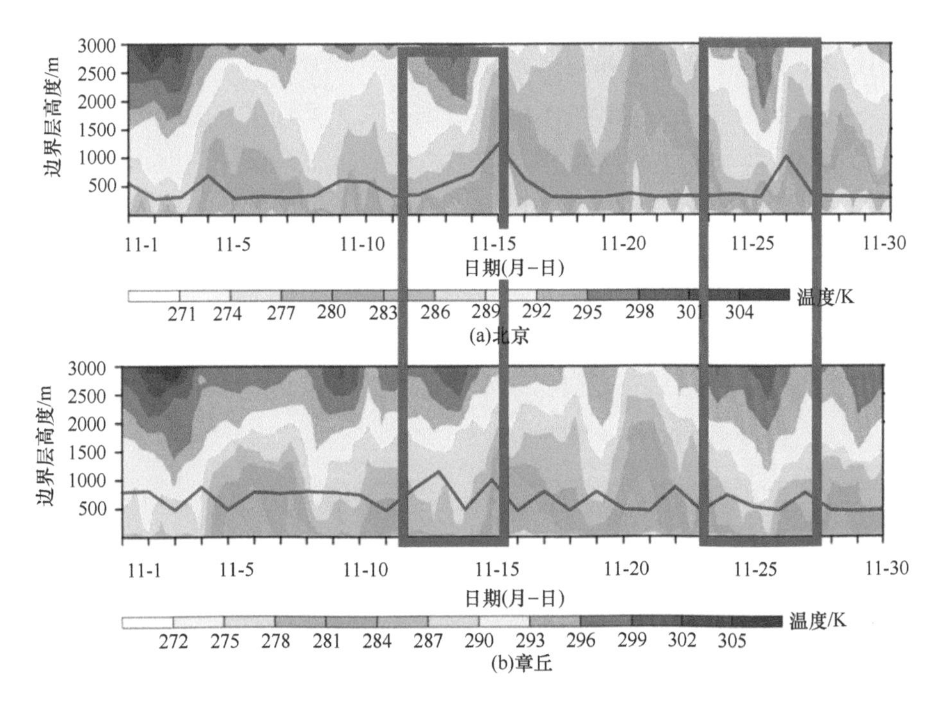

图 2-137　2018 年北京和章丘大气垂直热力结构

红线为边界层高度，左侧框为过程 5

80%，个别时段接近 100%。区域北部高湿，大范围长时间静稳，连续多日出现逆温，大气扩散条件持续不利。

$PM_{2.5}$ 组分特征：高浓度的 OC 和 SNA 主要出现在河北中部和山西太原、阳泉等地。由于其间出现一次沙尘过程，因此可发现一条从西到东的污染带，主要体现在 OC 的空间分布上。OC/EC 在区域中北部普遍较低，主要是沙尘的影响导致二次有机物生成较弱。SNA/EC 在整个区域都较高，高湿条件下的液相氧化反应是主要原因，沙尘表面的非均相反应对二次组分生成也有一定贡献。

从 $PM_{2.5}$ 组分特征上看，本次过程区域内污染程度相对较重的北京 $PM_{2.5}$ 的首要组分是硝酸根离子，其浓度与 $PM_{2.5}$ 同步变化，重污染期间其占比为 43%，表明高湿条件下 NO_x 的二次化学转化是推高 $PM_{2.5}$ 浓度的主要原因。2018 年 11 月 12 日夜间至 13 日凌晨、11 月 13 日下午硫酸根离子浓度先后两次快速上升，占比达到 18%；其间西南通道输送强度较大，太行山沿线城市燃煤污染排放对北京 $PM_{2.5}$ 也存在显著贡献（图 2-138）。

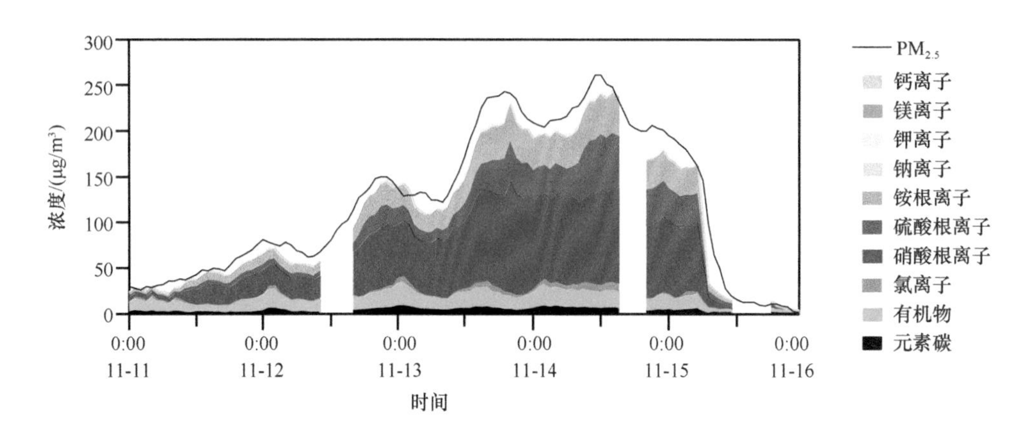

图 2-138　过程 5 期间北京 $PM_{2.5}$ 组分浓度变化

区域传输：此次污染过程的传输主要沿西南通道进行。2018 年 11 月 12 ～ 14 日，石家庄—保定—北京一线混合层内污染持续传输，导致北京 $PM_{2.5}$ 浓度 3 次快速上升，由良转为重度污染（图 2-139）。从输送通量反演结果来看，在地面至 1000m 的范围内西南通道存在持续性的由南向北输送过程，12 日 $PM_{2.5}$ 输送通量为 100 ～ 250μg/（m^2·s），13 ～ 14 日 $PM_{2.5}$ 输送通量进一步上升至 300 ～ 400μg/（m^2·s）（图 2-140）。

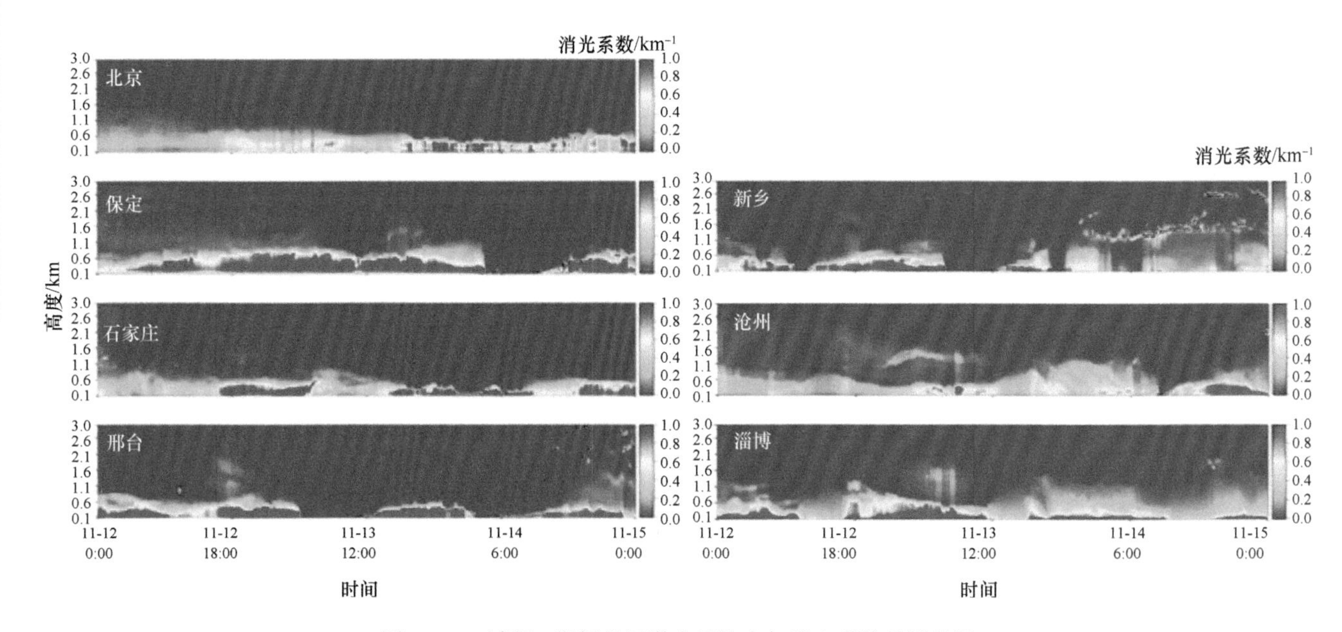

图 2-139　过程 5 期间组网激光雷达大气消光系数观测结果

定量解析：污染物排放对本次重污染过程区域 $PM_{2.5}$ 浓度累积的贡献率约为 84%，气象条件变化的贡献率为 12%，污染 – 气象耦合作用的贡献率为 4%（图 2-141）。一次污染排放对 $PM_{2.5}$ 浓度累积的贡献率

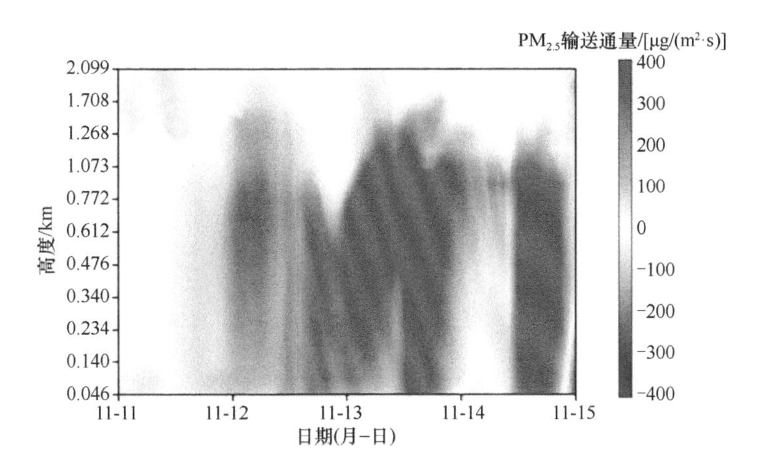

图 2-140　过程 5 期间西南通道（保定站）$PM_{2.5}$ 输送通量

红色为自南向北输送；蓝色为自北向南输送

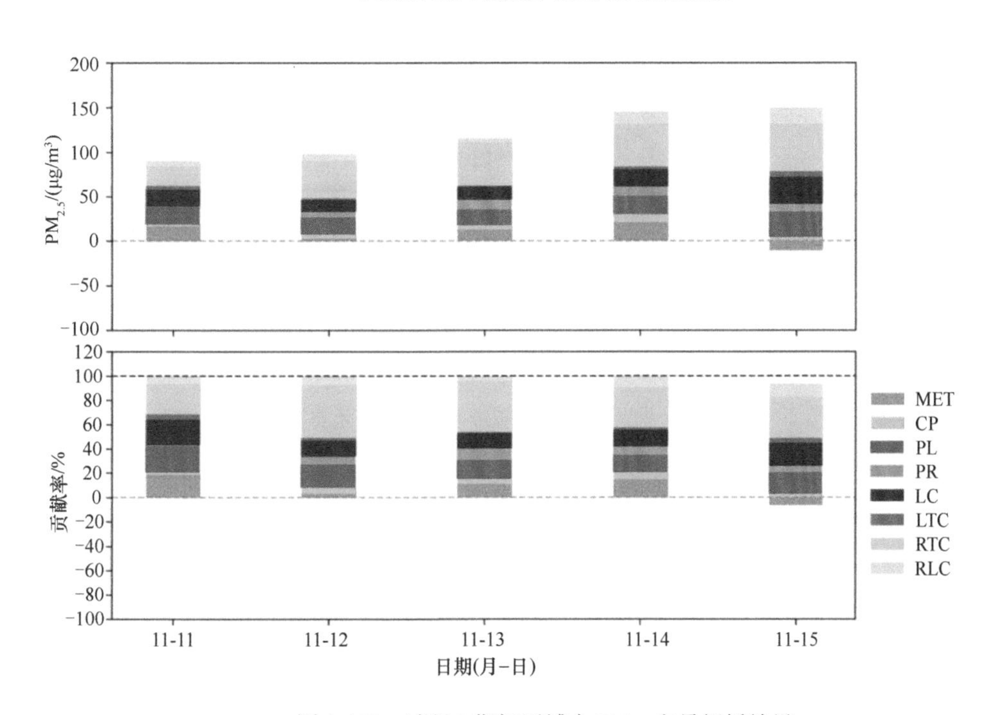

图 2-141　过程 5 期间区域内 $PM_{2.5}$ 定量解析结果

为 24%（本地一次污染排放贡献率为 17%，区域传输贡献率为 7%）；二次化学转化的贡献率为 60%（区域传输贡献率为 43%，本地二次化学转化贡献率为 17%）。

2.5.2.6　过程 6：2018 年 11 月 23 ~ 27 日

总体情况：受冬季供暖污染排放增加和不利气象条件影响，区域出现重污染过程，23 个城市出现重污染天。重污染过程前期，区域南部受地面低压辐合区控制，$PM_{2.5}$ 浓度南高北低，保定和河北－河南交界地区的邯郸、安阳率先出现重度污染；重污染过程中期，受低层西北气流带来的沙尘影响，区域内 $PM_{2.5}$ 和 PM_{10} 污染共存；重污染过程后期，受较强西北冷空气作用，上游沙尘和污染向东南方向传输，加之本地扬沙影响，多地 AQI“爆表”。本次过程区域内 $PM_{2.5}$ 和 PM_{10} 日均浓度峰值分别为 364μg/m³（保定，11 月 26 日）和 525μg/m³（邢台，11 月 27 日），均达严重污染；$PM_{2.5}$ 和 PM_{10} 小时浓度峰值分别为 494μg/m³（保定，11 月 26 日 18 时）和 818μg/m³（北京，11 月 27 日 2 时）。北京 $PM_{2.5}$ 和 PM_{10} 日均浓度峰值分别为 217μg/m³（11 月 26 日）和 271μg/m³（11 月 26 日），分别达重度污染和中度污染；$PM_{2.5}$ 小时浓度峰值为 288μg/m³（11 月 26 日 20 ～ 21 时）（图 2-142 和图 2-143）[63]。

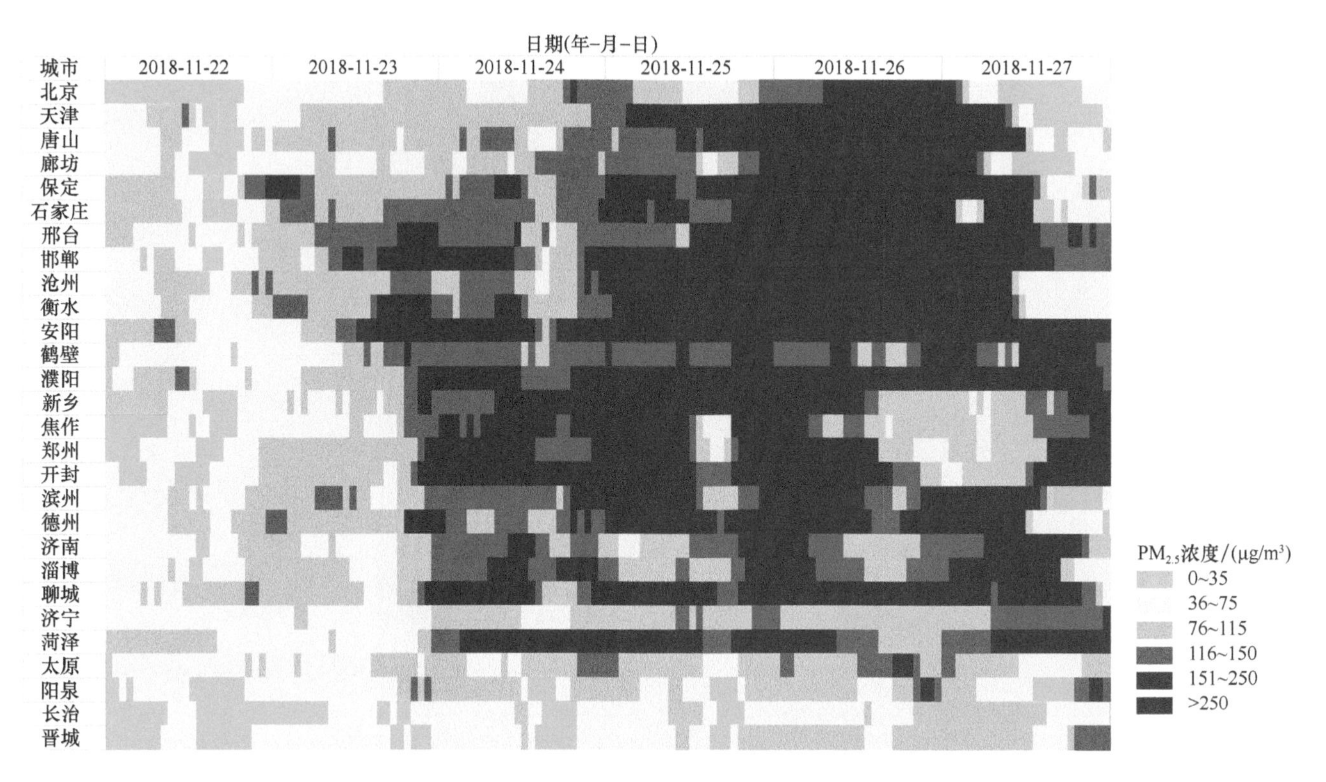

图 2-142　过程 6期间“2+26”城市 $PM_{2.5}$ 小时浓度变化

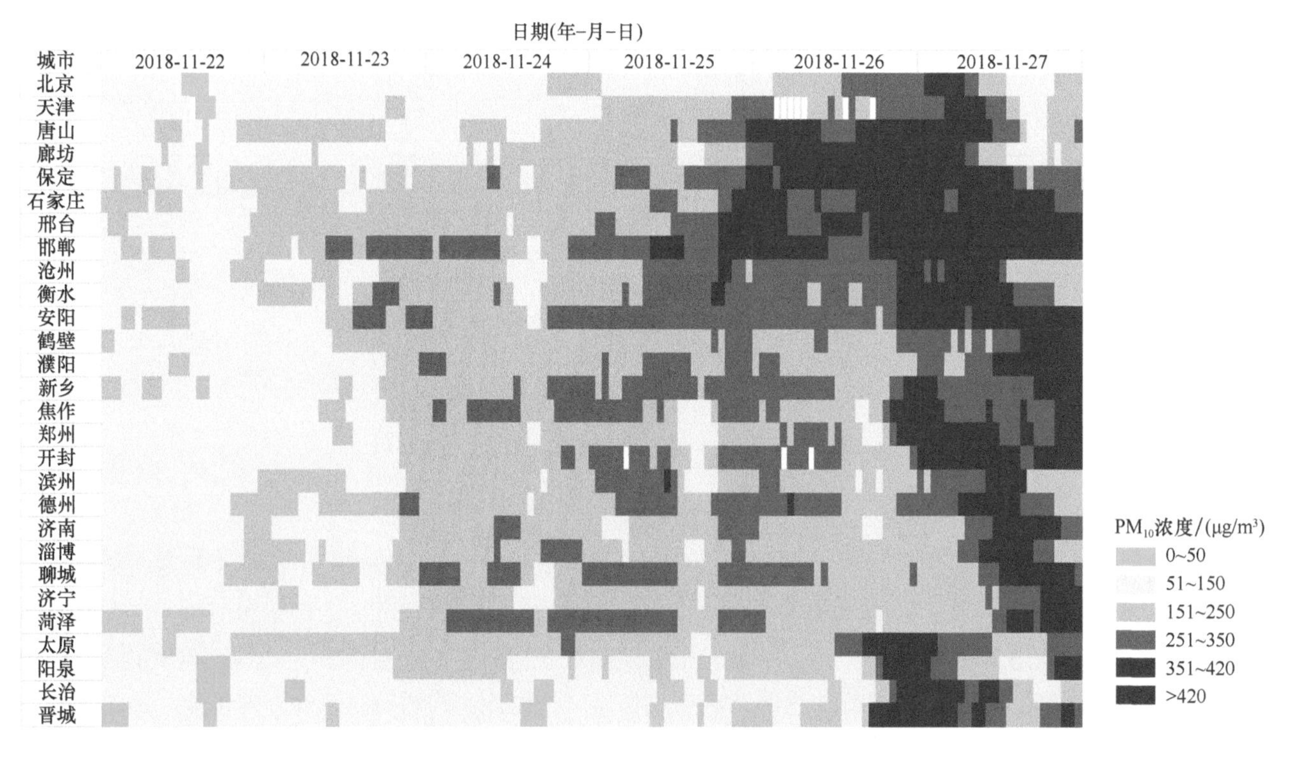

图 2-143　过程 6 期间“2+26”城市 PM_{10} 小时浓度变化

气象条件：大气环流形势上，高层（500hPa）以平直纬向环流为主，经向风弱，无明显的槽脊活动；低层（975hPa）污染区位于大地形东侧偏西和偏西南气流辐合带中，呈槽后辐合流型（图 2-144）。气温、流场距平垂直结构上，冬季京津冀及周边地区在西风带背景下，大地形东侧呈下沉气流特征（区域内从地面至 750hPa 出现强下沉气流），对流层中低层“暖盖”特征显著，导致该地区大气污染垂直扩散作用显著减弱（图 2-145）。边界层结构上，北京和章丘探空资料显示，北京的边界层高度维持在 250 ～ 300m（图 2-146）；边界层结构比较稳定，地面至 850 ～ 950hPa 持续出现逆温，2018 年 11 月 24 日 8 时和 25 日 8 时强度较高，分别为 8℃ /100m 和 10℃ /600m；较低的边界层高度和稳定的逆温结构不利于污染物的扩散。近地面静稳、高湿特征明显。11 月 23 ～ 24 日，区域内地面风速小于 2m/s；11 月 25 ～ 26 日，河北中南部、河南北部和山东西部地区相对湿度达到 80% ～ 90%，保定、廊坊等城市湿度达到饱和，北京的相对湿度也从 50% 上升到了 86%。

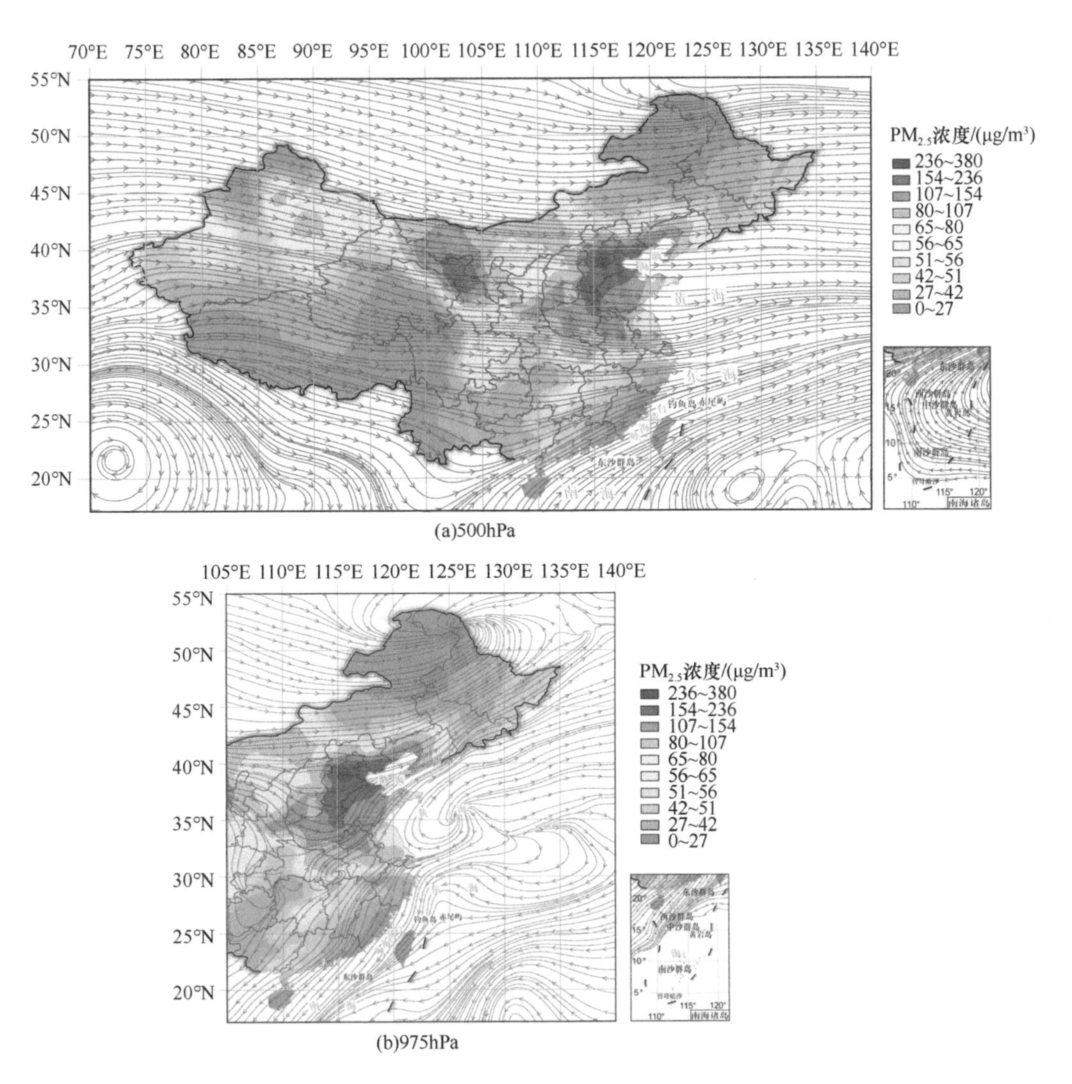

图 2-144　2018 年 11 月 23 ～ 27 日 500hPa 和 975hPa 大气环流场

$PM_{2.5}$ 组分特征：高浓度的 OC 和 SNA 主要出现在河北中部及山西太原等地。2018 年 11 月 27 日出现一次沙尘过程，可发现一条从西到东的污染带，主要体现在 OC 的空间分布上。OC/EC 在区域中北部普遍较低，主要是受沙尘影响二次有机物生成较弱。SNA/EC 在整个区域都较高，沙尘表面的异相反应及前期污染过程的液相反应是主因。元素 Ca（沙尘示踪物）在六个超级站的时间变化序列指示了沙尘由西向东的

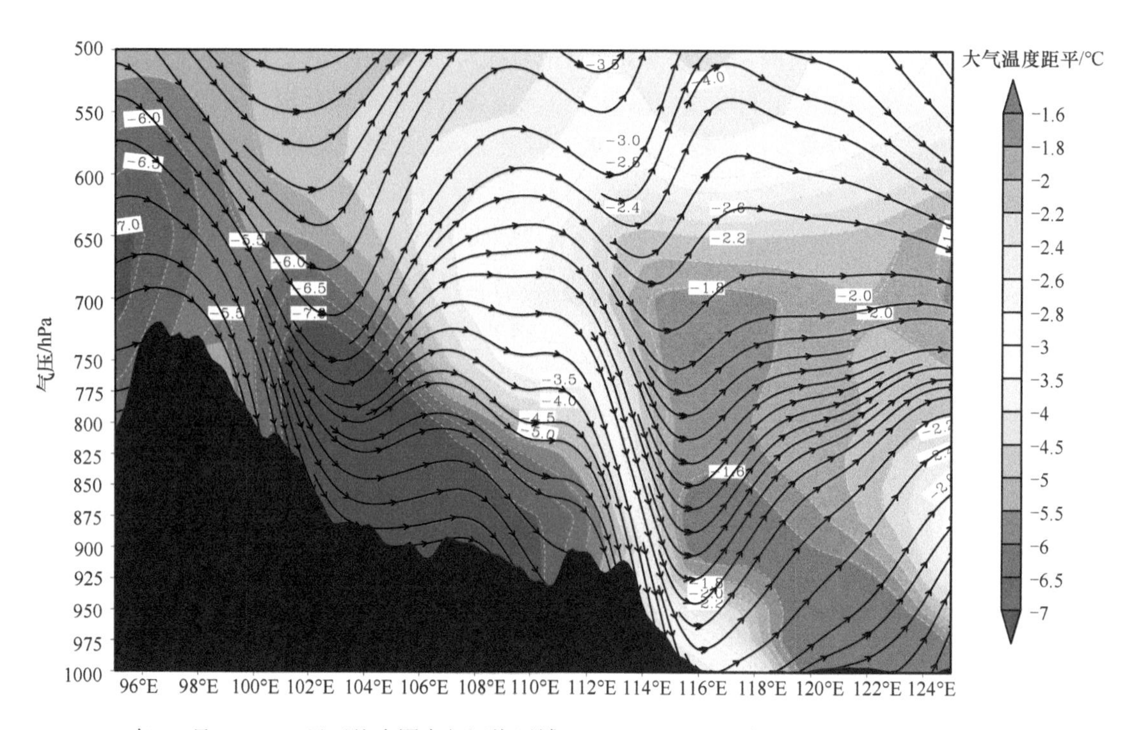

图 2-145　2018 年 11 月 25 ～ 27 日平均中国东部污染区域（37°N ～ 39°N）大气温度距平与流场结构东 – 西垂直剖面

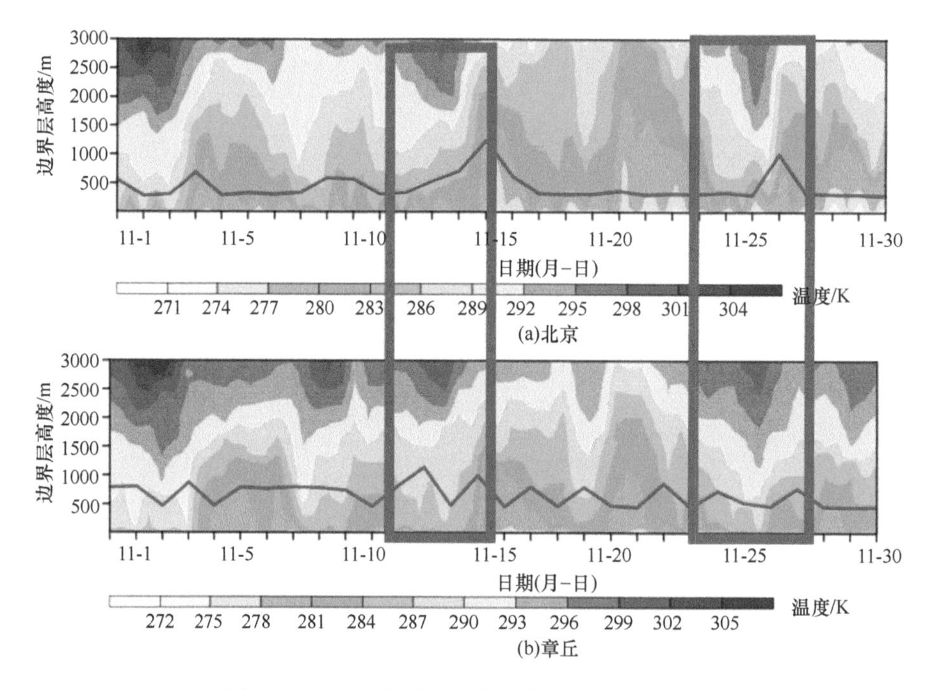

图 2-146　2018 年北京和章丘大气垂直热力结构

红线为边界层高度，右侧框为过程 6

传输路径，并且在各站点表现出规律的时间滞后，太原与济南之间的时间差约为 22h，表明这是一次大范围的沙尘传输过程。元素 Se（$PM_{2.5}$ 污染示踪物）的时间变化序列特征与矿物元素存在显著差异，在沙尘期间浓度显著降低，而在沙尘到达前显著升高（图 2-147），主要是 $PM_{2.5}$ 污染在沙尘前端气团作用下向东南方向输送所致。

从 $PM_{2.5}$ 组分特征上看，北京 $PM_{2.5}$ 的首要组分为硝酸根离子，其浓度与 $PM_{2.5}$ 同步变化，重污染期间占比为 33%，表明高湿条件下 NO_x 的二次化学转化是推高 $PM_{2.5}$ 浓度的主要原因。有机物、元素碳和硫酸根离子浓度在24日夜间和26日白天上升明显，重污染期间占比分别为15%、5%和10%左右，表明存在燃煤污染的贡献（图2-148）。

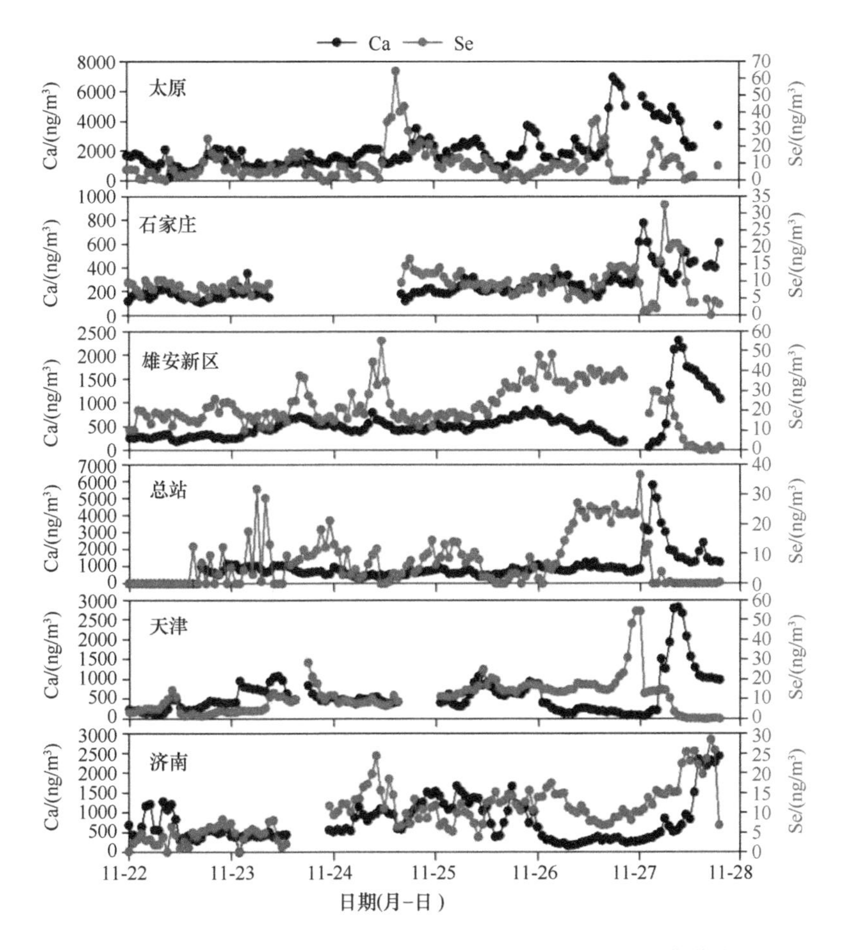

图2-147 过程6期间主要站点的元素Ca和元素Se时间变化序列

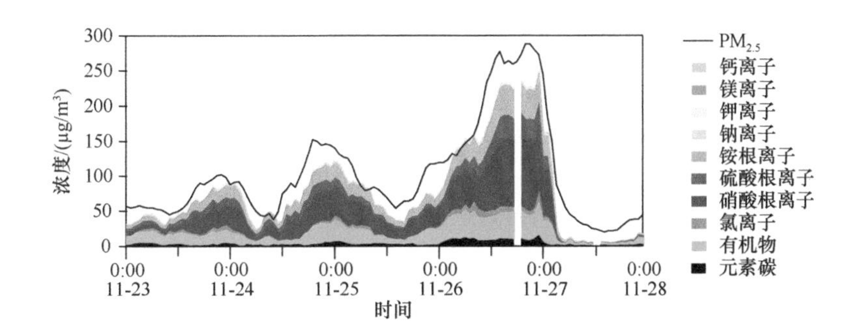

图2-148 过程6期间北京 $PM_{2.5}$ 主要组分浓度时间变化

对于区域内污染程度较重的保定，$PM_{2.5}$ 首要组分为有机物，其浓度与元素碳和 $PM_{2.5}$ 基本同步变化，重污染期间占比为40%左右，一次排放有机物对污染的贡献突出。在2018年11月26日下午至27日凌晨的污染峰值时段，硫酸根离子浓度较26日上午上升2.2倍，并成为 $PM_{2.5}$ 中最主要的二次无机组分，其占比约为20%；同期氯离子浓度也上升，散煤燃烧排放是造成保定重污染的主要原因（图2-149）。

区域传输：地基激光雷达监测的大气消光特性显示，此次过程区域内未监测到明显的污染传输。过程6期间，静稳、逆温、高湿等气象条件不利于污染物扩散，导致区域内污染程度不断加重，其中保定大气消

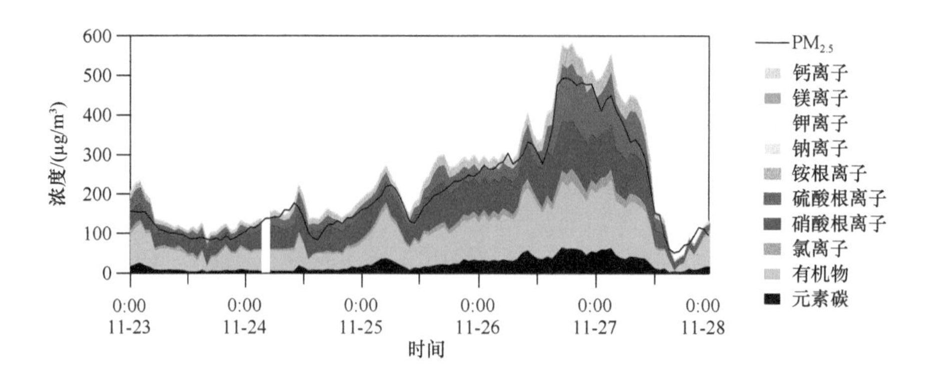

图 2-149　过程 6 期间保定 $PM_{2.5}$ 主要组分浓度时间变化

光度最高（图 2-150）。输送通量反演结果显示，区域北部存在偏南气流和偏北气流交替的现象，2018 年 11 月 23 日和 25 日上午，西南通道（保定站）近地面至 400m 自北向南的 $PM_{2.5}$ 输送通量约为 200μg/（$m^2 \cdot s$），24 日和 25 日夜间至 26 日上午，近地面至 600m 自南向北的 $PM_{2.5}$ 输送通量为 300 ～ 400μg/（$m^2 \cdot s$）（图 2-151）。

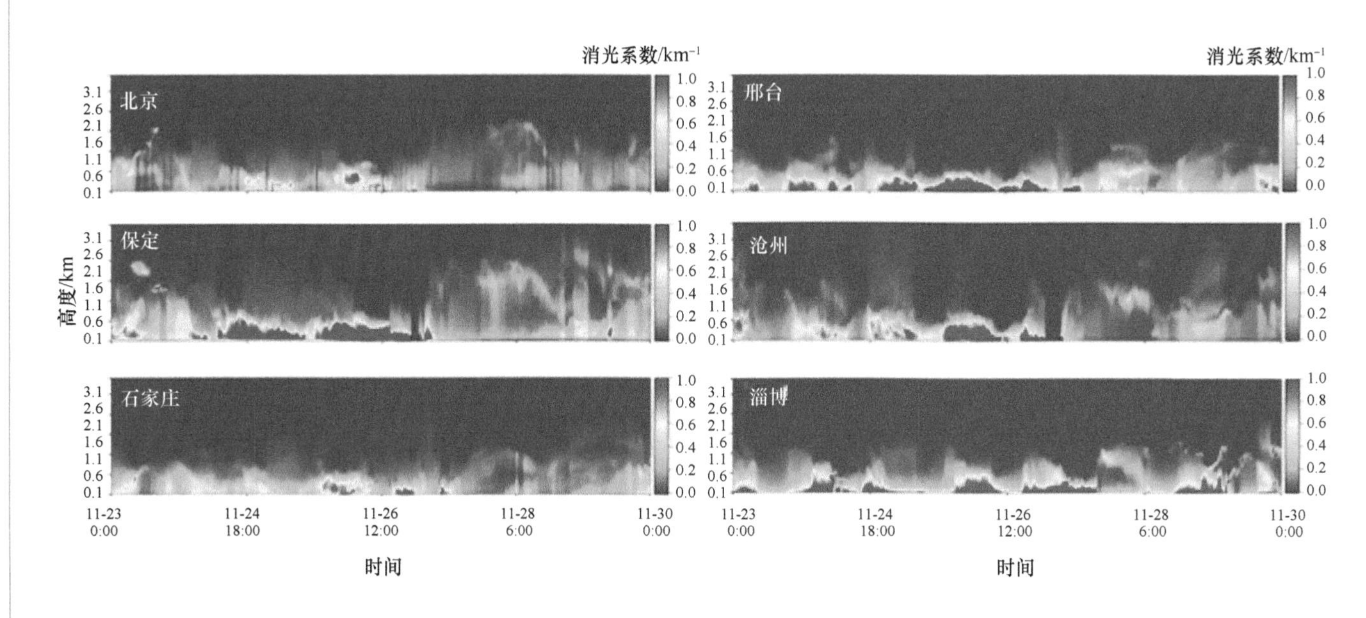

图 2-150　过程 6 期间组网激光雷达大气消光系数观测结果

定量解析：污染物排放对本次重污染过程区域 $PM_{2.5}$ 浓度累积的贡献率为 92%，气象条件变化的贡献率为 7%，污染 – 气象耦合作用的贡献率小于 2%（图 2-152）。一次污染排放对区域 $PM_{2.5}$ 浓度累积的贡献率为 23%（本地一次污染排放贡献率为 17%，区域传输贡献率为 6%）；二次化学转化贡献率为 69%（区域传输贡献率为 55%，本地二次化学转化贡献率为 14%）。

2.5.2.7　过程 7：2018 年 11 月 28 日 ~ 12 月 3 日

总体情况：过程 6 后期的沙尘天气有效清除了区域中北部的颗粒物污染，但也裹挟上游的污染物向下游城市传输，导致区域南部重污染天气持续。而且，区域内转为静稳天气，其一方面导致沙尘显著残留，另一方面细颗粒物污染开始累积，在过程 6 后紧接着出现过程 7。2018 年 11 月 28 日，河北南部、河南北部和山东西部城市受上游污染传输影响，仍处于 PM_{10} 重污染。11 月 30 日下午，太行山沿线城市和晋冀鲁

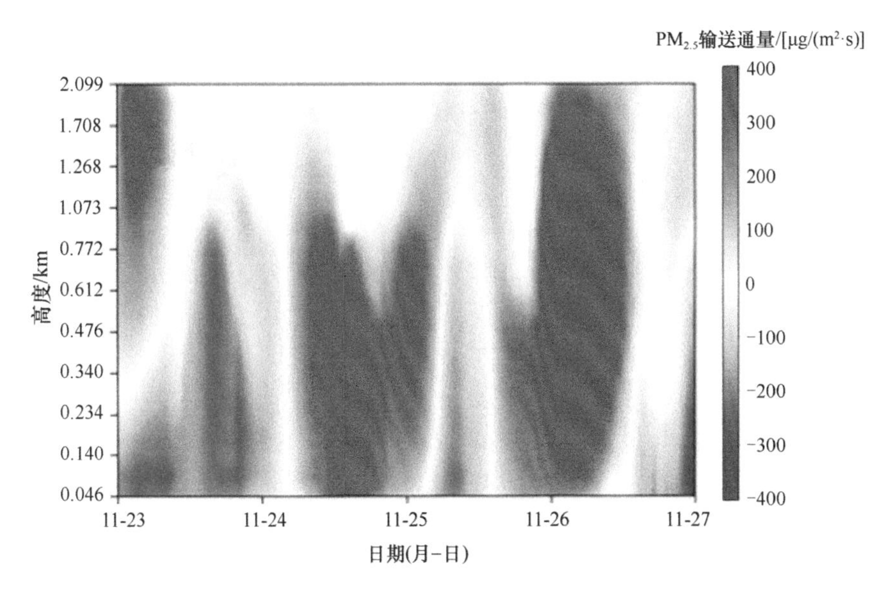

图 2-151 过程 6 期间西南通道（保定站）$PM_{2.5}$ 输送通量

红色为自南向北输送；蓝色为自北向南输送

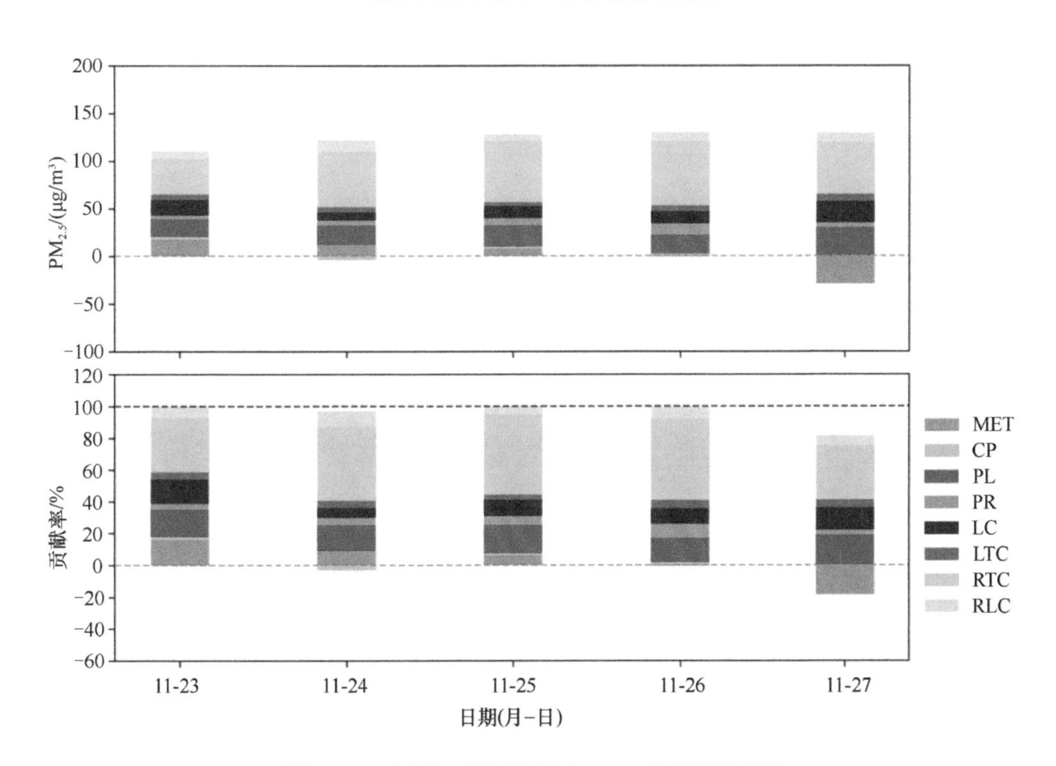

图 2-152 过程 6 期间区域内 $PM_{2.5}$ 定量解析结果

豫交界地区同时达 $PM_{2.5}$ 重度污染水平。12 月 1 ～ 2 日重污染范围不断扩大，共 24 个城市 $PM_{2.5}$ 日均浓度达重污染水平。12 月 3 日凌晨起，受偏北方向较强冷空气作用，污染从北向南快速消散。区域内 $PM_{2.5}$ 和 PM_{10} 日均浓度峰值分别为 254μg/m³（安阳，12 月 2 日）和 428μg/m³（济南，12 月 1 日），均达严重污染水平；$PM_{2.5}$ 和 PM_{10} 小时浓度峰值分别为 306μg/m³（安阳，12 月 2 日 17 时）和 572μg/m³（天津，12 月 3 日 8 时）。北京 $PM_{2.5}$ 和 PM_{10} 日均浓度峰值分别为 188μg/m³（12 月 2 日）和 253μg/m³（12 月 3 日），分别达重度和中度污染水平；$PM_{2.5}$ 和 PM_{10} 小时浓度峰值分别为 199μg/m³（12 月 2 日 17 时）和 521μg/m³（12 月 3 日 4 时）（图 2-153 和图 2-154）[63]。

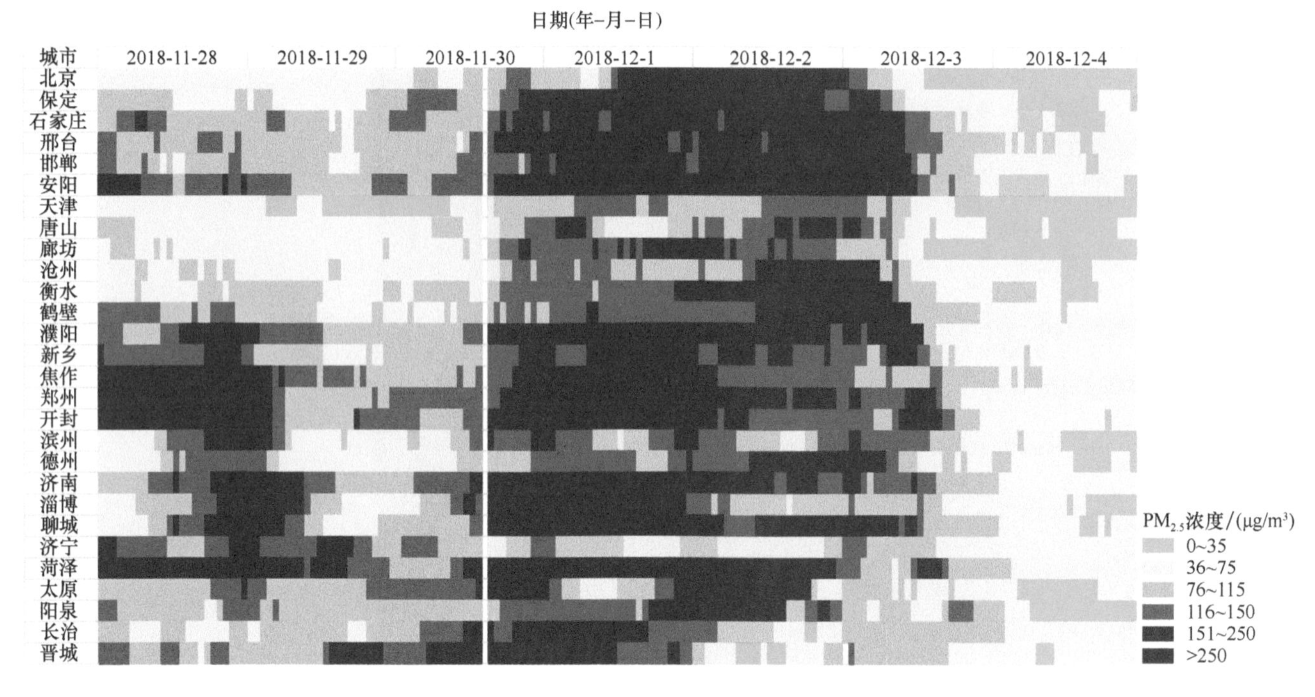

图 2-153　过程 7 期间“2+26”城市 $PM_{2.5}$ 小时浓度变化

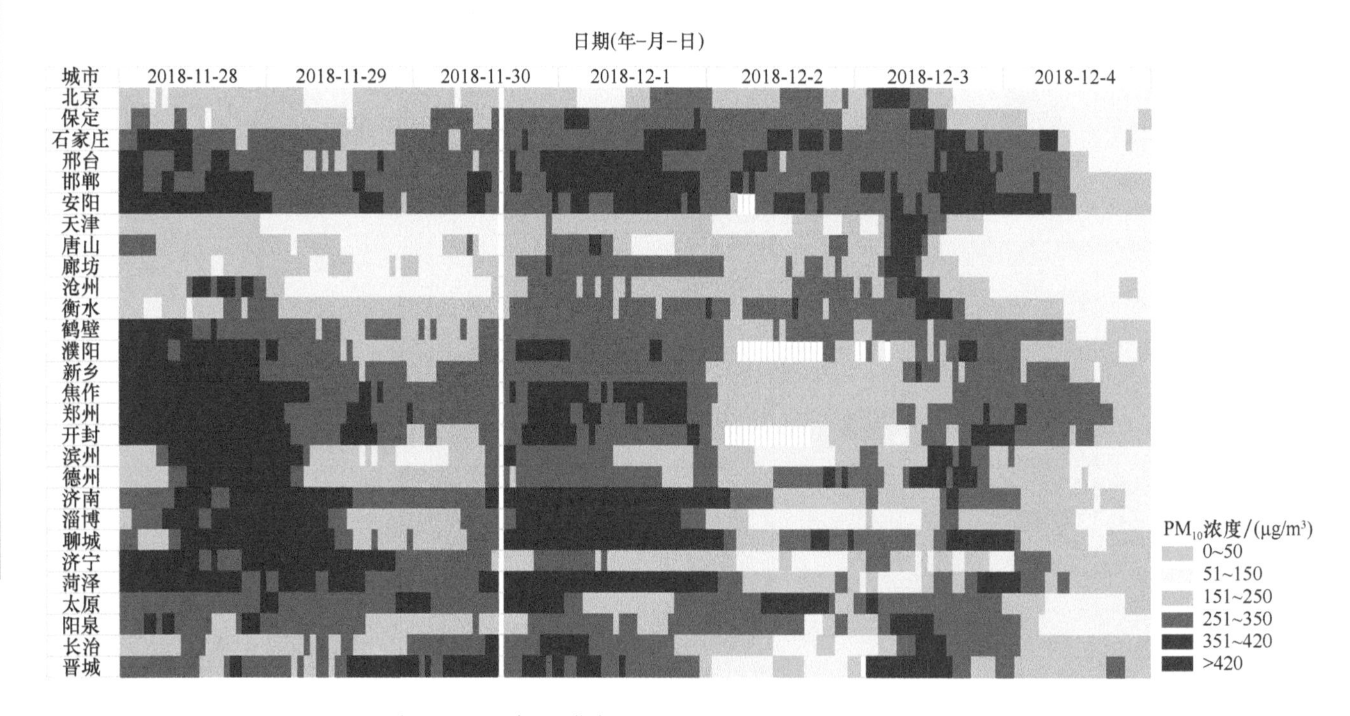

图 2-154　过程 7 期间“2+26”城市 PM_{10} 小时浓度变化

气象条件：大气环流形势上，高层（500hPa）以平直纬向环流为主，经向风弱，无明显的槽脊活动；低层（975hPa）位于大地形东侧高压后部偏南气流输送区内，呈浅槽后辐合流型（图 2-155）。气温、流场距平垂直结构上，冬季京津冀及周边地区在西风带背景下，大地形东侧呈下沉气流特征，污染区对流层中层存在“暖盖”特征，且“暖盖”结构不断发展并向近地面延伸（750 ～ 900hPa 暖盖结构最为显著），易形成有利于污染物累积的稳定天气背景（图 2-156）。边界层结构上，北京的边界层高度约为 300m（图 2-157），

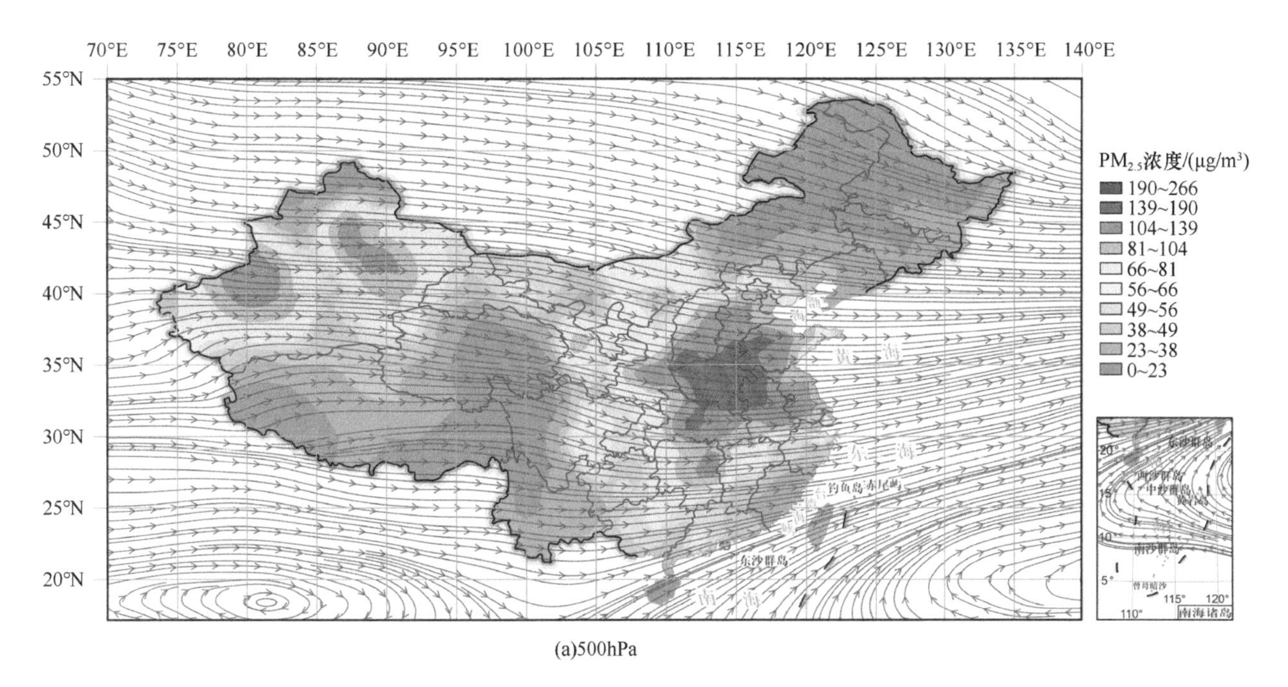

(a)500hPa

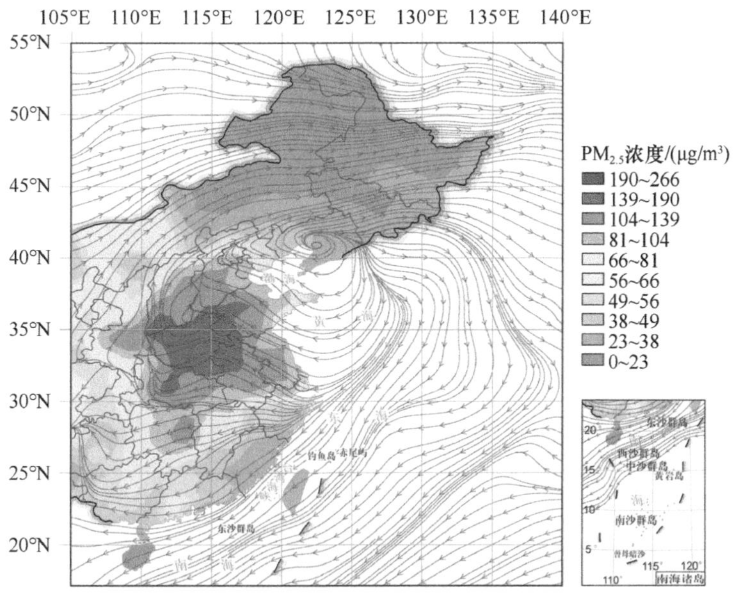

图 2-155　2018 年 11 月 28 日～ 12 月 3 日 500hPa 和 975hPa 大气环流场

2018 年 12 月 1 日和 2 日出现逆温，强度最高时 975hPa（约为 850m 处）和地面之间的温差达 6℃；章丘的边界层高度在 500m 左右，扩散条件同样不利。在近地面，11 月 29 日～ 12 月 2 日区域内相对湿度逐日升高，12 月 2 日区域中南部日均相对湿度在 80% 以上，沧州、衡水、邢台、焦作、濮阳等城市接近饱和，极易造成气态污染物的二次化学转化和颗粒物的吸湿增长。

$PM_{2.5}$ 组分特征：OC 浓度的高值主要分布在沧州、石家庄、保定、衡水、济南、开封、濮阳等城市，而 SNA 的高值主要分布在德州、滨州、聊城等城市。OC 和 SNA 在区域内的空间分布不一致与静稳形式下各城市污染物排放构成不同有关，区域东南部 SNA 浓度高可能也与上游污染传输有关。区域总体 OC/EC 为 2 ～ 4，SNA/EC 为 12 ～ 20，较过程 6 偏高，表明高湿条件下二次颗粒物生成更加显著；此外，沙尘中的铁、锰等金属元素也对气态污染物（如 SO_2）的二次化学转化存在催化作用。

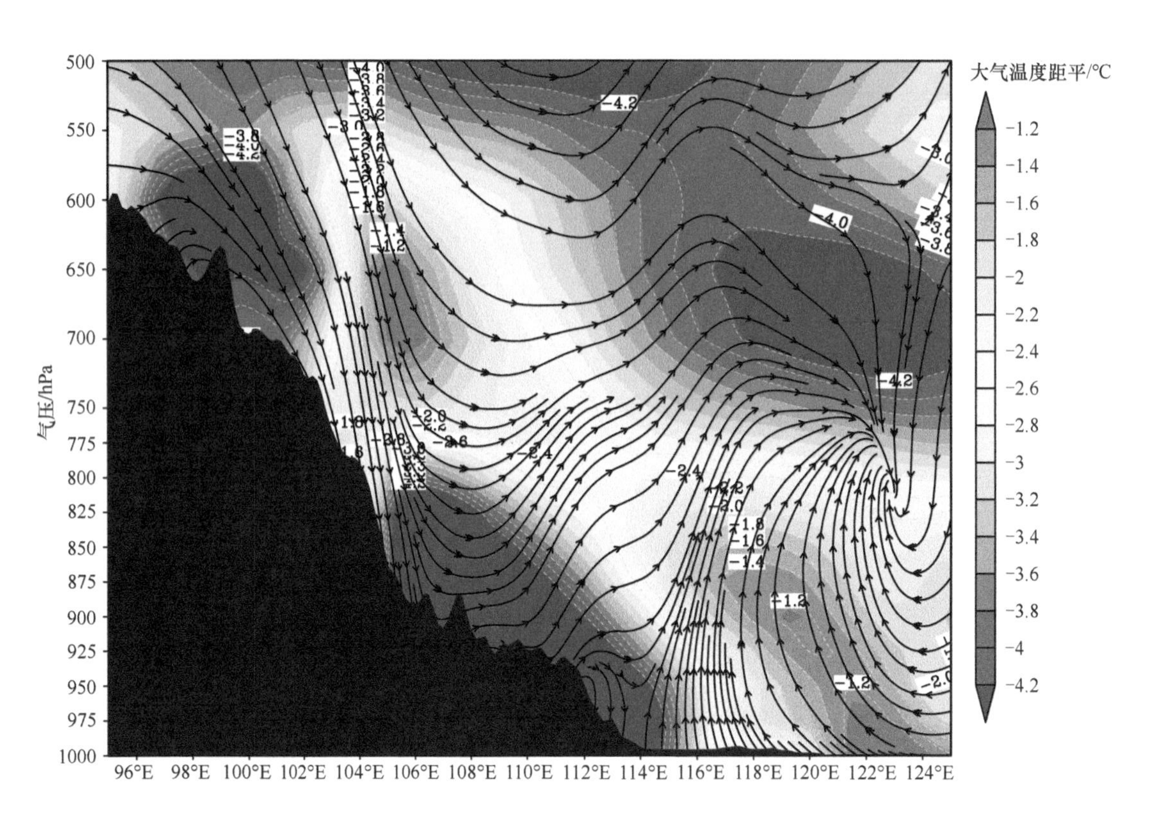

图 2-156　2018 年 11 月 27 日～ 12 月 2 日平均中国东部污染区域（33°N）大气温度距平与流场结构东 – 西垂直剖面

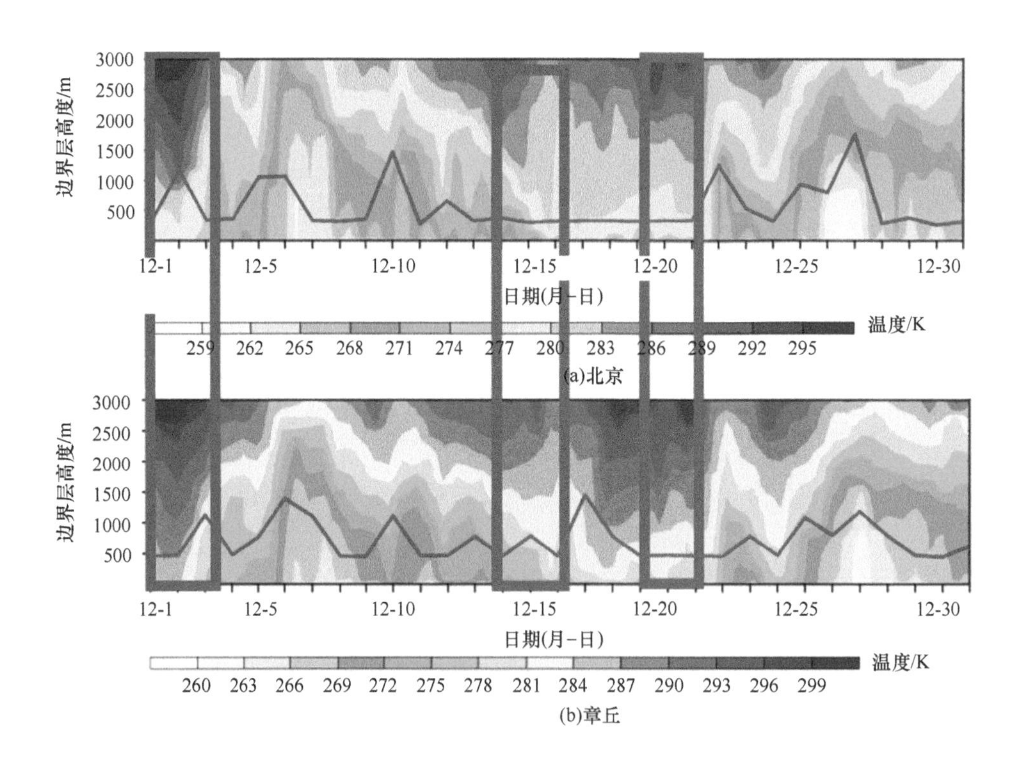

图 2-157　2018 年北京和章丘大气垂直热力结构

红线为边界层高度，左侧框为过程 7 的中后期

$PM_{2.5}$ 组分监测结果显示，北京 $PM_{2.5}$ 的主要组分为硝酸根离子，重污染期间占比为 28%，而且元素碳浓度随硝酸根离子同步升高，体现了机动车（特别是柴油车）对重污染的显著贡献。与过程 6 相比，过程 7

期间北京的硫酸根离子浓度明显上升，重污染期间占比达12%，比过程6高出2个百分点。除了过程7的相对湿度[污染最重日平均相对湿度更高（86%，比过程6高出25个百分点）]促进SO_2液相氧化之外，区域内残留的沙尘对SO_2的二次化学转化也存在催化效应，从而加速硫酸根离子的生成。重污染期间，有机物占比为15%左右，且浓度变化不大，其不是造成北京重污染的主要因素（图2-158）。

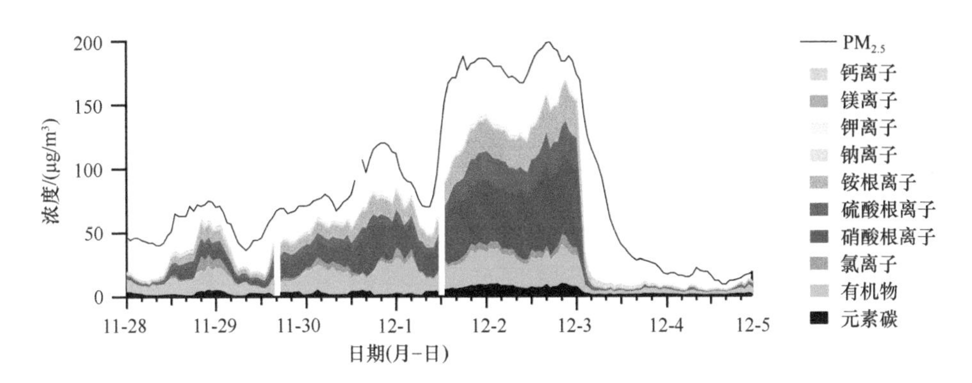

图2-158　过程7期间北京$PM_{2.5}$主要组分浓度变化

对于区域内污染程度相对较重的安阳，$PM_{2.5}$首要组分也是硝酸根离子，重污染期间占比在25%左右，机动车和工业排放的NO_x向硝酸根离子的二次化学转化对$PM_{2.5}$浓度上升有主要贡献。随污染加重，硫酸根离子占比上升明显，污染最重日（12月2日）硫酸根离子占比达17%，仅次于硝酸根离子成为次要组分，工业和民用燃煤排放的SO_2是造成重污染的另一关键因素（图2-159）。

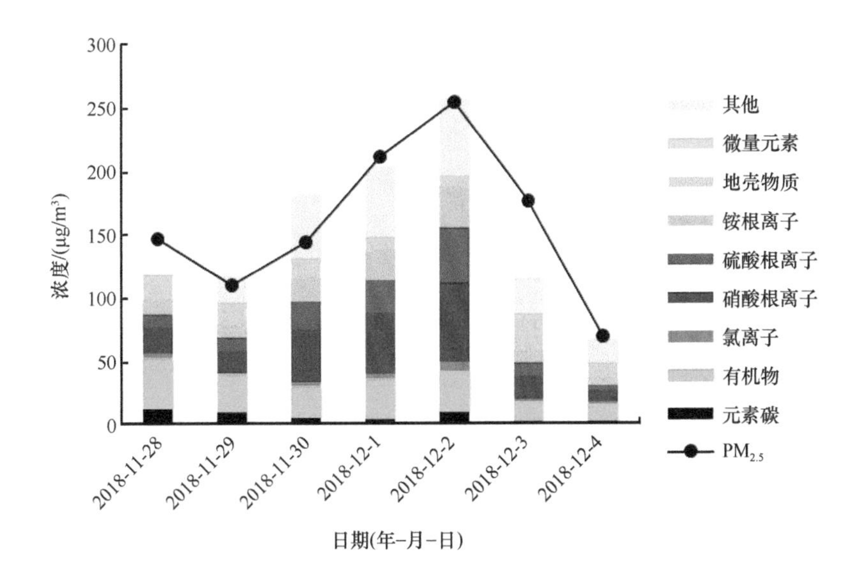

图2-159　过程7期间安阳$PM_{2.5}$主要组分浓度变化

区域传输：2018年11月30日～12月2日，西南通道1000m左右高空传输的特征显著，近地面未观测到明显传输过程（图2-160）。12月3日晚间，受偏北冷空气影响，污染物自北向南清除，其间出现从北向南的输送导致下游地区$PM_{2.5}$浓度短时上升。输送通量反演结果显示，近地面西南通道的$PM_{2.5}$传输通量总体小于100μg/（m^2·s）（图2-161），大气静稳特征比较明显。

定量解析：污染物排放对本次重污染过程区域$PM_{2.5}$浓度累积的贡献率约为88%，气象条件变化的贡献率为9%，污染－气象耦合作用的影响小于3%（图2-162）。一次污染排放对$PM_{2.5}$浓度累积的贡献率为

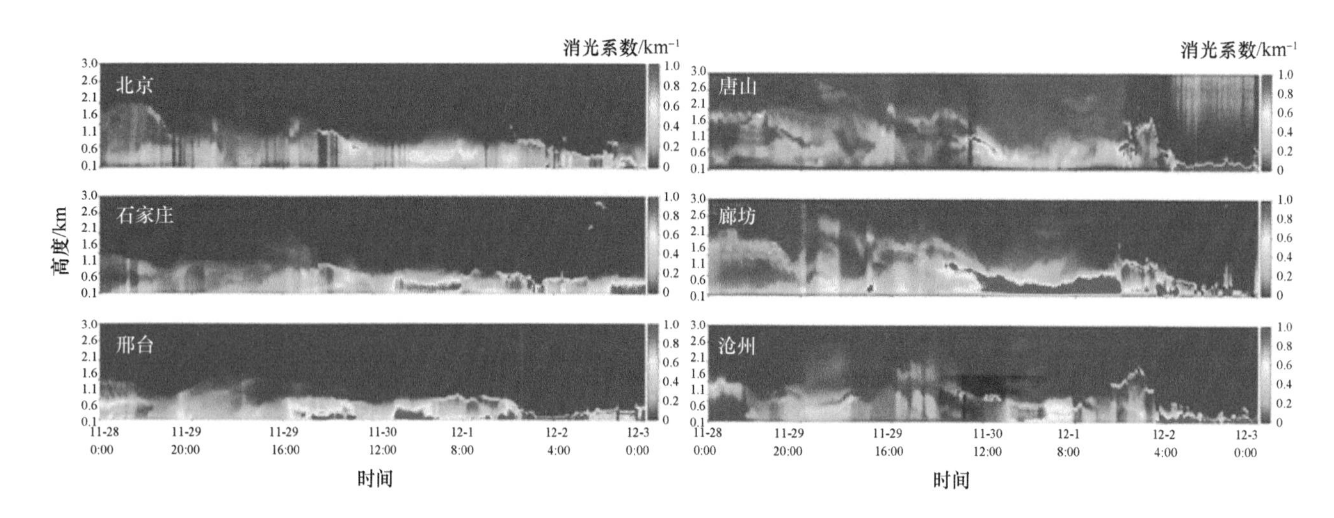

图 2-160　过程 7 期间组网激光雷达大气消光系数观测结果

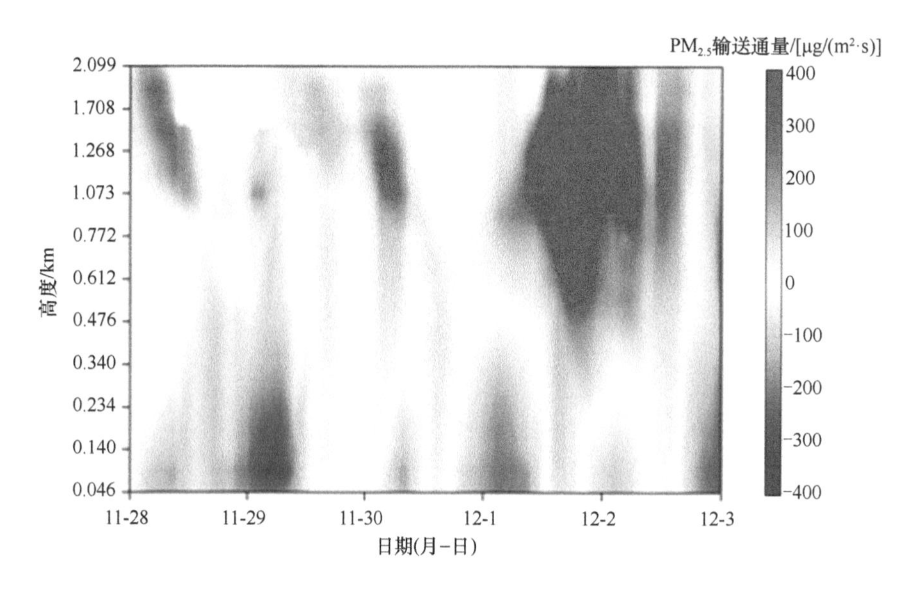

图 2-161　2018 年过程 7 期间西南通道（保定站）$PM_{2.5}$ 输送通量

红色为自南向北输送；蓝色为自北向南输送

24%（本地一次污染排放贡献率为 22%，区域传输贡献率为 2%）；二次化学转化贡献率为 64%（区域传输贡献率为 37%，本地二次化学转化贡献率为 27%）。

2.5.2.8　过程 8：2018 年 12 月 14 ~ 16 日

总体情况：2018 年 12 月 14 日下午，污染物开始累积，河南北部和河北南部率先出现重度污染。15 日 16 时，“2+26”城市中近半数达重度污染，河南北部、河北东南部污染较重，总体达重度污染，首要污染物为 $PM_{2.5}$。12 月 16 日下午，地面弱冷空气扩散南下，大气扩散条件改善，区域空气质量依次好转。区域内 $PM_{2.5}$ 日均浓度峰值为 240μg/m^3（天津，12 月 16 日），达重度污染；$PM_{2.5}$ 小时浓度峰值为 370μg/m^3（保定，12 月 16 日 20 时）。北京受西北弱高压扰动影响，本次过程期间 $PM_{2.5}$ 浓度较区域中南部明显较低，$PM_{2.5}$ 日均浓度峰值为 91μg/m^3（12 月 15 日），达轻度污染；$PM_{2.5}$ 小时浓度峰值为 118μg/m^3（12 月 15 日 22 ~ 23 时）（图 2-163）。

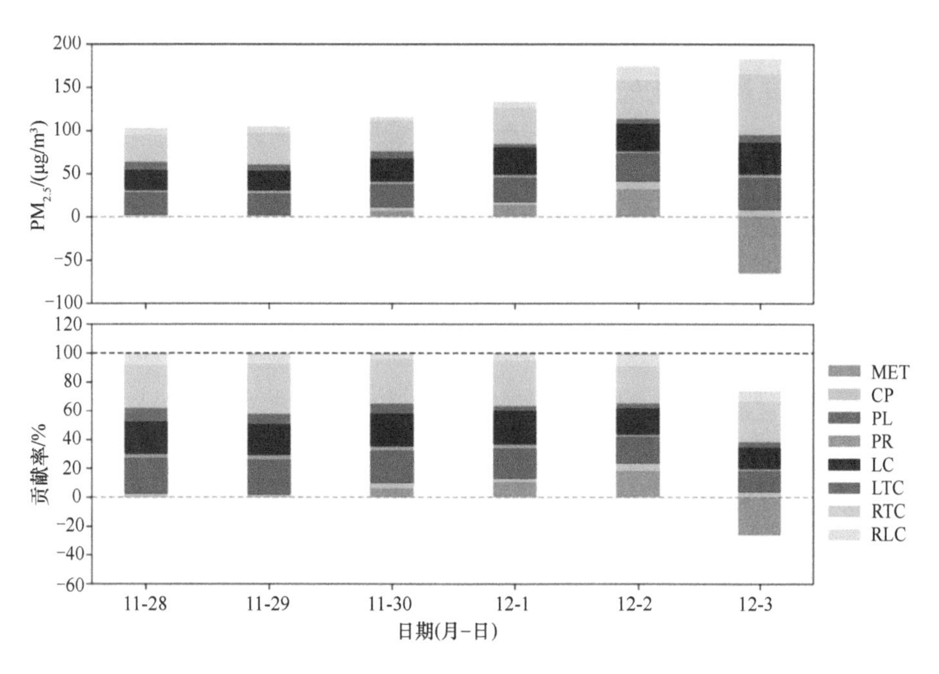

图 2-162 过程 7 期间区域内 $PM_{2.5}$ 定量解析结果

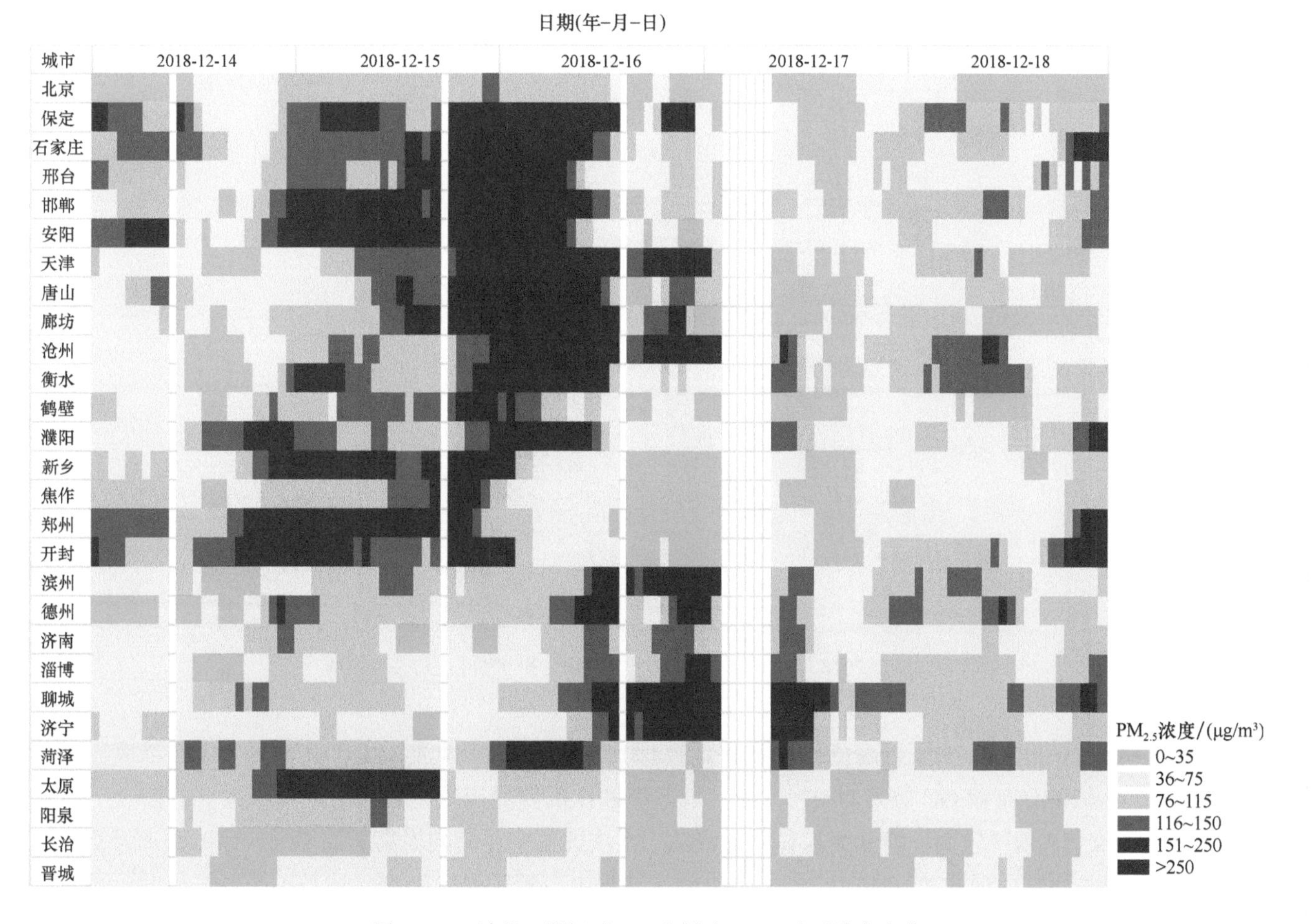

图 2-163 过程 8 期间“2+26”城市 $PM_{2.5}$ 小时浓度变化

气象条件：大气环流形势上，高层（500hPa）以平直纬向环流为主，经向风弱，无明显的槽脊活动；低层（975hPa）位于浅槽系统偏西气流中（图 2-164）。气温、流场距平垂直结构上，冬季京津冀及周边地区在西风带背景下，大地形东侧呈下沉气流特征（区域内从地面至 750hPa 出现强下沉气流），对流层中低层存在“暖盖”特征（850 ～ 950hPa 最显著），易形成有利于污染物累积的稳定天气背景（图 2-165）。边界层结构上，区域内探空点的边界层高度均小于 500m，北京约为 300m（图 2-166），上午持续出现逆温，2018 年 12 月 16 日 8 时强度最高，在 975hPa（300m 左右）和地面之间温差为 11℃；但晚间逆温结构被打破，其对污染物扩散比较有利。在近地面，14 ～ 15 日分别受偏南和西南气流控制且风速较小，污染沿太行山东侧向北发展；16 日区域转为偏北气流控制且强度较高，污染消散。

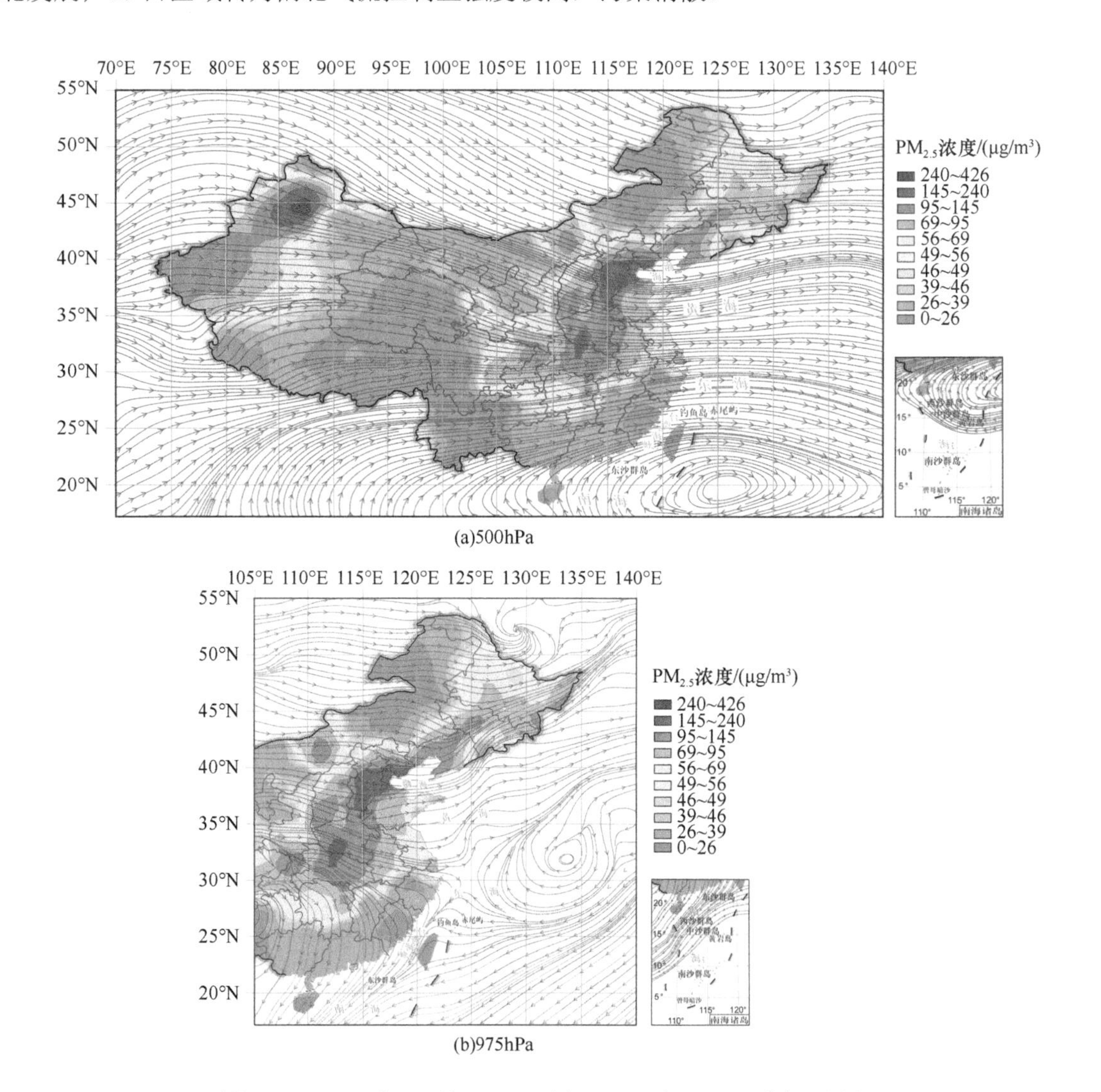

图 2-164　2018 年 12 月 14 ～ 16 日 500hPa 和 975hPa 大气环流场

$PM_{2.5}$ 组分特征：OC 浓度最高值出现在保定，保定本地有机物排放突出；其他城市 OC 浓度较低。SNA 在整个区域的分布较 OC 更为均匀，北京、石家庄和山西四城市浓度相对于区域总体水平较低；SNA/EC 在晋冀鲁豫交界地区较高，河北大部和北京较低。本次过程中，硝酸根离子的增长较硫酸根离子更为显著，而两者相关性较过程 6 和过程 7 较弱，表明此次过程中，污染传输影响总体较小，各城市的污染主要由本地排放控制。

$PM_{2.5}$ 组分在线监测结果显示，对于本次过程污染程度最严重的保定，有机物是 $PM_{2.5}$ 的首要组分，重

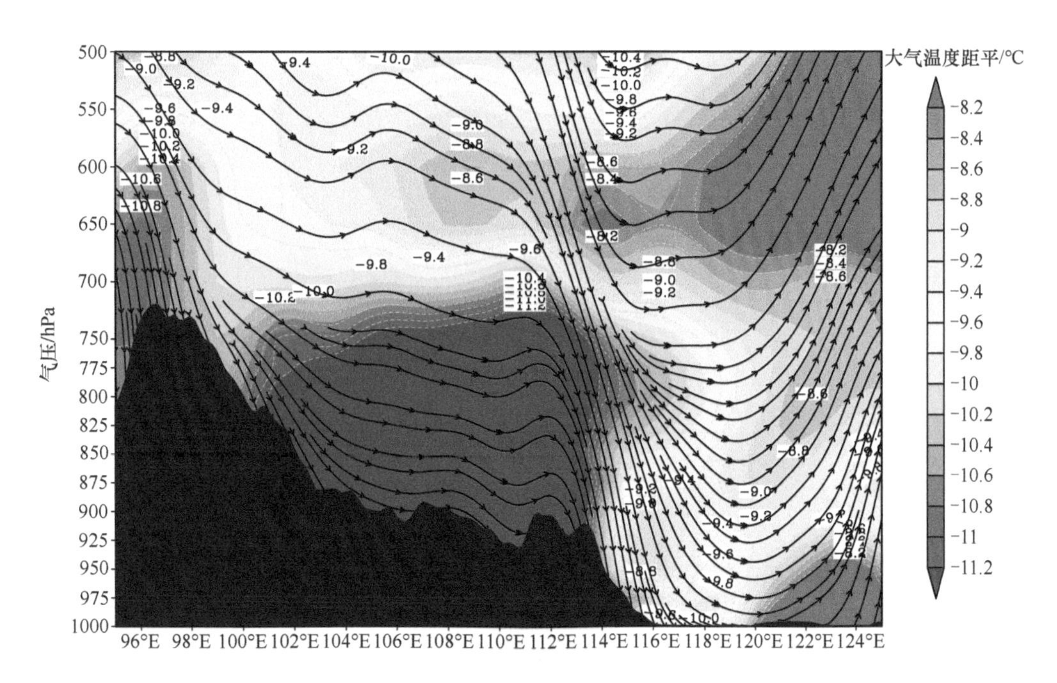

图 2-165 2018 年 12 月 15 ～ 16 日平均中国东部污染区域（38°N ～ 40°N）大气温度距平与流场结构东 – 西垂直剖面

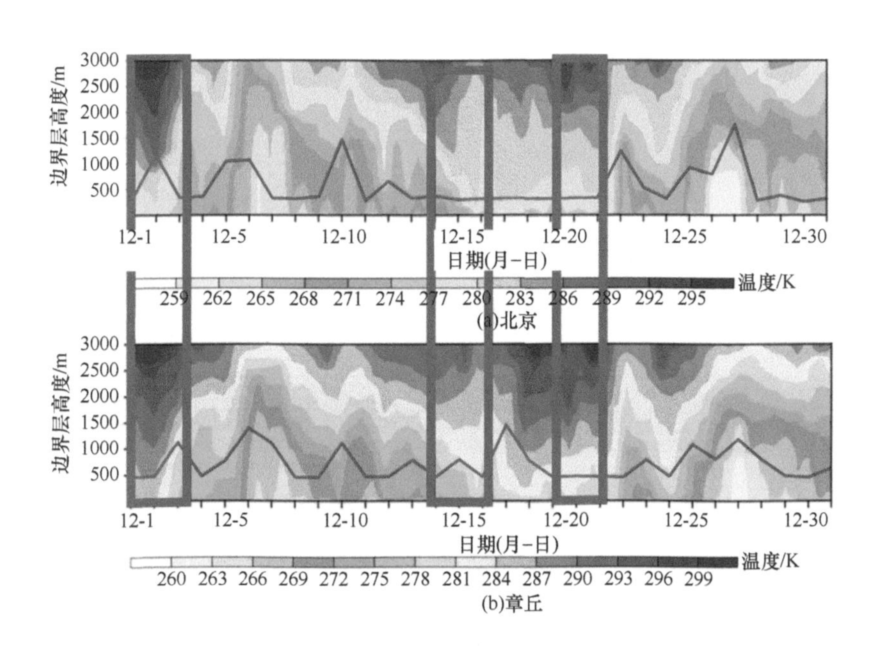

图 2-166 2018 年北京和章丘大气垂直热力结构

红线为边界层高度，中间为过程 8，右侧为过程 9

污染期间占比达 50% 以上。有机物、元素碳、氯离子和硫酸根离子浓度变化趋势一致，表明燃煤（特别是散煤燃烧）排放是造成保定重污染的主要原因。由于受偏南弱风影响，北京在 2018 年 12 月 14 日夜间至 16 日上午出现轻 – 中度污染，其中有机物、元素碳、氯离子和硫酸根离子浓度同步上升，其受保定燃煤污染传输的影响显著（图 2-167）。

区域传输：2018 年 14 ～ 15 日，在西南弱风的作用下，污染物沿西南通道传输，邯郸—邢台—石家庄—保定污染物浓度依次升高。16 日，区域转为西北风控制，污染自北向南清除；受上游污染传输影响，东南通道城市污染物浓度出现短时升高（图 2-168）。传输通量反演结果显示，14 ～ 15 日，西南通道近地面 $PM_{2.5}$ 输送通量总体维持在 100μg/（m^2·s）以下，500m 高度处的 $PM_{2.5}$ 输送通量在 200 ～ 300μg/（m^2·s）左右（图 2-169）。

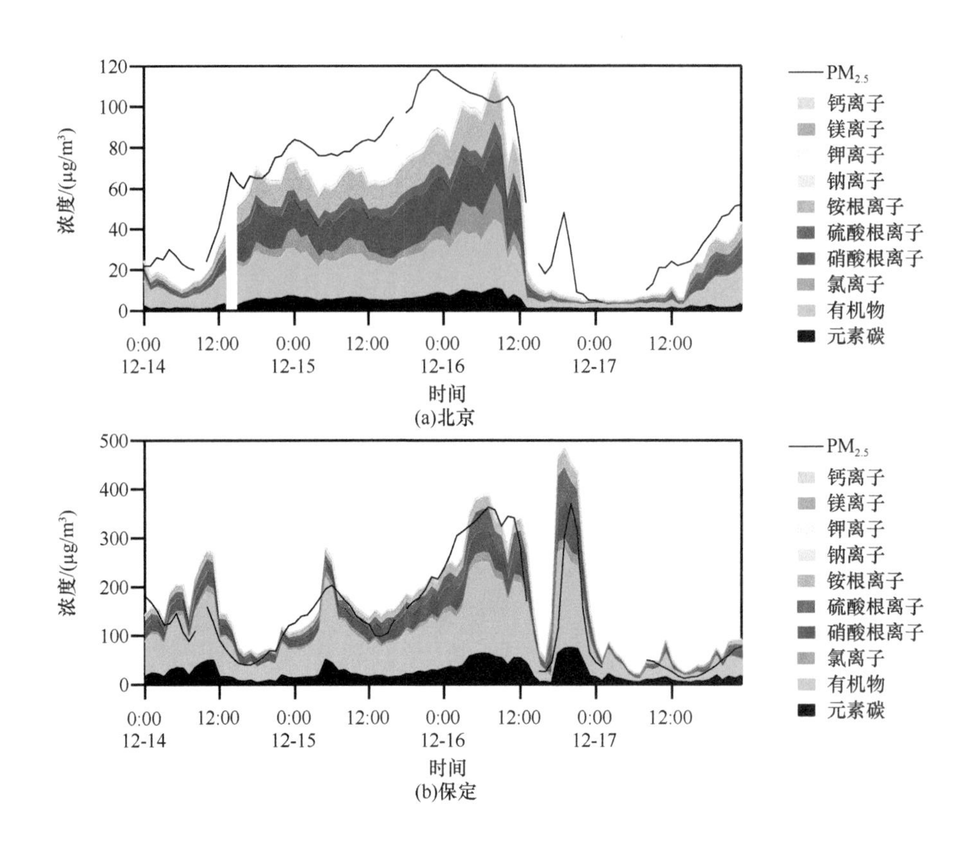

图 2-167　过程 8 期间北京（a）和保定（b）$PM_{2.5}$ 组分浓度变化

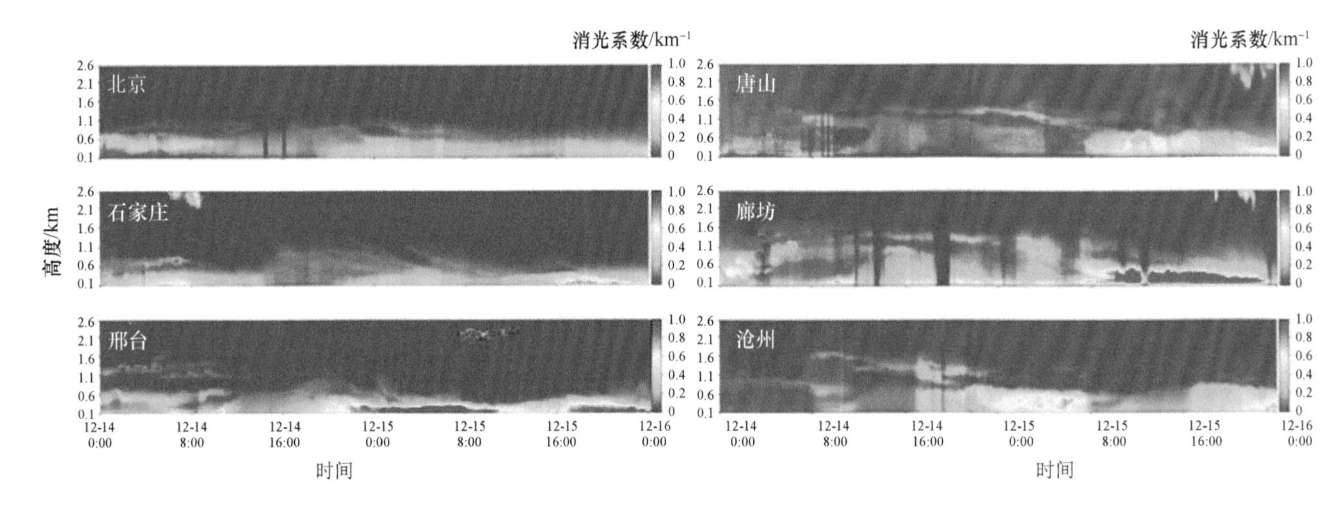

图 2-168　过程 8 期间组网激光雷达大气消光系数观测结果

定量解析：污染物排放对 $PM_{2.5}$ 浓度累积的贡献率为 77%，气象条件变化的贡献率为 20%，污染 – 气象耦合作用的影响为 3%（图 2-170）。一次污染排放的贡献率为 14%（本地一次污染排放贡献率为 10%，区域传输贡献率为 4%），二次化学转化的贡献率为 63%（区域传输贡献率为 51%，本地二次化学转化贡献率为 12%）。

2.5.2.9　过程 9：2018 年 12 月 19 ~ 21 日

总体情况：2018 年 12 月 19 日起，污染在河北中南部、河南北部和山东西部积累，保定、安阳、濮阳、

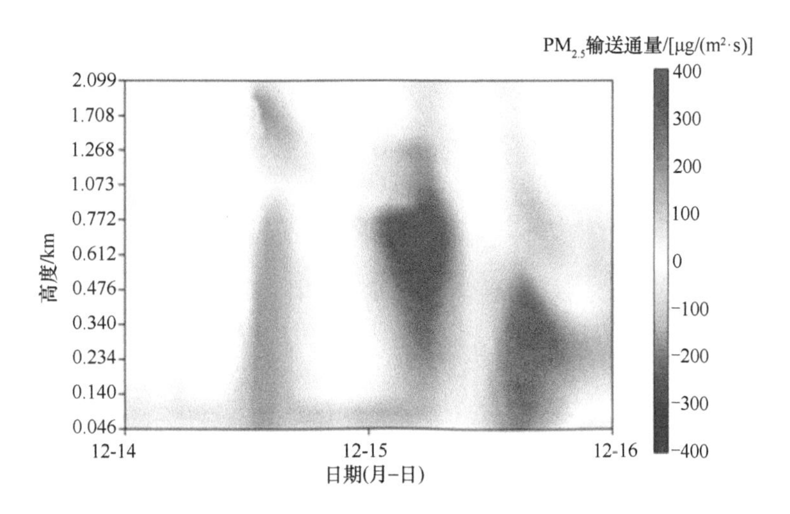

图 2-169 2018 年过程 8 期间西南通道（保定站）$PM_{2.5}$ 输送通量

红色为自南向北输送；蓝色为自北向南输送

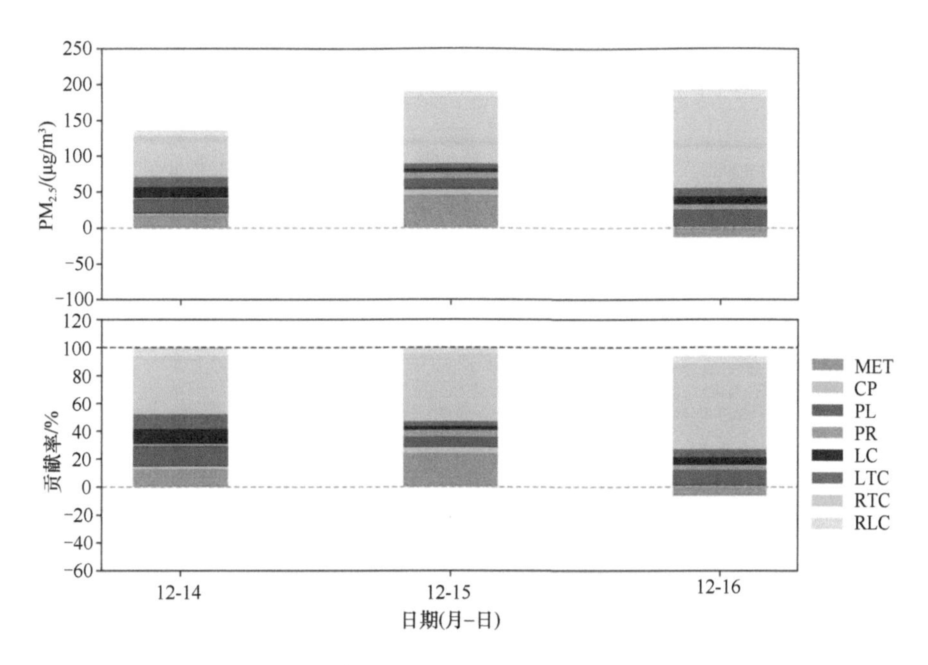

图 2-170 过程 8 期间区域内 $PM_{2.5}$ 定量解析结果

聊城、菏泽等城市率先出现小时重污染。20 日，区域内近半数城市达到重污染水平，郑州、开封、濮阳和菏泽出现严重污染，首要污染物为$PM_{2.5}$。本次过程区域内 $PM_{2.5}$ 日均浓度峰值为277μg/m^3(开封，12 月 21 日)，达严重污染；$PM_{2.5}$ 小时浓度峰值为 324μg/m^3（开封，12 月 21 日 11 时）。区域北部 $PM_{2.5}$ 浓度相对于区域中南部明显较低，北京 $PM_{2.5}$ 浓度总体为优－良水平，$PM_{2.5}$ 日均浓度峰值为 69μg/m^3（12 月 21 日），$PM_{2.5}$ 小时浓度峰值为 94μg/m^3（12 月 22 日 1 时）（图 2-171）。

气象条件：大气环流形势上，高层（500hPa）以平直纬向环流为主，经向风弱，无明显的槽脊活动；低层（975hPa）位于高压脊线前部偏西气流与偏东气流辐合带中，呈辐合流型（图 2-172）。气温、流场距平垂直结构上，冬季京津冀及周边地区在西风带背景下，大地形东侧呈下卷环流圈特征（区域内从地面至 600hPa 出现强下沉气流），晋冀鲁豫交界地区对流层中层“暖盖”结构不断发展，并向近地层延伸（500 ～ 800hPa 最为显著），其不利于该地区大气对流扩散（图 2-173）。边界层结构上，区域南部的郑州边界层高度逐渐降低至 400m 以下，其中 12 月 21 日仅有 200m 左右（图 2-174）；而且持续出现逆温，

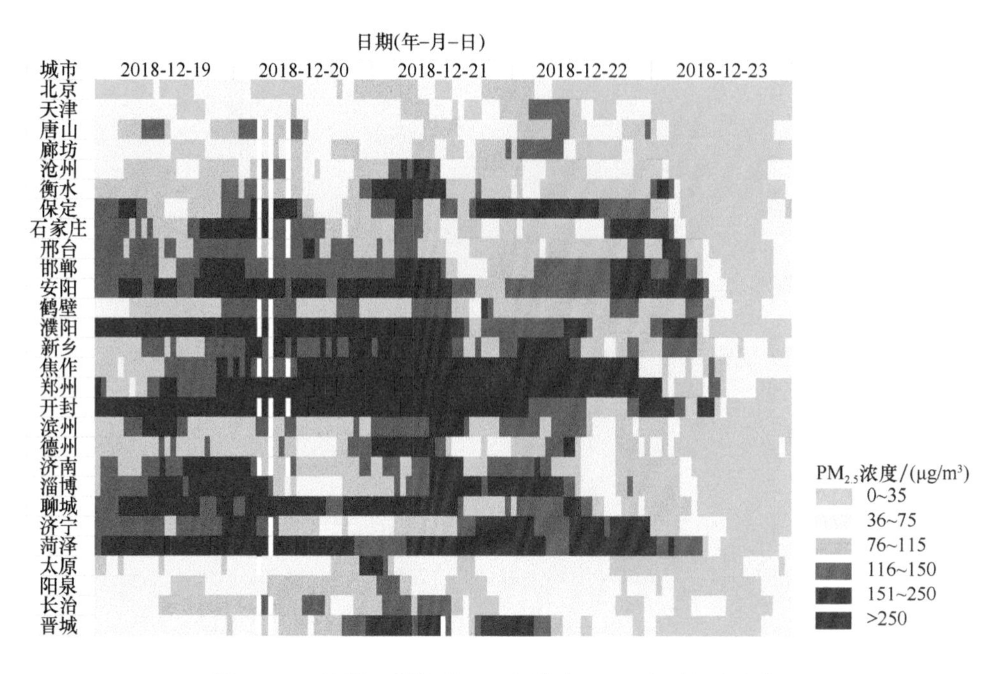

图 2-171 过程 9 期间“2+26”城市 $PM_{2.5}$ 小时浓度变化

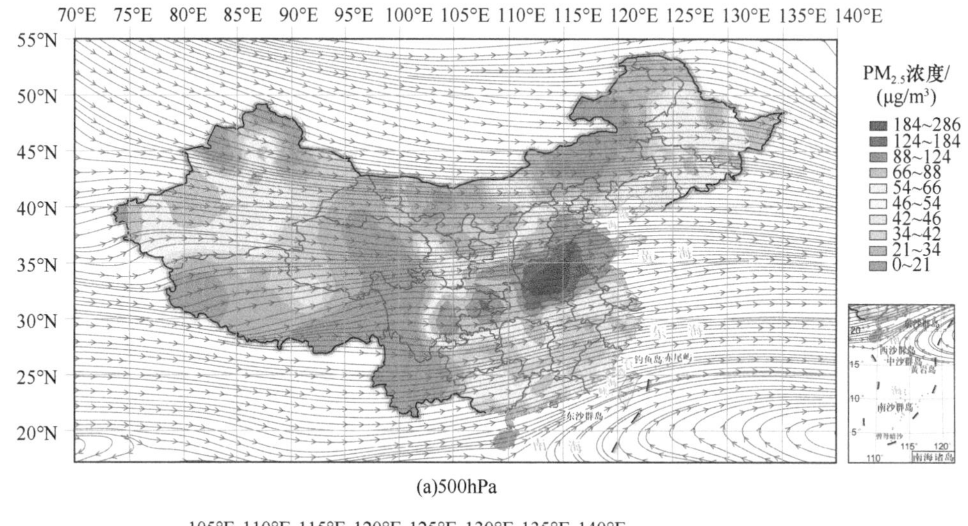

(a)500hPa

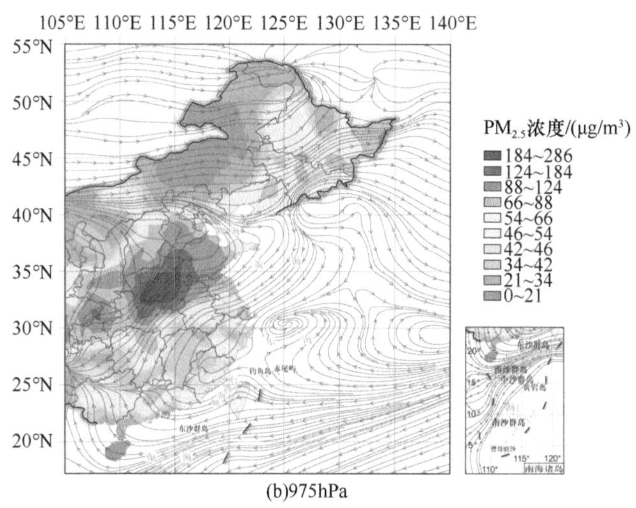

(b)975hPa

图 2-172 2018 年 12 月 19 ～ 21 日 500hPa 和 975hPa 大气环流场

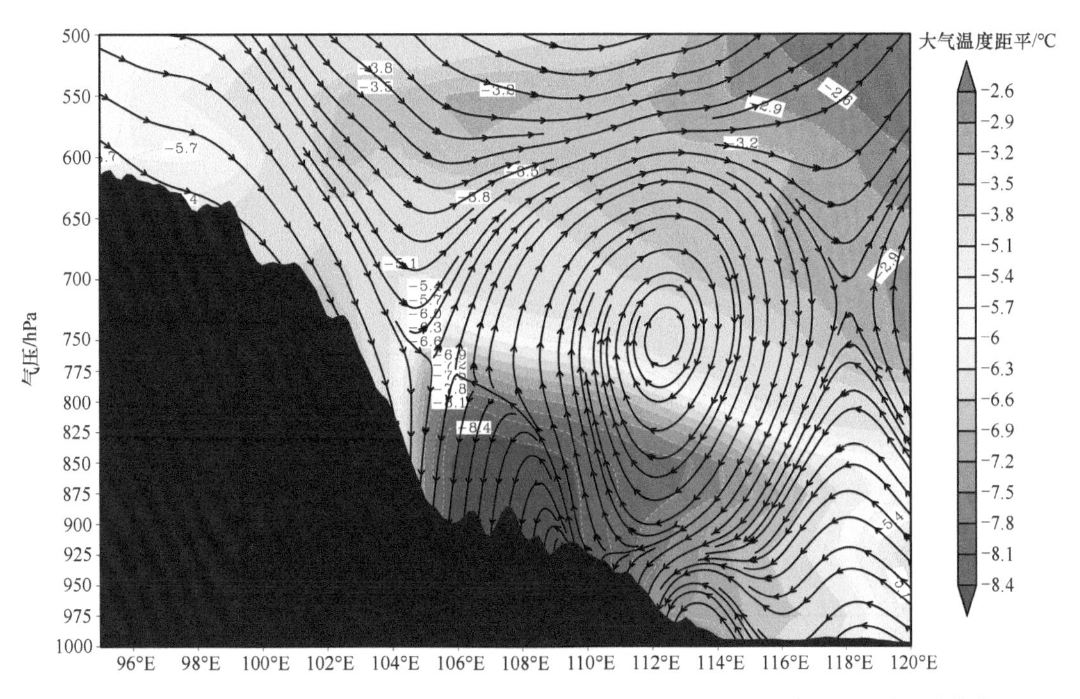

图 2-173 2018 年 12 月 19 ～ 22 日平均中国东部污染区域（32°N ～ 33°N）大气温度距平与流场结构东 – 西垂直剖面

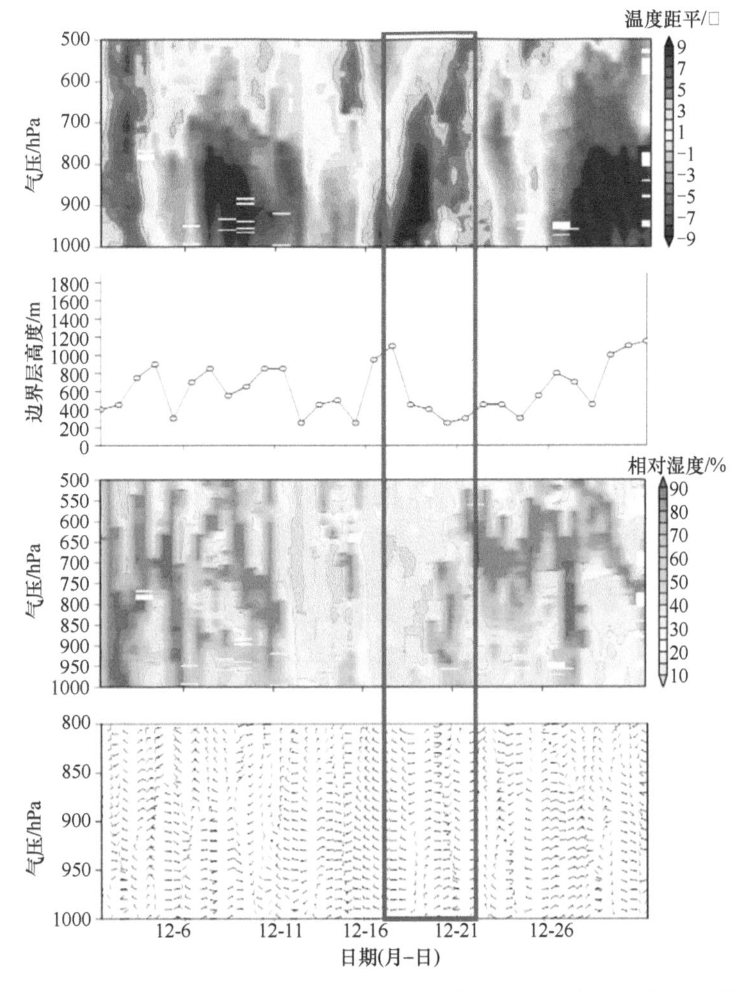

图 2-174 2018 年 12 月郑州温度距平、边界层高度、相对湿度、垂直风场时间序列

红色框为过程 9

强度最高时在 925hPa（对应高度约 800m）和地面之间温差达 13℃，持续压低的边界层和稳定的逆温结构导致大气扩散能力持续下降，从而容易导致污染累积。在近地面，近地层风速较小，20 ～ 21 日近地层受偏东气流控制，22 日转为偏北气流，污染过程结束。

$PM_{2.5}$ 组分特征：区域内大部分城市 OC 浓度为 20 ～ 40μg/m³，北京 OC 浓度在 15 ～ 20μg/m³，保定、邢台、邯郸的 OC 浓度在 40 ～ 82μg/m³，表明有机物以局地排放为主。区域北部的 SNA 浓度在 50μg/m³ 左右或以下，SNA/EC（2 ～ 6）较低；而区域南部的山东－河南交界地区的 SNA 浓度为 70 ～ 110μg/m³，SNA/EC（6 ～ 15）较高，这与区域南部较高的相对湿度有关。

本次过程污染程度较重的郑州的 $PM_{2.5}$ 组分浓度监测结果显示，硝酸根离子和有机物浓度占比相当（25% ～ 30%），在所测组分中位列前二。此外，有机物和元素碳的正相关性较好（相关系数 R^2= 0.8801）。硫酸根离子浓度随污染过程发展而逐渐上升，其与有机物、元素碳浓度变化趋势相一致，重污染期间硫酸根离子占比约为 10%。分析表明，工业和机动车排放的 NO_x 的二次化学转化和散煤（及生物质）燃烧一次排放的有机物，是造成郑州 $PM_{2.5}$ 重污染的两大原因（图 2-175）。

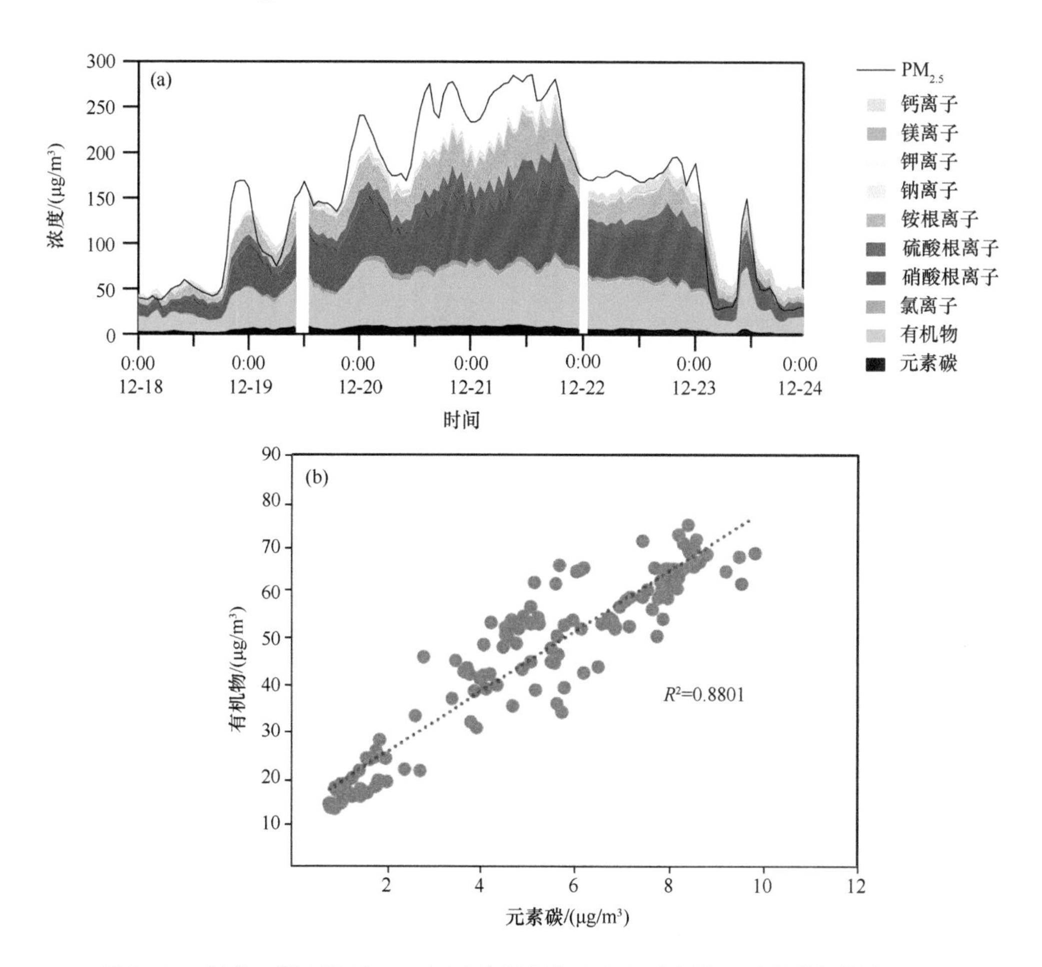

图 2-175　过程 9 期间郑州 $PM_{2.5}$ 组分浓度变化（a）和有机物－元素碳相关性（b）

区域传输：京津冀及其周边地区持续静稳，2018 年 12 月 21 日污染物沿西南通道传输，但强度较低，北京受其影响较小，空气质量总体优－良（图 2-176）。输送通量反演结果也显示，西南通道近地面 $PM_{2.5}$ 输送不显著，仅在 20 日上午在 200 ～ 1000m 出现短时由南向北的传输，$PM_{2.5}$ 输送通量约为 100μg/（m²·s）（图 2-177）。

定量解析：污染物排放对区域内 $PM_{2.5}$ 浓度累积的贡献率为 88%，气象条件变化的贡献率为 11%，污染－气象耦合作用的贡献率小于 1%（图 2-178）。一次污染排放的贡献率为 16%（本地一次污染排放贡献率为

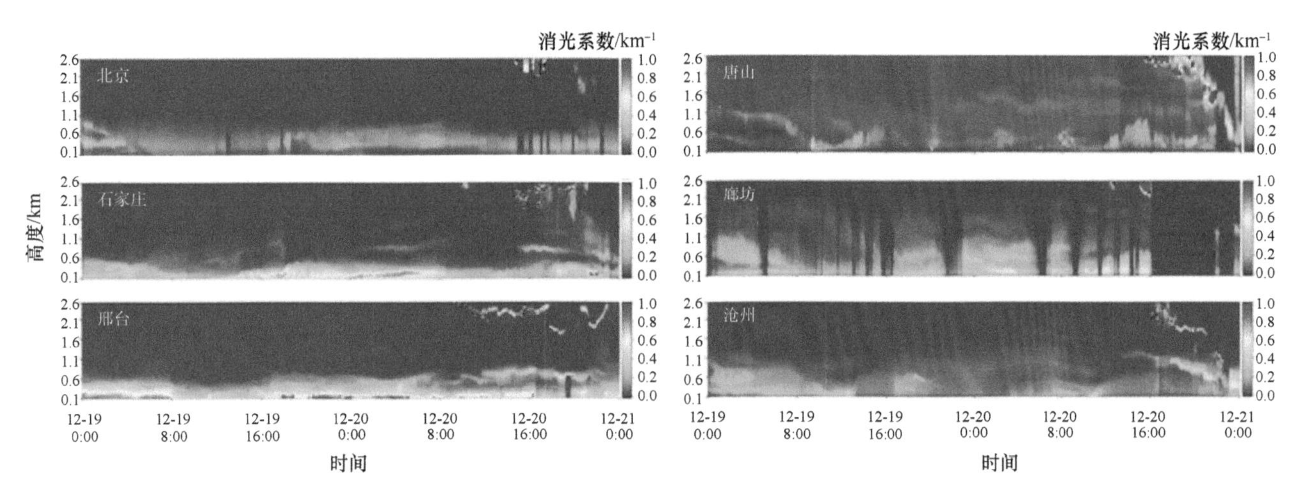

图 2-176　过程 9 期间组网激光雷达大气消光系数观测结果

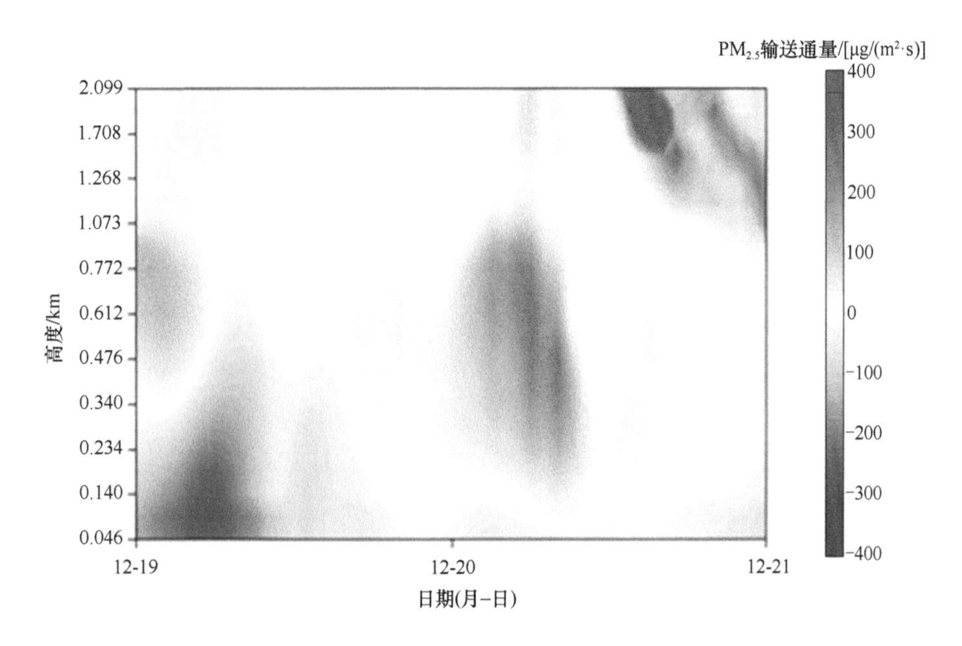

图 2-177　2018 年过程 9 期间西南通道（保定站点）$PM_{2.5}$ 输送通量

红色为自南向北输送；蓝色为自北向南输送

14%，区域传输贡献率为 2%）；二次化学转化的贡献率为 71%（区域传输贡献率为 46%，本地二次化学转化贡献率为 25%）。

2.5.2.10　过程 10：2020 年 1 月 25 日～ 2 月 13 日

总体情况：2020 年春节期间（1 月 24 日～ 2 月 15 日），“2+26”城市出现了 2 次重污染过程，其中北京及周边城市污染较重。第一次过程从 1 月 24 日（除夕）开始，河北、山东、河南交界地区形成辐合带，$PM_{2.5}$ 小时浓度最先超过 150μg/m^3，保定由于烟花爆竹集中燃放，$PM_{2.5}$ 小时浓度超过 500μg/m^3。在弱偏东风控制下，污染逐渐发展至华北平原大部，再集中到太行山前，并向北推移。由于区域总体静稳，而且北京、天津等城市受辐合影响，1 月 25 ～ 28 日“2+26”城市中北部维持 $PM_{2.5}$ 重污染。1 月 29 日上午，偏北方向在冷空气作用下，污染自北向南逐渐清除，河北、河南交界处受短时辐合影响 $PM_{2.5}$ 小时浓度超过 150μg/m^3。

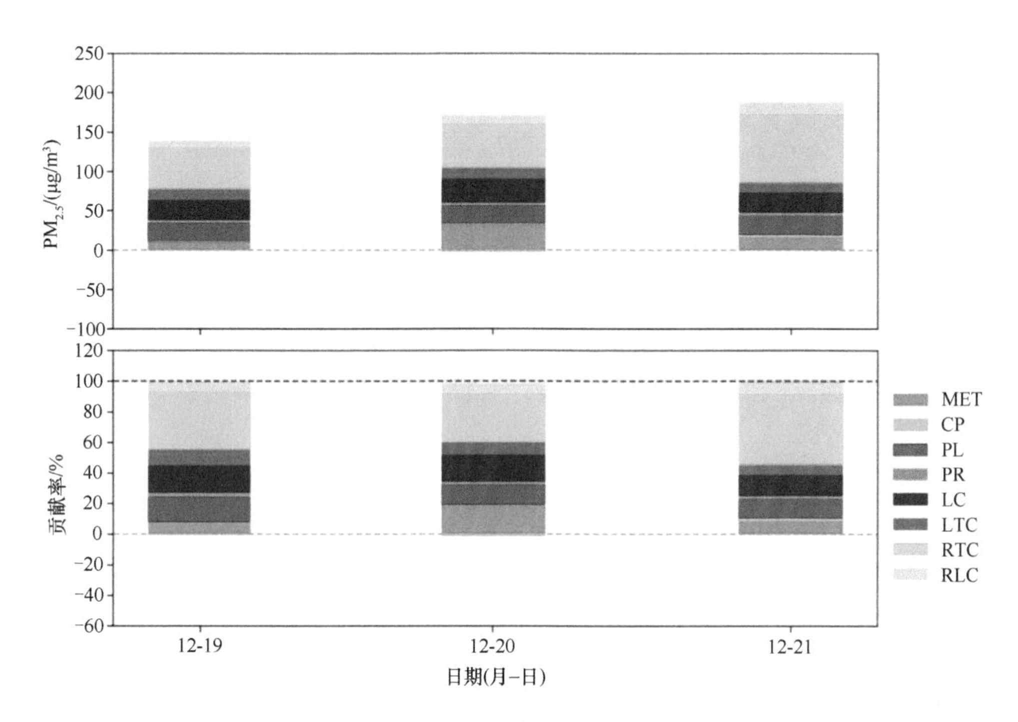

图 2-178　过程 9 区域内 $PM_{2.5}$ 定量解析结果

第二次过程从 2020 年 2 月 8 日起开始发展，河北中部城市 $PM_{2.5}$ 小时浓度最先超过 150μg/m³，在西南风作用下沿太行山东侧向北传输。2 月 9 日和 11 日，唐山滦州等地区 $PM_{2.5}$、SO_2、CO 浓度快速上升，在偏东风控制下污染物向太行山－燕山交界地区传输并滞留，造成“2+26”城市北部在 2 月 10 ～ 13 日持续出现重污染。2 月 14 日，在强西北风作用下，区域空气质量自北向南快速转优。

过程 10 期间，$PM_{2.5}$ 日均浓度峰值为 366μg/m³（保定，1 月 25 日），$PM_{2.5}$ 小时浓度峰值为 571μg/m³（保定，1 月 25 日 5 ～ 6 时）；北京 $PM_{2.5}$ 日均浓度峰值为 207μg/m³（2 月 12 日），$PM_{2.5}$ 小时浓度峰值为 245μg/m³（2 月 13 日 11 时）（图 2-179）。

污染排放：基于各行业 / 部门的活动水平与污染物排放的定量关系，污染物排放的季度、月度变化规律，研究人员对春节期间大气污染源排放状况进行了动态更新。总体来看，春节期间叠加疫情管控，排放量下降较大的行业主要有电力、交通、工地施工、餐饮和以纺织为代表的轻工业；而钢铁、焦化、水泥、玻璃、石油、化工等工业存在不可中断工序，春节期间生产活动和污染排放仍处于高位。2020 年春节期间，一次 $PM_{2.5}$ 排放量约为 2500t/d，较春节前减少 17%，主要来自电力、陶瓷、橡胶、轻工业、机动车、非道路移动机械。SO_2 排放量约为 2200t/d，较春节前减少 10%，主要来自电力、锅炉、陶瓷、橡胶和轻工业。NO_x 排放量约为 3300t/d，较春节前减少 46%，主要来自电力、机动车、非道路移动机械、陶瓷、橡胶和轻工业。VOCs 排放量约为 4600t/d，较春节前减少 26%，主要来自电力、机动车、非道路移动机械、石油化工、陶瓷、橡胶和轻工业。春节后，以钢铁为首的行业交通运输受限、库存高涨而生产受限，导致 2020 年 2 月下旬污染物排放量减少幅度最大，3 月初随着工业企业逐步复工，污染物排放量再次上升，与春节前的差距逐步缩小。

气象条件：“2+26”城市北部出现了长时间高湿、静稳、逆温的不利气象条件，大气环境容量大幅下降（图 2-180）。从环流形势场上看，我国东南部海上区域大范围出现平均比湿正距平，高空（500hPa）南支槽较为活跃，槽前强盛的西南暖湿气流将海上水汽源源不断地向北方输送。2020 年 1 月 25 ～ 30 日污染过程期间，受高压底部偏东风影响，来源于渤海的水汽向“2+26”城市北部输送；2 月 8 ～ 13 日污染过程期间，受高压后部偏南风影响，来源于黄海和渤海的水汽向“2+26”城市北部输送（图 2-181）。

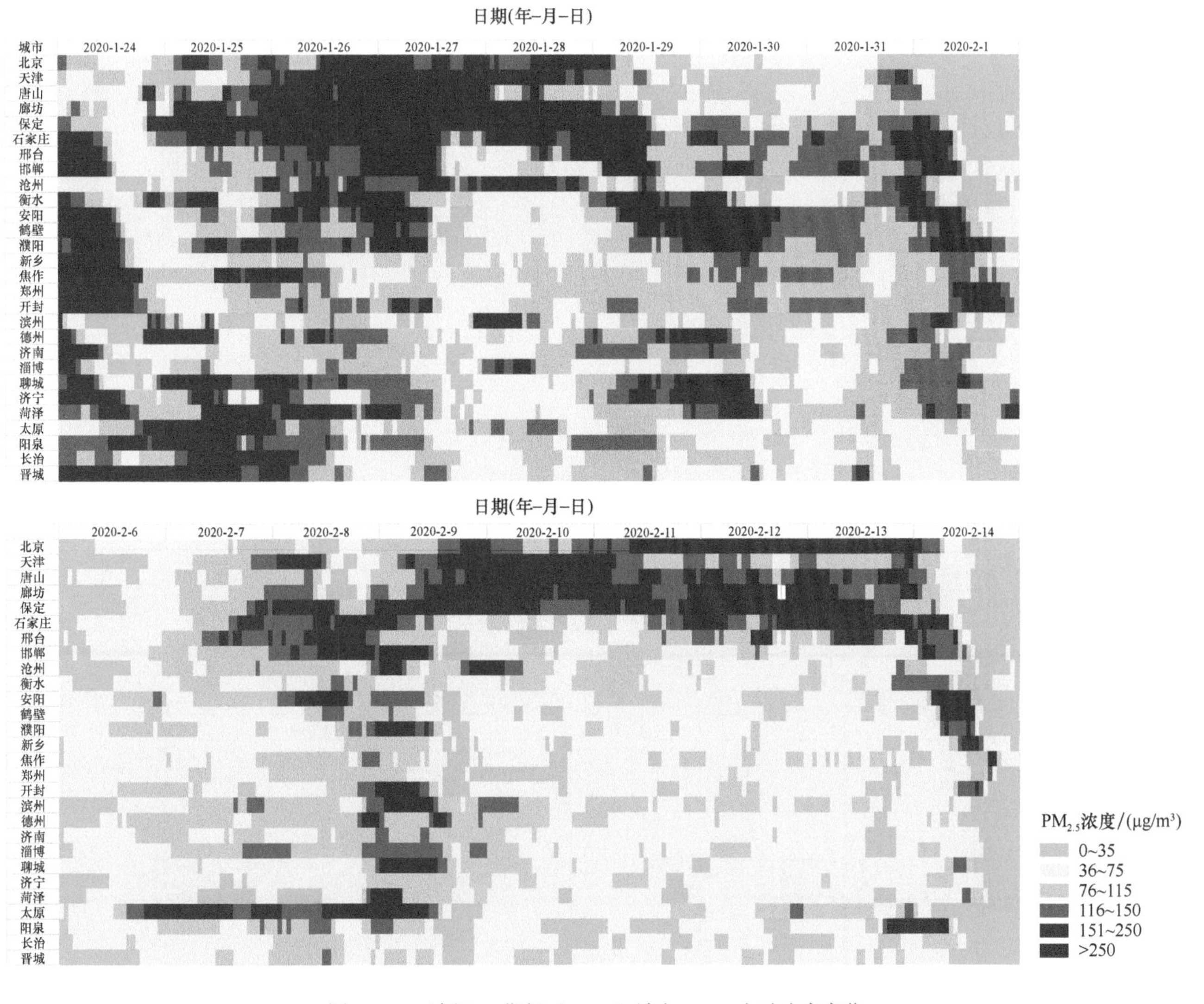

图 2-179 过程 10 期间“2+26”城市 $PM_{2.5}$ 小时浓度变化

从垂直结构上看，与近十年同期相比，区域北部对流层中层气温距平“暖盖”特征显著，其为低层边界层高度下压，局地与周边污染物累积、输送及其低层高湿状况抑制了大气对流扩散，形成稳定的热力结构，诱发了春节期间京津冀两次持续性重污染过程。以污染较重的北京为例，混合层高度持续在 900m 以下，最低时降至 300m 以下，贴地逆温层温差高达 10℃，抑制了污染物的垂直扩散；2020 年 2 月 1 ～ 2 日、5 ～ 6 日和 13 ～ 14 日出现降雪，地表积雪也强化了近地面逆温状况及低层增湿，在对流层中层气温距平“暖盖”影响下，高空相对比较干，低层增湿有利于颗粒物二次组分生成和吸湿增长。从地面气象要素上看，北京平均风速为 1.7m/s，比 2018 年和 2019 年同期分别下降 19% 和 17%，污染物的扩散能力同比偏弱；在 1 月 24 ～ 30 日和 2 月 8 ～ 13 日两次污染过程期间，风速进一步降至 1.2m/s，偏南风和偏东风交替出现，平原地区处于气流辐合区，造成污染沿西南通道和偏东通道向北京输送，并在太行山 – 燕山交界地区停滞积累。直到 14 日，风力加强，边界层高度明显抬升，叠加有效的污染物湿沉降，气象条件才明显改善（图 2-181）。

$PM_{2.5}$ 组分特征：总体来看，“2+26”城市中北部污染较重的 6 个城市（北京、天津、石家庄、唐山、保定、廊坊）$PM_{2.5}$ 中有机物、硝酸根离子、铵根离子和硫酸根离子占比较高，二次组分占比为 59%。对于北京，硝酸根离子、硫酸根离子、铵根离子和有机物在 $PM_{2.5}$ 中占比较高，二次组分占 $PM_{2.5}$ 的 60%，分别

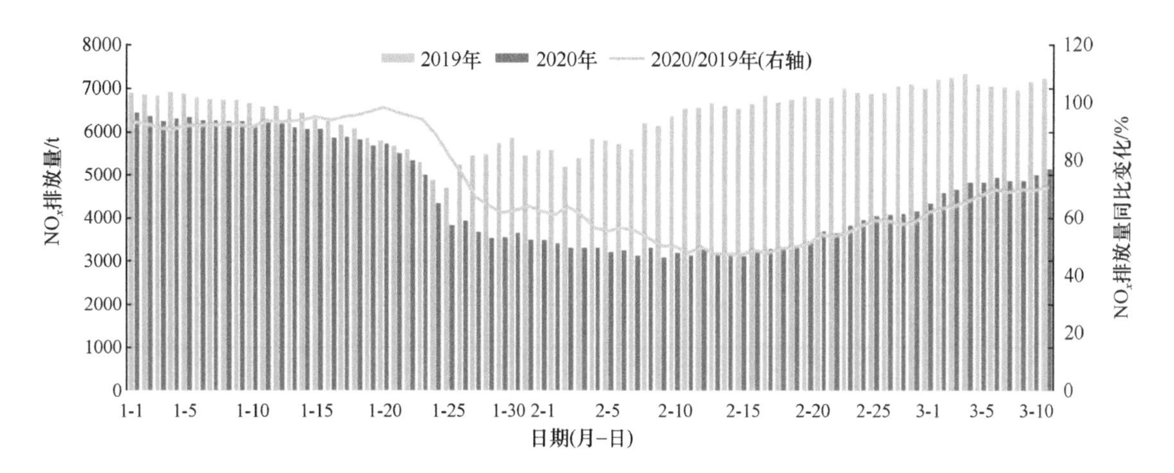

图 2-180　“2+26”城市 2020 年春节前后 NO_x 排放量与同比变化

资料来源：中国环境科学研究院

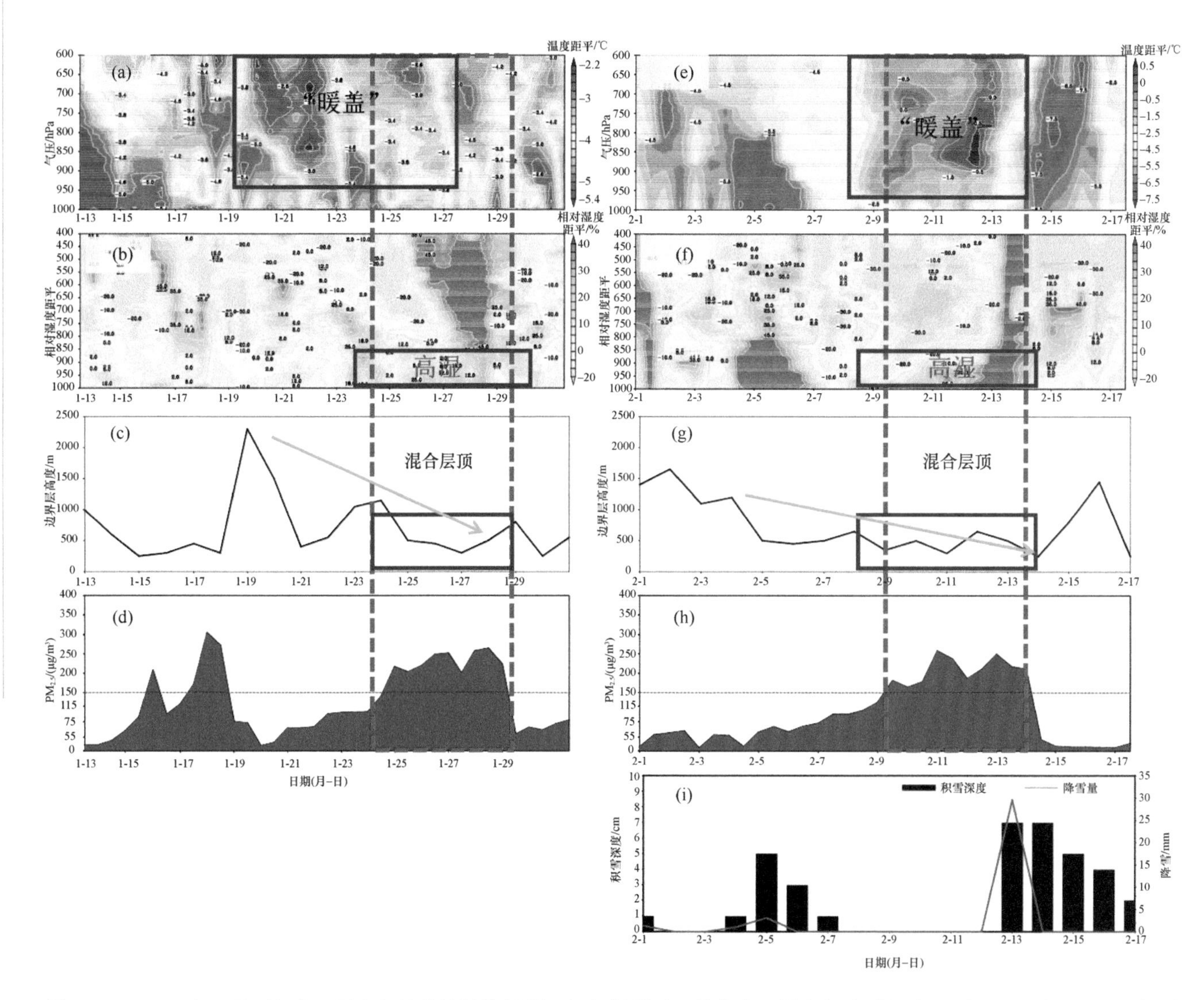

图 2-181　2020 年 1 月下旬和 2 月上旬持续性污染过程（红色框所示）的北京 L 波段探空站温度距平 [（a）和（e）]、相对湿度距平 [（b）和（f）]、时间垂直剖面以及北京边界层高度 [（c）和（g）]、$PM_{2.5}$ 浓度 [（d）和（h）]、降雪和积雪深度（i）

（a）～（d）为 2020 年 1 月中下旬过程；（e）～（h）为 2020 年 2 月上中旬过程；距平常年值为 2010～2019 年

高出2018年和2019年同期水平12个百分点和6个百分点。通过计算硫氧化率（SOR，颗粒物硫酸根离子占气态二氧化硫和颗粒物硫酸根离子总量的比例）和氮氧化率（NOR，颗粒物硝酸根离子占气态二氧化氮和颗粒物硝酸根离子总量的比例）发现，2020年春节期间，京津冀中部城市SO_2和NO_x向硫酸根离子和硝酸根离子的转化率较春节前（2019年12月1日～2020年1月14日）和春节后复工时段（2020年2月16日～3月10日）总体偏高。虽然区域内污染物排放量有所下降，但是高湿造成二次化学转化速率明显加快，部分抵消了污染排放减少的效果（图2-182和图2-183）。

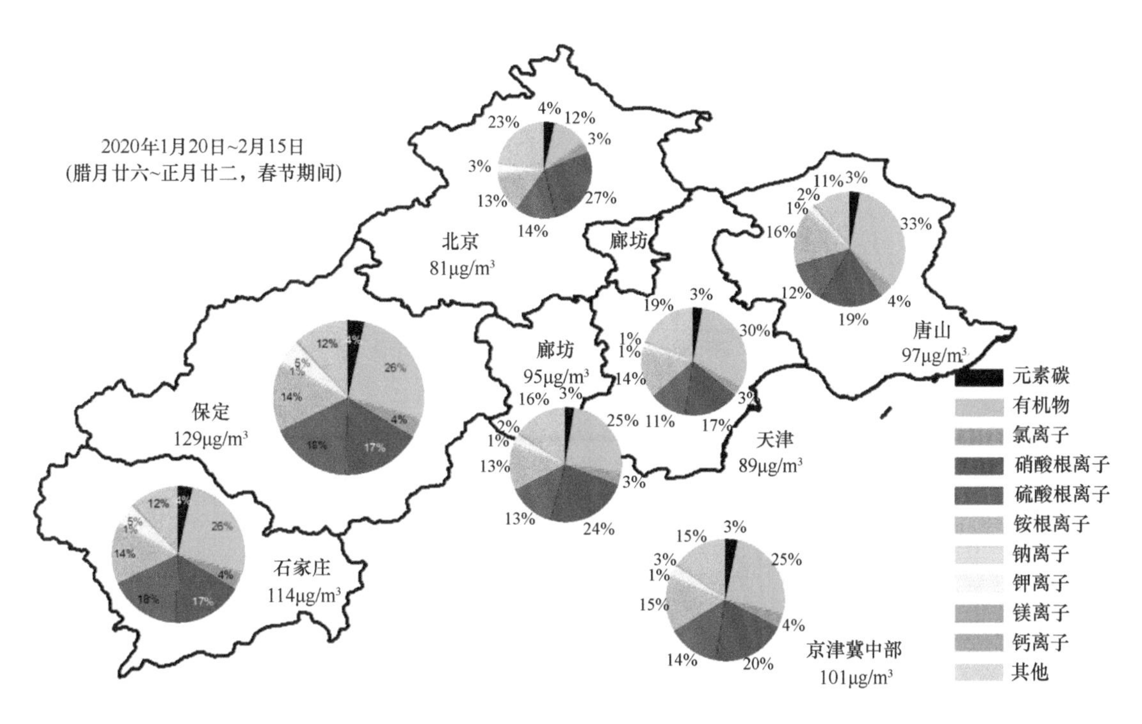

图2-182 2020年春节期间（1月20日～2月15日）“2+26”城市北部$PM_{2.5}$组分占比

图中数据之和不为100%是由四舍五入所致

以污染较重的北京为例，分析$PM_{2.5}$组分特征的变化。两次过程的形成阶段（初期）分别出现于2020年1月24日（除夕）夜间～1月25日（正月初一）凌晨和2月8日（正月十五）夜间～2月9日凌晨，其间Cl^-、K^+、Mg^{2+}等烟花爆竹示踪组分的浓度及占比均明显上升（如图2-184和图2-185中红色虚线框所示），表明节假日北京（郊区为主）及周边城市烟花爆竹集中燃放排放了大量的一次$PM_{2.5}$，造成$PM_{2.5}$浓度快速上升，这也为随后的$PM_{2.5}$二次组分生成创造了大量“种子”。在两次过程的发展阶段（中后期），$PM_{2.5}$一次组分浓度有所降低，而二次组分浓度快速升高，在1月26～28日和2月11～13日的重污染时段，硝酸根离子在$PM_{2.5}$中的占比达到25%以上，硫酸根离子和铵根离子占比也均达到10%～15%，二次无机组分占比超过50%，表明NO_x、SO_2和NH_3等气态污染物的二次化学转化是造成北京持续出现重污染的主要原因。

区域传输：以北京2020年2月8～13日的污染过程为例，分析区域传输对重污染的贡献。从地面风场来看，过程中期北京受西南风和偏东风交替控制，污染物沿西南和偏东通道输送特征明显。从空气质量模式模拟结果来看，北京本地排放对$PM_{2.5}$浓度的贡献约占40%，区域排放对$PM_{2.5}$浓度的贡献约占60%。2月11日上午时段，北京$PM_{2.5}$浓度出现跃升并达到重污染级别，其间唐山、天津的贡献率分别约占25%和20%，而北京本地的贡献率不及30%（图2-186），表明偏东通道的污染传输是导致北京出现重污染的重要原因。

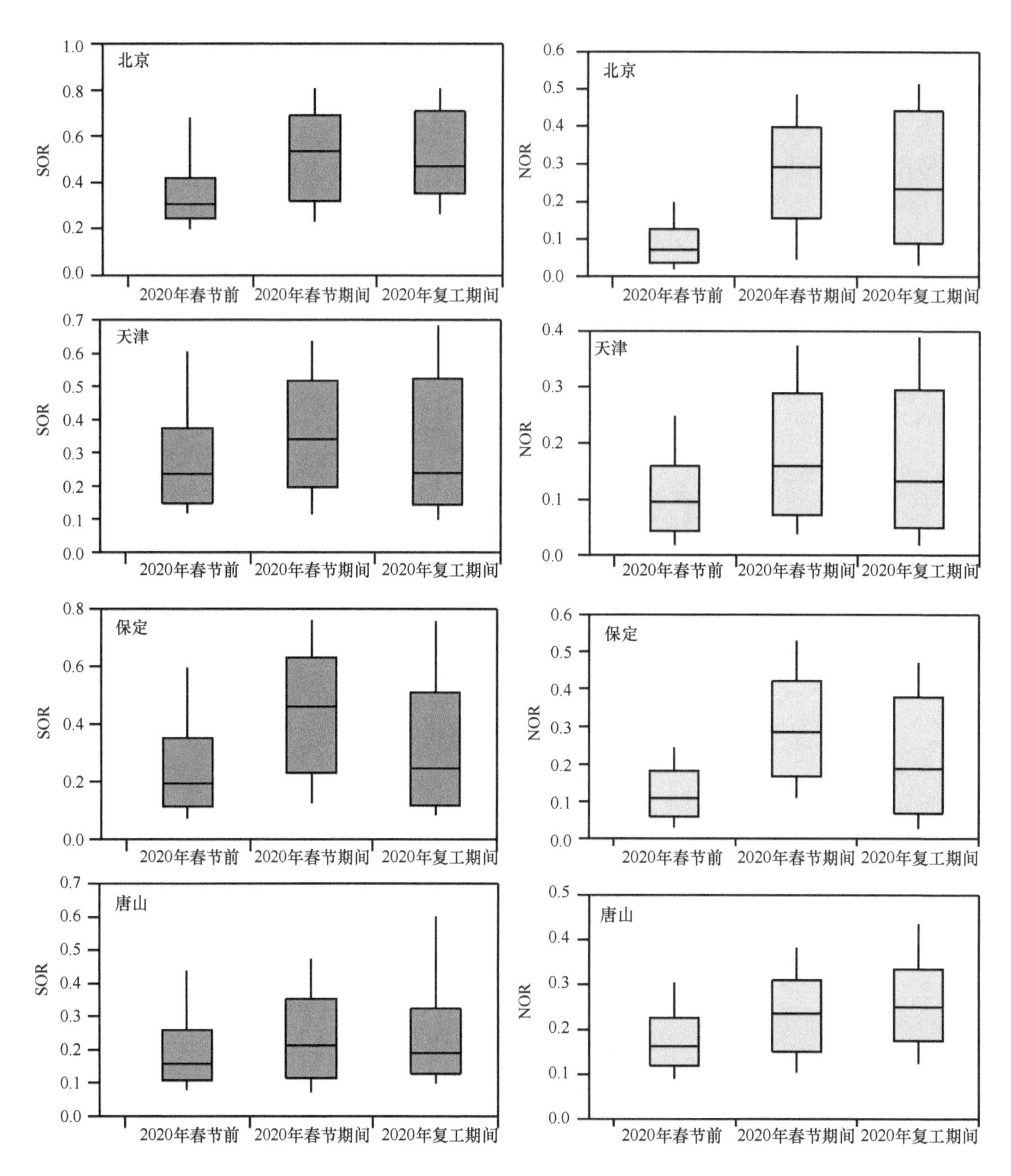

图 2-183　2020 年春节前后“2+26”城市北部典型城市硫氧化率和氮氧化率

箱式图中，从下至上依次为第 10 百分位数、第 25 百分位数、中位数、第 75 百分位数和第 90 百分位数

2.5.3　典型重污染过程综合分析

典型重污染过程的气象条件表现出相似的变化特征。从环流形势场上来看，污染过程发生时，我国中东部地区对流层中层（500hPa）均以平直的纬向环流为主，经向风弱，无明显槽脊活动，形成异常稳定的天气条件，有利于污染物的累积；低层（975hPa）污染区大多位于大地形东侧高压后部或低压系统控制下的强辐合区内，其揭示出低层流场辐合输送特征，有利于大气污染物的汇合与输送。京津冀及周边地区背风坡“弱风区”效应和“暖盖”结构特征显著，污染过程发生时，近地面风速降至 2m/s 以下，如北京过程 3 和过程 5～7 的 $PM_{2.5}$ 浓度较高，在污染最重日的风速甚至降至 1.3m/s 以下。从垂直结构上来看，低空逆温和近地层高湿

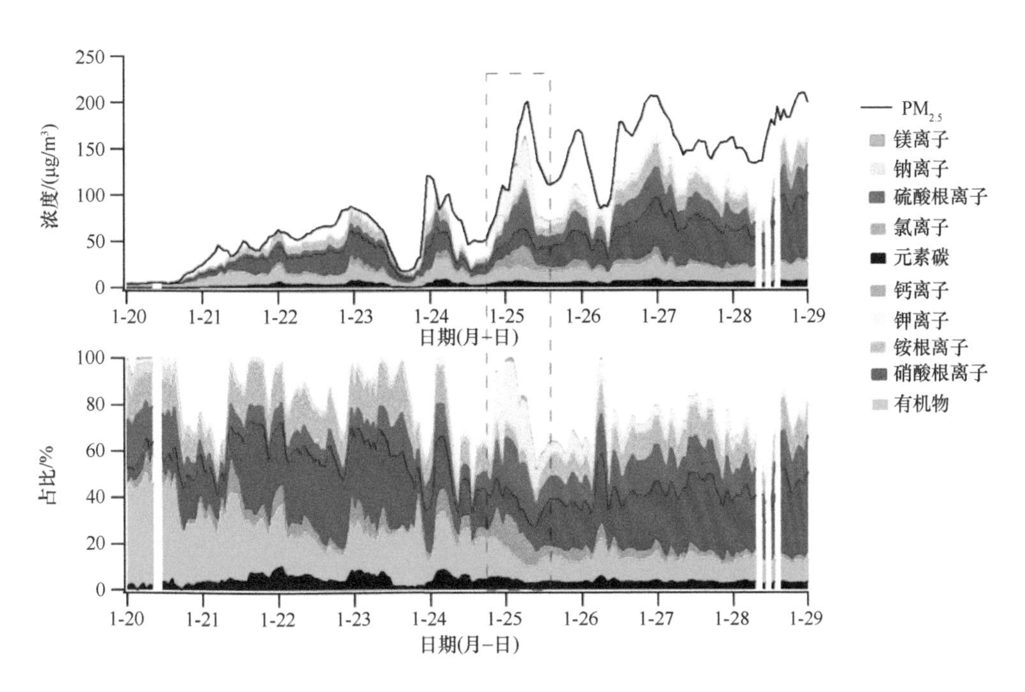

图 2-184 2020 年 1 月下旬北京重污染过程期间 $PM_{2.5}$ 主要组分浓度和占比变化

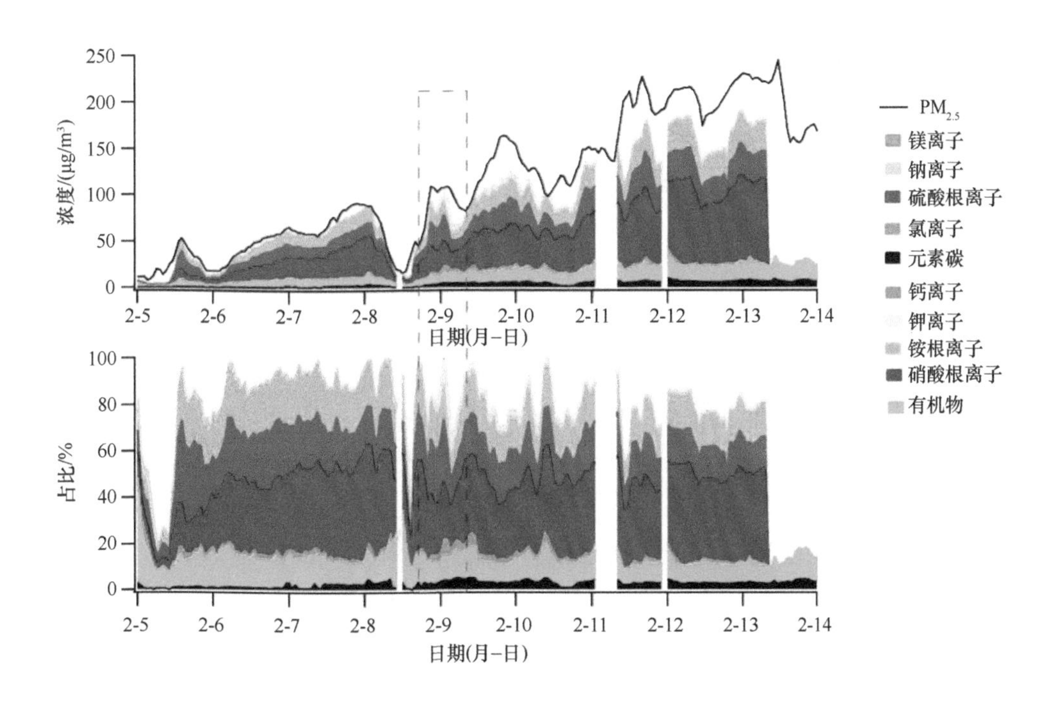

图 2-185 2020 年 2 月上中旬北京重污染过程期间 $PM_{2.5}$ 主要组分浓度和占比变化

是重污染发生的两个必要条件，如北京逆温强度在 0.4 ～ 7.1℃，边界层高度基本低于 500m，部分过程污染最重日甚至降至 350m 左右；地面相对湿度总体高于 60%，部分过程污染最重日可达 80% 以上，个别时段接近饱和。$PM_{2.5}$ 污染与不利气象条件之间的“双向反馈”机制也关系到重污染天气的发生和发展。

典型重污染过程中的物理化学转化机制不尽相同。2017 ～ 2018 年秋冬季 4 次污染过程中，第 1 次和第 3 次污染过程由新粒子生成引发，重污染期间相对湿度在 75% 左右，颗粒物含水量达 30% 以上，高湿条件下气态污染物向 $PM_{2.5}$ 二次组分转化和颗粒物吸湿增长的特征明显。例如，北京第 1 次和第 3 次污染过程 $PM_{2.5}$ 二次组分的占比分别为 71% 和 58%；第 1 次污染过程硝酸根离子的占比（37%）约是硫酸根离

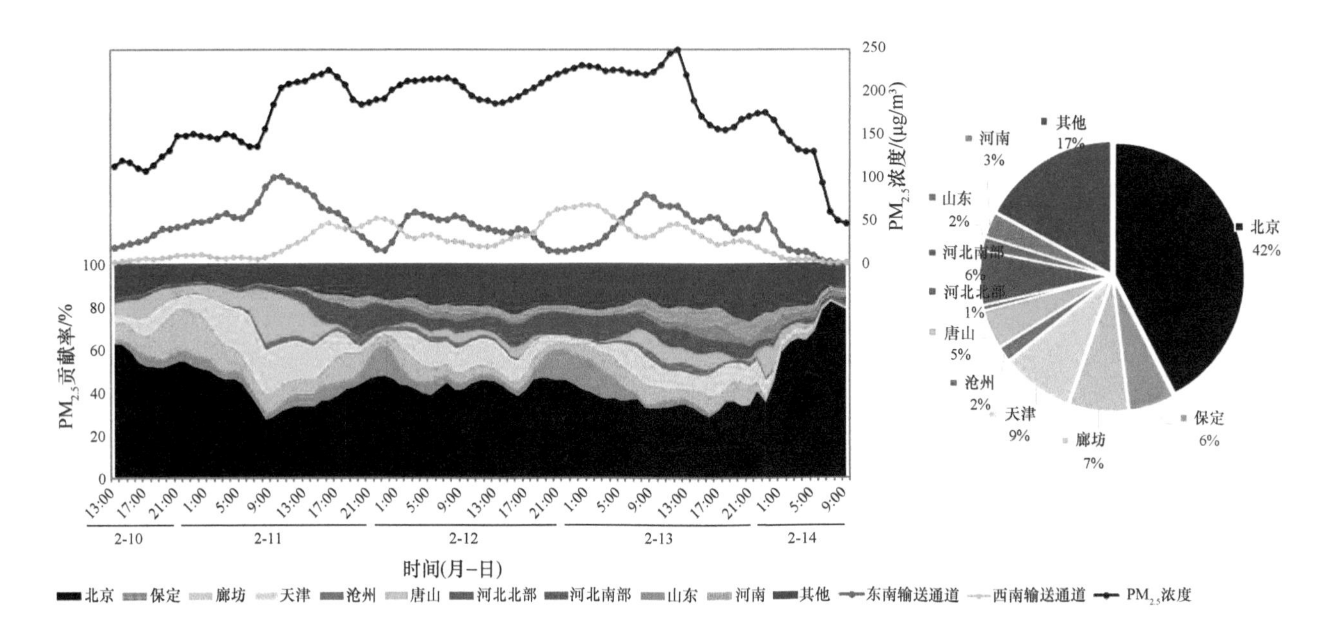

图 2-186　北京 2 月 10 ～ 14 日 $PM_{2.5}$ 区域来源解析

子（8%）的 5 倍，NO_x 的气相 ·OH 氧化和氧化产物 N_2O_5 的非均相摄取反应对 $PM_{2.5}$ 的贡献突出，而第 3 次污染过程硝酸根离子占比（25%）只高出硫酸根离子（15%）10 个百分点，NO_x 和 SO_2 二次化学转化均对 $PM_{2.5}$ 存在显著贡献，燃煤采暖排放增加是导致 SO_2 浓度上升的重要因素之一。值得注意的是，颗粒物 pH 为 2.9 ～ 4.9，不利于 SO_2 通过 NO_2 氧化反应通道向颗粒物硫酸根离子转化，因此 SO_2 液相氧化反应的主要氧化剂是 H_2O_2。第 2 次和第 4 次污染过程虽然以硝酸根离子为首的二次组分占主导地位（占比分别为 43% 和 44%），但一次排放的贡献上升，元素碳和一次有机物在 $PM_{2.5}$ 中的占比分别上升至 8% ～ 9% 和 19% ～ 22%，表明与非采暖季（11 月初）相比，采暖季散煤和生物质燃烧对区域内 $PM_{2.5}$ 的贡献上升。2018 ～ 2019 年秋冬季的 5 次重污染过程中，硝酸根离子和有机物对 $PM_{2.5}$ 贡献较高。例如，对于北京，$PM_{2.5}$ 中硝酸根离子（19% ～ 28%）和有机物（17% ～ 29%）占比位列前二，硫酸根离子占比均小于 10%。有机物在各次污染过程中的来源有所不同，第 1 次过程以一次排放（19%）为主，其他 4 次过程均以二次生成（10% ～ 16%）为主，表明 VOCs 的气相和液相氧化对有机物的贡献呈上升趋势，体现了 NO_x 和 VOCs 协同防治的重要性和紧迫性；但是，一次有机颗粒物的排放仍不容忽视。

从区域传输角度来看，西南通道是重污染过程的主要传输通道。2017 ～ 2018 年秋冬季的第 1 次和第 2 次污染过程沿西南通道输送的特征明显，第 3 和第 4 次污染过程分别存在沿西南、偏东和西南、东南通道短距离传输的特征。2018 ～ 2019 年秋冬季的第 1 次、第 3 次、第 4 次污染过程沿西南通道传输特征明显，第 2 次和第 5 次污染过程中区域静稳，以本地排放积累为主。2020 年春节期间的重污染过程，污染沿西南和偏东通道的传输特征明显，对于北京，区域对 $PM_{2.5}$ 的贡献近六成（表 2-7 和表 2-8）。

综合典型重污染过程分析结果，定量解析了京津冀地区 2017 ～ 2019 年秋冬季重污染过程中气象条件变化、污染 – 气象耦合作用、一次污染排放和二次化学转化的贡献比例。各城市平均解析结果显示，秋冬季重污染期间，一次排放对区域内 $PM_{2.5}$ 积累贡献为 14% ～ 30%（本地一次排放贡献率为 10% ～ 25%，区域传输贡献率为 3% ～ 7%），二次化学转化的贡献为 50% ～ 70%（区域传输贡献率为 26% ～ 55%，本地二次化学转化贡献率为 12% ～ 27%）；静稳、高湿、逆温、边界层下降导致气象条件转差，对区域 $PM_{2.5}$ 浓度累积的贡献为 15%（5% ～ 22%），污染 – 气象耦合作用的贡献小于 5%（图 2-187）。

中国环境科学研究院、北京大学、清华大学、南京大学、浙江大学和中国科学院等单位利用空气质量模型开展了联合研究，对“2+26”城市秋冬季 $PM_{2.5}$ 区域来源进行了解析。结果显示，“2+26”城市本

表 2-7 2017 ~ 2018 年秋冬季 4 次重污染过程特征比较

环境和气象要素	单位（备注）	2017 年 11 月 3 ～ 7 日	2017 年 11 月 30 日～ 12 月 3 日	2017 年 12 月 26 ～ 30 日	2018 年 1 月 12 ～ 20 日
高空环流特征	500 hPa	平直纬向环流	平直纬向环流	平直纬向环流	平直纬向环流
低层环流特征	975 hPa	偏西南气流	偏西南气流	高压脊控制	偏西南气流
近地面风速	m/s	1.10（11 月 6 日）	1.13（12 月 2 日）	1.27（12 月 29 日）	1.32（1 月 18 日）
相对湿度	%	75.7（11 月 6 日）	53.1（12 月 2 日）	75.0（12 月 29 日）	37.8（1 月 18 日）
边界层高度	m	413.5（11 月 6 日）	668.6（12 月 2 日）	502.8（12 月 29 日）	874.0（1 月 18 日）
逆温强度	℃	5.6（11 月 6 日）	7.1（12 月 2 日）	5.7（12 月 29 日）	4.1（1 月 18 日）
$PM_{2.5}$	$\mu g/m^3$	81.4	65.7	94.2	59.6
化学组分		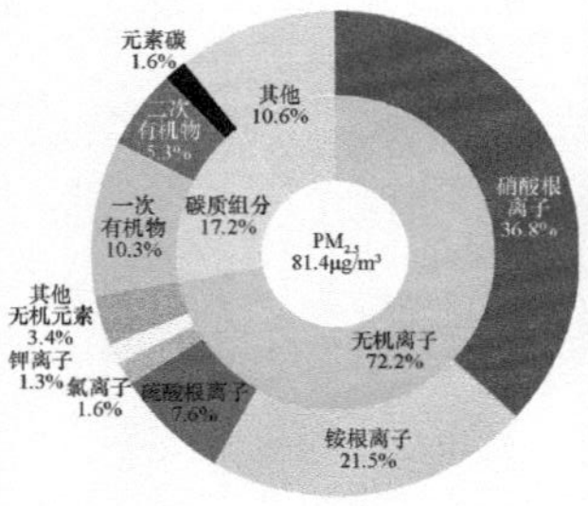 $PM_{2.5}$ 81.4μg/m³；无机离子 72.2%；硝酸根离子 36.8%；铵根离子 21.5%；硫酸根离子 7.6%；氯离子 1.6%；钾离子 1.3%；其他无机元素 3.4%；碳质组分 17.2%；一次有机物 10.3%；二次有机物 5.3%；元素碳 1.6%；其他 10.6%	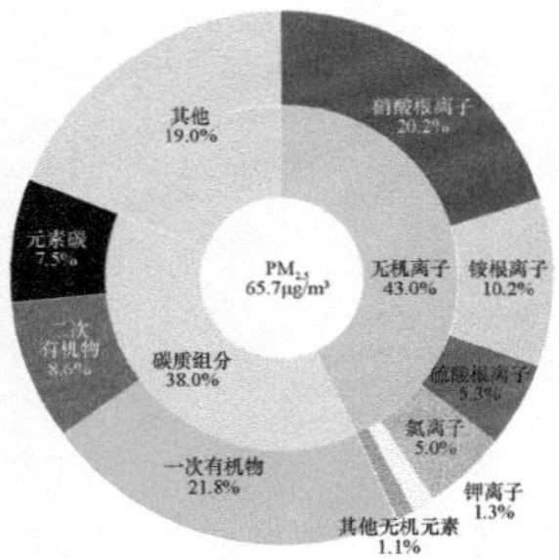 $PM_{2.5}$ 65.7μg/m³；无机离子 43.0%；硝酸根离子 20.2%；铵根离子 10.2%；硫酸根离子 5.3%；氯离子 5.0%；钾离子 1.3%；其他无机元素 1.1%；碳质组分 38.0%；一次有机物 21.8%；二次有机物 8.6%；元素碳 7.5%；其他 19.0%	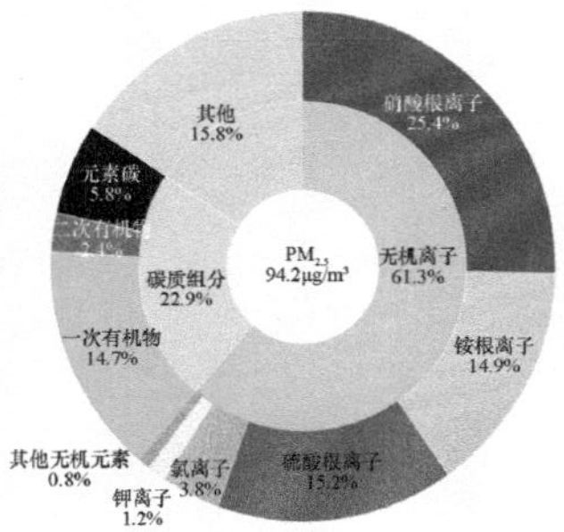 $PM_{2.5}$ 94.2μg/m³；无机离子 61.3%；硝酸根离子 25.4%；铵根离子 14.9%；硫酸根离子 15.2%；氯离子 3.8%；钾离子 1.2%；其他无机元素 0.8%；碳质组分 22.9%；一次有机物 14.7%；二次有机物 2.4%；元素碳 5.8%；其他 15.8%	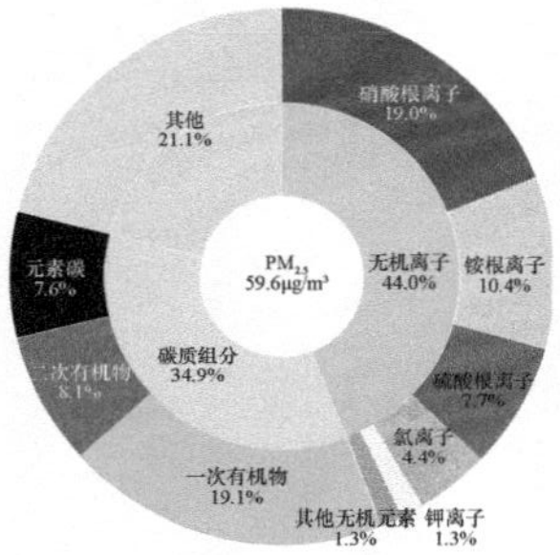 $PM_{2.5}$ 59.6μg/m³；无机离子 44.0%；硝酸根离子 19.0%；铵根离子 10.4%；硫酸根离子 7.7%；氯离子 4.4%；钾离子 1.3%；其他无机元素 1.3%；碳质组分 34.9%；一次有机物 19.1%；二次有机物 8.1%；元素碳 7.6%；其他 21.1%
NO_x	ppb	54.9	70.1	83.2	65.8
SO_2	ppb	1.5	5.6	3.8	6.5
•OH 浓度	个 /cm^3	—	4.0×10^6	—	—
HONO 光解占 •OH 来源	%	—	86	—	—
新粒子连续增长至致霾尺寸		√	×	√	×
NPF 成核速率	个 /（cm^3•s）	6.54	4.03	6.27	7.47
成核的种子贡献	%（50nm 数浓度）	9	—	4	—
NPF 气相反应潜势贡献	%（表面积当量）	10	—	5	—

续表

环境和气象要素		单位（备注）	2017 年 11 月 3 ～ 7 日	2017 年 11 月 30 日～ 12 月 3 日	2017 年 12 月 26 ～ 30 日	2018 年 1 月 12 ～ 20 日
NPF 液相反应潜势贡献		%（含水量当量）	64	—	42	—
成核前体物	H_2SO_4	个 /cm^3	2.9×10^6	2.9×10^6	3.3×10^6	2.7×10^6
	甲苯	ppb	0.17	0.43	0.27	0.42
	NH_3	ppb		5.71	8.4	1.75
一次组分		%（BC+POA）	26.2	33.1	26.5	35.9
二次组分		%（SOA+SNA）	73.8	66.9	73.5	64.1
气相反应贡献	NO_3^- 贡献比例		—	96	93	—
	SOA 贡献比例		12	29	—	—
多相反应参数及贡献	pH		2.88	4.48	2.68	3.95
	颗粒物含水比例	%	35.77	10.31	33.01	9.73
	SO_4^{2-} 氧化通道		液相反应为主，重金属与类腐殖质物质（HULIS）存在的多相反应生成的 H_2O_2 为主要氧化剂，氧化生成硫酸盐的速率为其他几种路径加和的 3 ～ 5 倍			
	对 NO_3^- 浓度贡献		—	4	7	—
	对 SOA 浓度贡献	%	88	71	—	—
本地生成与传输	本地	%	51.9	65.0	77.6	60.7
	区域传输	%（相邻城市）	20.8	19.1	15.7	17.6
		%（其他“2+26”城市）	16.2	3.4	1.0	1.4
		%（其他城市）	11. 1	12.5	5.8	20.3
		传输形态	80% ～ 90% 为二次无机颗粒物以颗粒态形式被传输，其余为气体在本地生成			
	传输通道		西南通道	西南通道	西南、偏东通道	西南、东南通道

表 2-8 2018 ~ 2019 年秋冬季 5 次重污染过程特征比较

环境和气象要素	单位（备注）	2018 年 11 月 11 ~ 15 日	2018 年 11 月 23 ~ 27 日	2018 年 11 月 28 日~ 12 月 3 日	2018 年 12 月 14 ~ 16 日	2018 年 12 月 19 ~ 21 日
高空环流特征	500 hPa	平直纬向环流	平直纬向环流	平直纬向环流	平直纬向环流	平直纬向环流
低层环流特征	975 hPa	高压西侧偏南气流	偏西、偏西南气流辐合	高压后部偏南气流	浅槽系统偏西气流	偏西、偏东气流辐合
近地面风速	m/s	1.22（11 月 14 日）	1.30（11 月 26 日）	1.06（12 月 2 日）	1.11（12 月 15 日）	1.76（12 月 21 日）
相对湿度	%	86.0（11 月 14 日）	61.3（11 月 26 日）	85.8（12 月 2 日）	47.7（12 月 15 日）	44.8（12 月 21 日）
边界层高度	m	407.2（11 月 14 日）	638.5（11 月 26 日）	368.1（12 月 2 日）	700.0（12 月 15 日）	910.4（12 月 21 日）
逆温强度	℃	1.9（11 月 14 日）	5.8（11 月 26 日）	0.4（12 月 2 日）	4.6（12 月 15 日）	7.0（12 月 21 日）
北京 $PM_{2.5}$	μg/m³	129.6	103.6	110.5	64.6	57.3
北京 $PM_{2.5}$ 化学组分		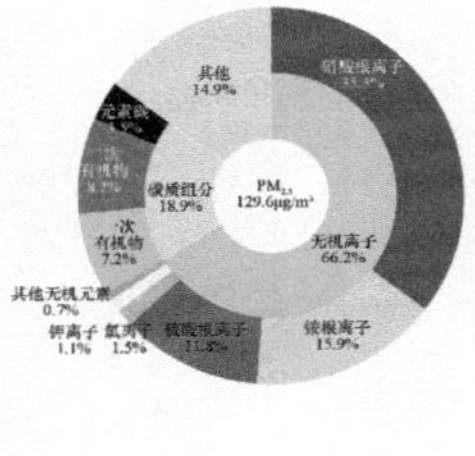 $PM_{2.5}$ 129.6μg/m³ 无机离子 66.2% 铵根离子 15.9% 硫酸根离子 11.8% 氯离子 1.5% 钾离子 1.1% 其他无机元素 0.7% 碳质组分 18.9% 一次有机物 7.2% 其他 14.9%	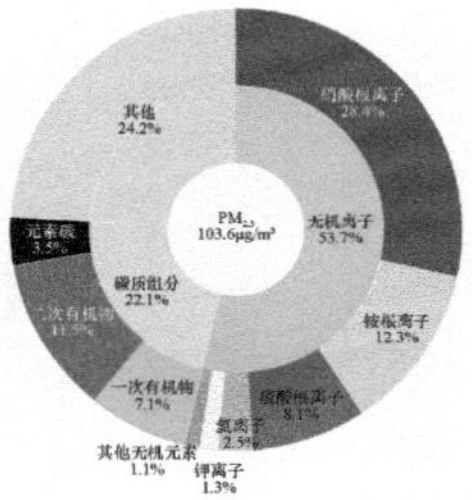 $PM_{2.5}$ 103.6μg/m³ 无机离子 53.7% 铵根离子 12.3% 硫酸根离子 8.1% 氯离子 2.5% 钾离子 1.3% 其他无机元素 1.1% 碳质组分 22.1% 元素碳 3.5% 一次有机物 7.1% 其他 24.2%	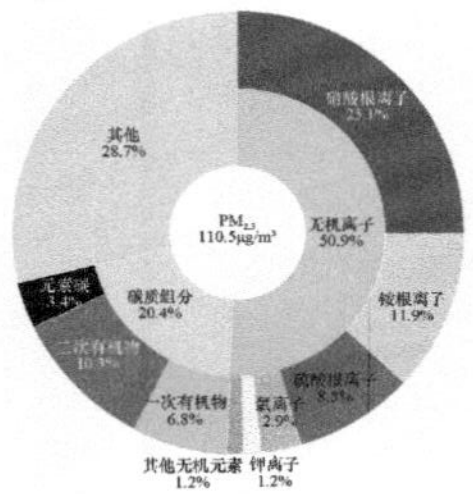 $PM_{2.5}$ 110.5μg/m³ 无机离子 50.9% 铵根离子 11.9% 硫酸根离子 8.5% 氯离子 2.9% 钾离子 1.2% 其他无机元素 1.2% 碳质组分 20.4% 元素碳 3.4% 二次有机物 10.3% 一次有机物 6.8% 其他 28.7%	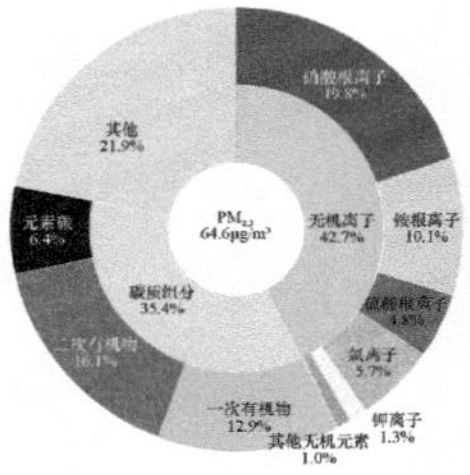 $PM_{2.5}$ 64.6μg/m³ 无机离子 42.7% 铵根离子 10.1% 硫酸根离子 4.8% 氯离子 5.7% 钾离子 1.3% 其他无机元素 1.0% 碳质组分 35.4% 元素碳 6.4% 二次有机物 16.1% 一次有机物 12.9% 其他 21.9%	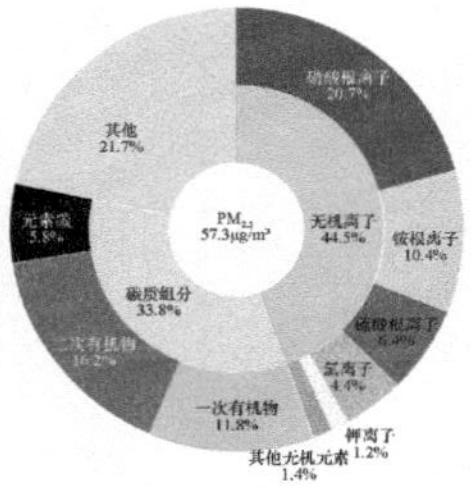 $PM_{2.5}$ 57.3μg/m³ 硝酸根离子 20.7% 无机离子 44.5% 铵根离子 10.4% 氯离子 4.4% 钾离子 1.2% 其他无机元素 1.4% 碳质组分 33.8% 元素碳 5.8% 二次有机物 16.2% 一次有机物 11.8% 其他 21.7%
NO_x	ppb	66.6	65.5	75.1	84.3	84.2
SO_2	ppb	1.3	2.7	3.2	3.8	3.8
•OH 浓度	个 /cm³	—	—	—	—	3.0×10^6
HONO 光解占 •OH 来源		—	—	—	—	80
新粒子连续增长至致霾尺寸		√	×	√	√	√
NPF 成核速率	个 /（cm³•s）	4.32	4.06	1.40	4.65	3.27
成核的种子贡献	%（50nm 数浓度）	5	—	7	23	4
NPF 气相反应潜势贡献	%（表面积当量）	6	—	8	26	5

续表

环境和气象要素		单位（备注）	2018 年 11 月 11 ～ 15 日	2018 年 11 月 23 ～ 27 日	2018 年 11 月 28 日～ 12 月 3 日	2018 年 12 月 14 ～ 16 日	2018 年 12 月 19 ～ 21 日
NPF 液相反应潜势贡献		% 含水量当量	48	—	57	84	42
成核前体物	H_2SO_4	个 /cm^3	—	—	—	—	—
	甲苯	ppb	—	0.13	0.13	0.14	0.25
	NH_3	ppb	—	5.3	5.3	5.2	7.9
一次组分		BC+POA	20.3	28.7	30.0	32.2	31.1
二次组分		SOA+SNA	79.7	71.3	70.0	67.8	68.9
气相反应贡献	NO_3^- 贡献比例		—	94	95	—	—
	SOA 贡献比例		—	—	—	—	—
多相反应参数及贡献	pH		—	4.27	3.91	4.89	4.12
	颗粒物含水比例	%	—	4.95	18.46	2.92	3.19
	SO_4^{2-} 氧化通道		液相反应为主，重金属与 HULIS 存在的多相反应生成的 H_2O_2 为主要氧化剂，氧化生成硫酸盐的速率为其他几种路径加和的 3 ～ 5 倍				
	对 NO_3^- 浓度贡献	%	—	6	5	—	—
	对 SOA 浓度贡献		—	—	—	—	—
本地生成与传输	本地	%	39.2	50.0	60.4	44.1	50.8
	区域传输	%（相邻城市）	30.0	23.7	30.4	38.1	27.5
		%（其他“2+26”城市）	19.2	4.0	1.3	13.8	1.3
		%（其他城市）	11.7	22.3	7.8	4.0	20.5
		传输形态	80% ～ 90% 为二次无机颗粒物以颗粒态形式被传输，其余为气体在本地生成				
	传输通道		西南通道	区域静稳	西南通道	西南通道	区域静稳

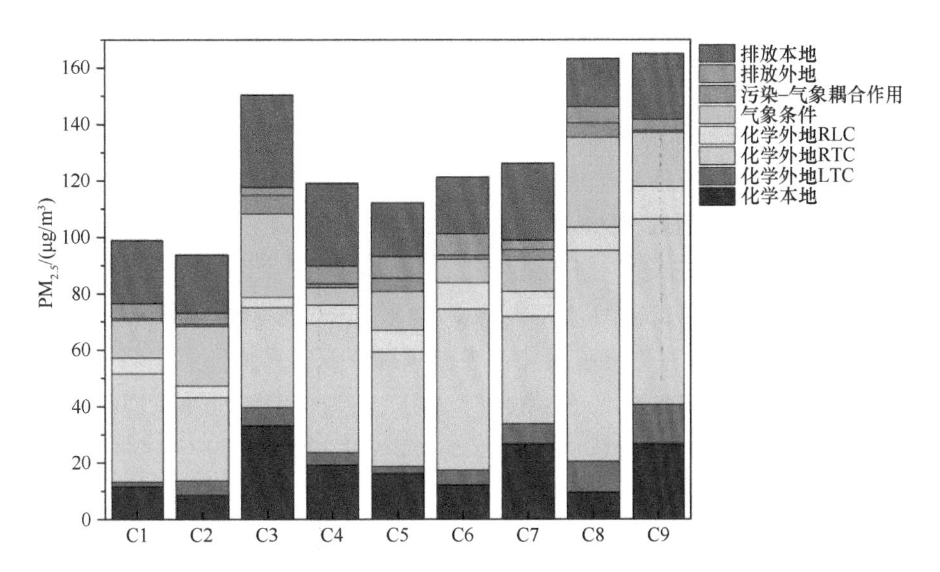

图 2-187　典型重污染过程 $PM_{2.5}$ 平均浓度及一次污染排放–气象条件–二次化学转化–污染–气象耦合作用定量解析

地和区域对 $PM_{2.5}$ 的贡献存在显著空间差异。京津冀大部分城市本地排放对 $PM_{2.5}$ 的贡献为 40% ～ 60%，“2+26”城市区域内部的贡献为 15% ～ 45%，“2+26”城市区域外的贡献为 15% ～ 25%；山西 4 个城市本地排放对 $PM_{2.5}$ 的贡献为 30% ～ 50%，“2+26”城市区域内部的贡献为 10% ～ 40%，“2+26”城市区域外的贡献为 30% ～ 40%；山东 7 个城市本地排放对 $PM_{2.5}$ 的贡献为 35% 左右，“2+26”城市区域内部的贡献为 25% ～ 35%，“2+26”城市区域外的贡献为 30% ～ 40%；河南 7 个城市处于“2+26”城市区域南部，$PM_{2.5}$ 受“2+26”城市区域外贡献影响较大，本地排放对 $PM_{2.5}$ 的贡献为 20% ～ 35%，“2+26”城市区域内部的贡献为 15% ～ 50%，“2+26”城市区域外的贡献为 30% ～ 50%。

2.6　小　　结

京津冀及周边地区“2+26”城市地理条件先天不足，秋冬季扩散条件较差，大气污染物排放总量仍居高位，大气强氧化性加速了气态污染物向颗粒物的二次化学转化，叠加城市间相互传输等影响，使得区域秋冬季大气重污染频发。

（1）污染物排放量超出环境容量 50% 以上，是重污染频发的根本原因。

近 20 年大气污染物排放量变化趋势表明，2013 年以来京津冀及周边地区主要大气污染物排放量显著减少。2000 ～ 2018 年，京津冀及周边地区 GDP 增长 8 倍，粗钢产量增长 9.6 倍，公路货运量增长 2.3 倍，化石能源消费量增长 2 倍，大气污染物产生量大幅增加。2005 年以来，通过实施总量减排制度，SO_2 和 NO_x 排放得到初步控制。2013 年国家实施“大气十条”以来，京津冀及周边地区的一次 $PM_{2.5}$、SO_2 和 NO_x 排放量显著减少，分别下降了 45%、67% 和 27%。

目前，区域内主要大气污染物排放量仍然处于高位，单位土地面积主要污染物排放量（排放强度）是全国平均水平的 2 ～ 5 倍、美国的 3 ～ 13 倍。测算表明，以 $PM_{2.5}$ 年均浓度达标（35μg/m^3）为约束，京津冀及周边地区“2+26”城市大气中一次 $PM_{2.5}$、SO_2、NO_x、VOCs 和 NH_3 的常年平均大气环境容量分别约为 80 万 t、105 万 t、160 万 t、110 万 t 和 80 万 t。2018 年，“2+26”城市共排放一次 $PM_{2.5}$ 95.0 万 t、SO_2 74.6 万 t、NO_x 232.5 万 t、VOCs 218.7 万 t、NH_3 140.7 万 t；除 SO_2 外，主要污染物排放量超出环境容量 50% 以上，部分城市超出 80% ～ 150%。

高度聚集的重化工产业、煤炭占比 70% 的能源利用方式、公路运输占比 80% 的货运方式，是导致区域污染物排放量居高不下的重要原因。钢铁焦化、建材、石油化工等工业行业对一次 $PM_{2.5}$、SO_2、NO_x 和 VOCs 等污染物排放量的贡献均较高（27%、46%、27% 和 38%），而且存在大量不可中断的生产工序，重污染期间难以采取临时停产等应急减排措施；民用燃烧对一次 $PM_{2.5}$ 和 SO_2 排放量贡献较高（11% 和 22%），主要集中在采暖季；移动源对 NO_x 和 VOCs 排放量贡献较高（52% 和 15%）；畜禽养殖对 NH_3 排放量贡献居于主导地位（59%）。`

以晋城、邯郸、聊城、安阳为代表的晋冀鲁豫交界地区，以石家庄、邢台为代表的太行山沿线城市的扩散条件更差，环境容量偏小，集聚了大量钢铁、建材企业等高耗能、高污染企业，秋冬季污染严重，是大气污染的“热点地区”。以唐山、天津、沧州、滨州为代表的渤海湾沿线城市环境容量相对较大，但钢铁、化工企业高度集聚，污染物排放量巨大，污染发生初期多位于上风向，其对区域空气质量影响大。

（2）秋冬季不利气象条件导致环境容量大幅降低，是大气重污染过程形成的必要条件。

京津冀及周边地区位于太行山东侧和燕山南侧的半封闭地形中，存在大地形“背风坡”弱风区及其对流层中层气温距平“暖盖”结构等特征，其地理地形条件不利于大气污染物的扩散。在气候变暖背景下，大气环境容量受气象综合因素影响而发生动态变化，存在明显的年代际、年际、季节、月度和日际差异，近年来区域大气环境容量整体呈下降态势。

20 世纪 60 年代以来，受气候变暖影响，我国北方地区秋冬季盛行的西北季风减弱，气温偏高，京津冀区域边界层结构日趋稳定，气象条件总体转差，2010 年后更为显著。京津冀 2010 ～ 2019 年较 1980 ～ 2010 年冬季气温平均升高 8.7%，风速平均降低 3.1%（其中北京降低 10.5%），气象条件总体转差 10% 左右。

2000 年以来，受气象条件影响，区域环境容量的年际波动幅度达 10% 左右，个别城市环境容量的年际波动幅度可达 15% 左右，导致空气质量变化趋势出现相应波动。环境容量呈现显著的季度和月度差异，秋冬季比春夏季平均小 30% 左右，1 月的环境容量约是 7 月的 50%；这与排放量月际分布正好相反，冬季环境容量最小，排放量却最大，从而导致出现重污染天气。

近 10 年对重污染过程的分析表明，区域内持续性不利气象条件与斯堪的纳维亚和鄂霍茨克海阻塞高压（即“双阻塞”）的特殊气象背景密切相关，这类环流形势维持使区域处于高压系统控制，甚至可形成长达 6 天及以上的区域重污染天气。当区域处于高层高压“停滞”、低层高压后部或低压控制下的辐合区等气象条件时，重污染天气容易出现。若近地面风速小于 2m/s、逆温导致边界层高度降至 500m 以下（清洁天的 1/3 ～ 1/2）、相对湿度高于 60% 时，大气可容纳的污染物排放量会进一步减少 50% ～ 70%，造成污染物快速累积和二次化学转化，诱发重污染天气。同时，不利气象条件与 $PM_{2.5}$ 污染之间存在“双向反馈”机制，不利气象条件造成 $PM_{2.5}$ 积累，而高浓度 $PM_{2.5}$ 又会导致气象条件持续转差。

（3）高浓度的 NO_x 和 VOCs 造成大气氧化性强，其是重污染期间二次 $PM_{2.5}$ 快速增长的关键因素。

$PM_{2.5}$ 中既包含一次排放的颗粒物，也包含由 SO_2、NO_x、VOCs、NH_3 等气态污染物二次化学转化生成的颗粒物。2013 年以来，$PM_{2.5}$ 的组分构成发生了较大变化，一次组分的浓度和占比均显著下降，如地壳物质占比从 20% 下降至 10% 左右，这反映了扬尘控制成效；二次组分（硝酸根离子、硫酸根离子、铵根离子和二次有机物等）浓度有所下降，但占比从 40% 上升至 50% 左右；重污染期间颗粒物组分以二次无机组分为主，其占到 60% 以上。

$PM_{2.5}$ 中的二次组分来自各种气态前体物的化学转化。硝酸盐主要来自 NO_x 的气相氧化与凝结过程，羟基自由基氧化贡献约 70%，硝酸自由基氧化贡献约 30%。硫酸盐的生成主要来自 SO_2 气相氧化、H_2O_2 主导的非均相氧化和过渡金属的催化氧化。二次有机物来自羟基自由基等对 VOCs 的气相氧化（贡献约 40%）和非均相氧化（贡献约 60%）。重污染发展阶段，二次组分成倍增长且吸湿性强；特别是近年来硝酸盐逐渐成为二次颗粒物污染的主导组分，其增强了颗粒物的吸湿能力，在 80% 的高湿度条件下颗粒物可吸收相当于 $PM_{2.5}$ 本身质量约 60% 的液态水，其在加速二次化学转化的同时显著降低了大气能见度。

研究表明，大气氧化性决定了二次化学转化的快慢。区域内大气氧化性总体处于高位，北京大气中羟基自由基（主要大气氧化剂）浓度高出纽约、伯明翰和东京地区 1 ～ 2 倍，羟基自由基氧化速率高出纽约、伯明翰和东京地区 2 ～ 4 倍。重污染期间，氧化剂浓度低和二次化学转化速率高是大气强氧化性的显著特征，羟基自由基因参与化学反应其浓度降低 50% ～ 70%，而气态污染物反应活性（浓度）增加约一个数量级，自由基循环速度和去除速率加快 4 ～ 5 倍，污染物二次化学转化速率升高 3 ～ 5 倍。高浓度的 NO_x 和 VOCs 是导致大气氧化性强的主要原因，这和区域柴油货车和工业炉窑等 NO_x 排放量下降不明显、VOCs 排放量居高不下密切相关。秋冬季重污染过程中大气氧化性的反应机制在夏季也呈现类似情形，其形成以臭氧为典型特征的光化学污染。

（4）各城市 $PM_{2.5}$ 污染受传输影响幅度为 20% ～ 30%，重污染期间进一步增加 15% ～ 20%。

京津冀及周边地区区域性污染特征突出，城市之间相互影响，但因污染状况、所处地理位置不同，影响程度有所差异。总体来看，大气污染来源以本地为主，占 70% ～ 80%；污染传输对各城市 $PM_{2.5}$ 的全年平均贡献率为 20% ～ 30%，重污染期间会再增加 15% ～ 20%。各城市也对区域整体污染产生影响，贡献率为 1% ～ 5%。

重污染期间，区域传输对二次 $PM_{2.5}$ 的影响较大，贡献率为 50% ～ 80%。其中，以颗粒态输送的二次 $PM_{2.5}$ 占 40% ～ 70%，以气态污染物输送并在下风向受影响城市发生化学转化的二次 $PM_{2.5}$ 约占 10%。区域传输对一次 $PM_{2.5}$ 的影响较小，贡献率约为 20%。

对北京而言，污染传输在重污染过程中对 $PM_{2.5}$ 的平均贡献率为 45%，个别过程可达 70%。对北京大气污染影响较大的传输通道主要有西南、东南和偏东三条通道，西南通道（河南北部—邯郸—石家庄—保定沿线）影响频率最高、输送强度最大，重污染过程中的平均贡献率为 20%，个别重污染过程可达 40% 左右。定量分析显示，在典型重污染过程起始阶段，向北京的输送通量最高可达 500 ～ 800μg/（m^2·s），重污染形成阶段的输送通量为 100 ～ 200μg/（m^2·s）。东南通道（山东中部—沧州—廊坊沿线）平均贡献率 10% 左右，近年来秋冬季有加重趋势；偏东通道（唐山—天津沿线）平均贡献率 5% 左右，主要集中在 10 月和 2 ～ 3 月。

（5）工业、散煤和柴油车是采暖季区域内 $PM_{2.5}$ 的主要来源，对 $PM_{2.5}$ 浓度的贡献随污染加重而上升。

2018 ～ 2019 年秋冬季 $PM_{2.5}$ 来源解析结果表明，工业源为区域 $PM_{2.5}$ 首要来源（包括工业燃煤和工艺过程），贡献浓度 39.4μg/m^3，占比 36.0%，其中钢铁焦化行业贡献最大（8.6%），其次是水泥行业（4.2%），钢压延加工（3.3%）、石油化工（2.3%）、有色冶炼（2.1%）等行业也有一定贡献。燃煤源为区域 $PM_{2.5}$ 第二来源，贡献浓度 28.0μg/m^3，占比 25.6%，包括民用燃煤（16.8%）和电厂燃煤（8.8%）。机动车源对区域 $PM_{2.5}$ 贡献浓度 20.7μg/m^3，占比 18.9%，柴油车（16.5%）贡献远大于汽油车和其他燃料车。扬尘源对区域 $PM_{2.5}$ 贡献浓度 12.3μg/m^3，占比 11.2%。

与 2017 ～ 2018 年采暖季相比，工业源和燃煤源对 $PM_{2.5}$ 的贡献浓度分别上升 27.3% 和 13.2%，扬尘源的贡献浓度下降 16.4%，机动车源的贡献浓度基本持平。这印证了大气污染治理工作的进展：近年来，通过采取精细化管控措施，以扬尘为代表的粗颗粒污染基本得到控制，2017 ～ 2018 年秋冬季采取的工业企业错峰生产措施是当年 $PM_{2.5}$ 浓度下降的决定性因素之一，未来减排潜力大；2018 ～ 2019 年秋冬季燃煤贡献有反弹趋势，这与发现多地散煤复烧且非电行业排放反弹的相关现象吻合；机动车排放仍居高不下，NO_x 排放无明显下降。

在重污染天期间，区域内工业、燃煤和机动车三大源类对 $PM_{2.5}$ 的贡献浓度较优良天分别升高 1.8 倍、2.1 倍和 1.7 倍，而扬尘源的浓度贡献降低了 36%，反映出重污染主要受工业、散煤和柴油车影响，应将其作为秋冬季重污染治理的重点。

2020 年春节期间京津冀及周边地区出现的重污染过程印证了上述研究结论。在污染排放方面，2020 年 1 月下旬至 2 月中旬交通流量显著下降，但含有大量不可中断工序的电力、钢铁、玻璃、石化等重点行业活动水平变化不大，民用采暖需求增加，区域内一次 $PM_{2.5}$、SO_2、NO_x 和 VOCs 排放量较春节前分别减少 17%、10%、46% 和 26%。在气象条件方面，北京及周边出现了长时间高湿、静稳、逆温不利的气象条件，造成环境容量减少 1/3 左右，北京南部减少 50% 左右。在化学转化方面，高湿条件加剧二次污染，北京及周边硝酸根、硫酸根和铵根离子在 $PM_{2.5}$ 中分别占 20%、14% 和 15%，二次组分占比约为 60%。在污染传输方面，重污染过程初期，污染物沿偏东通道和西南通道向太行山－燕山交界处传输，显著推高了北京 $PM_{2.5}$ 浓度。总体来看，虽然区域内机动车污染物排放量减少，但工业源污染物排放量基本持平，散煤燃烧的污染物排放量有所增加，污染物排放总量的减小不足以抵消不利气象条件造成的环境容量下降，从而出现了两次重污染过程。

此外，关于 NH_3 对 $PM_{2.5}$ 的影响问题，我们开展了专题研究。NH_3 作为大气中主要的碱性气体，极易与 SO_2、NO_x 等酸性气体发生化学反应生成硫酸铵、硝酸铵等二次颗粒物。研究表明，我国 NH_3 年排放量 1000 万 t 左右，其中农业源占 80% 以上，主要来自种植业和养殖业。“2+26”城市整体处于富氨状态，过量 20% 左右；区域秋冬季铵根离子在 $PM_{2.5}$ 中质量占比 10% 左右，低于硝酸根离子、有机物和硫酸根离子。在重污染期间，SO_2、NO_x 等酸性气体氧化速率加快，导致硫酸铵和硝酸铵浓度显著上升。NH_3 减排能够降低 $PM_{2.5}$ 的浓度，但与 SO_2、NO_x 相比，NH_3 对秋冬季 $PM_{2.5}$ 重污染没有起到主导作用。欧美发达国家和地区普遍采取以削减一次颗粒物、SO_2、NO_x、VOCs 为主，以控氨为辅的策略，来实现空气质量的显著改善。

参考文献

[1] Chen T, Chu B, Ge Y, et al. Enhancement of aqueous sulfate formation by the coexistence of NO_2/NH_3 under high ionic strengths in aerosol water[J]. Environmental Pollution, 2019, 252: 236-244.

[2] Zhang Y, Tong S, Ge M, et al. The formation and growth of calcium sulfate crystals through oxidation of SO_2 by O_3 on size-resolved calcium carbonate[J]. RSC Advances, 2018, 8(29): 16285-16293.

[3] 龚鹏鹏 . 基于空间统计方法的空气质量影响因素研究 [D]. 北京 : 首都经济贸易大学 , 2016.

[4] 张帆 , 陈颖军 , 王晓平 , 等 . 砣矶岛国家大气背景站 $PM_{2.5}$ 化学组成及季节变化特征 [J]. 地球化学 , 2014, 43(4): 317-328.

[5] 张霖琳 , 刀谞 , 王超 , 等 . 我国四个大气背景点颗粒物浓度及其元素分布特征 [J]. 环境化学 , 2015, 34(1): 70-76.

[6] 王海畅 , 吴泽邦 , 周景博 , 等 . 北京上甸子站 $PM_{2.5}$ 浓度与气象要素关系分析 [J]. 气象与环境学报 , 2015, 31(5): 99-104.

[7] 环境保护部 . 环境空气质量标准 [S]. 北京：中国环境科学出版社 , 2012.

[8] 郭隽 . 通过 WHO 的空气质量准则看中国新颁布空气质量标准 [J]. 资源节约与环保 , 2013, (12): 124.

[9] An Z, Huang R J, Zhang R, et al. Severe haze in northern China: A synergy of anthropogenic emissions and atmospheric processes[J]. Proceedings of the National Academy of Sciences of the United States of America, 2019, 116(18): 8657.

[10] Zhu W, Xu X, Zheng J, et al. The characteristics of abnormal wintertime pollution events in the Jing-Jin-Ji region and its relationships with meteorological factors[J]. Science of the Total Environment, 2018, 626: 887-898.

[11] Wang J, Liu Y, Ding Y, et al. Impacts of climate anomalies on the interannual and interdecadal variability of autumn and winter haze in North China: A review[J]. International Journal of Climatology, 2020, 40(10): 4309-4325.

[12] Zhang X, Zhong J, Wang J, et al. The interdecadal worsening of weather conditions affecting aerosol pollution in the Beijing area in relation to climate warming[J]. Atmospheric Chemistry and Physics, 2018, 18(8): 5991-5999.

[13] Zhang H, Zhang X, Li Q, et al. Research progress on estimation of the atmospheric boundary layer height[J]. Journal of Meteorological Research, 2019, 34(3): 482-498.

[14] Zhong J, Zhang X, Wang Y. Reflections on the threshold for $PM_{2.5}$ explosive growth in the cumulative stage of winter heavy aerosol pollution episodes (HPEs) in Beijing[J]. Tellus B: Chemical and Physical Meteorology, 2019, 71(1): 1528134.

[15] Wang Y, Yu M, Wang Y, et al. Rapid formation of intense haze episodes via aerosol-boundary layer feedback in Beijing[J]. Atmospheric Chemistry and Physics, 2020, 20(1): 45-53.

[16] Zhong J, Zhang X, Wang Y, et al. The two-way feedback mechanism between unfavorable meteorological conditions and cumulative aerosol pollution in various haze regions of China[J]. Atmospheric Chemistry and Physics, 2019, 19(5): 3287-3306.

[17] Liu L, Zhang X, Zhong J, et al. The 'two-way feedback mechanism' between unfavorable meteorological conditions and cumulative $PM_{2.5}$ mass existing in polluted areas south of Beijing[J]. Atmospheric Environment, 2019, 208: 1-9.

[18] Zhong J, Zhang X, Wang Y. Relatively weak meteorological feedback effect on $PM_{2.5}$ mass change in winter 2017/18 in the Beijing area: Observational evidence and machine-learning estimations[J]. Science of the Total Environment, 2019, 664: 140-147.

[19] Zhang X, Xu X, Ding Y, et al. The impact of meteorological changes from 2013 to 2017 on $PM_{2.5}$ mass reduction in key regions in China[J]. Science China—Earth Sciences, 2019, 62(12): 1885-1902.

[20] Zhang C Y, Wang L T, Wang M Y, et al. Evolution of key chemical components in $PM_{2.5}$ and potential formation mechanisms of serious haze events in Handan, China[J]. Aerosol and Air Quality Research, 2018, 18(7): 1545-1557.

[21] Zhao L, Wang L T, Tan J H, et al. Changes of chemical composition and source apportionment of $PM_{2.5}$ during 2013—2017 in urban Handan, China[J]. Atmospheric Environment, 2019, 206: 119-131.

[22] Tian S, Liu Y, Wang J, et al. Chemical compositions and source analysis of $PM_{2.5}$ during autumn and winter in a heavily polluted city in China[J]. Atmosphere, 2020, 11(4): 336.

[23] 李欢，唐贵谦，张军科，等. 2017～2018年北京大气 $PM_{2.5}$ 中水溶性无机离子特征 [J]. 环境科学，2020, (10): 4364-4373.

[24] Zhang R, Wang G, Guo S, et al. Formation of urban fine particulate matter[J]. Chemical Reviews, 2015, 115(10): 3803-3855.

[25] Ma X, Tan Z, Lu K, et al. Winter photochemistry in Beijing: Observation and model simulation of OH and HO_2 radicals at an urban site[J]. Science of the Total Environment, 2019, 685: 85-95.

[26] Ren X, Brune W H, Mao J, et al. Behavior of OH and HO_2 in the winter atmosphere in New York City[J]. Atmospheric Environment, 2006, 40: 252-263.

[27] Ren X, Harder H, Martinez M, et al. OH and HO_2 Chemistry in the urban atmosphere of New York City[J]. Atmospheric Environment, 2003, 37(26): 3639-3651.

[28] Kanaya Y, Cao R, Akimoto H, et al. Urban photochemistry in central Tokyo: 1. Observed and modeled OH and HO_2 radical concentrations during the winter and summer of 2004[J]. Journal of Geophysical Research: Atmospheres, 2007, 112(D21): 021312.

[29] Zhang J, Chen J, Xue C, et al. An Impacts of six potential HONO sources on HO_x budgets and SOA formation during a wintertime heavy haze period in the North China Plain[J]. Science of the Total Environment, 2019, 681: 110-123.

[30] 王玉征，薛朝阳，张成龙，等. 典型华北农村地区冬季HONO的浓度水平及来源分析 [J]. 环境科学，2019, 40(9): 3973-3981.

[31] Lu K, Guo S, Tan Z, et al. Exploring atmospheric free-radical chemistry in China: The self-cleansing capacity and the formation of secondary air pollution[J]. National Science Review, 2018, 6(3): 579-594.

[32] Xu C X, Jiang S, Liu Y R, et al. Formation of atmospheric molecular clusters of methanesulfonic acid-diethylamine complex and its atmospheric significance[J]. Atmospheric Environment, 2020, 226: 117404.

[33] Li J, Feng Y J, Jiang S, et al. Hydration of acetic acid-dimethylamine complex and its atmospheric implications[J]. Atmospheric Environment, 2019, 219: 117005.

[34] Zhao F, Feng Y J, Liu Y R, et al. Enhancement of atmospheric nucleation by highly oxygenated organic molecules: A density functional theory study[J]. The Journal of Physical Chemistry A, 2019, 123(25): 5367-5377.

[35] Han Y J, Feng Y J, Miao S K, et al. Hydration of 3-hydroxy-4,4-dimethylglutaric acid with dimethylamine complex and its atmospheric implications[J]. Physical Chemistry Chemical Physics, 2018, 20(40): 25780-25791.

[36] Almeida J, Schobesberger S, Kürten A, et al. Molecular understandingof sulphuric acid-amine particle nucleation in the atmosphere[J]. Nature, 2013, 502(7471): 359-363.

[37] Yao L, Garmash O, Bianchi F, et al. Atmospheric new particle formation from sulfuric acid and amines in a Chinese megacity[J]. Science, 2018, 361(6399): 278.

[38] Fang X, Hu M, Shang D, et al. Observational evidence for the involvement of dicarboxylic acids in particle nucleationental[J]. Science & Technology Letters, 2020, 7(6): 388-394.

[39] Liu P, Ye C, Xue C, et al. Formation mechanisms of atmospheric nitrate and sulfate during the winter haze pollution periods in Beijing: Gas-phase, heterogeneous and aqueous-phase chemistry[J]. Atmospheric Chemistry and Physics, 2020, 20(7): 4153-4165.

[40] Wu Z J, Wang Y, Tan T Y, et al. Aerosol liquid water driven by anthropogenic inorganic salts: Implying its key role in haze formation over the North China Plain[J]. Environmental Science & Technology Letters, 2018, 5(3): 160-166.

[41] Fountoukis C, Nenes A. Isorropia II: A computationally efficient thermodynamic equilibrium model for K^+–Ca^{2+}–Mg^{2+}–NH_4^+–Na^+–

SO_4^{2-}–NO_3^-–Cl^-–H_2O aerosols[J]. Atmospheric Chemistry and Physics, 2007, 7(17): 4639-4659.
[42] Ye C, Liu P, Ma Z, et al. High H_2O_2 concentrations observed during haze periods during the winter in Beijing: Importance of H_2O_2 oxidation in sulfate formation[J]. Environmental Science & Technology Letters, 2018, 5(12): 757-763.
[43] Cheng Y, Zheng G, Wei C, et al. Reactive nitrogen chemistry in aerosol water as a source of sulfate during haze events in China[J]. Science Advances, 2016, 2(12): e1601530.
[44] Liu M, Huang X, Song Y, et al. Rapid SO_2 emission reductions significantly increase tropospheric ammonia concentrations over the North China Plain[J]. Atmospheric Chemistry and Physics, 2018, 18(24): 17933-17943.
[45] Zhang F, Shang X, Chen H, et al. Significant impact of coal combustion on VOCs emissions in winter in a North China rural site[J]. Science of the Total Environment, 2020, 720: 137617.
[46] Li J, Liu Z, Gao W, et al. Insight into the formation and evolution of secondary organic aerosol in the megacity of Beijing, China[J]. Atmospheric Environment, 2020, 220: 117070.
[47] Kuang Y, He Y, Xu W, et al. Photochemical aqueous-phase reactions induce rapid daytime formation of oxygenated organic aerosol on the North China Plain[J]. Environmental Science & Technology, 2020, 54(7): 3849-3860.
[48] Ma T, Furutani H, Duan F, et al. Contribution of hydroxymethanesulfonate (HMS) to severe winter haze in the North China Plain[J]. Atmospheric Chemistry and Physics, 2020, 20(10): 5887-5897.
[49] Zhang H, Cheng S, Yao S, et al. Insights into the temporal and spatial characteristics of $PM_{2.5}$ transport flux across the district, city and region in the North China Plain[J]. Atmospheric Environment, 2019, 218: 117010.
[50] Zhang H, Cheng S, Yao S, et al. Multiple perspectives for modeling regional $PM_{2.5}$ transport across cities in the Beijing-Tianjin-Hebei region during haze episodes[J]. Atmospheric Environment, 2019, 212: 22-35.
[51] Huang X, Ding A, Wang Z, et al. Amplified transboundary transport of haze by aerosol-boundary layer interaction in China[J]. Nature Geoscience, 2020, 13(6): 428-434.
[52] 冯银厂 . 我国大气颗粒物来源解析研究工作的进展 [J]. 环境保护 , 2017, 45(21): 17-20.
[53] Hopke P K, Dai Q, Li L, et al. Global review of recent source apportionments for airborne particulate matter[J]. Science of the Total Environment, 2020, 740: 140091.
[54] Li L, Yang W, Xie S, et al. Estimations and uncertainty of biogenic volatile organic compound emission inventory in China for 2008—2018[J]. Science of the Total Environment, 2020, 733: 139301.
[55] 王书肖 , 邱雄辉 , 张强 , 等 . 我国人为源大气污染物排放清单编制技术进展及展望 [J]. 环境保护 , 2017, 45(21): 21-26.
[56] 张恺 , 骆春会 , 陈旭锋 , 等 . 中国不同尺度大气污染物排放清单编制工作综述 [J]. 中国环境监测 , 2019, 35(3): 59-68.
[57] Zhang Y, Cai J, Wang S, et al. Review of receptor-based source apportionment research of fine particulate matter and its challenges in China[J]. Science of the Total Environment, 2017, 586: 917-929.
[58] Zhang W, Liu B, Zhang Y, et al. A refined source apportionment study of atmospheric $PM_{2.5}$ during winter heating period in Shijiazhuang, China, using a receptor model coupled with a source-oriented model[J]. Atmospheric Environment, 2020, 222: 117157.
[59] Dunker A M, Wilson G, Bates J T, et al. Chemical sensitivity analysis and uncertainty analysis of ozone production in the comprehensive air quality model with extensions applied to eastern texas[J]. Environmental Science & Technology, 2020, 54(9): 5391-5399.
[60] Hao Y, Meng X, Yu X, et al. Quantification of primary and secondary sources to $PM_{2.5}$ using an improved source regional apportionment method in an industrial city, China[J]. Science of the Total Environment, 2020, 706: 135715.
[61] 徐伟召 , 朱雯斐 , 王甜甜 , 等 . 冬季德州市大气颗粒物消光与化学组成关系研究 [J]. 环境科学学报 , 2019, 39(4): 1057-1065.
[62] 吴兴贺 , 殷耀兵 , 谭瑞 , 等 . 华北区域点冬季二次有机气溶胶特征与影响因素 [J]. 环境科学学报 , 2020, 40(1): 58-64.
[63] Yang S, Duan F, Ma Y, et al. Mixed and intensive haze pollution during the transition period between autumn and winter in Beijing, China[J]. Science of the Total Environment, 2020, 711: 134745.

3 排放现状与重点行业（领域）强化管控

研究人员构建了一套区县级高时空分辨率大气污染源动态排放清单的编制、校验和更新技术方法体系，采用统一的城市大气污染源排放清单编制方法，建立了“2+26”城市 2016 ～ 2018 年动态精细化大气污染源排放清单，精准识别了“2+26”城市大气污染物排放的时空和行业分布，首次建立了基于多源数据耦合的大气污染源排放清单动态化技术，进一步提高了排放清单的时效性。对京津冀及周边地区冶金、建材、涉 VOCs 重点行业、“散乱污”、煤炭使用、柴油机、农业源 7 个关键领域进行重点研究，以三大结构调整、清洁生产和末端治理并重为管控理念，通过对各产业上下游全链条的调研和分析，综合评估其规模、布局和污染排放特征与防治途径，形成重点行业生产全过程管控技术方法体系；建立“散乱污”企业的界定标准，筛选出 14 个“散乱污”重点行业；建立重点行业最佳可行技术和综合整治方案；提出涉煤行业煤炭减量化与清洁利用一揽子解决方案；构建以交通结构优化和需求调控为核心的柴油机强化管控方案和重型柴油车远程在线监控及决策核查平台；提出重污染天气非电行业调控政策建议，为《打赢蓝天保卫战三年行动计划》、制订《秋冬季大气污染综合治理攻坚行动方案》等提供重要依据。

3.1 京津冀及周边地区大气污染物排放特征

通过研发城市活动水平收集和获取技术、高分辨率排放清单编制技术、排放清单多维多尺度校验技术和排放清单编制与快速量化技术平台，研究人员构建了一套高时空分辨率大气污染源动态排放清单的编制、校验和更新技术方法体系。在城市层面，研究人员创立了结合网格化管理和区县乡镇调查的城市排放清单编制方法与基于环境管理数据校核、行业专家评审等手段的排放清单一致性审核及校核方法，首次建立了多源数据耦合的大气污染源排放清单动态化技术，实现了排放清单逐月、逐周及逐日更新，进一步提高了排放清单的时效性，为决策者提供了排放的实时动态化信息，完善了 2016 年排放清单，建立了 2017 年、2018 年高时间分辨率排放清单，分析了污染排放的季节和月度变化以及重点行业的空间分布特征。污染物由原来的 3 项扩充至 7 项，点源覆盖面扩展至 19 万家，明确了秋冬季大气污染物排放占比和特征。

3.1.1 城市和区域动态高时空分辨率排放清单技术

城市和区域动态高时空分辨率排放清单技术主要在以下几方面取得突破和优化：

（1）改进了重点行业排放清单编制技术，完善了城市和区域动态清单编制技术方法。研究人员从污染源分级分类体系、活动水平获取技术、污染物排放量计算技术、质量控制和质量保证技术四方面改进了排放清单编制技术；基于多源交通大数据、速度排放因子、路网车队结构模型，构建了柴油车高分辨率通道排放清单；针对船舶排放，基于船舶自动识别系统 (automatic identification system，AIS) 运行大数据和本土化船舶信息调研数据，开发了与排放区控制政策衔接的高时空分辨率排放清单技术，建立了京津冀及周边地区港口、区域多尺度船舶动态排放清单；建立了基于航空器气象资料中继数据（aircraft meteorological data relay）的飞机排放清单编制技术，据此计算了“2+26”城市机场污染源排放量，并进行分层处理。

（2）形成了区域清单、典型城市、重点行业、典型污染源的多维多尺度的污染源排放清单综合校验技术体系。针对大尺度范围区域：利用卫星遥测柱浓度数据、三维立体观测数据和总量模型对区域内典型污染物排放量及变化趋势进行定量分析校验。针对工业园区或企业：利用车载差分光谱激光雷达走航观测，对区域内典型污染物的空间分布特征进行有效校核。针对重点行业排放源：利用小尺度模型，对典型化工园区 VOCs 排放总量进行反算校核；利用在线监测数据，对有组织的排放源进行校核；利用蒙特卡罗模拟，针对重点行业排放清单不确定性进行定量分析。以上研究成果形成了《大气污染源排放清单多维多尺度校验技术手册》。

（3）开发了排放清单编制与快速量化响应技术平台。依据本书的研究编制并完善了《城市大气污染物排放清单编制技术手册》《城市大气污染物排放清单编制工作手册》等技术规范，完成了包括污染源数据采集、质控、审核、清单编制分析、上报汇总等模块的建设，在此基础上建立了各类控制措施与排放量变化之间的响应关系，搭建了排放清单编制与快速量化响应技术平台，实现了城市大气污染物排放清单编制整体技术体系业务化、控制措施情景下减排量的快速量化，支持了动态决策的快速响应。

（4）建立了城市排放清单编制业务化技术体系。基于补充测试、排放因子调研以及“2+26”城市排放清单编制实践，更新了大气污染源排放因子数据库，建立了 VOCs 和 $PM_{2.5}$ 化学成分谱数据库，编制了《城市大气污染物排放清单编制工作手册》《重点行业大气污染物排放清单活动水平调查技术规范》，与排放清单编制技术平台以及基于前期工作基础完善的《城市大气污染物排放清单编制技术手册》一起，形成了区县级动态排放清单编制技术体系。

（5）建立了多尺度排放清单耦合方法，开发了区域 – 城市耦合的动态高分辨率排放清单数据产品。构建了包括排放源映射、化学物种映射、空间网格匹配、时间尺度统一等功能的多尺度排放清单耦合方法，基于清华大学开发的中国多尺度排放清单（multi-resolution emission inventory for China，MEIC）模型，本书研究建立的柴油车、船舶等重点源区域高分辨率动态清单和“自下而上”的“2+26”城市排放清单，建立了京津冀及周边地区六省市区域 – 城市耦合的 3km×3km 高分辨率排放清单数据产品。

（6）创立了结合网格化管理和区县乡镇调查的城市排放清单活动水平收集方法和排放清单编制方法。创建了区县乡镇摸排、重点排污企业培训填表、市直局委办资料调研相结合的，“自下而上”的城市排放清单活动水平收集方法。创建了一套逐月的排放清单时间分配的技术方法和推荐参数，编制了“2+26”城市精细到月、季的大气污染物排放清单，为采暖季排放特征分析提供了数据支持。

（7）探索出一套基于环境管理数据校核、行业专家评审等手段的排放清单一致性审核及校核方法。基于排污许可证、环境执法监管、秋冬季错峰企业等数据，建立了环境监管动态校核数据库，综合应用横向比对、趋势校验、行业专家评审等手段，探索出一套环境监管动态数据校核、能源和产品产量宏观数据校核相结合的排放清单一致性审核方法。

（8）首次建立了基于多源数据耦合的源排放清单动态化技术，进一步提高了排放清单的时效性。基于关键活动水平参数筛选和动态提取，结合行业统计、在线监测、卫星遥感等多源数据耦合的清单月度和周日分配系数，首次建立了源排放清单动态化技术，使清单时间分辨率由年、月细化到周、日，并结合管理需求实现了排放清单逐月、逐周及逐日更新，进一步提高了排放清单的时效性。基于卫星遥感数据、空气质量监测以及高架源在线监测数据，开展了动态化排放清单校验和不确定性分析。

3.1.2 “2+26”城市大气污染物排放及变化趋势

“2+26”城市的土地面积占全国国土面积的比例不到 3%，但 2017 年却排放了全国污染物排放总量 15% 以上的一次颗粒物、10% 的 SO_2 和 NO_x、8% 的 VOCs（挥发性有机物）。根据排放清单测算结果，“2+26”

城市 2018 年共排放一次 $PM_{2.5}$ 95.0 万 t、SO_2 74.6 万 t、NO_x 232.5 万 t、VOCs 218.7 万 t、$NH_3$140.7 万 t，区域内城市污染物排放量巨大，见表 3-1。需要说明的是，排放清单中 VOCs 排放量不确定性较大，主要原因是 VOCs 来源广、涉及工艺环节繁多、行业门类复杂、排放测试困难等，不确定性主要来自源分类、统计口径、活动水平获取途径、排放因子选取等环节的差异，现有 VOCs 排放清单编制技术和方法尚需进一步完善。

表 3-1　2018 年“2+26”城市大气污染物排放量（不含扬尘）　（单位：万 t）

城市	PM_{10}	一次 $PM_{2.5}$	SO_2	NO_x	CO	VOCs	NH_3	BC	OC
北京	1.1	0.8	0.6	8.2	39.6	12.1	3.0	0.1	0.4
天津	6.7	4.7	4.0	19.6	76.7	22.2	5.3	0.3	0.8
石家庄	7.3	4.8	6.0	12.8	109.7	11.6	13.1	0.7	1.3
唐山	29.7	17.2	12.6	23.3	683.3	16.3	9.6	1.2	1.7
廊坊	1.4	1.0	1.1	6.8	22.1	4.3	2.1	0.1	0.1
保定	5.0	3.5	1.5	7.7	62.1	6.8	6.0	0.7	1.1
沧州	8.3	5.5	2.5	8.5	69.4	9.3	7.5	0.5	0.4
邢台	5.1	3.2	2.4	8.0	58.3	5.9	3.3	0.8	0.8
邯郸	9.0	5.5	6.0	13.6	281.0	10.4	14.5	0.6	0.8
衡水	1.4	1.1	0.7	3.8	15.6	4.2	5.0	0.2	0.3
太原	4.3	2.6	2.3	9.6	57.4	7.0	1.0	0.4	0.5
阳泉	0.7	0.5	1.6	3.2	22.9	2.1	0.4	0.1	0.1
长治	5.2	3.6	3.3	6.1	67.3	8.4	2.1	0.5	1.2
晋城	7.2	3.7	3.1	2.9	64.3	3.4	1.6	0.6	0.8
济南	5.1	4.3	1.1	6.9	35.4	7.2	5.9	0.4	0.5
淄博	9.1	6.5	3.2	8.8	57.0	12.5	2.8	0.5	0.9
济宁	3.6	2.6	2.4	10.8	36.9	5.6	9.5	0.4	1.1
滨州	6.1	4.0	4.3	12.6	46.7	6.1	4.8	0.6	0.8
聊城	3.2	2.4	2.1	8.2	29.8	4.2	3.9	0.3	0.3
菏泽	3.5	2.3	2.1	7.0	29.9	10.4	11.5	0.6	0.7
德州	2.5	1.8	1.4	7.9	45.4	8.3	4.1	0.2	0.4
郑州	5.3	3.4	1.9	11.5	38.5	13.7	2.5	0.2	0.4
焦作	2.2	1.7	1.5	4.5	25.0	3.1	2.0	0.3	0.6
安阳	5.0	3.0	3.0	6.3	101.9	6.5	2.7	0.3	0.8
鹤壁	1.6	0.6	0.9	2.4	7.0	0.8	1.0	0.1	0.0
开封	0.9	0.8	0.2	2.8	10.2	3.8	7.8	0.1	0.1
濮阳	2.5	2.1	1.2	3.0	33.7	5.1	1.9	0.6	0.7
新乡	2.9	1.8	1.6	5.7	28.6	7.4	5.8	0.1	0.1
总计	145.9	95.0	74.6	232.5	2155.7	218.7	140.7	11.5	17.7

注：数值修约导致存在误差，下同。

图 3-1 展示了“2+26”城市大气污染物排放强度及其变化情况。由图 3-1 可见，近年来区域内单位国土面积大气污染物排放量（排放强度）呈逐年下降的趋势，但截至 2018 年，其排放强度仍然是全国平均水平的 2 ～ 5 倍、欧盟平均水平的 5 ～ 12 倍、美国平均水平的 3 ～ 13 倍。

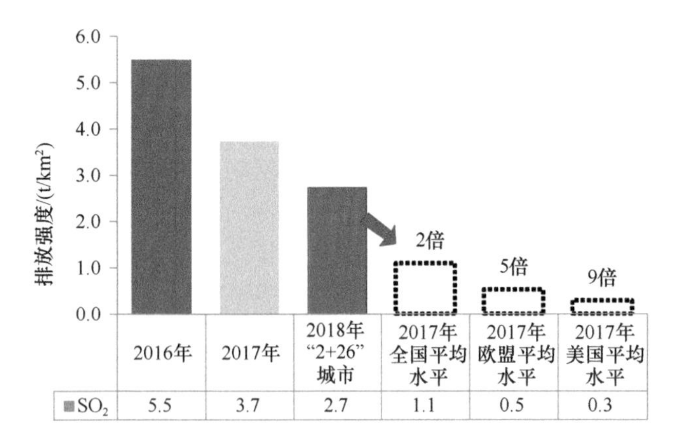

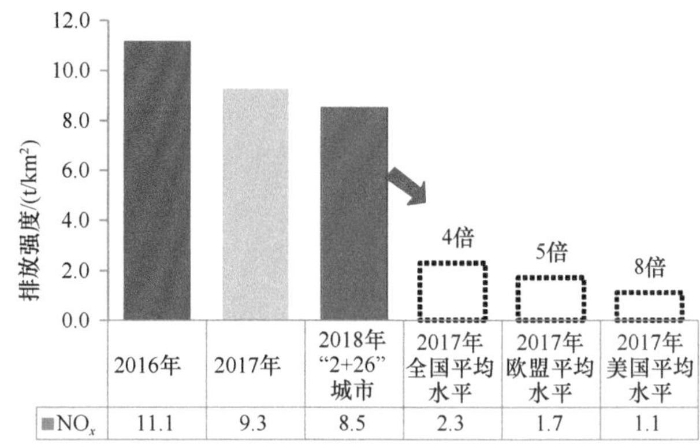

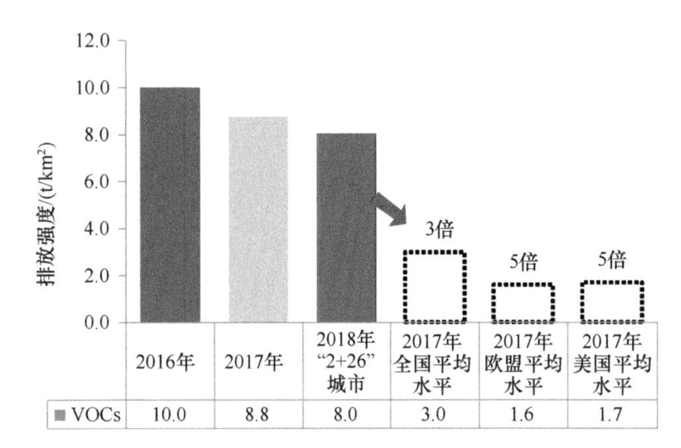

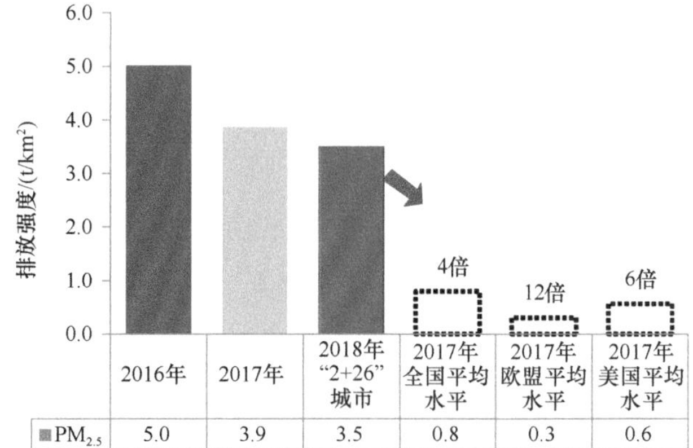

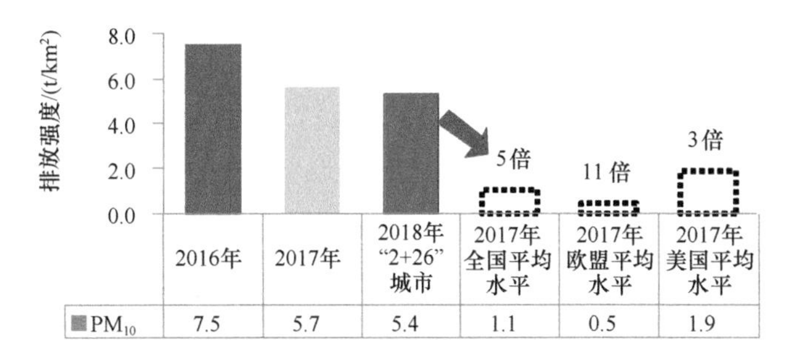

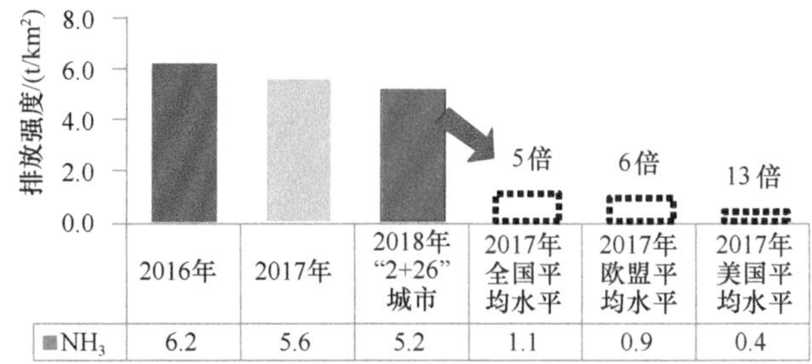

图 3-1　“2+26”城市主要大气污染物排放强度及其变化情况

2016～2018 年“2+26”城市大气污染物排放量及变化趋势如图 3-2 所示，9 种大气污染物中 SO_2、NO_x、VOCs、NH_3、PM_{10}、$PM_{2.5}$ 排放量呈现逐年减少趋势。

2016～2018 年，SO_2 是减排幅度最大的污染物，排放量减少 75 万 t，下降 50%。其中，电力行业减排 19 万 t，锅炉整治减排约 21 万 t，散煤“双替代”等散煤治理措施减排约 16 万 t；钢铁焦化、水泥玻璃等工业减排约 17 万 t；移动源减排 2 万 t。

NO_x 排放量减少 71 万 t，下降 24%。其中，电力行业脱硝改造减排 32 万 t，钢铁焦化、水泥玻璃等工业行业排放标准的提升和燃煤锅炉综合整治减排 31 万 t，散煤“双替代”等散煤治理措施以及国三、国四等排放标准车辆淘汰减排 8 万 t。

$PM_{2.5}$ 减少 41 万 t，下降 30%。其中，散煤“双替代”等治理措施减排 16 万 t，电力、钢铁焦化、水泥玻璃等工业行业排放标准的提升和超低改造减排 15 万 t，中小燃煤锅炉淘汰及大型燃煤锅炉升级改造减排约 6 万 t，保定、廊坊、石家庄等地的散煤“双替代”减少生物质炉灶排放 4 万 t。

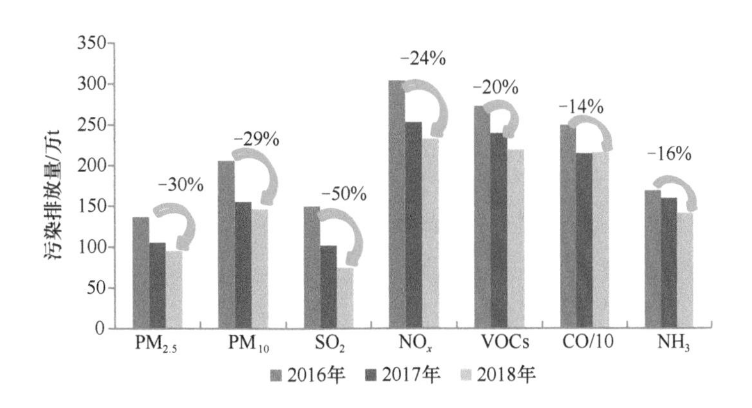

图 3-2　2016 ～ 2018 年“2+26”城市大气污染物排放量及变化趋势（不含扬尘）

由于 CO 排放量较其他污染物高出一个量级，因此作图时采用 CO 排放量除以 10 进行比较

3.1.3　大气污染物排放的行业分布

2018 年主要大气污染物排放的行业贡献如图 3-3 所示，扬尘源、其他工业（含砖瓦、陶瓷、铸造、有色、机械加工等，下同）、钢铁焦化、民用燃烧和生物质燃烧是一次 $PM_{2.5}$ 的主要来源，分别占排放总量的 32%、20%、13%、11% 和 6%；民用燃烧、钢铁焦化、电力供热、其他工业和锅炉（工业和民用）是 SO_2 排放的主要来源，分别占 SO_2 排放总量的 22%、21%、17%、17% 和 9%；NO_x 主要来源于移动源、电力供热、钢铁焦化和锅炉，分别占排放总量的 52%、15%、14% 和 7%；溶剂使用、石油化工、其他工业、移动源和

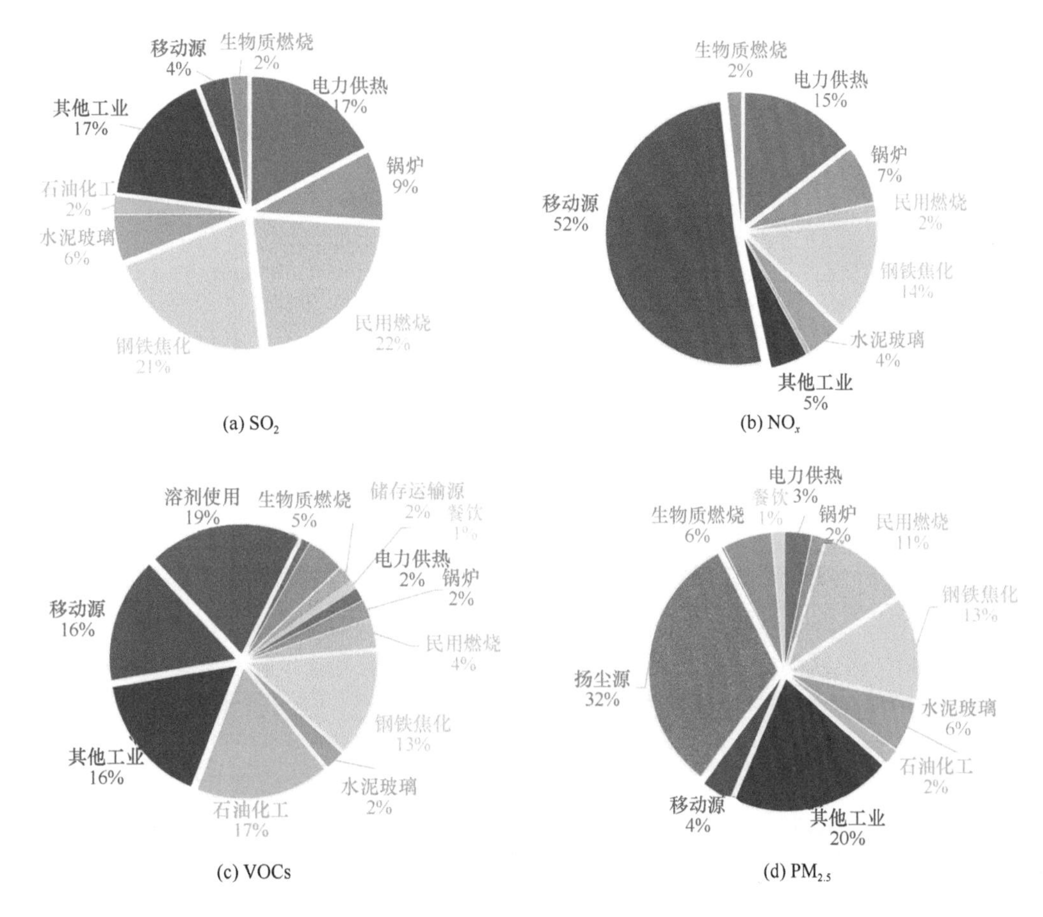

图 3-3　2018 年主要大气污染物排放的行业贡献

钢铁焦化对 VOCs 贡献较大，分别占排放总量的 19%、17%、16%、16% 和 13%。

基于以上分析，将上述排放源按照各项大气污染物排放比例进行排序，“2+26”城市钢铁焦化、民用燃烧、机动车、水泥玻璃、电力供热、生物质炉灶、非道路移动机械、石油化工、畜禽养殖、工业锅炉是大气污染物排放量占比最高的前10位重点污染源类，其排放贡献比例(按多种大气污染物综合排序)见表3-2。综上所述，钢铁焦化、民用燃烧、机动车、水泥玻璃等是京津冀及周边地区大气污染物排放的主要来源。

表 3-2　“2+26”城市 2017 年重点源分析（不含扬尘）　（单位：%）

排名	重点行业	排放贡献比例						
		$PM_{2.5}$	SO_2	NO_x	VOCs	CO	NH_3	BC+OC
1	钢铁焦化	12	21	14	13	52	1	12
2	民用燃烧	11	22	2	4	17	0	34
3	机动车	2	1	36	13	9	1	7
4	水泥玻璃	12	15	7	6	8	0	6
5	电力供热	3	17	15	2	5	0	1
6	生物质炉灶	5	2	1	4	4	1	18
7	非道路移动机械	2	2	16	2	1	0	6
8	石油化工	2	2	0	17	0	6	1
9	畜禽养殖	—	—	—	—	—	57	—
10	工业锅炉	1	8	6	2	1	0	2
前 10 位合计		50	90	97	63	97	66	87

3.1.4　大气污染源排放的空间分布

从 2018 年“2+26”城市一次 $PM_{2.5}$、SO_2、NO_x、VOCs 和 NH_3 排放量的城市排名可以看出，唐山市 SO_2、NO_x 和一次 $PM_{2.5}$ 排放总量均居 28 个城市的首位（图 3-4），石家庄、天津、邯郸和郑州等城市大气污染物排放量紧随其后。其中，一次 $PM_{2.5}$ 排放量大的城市有唐山、淄博、邯郸和石家庄；SO_2 排放量大的城市有唐山、邯郸、石家庄、滨州和天津；NO_x 排放量大的城市有唐山、天津、邯郸、石家庄和滨州；VOCs 排放量大的城市是天津、唐山、郑州、淄博和北京；NH_3 排放量最大的城市为邯郸，其次是石家庄、菏泽、唐山和济宁。2018 年“2+26”城市大气污染物排放空间分布如图 3-5 所示。

从重点行业污染源在“2+26”城市的分布来看（图 3-6）：电力供热作为居民生活和工业生产必不可少的能源，其企业广泛分布于“2+26”城市；钢铁企业主要集中在唐山、邯郸、太原、安阳、晋城和淄博；焦化企业的分布与煤炭和钢铁的分布高度相关，主要集中在唐山、邯郸、太原和晋城；石油化工企业主要集中于石家庄、保定、唐山、天津、淄博、新乡和焦作；水泥作为主要建筑材料，其企业广泛分布于“2+26”城市；玻璃企业主要分布于淄博、衡水、邢台和滨州。

3.1.5　大气污染源排放的时间变化

京津冀及周边地区污染物排放具有明显的季节性。从排放清单中各类污染源的逐月排放变化来看，锅

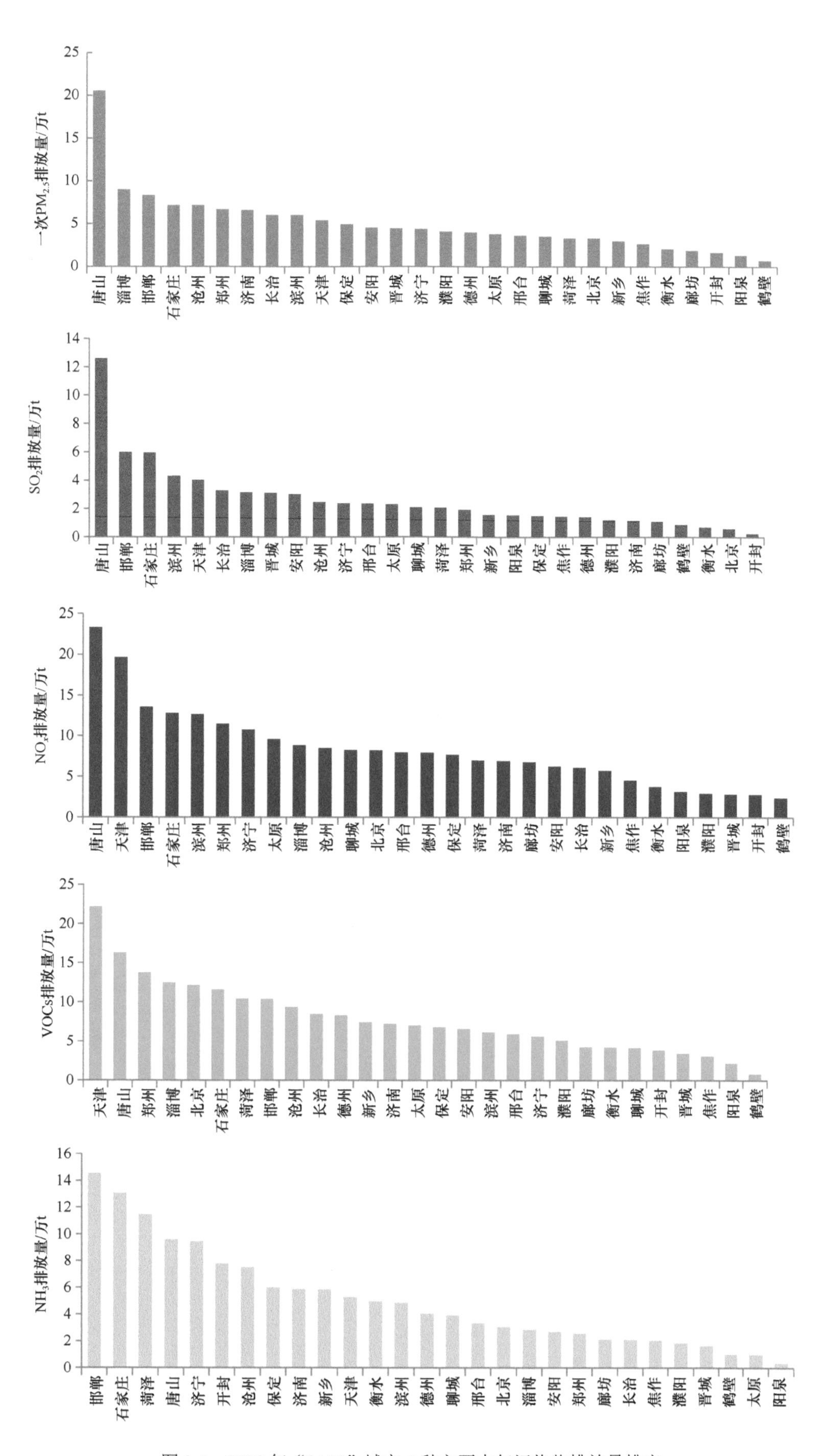

图 3-4 2018 年“2+26”城市 5 种主要大气污染物排放量排序

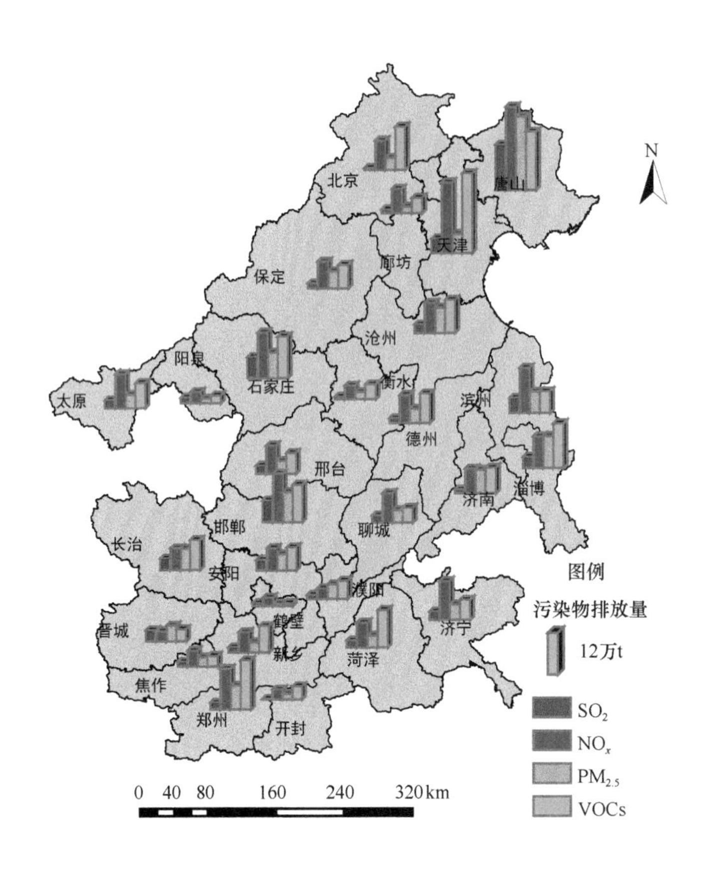

图 3-5 2018 年“2+26”城市大气污染物排放空间分布

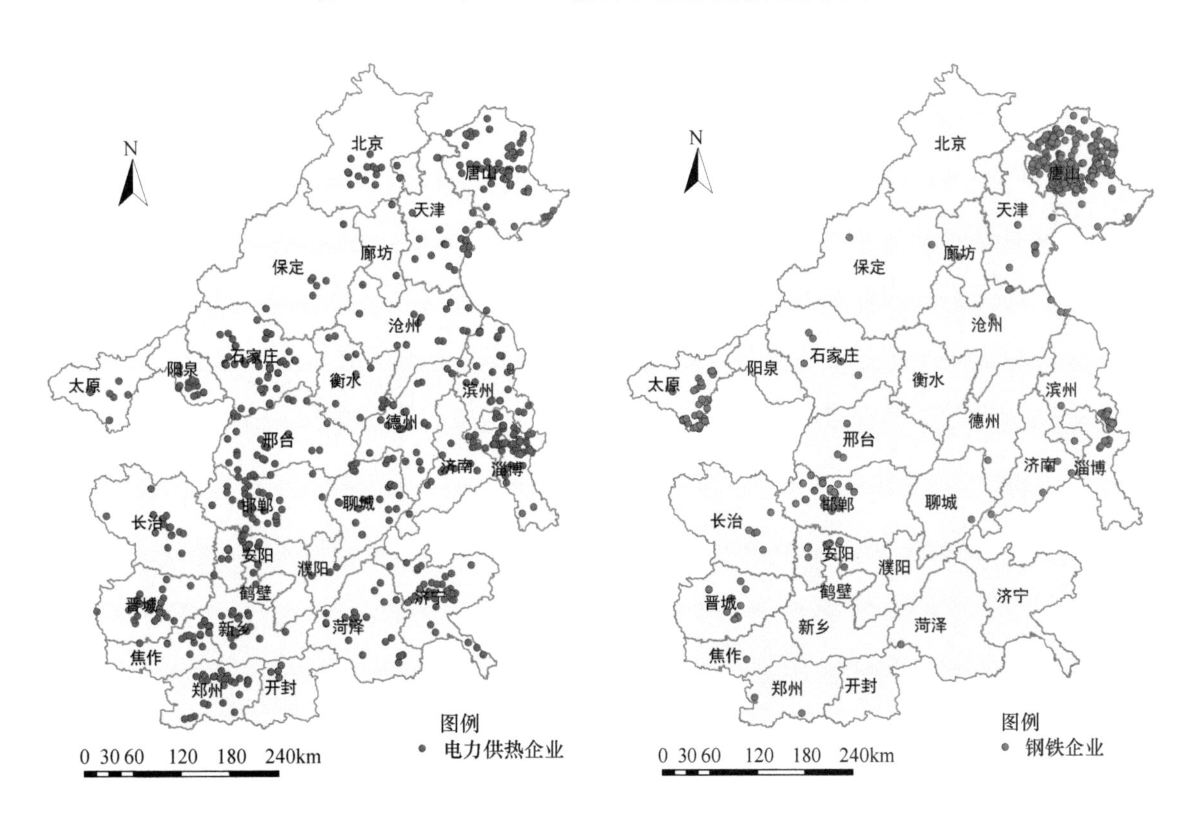

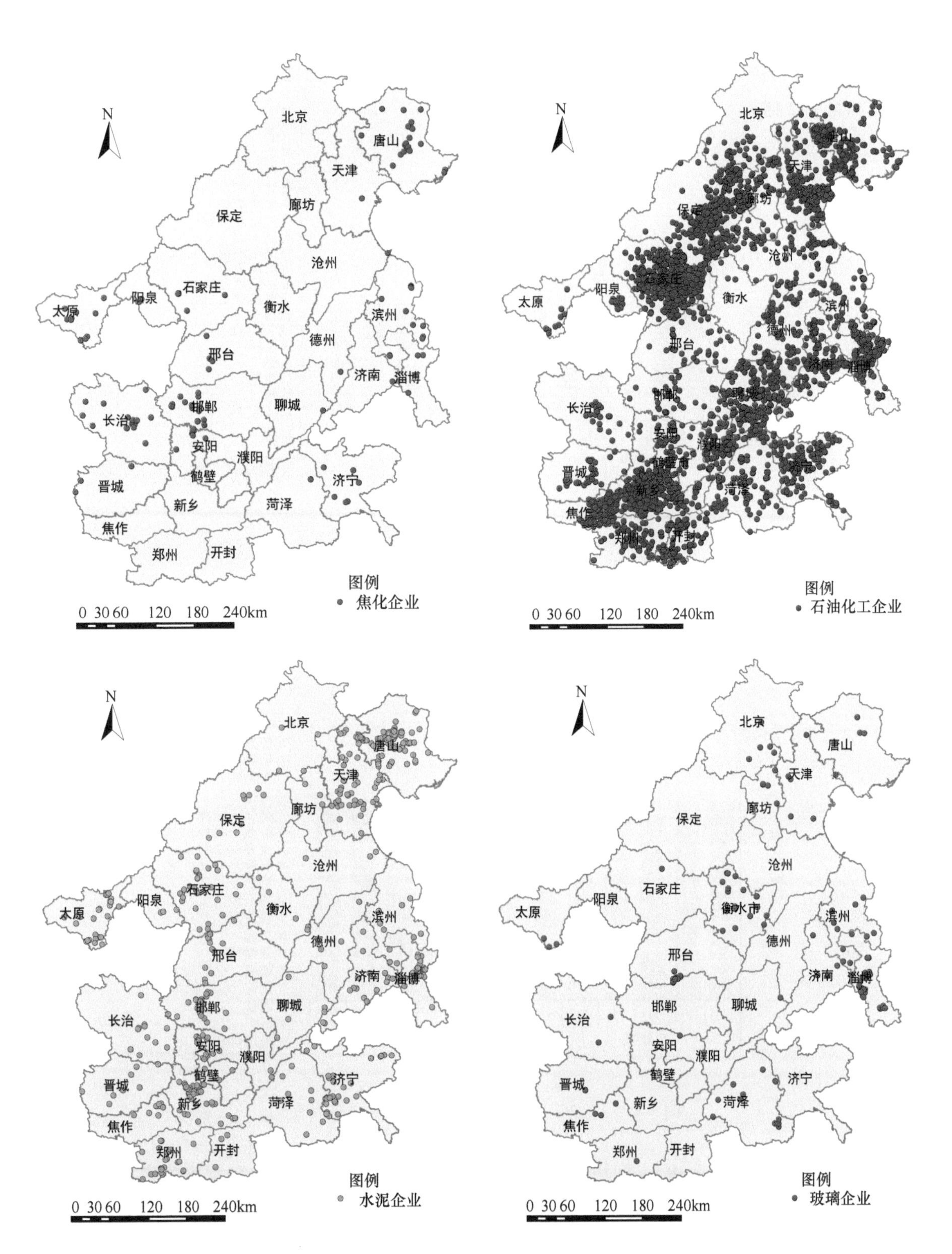

图 3-6　2018 年“2+26”城市重点行业污染源分布

炉、民用燃烧、生物质炉灶的排放量主要集中在采暖季，钢铁、焦化等工艺过程源、机动车、废弃物处理源、储存运输源、溶剂使用源、餐饮、电力供热的污染物排放随时间变化不大。

从逐月的SO_2排放量来看（图 3-7），“2+26”城市 2018 年夏季SO_2排放量约为 4.9 万 t/ 月。由于民用燃烧、民用锅炉、部分工业锅炉等用于采暖的能源消费仅在秋冬季发生，1 月“2+26”城市SO_2的排放量达到 9.3 万 t，约是夏季排放量的 2 倍。

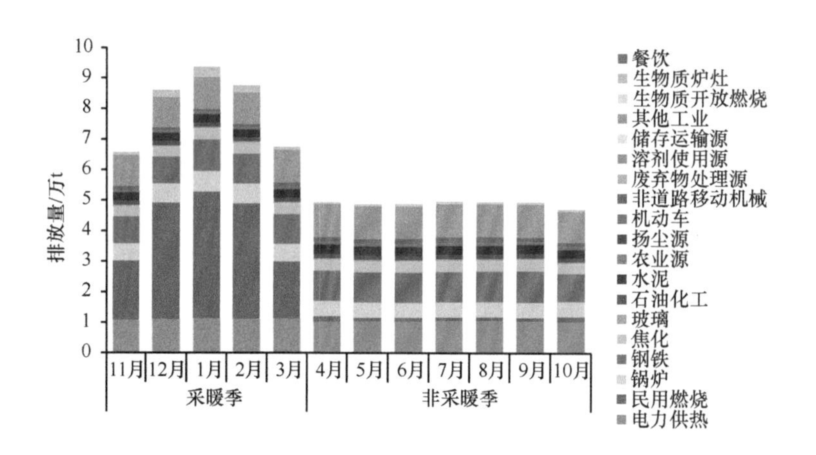

图 3-7 “2+26”城市 2018 年SO_2排放量逐月变化

与SO_2不同，NO_x的排放量在全年各季节的差异不大，月均排放量在 20 万 t 左右，如图 3-8 所示。秋冬季供暖带来的民用燃烧污染物排放量虽然有所增多，但是秋冬季工程机械、农业机械等非道路移动机械排放的NO_x大幅减少抵消了供暖带来的排放增量。

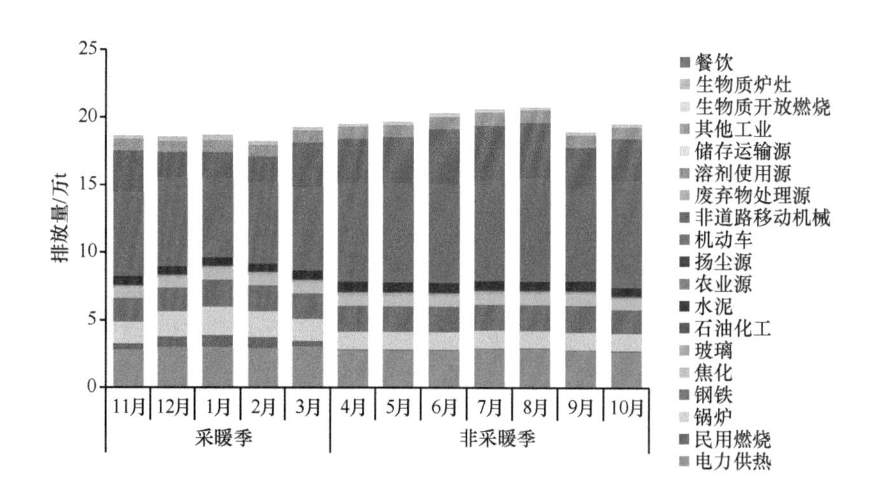

图 3-8 “2+26”城市 2018 年NO_x排放量逐月变化

“2+26”城市秋冬季一次$PM_{2.5}$的排放量达到 14 万 t/ 月（不含扬尘），夏季平均排放量约 11 万 t/ 月（图 3-9）。秋冬季的一次$PM_{2.5}$排放量增加主要来自民用散煤和生物质燃料使用量的增加。

OC 的排放与燃烧直接相关，民用燃烧、锅炉、生物质炉灶、钢铁、焦化行业是“2+26”城市 OC 的主要来源。OC 的排放在秋冬季高度集中，1 月排放可达 3 万 t，是夏季排放水平的 3 倍以上（图 3-10）。

“2+26”城市主要大气污染物逐月排放分析显示（图 3-11），一次$PM_{2.5}$、SO_2、CO、BC 和 OC 等污染物主要来自燃料燃烧，因而采暖季其月均排放量分别是非采暖季的 1.2 倍、1.6 倍、1.4 倍、2.5 倍和 2.4 倍；

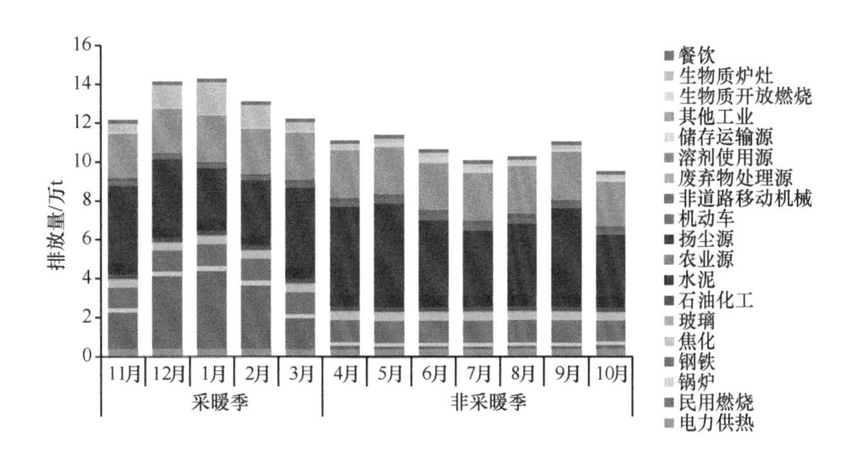

图 3-9 “2+26”城市 2018 年一次 $PM_{2.5}$ 排放量逐月变化

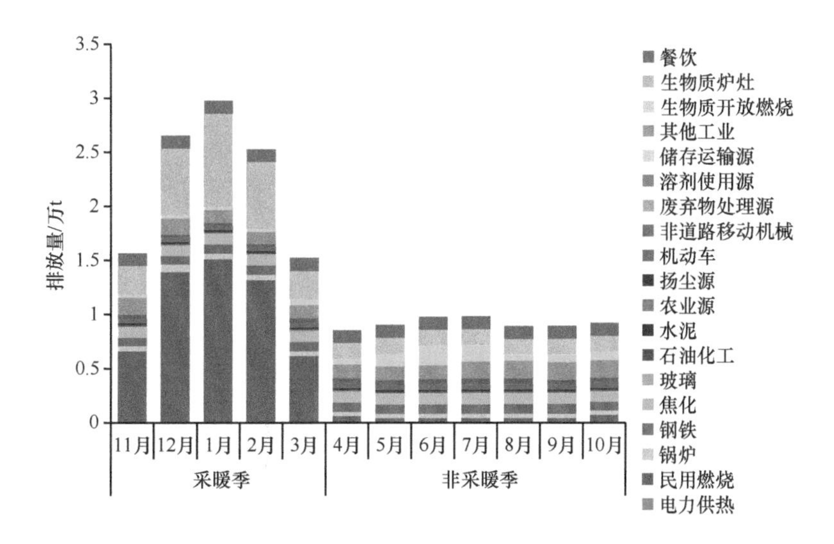

图 3-10 “2+26”城市 2018 年 OC 排放量逐月变化

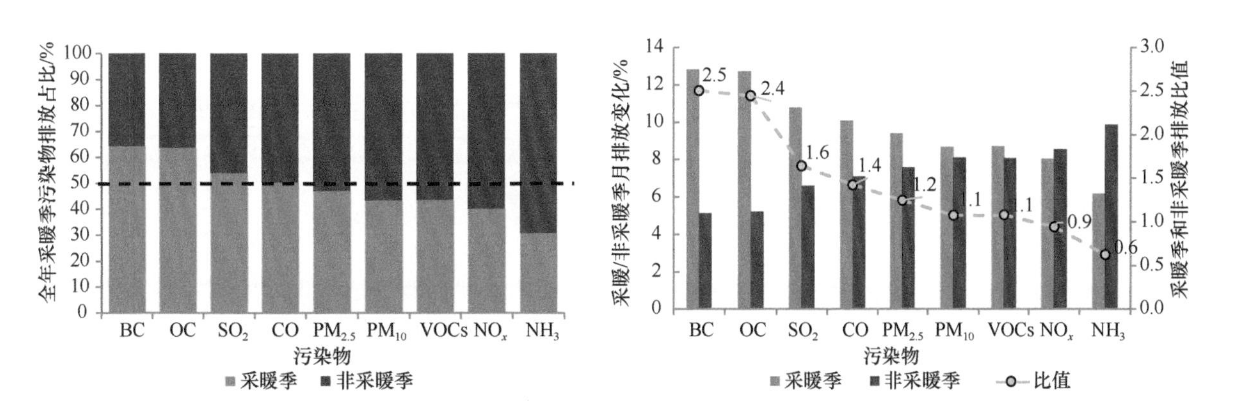

图 3-11 “2+26”城市 2018 年 9 种大气污染物采暖季和非采暖季排放比值

而 NO_x 和 VOCs 来源广泛，其排放量随季节变化不大。NH_3 在夏季（6 ～ 8 月）的排放量是冬季（12 月至次年 2 月）的 1.9 倍。高强度的污染物排放，一旦在秋冬季遇到不利气象条件，就会发生重污染。

9 种大气污染物的逐月排放情况显示（图 3-12），一次 $PM_{2.5}$、一次 PM_{10}、SO_2、CO、BC、OC 的秋冬季月均排放量明显高于其他季节，NO_x 和 VOCs 变化不大，NH_3 在夏季的排放量高于冬季。

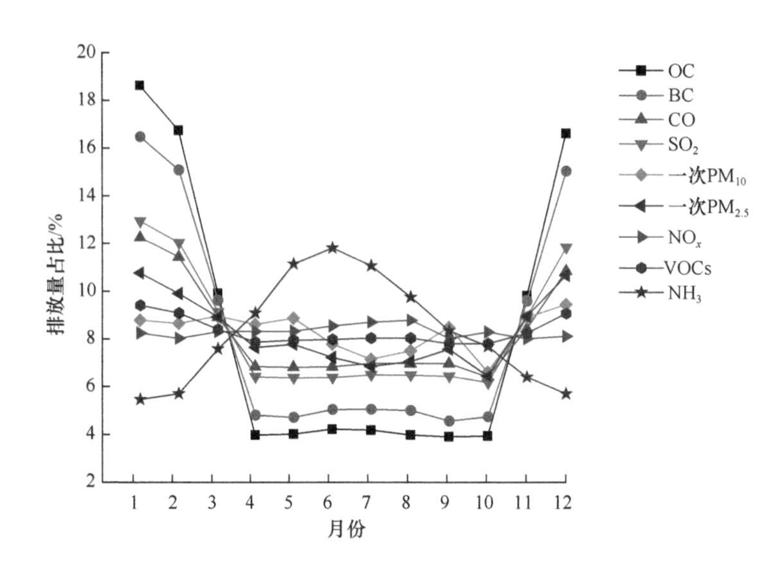

图 3-12　“2+26”城市 2017 年 9 种大气污染物排放量逐月变化曲线

3.1.6　区域 – 城市耦合的高分辨率排放清单

以攻关项目研究建立的“2+26”城市大气污染源排放清单，区域尺度柴油车[1]、船舶[2]和机场高分辨率动态排放清单[3]，北京大学农业氨清单[4]以及清华大学开发的中国多尺度排放清单 MEIC[5-9] 为基础，通过采用多尺度排放清单耦合技术方法，生成了区域 – 城市耦合的高分辨率排放清单。多尺度排放清单耦合技术主要包括排放源映射、化学物种映射、空间网格匹配、时间尺度统一等数据处理过程。上述处理过程实现了输入清单在排放源分类、化学物种分类以及时空分辨率等多个维度的统一，最终生成区域 – 城市耦合空间分辨率达到 3km×3km 的高分辨率排放清单。

根据生成的高分辨率排放清单，北京、天津、河北、河南、山东及山西等区域共排放 248.7 万 t SO_2、520.9 万 t NO_x、551.1 万 t VOCs、198.1 万 t NH_3、3736.7 万 t CO、249.9 万 t $PM_{2.5}$、474.1 万 t PM_{10}、28.2 万 t BC 及 42.4 万 t OC。清单数据在中国环境监测总站的国家空气质量预报预警系统中得到了应用。

图 3-13 显示了 SO_2、NO_x、$PM_{2.5}$ 和 VOCs 等主要污染物在全国所有城市中的累积排放分布。分析可知，全国高污染物排放区域的分布相对集中，全国前 20% 高污染物排放城市的污染物排放在上述污染物排放中的占比达到 50% ～ 60%，且高污染物排放城市主要集中在京津冀及周边地区、汾渭平原和长江三角洲（以下简称长三角）地区。

对全国地级以上城市主要污染物的排放强度。研究表明，京津冀及周边地区、汾渭平原及长三角 3 个重点区域中，京津冀及周边地区 SO_2、NO_x 和 $PM_{2.5}$ 的排放强度最高，是全国平均排放强度的 5.1 倍、5.8 倍和 5.1 倍；VOCs 的排放强度也相对较高，是全国平均水平的 5.2 倍。京津冀及周边地区的污染物排放强度普遍高于汾渭平原，SO_2、NO_x、$PM_{2.5}$ 和 VOCs 的排放强度分别是汾渭平原的 1.1 倍、2.1 倍、1.6 倍和 2.3 倍。京津冀及周边地区的 SO_2 排放强度是长三角地区的 1.6 倍，但 NO_x 和 $PM_{2.5}$ 的排放强度与长三角地区相近，仅分别比长三角地区高 2.7% 和 8.7%。由于长三角地区分布有较多的化工企业，因此该区域的 VOCs 排放

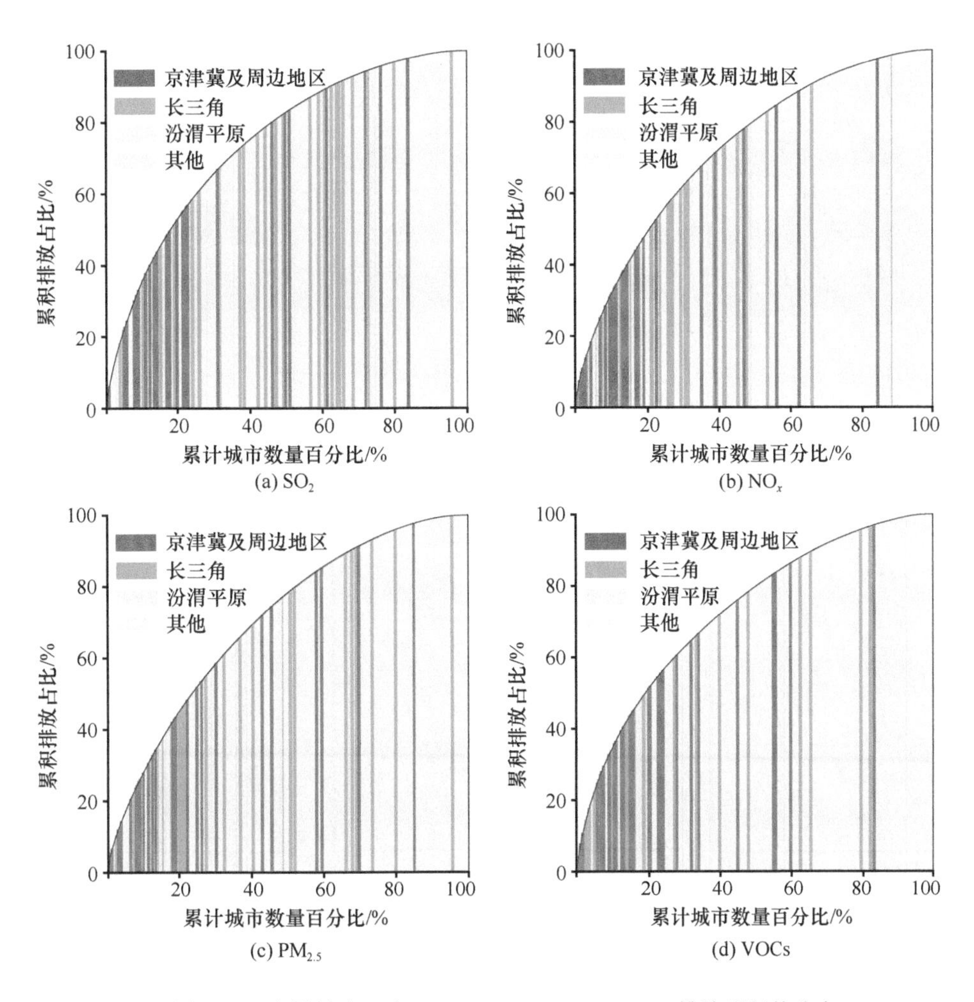

图 3-13　全国城市尺度 SO_2、NO_x、$PM_{2.5}$、VOCs 排放累积的分布

强度更高，比京津冀及周边地区的 VOCs 排放强度高 37.3%。“2+26”城市 SO_2、NO_x、$PM_{2.5}$ 和 VOCs 的排放强度分别达到了所属省份其他城市平均排放强度的 1.4 倍、1.8 倍、1.6 倍和 1.8 倍。

图 3-14 显示了高分辨率排放清单中 $PM_{2.5}$、PM_{10}、SO_2、OC、BC、NO_x、VOCs、NH_3 和 CO 等污染物排放的空间分布。总体而言，各污染物的空间分布较为相似，排放高值区域主要分布在各城市人口和工业密集区，而整个区域的西部和北部边界排放值较低。分物种来看，SO_2 在河北唐山、邢台、邯郸，山东淄博，河南濮阳、安阳有明显的排放高值格点，这主要由上述区域网格中的高排放工业企业导致；区域中河北西南部和山西的城市表现出相对集中的高面源性排放特征，这主要由上述地区的民用散煤燃烧等民用燃烧源导致。NO_x 排放表现出高值点源和路网线源相结合的空间特征，路网状排放以北京、天津、石家庄、济南、淄博等为高值中心像四周辐射，体现出城市中心较高的移动源排放的特征，除路网特征外，唐山、石家庄、邢台、邯郸、淄博、焦作等重工业相对密布的城市分布有清晰的高 NO_x 排放格点，这主要由上述区域的钢铁企业、电厂、水泥厂等贡献。颗粒物排放（$PM_{2.5}$、PM_{10}）呈现出与 NO_x 相似的空间分布特征，但路网排放特征更为明显，主要由移动源、道路扬尘排放贡献。不同于 $PM_{2.5}$、PM_{10}，BC 和 OC 的排放表现出较明显的面源分布特征，除各城市市区中心外，周边城区和乡村同样有较高的排放值，这主要由相对分散的民用散煤燃烧所致。VOCs 排放的空间分布较为复杂，呈现高值点源、区域面源、路网线源相结合的特征，北京城区，河北唐山、石家庄，山东淄博、济南，河南郑州、濮阳、安阳存在较多的高 VOCs 排放格点，这主要由上述区域的化工类、涂装类、设备制造类工业企业排放贡献。NH_3 排放则以面源特征为主，河南焦作、开封，河北邯郸、保定，山东菏泽、济南、滨州排放值相对较高，分布在偏南部区域，主要由农业源贡献。

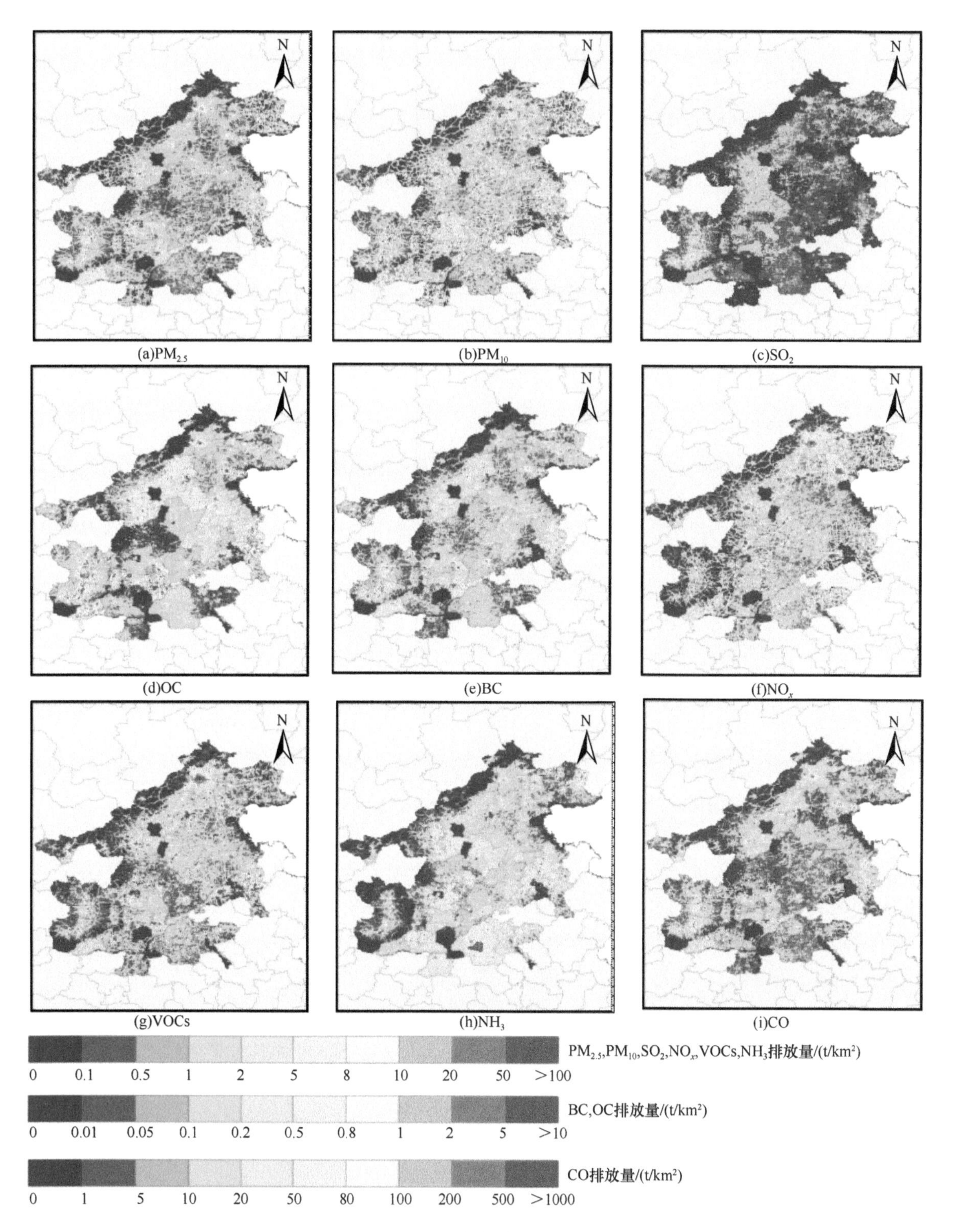

图 3-14　不同污染物排放空间分布

3.1.7　典型城市污染物排放分析

不同类型城市具有不同的产业结构和污染物排放特征。本小节选择了唐山、石家庄和北京作为重工业型城市、工业门类齐全的工业型城市以及服务业型城市的典型代表，基于区域－城市耦合的高分辨率排放清单结果，从行业和月份两个维度分析了上述典型城市污染物排放特征。

图 3-15 展示了唐山分行业、分月污染物排放情况。唐山依托区位、资源、港口等优势逐渐形成了钢铁、装备、化工、能源、建材等优势支柱产业，钢铁产业在全国占据重要位置，唐山是典型的重工业城市。从行业贡献来看，钢铁行业对四类主要污染物的贡献均居首位，石油化工行业在 NO_x 和 VOCs 排放中占比也较高。除工业源外，柴油车和扬尘源分别对 NO_x 和 $PM_{2.5}$ 排放有重要贡献。从分月污染物排放来看，各行业污染物排放的分月变化趋势不同。钢铁行业对污染物排放贡献大，因此主导了整体的污染物排放变化趋势。受 2017 年冬季错峰生产政策影响，钢铁产量及相应污染物排放在 11 月、12 月出现明显的下降，整体的污染物排放也符合这一特征。民用燃煤源由于冬季采暖需求，在 1 月、2 月、11 月、12 月出现排放高值，这是导致 SO_2 排放在冬季出现高值的主要原因。

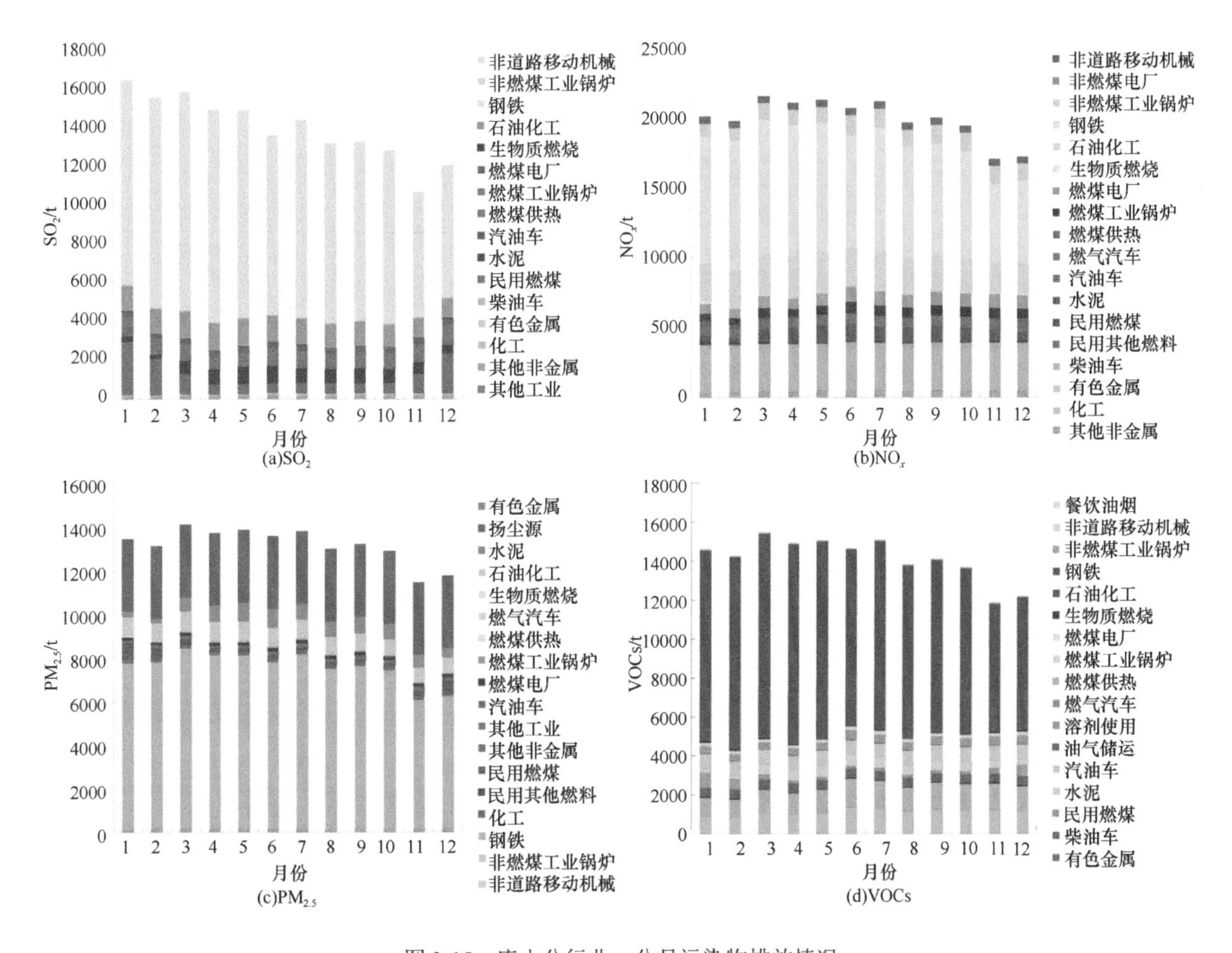

图 3-15　唐山分行业、分月污染物排放情况

图 3-16 展示了石家庄分行业、分月污染物排放情况。石家庄是综合工业型城市，工业门类较为齐全，包括燃煤电厂、钢铁、焦化、水泥、石油化工、冶金、其他建材、食品轻纺等，但产业结构较粗放、燃煤消耗量大。石家庄污染物排放处于高位，相比唐山污染物排放构成更为复杂。整体来看，燃煤电厂、工业源、移动源、扬尘源对污染物排放贡献占比突出。此外，民用燃煤对 SO_2、$PM_{2.5}$ 的贡献较大。从分月污染物排放来看，民用燃煤的 SO_2、$PM_{2.5}$ 排放在冬季的显著增加主导了 SO_2、$PM_{2.5}$ 排放的冬季高值。工业行业整体污染物排放分月变化较为平稳，但钢铁、水泥、其他非金属、燃煤工业锅炉等工业源的污染物排放在夏季有小幅的上升，导致整体污染物排放 6 ～ 7 月出现小高峰。

图 3-17 展示了北京分行业、分月污染物排放情况。北京作为我国的首都，第三产业比例高达 83.5%，高端产业贡献突出，为典型的服务型城市。北京工业较少，排放量较唐山、石家庄低，排放主要集中在供热、

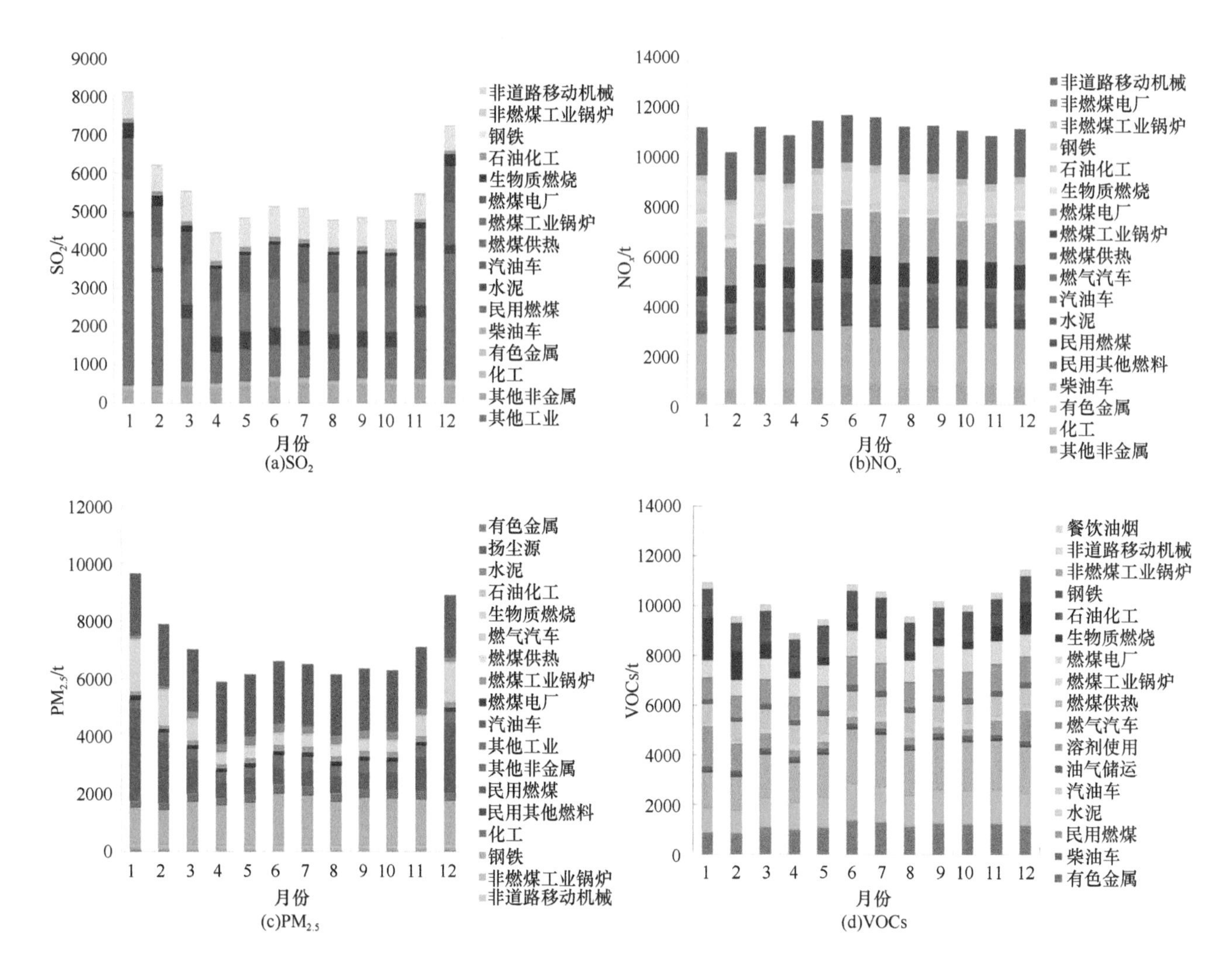

图 3-16　石家庄分行业、分月污染物排放情况

民用、移动源、扬尘源等源。燃煤供热、民用燃煤对 SO_2 排放的贡献最大；移动源对 NO_x 排放的贡献最大；扬尘源、民用燃煤对 $PM_{2.5}$ 排放的贡献最大；移动源、餐饮油烟和溶剂使用对 VOCs 排放的贡献最大。移动源、扬尘源、餐饮油烟等源的污染物分月排放变化不大，因此主要污染物的分月排放趋势由燃煤供热和民用燃煤主导，都呈现出供暖季高、非供暖季低的趋势。

总体而言，工业型城市的排放主要由工业源、移动源贡献；服务型城市的排放则主要由民用源和移动源贡献。从分月情况看，工业源和移动源排放的月际波动较小，而民用相关排放，尤其是民用燃煤和燃煤供热存在明显的月际波动，采暖季排放值显著高于其他时段。因此，服务型城市的总体排放值在秋冬季显著增高，应进一步加强对民用燃煤和燃煤供热的排放控制，如采用更低碳清洁的能源、加速民用散煤淘汰等，以更好地应对秋冬季的重污染态势。工业型城市总体排放的月际波动较服务型城市相对平缓，但也存在秋冬季高排放的现象。除加强民用排放管控外，工业型城市可采取适当的错峰生产措施，缓解秋冬季重污染形势。

3.1.8　排放清单动态化

2020 年春节受疫情管控的影响，工业、交通和生活的污染源活动水平较往年都有很大变化。基于日发电煤耗数据、断面交通流量、工业企业开工率、工程机械开工率、散煤使用抽样问卷调查等实时动态活动水平数据，对“2+26”城市排放清单开展了动态化分析。结果显示，春节期间（2020 年 1 月 20 日～

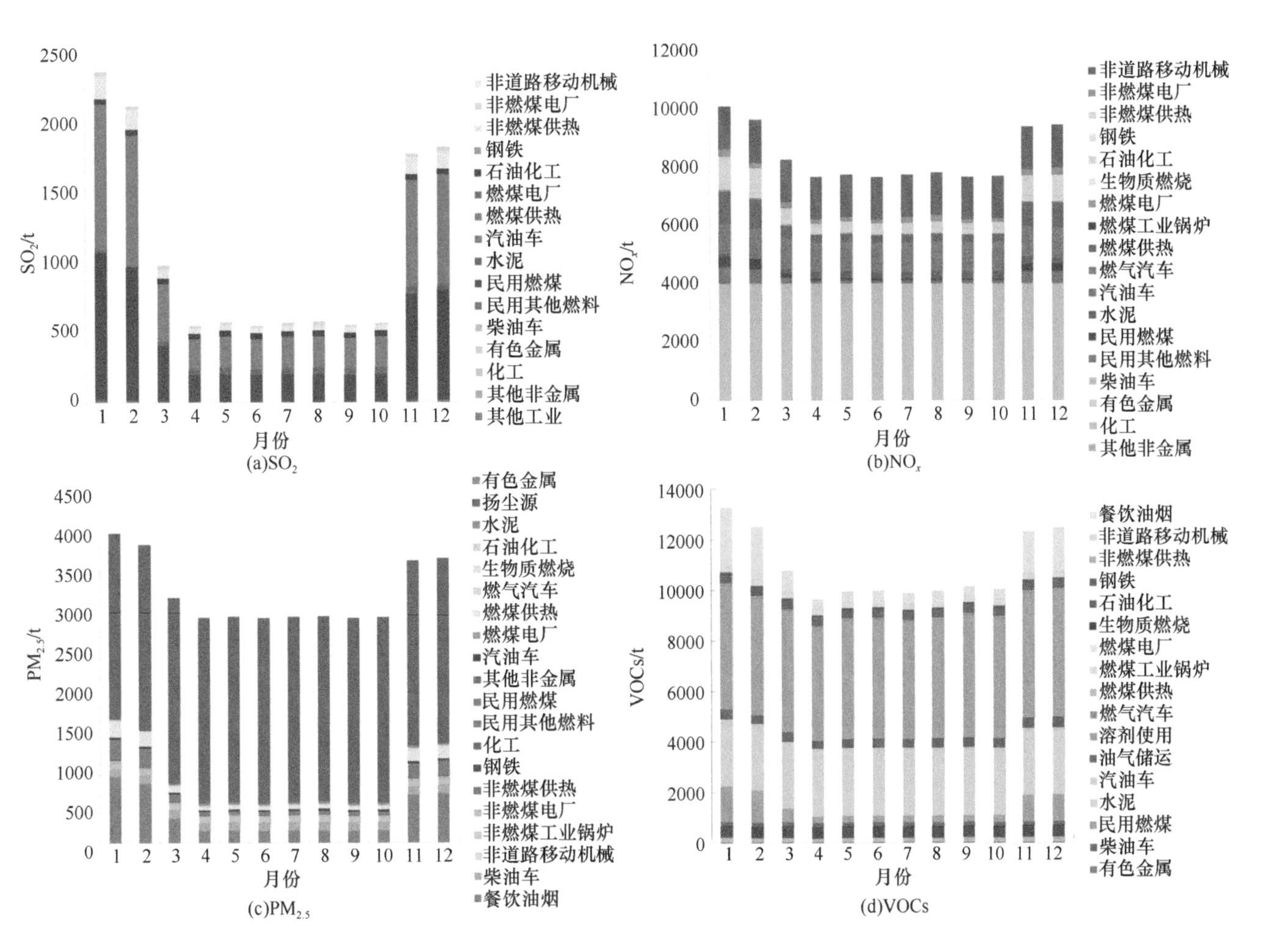

图 3-17 北京分行业、分月污染物排放情况

2 月 15 日，农历腊月廿六到正月廿二）一次 $PM_{2.5}$ 排放量约为 2500t/d，较春节前减少 17%，较 2019 年春节减少 27%，减少量主要来自电力、其他工业①、机动车、非道路移动机械。SO_2 排放量约为 2200t/d，较春节前减少 10%，较 2019 年春节减少 20%，减少量主要来自电力、锅炉和其他工业。NO_x 排放量约为 3300t/d，较春节前减少 46%，较 2019 年春节减少 33%，减少量主要来源于电力、机动车、非道路移动机械、其他工业。VOCs 排放量约为 4600t/d，较春节前减少 26%，较 2019 年春节减少 24%，减少量主要来源于机动车、非道路移动机械、石油化工和其他工业，如图 3-18 所示。

3.2 冶金行业大气污染治理及管控

研究人员系统分析了“2+26”城市冶金行业发展状况、大气污染排放控制现状、污染减排工艺路线和改造成本效益、大气污染管控方案等基本情况；识别了“2+26”城市冶金行业大气污染防治工作中的短板；提出了钢铁焦化行业超低排放技术路线，率先开展了典型钢铁企业无组织排放智能“管控治”一体化工程示范和钢铁企业全流程超低排放工程试点，支撑了“超低排放”政策的推行；率先提出了差别化环保绩效综合评估体系，支撑了重点区域冶金行业错峰管控工作；评估了钢铁、铁合金系列排放标准，并提出修订

① 其他工业主要包括砖瓦、陶瓷、橡胶、纺织、机械加工等轻工业。

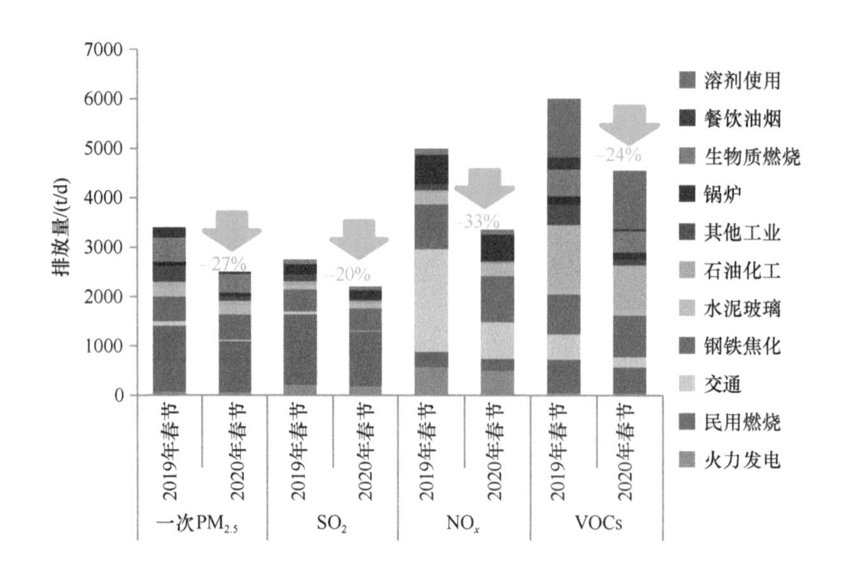

图 3-18　春节期间京津冀及周边地区大气污染物排放变化情况（2019 年、2020 年）

建议，从而为下一步标准修定提供了依据；综合评估了各项重点管控措施成本效益，制定了“2+26”城市冶金行业分阶段管控路线，包括提出了各重点区域的结构调整、布局建议，明确了超低排放推进时序，核算了管控路线减排潜力，从而为“2+26”城市冶金行业全面调控及治理提供了重要依据。

3.2.1　行业发展状况

3.2.1.1　行业产能及布局

2018 年，我国 27 个省（自治区、直辖市）具有钢铁冶炼能力，粗钢产能 10.6 亿 t。其中，河北粗钢产能 2.6 亿 t，接近全国总产能的 1/4，江苏、山东和辽宁分别位居第 2 ～第 4 位，粗钢产能分别为 1.3 亿 t、0.8 亿 t 和 0.7 亿 t，占比分别为 12.3%、7.5% 和 6.6%。上述四省粗钢产能超过半壁江山，达到 50.9%。全国转炉钢占比 94.8%，钢焦比约 0.19。

2018 年，“2+26”城市粗钢产能 3.0 亿 t，约占全国产能的 30%，单位面积粗钢产能 1066.8t/km^2，是全国平均水平的 12 倍、德国的 9 倍、日本的 4 倍、韩国的 2 倍、美国的 123 倍（是美国粗钢产能最大的印第安纳州的 28 倍）。“2+26”城市焦炭产能约 9911 万 t，单位面积焦炭产能 326.3t/km^2，是全国平均水平的 7 倍。

2018 年，“2+26”城市钢铁、焦化产能分别为 3.1 亿 t、2.0 亿 t，在全国占比分别为 30%、29%。钢铁、焦化、铸造及有色行业产能及分布情况分别如图 3-19、图 3-20 和表 3-3 所示。

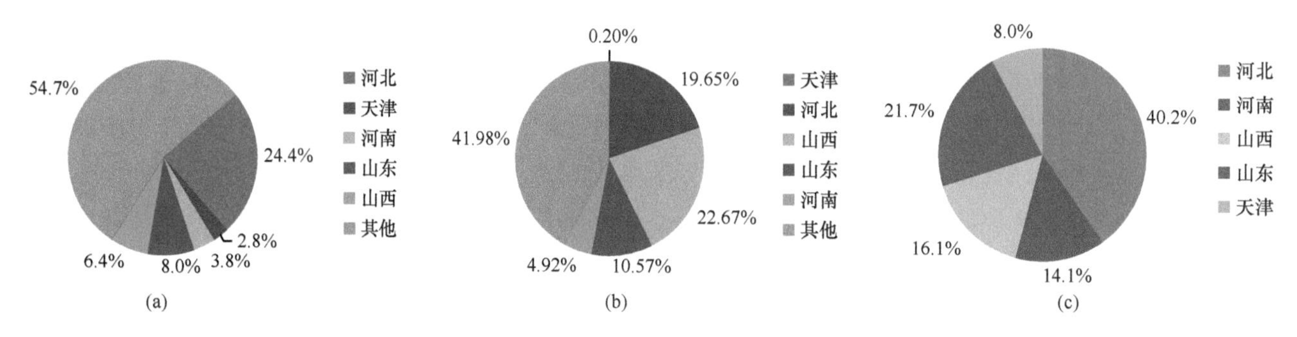

图 3-19　“2+26”城市钢铁（a）、焦化（b）及铸造（c）行业产能及分布情况

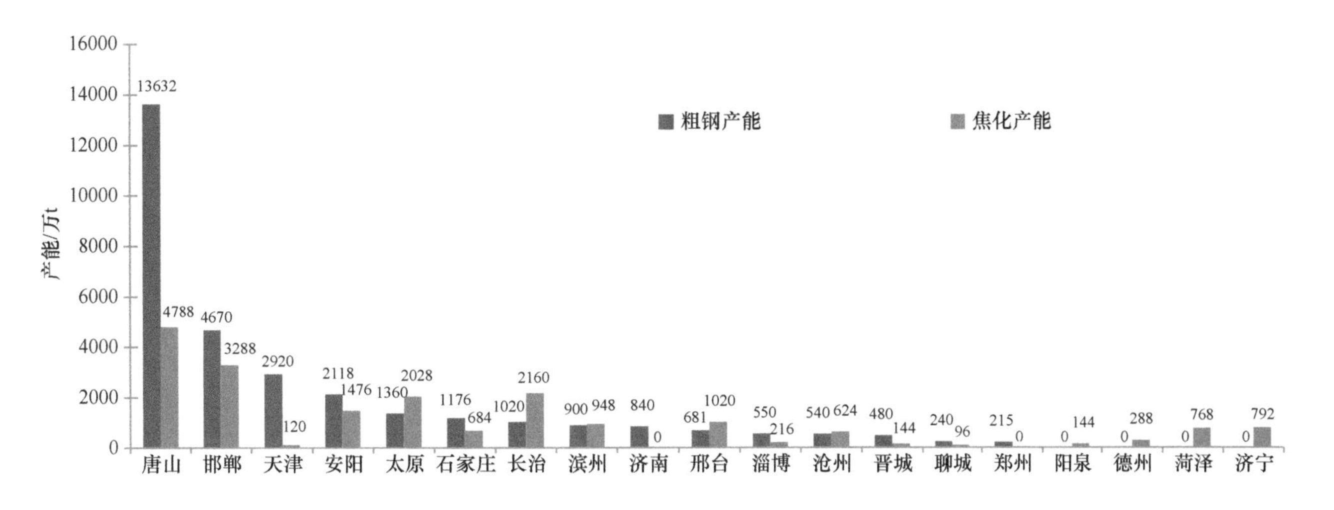

图 3-20　“2+26”城市钢铁、焦化行业产能及分布情况

表 3-3　“2+26”城市有色行业产能及占比情况

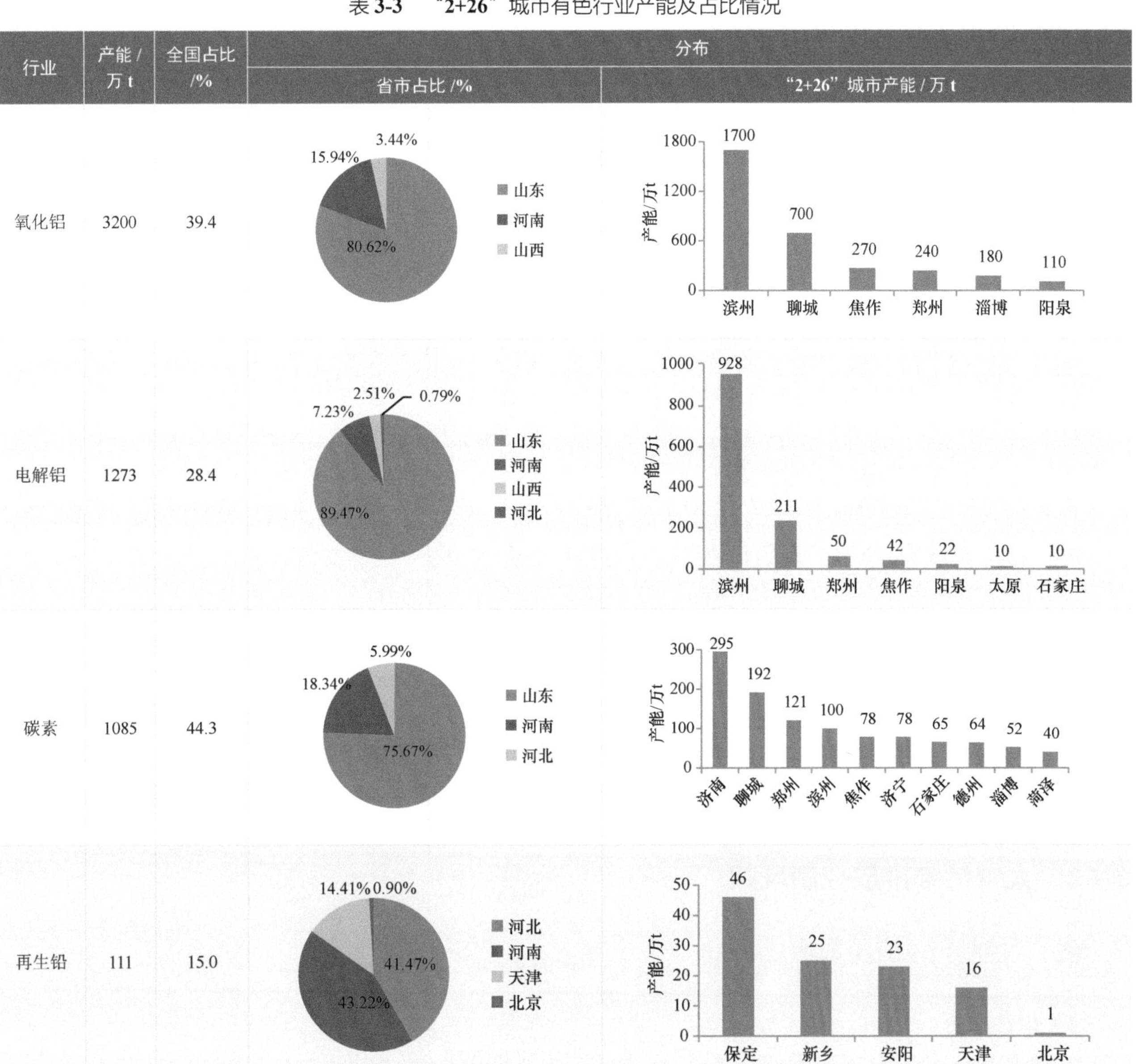

行业	产能/万 t	全国占比/%	分布	
			省市占比/%	“2+26”城市产能/万 t
氧化铝	3200	39.4	山东 80.62%；河南 15.94%；山西 3.44%	滨州 1700；聊城 700；焦作 270；郑州 240；淄博 180；阳泉 110
电解铝	1273	28.4	山东 89.47%；河南 7.23%；山西 2.51%；河北 0.79%	滨州 928；聊城 211；郑州 50；焦作 42；阳泉 22；太原 10；石家庄 10
碳素	1085	44.3	山东 75.67%；河南 18.34%；河北 5.99%	济南 295；聊城 192；郑州 121；滨州 100；焦作 78；济宁 78；石家庄 65；德州 64；淄博 52；菏泽 40
再生铅	111	15.0	河北 41.47%；河南 43.22%；天津 14.41%；北京 0.90%	保定 46；新乡 25；安阳 23；天津 16；北京 1

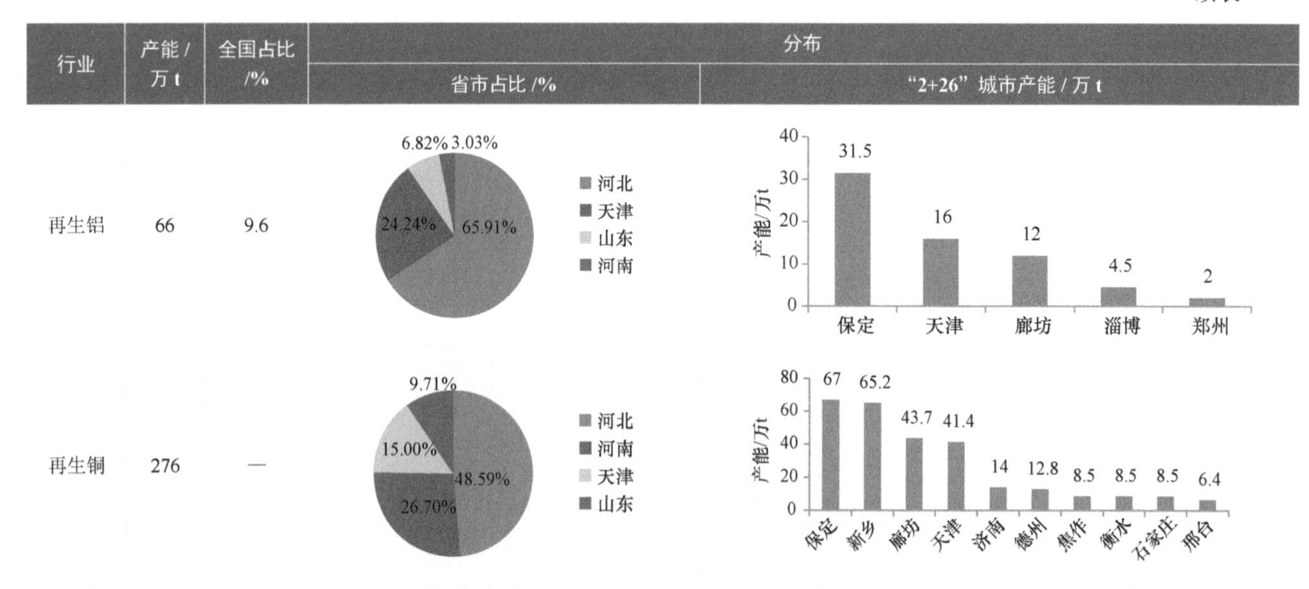
续表

行业	产能/万t	全国占比/%	分布	
			省市占比/%	“2+26”城市产能/万t
再生铝	66	9.6		
再生铜	276	—		

3.2.1.2 问题分析

产业布局不合理。“2+26”城市冶金行业产能高度集中，尤其唐山、晋冀鲁豫交界地区是“主战场”，钢铁产能分别占“2+26”城市钢铁总产能的44%、29%，焦炭产能分别占“2+26”城市焦炭总产能的24%、40%。“钢铁围城”现象严重，邯郸钢铁集团有限责任公司、安阳钢铁集团有限责任公司、石家庄钢铁有限责任公司、太原钢铁（集团）有限公司、济钢集团有限公司等大型钢铁企业均位于主城区，武安22家钢铁企业中有12家企业分布在城区或近城区。

企业上下游产能配比不合理。“2+26”城市的焦炭和钢铁产能比值从2016年的0.74降为2018年的0.63，但仍然比正常值（0.4）高出近60%；转炉长流程占比达95%左右，而欧美发达国家和地区以较清洁的电炉短流程为主，长流程产能占比低于50%。碳素与电解铝的产能比值较合理值（0.45）高出1倍。

冶金企业装备水平较低。“2+26”城市已经基本满足《产业结构调整指导目录（2019年本）》对冶金行业落后产能淘汰的要求，但低水平生产装备仍占一定比例。钢铁行业中小于1000m^3的高炉数量占比约65%，4.3m及以下的焦炉产能占比约56%；有色行业中76.1%的碳素企业不能满足规范条件产能要求（15万t/a），9家再生铝企业有5家不满足规范条件产能要求（5万t/a），11家电解铝企业有6家不满足规范条件产能要求（采用400kA以下预焙槽）。铸造行业中3t以下的铸造熔炼冲天炉占比在80%以上，小于200m^3的铸造高炉占比近30%，35台铁合金矿热炉仅7台在25000kVA以上。

钢铁行业产能压减但产量不降反增。近年来，虽然经过过剩产能压减和落后产能淘汰，但钢铁产量仍不降反增。例如，河北作为全国去产能的主战场，2013～2018年，压减退出炼钢产能8422万t，但2018年粗钢产量却比2013年增长约26%。

3.2.2 大气污染排放控制现状

3.2.2.1 控制技术应用现状

1）钢铁行业

2018年钢铁行业有组织、无组织排放治理技术应用现状及情况分别见表3-4及表3-5。

表 3-4 钢铁行业有组织排放治理技术应用现状

类别	工艺类型		应用现状	先进性
脱硫	石灰石 / 石灰 – 石膏法	湿法	应用广泛，其中唐山 45.7%、邯郸 67%、安阳 82% 以上、石家庄 15%	先进
	镁法脱硫		应用较少，其中唐山无、石家庄 25%	先进
	氨法脱硫		应用较少，其中唐山无	一般
	旋转喷雾干燥法	半干法	应用较多，重点区相对较少	一般
	循环流化床		应用较多，重点区相对较少，其中石家庄 60%、邯郸 2%	一般
	活性炭	干法	应用较少，其中唐山 11.8%、邯郸 31%、安阳约 10%	国际先进
脱硝	氧化法	氧化法	应用较少，其中唐山 41.%、邯郸无	一般
	中高温 SCR	还原法	应用较多，其中唐山 46.5%、邯郸 70.6%	国际先进
	中低温 SCR			先进
	活性炭		应用较少，其中唐山 11.8%、邯郸 31%	国际先进
除尘	传统袋式	过滤式除尘	应用广泛，适用于大部分生产工序	先进
	覆膜滤料袋式		重点区（唐山、邯郸、安阳、临汾）基本已更换为覆膜、适用于大部分生产工序	先进
	滤筒		应用较少，仅部分先进企业适用于大部分生产工序	国际先进
	塑烧板		应用较少，适用于轧机等含水率较高的烟气	先进
	电袋复合		应用较多，适用于静电除尘器增效改造	先进
	工频电源静电	电除尘	应用广泛	一般
	软稳高频电源静电		应用广泛，适用于烧结机机头、竖炉焙烧等烟气	先进
	湿电		应用较少，仅重点区烧结、球团湿法脱硫后使用	国际先进
	转炉一次干法		应用较少，仅部分先进企业使用	国际先进
	湿法（水浴等）	湿式除尘	应用极少，仅部分烧结混料处使用	较差
	转炉一次湿法		应用广泛	先进

注：SCR 指选择性催化还原技术。

表 3-5 钢铁行业无组织排放治理技术应用情况

类别	工艺类型	应用情况	先进性
料场堆存	防风抑尘网	环保要求相对较低的企业采用	一般
	全封闭料场	重点区域大部分企业采用	国际先进
	筒仓	先进企业应用较多	国际先进
抑尘	传统喷淋抑尘	国内大部分企业采用	一般
	干雾抑尘	邯郸地区已普遍采用	先进
	生物纳膜等		国际先进

2）焦化行业

有组织排放方面：焦炉烟气脱硫、脱硝技术分别以湿法、SCR 为主，占比分别为 75%、54%，具体技术应用现状如图 3-21 所示；除尘技术以袋式除尘为主，备煤、物料转运及焦炭筛分工序中袋式除尘占比 92.7%，装煤、推焦工序采用袋式除尘地面站进行颗粒物治理的比例高达 89.6%。

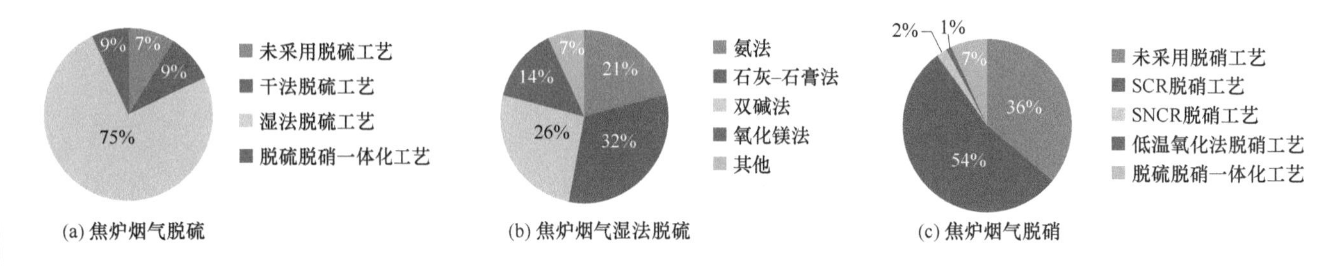

(a) 焦炉烟气脱硫　(b) 焦炉烟气湿法脱硫　(c) 焦炉烟气脱硝

图 3-21　焦炉烟气脱硫、脱硝技术应用现状

SNCR 指选择性非催化还原技术

无组织排放方面：焦化行业治理技术应用情况与钢铁行业相似。

3）有色行业

有色行业有组织、无组织排放治理技术应用现状及情况分别见表 3-6 及表 3-7。

表 3-6　有色行业有组织排放治理技术应用现状

类别	工艺类型		应用现状
脱硫	石灰石 / 石灰 – 石膏法	湿法	应用广泛，其中原生铅 50%、氧化铝 63%、碳素 65%、再生铅 18%、再生铝 18%；河北 14%、河南 33%、山东 53%、山西 33%
	双碱法		应用广泛，其中原生铅 50%、氧化铝 25%、碳素 26%、再生铅 73%、再生铜 9%；河北 31%、河南 30%、山东 20%、天津 10%
	有机溶液循环吸收法		应用较多，氧化铝 12%、原生铜 100%；山东 5%
	金属氧化物吸收法		应用较少，其中碳素 2%；山东 2%
	氨法		应用较少，其中碳素 5%；山东 5%
	消石灰半干法	半干法	应用较少，其中碳素 5%；山东 5%
	活性炭	干法	应用较少
脱硝	氧化法	氧化法	应用较少，其中原生铅 50%、碳素 12%、再生铅 9%；河北 10%、河南 6%、山东 5%
	SCR	还原法	应用较多，其中氧化铝 50%、碳素 7%、再生铅 18%、再生铝 9%；河北 10%、山东 15%
	SNCR		应用较多，其中氧化铝 38%、碳素 74%；河南 36%、山东 56%
除尘	传统袋式	过滤式除尘	应用广泛，适用于大部分生产工序
	覆膜滤料袋式		重点区域基本已更换为覆膜，适用于大部分生产工序
	滤筒		应用较少，仅部分先进企业使用，适用于大部分生产工序
	电袋复合		应用较少，适用于静电除尘器增效改造
	湿式电除尘	电除尘	应用较多，特别适用于重点区域碳素行业除尘改造
	电除尘		应用较多，多用于制酸工序前
	湿法（文丘里等）	湿式除尘	应用极少，仅部分企业使用

表 3-7 有色行业无组织排放治理技术应用情况

类别	工艺类型	应用情况
料场堆存	半封闭料场	环保要求相对较低的企业采用
	全封闭料场	重点区域大部分企业采用
抑尘	传统喷淋抑尘	大部分企业采用
	干雾抑尘	部分先进企业采用
运输	粉状物料密闭运输	重点区域大部分企业采用

3.2.2.2 冶金行业污染控制技术存在问题

总体而言，“2+26”城市冶金行业污染治理水平较低，表现在钢铁企业烧结机机头烟气、球团焙烧烟气，焦化企业焦炉烟气、干熄焦烟气，铁合金矿热炉等多点位存在超标现象，钢铁、焦化企业无组织排放严重；铸造企业 70% 未达到中国铸造协会（以下简称中铸协）最新标准《铸造行业大气污染物排放限值》（T/CFA 030802-2—2017）；有色企业焙烧窑、熟料烧成窑（氧化铝）和挥发窑（铅锌）等烟气氮氧化物不能稳定达到特别排放限值。冶金行业污染物排放标准及执行情况见表 3-8。

表 3-8 冶金行业污染物排放标准及执行情况

行业	国家行业排放标准	与国外标准对比	执行情况
钢铁	《钢铁烧结、球团工业大气污染物排放标准》（GB 28662—2012）	持平，个别如颗粒物、SO_2 排放浓度较德国稍有差距	部分点位存在超标现象
	《炼铁工业大气污染物排放标准》（GB 28663—2012）	基本相同，颗粒物排放限值略比欧盟、美国宽松，但特别排放限值比国外严格	部分点位存在超标现象
	《炼钢工业大气污染物排放标准》（GB 28664—2012）	更全面，颗粒物略有宽松，二噁英相同	达标率较高
	《轧钢工业大气污染物排放标准》（GB 28665—2012）	颗粒物、SO_2 总体与日本、德国相当，NO_x 严于国外	部分点位存在超标现象
铁合金	《铁合金工业污染物排放标准》（GB 28666—2012）	较宽松	部分点位存在超标现象
铸造	《铸造行业大气污染物排放限值》（T/CFA 030802-2—2017）（中铸协标准）	—	达标率低
焦化	《炼焦化学工业污染物排放标准》（GB 16171—2012）	颗粒物总体比欧盟宽松，与日本、印度相当，其他严于国外	部分点位存在超标现象
有色	《铅、锌工业污染物排放标准》（GB 25466—2010）及修改单 《铜、镍、钴工业污染物排放标准》（GB 25467—2010）及修改单 《再生铜、铝、铅、锌工业污染物排放标准》（GB 31574—2015）及修改单 《铝工业污染物排放标准》（GB 25465—2010）及修改单	整体略严于欧美国家和地区及世界银行标准	氮氧化物存在超标现象

造成上述问题的主要原因如下。

技术层面：一是有组织排放治理设施运行管理水平较低。大多数重点源未安装分布式控制系统，重点参数难以追溯，企业环保设施实际运行情况无法核查。二是无组织排放量大、颗粒物排放点位多且缺乏有效监管。排放底数不清，治理措施粗放、治理设施运行状态未能实现有效监控。三是大宗物料运输仍以公路运输为主。

管理层面：企业违法成本低，导致企业环保治理没有积极性。同时，环保设施管理水平较低，主要体现在环保设施控制系统简易、未建立完善的环保设施运行管理台账、环保设施运行管理人员专业技术水平参差不齐。而有组织排放在线监测装置质量差、故障率高、准确率低，无组织排放尚无有效监测手段，因此无法实现有效监管。

3.2.3 污染减排工艺路线和改造成本效益分析

按照“2+26”城市区域内钢铁企业全面完成超低排放升级改造情景分析，预计钢铁行业有组织超低排放及无组织综合治理可减排 77% 的一次颗粒物和 38% 的 NO_x。

3.2.3.1 超低排放技术路线

在总结现有钢铁企业超低排放改造实践经验的基础上，从有组织、无组织排放及清洁运输方面提出了钢铁、焦化行业全流程实现“超低排放”技术体系，结果见表 3-9 及表 3-10。

表 3-9 有组织“超低排放”技术体系

生产工序	生产设施	基准含氧量 /%	超低排放标准 / (mg/m³)			技术体系	
			颗粒物	SO_2	NO_x		
烧结（球团）	烧结机机头 球团竖炉	16	10	35	50	四电场静电除尘 + 中高温 SCR + 湿法 / 半干法脱硫 + 湿式电除尘 / 袋式除尘	四电场静电除尘器 + 活性炭 / 焦脱硫脱硝一体化装置
	链篦机回转窑 带式球团焙烧机	18	10	35	50		
焦化	焦炉烟囱	8	10	30	150	SCR+ 半干法 / 干法脱硫 + 袋式除尘或 SCR+ 湿法脱硫 + 湿式电除尘	活性炭 / 焦脱硫脱硝一体化装置
	干熄焦	—	10	50	—	袋式除尘 + 引入焦炉烟气脱硫	袋式除尘 + 半干法 / 干法脱硫
	化产 VOCs	—	—	—	—	回压力平衡系统、洗涤 + 活性炭吸附、回焦炉焚烧	
	生化 VOCs	—	—	—	—	加盖密闭收集，等离子 + 活性炭吸附、生物法 + 活性炭吸附、回焦炉焚烧	
炼铁、轧钢	热风炉、加热炉	—	10	50	150	低氮燃烧 + 超洁净煤气（焦炉、高炉煤气精脱硫）	
自备电厂	燃气锅炉	3	5	35	50	低氮燃烧 + 超洁净煤气 + 干法 / 半干法 / 湿法脱硫 +SNCR/SCR/SNCR 联合 SCR 脱硝（根据工况选取）	
	燃煤锅炉	6	10	35	50	煤粉锅炉： 低氮燃烧 + 一次除尘 +SCR+ 湿法 / 半干法脱硫 + 二次除尘（布袋除尘 / 湿式电除尘）	循环流化床锅炉： SNCR 联合 SCR+ 袋式除尘 + 炉内喷钙脱硫（可选用）+ 炉后湿法脱硫
其他部分排放源		—	10	—	—	袋式除尘（覆膜）、滤筒除尘、湿电、塑烧板等	

表 3-10 无组织“超低排放”技术体系

项目		技术体系	指标
料场		封闭料棚	内部颗粒物浓度不超过 5mg/m³
		干雾系统等高效抑尘设施	
物料输送	散装物料输送	自动控制、连续输送	主要无组织排放源周边 1m 处，颗粒物浓度小于 5mg/m³
		密闭输送	
	各落料点	设负压收尘或高效干雾抑尘	
	物料流动超过 100m 且有多个产尘点的长工艺流程	采用生物纳膜等源头抑尘、高效干雾抑尘及负压收尘技术，智能联动综合治理	
生产环节	除尘器卸灰	气力输送、密闭式罐车	
	炼铁工序	出铁场平台封闭或半封闭，铁沟、渣沟加盖封闭	
		铁水包、鱼雷罐车等应加盖	
	炼钢工序	车间封闭、设置屋顶罩	
		连铸中间包拆包、倾翻时采用高效干雾抑尘	
	各工序	各产尘点设负压收尘系统，采用滤筒除尘或高效覆膜袋式除尘等技术	
车辆治理	散状物料运输	采用厢式车辆或集装箱	
	车轮清洗	料场和厂区出口设标准化洗车台	
清洁运输		大幅提高铁路运输，减少汽运比例	达到 80% 以上
		厂内短距离运输采用密闭方式，不具备条件的采用新能源或达到国六排放标准（未出台前暂按国五标准执行）的汽车运输	

在此基础上，在河北省首钢迁安钢铁有限责任公司（以下简称首钢迁钢）开展了钢铁企业全流程超低排放监测评估验收及创建 A 类企业试点工程。有组织排放方面，球团、烧结工序采用“密相干塔 +SCR”和逆流式活性炭一体化治理技术工艺，控制入炉原 / 燃料有害元素含量，高炉煤气进行喷淋洗涤，焦炉煤气进行深度脱硫，同时热风炉、轧钢加热炉、自备电站采用低氮燃烧技术；除尘引进高效滤筒等先进滤料。无组织排放方面，共梳理全部 2551 个无组织排放点，构建了全厂无组织“管控治”一体化技术体系，实现了智能化管控。目前，首钢迁钢各排放源均稳定达到超低排放标准。吨钢颗粒物、SO_2 和 NO_x 排放绩效分别为 0.17kg、0.21kg 和 0.4kg，较 2018 年重点大中型钢铁企业平均排放绩效分别降低 66%、52% 和 53%，达到国际领先水平。

3.2.3.2 超低排放改造成本效益分析

1）建设成本

采用不同技术路线，钢铁企业超低排放改造的建设成本也不同，烧结机机头烟气超低排放改造增加投资 70 ～ 120 元 / 吨钢；全厂除尘系统提标改造增加投资 20 ～ 50 元 / 吨钢；无组织排放治理增加投资 20 ～ 80 元 / 吨钢；煤气精脱硫、低氮燃烧、监测系统升级改造，增加投资 10 元 / 吨钢。以上合计增加建设成本 120 ～ 260 元 / 吨钢（不含铁路运输改造投资）。

按“2+26”城市现有 3.1 亿 t 钢铁产能估算，全面实施超低排放改造将增加建设成本 370 亿～ 800 亿元。

2）运行成本

对钢铁企业超低排放改造增加运行成本分析如下：运行成本包括脱硫脱硝设施的催化剂、脱硫剂、氨的消耗，除尘系统增加的电耗，以及人工和维护费用。根据已经完成全工序超低排放评估监测试点工作的首钢迁钢的统计数据，估算钢铁企业超低排放改造增加的运行成本为 30 ～ 50 元 / 吨钢（不含折旧）。

按“2+26”城市现有3.1亿t钢铁产能估算，全面实施超低排放每年增加环保运行成本90亿～160亿元。

3.2.4 冶金行业大气污染管控方案

3.2.4.1 加大结构调整力度，严格限制重点城市钢铁产量

1）产业结构调整

钢铁行业：到“十四五”末，将“2+26”城市长流程钢产量限制在2亿t以内。其中，唐山、天津、石家庄、邢台、邯郸、安阳六个城市为重点调控对象，不但要着力压减钢铁产能，更要严格限制产量。建议唐山钢铁长流程产能和产量应控制在8000万t左右，若长流程置换为电炉短流程，唐山钢铁产能和产量可适当增加。唐山除迁安、曹妃甸、乐亭、迁西现有钢厂外不再新布局长流程钢铁项目，其他区县现有的退城搬迁项目不要再在唐山市内布局。天津钢铁产能应控制在1500万t以下，其中电炉钢比例大于30%。除东丽、津南、宁河现有钢厂外，不再布局钢铁项目。石家庄、邢台、邯郸、安阳等太行山沿线区域扩散条件较差，建议该区域钢铁产能应统一调控，并控制在6000万t左右。该区域内不再新选址建设钢铁长流程项目（包括区域内的产能置换搬迁项目）。石家庄、邢台各保留一个长流程钢厂，邯郸的钢铁生产点压缩到8个以下（复兴、永年、峰峰矿、涉县各1个，武安4个），安阳建议保留2～3个长流程钢厂。除此之外，逐步压缩“2+26”城市在山西的钢铁企业规模；“2+26”城市在山东的钢铁企业按照山东钢铁产业结构调整规划，要求尽量向日照等沿海地区转移。生产工艺及装备方面，逐步淘汰独立热轧企业；鼓励长流程置换为电炉短流程；高炉增加球团矿使用比例，用碱性球团矿代替烧结矿；进一步提升“2+26”区域产能置换项目的烧结机、高炉建设标准，烧结机应大于360m^2，原料场应采用机械化综合料场。

焦化行业：唐山、石家庄、邢台、邯郸、安阳严格执行以钢定焦政策，鼓励钢铁和焦化企业联合，淘汰独立焦化企业；按照钢铁生产点配套置换焦化项目，焦炉炭化室高度应大于6m。其他城市也不应再新布局焦化生产点，彻底淘汰4.3m以下焦炉，逐步淘汰4.3m焦炉。

铁合金、铸造、有色再生行业：依托现有优势区域，集中建设工业园区，建设标准化厂房，实行园区化集中管理，同时逐步淘汰未入园的铁合金、铸造、有色再生行业企业。

有色冶炼行业：逐步淘汰工序不全和产能在10万t以下的铝用碳素企业。

“2+26”城市钢铁行业产能调整方案具体见表3-11。

表3-11 “2+26”城市钢铁行业产能调整方案

地区		现状				调整后			
		总产能/万t	长流程/万t	短流程/万t	短流程比例/%	总产能/万t	长流程/万t	短流程/万t	短流程比例/%
唐山		13632	13632	0	0	8450	8000	450	5.3
天津		2920	2600	320	11.0	1500	1050	450	30.0
太行山沿线（石家庄、邢台、邯郸、安阳）		8645	8485	160	1.9	7800	6000	1800	23.1
山西		2860	2510	350	12.2	2500	2000	500	20.0
山东		2530	2354	176	7.0	2530	2030	500	19.8
其他	沧州	540	540	0	0.0	540	540	0	0.0
	郑州	215	215	0	0.0	215	215	0	0.0
合计		31342	30336	1006	3.2①	23535	19835	3700	15.7①

①短流程钢铁占区域总产能的比例。

2）能源使用及运输结构调整

淘汰以煤为燃料的加热炉、热风炉、石灰窑等。

厂外建设铁路专用线，大幅提高清洁运输比例；厂内禁止物料二次汽车倒运，卸料、取料全部采用密闭机械化作业。

3.2.4.2　高质量有序推进钢铁、焦化企业超低排放改造

按照国家规划，2020 年底前，“2+26”城市钢铁、焦化企业应完成 60% 以上超低排放改造。依据“2+26”城市超低排放改造进度情况调研结果，2020 年底前，“2+26”城市区域内约 85% 钢铁产能、70% 焦化产能可完成超低排放改造，到 2022 年底基本完成改造，具体见表 3-12。

3.2.4.3　建设有组织、无组织源信息化环境监管体系

研究人员建立了冶金行业数字化、信息化有组织及无组织环境监管技术方法体系，分别见表 3-13 和表 3-14。

表 **3-12**　钢铁（粗钢）、焦化企业超低排放推进时序及产能

地区		粗钢产能及占比		焦化产能及占比		完成超低排放改造进度安排
		产能 / 万 t	占比 /%	产能 / 万 t	占比 /%	
唐山		8450	43.5	3380	22.8	第一批（2020.10）
天津		1500	9.3	120	0.8	第二批（2020.12）
太行山沿线（石家庄、邢台、邯郸、安阳）		7800	27.6	3120	21.0	第一批（2020.10）：石家庄、邢台、邯郸 第二批（2020.12）：安阳
山西		2500	9.1	4476	30.2	第二批（2020.12）：太原 第三批（2021.12）：晋城、阳泉 第四批（2022.12）：长治
山东		2530	8.1	3108	21.0	第三批（2021.12）：淄博、德州、菏泽、济宁 第四批（2022.12）：滨州、济南、聊城
其他	沧州	540	1.7	624	4.2	第一批（2020.10）
	郑州	215	0.7	0	0	第三批（2021.12）
合计		23535	100	14828	100	

攻关项目率先开展了无组织排放智能“管控治”一体化智能环保平台示范，创立了“环保＋工业互联网”智能管控模式，为冶金企业、工业园区无组织排放治理和监管提供了新模式，实现了无组织排放“有组织化”管理，解决了无组织排放治理难、监管难的问题。无组织环境监管总体框架图及管控平台如图 3-22 和图 3-23 所示。

表 3-13　有组织环境监管技术方法体系

类别	措施要求	行业	具体内容
在线监测	提高在线监测覆盖面	钢铁	烧结机机头、机尾、球团焙烧
			高炉矿槽、出铁场
			铁水预处理、转炉二次烟气、电炉烟气、石灰窑、白云石窑
			燃用发生炉煤气的轧钢热处理炉
			自备电站排气筒
		焦化	焦炉烟囱，装煤、推焦、干熄焦地面站
		有色	熔炼炉、还原炉等
		铸造	冲天炉、电弧炉、集中熔化炉、锅炉烟囱
		铁合金	原料系统烟气、铁合金冶炼半封闭式矿热炉废气（硅铁合金冶炼半封闭式矿热炉废气除外）
	在线监测精度改造	钢铁、焦化	超低精度改造
	第三方运维定期考核		确保监测数据的真实性、有效性
	安装分布式控制系统（DCS）		在线设施安装 DCS 系统，记录企业环保设施运行及相关生产过程主要参数
自行监测			按照排污许可规范要求开展自行监测

表 3-14　无组织环境监管技术方法体系

类别		具体内容或要求	目的
监控	建立源头监控	建立企业生产工艺流程台账	实现精细网格化监测，为全厂大数据分析提供数据来源，为污染预警防控提供决策依据
		建立高分辨率企业无组织污染源清单	
		部署定制化源头监测体系	
	完善过程监控	对治理设备各参数进行 24h 实时监控	
	完善整体监控	布设全厂环境道路扬尘在线监测	
		重点污染发生区或生产工艺范围适当加密	
治理	覆盖面	全覆盖	将无组织排放收集转变为有组织排放集中处理
	治理技术	适用于各排放源	
	治理设备	自动化运行并传送实时数据	
智能化管理	数字化	搭建监控数据管理平台	减少人力管理成本，提高各企业无组织长效管理机制
	智能化	治理设备智能化、可扩展升级	
		全厂统一管理管控平台闭环链	
		管控平台具备未来技术扩展升级功能	

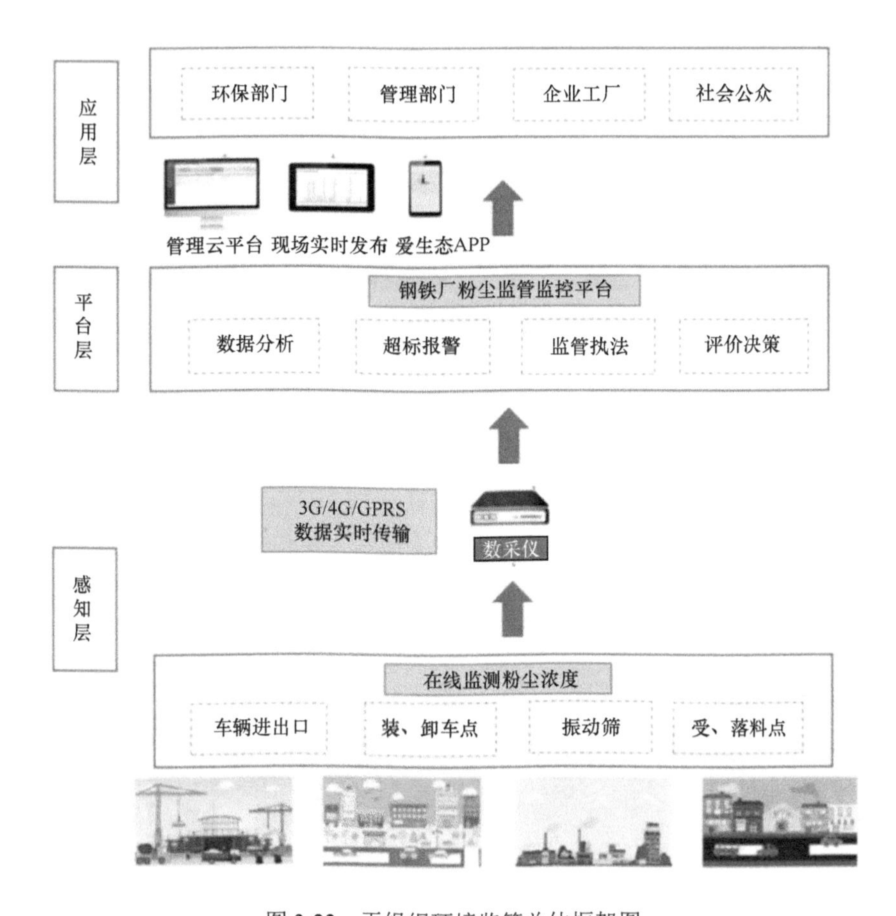

图 3-22　无组织环境监管总体框架图

3.2.4.4　错峰及重污染天气应急管控

综合考虑装备水平、脱硫脱硝除尘措施、无组织排放控制措施、汽运比例、现场管理等与大气污染物排放密切相关的因素，研究人员建立了差别化的冶金企业环境绩效综合评估体系，并将其应用于唐山、邯郸、安阳等重点城市实施错峰及重污染天气应急分级管控，在全国率先实现了差别化管控，杜绝了“一刀切”，为进一步推动钢铁行业“超低排放”实施奠定了基础。通过差别化管控及企业深度治理，唐山和邯郸地区钢铁企业“超低排放”改造进度已走在了全国前列，全市行业发展水平提升、污染减排效果显著。

3.2.4.5　分阶段管控方案

以钢铁行业为例，对以下三种管控方案进行减排成本效益分析：一是结构减排，包括压减产能（将部分产能转移到“2+26”城市外区域）及将转炉长流程改为电炉短流程两种情景；二是治理减排，即通过提标改造全面实现超低排放；三是管理减排，即通过强化管控确保稳定达到超低排放。其具体分析结果见表 3-15。

由表 3-15 可知，从环境效益来看，结构减排方案最优；但从投资及减排效益综合来看，各管控方案的优先性顺序是管理减排 > 治理减排 > 结构减排。结构减排中，在不考虑产品变化的情况下，转炉长流程改为电炉短流程比压减产能进行异地置换的成本效益更好，应优先考虑。因此，综合成本效益分析，提出“2+26”城市的管控方案路线。

图 3-23　无组织环境监管管控平台（河北某企业实拍）

表 3-15　钢铁行业结构减排、治理减排及管理减排成本效益分析

管控方案		投资成本 /（元 / 吨钢）	减排效益 /（kg/t）		减排成本 /（元 /kg）
结构减排	压减产能	2600 ～ 2800（按 500 万 t 普钢投资考虑）	颗粒物	1.7	750 ～ 800
			SO_2	0.8	
			NO_x	1.0	
	转炉长流程改为电炉短流程	800 ～ 1000（不考虑产品变化）	颗粒物	1.6	258 ～ 323
			SO_2	0.7	
			NO_x	0.8	
治理减排	实现超低排放	120 ～ 260	颗粒物	1.3	54 ～ 118
			SO_2	0.5	
			NO_x	0.4	
管理减排	强化管控	0.3 ～ 0.5	颗粒物	0.04	2 ～ 4
			SO_2	0.03	
			NO_x	0.06	

第一阶段（“十四五”前期），应在环境容量允许的情况下优先考虑对现有钢铁企业进行超低排放改造，严格超低排放改造效果评估，同时强化管控，确保长期稳定达到超低排放。推动其他行业同步提标改

造、强化管控，具体如下：“2+26”城市现有 19835 万 t 长流程及 1006 万 t 短流程产能实现超低排放，焦化 14828 万 t 产能实现超低排放；有色、铁合金提标改造稳定达到特排限值，铸造提标改造达到中铸协最新标准；各子行业强化管控，稳定达标排放。

第二阶段（“十四五”末期），倒逼不具备改造基础或改造成本高的钢铁产能由长流程向短流程转变或退出进行异地置换，重点城市焦化产能控制在钢焦比 0.4，多余产能退出进行异地置换，具体如下：“2+26”城市现有不具备改造基础或改造成本高的 2694 万 t 钢铁产能转为短流程，剩余 7807 万 t 产能退出进行异地置换，焦化保留 14828 万 t 产能，其余 4756 万 t 产能退出进行异地置换。

3.2.5　污染减排效果评估

对“2+26”城市冶金行业采取上述分阶段管控措施后，到“十四五”末期，“2+26”城市冶金行业颗粒物、SO_2 和 NO_x 可分别减排约 77.29%、68.33% 和 67.99%，具体结果见表 3-16。

表 3-16　“2+26”城市冶金行业减排效果测算

行业	情景类别			颗粒物		SO_2		NO_x	
				减排量 / 万 t	减排比例 /%	减排量 / 万 t	减排比例 /%	减排量 / 万 t	减排比例 /%
钢铁	结构减排	工艺升级	现有 2694 万 t 长流程转为短流程工艺	4.21	6.64	1.81	6.90	1.94	6.21
		压减产能	淘汰现有 7807 万 t 长流程规模	15.44	24.37	6.56	24.99	7.81	25.99
	治理减排	超低排放	剩余 19835 万 t 长流程实现超低排放	32.29	50.96	10.71	40.82	7.93	25.40
	管理减排	强化管控		0.69	1.10	0.60	2.27	1.19	3.81
	小计			52.63	83.07	19.68	75.00	18.87	60.41
焦化	结构减排	压减产能	控制产能在 14828 万 t（重点城市钢焦比 0.4），其余 4756 万 t 产能退出	3.98	23.78	1.15	23.78	4.95	23.78
	治理减排	超低排放	剩余 14828 万 t 实现超低排放	10.62	63.50	1.22	25.12	10.97	52.75
	管理减排	强化管控		0.18	1.06	0.24	4.90	0.44	2.14
	小计			14.78	88.40	2.61	53.93	16.36	78.67
有色	治理减排	提标改造	稳定达到特排限值	1.55	80.00	4.00	50.00	1.20	75.00
	管理减排	强化管控		0.04	2.00	0.40	5.00	0.04	2.50
铸造	治理减排	提标改造	达到中铸协最新标准《铸造行业大气污染物排放限值》（T/CFA 030802-2—2017）	12.40	50.00	—	—	—	—
	管理减排	强化管控		1.24	5.00	—	—	—	—
铁合金	治理减排	提标改造	稳定达到特排限值	0.12	40	0.09	80.00	—	—
	管理减排	强化管控		0.02	6	0.002	2	—	—
合计	结构减排			23.63	22.06	9.52	24.29	14.69	27.39
	治理减排			56.98	53.20	16.02	40.88	20.11	37.48
	管理减排			2.17	2.03	1.24	3.16	1.67	3.12
合计				82.78	77.29	26.78	68.33	36.47	67.99

3.3 建材领域大气污染治理及管控

本节系统分析了“2+26”城市建材领域子行业的产能布局、工艺装备、治理措施应用现状、污染物排放达标情况和主要环境问题；提出了各建材子行业深度治理技术路线，并对其技术先进性进行了评估；分行业提出了大气污染管控方案与减排途径，明确了结构减排、管理减排和治理减排的具体城市和未来5年的管控目标；从产业结构调整、有组织排放治理、无组织排放管控及货物运输调整减排等方面估算了对颗粒物、SO_2、NO_x 的减排效果，评估了各建材子行业污染治理投资与运行成本；提出了建材行业污染控制技术评价指标体系，并将其应用于重点区域建材行业错峰管控工作；支撑了生态环境部玻璃、砖瓦、耐火材料等行业排放标准和技术政策的制定，全面提升了区域内建材行业的大气污染控制和管理水平。

3.3.1 行业发展状况

京津冀及周边地区中，河北、河南和山东是传统的建材工业大省，北京、天津两市建材工业规模很小。2018年“2+26”城市涉及建材行业的工业炉窑近5000座，其中泥熟料产量7900万t，单位土地面积产量283.7t/km^2，是德国平均水平的3倍、日本的2倍、美国的35倍（是得克萨斯州的19倍）。建材工业炉窑燃料品种多样，其中尤以燃煤的炉窑最多，其是未来工业炉窑重点管控行业之一，尤其水泥、平板玻璃、建筑与卫生陶瓷和烧结砖瓦行业等的大气污染物排放影响较大。

3.3.1.1 水泥行业

2018年全国水泥产能34亿t，产量21.8亿t[10]，自2014年达到峰值24.8亿t后进入了平台期并开始小幅震荡下降（图3-24）；全国水泥熟料产能前三的省份分别是安徽、山东和四川[11]。全国新型干法水泥工艺比重已经接近100%，平均单线生产规模3424t/d，且呈现出逐年上升的趋势。全国熟料生产线单线产能5000t/d及以上的占比达57%（以产能计，下同），2000～5000t/d的占39%，小于2000t/d的仅占5%。京津冀晋鲁豫六省市2018年水泥产量3.7亿t，比2016年减少接近1亿t。六省市2016～2018年水泥产量示意图（图3-25）显示，山东和河南减产明显。

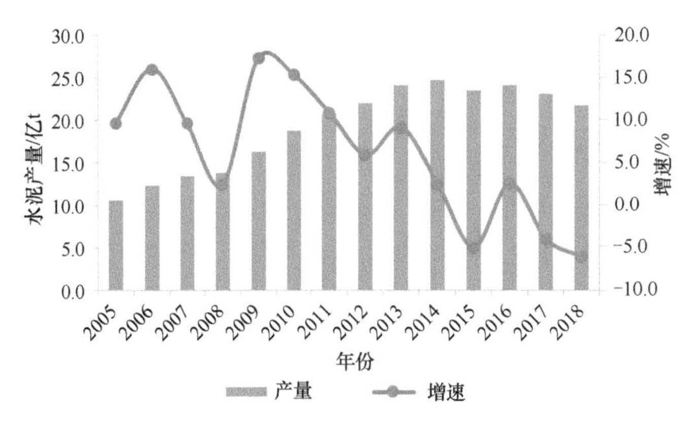

图3-24 全国水泥产量变化趋势

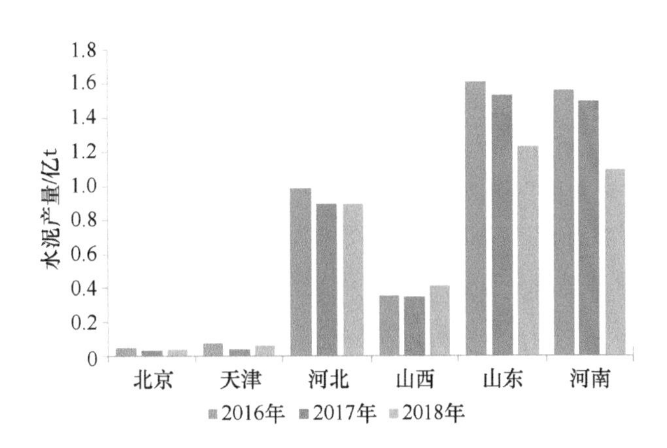

图 3-25　六省市 2016 ～ 2018 年水泥产量

“2+26”城市水泥熟料总产量 1.72 亿 t/a，生产线规模、工艺与全国整体情况相似。其中，2000t/d 以下生产线 19 条，产量 705 万 t，产量占比 4.1%；5000t/d 以上生产线 65 条，产量 10590 万 t，占比 61.6%，略高于全国平均水平。唐山、石家庄、新乡、郑州、淄博水泥熟料产量均超过 1000 万 t，应为水泥行业重点管控城市（图 3-26）。

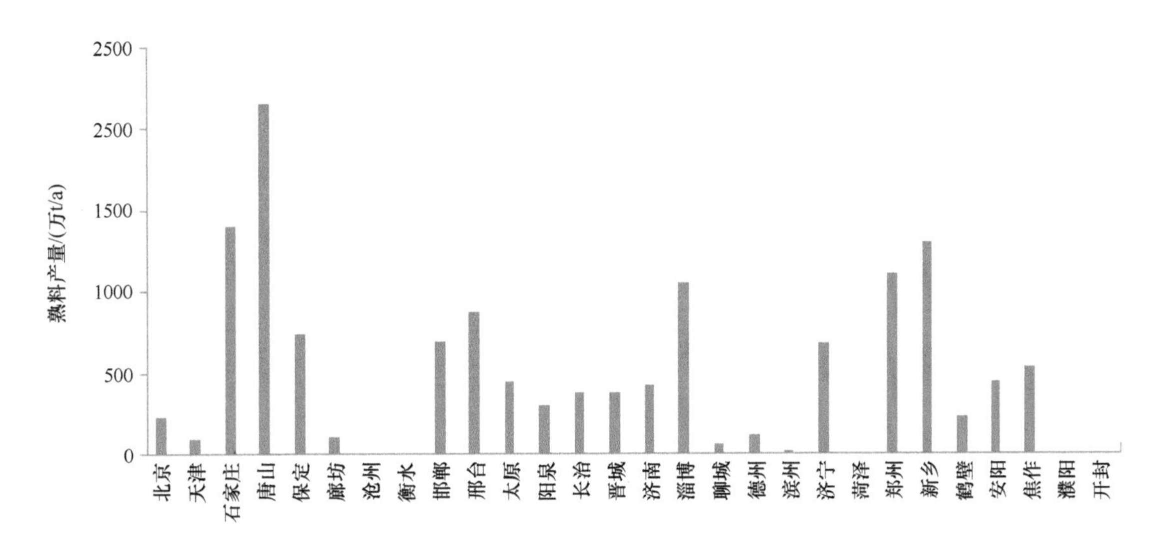

图 3-26　“2+26”城市水泥熟料产量

3.3.1.2　平板玻璃行业

我国平板玻璃产量约占全球总产量的 60%，连续 28 年居世界第一（图 3-27）。平板玻璃生产以浮法工艺为主，其余为压延法和少量格法。2018 年我国浮法玻璃生产线 368 条，产能为 14.9 亿重量箱 / 年，压延玻璃总产能 1.8 亿重量箱 / 年，浮法平板玻璃产能占全国平板玻璃总产能的近 90%。2018 年平板玻璃实际产量为 8.7 亿重量箱 [12]。熔化量 500 ～ 1000t/d 的大、中型窑占 64%，是主力窑型。随着熔窑大型化以及原料优化、熔窑全保温、余热利用等生产技术的普及和发展，浮法玻璃熔窑综合能源消费量由 2010 年的 14.5kg ce/ 重量箱下降到 2018 年以后的 13.1 kg ce/ 重量箱。2016 年以来房地产行业逐渐回暖，河北、山西和山东的平板玻璃产量也都有小幅增长，如图 3-28 所示。

“2+26”城市平板玻璃产能总计 3.2 亿重量箱 / 年，其中，1.9 亿重量箱 / 年的产能集中在邢台的沙河地区，占比达 59%（图 3-29）。区域平板玻璃的主要生产工艺、规模与全国类似。

3.3.1.3 建筑与卫生陶瓷行业

2018 年全国建筑陶瓷总产量 90 亿 m²，卫生陶瓷总产量 2.3 亿件，十几年以来首次出现负增长，全国建筑陶瓷、卫生陶瓷产量变化分别如图 3-30 和图 3-31 所示。我国建筑陶瓷现有生产线 3400 多条，主要集中在广东佛山、福建晋江、山东淄博、四川夹江、江西高安、辽宁法库、湖北当阳、河南内黄。卫生陶瓷隧道窑生产线 200 多条，梭式窑 1000 多座，主要集中在河北唐山、广东潮州、广东佛山、河南长葛、湖北宜昌。陶瓷行业主要燃料种类有原煤（洗精煤、水煤浆）、煤制气（发生炉煤气、焦炉煤气）、燃油及液化石油气、天然气等。建筑陶瓷烧成工艺以气体燃料为主，煤制气占 61%、天然气占 34%，液化气、焦炉煤气等占 5%。卫生陶瓷、日用陶瓷行业使用天然气的厂家比例在 95% 以上。

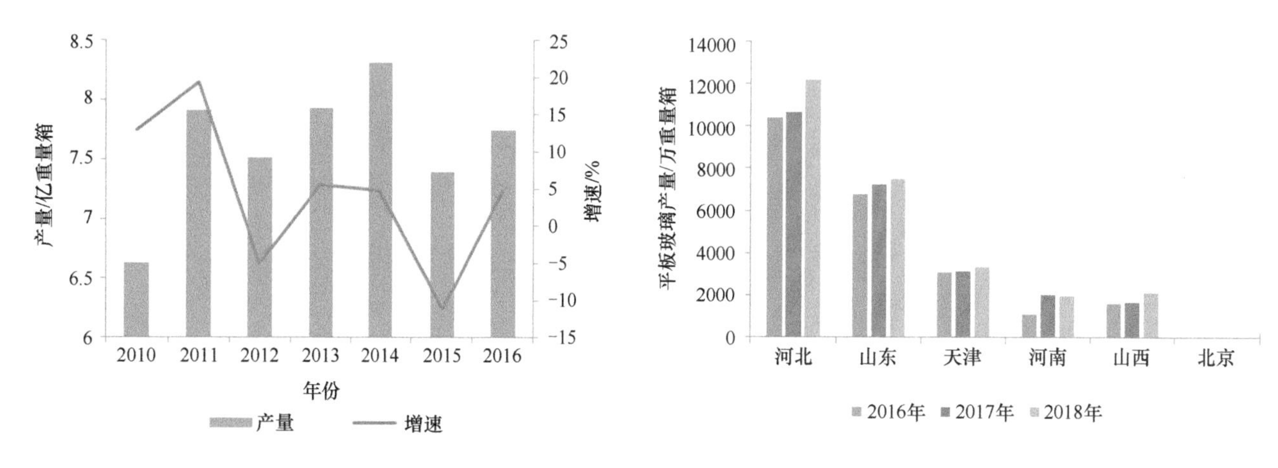

图 3-27 全国平板玻璃产量与增速

图 3-28 六省市平板玻璃产量

2018 年“2+26”城市建筑陶瓷生产线总计 303 条，总产能 455 万 m²，生产线数量和产能分别占全国的 8% 和 10%。淄博、石家庄、晋城和安阳是建筑陶瓷的主要产区，唐山建有大量卫生陶瓷生产线（图 3-32）。区域内建筑陶瓷单线规模为 5000 ～ 50000 m²/d，以 20000 m²/d 为生产线主流。卫生陶瓷隧道窑生产线单线规模为 50 万～ 150 万件 / 年，以 100 万件 / 年为主流。卫生陶瓷梭式窑数量多、规模小，单线规模一般小于 5 万件 / 年。

3.3.1.4 烧结砖瓦行业

我国烧结砖瓦的生产以中小企业为主，其产量稳居世界第一。近年来，烧结砖瓦企业数量呈现逐年减少趋势，从 2010 年的 7 万家降至 2018 年的约 3.8 万家。2018 年全国总计生产烧结制品 8000 多亿块，其中黏土实心砖约 3000 亿块、空心制品 2500 多亿块（折标砖）。由于规模限制，烧结砖瓦企业生产装备相对落后，虽然单个企业污染物排放量不高，但整个行业企业数量多、总体产能大，污染物排放总量不可忽视。烧结砖瓦企业多为规模以下企业，产量大于 5000 万块 / 年的企业约占 10%，产量处于 3000 万～ 5000 万块 / 年的企业占 40%，产量小于 3000 万块 / 年的企业占 50%。烧结砖瓦企业生产工艺大体相同，普遍采用内燃烧技术，燃料多为含有一定热能的废弃物，主要包括：煤矸石、粉煤灰、炉渣、烟道灰、江河湖泊淤泥、污泥等。

“2+26”城市中，烧结砖瓦总产量超过 300 亿块（1 块砖按 2.5kg 计算，下同），其中济宁、邯郸、新乡、焦作、淄博烧结砖瓦产量较高，特别是济宁建有 100 余条煤矸石烧结砖瓦生产线，年产量近 48 亿块。“2+26”城市烧结砖瓦产量如图 3-33 所示。

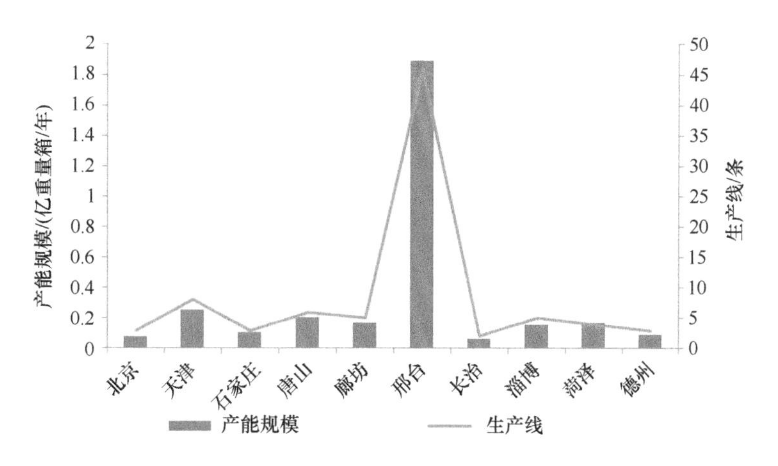

图 3-29　“2+26”城市平板玻璃产能分布

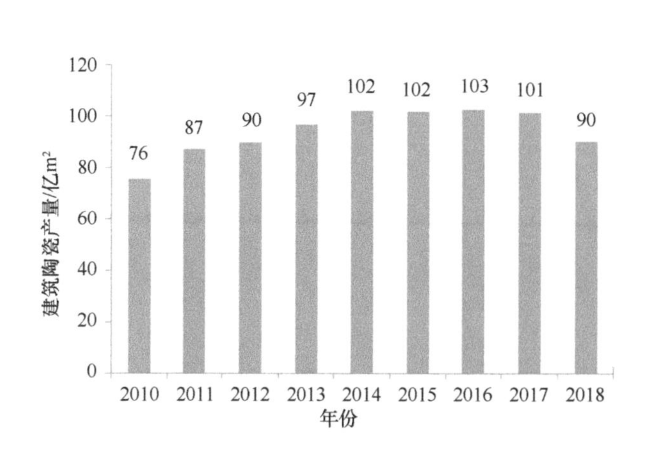

图 3-30　2010 ～ 2018 年全国建筑陶瓷产量

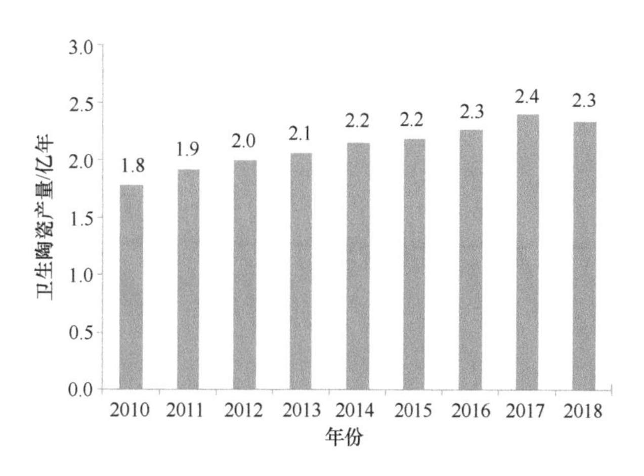

图 3-31　2010 ～ 2018 年全国卫生陶瓷产量

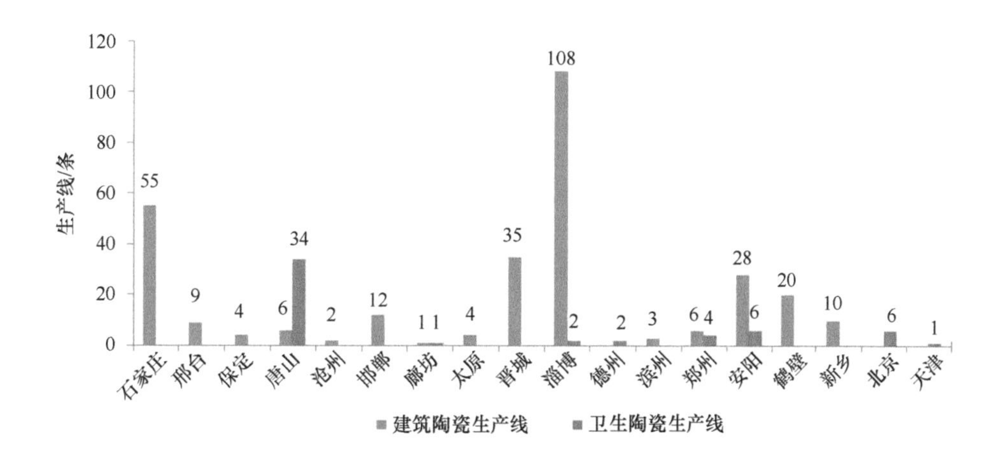

图 3-32　“2+26”城市建筑与卫生陶瓷分布

3.3.1.5　行业结构与布局问题

建材行业产能大且布局不合理。“2+26”城市聚集了全国 19% 的平板玻璃、16% 的卫生陶瓷、10% 的水泥熟料，产能高度集中。唐山、石家庄、新乡、郑州、淄博地区的水泥熟料产业集群，淄博、石家庄、晋城和安阳地区的建筑陶瓷产业集群，济宁、邯郸、新乡、焦作、淄博地区的烧结砖瓦产业集群，邢台沙河地区的平板玻璃产业集群，它们是建材行业生产的热点地区，其消耗大量化石燃料，对区域污染物排放贡献大。

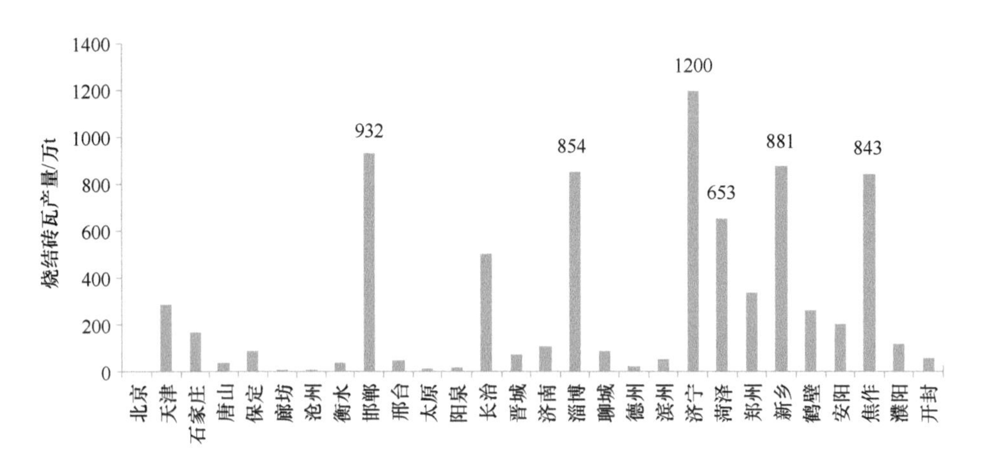

图 3-33 “2+26”城市烧结砖瓦产量

部分水泥、玻璃、陶瓷企业分布在环境敏感区、城市上风向或主城区，对环境影响大。烧结砖瓦行业燃料以劣质煤和煤矸石等为主，单线生产规模小、数量多、分布广，环境监管难度大，有较大淘汰和压减空间。建材行业依然是区域大气污染管控的重点行业。

3.3.2 大气污染排放控制现状

3.3.2.1 水泥行业控制现状

对区域内 29 家典型水泥企业开展了调研，其中对 9 家企业开展了现场实测。对 29 家企业调研的结果显示，有 1 家企业因工况异常，瞬时颗粒物排放浓度超过 20mg/m^3，其他企业均满足排放标准的要求。企业治污设施安装及污染物排放达标情况分析见表 3-17 和表 3-18。

表 3-17 重点地区水泥行业污染治理设施

序号	污染物	控制技术	实测企业数量 / 家	占比 /%
1	颗粒物	布袋除尘	29	100.0
2	SO_2	复合脱硫	19	65.5
		无脱硫	10	34.5
3	NO_x	低氮燃烧 +SNCR	26	89.7
		低氮燃烧 +SCR	3	10.3

表 3-18 重点地区水泥生产线排放水平测试调研结果

序号	污染物	排放水平			
		排放标准 /[mg/m^3（V_n）]	达标比例 /%	深度治理可实现排放值 /[mg/m^3（V_n）]	达到建议值比例 /%
1	颗粒物	20	97	10	34.5
2	SO_2	100	100	50	65.5
3	NO_x	320	100	200	96.5

3.3.2.2　玻璃行业控制现状

对典型玻璃行业的调研覆盖了区域内 8 家企业，对这 8 家企业开展了现场实测。调研企业常规污染物排放浓度均能满足现行排放标准的要求，企业治污设施安装及污染物排放达标情况分析见表 3-19 和表 3-20。针对 3 家玻璃企业开展的 SCR 脱硝设施氨逃逸浓度测试结果显示，受测企业烟气氨浓度范围为 8 ～ 15mg/m^3。

表 3-19　重点地区玻璃行业污染治理设施

序号	污染物	控制技术	实测企业数量 / 家	占比 /%
1	颗粒物	布袋除尘	3	37.5
		静电除尘	3	37.5
		湿电除尘	1	12.5
		陶瓷滤管除尘	1	12.5
2	SO_2	石灰石膏法脱硫	2	25.0
		半干法脱硫	5	62.5
		干法脱硫	1	12.5
3	NO_x	SCR	`8	100.0

表 3-20　重点地区玻璃生产线排放水平测试调研结果

序号	污染物	排放水平			
		排放标准 /[mg/m^3（V_n）]	达标比例 /%	深度治理可实现排放值 /[mg/m^3（V_n）]	达到建议值比例 /%
1	颗粒物	50	100	20	62.5
2	SO_2	400	100	200	100.0
3	NO_x	700	100	300	50.0

3.3.2.3　陶瓷行业控制现状

典型陶瓷行业的调研覆盖了区域内 14 家企业，对这 14 家企业均开展了现场实测。被调研企业均实现达标排放。企业治污设施安装及污染物排放达标情况分析见表 3-21 和表 3-22。

3.3.2.4　烧结砖瓦行业控制现状

典型烧结砖瓦行业的调研覆盖了区域内 8 家企业，对这 8 家企业均开展了现场实测。实测结果显示，烧结砖瓦行业整体达标率较差，颗粒物、SO_2、NO_x 达标率分别为 50%、75%、50%，主要原因是烧结砖瓦企业生产工况及污染治理设施运行不稳定。此外，现行排放标准中对基准氧含量的要求与实际工况差距较大也是影响烧结砖瓦达标率的一个因素。企业治污设施安装及污染物排放达标情况分析见表 3-23 和表 3-24。

表 3-21 重点地区陶瓷行业污染治理设施

序号	污染物	工艺	控制技术	实测企业数量 / 家	占比 /%
1	颗粒物	喷雾干燥塔、窑炉	布袋除尘	13	92.9
			湿法脱硫一体化除尘	1	7.1
2	SO_2	喷雾干燥塔、窑炉	石灰 – 石膏法脱硫	1	7.1
			单碱法脱硫	2	14.2
			双碱法脱硫	10	71.6
			无脱硫（天然气）	1	7.1
3	NO_x	喷雾干燥塔、窑炉	SNCR	14	100.0
			无脱硝	14	100.0

表 3-22 重点地区陶瓷生产线排放水平测试调研结果

序号	污染物	排放水平			
		排放标准 /[mg/m^3（V_n）]	达标比例 /%	深度治理可实现排放值 /[mg/m^3（V_n）]	达到建议值比例 /%
1	颗粒物	30	100	20	21.4
2	SO_2	50	100	30	50.0
3	NO_x	180	100	100	57.1

表 3-23 重点地区烧结砖瓦行业污染治理设施

序号	污染物	控制技术	实测企业数量 / 家	占比 /%
1	颗粒物	湿电除尘	2	25.0
		湿法脱硫一体化除尘	6	75.0
2	SO_2	石灰 – 石膏法脱硫	2	25.0
		双碱法脱硫	6	75.0
3	NO_x	SNCR	1	12.5
		无脱硝	7	87.5

表 3-24 重点地区烧结砖瓦生产线排放水平测试调研结果

序号	污染物	排放水平	
		排放标准 /[mg/m^3（V_n）]	达标比例 /%
1	颗粒物	30	50
2	SO_2	300	75
3	NO_x	200	50

3.3.2.5 大气污染控制主要问题

“2+26”城市建材行业生产工艺装备水平与全国持平，以中等规模生产线为主，部分水泥企业污染治理技术与装备水平优于全国。但区域建材行业整体大气污染综合治理水平仍然较低，仍有较大提升空间。

烧结砖瓦行业存在的问题尤为突出：一是污控设施运行管理不规范，操作人员专业知识缺乏；二是生产工艺装备落后，信息化自动化水平低，低端脱硫技术仍占据主导地位；三是排放标准基准氧含量不符合行业特点，造成整体达标率较低。水泥、玻璃和陶瓷行业污染控制技术措施相对成熟，排放标准较为宽松，应制定并实施更为严格的排放限值。

3.3.3 污染排放深度控制技术

在对典型建材子行业的污染控制措施现状调研分析的基础上，攻关项目构建了定性和定量评价指标体系，提出了适用于各建材子行业工艺特征的深度治理备选技术路线，并对其技术先进性进行了评估，结果见表 3-25。

表 3-25 深度治理备选技术路线

行业	深度治理技术	目标排放 /[mg/m³（V_n）]			先进性
		颗粒物	SO_2	NO_x	
水泥	SNCR 脱硝 + 中高温 SCR+ 袋式除尘 + 半干法脱硫	10	30	100	国际先进
	低氮燃烧 +SNCR 脱硝 + 复合催化剂滤袋式除尘				国际先进
	低氮燃烧 +SNCR 脱硝 + 复合脱硝剂 + 袋式除尘				国际先进
玻璃	静电除尘 + 高温 SCR+ 半干法脱硫 + 布袋除尘	10	50	200	国际先进
	静电除尘 +SCR+ 湿法脱硫 + 湿式电除尘				国际先进
	脱硫 + 陶瓷滤芯一体化除尘				国际先进
陶瓷	喷雾干燥塔（SNCR 脱硝＋袋式除尘）＋窑炉烟气湿法脱硫（石灰－石膏法或钠碱法）协同除尘技术＋湿式电除尘组合	20	50	100	国际先进
	喷雾干燥塔（SNCR 脱硝＋旋风除尘）＋窑炉烟气循环流化床半干法脱硫协同除尘组合				国际先进
烧结砖瓦	湿法脱硫 + 湿电除尘 +SNCR 脱硝	30（氧含量 8.6%）	200（氧含量 8.6%）	200（氧含量 8.6%）	国际先进

3.3.4 大气污染管控方案

3.3.4.1 合理压减产能

2025 年“2+26”城市水泥、玻璃、陶瓷行业的产能较 2016 年压减 10%，烧结砖瓦行业产能压减 50%。

水泥：“十四五”期间，单线产能 2000t/d 及以下新型干法熟料生产线、60 万 t 以下粉磨站以及水泥立窑全部淘汰。单线产能 2000t/d 以上熟料生产线实施压产一部分、转型一部分。部分单线产能 2000t/d 以上熟料生产线转型为具有城市危险废物、生活垃圾、污泥协同处置功能的城市服务基础设施。以上措施预计可以减少区域熟料产能 10%，其中直接淘汰的熟料产能约 1000 万 t。

玻璃：“十四五”期间，所有单线生产规模小于 500t/d（不含）的普通浮法生产线、格法生产线、环保不达标的普通平板玻璃和日用玻璃生产线全部淘汰，预计实现产能压减 10%。

陶瓷：“十四五”期间，产能小于 150 万 m²/a（不含）的建筑陶瓷生产线以及产能小于 20 万件 / 年（不含）的卫生陶瓷生产线全部淘汰，以煤为基础燃料的陶瓷生产线实施全部淘汰或者异地转移，预计实现产能压减 10%。

烧结砖瓦：2020 年底，全部淘汰轮窑及产能小于 3000 万块 / 年的烧结砖瓦生产线；“十四五”期间，压缩烧结砖瓦市场，提高绿色墙体材料在建筑工程中的使用比例，实现产能压减 50%。

3.3.4.2 推行重点子行业超低排放

有序推进建材各子行业超低排放技术改造。相关要求和时间进度如下：基于典型企业的实测和调研，建议将区域内各行业的主要污染物超低排放限值修改为表 3-26 中推荐的数值，并要求企业于 2025 年底实现稳定达标。

表 3-26 建材行业主要污染物超低排放指标（建议值）

行业	颗粒物 /[mg/m³（V_n）]	NO_x/[mg/m³（V_n）]	SO_2/[mg/m³（V_n）]
水泥	10	100	30
玻璃	10	200	50
陶瓷	10	80	35
烧结砖瓦	10	100	50

根据“2+26”城市行业分布特点，综合考虑行业发展现状，建议依据表 3-27 提出的时间进度、排放标准和淘汰落后要求开展重点控制城市的大气污染防治工作。

表 3-27 优先控制城市与目标要求

行业	重点控制城市	淘汰落后要求	超低改造目标 /[mg/m³（V_n）]			
			年份	颗粒物	NO_x	SO_2
水泥	唐山、石家庄、新乡、郑州、淄博	淘汰 2000t/d 及以下新型干法熟料生产线、水泥立窑、60 万 t 以下粉磨站	2025 年底前	10	100	30
玻璃	邢台、淄博、天津、菏泽	淘汰 500t/d 以下普通浮法生产线、格法生产线	2025 年底前	10	200	50
陶瓷	淄博、石家庄、晋城、安阳、唐山	建筑陶瓷淘汰 150 万 m²/a（不含）生产线，卫生陶瓷淘汰 20 万件 / 年（不含）生产线，窑炉燃料以清洁燃料替代煤	2025 年底前	10	80	35
烧结砖瓦	淄博、济宁、新乡、焦作、邯郸	淘汰产能 3000 万块 / 年及以下烧结砖瓦生产线，轮窑全部淘汰	2020 年底前	10	100	50

3.3.4.3 无组织排放全流程管控

建材企业所有散状物料采用封闭的料棚（料仓）进行储存，料棚及主要道路地面全部实施硬化。料棚内配套全覆盖雾炮或其他喷雾抑尘设施，确保料棚内部道路无积尘。

料棚主要出入口安装电动门(或感应门)，确保作业时料场处于全封闭状态。料棚出口设置车辆冲洗装置，完善排水处理设施，防止泥土粘带。

厂区内散状物料运输采用封闭通廊的皮带或管状带式输送机输送，上料皮带实施全封闭。厂区内禁止汽车、装载机露天装卸及倒运物料。

除尘器设置密闭灰仓并及时卸灰，采用真空罐车、气力输送等方式运输除尘灰，确保除尘灰不落地。

3.3.5 污染减排技术与效果评估

3.3.5.1 污染治理投资与运行成本

基于建材行业大气污染减排工艺和控制措施技术的经济性研究，攻关项目评估了各种技术在不同行业推广应用的潜力和经济成本，结果见表 3-28。

表 3-28 典型建材高温窑炉常规污染物治理成本分析

行业	深度治理技术	控制 NO_x			控制 SO_2			控制颗粒物		
		减排效果 / [mg/m³ (V_n)]	减排成本 / 亿元		减排效果 / [mg/m³ (V_n)]	减排成本 / 亿元		减排效果 / [mg/m³ (V_n)]	减排成本 / 亿元	
			投资	年运行费		投资	年运行费		投资	年运行费
水泥	SNCR+SCR+ 袋式除尘 + 湿法脱硫（高硫烟气）	100 ～ 500	400	81.2	30 ～ 2 000	225	81.2	～ 10	100	81.2
	SNCR+SCR+ 袋式除尘 +SDA 半干法脱硫（中硫烟气）	100 ～ 500	400	81.2	100 ～ 1000	150	62.5	～ 10	100	81.2
平板玻璃	静电除尘 + 高温 SCR+ 半干法脱硫 + 布袋除尘	～ 400	15	6	～ 100	9	5.1	～ 20	6	2.7
	静电除尘 +SCR+ 湿法脱硫 + 湿式电除尘	～ 400	15	6	～ 100	7.5	4.2	～ 20	9	2.4
	脱硫 + 陶瓷滤芯一体化除尘	～ 400	18	5.1	～ 100	15	4.2	～ 20	18	1.8
日用玻璃	高温静电除尘 + 高温 SCR 脱硝 + 半干法脱硫 + 布袋除尘	200 ～ 3000	12.7	9.1	50 ～ 400	9.1	3.64	10 ～ 150	12.7	2.73
	半干法脱硫 + 静电除尘 + 高温 SCR 脱硝	200 ～ 3000	12.7	9.1	50 ～ 400	9.1	3.64	10 ～ 150	7.28	1.82
	高温静电除尘 + 低温 SCR 脱硝 + 湿法多污染物协同控制	200 ～ 3000	14.6	7.28	50 ～ 400	10.9	5.46	10 ～ 150	7.28	1.82
陶瓷	喷雾干燥塔（SNCR 脱硝＋袋式除尘）＋窑炉烟气湿法脱硫（石灰 – 石膏法或钠碱法）协同除尘技术＋湿式电除尘组合	80 ～ 160	21	11	25 ～ 500	85	17	～ 10	64	14
	喷雾干燥塔（SNCR 脱硝＋旋风除尘）＋窑炉烟气循环流化床半干法脱硫协同除尘组合	80 ～ 160	21	11	25 ～ 500	114	43.8	～ 10	合并在脱硫中	合并在脱硫中
	喷雾干燥塔（SNCR 脱硝＋袋式除尘）＋SCR+ 窑炉烟气湿法脱硫（石灰 – 石膏法或钠碱法）协同除尘技术＋湿式电除尘组合	50 ～ 160	101	21	25 ～ 500	85	17	～ 10	64	14
砖瓦	湿法脱硫 + 湿电除尘 +SNCR 脱硝	100 ～ 160	10	10	100 ～ 200	70	20	～ 10	300	65

3.3.5.2 减排效果预测

“2+26”城市建材行业结构调整、提标改造、无组织管控、货物运输调整等措施的落实可以使颗粒物、SO_2、NO_x 的排放量较 2016 年分别减少 51%、68%、70%，具体测算结果见表 3-29 和表 3-30。

表 3-29　2025 年“2+26”城市典型建材行业结构减排量估算

产品	单位	产量（2016 年）	淘汰与调整目标 /%	结构减排量 /t		
				颗粒物	SO_2	NO_x
水泥熟料	亿 t	1.38	10	1656	2898	11040
水泥	亿 t	2.03	10	629	0	0
玻璃	亿重量箱	2.58	10	253	1812	3162
建筑陶瓷	亿 m^2	14.05	10	958	1546	5565
卫生陶瓷	亿件	0.26	10	23	37	132
烧结砖瓦	亿块	420	50	2163	9030	13545
总计				5682	15323	33444

表 3-30　2025 年“2+26”城市典型建材综合治理减排量估算　（单位：t）

产品	控制目标	深度治理减排量 /t		
		颗粒物	SO_2	NO_x
水泥熟料	超低排放	5837	16767	68310
玻璃	超低排放	1785	14279	24409
建筑陶瓷	深度治理	5565	4047	27824
卫生陶瓷	深度治理	132	100	658
烧结砖瓦	深度治理	1092	4515	4515
总计		14411	39708	125716

3.4　“散乱污”企业动态监管技术及应用

研究确立了“散乱污”企业定义及判定指标体系，弄清了区域内“散乱污”企业的空间分布、行业构成及环境影响特征。以高分辨率卫星遥感技术为主，结合车载光学遥测、地面空气质量监测、污染源在线监测等技术手段，建立了一套“卫星遥感污染物反演—污染高发指数构建—重点污染网格提取—污染企业筛选—现场核验”的“散乱污”企业动态监管技术体系，充分发挥了卫星遥感的污染物动态监测能力和主动发现有问题的污染企业的作用，可以节约时间及人工成本，探索了一条对新增“散乱污”企业及其改造后的中小型企业动态监管的新途径。所构建的技术体系已在京津冀及周边地区和汾渭平原开展了应用示范，支撑了重点地区蓝天保卫战定点帮扶工作。在产业政策、空间布局和环境经济贡献度评估的基础上，研究提出了“散乱污”企业分类管控方案。通过产排污系数法、污染物排放标准反推法和专家咨询法估算了“2+26”城市“散乱污”企业整治削减的工业粉尘、SO_2、NO_x 和 VOCs 的排放量；同时，通过卫星遥感监测评估了“散乱污”企业整治效果，结果表明，近 3 年来京津冀地区“散乱污”企业整治效果明显。

3.4.1 “散乱污”企业界定

3.4.1.1 “散乱污”企业定义

“散乱污”企业是指不符合产业结构调整方向、不符合空间布局规划或相关审批手续不全，且污染物的排放显著高于行业平均水平，无法达到环境保护要求的工业企业。在本书研究中，特指涉气的“散乱污”企业。

3.4.1.2 “散乱污”企业判定指标

“散乱污”企业的本质是污染企业，判定一个企业是否属于“散乱污”企业，需要在“散、乱”纷繁多样的表现形式下把握住“污”的关键特征。属于“散而不污”“乱而不污”的企业，如批发零售商店、日用产品修理、日用家电维修、废品收购点等，以及“污但不散乱”的企业不应纳入“散乱污”企业治理范围。

其具体判定方法包括两个方面：一方面，在法律和政策框架下对“散”和“乱”进行判定。违法情节包括项目不符合产业政策，项目选择不符合功能区定位，未依法取得经批准的环境影响报告书或报告表、排污许可证等，超过污染物排放标准排放污染物，通过不正常运行防治污染设施等逃避监管的方式违法排放污染物。另一方面，通过污染物排放强度考察“污”的程度，即污染物排放强度对环境的影响程度。污染物排放强度对环境的影响程度是判定“散乱污”企业的核心。环境影响的判定具有相对性，其与行业产污特征、区域生态环境保护重点等相关，同时还需要充分考虑到不同地区产业结构基础、产业升级的动态性以及数据的可获得性。环境影响的判定过程主要包括以下步骤：首先，根据行业产污特征选择特征污染物（如 SO_2、NO_x、VOCs 等），结合企业经济产出情况计算污染物排放强度；其次，将计算结果与本地区同行业平均水平或者排污许可证申请与核发技术规范、污染源源强核算技术指南等文件中的相关指标进行对比，进而判断企业对环境的影响程度。

3.4.2 “散乱污”企业状况

通过研究分析“2+26”城市“散乱污”企业发展的历史与现状，弄清了“散乱污”企业的分布、行业及环境影响分类状况。

3.4.2.1 “散乱污”企业分布情况分析

“散乱污”企业存在的历史原因是当时合法企业在整装生产过程中，原辅材料、零配件等必需的前段产品在生产、加工或配给链条中供应不到位或者现有合法企业的产品供给未能满足大型企业整装生产的需要。2016 年“散乱污”企业专项整治前，“2+26”城市“散乱污”企业共 215658 家。其中，河北 105572 家，占比 48.9%；山东 55734 家，占比 25.8%；河南 27305 家，占比 12.7%；天津、北京和山西分别有 16282 家、6005 家和 4760 家（图 3-34）。

城市层面，“散乱污”企业数量超过 10000 家的城市有邯郸、保定、淄博、石家庄、天津、廊坊和郑州。邯郸的“散乱污”企业达到 29201 家，保定和淄博均超过 20000 家（表 3-31）。

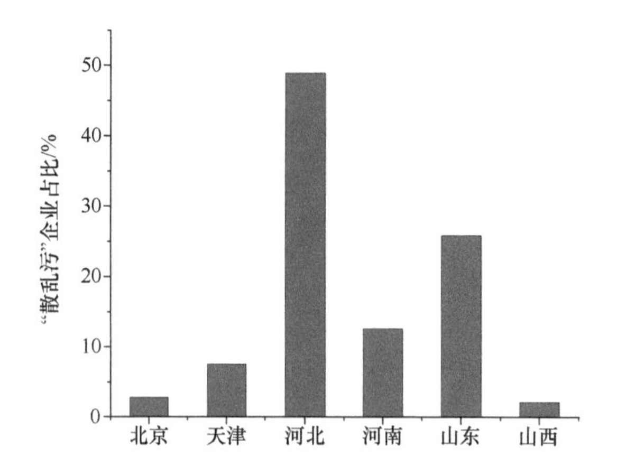

图 3-34　六省市"散乱污"企业统计结果

表 3-31　"2+26"城市"散乱污"企业统计表

城市	数量	城市	数量
北京	6005	安阳	3343
天津	16282	濮阳	5183
石家庄	18959	焦作	2361
唐山	4212	太原	2298
邯郸	29201	阳泉	528
保定	24092	晋城	866
沧州	6628	长治	1068
廊坊	12003	济南	7190
衡水	5018	济宁	2069
邢台	5459	淄博	23309
郑州	11005	聊城	8986
开封	2264	德州	7953
新乡	2086	滨州	1914
鹤壁	1063	菏泽	4313

2017年初，环境保护部组织开展了京津冀及周边地区（包括京津冀大气污染传输通道河北、河南、山西、山东以及北京、天津）大气污染防治强化督查工作，调配各地执法人员对该地区大气污染防治落实情况进行督导，其中将各地"散乱污"企业的排查、取缔情况作为督导重点，对"散乱污"企业违法情况进行专项整治。在已明确整治方式的"散乱污"企业中，取缔148107家，提标改造59736家，整合搬迁4281家。近3年，"散乱污"企业的整治效果明显，不符合相关政策规定的有关企业基本清零，但因"散乱污"企业的开工门槛较低且流动性强，若要巩固现有的整治成效，一方面要防止"散乱污"现象反弹，出现新"散乱污"企业，另一方面必须将由"散乱污"企业改造成的中小型企业纳入日常环境监管范围。

3.4.2.2　"散乱污"重点行业分析

"散乱污"企业涉及多个行业，按照《国民经济行业分类》（GB/T 4754—2017）划分，非金属矿物制品业，金属制品业，橡胶和塑料制品业，木材加工和木竹藤棕草制品业，家具制造业，居民服务、修理和其他服务业，专用设备制造业，批发零售业，通用设备制造业，石油煤炭及其他燃料加工业，化学原料和化学制品制造业，废弃资源综合利用业，皮革、毛皮、羽毛及其制品和制鞋业 13 个行业企业数量累计占比超过 75%，其中，非金属矿物制品业、金属制品业、橡胶和塑料制品业、木材加工和木竹藤棕草制品业、家具制造业 5 个行业企业数量占比累计超过 50%，如图 3-35 所示。

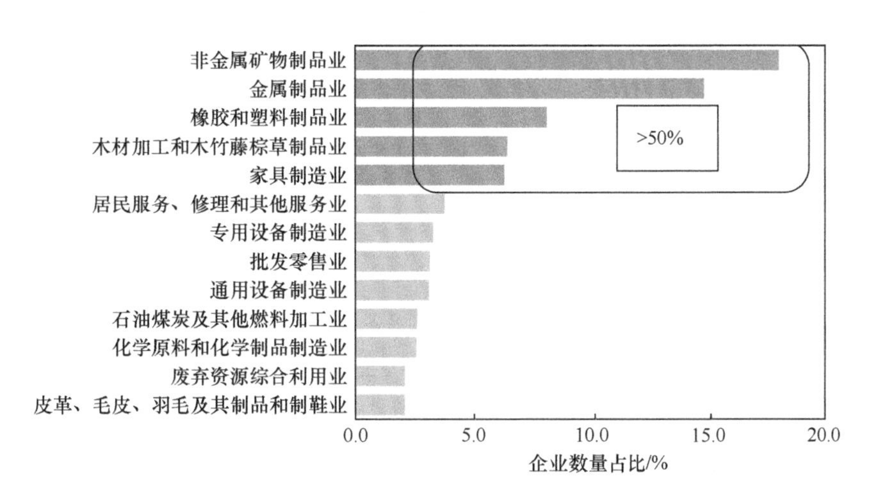

图 3-35 “散乱污”重点行业统计结果

3.4.2.3 “散乱污”企业对大气环境影响情况分析

“散乱污”企业对大气环境的影响与企业生产特点、产排污特征和企业数量密切相关，依据“散乱污”企业数量和行业分布，结合行业产排污特征，将“散乱污”企业中 14 个重点管控对象分为三类：对空气质量无明显影响或影响很小、对空气质量产生一定影响、对空气质量产生显著影响，三类行业企业分别占整治企业总数的 7.22%、8.13%、53.84%，其他非重点管控行业企业占比为 30.81%（表 3-32）。

表 3-32 “散乱污”企业对大气环境影响分类表

企业分类	对大气环境的影响	主要行业类别	典型企业类型	企业数量占比 /%
第一类	基本无影响，属于“散”和“乱”型企业	批发零售业；居民服务、修理和其他服务业；废弃资源综合利用业	主要包括批发零售商店、日用产品修理、日用家电维修、废品收购点等	7.22
第二类	具有一定影响，以生产过程中的无组织排放的粉尘为主	石油煤炭及其他燃料加工业	煤球、煤泥、煤块等燃料的加工和储存	8.13
		通用设备制造业、专用设备制造业	小型、轻型设备的元件、齿轮、轴承、零部件生产等	
第三类	具有显著影响，窑炉使用过程产生的粉尘、SO_2 和 NO_x；工艺过程无组织排放的粉尘、VOCs、恶臭及有毒有害物质	金属制品业	金属零件、工具、容器、门窗和铸铁件、铸钢件加工生产等	53.84
		非金属矿物制品业	砂石料、水泥、商砼、石灰、石膏及其制品、耐火材料、砖瓦、建筑玻璃和陶瓷、碳素生产等	
		橡胶和塑料制品业	废旧橡胶和塑料的切片、造粒、制丝等	
		木材加工和木竹藤棕草制品业	锯材、木片、胶合板加工等	
		家具制造业	木质和金属家具制造	
		化学原料和化学制品制造业	洗涤用品、日化用品、油漆生产等	
		皮革、毛皮、羽毛及其制品和制鞋业	制革、制鞋、皮具生产加工等	

3.4.3　“散乱污”企业动态监管关键技术

3.4.3.1　基于卫星遥感的大气污染高发指数

根据卫星获取的各项大气环境遥感污染物指标，结合京津冀及周边地区各指标的密度分布特征，基于橡树岭大气质量指数（ORAQI）模型[13]，构建了基于卫星遥感的四参量和六参量的区域大气污染高发指数计算方法。大气污染高发指数（OI）定义如下：

$$\mathrm{OI}=\left(a\sum_{i=1}^{n}\frac{C_i}{S_i}\right)^b>R \tag{3-1}$$

式中，C_i 为任一项实测污染物的日平均浓度；S_i 为该污染物的相应标准值；a、b 为常系数；R 为阈值，具体公式如下：

$$\begin{cases}\left(a\sum_{i=1}^{n}\frac{C_i'}{S_i}\right)^b=10\\ \left(a\sum_{i=1}^{n}\frac{C_i''}{S_i}\right)^b=100\end{cases} \tag{3-2}$$

研究中 R 值取 100，为大气污染高发指数超过标准值（100）时的值。需要先确定当地的环境背景值和评价标准，以计算出适用于研究地区的常系数 a、b。具体确定方法为：当各种污染物浓度等于该地区背景浓度 C_i' 时，OI=10；当各种污染物浓度均达到相应的标准 C_i'' 时，OI=100。因此，a、b 由式（3-2）确定。

在构建大气污染高发指数时，研究初期，选取了 $PM_{2.5}$、PM_{10}、NO_2 和 SO_2 四种参数，后期又增加了 O_3 和 HCHO[14] 两种卫星反演指标。

大气污染高发指数高值区结果可以表征区域的重污染分布特征。基于 2018 年 1 月～2019 年 6 月 $PM_{2.5}$、NO_2、SO_2 浓度及灰霾天数四参量逐月高发指数结果（图 3-36）和 2018 年 PM_{10}、$PM_{2.5}$、NO_2、SO_2、HCHO、O_3 六参量高发指数结果（图 3-37）可以看出，重污染主要分布在太行山前的北京南部、保定、石家庄、邢台、邯郸、安阳、新乡和焦作的部分地区。

3.4.3.2　基于大气污染高发指数的污染重点网格提取

在对京津冀及周边地区的大气污染高发指数计算及空间分布综合分析的基础上，研究人员将研究区域划分为 27.8 万个 1km×1km 网格，提取出大气污染高发指数相对较高且排名靠前的网格（取每个城市的前 100 个），最后基于高分辨率卫星数据，剔除工业用地面积占比较低的网格，筛选出 2018 年 1 月～2019 年 9 月每月重点关注网格及 2018 年重点关注网格。

对大气污染高发指数的重点关注网格分析表明，重点关注网格主要分布在石家庄、邢台、邯郸、安阳、新乡、郑州等太行山前地区；同时，济南、滨州、淄博交界处和唐山也属重点关注区域。此外，各城市每个月的重点关注网格分布存在一定差异（图 3-38）。

根据大气污染高发指数计算结果，将大气环境质量进行分级，提取出三类重点关注网格，分别为一级、二级和三级热点网格，其对应的大气质量指数依次为大于 100、80～100 和 60～80。2018 年年均大气污染高发指数中，一级热点网格 16412 个、二级热点网格 15255 个、三级热点网格 28331 个，分别占总网格数的 5.9%、5.5% 和 10.3%（图 3-39）。

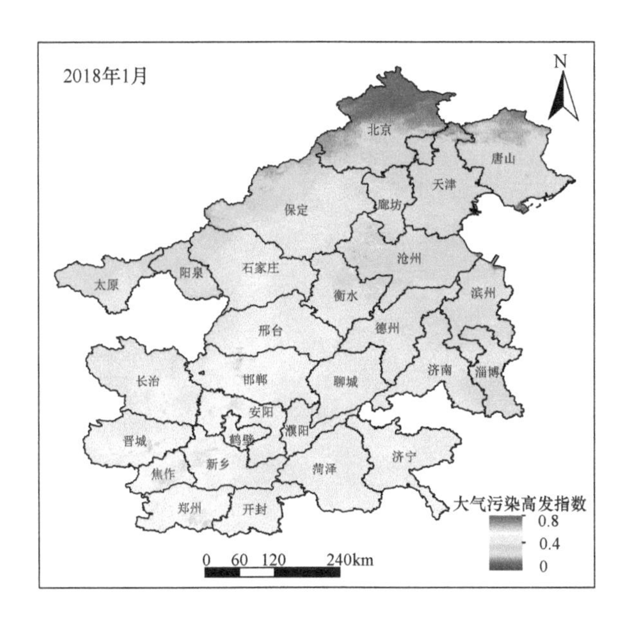
2018年1月
N
北京
唐山
天津
保定
廊坊
沧州
太原
阳泉
石家庄
衡水
滨州
邢台
德州
长治
邯郸
聊城
济南
淄博
安阳
晋城
鹤壁
濮阳
新乡
菏泽
济宁
焦作
郑州
开封
大气污染高发指数
0.8
0.4
0
0 60 120 240km

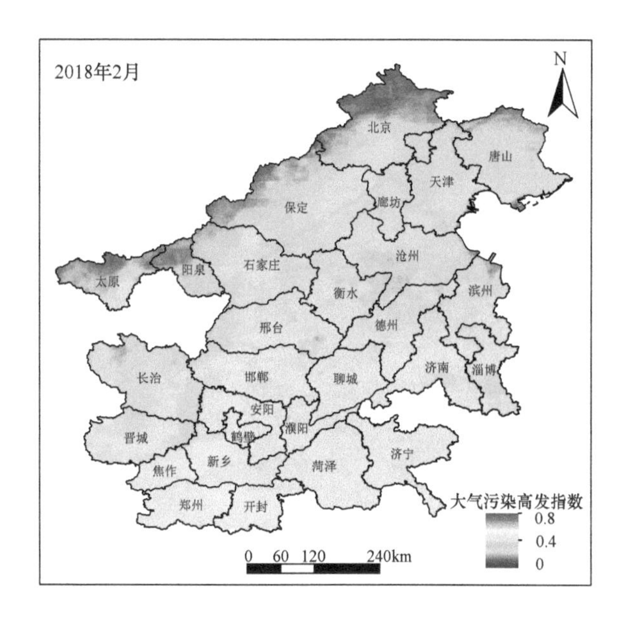
2018年2月
N
北京
唐山
天津
保定
廊坊
沧州
太原
阳泉
石家庄
衡水
滨州
邢台
德州
长治
邯郸
聊城
济南
淄博
安阳
晋城
鹤壁
濮阳
新乡
菏泽
济宁
焦作
郑州
开封
大气污染高发指数
0.8
0.4
0
0 60 120 240km

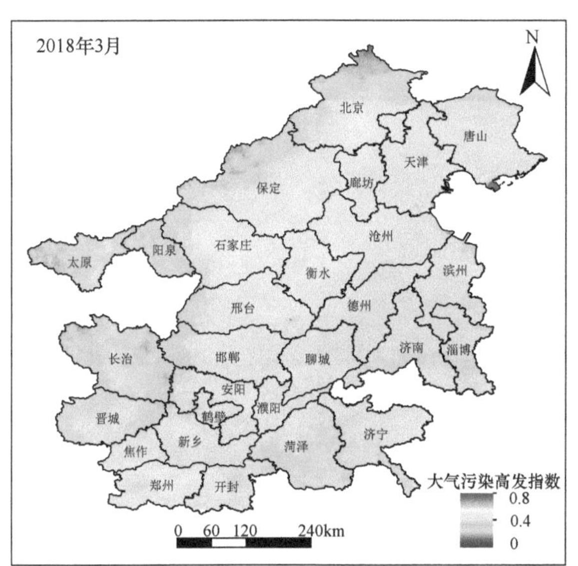
2018年3月
N
北京
唐山
天津
保定
廊坊
沧州
太原
阳泉
石家庄
衡水
滨州
邢台
德州
长治
邯郸
聊城
济南
淄博
安阳
晋城
鹤壁
濮阳
新乡
菏泽
济宁
焦作
郑州
开封
大气污染高发指数
0.8
0.4
0
0 60 120 240km

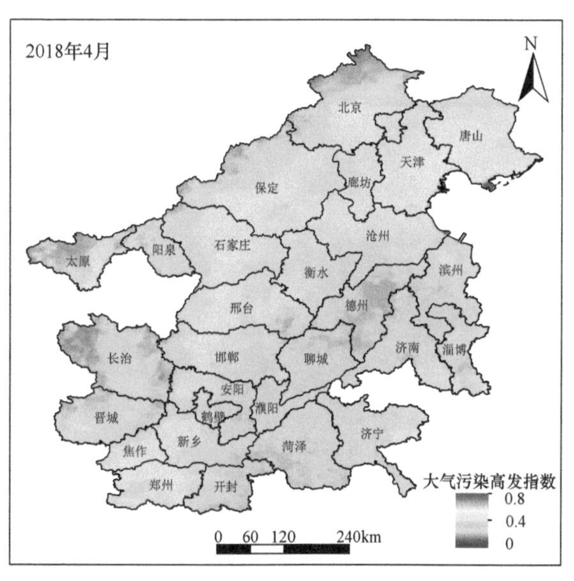
2018年4月
N
北京
唐山
天津
保定
廊坊
沧州
太原
阳泉
石家庄
衡水
滨州
邢台
德州
长治
邯郸
聊城
济南
淄博
安阳
晋城
鹤壁
濮阳
新乡
菏泽
济宁
焦作
郑州
开封
大气污染高发指数
0.8
0.4
0
0 60 120 240km

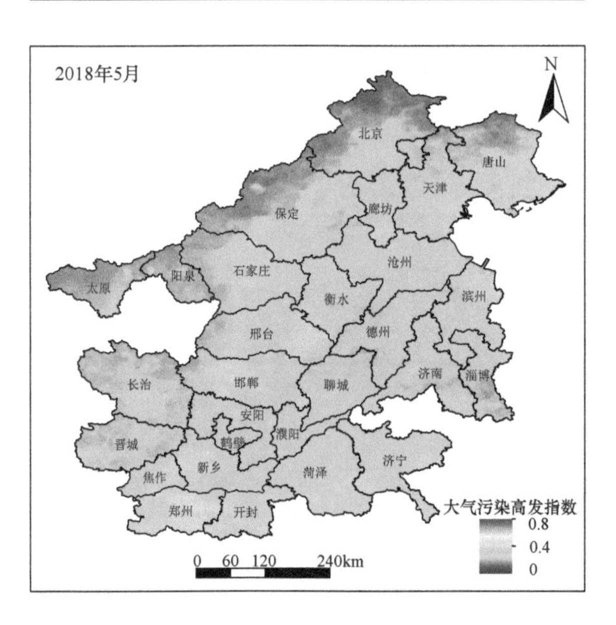
2018年5月
N
北京
唐山
天津
保定
廊坊
沧州
太原
阳泉
石家庄
衡水
滨州
邢台
德州
长治
邯郸
聊城
济南
淄博
安阳
晋城
鹤壁
濮阳
新乡
菏泽
济宁
焦作
郑州
开封
大气污染高发指数
0.8
0.4
0
0 60 120 240km

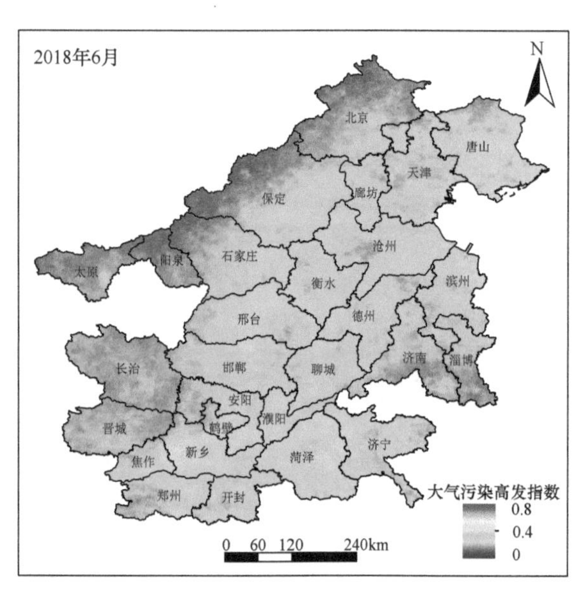
2018年6月
N
北京
唐山
天津
保定
廊坊
沧州
太原
阳泉
石家庄
衡水
滨州
邢台
德州
长治
邯郸
聊城
济南
淄博
安阳
晋城
鹤壁
濮阳
新乡
菏泽
济宁
焦作
郑州
开封
大气污染高发指数
0.8
0.4
0
0 60 120 240km

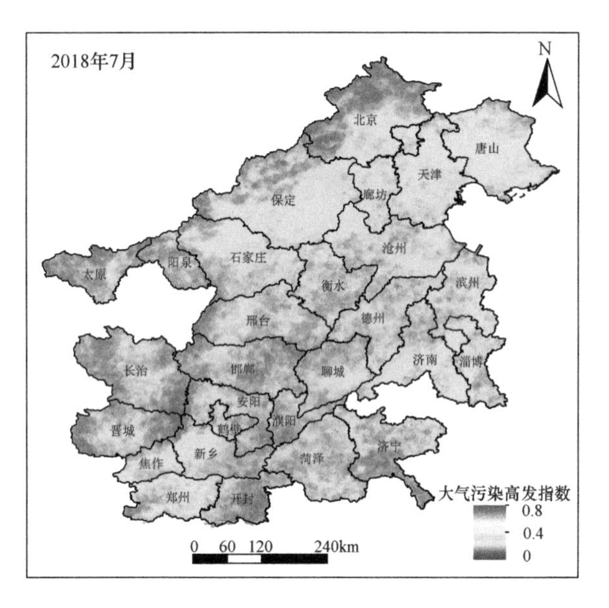

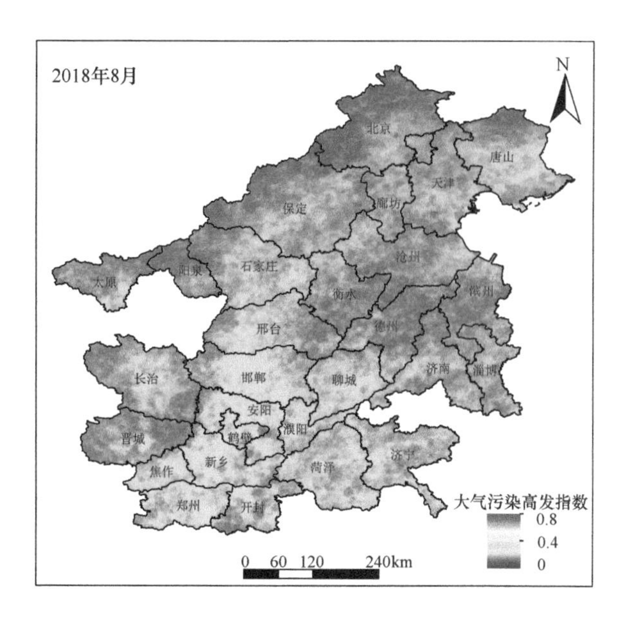

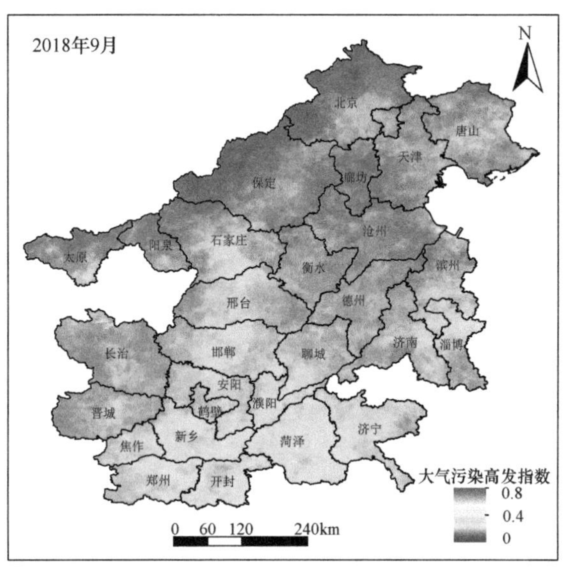

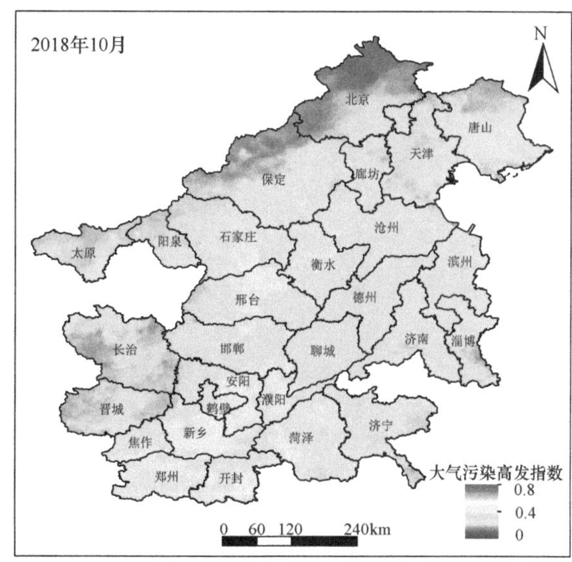

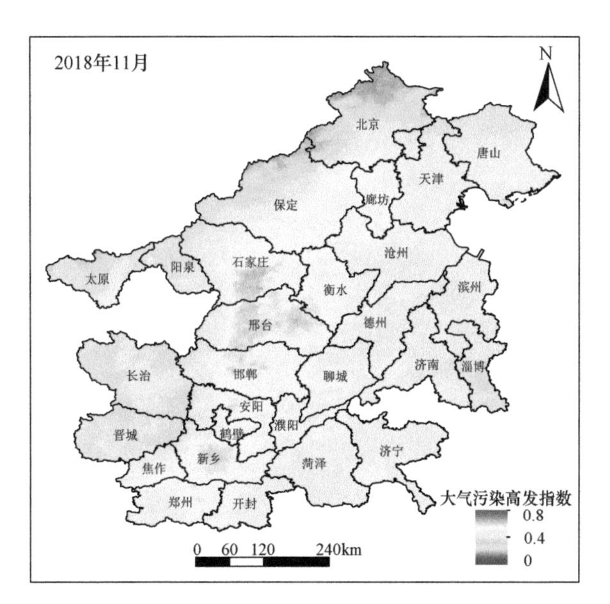

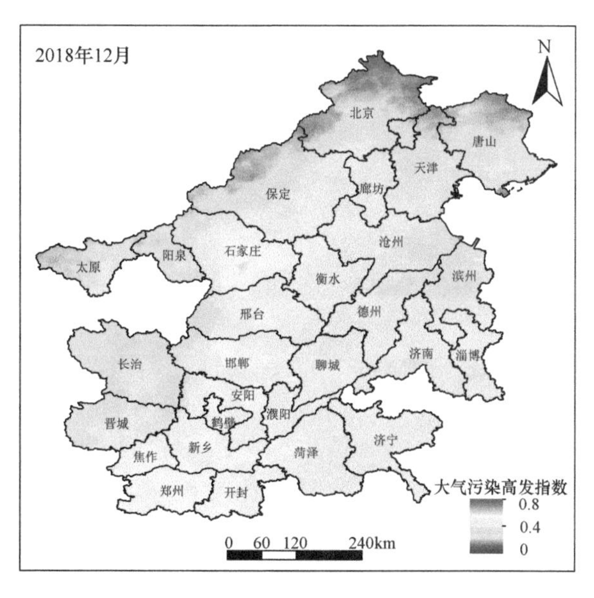

图 3-36　2018 年“2+26”城市四参量大气污染高发指数分布

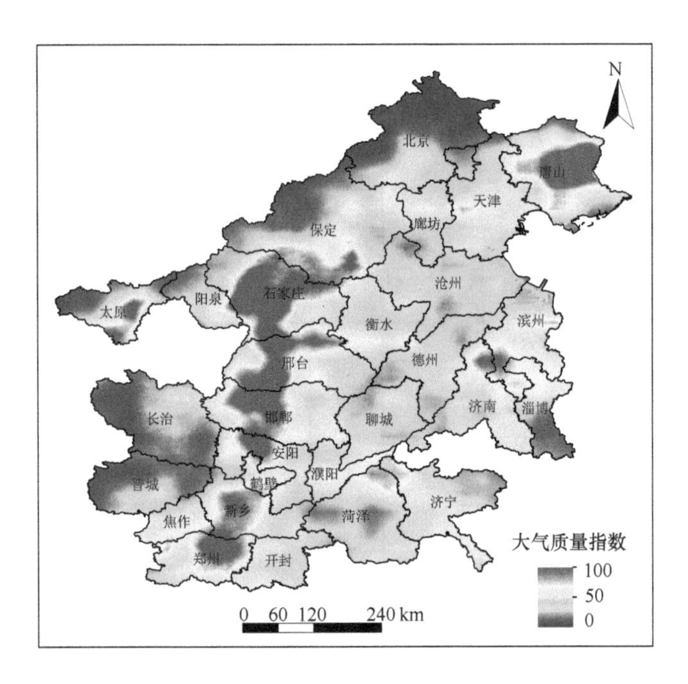

图 3-37 2018 年“2+26”城市六参量大气质量指数分布

3.4.3.3 “散乱污”疑似企业遥感判别

攻关项目研究构建了基于多源高分辨率遥感图像的“散乱污”企业集群精细化判别技术：首先，利用卫星遥感反演的 $PM_{2.5}$ 浓度等结果，提取每个城市的大气污染高发指数区域，形成 1km×1km 重点关注网格，并在重点关注网格内，基于遥感系列高分辨率卫星数据，初步识别出“散乱污”企业图斑；然后，结合近 10 万条重点源大气污染物排放清单数据，排除已有的固定源；最后，基于 21 万余家“散乱污”企业清单，识别出清单内的企业与新发现的疑似“散乱污”企业及集群。

2019 年上半年，利用卫星遥感技术，在天津、郑州、焦作、开封、新乡、鹤壁、濮阳、长治、晋城、聊城、保定、济南共发现疑似“散乱污”企业及集群 334 处，其中新发现疑似“散乱污”企业及集群 241 处，具体见表 3-33。

结合蓝天保卫战强化督查定点帮扶工作，2019 年 6 月在郑州、开封、晋城三市开展了疑似“散乱污”企业的实地核查。实地核查中，核验疑似“散乱污”企业及集群点位有 95 个，共 136 家工业企业或工地等目标对象，其中工业企业 85 家（以中小型为主），其他目标对象 51 家。现场核查到“散乱污”企业 12 家，其中，4 家为新发现、1 家死灰复燃、1 家整改完成（沙场）、6 家已取缔。已取缔的 6 家“散乱污”企业已达到“两断三清”的要求。现场验证结果表明，疑似“散乱污”企业遥感判别技术解决了现场工作人员在没有指定督查任务的情况下较难发现问题的困境，为现场督查提供了目标线索，提升了现场督查的针对性。

3.4.3.4 “散乱污”企业动态监管应用示范

研究人员配合管理部门完成了京津冀及周边地区、汾渭平原“散乱污”企业动态监管应用示范工作。实施期间，研究人员积极统筹卫星资源，对“2+26”城市及汾渭平原开展数据获取工作，累计安排卫星监测计划 100 余次，获取高分辨率卫星数据 6000 余景。利用遥感影像，结合“散乱污”企业坐标信息 2000 多处进行样本信息提取，完成了 21 类“散乱污”企业的遥感特征库建设、27 个城市 38 批次的“散乱污”企业图斑普查工作。27 个城市共包括“2+26”城市中的北京、天津、石家庄、保定、沧州、廊坊、衡水、太原、阳泉、长治、晋城、济南、聊城、菏泽、郑州、开封、鹤壁、新乡、焦作、濮阳以及汾渭平原的 7 个城市。

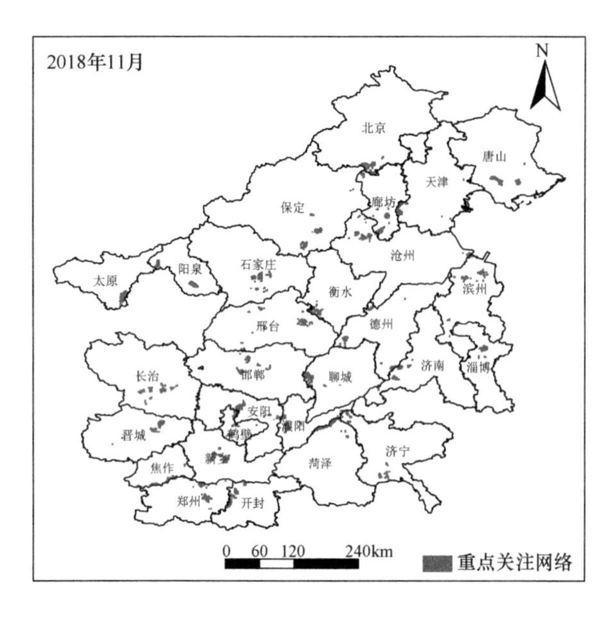

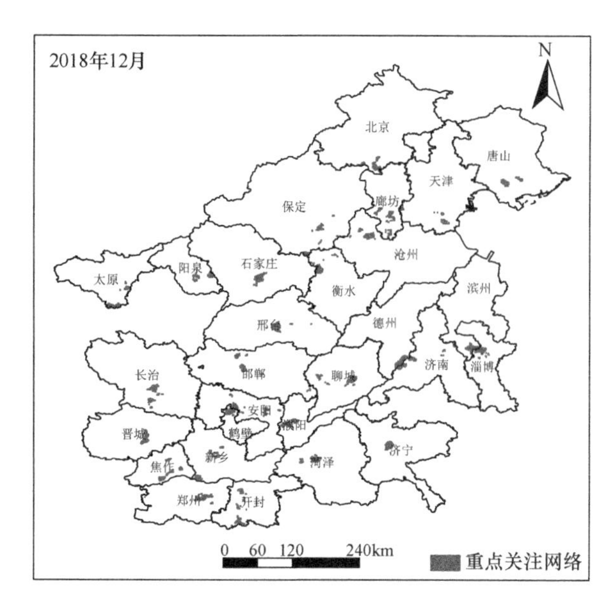

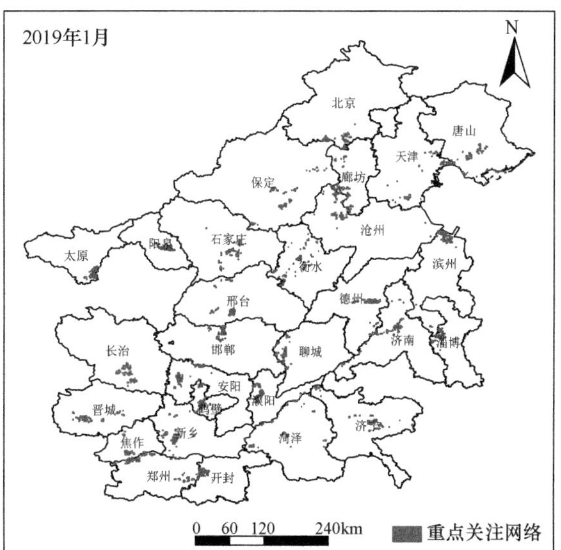

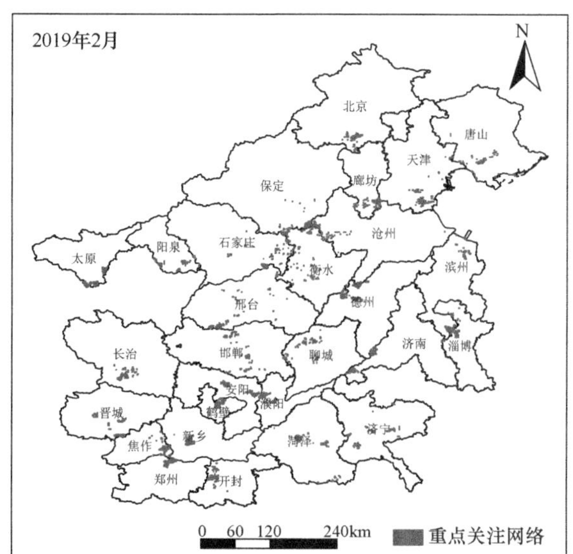

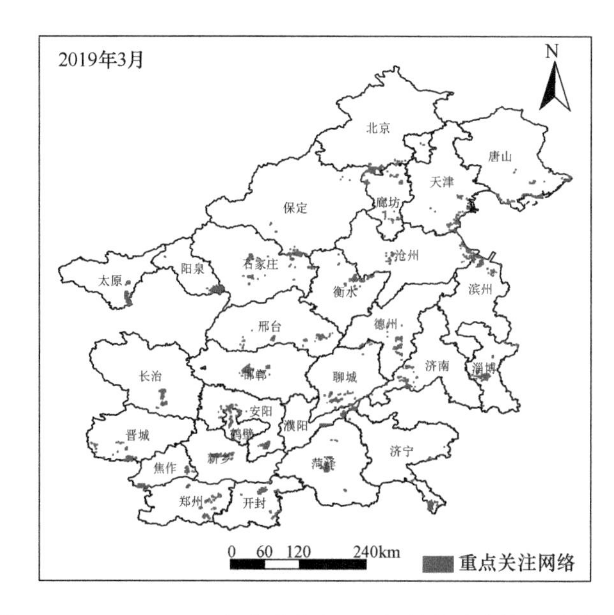

图 3-38　2018 ～ 2019 年采暖季“2+26”城市重点关注网格月分布

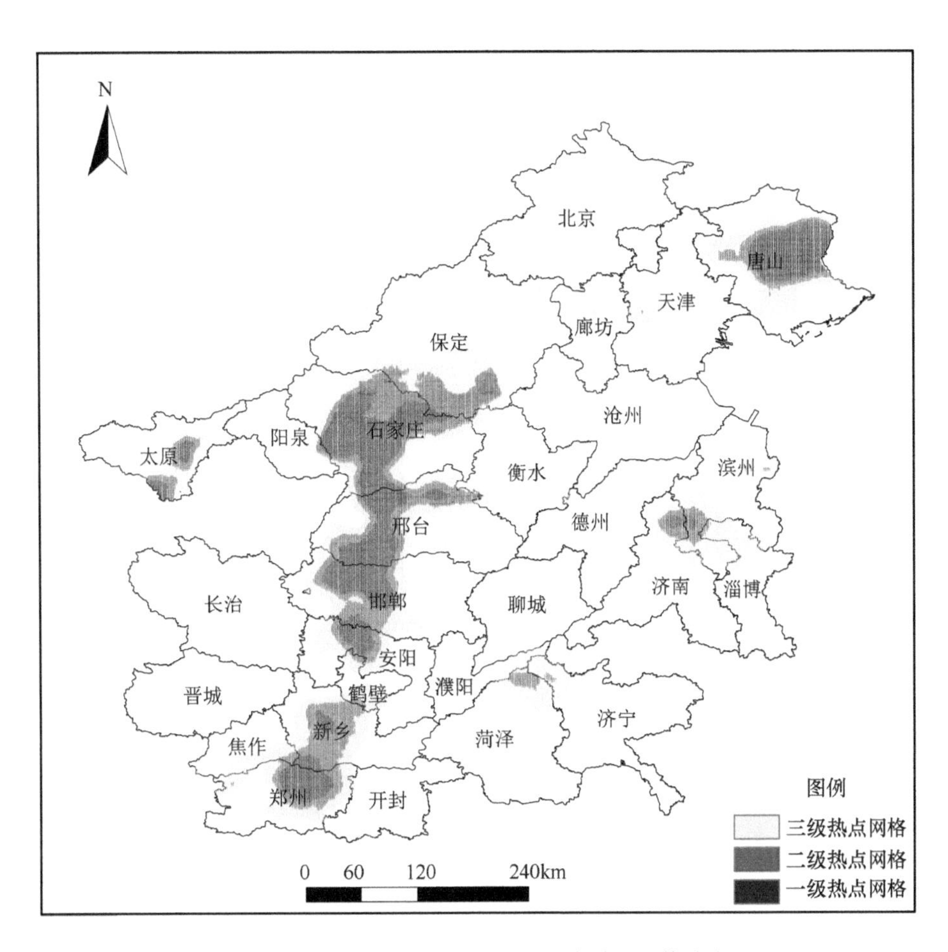

图 3-39　2018 年“2+26”城市重点关注网格分布

表 3-33　遥感识别疑似“散乱污”企业及集群统计结果　（单位：处）

城市	疑似“散乱污”企业及集群	新发现疑似“散乱污”企业及集群
天津	9	5
郑州	38	25
焦作	27	21
开封	39	29
新乡	21	12
鹤壁	31	24
濮阳	20	16
长治	42	41
晋城	26	4
聊城	26	23
保定	20	14
济南	35	27
合计	334	241

“散乱污”企业的判别是在不同算法提取目标的几何、纹理、光谱等特征的基础上，通过半自动的方法实现的。几何特征提取采用了长宽提取算法（length width extraction algorithm，LWEA）[15]，纹理特征的提取和光谱特征的提取分别采用了局部二元模式(local binary pattern，LBP)方法[16, 17]和Karhunen-Loeve(K-L)变换法[18]。

利用研究成果，基于卫星获取的2019年上半年和2018年上半年的资料，在“2+26”城市及汾渭平原开展了两次重点应用示范工作（图3-40），共发现疑似“散乱污”企业及集群800多处，同时结合大气强化督查定点帮扶工作，在廊坊、郑州、开封、晋城、济南、宝鸡等城市开展了4次遥感结果实地核查工作。现场核查情况表明，由于近年来对“散乱污”企业整治力度较大，实地核查发现极少部分企业为新增，大部分为中小企业，现场发现污染问题的比例在30%左右，主要问题类型为新增生产线无环评手续，无组织排放（切割、喷漆、电焊等），无粉尘和废气收集处置设施、污染治理设施未正常使用等。示范结果表明，建立的“散乱污”监管技术体系为新增“散乱污”企业及由“散乱污”改造后的“中小型”污染企业监管提供了一种有效监管手段。

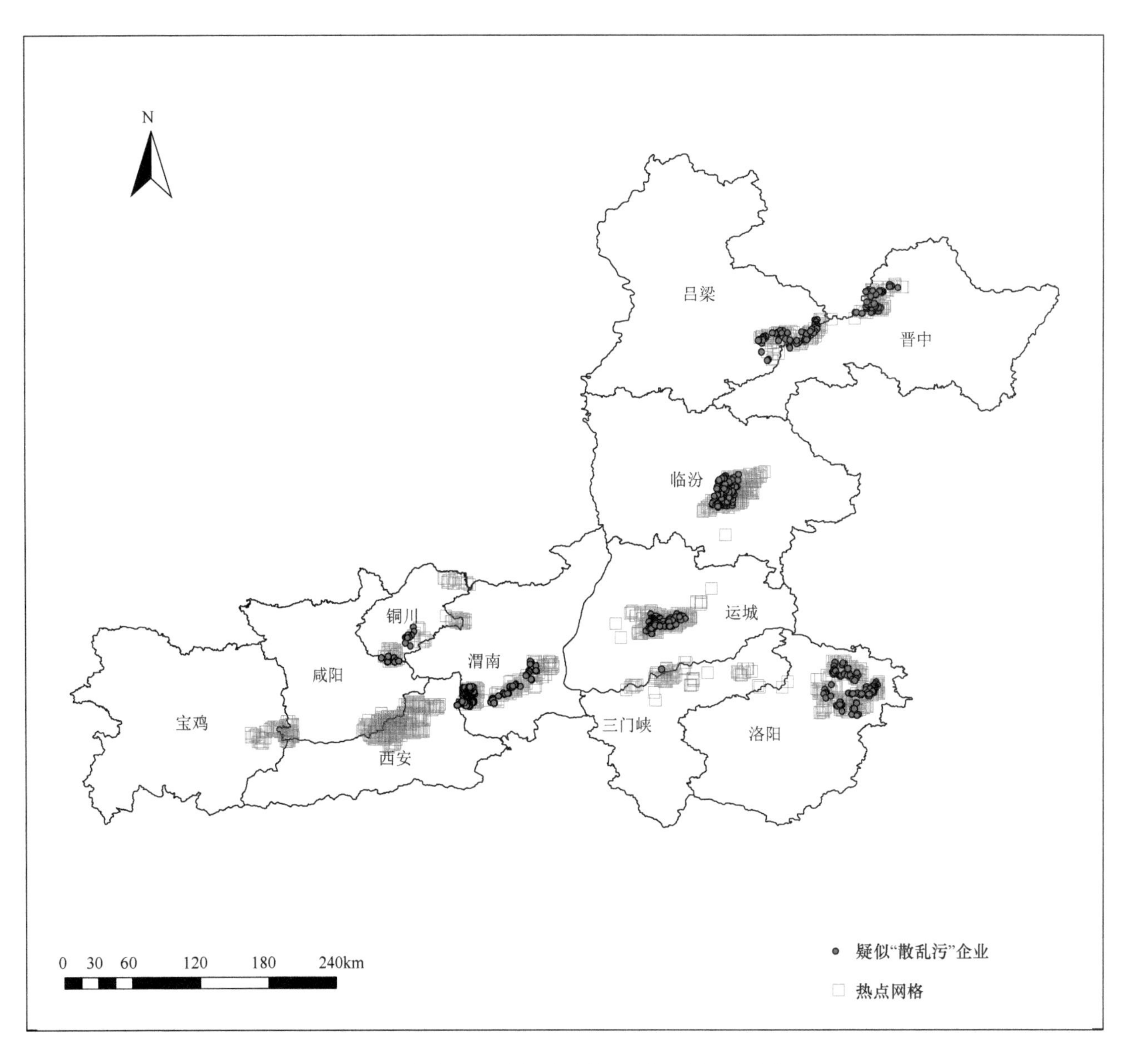

图3-40 汾渭平原热点网格及疑似“散乱污”企业分布

3.4.4 “散乱污”企业环境强化管控关键技术

工业生产是一个涉及自然、社会和经济的复合生态系统。对“散乱污”企业进行管控，污染控制是基本前提，社会经济绿色发展是最终目标。采取的管控措施需结合“散乱污”企业对社会和经济的贡献程度来确定。社会经济贡献主要考虑“散乱污”企业在经济产出、促进就业和促进相关产业发展等方面的贡献，具体指标可以根据区域发展政策侧重点进行制定，如人均工业产值、地均工业产值、单位产值就业人数等（表 3-34）。若评估结果显示“散乱污”企业相关指标在同行业中处于中等以下水平，则说明企业经济效益差、就业人数不多、污染严重、没有发展潜力，应当关停淘汰。如果相关指标在同行业中处于中等以上水平，则说明该企业对经济、社会产生显著影响，或者与上下游产业关系紧密，具有一定的不可替代性和发展潜力；对于这类“散乱污”企业，政府应当对这类企业统筹规划，在资金和政策上予以扶持，提高治理技术水平、完善治理设施，使这部分企业走上绿色可持续的发展道路。

表 3-34 “散乱污”企业社会经济贡献评估指标

项目	指标	单位
社会经济贡献	人均工业产值	万元 / 人
	地均工业产值	万元 / 亩①
	单位产值就业人数	人 / 万元

① 1 亩≈666.7m²。

“散乱污”企业和企业集群中有涉及国民经济基础性行业的，应当采取最完备的污染治理手段，保证其污染水平降到最低，满足当地环境监管要求。除此之外，为避免“一刀切”，对其他“散乱污”企业的管控应结合“散乱污”企业判定指标，充分评估企业在产业政策、空间布局和环境经济贡献度等方面的表现，分关停取缔和提质改造两类对“散乱污”企业进行管控（表 3-35）。

表 3-35 分类管控途径

管控类型	管控措施	管控依据
关停取缔类	停止营业	不符合产业政策
	清理取缔	污染严重，达标无望
提质改造类	搬迁入园	具备改造提升的条件，但是受地域限制，或者不符合规划、不符合土地使用要求的“散乱污”企业
	限期整改	有提升改造条件，符合相关要求的“散乱污”企业

对于被认定为“散乱污”的企业，首先在产业政策允许框架下进行判定，不符合产业政策，属于《产业结构调整指导目录》中落后生产工艺装备或产品名录，污染严重且达标无望的企业要坚决取缔；对于有发展潜力的企业，识别环境问题的症结，推进有条件的企业进行提质改造，具体方法如图 3-41 所示。

1）关停取缔

不符合产业政策。坚决取缔和淘汰不符合产业结构调整方向、不符合区域产业准入条件的“散乱污”企业。不符合国家和地方产业政策的“散乱污”企业，通常消耗大量资源，对地方经济贡献小，并且污染程度高，其主要包括：《国务院关于加强环境保护若干问题的决定》中明令禁止的“十五小”“新五小”产业的企业；

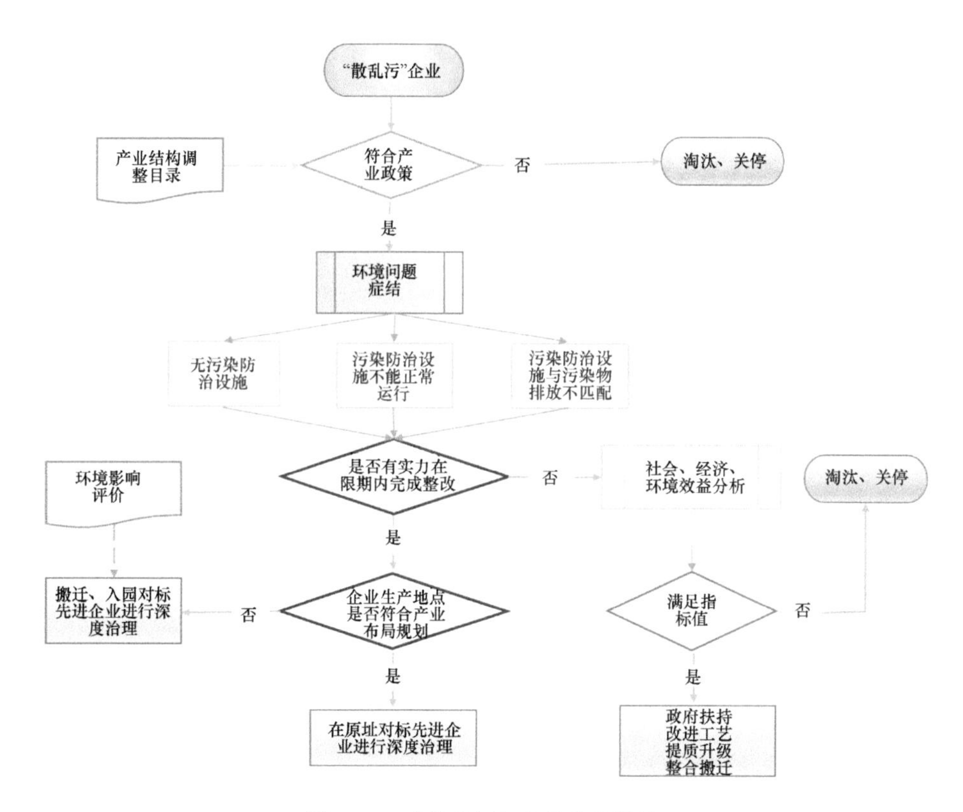

图 3-41 "散乱污"企业分类管控

《产业结构调整指导目录》中淘汰类的落后生产工艺和落后产品的企业;《市场准入负面清单草案(试点版)》禁止准入类产业的企业;地方性相关规划、意见、方案中已经明确的禁止类产业企业。

污染严重,达标无望。企业属于"散乱污"重点行业,污染物超标排放且无治理设施,经济效益和就业带动能力差,同时,企业资金实力不足且治理无望的"散乱污"企业必须关停。此类企业多为大群体、小规模、高耗能企业,还包括堆场类型企业。

2)提质改造

对于符合产业政策,有发展潜力的"散乱污"企业主要通过搬迁入园和限期整改进行管控。

搬迁入园。对于符合产业政策,也具备改造提升条件,但是受地域限制或者不符合规划、土地使用要求的企业,采取搬迁入园、污染治理手段和设施升级改造等相关整顿措施。

限期整改。对于符合产业政策以及相关要求,对当地税收和就业产生显著作用,同时具有工程基础和技术整改能力,且整改后能实现污染物稳定达标的企业,应要求其限期整改、主动治污,在装备工艺、污染治理等方面提升改造,兼顾经济效益与环境效益,治理达标后再恢复生产。

3.4.5 "散乱污"企业污染减排评估

通过产排污系数法、污染物排放标准反推法和专家咨询法,估算了京津冀及周边地区"2+26"城市通过"散乱污"整治削减的工业粉尘、SO_2、NO_x、VOCs 的排放量。应用产排污系数法,估算金属制品业、非金属矿物制品业、木材加工和木竹藤棕草制品业的减排量;应用污染物排放标准反推法和专家咨询法,分别估算橡胶和塑料制品业、家具制造业的减排量。经估算,以 2016 年污染物排放量为基准,京津冀及周边地区通过"散乱污"整治削减的污染物排放量分别为:工业粉尘 76210 t、SO_2 40307 t、NO_x 25233 t、VOCs 93184 t(表 3-36)。

表 3-36 “2+26”城市大气污染物减排情况统计结果

序号	城市	工业粉尘 /t	SO_2/t	NO_x/t	VOCs/t
1	北京	1094	284	511	4262
2	天津	8266	3920	1089	16388
3	石家庄	5783	1510	86	14458
4	唐山	1849	434	2196	197
5	邯郸	15962	8181	1769	4365
6	保定	6919	1807	81	3537
7	沧州	5710	1491	506	500
8	廊坊	5134	1340	224	15539
9	衡水	4511	1178	75	1126
10	邢台	1045	271	256	195
11	郑州	4345	4554	1509	11921
12	开封	63	14	60	656
13	新乡	1102	2344	907	859
14	鹤壁	325	374	179	328
15	安阳	454	117	318	1297
16	濮阳	762	197	55	1331
17	焦作	422	107	277	320
18	太原	284	72	29	1494
19	阳泉	17	3	41	22
20	晋城	1076	3264	1317	91
21	长治	69	17	39	122
22	济南	2618	4406	1643	1865
23	济宁	992	2231	1221	677
24	淄博	2869	638	6789	6503
25	聊城	2838	727	1313	1397
26	德州	895	233	159	2282
27	滨州	634	560	174	858
28	菏泽	172	33	2410	594

3.5 柴油机排放及强化管控措施

京津冀及周边地区交通运输发达，天津、河北的港口是煤炭、矿石、集装箱等货物重要的运输枢纽。

攻关项目针对柴油车、货物运输特点，通过实地调研、试验测试、在线监控、数值模拟等方法，基本摸清了京津冀及周边地区柴油车、非道路移动机械、船舶等污染源排放的基本特点及污染治理存在的瓶颈问题，研发了柴油机排放远程在线监控、在用车排放治理、油品和高排放车辆快速识别等关键技术，提出了基于“车、油、路、企”一揽子的综合解决方案，并在“2+26”城市进行了试点示范，其研究成果支撑了国家《推进运输结构调整三年行动计划（2018—2020年）》《柴油货车污染治理攻坚战行动计划》等政策的制定和实施。

3.5.1 柴油机行业现状

3.5.1.1 柴油机排放现状

1）柴油车排放现状

2018年，京津冀及周边地区六省市柴油车保有量634.6万辆，占全国的27.3%，其中“2+26”城市柴油车保有量349.7万辆，占区域总量的55.1%（图3-42）。“2+26”城市柴油车颗粒物和NO_x排放量分别为5.9万t和58.9万t，占全国柴油车颗粒物和NO_x排放量的16.3%和15.9%。

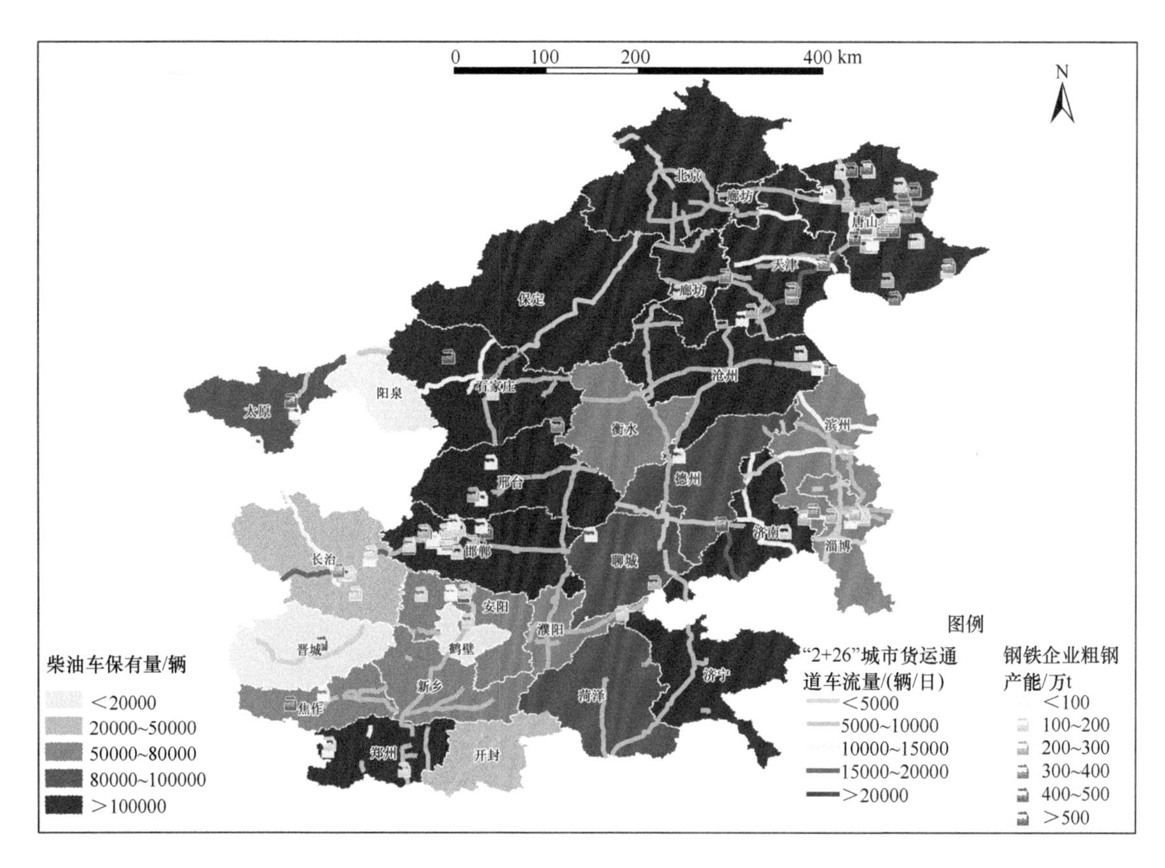

图3-42 2018年“2+26”城市钢铁企业粗钢产能与柴油车保有量

研究发现，柴油车保有量与钢铁企业粗钢产能、煤炭消费量、物流通道密度以及物流集散中心数量基本呈正相关。钢铁企业粗钢产能大的唐山、邯郸，物流通道密集的石家庄、长治、济南、天津，煤炭消费量大的唐山、石家庄、长治、济宁、滨州，以及物流集散中心郑州的柴油车保有量明显高于其他地区（图3-43）。

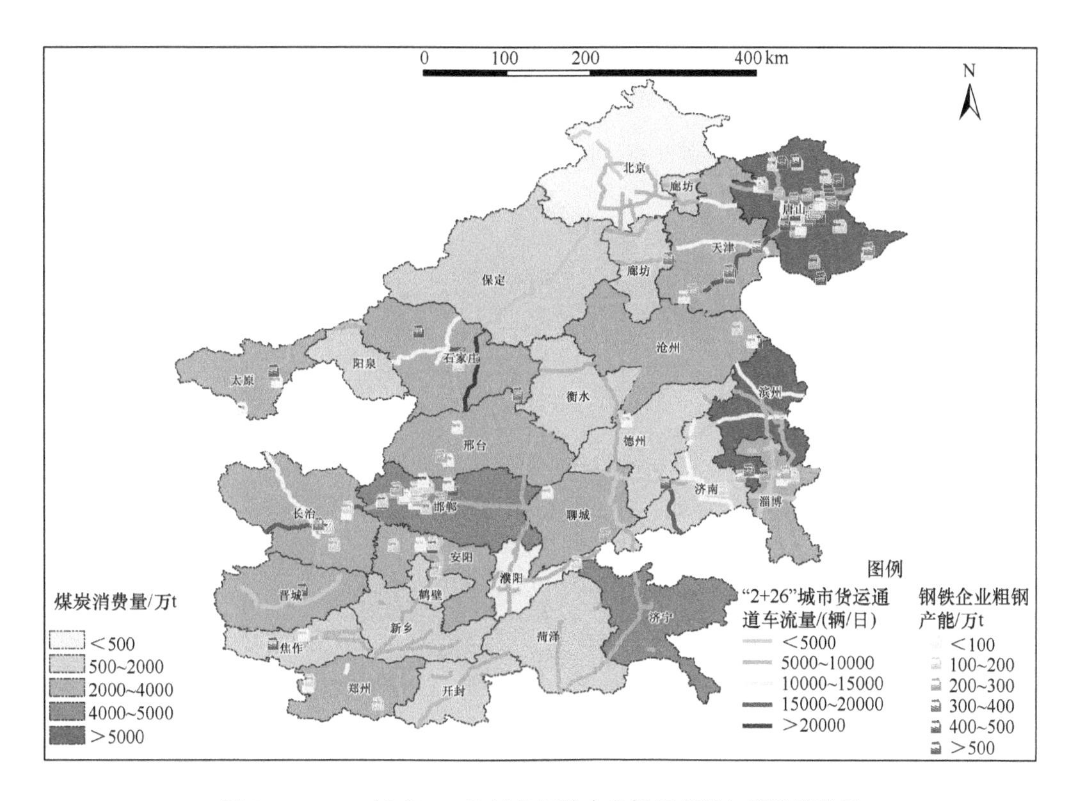

图 3-43　2018 年“2+26”城市钢铁企业粗钢产能与煤炭消费量

2）非道路柴油机排放现状

2018 年工程机械颗粒物和 NO_x 排放量分别为 1.0 万 t 和 23.9 万 t，分别占全国工程机械总排放量的 8.6% 和 13.6% 左右，且部分城市的工程机械排放量已经超过了柴油车（图 3-44 ～图 3-46）。

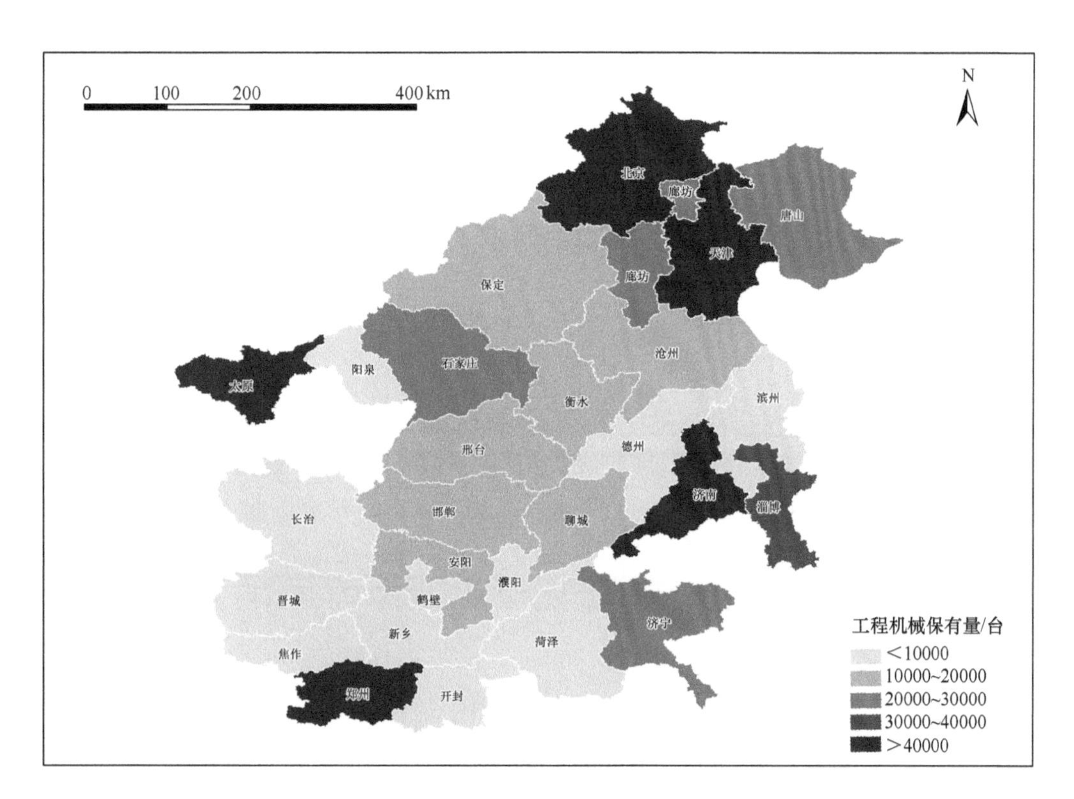

图 3-44　2018 年“2+26”城市工程机械保有量

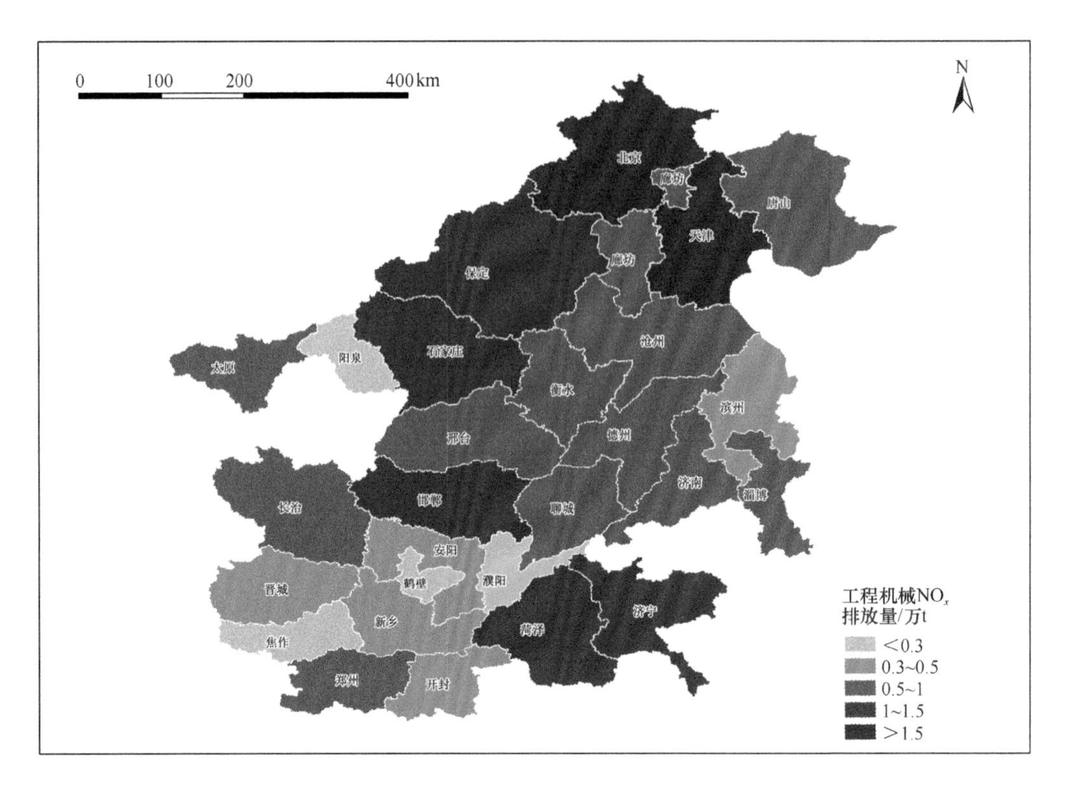

图 3-45　2018 年“2+26”城市工程机械 NO_x 排放量

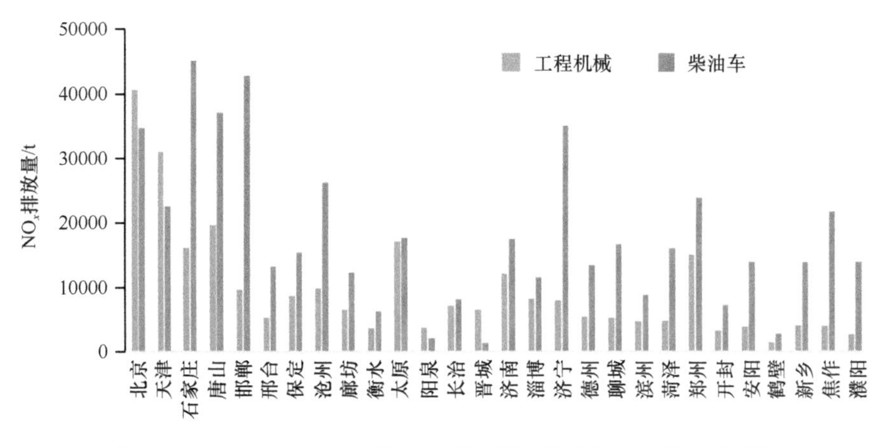

图 3-46　2018 年“2+26”城市工程机械和柴油车 NO_x 排放量对比

水运方面，据估算，2018 年环渤海区域船舶排放颗粒物 0.6 万 t、NO_x 7.4 万 t、硫氧化物 5.6 万 t。

航运方面，“2+26”城市共有 11 个不同等级民用航空机场，2018 年起降航班共计 146.9 万架次，其中北京首都国际机场起降 61.4 万架次，远高于其他“2+26”城市，是全国起降架次最多的机场，在全球起降架次中排名第五。此外，北京大兴国际机场近期规划飞机起降 62.8 万架次，远期规划 85 万架次，且其地处北京西南区域，对北京环境空气质量将产生较大影响。2018 年，区域内飞机共排放颗粒物 363.7 t、NO_x 1.1 万 t。

3.5.1.2　油品质量和供应体系现状

京津冀及周边地区共有加油站 17125 个，其中社会加油站 10430 个，占比达 60.9%；中石化 3870 个；

中石油 2545 个；中海油 280 个（图 3-47）。2017 年以来，监管部门逐步加大了对京津冀及周边地区柴油质量的监督检查，共抽查样品数量 2 万余个。结果表明，加油站柴油硫含量达标率不断升高，从最初的 47% 上升到 95%（图 3-48）。超标样品的平均硫含量逐步下降，从最初的 1888 ppm 下降到 386 ppm。但非法加油站比较猖獗，非法加油站点（移动黑加油车）油品质量问题突出，柴油超标率高达 81%，超标样品中，硫含量平均超标 78 倍，最高超标 579 倍。

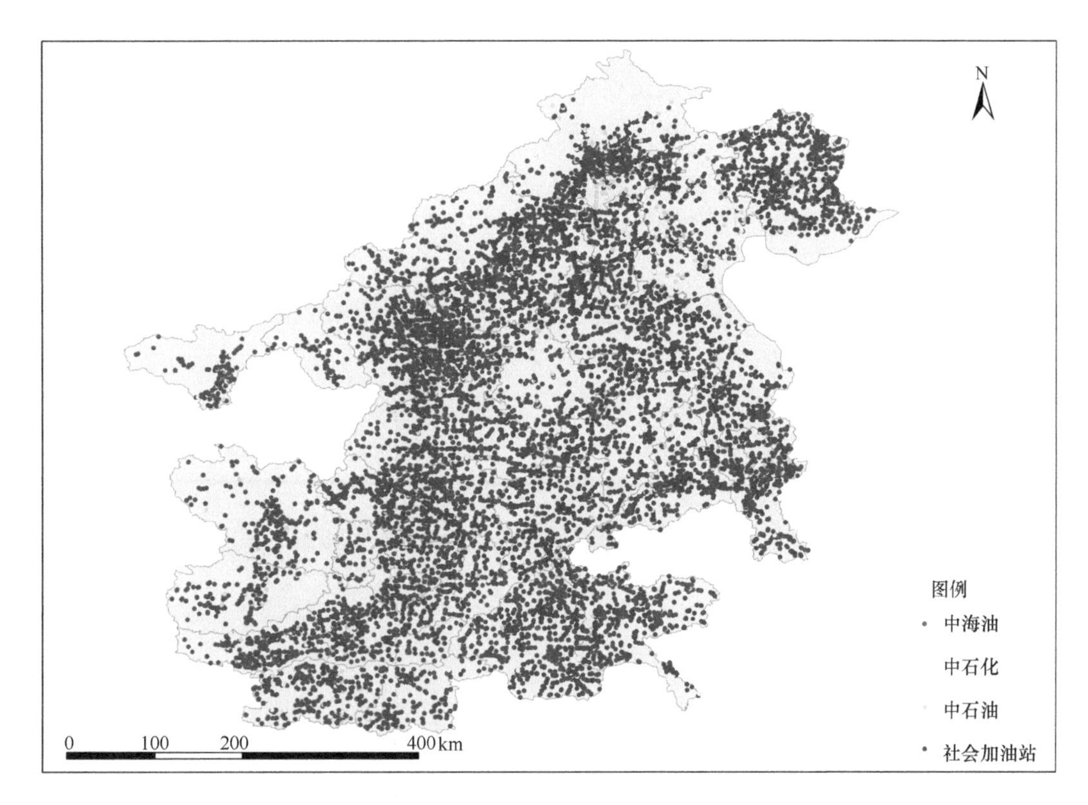

图 3-47 加油站分布

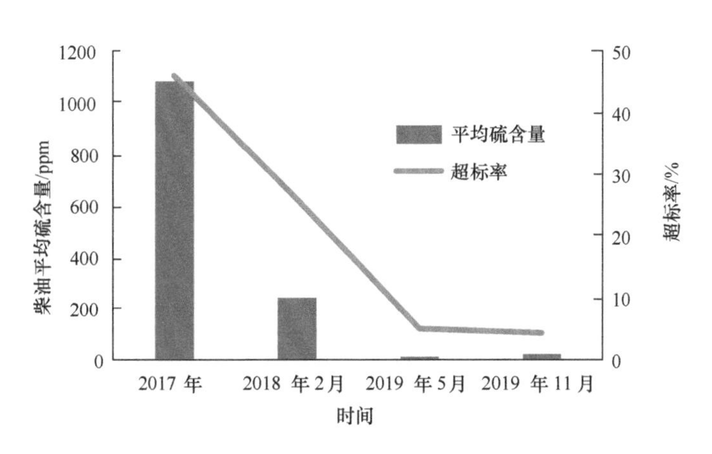

图 3-48 加油站柴油质量变化情况

车用尿素是柴油机尾气处理装置 SCR 必要的还原剂，不添加或者添加不合格的车用尿素将会导致 SCR 失效以及柴油机 NO_x 排放大幅度增加。2018 年调查发现，销售车用尿素的社会加油站比例仅为四成左右，北京、天津、河北、山东、河南和山西加油站车用尿素供应率分别为 75%、56%、58%、53%、72% 和 68%。此外，车用尿素超标问题也较为突出，2018 年抽检合格率仅为 18.4%。2019 年对市场上销售的 12 个品牌进行抽检，合格率仅为25%。车用尿素超标指标主要是尿素含量、折光率、缩二脲。近两年，虽然加油站油品质量大幅提升，但是车用尿素的质量提升幅度小，达标率仍然很低。

3.5.1.3　货物运输发展现状

京津冀及周边地区处于首都经济圈、河北工业区和山西煤炭集聚区，货物运输需求大。2018年，京津冀及周边六省市货运总量114.7亿t，占全国运输总量的22.7%，其中公路运输95.6亿t，占比高达83.3%，铁路运输占12.8%，水运占4%。此外，我国道路货运市场“小、散、弱”特点明显，公路货运企业普遍规模小，货车使用、维护环境差，2017年全国从事道路货物运输的经营户643.6万户，其中，企业55.6万户，有83.2%的货运企业拥有车辆数不足10辆，个体运输户588.0万户，户均1.1辆货车。而且由于方便装载更多货物且车斗重量计入车体重量，我国货车以板车、半封闭等非全封闭车型为主，封闭式厢车仅占货运车保有量的7%～8%。

区域内拥有京广、京沪等多条干线铁路和天津港、唐山港等沿海港口。其中，天津港、秦皇岛港、唐山港和黄骅港2018年吞吐量合计达16.6亿t，同比增长4.6%（图3-49）。唐山港、天津港近3年总吞吐量均超过了欧洲最大的海港鹿特丹港。集装箱吞吐量方面，天津、河北、山东沿海港口集装箱吞吐量4755万国际标准箱（TEU），其中铁水联运量192万国际标准箱，占集装箱吞吐量的4%。天津港集装箱吞吐量超过鹿特丹港、长滩港、汉堡港三大港口，但铁水联运量为49.2万国际标准箱，虽然增长迅速，达到41.3%，但仅占集装箱吞吐量的3.01%，远低于国际港口中铁水联运占比（一般为20%～40%）。集装箱铁水联运发展相对滞后。

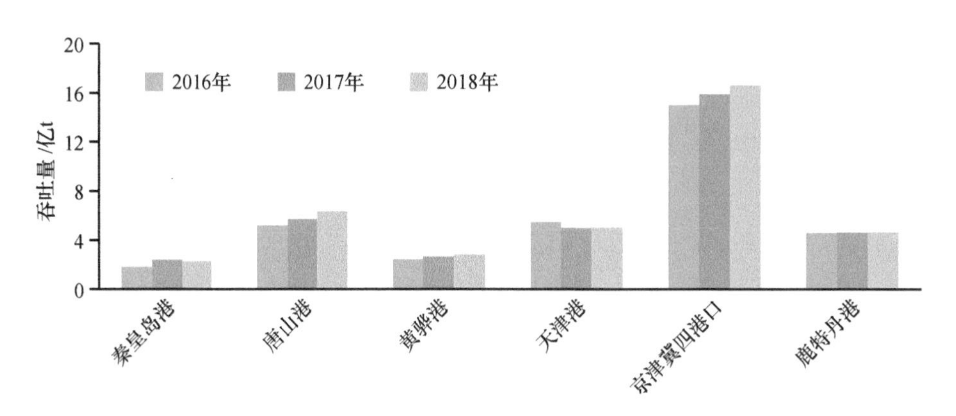

图3-49　2016～2018年京津冀及周边地区四大港口和鹿特丹港口吞吐量统计及比较

3.5.1.4　柴油车检测/维修行业现状

柴油车检测/维修是超标车辆识别和减排的重要环节，目前全国约有检验机构6878家，其中京津冀及周边地区共有1679家、自由加速检测线1519条、加载减速检测线1707条。区域内柴油车定期检验总体合格率为93.2%，合格率随排放阶段的递进而升高。北京、河北、山西定期检验合格率较高，天津、河南、山东合格率较低（图3-50）。

全国机动车维修企业数量约为62万家，从业人员近400万人。其中，从事汽车大修和总成修理的一类维修企业占比5%～20%。从事汽车一级二级维护和汽车小修的二类维修企业占比25%～30%。从事汽车专项修理的规模较小、技术水平较低的三类维修企业占比50%以上。

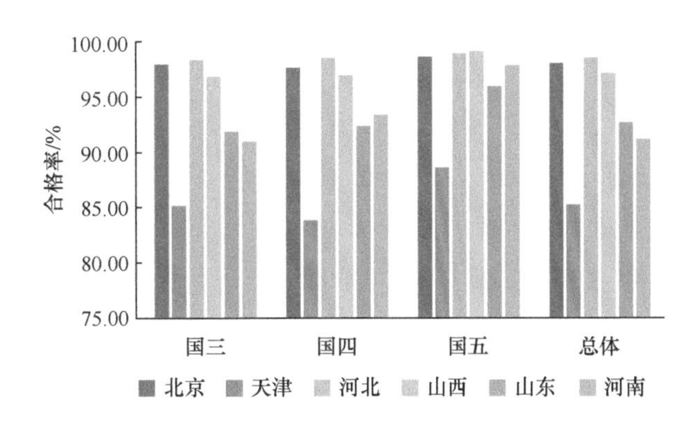

图 3-50 京津冀及周边地区柴油车定期检验合格率

3.5.2 柴油机排放治理存在的问题

3.5.2.1 高比例的公路货运导致柴油机排放总量居高不下

京津冀及周边地区工业企业多、产业结构重、货物运输需求高，唐山、邯郸、石家庄等城市柴油车保有量明显偏高。2017 年“2+26”城市煤炭消费约 7 亿 t，粗钢产量 3 亿 t，水泥熟料产量 8000 万 t，由此带来的货物运输需求超过 20 亿 t。另外，天津港、秦皇岛港、唐山港、黄骅港四港是北方主要的煤炭集疏运港口，是煤炭集运的主要目的地。天津港、唐山港是主要的金属矿石港，占全国进港量的 30% 左右，且基本依靠公路运输，尤其是唐山港 97.4% 的矿石运输依靠公路完成。此外，天津港的集装箱集疏运中，有将近一半是靠公路完成的。京津冀及周边地区 2018 年货运总量 114.7 亿 t，其中公路运输占比高达 83.2%。因此，大量的货运需求以及高比例的公路运输方式，导致区域内柴油车排放量居高不下。

3.5.2.2 高强度使用和油品质量差导致柴油机排放强度高

高比例的公路货运带来柴油车高强度的运行，调查数据表明，京津冀柴油车平均运距 555km，远高于全国平均运距 180km。另外，区域内柴油车单车排放强度较高，2018 年“2+26”城市柴油车车队中国三及以下占比达到 48%，国四占比 43%，国五车辆占比仅为 9%。

同时，恶劣的油品质量加剧了柴油车的高排放强度，虽然最新抽查结果表明，加油站柴油不合格率仅为 5% 左右，但从柴油车油箱中抽取的柴油的超标率达到 27%，非法加油站点（移动非法加油车）柴油超标率更是高达 81%，油品质量问题十分突出。劣质柴油和车用尿素导致柴油车实际排放超标较为严重。近年来，实验室、车载尾气检测系统（PEMS）、跟车、道路微站、年检以及遥感等多源大数据分析结果表明，区域内柴油车实际排放 NO_x 高，排放控制装置失效现象较为严重。

3.5.2.3 柴油机排放的环境监测技术和监管能力严重不足

截至 2018 年底，区域内北京、天津、郑州以及山东等设立了机动车环境管理中心，组建了专职的监管队伍，但除北京、天津外，普遍存在人手不足的问题。另外，从监管手段上，虽然“2+26”城市陆续增加了道路遥感等监管设备，但尚未形成对柴油车的有效监管。目前对柴油车的监管普遍采用烟度抽测的路检路查方式，缺乏对柴油车 NO_x 和车载诊断系统（OBD）进行监督检查的技术手段。同时，对于检测超标的柴油车也缺乏有效的监督机制，无法确保对超标车辆的有效治理和达标排放。

3.5.3 柴油机排放治理和管控技术

攻关项目针对目前柴油车超标问题突出、缺乏有效监管手段等瓶颈问题，开展了柴油车排放远程在线监控、油品硫含量快速检测、超标车辆快速识别以及在用车治理技术等研究，研发了尾气在线监控、快速检测和识别以及治理等一系列关键技术、系统平台和监督检查专用 APP。

3.5.3.1 车油联合管控技术

1）重型柴油车远程在线监控监管技术

重型柴油车远程在线监控监管技术体系以“天地车人”一体化建设目标和框架为指导，在柴油货车上安装 OBD 远程在线监测终端，利用北斗三号系统新技术新体制优势，结合移动污染源防治特色和需求，实现对柴油车精确位置、时间及污染物排放量的监测与数据上报。以唐山为试点，研究人员研制了远程在线数据采集和传输技术，建立了柴油车远程在线监控监管技术平台（以下简称平台），实现了对重点工业企业运输车队的在线监测和管控。

研究人员通过需求分析、功能设计、数据库建设等，采用分布式架构，按照“数据获取→数据逻辑共享→数据模拟计算→决策支持→落地治理→数据获取”的闭环思路，搭建了重型柴油车管控平台，主要包括以下模块。

A. OBD 远程在线监控系统

通过加装车辆 OBD 来读取车辆位置、尿素液位的变化趋势、SCR 下游 NO_x 的变化趋势以及车辆的基础信息（图 3-51）。该系统可以对柴油车进行实时监控，及时发现故障车辆、及时督促整改，有效减少排放污染，避免冒黑烟车辆上路行驶等，同时可以用于识别主要物流通道、监管低排区限行等。数据实时上传也可为生态环境主管部门提供车辆基础数据，为柴油机排放达标监管提供数据支持。

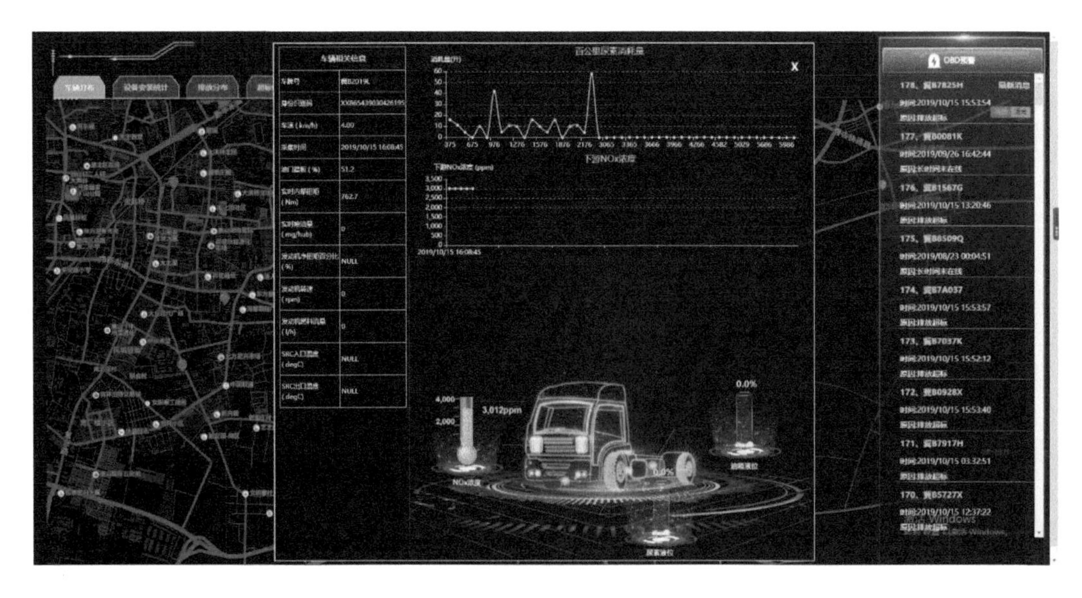

图 3-51　OBD 远程在线监控系统监管模块单车信息展示

B. 错峰运输监控模块

平台以唐山钢铁、焦化等 54 家重点工业企业为研究对象，对唐山重点工业企业的生产特点、运输车队结构、车队车型特征、运能等进行全面统计和梳理，明确以工业企业为对象的监控方法，对各企业错峰运输方案执行情况进行有效监管（图 3-52、图 3-53）。平台主要通过门禁视频系统，监控企业实时流量和筛查车辆信息，包括车辆排放阶段是否符合要求以及车辆是否为黑名单（白名单）中车辆等。

图 3-52 视频监控模块信息展示

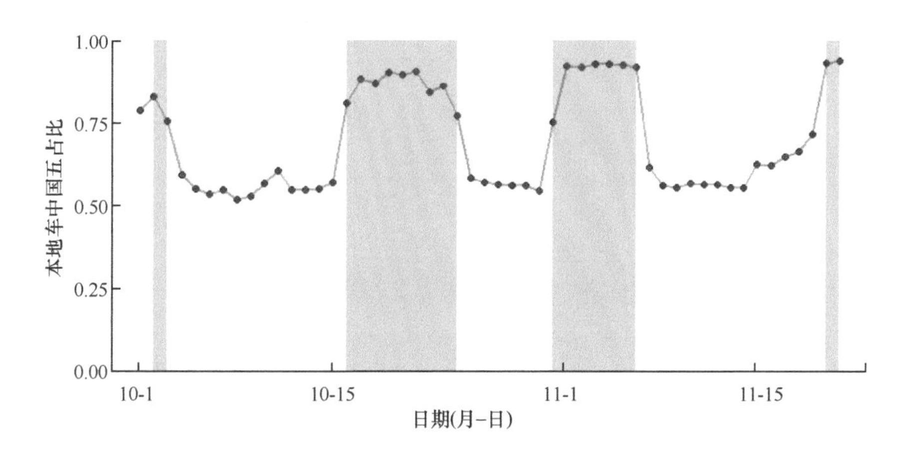

图 3-53 唐山 2019 年 10 月 1 日～ 11 月 21 日 55 家重点企业每日进出国五黄牌车占比（灰色为重污染应急响应期间）

C. 路网高排放车辆溯源技术

结合区域内货物运输通道信息以及遥感监测技术特性，给出遥感设备布设点位建议，并配套相应的遥感监测联网技术规范，在“2+26”城市主要物流通道布设固定遥感监测点并联网。通过远程在线监控遥感监测、机动车定期检验信息、OBD 监控数据、路检路查等多源数据信息，形成实时路网监管和监控，识别高排放车辆，经过大数据分析，进一步识别出超标排放集中车型，并结合车型型式核准、信息公开数据等，溯源车辆生产企业。

2）油品现场快速检测技术

京津冀及周边地区加油站油品质量快速提升的同时，柴油车油箱油品抽检合格率却始终无法令人满意，如何在现场快速识别油品质量成为环境监管执法急需解决的难题之一。研究人员重点研究了现场测试油品所需的采样技术和分析测试技术及设备。在常规车辆上设计隐蔽性强的采油口，通过与实验室测试结果对比，最终选定采用单波长色散 X 射线荧光光谱法检测油品中硫含量，选择检测折光率来评估车用尿素质量，其检测结果与实验室结果相关性均在 0.98 以上。目前攻关项目已完成执法专用油品车的整体设计和设备选型匹配，其可为今后的油品环境执法提供重要的技术支撑。

3）环境执法 APP 开发和应用

A. 高排放车监督检查执法 APP

根据管理实际需求，依托柴油车远程在线监控平台，攻关项目开发了高排放车监督检查执法 APP，该 APP 包括市级管理用户、区县管理用户、执法用户、企业用户以及个人用户 5 个模块，以方便不同属性用户使用平台上的信息以及现场执法。

B. 油品检查 APP

攻关项目开发了移动端应用程序油品监管 APP，其有力地支持了京津冀及周边地区油品情况摸底调查。该 APP 支持多平台，采样加油站信息预先植入，GIS 辅助支持，可为采样人员提供定位导航服务；对采样、检测进行全过程管理，任务流程化，采样过程清晰，样品信息完整可溯源；同时，对加油站进行档案式管理，形成加油站抽查记录电子档案，从而对加油站监督检查历史记录进行追踪。

3.5.3.2 货物运输结构优化技术

1）物流集散特征研究

通过对全部“2+26”城市货车高速公路典型收费站进行调研，统计分析通过高速公路运往此区域的货类结构和货物流向等，共获得有效样本 29069 个，样本有效率为 98.4%。分析得出，煤炭及制品、金属矿石和钢铁等大宗货物占货物总量的 42.0%。北京货类主要集中在轻工及医药产品（35.3%）、金属矿石（26.5%）和钢铁（11.3%）三个方面，三者合计占北京样本量总货运量的 73.1%。

2）运距分析

研究表明，京津冀货车平均运距 555km，其中高速公路中适合转铁路的货物平均运距 495km。穿越北京的车流中，适合转铁路的货物运距为 661km，且煤炭制品、金属矿石以及钢铁三项货物占比高达 75%，因此公路转铁路结构调整中，以煤炭为代表的大宗货物应优先进行调整。

同时，分析我国集装箱运输运距情况。受产业布局和物流需求的影响，我国物流集中区域主要在距离沿海 300 ～ 500km 以内。我国外贸集装箱沿海 12 个省市占比超过 90%，仅 10% 位于沿海 300km 以外。从京津冀及周边地区港口来看，天津港 80% 以上的集装箱生成地是京津冀地区，青岛港主要腹地为山东以及河北南部、河南、山西、陕西、宁夏、新疆等区域。因此，推进集装箱海铁联运发展，既要重视中长距离干线运输，也要加快推进中短距离支线甚至专线运输。

3）物流通道梳理

综合考虑货物运输的特点，结合实地调研的情况，选取“2+26”城市的国家级高速公路、省级高速公路、普通国道和普通省道作为主要公路货物运输通道分析的范围，再结合交通调查的流量数据，考虑道路货运车辆占比和流量情况，分析筛选出主要货物运输通道。结合货物运输特征以及流量情况，分析给出煤炭及矿石运输通道。其中，京津冀及周边区域梳理出公路货物运输通道 56 条，物流通道明显集中（图 3-54）。

4）构建货物运输模型

通过分析区域公路网货运交通流量预测模型已有的研究成果，基于数据的可获得性，预测未来年份或不同政策环境下区域公路网货运交通流量的交通起止点（OD）分布。在此基础上，根据调查数据，分析不同影响因素对货车公路路径选择行为产生的影响，选取合适的模型变量和效用函数形式，构建货车在多模

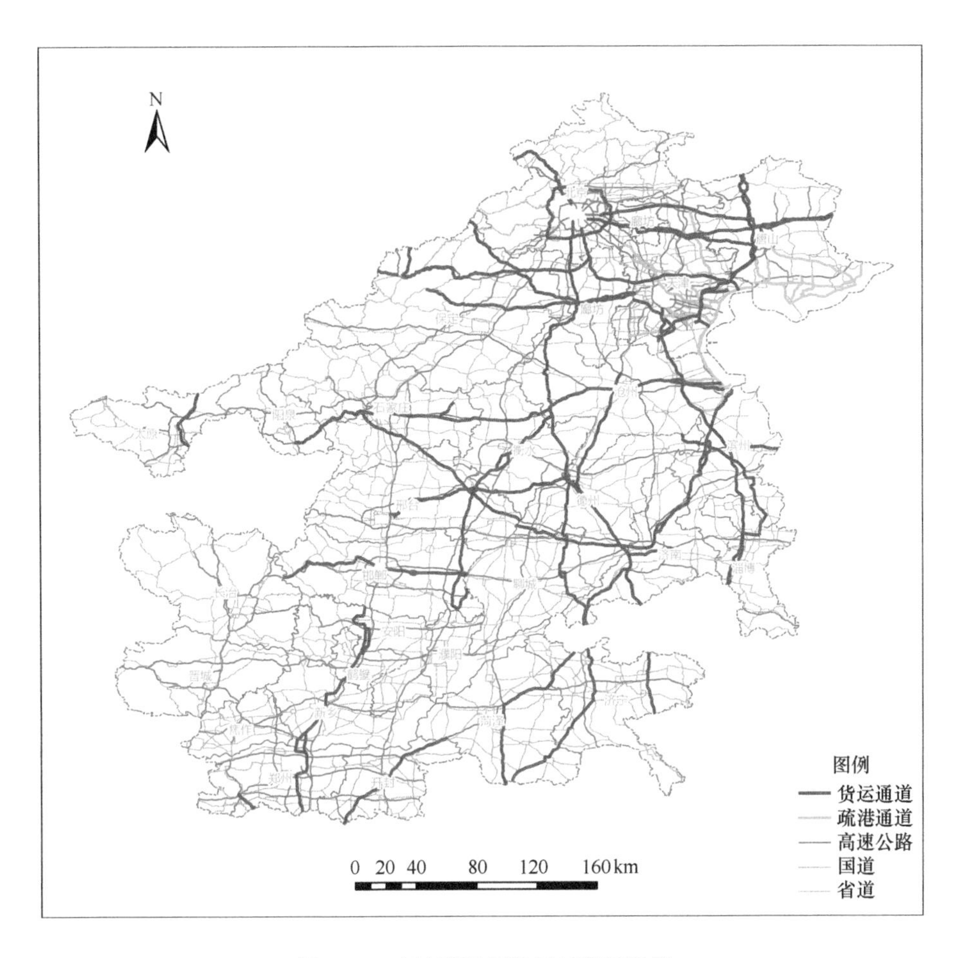

图 3-54 京津冀及周边区域货运通道

式条件下的公路路径选择模型，基于车辆路径选择模型对公路路网交通量进行加载，进而获得区域公路网的货运交通流量，并分析不同影响因素对公路网货运交通流量的影响。

3.5.3.3 高排放柴油车快速识别技术以及交通流－排放－浓度－控制措施的多级响应模型及平台

1）综合台架、车载、跟车等多种监测手段，分析评估柴油车的实际排放特征

重型车典型后处理装置失效实验结果显示，SCR 失效后，NO_x 排放量大幅增加，其中国四重型柴油车升高 3 ～ 4 倍（图 3-55），国五重型柴油车升高 6 ～ 7 倍（图 3-56），国六重型柴油车升高 17.6 倍。另外，国五重型柴油车 SCR 失效后排放量远高于国四重型柴油车 SCR 失效后的排放量。天然气车在催化器失效后 NO_x 排放量增幅明显。

2）建立高精度、快速响应仪器的移动平台，实现污染物的瞬态逐秒测量

研究人员建立机动车尾气移动跟车实时监控系统。基于此系统，收集 1000 辆次的跟车测试排放数据，并在京津冀主要货运通道及港口布设 20 台空气质量监测微站，刻画不同区域车辆的分布规律，实时监控系统可以快速、高效发现高排放车辆（图 3-57）。

3）建立重型车和船舶的交通流－排放－浓度－控制措施的多级响应模型及平台

研究人员通过交通多源大数据融合，计算路网交通流量，并以此为基础，构建基于流量的机动车排放清单计算方法；同时，基于大样本实际道路测试数据，计算机动车尤其是柴油车的排放因子。充分考虑京

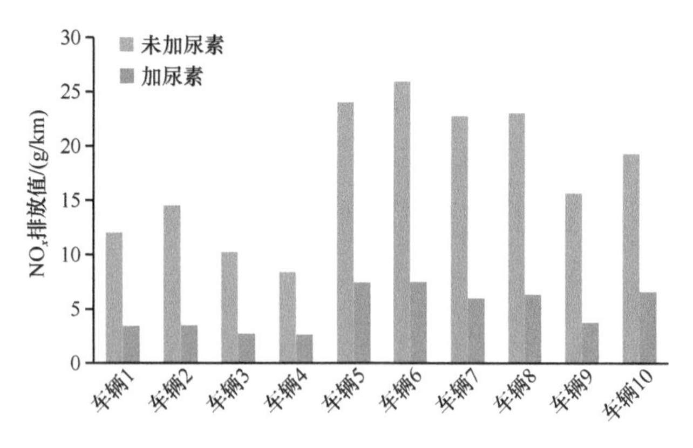

图 3-55 国四重型柴油车加 / 不加尿素 NO_x 排放量对比

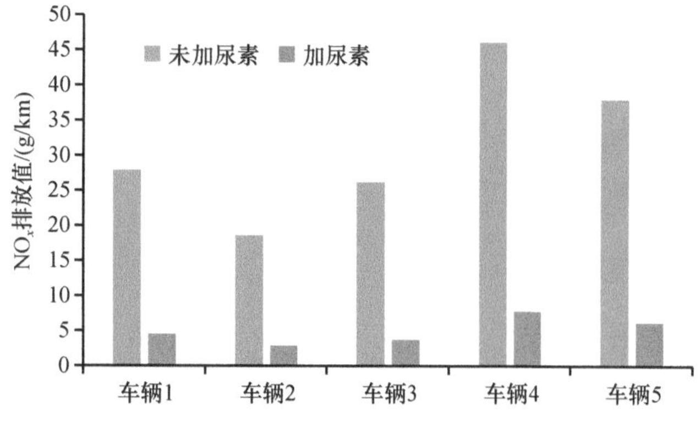

图 3-56 国五重型柴油车加 / 不加尿素 NO_x 排放量对比

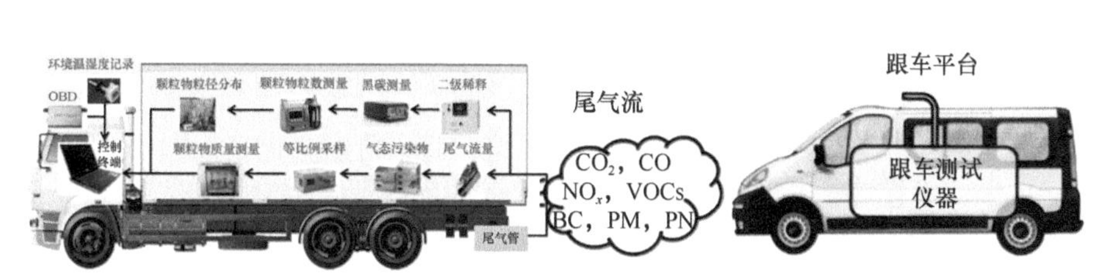

图 3-57 集成多种测试手段的柴油车实际排放特征测试评估系统

津冀地区对机动车监管力度不同等导致的排放因子的差异，模拟计算京津冀各地区的货运车队平均排放因子。通过此方法，计算了北京、邯郸、保定、阳泉等城市基于路网的机动车排放清单。

构建“城市–市内”交通流数据库，耦合主要货运通道基于流量的动态排放清单。建立基于国控站点和道路边加密空气质量监测微站的浓度监测体系，研究设计多级控制决策平台，从而实现在线流量识别、排放核算、浓度监测及决策评估等功能。

3.5.3.4 在用柴油车排放治理技术

针对在用柴油车污染治理的瓶颈问题，攻关项目研究了柴油车氧化催化器（DOC）、催化型颗粒物捕集器（CDPF）、柴油颗粒物过滤器（DPF）、选择性催化还原技术（SCR）所用催化剂的组分，开发了关键材料与零部件的量产化技术，研究了后处理装置布置方案，形成了柴油车后处理改造升级成套产品。基于研究团队已有研究和量产装备，形成了产品的工业化生产能力，建立了完善的产品质量控制体系，为产品生产一致性和耐久性提供了保障。在北京、天津、河北、山东、河南等地开展了调研工作，并与“2+26”城市中的部分城市进行了对接与技术推广。以 DOC+CDPF 为主要技术路线，先后在天津、邯郸和北京完成 500 辆、480 辆和 40 辆在用柴油车后处理改造工作，经检测均满足排放标准要求，颗粒物平均减排 80% 以上（图 3-58，图 3-59）。

3.5.3.5 非道路移动机械管理平台和数据库

攻关项目建立了非道路移动机械管理平台，平台分为五大模块，分别是：非道路移动机械档案数据清

图 3-58　柴油车后处理改造升级示范

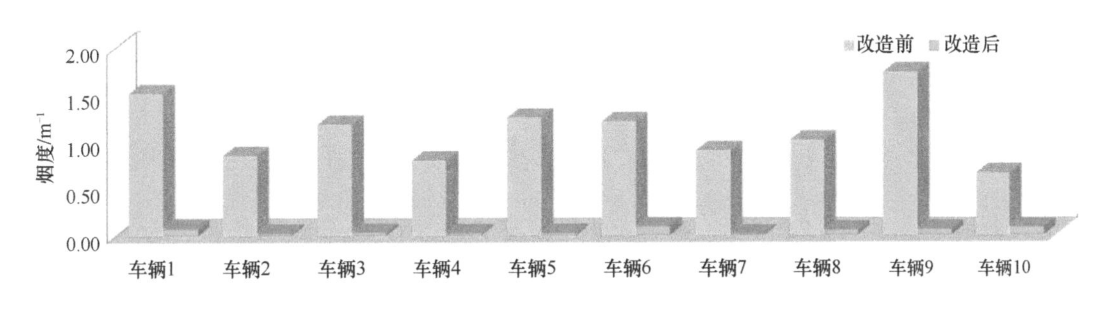

图 3-59　部分柴油车后处理改造前后烟度值对比

单库、施工许可证管理、电子标签管理、GIS 地图展示、系统管理。与重型车监管平台不同的是，电子标签管理与施工许可证管理是系统的核心功能，涵盖实时定位监控、应急响应监控功能以及许可证统计管理功能。清单库主要依靠非道路移动机械网上登记和环保标识码的生成和发放而建立。施工许可证管理模块通过建立管辖区工地管理台账，来管理进出工地的机械，并采用在工程机械上加装 DPF 监控装置、电子标签等方式，将采集来的数据，通过平台进行统计分析，监控非道路移动机械的地理位置和排放状况。此技术今后可用于建设区域级别的在线监控平台。

通过开发非道路移动机械环境监管 APP，由机械所有人或相关人员填报机械信息，填完后系统自动生成机械环保标识码，生态环境部门通过发放环保标识码的方式，建立了区域内非道路移动机械数据库。通过分析可得出区域内非道路移动机械保有情况的特点。根据数据库中信息统计，“2+26”城市已登记非道路移动机械 14.96 万辆。其中，叉车、挖掘机和装载机保有量远高于其他种类机械，且以国二和国三为主，它们是重点管控对象，且叉车的电动化率较高，未来仍可加大推广叉车电动化水平力度（图 3-60）。北京非道路移动机械车队环保水平较高，国三和电动非道路移动机械占比较大。天津国一非道路移动机械占比最高，非道路移动机械整体水平偏差（图 3-61）。

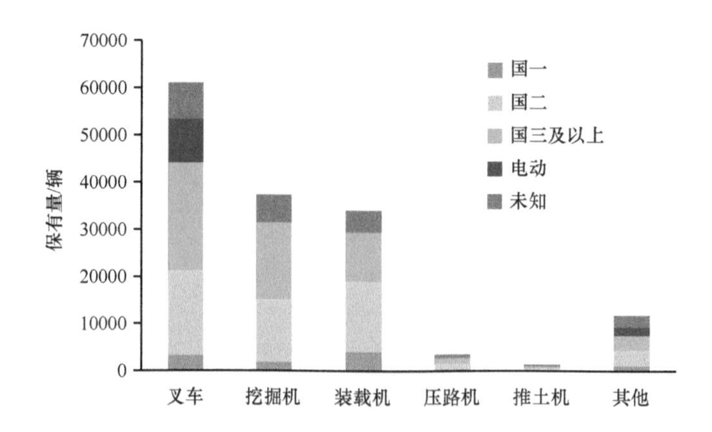

图 3-60 “2+26”城市非道路移动机械保有量统计结果

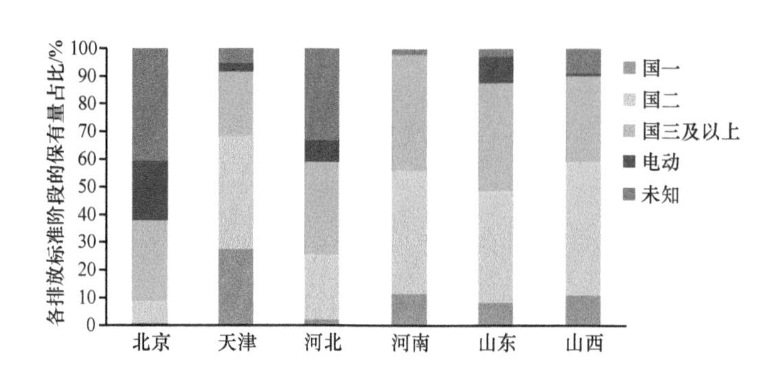

图 3-61 “2+26”城市分地区非道路移动机械按排放标准阶段的保有量构成

3.5.4 柴油机排放治理和强化管控实施方案

3.5.4.1 建立京津冀及周边柴油机联防联控管理机制

1）区域层面统一立法，打破属地管理传统模式，强化区域联防联控

与汽油车相比，柴油车大都用于远距离的货物运输，因此仅仅依靠单一城市甚至单一省份对柴油车进行管控效果较差。因此，以重点区域及物流主要通道为监管区域，打破属地管理模式，建立区域联防联控联治、联动执法制度等在柴油车污染防治中显得尤为关键。应强化区域协同力度，区域统一立法，对区域内柴油车统一排放标准、执法尺度，强化上下联动、区域协同，增强京津冀及周边不同地域不同部门之间统筹协调和联合执法力度。

2）建立京津冀区域柴油机排放数据库，实现超标数据共享

由于柴油车的行驶特性，常年在注册地行驶的柴油车数量较少，如何加强对外地注册车辆的本地管控一直是困扰管理部门的难题，因此建立区域共享的柴油车数据库是区域协同共治的关键。应在目前各地构建三级联网的基础上，大力推进区域数据库的构建，且实现动态更新和共享。尤其是应建立区域层面甚至国家层面的超标车数据库，通过大数据分析等手段，溯源分析超标原因，有效监管柴油机和相关生产、检测、维修企业。

3）建立统一的管控措施，实现统一尺度执法

与固定源不同，机动车尤其是柴油车的活动范围更广，异地监管和执法的概率很高，因此监管措施的统一以及执法尺度的一致是柴油车管控必须解决的问题。从长远来看，京津冀及周边地区应统一柴油车污

染防治规划、货物运输发展规划，统一监管措施，统一排放标准。从短期来看，应坚持统一防治原则，并在新车准入和用车转入方面统一标准，路检路查统一检查重点与判定标准，重污染天气应急期间统一联动措施和执法尺度。

3.5.4.2 坚持“车、油、路、企”统筹的管控思路，确保柴油机达标排放

1）实现柴油机全过程环境监管，全链条技术支撑

按照国家移动源监管思路和原则，建立柴油车全过程环境监管，按规定实施新车排放标准，做好车辆信息公开核查，严格审验注册登记车辆污染控制装置以及随车清单；在用柴油车要坚持达标使用，综合使用年检、抽检、遥感、在线监控等技术手段和措施，对柴油车实际使用形成有效监控，对高排放车辆形成快速识别能力，利用大数据分析，进一步识别出超标排放集中车型，溯源车辆生产企业。

2）转变思路，监管重点从监管车主调整为以用车企业需求调控为核心的柴油车监管方式

改变传统监管思路，逐步从监管车主转向使用车辆的企业，建立以用车需求端为监管对象的监管制度。梳理区域内重点行业工业企业、物流园区、港口、货场等用车大户，以用车大户为监管对象，采取不同行业不同的车辆管控政策，对涉及大宗物料的企业，应优先规划其铁路货物运输及管控方案。对无法采用铁路等替代方式，必须采用货车运输的，应统计其用车需求以及实际用车情况，统筹监管车辆、油品，建立用车用油台账，定期对用车大户进行监督抽测，并同步抽测其车用燃油、车用尿素质量及使用情况。

3）分时分区采用不同指标，实现油品的精细化管控

加强对柴油、NO_x 还原剂、油品清净剂质量的日常化监督管理以及成品油市场的监督管理工作，加大打击非法加油站点力度，健全从生产到仓储、批发、加油站以及运输企业、车辆、人员的全过程监管及追溯体系。秋冬季增加监督抽检频次；重污染天气应急响应期间，重点检查交通卡口和重大建设工地，针对柴油货车油箱和作业的工程机械油箱进行柴油质量抽检，推进 NO_x 还原剂和油品清净剂质量信息公开。

加强汽油蒸气压控制，降低蒸发排放污染。参考北京车用汽油地方标准，京津冀及周边地区对车用汽油按照春夏秋冬四季分季节采取不同蒸气压标准限值，即 3 月 16 日～5 月 14 日 45 ～ 70kPa、5 月 15 日～8 月 31 日 42 ～ 62kPa、9 月 1 日～ 11 月 14 日 45 ～ 70kPa、11 月 15 日～ 3 月 15 日 47 ～ 80kPa，市场监管部门加强对汽油蒸气压的监管。

3.5.4.3 实行行业绩效分级和重污染应急响应的精准管控

根据在重点行业分级绩效管控中对不同级别运输方式的要求，形成企业对移动源主动减排的良好氛围。在重污染应急响应管控中，从单双号限行的方式转变为结合减排需求，基于车辆实际排放，限制高排放车辆运行的动态方式。开发融合遥感、在线监控、路检路查、企业门禁等的监测网络，以此为技术支撑，建立以汽车达标性为标准的监管体系，准确、科学、高效筛查高排放车辆，实现限制高排放车辆运行的管控方式，并根据不同重污染响应级别，动态调整筛查标准。

按照科学化、精细化的原则，协助企业制定一企一策方案及配套核查技术。主要是根据企业每日原料入厂和产品出厂车辆数、车队排放标准分布、维持安全生产的最低要求的每日原料入厂和产品出厂车辆数进行计算，根据不同等级应急响应下需要的减排量，制定可以允许的柴油机数量，并通过在线监控平台、企业门禁视频监控系统等，通过监测企业车流量、车辆信息和建立黑名单等方法，核查评估企业重污染应急方案执行效果，实现精准施策。

3.5.4.4 持续推进货物运输结构调整，优先调整大宗原材料货物

1）制定“十四五”和中长期国家货物运输发展规划，改变目前“重客轻货”的现状

管理部门提出中长距离大宗货物铁路货运目标，增加主要物流通道干线铁路运输能力，部署重要物流通道干线建设规划。合理配置、统一规划津冀大型港口，建立“内陆港”体系，促进公路货运向铁路和水运转移。建立完善的货物运输通行、财税和价格等支持政策，完善用地用海支持政策等。

支持煤炭、钢铁、电解铝、电力、焦化、汽车制造等大型工矿企业以及大型物流园区、港口新建或改扩建铁路专用线。改革铁路货物运输机制和模式，优化铁路运输组织模式，提升铁路货运服务水平，加强海铁联运集装箱运输产品设计，深化铁路运输价格市场化改革。

2）推进海铁联运和集装箱或封闭式运输

推进集装箱海铁联运发展，提高海铁联运占比。其主要技术方案包括：依托多式联运示范工程加快推进海铁联运发展；统筹内陆港规划、建设及运营，编制环渤海港口群内陆港建设规划；加快疏港铁路建设，实现集装箱“车船直取”；加快培育多式联运经营人。同时，大力推动散装物料集装箱运输或硬密封运输，减少散装物料运输车抛撒扬尘污染。其主要工作方案包括：统一制定散装物料封闭运输管控要求；优化运输装备结构，提供适合大宗货物且满足清洁要求的新型运输装备，并积极开展研发与示范应用；积极发展集装箱、密闭等绿色运输，引导区域内医药产品、液体产品、家电产品、纺织产品等高附加值货物全面采用集装箱运输，鼓励发展甩挂运输、多式联运等先进运输组织方式；强化散装物料运输源头监管；加强路面执法；完善管理政策，如制定货物运输单管理办法，实现对违规装载责任追究的闭环管理，以及采用高速公路差异化收费等。

3）推进城市绿色货运配送示范工程

推进城市生产生活物资公铁联运。加强多式联运公共信息交换共享。合理规划配置综合物流园区，推动城际货运和城市配送的高效衔接，发展城市物流共同配送模式，推动建立城市清洁配送体系。

3.5.4.5 推进非道路柴油机排放控制，完善非道路柴油机全链条环境管理体系

1）严格新生产非道路柴油机管理

严格实施新生产发动机、非道路移动机械、船舶环保达标监管和非道路移动机械环保信息公开制度，严厉处罚生产、进口、销售不达标机械的违法行为，依法实施环境保护召回。

2）加大在用非道路柴油机监督执法力度

持续推进完善非道路移动机械摸底调查和编码登记。加强排放控制区划定和管控。提高对控制区内作业的工程机械污染物排放的监督抽查频率。研究建立在用非道路柴油机排放检验和维修治理制度。推进老旧非道路柴油机淘汰和深度治理。推进工程机械安装精准定位系统和实施排放监控装置。对违规使用柴油机的企业依法依规进行处罚。

3）强化油品使用监管

加强对非道路移动机械油箱中油品和港口内停泊船舶燃油的监督抽测频率，对不达标油品追踪溯源，查出劣质油品存储销售集散地和生产加工企业，对有关涉案人员依法追究相关法律责任。

3.5.5 柴油机减排措施及潜力预测

3.5.5.1 “十四五”柴油机减排措施

“十四五”期间柴油机污染治理要坚持“车、油、路、企”统筹、标本兼治和道路与非道路柴油机并

重的原则。

1）积极推进超低排放和零排放车辆发展

“十四五”期间全国将全面实施国六排放标准，建立完善的达标监管制度。鼓励生产企业提前研发、生产超低排放（即排放水平达到或优于国六要求）或者零排放车辆，鼓励运输企业、工业企业使用零排放车辆。推进公共交通、邮政、出租、轻型物流配送等车队发展零排放或近零排放。在旅游城市、城市敏感区域试点推行低排区和零排区的建立。

2）深入推进绿色货物运输体系建立

深入推进中长距离货物铁路、水路运输和多式联运。规划区域内铁路干线运能、支线衔接以及专用线建设。积极提升钢铁、煤炭、矿石、集装箱、矿建材料等货物的铁路运输比例，“十四五”末期，区域内铁路货运比例提升10%，力争达到25%，基本实现钢铁、煤炭、矿石、集装箱、矿建材料等大宗货物全部公转铁。推动港口集装箱海铁联运以及大宗货物散装物料有效密闭运输。推进城市内绿色货运发展，合理规划物流园区建设。

3）完善非道路柴油机环境监管制度

建立非道路移动机械新机、在用机全过程监管制度，形成有利于推进新机排放标准落实和使用达标在用机的政策环境。全面落实城市内非道路移动机械排放控制区实施，禁止高排放柴油机的使用。提升船舶排放控制水平，全面推进船舶排放控制区升级。推进港口和机场岸电建设和使用。推进新能源机械和清洁能源机械的使用。

3.5.5.2　柴油机减排措施潜力预测

经过近年来治理和排放阶段的升级，柴油车的一次颗粒物排放量大幅减少、排放占比小，但 NO_x 排放量仍然较高，尤其是柴油机，已成为主要的 NO_x 排放源。因此，减排潜力的计算重点为柴油机 NO_x 的减排潜力。

1）2020年柴油机减排措施和减排潜力预测

按照2020年基本实现柴油车污染治理攻坚战行动任务，即到2020年，京津冀及周边地区铁路货运量比2017年增长40%、轻型车和部分重型车实施国六排放标准、按计划淘汰老旧营运柴油车100万辆、推广新能源车辆等。与2017年相比，2020年柴油车 NO_x 减少16.9万t，减排比例为18.0%。

2）“十四五”柴油机减排措施潜力预测

2025年“十四五”大气污染防治减排项目完成，大宗货物运输基本实现公转铁，全部新生产车辆实施国六排放标准、国三及以前营运柴油车全部淘汰等基本实现，柴油车 NO_x 减少17.2万t，与2020年相比，柴油车排放量减排52.0%。

3.6　农业排放状况及治理方案

攻关项目系统开展了农业 NH_3、土壤风蚀扬尘和秸秆焚烧对 $PM_{2.5}$ 影响的研究，揭示了我国及华北地区 NH_3 排放特征及其在 $PM_{2.5}$ 二次污染中的作用，明确了农业 NH_3 减排可以对京津冀及周边地区秋冬季 $PM_{2.5}$ 污染起削峰作用，完成了种植业和养殖业 NH_3 的减排技术列单与减排技术的费效分析；同时，利用卫星遥感和入户调研相结合的手段对秸秆焚烧开展了精准监测，评价了土壤风蚀扬尘和秸秆焚烧对区域 $PM_{2.5}$ 污染的影响，提出了以保护性耕作和秸秆机械还田为主的减排与综合利用技术。

3.6.1 NH_3 排放现状与存在的问题

3.6.1.1 NH_3 排放量

综合分析表明，我国大气 NH_3 年排放量为 1000 万 t 左右，与欧洲国家和地区及美国排放之和相当。由于数据来源和计算方法不同，各项研究报道中的全国 NH_3 排放略有差异。中国农业大学、北京大学、清华大学和哈佛大学等研究团队的研究结果显示，我国 NH_3 排放量为 970 万～ 1027 万 t[19, 20]。全国第二次污染源普查结果显示，2017 年全国农业 NH_3 排放量约为 600 万 t，由于普查口径与上述研究不一致，不同研究结果之间存在一定差异。“2+26”城市 2018 年的 NH_3 排放量约为 141 万 t，约占全国的 14%。

3.6.1.2 NH_3 排放时空分布特征

我国 NH_3 排放年际变化不大，NH_3 排放量从 2000 年的 1030 万 t 增长到 2005 年的 1096 万 t（达峰值），此后有小幅波动，2012 年下降至 967 万 t，2018 年小幅回升至 990 万 t（图 3-62）。

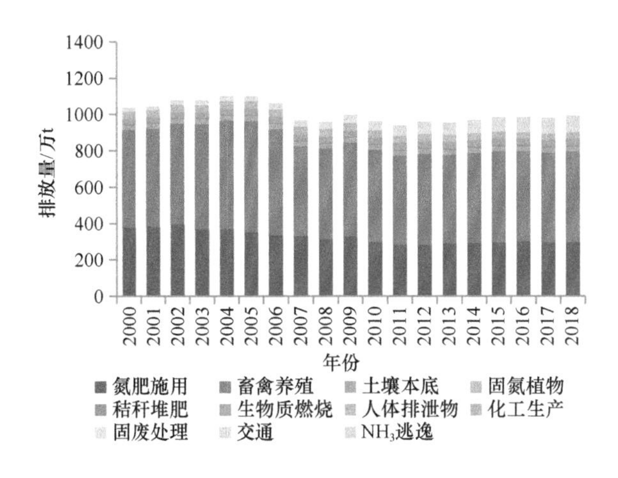

图 3-62　我国 NH_3 排放变化趋势

从时间分布来看，受夏季高温影响，NH_3 在夏季的排放量高于冬季。研究结果显示，冬季（12 月至次年 2 月）大气 NH_3 排放量约占全年排放总量的 17%；夏季（6 ～ 8 月）约占全年的 33%，是冬季排放量的 2 倍左右。京津冀及周边地区秋冬季 NH_3 排放主要来源于畜牧业、机动车尾气、尿素和硝酸铵等生产过程及废弃物处理过程（图 3-63）。

从空间分布来看，全国范围内山东 NH_3 排放量最大，占全国总排放量的 10%；其次是河南和河北，分别占 8% 和 7%。NH_3 排放量前 12 位的省份依次为山东、河南、河北、湖南、四川、云南、湖北、广西、江苏、安徽、广东和内蒙古，这 12 个省份 NH_3 排放量占全国总排放量的 65% 左右。

3.6.1.3 大气 NH_3 浓度监测

1）我国大气 NH_3 浓度的空间分布特征

基于中国大气 NH_3 观测研究网络（AMoN-China），研究发现，我国 NH_3 浓度较高的地区集中分布在华北平原，特别是京津冀中南部地区，如图 3-64 所示。地面 NH_3 浓度的空间分布与卫星观测的 NH_3 柱浓度和排放源总量的空间分布基本一致，证实了华北平原是我国 NH_3 浓度最高、NH_3 排放量最大的区域。

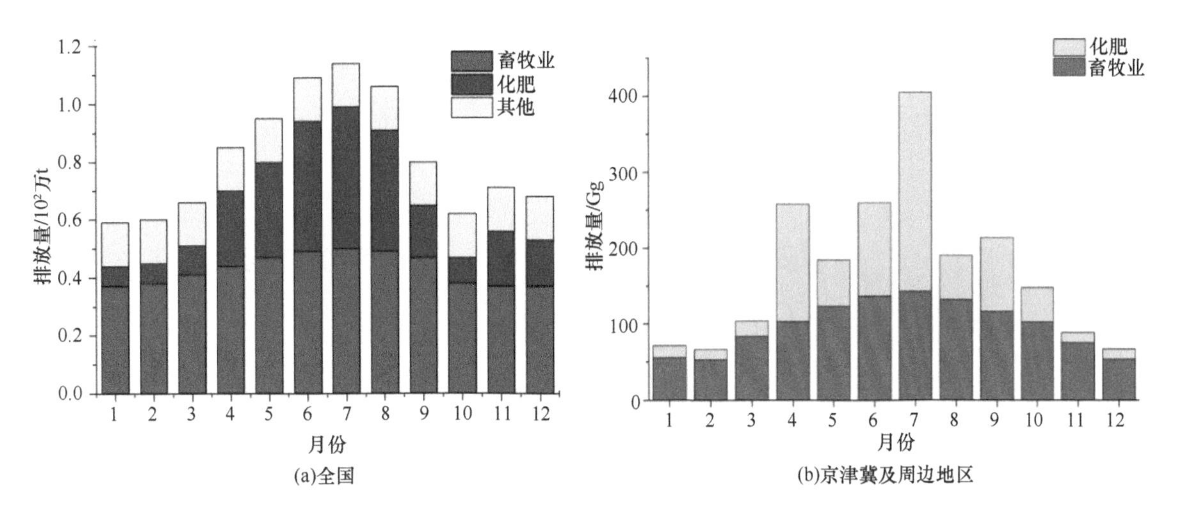

图 3-63　我国大气 NH_3 排放季节性变化

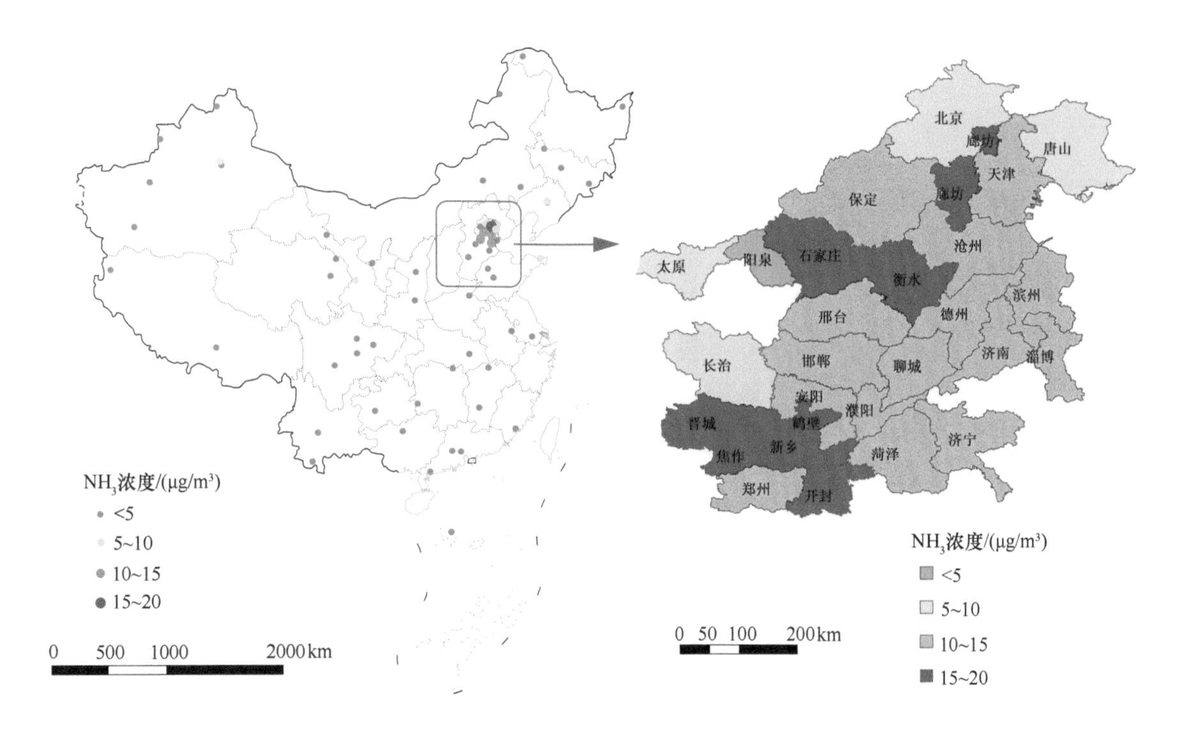

图 3-64　我国和“2+26”城市秋冬季大气 NH_3 浓度的空间分布

“2+26”城市冬季大气 NH_3 浓度的高值区域主要分布在河北中部和南部，以及河南北部。廊坊、石家庄、衡水、焦作、新乡、鹤壁、晋城、开封等地 NH_3 浓度高于 15μg/m^3。

2）京津冀及周边地区大气 NH_3 浓度的季节变化规律

基于中国大气氮沉降观测网络（NNDMN），研究发现，“2+26”城市大气 NH_3 浓度的季节变化与其他区域类似，呈现出“夏季＞春季≈秋季＞冬季”的季节变化特征，夏季 NH_3 浓度比冬季高出 1～2 倍，如图 3-65 所示。

受高温与施肥的共同影响，夏季 NH_3 浓度为全年最高，区域平均浓度为 20μg/m^3，是冬季的 1～2 倍。春季和秋季农业活动频繁，NH_3 浓度也高于冬季。虽然冬季 NH_3 浓度低于其他季节，但是否为贫 NH_3 环境则主要取决于 NO_x 和 SO_2 的排放量和气象因素，无论 NH_3 在中和完酸性气体后是否有富裕，秋冬季控 NH_3 均有利于缓解我国大气污染。

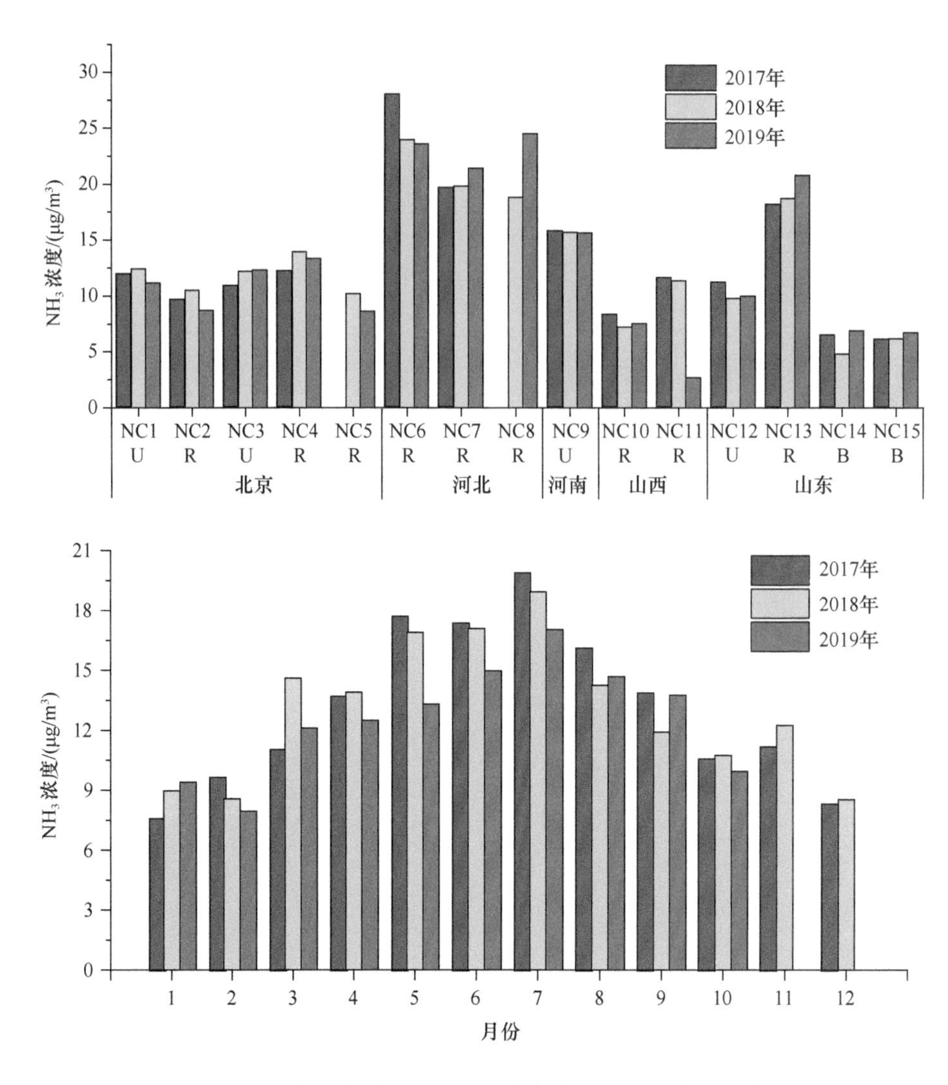

图 3-65　京津冀地区“2+26”城市大气 NH_3 浓度的月分布

NC，华北地区；U，城市采样点；R，农村采样点；B，背景采样点

3.6.1.4　重点行业排放现状

农业作为我国 NH_3 排放的主要来源，占比 80% 左右，其中畜禽养殖业约占 50%，种植业约占 30%；移动源、农村生物质燃烧、化工生产、废弃物处理、土壤本底，分别占排放总量的 5.5%、3.4%、2.5%、2.3% 和 2.2%；民用散煤、农村秸秆堆肥等其他行业的排放占比较少，约占排放总量的 4%，脱硝设施 NH_3 逃逸占比约 0.1%（图 3-66）。

京津冀及周边地区“2+26”城市是我国 NH_3 排放强度较大的区域，2017 年和 2018 年 NH_3 排放量分别为 156 万 t 和 141 万 t。其中，农业源 NH_3 排放占比超过 85%；工艺过程源约占 6%，主要来自尿素（产能 1732 万 t）、硝酸铵（产能 105 万 t）、硫酸铵（产能 0.9 万 t）等生产过程；脱硝设施 NH_3 逃逸约占 4%。对水泥行业脱硝设施的 NH_3 逃逸监测的结果表明，个别 NH_3 排放浓度高达 100mg/m³，大大超过标准排放限值（8mg/m³）。对于北京等机动车保有量大的城市，移动源 NH_3 排放可达全年的 6%。^{15}N 同位素证据也表明，北京秋冬季雾霾期间机动车等本地非农业源排放对城市大气 NH_3 和二次铵盐形成有一定的贡献。需要指出的是，在当前情况下，NH_3 排放虽然不是我国 $PM_{2.5}$ 污染的主要原因，但起重要的推手作用。

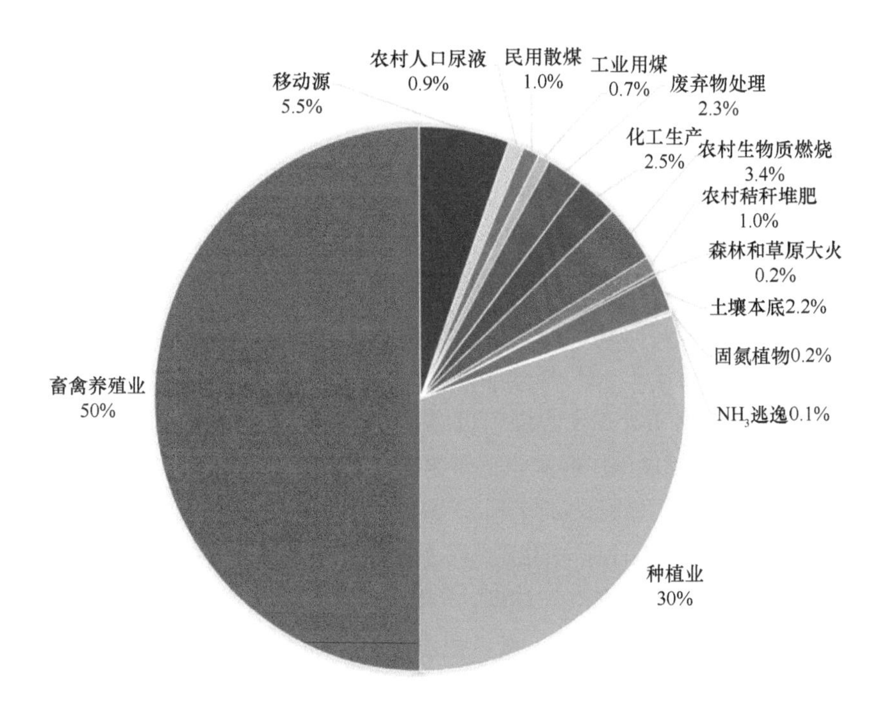

图 3-66　我国大气 NH_3 排放行业来源

3.6.1.5　NH_3 排放控制现状及问题

1）NH_3 排放控制现状分析

A. 畜禽养殖业

2017 年，我国畜禽养殖业 NH_3 排放量约为 500 万 t。肉牛、家禽、猪和绵羊所排放的 NH_3 分别占畜禽养殖业排放总量的 31%、26%、13% 和 10%。

近年来，我国重点推广低蛋白日粮技术，同时推进规模化养殖场标准化改造。目前，我国畜禽养殖业 NH_3 的主要控制技术包括低蛋白日粮、密闭畜舍排出空气净化、舍外粪肥覆盖、粪肥深施等。低蛋白日粮可在对动物生长性能不造成影响的情况下降低 22% ～ 58% 的 NH_3 排放强度[21]，近年来我国大力推广低蛋白日粮技术，但未得到广泛的生产和应用，主要原因为养殖户业已形成“高蛋白对动物有利”的思维习惯。针对圈舍内部及外排废气，我国部分大型养殖企业已经开展圈舍的标准化改造，收集含 NH_3 废气后经酸洗或水洗后排放。但由于目前酸性化学药剂属管控品和可能损害设备，因此，酸洗设备的实际运行情况不理想。针对粪水储存处理过程，目前普遍存在舍外粪水露天储存的现象，舍外粪肥覆盖、粪肥深施技术的应用率仍然较低。

B. 种植业

种植业 NH_3 排放主要来自氮肥施用。国家统计局数据显示，近 3 年来我国化肥施用量在逐年减少，但 2017 年施用量仍达到 5859 万 t（折纯量），其中氮肥和复合肥各占 38%，磷肥占 14%，钾肥占 10%[22]。研究表明，农田氮肥施用中，10% ～ 20% 的肥料氮会因为 NH_3 的挥发而损失[23]。我国最常用的氮肥是尿素和碳酸氢铵，其次是磷酸铵类复合肥，然后是硝酸铵和硫酸铵，近年来复合肥施用量不断增加，而碳酸氢铵的施用量呈快速下降趋势。除了氮肥种类，土壤温度、风速、施氮量、土壤酸碱性和施肥深度也对 NH_3 排放量具有重要影响。温度越高，风速越大，土壤碱性越强，施肥量越大，施肥深度越浅，越容易导致农田 NH_3 的挥发损失。

近年来，我国重点开展了测土配方施肥，引导农民科学施肥。我国利用氮肥表施后翻耕、穴施和条施等深施肥技术减少了 60% 以上的 NH_3 损失，然而氮肥深施技术在不同土壤和作物系统中的 NH_3 减排潜力差异较大。以氮肥深施和侧深施为主要施肥方式，旨在提高肥料利用效率的同时，从源头降低 NH_3 的排放量。目前，国内规模化种植区域可实现氮肥的机械深施，农村地区由于劳动力短缺等问题，仍以直接抛撒的方式进行施肥或采用基肥“一炮轰”的施肥方式。

C. 燃煤电厂

燃煤电厂 NH_3 排放来源于烟气脱硝处理过程中的 NH_3 逃逸。截至 2018 年底，我国 90% 的燃煤电厂安装了 NO_x 超低排放控制装置，主要采用 SCR 技术，为实现 NO_x 的超低排放，普遍会在 SCR 设备中加入超过理论供应量 10% ～ 37.5% 的 NH_3，过量的 NH_3 部分能够避开脱硫塔的物质交换作用逃逸至环境中。2017 年我国煤电脱硝机组装机容量 9.6 亿 kW·h，占全国煤电机组装机容量 98.4%，若机组全部采用 SCR 或 SNCR 进行脱硝，并且都实施过量喷 NH_3，燃煤电厂脱硝设施带来的 NH_3 排放最高值为 29 万 t，约占全国 NH_3 排放量的 0.1% ～ 2.9%。“2+26”城市燃煤电厂脱硝设施带来的 NH_3 排放占比为全国的 25% 左右，2017 年秋冬季“2+26”城市 NH_3 排放总量约为 62 万 t，电厂 NH_3 排放量约为 0.9 万 t，占区域 NH_3 排放总量的 1.5%。

国内已有部分燃煤电厂开展“精准滴灌”行动，其以减少氮投入为核心，提高氨氮混合质量，从源头减少 NH_3 排放量。基于 SCR 入口截面速度场、入口截面 NO_x 浓度场、出口截面 NO_x 浓度场、出口 NH_3 逃逸场等参数，通过优化导流组、扰流件和喷 NH_3 布置，实现分区喷 NH_3，使每个分区的烟气流量更加均匀，同时增加 NH_3 和 NO_x 匹配的精准性，从而降低 NH_3 排放。

D. 移动源

与我国全年平均水平相比，秋冬季和大城市道路移动源 NH_3 排放占比更高。秋冬季农业源 NH_3 排放量减少，移动源排放占比增大。大型城市由于机动车活动频繁外加农业活动少，机动车 NH_3 排放占比高于其他地区，2017 年，北京机动车 NH_3 排放占所有人为源的 6%，而“2+26”城市移动源 NH_3 排放在排放总量中占比为 1% 左右。

对于重型柴油车，通常在用 SCR 催化剂脱硝后使用 NH_3 氧化催化剂来降低 NH_3 的排放。国五标准规定，重型柴油车 NH_3 的排放限值为 25ppm，国六规定 NH_3 的排放限值为 10ppm。

2）NH_3 污染控制问题及案例分析

目前，NH_3 污染控制存在的主要问题是农业源 NH_3 排放作为 NH_3 污染的主要来源，无论是种植业还是畜牧业均面对经济实力相对薄弱的广大农民，严格的控 NH_3 措施技术上虽然可以实现，但面临较大的经济成本与粮食安全问题，即农业控 NH_3 既要保证种植业和畜牧业的正常生产，又要在经济成本相对较低的情况下实现 NH_3 的减排。而工业、交通和燃煤电厂等所实行的 NO_x 超低排放技术在多数情况下（如通过添加车用尿素或喷 NH_3 技术）会导致 NH_3 排放的相对增加，因此需要在其他污染物减排与 NH_3 的控制方面有所平衡。另外，考虑到我国部分地区还有较严重的酸雨问题，NH_3 作为大气中主要碱性气体，其减排问题不宜“一刀切”，重点应放在污染严重的秋冬季与暂无酸雨威胁的地区。

A. 非洲猪瘟对大气 NH_3 浓度的影响

2018 年下半年非洲猪瘟的爆发导致全国畜牧业生猪饲养量显著下降（平均下降幅度达 25% 以上），基于 NH_3 排放因素估算，猪瘟导致全国养猪行业 NH_3 的年排放量降低约 20 万 t，占全国农业 NH_3 排放量的 3%。全国大气沉降监测网的结果表明，2018 年 7 ～ 12 月全国大气 NH_3 浓度比 2016 年和 2017 年同期下降约 5%；华北平原作为养殖业集中区域，其大气 NH_3 浓度与 2017 年同期相比下降了 13%。大气 NH_3 浓度的下降是多因素（包括化肥施用量下降）共同作用的结果，但猪瘟导致的生猪养殖量下降在其中所做出的贡献不容忽视。

B. NH_3 减排对 $PM_{2.5}$ 的削减效应分析

基于热力学盒子模型（ISORROPIA）模拟了华北地区大气中 NH_3 减排对削减硝酸根离子的效果，研究发现，大气中总 NH_3（气态 NH_4^+）削减 40% 后，硝酸根离子的峰值浓度被大幅削弱，平均降幅超过 50%，

进而使 $PM_{2.5}$ 的峰值浓度下降 15% ～ 20%。因此，在华北地区冬季重污染期间，通过控制 NH_3 排放来削减 $PM_{2.5}$ 是有效的。同时，硝酸铵下降只会引起 NO_x 的氧化产物气态硝酸浓度的变化，不会引起前体物 NO_2 的变化。同理，NH_3 的大幅减排（如减排 50%）会导致硫酸铵转换成硫酸氢铵，不会影响 SO_2 的浓度。因此，大幅减 NH_3 不会引起 SO_2、NO_2 浓度升高。

3.6.2 农业 NH_3 减排技术与治理方案

通过收集化肥施肥月份、化肥种类和数量、用途（基肥、追肥）、方式（浅层、深层）、土壤酸碱度、畜禽养殖方式（单户散养、集约圈养、集约放养）、产奶产蛋和出圈出栏周期、圈舍通风条件（电扇排放或者自然通风）等基础信息，可获得农业涉及氨排放的活性水平。同时，采用微气象学方法，结合污染源印痕技术，对农田化肥和畜禽养殖业的氨排放因子进行修正和优化；针对农田化肥的氨排放因子，选择京津冀及周边地区重要农作物，如冬小麦、玉米等的氮肥施肥主要时段，基于多层浓度、风速、温度等观测结果，计算得到化肥释放氨的总量，从而获取农田生态系统包括化肥施用过程（包含非施肥期土壤本底排放）的氨排放因子；针对畜禽养殖业，综合考虑我国现有养殖企业的生产状况，研发基于后向轨迹模式的排放因子核算方法，通过在污染源下风向进行浓度观测，利用气象观测驱动后向轨迹模式，建立源强与观测浓度的关系，获得氨排放通量，计算出排放因子。结合活动水平数据和排放因子，计算了 2016 年京津冀及周边地区六省市农业氨的排放量为 205.6 万 t。其中，河南、山东、河北的排放量较高，分别为 81.8 万 t、60.1 万 t 和 44.9 万 t，分别占京津冀及周边地区六省市农业氨排放总量的 39.8%、29.2% 和 21.8%。

3.6.2.1 种植业

通过对京津冀地区不同设施菜地、主要蔬菜种类肥料施用方式及用量进行现场调查，摸清了京津冀地区设施菜地过量施肥现象普遍存在，明确了当前施肥量平均减少 40%，其既不会造成减产又可以有效降低 NH_3 挥发损失。

研究人员构建了种植业 NH_3 减排技术清单，定量分析了各减排技术的 NH_3 减排潜力。结果显示，控释氮肥总体减排潜力较好，可减排种植业 NH_3 排放 52.8%；树脂包膜尿素的减排潜力可达 59.6%；脲酶抑制剂的减排效果最好，减排潜力高达 75.9%。此外，氮肥深施相较于表施，可以减少 64.2% 的 NH_3 挥发损失（表 3-37）。

表 3-37 大田 NH_3 减排技术列单

生产过程	减排技术	减排效果 /%	减排成本 /（元 /hm^2）	推广程度
氮肥投入	25% 减肥增效	18.0 ～ 32.4	–600	可推广
	50% 减肥增效	25.0 ～ 48.5	–1200	可推广
	75% 减肥增效	48.2 ～ 68.3	–1800	可推广
施肥方式	深施肥	45.1 ～ 79.4	600	可推广
	灌溉	71.3 ～ 83.4	750	可推广
	水肥一体化	60.2 ～ 77.4	8000	选择性推广

续表

生产过程	减排技术	减排效果 /%	减排成本 /（元 /hm²）	推广程度
田间管理	秸秆还田	0 ～ 18.6	750	可推广
	秸秆生物炭还田（酸性或中性）	20.9 ～ 57.7	2000	选择性推广
肥料类型	有机无机复合肥	6 ～ 18.5	1800	可推广
	有机肥替代	44.7 ～ 63.6	3300	选择性推广
	铵硝基肥替代①	8.6 ～ 48.8	600	选择性推广
氮肥增效	控释肥	46.8 ～ 58.3	600	可推广
	脲酶抑制剂	48.1 ～ 70.4	300	可推广
	双抑制剂②	21.7 ～ 48.6	750	选择性推广

① 用铵态或硝态氮肥替代尿素。
② 同时使用脲酶抑制剂 + 硝化抑制剂。

通过在京津冀地区开展减排技术的费效分析和现场验证，明确不同减排技术的实际减排潜力（图 3-67）。整体而言，相比普通尿素，主要大田作物运用硝基肥、控释肥和脲酶抑制剂增效尿素均可以显著降低农田的 NH_3 挥发损失。此外，有机肥替代化肥（部分或全部）、沟施或翻施沼液（和表施比），以及施肥后灌溉等措施都可以在不同程度上降低农田 NH_3 的挥发损失，提高氮素利用效率。

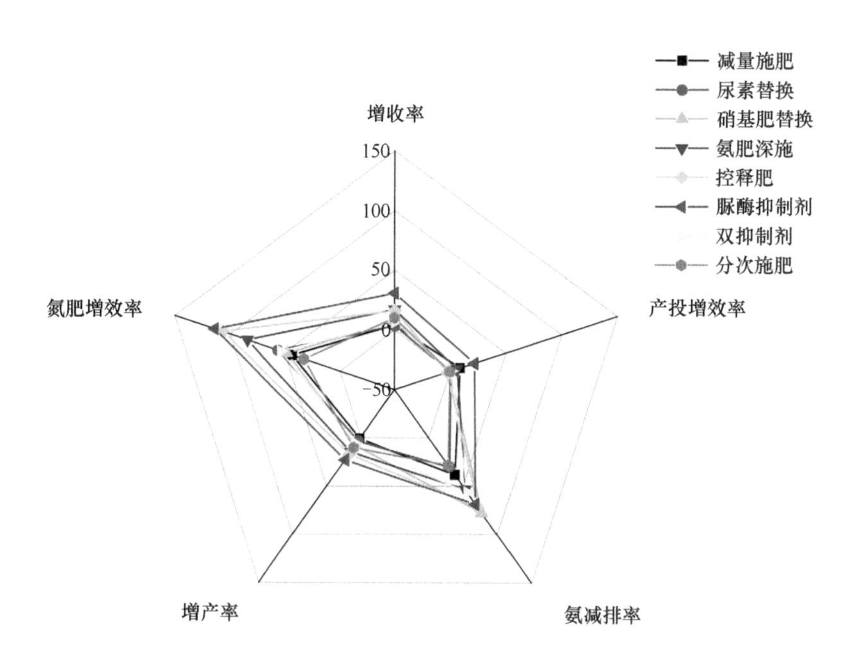

图 3-67　种植业不同 NH_3 减排情景的费效分析（单位：%）

脲酶抑制剂控 NH_3 保氮和小麦 – 玉米周年深施 NH_3 减排技术示范分别在河北邯郸的曲周县和石家庄的栾城区开展（图 3-68），两种技术的综合 NH_3 减排潜力分别为 60% 和 78%。目前，已在河北邯郸的曲周县和内蒙古的杭锦后旗开展脲酶抑制剂稳定性氮肥控 NH_3 的大面积应用。

随着全国测土配方施肥和化肥零增长行动等计划的实施，除蔬菜种植以外，京津冀地区玉米、小麦等

图 3-68 脲酶抑制剂控 NH_3 保氮技术示范

大田粮食作物的氮肥施用量趋于合理，表明通过优化施氮量达到控 NH_3 目标的红利正在大幅减弱，尤其是在京津冀区域尺度。因此，当前种植业 NH_3 排放控制核心主要是在氮肥类型与施肥方法的优化上，对于多次追肥的作物（如蔬菜、果树等经济作物），可采用分两步走的策略。

2025 年之前，鼓励施用水溶性复合肥和含脲酶抑制剂的稳定性氮肥（NH_3 排放系数低，可通过表施与灌水相结合），其是降低追肥时期以及生长季 NH_3 排放的有效途径。可通过类似生态效益补偿等经济手段对农户或生产企业进行适当补贴，进一步推动水溶性肥料、稳定性氮肥等 NH_3 排放系数低的肥料的大范围应用，助力种植业 NH_3 减排；补贴力度可按水溶性 / 稳定性氮肥与普通尿素氮肥差价的 30% ～ 80% 进行计算，具体补贴数额可视地方财政、农民收入水平等经济指标而定。同时，发展适宜于追肥的农机，通过深施等施肥手段降低追肥期间的 NH_3 排放，建议将追肥机械推广与应用纳入农机补贴体系中。

2030 年之前，通过推动科技小院、肥料企业、新型农技服务公司及环保部门等机构团体功能与职责的拓展、延伸与交叉融合，建立集研发、生产、服务、管理与监督于一体的“互联网 + 农户 + 肥料企业 / 农技服务公司 + 科研平台 +…”云平台，充分发挥农田的规模效益，降低实施成本，完成国家补贴的替代，进一步提高水溶肥、稳定性肥料、机械追肥等控 NH_3 技术普及率与增强实施效果，促进京津冀地区种植业 NH_3 减排，并在雾霾污染高风险期，通过该平台及时追踪、评估与反馈区域种植业 NH_3 排放，为雾霾污染防治的决策提供精准服务。

此外，从宏观层面来看，考虑华北地区水资源紧缺与环境承受力有限等因素，未来种植结构应逐步从一年小麦 – 玉米两熟过渡到两年三熟（春玉米 – 冬小麦 – 夏玉米或夏大豆）模式，种植强度的适当下调和豆科作物的引入也能从客观上起到减少氮肥投入及农田 NH_3 挥发损失的作用。

3.6.2.2 畜牧业

在对生猪（14 项）、家禽（16 项）、肉牛（11 项）减排技术综合分析的基础上（图 3-69），对不同减排措施的效果开展分析，形成了畜禽饲喂—圈舍管理—粪尿储存处理—农田施用全过程减排技术清单 [24]，共包括 18 种减排技术（表 3-38）。

以减排技术清单为基础，结合饲养管理生产全过程的实际情况，在对低蛋白日粮减排效果进行验证的基础上，开发了畜禽圈舍排出空气除臭技术、密闭式堆肥设备、堆肥生物基除臭固氨技术、肥水农田深施技术和设备 4 种减排技术，其使 NH_3 排放强度降低 50% 以上。

针对圈舍内气体、外排气体和粪便储存处理过程，研发了相应的 NH_3 减排技术和设施设备，并进行了现场验证和费效分析，得出以下结论和建议：重点推广低蛋白日粮技术，同时推进规模化养殖企业的密闭化改造。

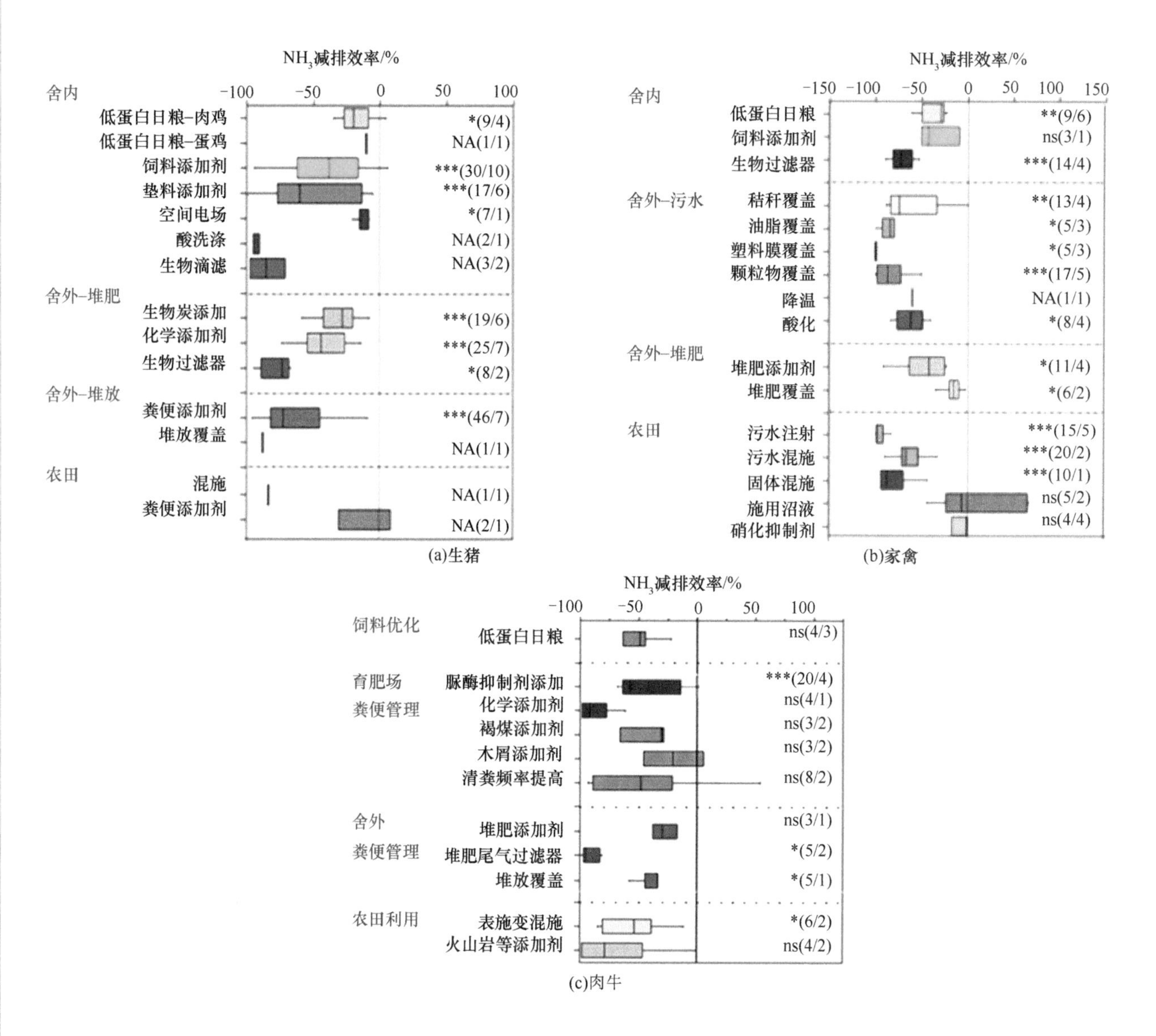

图 3-69 养殖业 NH_3 减排技术统计

NA 表示因数据点太少不能计算显著性；ns 表示差异不显著；括号内的数据分别代表有效数据点和有效研究的数量；*，**，*** 分别代表差异达到 0.05，0.01，0.001 的显著水平

表 3-38 畜禽养殖业减排技术清单

减排情景	减排措施	减排技术		减排效率 /%	推广程度
饲喂	日粮优化	低蛋白日粮		10 ～ 46	可推广
		饲料添加剂		36 ～ 43	选择性推广
圈舍管理	畜舍内部	改变畜舍结构	采用半漏缝地板	11 ～ 40	可推广
			传送带或 V 形刮板	10 ～ 40	选择性推广
		清粪管理	提高清粪频率	38.5 ～ 93	可推广
	外排气体	湿式除臭档网		90 ～ 95	选择性推广
		生物过滤器		63 ～ 86	选择性推广

续表

减排情景	减排措施	减排技术		减排效率/%	推广程度
粪水储存处理	污水沼液储存	覆盖	秸秆覆盖	59～75	选择性推广
			塑料膜覆盖	74～100	可推广
			几何体覆盖	17～100	可推广
	固体粪便	加酸		54～84	选择性推广
		覆盖		15～88	选择性推广
		降温		20～30	可推广
	堆肥发酵	堆肥添加剂		30～72	选择性推广
		密闭式堆肥		30～55	选择性推广
		生物过滤器		36～94	选择性推广
农田施用	施用方式	液体	污水注射	70～99	可推广
			污水混施	33～90	可推广
		固体	固体混施	39～94	可推广

（1）重点推广低蛋白日粮技术。根据中国饲料工业协会发布的《仔猪、生长育肥猪配合饲料》《蛋鸡、肉鸡配合饲料》团体标准[25, 26]，合理降低饲料中的蛋白水平，蛋鸡养殖饲料中蛋白水平降低 1% 且添加蛋白酶时，NH_3 排放量可降低约 10%；生猪养殖饲料中蛋白含量降低 1%～2% 且添加氨基酸和微生态制剂时，猪舍 NH_3 排放量降低 5.0%～9.2%。对主要畜种不同程度低蛋白投入量所带来的 NH_3 减排量进行分析显示，饲料中蛋白水平降低 1%，可减少全国养殖业 NH_3 年排放量 36.1 万 t。

（2）推进规模化养殖企业的密闭化改造。通过对规模化养殖企业的密闭化改造，如采用猪舍风机后端除臭、密闭式负压堆肥、生物基减氨除臭技术等可分别使 NH_3 排放强度降低 60%、55% 和 80%。

（3）实行有机无机肥配合施用策略。与尿素表施相比，通过实行 50% 有机肥替代和肥料深施，玉米和小麦基肥期的 NH_3 挥发累积量可显著降低 48.6% 和 27.2%。有机无机配合既有利于动物粪尿的资源化利用，又可大幅降低农田 NH_3 排放。

为了鼓励京津冀及周边地区养殖场采用 NH_3 减排技术方案，可考虑：一是在 2025 年之前，对应用 NH_3 挥发减排技术的养殖场给予补贴，并将养殖场 NH_3 减排设备纳入农机补贴；在京津冀地区建立 NH_3 减排技术研发与推广专项，通过畜牧站和产业技术体系创新团队等平台，推广畜牧业 NH_3 减排技术。二是在 2030 年之前，把畜牧业 NH_3 减排技术与畜禽废弃物资源化技术结合，在京津冀区域进行全面推广和应用。同时，应基于区域农田所能消纳的粪污数量，即畜禽环境承载力，开展不同地区动物适宜养殖当量的研究和控制；针对雾霾冬季发生多的特点，应对秋冬季养殖业 NH_3 重点管控，尤其是对奶牛和肉牛等开放或半开放式养殖场的 NH_3 减排重点管控。

未来迫切需要从农业绿色生产角度，推进种养业氮素的高效利用，通过对产品优化、氮肥深施、采用低蛋白饲料和养殖密闭化精细化管理等技术推广，显著降低农田和养殖业的 NH_3 排放，提升农业源 NH_3 排放管控水平。具体到“2+26”城市地区，农业 NH_3 减排目标应设定为 20%～30%（和 2015 年相比）。此外，未来还应强化非农业源 NH_3 排放的研究与管控。

3.6.3 土壤风蚀扬尘排放现状评估和治理

3.6.3.1 土壤风蚀扬尘排放特征

京津冀及周边地区易发生土壤风蚀的土地类型包括农田、荒地、河滩、退化草地、稀疏林草地等。季节性干旱、旱季和风季同期是土壤风蚀形成的气候因素，季节性风蚀土地可划分为沙地、风蚀性沙荒地、风蚀性耕地及潜在风蚀性土地。京津冀风蚀扬尘发生面积较大的土地类型包括旱地（$92995km^2$）、裸土（$392km^2$）、沙地（$143km^2$）和稀疏林草地（$174km^2$）等。京津冀三地中河北土壤风蚀扬尘面积最大，其中裸露农田是扬尘排放的主要来源，主要分布在河北南部的邯郸、邢台和西北部的张家口等地。风蚀扬尘系数在河北北部、山西西北部，以及山东与河北交界处较高，在河南、山东南部及天津等部分区域也较高。华北平原风沙集中区域包括冀北高原，定州、饶阳一带，以及开封、迁安、安次、临清、单县等地。风蚀扬尘排放速率大小依次为砂黏壤土、风沙土、砂壤土、黏壤土、壤黏土和砂黏土。不同下垫面风蚀扬尘的起动风速不同，河滩地 4.39m/s、稀疏荒草地 4.91m/s、耕地 5.1m/s、荒草地 6.73m/s、林地 7.21m/s[27]。土壤风蚀扬尘春季和冬季最大，扬尘因子在 3 ～ 5 月值较高，1 ～ 2 月产生的风蚀扬尘面积最大。2009 ～ 2018 年，产生风蚀扬尘的面积比例明显下降，但季节性土壤风蚀扬尘时有发生。在春季，风蚀扬尘往南和东南方向的扩散程度较大，往东和东北方向其次。京津冀地区风沙源平均释尘为 1.07t/（$hm^2 \cdot a$），农牧交错区为 2.28t/（$hm^2 \cdot a$），晋北山地丘陵区为 0.82t/（$hm^2 \cdot a$）。农田、沙地、林草地扬尘排放系数分别 4.08t/（$hm^2 \cdot a$）、2.76t/（$hm^2 \cdot a$）和 0.13t/（$hm^2 \cdot a$），10μm 以下颗粒物在农田、沙地和林草地的排放量分别为 2.91t/（$hm^2 \cdot a$）、2.57t/（$hm^2 \cdot a$）和 0.17t/（$hm^2 \cdot a$）。

研究结果显示，土壤风蚀扬尘空间差异较大，河北北部、山西西北部以及山东与河北交界处的月蚀值较高；同时，对京津冀及周边地区秋冬季 $PM_{2.5}$ 组分分析显示，地壳物质在区域北部 $PM_{2.5}$ 中占比较高，特别是在张家口、北京、唐山、秦皇岛等城市，地壳物质对 $PM_{2.5}$ 的贡献较大。因此，区域风蚀扬尘对 $PM_{2.5}$ 的贡献仍不容忽视。

3.6.3.2 土壤风蚀扬尘减排技术及效果评估

与传统翻耕地相比，保护性耕作措施（留茬和覆盖）和草地能显著减少土壤风蚀扬尘。留茬、覆盖和草地对 $PM_{2.5}$ 浓度的平均削弱率分别为 67.7% ～ 85.7%、77.1% ～ 88.3% 和 60.9%。

在京津冀及周边地区的旱地布设 40% 的覆盖措施后，区域 $PM_{2.5}$、PM_{10} 和总悬浮颗粒物（TSP）的排放量分别为 107.9t/a、4878.3t/a 和 58939.8t/a，对整个区域 $PM_{2.5}$、PM_{10} 和 TSP 的减排效率分别为 37.4%、19.1% 和 12.2%。在区域旱地布设 25cm 高的留茬后，该区域 $PM_{2.5}$、PM_{10} 和 TSP 的排放量分别为 94.3t/a、3864.3t/a 和 43049.1t/a，对整个区域 $PM_{2.5}$、PM_{10} 和 TSP 的减排效率分别为 45.3%、35.8% 和 35.9%。

为了更好地推广京津冀地区保护性耕作技术，建议：①建立京津冀地区农田保护性耕作技术示范区，对采取保护性耕作措施的农户进行适当补贴，并将农机设备及农资采购纳入补贴范围。②在规划保护性耕作的区域范围时，土壤侵蚀严重的地区要优先，增产增效显著的地区要优先，容易实现规模化经营的地区要优先。③在该技术推广使用时，应加强不同作物配套专用机具，提高播种精度和质量，从而保证该技术得到更好的应用和推广。

3.6.4 农业秸秆燃烧现状及管控对策

本书的研究统计了农业秸秆总资源量与季节性露天焚烧量，定量评估了季节性秸秆露天焚烧对 $PM_{2.5}$

污染的影响，测算了京津冀及周边地区秸秆燃烧污染物排放总量及其时空分布规律；分析了秸秆焚烧治理方面的现状与进展，提出了京津冀地区秸秆的清洁利用管控方案及应急处理方案。

2017年，“2+26”城市小麦、玉米、水稻、棉花、大豆和油菜等主要农作物秸秆（以下简称秸秆）总产量1.05亿t（风干质量，含水率15%），约占全国秸秆理论总产量的1/10。不同类型秸秆在燃烧过程所排放的污染物质量存在差异，玉米秸秆燃烧所排放的$PM_{2.5}$为3.7～12kg/t，小麦秸秆燃烧所排放的$PM_{2.5}$量相对较大，为5.4～12.2kg/t[28-32]。

2017年，Terra/MODIS（过境时间每日上午10：30左右）和Aqua/MODIS（过境时间每日下午13：30左右）卫星共监测到“2+26”城市秸秆焚烧火点627个，其占全国该年度火点总数的5.7%。监测火点秸秆焚烧量共计98.9万t，占该地区主要农作物秸秆干物质总量的1.1%，$PM_{2.5}$排放量6715t。由此得知，京津冀及周边地区多数城市秸秆焚烧问题基本得到控制。

通过定量评估季节性秸秆露天焚烧对$PM_{2.5}$污染的影响发现，75.8%的秸秆焚烧火点集中在6月，秸秆焚烧量达到37.6万t，占区域全年秸秆焚烧量的38.0%。2017年，京津冀地区火点个数与$PM_{2.5}$的相关系数为0.037，其中6月火点个数与$PM_{2.5}$的相关系数最高，达到0.356，说明该时段内秸秆焚烧点数与$PM_{2.5}$之间的相关性有一定的提升，秸秆焚烧对空气质量存在一定的影响，但影响程度较小，初步估计其对区域$PM_{2.5}$污染的贡献率在10%以内。11月的秸秆烧火点也较多，每年呈现双峰的趋势，说明秸秆焚烧过程中向大气排放的大量吸收性较强的黑炭气溶胶粒子进一步加重了大气污染。

结合京津冀地区经济发展水平、秸秆资源禀赋、产业发展特点，通过对秸秆资源化利用技术进行评价发现（表3-39），京津冀地区秸秆资源化利用技术以肥料化利用技术、饲料化利用技术和能源化利用技术为主，现阶段秸秆应还尽还，余量离田，作为大牲畜饲料和农村居民清洁能源。

表3-39　京津冀地区秸秆资源化利用技术名录

技术类别	技术名称	技术特征	适用范围	存在问题	发展措施与建议
肥料化利用技术	秸秆直接还田技术	包括麦秸覆盖－玉米秸旋耕还田、玉米秸秆深旋或切段还田、秸秆粉碎加腐熟剂还田等。具有处理秸秆量大、成本低、生产效率高等特点，是大面积实现以地养地、提升耕地质量、建立高产稳产农田的有效途径	京津冀一年两熟地区（廊坊、保定、衡水、沧州、石家庄、邢台、邯郸、定州、辛集），以及山前平原区、黑龙港地区等全省小麦和玉米主产区	易发生土壤微生物与作物幼苗争夺养分的矛盾、病虫害	未来主要利用途径，精细化作业，适量还田
	秸秆堆沤腐熟还田技术	利用多种微生物对秸秆中的有机质进行分解腐熟，将秸秆分解矿化为简单的有机质、腐殖质以及矿物养分，有效地改良土地理化性状；又消除了直接翻压还田产生的有机酸和有毒物质对作物的毒害，减轻作物病害；同时还可以避免秸秆直接还田影响整地质量和深耕细作的弊病	京津冀一年两熟地区以及秸秆资源量较大的地区	费时费力	需要政府给予适当的补贴
饲料化利用技术	秸秆青（黄）贮技术	把秸秆填入密闭的设施里（青贮窖、青贮塔或裹包等），经过微生物发酵作用，达到长期保存其青绿多汁营养成分的一种处理技术方法。具有营养损失较少、饲料转化率高、适口性高、便于长期保存、去病减灾等优点	玉米秸秆资源丰富且交通便利易于收集地区，以环京津都市圈、山前平原区、黑龙港流域的秸秆资源丰富和牛羊等草食动物养殖量较大的地区为重点		未来发展方向之一
	秸秆压块（颗粒）饲料加工技术	农作物秸秆经机械铡切或揉搓粉碎之后，根据一定的饲料配方，与其他农副产品及饲料添加剂混合搭配，经过高温高压轧制而成的高密度块状饲料。秸秆压块饲料加工可将维生素、微量元素、非蛋白氮、添加剂等成分融合在颗粒饲料中，使饲料达到各种营养元素的平衡			可用于储备，适用于黑白灾等特殊场所

续表

技术类别	技术名称	技术特征	适用范围	存在问题	发展措施与建议
能源化利用技术	能源化利用技术	包括秸秆固化成型技术、秸秆热解碳化技术、秸秆沼气技术等。具有污染物排放少等优点，可替代化石能源，减少温室气体排放，保障国家能源安全等作用	小麦、玉米、棉花等农作物主产区	秸秆收储运成本高。秸秆供热存在一定争议	未来主要发展方向之一。国家出台秸秆收储运补贴、市场准入等政策
基料化利用技术	秸秆基料化利用技术	以农作物秸秆为主要原料，通过与其他原料混合或经高温发酵，配制成草腐菌栽培基质。可利用小麦、玉米、棉花秸秆栽培双孢菇、草菇等草腐菌，利用棉花秸秆栽培平菇、香菇、金针菇等木腐菌模式，引进赤松茸，以玉米秸秆为种植基料，进行林下种植	以环京津食用菌优势产区、邯郸冀中南食用菌核心产区为重点		受消费需求影响，未来潜力有限
原料化利用技术	原料化利用技术	包括秸秆人造板材生产技术、秸秆复合材料生产技术、秸秆清洁制浆技术等。具有节材代木、保护林木资源的作用	适用于麦秸、玉米秸、棉秆等	成本高	受需求、国家环保产业政策影响，未来发展潜力有限

近年来，国家及地方政府加大了对秸秆综合利用重视的程度，出台一系列关于秸秆综合利用等方面的法律、法规和激励政策等，初步构建了秸秆综合利用法规政策体系。2015 年，河北省人民代表大会常务委员会出台了《关于促进农作物秸秆综合利用和禁止露天焚烧的决定》，明确了秸秆综合利用的法律地位，分不同时期、不同区域设定了秸秆综合利用的目标，将其作为指导秸秆综合利用发展的依据，并进行了评估和考核。2016 年，农作物秸秆综合利用率被纳入了国家发展和改革委员会印发的《绿色发展指标体系》中，并作为生态文明建设评价考核的依据。国家和地方相继出台了财政拨款、税收返还、上网电价补贴等相关财政补助政策。《2019 年黑龙江省秸秆综合利用工作实施方案》，进一步加大了秸秆综合利用特别是秸秆还田环节政策的支持力度。但政策的有效性有限，未形成合力，农民参与度低，使用环节缺乏激励政策。在监管方式上，各地也形成了很好的模式。例如，河南构建了秸秆禁烧“蓝天卫士”管控机制，安装了高清探头 19885 个，实现了省域农区全覆盖和可视化监管。天津完善了以区域联动、部门协调、乡镇为主的防控机制，落实了网格化管理，将禁止露天焚烧农作物秸秆的任务细化到田、责任到人。

基于研究成果提出以下建议：因地制宜地推动秸秆全量化利用，并在秸秆还田机制、离田利用机制、组织管理机制、技术研发机制等方面出台系统配套的政策措施。

研究成果为政府决策提供了支撑，有力地促进了农作物秸秆综合利用工作。研究人员先后赴河南、安徽、江苏、内蒙古和黑龙江等地开展调研，总结了秸秆综合利用试点县典型模式，分析了东北地区秸秆离田成本，并提出了政策建议，参与了农业农村部“东北秸秆处理行动”政策研究、技术支持等相关工作；参与了财政部、农业部 2017 年中央财政农作物秸秆综合利用试点补助资金绩效评价工作，扎实推进秸秆综合利用工作，收效明显。据统计，2018 年河北、山西、江苏、安徽、山东、河南、四川、陕西 8 个省的秸秆综合利用率都稳定在 86% 以上。东北地区秸秆综合利用率达到 72%，较上年提高了近 4 个百分点，农用为主、多元发展的利用格局已经形成。

3.7 区域煤炭清洁利用途径与对策

煤炭消费量大面广，涉及发电供热、炼焦、钢铁、建材、洗选、化工、食品、纺织、建筑、民用等国民经济社会各领域。研究人员重点研究煤电、民用散煤、工业锅炉三大领域的污染治理与管控方案，深入分析区域能源供需平衡方案，并与冶金行业、建材行业以及“散乱污”企业污染治理与管控方案进行衔接，综合研判，从而确定区域煤炭利用环境政策。通过调研 2013 ～ 2018 年“2+26”城市的能源平衡表，测算了各用煤领域煤炭、清洁能源消费比重。针对京津冀及周边地区煤炭消费高度集中，燃煤电站污染物治理技术缺乏监测评估，民用煤炉、中小型燃煤锅炉等用煤设备数量众多，净化技术简易或缺失，监管手段薄弱等突出问题，研究人员测试评估了超低排放燃煤电厂常规及非常规污染物排放特征，提出了区域煤炭消费量消减目标、清洁能源供应保障方案、中小燃煤锅炉深度治理方案、民用散煤治理推荐技术和监管对策，支撑了生态环境部《京津冀及周边地区 2019—2020 年秋冬季大气污染综合治理攻坚行动方案》编制，在此基础上提出了中长期京津冀及周边地区煤炭消费总量控制对策、重污染季节中小燃煤设备调控措施，为“2+26”城市煤炭消费调控及燃煤污染防治提供了依据。

3.7.1 区域煤炭消费及燃煤领域现状

3.7.1.1 区域煤炭消费现状

2018 年受电力、钢铁、建材、化工等产量增长的影响，全国煤炭消费总量有所反弹，达 27.4 亿 tce，较 2017 年增长了 1% 左右。2018 年全国能源消费总量 46.4 亿 tce，较 2017 年增长了 3.3%。随着清洁能源的快速发展，煤炭消费量占能源消费总量的比重从 2013 年的 67.4% 降至 2017 年的 60.4%，2018 年进一步下降至 59.2%。

2013 ～ 2017 年，“2+26”城市煤炭消费总量从 7.45 亿 t 下降到 6.96 亿 t，减少了近 5000 万 t；煤炭消费结构有所优化，发电供热用煤占煤炭消费总量的比重从 40.8% 增至 50.3%，工业锅炉、民用散煤以及其他行业用煤量呈不断下降态势。2018 年“2+26”城市能源消费总量近 8.0 亿 t ce，其中煤炭消费总量达 7.05 亿 t，较 2017 年增长近 1 000 万 t。从煤炭消费结构看，2018 年“2+26”城市发电供热用煤量约 3.60 亿 t，占煤炭消费总量的比重为 51.1%，具体如图 3-70 所示。炼焦用煤约 1.54 亿 t，占比为 21.8%；钢铁、建材用煤分别为 0.43 亿 t、0.18 亿 t，占比分别为 6.1% 和 2.6%。民用散煤约 0.33 亿 t，占比为 4.7%。工业锅炉用煤约 0.35 亿 t，占比为 5.0%。其他行业用煤约 0.62 亿 t，占比为 8.8%。

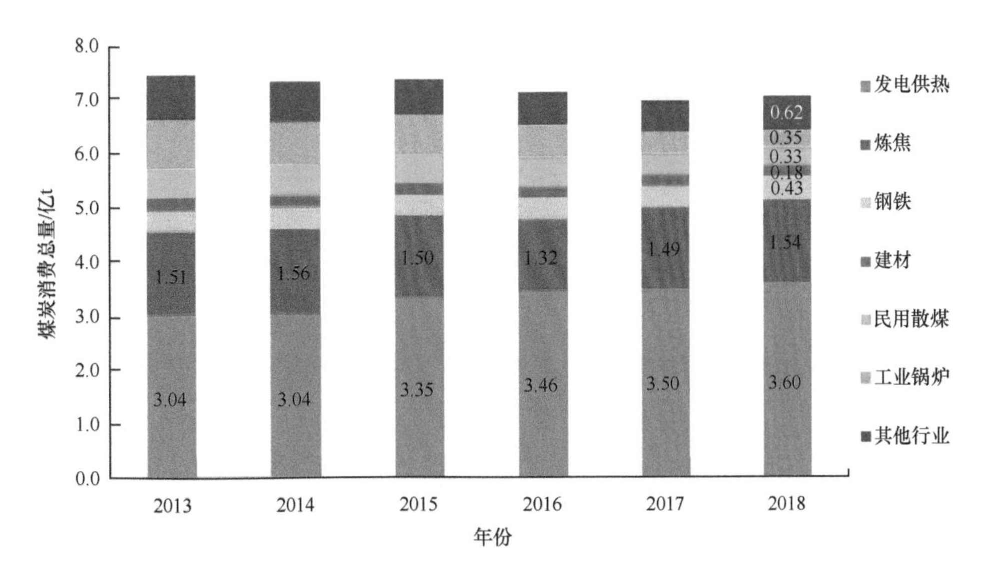

图 3-70 2013 ～ 2018 年“2+26”城市煤炭消费总量及结构变化

图 3-71 为“2+26”城市煤炭消费量级分布，其中滨州、唐山煤炭消费量处于 7001 万～ 8000 万 t 量级，规模巨大；其次是济宁、邯郸，处于 4001 万～ 5000 万 t 量级；再次，天津、石家庄、长治处于 3001 万～ 4000 万 t 量级。有 15 个城市处于 1001 万～ 3000 万 t 量级。鹤壁等六城市煤炭消费量小于 1 000 万 t，其中，北京、濮阳煤炭消费量均低于 500 万 t。

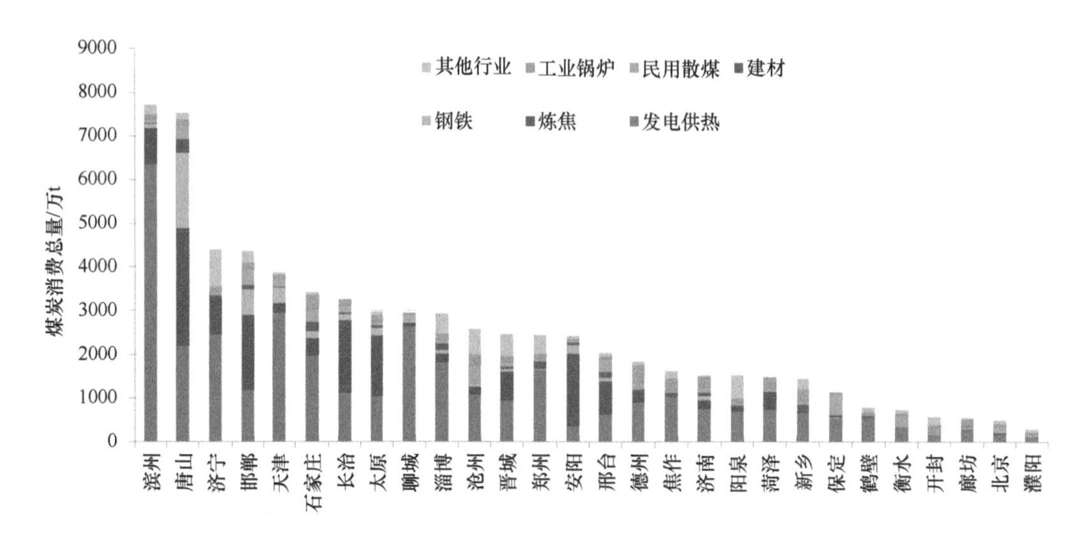

图 3-71　2017 年“2+26”各城市煤炭消费总量及结构

根据城市主导用煤产业特征，将“2+26”城市划分为 5 种类型（表 3-40）：一是电力热力主导型，代表性城市主要为天津、石家庄、廊坊、淄博、济宁、聊城、滨州、郑州、鹤壁和焦作。二是冶金主导型，代表性城市主要为唐山、邯郸。三是焦炭外送型，代表性城市主要为邢台、太原、长治和安阳。四是电力热力 + 冶金主导型，代表性城市主要为济南、德州和菏泽。五是无主导行业型，代表性城市主要为北京、保定、沧州、衡水、开封、新乡、濮阳、阳泉和晋城。

表 3-40　“2+26”各城市煤炭结构特征情况

特征	含义	代表性城市
电力热力主导型	电力热力用煤占比超过 55%	天津、石家庄、廊坊、淄博、济宁、聊城、滨州、郑州、鹤壁、焦作
冶金主导型	冶金（包括炼焦、钢铁、有色等）用煤占比超过 50%，且焦炭仍需外部供应	唐山、邯郸
焦炭外送型	炼焦是第一大用煤行业，且超过 50% 焦炭外送	邢台、太原、长治、安阳
电力热力 + 冶金主导型	电力热力用煤约 50%，加上冶金用煤，占比之和超过 2/3	济南、德州、菏泽
无主导行业型	无主导用煤行业，煤炭广泛应用于电力、工业和民生	北京、保定、沧州、衡水、开封、新乡、濮阳、阳泉、晋城

3.7.1.2　煤电行业现状

2018 年底全国发电装机 19 亿 kW；其中，煤电装机 10.1 亿 kW，占全国发电装机 53%、发电用煤量达 19.6 亿 t（不含供热）[33]。我国煤电节能环保水平持续提升，2018 年全国 6000kW 及以上机组平均供电标准煤耗 307.6g/（kW·h），煤电供电煤耗保持世界先进水平 [34]。2018 年底，全国已有 8.1 亿 kW 煤电机组达到超低排放限值要求，占总装机容量的 80%[35]。

2018 年“2+26”城市煤电机组 890 台，煤电装机容量近 2.8 亿 kW，发电用煤量为 5.5 亿 t。有 5 个城市装机超过 10000MW，8 个城市装机在 5000 ～ 10000MW，15 个城市装机低于 5000MW，如图 3-72 所示。小机组数量多，300MW 以下机组 614 台，仅占区域煤电装机容量的 22%，如图 3-73 所示。

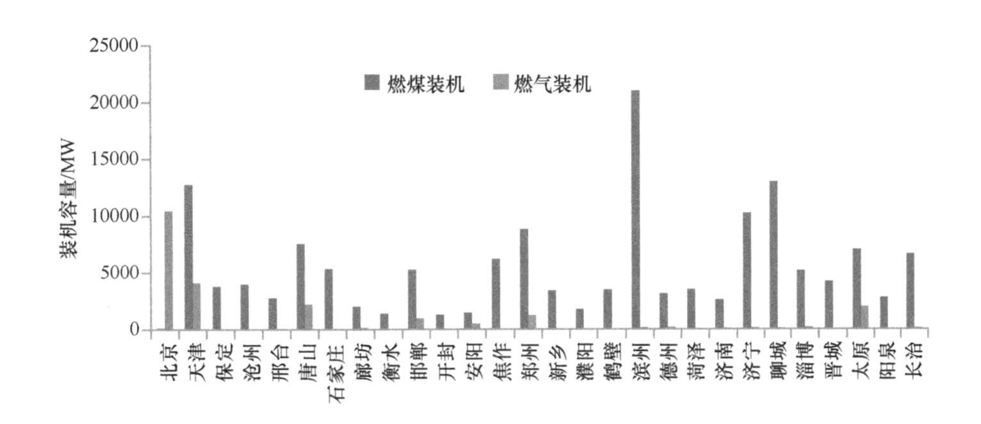

图 3-72　各城市燃煤和燃气装机容量

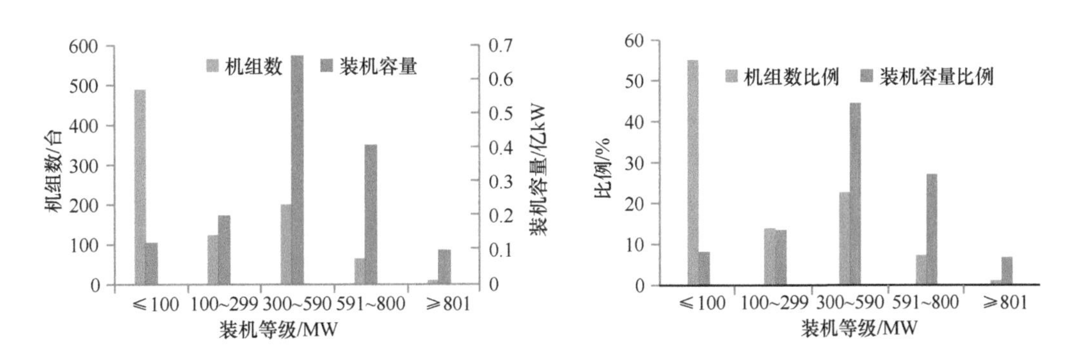

图 3-73　“2+26”区域不同装机等级机组数和装机容量及比例

3.7.1.3　燃煤工业锅炉现状

截至 2018 年底，全国共有锅炉约 40.4 万台，总容量约 209 万蒸吨 /h，其中燃煤工业锅炉约 28.6 万台，总容量约 155 万蒸吨 /h，燃煤消耗量约 5.2 亿 t/a。燃煤锅炉使用台数较多的是热力、化工、农副食品加工等行业。

2013 ～ 2017 年“2+26”城市共淘汰中小型燃煤锅炉 12.4 万台，合计 24.5 万蒸吨 /h，锅炉平均规模为 1.98 蒸吨 /h。截至 2018 年底，北京、济南、郑州、邯郸等城市已经淘汰 35 蒸吨 /h 以下燃煤锅炉。

2018 年“2+26”城市燃煤锅炉数量为 897 台，总容量约 4.52 万蒸吨 /h，平均锅炉规模为 50.3 蒸吨 /h，消耗煤炭约 3468 万 t/a。“2+26”城市锅炉燃煤量分布如图 3-74 所示，其中燃煤量排在前五位的分别是天津、济南、石家庄、廊坊和唐山。煤炭平均含硫量为 0.67%，平均灰分含量为 18%，煤炭品质整体较稳定。

3.7.1.4　民用散煤现状

2018 年“2+26”城市民用散煤使用量为 3336.5 万 t，与 2016 年相比减少 2204.0 万 t。“2+26”城市民用散煤削减量和剩余量如图 3-75 所示，保定、沧州、邯郸、石家庄、唐山和邢台 2018 年民用散煤剩余量

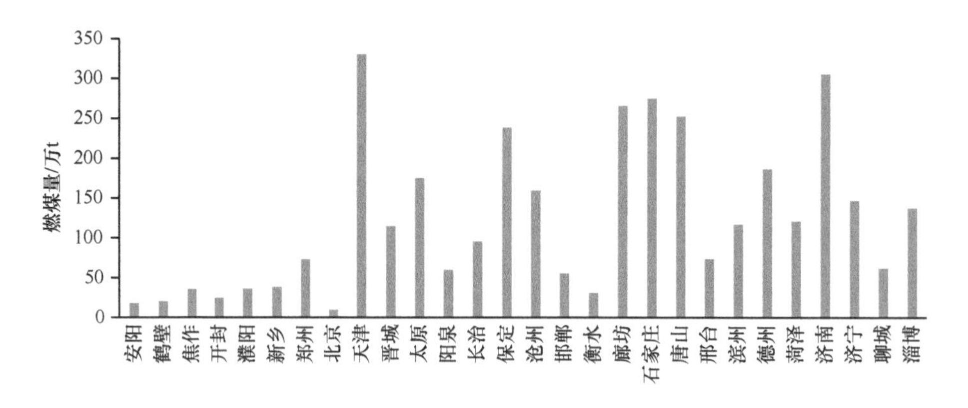

图 3-74　2018 年“2+26”城市锅炉燃煤量

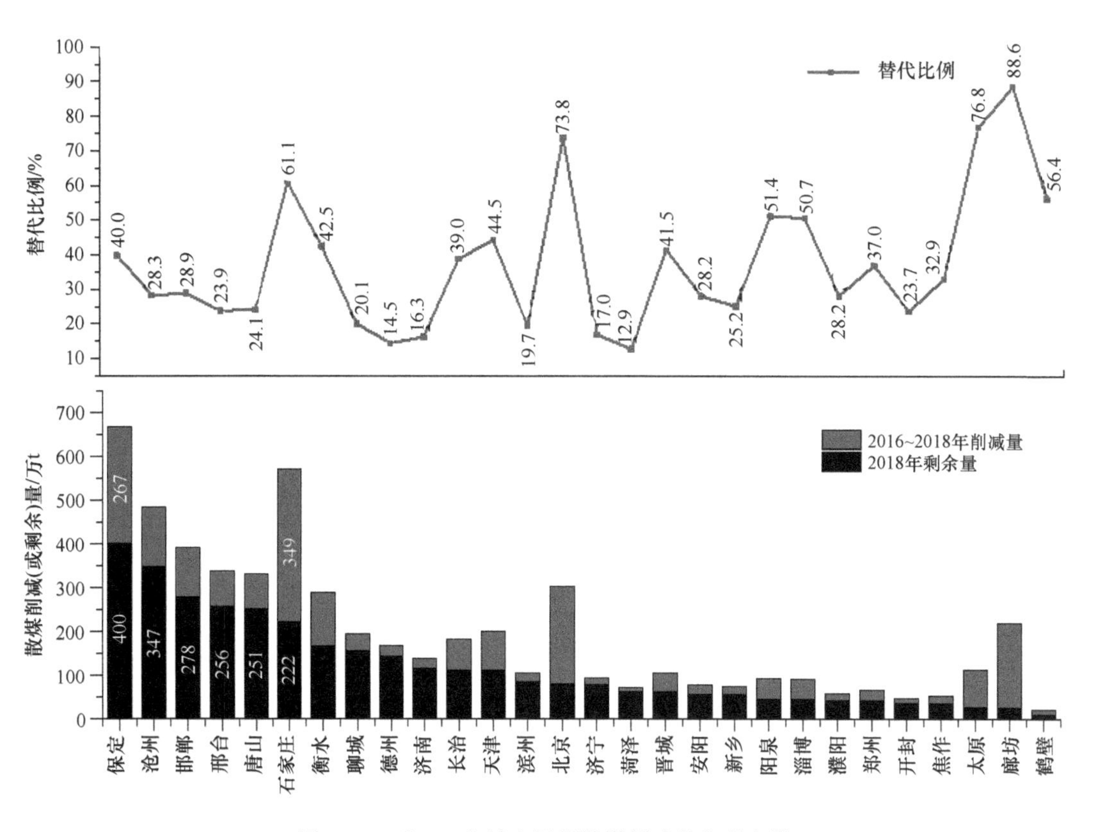

图 3-75　“2+26”城市民用散煤削减量和剩余量

均超过 200 万 t，这些城市民用散煤使用量占“2+26”城市总使用量的 52.7%，是民用散煤重点管控城市。2016~2018 年民用散煤替代比例较高的城市分别为廊坊、太原、北京、石家庄、鹤壁、阳泉和淄博，其民用散煤削减比例均超过 50%，是散煤“双替代”较集中的城市。

3.7.2　区域燃煤污染控制现状

3.7.2.1　煤电行业

截至 2018 年，“2+26”城市燃煤发电机组已经全部完成了超低排放改造，脱硫以石灰石－石膏法为主，脱硝以 SCR 技术为主，分别占煤电装机容量的 84.0% 和 88.7%；干法除尘技术中静电除尘、电袋除尘和布袋除尘分别约占装机容量的60.5%、24.6%和13.3%，二次除尘中湿式静电除尘器占区域煤电机组的50.8%。

根据2017年区域内燃煤机组监督性监测数据，PM、SO_2和NO_x达标率分别为99.1%、99.9%和99.7%；在线监测数据显示，PM、SO_2和NO_x全年小时达标率平均值分别为98.7%、98.7%和96.8%，如图3-76所示。

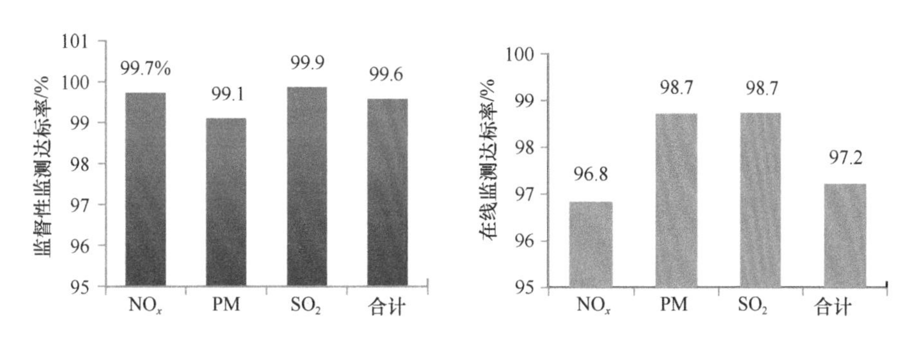

图3-76 区域内煤电机组监督性监测和在线监测达标情况

区域内14台燃煤机组非常规污染物的实测结果显示：燃煤电厂排放的三氧化硫（SO_3）排放浓度平均为7.4mg/m³，其中71.4%的机组烟气中SO_3排放浓度低于平均排放浓度，如图3-77所示。脱硝装置出口氨（NH_3）平均浓度为2.8mg/m³，由于除尘脱硫装置对NH_3均有脱除作用，总排口烟气中NH_3平均浓度仅约0.7mg/m³，如图3-78所示。

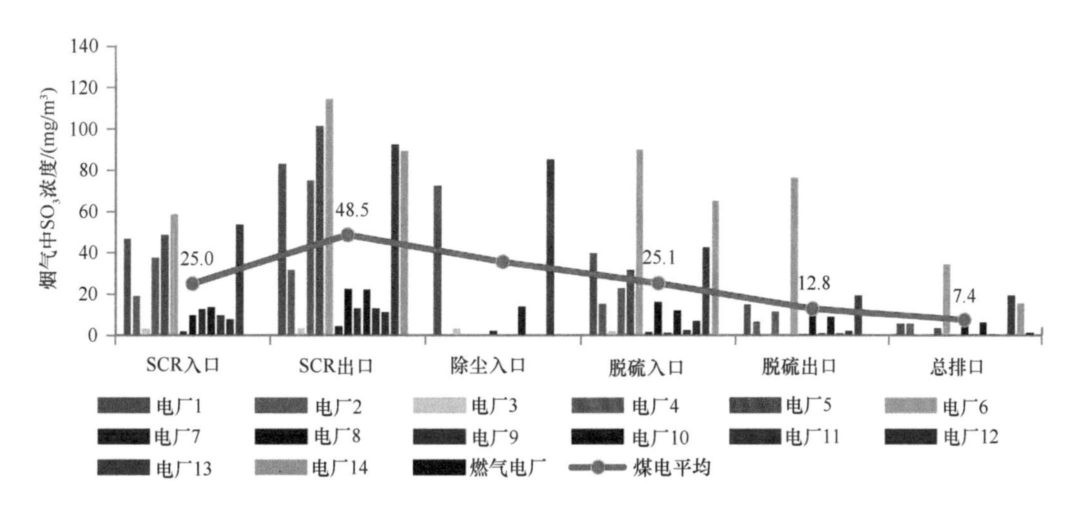

图3-77 煤电机组烟气中SO_3浓度分布

燃煤电厂最终排放的净烟气中可过滤颗粒物（FPM）平均浓度约3.1mg/m³，与燃气电厂接近。可凝结颗粒物（CPM）平均排放浓度约6.4mg/m³，如图3-79所示。CPM浓度总体大于FPM，但二者之和小于10mg/m³。

3.7.2.2 工业锅炉

工业锅炉除尘主要采用静电除尘技术和袋式除尘技术；脱硫主要采用石灰–石膏法、氧化镁法、氨法等湿法脱硫技术；脱硝主要采用低氮燃烧和SNCR。随着排放标准的加严和超低排放控制的实施，湿式静电除尘技术、SCR脱硝技术和SNCR-SCR联合脱硝技术等深度控制技术应用比例快速增加。

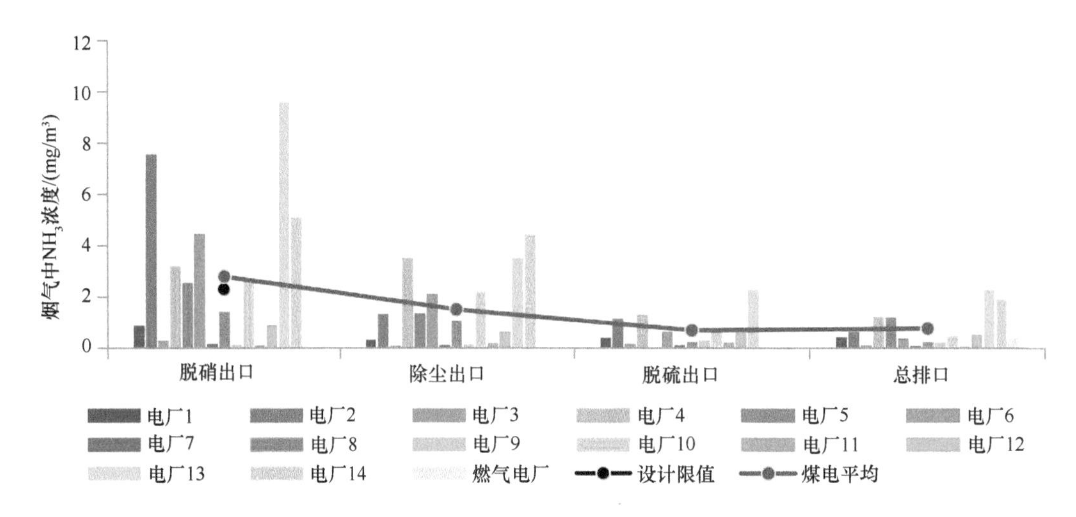

图 3-78　燃煤电厂烟气中 NH_3 浓度分布

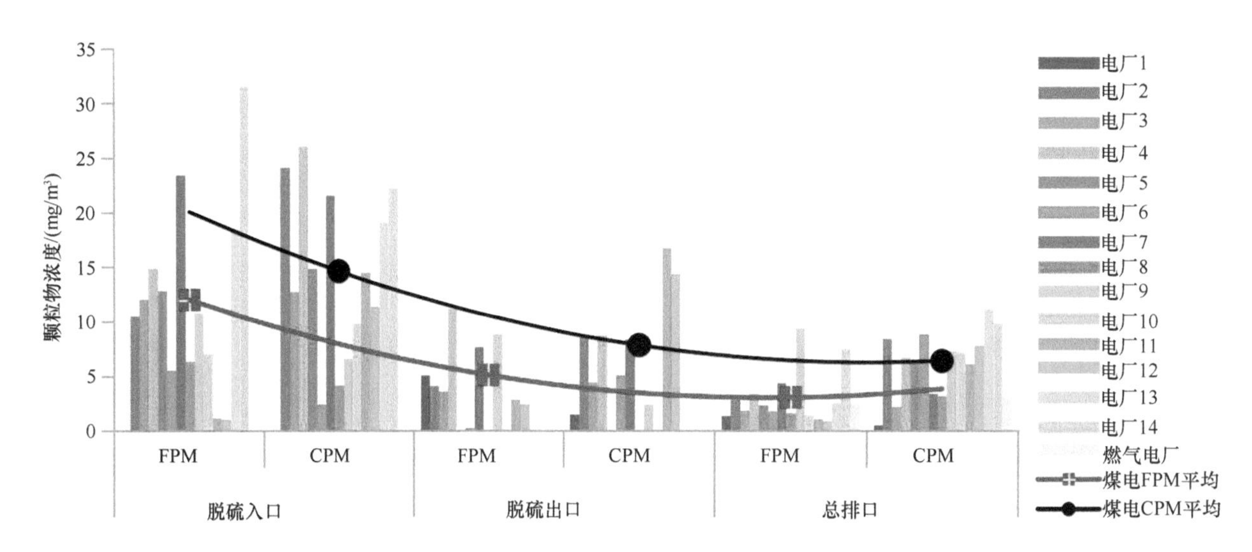

图 3-79　烟气中 FPM 与 CPM 浓度分布

选择区域内 34 台典型燃煤锅炉开展调研与实测，其中 20 台锅炉完成超低排放改造。调研锅炉中链条炉 15 台、循环流化床锅炉 12 台、煤粉锅炉 7 台。在完成超低排放改造的锅炉中，15 台采用湿式电除尘、5 台采用湿法脱硫结合管束除雾技术、14 台采用 SNCR、3 台采用 SNCR-SCR、3 台采用氧化法脱硝。调研发现，34 台燃煤锅炉的 SO_2、NO_x 排放浓度均低于特别排放限值，有 2 台锅炉颗粒物浓度在线监测小时均值超标；完成超低排放改造的锅炉达标率较低，NO_x 指标超标率达 55%。调研结果见表 3-41。

表 3-41　燃煤锅炉污染物排放调研情况

污染物	排放水平			
	特别排放限值 / (mg/m^3)	达标占比 /%	超低排放限值 / (mg/m^3)	达标占比 /%
颗粒物	30	94.1	10	80
SO_2	200	100	35	95
NO_x	200	100	50	45

注：超低排放水平占比仅统计完成超低排放改造的 20 台锅炉。

图 3-80 是区域内 2 台有超标排放现象锅炉的 3 个月在线监测结果：A 企业锅炉为 40t/h 循环流化床锅炉，采用的大气污染物排放控制技术路线为 SNCR 脱硝 + 电袋除尘 + NaOH 法脱硫 [图 3-80（a）]。B 企业锅炉为 65t/h 循环流化床锅炉，采用的大气污染物排放控制技术路线为 SNCR 脱硝 + 袋式除尘 + 炉内脱硫 + 半干法脱硫 [图 3-80（b）]。颗粒物排放浓度分别为 14 ～ 32 mg/m^3 和 1 ～ 92mg/m^3，达标率分别为 99.8% 和 99.9%；SO_2 排放浓度分别为 38 ～ 145 mg/m^3 和 8 ～ 115mg/m^3，平均浓度分别为 116.2 mg/m^3 和 85.7mg/m^3；NO_x 排放浓度分别为 64 ～ 126 mg/m^3 和 18 ～ 146mg/m^3，平均浓度分别为 105.7mg/m^3 和 75.5mg/m^3。

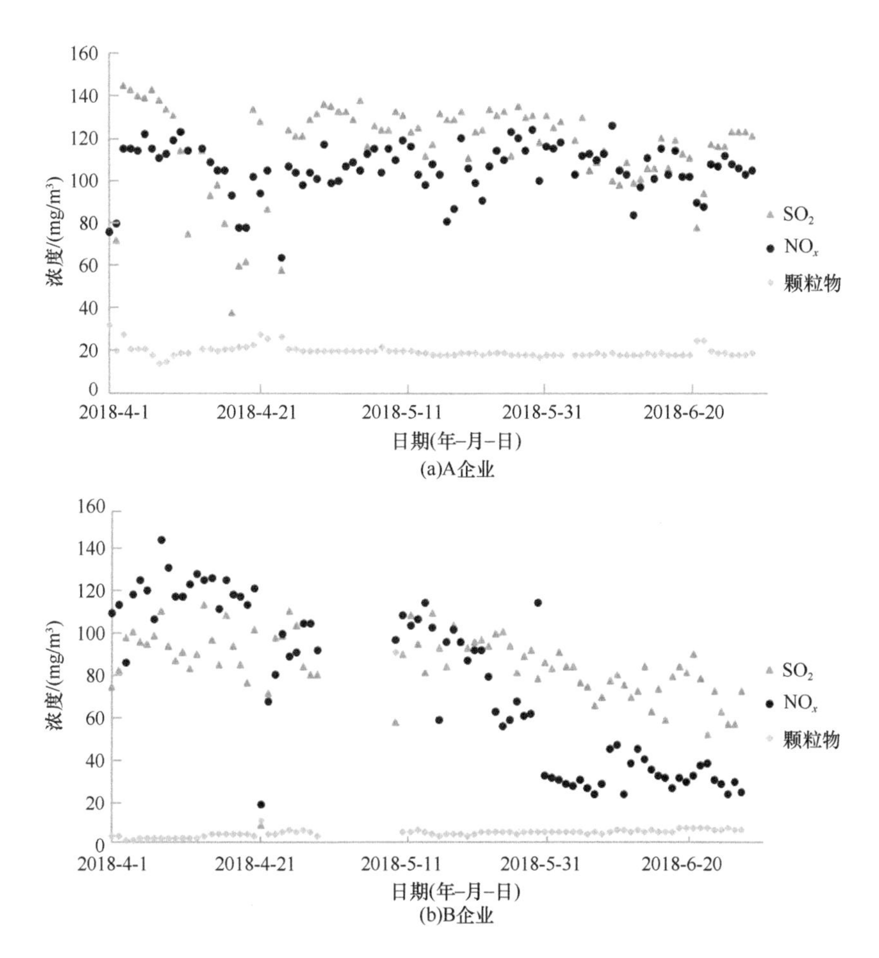

图 3-80　区域内 2 台典型燃煤锅炉在线监测数据

3.7.2.3　民用散煤

2016 ～ 2018 年“2+26”城市民用散煤“双替代”总户数为 858.3 万户。其中，2016 ～ 2017 年“2+26”城市民用散煤“双替代”户数为 474.3 万户，2018 年“2+26”城市民用散煤“双替代”户数为 384 万户，压减民用散煤分别为 1245.3 万 t 和 958.7 万 t。“2+26”城市民用散煤“双替代”户数及替代比例如图 3-81 所示，从“2+26”城市的替代户数来看，民用散煤“双替代”户数排名前五的城市为廊坊、石家庄、保定、北京和天津，替代户数分别为 87.7 万户、81.6 万户、80.8 万户、65.1 万户和 53.8 万户。从替代比例来看，廊坊、太原、北京、石家庄和鹤壁替代的比例较高，分别为 88.6%、76.8%、73.8%、61.1% 和 56.4%。从“煤改气”和“煤改电”比例来看，2016 ～ 2018 年“2+26”城市以“煤改气”为主，仅北京、濮阳、新乡、焦作、郑州、安阳、开封、鹤壁“煤改电”的比例超过 50%。

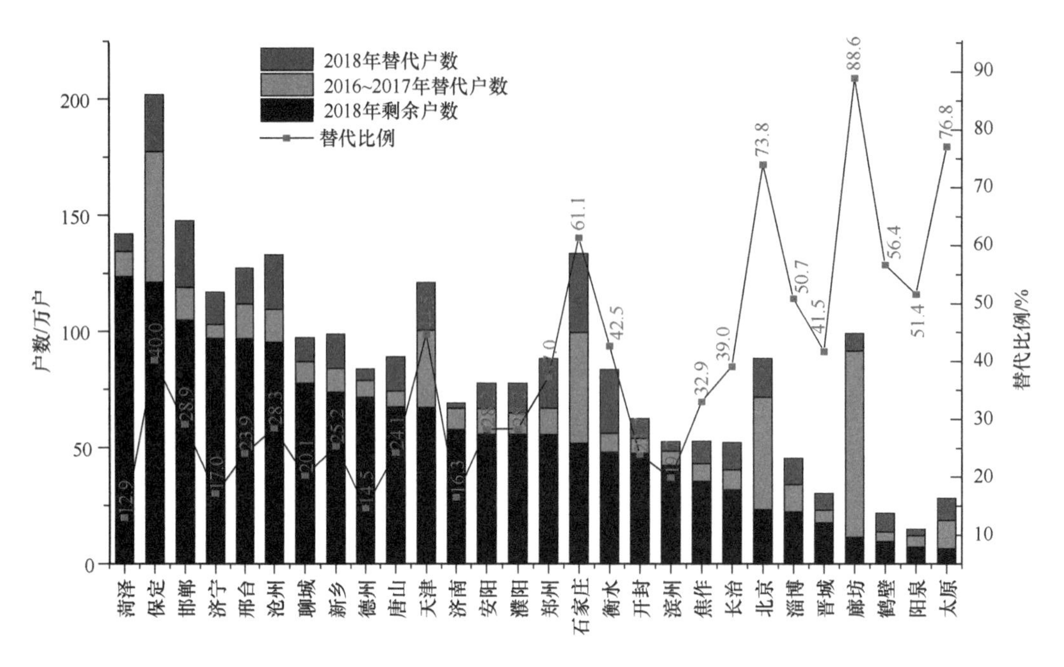

图 3-81 “2+26”城市民用散煤“双替代”户数及替代比例

3.7.2.4 存在的问题

一是煤炭依赖程度高、消费强度大。2018 年“2+26”城市煤炭消费量约占能源消费总量的 64%，显著高于全国同期 59.2% 的平均水平，单位土地面积煤炭消费量超过 2500t/km^2，是全国平均水平的 6.5 倍；清洁能源占比仅为 18%，明显低于全国 22.1% 的平均水平。

二是政策系统性不强，鼓励措施单一。“2+26”城市中除北京、山东等部分城市颁布了燃煤锅炉超低排放改造相关政策外，其余城市的中小锅炉仍执行特别排放限值。地方散煤“双替代”改造未充分考虑技术适用条件、用户需求匹配等的差异性，现行资金鼓励措施单一，地方财政补贴压力较大。

三是民用散煤复烧问题突出。对区域内 4 个典型城市 2019 年 11 月～ 2020 年 2 月已完成“煤改气”和“煤改电”的用户实际燃气量和用电量调查分析发现，平均复燃率约 15%。

四是燃煤污染控制技术水平参差不齐。“2+26”城市中燃煤电厂管控整体达国际先进水平，但仍存在污染物小时浓度超标排放问题。中小燃煤锅炉存在负荷适应差、系统自动化水平低、运行人员技术水平较低、污染治理设施维修滞后等问题，影响污染控制设施稳定运行；深度控制装备较简易，超低排放改造锅炉达标率较低。

3.7.3 煤炭消费控制及清洁利用对策

3.7.3.1 煤炭消费总量控制策略

系统分析节能提效、清洁能源替代和降低行业活动水平等控煤手段，基于环境效益 – 成本分析方法（图 3-82），综合评估煤炭消费总量控制手段在不同行业、不同城市的适用性和应用潜力。

识别煤炭减量替代的优先技术、优先领域。建议对民用散煤持续加大清洁替代力度，民用散煤治理环境效益好、民生改善益处大，应强化农村建筑节能，贯彻“宜电则电、宜气则气、宜煤则煤、宜热则热”原则，建立长效机制，推动民用散煤可持续削减。对于工业锅炉用煤，一方面加大上大压小结构调整力度，淘汰中小燃煤锅炉；另一方面提升管网设施服务能力，推动工业企业开展锅炉“煤改气”“煤改电”。对

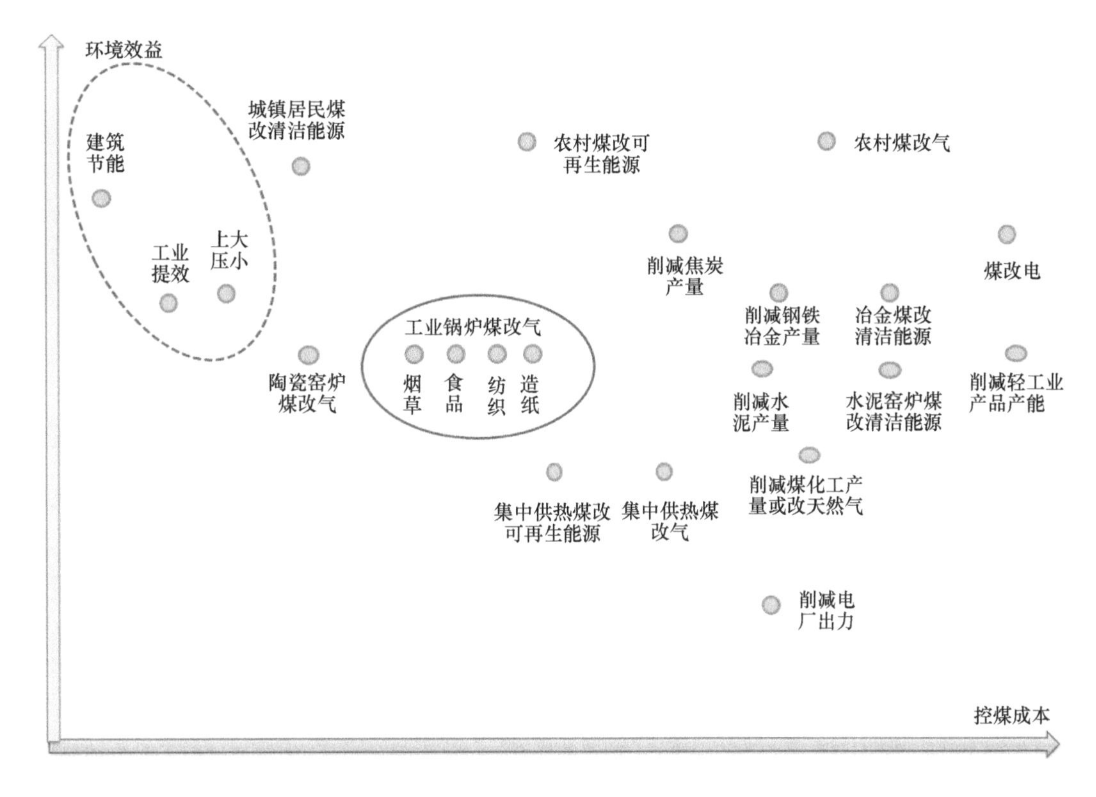

图 3-82　削减煤炭消费的环境效益 – 成本分析示意图

于炼焦、钢铁等冶金用煤，主要依靠产业结构调整减少煤炭消耗，重点是去产能，特别是削减落后焦化产能以及长流程炼钢产能。对于建材行业用煤，主要依靠去产能减少煤炭消耗，在陶瓷、玻璃生产中推进天然气、电力等清洁能源替代煤炭。对于发电供热用煤，除热电联产外不再增加燃煤发电机组，通过上大压小、异地搬迁改造等优化结构和布局，同时挖掘电厂供热能力、提高系统效率和出力灵活性水平。

实施城市差异化煤炭消费控制和减量替代。建议对于保定、沧州等居民生活散煤使用量较大的城市，重点强化生活散煤治理力度，提高生活散煤减量替代、城镇集中供暖比例，推广农村热泵取暖，充分挖掘地热资源用于替代煤炭供暖等。对于石家庄、济南等工业锅炉、供热锅炉量大面广的城市，设置较高煤炭削减目标比例，强化工业锅炉“上大压小”或集中供热改造，加大工业锅炉“煤改气”力度。对于安阳、长治等焦炭生产外运基地城市，适度提高煤炭削减比例，着力压缩独立炼焦产能。对于唐山、邯郸等钢铁产业密集城市，应结合冶金去产能要求，稳步推进发电、冶金用煤量减量替代。对于郑州、济宁、石家庄等煤电集中城市，不再增加煤炭用量，建议通过以大代小、提高能效，进一步降低燃煤量，在重污染预警期间考虑临时压减火电厂负荷。对于聊城、滨州等自备电厂数量较多的城市，建议结合工业去产能关停自备电厂，对确有供热需求的区域，可考虑进行供热改造。

3.7.3.2　民用散煤控制对策

持续推进民用散煤“双替代”治理工作。按照《北方地区冬季清洁采暖规划（2017—2021 年）》，2021 年“2+26”城市城区全部实现清洁取暖，县城和城乡接合部清洁取暖率达到 80% 以上，农村地区清洁取暖率达到 60% 以上。依据“2+26”城市民用散煤“双替代”的调研结果，2016 ～ 2019 年“2+26”城市民用散煤“双替代”户数为 1439.1 万户，2019 年剩余 994.4 万户，民用散煤“双替代”平均比例为 63.6%，预计到 2020 年、2025 年和 2030 年民用散煤“双替代”的比例分别为 70%、80% 和 85%。其中，

2020年“2+26”城市民用散煤“双替代”376.8万户，2021～2025年“2+26”城市民用散煤“双替代”181.7万户，2026～2030年“2+26”城市民用散煤“双替代”96.2万户。

针对民用散煤替代比例高于80%的北京、安阳、焦作、廊坊、石家庄、太原、阳泉和淄博，通过建筑节能改造、设备优化等措施巩固现有民用散煤“双替代”成果。针对民用散煤“双替代”比例介于60%～80%的邯郸、鹤壁、衡水、晋城、濮阳、唐山、天津和长治，在巩固民用散煤“双替代”成果的基础上，扩大民用散煤“双替代”的范围，提升民用散煤“双替代”的比例。针对民用散煤“双替代”比例低于60%的保定、滨州、沧州、德州、菏泽、济南、济宁、开封、聊城、新乡、邢台和郑州，优先利用集中供热开展建成区及城乡接合部的替代，对于热力管网无法覆盖的城乡接合部等采暖刚需地区，可考虑“煤改气”和“煤改电”取暖。对于偏远农村地区，依托地区资源优势，优先采用新能源和可再生能源；针对上述替代技术项目实施难度较大的区域，可采用型煤、洁净煤等煤炭清洁化利用技术作为过渡性措施。为避免已完成改造的区域民用散煤复烧问题，短期需要积极争取中央财政补贴和地方统筹，巩固现有替代成果；长期需要从提升建筑保温性能、提高取暖设备效能等综合措施方面来降低取暖成本，增强农民清洁采暖的经济承受能力。

考虑到民用散煤“双替代”较高的环境效益，建议六省市“2+26”城市以外的其他地区有序逐步推进民用散煤“双替代”治理工作。

空气源热泵热水机、空气源热泵热风机、地源热泵等9类设备的初投资（设备建设安装费用）、一次能源利用率、运行费用等9项评价指标见表3-42，通过综合对比分析，选取各项属性表现均较好的空气源热泵热风机、空气源热泵热水机和燃气壁挂炉作为推荐技术类型[36]。

表3-42　民用散煤治理技术综合评价结果

序号	技术措施	能源消耗/（kgce/m²）	使用寿命/年	经济性			一次能源利用率/集热效率	减排性/（kgce/m²）	安装复杂性	推荐性
				初投资/（元/m²）	运行费用/（元/m²）	费用年值/（元/m²）				
1	空气源热泵热水机	18.9	≥15	280	15.7	38.3	0.77	14.2	适中	推荐
2	空气源热泵热风机	18.1	≥15	220	14.8	32.6	0.88	14.8	简单	推荐
3	地源热泵	16.0	≥15	360	13.2	42.4	0.88	17.1	复杂	一般
4	直热式电采暖	41.6	≥15	120	28.9	38.7	0.34	—	简单	一般
5	蓄热式电暖器	41.6	≥15	120	18.5	28.2	0.34	—	简单	一般
6	电热水锅炉	47.5	≥15	200	28.9	45.1	0.32	—	适中	一般
7	太阳能+电加热多能联供	19.8	≥10	310	12.4	47.9	0.32	13.3	复杂	一般
8	太阳能+空气源多能联供	9.0	≥10	370	5.6	48.0	0.77	24.1	复杂	一般
9	燃气壁挂炉	18.6	≥15	100	32.8	40.9	0.80	14.5	适中	推荐

“2+26”城市民用散煤使用量从2017年的4216万t下降到2019年的2050万t。民用散煤的削减对环境质量影响显著，模拟结果表明，2017年民用散煤“双替代”措施使“2+26”城市采暖季$PM_{2.5}$浓度下降3%～28%，北京下降约15%；2018年民用散煤“双替代”使“2+26”城市采暖季$PM_{2.5}$进一步下降2%～14%，北京进一步下降约9%。

“2+26”城市民用散煤2020年相比2019年削减煤炭消费669.0万t，2025年相比2020年将削减煤炭消费391.0万t，2030年相比2025年将削减煤炭消费203.9万t。初步核算，基于民用散煤替代的天然气新增消费量 2020 年为 54 亿 m^3、2025 年为 16 亿 m^3、2030 年为 8 亿 m^3。2030 年相比 2019 年天然气消费量增长近 78 亿 m^3。替代民用燃煤的电力新增消费量 2020 年为 230 亿 kW·h、2025 年为 32 亿 kW·h、2030 年为 32 亿 kW·h。初步估计，3 个时段民用散煤“双替代”投资成本分别为 542 亿元、203 亿元、144 亿元。

3.7.3.3 燃煤锅炉及污染控制对策

持续推进燃煤锅炉淘汰或清洁能源改造。依据《打赢蓝天保卫战三年行动计划》《北方地区冬季清洁取暖规划（2017—2021）》等相关规定，“2+26”城市将持续加大燃煤小锅炉淘汰和改造力度。2020 年“2+26”城市淘汰区域内 35 蒸吨 /h 以下燃煤锅炉。

各城市做好区域能源统筹规划和清洁能源供应保障，加快天然气基础管网设施和电网建设，充分挖掘现有电厂的热力资源，推进热力管网建设互联互通。

做好 35 ～ 65 蒸吨 /h 的燃煤锅炉淘汰和清洁能源改造规划，避免出现燃煤锅炉完成超低排放后在很短时间内拆除改燃天然气装置的现象。对于城市建成区及周边天然气管网、电网、热力管网覆盖的区域，燃煤锅炉建议以清洁能源替代为主，在 2022 年前完成替代工作。对于由于清洁能源供应等问题无法按时完成替代的，建议完成超低排放改造。

建议到 2025 年，北京、天津燃煤锅炉实现全部清零。区域内其他城市完成燃煤锅炉淘汰和清洁能源改造 1.0 万蒸吨 /h。2030 年，在 2025 年的基础上再完成燃煤锅炉淘汰和清洁能源改造 1.1 万蒸吨 /h，持续降低工业锅炉煤炭消费量。

持续推进燃煤锅炉超低排放改造工作。2020 年“2+26”城市 65 蒸吨 /h 及以上燃煤锅炉将全部完成超低排放改造工作，经过持续优化改进，实现稳定达标运行。燃煤锅炉执行与燃煤电厂相同的超低排放标准。

推荐的燃煤锅炉超低排放控制技术路线见表 3-43。

表 3-43　推荐的燃煤锅炉超低排放控制技术路线

锅炉类型	治理技术组合
链条炉	低氮燃烧 +SCR+ 袋式除尘 / 静电除尘 / 电袋复合除尘 + 湿法脱硫 + 湿式静电除尘
	低氮燃烧 +SNCR-SCR+ 袋式除尘 / 静电除尘 / 电袋复合除尘 + 湿法脱硫 + 湿式静电除尘
	低氮燃烧 +SNCR-SCR+ 袋式除尘 / 静电除尘 / 电袋复合除尘 + 烟气循环流化床 + 袋式除尘 / 电袋复合除尘 / 静电除尘
煤粉炉	低氮燃烧 +SCR+ 袋式除尘 / 静电除尘 / 电袋复合除尘 + 湿法脱硫 + 湿式静电除尘
	低氮燃烧 +SNCR-SCR+ 袋式除尘 / 静电除尘 / 电袋复合除尘 + 烟气循环流化床 + 袋式除尘 / 电袋复合除尘 / 静电除尘
流化床锅炉	低氮燃烧 +SNCR+ 袋式除尘 / 静电除尘 / 电袋复合除尘 + 湿法脱硫 + 湿式静电除尘
	低氮燃烧 +SNCR-SCR+ 袋式除尘 / 静电除尘 / 电袋复合除尘 + 湿法脱硫 + 湿式静电除尘
	低氮燃烧 +SNCR+ 袋式除尘 / 静电除尘 / 电袋复合除尘 + 炉内脱硫（可选）+ 烟气循环流化床 + 袋式除尘 / 静电除尘 / 电袋复合除尘

注：湿法脱硫包括石灰石 / 石灰 – 石膏法、氧化镁法、双碱法、钠碱法。

针对燃煤工业锅炉管理粗放、无组织排放较明显等问题，表 3-44 列出了系统运行管理和无组织排放监管措施。

通过燃煤锅炉淘汰及清洁能源改造，“2+26”城市煤炭消费量将持续下降。据测算，2020 年锅炉煤炭消费总量控制在 3000 万 t 以内，2025 年控制在 2000 万 t 以内，2030 年控制在 1300 万 t 以内。

“2+26”城市燃煤锅炉 2020 年相比 2018 年削减煤炭消费 468 万 t，2025 年相比 2020 年将削减煤炭消费 1000 万 t，2030 年相比 2025 年将削减煤炭消费 700 万 t。

表 3-44　燃煤锅炉监管措施

环节	监管要点
原料品质	加强燃料品质管理，煤炭含硫量小于 0.5%
自动化控制	实现自动化运行，记录环保设施运行主要参数
信息公开化	公开显示在线监测系统污染物排放数据
无组织管控	建设全封闭料场，配套洒水抑尘措施；筒仓为全封闭
物料运输	物料采用密闭运输，粉料采用密封罐车运输。物料在厂区内采用管道气力输送或密封皮带输送，配负压收集和除尘措施。车辆进出厂自动清洗
运行管理台账	建立完善的环保设施运行管理台账，设置专人管理

削减燃煤锅炉煤炭消费量以天然气替代为主、电力替代为辅。初步核算，替代燃煤的天然气新增消费量 2020 年为 22 亿 m^3、2025 年为 48 亿 m^3、2030 年为 34 亿 m^3。替代燃煤的电力新增消费量 2020 年为 15 亿 kW·h、2025 年为 33 亿 kW·h、2030 年为 23 亿 kW·h。初步估计，3 个时段燃煤锅炉“双替代”投资成本分别为 149 亿元、371 亿元、297 亿元。

3.7.3.4　重点行业煤炭减量替代方案

电力供热行业：“2+26”城市电力供热行业减煤的潜力主要依靠提升系统效率以及提高灵活出力水平来挖掘。首先，2018 年山西、河北、山东等煤电装机供电煤耗分别为 321.0 gce/（kW·h）、309.3 gce/（kW·h）、308.9 gce/（kW·h），高于全国 307.6 gce/（kW·h）的平均水平，应通过上大压小、搬迁改造、节能提效等措施将其供电煤耗进一步降低。其次，大型热电厂尚有其供热量 30% 以上的低温余热等待挖掘利用，应充分利用余热回收技术，进一步提升燃煤电厂供热能力和系统效率。最后，加强煤电灵活性改造，特别是热电解耦改造，尽可能消纳可再生能源及外来电力，积极响应大气重污染预警应急，从而在一定程度上减少煤电出力水平。力争到 2030 年将其燃煤消耗较 2018 年减少 10% 左右，届时区域发电供热用煤控制在 3.25 亿 t 左右，其中“十四五”期间应加大工作力度，到 2025 年控制在 3.35 亿 t 左右。

冶金行业：“2+26”城市冶金行业减煤的潜力主要依靠产业结构调整政策，包括去产能、降低焦钢比、降低长流程炼钢比等来挖掘。根据“2+26”城市冶金行业污染治理及管控方案，2018 ～ 2030 年炼焦产能将由 1.94 亿 t 减少到 0.94 亿 t，考虑产能利用率提升，预计到 2030 年炼焦用煤有望控制在 1 亿 t 左右，其中到 2025 年控制在 1.18 亿 t；2018 ～ 2030 年长流程炼钢产能将由 3.03 亿 t 减少到 1.98 亿 t，预计到 2030 年钢铁用煤有望控制在 2800 万 t 左右，其中到 2025 年控制在 3500 万 t。

建材行业：“2+26”城市建材行业减煤的潜力主要依靠去产能以及部门行业清洁能源替代来挖掘。根据“2+26”城市建材行业污染治理及管控方案，按照 2019 ～ 2025 年、2026 ～ 2030 年主要建材产品产能连续下降 10% 的预期目标，同时考虑到陶瓷等产品将更多使用天然气、电力等清洁能源，预计到 2025 年建材行业用煤将控制在 1600 万 t 左右，到 2030 年进一步控制在 1400 万 t 左右。

其他行业：其他行业覆盖面较广，包括化工、洗选、建筑、“散乱污”企业燃煤炉具等，2018 年用煤量超过 6000 万 t，建议逐步加大煤炭减量替代工作力度。结合“散乱污”企业整治以及化工产能逐步退出，预计其煤炭消耗量将逐步减少，到 2025 年其用煤量可控制在 5600 万 t 左右，到 2030 年进一步控制在 5200 万 t 左右。

3.7.3.5 清洁能源供应保障对策

随着京津冀协同发展战略的实施以及山东、河南、山西经济转型快速升级，“2+26”城市能源需求仍将保持持续增长态势，预计到 2025 年“2+26”城市能源消费总量增至 9.0 亿 tce，到 2030 年进一步增至 9.4 亿 tce。为确保实现煤炭减量替代，必须强化清洁能源供应保障，具体方案见表 3-45。

表 3-45 京津冀及周边地区和“2+26”城市清洁能源供应保障

清洁能源供应	京津冀及周边地区六省市	“2+26”城市
天然气	到 2025 年供气能力提升到 2000 亿 m^3、储气库总储气能力提升至 180 亿 m^3	健全天然气产供储销体系，供应能力能支撑 2025 年近 800 亿 m^3、2030 年 1000 亿 m^3 的需求规模
可再生电力	六省市常规水电开发已基本达顶峰，维持在 800 万 kW 左右。到 2025 年风电、光伏发电等装机容量达 9500 万 kW、12000 万 kW 左右，到 2030 年进一步增至 14000 万 kW、21000 万 kW 左右	可再生电力应发尽发、完全消纳，承担可再生能源消纳权重（比重）显著高于本省平均水平
外来电	到 2025 年区外电力供应能力达 7500 万 kW 左右，到 2030 年进一步达 9000 万 kW 左右	完善电力跨省跨区交易机制，支撑 2025 年、2030 年净调入电力占能源消费比重提高到 20%、23%
可再生能源热力	到 2025 年地热能和余热及其他可再生能源供热在供热中的占比分别达到 8% 和 15% 左右	显著提升可再生能源供热能力，到 2025 年、2030 年可再生能源供热在供热中的占比分别达到 20% 和 35% 左右

建立健全天然气产供储销体系。中俄东线、鄂安沧等干线管道，环渤海地区烟台、唐山、天津、青岛等地新建 / 扩建沿海液化天然气（LNG）接收站外输管道等跨区域干线管道和区域保供调峰管道项目的建成投产，逐步形成以陕京系统、西气东输、中俄东线、鄂安沧管道等陆上管道气资源及唐山、天津、青岛、新天等环渤海 LNG 接收站资源供应为主，区内自产气（煤层气、煤制气）资源供应为辅的供应保障体系，到 2025 年六省市供气总能力超过 2000 亿 m^3，全面提升了储气能力，其中建成投产 LNG 接收站 12 座（气化能力达到 6.11 亿 m^3/d）、LNG 储罐 70 座（总罐容达到 1300 万 m^3），储气能力达到 84 亿 m^3，加上储气库设施，到 2025 年总储气能力达到 180 亿 m^3。到 2025 年、2030 年“2+26”城市天然气需求分别增至近 800 亿 m^3、1000 亿 m^3，占六省市天然气总需求的约 70%，中长期天然气供应能够得到保障。

充分挖掘本地再生能源资源发电潜力。加快冀北、晋中等地区平价风电和光伏发电的开发建设，推进河南、山东等地的分散式风电和分布式光伏发电的发展，推动山东海上风电示范项目，完善分布式市场化交易机制，促进可再生能源与物联网、储能、直流配电等技术的结合和产业融合发展。考虑资源等基础条件和生态、经济性等约束因素，预计 2025 年、2030 年六省市可再生能源电力累计装机容量分别达到 2.3 亿 kW 和 3.7 亿 kW 左右，分别约为 2019 年底的 2 倍和 3 倍，可再生能源供应能力大幅提升，其中“2+26”城市可再生能源消纳权重（比重）显著高于本省平均水平。

大力提升区外来电规模。加快昭沂直流、鲁固直流、锡盟 – 山东交流、蒙西 – 天津南交流等特高压通道的配套电源建设，加快青海 – 河南、蒙西 – 晋中、张北 – 雄安等新增特高压输电通道和华北特高压环网的规划建设，推动陇东 – 山东等特高压输电通道前期规划，完善电力跨省跨区交易机制，提升区域外来电力统筹消纳。到 2025 年，六省市外来电能力达到 7500 万 kW 左右，到 2030 年超过 9000 万 kW。进一步增强本地燃煤电厂灵活性水平，支撑“2+26”城市到 2025 年、2030 年净调入电力占能源消费总量的比重提高到 20%、23% 左右。

显著提升地热、余热以及其他可再生能源供热规模。加大地热供暖开发利用力度，优先发展低成本、可持续的水热型地热能供暖。稳步推进生物质固体燃料供热，提升成型燃料或散料对居民和工业用户的供热比重。充分利用工业及电厂余热供暖。到 2025 年、2030 年“2+26”城市可再生能源供热在供热中的占比将分别达到 20% 和 35% 左右。

3.7.3.6 煤炭消费总量控制目标

综合各用煤领域煤炭控制的潜力和前景分析，提出煤炭消费总量控制目标情景：到 2025 年区域煤炭消费量控制在 5.90 亿 t 左右，到 2030 年进一步控制到 5.40 亿 t 左右，见表 3-46。其中，到 2030 年民用散煤用煤从 2018 年的 0.33 亿 t 下降到 0.08 亿 t，削减 0.25 亿 t，下降比例最大。其次是工业锅炉用煤，从 0.35 亿 t 下降到 0.13 亿 t，削减 0.22 亿 t。炼焦、钢铁用煤分别从 1.54 亿 t、0.43 亿 t 下降到 1.00 亿 t、0.28 亿 t，分别削减 0.54 亿 t、0.15 亿 t。建材用煤从 0.18 亿 t 下降到 0.14 亿 t，削减 0.04 亿 t。发电供热用煤从 3.60 亿 t 下降到 3.25 亿 t，削减 0.35 亿 t。其他行业用煤也从 0.62 亿 t 下降到 0.52 亿 t，削减 0.10 亿 t。

表 3-46 “2+26”城市煤炭消费总量控制目标 （单位：亿 t）

行业（领域）	2018 年消费量	2025 年控制目标	2030 年控制目标
发电供热	3.60	3.35	3.25
炼焦	1.54	1.18	1.00
钢铁	0.43	0.35	0.28
建材	0.18	0.16	0.14
民用散煤	0.33	0.10	0.08
工业锅炉	0.35	0.20	0.13
其他行业	0.62	0.56	0.52
合计（煤炭消费总量）	7.05	5.90	5.40

通过对以上煤炭调控方案以及能源供需平衡方案分析可知，未来“2+26”城市能源需求增长将主要依靠清洁能源，煤炭占能源消费总量的比重将持续下降。到 2025 年，煤炭占能源消费总量的比重可降至 46.8%，到 2030 年将进一步降至 41.0%。2017 年、2025 年、2030 年的能源消费结构调整目标及能流平衡关系如图 3-83 及图 3-84 所示。

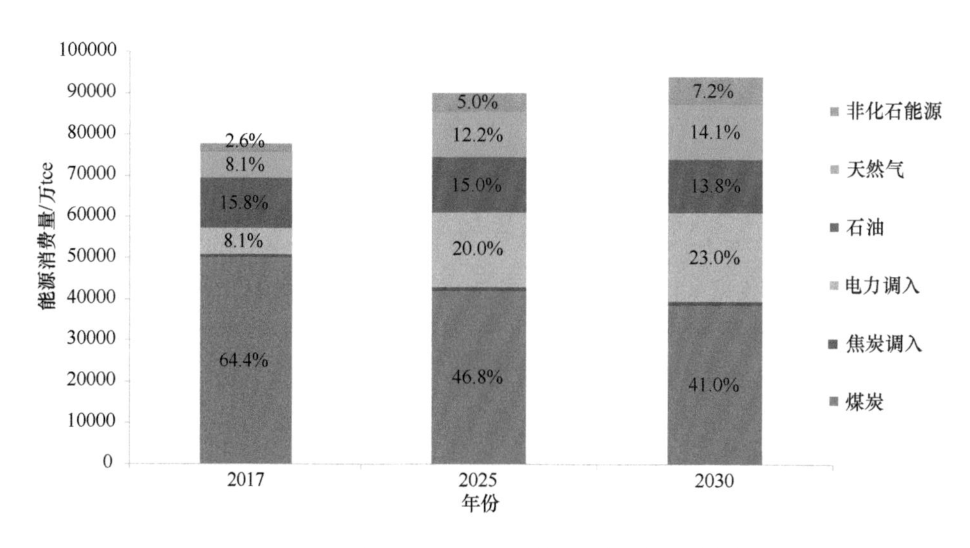

图 3-83 中长期“2+26”城市能源消费结构调整目标

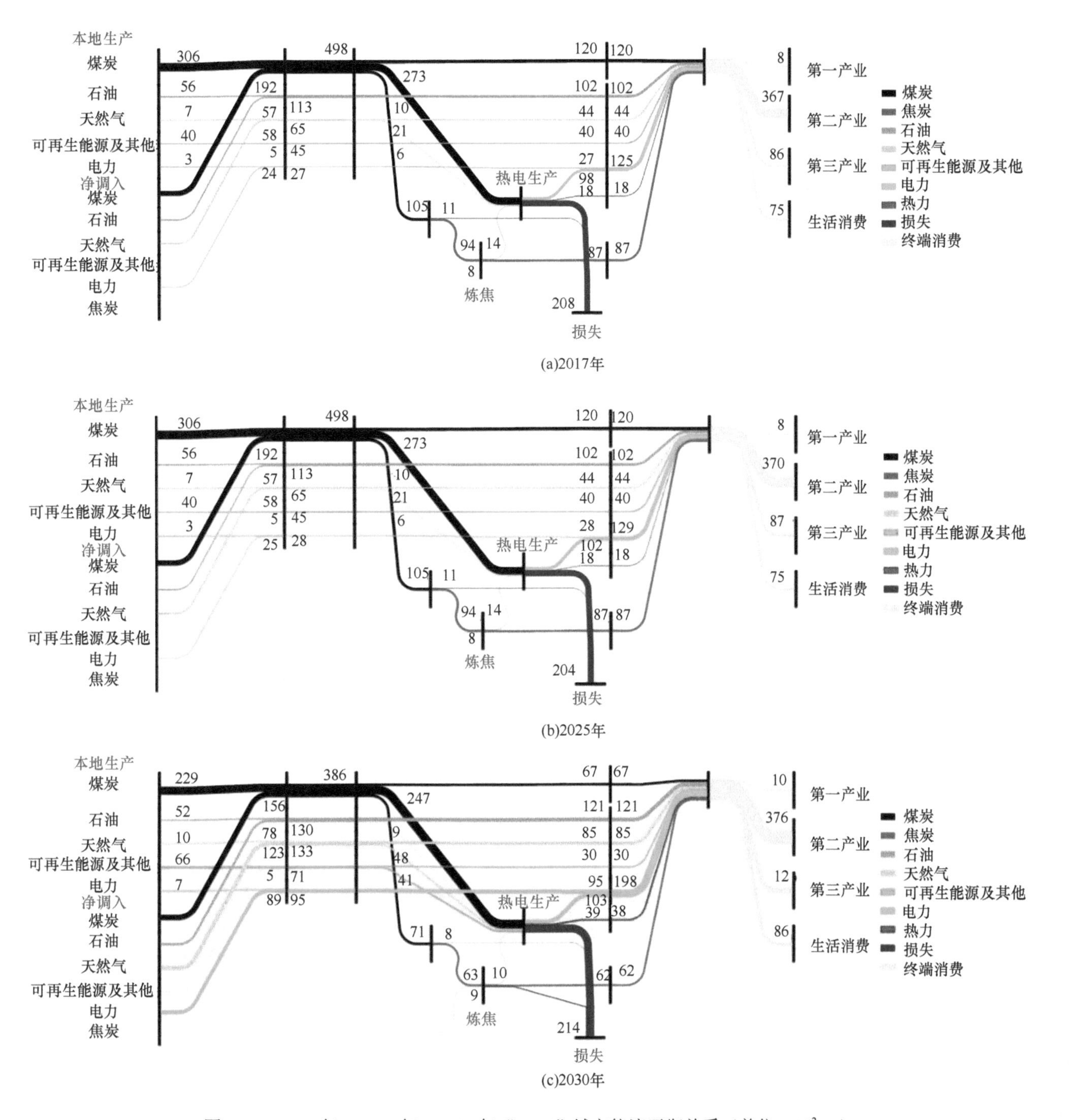

图 3-84　2017 年、2025 年、2030 年“2+26”城市能流平衡关系（单位：10^2tce）

3.7.4　燃煤领域污染减排效果评估

燃煤领域通过煤电行业结构调整、淘汰中小燃煤锅炉、锅炉超低排放改造和散煤“双替代”等综合措施，分阶段对煤炭削减量和清洁利用进行管控，见表 3-47。

对上述措施的管控效果进行评估，得到燃煤发电、工业锅炉和民用散煤领域 2025 年、2030 年分阶段煤炭削减比例和污染物排放削减量，分别见表 3-48、表 3-49。与 2018 年燃煤发电、工业锅炉和民用散煤污染物排放量相比，2025 年颗粒物、SO_2 和 NO_x 减排比例分别为 66.5%、58.8% 和 48.5%，2030 年颗粒物、SO_2 和 NO_x 减排比例分别达到 72.0%、63.6% 和 51.4%。

表 3-47　2025 年、2030 年燃煤领域分阶段管控措施表

燃煤领域	2020 ～ 2025 年管控措施	2025 年预计达到的情景目标	2025 ～ 2030 年管控措施	2030 年预计达到的情景目标
燃煤发电	推进燃煤发电机组超低排放改造	超低排放改造煤电机组容量达到区域内煤电机组总容量的 90%	进一步推进燃煤发电机组超低排放改造	区域内所有具备改造条件的煤电机组（含自备电厂）全部完成超低排放改造
	加强结构调整，减少燃煤用量	相较于 2018 年，区域内燃煤发电领域减煤量达到 690 万 t。除承担供热、供暖等任务必须保留的机组外，30 万 kW 以下煤电机组原则上全部关停淘汰。煤电机组供电煤耗争取达到 302 g/（kW·h）	进一步加强结构调整，减少煤电机组燃煤用量	区域内燃煤发电煤炭消费总量控制在 3.25 亿 t。煤电机组供电煤耗及污染物控制达到世界领先水平
工业锅炉	淘汰 35 蒸吨 /h 及以下燃煤锅炉。北京、天津燃煤锅炉全部淘汰。共计淘汰 1.38 万蒸吨 /h。完成燃煤锅炉淘汰和清洁能源改造 1.0 万蒸吨 /h	“2+26”城市煤炭消费量控制在 2000 万 t 左右	在 2025 年的基础上完成燃煤锅炉淘汰和清洁能源改造 1.1 万蒸吨 /h	“2+26”城市煤炭消费量控制在 1300 万 t 左右
	超低排放改造	燃煤锅炉全部实现超低排放并达标稳定运行	—	—
民用散煤	煤改气 110.9 万户，煤改电 38.2 万户	“2+26”城市民用散煤使用户数控制在 436 万户左右	煤改气 57.9 万户，煤改电 38.2 万户	“2+26”城市民用散煤使用户数控制在 340 万户左右

表 3-48　2018 ～ 2025 年燃煤领域措施效果测算

子领域	控制措施	煤炭削减比例 /%	污染物排放削减量 / 万 t		
			颗粒物	SO_2	NO_x
燃煤发电	超低排放改造	0	0.81	3.60	9.94
	结构调整，减少煤炭用量	6.9	0.20	0.88	2.42
工业锅炉	淘汰小锅炉，煤改气、煤改电	42.3	0.94	1.44	3.01
	超低排放改造	0	3.13	2.57	6.09
民用散煤	煤改气 605.1 万户，煤改电 463.4 万户	65.0	19.2	8.5	2.2
	合计减排比例 /%		66.5	58.8	48.5

表 3-49　2018 ～ 2030 年燃煤领域减排效果测算

子领域	控制措施	煤炭削减比例 /%	污染物排放削减量 / 万 t		
			颗粒物	SO_2	NO_x
燃煤发电	超低排放改造	0	0.81	3.60	9.94
	结构调整，减少煤炭用量	9.7	0.28	1.23	3.38
工业锅炉	淘汰小锅炉，煤改气、煤改电	62.5	1.01	1.68	3.26
	超低排放改造	0	3.13	2.57	6.09
民用散煤	煤改气 663.0 万户，煤改电 474.6 万户	72.0	21	9.3	2.4
	合计减排比例 /%		72.0	63.6	51.4

3.8 涉 VOCs 重点行业控制与监管技术

围绕京津冀及周边地区“2+26”城市石化、化工、工业涂装、印刷等涉 VOCs 重点行业，通过现场调查和检测分析，研究人员掌握了涉 VOCs 重点行业的空间分布、产业发展现状、工艺装备水平、污染控制状况以及 VOCs 排放特征。通过对重点行业源成分谱及排放因子的测定，研究人员编制了“2+26”城市人为源 VOCs 分组分排放清单，提出了基于 O_3 和 SOA 生成潜势的优先控制物种名录及其关键源。同时，结合 VOCs 有组织和无组织排放监测技术的适用性分析，研究人员提出了应用于不同场景的 VOCs 监测方法及应用建议；综合评估了重点行业 VOCs 排放标准，明确了已有排放标准体系对行业 VOCs 控制的有效性；基于污染治理设施控制效率的实际检测分析，筛选并提出了重点行业全过程污染防治技术，完成了重点行业综合管理控制方案。此外，根据不同城市重点行业的发展现状及污染治理水平，形成了涉 VOCs 重点行业“一市一策”控制路径及方案。

3.8.1 涉 VOCs 重点行业发展状况

涉 VOCs 重点行业主要包括石化、化工、工业涂装和印刷等行业，除煤化工集中在晋东和晋中区域外，其余行业分布较为分散，未呈现出明显的聚集。

3.8.1.1 石化行业

石化行业主要包括原油和天然气开采、石油精炼油品储存等子行业。截至 2018 年底，“2+26”城市石油炼化能力为 1.4 亿 t，主要分布在沧州、淄博、天津、北京、濮阳和滨州等地，如图 3-85 所示。区域单位

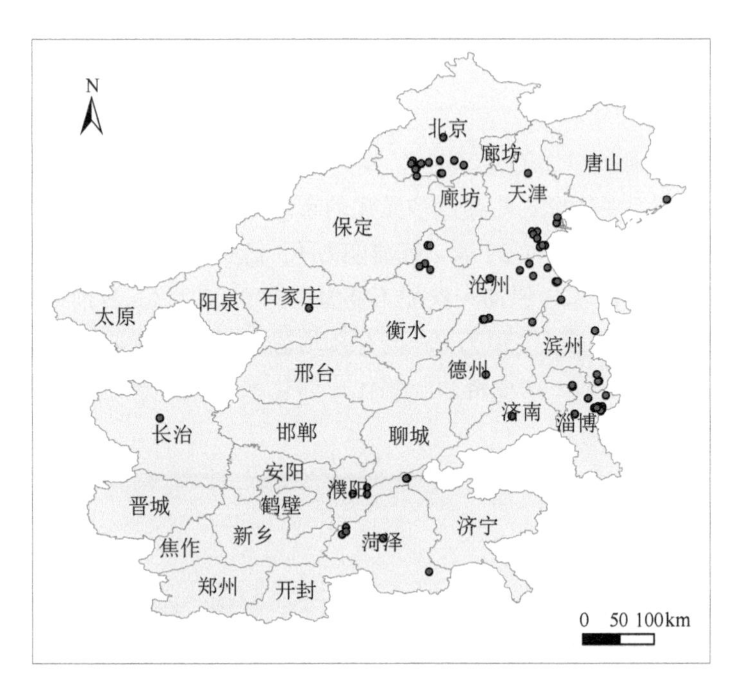

图 3-85 “2+26”城市石化行业分布（基于 2019 年排污许可证数据）

土地面积石油炼化能力为 502.9 t/km^2，是全国平均水平的 6.0 倍、德国平均水平的 0.7 倍、日本平均水平的 0.4 倍、美国平均水平的 1.9 倍。

对 2019 年“2+26”城市各石化企业排污许可进行查询和汇总，共获得 241 家企业的 VOCs 年排放许可量数据（以第一年为目标进行统计），结果见表 3-50。可以看出，沧州、濮阳等地规模较小的企业数量较多。

表 3-50　“2+26”城市排污许可数据汇总

省（直辖市）	地级市	企业数量 / 家	VOCs 排放限值 / (t/a)
山东	淄博	33	8629
山东	滨州	16	6088
河北	沧州	104	4780
天津	天津	20	3634
北京	—	17	3327
山东	菏泽	10	2980
山东	济南	2	1630
河北	石家庄	1	1038
河南	濮阳	17	667
山东	德州	6	666
山东	聊城	1	494
山西	长治	2	231
河南	新乡	3	10
河北	唐山	4	6
山西	太原	1	0
山西	阳泉	1	0
河北	邯郸	3	0
总和		241	34180

注：统计截至 2019 年 10 月 24 日。

2016 年以来，地炼的资源量、加工量等发生了巨大变化，中国石油市场经营主体已经形成了以中国石油、中国石化两大集团为主，多种形式并存，多元化的市场竞争格局。山东是我国地炼企业最为集中的地区。截至 2018 年底，山东共有地炼企业 37 家，炼油能力 1.3 亿 t/a，主要分布在东营、淄博、滨州、潍坊等。在“2+26”城市的地炼企业共 13 家，原油一次加工能力达到 5100 万 t。目前“2+26”城市的地炼企业仍存在单体规模小的特点，平均单厂规模为 350 万 t/a，与全国地炼厂平均规模 405 万 t/a 相比存在一定差距。同时，其存在单体规模小与产业布局分散、产业链短与炼化一体化水平低、产业政策限制与发展空间不足以及效益水平低与综合竞争力不强的问题。

3.8.1.2　化工行业

化工行业涉及行业众多，本书研究重点分析了煤化工、制药、涂料、油墨、胶黏剂、橡胶制品等化工子行业的发展及管控现状。截至 2018 年，“2+26”城市共有煤化工企业 331 家。其中，河北 139 家、河南 53 家、山西 61 家、山东 76 家、天津 2 家。331 家企业中，大部分为传统型煤焦化企业，其主要产品包括焦炭、合成氨、尿素等，只有极少数企业具有煤气化生产装置，产品主要为烯烃、醚和醇等。“2+26”城市除焦炭产量占全国总产量的 50% 以上外，其余产品产量在全国的比重不大，不超过 10%，2018 年焦炭产量为 10223 万 t，煤气化（煤气）产量为 1741 亿 m^3，煤液化（合成氨）产量为 1214 万 t[37-62]。截至 2018 年，“2+26”城市的制药企业共 4176 家，涉及 VOCs 排放的企业为 269 家，如图 3-86 所示；涉及 VOCs 排放的规模以上企业的原料药和制药中间体的产量分别为 18 万 t 和 3.6 万 t，合计为 21.6 万 t[63]；原料药及制药中间体的产量排在前 5 位的依次为淄博、石家庄、济南、邢台、焦作，这 5 座城市的原料药及制药中间体产量占“2+26”城市产量的 87%，这 5 座城市也是制药行业 VOCs 排放需要重点控制的城市。2018 年“2+26”城市涂料行业规模以上企业产能约为 186.63 万 t，占全国涂料总产量的 11% 左右，主要分布在廊坊、保定、天津、北京、济宁等地。油墨行业规模以上企业产品产量约 23 万 t，胶黏剂行业规模以上企业产品产量约 250 万 t[64]。此外，“2+26”城市橡胶工业产值也较大，占全国橡胶制品业总产值的 44% 左右，2018 年“2+26”城市的轮胎产品产量为 1.0 亿条。

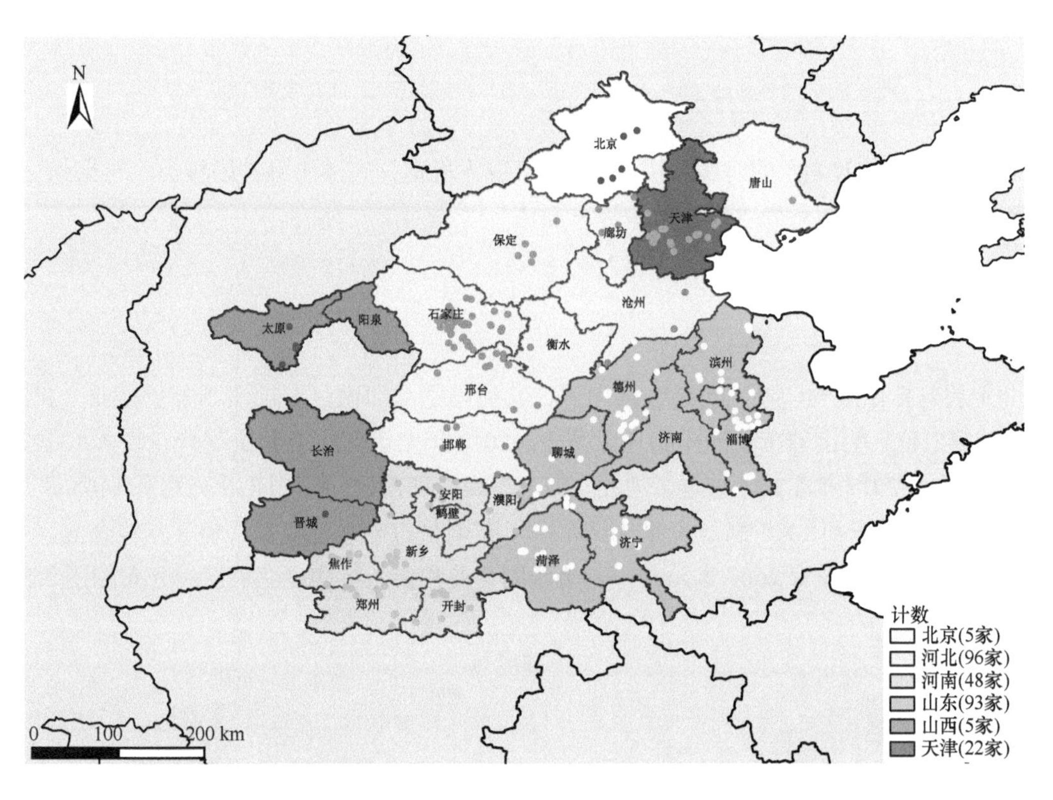

图 3-86 “2+26”城市涉 VOCs 排放制药企业分布情况

3.8.1.3 工业涂装行业

“2+26”城市汽车制造企业（包括汽车零部件制造）约 7100 余家，主要分布在北京、天津、郑州、沧州等地；设备制造企业约 2.5 万家，主要集中在天津、新乡、淄博、滨州等地；家具制造企业约 7400 家，主要集中在石家庄、廊坊、济宁、新乡等地（图 3-87）。

汽车制造业使用的涂料主要包括汽车原厂漆、汽车修补漆、汽车零部件漆以及 PVC 抗石击涂料，原厂漆的品种主要有电泳漆、中涂层漆、色漆和清漆四大类；船舶制造业使用的涂料按使用目的分为底涂、中涂和面涂，也可分为环氧、聚氨酯、聚硅氧烷、有机硅、无机富锌、氯化聚烯烃、丙烯酸、醇酸等产品系列；木器家具制造业使用的涂料仍以溶剂型聚氨酯面漆、硝基漆为主；钢结构制造业的涂料配套体系通常用以

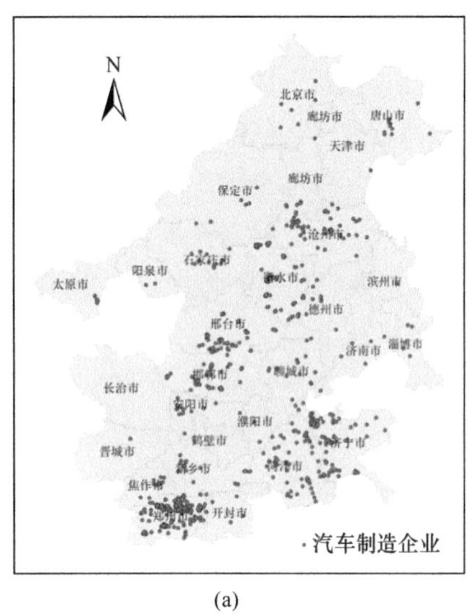

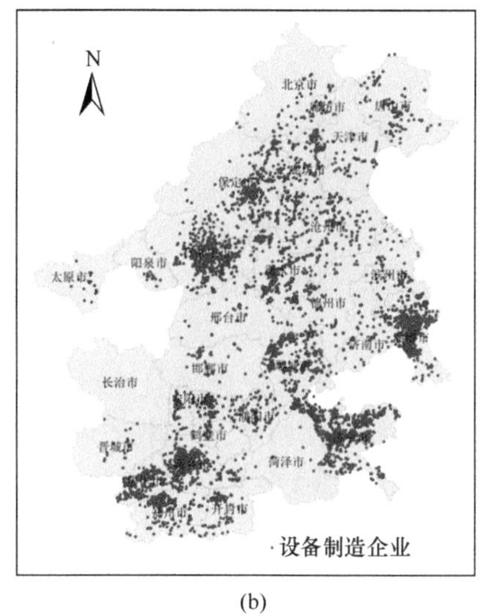

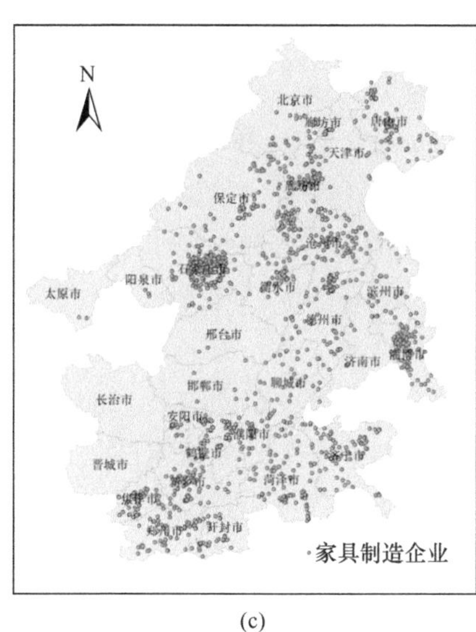

(a) (b) (c)

图 3-87　汽车制造（a）、设备制造（b）和家具制造（c）企业空间分布

环氧涂料、乙烯、氯化橡胶等为主的防腐涂层，辅以环氧或无机富锌底漆等牺牲阳极类涂料来强化防腐功能；工程机械制造业的常用涂料体系为“底漆 + 中涂 + 面漆”[65]。

3.8.1.4　印刷行业

印刷行业主要包括出版物印刷、包装装潢印刷、其他印刷品印刷、专项印刷等子行业。我国印刷业整体规模名列全球第二位，为全球重要的印刷加工基地。2018 年全国印刷复制实现营业收入 13727.56 亿元，较 2017 年增长 4.3%。2017 年北京、天津、河北、河南、山东和山西的印刷企业分别有 1468 家、1470 家、5464 家、2945 家、7568 家和 1435 家。去掉专营数字印刷企业和排版、制版、装订专项企业，“2+26”城市涉及 VOCs 排放的印刷企业有 2667 家，其中包装印刷企业和出版物印刷企业区域分布如图 3-88 所示。

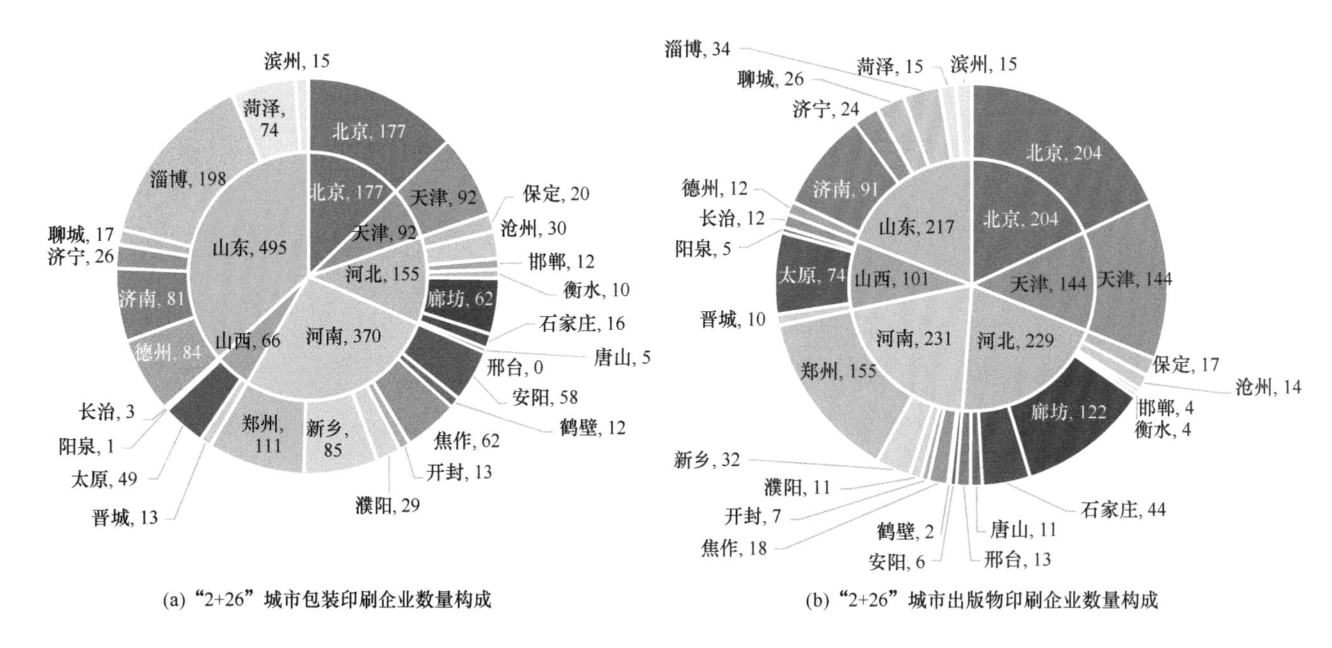

(a)“2+26”城市包装印刷企业数量构成　　(b)“2+26”城市出版物印刷企业数量构成

图 3-88　“2+26”城市包装印刷企业和出版物印刷企业区域分布

3.8.2 涉 VOCs 重点行业大气污染排放与控制现状

3.8.2.1 石化行业

石油炼制是石化行业最主要的排放源。2018 年“2+26”城市石油炼制共排放 VOCs 18.57 万 t，淄博、天津、滨州、沧州和北京为石化行业 VOCs 排放量较高的 5 个城市，分别达到 4.5 万 t、3.0 万 t、2.5 万 t、2.4 万 t 和 1.7 万 t，占“2+26”城市石油炼制总排放量的 75.2%，这 5 个城市是重点管控的城市。

石化行业 VOCs 主要源于炼油装置设备与管阀件的随机泄漏、各类储罐大小呼吸与泄漏等环节，各排放环节目前采取的 VOCs 控制措施见表 3-51。

表 3-51 “2+26”城市石化行业 VOCs 控制措施

排放环节	控制技术措施
动 / 静设备密封点泄漏	泄漏监测与修复（LDAR）技术。各石油加工企业均采用 LDAR 技术来有效控制炼油装置烃类的无组织排放，但实际效果不够理想
储罐的呼吸与泄漏	（1）常压储罐选用合适的呼吸阀； （2）罐区储罐加装内外浮盘，对浮顶罐进行双密封，内浮顶罐加装氮封设施等； （3）将挥发的油气进行集中收集处理，实现将储罐 VOCs 的无组织排放变为有组织排放，涉苯系物储罐加装气相回收装置等
油品装卸逸散排放	（1）原油密闭卸车； （2）对装卸车进行下装式改造，利用二次冷却回收油品； （3）轻油罐区、铁路装卸车、一般装卸车增加油气回收设施，主要有吸附冷凝、吸附 – 吸收、吸收冷凝膜分离等
废水废液废渣系统逸散	（1）污水处理厂全封闭，如加盖密封后喷淋生物滤床、加盖收集后预处理 + 洗涤 + 吸附、吸收 +UV 光解减少异味及 VOCs 排放； （2）曝气池的臭气、硫化氢、NH_3，用生物法进行臭气处理； （3）废气处理设备出口采取二次密封，收集废气经低温等离子处理后实现达标排放；生物过滤 + 活性炭吸附技术
工艺尾气排放	（1）对焦化生产装置冷焦系统采取密闭处理工艺，在密闭条件下解决油、焦、水的分离和冷却及该过程排放的含硫等气体恶臭污染问题； （2）焦化碱洗产生的二硫化物排空引入加热炉进行焚烧，酸性水罐气相引入低压瓦斯，采用气柜对低压瓦斯气进行回收，作为制氢原料
燃烧烟气 / 火炬	（1）回收排入火炬系统的气体和液体； （2）在任何时候，挥发性有机物和恶臭物质进入火炬都应能点燃并充分燃烧； （3）应连续监测、记录引燃设施和火炬的工作状态（火炬气流量、火炬头温度、火种气流量、火种温度等），并保存记录 1 年以上
冷却塔循环水系统释放	目前还没有统一的国家或行业标准，因此大多未采取排放控制措施

3.8.2.2 化工行业

2018 年“2+26”城市化工行业（包括煤化工、涂料、油墨、制药以及橡胶制品）VOCs 排放量约为 64.2 万 t，其中规模以上煤化工企业 VOCs 排放量约为 30 万 t；涂料、油墨、胶黏剂制造行业 VOCs 排放量约为 13.3 万 t[66]；制药行业 VOCs 排放量约为 11.8 万 t，其中淄博排放 4.2 万 t、石家庄 3.0 万 t、济南 0.9 万 t、邢台 0.7 万 t、焦作 0.5 万 t，5 个城市的 VOCs 排放量占总排放量的 87%[67]；橡胶制品行业 VOCs 排放量约为 9.2 万 t。VOCs 排放主要来源于设备泄漏，含 VOCs 物料储运、转移和输送，以及工艺废气等环节，“2+26”城市化工行业 VOCs 控制现状见表 3-52。

表 3-52 "2+26"城市化工行业 VOCs 控制现状

VOCs 主要排放环节	控制现状	存在的问题
设备泄漏	煤化工行业目前基本上都采用了 LDAR 技术，制药行业、涂料行业、油墨行业、橡胶制品行业的 LDAR 技术普遍尚未开展	（1）市场极其不规范，第三方恶性竞争激励（每个泄漏点检测修复费用为 0.5 元）； （2）企业形式主义突出，只走过场，减排效果非常有限； （3）检测点数明显少于实际数量（部分企业不到 1/4）； （4）每天检测点数明显超出当前评价水平（每天几千个）； （5）部分企业报告存在数据造假嫌疑； （6）所有检测点检测时间间隔相同
储罐	煤化工行业的储罐呼吸气收集治理情况整体比较良好，主要技术为氮封 + 回收 / 净化；其他几个行业因储罐数量及容量普遍较小，目前呼吸气的收集净化比例较低	（1）呼吸气收集不到位； （2）部分采用罐顶集气罩的方式收集，效果十分有限
装卸	废气收集治理水平相对欠缺，仅部分企业开展了装卸方式的改进工作，由喷溅装卸改为底部装卸。小型企业的装卸过程直排的情况非常普遍	（1）装卸废气的收集不到位； （2）多数收集措施简陋，无法有效捕集
废水处理	规模较大的企业基本实现了废水池加盖； 小型企业未加盖的情况依然普遍	（1）加盖收集比例有待提高； （2）部分企业收集净化选型不合理，加盖后废气温度过高（60℃以上），导致后端生物过滤池废气净化作用失效
工艺无组织	涂料油墨制造、橡胶制品企业工艺无组织排放问题突出	废气捕集严重不到位
工艺有组织	（1）煤化工行业大多都配套净化处理设施。前端焦化阶段中各过程产生的 VOCs 没有得到重视和控制。闪蒸气、酸性尾气、低温甲醇洗尾气、硫回收尾气、气化炉烘炉气、造粒废气管控水平较差。 （2）医药制造：17% 没有末端控制设施，13% 为冷凝设施，32% 采用了吸收净化，18% 配备了吸附装置（基本不带再生），7% 为其他（应该是污水处理配置的等离子、光催化等），仅有 13% 为高温氧化类设备。 （3）涂料、油墨及胶黏剂：14% 的企业无净化设施，应用的主要技术包括吸附浓缩 + 蓄热焚烧 / 催化燃烧，以及单一活性炭吸附等，作坊式生产企业亦大量存在未安装净化设施的情况。 （4）橡胶制品：基本配套了简易净化设施，但末端净化技术整体都比较低端，目前主要采用的技术包括活性炭、光氧 + 活性炭、等离子等，净化效果非常有限	

化工行业 VOCs 排放控制仍存在许多问题。VOCs 无组织管控工作不到位，虽然煤化工等企业已采用了 LDAR 技术，但效果不理想，走形式的情况较为普遍；此外，中小型涂料、油墨制造企业仍普遍存在敞开搅拌和生产作业的情况。VOCs 有组织减排技术和排放水平不匹配，由于化工行业门类多，不同行业生产工艺的排放特征差异非常大，如制药等行业生产工艺排放的普遍特点是浓度高风量低，橡胶制品等行业生产工艺排放的普通特点则是浓度低风量高，需依据 VOCs 排放特征选择适合的工艺，但大部分企业采取低价的处理技术，如光氧化、等离子等。

3.8.2.3 工业涂装行业

2018 年"2+26"城市工业涂装 VOCs 排放量约为 37.2 万 t。从区域分布来看，天津、新乡、沧州、石家庄、滨州、淄博、济宁和郑州 8 个城市的 VOCs 排放量均超过 1 万 t，合计占区域工业涂装行业 VOCs 总排放量的 65.8%。从行业分布来看，设备、家具和汽车制造 3 个行业的排放量均超过 3 万 t，合计占 81.5%。其中，设备制造行业 VOCs 排放主要集中在天津、新乡、淄博、滨州，约有 2.5 万家企业，VOCs 排放量为 7.4 万 t；家具制造行业 VOCs 排放主要集中在石家庄、廊坊、济宁、新乡、滨州，有 7400 余家企业，排放量为 4.3 万 t；汽车制造行业 VOCs 排放主要集中在天津、沧州、北京、郑州，有 7100 余家企业，排放量为 3.1 万 t。

汽车制造业中，轿车企业陆续完成或正进行涂装环节"沸石转轮吸附浓缩 + 蓄热式热力氧化（RTO）"减排升级改造；少部分货车驾驶舱生产线涂装环节完成了"沸石转轮吸附浓缩 +RTO"减排升级改造；大中型客车涂装环节大部分使用湿式水旋 + 多级过滤除湿联合装置去除漆雾后高空直排，烘干废气经收集后，通常经过 RTO 处理达标排放。船舶制造涂装 VOCs 产生源按受控情况分为有组织排放区域和无组织排放区域，VOCs 治理技术主要包括活性炭吸附 + 催化氧化、活性炭吸附 + 氮气脱附 + 低温冷凝等技术。木器家具制造涂装 VOCs 排放主要产生于木器家具喷涂、调漆和干燥过程，在喷涂废气治理方面，末端治理技术相对较差，多为低温等离子体、UV 光解或两种技术的组合。钢结构制造业由于基本为露天喷涂，VOCs 多为无组织排放，未经任何治理直接排放。工程机械制造涂装 VOCs 主要产生于结构件、小件、薄板件涂装和干燥环节，部分规模以上企业在结构件涂装过程中实现了 VOCs 有组织排放，部分中小企业仍采用地摊式喷涂，VOCs 无组织排放严重。船舶制造业主要采用活性炭吸附 + 催化氧化、活性炭吸附 + 氮气脱附 + 低温冷凝等技术 [68]。

工业涂装 VOCs 排放控制存在以下问题：源头控制力度不足，低 VOCs 含量涂料等原辅材料替代工作有待加强。我国工业涂料中水性、粉末等低 VOCs 含量涂料的使用比例不足 20%，低于欧美等发达国家和地区水平 40% ～ 60%；无组织排放问题突出，大部分企业对原辅材料存储、调配和使用未采取有效的管控措施，尤其是中小企业管理水平差，收集效率低，无组织逸散问题突出；末端处理设备简易低效，建设质量良莠不齐，应付治理、无效治理等现象突出。在部分地区，低温等离子、光催化、光氧化等低价设备应用达 80% 以上；运行管理不规范，普遍存在管理制度不健全、操作规程未建立、人员技术能力不足等问题，如活性炭长期不更换、燃烧温度达不到设计要求等。

3.8.2.4 印刷行业

2018 年“2+26”城市印刷行业 VOCs 排放量为 6.6 万 t，其中出版物印刷 VOCs 排放 2929t、印铁制罐 VOCs 排放 3654t、纸制品包装印刷 VOCs 排放 5042t、塑料软包装印刷 VOCs 排放 54058t。北京的印刷企业正逐渐迁出，其 VOCs 排放量仅占“2+26”城市印刷行业总排放量的 6.6%；天津被定位为北方包装印刷基地，其包装印刷行业所占比重较大，VOCs 排放量占比达到 31.6%；河北包装印刷企业数量较多，VOCs 排放量占比为 30.7%。不同印刷子行业的 VOCs 控制水平也存在较大差异，具体见表 3-53。

表 3-53 “2+26”城市印刷行业 VOCs 控制技术措施

行业	控制技术措施
出版物印刷	（1）源头控制：区域范围内多数企业已实现植物油基胶印油墨的全面替代，同时已将有机润湿液替换成无 / 低醇润湿液； （2）末端控制：主要使用活性炭吸附、UV 光解、等离子体、生物法以及各种技术串联的复合技术等，北京少部分大型企业采用了活性炭吸附 + 催化燃烧的方式
纸制品包装印刷	（1）源头控制：与出版物印刷相似； （2）末端控制：除北京外，其他省市大部分未实施有效的末端治理措施
塑料软包装印刷	末端控制：80% 以上企业已开展末端治理，但 RTO、溶剂回收等高效处理技术占比较低，为 11%。2016 年以来，减风增浓 + RTO/RCO+ 热能回用技术逐渐成为主流
印铁制罐	（1）源头控制：部分企业采用了水性涂料、水性油墨、UV 油墨等源头替代技术； （2）末端控制：有组织排放废气浓度高，达到 1 ～ 10g/m^3，末端治理设施主要针对烘干过程所产生的废气，涂布及印刷过程所产生的 VOCs 仍以无组织排放为主。目前，北京印铁制罐企业末端治理工艺以 RTO 为主，经实测去除效率较高，其他省市企业以活性炭吸附、UV 光解等治理技术为主，去除效率低

现场检测发现，一次性活性炭吸附、等离子体等处理工艺处理效率较低，再生式活性炭吸附和 RTO 的处理效率相对较高，但一次性投资成本和运行费用较高。因此，目前印刷行业 VOCs 废气的末端处理仍缺乏减排效果好、经济成本合理的技术路线。

综合分析表明，“2+26”城市石化、化工、工业涂装、印刷4个重点行业、15个子行业的VOCs排放特征、治理和监管中存在一些共性问题。大多数中小企业的源头控制推进缓慢，低VOCs含量的工业涂料使用比例不足20%，远低于欧美等发达国家和地区水平40%～60%；其过程控制松散，无组织排放严重，废气收集效率普遍较低；末端治理技术缺乏针对性，低价、低效的低温等离子、紫外光分解和疏于管理的活性炭吸附等处理技术占80%以上；由于缺乏有效的监管和评估方法，无法对污染防治不力的企业形成实质性的管控。

3.8.3 重点行业VOCs减排工艺和控制技术

基于“2+26”城市VOCs一次排放和二次污染特征，明确了关键控制物种及控制源；结合控制技术的实际减排效率及适用浓度范围，构建了针对重点行业及生产工艺的VOCs全过程污染防治技术体系。在源头削减方面，对原料进行控制，鼓励使用低毒、低害、低VOCs含量的原辅材料；在过程控制方面，加强原材料管理、提升生产工艺、安装废气收集系统、开展泄露检测；在末端治理方面，采用匹配的回收或破坏技术；在监测管理方面，建立企业自行监测制度，企业应建立台账记录制度、申报非正常工况，达到要求的排放口必须安装污染物排放在线监测系统。

3.8.3.1 石化行业

遵循源头削减、过程控制、末端处理和环境管理并重的原则，实现石化行业VOCs全过程污染控制。在源头削减方面，采用清洁原料和工艺；在过程控制方面，应全面改进LDAR检测技术，加强废水收集，严格控制油品呼吸和装卸损耗，同时建立环境事件应急预案；在末端处理方面，积极推进处理效率较高的组合处理技术，石油炼制废气中VOCs浓度小于30000mg/m^{3}时，一般采用燃烧（氧化）破坏法处理，当VOCs浓度大于或等于30000mg/m^{3}时，一般采用回收和破坏的组合技术，回收或处理装置的非甲烷总烃处理效率应大于95%；在监测管理方面，企业应建立管理台账，及时记录企业生产和污染处理设施的运行情况，同时自行建立企业立体监测体系，对不同环节VOCs排放进行实时监控，实现VOCs排放的精准溯源[69, 70]。

研究表明，动/静设备密封点泄露，有机液体储存与调和挥发损失，有机液体装卸挥发损失和废水集输、储存、处理处置过程逸散是石化企业VOCs排放的4个主要源项，其排放量占VOCs总排放的80%以上，是石化需要重点控制的污染环节[71-74]。因此，研究人员提出石化行业第一阶段优先控制措施及第二阶段污染防治措施（表3-54）。

此外，工艺有组织排放的VOCs应重点对源头进行控制，提高生产原料和工艺的清洁性与生产过程的密闭性，同时，需保障火炬在任何时候都能点燃并充分燃烧、无黑烟，使火炬燃烧效率>98%。

基于所提出的减排工艺和控制技术措施，以2017年为基准年，分3种情景（基本情景、一般控制情景、加严控制情景）对“2+26”城市石化行业（主要为炼油行业）VOCs的减排潜力进行模拟分析，估算了3种情景下2020年、2025年和2030年全国及“2+26”城市炼油行业VOCs减排潜力。基本情景为假设各地区实施《石油化学工业污染物排放标准》（GB 31571—2015）、《石油炼制工业污染物排放标准》（GB 31570—2015）和《挥发性有机物无组织排放控制标准》（GB 37822—2019）；一般控制情景假设国家和各地方进一步改进排放标准和排放政策，严格控制排放量；加严控制情景假设全国部分重点和非重点地区，同样实施最严格的控制政策和排放标准，最大限度地普及最佳控制技术（表3-55）。

表 **3-54** 石化行业第一阶段优先控制措施及第二阶段污染防治措施

排放源项	第一阶段优先控制措施	第二阶段污染防治措施
动/静设备密封点泄露	（1）对于尚未开展 LDAR 工作的企业，尽快开展 LDAR 工作； （2）对于已开展 LDAR 工作的企业，深化 LDAR 工作，强化质量控制，根据实际生产情况，采用减少或改变设备密封点的方法来控制 VOCs 的无组织排放	（1）开发和建立以 LDAR 数据库为核心的特色 LDAR 管理体系； （2）针对企业自行或委托第三方实施的 LDAR 计划，建立监督、管理和审计机制，保障 LDAR 质量和实施效果
有机液体储存与调和挥发损失	（1）合理选择罐型，优化罐体设计； （2）优先选择冷凝回收法＋膜分离技术＋水吸收法＋吸附法的组合工艺对有机物尽可能回收	（1）储罐局部升级改造； （2）升级处理工艺
有机液体装卸挥发损失	（1）挥发性有机液体装卸优先推荐采取全密闭装卸方式，严禁喷溅式装卸，优先采用底部装卸或液下装卸的方式； （2）整个装卸过程中应密闭装油； （3）设置油气收集、回收或处置装置，油气回收设施宜优先采用冷凝法、吸附法、膜分离法、吸收法等两种以上工艺形成组合工艺	（1）提升装车鹤管的密封性能； （2）升级处理工艺
废水集输、储存、处理处置过程逸散	（1）产生的含 VOCs 废水应接至废水回收或处理装置进行集中处理，同时，含 VOCs 废水在输送、储存、处理等过程中均应密闭； （2）优先选择活性炭吸附＋脱附＋燃烧法组合工艺对收集的有机废气进行处置	通过优化工艺操作和强化装置内处理，减少废水量和废水中 VOCs 含量

表 **3-55** 京津冀及周边地区石化行业不同控制情景

情景	排放环节	控制政策和技术		
		2020 年	2025 年	2030 年
基本情景	储罐	不同储罐类型比例为固定罐：外浮顶罐：内浮顶罐的比例为 3 ：4 ：3，重点地区执行 GB 31570—2015，其他地区控制措施与 2017 年之前一样	全部地区执行 GB 37822—2019 中对储罐 VOCs 排放控制要求	重点地区执行 GB 37822—2019 中对储罐提出的特别排放限制，其他地区执行一般排放标准
	废水处理	废水处理 VOCs 控制与 2017 年之前一样	重点地区执行 GB 37822—2019 中的废水液面 VOCs 控制要求	重点地区执行 GB 37822—2019 中的特别排放限制，其他地区执行 GB 37822—2019 中的一般控制要求
	泄漏排放	泄漏排放控制与 2017 年之前相同，泄漏认定浓度为 10000ppm	按照 GB 37822—2019 的规定，在重点地区用 LDAR 技术，泄漏认定浓度为 5000ppm	全部地区采用 LADR 技术，重点地区泄漏浓度认定为 2000ppm，其他地区泄漏浓度认定为 5000ppm
	有组织排放	重点地区执行 GB 31570—2015 中的有组织 VOCs 排放控制要求	全部地区执行 GB 31570—2015 中的有组织 VOCs 排放控制要求	重点地区执行 GB 31570—2015 中的特别排放限制，其他地区执行一般排放限制
一般控制情景	储罐	比例变成 2 ：4 ：4，执行基本情景下 2025 年的控制要求	比例变成 2 ：4 ：4，执行基本情景下 2030 年的控制要求	比例变成 1 ：5 ：4，全部地区执行储罐特别排放限制
	废水处理	重点地区执行 GB 37822—2019 中的废水液面 VOCs 控制要求	重点地区执行 GB 37822—2019 中的特别排放限制，其他地区执行 GB 37822—2019 中的一般控制要求	全部地区执行特别排放限制
	泄漏排放	重点地区执行 GB 37822—2019 中的 LDAR 技术；泄露排放认定浓度为 5000ppm	全部地区执行 LADR 技术，重点地区泄漏认定浓度为 2000ppm，其他地区泄漏认定浓度为 5000ppm	全部地区执行 LADR 技术，泄漏认定浓度为 2000ppm
	有组织排放	全部地区执行 GB 31570—2015 中的有组织 VOCs 排放控制要求	重点地区执行 GB 31570—2015 中的特别排放限制，其他地区执行一般排放限制	全部地区执行 GB 31570—2015 中的特别排放限制

续表

情景	排放环节	控制政策和技术		
		2020 年	2025 年	2030 年
加严控制情景	储罐	比例变成 2 ∶ 4 ∶ 4；在重点地区执行 GB 37822—2019 中的储罐特别排放限制	比例变成 1 ∶ 5 ∶ 4；在全部地区执行 GB 37822—2019 中的特别排放限制	比例变成 1 ∶ 4 ∶ 5；全部地区执行 GB 37822—2019 中的特别排放限制
	废水处理	全部地区执行 GB 37822—2019 中的废水液面 VOCs 控制要求	全部地区执行 GB 37822—2019 中的废水液面 VOCs 特别控制要求	全部地区执行 GB 37822—2019 中的废水液面 VOCs 特别控制要求
	泄漏排放	全部地区执行 GB 37822—2019 中提到的 LDAR 技术，全部地区泄露排放认定浓度为 2000ppm	全部地区执行 GB 37822—2019 中提到的 LDAR 技术，重点地区泄露排放认定浓度为 1000ppm，其他地区为 2000ppm	全部地区执行 GB 37822—2019 中的 LDAR 技术，全部地区泄露排放认定浓度为 1000ppm
	有组织排放	重点地区执行 GB 31570—2015 中的特别排放限制，其他地区执行一般排放限制	全部地区执行 GB 31570—2015 中的特别排放限制	全部地区执行 GB 31570—2015 中的特别排放限制

在基本情景下，由于河北曹妃甸炼化一体化项目逐步推进和实施，石化 VOCs 排放量将保持上升趋势，至 2025 年达到峰值 19.7 万 t，之后随着山东地区完成地炼整合转移以及其他地区实现落后产能淘汰和工艺的进步而逐年下降，至 2030 年下降到 18.8 万 t。一般控制情景可实现石化 VOCs 排放量的逐年减排。加严控制情景较一般控制情景石化 VOCs 减排效果更加显著，至 2020 年加严控制情景可减排到 10.0 万 t，减排量为 7 万 t，减排比例达到 41.2%，远高于对应一般控制情景的 11.6%。但当减排到一定程度后，加严控制情景排放量降低幅度显著减小，此时现有技术无法很有效地控制污染物排放，需考虑使用新技术或新设备等。

3.8.3.2 化工行业

针对各个重点子行业的 VOCs 排放，提出针对性的减排技术路线。

在制药行业，鼓励采用酶促法、酶裂解法、双水相萃取、液膜法等先进药品回收工艺；密闭生产，配套吸附浓缩 + 冷凝、吸收精馏、膜分离等回收方法。

在涂料、油墨、胶黏剂行业，使用低 VOCs 含量原辅材料；对进出料、物料输送、搅拌、固液分离、干燥、灌装等过程开展密闭化改造；含 VOCs 物料输送采用重力流或泵送方式，淘汰真空方式；有机液体进料采用底部、浸入管给料方式，淘汰喷溅式给料；采用压力罐、浮顶罐等替代固定顶罐；优先选用冷凝、吸附再生等回收技术，难以回收的，宜选用燃烧、吸附浓缩 + 燃烧等高效治理技术。

在煤化工行业，采用优质低硫煤；在可能的泄漏点位数大于 2000 的生产装置区，推行 LDAR 技术，减少装置无组织排放；采用浮顶罐代替固定顶罐，罐区和站台装车废气宜采用多级冷凝 + 多级吸附再生回收技术；工艺尾气宜采取颗粒物预过滤 +RTO+ 脱硫处理工艺或重新引入加热炉处理；废水池采取密闭加盖 +UV 光解 / 低温等离子 / 生物法等处理技术。

在橡胶制品行业，采用氮气硫化技术来提高硫化过程中的稳定性；使用低 VOCs 含量溶剂；投料、挤出、压延、成型、硫化和打磨工序开展密闭化改造，车间出口处实现微负压设计；依据各排放环节废气的浓度特征，筛选针对性的末端处理设备，包括 RTO、冷却脱硫、化学洗涤等技术。

基于煤化工、涂料、油墨、胶黏剂、制药、橡胶制品等典型化工行业共性排污环节的 VOCs 排放特征研究，研究人员提出了针对原辅料及产品储罐、装载、输送、投料、开停工与吹扫、设备组件泄漏、废水处理过程废气逸散等主要排放环节的第一阶段优先控制措施及第二阶段污染防治措施（表 3-56）。

表 3-56 化工行业第一阶段优先控制及第二阶段污染防治措施

典型环节	第一阶段优先控制措施	第二阶段污染防治措施
原辅料及产品	（1）按照国家《产业结构调整指导目录（2019 年本）》实施落后产能淘汰； （2）按照已经发布的标准政策要求，落实原料的水性、无溶剂等低 VOCs 含量产品替代以及生产线的密闭化、连续化、自动化改造	根据国家陆续出台的低 VOCs 含量限值标准要求，持续推进实施产品的全面低含量替代
储罐	（1）涂料、油墨及胶黏剂、制药行业按照各自的行业标准规定实施储罐的结构（罐型）改造升级，或者安装末端收集净化等有效措施，完成储罐呼吸气的全面收集净化，实现达标排放； （2）其他化工行业按照 VOCs 无组织排放标准要求实施储罐改造或收集治理，可根据企业实际情况选择冷凝回收法或焚烧法等工艺或组合工艺	（1）开展储罐改造和治理效果的跟踪核查，建立重点企业储罐信息数据库，做到一罐一档，动态申报，实时监管； （2）持续跟踪储罐呼吸气收集净化效果，按照新的标准规范要求对末端净化设施进行升级改造
装载	按照各自行业标准要求落实装载环节的升级改造和收集治理，包括： （1）采取全密闭装卸方式，严禁喷溅式装卸，优先采用底部装卸或液下装卸的方式； （2）设置油气收集、回收或处置装置，净化达标后排放	（1）推广使用高效的快速干式接头，大幅减少装载过程的泄漏挥发； （2）持续跟踪升级末端处理工艺
输送	（1）原辅物料输送全面密闭化或管道化改造； （2）对输送管道组件的密封点进行泄漏检测，泄漏检测值不超过 500mmol/mol	（1）VOCs 原料、中间产品、成品等转料采用无泄漏物料泵替代真空转料； （2）对于重点 VOCs 存储场地的废气，根据实际浓度情况推进收集净化改造
投料	（1）投料过程实施密闭化改造； （2）采用高位槽 / 中间罐投加物料时，配置蒸气平衡管，使投料尾气形成闭路循环，消除投料过程无组织排放，或将投料尾气有效收集至 VOCs 废气处理系统	在重点投料节点安装 VOCs 浓度传感器，实时监控投料密闭性及排放情况，适时对收集效果进行升级改造
开停工与吹扫	载有 VOCs 物料的设备及其管道在开停工（车）、检维修时，在退料阶段将残存物料退净，并用密闭容器盛装，退料过程废气排至 VOCs 废气收集处理系统	进一步加强对停车以后涉 VOCs 废气排放的收集治理，建议针对该环节逐步试点现场移动式焚烧净化等方式，最大程度上杜绝停车后的废气排放
设备组件泄漏	（1）按照行业标准要求及无组织排放标准要求严格实施 LDAR； （2）建立 LDAR 台账管理系统	逐步探索试点 LDAR 企业内审 + 管理部门外审的两级审核监管制度，确保 LDAR 工作实效，避免形式主义
废水处理	（1）根据无组织标准要求，达到密闭条件的废水池全面落实密闭化改造； （2）对高浓度废水处理、废气排放实施活性炭脱附 + 燃烧法组合工艺等高效净化	持续跟踪废水处理 VOCs 净化设施效果，适时升级改造

“2+26”城市化工行业的 VOCs 减排主要来源于实施 LDAR、罐区呼吸气回收净化、工艺尾气处理等提标改造工作；散乱污整治、秋冬季节重污染应急；部分“三高”小化工企业的清理、整顿。但化工行业整体减排效果不理想，2017 年 VOCs 减排量约为 1.2 万 t。基于所提出的减排工艺和控制技术措施，预计到 2020 年、2025 年、2030 年 VOCs 减排量分别可达 2.4 万 t、3.6 万 t 和 6.0 万 t，相较于 2018 年减排比例在 4% ～ 10%。

3.8.3.3 工业涂装行业

“2+26”城市工业涂装涉及设备制造、家具制造、汽车制造等诸多的国民经济行业，VOCs 排放量大，废气中富含苯系物、含氧有机物等光化学反应活性大、毒性大的物质，应当予以重点控制。针对工业涂装低浓度、间歇式的行业 VOCs 排放特点，“2+26”城市工业涂装须建立涵盖原辅材料、工艺过程、无组织排放、有组织排放到治理设施的全过程控制体系。

就近期而言，“2+26”城市应重点针对源头控制力度不足的问题，加大源头替代力度。制定工业涂装重点行业低 VOCs 含量涂料产品推广替代工作方案，强化汽车、集装箱、家具、工程机械、船舶、电子产品等制造行业源头替代。实施差异化管理，激励企业能动性，加快使用粉末、水性、高固体分、辐射固化等低 VOCs 含量替代溶剂型涂料，技术成熟的行业到 2020 年底前基本完成。工业涂装行业 VOCs 污染防治路线见表 3-57。

表 3-57 工业涂装行业 VOCs 污染防治路线

行业	污染防治路线
汽车制造	（1）针对新建生产线，推荐选择高固体分三涂一烘（3C1B）、水性 3C1B、水性免中涂等涂装工艺； （2）针对已建生产线，推荐改造成高固分 3C1B 工艺； （3）推荐建设溶剂回收系统、喷房送排风再循环利用系统
木器家具制造	（1）针对形状规则平整的木器家具，建议使用 UV 涂料、水性涂料、粉末涂料等低 VOCs 含量的涂料，配套使用辊涂、浸涂、淋涂、静电喷涂等高效涂装技术； （2）对于形状不规则的木器家具，可实施部分或全部水性化
船舶制造	（1）改造密闭式自动化喷涂； （2）推广使用水性无机富锌车间底漆技术
集装箱制造	（1）推进涂料的水性化，采用高效辊涂工艺； （2）在材料预处理工序，建设有机废气收集和催化燃烧、溶剂回收等治理装置
卷材制造	（1）采用高效辊涂工艺； （2）对于烘干废气，建设催化燃烧和热能回用等末端治理设施；
工程机械制造	采用机器人喷涂、静电喷涂工艺等喷涂技术
钢结构制造	推广高压无气喷涂、空气辅助无气喷涂、热喷涂等高涂着效率的涂装技术

从长期来看，考虑到不同行业的工业涂装工序 VOCs 排放环节、排放特征以及适用的污染控制技术差别较大，建议在汽车、集装箱、家具、船舶、工程机械、钢结构、卷材制造七大行业基础之上，依据涂料生产、消费的宏观情况，进一步细分“2+26”城市工业涂装行业门类，更有针对性地制定全过程管控方案。

基于所提出的减排工艺和控制技术措施，在确保方案得以推进的情况下，预计到 2020 年、2025 年、2030 年和 2035 年“2+26”城市工业涂装 VOCs 减排量分别为 3.6 万 t、5.4 万 t、9.0 万 t 和 10.8 万 t，相较于 2018 年减排比例在 10% ～ 30%。

3.8.3.4 印刷行业

综合考虑不同类型印刷企业 VOCs 排放情景、排放特征和治理成本可接受能力，出版物印刷和纸包装印刷应采用以源头替代技术为主的减排技术路线，塑料软包装印刷和金属包装印刷应采用以末端治理技术为主的减排技术路线。

对于出版物印刷和纸包装印刷企业，推荐采用植物油基胶印油墨 + 无 / 低醇润湿液 + 自动清洗橡皮布技术；植物油基胶印油墨 + 无水胶印技术 + 自动清洗橡皮布技术；植物油基胶印油墨 + 零醇润版胶印技术 + 自动清洗橡皮布技术；植物油基胶印油墨 + 无 / 低醇润湿液 + 自动清洗橡皮布 + 烘箱自带二次燃烧技术；水性光油替代技术 5 条技术路线[75]。

对于包装印刷企业，推荐采取辐射固化油墨替代 + 零醇润版胶印技术；辐射固化油墨替代 + 无 / 低醇润湿液；水性柔印油墨替代技术；水性凹印油墨 + 吸附技术 + 燃烧技术；吸附技术 + 冷凝回收技术；减风增浓 + 燃烧技术；吸附技术 + 燃烧技术；无溶剂复合技术；共挤出复合技术；水性胶黏剂替代技术 10 条减排技术路线。

对于印铁制罐企业，推荐采取 UV 胶印油墨 + 无 / 低醇润版液 + 自动橡皮布清洗 +UV 光油；溶剂型涂料 + 蓄热燃烧；水性柔印油墨 + 水性涂料 + 蓄热燃烧 / 催化燃烧 3 条技术路线。基于技术成熟度、企业投入和需要配套建立的设施，提出以下第一阶段优先控制措施及第二阶段污染防治措施（表 3-58）。

表 3-58 印刷行业第一阶段优先控制措施及第二阶段污染防治措施

印刷工艺	印刷类型	第一阶段优先控制措施	第二阶段污染防治措施
平版印刷	适用于书刊、报纸、本册、纸包装等的平版印刷工艺	植物油基胶印油墨替代技术＋无/低醇润湿液替代技术＋自动橡皮布清洗技术	（1）植物油基胶印油墨替代技术＋零醇润版胶印技术＋自动橡皮布清洗技术； （2）植物油基胶印油墨替代技术＋无水胶印技术＋自动橡皮布清洗技术
	适用于纸包装的平版印刷工艺，不适用于直接接触食品的产品的印刷	辐射固化油墨替代技术＋零醇润版胶印技术＋自动橡皮布清洗技术	—
	适用于纸包装、标签、票证的平版印刷工艺	辐射固化油墨替代技术＋无/低醇润湿液替代技术＋自动橡皮布清洗技术	—
	适用于书刊、本册的热固轮转胶印工艺	植物油基胶印油墨替代技术＋无/低醇润湿液替代技术＋自动橡皮布清洗技术＋二次燃烧技术	—
凹版印刷	适用于塑料表印、塑料轻包装及纸张凹版印刷工艺	（1）旋转式分子筛吸附浓缩+RTO； （2）活性炭吸附＋热气流再生+CO	（1）水性凹印油墨替代技术； （2）活性炭吸附＋热氮气再生＋冷凝回收
	适用于溶剂型凹版印刷工艺烘箱有组织废气与其他无组织废气混合后处理	（1）旋转式分子筛吸附浓缩+RTO； （2）减风增浓+RTO/CO	—
凸版印刷	适用于溶剂型凸版印刷工艺废气处理	（1）旋转式分子筛吸附浓缩+RTO； （2）活性炭吸附＋热气流再生+CO	水性凹印油墨替代技术
	适用于纸包装、标签、票证等的凸版印刷	水性凸印油墨替代技术	—
	适用于标签、票证等的凸版印刷，不适用于直接接触食品的产品的印刷	辐射固化油墨替代技术	—
丝网印刷	适用于标签、票证等的丝网印刷	辐射固化油墨替代技术	—
	适用于包装印刷的复合工序	无溶剂复合技术	—
	适用于热融塑料与塑料复合	共挤出复合技术	—
	适用于轻包装制品，如方便面、膨化食品覆膜工艺，适用于纸包装的复合工艺	水性胶黏剂替代技术	—
	适用于复工艺废气处理	减风增浓+RTO/CO	活性炭吸附＋热氮气再生＋冷凝回收
上光	适用于书刊、画册、食品包装、药品包装等纸张印刷的上光工艺	水性光油替代技术	—
	适用于纸张及金属的上光工艺，不适用于直接接触食品的产品的上光工艺	UV 光油替代技术	—

基于所提出的减排技术路线和技术措施，在确保方案得以推进的情况下，预计到2020年、2025年和2030年“2+26”城市印刷行业VOCs减排量分别为1.3万t、2.6万t和5.3万t，相较于2018年减排比例分别为20%、40%和80%。

综上所述，石化、化工、工业涂装和印刷4个重点行业应进一步强化VOCs管控力度，实现VOCs持续减排。一是推行“一厂一策”制度，实施精细化管控，“2+26”城市应加强对企业帮扶指导，对于本地污染物排放量较大的企业，组织专家提供专业化技术支持，严格把关，指导企业编制切实可行的污染治理方案，明确原辅材料替代、工艺改进、无组织排放管控、废气收集、治污设施建设等全过程减排要求，测算投资成本和减排效益。二是针对无组织排放问题突出的现象，严格执行《挥发性有机物无组织排放控制标准》（GB 37822—2019），强化无组织排放管控。全面加强含VOCs物料储存、转移和输送等环节的VOCs管控。遵循“应收尽收、分质收集”的原则，科学设计废气收集系统，将无组织排放转变为有组织排放进行控制。编制VOCs废气收集相关技术文件，明确各行业废气收集系统设计、安装、运行、维护等具体技术要求。

加快推广紧凑式涂装工艺、先进涂装技术和设备。三是推进建设适宜高效的治污设施。企业新建治污设施或对现有治污设施实施改造，应依据排放废气的浓度、组分、风量、温度、湿度、压力以及生产工况等，合理选择治理技术，规范工程设计。鼓励企业采用多种技术的组合工艺，提高 VOCs 的治理效率。

3.8.4 VOCs 关键控制物种及其关键排放源

根据我国国民经济行业分类标准，将京津冀地区人为源 VOCs 的排放源划分为移动源、生物质燃烧、固定化石燃料燃烧、工艺过程和溶剂使用五大类四级共 152 个子类的 VOCs 排放源分类体系[76-78]，结合部分“2+26”城市污染源实地调研数据和本书研究建立的人为源 VOCs 排放源成分谱库[79]，得到了“2+26”城市人为源 VOCs 分组分排放清单。

2018 年，“2+26”城市排放量前十的 VOCs 物种依次为苯乙烯、甲苯、丙酮、乙烷、间/对二甲苯、乙烯、苯、乙醇、乙苯和丙烷，它们占区域 VOCs 排放总量的 42.4%，其中芳香烃和烷烃是人为源 VOCs 排放量最大的两类 VOCs。工业过程是几类占比较高 VOCs 组分的主要来源，对烷烃、芳香烃、卤代烃、大气中含氧挥发性有机物（OVOCs）的贡献分别达到了 52.8%、48.4%、37.5%、53.8%，是人为源 VOCs 排放控制的重点。移动源也是 VOCs 的重要来源，对烯烃和炔烃的贡献为 30.3%、对卤代烃为 21.9%、对芳香烃为 19.8%。固定化石燃料燃烧对不饱和烃类，如烯烃和炔烃有较大贡献，分别为 33.2% 和 30.4%，但对 OVOCs 和卤代烃几乎没有贡献。

基于所建立的 VOCs 分组分排放清单，采用参数化方法，利用不同 VOCs 物种的最大增量反应活性和 SOA 产率，通过物种排放量与对应最大增量反应活性和 SOA 产率相乘的方法估算得到了人为源 VOCs 排放的 O_3 和 SOA 生成潜势，如图 3-89 所示。结果显示，O_3 生成潜势高值区主要分布在北京南部，天津东南沿海，河北石家庄及邯郸，河南郑州及焦作，山东济南，济宁西部及淄博，山西太原东南部；SOA 生成潜势的高值区主要分布在北京南部，天津东南部，山东济南、淄博，山西太原和河南郑州等地。

结合不同 VOCs 物种对 O_3 和 SOA 生成潜势的贡献及其来源，提出“2+26”城市 VOCs 关键控制物种及其排放源。研究发现，O_3 控制的关键物种为乙烯、间/对二甲苯、丙烯、甲苯、邻二甲苯、甲醛、1,2,4-三甲基苯、苯乙烯、乙醛和乙苯，关键控制源为小客车、轻型货车、炼焦、秸秆燃烧、塑料制造；SOA 的关键控制物种为甲苯、正十二烷、苯乙烯、正十一烷、间/对二甲苯、正葵烷、邻二甲苯、乙苯、甲基环己烷、正壬烷，关键控制源分别为小客车、炼焦、轻型货车、建筑材料制造、沥青铺路、泡沫塑料、建筑表面涂装、炼铁、重型货车和加油站，“2+26”城市人为源 VOCs 关键控制物种与关键控制源见表 3-59。所提出的重点行业减排工艺、控制技术和关键控制物种支撑了《重点行业挥发性有机物综合治理方案》的制定和发布。

3.8.5 重点行业 VOCs 综合监管方案

3.8.5.1 VOCs 排放标准评估及修订建议

美国、欧盟开展 VOCs 污染控制较早，分别制定了 VOCs 排放标准，形成了各自的标准体系[80-84]。美国针对 VOCs 制定了新固定源排放标准（NSPS）和有毒空气污染物排放标准（NESHAP）等，欧盟 VOCs 排放控制主要包括通用指令（有机溶剂使用指令 1999/13/EC，涂料指令 2004/42/EC）和行业指令（汽油储存和配送指令 94/63/EC、综合污染预防与控制指令 96/61/EC、2008/1/EC）两类。日本国内没有单独发布针对 VOCs 的法规，主要是基于《大气污染防治法》、《恶臭防止法》和《工业安全卫生法》三部法规中的相关条例控制工业生产过程中的 VOCs 排放；仅在《大气污染防治法》中明确了苯、三氯乙烯和四氯乙烯 3 种 VOCs 的排放需配备控制措施。韩国在 2003 年颁布了《公用设施室内空气控制法案》，其中就有 VOCs

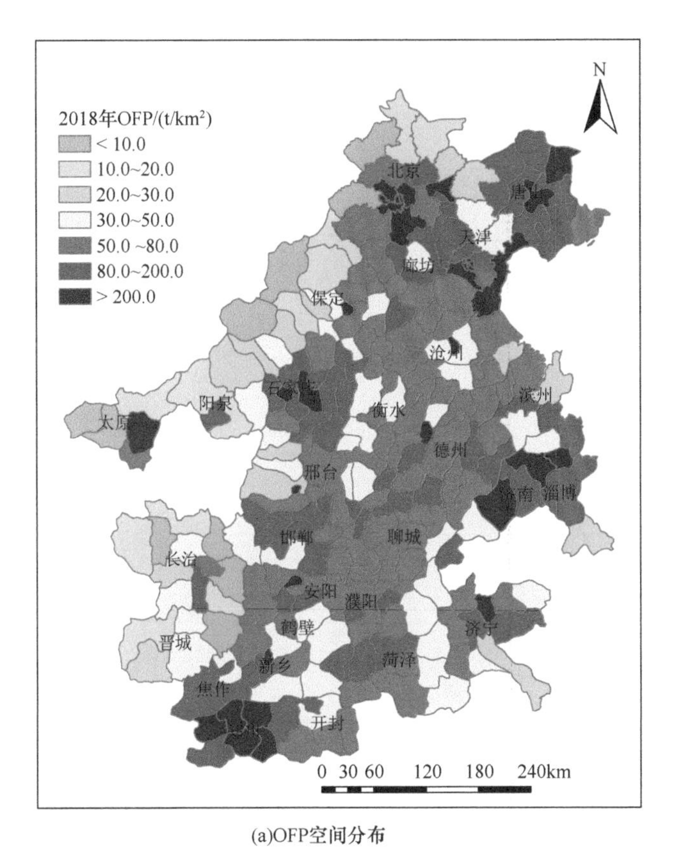

(a)OFP空间分布

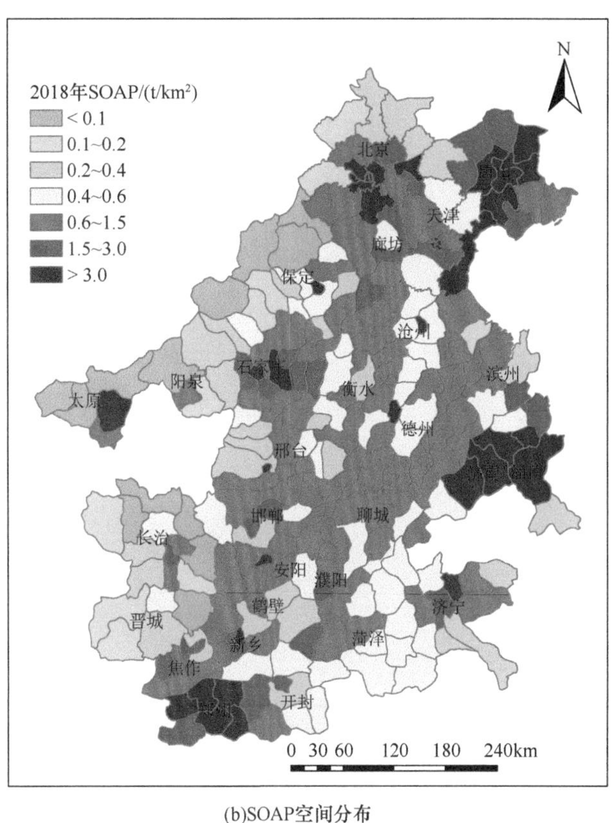

(b)SOAP空间分布

图 3-89 “2+26”城市 O_3 生成潜势（OFP）和 SOA 生成潜势（SOAP）空间分布

控制条例；2007 年又出台了《清洁空气保护法案》来增强对 VOCs 的管控力度。

我国对 VOCs 监管的综合标准为《大气污染物综合排放标准》（GB 16297—1996），其规定了 14 种有机物及非甲烷总烃综合指标的排放标准，但标准限值较为宽松，已无法满足目前大气污染防治的需求。近年来，我国出台了一批国家排放标准，如《石油炼制工业污染物排放标准》（GB 31570—2015）、《石油化学工业污染物排放标准》（GB 31571—2015）、《合成树脂工业污染物排放标准》（GB 31572—2015）3 项，2016 年又增加了《烧碱、聚氯乙烯工业污染物 排放标准》（GB 15581—2016），目前涉及 VOCs 的固定源污染物排放国家标准已经扩展至 15 项，正在制定中的 VOCs 排放标准近 20 项。新标准的制定强调从源头、过程和末端进行全过程控制，严格了常规污染物的排放限值，大幅度增加了涉及 VOCs 的控制项目，重视无组织排放控制，实行排放限值与管理性规定并重的原则，明确了无组织排放的管理要求。近年来，诸多省（自治区、直辖市）根据各地产业结构和减排方向，明显加大了 VOCs 地方排放标准的制定力度，其成为各地推动 VOCs 减排的主要依据。北京已发布与 VOCs 有关的排放标准 13 项，上海已发布 9 项、广东已发布 5 项、重庆已发布 4 项、天津已发布 3 项、河北已发布 2 项、浙江已发布 3 项、江苏已发布 3 项、山东已发布 1 项。

通过比较评估我国与国外石化行业 VOCs 排放标准发现，我国 VOCs 排放控制虽然起步晚，但对 VOCs 排放控制力度相当大，接连发布的国家新标准及地方标准对石化企业的 VOCs 排放标准要求高，对 VOCs 污染排放管控的严格程度已经不亚于发达国家。因此，建议重点考虑这些标准的实施和落地，近期可不考虑排放标准的修改。化工行业中，我国先后发布实施《橡胶制品工业污染物排放标准》（GB 27632—2011）、《炼焦化学工业污染物排放标准》（GB 16171—2012）、《涂料、油墨及胶粘（黏）剂工业大气污染物排放标准》（GB 37824—2019）、《制药工业大气污染物排放标准》（GB 37832—2019）和《农药制造工业大气污染物排放标准（GB 39727—2020）》，煤化学工业污染物排放标准正在制定过程中，这 6

表 3-59 “2+26”城市人为源 VOCs 关键控制物种与关键控制源（基于 2017 年）

城市	基于 OFP 的人为源 VOCs 关键控制物种与关键控制源		基于 SOAP 的人为源 VOCs 关键控制物种与关键控制源	
北京	间/对二甲苯、甲苯、乙烯、丙烯、1,2,4-三甲基苯、甲醛、邻二甲苯、乙苯、乙醛、间乙基甲苯、乙醇、顺-2-丁烯、1-丁烯、1,3-丁二烯、1,2,3-三甲基苯、1,3,5-三甲基苯、反-2-丁烯	小汽车、重型货车、涂料生产、轻型货车、涂装行业、塑料软包装、工程机械、烹饪、石油精炼、加油站－汽油	甲苯、正癸烷、间/对二甲苯、正十二烷、乙苯、正壬烷、正十一烷、邻二甲苯、甲基环己烷、间乙基甲苯、苯乙烯、1,3-丁二烯、正辛烷	塑料软包装、小汽车、重型货车、涂料生产、集成电路喷涂、轻型货车、工程机械、石油精炼、建筑喷涂、加油站－汽油、涂装行业、农村生活散煤
天津	间/对二甲苯、1,2,4-三甲基苯、甲苯、丙烯、乙烯、邻二甲苯、甲醛、乙苯、间乙基甲苯、苯乙烯、甲基异丁基甲酮、乙醛、1,2,3-三甲基苯	轻型货车、小汽车、涂料生产、钢结构喷涂、公交车喷涂、石油精炼、轮胎生产、农用机械、重型货车、摩托车喷涂	甲苯、间/对二甲苯、正十二烷、苯乙烯、邻二甲苯、正癸烷、乙苯、正十一烷、正壬烷、甲基环己烷、间乙基甲苯、正辛烷、1,2,4-三甲基苯、1,3-丁二烯	钢结构喷涂、轻型货车、小汽车、涂料生产、平板玻璃生产、公交车喷涂、石油精炼、化学纤维、塑料软包装、农用机械、重型货车、轮胎生产、摩托车喷涂
石家庄	乙烯、丙烯、间/对二甲苯、苯乙烯、甲苯、1,2,4-三甲基苯、甲醛、乙醛、邻二甲苯、间乙基甲苯、1-丁烯、顺-2-丁烯、1,2,3-三甲基苯、1,3,5-三甲基苯、1,3-丁二烯、乙苯	小汽车、轻型货车、涂料生产、泡沫塑料生产、农用机械、化学原料生产、砖瓦烧制、石油精炼、钢结构喷涂、工业小锅炉、秸秆燃烧与露天焚烧	甲苯、苯乙烯、正十二烷、间/对二甲苯、正癸烷、正十一烷、邻二甲苯、正壬烷、甲基环己烷、乙苯、间乙基甲苯、丙酮、正辛烷、1,3-丁二烯	小汽车、泡沫塑料生产、轻型货车、涂料生产、农用机械、平板玻璃生产、化学纤维、化学原料生产、水泥、钢结构喷涂、石油精炼、农村生活散煤、炼焦
唐山	甲苯、间/对二甲苯、乙烯、丙烯、甲基异丁基甲酮、邻二甲苯、苯乙烯、乙苯、甲醛、1,2,4-三甲基苯、1-丁烯、乙醛、顺-2-丁烯、丙醛、1,2,3-三甲基苯、1,3-丁二烯、间乙基甲苯、1,3,5-三甲基苯、反-2-丁烯	钢结构喷涂、小汽车、化学纤维、轻型货车、炼焦、农用机械、秸秆燃烧与露天焚烧、建筑卫生陶瓷生产、砖瓦烧制、炼钢炼铁、工业小锅炉	甲苯、苯乙烯、间/对二甲苯、正十二烷、邻二甲苯、乙苯、正十一烷、正癸烷、甲基环己烷、正壬烷、1,3-丁二烯、正庚烷、甲基异丁基甲酮、间乙基甲苯	化学纤维、钢结构喷涂、小汽车、炼焦、轻型货车、农村生活散煤、建筑卫生陶瓷生产、炼钢炼铁、农用机械、平板玻璃生产、水泥
廊坊	1,2,4-三甲基苯、间/对二甲苯、乙烯、甲苯、丙烯、间乙基甲苯、邻二甲苯、甲醛、乙醛	涂料生产、小汽车、轻型货车、工业小锅炉、钢结构喷涂、农用机械、秸秆燃烧与露天焚烧、家具喷涂	甲苯、正十二烷、正癸烷、间/对二甲苯、正壬烷、邻二甲苯、苯乙烯、正十一烷、甲基环己烷、间乙基甲苯、正辛烷、乙苯	涂料生产、小汽车、塑料软包装、轻型货车、钢结构喷涂、平板玻璃生产、农用机械、家具喷涂、工业小锅炉
保定	乙烯、丙烯、间/对二甲苯、甲苯、甲醛、乙醛、1,2,4-三甲基苯、1-丁烯、邻二甲苯	小汽车、秸秆燃烧与露天焚烧、轻型货车、秸秆露天焚烧、工业小锅炉、砖瓦烧制、涂料生产、炼焦、农用机械	甲苯、正十二烷、间/对二甲苯、正癸烷、正十一烷、邻二甲苯、苯乙烯、乙苯、甲基环己烷、正壬烷	小汽车、轻型货车、炼焦、化学纤维、平板玻璃生产、工业小锅炉、涂料生产、砖瓦烧制、农村生活散煤、秸秆燃烧与露天焚烧、农用机械、塑料软包装、轿车喷涂
沧州	乙烯、丙烯、间/对二甲苯、甲苯、甲醛、1,2,4-三甲基苯、邻二甲苯、乙醛、1-丁烯	小汽车、轻型货车、秸秆燃烧与露天焚烧、钢结构喷涂、石油精炼、秸秆露天焚烧、涂料生产、农用机械、炼焦	甲苯、正十二烷、间/对二甲苯、正癸烷、邻二甲苯、苯乙烯、正十一烷、甲基环己烷、正壬烷、乙苯	小汽车、钢结构喷涂、轻型货车、农村生活散煤、石油精炼、炼焦、塑料软包装、平板玻璃生产、涂料生产、农用机械、秸秆燃烧与露天焚烧
衡水	乙烯、丙烯、甲醛、甲苯、间/对二甲苯、乙醛、1,2,4-三甲基苯、1-丁烯、邻二甲苯	秸秆燃烧与露天焚烧、小汽车、秸秆露天焚烧、轻型货车、涂料生产、建筑卫生陶瓷生产、工业小锅炉、砖瓦烧制	甲苯、正十二烷、间/对二甲苯、正癸烷、邻二甲苯、正十一烷、甲基环己烷、正壬烷、苯乙烯、1,3-丁二烯	小汽车、农村生活散煤、建筑卫生陶瓷生产、轻型货车、涂料生产、秸秆燃烧与露天焚烧、炼焦、平板玻璃生产、塑料软包装、秸秆露天焚烧、农用机械、工业小锅炉
邢台	乙烯、丙烯、间/对二甲苯、甲苯、甲醛、乙醛、1,2,4-三甲基苯、1-丁烯、邻二甲苯、1,3-丁二烯	小汽车、秸秆燃烧与露天焚烧、秸秆露天焚烧、轻型货车、平板玻璃生产、工业小锅炉、炼焦、砖瓦烧制	甲苯、正十二烷、正十一烷、正癸烷、间/对二甲苯、邻二甲苯、正壬烷、苯乙烯、甲基环己烷、1,3-丁二烯、乙苯、间乙基甲苯、苯	平板玻璃生产、农村生活散煤、小汽车、炼焦、轻型货车、秸秆燃烧与露天焚烧、涂料生产、工业小锅炉

续表

城市	基于 OFP 的人为源 VOCs 关键控制物种与关键控制源		基于 SOAP 的人为源 VOCs 关键控制物种与关键控制源	
邯郸	乙烯、丙烯、间 / 对二甲苯、甲苯、甲醛、邻二甲苯、乙醛、1,2,4- 三甲基苯、1- 丁烯、苯乙烯、甲基异丁基甲酮	钢结构喷涂、小汽车、秸秆燃烧与露天焚烧、轻型货车、秸秆露天焚烧、工业小锅炉、涂料生产	甲苯、正十二烷、间 / 对二甲苯、苯乙烯、邻二甲苯、正十一烷、正癸烷、乙苯、甲基环己烷、正壬烷、1,3- 丁二烯、间乙基甲苯、苯	钢结构喷涂、小汽车、农村生活散煤、轻型货车、平板玻璃生产、涂料生产、炼焦、农用机械、秸秆燃烧与露天焚烧、工业小锅炉
太原	乙烯、丙烯、间 / 对二甲苯、甲苯、邻二甲苯、1,2,4- 三甲基苯、甲醛、1- 丁烯	小汽车、炼焦、轻型货车、石墨及碳素生产、钢结构喷涂、工业小锅炉、农用机械、发电、工程机械	甲苯、正十二烷、间 / 对二甲苯、邻二甲苯、甲基环己烷、正癸烷、正十一烷、乙苯、正壬烷、苯乙烯、正庚烷	炼焦、小汽车、石墨及碳素生产、轻型货车、钢结构喷涂、农用机械、农村生活散煤、工程机械、工业小锅炉、平板玻璃生产
阳泉	乙烯、丙烯、间 / 对二甲苯、甲苯	小汽车、轻型货车、石墨及碳素生产、工业小锅炉、钢结构喷涂、炼焦、农用机械、秸秆燃烧与露天焚烧、发电、工程机械	甲苯、正十二烷、间 / 对二甲苯、邻二甲苯	小汽车、轻型货车、炼焦、石墨及碳素生产、钢结构喷涂、水泥、农用机械、农村生活散煤、工程机械、工业小锅炉
长治	乙烯、丙烯、甲苯、间 / 对二甲苯、甲醛、邻二甲苯、1- 丁烯、乙醛、1,2,4- 三甲基苯	炼焦、小汽车、秸秆燃烧与露天焚烧、轻型货车、石墨及碳素生产、秸秆露天焚烧、钢结构喷涂	甲苯、正十二烷、间 / 对二甲苯、邻二甲苯、甲基环己烷、正十一烷、正癸烷	炼焦、小汽车、平板玻璃生产、石墨及碳素生产、轻型货车、钢结构喷涂、农村生活散煤、水泥
晋城	丙烯、乙烯、间 / 对二甲苯、甲苯、甲醛、邻二甲苯、乙醛	小汽车、合成氨生产、轻型货车、石墨及碳素生产、秸秆燃烧与露天焚烧、秸秆露天焚烧、工业小锅炉、钢结构喷涂、农用机械、发电	甲苯、正十二烷、间 / 对二甲苯、邻二甲苯、正癸烷	小汽车、合成氨生产、石墨及碳素生产、轻型货车、钢结构喷涂、农用机械、工程机械、工业小锅炉、炼焦
济南	邻二甲苯、间/对二甲苯、乙烯、丙烯、甲苯、乙苯、甲醛、1,2,4- 三甲基苯、乙醛、1- 丁烯、间乙基甲苯、顺 -2- 丁烯、1,2,3- 三甲基苯、异丁烯、1,3- 丁二烯、2,4- 二甲基戊烷、1,3,5- 三甲基苯、苯乙烯、反 -2- 戊烯、反 -2- 丁烯	石墨及碳素生产、小汽车、轻型货车、秸秆燃烧与露天焚烧、石油精炼、农用机械、重型货车	甲苯、邻二甲苯、正十二烷、间/对二甲苯、乙苯、正癸烷、甲基环己烷、正十一烷、正壬烷、苯乙烯、间乙基甲苯、1,3- 丁二烯、正庚烷、正辛烷	石墨及碳素生产、小汽车、塑料软包装、轻型货车、农村生活散煤、道路铺装、平板玻璃生产、石油精炼、农用机械、重型货车、公交车喷涂
淄博	乙烯、甲苯、丙烯、间 / 对二甲苯、甲醛、1,2,4- 三甲基苯、邻二甲苯、1,3- 丁二烯、1- 丁烯、乙醛	小汽车、石油精炼、化学原料生产、轻型货车、塑料软包装、秸秆燃烧与露天焚烧	甲苯、正十二烷、正癸烷、正十一烷、间 / 对二甲苯、正壬烷、甲基环己烷、邻二甲苯、丙酮、苯乙烯、1,3- 丁二烯、乙苯	塑料软包装、小汽车、石油精炼、平板玻璃生产、水泥、化学原料生产、化学纤维、轻型货车、农村生活散煤
济宁	乙烯、间 / 对二甲苯、丙烯、邻二甲苯、甲苯、甲醛、乙醛、1,2,4- 三甲基苯、1- 丁烯、乙苯	石墨及碳素生产、小汽车、秸秆燃烧与露天焚烧、轻型货车、轮胎生产、炼焦、砖瓦烧制	甲苯、正十二烷、邻二甲苯、间/对二甲苯、乙苯、正十一烷、正癸烷、甲基环己烷、苯乙烯、正壬烷、1,3- 丁二烯、间乙基甲苯、正庚烷	石墨及碳素生产、小汽车、农村生活散煤、轻型货车、炼焦、轮胎生产、塑料软包装、秸秆燃烧与露天焚烧
德州	乙烯、间 / 对二甲苯、丙烯、邻二甲苯、甲苯、甲醛、乙醛、乙苯、1,2,4- 三甲基苯、1- 丁烯	秸秆燃烧与露天焚烧、石墨及碳素生产、小汽车、衣物印染、轻型货车、秸秆燃烧与露天焚烧、合成氨生产	甲苯、间 / 对二甲苯、邻二甲苯、正十二烷、正癸烷、乙苯、正十一烷、甲基环己烷、正壬烷、苯乙烯、1,3- 丁二烯	石墨及碳素生产、塑料软包装、衣物印染、小汽车、轻型货车、秸秆燃烧与露天焚烧、农村生活散煤、石油精炼
聊城	乙烯、丙烯、间 / 对二甲苯、甲苯、甲醛、1,2,4- 三甲基苯、乙醛、邻二甲苯、1- 丁烯	秸秆燃烧与露天焚烧、小汽车、涂料生产、轻型货车、工业集中燃煤、钢结构喷涂、工业小锅炉、秸秆露天焚烧、砖瓦烧制	甲苯、正十二烷、间 / 对二甲苯、邻二甲苯、正癸烷、正十一烷、正壬烷、乙苯、苯乙烯、甲基环己烷、间乙基甲苯、1,3- 丁二烯	小汽车、农村生活散煤、涂料生产、轻型货车、钢结构喷涂、秸秆燃烧与露天焚烧、工业集中燃煤、石墨及碳素生产、塑料软包装、工业小锅炉

续表

城市	基于 OFP 的人为源 VOCs 关键控制物种与关键控制源		基于 SOAP 的人为源 VOCs 关键控制物种与关键控制源	
滨州	间/对二甲苯、乙烯、邻二甲苯、甲苯、甲醛、丙烯、丙酮、乙醇、乙苯、乙酸乙酯、1,2,4- 三甲基苯	石墨及碳素生产、化学原料生产、小汽车、秸秆燃烧与露天焚烧、石油精炼、轮胎生产、轻型货车、炼焦	甲苯、丙酮、邻二甲苯、正十二烷、间/对二甲苯、乙苯、甲基环己烷、正十一烷、正癸烷、苯乙烯、正壬烷、正庚烷、1,3- 丁二烯	石墨及碳素生产、化学原料生产、炼焦、石油精炼、小汽车、轮胎生产、沥青生产、轻型货车、钢结构喷涂
菏泽	乙烯、丙烯、间/对二甲苯、甲苯、甲醛、乙醛、1,2,4-三甲基苯、1- 丁烯、1,3- 丁二烯、邻二甲苯	秸秆燃烧与露天焚烧、小汽车、轻型货车、轮胎生产、工业小锅炉、秸秆露天焚烧、砖瓦烧制、石油精炼	甲苯、正十二烷、间/对二甲苯、正癸烷、正十一烷、邻二甲苯、乙苯、1,3- 丁二烯、苯乙烯、正壬烷、甲基环己烷、苯	塑料软包装、小汽车、农村生活散煤、轮胎生产、秸秆燃烧与露天焚烧、轻型货车、石油精炼、工业小锅炉、砖瓦烧制
郑州	邻二甲苯、间/对二甲苯、苯乙烯、乙苯、甲苯、乙烯、丙烯、1,2,4- 三甲基苯、甲醛、间乙基甲苯、异丁烯、2,4- 二甲基戊烷、乙醛、1,2,3- 三甲基苯、反 -2- 戊烯、顺 -2- 丁烯、1,3,5- 三甲基苯、1- 丁烯、正己烷、正戊烷	石墨及碳素生产、小汽车、泡沫塑料生产、轻型货车、农用机械、涂料生产、工程机械、重型货车、公交车喷涂、秸秆燃烧与露天焚烧	甲苯、邻二甲苯、苯乙烯、间/对二甲苯、正十二烷、乙苯、甲基环己烷、正癸烷、正壬烷、正十一烷、间乙基甲苯、正辛烷	石墨及碳素生产、小汽车、泡沫塑料生产、塑料软包装、农用机械、轻型货车、涂料生产、工程机械、重型货车、公交车喷涂、水泥
开封	乙烯、丙烯、苯乙烯、间/对二甲苯、甲醛、乙醛、1,2,4- 三甲基苯、甲苯、邻二甲苯	秸秆燃烧与露天焚烧、小汽车、涂料生产、泡沫塑料生产、秸秆露天焚烧、轻型货车、合成氨生产、石墨及碳素生产、农用机械	甲苯、苯乙烯、间/对二甲苯、邻二甲苯、正十二烷、正癸烷、乙苯、正壬烷、甲基环己烷	泡沫塑料生产、小汽车、涂料生产、石墨及碳素生产、轻型货车、秸秆燃烧与露天焚烧、农用机械、合成氨生产、重型货车、塑料软包装、建筑喷涂
安阳	乙烯、间/对二甲苯、甲苯、丙烯、苯乙烯、甲醛、邻二甲苯、乙醛、1,2,4- 三甲基苯、1- 丁烯、乙苯	秸秆燃烧与露天焚烧、小汽车、炼焦、衣物印染、钢结构喷涂、泡沫塑料生产、秸秆露天焚烧、轻型货车、农用机械	甲苯、苯乙烯、间/对二甲苯、正十二烷、邻二甲苯、正癸烷、乙苯、正十一烷、甲基环己烷、正壬烷	炼焦、塑料软包装、衣物印染、泡沫塑料生产、钢结构喷涂、小汽车、秸秆燃烧与露天焚烧、轻型货车、农用机械、水泥
鹤壁	乙烯、间/对二甲苯、苯乙烯、甲醛、丙烯、甲苯、乙醛	小汽车、秸秆燃烧与露天焚烧、衣物印染、泡沫塑料生产、轻型货车、秸秆露天焚烧、石墨及碳素生产、农用机械、涂料生产	甲苯、苯乙烯、间/对二甲苯、正十二烷	小汽车、衣物印染、泡沫塑料生产、石墨及碳素生产、塑料软包装、轻型货车、秸秆燃烧与露天焚烧、农用机械、涂料生产、重型货车
新乡	苯乙烯、乙烯、甲苯、甲醛、乙醇、丙烯、乙醛、间/对二甲苯	泡沫塑料生产、秸秆燃烧与露天焚烧、小汽车、化学原料生产、化学纤维、轻型货车、秸秆露天焚烧、酒生产、合成氨生产	甲苯、苯乙烯、正十二烷、正癸烷、丙酮、乙苯、正十一烷、间/对二甲苯、邻二甲苯、正壬烷、甲基环己烷	泡沫塑料生产、化学纤维、塑料软包装、小汽车、化学原料生产、水泥、轻型货车
焦作	乙烯、间/对二甲苯、苯乙烯、丙烯、甲苯、甲醛、邻二甲苯、1,2,4- 三甲基苯、乙醛	小汽车、秸秆燃烧与露天焚烧、轻型货车、泡沫塑料生产、轮胎生产、石墨及碳素生产、农用机械、秸秆露天焚烧	甲苯、苯乙烯、正十二烷、间/对二甲苯、正癸烷、邻二甲苯、正十一烷、乙苯、甲基环己烷、正壬烷	塑料软包装、泡沫塑料生产、小汽车、轮胎生产、石墨及碳素生产、轻型货车、水泥、农用机械、涂料生产、重型货车
濮阳	乙烯、丙烯、甲醛、间/对二甲苯、苯乙烯、甲苯、乙醛、邻二甲苯、1,2,4- 三甲基苯	小汽车、秸秆燃烧与露天焚烧、轻型货车、秸秆露天焚烧、泡沫塑料生产、石墨及碳素生产、重型货车、农用机械、涂料生产	甲苯、苯乙烯、正十二烷、间/对二甲苯、正癸烷、邻二甲苯、乙苯	小汽车、泡沫塑料生产、轻型货车、塑料软包装、石墨及碳素生产、秸秆燃烧与露天焚烧、重型货车、农用机械、化学纤维、涂料生产

个行业标准目前没有必要修改。针对工业涂装行业，国家正在积极构建“行业+综合”的VOCs排放标准体系，汽车、家具、集装箱、电子、船舶等制造行业VOCs排放标准正在制定中。北京、天津等城市工业涂装“行业+综合”的VOCs排放标准体系已逐步形成。针对印刷行业，国家印刷包装工业大气污染物排放标准正在制定过程中，但部分省市已发布实施相关标准。

基于美国、欧盟、日本和我国国家与地方现行VOCs排放标准体系的对比分析及所识别的问题，针对我国VOCs排放标准提出以下建议：

一是加快编制和发布已立项的VOCs重点行业排放标准。同时，应加快黏胶带制造行业、乳胶手套生产行业、制鞋行业、造船行业、集装箱制造行业、漆包线制造行业、家电生产行业等排放标准的立项和制定，以尽快完善我国VOCs控制的排放标准体系。已经制定的排放标准由于包含的范围太广，如石油化学工业排放标准，包含的产品和工艺太多，实际执行起来较为困难，因此需进一步细化。

二是为提高标准管控的精准性、针对性和有效性，国家和地方在制修定VOCs排放标准时，可结合行业污染排放特征，围绕VOCs物种的光化学反应活性等内容提出相关规定。

三是强化源头VOCs排放控制，制定高固分涂料、水性涂料（油墨）各类涂料产品的VOCs含量限值，并配以相关分析方法；同时，加强VOCs工艺过程控制，在强调密闭要求的基础上，制定吸风罩捕集效率的统一判断标准。

四是标准体系中针对有组织排放，建议选用总有机碳（TOC）代替NMHCs作为VOCs的表征指标，针对无组织排放，借鉴欧盟的逸散率作为控制指标。当前，NMHCs是我国工业企业表征VOCs的常用指标，2017年颁布了新的NMHCs分析方法《固定污染源废气　总烃、甲烷和非甲烷总烃的测定　气相色谱法》（HJ 38—2017）代替原来的《固定污染源排气中非甲烷总烃的测定　气相色谱法》（HJT 38—1999），新的NMHCs分析方法与美国Method 25相似。但根据目前的测试方法，NMHCs已经不再局限于碳氢化合物，而是在氢火焰离子化检测器（FID）上能响应的除甲烷外有机化合物的总称。NMHCs值通常为总烃和甲烷之差，使用不同方法分离甲烷和非甲烷总烃的效率、灵敏度也不同，导致其误差较大，同时考虑到工业过程中甲烷排放量极少，因此选用TOC或THC（总碳氢）代替NMHCs作为VOCs的有组织排放控制指标更为合理。另外，以厂界和厂区质量浓度限值作为无组织排放指标，不能准确地反映无组织逸散情况，因此可以考虑借鉴欧盟使用的逸散率来制定排放绩效值，以强化总量控制。

五是鉴于重点区域各省市VOCs排放标准和管控思路差异大，如“2+26”城市各省市相同行业的地方标准不仅存在差异而且有些省还没有相应的标准，因此建议重点区域VOCs行业排放标准一体化，以完善区域挥发性有机物管理标准体系。

六是VOCs治理技术体系复杂且缺乏相关的治理经验，在技术和工艺选择时无从下手，往往由于技术选择不当，难以实现达标排放，造成重复治理的现象较普遍。从国外的经验来看，针对VOCs的治理，在一个排放标准颁布后，相关的治理技术指导一定要尽快跟进，以指导相关行业的治理工作。虽然目前个别地区发布了相关治理技术指导，但因VOCs治理技术的复杂性，缺乏针对不同技术的选择原则，实际上很难起到具体的指导作用。重点行业VOCs污染控制技术指南的制定工作已成为目前VOCs治理的当务之急，应该尽快组织制定并颁布实施，以规范VOCs治理市场，为业主单位和管理部门提供技术指导。

3.8.5.2 VOCs排放监测建议

环境VOCs监测分析已在我国广泛开展，然而由于针对污染源采样分析的环境条件恶劣，监测仪器需长期在高污染、高负荷、高浓度的条件下运行，因此，对固定污染源VOCs在线监测仪器在长期运行稳定性和可靠性方面的要求更高。目前，固定污染源废气VOCs在线监测以测量NMHCs为主，多组分VOCs

的监测产品较少。从 NMHCs 监测方法来看，气相色谱 – 氢火焰离子化检测器（GC-FID）分析法仍是当前监测固定源 VOCs 的主流标准方法，其他常用的固定污染源 VOCs 监测技术的性能及适用性见表 3-60。离线分析技术通常为使用 Summa 罐、不锈钢罐、吸附管等容器进行含 VOCs 废气的采集，然后在实验室内利用气相色谱 – 质谱（GC-MS）、GC-FID 等技术进行浓度及组分的测定和分析 [85-87]。离线分析技术常用于污染源和无组织 VOCs 的分析。

表 3-60　不同 VOCs 监测技术的性能及适用性

序号	VOCs 监测技术	技术性能及适用性
1	氢火焰离子化检测器（FID）	对碳氢有机物响应十分灵敏，线性范围宽，稳定性强，而且结构简单，使用维护方便。其广泛应用于 VOCs 总量的监测，但是烟气中的氧气、水分以及氮、氧或卤素元素的有机物均会对测试造成干扰和影响
2	光离子化检测器（PID）	检测器体积小巧，无须辅助气体，常用于现场便携仪器使用，主要用于室内环境监测、应急监测、泄漏气体预警、污染源追踪中 VOCs 含量的监测分析，对不同化合物的响应系数也不同，对一些短链烷烃响应极低甚至无法检测到
3	催化氧化非分散红外（NDIR）吸收	技术稳定性和灵敏度不高，易受共存干扰物的影响，且在催化氧化过程中往往存在催化剂中毒、传化不完全、转化效率低的问题，因此在实际应用中并不多见
4	气相色谱 – 质谱（GC-MS）	应用于大多数 VOCs 组分的检测，但质量数较小的组分难以检测。此方法分离效果好、检测灵敏度高、检出限低、选择性强、可同时完成多个组分分析，配合适当的前处理装置，具有推广性
5	气相色谱 – 氢火焰离子化检测器（GC-FID）	主要应用于 VOCs 中总烃、NMHCs、苯系物的监测，具有较高的响应灵敏度、线性范围宽、稳定性强、应用广泛，但废气中的氧气、水蒸气以及含有氮、氧卤素等电负性较强的原子的有机物会对总烃的色谱峰产生包裹而难以分离，从而对测试结果造成干扰
6	气相色谱 – 光离子化检测器（GC-PID）	应用于总烃、总挥发性有机物的监测。主要在现场便携使用，如室内空气监测、应急监测、预警气体泄漏等。光离子化检测器受紫外灯能量影响较大，不适用于对短链烷烃的监测
7	傅里叶变换红外光谱（FTIR）	检测技术成熟，检测种类较多，可同时分析多个组分，现场测量检测周期短、响应时间快，但其检测分析的灵敏度一般较色谱技术低且光学器件维护成本高、维护量较大
8	差分吸收光谱（DOAS）	检测技术成熟，可同时分析多个组分，一般现场采取非接触式直链连续测量，无须预处理，保证气体不失真，响应时间快，可实现测量光路区域内的在线监测，但其检测分析的灵敏度一般较色谱技术低，检测种类有限，目前主要用于检测苯、甲苯等苯系物
9	质子转移反应质谱（PTR-MS）	检测灵敏度高，相比于质谱技术不需要真空系统，仪器结构简单、成本较低，可测量浓度低、腐蚀性高的气体。但该技术特异性差，可测量种类有限，干扰化合物较多，目前作为便携式检测仪在应急监测、食品安全监测等领域有所应用
10	可调谐半导体激光吸收光谱（TDLAS）	检测灵敏度高，选择性强，干扰很小，现场采取非接触式直链连续测量，无须预处理，保证气体不失真，响应时间很快，实时性强，可实现测量光路区域内的在线监测，该技术单一光源一般只能完成单一组分测量
11	光学气体成像（OGI）技术	利用光学气体成像相机探测到泄漏时，设备会将图像中的烟羽可视化展现。该技术可在远距离处快速发现重大泄漏，工作效率高，但对 VOCs 检测的响应性受泄漏速率影响较大

基于已有 VOCs 监测技术的优缺点和适用性，提出不同场景 VOCs 监测方法及应用建议，见表 3-61。其中，对于 VOCs 日常巡检和现场执法，由于国内尚未出台便携式 VOCs 检测仪的国家标准，因此，推荐的便携 PID、便携 FID、OGI 等设备，虽然都能辅助现场执法，但其检测的结果不能作为企业排放浓度是否达标的直接判定依据，判定浓度是否超标的依据仍然是国家已经发布的 VOCs 测定标准，主要采用实验室离线分析的方法。

针对石化和化工行业的泄漏检测，可选用便携式设备 GC-FID/PID/ECD/TCD 等检测方法，针对各排放口和无组织排放直接监测 TVOCs 或 NMHCs。对于“2+26”城市应要求测量 VOCs 化学组分，可采用现场采样和离线分析的方法实现对组分的定量识别。此外，还可选用开放光路 VOCs 在线监测系统实现对石化园区的点—线—面全方位监测，主要方式为利用便携式监测技术对园区风险单元在线监测并结合车载等移动平台对泄漏区域巡检；利用开路式在线监测技术对园区无组织排放区域、厂界、扩散途径在线监测；利用扫描式遥测技术对园区高架源进行巡检或在线监测；利用面源排放通量车载走航观测技术对园区排放通量进行巡检 [88-90]。

表 3-61 不同场景 VOCs 监测方法及应用建议

序号	应用场景	应用建议
1	离线分析	GC-MS/GC-FID
2	有组织排口在线监测	GC-FID/NDIR
3	厂区 / 厂界无组织监测预警	DOAS/FTIR/SOF/ 在线 GC-MS
4	日常巡检 / 执法检查	便携 PID/ 便携 FID/OGI

3.8.5.3 VOCs 综合管理方案

1）石化行业

提高企业精细化管理水平。石化行业工艺复杂，污染物排放节点多。装置区的 LDAR 技术仍存在泄漏点识别不完全、不及时、未有效修复的问题。应鼓励炼化企业自己配备 LDAR 检测设备，除按照要求完成常规监测外，还能做到随时测、应急测，可由科研单位或专业检测公司对其进行监管，并在政府有关部门的主导下进行监测数据评估。对于储罐呼吸、油品装卸、污水处理等 VOCs 无组织排放较为严重的污染源，应加强源头管控和过程监测，对于排放较高的重点环节，应进一步提高精细化管理水平。

产能整合和布局优化。“2+26”城市产能应控制在 1.7 亿 t/a，以防止产能进一步扩张，按照“控炼增化、优化重组、减量整合”的原则，对落后炼油产能的退出制定具有可操作性的细则，产能置换标准为不低于 1 ∶ 1.25 的减量目标，大力推进小型炼油企业进行产能减量整合，建设大型炼化一体化项目，分期分批实现规模集约化、产业园区化，打造高端石化产业和特色产业集群。力争到 2022 年，完成炼油能力低于 300 万 t 的炼化企业的产能转移整合；到 2025 年，完成 500 万 t 及以下炼化企业炼油产能的分批分步转移整合。

产业高端和炼化一体。炼化行业要适应新能源转型趋势，实现高质量发展，降低油品生产率，提高化工原料生产率，构建先进产能。新建炼化一体化项目，开展全系列高端石化产业链，实现由“一油独大”向“油化并举”转变，成品油（汽煤柴）收集率降至 40% 左右，烯烃、芳香烃等基础原料和高端化工新材料保障能力显著提高，基础化工原料（产品）占比达到 35% 以上的国际先进水平，培育形成具有国际竞争力的大型企业集团及炼化一体的精细化工、绿色化工和化工新材料世界级产业基地。

2）化工行业

行业优化调整。原则上暂停新增化工园区审批。既有化工园区 2020 年底前基本实现园区整体封闭管理。化工园区以外禁止批准建设新增化工企业。既有园区外化工企业应尽快实现“退城入园”，具体时间由地方政府结合产业发展规划划定。开展化工行业 VOCs 综合整治，对涂料、油墨生产等行业的小型化工企业进行全面排查，坚决取缔无证无照、污染严重的低端化工企业。

VOCs 综合控制方案。建议基于“2+26”城市化工行业 VOCs 排放特征及减排监管技术研究成果，提出原辅料源头替代、生产工艺优化、密闭化操作等 VOCs 全过程控制技术体系，如图 3-90 所示。

3）工业涂装行业

大力推进源头替代。2019 年 10 月 1 日起，在技术成熟的家具、集装箱、整车生产、船舶、机械设备等制造行业，全面推进企业实施源头替代。将低 VOCs 含量原辅材料的使用纳入重点行业绩效分级指标并与 A 级和 B 级企业评选挂钩。市场上流通的低 VOCs 含量涂料产品严格执行国家标准《低挥发性有机化合物含量涂料产品技术要求》，并依据含量要求制定 / 修订地方工业涂装典型行业标准。实施差异化管理，在重污染天气应对、环境执法检查、政府绿色采购、企业信贷融资等方面，对低 VOCs 含量涂料推广替代标杆企业给予政策支持。重污染天气应对时、秋冬季攻坚行动期间，对使用溶剂型涂料的企业，加大停产限产力度（表 3-62）。

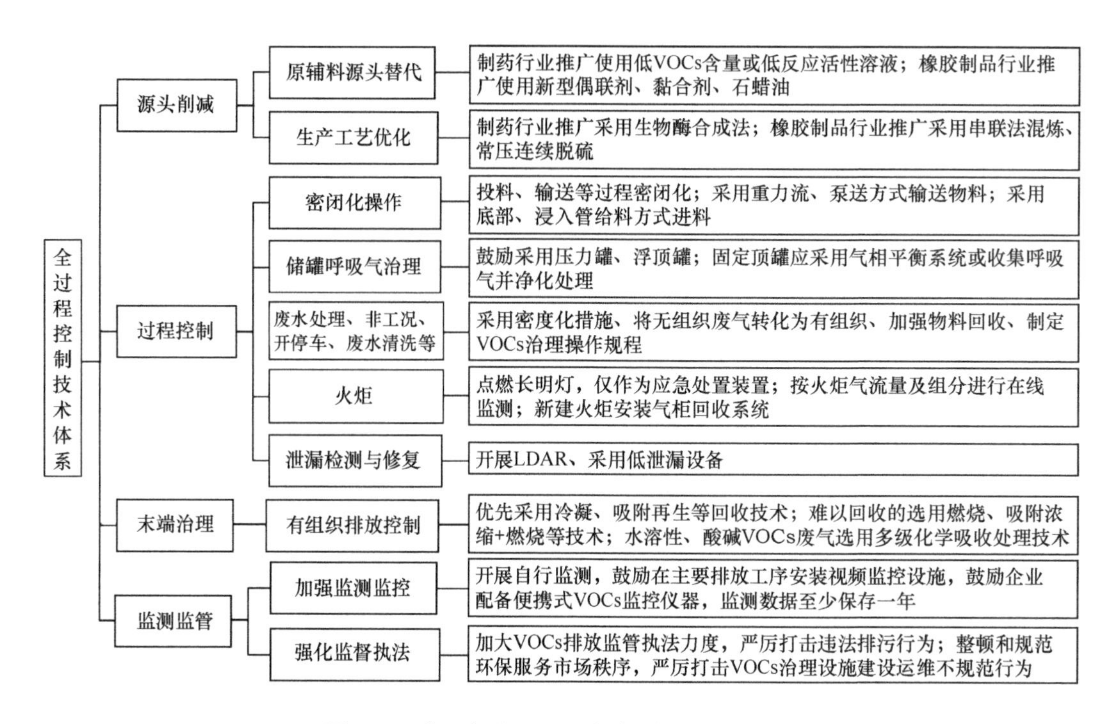

图 3-90 化工行业 VOCs 全过程控制技术体系

表 **3-62** 工业涂装行业源头替代方案

行业	替代方案
汽车制造	汽车底漆大力推广使用水性涂料；乘用车中涂、色漆大力推广使用高固体分或水性涂料
集装箱制造	箱内、箱外、木地板涂装等工序大力推广使用水性涂料，在确保防腐蚀功能的前提下，加快推进特种集装箱采用水性涂料
木质家具制造	推广使用水性、辐射固化、粉末等涂料和水性胶黏剂
金属家具制造	推广使用粉末涂料
软体家具制造	水性胶黏剂
工程机械制造	水性、粉末和高固体分涂料
船舶制造	高固体分涂料，机舱内部、上建内部推广使用水性涂料
电子产品制造	粉末、水性、辐射固化等涂料

全面加强无组织排放控制。严格执行《挥发性有机物无组织排放控制标准》（GB 37822—2019）。涂料、稀释剂、清洗剂等原辅材料应密闭存储，调配、使用、回收等过程应采用密闭设备或在密闭空间内操作，采用密闭管道或密闭容器等输送，并配备有效的废气收集系统。除大型工件外，禁止敞开式喷涂、晾（风）干作业。除工艺限制外，原则上实行集中调配。采用全密闭集气罩或密闭空间的，除行业有特殊要求外，应保持微负压状态，并根据相关规范合理设置通风量。采用局部集气罩的，距集气罩开口面最远处的 VOCs 无组织排放位置，控制风速应不低于 0.3m/s，有行业要求的按相关规定执行。为更好地指导企业提高废气收集率，需编制工业涂装重点行业 VOCs 废气收集相关技术文件，明确各行业废气收集系统设计、安装、运行、维护等具体技术要求。

推进建设适宜高效的治污设施。实行重点排放源排放浓度与去除效率双重控制。车间或生产设施收集排放的废气，VOCs 初始排放速率≥ 2kg/h 的，应加大控制力度，除确保排放浓度稳定达标外，还应实行去除效率控制，去除效率不低于 80%；采用的原辅材料符合国家有关低 VOCs 含量产品规定的除外，有行业排放标准的按其相关规定执行。针对末端治理仅采用低温等离子、光催化、光氧化、一次性活性炭吸附等技术的工业涂装企业，应加大 VOCs 排放监管执法力度，对不能稳定达到《挥发性有机物无组织排放控制标准》（GB37822—2019）以及相关行业排放标准要求的，督促企业限期整改；重污染天气应对时、秋冬季攻坚行动期间，应加大停产限产力度。

4）印刷行业

推进京津冀及周边区域印刷行业产业布局的优化调整。北京不再新增使用溶剂型油墨的包装印刷企业，其他“2+26”城市从 2020 年开始不再新增使用溶剂型油墨、溶剂型胶黏剂的纸包装印刷企业。新增使用溶剂型油墨印刷企业的印刷工序及使用溶剂型胶黏剂的复合工序应采用减风增浓 + 燃烧技术、吸附浓缩 + 燃烧技术或吸附 + 冷凝回收技术等高效末端净化技术；鼓励新增塑料彩印企业采用单一溶剂油墨的凹版印刷工艺和吸附 + 冷凝回收技术，复合工序采用无溶剂复合和共挤出复合工艺；新增印铁制罐企业全面推广使用 UV 油墨、水性油墨、UV 光油及水性涂料等低 VOCs 原辅材料，使用溶剂型原辅材料的工序应加强无组织废气收集，并采用燃烧技术、吸附浓缩 + 燃烧技术等高效末端净化技术。

完成京津冀及周边区域印刷企业的综合治理。“2+26”城市印刷企业应依据《重点行业挥发性有机物综合治理方案》和《印刷工业污染防治可行技术指南》的要求推进高效末端净化设施的安装与应用。印刷企业使用溶剂型油墨印刷的工序和使用溶剂型胶黏剂的复合工序应采用减风增浓 + 燃烧技术、吸附浓缩 + 燃烧技术、吸附 + 冷凝回收技术等高效末端净化技术；印铁制罐企业应全面推广使用 UV 油墨、水性油墨、UV 光油及水性涂料等低 VOCs 原辅材料，使用溶剂型原辅材料的工序应采用燃烧技术或吸附浓缩 + 燃烧技术；使用单一溶剂油墨的凹版印刷企业应采用活性炭吸附 + 水蒸气再生 / 热氮气再生 + 冷凝回收技术。

出版物印刷企业和纸包装印刷企业以低 VOCs 原辅材料替代和过程管理为抓手，提升工艺及装备清洁生产水平，推进企业自主实现 VOCs 减排。鼓励纸包装印刷企业使用水性油墨、UV 油墨、水性胶黏剂、水性光油、UV 光油等低 VOCs 原辅材料；鼓励出版物印刷企业采用无水胶印、无 / 低醇润湿液、植物油基胶印油墨、自动清洗橡皮布等清洁工艺、原料及装备。

3.8.5.4 “一市一策”治理建议

由于“2+26”城市中各城市的产业结构不同，因此，基于各城市涉 VOCs 的重点行业发展现状和排放特征分析，研究人员提出各城市涉 VOCs 重点行业的治理建议。总体而言，石化和化工行业排放量较大的城市，应重点推进 LDAR 的精细化管控，提高过程控制的有效性；工业涂装和印刷行业排放量较大的城市，应着力开展源头控制，以低 VOCs 含量原辅材料替代作为重点减排手段，在实现污染治理的同时提升行业整体生产工艺水平。同时，结合研究提出的各城市关键控制物种及其控制源，开展针对性污染防治行动。表 3-63 对“2+26”城市重点管控行业进行分析；针对石化行业，基于各城市原油加工量及企业数量，结合地区石化发展现状，提出总体管控策略；针对化工、工业涂装和印刷行业，各城市的重点管控行业需按照本书研究提出的控制措施进行深度治理。

通过定量分析京津冀及周边地区近年来 VOCs 排放变化规律，结合石化、化工、工业涂装和印刷行业的 VOCs 排放特征，明确了石化行业 VOCs 主要源于炼油装置设备与管阀件的随机泄漏、各类储罐大小呼吸与泄漏等环节，化工行业 VOCs 排放主要来源于设备泄漏、含 VOCs 物料储运、转移和输送以及工艺废气等环节，工业涂装和印刷行业 VOCs 排放主要源于涂料、油墨、稀释剂等含 VOCs 原辅材料的使用过程。基于各 VOCs 排放环节的排放特征，识别出石化和化工行业中以 LDAR 为主的过程控制仍存在泄漏点识别不完全、不及时、未实施有效修复的问题；工业涂装和印刷行业的源头控制技术推进缓慢、无组织废气收集率较低；VOCs 的末端治理技术普遍缺乏针对性，低温等离子、紫外光分解和疏于管理的活性炭吸附技

表 3-63 "2+26"城市涉 VOCs 重点行业治理对策

城市	石化行业	化工行业	工业涂装行业	印刷行业
北京	强化无组织排放管控，加强设备与场所密闭管理，推进建设适宜高效的治理设施；开展固定污染源排污许可清理整顿工作，排污许可证应发尽发，坚决治理"散乱污"企业；构建 VOCs 具有排放浓度、排放量、超标报警等多重信息的 VOCs 综合管控平台	重点控制涂料、油墨、胶黏剂行业	重点控制汽车、设备、家具制造行业	重点控制出版物印刷行业，主要推进源头替代技术 + 过程管控
天津	参照北京	重点控制涂料、油墨、胶黏剂行业	重点控制汽车、设备、家具制造行业	重点控制塑料软包装和印铁制罐行业，分别推进末端治理和源头替代技术 + 末端治理
石家庄	按照"源头防控、过程管控、末端严控"的原则，以更高要求、更高标准、更严措施处理 VOCs 排放	重点控制制药行业	重点控制设备、家具制造行业	重点控制塑料软包装和印铁制罐行业，分别推进末端治理和源头替代技术 + 末端治理
唐山	—	重点控制煤化工行业	重点控制漆包线制造行业	重点控制塑料软包装和印铁制罐行业，分别推进末端治理和源头替代技术 + 末端治理
保定	—	重点控制涂料、油墨、胶黏剂行业	重点控制设备制造行业	重点控制塑料软包装和印铁制罐行业，分别推进末端治理和源头替代技术 + 末端治理
廊坊	—	重点控制涂料、油墨、胶黏剂行业	重点控制设备、家具制造行业	重点控制出版物印刷和塑料软包装行业，分别推进源头替代技术 + 过程管控和末端治理
沧州	参照北京	—	重点控制汽车、设备、家具制造行业	优化产业结构，重点控制塑料软包装行业，推进末端治理
衡水	—	重点控制橡胶制品行业	重点控制设备制造行业	重点控制塑料软包装和印铁制罐行业，分别推进末端治理和源头替代技术 + 末端治理
邯郸	—	重点控制煤化工行业	重点控制设备、家具制造行业	重点控制塑料软包装和印铁制罐行业，分别推进末端治理和源头替代技术 + 末端治理
邢台	—	重点控制煤化工和制药行业	重点控制其他涂装行业	重点控制塑料软包装和印铁制罐行业，分别推进末端治理和源头替代技术 + 末端治理
太原	—	重点控制煤化工行业	重点控制设备、汽车制造行业	重点控制出版物印刷和塑料软包装行业，分别推进源头替代技术 + 过程管控和末端治理
阳泉	—	—	重点控制设备制造行业	重点控制塑料软包装行业，主要推进末端治理
长治	—	重点控制煤化工行业	—	重点控制塑料软包装行业，主要推进末端治理
晋城	—	—	重点控制漆包线制造行业	重点控制塑料软包装行业，主要推进末端治理
济南	参照石家庄	重点控制制药行业	重点控制其他涂装行业	重点控制出版物印刷和塑料软包装行业，分别推进源头替代技术 + 过程管控和末端治理

续表

城市	石化行业	化工行业	工业涂装行业	印刷行业
淄博	按照“控炼增化、优化重组、减量整合”的原则，大力推进小型炼油企业进行产能减量整合，建设大型炼化一体化项目；全面推进 LDAR，加强废水系统 VOCs 收集与处理，强化储罐与有机液体装卸和工艺废气 VOCs 治理；对于 VOCs 排放量较大的企业推行“一厂一策”制度，深入实施精细化管控	重点控制制药行业	重点控制设备制造行业	优化产业结构，重点控制塑料软包装行业，主要推进末端治理
聊城	—	—	重点控制设备、汽车制造行业	重点控制塑料软包装行业，主要推进末端治理
德州	参照淄博	重点控制橡胶制品行业	重点控制设备、家具制造行业	优化产业结构，重点控制塑料软包装行业，主要推进末端治理
滨州	参照淄博	重点控制煤化工行业	重点控制设备、家具制造行业	重点控制塑料软包装行业，主要推进末端治理
济宁	—	重点控制涂料、油墨、胶黏剂和橡胶制品行业	重点控制汽车、设备、家具制造行业	重点控制塑料软包装行业，主要推进末端治理
菏泽	参照淄博	—	重点控制汽车、家具制造行业	优化产业结构，重点控制塑料软包装行业，主要推进末端治理
郑州	—	—	重点控制漆包线制造行业	优化产业结构，重点控制出版物印刷和塑料软包装行业，分别推进源头替代技术 + 过程管控和末端治理
新乡	—	—	重点控制漆包线制造行业	优化产业结构，重点控制塑料软包装行业，主要推进末端治理
鹤壁	—	重点控制橡胶制品行业	—	重点控制塑料软包装行业，主要推进末端治理
安阳	—	重点控制煤化工行业	重点控制设备、家具制造行业	重点控制塑料软包装行业，主要推进末端治理
焦作	—	重点控制制药行业	重点控制漆包线制造行业	优化产业结构，重点控制塑料软包装行业，主要推进末端治理
濮阳	立足资源禀赋和产业布局，整合现有资源，优化空间布局，加快石化产业转型升级；推进低挥发性原辅料替代、清洁工艺改造和末端废气治理升级	—	重点控制设备、家具制造行业	重点控制塑料软包装行业，主要推进末端治理
开封	—	—	重点控制设备、家具制造行业	重点控制塑料软包装行业，主要推进末端治理

术为区域主导的末端治理技术。针对4个重点行业各排放环节，研究提出优先控制及第二阶段污染防治措施，从而为逐步推进VOCs污染防治奠定理论和技术基础。同时，结合研究获取的区域VOCs关键控制物种及其排放源，提炼VOCs控制中的共性和个性问题，提出包含VOCs排放标准修定、排放监测方法建议、产业布局优化调整、减排技术路线推荐和“一市一策”治理对策的涉VOCs重点行业综合监管方案。

3.9 NO_x 排放控制与监管技术

通过对近年来NO_2柱浓度及地面监测浓度的综合分析，研究人员识别了现阶段京津冀及周边地区“2+26”城市NO_2的时空分布特征；同时，结合区域$PM_{2.5}$组分分析，明确硝酸根离子已成为最主要的二次无机组分，证实了NO_x已成为区域污染防控的重点。以移动源、电力供热、钢铁等重点行业和领域的现场调研和监测为依托，研究人员弄清了NO_x排放控制的现状，定量分析了NO_x的排放特征，提出了重点行业及领域的NO_x减排与监管技术体系。

3.9.1 NO_x 相关大气环境问题

3.9.1.1 NO_2 浓度变化趋势

2016年以来，我国SO_2、PM_{10}和$PM_{2.5}$等主要污染物浓度持续下降，2019年全国338个城市SO_2、$PM_{2.5}$和PM_{10}平均浓度分别为11μg/m^3、36μg/m^{3}和63μg/m^3，较2016年分别下降50%、23.4%和23.2%；但NO_2浓度下降趋势不明显，2019年平均浓度为27μg/m^3，较2016年仅下降3μg/m^3（图3-91）。

京津冀及周边地区NO_2浓度高于全国平均值，2016年以来呈持续下降趋势，但降幅小于SO_2、$PM_{2.5}$和PM_{10}。2019年京津冀及周边地区NO_2平均浓度为40μg/m^3，较2016年下降4μg/m^3，降幅为9.1%。

3.9.1.2 $PM_{2.5}$ 二次无机组分变化趋势

$PM_{2.5}$中硝酸根离子占比超过硫酸根离子，硝酸根离子占比高的问题逐渐突显。2018～2019年采暖季

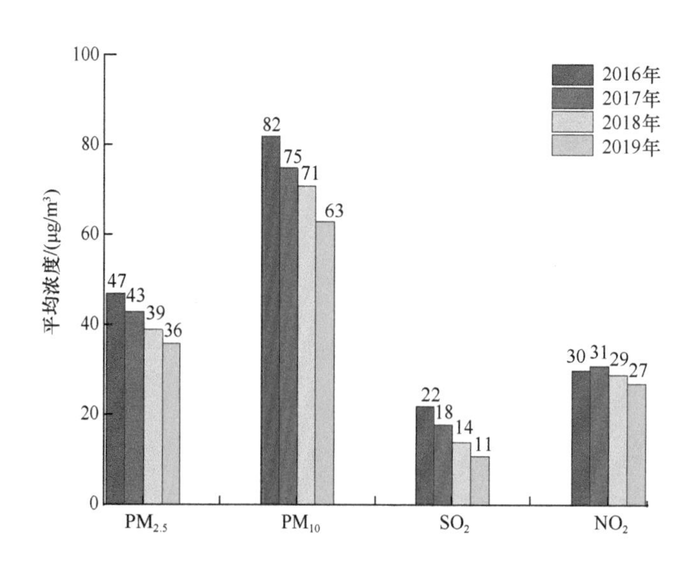

图3-91 2016～2019年全国338个城市主要污染物浓度变化

相较于 2016 ～ 2017 年采暖季，京津冀及周边地区 $PM_{2.5}$ 中有机物、硫酸根离子、铵根离子浓度分别下降 31%、42% 和 22%，硝酸根离子浓度仅下降 11%。随着 $PM_{2.5}$ 及各组分浓度的下降，各组分在 $PM_{2.5}$ 中的占比也发生变化。就京津冀及周边地区而言，硫酸根离子和有机物的占比整体呈下降态势，硝酸根离子占比从 2016 ～ 2017 年采暖季的 16% 上升至 2018 ～ 2019 年采暖季的 20%；北京的 $PM_{2.5}$ 组分构成呈现出相同的变化规律，硫酸根离子和有机物逐年下降，硝酸根离子占比由 17% 上升至 19%。因此，硝酸根离子已成为 $PM_{2.5}$ 中最主要的二次无机组分（图 3-92）。

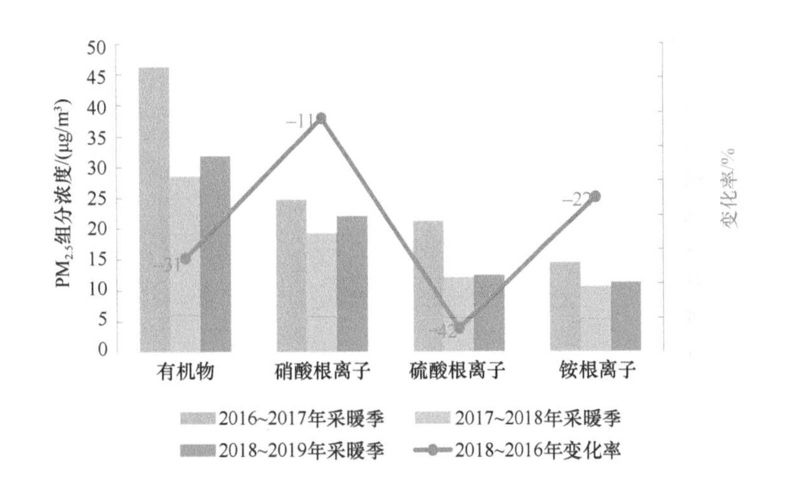

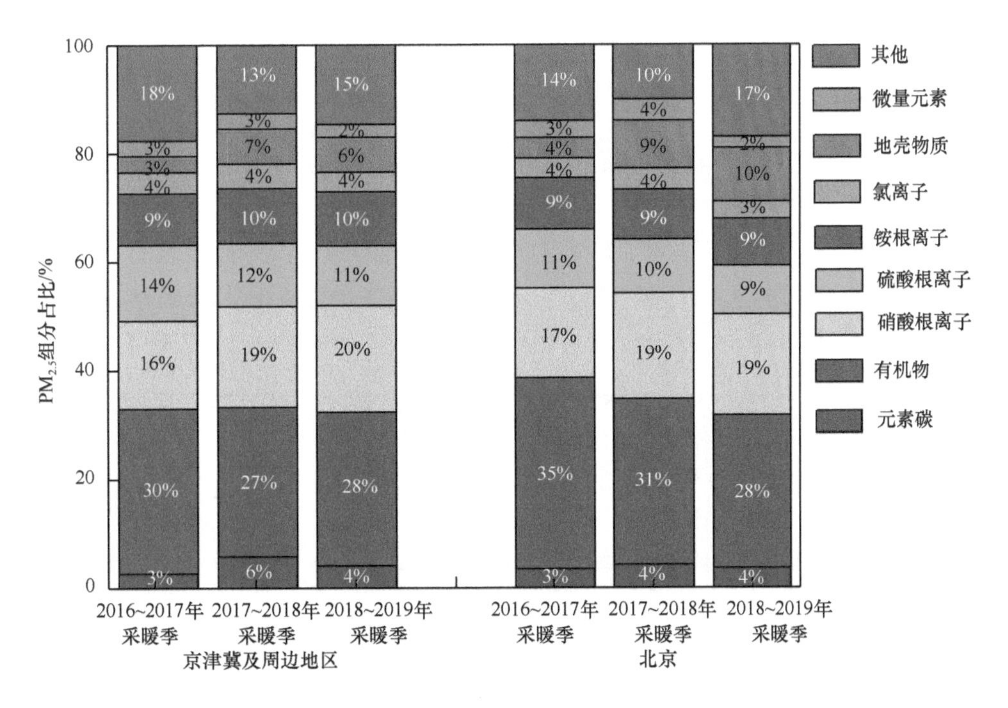

图 3-92　京津冀及周边地区和北京 2017 ～ 2019 年采暖季 $PM_{2.5}$ 组分变化特征

3.9.1.3　NO_2 柱浓度变化趋势

2016 ～ 2019 年，OMI 卫星遥感观测中国地区 NO_2 垂直柱浓度总体呈显著下降趋势，其中，全国平均 NO_2 垂直柱浓度下降 3%，“2+26”城市地区下降 13%（图 3-93）。与地面监测数据相比，NO_2 垂直柱浓度下降明显，说明我国高架源的控制效果明显，地面点源尤其是低矮面源需进一步加强管控。

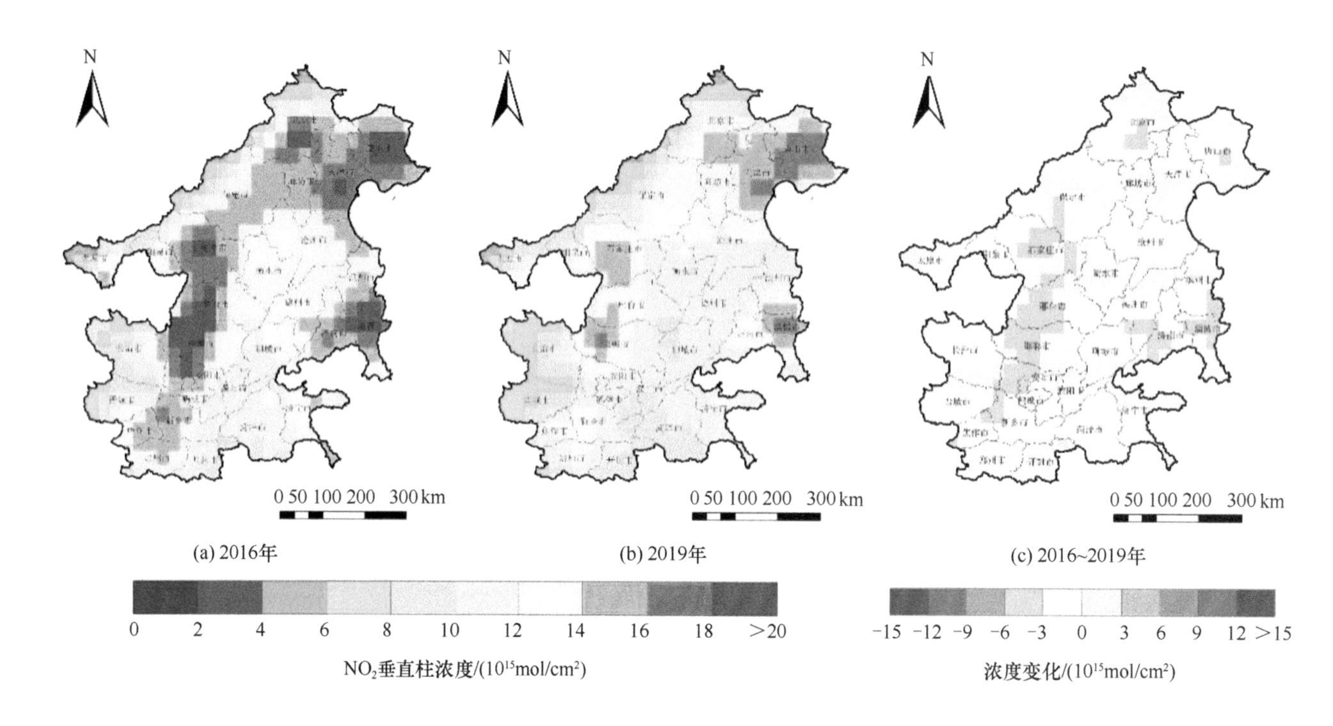

图 3-93 OMI 卫星遥感观测京津冀及周边地区“2+26”城市 2016 ～ 2019 年 NO_2 垂直柱浓度的空间分布及浓度变化

数据来源：美国国家航空航天局

3.9.2 NO_x 排放与控制现状

2016 ～ 2018 年“2+26”城市 NO_x 排放量呈逐年下降趋势，依次为 303.7 万 t、252.9 万 t 和 232.2 万 t。其中，道路移动源是 NO_x 的首要排放源，3 年排放量依次为 87.5 万 t、90.7 万 t 和 82.7 万 t，占比分别为 28.8%、35.9% 和 35.6%；电力供热行业在 2016 年排放量为 65.8 万 t，占总排放量的 21.7%，至 2018 年排放量降至 34.3 万 t，占比下降到 14.8%；工业锅炉排放量降幅较大，排放量从 2016 年的 32.6 万 t 降至 2018 年的 13.4 万 t，占比也从 10.7% 降至 5.8%；非道路移动源和钢铁行业的排放量变化不大，前者 3 年排放量分别为 38.1 万 t、39.9 万 t 和 37.2 万 t，后者依次为 25.2 万 t、21.9 万 t 和 22.7 万 t。此外，焦化、水泥、民用燃烧、玻璃、生物质开放燃烧等行业或领域的排放量均有不同幅度的下降；工业生物质锅炉、民用锅炉、石油化工和固废处理等行业或领域的排放量呈上升趋势（图 3-94）。

3.9.2.1 移动源 NO_x 排放及控制现状

移动源是 NO_x 的重要贡献源。2018 年，“2+26”城市移动源（不包括船舶）NO_x 排放量约占区域 NO_x 排放总量的 52%。其中，柴油车和汽油车的 NO_x 排放量分别占移动源排放总量的 49% 和 30%，非道路移动源占比 20%，其他占比 1%。汽油车虽然单车排放量很小，仅为柴油车单车平均排放量的 6%，但是由于保有量巨大，排放总量较大，也不容忽视。

柴油机主要通过机内控制和机外后处理控制技术实现 NO_x 排放控制。目前主要技术有废气再循环（EGR）系统及选择性催化还原（SCR）技术。SCR 技术需要添加车用尿素水溶液作为还原剂，以及使用低硫燃油（硫含量小于 50ppm）来保障转化效率。汽油机主要采用三元催化技术。

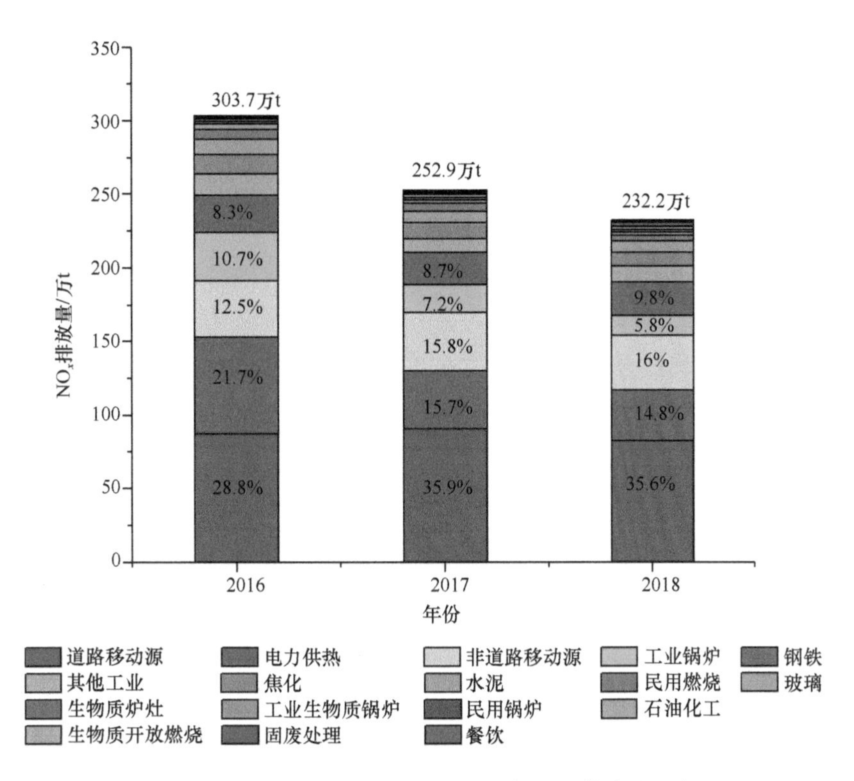

图 3-94 “2+26”城市 2016 ～ 2018 年 NO_x 排放量及来源

3.9.2.2 重点行业 NO_x 排放及控制现状

京津冀及周边地区 NO_x 排放量大的行业主要有火电、工业锅炉、钢铁、水泥、玻璃等。各行业采取的污染治理措施虽各有不同，但主要从以下三方面进行 NO_x 的减排：源头低氮燃烧改造降低 NO_x 排放；通过生产工艺的改进减少生产过程中的 NO_x 排放；通过烟气 SCR、SNCR 或 SNCR+SCR 脱硝实现末端 NO_x 的减排。

火电行业：90% 以上的企业采用 SCR 烟气脱硝，脱硝效率达 80% 以上。近两年，火电行业在大规模实施超低排放改造，但主要是独立的火电企业，自备电厂对 NO_x 排放的管控相对较弱。

工业锅炉行业：目前主要采用低氮燃烧 +SNCR 烟气脱硝进行 NO_x 减排。“2+26”城市所有燃煤锅炉执行特别排放限值，NO_x 排放限值从 400mg/m^3 加严到 200mg/m^3，对 NO_x 的排放实现了良好的控制。

钢铁行业：焦炉烟气脱硝主要有两种工艺，一是活性炭脱硝工艺，其投资较大，对系统运行的管理水平要求较高；二是烟气再热后 SCR 脱硝，其需要额外消耗一定煤气加热烟气，运行费用高。国外焦化通常作为钢铁企业的一个工序配套建设，可以利用高炉煤气作为燃料来减少 NO_x 排放，而我国约有 78% 的企业为独立焦化企业，“2+26”城市区域内独立焦化企业占比达到 89%，其只能以焦炉煤气作为燃料，不利于节能减排和污染物的治理。

水泥行业：约 70% 左右的生产线进行了脱硝技术改造，主要为生产工艺源头低氮燃烧、分级燃烧 + SNCR 烟气脱硝，但脱硝效率远低于 SCR 烟气脱硝。此外，水泥窑 NO_x 排放标准高达 800mg/m^3，不利于行业 NO_x 的减排。

玻璃行业：玻璃窑炉 NO_x 排放浓度远高于其他行业，NO_x 排放标准高达 700mg/m^3，不利于行业 NO_x 的减排，无法通过降低生产负荷或停窑等方式减少 NO_x 的排放。

3.9.2.3 NO_x减排效果评估

对NO_x减排量的来源行业进行分析可知，2018年NO_x相较于2016年共减排72万t，减排比例为24%，主要源于电力供热和工业锅炉的减排，减排量分别约为32万t和19万t，减排比例分别为48%和59%。移动源、冶金等行业NO_x排放量大，但减排量相对较小。虽然移动源排放控制技术不断升级，带来了巨大的减排量，但由于保有量增加速度过快，移动源NO_x排放量基本持平，抵消了采取严格排放标准带来的减排量。因此，下一阶段NO_x的控制需强化移动源和重点行业的治理，主要包括道路移动源（特别是柴油车）、非道路移动源、钢铁、焦化、工业锅炉和其他工业窑炉等。

3.9.3 NO_x减排与监管技术体系

3.9.3.1 移动源NO_x减排与监管技术体系

移动源包括道路移动源和非道路移动源，在NO_x减排控制方面，两者均主要通过降低单车（机）排放以及降低车辆（机械）使用强度两方面来实现减排。

降低单车（机）排放主要通过加严排放标准带动控制技术不断升级，目前全国机动车实施国五排放标准，非道路移动源实施国三排放标准。目前我国构建的监管体系主要是为了确保排放控制技术正常运行。因此，应继续坚持车油联合监管体系、大力提升油品达标能力，构建完善的“天地车人”一体化的达标监管技术，综合使用年检、路检、遥感远程在线等技术手段快速发现超标情况，保证减排效果。非道路移动源方面，应坚持推进排放控制区的设立和监管，以及油品的达标，确保使用的非道路移动源达标。同时，对于车辆和机械应综合利用财税等政策，积极推动旧车辆和机械的淘汰更新。

降低车辆（机械）使用强度则主要是通过替代的交通运输手段降低车辆和机械的活动水平。目前我国采取的主要政策是统筹油路车，大力推动运输结构调整，通过使用铁路、水路等运输方式，首先在煤炭、钢铁、矿石等大宗货物运输方面，替代柴油货车运输活动，大大降低柴油货车的使用强度。另外，公交、轻型物流等车辆采用新能源车辆，也能降低其使用强度并达到降低污染物排放的目的。

3.9.3.2 重点行业NO_x减排与监管技术体系

针对火电行业，自备电厂全面实施超低排放改造。其从源头上加强燃煤火电机组的电力调度，实现NO_x的减排，对污染治理设施运行好的机组应提高运行负荷，负荷的提升从源头减少每度电煤炭的消耗量，并且使脱硝系统稳定运行。同时，应重点监控自备电厂的NO_x排放，若不能实现超低排放，应及时要求停产改造。

针对燃煤锅炉，对分布在各行业的大型燃煤工业锅炉执行标准进行审核，加严排放标准限值要求。对适用于火电厂排放标准的工业锅炉，应按火电厂标准进行提标改造。加快现有燃煤锅炉低氮燃烧和烟气脱硝设施改造，满足特别排放限值的要求。北京针对燃气锅炉开展低氮燃烧技术改造，严格执行燃气锅炉大气污染物排放标准，按照分布推进的原则，各区政府建立燃气锅炉台账，组织辖区在用燃气锅炉实施低氮燃烧技术改造。“2+26”城市中其他城市参照北京开展燃气锅炉低氮燃烧技术改造，实现新建锅炉达到$30\mu g/m^3$、现有锅炉达到$50\mu g/m^3$的排放标准。

针对钢铁行业，推动重点区域钢铁企业超低排放改造，烧结机机头、球团焙烧烟气NO_x排放浓度小时均值均不高于$50mg/m^3$；全面加强物料储存、输送及生产工艺过程无组织排放控制，采取密闭、封闭等有效措施，有效提高废气收集率；进出钢铁企业的铁精矿、煤炭、焦炭等大宗物料和产品采用铁路、水路、管道或管状带式输送机等清洁方式运输的比例不低于 80%；未达到 80% 的企业，汽车运输部分应全部采用新能源汽车或达到国六排放标准的汽车（2021 年底前可采用国五排放标准的汽车）。

针对水泥行业，建议制定“2+26”城市水泥行业 NO_x 超低排放限值。通过采取低氮燃烧、分级燃烧和烟气脱硝等措施，达到区域内全行业 NO_x 的超低排放限值，建议水泥窑 NO_x 排放限值为 $200mg/m^3$。此外，应加强对不错峰生产水泥企业在线监控设施的监管。

针对玻璃行业，应加快该行业脱硝设施的建设，通过提高脱硝设施的装配比例、运行效率以及稳定性，降低行业 NO_x 排放。同时，加强脱硝关键技术的研发，如开发出适用玻璃熔窑燃料特点的催化剂等，提高对 NO_x 的控制效率。此外，建议加装在线监控系统，使玻璃行业实现 NO_x 稳定达标排放。

NO_x 的控制是一项复杂的系统性工程，建议国家在出台《重点行业挥发性有机物综合治理方案》的基础上，在“十四五”期间，制定 NO_x 综合治理专项方案。

3.10 小　结

研究人员建立了动态化的区域和“2+26”城市大气污染源排放清单，分析了区域内大气污染源的时空分布特征。同时，针对冶金、建材、涉 VOCs 重点行业、“散乱污”、煤炭使用、柴油机、农业源 7 个重点行业和关键领域的发展及污染控制现状、存在的问题和控制对策开展了深入研究。

（1）构建了一套精细化的动态排放清单。建立了一套“自下而上”的大气污染源排放清单编制技术体系，采用统一污染源分类、活动水平调查、排放因子选取、排放量核算和校核方法，首次建立了基于多源数据耦合的污染源排放清单动态化技术，进一步提高了排放清单的时效性，编制了 2016 ～ 2018 年“2+26”城市精细化动态排放清单，准确量化了秋冬季大气污染物排放状况和演变。分析结果表明，区域内污染物排放量和排放强度大，主要污染物排放强度是全国平均水平的 2 ～ 5 倍。晋冀鲁豫交界地区、太行山沿线集聚了大量钢铁、建材、化工等高耗能、高污染企业，其污染物排放强度更高，是污染防控的重点区域。一次 $PM_{2.5}$、SO_2、CO、BC 和 OC 等污染物采暖季的月均排放强度分别是非采暖季的 1.2 倍、1.6 倍、1.4 倍、2.5 倍和 2.4 倍，NH_3 在夏季（6 ～ 8 月）的排放量是冬季（12 月至次年 2 月）的 1.9 倍。钢铁焦化、民用燃烧、道路机动车、水泥玻璃、电力供热、生物质炉灶、非道路移动源、石油化工、畜禽养殖、工业锅炉是区域内大气污染物排放量占比较高的重点源。

（2）冶金行业产能布局不合理，污染控制水平差。区域内钢铁产能逐年压减但产量不降反增。冶金行业产能在唐山及晋冀鲁豫交界处高度集中，“钢铁围城”现象严重。焦炭 – 钢铁和碳素 – 电解铝的上下游产能比值不合理，行业生产装备水平较低、污染管控不到位。针对以上问题，研究人员提出了钢铁、焦化行业全流程“超低排放”技术路线，创立了“环保 + 工业互联网”智能管控模式，解决了无组织排放治理难、监管难的问题；建立了差别化的冶金企业环境绩效综合评估体系，并将其应用于重点城市实施错峰及重污染天气应急差别化管控，杜绝了污染治理“一刀切”。冶金行业通过有组织超低排放及无组织综合治理可减排 77% 的颗粒物和 38% 的 NO_x。

（3）建材子行业污染治理技术与装备水平参差不齐，砖瓦行业有较大改善空间。建材子行业中水泥生产的大气污染综合治理水平优于全国，但砖瓦、陶瓷行业水平仍然较低。砖瓦行业存在的问题尤为突出：一是污控设施运行管理不规范，操作人员专业知识缺乏；二是生产工艺装备水平落后，信息化自动化水平低，低端脱硫技术仍占据主导地位；三是排放标准基准氧含量不符合行业特点，造成整体达标率较差。水泥、玻璃和陶瓷行业污染控制技术措施相对成熟，排放标准较为宽松，应制定并实施更为严格的排放限值。研究从有组织和无组织排放两方面提出了水泥、玻璃行业全流程实现“超低排放”，砖瓦、陶瓷行业全流程“深度治理”的技术路线和管控方案。该方案在区域实施后，建材行业颗粒物、SO_2 和 NO_x 的排放量较 2016 年可分别减少 51%、68% 和 70%。

（4）“散乱污”企业违法排放问题突出，专项整治行动取得显著成果。河北、山东和河南的“散乱污”企业数量最多，分别有 10.6 万家、5.6 万家和 2.7 万家左右，非金属矿物制品业、金属制品业、橡胶和塑料制品业、木材加工业、家具制造业 5 个行业“散乱污”企业数量最多，合计占比达 50% 以上。研究构建了“散乱污”企业判定和分类指南指标体系；基于遥感反演开展“散乱污”企业空间分布及变化趋势监测与分析，建立了大气污染高发指数模型算法；构建了重点网格“散乱污”疑似企业判别技术，实现了对“散乱污”企业的动态监管，并提出了强化管控方案。评估结果表明，京津冀及周边地区近 3 年对“散乱污”企业的整治效果明显。

（5）货运 80% 以上靠公路，柴油车排放超标严重。京津冀及周边地区六省市 2018 年货运总量 114.7 亿 t，占全国运输总量的 22.7%，其中公路运输 95.6 亿 t，占比高达 83.3%。抽样调查显示，煤炭、矿石和钢铁等大宗原材料货物运输占货物总量的 42.0%。“2+26”城市柴油车保有量为 349.7 万辆，其行驶里程长、使用强度大、排放超标比例高，NO_x 排放量达到 58.6 万 t，约占区域内 NO_x 总排放量的 25%。研究提出油品、尾气排放监管与货物运输结构调整并重的监管思路，以煤炭、矿石等大宗原材料向铁路运输方式调整为重点，以港口、物流园区和重点工业企业为管控对象的运输结构调整方案。研究首次提出以货运需求调控为核心的柴油车污染减排思路，提出车油联合管控方案，并在唐山示范，效果良好。此外，研发完成油品移动执法平台。

（6）区域能源消费强度大、煤炭依赖程度高、消费强度大。2018 年区域煤炭消费量约占能源消费总量的 64%，显著高于全国同期 59.2% 的平均水平，单位土地面积煤炭消费量超过 $2500t/km^2$，是全国平均水平的 6.5 倍；清洁能源占比仅为 18%，明显低于全国 22.1% 的平均水平。研究人员首次获取了区域典型燃煤电站烟气 SO_3、NH_3、CPM 和 FPM 等非常规污染物排放强度，回应了社会关注的热点。区域内民用散煤“双替代”后“返煤”的问题突出。对区域内典型“煤改气”和“煤改电”居民的实际燃气量和用电量调查分析发现，其平均复燃率约 15%。中小燃煤锅炉污染治理设施存在负荷适应能力差、系统自动化水平低、运行人员技术水平较低、运维管理滞后等问题。针对以上问题，研究人员研究制定了民用散煤“双替代”分区治理、分步推进的策略以及燃煤工业锅炉分级淘汰、改燃和“超低排放”改造方案，并配套制定了清洁能源供应保障对策，最终形成了“2+26”城市燃煤领域污染治理综合解决方案。方案的实施可在“十四五”期间使颗粒物、SO_2 和 NO_x 的减排比例分别达 66.5%、58.8% 和 48.5%。

（7）NH_3 排放以农业源为主，尚未纳入减排体系。研究明确了区域 NH_3 排放 85% 以上来源于农业源，其余主要来源于化工生产、脱硝设施 NH_3 逃逸、机动车尾气排放等；定量分析了“2+26”城市农业氨排放的时间和空间分布特征，区域内 NH_3 在冬季的排放量约是夏季的一半。研究构建了农业 NH_3 减排技术清单，明确了各减排技术的适用性和可推广性，示范并验证了种植业和畜禽养殖业氨减排技术的实际减排效率，种植业中氮肥深施和脲酶抑制剂的减排潜力分别可达 78% 和 60%，畜禽养殖业中生物基减氨除臭和密闭式负压堆肥技术的减排效率分别为 80% 和 55%；基于京津冀及周边地区农业发展规划，从宏观层面提出了种养结构优化、肥料类型优化、施肥机械改进、养殖业氨减排设备与资源化利用相结合的减排技术路线及配套政策建议。

（8）VOCs 排放量大面广，缺乏有效监管。研究揭示了治理和监管中存在的问题：一是大多数中小企业的源头控制推进缓慢；二是过程控制松散，无组织排放严重，废气收集效率普遍较低；三是末端治理技术缺乏针对性，低价、低效的低温等离子、紫外光分解和疏于管理的活性炭吸附等处理技术占 80% 以上；四是由于缺乏有效的监管和评估方法，无法对污染防治不力的企业形成实质性的管控。基于“2+26”城市 VOCs 排放和污染特征，研究明确了关键控制物种及控制源，构建了精确到生产工艺的 VOCs 全过程污染防治技术体系，提出了包含 VOCs 排放标准修订、排放监测方法建议、产业布局优化调整、减排技术路线推荐和“一市一策”

治理对策的涉 VOCs 重点行业综合监管方案。在源头控制方面，研究人员推荐了水性涂料、植物油基油墨等低 VOCs 含量原料的替代技术；在过程控制方面，提出了包含重力流物料输送、集气系统优化等技术的无组织减排方案；在末端控制方面，强化了治理技术与污染源的适用性研究，推荐了最优治理技术路线。

（9）近地面 NO_2 居高不下。OMI 卫星遥感观测显示，2018 年“2+26”城市 NO_2 垂直柱浓度比 2013 年下降 48%；但地面监测结果表明，2018 年区域内 NO_2 平均浓度较 2013 年仅下降 13%，说明区域内高架源 NO_x 控制效果显著。研究弄清了京津冀及周边地区近年来 NO_x 减排主要来自电力供热和工业锅炉两个领域，道路移动源、非道路移动源、钢铁等行业和领域减排不明显；识别了现阶段 NO_x 控制存在的问题，提出了重点行业和领域的 NO_x 减排与监管技术体系及建议。

参考文献

[1] Deng F, Lv Z, Qi L, et al. A big data approach to improving the vehicle emission inventory in China[J]. Nature Communications, 2020, 11(1): 1-12.

[2] Fu M, Liu H, Jin X, et al. National- to port-level inventories of shipping emissions in China[J]. Environmental Research Letters, 2017, 12(11): 114024.

[3] 王瑞鹏 , 周颖 , 程水源 , 等 . 华北地区典型机场清单建立及空气质量影响 [J]. 中国环境科学 , 2020, 40(4): 1468-1476.

[4] Huang X, Song Y, Li M M. A high-resolution ammonia emission inventory in China[J]. Global Biogeochemical Cycles, 2012, 26(1): 1-14.

[5] Liu F, Zhang Q, Tong D, et al. High-resolution inventory of technologies, activities, and emissions of coal-fired power plants in China from 1990 to 2010[J]. Atmospheric Chemistry and Physics, 2015, 15(13): 18787-18837.

[6] Lei Y, Zhang Q, Nielsen C, et al. An inventory of primary air pollutants and CO_2 emissions from cement production in China, 1990—2020[J]. Atmospheric Environment, 2011, 45(1): 147-154.

[7] Zhang Q, Streets D G, He K, et al. Major components of China's anthropogenic primary particulate emissions[J]. Environmental Research Letters, 2007, 2(4): 045027.

[8] Li M, Zhang Q, Zheng B, et al. Persistent growth of anthropogenic non-methane volatile organic compound (NMVOC) emissions in China during 1990—2017: Drivers, speciation and ozone formation potential[J]. Atmospheric Chemistry and Physics, 2019, 19(13): 8897-8913.

[9] Zheng B, Tong D, Li M, et al. Trends in China's anthropogenic emissions since 2010 as the consequence of clean air actions[J]. Atmospheric Chemistry and Physics, 2018, 18(19):14095-14111.

[10] 史凯峰 . 重磅 2018 年全国水泥产量 21.77 亿吨 , 同比增长 3%[EB/OL]. http://www.dcement.net/article/201901/ 164386.html. [2019-01-31].

[11] 中国水泥网 . 2018 年中国水泥熟料产能百强榜 [EB/OL]. http://www.ccement.com/zhuanti/2018paihang/. [2019-01-31].

[12] 工业和信息化部 . 2018 年平板玻璃行业运行平稳 [EB/OL]. http://www.miit.gov.cn/n1146285/n1146352/n3054355/ n3057569/n3057572/c6648269/content.html. [2019-02-21].

[13] Thomas W A, Babcock L R, Schults W B. Oak Ridge Air Quality Index[R]. Oak Ridge, USA: Oak Ridge National Laboratory, 1971.

[14] Tan W, Liu C, Wang S, et al. Tropospheric NO_2, SO_2, and HCHO over the East China Sea, using ship-based MAX-DOAS observations and comparison with OMI and OMPS satellite data[J]. Atmospheric Chemistry and Physics, 2018, 18: 15387-15402.

[15] Shackelford A K, Davis C H. A hierarchical fuzzy classification approach for high-resolution multispectral data over urban areas[J]. IEEE Transactions on Geoscience and Remote Sensing, 2003, 41: 1920-1932.

[16] Ojala T, Pietikainen M A, Harwood D. Comparative study of texture measures with classification based on featured distributions[J]. Pattern Recognition, 1994, 29(1): 51-59.

[17] Shan C F, Gong S G, McOwan P W. Facial expression recognition based on Local Binary Patterns: A comprehensive study[J]. Image and Vision Computing, 2009, 27(6): 806-816.

[18] 李英华 , 郭正红 , 冯亮 , 等 . Karhunen Loeve 变换用于光学相关识别旋转目标研究 [J]. 光子学报 , 2008, (4): 750-753.

[19] Kang Y N, Liu M X, Song Y, et al. High-resolution ammonia emissions inventories in China from 1980 to 2012[J]. Atmospheric Chemistry and Physics, 2016, 16(4): 2043-2058.

[20] Paulot F, Jacob D J, Pinder R W, et al. Ammonia emissions in the United States, European Union, and China derived by high-resolution inversion of ammonium wet deposition data: Interpretation with a new agricultural emissions inventory (MASAGE_NH3)[J]. Journal of Geophysical Research: Atmospheres, 2014, 119(7): 4343-4364.
[21] 康雅凝 . 中国高分辨率氨排放清单研究 (1980—2012 年)[D]. 北京 : 北京大学 , 2016.
[22] 国家统计局 . 2018 年统计数据 : 农用化肥施用量 [EB/OL]. http://data.stats.gov. cn/easyquery.htm?cn=C01. [2019-07-26].
[23] Zhang Y S, Luan S J, Chen L L, et al. Estimating the volatilization of ammonia from synthetic nitrogenous fertilizers used in China[J]. Journal of Environmental Management, 2011, 92: 480-493.
[24] Wang Y, Dong H, Zhu Z, et al. Mitigating greenhouse gas and ammonia emissions from swine manure management: A system analysis[J]. Environmental Science & Technology, 2017, 51:4503-4511.
[25] 中国饲料工业协会 . 仔猪、生长育肥猪配合饲料 [S]. 北京 : 中国标准出版社 , 2018.
[26] 中国饲料工业协会 . 蛋鸡、肉鸡配合饲料 [S]. 北京 : 中国标准出版社 , 2018.
[27] 岳德鹏 , 刘永兵 , 臧润国 , 等 . 北京市永定河沙地不同土地利用类型风蚀规律研究 [J]. 林业科学 , 2005, (4): 62-66.
[28] 环境保护部 . 生物质燃烧源大气污染物排放清单编制技术指南 [R]. http://www.mee.gov.cn/gkml/hbb/bgg/201501/t20150107_293955.html. [2014-12-31].
[29] U.S. EPA. AP-42: Compilation of Air Pollution Emission Factors. Volume I: Stationary Point and Area Sources. 5th Edition[M]. Washington, DC: U.S. Environmental Protection Agency, 1995.
[30] European Environment Agency. EMEP/EEA Air Pollutant Emission Inventory Guidebook[R]. Mercier, Luxembourg: Publications Office of the European Union, 2016.
[31] 王艳 , 郝炜伟 , 程轲 , 等 . 秸秆露天焚烧典型大气污染物排放因子 [J]. 中国环境科学 , 2018, (6): 2055-2061.
[32] Cao G L, Zhang X Y, Gong S L, et al. Investigation on emission factors of particulate matter and gaseous pollutants from crop residue burning[J]. Journal of Environmental Sciences, 2008, 20(1): 50-55.
[33] 中国电力企业联合会 . 2018—2019 年度全国电力供需形势分析预测报告 [EB/OL]. http://cec.org.cn/detail/index.html?3-258056. [2019-01-31].
[34] 国家能源局 . 国家能源局发布 2018 年全国电力工业统计数据 [EB/OL]. http://www.nea.gov.cn/2019-01/18/c_ 137754977.htm. [2018-01-31].
[35] 李干杰 . 深入贯彻习近平生态文明思想以生态环境保护优异成绩迎接新中国成立 70 周年——在 2019 年全国生态环境保护工作会议上的讲话 [EB/OL]. http://www.mee.gov.cn/xxgk2018/xxgk/xxgk15/201901/t20190127-691113.html. [2019-01-31].
[36] Xu Z W, Liu F, Xu W, et al. Atmospheric air quality in Beijing improved by application of air source heat pump (ASHP) systems[J]. Journal of Cleaner Production, 2020, 257: 120582.
[37] 北京市统计局 , 国家统计局北京调查队 . 北京统计年鉴 2018[M]. 北京 : 中国统计出版社 , 2018.
[38] 天津市统计局 , 国家统计局天津调查队 . 天津统计年鉴 2018[M]. 北京 : 中国统计出版社 , 2018.
[39] 石家庄市统计局 , 国家统计局石家庄调查队 . 石家庄统计年鉴 2018[M]. 北京 : 中国统计出版社 , 2018.
[40] 唐山市统计局 , 国家统计局唐山调查队 . 唐山统计年鉴 2018[M]. 北京 : 中国统计出版社 , 2018.
[41] 保定市统计局 , 国家统计局保定调查队 . 保定统计年鉴 2018[M]. 北京 : 中国统计出版社 , 2018.
[42] 廊坊市统计局 , 国家统计局廊坊调查队 . 廊坊统计年鉴 2018[M]. 北京 : 中国统计出版社 , 2018.
[43] 沧州市统计局 , 国家统计局沧州调查队 . 沧州统计年鉴 2018[M]. 北京 : 中国统计出版社 , 2018.
[44] 衡水市统计局 , 国家统计局衡水调查队 . 衡水统计年鉴 2018[M]. 北京 : 中国统计出版社 , 2018.
[45] 邯郸市统计局 , 国家统计局邯郸调查队 . 邯郸统计年鉴 2018[M]. 北京 : 中国统计出版社 , 2018.
[46] 邢台市统计局 , 国家统计局邢台调查队 . 邢台统计年鉴 2018[M]. 北京 : 中国统计出版社 , 2018.
[47] 太原市统计局 , 国家统计局太原调查队 . 太原统计年鉴 2018[M]. 北京 : 中国统计出版社 , 2018.
[48] 阳泉市统计局 , 国家统计局阳泉调查队 . 阳泉统计年鉴 2018[M]. 北京 : 中国统计出版社 , 2018.
[49] 长治市统计局 , 国家统计局长治调查队 . 长治统计年鉴 2018[M]. 北京 : 中国统计出版社 , 2018.
[50] 晋城市统计局 , 国家统计局晋城调查队 . 晋城统计年鉴 2018[M]. 北京 : 中国统计出版社 , 2018.
[51] 济南市统计局 , 国家统计局济南调查队 . 济南统计年鉴 2018[M]. 北京 : 中国统计出版社 , 2018.
[52] 淄博市统计局 , 国家统计局淄博调查队 . 淄博统计年鉴 2018[M]. 北京 : 中国统计出版社 , 2018.
[53] 聊城市统计局 , 国家统计局聊城调查队 . 聊城统计年鉴 2018[M]. 北京 : 中国统计出版社 , 2018.
[54] 德州市统计局 , 国家统计局德州调查队 . 德州统计年鉴 2018[M]. 北京 : 中国统计出版社 , 2018.
[55] 滨州市统计局 , 国家统计局滨州调查队 . 滨州统计年鉴 2018[M]. 北京 : 中国统计出版社 , 2018.

[56] 济宁市统计局, 国家统计局济宁调查队. 济宁统计年鉴 2018[M]. 北京 : 中国统计出版社, 2018.
[57] 菏泽市统计局, 国家统计局菏泽调查队. 菏泽统计年鉴 2018[M]. 北京 : 中国统计出版社, 2018.
[58] 郑州市统计局, 国家统计局郑州调查队. 郑州统计年鉴 2018[M]. 北京 : 中国统计出版社, 2018.
[59] 新乡市统计局, 国家统计局新乡调查队. 新乡统计年鉴 2018[M]. 北京 : 中国统计出版社, 2018.
[60] 安阳市统计局, 国家统计局安阳调查队. 安阳统计年鉴 2018[M]. 北京 : 中国统计出版社, 2018.
[61] 濮阳市统计局, 国家统计局濮阳调查队. 濮阳统计年鉴 2018[M]. 北京 : 中国统计出版社, 2018.
[62] 开封市统计局, 国家统计局开封调查队. 开封统计年鉴 2018[M]. 北京 : 中国统计出版社, 2018.
[63] 工业和信息化部. 中国医药统计年报 [M]. 北京 : 中国统计出版社, 2018.
[64] 生态环境部. 排污许可证申请与核发技术规范 涂料、油墨、颜料及类似产品制造业 [S]. 北京 : 中国环境科学出版社, 2020
[65] 宁淼. 工业涂装污染源挥发性有机物排放特征及防治政策 [M]. 北京 : 中国环境科学出版社, 2017.
[66] 上海市环境保护局. 上海市涂料油墨制造业 VOCs 排放量计算方法（试行）[S]. 上海：上海市环境保护局, 2017.
[67] 环境保护部. 排污许可证申请与核发技术规范　制药工业—原料药制造 [S]. 北京：中国环境科学出版社, 2017.
[68] 席劲瑛, 胡洪营, 武俊良. 不同行业点源产生 VOC 气体的特征分析 [J]. 环境科学研究, 2014, (2): 134-138.
[69] 李凌波, 刘忠生, 方向晨. 炼油厂 VOC 排放控制策略——储运、废水处理、工艺尾气、冷却塔及火炬 [J]. 当代石油石化, 2013, 21(10): 4-12.
[70] 中华人民共和国生态环境部. 石油炼制工业废气治理工程技术规范 [S]. 北京 : 中国环境科学出版社, 2020.
[71] Yen C H, Horng J J. Volatile organic compounds (VOCs) emission characteristics and control strategies for a petrochemical industrial area in middle Taiwan[J]. Journal of Environmental Science and Health, Part A, 2009, 44(13): 1424-1429.
[72] 王鹏. 石化企业挥发性有机物排放源及排放量估算探讨 [J]. 石油化工安全环保技术, 2013, 29(1): 59-62, 1.
[73] 郭凤艳, 刘芯雨, 程晓娟, 等. 天津临港某石化企业 VOCs 排放特征研究 [J]. 中国环境科学, 2017, 37(6): 2072-2079.
[74] 鲁君. 典型石化企业挥发性有机物排放测算及本地化排放系数研究 [J]. 环境污染与防治, 2017, 39(6): 604-609.
[75] 蔺建明. 严格控制润版液浓度保证印刷生产高效运行 [J]. 印刷技术, 2011, (2): 52-53.
[76] Bo Y, Cai H, Xie S D. Spatial and temporal variation of historical anthropogenic NMVOCs emission inventories in China[J]. Atmospheric Chemistry and Physics, 2008, 8: 7297-7316.
[77] Bo Y, Cai H, Xie S D. Estimation of Chinese inventories for historical NMVOCs emissions from combustion//Fifth International Conference on Fuzzy Systems and Knowledge Discovery[C]. New York: IEEE, 2008.
[78] Wu R, Bo Y, Li J. Method to establish the emission inventory of anthropogenic volatile organic compounds in China and its application in the period 2008—2012[J]. Atmospheric Environment, 2016, 127: 244-254.
[79] Wu R, Xie S D. 2017. Spatial distribution of ozone formation in China derived from emissions of speciated volatile organic compounds[J]. Environmental Science & Technology, 2017, 51: 2574-2583.
[80] 顾鑫生, 刘杰, 修光利. 涂料行业重点挥发性有机物的筛选与建议 [J]. 涂料工业, 2019, 49(1): 40-47.
[81] 中国涂料工业协会. 中国涂料工业年鉴 (2017 年) [M]. 北京 : 中国涂料工业协会, 2018.
[82] 邹文君, 刘杰, 鲍仙华, 等. 国内外涂料制造工业挥发性有机物排放标准比较 [J]. 环境科学研究, 2019, 32(3): 380-389.
[83] European Environment Agency. Directive 2010/75/EU industrial emissions directives[S]. Copenhagen: European Environment Agency, 2010.
[84] 杨员, 张新民, 徐立荣, 等. 美国大气挥发性有机物控制历程及对中国的启示 [J]. 环境科学与管理, 2015, 40(1): 1-4.
[85] Wei W, Cheng S, Li Y, et al. Characteristics of volatile organic compounds (VOCs) emitted from a petroleum refinery in Beijing, China[J]. Atmospheric Environment, 2014, 89: 358-366.
[86] Mo Z, Shao W, Lu M, et al. Process-specific emission characteristics of volatile organic compounds(VOCs) from petrochemical facilities in the Yangtze River Delta, China[J]. Science of the Total Environment, 2015, 533: 422-431.
[87] Zhang Z, Yan J, Gao X Y, et al. Emission and health risk assessment of volatile organic compounds in various processes of a petroleum refinery in the pearl river delta, China[J]. Environmental Pollution, 2018, 238: 452-461.
[88] 冯书香, 徐亮, 高闽光, 等. 基于太阳光谱的 FTIR 技术监测石油化工区丙烯的浓度分布 [J]. 红外技术, 2012, 34(3): 168-172.
[89] 金岭, 徐亮, 高闽光, 等. 利用 SOF-FTIR 技术监测化工厂区 VOCs 排放 [J]. 大气与环境光学学报, 2013, 8(6): 416-421.
[90] 刘文清, 刘建国, 徐亮, 等. 化工园区挥发性有机物现场红外光谱监测技术及应用 //2016 年中国环境与安全监测技术研讨会——第 27 届 MICONEX2016 科学仪器惠及民生系列分会场论文集 [C]. 北京 : 中国仪器仪表学会 : 现代科学仪器编辑部, 2016: 11-18.

4 重污染天气联合应对体系

2017年以前，京津冀及周边地区在秋冬季重污染天气应对工作中面临预测预报时效性不足、应急减排清单不实、应急效果不显著等问题[1-6]。攻关项目实施后，建立“监测预报—会商分析—预警应急—跟踪评估—舆情引导”全流程的重污染天气联合应对技术体系，形成“事前研判—事中跟踪—事后评估”的全过程技术支撑模式。研究人员建立京津冀区域重污染历史案例库，可以为重污染天气预警和过程分析提供基础资料。其实现了空气质量预报在时间和空间上的拓展，提升了重污染天气的预测预报能力。研究人员建立了重污染天气应急预案修订和评估技术，实现了重点行业预警应急期间的差异化管控。跟踪评估重污染天气过程，及时组织专家解读，有效引导舆情，可以使重污染天气应对能力大幅提升（图4-1）。

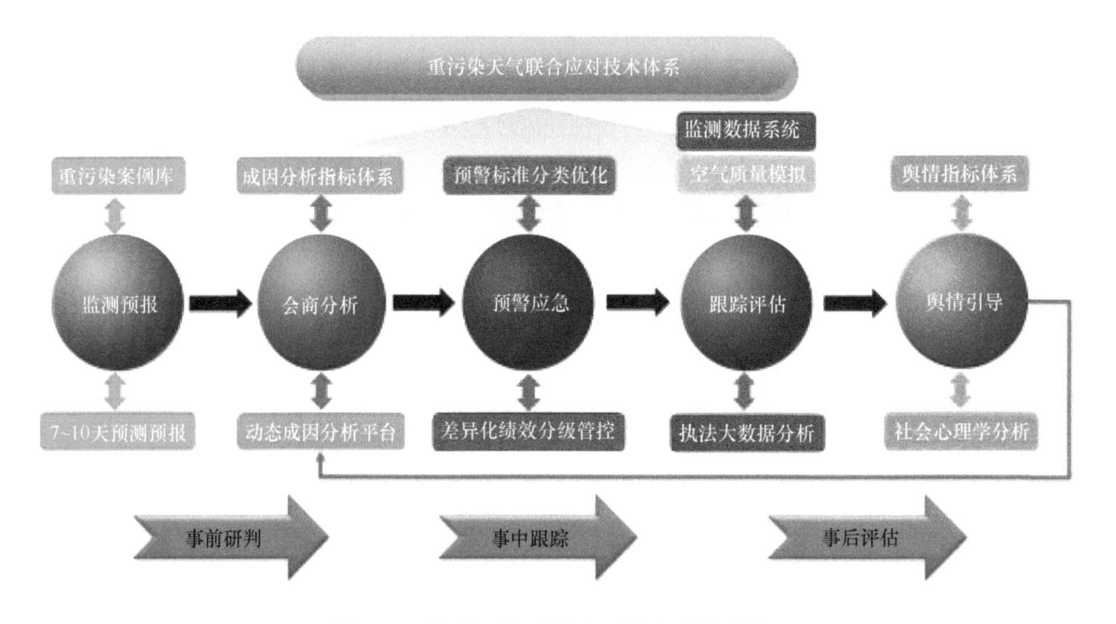

图4-1 重污染天气联合应对技术总体思路

4.1 大气重污染特征及分类

基于区域“2+26”城市$PM_{2.5}$重污染天数统计数据，研究人员分析了重污染过程、年度及季节变化特征，发现近年来区域重污染程度及重污染小时数、频次、持续时长、最大小时值浓度及重污染天数均呈现大幅下降趋势，区域重污染具有“秋冬季显著偏高、春夏季总体较低”的季节分布特征，重污染天主要集中于秋冬季。按照成因类型将区域重污染天划分为综合型、燃放型和沙尘型重污染三类。根据污染分布地域出现频率，将区域重污染分为太行山沿线、京津冀中部、京津冀中南部、京津冀中东部、京津冀平原区和京津冀全境6种类型。基于多种方法的重污染案例分类技术，研究人员建立了区域重污染案例库，实现了重污染案例的快速检索及信息查询，提升了预警应急的准确性、可靠性。

4.1.1 区域重污染特征

区域$PM_{2.5}$重污染统计分析。统计2013～2019年“2+26”城市的重污染参数的平均情况，见表4-1。2019年平均重污染天数较2013年、2016年分别减少65.4天、15.2天，降幅分别为77.8%、44.8%。2019年平均重污染小时数较2013年、2016年分别减少1222h、353h，降幅分别为77.5%、49.9%；2019年平均严重污染小时数较2013年、2016年分别下降660h、156h，降幅分别为90.2%、68.4%。2019年平均$PM_{2.5}$最大小时浓度较2013年、2016年分别下降483μg/m^3、141μg/m^3，降幅分别为52.6%、24.4%。2019年“2+26”城市平均重污染天数、重污染小时数相较2013年均大幅度下降，降幅均达到75%以上，相较2016年降幅也达到44%以上。从区域平均的各个重污染参数分析，7年来区域城市空气质量均有大幅度改善，年重污染天数及小时数降幅接近80%，严重污染小时数下降约90%，年最大小时浓度下降超过50%，说明区域的重污染频率及强度均有大幅度的下降，空气质量改善显著。

表4-1 2013～2019年“2+26”城市平均$PM_{2.5}$重污染参数统计

年份	重污染参数				重污染过程/次				
	重污染天数/天	重污染小时数/h	严重污染小时数/h	最大小时浓度/（μg/m^3）	持续1天	持续2天	持续3天	持续4天及以上	总计
2013	84.1	1577	732	919	9.4	5.3	3.8	7.2	25.7
2014	53.0	733	233	608	9.4	3.5	2.1	5.3	20.3
2015	36.3	614	221	578	6.1	3	2.6	3.7	15.4
2016	33.9	708	228	577	5.2	3	2	3.2	13.4
2017	25.3	373	125	497	4.6	2.5	1.2	1.8	10.1
2018	17.9	327	78	403	3.7	1.9	1.1	1.3	8.0
2019	18.7	355	72	436	3.7	1.3	0.8	2	7.8
2019年与2013年相比/%	−77.8	−77.5	−90.2	−52.6	−60.6	−75.5	−78.9	−72.2	−69.6
2019年与2016年相比/%	−44.8	−49.9	−68.4	−24.4	−28.8	−56.7	−60.0	−37.5	−41.8

注：“重污染小时数”为$PM_{2.5}$浓度超过150μg/m^{3}的小时数，“严重污染小时”为$PM_{2.5}$浓度超过250μg/m^{3}的小时数。

持续性重污染过程是区域城市重污染的主要表现类型，按照重污染的不同持续天数，分析区域城市2013～2019年重污染过程的变化情况，$PM_{2.5}$重污染过程次数统计如图4-2所示。对2013～2019年区域城市重污染的不同持续天数频次分析发现，持续1～2天的重污染过程次数减少，占比逐渐增加，2017～2019年的占比在70%上下；持续3天的重污染过程次数减少，但占比相对比较稳定，近7年基本在13%±3%的水平；持续4天以上的超长重污染过程呈现次数、占比“双下降”的特征，2013～2016年占比在25%左右，近3年下降为20%左右。总体分析，随着区域重污染过程的下降，当前区域重污染过程主要表现为持续时间较短（1～2天），但在显著不利气象条件下，仍有一定频率的持续3天及3天以上重污染过程发生。

由于区域城市重污染天数大幅度下降，相应的重污染过程次数也大幅度下降，2013～2019年区域城市平均年重污染过程次数降幅分别为21.0%、24.1%、13.0%、24.6%、20.8%和2.5%，总体表现出较快的下降速度，至2019年重污染过程次数7.8次，较2013年减少18次，降幅为69.8%，反映出区域的重污染过

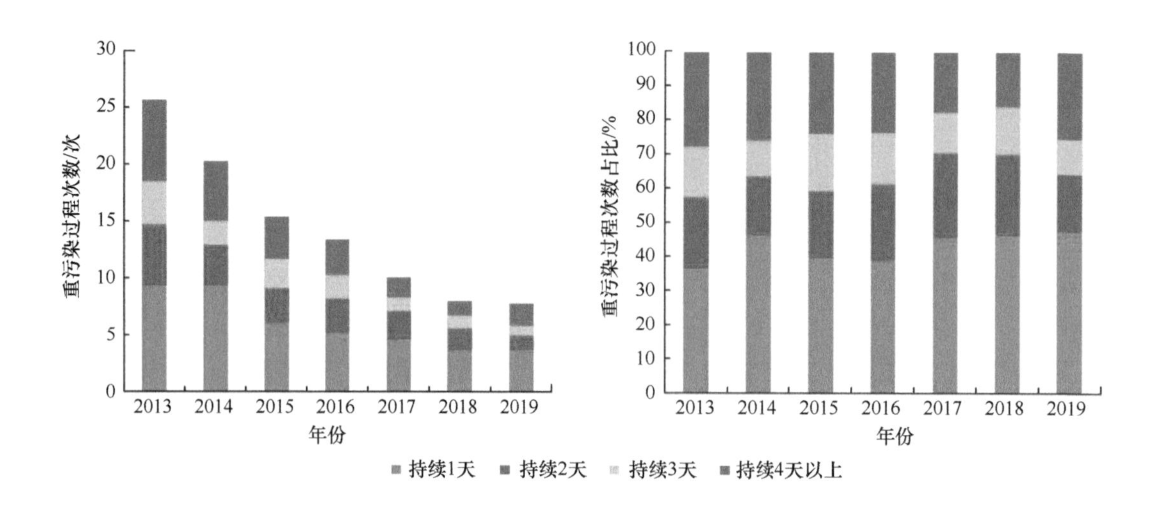

图 4-2　2013 ～ 2019 年“2+26”城市平均 $PM_{2.5}$ 重污染过程次数统计

程减少近七成，2019 年与 2016 年相比，年重污染过程也减少 6 次，降幅达到 41.8%，显示近 4 年区域重污染过程仍然继续呈现较快的下降速度。

区域 $PM_{2.5}$ 年度重污染变化特征。研究人员统计了 2013 ～ 2019 年区域“2+26”城市 $PM_{2.5}$ 重污染天数变化，如图 4-3 所示，从各城市情况分析，7 年间年重污染天数下降最多的 10 个城市分别为石家庄、邢台、保定、廊坊、衡水、唐山、济南、邯郸、北京和天津，主要集中在京津冀地区，下降天数分别为 110 天、108 天、83 天、73 天、72 天、71 天、67 天、65 天、54 天和 49 天，降幅分别为 78.6%、77.1%、79.0%、89.0%、79.1%、87.7%、85.9%、67.0%、93.1% 和 81.7%，下降天数最多的为石家庄，下降 110 天，降幅最大的为北京，降幅 93.1%。

7 年间区域 28 个城市总计发生重污染天数 6064 天，其中发生在 2013 ～ 2016 年的有 4433 天，占比

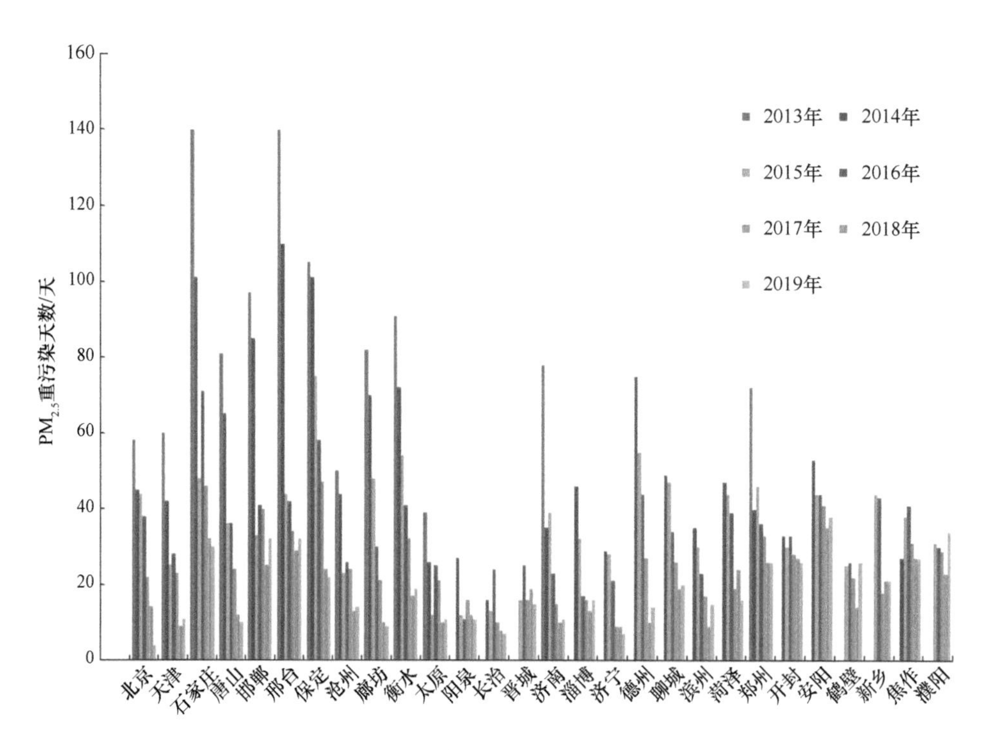

图 4-3　2013 ～ 2019 年区域“2+26”城市 $PM_{2.5}$ 重污染天数变化

73.1%，发生在2017～2019年的有1732天，占比28.6%，反映出2013～2016年高污染排放阶段重污染日发生情况远高于2017年“大气十条”后的治理阶段。分城市统计来看，2013～2016年年均重污染天数为16.7～90.0d/a，年均超过30天的城市有21个，占总城市比例的75%；2017～2019年均重污染天数大幅度减少，范围为8.0～38.0d/a，年均超过30天的城市大幅度下降，为5个，占总城市比例的17.9%。统计表明，2017～2019年相较2013～2016年有大幅度的改善，反映出区域总体及各省市大气污染防治的环境改善效果。

区域$PM_{2.5}$重污染季节性变化特征。从2013～2019年区域城市$PM_{2.5}$重污染天数按月占比分析来看（图4-4），区域城市存在明显的重污染月变化特征，从区域平均总体月度分布分析，重污染天数具有“秋冬季显著偏高、春夏季总体较低”的特征。从区域平均月度重污染发生天数分布看，重污染发生最高的6个月分别为1月、12月、2月、11月、3月和10月，分别为58天、44天、33天、22天、15天和13天，占比分别为29.0%、22.2%、16.5%、11.2%、7.3%和6.7%，基本上1月、12月污染最重，11月、2月次重，10月、3月又有所减轻，其与北方冬季气温变化趋势吻合，即温度最低、采暖燃煤污染排放最高的时期重污染天数最多，而随着气温升高，采暖污染排放下降，则重污染天数也就相应的减少。

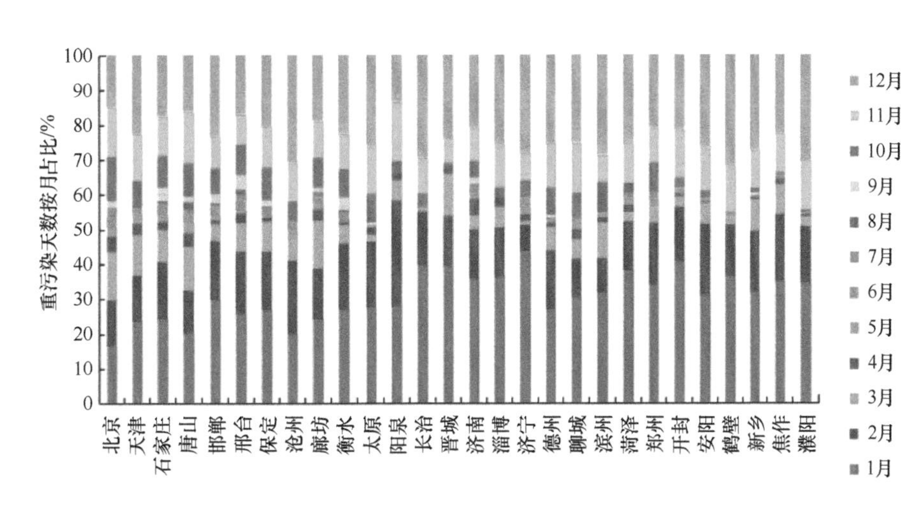

图4-4 2013～2019年区域城市$PM_{2.5}$重污染天数按月占比分析

4.1.2 区域重污染分类

基于$PM_{2.5}$重污染日基本类型分类。区域污染物排放导致的重污染是大气污染防治的主要对象，其污染类型复杂，按照成因类型将区域重污染日简单划分为三类：一是不利扩散条件下污染物持续积累超过大气环境容量造成的重污染，简称综合型；二是春节及元宵节等节日烟花爆竹燃放导致短时间内大气污染物浓度骤增，简称燃放型；三是外来沙尘传输影响下导致粗细颗粒物浓度同时大幅上涨且伴随沙尘、浮尘等气象观测的重污染过程，简称沙尘型。后两种重污染都是特定因素导致的，与不利气象条件下的重污染有性质上的差别，因此需要加以区分梳理。基于对区域“2+26”城市重污染日特征的分析，并根据沙尘及烟花爆竹重污染的特征，对2013～2019年区域“2+26”城市的重污染日进行类型划分，并进行汇总分析，表4-2给出2013～2019年区域城市基本重污染类型统计表，图4-5给出3种类型重污染天数的逐年折线图。7年间综合型、沙尘型、燃放型重污染占比分别为90.0%、6.8%、3.2%，说明综合型重污染占绝对主导地位，沙尘型及燃放型重污染占比较小，但每年仍有发生，它们也对空气质量造成不利影响。

表 4-2　2013 ~ 2019 年区域城市基本重污染类型统计

重污染类型	2013 年	2014 年	2015 年	2016 年	2017 年	2018 年	2019 年	2013 ~ 2019 年总计
综合型合计 / 天	931	1116	971	877	646	454	482	5477
沙尘型合计 / 天	117	102	37	50	61	27	19	413
燃放型合计 / 天	45	55	12	23	19	20	23	197
综合型占比 /%	85.2	87.7	95.2	92.3	89.0	90.6	92.0	90.0
沙尘型占比 /%	10.7	8.0	3.6	5.3	8.4	5.4	3.6	6.8
燃放型占比 /%	4.1	4.3	1.2	2.4	2.6	4.0	4.4	3.2

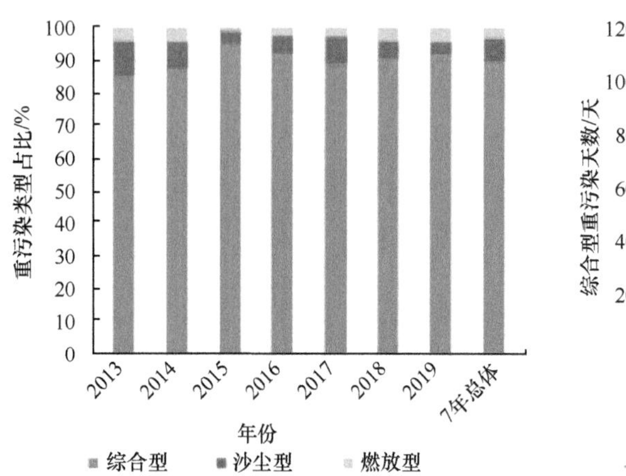

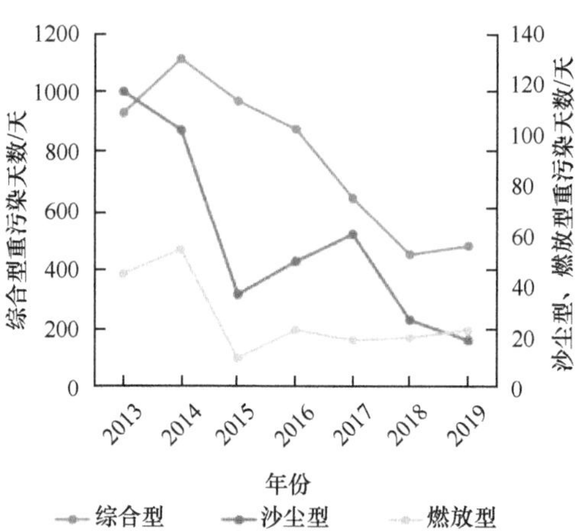

图 4-5　2013 ～ 2019 年区域城市基本重污染类型占比及发生天数折线图分析

基于空间分布的区域重污染分类。根据区域重污染的影响范围，将其分为太行山沿线、京津冀中部、京津冀中南部、京津冀中东部、京津冀平原区和京津冀全境 6 种类型。其中，太行山沿线重污染类型指重污染区域主要集中在太行山前，存在山前堆积现象，这种重污染类型较为普遍，占比达 24%，如 2016 年 10 月 1 ～ 3 日的重污染过程，太行山前的北京—保定—石家庄—邢台存在重污染带 [图 4-6（a）]；京津冀中部重污染类型指重污染集中在京津冀中部区域，占比为 14%，如 2014 年 7 月 7 ～ 8 日，重污染存在于北京—保定—廊坊—沧州一带，而周边相对清洁 [图 4-6（b）]；京津冀中南部重污染类型指重污染集中在京津冀中南部区域，这种重污染分布较为常见，占比 22%，石家庄—邢台—邯郸为重污染高发地区，如 2015 年 1 月 3 ～ 5 日 [图 4-6（c）]；京津冀中东部重污染类型指重污染集中在京津冀中东部地区，即环渤海区域，京津污染偏重，占比 12%，相比较少，如 2015 年 4 月 10 ～ 11 日 [图 4-6（d）]；京津冀平原区重污染类型指重污染覆盖了大部分平原区，重污染面积较大，一般大范围的重污染过程发展到最后多为此类型，发生频率最高，占 25%，如 2015 年 12 月 21 ～ 24 日 [图 4-6（e）]；京津冀全境重污染类型指重污染覆盖了京津冀全部地区，重污染面积更大，进一步向高海拔山区蔓延，几乎覆盖整个平原区，京津冀全境被污染，此类污染影响面积最大，且污染层高度较高，但占比较少，仅 3%，近 3 年都发生在 2014 年，如 2014 年 2 月 21 ～ 26 日 [图 4-6（f）]。

根据单独的重污染分布类型占比（图 4-7），发现重污染主要发生在京津冀平原区、太行山沿线和京津冀中南部，它们占所有类型的 71%，其中京津冀平原区重污染类型影响面积相对较大，平均达到 10.1 万 km^2。7 年间京津冀区域各种重污染类型天数均呈下降趋势；从占比来看，7 年间京津冀平原区占比相对稳定，近 7 年京津冀中部、中东部和太行山沿线重污染过程呈下降趋势，而京津冀中南部重污染占比有所增加，说明近年来北京近周边地区空气质量得到了明显好转，较远的京津冀中南部空气质量状况仍需进一步改善。

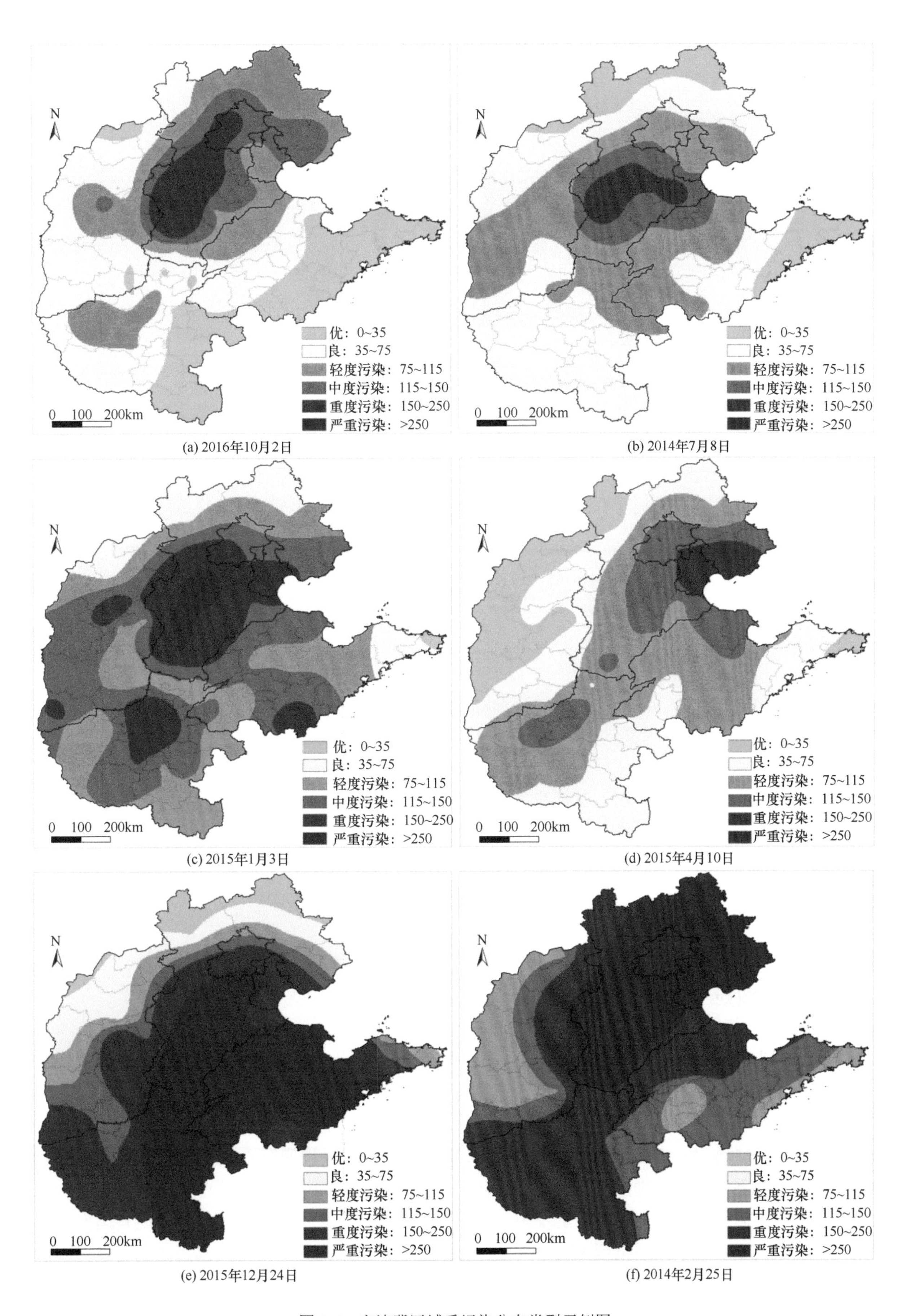

图 4-6 京津冀区域重污染分布类型示例图

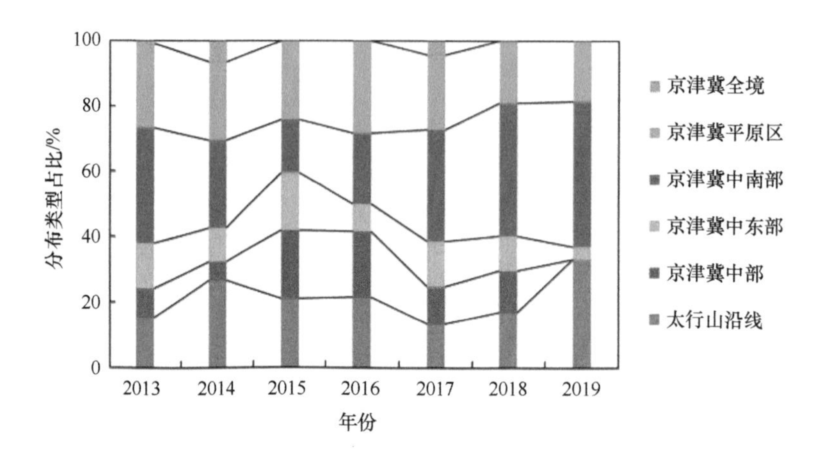

图 4-7　京津冀地区重污染分布类型占比

针对京津冀及周边区域近 7 年发生的 160 多个重污染过程，从污染水平、天气形势、气象条件、组分特征等方面进行详细的案例分析，建立了区域重污染案例分析库，实现了对重污染案例的快速检索及信息查询，实现了对重污染预警风险的评估，实现了基于重污染案例的预警应急及污染控制技术支持，提升了预警应急的准确性、可靠性，提升了污染控制措施的环境改善效果。

4.2　重污染天气预测预报技术改进

为满足大气环境管理部门对重污染天气预报时效和范围的进一步要求，研究人员将多模型空气质量预报系统预报时长由原有的 7 天拓展为 10 天，并将 15km×15km 分辨率覆盖范围由原有的中东部地区扩展至全国范围。面对由此带来的翻倍计算资源需求，研究人员设计开发了模式业务化系统的伴随滚动式后处理方案，其大幅缩减了预报耗时，在未系统性增加计算资源的前提下满足了预报业务的时效性要求。研究人员对模型预报的准确性和时效性进行了验证，优化了污染源排放清单，改善了秋冬季模型模拟结果系统性偏高的问题。相关业务化结果为提早发现和应对秋冬季重污染过程提供了研判依据，对 2018 年及 2019 年秋冬季大气污染防治攻坚战、第三届中国国际进口博览会（上海）及第七届世界军人运动会（武汉）等国际重大活动空气质量保障工作起到了重要的支撑作用。

4.2.1　预报时效延长和空间范围扩展

为延长预报时效并拓展原有模拟范围，一方面，基于国家大气环境预报系统，改进现有空气质量数值预报系统的 GFS 数据下载模块，将中尺度气象模型及区域空气质量模型原有的 7 天预报模拟时长延长到 10 天，并综合国内外预报相关产品，增加后续 1 ～ 2 周的趋势分析，其大大提高了预报的时效性，有力支撑了污染过程的提前预判。另一方面，为使 15km×15km 分辨率预报范围由原有的中东部地区扩展至全国范围，将原有多模式预报系统东亚范围区域和中国中东部区域向外拓展，并在预报实践中通过替换参数化方案的方式，避免了赤道附近气象场计算不稳定及中、低纬度地区投影方法不一致问题，使得现有国家空气质量预报平台真正意义上实现了全国范围 15km×15km 预报全覆盖，其为我国西部大范围沙尘过程传输以及西南地区精细化预报提供了有力支撑，其相对成熟的 15km×15km 分辨率业务化预报产品下发至全国相关省市，以支持当地的环境质量预测预报工作（图 4-8）。

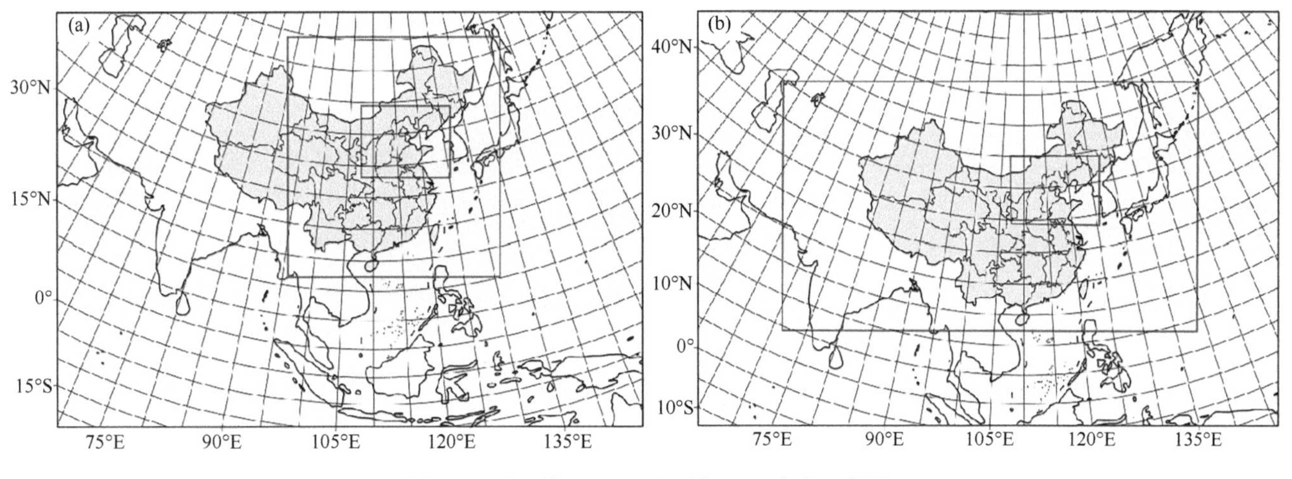

图 4-8 原区域（a）、现区域（b）嵌套示意图

4.2.2 伴随滚动式后处理业务化方案

上述预报模拟时长的拓展以及模拟区域的延伸，使得模型的全球背景驱动场数据下载时间、气象场和污染场模拟时间以及后处理图片数量均大幅增加。经测算，更新后的每日业务运行数据读写的存储量翻倍，计算量变为原来的 4 倍，系统业务化计算、入库及后处理完成时间，即便调集全部可用计算资源，业务预报计算完成时间仍从早 08:00 左右延长至中午 12:00 左右，无法满足预报员每日分析研判的业务工作需要。为保障业务预报的实际使用效果，研究人员对模型业务化运行及后处理框架系统进行了重构和开发，形成了伴随滚动式后处理业务化方案，使得预报系统在数据下载、模拟计算、结果入库及绘图等后处理过程中，同步对当前已生成结果进行转换、提取、展示和归档，将整体所需时间缩短 2h 以上（表 4-3），每日 10:00 左右即可完成拓展后系统的计算和模拟。此外，由于采用了滚动式后处理方式，预报员在每日上午 08:30 就位后，可以随时查看已生成和入库展示的产品，以及时获取最新的全国尺度预报结果，从而为重大活动空气质量保障及重污染过程早发现、早预警提供更为有力的支撑。

表 4-3 业务系统运行时间节点对比

主要业务模块	原业务预报结束时间节点	能力扩展后结束时间节点	基于新方案的结束时间节点
GFS	01:05am	01:32（+27min）	01:05（–27min）
WRF	02:38am	03:47（+1h 9min）	03:00（–47min）
WRF2APOPS	03:00am	04:45（+1h 45min）	03:10（–1h 35min）
NAQPMS	07:42am	11:50（+4h 8min）	09:05（–2h 45min）
POST_NAQPMS	08:00am	12:25（+4h 25min）	10:10（–2h 15min）
CMAQ	06:35am	10:20（+3h 45min）	09:10（–1h 10min）
POST_CMAQ	07:00am	10:55（+3h 55min）	10:15（–40min）

4.2.3 模型预报结果检验与优化

2018 年 10 月～ 2019 年 1 月，对扩展后的 NAQPMS 和 CMAQ 模型结果进行了评估。选择 AQI 级别预报准确率为评价指标，具体规定为：若预报 AQI 级别为单一级别，则实况 AQI 级别与预报 AQI 级别一致时，认为预报 AQI 级别准确；若预报 AQI 级别为多个级别（跨级），则实况 AQI 级别只要在预报 AQI

级别范围内，即认为 AQI 级别预报准确（表 4-4）。

表 4-4　城市 AQI 跨级预报浮动范围约束条件

预报 AQI	预报 AQI 允许浮动范围
0 ～ 50	预报 AQI±10
51 ～ 100	预报 AQI±10
101 ～ 150	预报 AQI±15
151 ～ 200	预报 AQI±15
201 ～ 300	预报 AQI±25
>300	预报 AQI±25

在空间上，模型预测结果在东北、华北、华东地区相关性较好，0 ～ 24h 预报结果相关系数可达 0.7 ～ 0.8；华中地区次之，相关系数可达 0.6 ～ 0.7；西北、西南及华南地区相关性略差，相关系数多在 0.5 以下。各模式对 $PM_{2.5}$ 的量值预报亦存在明显的局地性差异，其中华北、华东地区标准化平均偏差（NMB）多在 –20% ～ 20%，我国西部地区则偏低较多，NMB 低于 –60%；NAQPMS 模式在长江流域偏南地区量值预报偏高，NMB 值为 40% ～ 60%，CMAQ 模式在华南、西南地区部分城市 $PM_{2.5}$ 预报值略偏低，NMB 为 –40% ～ –20%。

在时间上，预报准确率总体随着预报时长的增加而逐渐降低。以“2+26”城市为例，NAQPMS 模式 24 ～ 48h 的预报准确率在 50% 以上，随后不断降低，72 ～ 192h 的等级预报准确率基本在 45% 左右，至第 10 天（240h）预报准确率已降至 40%；CMAQ 模式预报准确率稍好，24 ～ 72h 等级预报准确率基本在 60% 以上，重点区域及代表性城市预报准确率见表 4-5。

表 4-5　重点区域及代表性城市 AQI 等级预报准确率结果　　（单位：%）

重点区域及代表性城市		24h	48h	72h	96h	120h	144h	168h	192h	216h	240h
“2+26”城市	北京	53	51	45	54	53	54	63	60	52	50
	天津	42	42	35	47	49	46	43	49	57	48
	石家庄	60	54	44	47	48	51	54	48	48	43
	太原	49	53	60	57	52	54	54	58	43	55
	济南	62	62	63	61	56	56	61	61	52	55
	郑州	56	60	60	52	54	53	42	50	44	39
	区域平均	62	62	60	57	56	55	56	55	54	49
汾渭平原	西安	40	48	45	48	55	49	48	57	48	43
	洛阳	52	55	51	47	51	57	54	48	45	52
	临汾	58	62	55	46	56	53	46	46	50	52
	区域平均	60	62	60	58	59	58	55	57	55	54
长三角城市群	上海	49	52	51	41	37	36	44	45	50	51
	南京	60	62	62	63	55	63	63	65	55	60
	杭州	66	58	60	52	53	51	58	60	61	65
	合肥	51	54	50	51	37	47	45	48	51	56
	区域平均	66	68	68	65	60	61	60	60	61	63

注：基于 CMAQ 模型的结果。

由于污染源排放清单更新相对滞后于大气污染治理进度等现实因素，为对预报系统秋冬季预测结果系统性偏高等现象进行优化调整，研究人员将国控站点位数据同模型模拟结果进行了系统性比对。本着提高业务化预报效果的目的，在模型呈现系统性偏高的地区，使用模拟结果和观测浓度的差别，对一次污染物排放量进行了分省调整，使其更贴近于污染物浓度监测的实况，从而在一定程度上改善了秋冬季模型模拟结果偏高的问题，污染源改进前后，NAQPMS 模型秋冬季 $PM_{2.5}$ 平均标准偏差的改进效果如图 4-9 所示。但近年来产业结构调整及大气污染精准防控所带来的实际源强同历史数据的差异，以及气象条件预报不确定性等的计算偏差仍有待进一步加强人工预报，对其进行完善和订正。

4.3 预警标准分级修订及应急管控措施优化

针对工作中存在的预警启动阈值偏高、预警打断判定和级别调整要求不明确、预警指标单一等问题，研究人员设计了多种预警分级标准方案，基于重污染天气预警次数的统计结果，提出了将降低预警启动门槛、增加特征污染物作为预警指标等的建议，对重污染天气预警分级标准进行了优化，其为重污染天气预警分级指标的修订提供了科技支撑。基于企业的生产工艺水平、污染治理技术、无组织管控、排放限值、监测监控水平和运输方式等指标进行绩效分级，采取差异化的管控措施，精准减排，推动行业治理水平整体升级，形成了适宜高效的重污染天气应急管控措施。基于预警分级和行业绩效分级的研究结果，为《重污染天气预警分级标准和应急减排措施修订工作方案》（环办大气函〔2017〕86 号）、《关于推进重污染天气应急预案修订工作的指导意见》（环办大气函〔2018〕875 号）、《关于加强重污染天气应对夯实应急减排措施的指导意见》（环办大气函〔2019〕648 号文）的编写和发布提供了有效的技术支撑。

4.3.1 预警分级标准修订

扩充了预警指标。除 $PM_{2.5}$ 之外，考虑到区域内个别城市燃煤问题的影响突出，同时目前 SO_2 浓度预报技术尚不能满足管理需求，研究人员用监测的 SO_2 浓度作为辅助指标设定预警分级标准。SO_2 预警阈值的提出主要依据《环境空气质量标准》（GB 3095—2012）和《环境空气质量指数（AQI）技术规定（试行）》（HJ 633—2012）中有关“环境空气污染物基本项目浓度限值”和“空气质量分指数及对应的污染物项目浓度限值”的规定，同时参考了国外预警等级标准相关文献。SO_2 浓度预警阈值建议将监测的 SO_2 1h 平均浓度等于 500μg/m^3、650μg/m^3 和 800μg/m^3 作为黄色、橙色和红色预警的启动条件。基于 2016 年京津冀及周边地区“2+26”城市的空气质量监测数据，开展了重污染天气预警次数的统计分析。测算结果表明，2016 年采暖季 SO_2 污染严重城市（如临汾、阳泉、长治、晋城等）的预警次数较多，能够起到较好的预警作用。

加严了预警阈值。2017 年的重污染天气预警分级标准要求将 AQI 大于 200 作为启动条件，考虑到京津冀及周边地区“2+26”城市秋冬季（采暖季）重污染频发、非采暖季也存在重污染天，以及预警启动门槛较高的问题，重污染天气预警以细颗粒物（$PM_{2.5}$）日均值为指标，按连续 24h（可以跨自然日）均值计算，每年 10 月至次年 3 月（即采暖季）使用一类预警分级标准，其他时间（即非采暖季）使用二类预警分级标准，具体分析结果见表 4-6。

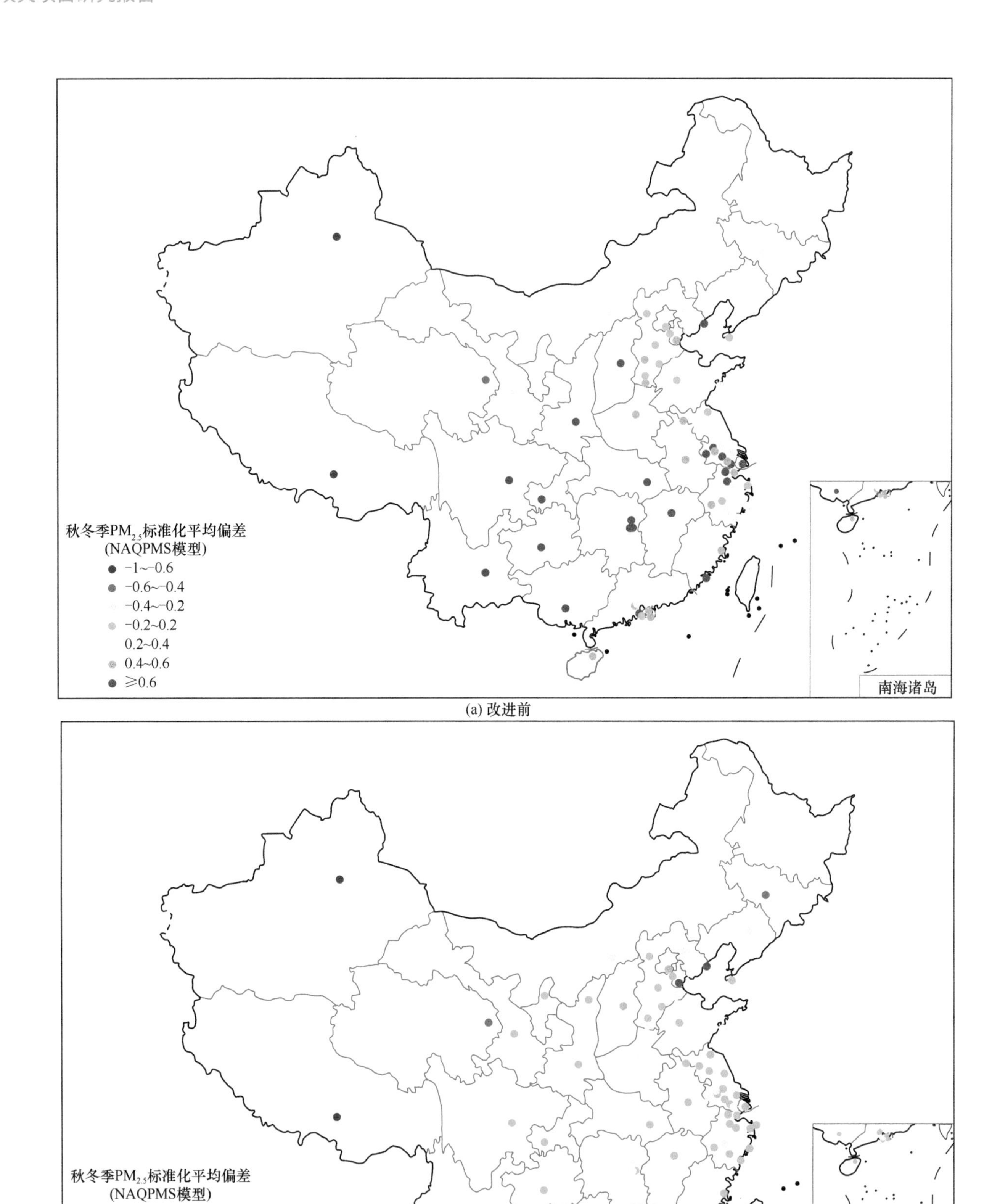

(a) 改进前

(b) 改进后

图 4-9　污染源改进前后，NAQPMS 模型秋冬季 $PM_{2.5}$ 平均标准偏差的改进效果

表 4-6 重污染天气预警分级标准

分类	指标	黄色预警	橙色预警	红色预警
一类	$PM_{2.5}$	预测 $PM_{2.5}$ 日均值 >150μg/m³ 将持续 2 天（48h）及以上，且未达到高级别预警条件	预测 $PM_{2.5}$ 日均值 >150μg/m³ 将持续 3 天（72h）及以上，且未达到高级别预警条件	预测 $PM_{2.5}$ 日均值 >150μg/m³ 将持续 4 天（96h）及以上，且预测 $PM_{2.5}$ 日均值 >250μg/m³ 将持续 2 天（48h）及以上；或预测 $PM_{2.5}$ 日均值达到 500μg/m³
二类	$PM_{2.5}$	预测 $PM_{2.5}$ 日均值 >115μg/m³ 将持续 2 天（48h）及以上，且短时出现重度污染、未达到高级别预警条件	预测 $PM_{2.5}$ 日均值 >115μg/m³ 将持续 3 天（72h）及以上，且短时出现重度污染、未达到高级别预警条件	预测 $PM_{2.5}$ 日均值 >115μg/m³ 将持续 4 天（96h）及以上，且预测 $PM_{2.5}$ 日均值 >150μg/m³ 将持续 2 天（48h）及以上；或预测 $PM_{2.5}$ 日均值达到 350μg/m³ 以上

基于 2017 年京津冀及周边地区“2+26”城市的空气质量监测数据，研究人员开展了重污染天气预警次数的统计分析。测算结果显示，采暖季使用“一类标准”、非采暖季使用“二类标准”，预警次数增加，降低了预警启动门槛，在非采暖季预警次数和天数显著增加，其中黄色预警次数和天数较多，对非采暖季的重污染应对管理起到了推动作用。

对打断判定及其预警级别进行了调整。2016 年发布的京津冀城市重污染天气预警分级标准中，未明确规定预警打断判定和升级调整，导致污染过程被打断、预警持续时间短、措施难以发挥实际效果。以北京 2016 年 12 月 27 日～2017 年 1 月 8 日的重污染过程为例（图 4-10），预测将要发生 2 次重污染过程，1 月 2 日出现一次打断过程，按照 2016 年京津冀统一的预警分级标准，北京应当发布两次橙色预警，但两次预警间隔时间短，频繁的解除、再启动预警不利于重污染应对工作，应按一次重污染过程考虑，从严启动预警。建议当空气质量改善到相应级别预警启动标准以下，且预测将持续 36h 以上时，可以降低预警级别或解除预警，并提前发布信息。当预测发生两次重污染过程，且间隔时间未达到解除预警条件时，应按一次重污染过程考虑，从高级别启动预警。

基于预警分级标准优化分析的结果，以 24h 滑动平均值计算的 AQI 代替原来日均值计算的 AQI，并将持续时间用持续小时数（24h、48h、72h 及 96h）代替原来的天数（1 天、2 天、3 天及 4 天）。各地可结合当地空气质量状况及污染特征，以细颗粒物（$PM_{2.5}$）为主，根据实际需要增加 SO_2 等指标，合理启动预警，满足管理需求。采暖季使用“一类标准”、非采暖季使用“二类标准”，这样进一步降低了预警启动门槛，可以有效应对重污染天气，以达到降峰削频的效果。

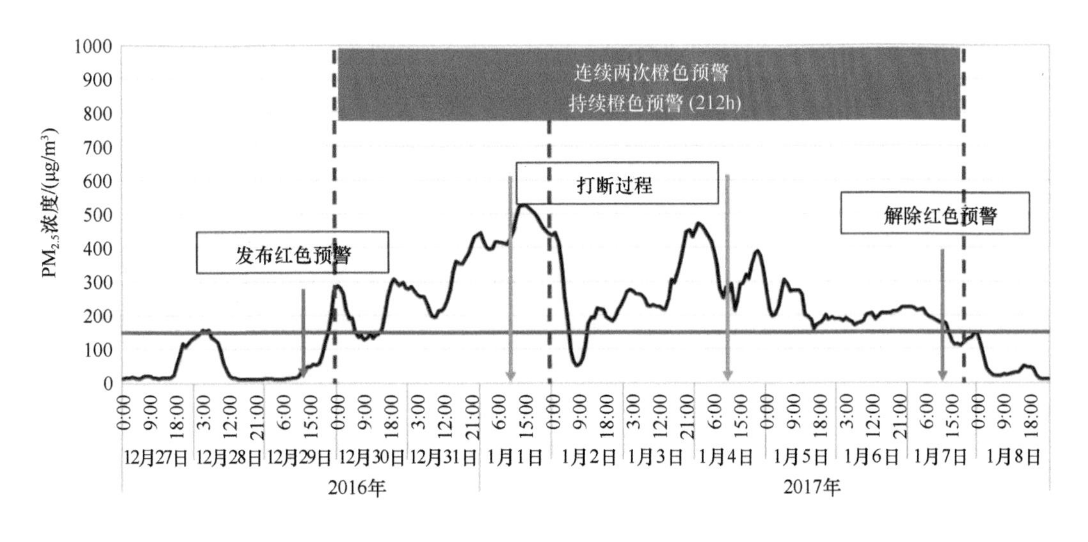

图 4-10 北京 2016 年 12 月 27 日～2017 年 1 月 8 日预警情况分析

4.3.2 重点行业差异化管控措施

通过对“2+26”城市30个重点行业300多家企业进行调研，识别重点工业大气污染排放源，分析重点工业行业排放特征，评估重污染应急减排技术，构建应急减排技术数据库，研究应急减排量核算方法。对于重点行业，分析各工艺环节大气污染物排放特征，按“确定排放工序—计算排放基数—确定排放贡献—筛选减排措施—制定减排方案”五步法开展全过程应急减排技术措施筛选评估，建立“生产工艺—技术措施—政策要求”应急减排措施库。

对“2+26”城市2017年主要污染物排放的行业贡献进行分析后发现，钢铁、焦化、水泥、石油化工、玻璃等行业对SO_2排放量的贡献较大，分别为34%、12%、10%、5%和2%；钢铁、焦化、水泥、玻璃和石油化工等行业对NO_x排放量的贡献较大，分别为42%、17%、14%、5%和2%；钢铁、水泥、焦化、石油化工和玻璃等行业对PM_{10}排放量的贡献较大，分别为21%、12%、6%、3%和2%；石油化工、焦化、钢铁、水泥和玻璃等行业对VOCs排放量的贡献较大，分别为34%、17%、9%、3%和1%，如图4-11所示。

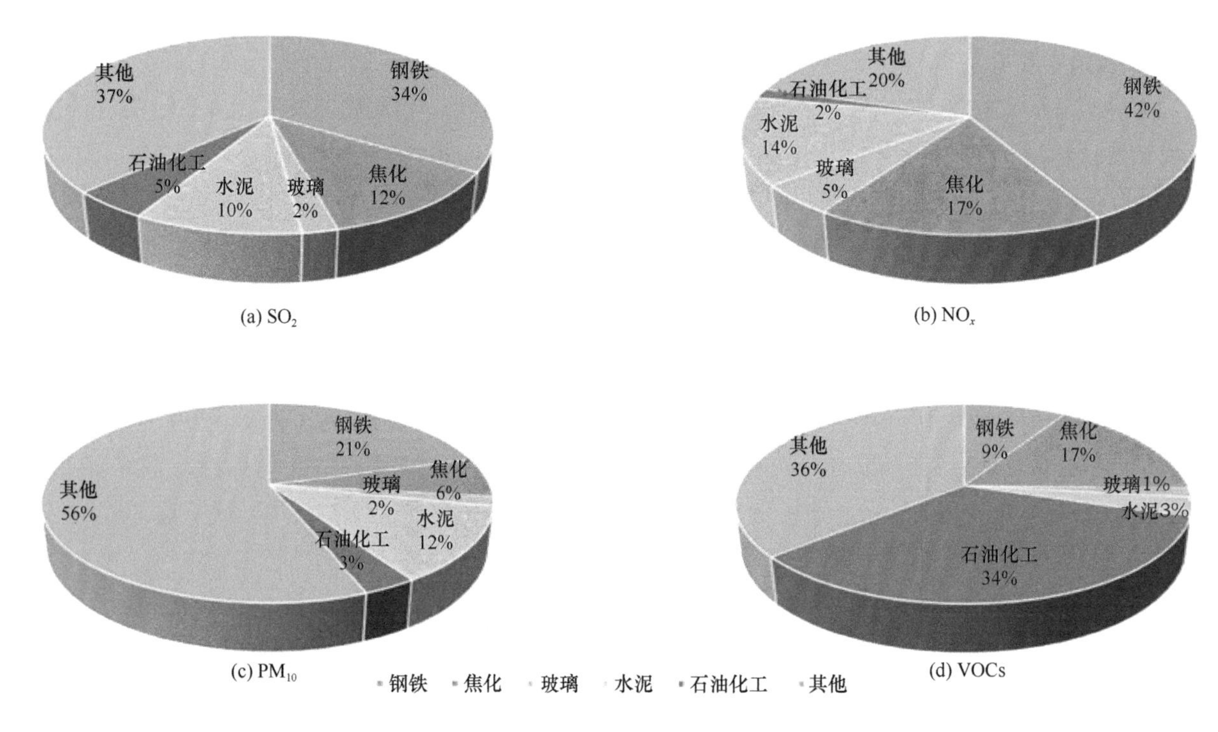

图4-11 2017年各类污染物的行业分布

为推动企业绿色发展，促进行业的提标改造和升级转型，基于主要污染物排放的行业贡献分析结果，研究人员对污染排放量大的30个行业进行重点管控，其中对长流程联合钢铁、焦化、氧化铝、电解铝、碳素、铜冶炼、陶瓷、玻璃、石灰窑、铸造、炼油与石油化工、制药、农药、涂料、油墨15个行业进行了绩效分级，实行差异化管控。在重点行业绩效分级方面，为体现行业、区域之间的公平，研究人员从以下4个方面开展了研究：在效果方面，企业分级减排效果较不分级有明显改善；在管控方面，树立先进的企业作为全国标杆，鼓励“先进”，鞭策“后进”；在措施统一方面，同一区域、同一行业、同等绩效企业减排措施一致；在分级短板方面，企业涉跨行业、跨工序，以所含行业或工序中绩效评级较差为准。

对于行业的绩效分级指标主要从装备水平、污染治理技术、排放限值、无组织管控、管理水平、运输状况等方面进行分级评价（图 4-12）。以长流程钢铁为例，烧结和球团工序颗粒物、SO_2、NO_x 3 种污染物排放量均为全厂最大，占比分别为 22.79% ～ 47.88%、42.56% ～ 86.17%、48.63% ～ 86.94%。因此，在有组织管控方面，根据除尘、脱硫、脱硝设备的污染治理水平进行评价。在无组织排放管理水平方面，从物料的储存方式、输送方式、产尘点有无抑尘处理、车间废气回收及道路硬化程度方面进行评价。在监测监控水平方面，从企业关键产排污节点安装污染物排放在线监测系统（CEMS）及分布式控制系统（DCS）、产尘点安装高清视频、主要道路布设空气质量监测微站点等方面核实企业的有组织及无组织的排放情况。在交通运输方面，限制企业对排放量大的国四重型载货车的使用，并建立门禁和视频监控系统进行核查，从而区别企业的绩效级别。

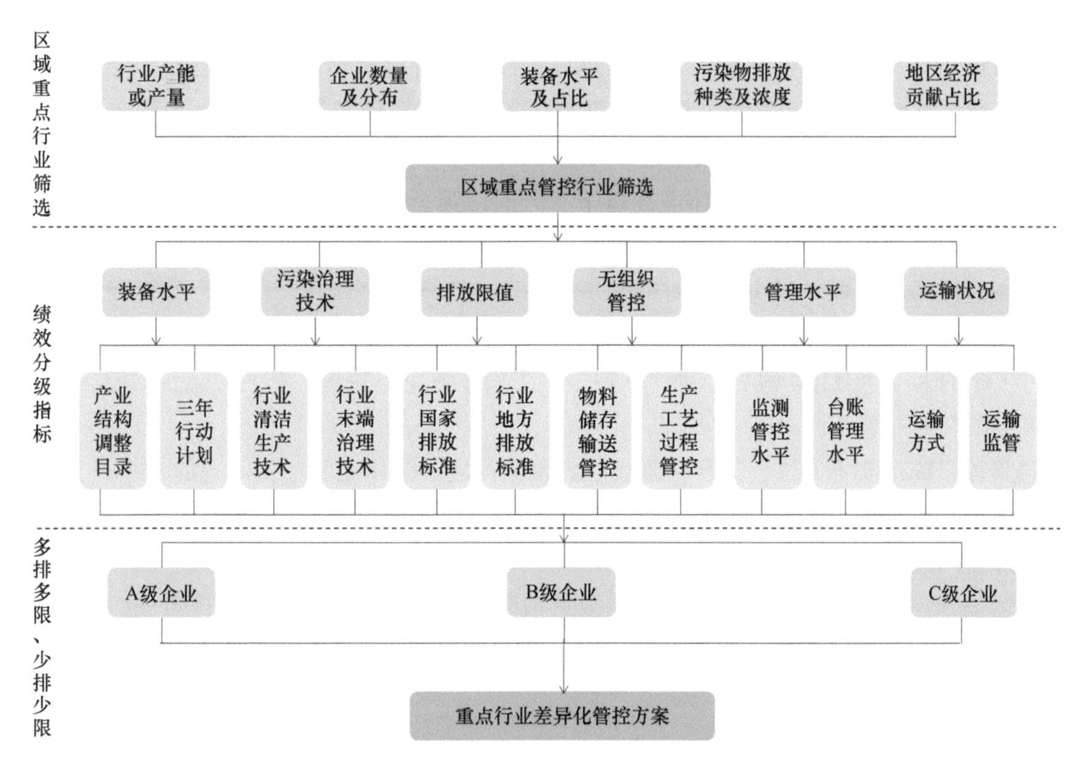

图 4-12　重点行业企业绩效分级技术路线

基于绩效的应急减排措施，避免“一刀切”，实行“多排多限、少排少限”的差异化管控。对于 A 级企业，不再要求进行预警响应，应鼓励自主采取减排措施。对于 B 级企业，在黄色预警期间则要求烧结机、球团设备停产 50% 以上（以生产线计）；在橙色及以上预警期间，则要求烧结机、球团及石灰窑停产，并延长出焦时间。对于 C 级企业，要求预警期间烧结机、球团设备停产；高炉停产 50%（含）以上（以高炉计）；石灰窑停产；延长炭化室出焦时间。

4.4　重污染天气应对效果综合评估

重污染天气应对综合效果评估采用了基于执法检查、基于空气质量模式和基于环境监测数据三种分析方式。

4.4.1 基于执法检查的效果评估

在执法检查效果评估方面，基于强化监督定点帮扶反馈的问题，评估重污染天气应急预案执行落实情况。对 2018 ～ 2019 年秋冬季的强化监督帮扶结果进行分析发现，部分工业企业未按要求停产、限产，重点排污大户重污染天气应急不作为，错峰运输管控存在短板等。其中，京津冀及周边地区、汾渭平原等重点区域强化监督帮扶共上报 11449 个问题。根据上报问题，主要存在以下几个方面的不足。

一是应急减排清单不全、不实。其主要表现在以下三方面：第一应急减排清单不全，督查巡查结果显示，各地普遍存在工业污染源未纳入重污染应急减排清单的情况。第二总体减排比例难以保证，大部分企业按照最大设计产能核算应急减排基数和减排量，应急减排清单各项污染物排放量远大于实际生产排放量，预警期间不采取减排措施；部分企业未填报污染物排放量或者减排比例不足。第三豁免企业不规范，检查发现存在以创汇企业、重点企业为由豁免、以承担供暖任务为由“搭便车”的现象，当地政府为企业规避应急响应开绿灯，企业应急管控措施为“无管控”等。

二是应急减排措施不规范。其主要体现在以下三方面：第一部分企业应急减排措施针对性、可操作性和可考核性较差，包括通过安装污染治理设施、降低污染物排放浓度、降低生产负荷等方式减排，以生产工艺特殊为由规避减排，采取“减少工作时间”“增加洒水”等措施减排。第二应急管控措施与企业生产工艺不匹配，长期停产企业纳入应急管控基数进行核算，清单中企业生产工艺与实际不符，措施避重就轻，未将主要排污工序纳入应急减排。第三企业“一厂一策”操作方案不完善，企业应急预案编制更新不及时、不符合“一厂一策”要求等。

三是应急管控措施落实不到位。未严格落实应急预案问题占强化监督帮扶问题的 35%，其中河北最多，其次为山西和河南，问题较多的城市有沧州、运城、廊坊等。其主要问题为夜间开工、躲避监管、违规生产、屡查不改；重点排污大户重污染应急期间不响应，如钢铁、石化、氧化铝等排污大户在红色预警期间不采取管控措施；运输管控落实存在短板，部分企业故意抬高运输基数，规避应急减排责任，部分涉及大宗物料运输单位未落实管控要求，未将运输管控纳入应急减排方案，运输管控方案不科学，监管措施落实不到位等。

4.4.2 基于空气质量模式的效果评估

区域典型重污染过程效果评估。基于搭建的 WRF-CMAQ 模型系统进行情景模拟分析。本书的研究设置两个不同的模拟情景：情景 1 为基准情景，研究区域不实施应急控制措施；情景 2 为削减情景，实施应急控制措施。根据模拟得到的减排措施实施前后 $PM_{2.5}$ 浓度变化（图 4-13），以受体城市北京、天津为例，定量评估京津冀及周边地区 28 个城市空气重污染应急预案减排措施实施对 $PM_{2.5}$ 的影响。

以 2018 年 2 月 28 日～ 3 月 4 日污染过程为例，北京国控站点 $PM_{2.5}$ 平均质量监测浓度为 82.1μg/m^3，其间一天空气质量达到轻度污染，一天达到重度污染。天津国控站点 $PM_{2.5}$ 平均质量监测浓度为 72.3μg/m^3，其间一天空气质量达到轻度污染，一天达到中度污染。2 月 28 日，北京各项污染物减排 5.1% ～ 12.7%，天津 3 月 1 ～ 3 日各项污染物减排 15.0% ～ 18.2%，河北、河南以及山东多个城市于 2 月 28 日启动不同程度减排措施，3 月 4 日或 5 日恢复正常排放。模拟结果表明，应急减排措施的实施使北京国控站点 $PM_{2.5}$ 平均质量监测浓度下降 3.0%，天津国控站点 $PM_{2.5}$ 平均质量监测浓度下降 5.8%，如图 4-14 所示。

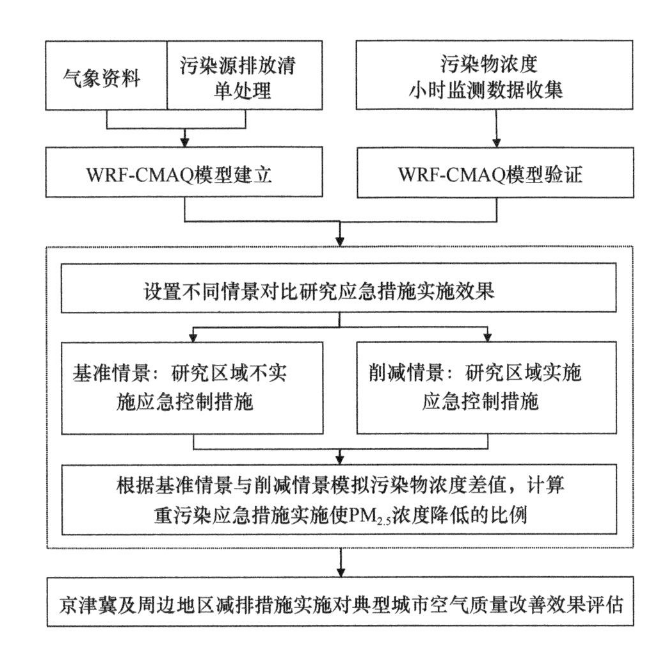

图 4-13　重污染天气应急预案实施效果评估方法技术路线图

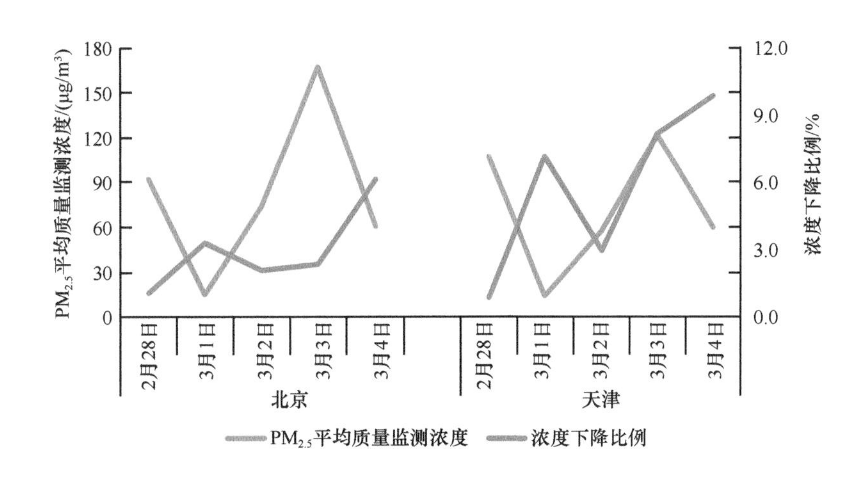

图 4-14　2018 年 2 月 28 日～ 3 月 4 日北京与天津国控站点 $PM_{2.5}$ 平均质量监测浓度与浓度下降比例

4.4.3　基于环境监测数据的效果评估

为定量描述应急减排措施对重污染过程污染物的削峰效果，基于污染物累积浓度分布曲线提出污染物高位累积浓度占比。将污染物浓度从高到低排列，取前 20% 作为高位数值，其对应的累积浓度占比为当年该污染物高位累积浓度占比，若高位累积浓度占比越大，则表明重污染期间污染物浓度分布均一性越弱，研究时段污染物浓度分布越不均匀；若高位累积浓度占比越小，则表明重污染期间污染物浓度分布均一性越强，研究时段污染物浓度分布越均匀。高位累积浓度占比降低，污染物浓度分布趋于平均，表明了污染物浓度的削峰作用。利用环境监测数据，通过研究“2+26”城市 2015 ～ 2018 年秋冬季期间污染物分配曲线及高位累积浓度占比变化，对污染物分布的不均匀性进行有效评价。研究表明，“2+26”城市 2015 ～ 2019 年秋冬季污染物高位累积浓度占比整体趋于下降，其中，$PM_{2.5}$ 浓度由 2015 ～ 2016 年秋冬季的 43.77% 下降到 2018 ～ 2019 年秋冬季的 41.13%，表明“2+26”城市秋冬季期间应急管控对污染物有一定的削峰作用（表 4-7）。

表 4-7 “2+26”城市 2015 ~ 2019 年秋冬季污染物高位累积浓度占比

时间	高位累积浓度占比 /%			
	$PM_{2.5}$	PM_{10}	SO_2	NO_2
2015 ~ 2016 年秋冬季	43.77	39.76	36.84	32.05
2016 ~ 2017 年秋冬季	41.54	37.87	36.41	30.50
2017 ~ 2018 年秋冬季	41.54	35.96	35.97	31.34
2018 ~ 2019 年秋冬季	41.13	36.22	35.43	30.39

4.5 舆情分析与社会宣传方法

研究人员研发了重污染天气舆情监测与大数据分析平台，并在此基础之上，优化和完善了重污染天气环境舆情指标体系，从而为秋冬季重污染天气研判、推演、应对提供了基础数据支持，通过分析大气污染防治主流媒体相关报道，探究了主流媒体报道规律、扮演角色及官方舆论引导的成果，从而为政府部门准确引导舆论提供了参考依据。研究公众对重污染天气的情绪及态度，探索污染过程情绪量表或评价体系，探寻对公众来说更有效的预警、宣传和展示方式。针对目前公众对大气污染防治的认知盲区，从科普、宣传等方面开展大气污染防治社会宣传工作，探寻更适合大气污染社会宣传工作的内容形式，以科普的形态、融媒体的形式普及大气环境知识，批驳网络谣言，引导公众正确理解、科学参与、积极配合生态环境保护工作。

4.5.1 重污染天气舆情监测与大数据分析系统

重污染天气舆情监测与大数据分析系统采用前后端分离架构设计，展现层和数据层完全分离，通过跨域实现前后端数据通信，Web 前端使用 VUE，后端接口采用 Restful 标准，数据持久化层采用了 Mysql 和 Solr 两种数据技术。数据汇总综合运用网络爬虫、聚焦网络爬虫、增量式网络爬虫、深层网络爬虫等及时提取涉及大气治理相关的网络页面信息，同时对抓取目标进行描述和定义，建立信息数据资源库，提供生成索引的目标源。该系统以全景大屏形式，对信息数据进行可视化呈现，以全国重污染天气热地分布为中心，重点展示 8 个版块，分别为媒体重点关注、环保第三方重点关注、网络高频词汇、全国舆情热力图、关注与热议走势分析、媒体热议、重点网站头条及敏感信息提示。该系统相对准确地反映了重污染天气下网民、专家、媒体、意见领袖等不同意见阶层的舆论状态、核心诉求等信息，使人们便于了解舆情演变趋势，实时掌握舆情动态（图 4-15）。

通过数据汇总、统计建模、专家讨论，研究确定重污染天气舆情指标体系为“三度”“三力”体系，即关注度（传播力）、讨论度（引导力）、敏感度（洞察力），以数据加权的形式进行计算，将其作为分析系统判定天气舆情热度的标准。重污染天气舆情监测与大数据分析系统以及舆情指标体系的搭建，实现了对大气污染防治舆情动态的实时监测和分析。

4.5.2 重污染天气公众情绪及舆论传播规律

（1）开展了重污染天气公众情绪研究。以公众调查为主要研究方法，考察现实生活中公众对大气污染有关问题的实际认知、态度、反应、行为，基于实证数据检验重污染与公众情绪及其网络舆论行为之间的关系，

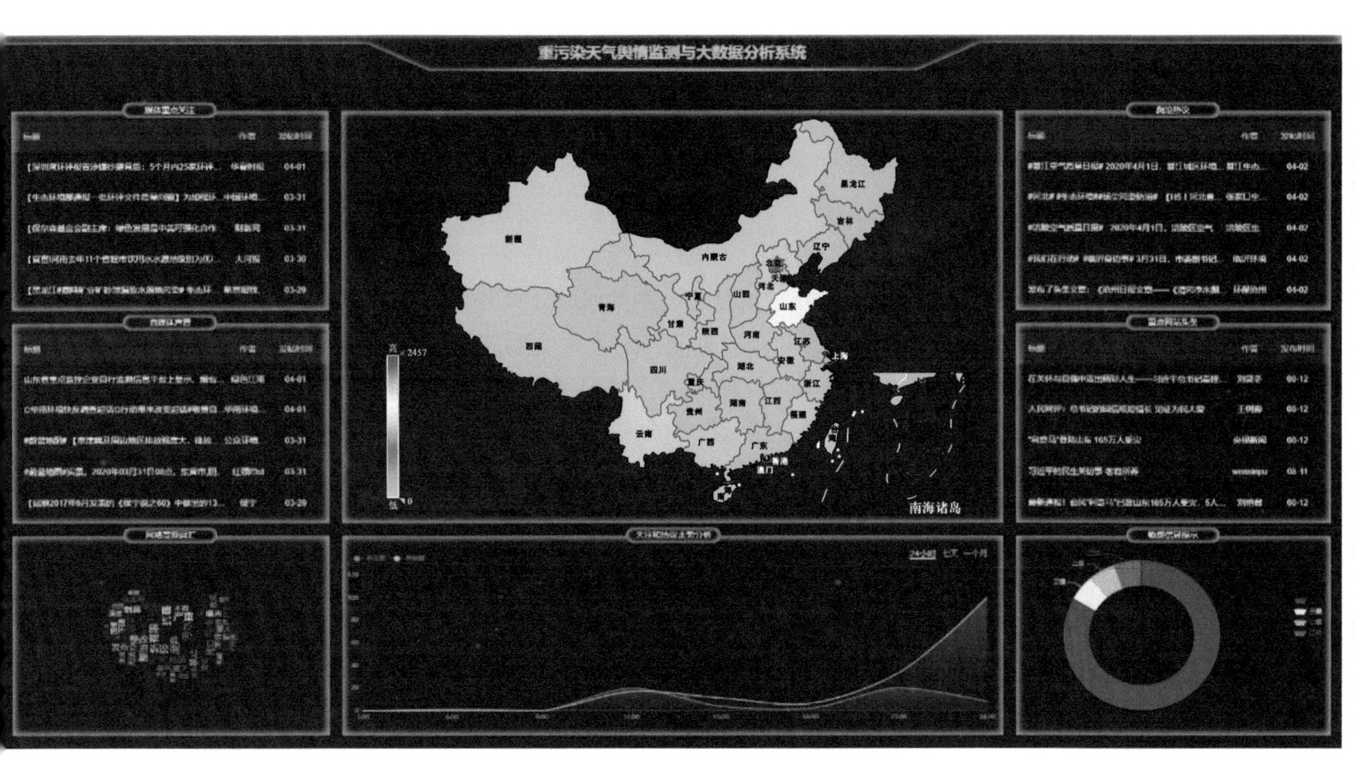

图 4-15　重污染天气舆情监测与大数据分析系统

设计问卷对京津冀“2+26”、汾渭平原、东北以及长三角、珠江三角洲（以下简称珠三角）、成渝及中部等全国 24 个城市的常住居民展开随机抽样问卷调查，共回收问卷超过 8000 份。通过数据回归分析和专家研讨，完成《重污染与公众情绪调研报告》。对重污染天气公众情绪调查后发现，污染—情绪—行动之间存在相关关系，主要表现：大气污染本身会引起小概率的负面情绪，但对污染程度的主观判断会显著引起负面情绪；与此同时，具有负面情绪的人，在重污染天气时会有更多的网络行为和现实行动。统计显示，重污染天气时受访者情绪状态下降明显；负面情绪群体的行动反应水平相对较高。回归模型显示，对大气污染的主观判断或容忍程度而非实际 AQI 指数主导了情绪水平的变化以及释放情绪的有关行为。

（2）开展了大气污染防治舆论传播规律研究。借助大数据工具对 2017 ～ 2019 年主流媒体大气污染防治相关报道进行信息抓取和分析归纳，筛选出 300 篇影响力大的优秀报道，并通过召开专家座谈会的形式对优秀报道进行深度讨论，形成《大气污染防治主流媒体报道规律及舆论引导效果报告》。研究发现，主流媒体在大气污染防治宣传中起到了一锤定音、定向定调的作用，因此在重污染天气舆论引导过程中，要主动设置议题，保证信息供给，充分发挥主流媒体传播的权威声音，消解舆论杂音的作用，从而占据舆论主动。在前期研究的基础上，编辑完成《大气污染防治舆论传播规律与舆论引导》及《大气污染防治舆论引导工作手册》，系统地总结归纳提炼重污染天气舆论引导的系统方法论，从而为相关部门有效引导舆论提供支撑。

4.5.3　社会宣传与舆情引导效果评估

研究人员对近几年污染重、影响范围大、公众反映强烈的重污染过程以及涉大气污染防治的相关舆情开展案例研究，形成 15 篇专题研究报告，同时搭建重污染天气数据管理系统，以方便查阅、搜索。对

2017 ～ 2019 年几次重污染过程开展应急性的舆情监测、分析及研判，提出有针对性的舆论引导建议，共完成 40 余份动态监测报告。在社会宣传方面，制作宣传片、短视频、H5、动画、一图读懂等新媒体产品开展社会宣传，共完成《美丽中国　我是行动者主题宣传片》1 部、《守护蓝天这件事儿很燃，听环保人为你讲述》1 部、生态环境保护科普图解 4 个、动画 5 部、短视频 15 部。

当前网上舆论对大气污染防治的正面评价较高（占比 81.90%），凸显出对人们大气防治工作、宣传引导效果的认同。

党的十九大报告中提出“建设生态文明是中华民族永续发展的千年大计”，2018 年 5 月习近平总书记在全国生态环境保护大会上提出新时代推进生态文明建设的要求等，均引发了网友对绿色发展的高度关注。在这其中，人们对“蓝天”的呼声强烈。通过对十九大以来网民对生态文明建设相关话题讨论的统计发现（图 4-16），“蓝天”这一话题热词仅次于“绿色发展”，位居第二，凸显了民众对蓝天白云、空气清新的渴望。通过近 3 年的大气污染治理，现实生活中的蓝天白云增多，空气质量明显改善，网络社交媒体中，灰蒙蒙的雾霾照片减少，“最美蓝天照”时不时出现。各类针对大气污染防治的科普知识、辟谣、政策解读、网民对与“大气”有关的话题的情感状况也发生了变化，不再以不满、质疑、愤怒，甚至谩骂为主，更多的是正确认识、成效肯定。通过对网上有关“大气”话题的梳理发现，网民对目前大气治理、雾霾、蓝天保卫战、环保督察、空气质量、空气治理、大气污染有关议题的正面情绪明显，达到 81.9%。这些转变表明，社交媒体平台上“最美蓝天照”的增多，是对大气污染防治成效的最直接证明，而网上民众情绪的变化、正面情感的增多，不仅凸显出新媒体宣传对正面引导的实效，更凸显出网民对防治政策、改善效果、宣传方式的肯定。

4.5.4　2020 年春节期间重污染天气舆论应对情况

分析认为，春节期间公众往往潜意识认为“社会活动水平下降”，一旦出现空气污染，则容易引发公众的不解和猜疑，特别是 2020 年春节期间由于受到新型冠状病毒肺炎疫情的影响，公众负面恐慌情绪较多，此时重污染天气频发无异于雪上加霜，因此当带有发泄情绪的信息出现时，容易成为人们众口铄金的导火索。另外，疫情管控措施的实施以及城市地区禁燃令的实施，让公众更加加深了“工厂停工、路上没车、不让放鞭、人为活动减弱”的印象，其成为引发舆情发酵的导火索。

从春节期间重污染天气的讨论情况来看，公众大体分为三类：第一类是情绪“宣泄者”，他们只看结

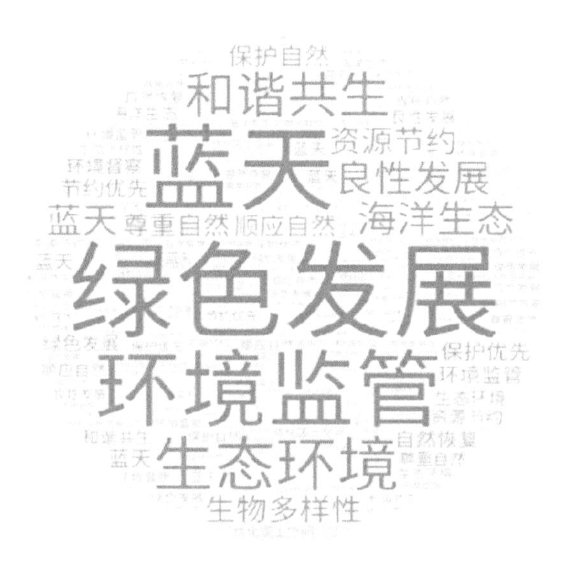

图 4-16　十九大以来网民对生态文明建设话题的关注情况

果、不看过程，对重污染天气的理解片面单一，对专业解读视而不见，想当然地认为雾霾与机动车、燃煤、烟花爆竹等无关。第二类是“沉默的大多数”，他们对重污染天气成因的理解模棱两可，且疫情的影响削弱了其对大气问题的关注。第三类是“掌握真理”的少数，他们既理解重污染天气的形成原因，也能够公开发声，正向引导舆论。开展大气污染防治舆论引导工作就是要通过少数“真理派”影响大多数“沉默派”，并尽可能将“沉默派”转化为理解、支持并付诸行动的绿色生活“践行者”。

按照以上的指导思想，当相关舆情出现后，应积极开展舆论应对工作。2020 年 1 月 28 日，攻关联合中心专家以答记者问的形式发布解读文章。2 月 11 日，针对 2 月 9 日发生的重污染过程，先后有 10 位专家集中发声进行解读。攻关联合中心也通过新媒体号积极发布制作新媒体产品，如《近期京津冀污染过程回顾分析：采暖、工业排放等基础排放仍然居高，遇不利气象条件引发重污染》《国家大气攻关联合中心：这是攻坚战，也是持久战》《一图读懂近期京津冀地区大气污染成因》等，其体现了国家权威大气研究团队的立场和态度，回应了公众关切。

大数据平台对 2020 年 1 月 24 日～2 月 18 日有关重污染天气的相关信息进行全网抓取，相关议题公众讨论走势如图 4-17 所示。从公众对相关议题讨论的情况来看，1 月 28 日起，网友对北京春节期间出现连续污染天气进行讨论。受疫情因素影响，网友在出行受阻、春节放假等情况下积极在网络平台发言，议题讨论度开始持续上升。1 月 31 日，有关“北京持续雾霾，请环保专家解答”的相关话题讨论度达到峰值，大量普通网友转发有关污染成因的猜测和网友自发的分析内容。在第一个传播峰值的周期内，即 1 月 26 日～2 月 3 日，全网相关信息渠道占比中微博平台占比近 50%。

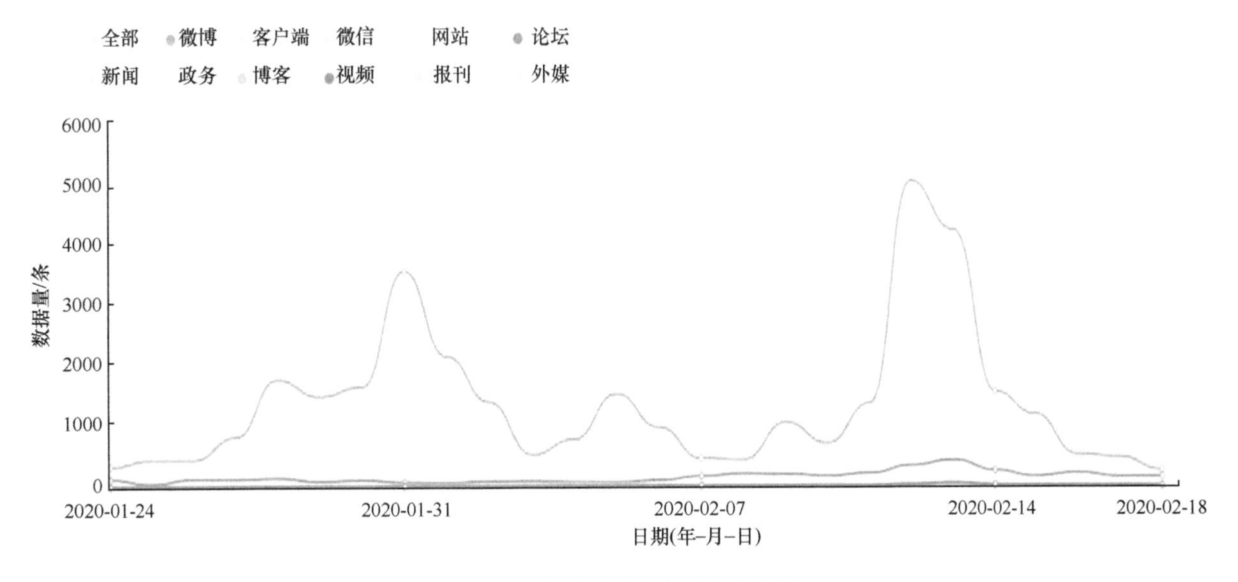

图 4-17　相关议题公众讨论走势图

从词云统计中可以看出，第一个峰值期间内，有关网友自发解读工厂、机动车、餐饮、养猪、禁放鞭炮等与空气污染“无关”的内容较为丰富。疫情热点带动公众关注，受疫情话题相关性的直接影响，“新冠病毒把雾霾研究成果击得粉碎”等微博话题内容被大量转载，网友对污染成因解读的关注度也随之明显提升，议题敏感度、讨论量也明显上升（图 4-18）。

2020 年 1 月 28 日发布专家解读以后，随着北京空气质量好转，网友讨论量下降。2 月 9 日京津冀地区再次出现污染天气，相关问题的讨论再次被关注，“蹭热点”的相关博文内容再次被大量网友转载，其热度再次上升。2 月 11 日后连续发布 10 位专家解读，被大量媒体转载和报道，系统回应了相关议题，使热点降温、关注度明显下降。根据媒体专家分析，大量引导工作取得了积极效果，不少网友通过两微留言表示：

图 4-18　相关议题信息词云统计

“环境治理任重而道远，没有捷径可走。”“蓝天保卫战，既是攻坚战，也是持久战，还是一场人民战争，减排才是硬道理。”“蓝天保卫战要取得长久胜利，需要改变人们的生活生产观念和方式。了解人的力量和大自然力的关系，使生活生产节奏同自然规律同步，最终达到生态良好生产发展目标。”

4.6　重污染天气动态决策支撑平台

研究人员汇聚融合了项目各项研究成果，运用大数据分析方法、规则引擎及虚拟可视化技术，研发了污染形势预测分析、空气质量监测分析、污染来源成因分析、区域报警预警识别、管控措施执行跟踪和管控效果评估分析六大功能并搭建了统一的会商平台。该平台在动态会商决策管理的各个环节为大气科研和管理人员提供了实时掌控空气质量变化趋势、迅速发现问题、准确识别原因、科学管理决策、及时调整管控策略的决策支撑信息，同时也为专家会商提供了统一的推演平台，为专家解读提供了科学的辅助工具，其在城市应对重污染天气和向公众科学普及相关知识方面也得到了应用。

4.6.1　平台总体设计

重污染天气动态决策支撑平台整合了各项研究成果，集成了动态更新的排放清单、污染预测预报、应急预案实施效果评估、污染气象、污染来源成因分析、重污染案例分析等数据，并在此基础上提供了专业分析和会商平台等重污染应对辅助决策产品，建立了“污染源动态更新—预测分析—预警应急—成因分析—效果评估—政策调整”的动态决策支撑平台。平台整体框架如图 4-19 所示。

平台整体分为数据层、支撑层、分析层、展示层 4 个层次，其能够服务于科研人员、各级生态环境部门以及公众等各类用户。数据层：平台汇聚的数据包括环境监测、环境预测、污染源、气象和其他数据五大类。支撑层：为平台提供数据汇聚、数理统计、规则引擎和虚拟可视化 4 类工具，并为应用层提供统一的数据服务。分析层：从预测分析、监测分析、成因分析、预警识别、执行跟踪和效果评估 6 个方面为专家决策提供分析成果。展示层：改进单因素分析方法，通过地图和时间轴动态播放的形式，实现时间、空间、

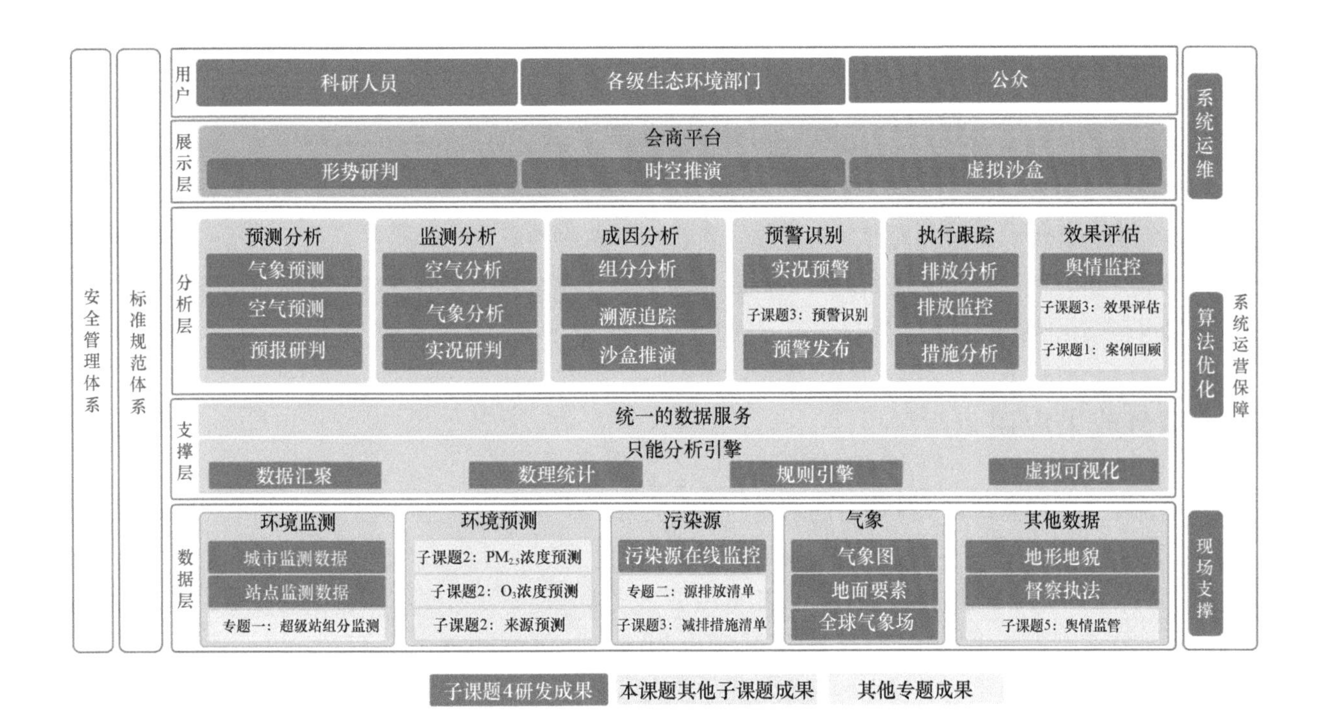

图 4-19　重污染天气动态决策支撑平台整体框架

要素的耦合分析与展示，为专家提供统一的业务会商平台。

4.6.2　平台核心功能

重污染天气动态决策支撑平台按照重污染天气应对会商的流程，提供污染形势预测预报、区域联动预警应急、污染来源成因分析、管控措施执行跟踪和管控效果评估分析 5 个方面的分析和研判以及统一的会商平台，这样能够发现大气污染过程规律与成因，在污染天气应对期间，可以为“事前研判—事中跟踪—事后评估”的全过程提供决策支撑，帮助专家、大气环境科研和管理人员实时掌控空气质量变化趋势，迅速发现问题，准确识别原因，科学管理决策，及时调整应急管控策略，科学指导各地开展区域联防联控，有效应对大气环境问题和污染天气，提升重污染天气应对工作效率。平台具体功能如图 4-20 所示。

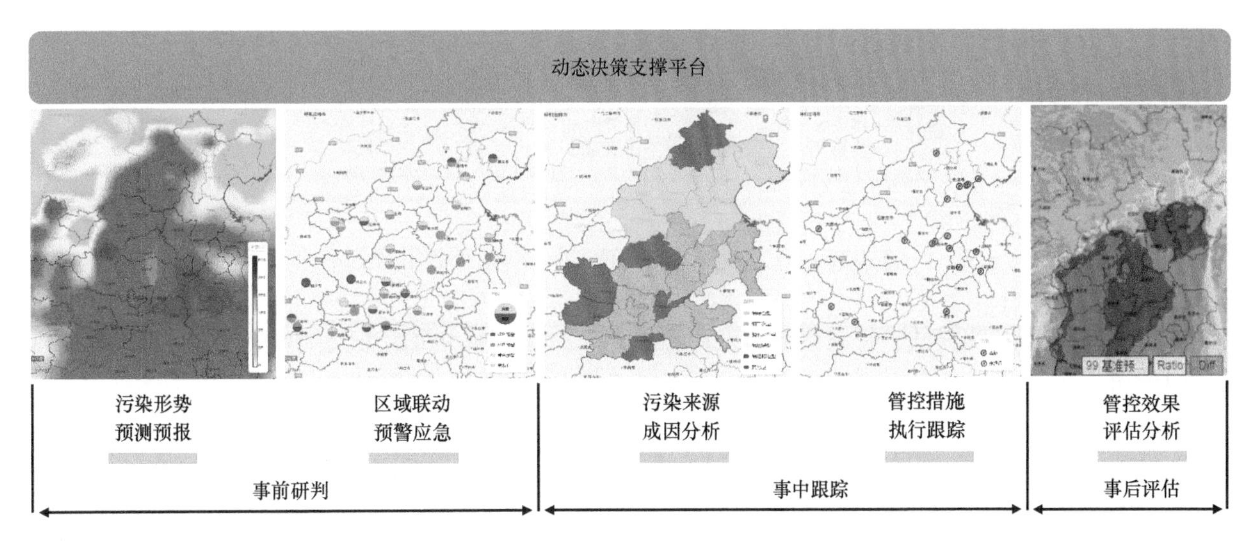

图 4-20　重污染天气动态决策支撑平台功能

在污染形势预测预报方面，利用未来 10 天的 $PM_{2.5}$ 以及 O_3 浓度预测结果，对重点区域未来空气质量状况进行研判。在区域联动预警应急方面，运用预警分级、打断标准，对重点区域已经或者可能发生的大气污染过程进行报警和预警。在污染来源成因分析方面，通过超级站组网观测数据、模式来源解析数据，结合三维立体浓度扩散可视化分析，来识别污染起源，分析污染成因。在管控措施执行跟踪方面，建立大数据规则库，综合分析污染源在线监测、应急减排措施清单等数据，动态跟踪重点点源措施执行情况。在管控效果评估分析方面，基于舆情监测数据以及重污染天气应对效果评估方法，开展重污染应对减排效果评估，利用重污染案例分类技术，实现典型案例的回顾分析。

4.6.3 平台成果应用

基于重污染天气动态决策支撑平台的功能，平台成果在以下几个方面得到了有效应用。

提供了专家会商的统一平台。在重污染天气应对过程中，重污染天气应对动态决策支撑平台为专家会商提供了统一的平台。预测预报方面，依托重污染天气应对动态决策支撑平台预测分析、虚拟沙盒等功能，判断未来空气质量变化趋势，分析重污染天气污染级别、持续时间、影响范围等，当预测到未来一段时间区域或城市可能出现重度及以上污染天气时，及时发布预测预报结果。会商研判方面，根据预测预报结果，通过平台分析区域和城市环境空气质量、气象条件等，辨识污染来源成因和发展趋势，提出具有针对性的重污染天气应对建议，为科学管理决策提供支撑。预警响应方面，根据预测预报和会商研判结果，结合政府管理部门发布的重污染天气预警信息或应急响应命令，运用在线监测数据和现场监督检查结果等信息，及时跟踪措施落实情况。效果评价方面，预警结束后，运用平台提供的重污染案例回顾功能，对整个过程进行回顾分析并开展应对效果评估。项目建立了重污染天气专家会商分析机制，2017 ～ 2018 年、2018 ～ 2019 年和 2019 ～ 2020 年 3 个秋冬季，进行 30 余次专家会商，为重污染天气应对提供了科学技术支撑（图 4-21）。

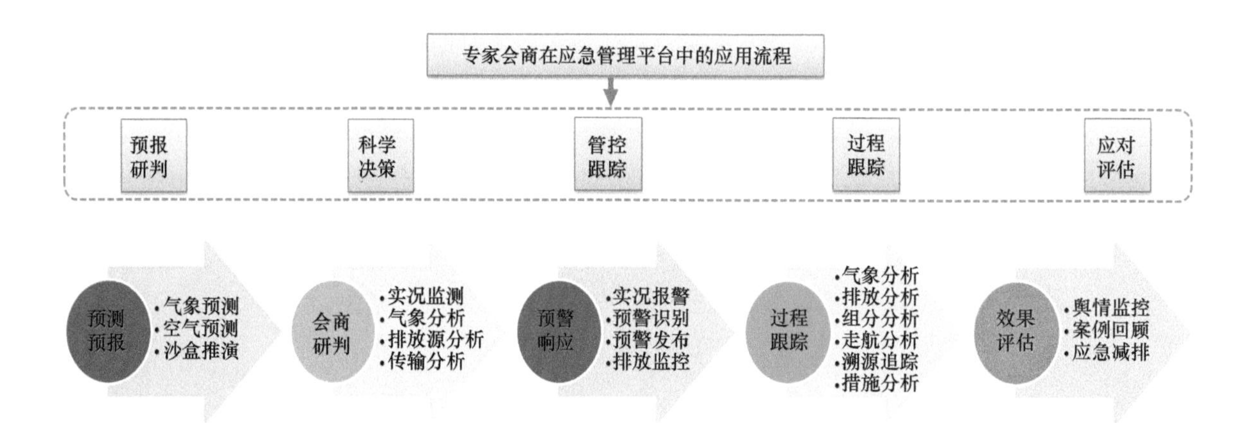

图 4-21 重污染天气动态决策支撑平台会商应用流程

支撑专家解读业务化模式。针对京津冀及周边地区“2+26”城市重污染天气预警建议、启动区域应急联动的大气重污染过程，从发布预警建议时起，及时组织专家进行分析和解读。京津冀及周边地区大气重污染过程的专家解读，包括区域和城市启动预警前、预警过程中和预警解除后，其是针对污染过程预测预报、成因与来源、应急减排措施和效果评估等进行的专业分析和解读。启动预警前，主要对污染过程预测预报情况、预警级别和范围、采取的应急减排措施等进行解读。预警过程中，主要对污染发生发展情况、成因与来源、减排措施效果初步分析等进行解读。预警解除后，主要对污染全过程特征、成因与来源、减排措施效果综合评估等进行解读。针对单个城市重污染过程的解读，以分析本地污染特征和成因、该城市采取的应急减排措施和效果评估为主。2017～2018年、2018～2019年和2019～2020年3个秋冬季，及时发布250余篇专家解读。

服务于公众科普。在2019年“6·5”世界环境日期间，为普及大气污染防治知识，提升全民参与环保的意识，组织开展主题为“蓝天保卫战，我是行动者”的科普宣传活动。向公众介绍了大气重污染过程的演变特征，小风、高湿、逆温等不利气象条件和高污染排放带来的影响等研究成果，现场演示并讲述了重污染天气应对动态决策支撑平台在大气重污染应对中的实际应用。

4.7 小　　结

针对重污染天气应对中存在的技术难点，研究开展了大气重污染特征及分类分析、改进了重污染天气预测预报技术、优化了预警分级标准及应急管控措施、评估了重污染应对效果、探索了舆情分析与社会宣传方法、建立了重污染动态决策支撑平台、形成了重污染天气应对技术体系。

（1）建立重污染天气联合应对技术体系，显著提升重污染应对时效。建立了“监测预报—会商分析—预警应急—跟踪评估—舆情引导”全流程重污染天气联合应对技术体系。通过动态更新污染源排放清单、改进模型中物理化学机制和优化算法，预报时长从过去的7天拓展到10天。构建了基于污染治理技术、无组织管控、监测监控水平、绿色运输方式等环保绩效的评估指标，提出了长流程钢铁、焦化、氧化铝等15个重点行业的差异化管控技术体系，形成了《重污染天气重点行业应急减排措施制定技术指南》。通过秋冬季重污染过程专家会商机制，跟踪研判污染发生发展形势，及时调整重点管控地区和行业，评估应急减排措施效果，支撑重污染天气应对的动态调控。

（2）支撑区域秋冬季重污染天气的有效应对。基于区域重污染天气联合应对技术体系，依托重污染应对动态决策支持平台，针对秋冬季重污染过程开展综合立体观测，进行30余次专家会商分析，及时发布250余篇评估解读，为重污染天气应对提供关键技术支撑。模式评估结果表明，应急减排可使区域重污染期间$PM_{2.5}$浓度峰值下降10%～25%。空气质量监测数据显示，自2016～2017年秋冬季以来，主要大气污染物高位累积浓度占比持续下降；与2016～2017年秋冬季相比，2018～2019年秋冬季“2+26”城市$PM_{2.5}$日均浓度峰值下降35%，重污染天数减少38%；其中，北京$PM_{2.5}$日均浓度峰值下降17%，重污染天数减少77%，重污染天气应对成效显著。

（3）以坚持差异化精细化管控为导向，不断完善重污染天气应对机制。在预测预报方面，进一步加强预报能力，开展中长期预报研究，扩大5km×5km精细化预报范围，提升污染过程和污染程度预报的准确率。在预警应急方面，预警提前量从24h进一步增加到36h，在现有的15个分级管控的重点行业的基础上，进一步扩大差异化管控的行业范围至40个，这样有利于鼓励“先进”企业、鞭策“后进”企业，促进全行业提标改造升级转型；钢铁、焦化、玻璃、石油炼制、制药等十几个行业在重污染期间生产工序不可中断且污染排放量大，应作为产业结构调整优化的重点。在跟踪评估方面，探索应急减排措施落实情况，核查新技术方法，加强对企业用电量、污染物排放量等多源大数据在重污染天气应对工作中的运用。

参考文献

[1] 穆泉，张世秋．2013年1月中国大面积雾霾事件直接社会经济损失评估[J]. 中国环境科学，2013, 33(11): 2087-2094.

[2] Li M, Zhang L L. Haze in China: Current and future challenges[J]. Environmental Pollution, 2014, 189(12): 85-86.
[3] Wang W X, Chai F H, Zhang K, et al. Study on ambient air quality in Beijing for the summer 2008 Olympic Games[J]. Air Quality Atmosphere & Health, 2008, 1(1): 31-36.
[4] 柴发合 , 陈义珍 , 文毅 , 等 . 区域大气污染物总量控制技术与示范研究 [J]. 环境科学研究 , 2006, 19(18): 163-171.
[5] 贾佳 , 郭秀锐 , 程水源 . APEC 期间北京市 $PM_{2.5}$ 特征模拟分析及污染控制措施评估 [J]. 中国环境科学 , 2016, 36(8): 2337-2346.
[6] 杨琳 , 杨红龙 , 林楚雄 , 等 . 从大运会期间浓度变化来分析污染物削减措施效果 [J]. 中国环境监测 , 2014, (4): 82-88.

5 “2+26”城市跟踪研究与大气污染防治综合解决方案

针对我国长期以来存在的大气环境领域科研成果难以有效支撑城市环境管理的问题，以及各城市制定的措施和方案无据可依、无章可循、方案落地难等瓶颈制约，为保障专项研究成果及时落地应用，攻关联合中心组建了“2+26”城市“一市一策”跟踪研究团队，28个城市跟踪研究团队汇集了全国200多家大气环境领域顶尖高校和科研机构，组成了2000多名驻点跟踪专家与科研技术人员，深入各城市大气污染防治工作一线，支撑各城市开展大气 $PM_{2.5}$ 源解析、大气污染源排放清单编制、重污染天气应对以及大气污染防治综合解决方案等研究工作。研究团队搭建了研究成果与城市大气污染治理实际需求的桥梁，大幅提升了各城市大气污染防治的科学决策能力和精细化管理水平，通过与地方监测、气象、科研、管理等部门团队紧密协作与交流培训，引领并带动了各城市科技队伍及管理队伍的成长，为各地培育了大气环境管理长效决策支撑的有生力量。

5.1 “一市一策”城市跟踪研究技术路线与工作机制

科研与管理良性互动的协作模式是大气污染防治成功的关键。“一市一策”跟踪研究工作历时3年，其促进了政府管理决策与科研的高度融合和良性循环，确保了大气污染防治主线不动摇。自攻关项目启动以来，“一市一策”跟踪研究工作得到各城市市委、市政府的大力支持，部分城市由市委书记或市长亲自挂帅，组织生态环境局、气象局、工业和信息化局、公安局、城市管理综合行政执法局、住房和城乡建设局等相关职能部门紧密配合，搭建了组织协调和信息反馈的绿色通道，以确保研究工作有效开展，成果及时落地应用。为紧密配合地方管理需求，28个城市跟踪研究工作组建立了针对秋冬季重污染过程的“事前研判—事中跟踪—事后评估”的全过程跟踪研究模式，以支撑地方有效开展重污染天气科学应对；统一技术方法和思路，协助地方建立并持续更新高分辨率大气污染源排放清单，开展 $PM_{2.5}$ 精细化来源解析，明确各城市大气污染关键来源，识别各城市大气环境问题；针对不同城市大气污染特征、成因和来源，其分类提出可实施的“一市一策”大气污染防治综合解决方案，形成长效决策支撑能力，以支撑地方政府科学决策和精准施策，确保科研成果有效落地应用。

5.1.1 跟踪研究技术路线

“2+26”城市跟踪研究工作组与当地生态环境部门一起，联合相关高校、科研院所、企事业单位，针对秋冬季大气重污染过程，通过深入调研与分析，在污染源清单编制、大气颗粒物来源解析、重污染过程跟踪研究及中长期空气质量持续改善等方面开展了系统深入的研究工作。“2+26”城市跟踪研究工作组建立了由清单编制技术组、当地管理部门、相关企事业单位等多个单位相互配合的排放清单编制工作机制，基于实地调研、实测、统一审核与校验，构建了“2+26”城市高分辨率污染源排放清单。“2+26”

城市大气颗粒物源解析工作采用统一标准、统一方法、统一质控，于2017～2018年和2018～2019年2个秋冬季开展连续采样。基于样品组分、污染源成分谱库、源清单等数据，“2+26”城市跟踪研究工作组构建空气质量模型和受体模型融合、多重校验的城市$PM_{2.5}$精细化源解析技术体系，明确“2+26”城市2017～2018年和2018～2019年秋冬季$PM_{2.5}$来源。“2+26”城市跟踪研究工作组跟踪研究每次重污染过程，开展“事前研判—事中跟踪—事后评估”的全链条研究，参与当地重污染会商，及时指导地方有效应对，落实重污染应急预案，开展预案评估并提出修订建议，有效支撑地方重污染天气应对工作。基于源清单、源解析与重污染应对研究成果，结合“2+26”城市自然与社会经济发展现状，明确“2+26”城市大气环境问题，分类提出针对不同类型城市的大气污染综合防治“一市一策”解决方案，形成长效决策支撑能力，以有效服务于地方环境管理的需求，确保科研成果落地应用。“2+26”城市跟踪研究技术路线如图5-1所示。

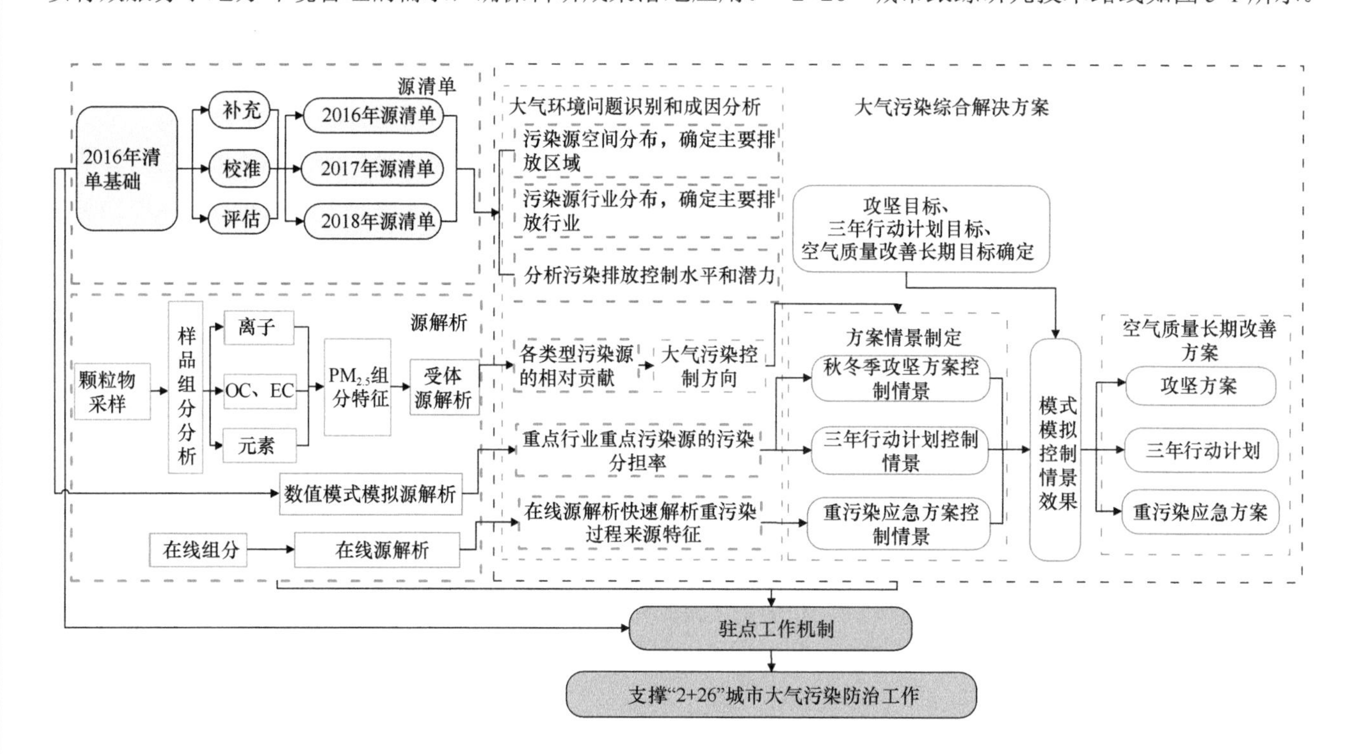

图5-1 “2+26”城市跟踪研究技术路线

5.1.2 跟踪研究工作机制

为解决科研成果落地难、地方政府大气污染防治工作“有想法、没办法”的瓶颈问题，在攻关联合中心的统一协调下，探索创建了“一市一策”驻点跟踪研究工作机制。该机制是科研成果落地应用的快车道，是强化区域联防联控、协同作战的有效手段。它既是大气攻关研究成果产出落地的重要载体，也是一种新型科研成果组织应用的模式。

创建“一市一策”驻点跟踪研究工作模式。成立28个“一市一策”驻点跟踪研究工作组，“一市一策”驻点跟踪研究工作组由中国环境科学研究院、清华大学、生态环境部环境规划院、生态环境部环境工程评估中心、中国科学院大气物理研究所、南开大学、北京工业大学、华北电力大学、上海环境科学研究院等国家级科研院所、高校和地方科研院所分别牵头，对“2+26”城市开展跟踪研究工作。驻点跟踪研究工作采取以管理部门（攻关项目管理办公室）、技术支撑部门（攻关联合中心）、承担单位（城市驻点跟踪研究工作组）和用户（地方人民政府）四方合同约定的方式进行（图5-2）。攻关项目管理办公室负责驻点跟踪研究的组织协调、监督考核等工作。攻关联合中心作为技术支撑单位，负责制定统一的技术规范和要求、

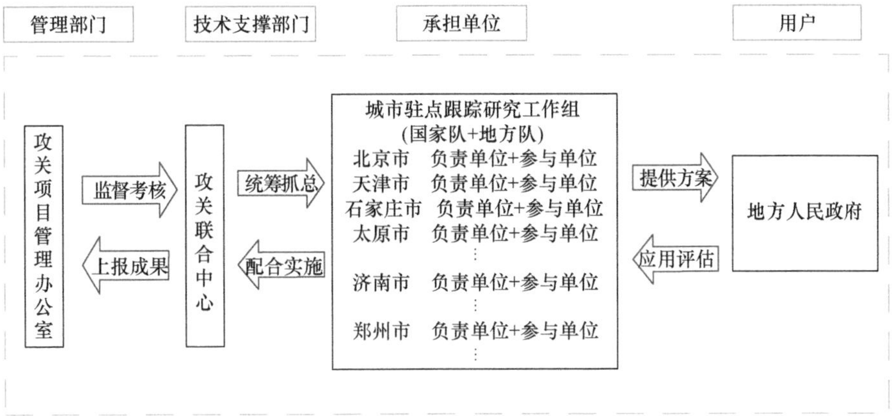

管理部门 技术支撑部门 承担单位 用户

攻关项目管理办公室

监督考核

上报成果

攻关联合中心

统筹抓总

配合实施

城市驻点跟踪研究工作组
(国家队+地方队)
北京市 负责单位+参与单位
天津市 负责单位+参与单位
石家庄市 负责单位+参与单位
太原市 负责单位+参与单位
⋮
济南市 负责单位+参与单位
⋮
郑州市 负责单位+参与单位
⋮

提供方案

应用评估

地方人民政府

图 5-2 驻点跟踪研究工作机制框架

提供技术方法和工具、组织开展技术培训和质量把关、形成区域大气污染防治整体解决方案。各驻点跟踪研究工作组是责任主体，具体执行各项跟踪研究工作任务，主要负责科学指导地方相关部门和企业大气污染防治工作。28 个城市下设相应的驻点跟踪研究办公室，2000 多名科研人员深入基层一线，对“2+26”城市进行驻点跟踪研究和技术指导，形成“边研究、边产出、边应用、边反馈、边完善”的工作模式。跟踪研究工作组开展了清单编制、$PM_{2.5}$ 来源解析、重污染应对及大气污染综合解决方案等工作，并紧密配合生态环境部开展执法监督和定点帮扶。

重污染天气期间，驻点跟踪研究专家参与重污染天气会商，指导地方有效应对，落实应急预案。此外，各城市驻点跟踪研究工作组与大气领域专家开展不定期的会商分析，确保各城市对重污染成因做好解读，回应当地重污染舆情。各城市驻点跟踪研究工作组还对攻坚方案的实施过程及治理效果进行实时跟踪、评估，参照研究成果对大气污染防治措施进行调整，为各城市大气污染防治提供科技支撑。

建立驻点跟踪研究信息报送和考核模式。攻关联合中心组织成立城市研究部，集中管理和调度各城市驻点跟踪研究工作组。在攻关联合中心的指导下，城市研究部确立了“2+26”城市信息报送模式，明确报送形式分为信息专报和工作专报，信息专报侧重于对工作动态、会议组织、城市对接及会商情况报道；工作专报侧重于对重污染过程的分析和解读。城市研究部将信息专报报送情况纳入重点考核内容，使攻关联合中心能够准确、及时掌握驻点跟踪研究工作组的工作情况。组建驻点跟踪研究技术专家组，指导地方大气污染防治，提升地方环保队伍能力建设。

建立驻点跟踪研究技术指导工作机制。驻点跟踪研究工作组下设源清单、源解析、综合管理决策 3 个技术专家组。技术专家组由总体专家组和参与攻关工作的部分专家组成，在大气污染成因与来源分析、大气污染源排放清单编制、重污染应对及综合决策支撑方面形成后台科技支撑力量，指导各城市有效应对重污染天气，开展精细化管控。针对地方环保队伍能力参差不齐的问题，跟踪研究工作组通过团队合作、组织培训等多种方式，带领地方团队提高科研技术水平，提升大气污染防治队伍的整体实力，以形成地方长效决策支撑能力。

“一市一策”驻点跟踪研究工作应用和模式推广。制定了一套统一的技术方法，并完成了统一规范下不同类型城市差异化分类指导的“2+26”城市大气污染防治综合解决方案，极大地推动了“2+26”城市科学治污进程，为其他城市群开展大气污染防控工作提供了可复制、可推广的工作经验。

（1）制定并完善“2+26”城市大气污染防治跟踪研究工作手册。“2+26”城市跟踪研究工作组驻点各城市，协助地方制定了“事前研判—事中跟踪—事后评估”的城市大气重污染应对工作机制，建立了大气重污染全过程跟踪研究机制。该机制对于形成地方环境管理的长效支撑能力、制定打赢蓝天保卫战三年攻坚作战方案具有重要作用。跟踪研究工作组系统评估了 2016 ～ 2018 年“2+26”城市空气质量改善状况，为驻点跟踪研究工作勾勒出基于空气质量目标管理的“内容框架”，从技术支撑层面凝练出具有切实意义和可行性、可复制的《“2+26”城市大气污染防治跟踪研究工作手册》。

（2）制定大气污染防治跟踪研究技术方法、技术指南。驻点跟踪研究工作组制定了城市大气污染防治综合解决方案研究的技术方法，主要内容包括大气环境污染问题识别与排放特征分析方法、污染来源解析与成因分析技术、污染源减排潜力分析与情景模拟、空气质量改善与达标目标制定方法，以及污染源排放控制综合解决方案编制与优化技术方法等，其为“2+26”城市大气污染防治综合解决方案的制定提供了标准统一的技术规范，形成《大气污染防治综合方案制订技术指南》。该成果目前已切实应用到城市大气污染防治工作中，可以协助当地制定出具有针对性和有效性的大气污染防治综合解决方案与改善路线图。

（3）在制定大气污染防治综合解决方案技术规范的基础上，进一步从方案落实执行层面建立“2+26”城市大气污染防治综合解决方案执行—效果—反馈—评估—修订的长效服务支撑技术，包括空气质量改善效果评估、大气污染防治措施减排完成情况评估及大气污染防治方案动态调整等技术方法分析与设计（图5-3），凝练出具有指导意义、能够支撑“2+26”城市大气污染防治工作的技术规范《大气污染防治方案跟踪评估调控技术指南（草案）》，实现大气污染防治综合解决方案在执行和管理目标之间的闭环。针对“2+26”城市不同类型城市空气污染差异化特征和阶段性空气质量改善与达标目标的要求，研究提出具有分类指导意义的“2+26”城市大气污染防治综合解决方案，以支撑城市《2018—2020年三年作战计划》和《大气污染防治中长期空气质量改善方案》的编制与实施。

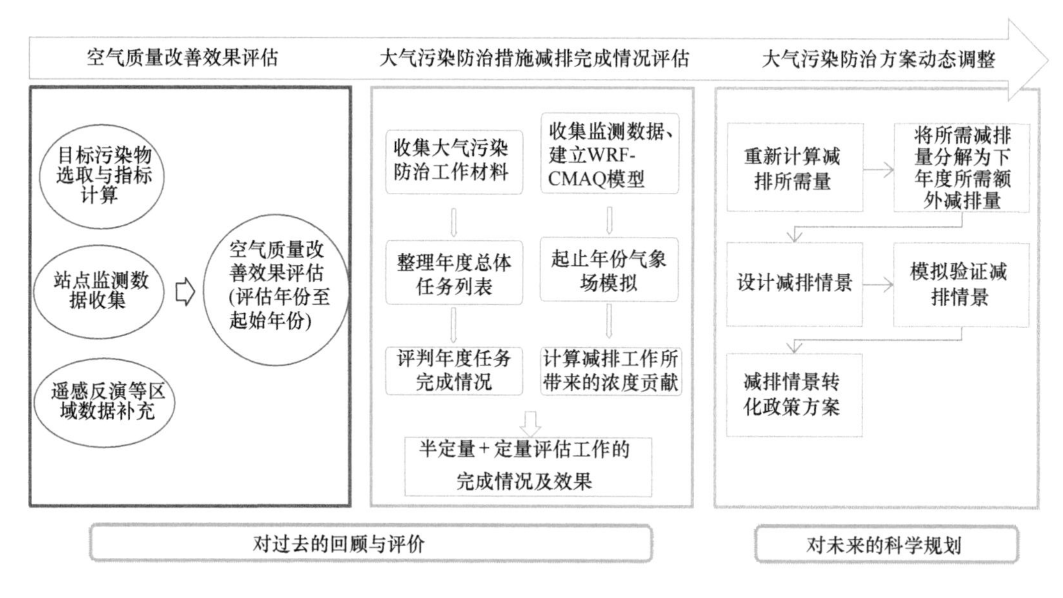

图5-3　大气污染防治方案跟踪评估调控技术路线

（4）驻点跟踪研究工作有力地支撑了地方大气污染治理和空气质量保障工作，其受到了各城市的广泛好评。截至2020年3月20日，驻点跟踪研究工作组发布信息专报、成因分析工作专报和专家解读1540篇。河北省8个城市召开市委常委会，听取各城市驻点跟踪研究工作成果汇报，得到了当地市领导的高度肯定，并将科研成果有效应用于城市大气环境管理中。此外，大气攻关城市驻点跟踪研究团队为2018年、2019年全国“两会”期间的空气质量保障提供了重要的科技支撑，并对2022年北京冬季奥运会期间的空气质量保障工作做出了相关规划。

（5）“一市一策”驻点跟踪研究工作机制已经在汾渭平原11个城市得到推广应用，在全国范围产生较大影响，并在长江中心、长三角和珠三角等地区得到进一步推广应用。“2+26”城市和汾渭平原以外的多个城市，如江淮经济区、江西、新疆、陕西等均提出增派驻点跟踪研究工作组开展大气污染防治工作的迫切需求。

5.1.3 “2+26”城市经济社会状况和环境空气质量

5.1.3.1 “2+26”城市经济、产业、能源情况

2017 年“2+26”城市人均 GDP、三产比例、单位 GDP 能耗和煤炭消费量见表 5-1。北京市、天津市和淄博市人均 GDP 最高，达到 10 万元以上；其次是济南市、郑州市、太原市和唐山市，人均 GDP 在 8 万

表 5-1 2017 年“2+26”城市人均 GDP、三产比例、单位 GDP 能耗和煤炭消费量

城市	人均 GDP/ 万元	三产比例 /%			单位 GDP 能耗 /（tce/ 万元）	煤炭消费量 / 万 t
		第一产业	第二产业	第三产业		
北京市 [1]	12.9	0.4	19.0	80.6	0.3	490.5
天津市 [2]	11.9	1.2	40.8	58.0	0.4	3875.6
石家庄市 [3]	5.6	6.9	37.6	55.5	0.5	3429.6
唐山市 [4]	8.8	7.1	54.9	38.0	1.3	7540.7
邯郸市 [5]	3.9	11.1	48.6	40.3	0.9	4363.6
邢台市 [6]	2.7	12.2	47.9	39.9	1.1	2049.9
保定市 [7]	3.3	10.5	41.6	47.9	0.6	1143.7
沧州市 [8]	4.7	7.5	43.0	49.5	0.9	2584.3
廊坊市 [9]	6.5	6.5	36.6	57.1	0.3	552.0
衡水市 [10]	3.5	12.9	41.0	46.1	0.2	736.0
太原市 [11]	8.9	1.1	37.0	61.9	1.1	2980.8
阳泉市 [12]	4.8	1.5	47.7	50.8	1.3	1541.2
长治市 [13]	4.8	3.9	54.2	41.9	1.2	3268.0
晋城市 [14]	4.8	4.4	53.8	41.9	1.3	2463.7
济南市 [15]	9.8	4.4	35.7	59.9	0.3	1542.9
淄博市 [16]	10.2	3.1	52.1	44.8	0.7	2939.0
济宁市 [17]	5.9	10.0	45.3	44.7	1.0	4400.1
德州市 [18]	5.3	10.1	47.8	42.1	0.6	1850.5
聊城市 [19]	4.9	9.9	49.1	41.0	1.2	2943.8
滨州市 [20]	6.9	8.8	47.0	44.2	1.8	7722.4
菏泽市 [21]	3.5	9.8	51.0	39.2	—	1503.4
郑州市 [22]	9.3	1.6	44.4	54.0	0.4	2460.0
开封市 [23]	4.1	13.7	38.9	47.4	0.2	575.0
安阳市 [24]	4.1	8.1	46.2	45.7	0.8	2425.0
鹤壁市 [25]	5.1	7.0	62.9	30.1	0.7	792.0
新乡市 [26]	4.1	9.0	47.8	43.2	0.5	1461.0
焦作市 [27]	6.6	6.5	58.9	34.6	0.5	1623.0
濮阳市 [28]	4.5	9.9	50.6	39.5	0.6	303.0

注：数据来源于“2+26”城市统计年鉴和统计公报。

元以上；人均GDP最低的城市是邢台市和保定市，均在3万元左右。北京市、天津市以及省会城市经济发展水平高于其他城市，2017年人均GDP最高（北京市）与最低（邢台市）的城市相差3.8倍，可见“2+26”城市经济发展不平衡现象突出。

从“2+26”城市三产比例可以看出，第一产业比例在10%以上（含10%）的城市集中在河北省（邯郸市、邢台市、保定市、衡水市）、山东省（济宁市、德州市）和河南省（开封市）。第二产业比例在50%以上的城市包括鹤壁市、焦作市、唐山市、长治市、晋城市、淄博市、菏泽市和濮阳市。第三产业比例超过第二产业的城市有北京市、天津市、石家庄市、廊坊市、保定市、沧州市、衡水市、太原市、阳泉市、济南市、郑州市和开封市，尤其北京市第三产业比重达80.6%，相对于其他城市第三产业发展较快。“2+26”城市工业化进程的差异导致内部发展差距显著，城市间产业结构存在明显差异。

从“2+26”城市单位GDP能耗来看，北京市、天津市、石家庄市、廊坊市、衡水市、济南市、郑州市、开封市、新乡市、焦作市单位GDP能耗较低，整体低于全国平均水平，但唐山市、邢台市、太原市、长治市、晋城市、阳泉市、聊城市、滨州市单位GDP能耗较高，均超过了1.0tce/万元。“2+26”城市单位GDP能耗水平相差较大，单位GDP能耗较高的城市主要集中在第二产业比例较高的城市。

从“2+26”城市煤炭消费量来看，煤炭消费量最高的城市为滨州市和唐山市，煤炭消费量超过7000万t，其次为济宁市和邯郸市，煤炭消费量在4000万t以上。煤炭消费量在2000万～4000万t的城市有天津市、石家庄市、长治市、太原市、聊城市、淄博市、沧州市、晋城市、郑州市、安阳市以及邢台市。煤炭消费总量较低的（低于1000万t）城市包括鹤壁市、衡水市、开封市、廊坊市、北京市以及濮阳市，其中北京市和濮阳市煤炭消费量低于500万t。

5.1.3.2　“2+26”城市环境空气质量

近年来，“2+26”城市空气质量改善明显，颗粒物浓度不断下降，但距离达标仍然存在较大差距，重污染天气仍时有发生。2017～2019年，除北京市2019年PM_{10}浓度达标外，其余27个城市PM_{10}和$PM_{2.5}$浓度均未达标，北京市$PM_{2.5}$浓度也未达标，“2+26”城市O_3日最大8小时滑动平均的第90百分位数（O_3-8h-90per）全部超标，并且“2+26”城市存在颗粒物、NO_2和O_3同时超标的现象，2017年、2018年和2019年分别有75%、60%和43%的城市4项污染物（PM_{10}、$PM_{2.5}$、NO_2和O_3）同时超标。虽然重污染发生的天数和峰值浓度明显下降，但是2019年“2+26”城市平均重污染天数仍有18.7天，平均重污染次数7.8次（基于2013～2019年“2+26”城市监测数据计算）。

2017～2019年“2+26”城市$PM_{2.5}$浓度超标情况见表5-2。2017年28个城市$PM_{2.5}$浓度超标情况严重，

表5-2　2017～2019年“2+26”城市$PM_{2.5}$浓度超标情况

超标情况	2017年	2018年	2019年
超标20%及以内	—	—	北京市
超标20%～50%（含50%）	—	北京市、廊坊市	廊坊市、长治市、沧州市、阳泉市、天津市
超标50%～100%（含100%）	北京市、廊坊市、长治市、沧州市、阳泉市、天津市、滨州市、唐山市、晋城市、新乡市、济南市、太原市、济宁市、郑州市、淄博市、开封市、鹤壁市、濮阳市	长治市、沧州市、阳泉市、天津市、滨州市、唐山市、晋城市、新乡市、济南市、太原市、德州市、衡水市、济宁市、郑州市、淄博市、开封市、鹤壁市、濮阳市、邢台市、邯郸市、保定市、聊城市、菏泽市、焦作市	滨州市、唐山市、晋城市、新乡市、济南市、太原市、德州市、衡水市、济宁市、郑州市、淄博市、开封市、鹤壁市、濮阳市、邢台市、邯郸市、保定市、聊城市、菏泽市、焦作市、石家庄市
超标100%以上	德州市、衡水市、保定市、聊城市、菏泽市、焦作市、石家庄市、邢台市、邯郸市、安阳市	石家庄市、安阳市	安阳市

超标率均在50%以上，其中邯郸市、衡水市、焦作市、石家庄市、邢台市、安阳市、德州市、保定市、聊城市和菏泽市10个城市$PM_{2.5}$浓度超标率超过100%。2018年，北京市和廊坊市$PM_{2.5}$浓度超标率降至20%～50%（含50%）。2019年，北京市$PM_{2.5}$浓度超标率降至20%及以内，廊坊市、长治市、沧州市、阳泉市和天津市$PM_{2.5}$浓度超标率降至20%～50%（含50%），超标率在100%以上的城市只有安阳市。

2017～2019年“2+26”城市PM_{10}浓度超标情况见表5-3。2017年PM_{10}浓度超标率在20%及以内的城市只有北京市，超标率在100%以上的城市有邢台市、石家庄市和邯郸市3个城市。2018年天津市超标率降至20%及以内，超标率在50%以下（含50%）的城市由5个增加至10个，不存在超标率超过100%以上的城市。到2019年，北京市PM_{10}浓度已达标，长治市超标率降到20%及以内，超标率在50%以下（含50%）的城市增加到18个。

表5-3 2017～2019年“2+26”城市PM_{10}浓度超标情况

超标情况	2017年	2018年	2019年
达标	—	—	北京市
超标20%及以内	北京市	北京市、天津市	天津市、长治市
超标20%～50%（含50%）	滨州市、廊坊市、长治市、天津市	滨州市、廊坊市、长治市、沧州市、济宁市、衡水市、濮阳市、晋城市	滨州市、廊坊市、沧州市、济宁市、衡水市、濮阳市、晋城市、阳泉市、鹤壁市、开封市、唐山市、郑州市、保定市、新乡市、德州市、淄博市
超标50%～100%（含100%）	沧州市、阳泉市、唐山市、晋城市、新乡市、济南市、太原市、德州市、衡水市、济宁市、郑州市、淄博市、开封市、鹤壁市、濮阳市、保定市、聊城市、菏泽市、焦作市、安阳市	唐山市、新乡市、济南市、太原市、德州市、郑州市、淄博市、开封市、鹤壁市、邢台市、邯郸市、保定市、聊城市、菏泽市、焦作市、石家庄市、阳泉市、安阳市	济南市、太原市、邢台市、邯郸市、聊城市、菏泽市、焦作市、石家庄市、安阳市
超标100%以上	邢台市、石家庄市、邯郸市	—	—

2017～2019年“2+26”城市NO_2浓度超标情况见表5-4。2017年只有衡水市、德州市、聊城市、济宁市、菏泽市、濮阳市和唐山市7个城市达标。2018年达标城市增加到12个，但唐山市NO_2浓度有所反弹，由达标反弹至超标20%～50%（含50%）。2019年达标城市个数进一步增加，达到15个，超标20%～50%（含50%）的城市包括唐山市和太原市2个城市。

表5-4 2017～2019年“2+26”城市NO_2浓度超标情况

超标情况	2017年	2018年	2019年
达标	衡水市、德州市、聊城市、济宁市、菏泽市、濮阳市、唐山市	衡水市、德州市、长治市、焦作市、安阳市、聊城市、济宁市、晋城市、菏泽市、濮阳市、开封市、滨州市	北京市、廊坊市、衡水市、德州市、沧州市、长治市、焦作市、邯郸市、安阳市、聊城市、济宁市、晋城市、菏泽市、濮阳市、开封市
超标20%及以内	北京市、廊坊市、沧州市、长治市、焦作市、晋城市、滨州市、鹤壁市、保定市、阳泉市、淄博市、济南市、开封市	北京市、廊坊市、沧州市、鹤壁市、邯郸市、保定市、阳泉市、淄博市、天津市、济南市	保定市、滨州市、鹤壁市、阳泉市、淄博市、天津市、济南市、郑州市、邢台市、石家庄市、新乡市
超标20%～50%（含50%）	邯郸市、安阳市、天津市、新乡市、郑州市、邢台市、石家庄市、太原市	唐山市、新乡市、郑州市、邢台市、石家庄市、太原市	唐山市、太原市

根据《环境空气质量评价技术规范（试行）》中对于O_3评价方法的规定，以O_3-8h-90per为年评价指标，标准值为160μg/m^3，计算出2017～2019年“2+26”城市O_3-8h-90per，结果见表5-5，2017～2019年“2+26”

城市 O_3 均未达标。2017 年 O_3-8h-90per 超标 20% 及以内的城市有衡水市、太原市、长治市、滨州市、菏泽市、濮阳市和开封市 7 个城市，2019 年增加至 11 个城市。2017 年 O_3-8h-90per 超标 20% ～ 30%（含 30%）的城市有北京市、石家庄市、唐山市、天津市、德州市、沧州市、鹤壁市、邯郸市、聊城市、济南市、郑州市、淄博市、阳泉市和济宁市 14 个城市，2019 年增加至 15 个城市。2017 年 O_3-8h-90per 超标 30% ～ 40%（含 40%）的城市有保定市、廊坊市、邢台市、焦作市、安阳市、新乡市和晋城市 7 个城市，2019 年 O_3-8h-90per 超标 30% ～ 40%（含 40%）的城市有邢台市和聊城市 2 个城市。

表 5-5　2017 ~ 2019 年"2+26"城市 O_3-8h-90per 超标情况

超标情况	2017 年	2018 年	2019 年
超标 20% 及以内	衡水市、太原市、长治市、滨州市、菏泽市、濮阳市、开封市	衡水市、太原市、长治市、阳泉市、开封市	北京市、唐山市、太原市、衡水市、沧州市、长治市、新乡市、阳泉市、菏泽市、濮阳市、开封市
超标 20% ～ 30%（含 30%）	北京市、石家庄市、唐山市、天津市、德州市、沧州市、鹤壁市、邯郸市、聊城市、济南市、郑州市、淄博市、阳泉市、济宁市	北京市、唐山市、天津市、廊坊市、德州市、沧州市、邢台市、鹤壁市、焦作市、邯郸市、安阳市、新乡市、郑州市、淄博市、济宁市、菏泽市、濮阳市	石家庄市、保定市、天津市、廊坊市、德州市、鹤壁市、焦作市、邯郸市、安阳市、滨州市、济南市、郑州市、淄博市、济宁市、晋城市
超标 30% ～ 40%（含 40%）	保定市、廊坊市、邢台市、焦作市、安阳市、新乡市、晋城市	石家庄市、保定市、滨州市、聊城市、晋城市、济南市	邢台市、聊城市

5.2　"2+26"城市主要大气污染物排放特征

按照统一方法、统一调度、统一指导的原则，跟踪研究工作组建立了由清单编制技术组、当地管理部门、相关企事业单位等多个单位相互配合的排放清单编制工作机制。通过开展排放清单编制动员会、市直部门资料收集座谈会（包括重点部门走访）、工业企业调查培训会议，以及对工业企业、建筑工地和餐饮企业、农村散煤用户等现场调研和入户调查，获取污染源排放计算所需的活动水平及相关参数信息。跟踪研究工作组通过部门调研及重点企业现场调查相结合的方式收回调查问卷共计 36 万余份，赴企业或工地等开展实地调查 3 万余次；开展工业企业、道路扬尘、工地扬尘、餐饮行业等数据实测 170 余次，采集道路积尘负荷样品、工业企业烟气样品、土壤样品、农村散煤样品等近 6000 个，出具分析测试报告 79 份，编制完成"2+26"城市 2017 年和 2018 年高分辨率大气污染源排放清单，包括工业点源超过 19 万个，其大大提高了"2+26"城市大气污染源排放清单的精度。污染源排放清单的建立为"2+26"城市大气污染来源解析、空气质量模拟和预报、大气环境承载力研究、城市和区域大气污染控制情景分析、"2+26"城市重污染应急清单和预案的制定、"2+26"城市三年行动计划和中长期规划提供重要技术支撑，为"2+26"城市 2017 ～ 2018 年和 2018 ～ 2019 年冬防指标的完成提供重要基础数据和决策依据。

5.2.1　"2+26"城市主要大气污染物排放特征

5.2.1.1　"2+26"城市主要大气污染物排放量

"2+26"城市 2016 ～ 2018 年污染物排放量如图 5-4 所示。与 2016 年相比，2018 年"2+26"城市 SO_2 排放量均有明显下降，降幅最大的是北京市、衡水市和聊城市，均约为 75%。其次是廊坊市 73%、天津市

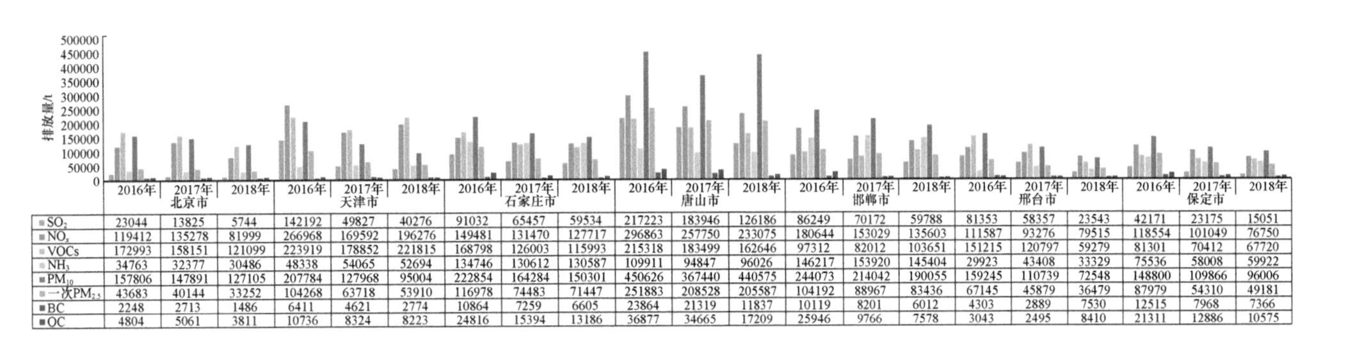

	北京市			天津市			石家庄市			唐山市			邯郸市			邢台市			保定市		
	2016年	2017年	2018年	2016年	2017年	2018年	2016年	2017年	2018年	2016年	2017年	2018年	2016年	2017年	2018年	2016年	2017年	2018年	2016年	2017年	2018年
SO_2	23044	13825	5744	142192	49827	40276	91032	65457	59534	217223	183946	126186	86249	70172	59788	81353	58357	23543	42171	23175	15051
NO_x	119412	135278	81999	266968	169592	196276	149481	131470	127717	296863	257750	233075	180644	153029	135603	111587	93276	79515	118554	101049	76750
VOCs	172993	158151	121099	223919	178852	221815	168798	126003	115993	215318	183499	162646	97312	82012	103651	151215	120797	59279	81301	70412	67720
NH_3	34763	32377	30486	48338	54065	52694	134746	130612	130587	109911	94847	96026	146217	153920	145404	29923	43408	33329	75536	58008	59922
PM_{10}	157806	147891	127105	207784	127968	95004	222854	164284	150301	450626	367440	440575	244073	214042	190055	159245	110739	72548	148800	109866	96006
一次$PM_{2.5}$	43683	40144	33252	104268	63718	53910	116978	74483	71447	251883	208528	205587	104192	88967	83436	67145	45879	36479	87979	54310	49181
BC	2248	2713	1486	6411	4621	2774	10864	7259	6605	23864	21319	11837	10119	8201	6012	4303	2889	7530	12515	7968	7366
OC	4804	5061	3811	10736	8324	8223	24816	15394	13186	36877	34665	17209	25946	9766	7578	3043	2495	8410	21311	12886	10575

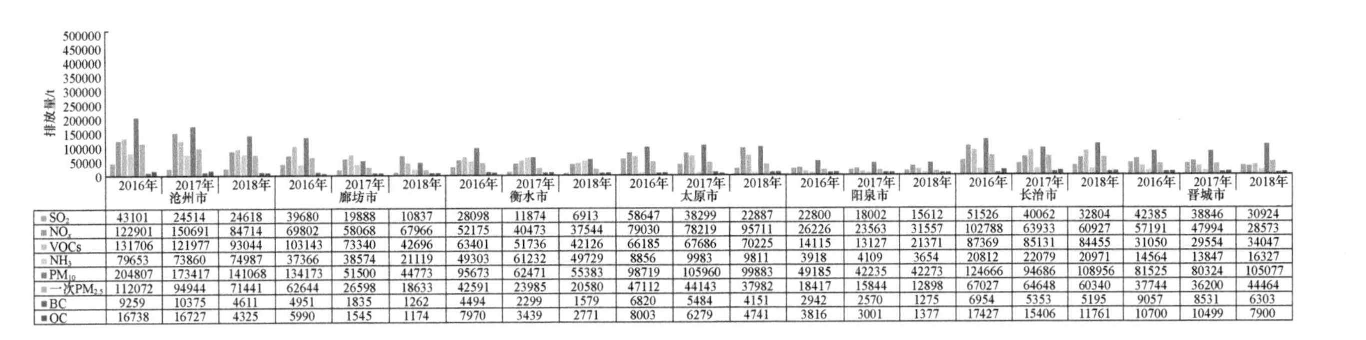

	沧州市			廊坊市			衡水市			太原市			阳泉市			长治市			晋城市		
	2016年	2017年	2018年	2016年	2017年	2018年	2016年	2017年	2018年	2016年	2017年	2018年	2016年	2017年	2018年	2016年	2017年	2018年	2016年	2017年	2018年
SO_2	43101	24514	24618	39680	19888	10837	28098	11874	6913	58647	38299	22887	22800	18002	15612	51526	40062	32804	42385	38846	30924
NO_x	122901	150691	84714	69802	58068	67966	52175	40473	37544	79030	78219	95711	26226	23563	31557	102788	63933	60927	57191	47994	28573
VOCs	131706	121977	93044	103143	73340	42696	63401	51736	42126	66185	67686	70225	14115	13127	21371	87369	85131	84455	31050	29554	34047
NH_3	79653	73860	74987	37366	38574	21119	49303	61232	49729	8856	9983	9811	3918	4109	3654	20812	22079	20971	14564	13847	16327
PM_{10}	204807	173417	141068	134173	51500	44773	95673	62471	55383	98719	105960	99883	49185	42235	42273	124666	94686	108956	81525	80324	105077
一次$PM_{2.5}$	112072	94944	71441	62644	26598	18633	42591	23985	20580	47112	44143	37982	18417	15844	12898	67027	64648	60340	37744	36200	44464
BC	9259	10375	4611	4951	1835	1262	4494	2299	1579	6820	5484	4151	2942	2570	1275	6954	5353	5195	9057	8531	6303
OC	16738	16727	4325	5990	1545	1174	7970	3439	2771	8003	6279	4741	3816	3001	1377	17427	15406	11761	10700	10499	7900

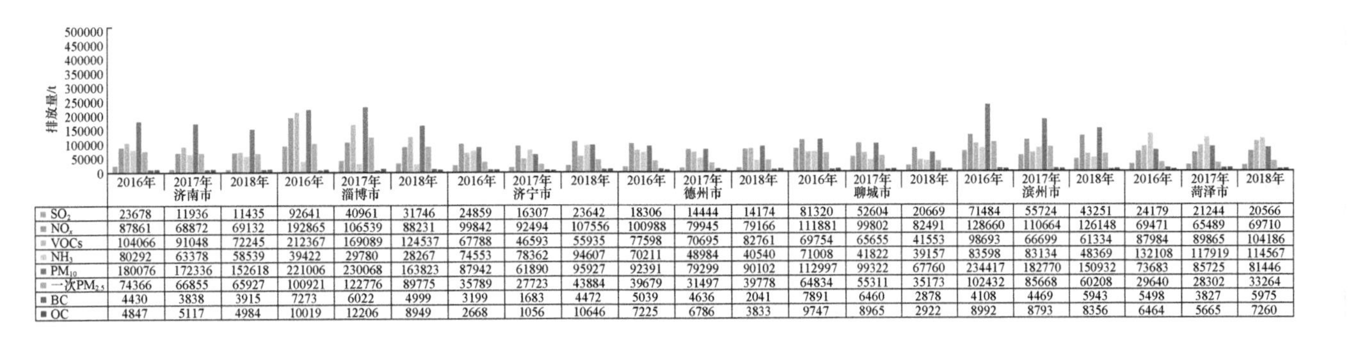

	济南市			淄博市			济宁市			德州市			聊城市			滨州市			菏泽市		
	2016年	2017年	2018年	2016年	2017年	2018年	2016年	2017年	2018年	2016年	2017年	2018年	2016年	2017年	2018年	2016年	2017年	2018年	2016年	2017年	2018年
SO_2	23678	11936	11435	92641	40961	31746	24859	16307	23642	18306	14444	14174	81320	52604	20669	71484	55724	43251	24179	21244	20566
NO_x	87861	68872	69132	192865	106539	88231	99842	92494	107556	100988	79945	79166	111881	99802	82491	128660	110664	126148	69471	65489	69710
VOCs	104066	91048	72245	212367	169089	124537	67788	46593	55935	77598	70695	82761	69754	65655	41553	98693	66699	61334	87984	89865	104186
NH_3	80292	63378	58539	39422	29780	28267	74553	78362	94607	70211	48984	40540	71008	41822	39157	83598	83134	48369	132108	117919	114567
PM_{10}	180076	172336	152618	221006	230068	163823	87942	61890	95927	92391	79299	90102	112997	99322	67760	234417	182770	150932	73683	85725	81446
一次$PM_{2.5}$	74366	66855	65927	100921	122776	89775	35789	27723	43884	39679	31497	39778	64834	55311	35173	102432	85668	60208	29640	28302	33264
BC	4430	3838	3915	7273	6022	4999	3199	1683	4472	5039	4636	2041	7891	6460	2878	4108	4469	5943	5498	3827	5975
OC	4847	5117	4984	10019	12206	8949	2668	1056	10646	7225	6786	3833	9747	8965	2922	8992	8793	8356	6464	5665	7260

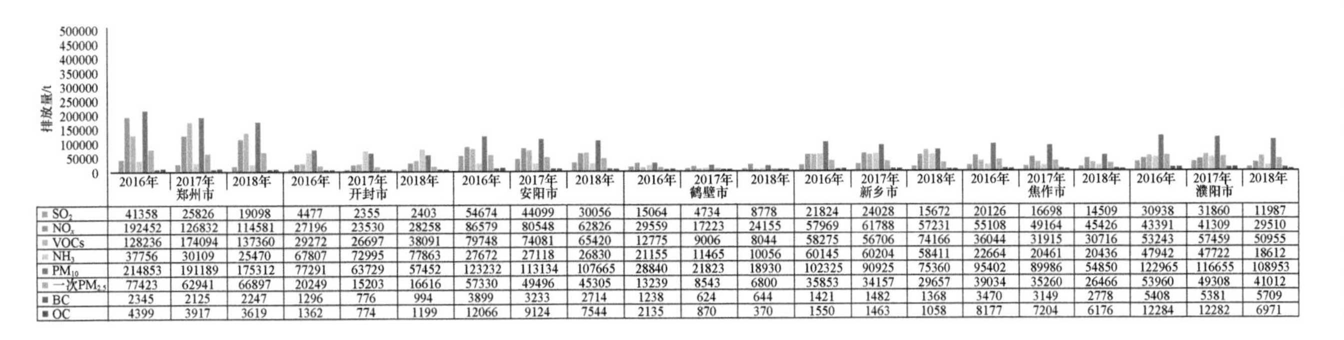

	郑州市			开封市			安阳市			鹤壁市			新乡市			焦作市			濮阳市		
	2016年	2017年	2018年	2016年	2017年	2018年	2016年	2017年	2018年	2016年	2017年	2018年	2016年	2017年	2018年	2016年	2017年	2018年	2016年	2017年	2018年
SO_2	41358	25826	19098	4477	2355	2403	54674	44099	30056	15064	4734	8778	21824	24028	15672	20126	16698	14509	30938	31860	11987
NO_x	192452	126832	114581	27196	23530	28258	86579	80548	62826	29559	17223	24155	57969	61788	57231	55108	49164	45426	43391	41309	29510
VOCs	128236	174094	137360	29272	26697	38091	79748	74081	65420	12775	9006	8044	58275	56706	74166	36044	31915	30716	53243	57459	50955
NH_3	37756	30109	25470	67807	72995	77863	27672	27118	26830	21155	11465	10056	60145	60204	58411	22664	20461	20436	47942	47722	18612
PM_{10}	214853	191189	175312	77291	63729	57452	123232	113134	107665	28840	21823	18930	102325	90925	75360	95402	89986	54850	122965	116655	108953
一次$PM_{2.5}$	77423	62941	66897	20249	15203	16616	57330	49496	45305	13239	8543	6800	35853	34157	29657	39034	35260	26466	53960	49308	41012
BC	2345	2125	2247	1296	776	994	3899	3233	2714	1238	624	644	1421	1482	1368	3470	3149	2778	5408	5381	5709
OC	4399	3917	3619	1362	774	1199	12066	9124	7544	2135	870	370	1550	1463	1058	8177	7204	6176	12284	12282	6971

图 5-4 “2+26”城市 2016 ～ 2018 年污染物排放量

72%、邢台市 71%；降幅在 50% ～ 70%（含 70%）的城市包括淄博市、保定市、濮阳市、太原市、郑州市和济南市；降幅在 30% ～ 50%（含 50%）的城市包括开封市、安阳市、沧州市、唐山市、鹤壁市、滨州市、长治市、石家庄市、阳泉市和邯郸市；降幅在 30% 以下的城市包括新乡市、焦作市、晋城市、德州市、菏泽市和济宁市。

与 2016 年相比，2018 年淄博市 NO_x 排放量降幅最大（约 54%），其次是晋城市，降幅约 50%，降幅在 30% ～ 50%（含 50%）的城市包括长治市、郑州市、保定市、濮阳市、北京市和沧州市，降幅在 10% ～ 30%（含 30%）的城市包括邢台市、衡水市、安阳市、天津市、聊城市、邯郸市、德州市、唐山市、济南市、鹤壁市、焦作市和石家庄市，降幅在 10% 以下的城市包括廊坊市、滨州市和新乡市。太原市、阳泉市、济宁市和开封市 4 个城市 NO_x 排放量增加，菏泽市 NO_x 排放量基本持平。

与 2016 年相比，2018 年邢台市 VOCs 排放量降幅最大（约 61%），其次是廊坊市约 59%，降幅在 30% ～ 50%（含 50%）的城市包括淄博市、聊城市、滨州市、鹤壁市、衡水市、石家庄市和济南市，降幅在 10% ～ 30%（含 30%）的城市包括北京市、沧州市、唐山市、安阳市、济宁市、保定市和焦作市，降幅在 10% 以下的城市包括濮阳市、长治市和天津市。太原市、邯郸市、德州市、郑州市、晋城市、菏泽市、新乡市、开封市和阳泉市排放量增加。

与 2016 年相比，2018 年廊坊市一次 $PM_{2.5}$ 排放量降幅最大（约 70%），其次是衡水市约 52%，降幅在 30% ～ 50%（含 50%）的城市包括鹤壁市、天津市、聊城市、邢台市、保定市、滨州市、石家庄市、沧州市和焦作市，降幅在 10%（含 10%）～ 30%（含 30%）的城市包括濮阳市、北京市、安阳市、邯郸市、太原市、唐山市、开封市、新乡市、郑州市、济南市、淄博市、长治市和阳泉市。德州市一次 $PM_{2.5}$ 排放量与 2016 年持平，而菏泽市、晋城市和济宁市排放量有所增加。

针对北京市、衡水市、聊城市等一次 $PM_{2.5}$ 下降的城市，分析其下降的原因。

北京市颗粒物削减明显的原因是能源结构及工业结构调整、工业治理减排，近年来污染治理紧密围绕清洁能源改造、非首都功能产业退出和保留产业的深度治理开展工作，工业大气污染物排放削减明显。衡水市 SO_2、NO_x 和颗粒物排放减少主要是 2017 年燃煤锅炉淘汰和提升改造工作，使得工业燃煤消耗量大幅减少。根据调查数据可知，衡水市 2017 年工业燃煤（不包括电厂）消耗量约 57.8 万 t，比 2016 年 142 万 t 减少了约 84 万 t。VOCs 排放下降主要是燃煤消耗量的减少和 VOCs 行业的提升改造所致。同时，衡水市 2017 年更加严格的秋冬季错峰和应急管控措施，也是污染物排放水平下降不可忽视的原因。聊城市 SO_2 的减排主要贡献措施为落后机组淘汰、民用散煤“双替代”和错峰生产等；NO_x 的减排主要贡献措施为机组淘汰、错峰生产和落后产能压减等；VOCs 的减排主要贡献措施为重污染应急、工业企业提标改造和错峰生产等；一次 $PM_{2.5}$ 的减排主要贡献措施为扬尘综合管控、落后机组淘汰和重污染应急等。

近 3 年，淄博市污染排放量减少主要由大气污染防治政策带来的活动水平变化和污染控制水平提升引起，具体体现在：①调整优化产业结构。落后产能淘汰和过剩产能压减：2018 年全市压减粗钢产能 70 万 t、生铁产能 60 万 t，使燃煤消耗总量减少到 2930 万 t，基本完成气代煤、电代煤工程。“散乱污”企业综合整治：截至 2018 年 10 月，对全市 23314 家“散乱污”企业的综合整治任务已全部完成，其中 10356 家关停，12958 家完成升级改造。重点行业污染治理升级改造：全市所有的燃煤电厂和保留的燃煤锅炉已全部完成超低排放。对全市 2640 条（台）工业窑炉排查治理，完成关停 325 条（台），综合整治 2315 条（台），完成 726 家石化、有机化工、表面涂装等行业 VOCs 整治工作。②调整优化能源结构。北方地区清洁取暖：2018 年供暖季前，全市完成清洁取暖 18.12 万户，其中城区新增集中供热 6.89 万户，农村完成 11.23 万户，完成清洁煤炭推广任务。燃煤锅炉综合整治：截至 2018 年底，除高效煤粉炉外，完成城市建成区内 35 蒸吨 /h 以下燃煤锅炉的关停淘汰。全市摸排的 506 台燃气锅炉或燃气设施中 503 台锅炉完成低氮燃烧改造。③调整优化运输结构。车辆结构升级：全市国二及以下柴油货车共计 1500 辆，其中 203 辆已办理注销登记，

1227 辆公告牌证作废，70 辆系法院查封、抵押、悬疑锁定等。油品质量升级：2017 年 10 月 1 日起全面供应符合国六标准的车用汽柴油，禁止销售普通柴油和低于国六标准的车用汽柴油。④调整优化用地结构。扬尘综合治理：严格落实施工工地“六个百分之百”要求，对全市 286 条城市主次干道开展道路深度保洁。秸秆综合利用：玉米秸秆转化利用 171.6 万亩，占应收玉米的 96.3%，全市实现了“不着一把火，不冒一处烟”的禁烧目标。氨排放控制：通过大力推广农业产品投入减量化技术，农业投入品化肥、农药等投入使用量逐年减少，实现了零增长。廊坊市 2017 年采取的减排措施包括：两家钢铁企业退出、散煤治理、“散乱污”企业治理、燃煤锅炉淘汰、VOCs 企业治理、错峰生产和应急响应。其中，两家钢铁企业退出带来 SO_2 减排 1112t、NO_x 减排 574t、PM 减排 3436t、VOCs 减排 72t。散煤治理带来 SO_2 减排 4784t、NO_x 减排 553t、PM 减排 11403t、VOCs 减排 776t。“散乱污”企业治理带来 SO_2 减排 2339t、NO_x 减排 1313t、PM 减排 1158t、VOCs 减排 2505t。燃煤锅炉淘汰带来 SO_2 减排 14072t、NO_x 减排 3166t、PM 减排 12594t、VOCs 减排 1863t。VOCs 企业治理带来 VOCs 减排 316t。错峰生产和应急响应带来 SO_2 减排 1404t、NO_x 减排 1762t、PM 减排 148t、VOCs 减排 1159t。2018 年采取的减排措施包括：“煤替代”扫尾、“散乱污”企业治理、燃煤锅炉淘汰、VOCs 企业深度治理、错峰生产和应急响应。其中，“煤替代”扫尾带来 SO_2 减排 526t、NO_x 减排 61t、PM 减排 1254t、VOCs 减排 85t。“散乱污”企业治理带来 SO_2 减排 351t、NO_x 减排 197t、PM 减排 174t、VOCs 减排 376t。燃煤锅炉淘汰带来 SO_2 减排 1689t、NO_x 减排 380t、PM 减排 1511t、VOCs 减排 224t。VOCs 企业深度治理带来 VOCs 减排 256t。错峰生产和应急响应带来 SO_2 减排 1318t、NO_x 减排 1653t、PM 减排 139t、VOCs 减排 1088t。

5.2.1.2 “2+26”城市主要大气污染物排放强度

“2+26”城市 2016 ～ 2018 年单位面积污染物排放量如图 5-5 所示。与 2016 年相比，2018 年“2+26”城市 SO_2、NO_x、VOCs 和一次 $PM_{2.5}$ 单位面积排放量变化与排放量变化一致。SO_2 单位面积排放量降幅排前五的城市是北京市、衡水市、聊城市、廊坊市和天津市。NO_x 单位面积排放量降幅排前五的城市是淄博市、晋城市、长治市、郑州市和保定市。VOCs 单位面积排放量降幅排前五的城市是邢台市、廊坊市、淄博市、聊城市和滨州市。一次 $PM_{2.5}$ 单位面积排放量降幅排前五的城市是廊坊市、衡水市、鹤壁市、天津市和聊城市。

“2+26”城市 2016 ～ 2018 年单位 GDP 污染物排放量如图 5-6 所示。与 2016 年相比，2018 年 28 个城市 SO_2 单位 GDP 排放量均有明显下降，降幅最大的是衡水市（77.9%），其次是北京市（77.8%），降幅在 70% 以上的城市包括聊城市、廊坊市、邢台市、天津市和淄博市。降幅在 50% ～ 70%（含 70%）的城市包括太原市、濮阳市、保定市、郑州市、济南市、安阳市、开封市和长治市，降幅在 30% ～ 50%（含 50%）的城市包括鹤壁市、唐山市、沧州市、滨州市、晋城市、阳泉市、新乡市、石家庄市、焦作市、邯郸市和德州市，降幅在 30% 以下（含 30%）的城市包括菏泽市和济宁市。

与 2016 年相比，2018 年晋城市 NO_x 单位 GDP 排放量降幅最大（约 61%），其次是淄博市降幅约 60%，降幅在 30% ～ 60%（含 60%）的城市包括长治市、郑州市、安阳市、北京市、濮阳市、邢台市、衡水市、济南市、保定市、沧州市、聊城市和德州市，降幅在 10% ～ 30%（含 30%）的城市包括天津市、唐山市、焦作市、邯郸市、鹤壁市、石家庄市、菏泽市、新乡市和廊坊市，降幅在 10% 以下的城市包括开封市、滨州市、太原市和济宁市。阳泉市 NO_x 单位 GDP 排放量增加。

与 2016 年相比，2018 年邢台市和廊坊市 VOCs 单位 GDP 排放量降幅最大，均为约 64%，降幅在 30% ～ 50%（含 50%）的城市包括淄博市、聊城市、鹤壁市、北京市、济南市、滨州市、衡水市、安阳市、石家庄市、沧州市和唐山市，降幅在 10% ～ 30%（含 30%）的城市包括济宁市、长治市、焦作市、太原市、濮阳市、保定市、晋城市和郑州市，降幅在 10% 以下的城市包括德州市、天津市和菏泽市。邯郸市、新乡市、

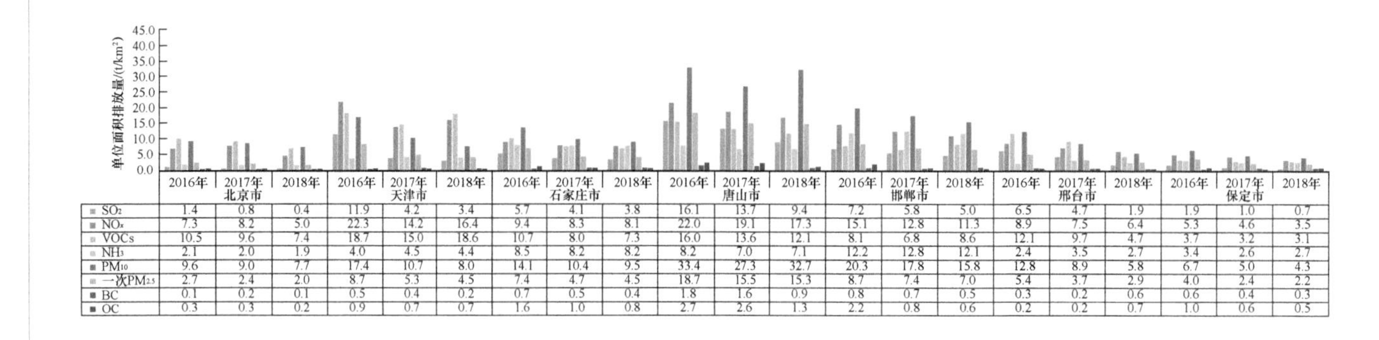

	北京市 2016年	北京市 2017年	北京市 2018年	天津市 2016年	天津市 2017年	天津市 2018年	石家庄市 2016年	石家庄市 2017年	石家庄市 2018年	唐山市 2016年	唐山市 2017年	唐山市 2018年	邯郸市 2016年	邯郸市 2017年	邯郸市 2018年	邢台市 2016年	邢台市 2017年	邢台市 2018年	保定市 2016年	保定市 2017年	保定市 2018年
SO_2	1.4	0.8	0.4	11.9	4.2	3.4	5.7	4.1	3.8	16.1	13.7	9.4	7.2	5.8	5.0	6.5	4.7	1.9	1.9	1.0	0.7
NO_x	7.3	8.2	5.0	22.3	14.2	16.4	9.4	8.3	8.1	22.0	19.1	17.3	15.1	12.8	11.3	8.9	7.5	6.4	5.3	4.6	3.5
VOCs	10.5	9.6	7.4	18.7	15.0	18.6	10.7	8.0	7.3	16.0	13.6	12.1	8.1	6.8	8.6	12.1	9.7	4.7	3.7	3.2	3.1
NH_3	2.1	2.0	1.9	4.0	4.5	4.4	8.5	8.2	8.2	8.2	7.0	7.1	12.2	12.8	12.1	2.4	3.5	2.7	3.4	2.6	2.7
PM_{10}	9.6	9.0	7.7	17.4	10.7	8.0	14.1	10.4	9.5	33.4	27.3	32.7	20.3	17.8	15.8	12.8	8.9	5.8	6.7	5.0	4.3
一次$PM_{2.5}$	2.7	2.4	2.0	8.7	5.3	4.5	7.4	4.7	4.5	18.7	15.5	15.3	8.7	7.4	7.0	5.4	3.7	2.9	4.0	2.4	2.2
BC	0.1	0.2	0.1	0.5	0.4	0.2	0.7	0.5	0.4	1.8	1.6	0.9	0.8	0.7	0.5	0.3	0.2	0.6	0.6	0.4	0.3
OC	0.3	0.3	0.2	0.9	0.7	0.7	1.6	1.0	0.8	2.7	2.6	1.3	2.2	0.8	0.6	0.2	0.2	0.7	1.0	0.6	0.5

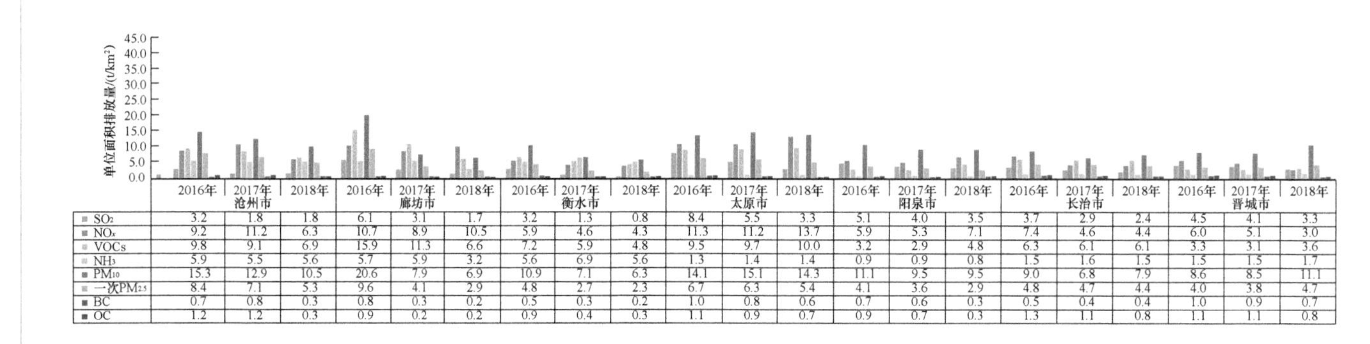

	沧州市 2016年	沧州市 2017年	沧州市 2018年	廊坊市 2016年	廊坊市 2017年	廊坊市 2018年	衡水市 2016年	衡水市 2017年	衡水市 2018年	太原市 2016年	太原市 2017年	太原市 2018年	阳泉市 2016年	阳泉市 2017年	阳泉市 2018年	长治市 2016年	长治市 2017年	长治市 2018年	晋城市 2016年	晋城市 2017年	晋城市 2018年
SO_2	3.2	1.8	1.8	6.1	3.1	1.7	3.2	1.3	0.8	8.4	5.5	3.3	5.1	4.0	3.5	3.7	2.9	2.4	4.5	4.1	3.3
NO_x	9.2	11.2	6.3	10.7	8.9	10.5	5.9	4.6	4.3	11.3	11.2	13.7	5.9	5.3	7.1	7.4	4.6	4.4	6.0	5.1	3.0
VOCs	9.8	9.1	6.9	15.9	11.3	6.6	7.2	5.9	4.8	9.5	9.7	10.0	3.2	2.9	4.8	6.3	6.1	6.1	3.3	3.1	3.6
NH_3	5.9	5.5	5.6	5.7	5.9	3.2	5.6	6.9	5.6	1.3	1.4	1.4	0.9	0.9	0.8	1.5	1.6	1.5	1.5	1.5	1.7
PM_{10}	15.3	12.9	10.5	20.6	7.9	6.9	10.9	7.1	6.3	14.1	15.1	14.3	11.1	9.5	9.5	9.0	6.8	7.9	8.6	8.5	11.1
一次$PM_{2.5}$	8.4	7.1	5.3	9.6	4.1	2.9	4.8	2.7	2.3	6.7	6.3	5.4	4.1	3.6	2.9	4.8	4.7	4.4	4.0	3.8	4.7
BC	0.7	0.8	0.3	0.8	0.3	0.2	0.5	0.3	0.2	1.0	0.8	0.6	0.7	0.6	0.3	0.5	0.4	0.4	1.0	0.9	0.7
OC	1.2	1.2	0.3	0.9	0.2	0.2	0.9	0.4	0.3	1.1	0.9	0.7	0.9	0.7	0.3	1.3	1.1	0.8	1.1	1.1	0.8

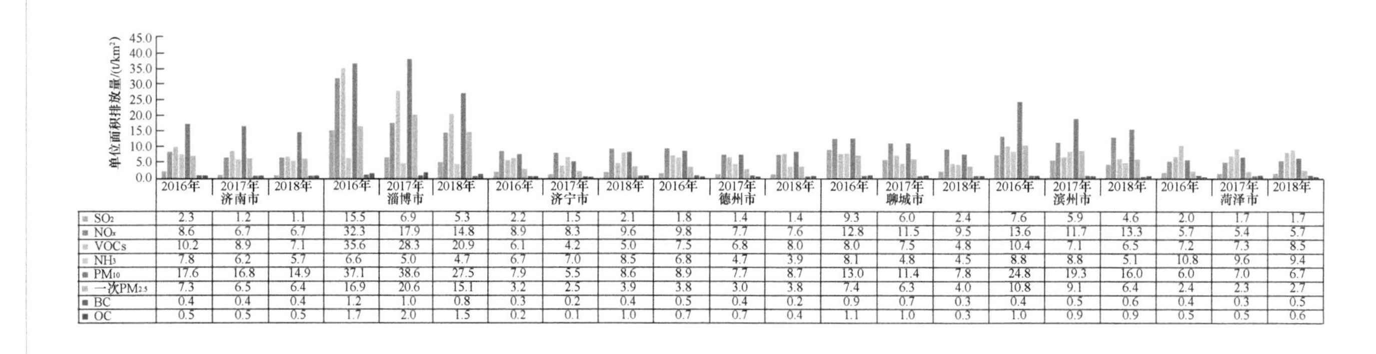

	济南市 2016年	济南市 2017年	济南市 2018年	淄博市 2016年	淄博市 2017年	淄博市 2018年	济宁市 2016年	济宁市 2017年	济宁市 2018年	德州市 2016年	德州市 2017年	德州市 2018年	聊城市 2016年	聊城市 2017年	聊城市 2018年	滨州市 2016年	滨州市 2017年	滨州市 2018年	菏泽市 2016年	菏泽市 2017年	菏泽市 2018年
SO_2	2.3	1.2	1.1	15.5	6.9	5.3	2.2	1.5	2.1	1.8	1.4	1.4	9.3	6.0	2.4	7.6	5.9	4.6	2.0	1.7	1.7
NO_x	8.6	6.7	6.7	32.3	17.9	14.8	8.9	8.3	9.6	9.8	7.7	7.6	12.8	11.5	9.5	13.6	11.7	13.3	5.7	5.4	5.7
VOCs	10.2	8.9	7.1	35.6	28.3	20.9	6.1	4.2	5.0	7.5	6.8	8.0	8.0	7.5	4.8	10.4	7.1	6.5	7.2	7.3	8.5
NH_3	7.8	6.2	5.7	6.6	5.0	4.7	6.7	7.0	8.5	6.8	4.7	3.9	8.1	4.8	4.5	8.8	8.8	5.1	10.8	9.6	9.4
PM_{10}	17.6	16.8	14.9	37.1	38.6	27.5	7.9	5.5	8.6	8.9	7.7	8.7	13.0	11.4	7.8	24.8	19.3	16.0	6.0	7.0	6.7
一次$PM_{2.5}$	7.3	6.5	6.4	16.9	20.6	15.1	3.2	2.5	3.9	3.8	3.0	3.8	7.4	6.3	4.0	10.8	9.1	6.4	2.4	2.3	2.7
BC	0.4	0.4	0.4	1.2	1.0	0.8	0.3	0.2	0.4	0.5	0.4	0.2	0.9	0.7	0.3	0.4	0.5	0.6	0.4	0.3	0.5
OC	0.5	0.5	0.5	1.7	2.0	1.5	0.2	0.1	1.0	0.7	0.7	0.4	1.1	1.0	0.3	1.0	0.9	0.9	0.5	0.5	0.6

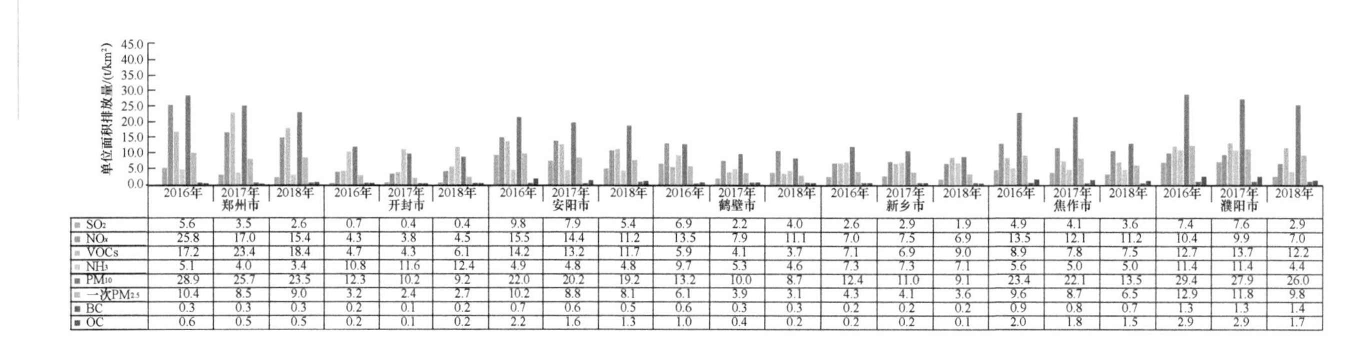

	郑州市 2016年	郑州市 2017年	郑州市 2018年	开封市 2016年	开封市 2017年	开封市 2018年	安阳市 2016年	安阳市 2017年	安阳市 2018年	鹤壁市 2016年	鹤壁市 2017年	鹤壁市 2018年	新乡市 2016年	新乡市 2017年	新乡市 2018年	焦作市 2016年	焦作市 2017年	焦作市 2018年	濮阳市 2016年	濮阳市 2017年	濮阳市 2018年
SO_2	5.6	3.5	2.6	0.7	0.4	0.4	9.8	7.9	5.4	6.9	2.2	4.0	2.6	2.9	1.9	4.9	4.1	3.6	7.4	7.6	2.9
NO_x	25.8	17.0	15.4	4.3	3.8	4.5	15.5	14.4	11.2	13.5	7.9	11.1	7.0	7.5	6.9	13.5	12.1	11.2	10.4	9.9	7.0
VOCs	17.2	23.4	18.4	4.7	4.3	6.1	14.2	13.2	11.7	5.9	4.1	3.7	7.1	6.9	9.0	8.9	7.8	7.5	12.7	13.7	12.2
NH_3	5.1	4.0	3.4	10.8	11.6	12.4	4.9	4.8	4.8	9.7	5.3	4.6	7.3	7.3	7.1	5.6	5.0	5.0	11.4	11.4	4.4
PM_{10}	28.9	25.7	23.5	12.3	10.2	9.2	22.0	20.2	19.2	13.2	10.0	8.7	12.4	11.0	9.1	23.4	22.1	13.5	29.4	27.9	26.0
一次$PM_{2.5}$	10.4	8.5	9.0	3.2	2.4	2.7	10.2	8.8	8.1	6.1	3.9	3.1	4.3	4.1	3.6	9.6	8.7	6.5	12.9	11.8	9.8
BC	0.3	0.3	0.3	0.2	0.1	0.2	0.7	0.6	0.5	0.6	0.3	0.3	0.2	0.2	0.2	0.9	0.8	0.7	1.3	1.3	1.4
OC	0.6	0.5	0.5	0.2	0.1	0.2	2.2	1.6	1.3	1.0	0.4	0.2	0.2	0.2	0.1	2.0	1.8	1.5	2.9	2.9	1.7

图 5-5 “2+26”城市 2016 ～ 2018 年单位面积污染物排放量

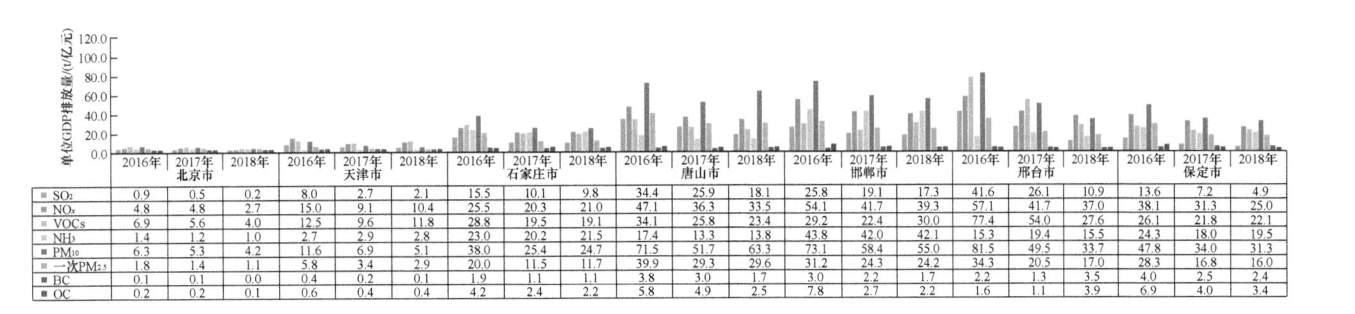

	北京市			天津市			石家庄市			唐山市			邯郸市			邢台市			保定市		
	2016年	2017年	2018年	2016年	2017年	2018年	2016年	2017年	2018年	2016年	2017年	2018年	2016年	2017年	2018年	2016年	2017年	2018年	2016年	2017年	2018年
SO_2	0.9	0.5	0.2	8.0	2.7	2.1	15.5	10.1	9.8	34.4	25.9	18.1	25.8	19.1	17.3	41.6	26.1	10.9	13.6	7.2	4.9
NO_x	4.8	4.8	2.7	15.0	9.1	10.4	25.5	20.3	21.0	47.1	36.3	33.5	54.1	41.7	39.3	57.1	41.7	37.0	38.1	31.3	25.0
VOCs	6.9	5.6	4.0	12.5	9.6	11.8	28.8	19.5	19.1	34.1	25.8	23.4	29.2	22.4	30.0	77.4	54.0	27.6	26.1	21.8	22.1
NH_3	1.4	1.2	1.0	2.7	2.9	2.8	23.0	20.2	21.5	17.4	13.3	13.8	43.8	42.0	42.1	15.3	19.4	15.5	24.3	18.0	19.5
PM_{10}	6.3	5.3	4.2	11.6	6.9	5.1	38.0	25.4	24.7	71.5	51.7	63.3	73.1	58.4	55.0	81.5	49.5	33.7	47.8	34.0	31.3
一次$PM_{2.5}$	1.8	1.4	1.1	5.8	3.4	2.9	20.0	11.5	11.7	39.9	29.3	29.6	31.2	24.3	24.2	34.3	20.5	17.0	28.3	16.8	16.0
BC	0.1	0.1	0.0	0.4	0.2	0.1	1.9	1.1	1.1	3.8	3.0	1.7	3.0	2.2	1.7	2.2	1.3	3.5	4.0	2.5	2.4
OC	0.2	0.2	0.1	0.6	0.4	0.4	4.2	2.4	2.2	5.8	4.9	2.5	7.8	2.7	2.2	1.6	1.1	3.9	6.9	4.0	3.4

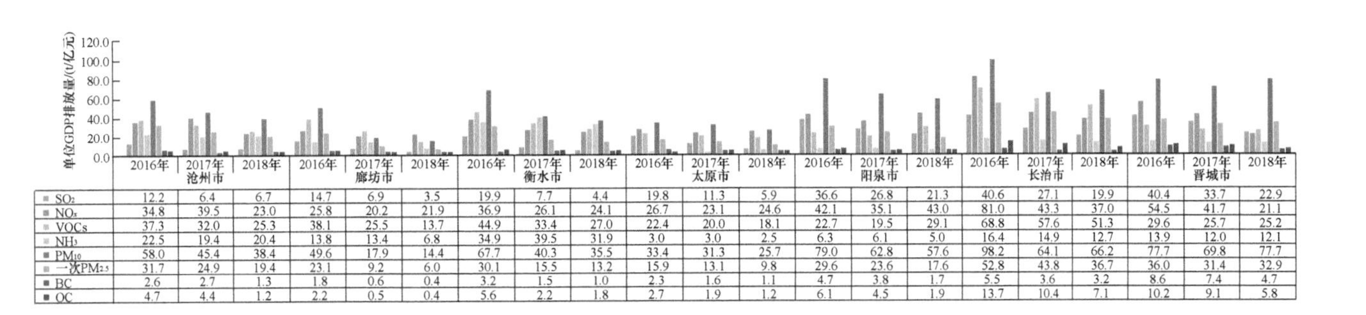

	沧州市			廊坊市			衡水市			太原市			阳泉市			长治市			晋城市		
	2016年	2017年	2018年	2016年	2017年	2018年	2016年	2017年	2018年	2016年	2017年	2018年	2016年	2017年	2018年	2016年	2017年	2018年	2016年	2017年	2018年
SO_2	12.2	6.4	6.7	14.7	6.9	3.5	19.9	7.7	4.4	19.8	11.3	5.9	36.6	26.8	21.3	40.6	27.1	19.9	40.4	33.7	22.9
NO_x	34.8	39.5	23.0	25.8	20.2	21.9	36.9	26.1	24.1	26.7	23.1	24.6	42.1	35.1	43.0	81.0	43.3	37.0	54.5	41.7	21.1
VOCs	37.3	32.0	25.3	38.1	25.5	13.7	44.9	33.4	27.0	22.4	20.0	18.1	22.7	19.5	29.1	68.8	57.6	51.3	29.6	25.7	25.2
NH_3	22.5	19.4	20.4	13.8	13.4	6.8	34.9	39.5	31.9	3.0	3.0	2.5	6.3	6.1	5.0	16.4	14.9	12.7	13.9	12.0	12.1
PM_{10}	58.0	45.4	38.4	49.6	17.9	14.4	67.7	40.3	35.5	33.4	31.3	25.7	79.0	62.8	57.6	98.2	64.1	66.2	77.7	69.8	77.7
一次$PM_{2.5}$	31.7	24.9	19.4	23.1	9.2	6.0	30.1	15.5	13.2	15.9	13.1	9.8	29.6	23.6	17.6	52.8	43.8	36.7	36.0	31.4	32.9
BC	2.6	2.7	1.3	1.8	0.6	0.4	3.2	1.5	1.0	2.3	1.6	1.1	4.7	3.8	1.7	5.5	3.6	3.2	8.6	7.4	4.7
OC	4.7	4.4	1.2	2.2	0.5	0.4	5.6	2.2	1.8	2.7	1.9	1.2	6.1	4.5	1.9	13.7	10.4	7.1	10.2	9.1	5.8

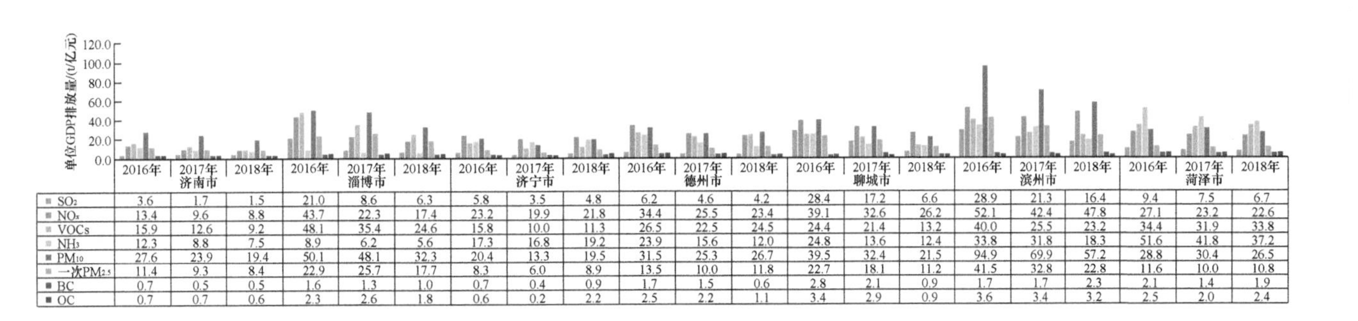

	济南市			淄博市			济宁市			德州市			聊城市			滨州市			菏泽市		
	2016年	2017年	2018年	2016年	2017年	2018年	2016年	2017年	2018年	2016年	2017年	2018年	2016年	2017年	2018年	2016年	2017年	2018年	2016年	2017年	2018年
SO_2	3.6	1.7	1.5	21.0	8.6	6.3	5.8	3.5	4.8	6.2	4.6	4.2	28.4	17.2	6.6	28.9	21.3	16.4	9.4	7.5	6.7
NO_x	13.4	9.6	8.8	43.7	22.3	17.4	23.2	19.9	21.8	34.4	25.5	23.4	39.1	32.6	26.2	52.1	42.4	47.8	27.1	23.2	22.6
VOCs	15.9	12.6	9.2	48.1	35.4	24.6	15.8	10.0	11.3	26.5	22.5	24.5	24.4	21.4	13.2	40.0	25.5	23.2	34.4	31.9	33.8
NH_3	12.3	8.8	7.5	8.9	6.2	5.6	17.3	16.8	19.2	23.9	15.6	12.0	24.8	13.6	12.4	33.8	31.8	18.3	51.6	41.8	37.2
PM_{10}	27.6	23.9	19.4	50.1	48.1	32.3	20.4	13.3	19.5	31.5	25.3	26.7	39.5	32.4	21.5	94.9	69.9	57.2	28.8	30.4	26.5
一次$PM_{2.5}$	11.4	9.3	8.4	22.9	25.7	17.7	8.3	6.0	8.9	13.5	10.0	11.8	22.7	18.1	11.2	41.5	32.8	22.8	11.6	10.0	10.8
BC	0.7	0.5	0.5	1.6	1.3	1.0	0.7	0.4	0.9	1.7	1.5	0.6	2.8	2.1	0.9	1.7	1.7	2.3	2.1	1.4	1.9
OC	0.7	0.7	0.6	2.3	2.6	1.8	0.6	0.2	2.2	2.5	2.2	1.1	3.4	2.9	0.9	3.6	3.4	3.2	2.5	2.0	2.4

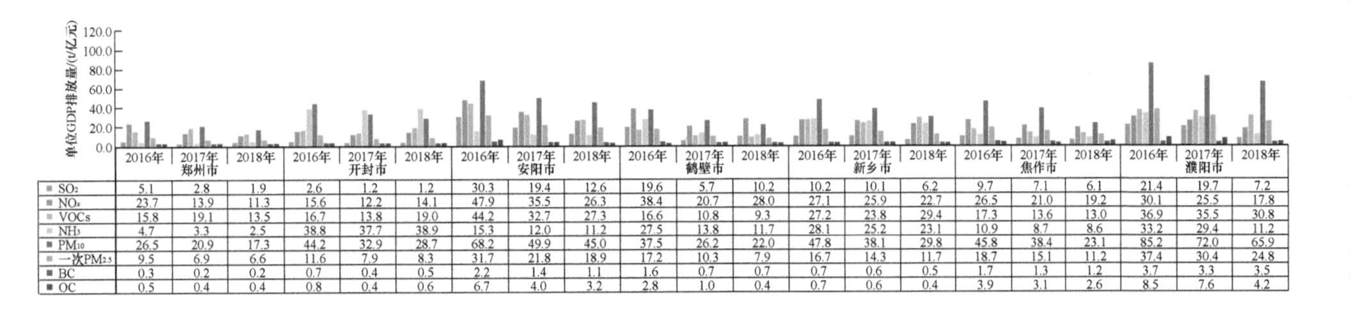

	郑州市			开封市			安阳市			鹤壁市			新乡市			焦作市			濮阳市		
	2016年	2017年	2018年	2016年	2017年	2018年	2016年	2017年	2018年	2016年	2017年	2018年	2016年	2017年	2018年	2016年	2017年	2018年	2016年	2017年	2018年
SO_2	5.1	2.8	1.9	2.6	1.2	1.2	30.3	19.4	12.6	19.6	5.7	10.2	10.2	10.1	6.2	9.7	7.1	6.1	21.4	19.7	7.2
NO_x	23.7	13.9	11.3	15.6	12.2	14.1	47.9	35.5	26.3	38.4	20.7	28.0	27.1	25.9	22.7	26.5	21.0	19.2	30.1	25.5	17.8
VOCs	15.8	19.1	13.5	16.7	13.8	19.0	44.2	32.7	27.3	16.6	10.8	9.3	27.2	23.8	29.4	17.3	13.6	13.0	36.9	35.5	30.8
NH_3	4.7	3.3	2.5	38.8	37.7	38.9	15.3	12.0	11.2	27.5	13.8	11.7	28.1	25.2	23.1	10.9	8.7	8.6	33.2	29.4	11.2
PM_{10}	26.5	20.9	17.3	44.2	32.9	28.7	68.2	49.9	45.0	37.5	26.2	22.0	47.8	38.1	29.8	45.8	38.4	23.1	85.2	72.0	65.9
一次$PM_{2.5}$	9.5	6.9	6.6	11.6	7.9	8.3	31.7	21.8	18.9	17.2	10.3	7.9	16.7	14.3	11.7	18.7	15.1	11.2	37.4	30.4	24.8
BC	0.3	0.2	0.2	0.7	0.4	0.5	2.2	1.4	1.1	1.6	0.7	0.7	0.7	0.6	0.5	1.7	1.3	1.2	3.7	3.3	3.5
OC	0.5	0.4	0.4	0.8	0.4	0.6	6.7	4.0	3.2	2.8	1.0	0.4	0.7	0.6	0.4	3.9	3.1	2.6	8.5	7.6	4.2

图 5-6 “2+26”城市 2016～2018 年单位 GDP 污染物排放量

开封市和阳泉市单位 GDP 排放量有所增加。

与 2016 年相比，2018 年廊坊市一次 $PM_{2.5}$ 单位 GDP 排放量降幅最大（约 74%），降幅在 30% ～ 60%（含 60%）的城市包括衡水市、鹤壁市、天津市、聊城市、邢台市、滨州市、保定市、石家庄市、阳泉市、焦作市、安阳市、沧州市、太原市、北京市、濮阳市、郑州市和长治市，降幅在 10% ～ 30%（含 30%）的城市包括新乡市、开封市、济南市、唐山市、邯郸市、淄博市和德州市，降幅在 10% 以下的城市包括晋城市和菏泽市，济宁市单位 GDP 排放量增加。

5.2.2 "2+26"城市主要大气污染物排放特征分类

以"2+26"城市 2018 年 SO_2、NO_x、VOCs、NH_3、CO、OC、BC、PM_{10} 和 $PM_{2.5}$ 九种污染物的排放量和城市面积计算得出城市污染物排放强度，进一步以各城市每种污染物排放强度的距平百分比绘制雷达图（图 5-7）。

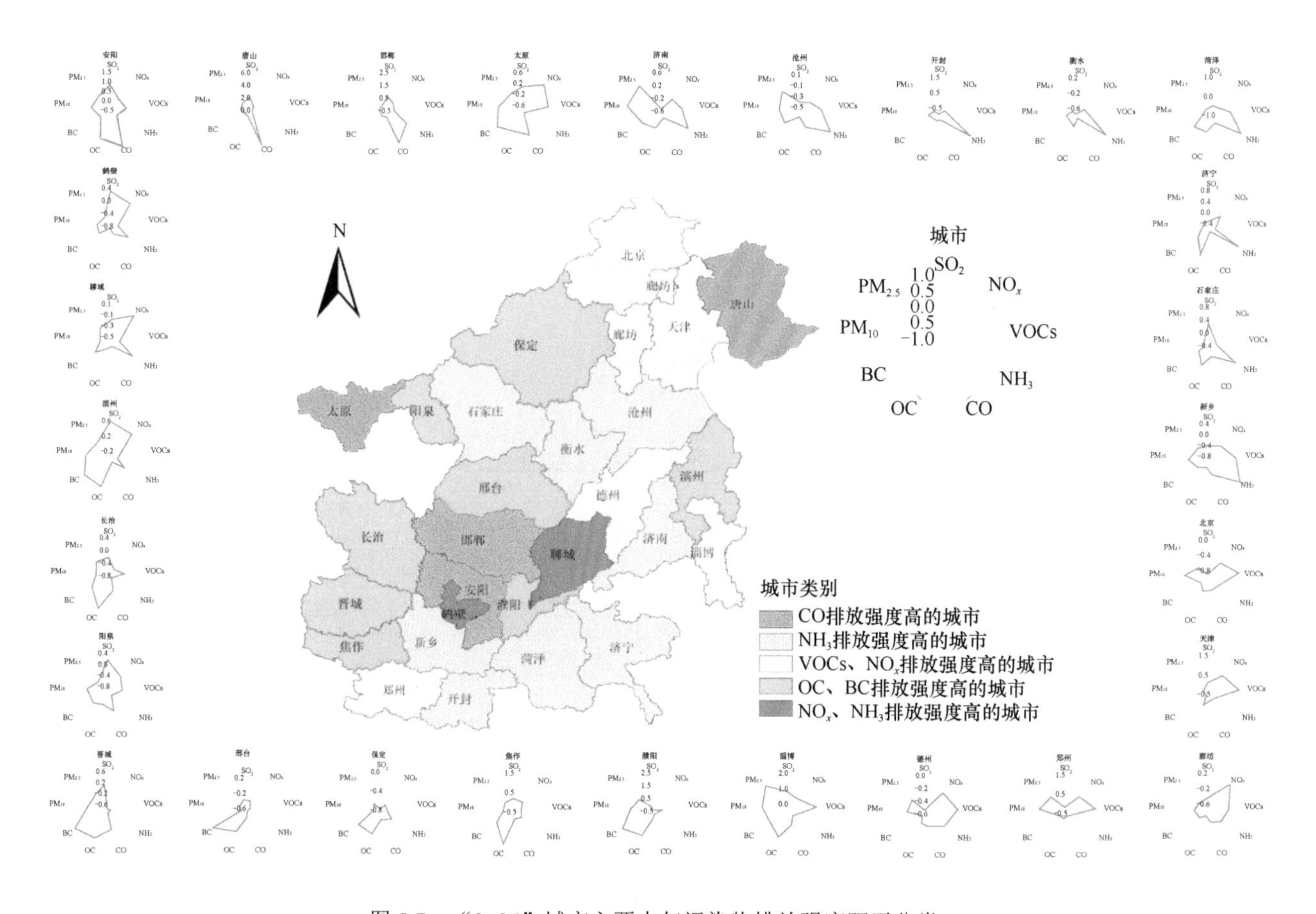

图 5-7 "2+26"城市主要大气污染物排放强度距平分类

距平百分比 $P_{i,j}$ 计算方法：

$$P_{i,j}=\frac{Q_{i,j}-\dfrac{\sum_{i=1}^{n}Q_{i,j}}{n}}{\dfrac{\sum_{i=1}^{n}Q_{i,j}}{n}} \tag{5-1}$$

式中，i代表第i个城市；j代表第j种污染物；$Q_{i,j}$为单位土地面积污染物排放量。

根据距平图特征，CO排放距平百分比比值较高的城市有唐山市、安阳市、邯郸市和太原市，主要源自钢铁生产、民用燃烧和机动车排放；NH_3排放距平百分比比值较高的城市有开封市、衡水市、菏泽市、济宁市、石家庄市、新乡市、沧州市和济南市，主要来源于工业、畜禽养殖和种植业；VOCs及NO_x物排放距平百分比比值较高的城市有德州市、廊坊市、郑州市、天津市、北京市和淄博市，VOCs主要来自石油化工、化工化纤和移动源，NO_x主要来自移动源、电力热力和工业；OC及BC排放距平百分比比值较高的城市有濮阳市、焦作市、保定市、邢台市、晋城市、阳泉市、长治市和滨州市，其中BC主要来自于民用燃烧、生物质炉灶和移动源，OC主要来自民用燃烧、生物质炉灶和焦化；NO_x和NH_3排放距平百分比比值较高的城市有聊城市和鹤壁市。由于每个城市又有其个体差异性，因此需要进一步结合“2+26”城市主要大气污染物排放源类型和重点行业企业特征深入分析。

5.2.3 主要大气污染物排放特征典型案例——唐山市

唐山市为典型的钢铁工业城市，其SO_2、NO_x、CO、PM_{10}和$PM_{2.5}$年均排放量在“2+26”城市中均排在首位，VOCs排放量亦在前列。唐山市大气污染源排放清单编制组根据统一的污染物排放量清单编制方法与工作流程，在唐山市开展相关数据收集与调研活动，形成大气污染源排放清单，进而对唐山市污染物排放特征进行深入分析。

5.2.3.1 唐山市大气污染源排放清单编制方法

为了分析唐山市大气污染物排放特征，研究建立了唐山市大气污染源排放清单。污染贡献源覆盖化石燃料固定燃烧源、工艺过程源、移动源、溶剂使用源、农业源、扬尘源、生物质燃烧源、储存运输源、废弃物处理源和餐饮油烟排放源十大类污染源。

唐山市大气污染源排放清单中的污染物包括SO_2、NO_x、CO、VOCs、NH_3、PM_{10}、$PM_{2.5}$、BC、OC，共计9项。研究区域涵盖了唐山市3个县级市[迁安市、遵化市、滦县（2018年撤滦县，设立滦州市）]，4个县（迁西县、玉田县、滦南县、乐亭县），7个区（曹妃甸区、路南区、路北区、开平区、古冶区、丰润区、丰南区），3个开发区（海港经济开发区、高新技术产业开发区、芦台经济技术开发区）和1个管理区（汉沽管理区）。

将公开资料调研、市直部门数据调研、企业调查等多种调研方法相结合来开展唐山市2016～2018年大气污染物源排放清单编制。2017年9月，清单编制技术组在唐山市政府及市环保局、住房和城乡建设局等相关市直部门和各县（区、市）政府的大力支持下，对重点污染源开展调查工作，共调查企业5117家，以此计算了2016年污染源排放清单。2018年9月，针对环保部门召开1次动员会、1次技术培训会和1次数据审核会，共计补充1854家企业烟囱参数信息、76家排放许可缺失企业和2083家清单缺失企业，计算得到2017年污染源排放清单。2019年4月根据攻关联合中心关于大气污染源排放清单编制技术研讨会的通知要求，协调唐山市生态环境局以给各县区分局以及各相关市直单位发通知的方式收集基本活动水平数据，共计发文2次，将所需调查表发给各相关单位，组成问题答疑组，就数据收集的具体问题通过电话沟通等方式开展工作，共收集7308家企业信息。应用中国环境监测总站提供的“大气污染源排放清单编制与分析系统平台”计算2018年唐山市大气污染源排放清单。其技术路线如图5-8所示。

5.2.3.2 唐山市大气污染源排放特征分析

根据编制的唐山市大气污染源排放清单，对唐山市大气污染源排放的行业分布特征、空间分布特征和

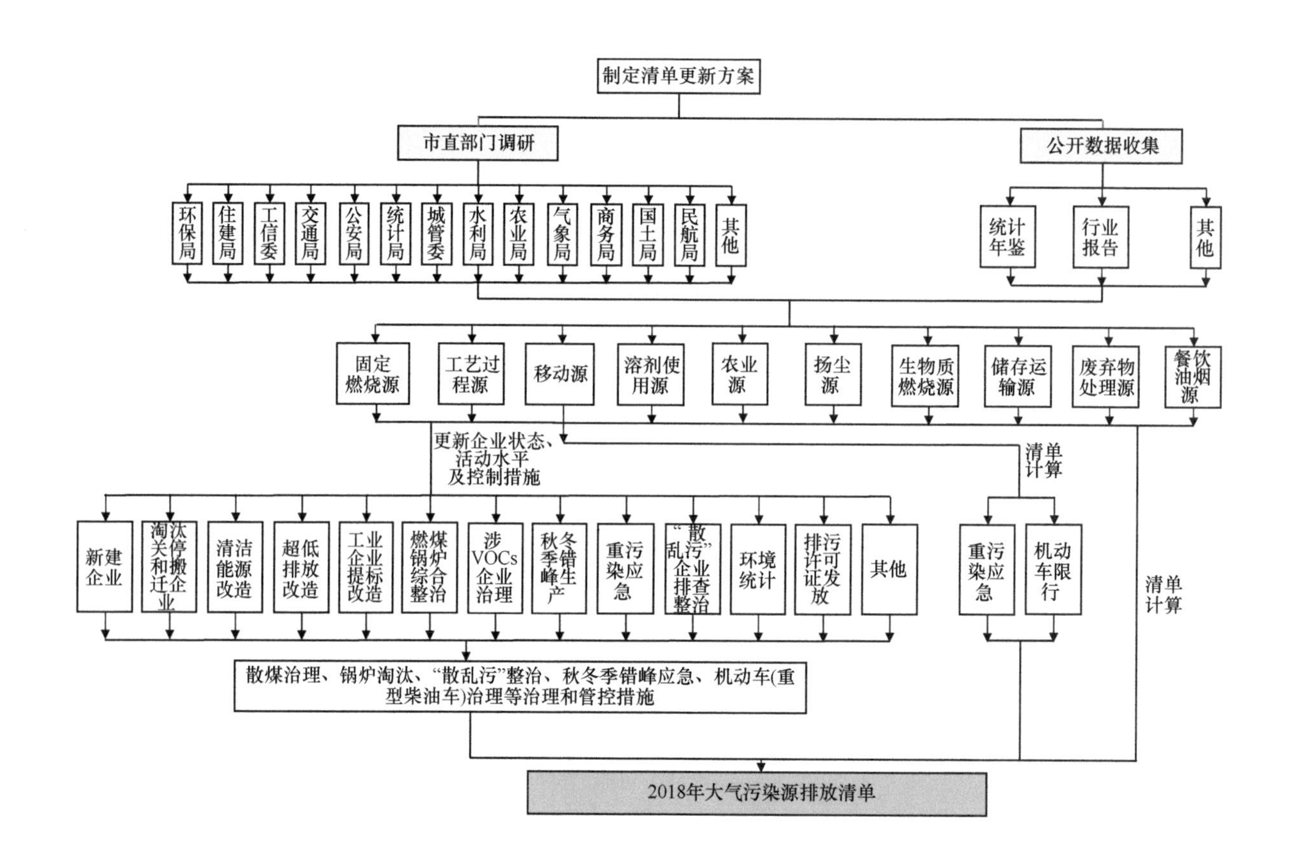

图 5-8　唐山市大气污染源排放清单编制技术路线图

近 3 年污染物排放量变化情况进行了分析。

1）行业分布特征

综合分析唐山市 2016 ～ 2018 年大气污染源排放分担情况，结合图 5-9 可知，固定燃烧源和工艺过程源是 SO_2 排放的主要来源，占 SO_2 排放总量的 90% 以上。NO_x 主要来源于固定燃烧源、工艺过程源和移动源。唐山市 VOCs 排放源主要是工艺过程源，占 VOCs 总排放量的 80% 以上。唐山市颗粒物排放主要来源于工艺过程源和扬尘源，分别占 PM_{10} 和 $PM_{2.5}$ 总排放量的 80% 左右。

大气污染源二级分类以行业区分，将污染物排放量按照由大到小的顺序排列，分析其行业排放源分布特征，得到图 5-10 ～图 5-13。

唐山市 SO_2 最主要排放行业为钢铁行业，2016 ～ 2018 年钢铁行业排放量占比分别为 62.1%、66.6% 和 40.3%。焦化、民用燃烧、建材等行业也是工业源中 SO_2 的主要来源，具体分担率如图 5-10 所示。

钢铁行业是唐山市 NO_x 的最大排放源，占排放总量的 40% 左右。其次为焦化和道路移动源，占 NO_x 排放量的 25% 左右，具体分担率如图 5-11 所示。

唐山市 VOCs 的主要排放源是钢铁、焦化和石化等行业，三者排放量之和占比 65% 以上，具体分担率如图 5-12 所示。

$PM_{2.5}$ 的主要排放源是钢铁、道路扬尘源，占比为 40% 以上，其次为焦化、建材及其他工业等，需要注意的是民用燃烧在 2016 年占比较大，2017 ～ 2018 年排放量显著降低，表明“双替代”等措施对于民用燃烧源管控效果显著，具体分担率如图 5-13 所示。

2）空间分布特征

利用大气污染源排放清单，通过分区县排放探究唐山市污染源排放清单的空间特征。唐山市主要污染

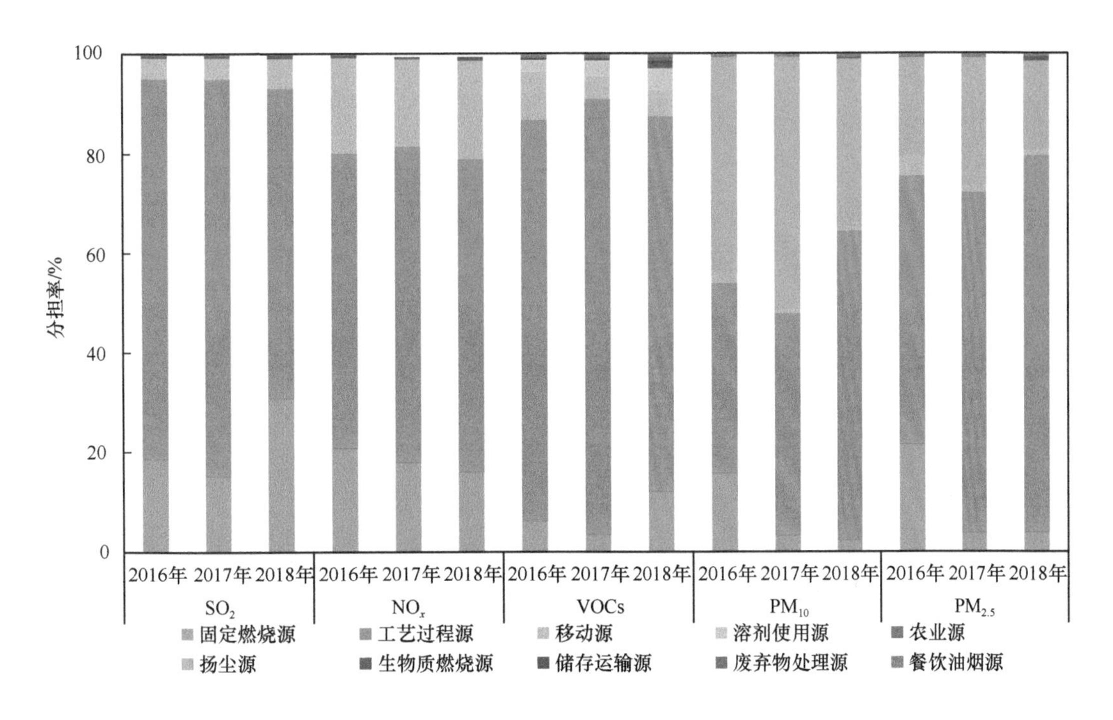

图 5-9 唐山市 2016 ～ 2018 年大气污染源排放分担情况

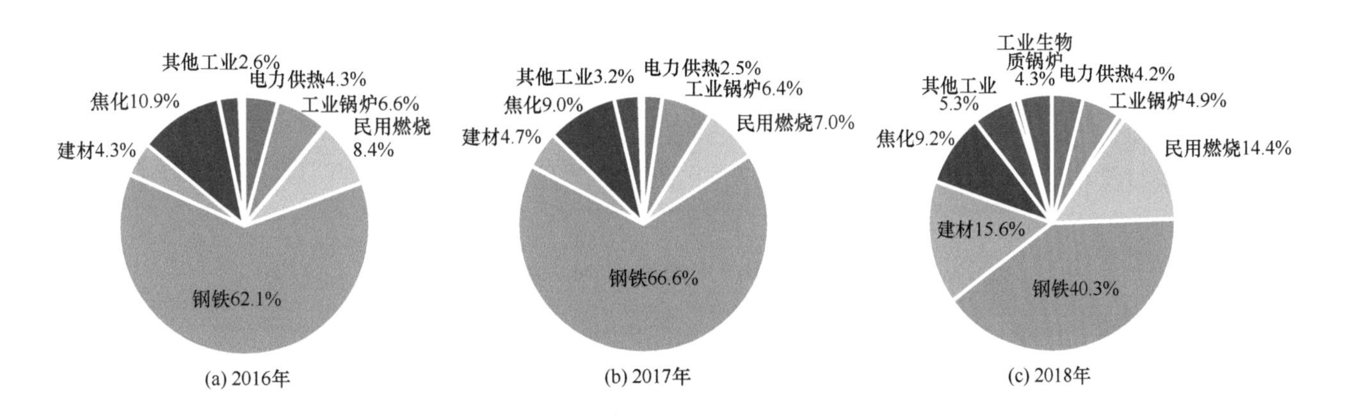

图 5-10 唐山市 2016 ～ 2018 年 SO_2 排放行业分布

某些数值太小未标注在图中，下同

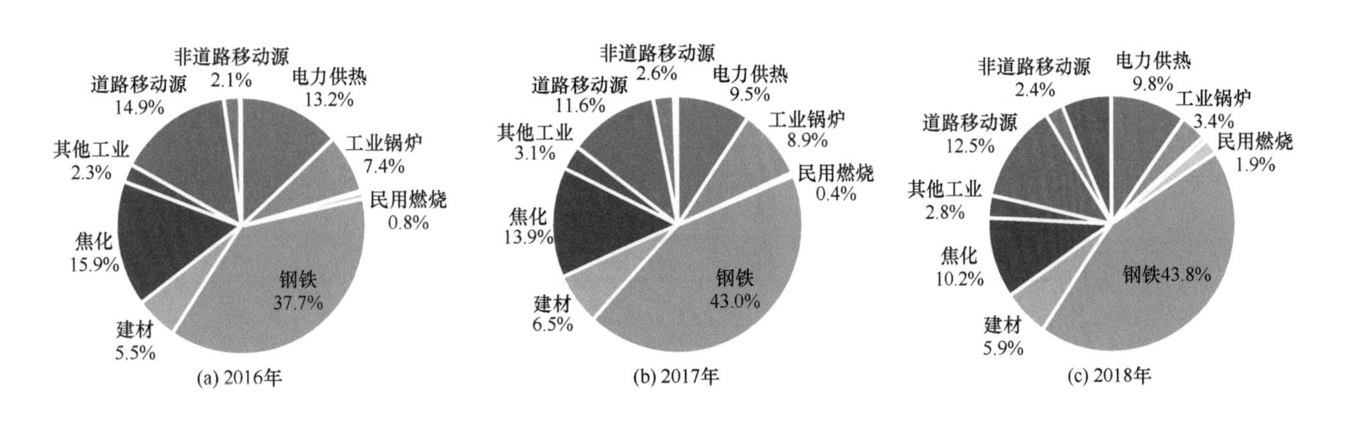

图 5-11 唐山市 2016 ～ 2018 年 NO_x 排放行业分布

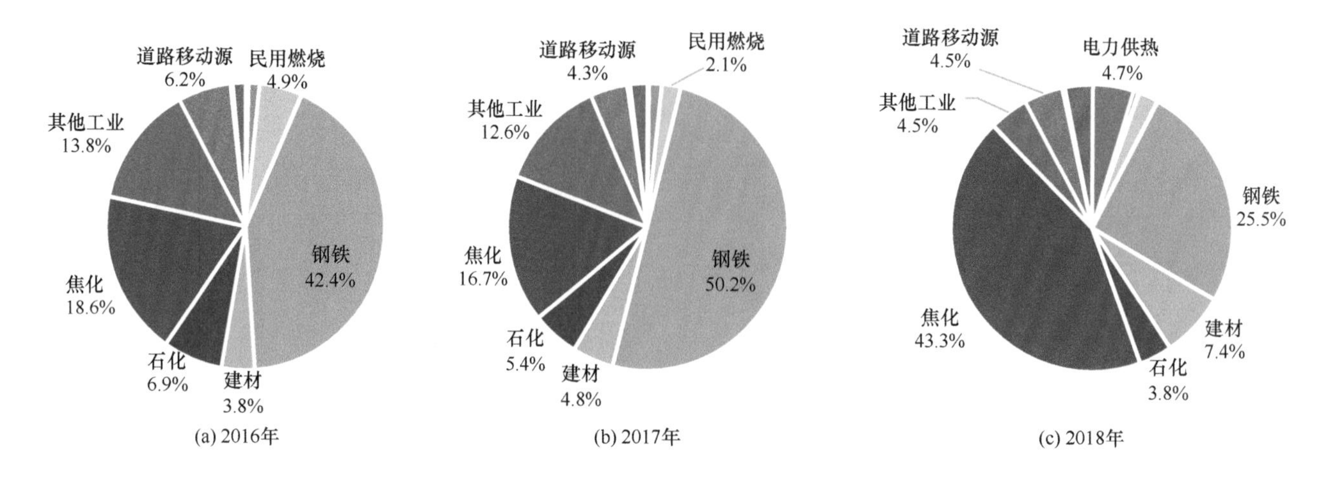

图 5-12 唐山市 2016 ～ 2018 年 VOCs 排放行业分布

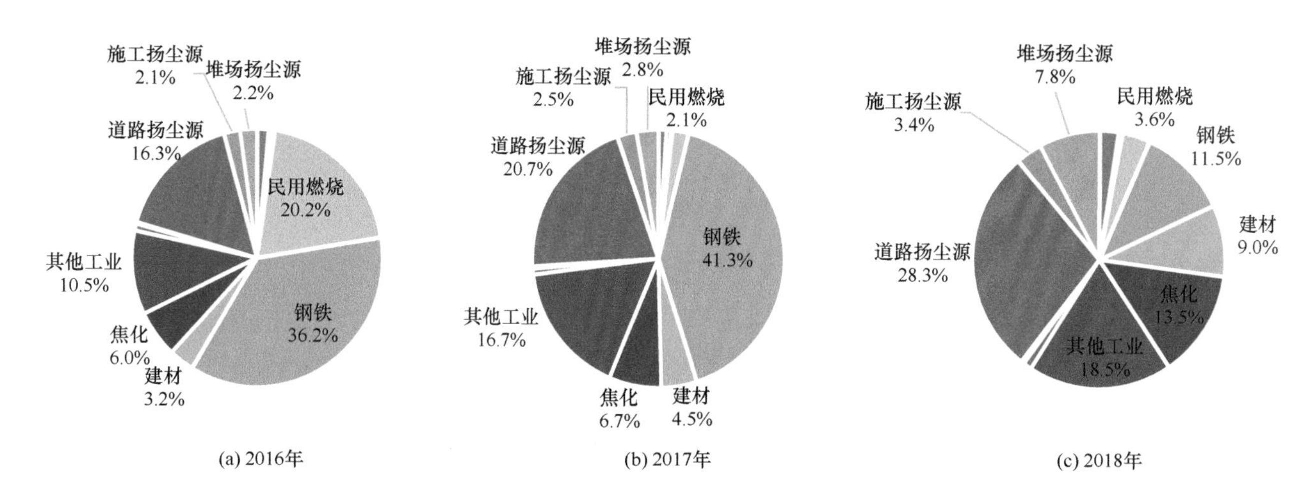

图 5-13 唐山市 2016 ～ 2018 年 $PM_{2.5}$ 排放行业分布

物分区县排放情况如图 5-14 所示。从排放总量看，大部分区县各类污染物排放总量大于 5 万 t，6 项污染物 SO_2、NO_x、VOCs、NH_3、PM_{10} 和 $PM_{2.5}$ 排放总量较大的区县有迁安市、丰南区、丰润区等。其中，迁安市 SO_2、NO_x、VOCs 排放量最大，遵化市 NH_3 的排放量最大，丰润区的 PM_{10}、$PM_{2.5}$ 排放量最大。

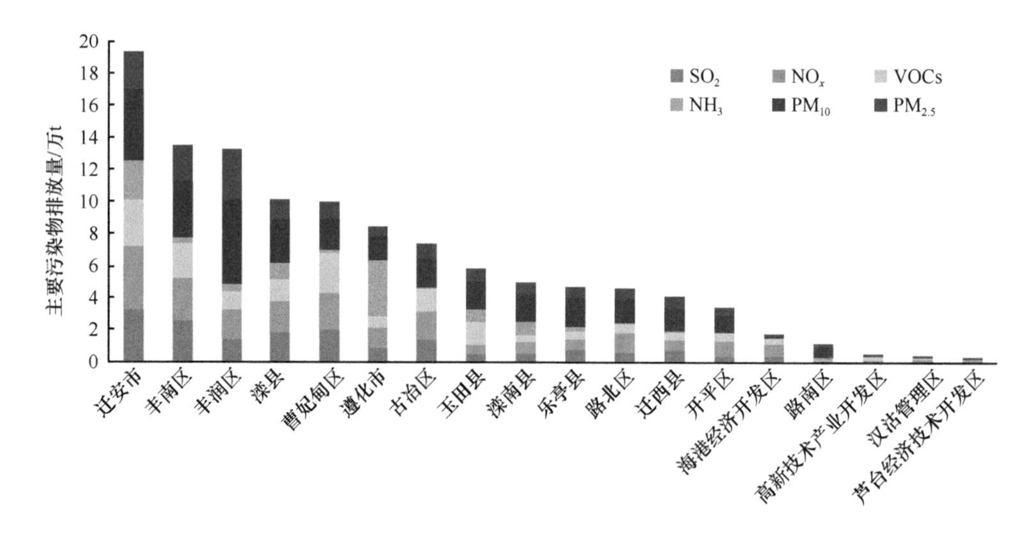

图 5-14 唐山市主要污染物分区县排放情况

SO_2、NO_x、VOCs、NH_3、PM_{10} 和 $PM_{2.5}$ 的空间分布情况如图 5-15 所示。由图 5-15 可知，古冶区、迁安市的 SO_2 排放量相对较高，迁安市、丰南区的 NO_x 和 VOCs 排放量均相对较高，遵化市、迁安市、滦县的 NH_3 排放量相对较高，丰润区、迁安市的 PM_{10} 和 $PM_{2.5}$ 排放量相对较高。

3）近 3 年污染物排放变化情况

唐山市 2016 ～ 2018 年大气污染物排放量变化情况如图 5-16 所示。污染物排放量呈下降趋势，其中 2018 年排放量较 2016 年变化：SO_2 下降 60.7%、NO_x 下降 26.3%、VOCs 下降 26.1%、PM_{10} 下降 39.9%、$PM_{2.5}$ 下降 54.0%。近 3 年唐山市污染物排放量减少主要是由于大气污染防治政策带来的活动水平变化和污

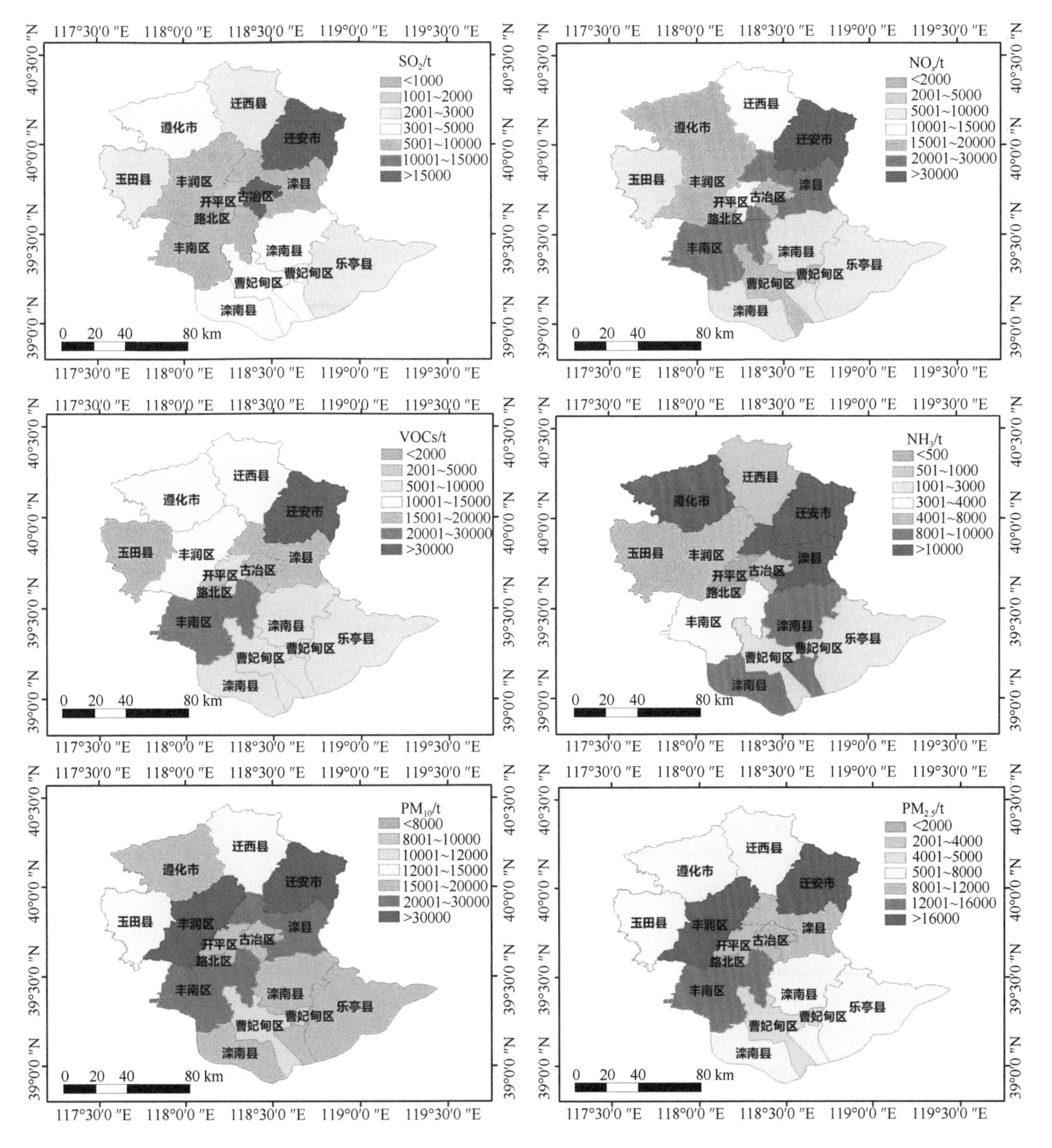

图 5-15 各区县主要污染物排放量空间分布

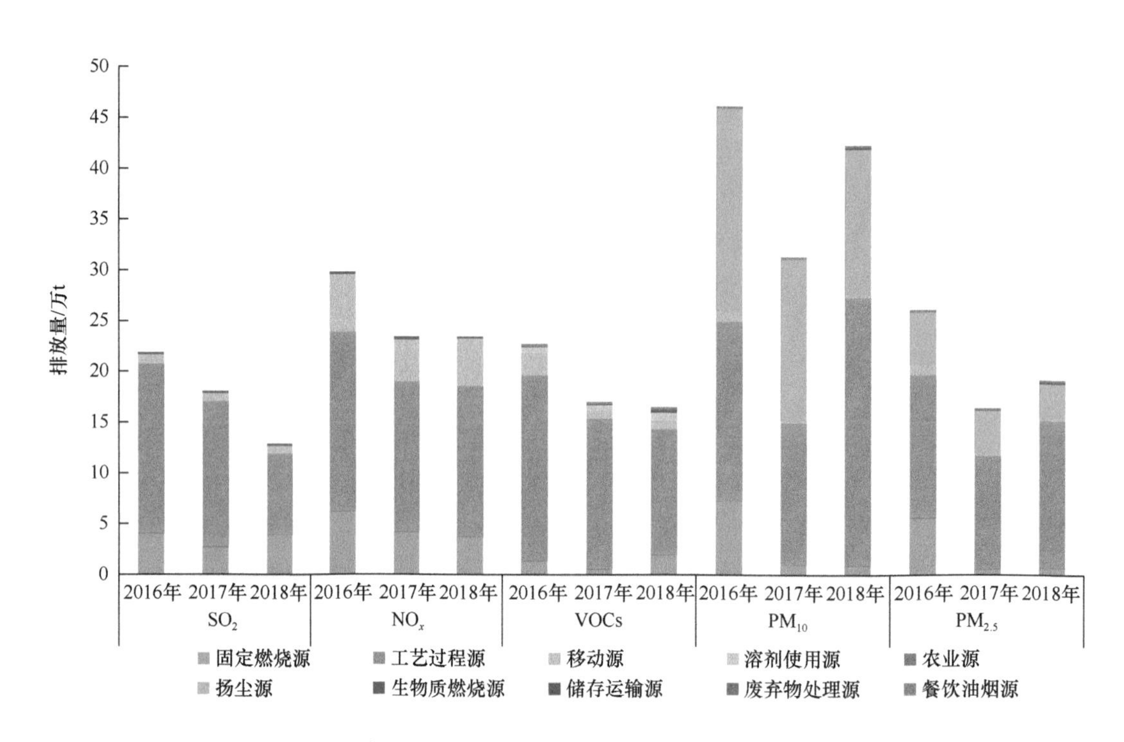

图 5-16 唐山市 2016 ～ 2018 年大气污染物排放量变化情况

染控制水平提升。其具体包括：调整优化能源结构，北方地区要求清洁取暖、集中供热；燃煤锅炉综合整治，截至2018年底，除高效煤粉炉外，完成城市建成区内35蒸吨/h以下燃煤锅炉的关停淘汰。调整优化产业结构，落后产能淘汰和过剩产能压减；散乱污企业综合整治，截至 2018 年 10 月，对全市“散乱污”企业综合整治任务已全部完成。调整优化运输结构，车辆结构升级；油品质量升级，2017 年 10 月 1 日起全面供应符合国六标准的车用汽柴油，禁止销售普通柴油和低于国六标准的车用汽柴油。调整优化用地结构，扬尘综合治理：严格落实施工工地“六个百分之百”的要求。

5.3 “2+26”城市 $PM_{2.5}$ 精细化来源解析

“2+26”城市源解析工作是我国迄今为止采用统一标准、统一方法、统一质控，覆盖范围最大、实时追踪诊断和预报、参与研究人员最多的 $PM_{2.5}$ 精细化源解析工作。基于“2+26”城市设置的 109 个采样点位（表 5-6），“2+26”城市跟踪研究工作组于 2017 ～ 2018 年和 2018 ～ 2019 年 2 个秋冬季连续采集的 5.2 万个样品组分分析数据（包括 9 种水溶性离子、2 种碳组分和 23 种元素，具体见表 5-7），结合污染源成分谱库、源清单等数据，攻关项目构建了空气质量模型和受体模型融合、多重校验的城市 $PM_{2.5}$ 精细化源解析技术体系，完成了对“2+26”城市 2017 ～ 2018 年和 2018 ～ 2019 年秋冬季 $PM_{2.5}$ 来源解析的研究。

“2+26”城市利用统一的细颗粒物膜采样技术方法，按照京津特大城市（6 ～ 8 个点位）、省会城市（5 ～ 7 个点位）、环京城市（4 ～ 6 个点位）、普通城市（3 ～ 5 个点位）的原则在每个城市布设采样点，于 2017 ～ 2018 年秋冬季和 2018 ～ 2019 年秋冬季利用统一的颗粒物采样仪，于每日 10 时至次日 9 时采集颗粒物样品，每组样品至少包含 1 张石英膜样品和 1 张聚四氟乙烯膜样品。其中，$PM_{2.5}$ 质量浓度的分析采用重量法进行测量，样品称重前后均恒温恒湿 24h；OC、EC 利用热光法分析；水溶性离子利用离子色谱法分析；无机元素采用电感耦合等离子体质谱仪（inductively coupled plasma mass spectrometer，ICP-MS）分析 Na、Mg、K、Ca、Ti、V、Cr、Mn、Fe、Co、Ni、Cu、Zn、As、Se、Rb、Cd、Sn、Sb、Ba 和 Pb，使用电感耦合等离子体原子发射光谱仪（inductively coupled plasma-atomic emission spectrometer，ICP-AES）

表 5-6 “2+26”城市采样点位信息

城市	序号	采样点位	东经 / (°)	北纬 / (°)	功能区
北京市	1	定陵	116.17	40.29	城市背景点
	2	车公庄	116.32	39.93	城市区环境空气质量评价点
	3	东四	116.43	39.95	城市区环境空气质量评价点
	4	石景山	116.20	39.92	城市区环境空气质量评价点
	5	通州东关（东部）	116.66	39.89	郊区环境空气质量评价点
	6	房山良乡（南部）	116.15	39.73	郊区环境空气质量评价点
	7	大兴黄村（南部）	116.34	39.74	郊区环境空气质量评价点
	8	怀柔（北部）	116.64	40.32	郊区环境空气质量评价点
	9	琉璃河	116.00	39.58	边界污染传输监测点
	10	永乐店	116.78	39.71	边界污染传输监测点
	11	草桥	116.36	39.84	交通污染监控点
天津市	1	北环路	117.42	40.07	风景区
	2	汉北路	117.76	39.16	风景区
	3	永明路	117.46	38.84	居民、商业、交通混合区
	4	同德路	117.35	38.99	学校
	5	团泊洼	117.16	38.92	风景区、交通混合区
	6	宾水西道	117.17	39.09	商业、交通、风景区混合区
	7	大理道	117.19	39.11	居民、商业、交通混合区
	8	勤俭道	117.14	39.17	学校、交通混合区
石家庄市	1	高新区	114.60	38.04	文教、交通混合区
	2	监测中心	114.54	38.02	商住混合区
	3	平安电站	114.50	38.03	商业、住宅、交通混合区
	4	西南高教	114.46	38.01	文教、住宅混合区
	5	岗南水库	113.83	35.37	风景区
唐山市	1	超级站	115.17	39.64	文教、居民、交通混合区
	2	开平站	115.26	39.67	居民、交通、行政混合区
	3	古冶站	115.45	39.71	居民、交通、行政混合区
保定市	1	接待中心	115.47	38.91	火炬产业园区、建筑、交通混合区
	2	华电二区	115.51	38.89	文教、居民、交通混合区
	3	游泳馆	115.49	38.86	文教、居民、交通混合区
	4	涿州职教中心	116.03	39.49	文教、居民、交通混合区
廊坊市	1	三河交通局	117.08	40.00	交通、居民混合区
	2	廊坊环境监测中心	116.71	39.56	交通、行政混合区
	3	固安县第一中学	116.30	39.43	文教区
	4	大城县环境保护局	116.65	38.71	交通、居民混合区
沧州市	1	沧州监测站	116.87	35.32	居民区、城市主干道
	2	青县海子公园	116.82	35.58	公园、城市主干道、居民区
	3	黄骅财政局培训中心	117.32	35.37	培训大院、居民区
	4	泊头政府	116.58	38.08	居民区、城市主干道

续表

城市	序号	采样点位	东经 / (°)	北纬 / (°)	功能区
衡水市	1	衡水环保局	115.69	37.74	交通、行政、居民混合区
	2	衡水监测站	115.64	37.74	交通、居民混合区
	3	衡水发电厂	115.66	37.74	工业区域
	4	衡水电机厂	115.69	37.76	居民、工业混合区
邯郸市	1	环保局采样点	114.51	36.62	商业、交通、居民混合区
	2	邯钢采样点	114.45	36.61	工业区域
	3	东污水采样点	114.54	36.62	工业区域
	4	矿院采样点	114.5	36.58	文教、住宅混合区
邢台市	1	邢台一中	114.48	37.08	商业、居民混合区
	2	沙河	114.52	36.86	工业相对较多
	3	内丘县	114.52	37.29	工业相对较多
太原市	1	上兰	112.27	38.05	背景点
	2	桃园	112.10	37.54	人群密集区
	3	小店	112.34	37.44	工业及交通影响区
	4	晋源	112.29	37.43	工业及交通影响区
阳泉市	1	南庄站点	113.60	37.85	人群密集区
	2	白羊墅站点	113.64	37.86	工业及交通影响区
	3	赛鱼站点	113.51	37.88	背景点
长治市	1	清华站	113.13	36.16	厂区、街道
	2	监测站	113.12	36.20	商业区、街道
	3	审计局	113.10	36.22	居民区
晋城市	1	环保局站	112.86	35.51	人群密集区
	2	泽州一中站	112.84	35.49	工业及交通影响区
	3	白马寺站	112.86	35.55	背景点
济南市	1	环境监测站	117.15	36.65	中心
	2	建筑大学	117.19	36.69	新城区
	3	济钢	117.19	36.72	工业区
淄博市	1	张店	118.01	36.48	中区
	2	临淄	115.23	36.49	行政区
	3	博山	117.51	36.29	混合区
聊城市	1	区政府	115.98	36.44	居民区、商业区、交通
	2	聊大东校	116.01	36.43	学校、居民区、交通
	3	监控中心	115.98	36.50	居民区、商业区、交通
德州市	1	监测站（德城区）	116.37	37.43	二类区（混合区）
	2	陵城艺术中心	116.57	37.33	二类区（混合区）
	3	桃园宾馆（平原县）	116.46	37.16	二类区（混合区）
滨州市	1	北中新校	117.98	37.39	—
	2	环保局	118.01	37.38	—
	3	第二水厂	118.00	37.36	—

续表

城市	序号	采样点位	东经 / (°)	北纬 / (°)	功能区
济宁市	1	环境监测站	116.59	35.41	混合区
	2	污水处理厂监测子站	116.58	35.37	文教区
	3	圣地度假村	116.67	35.44	工业区
菏泽市	1	污水处理厂	115.53	35.22	二类区（混合区）
	2	菏泽学院	115.46	35.27	二类区（混合区）
	3	华润制药	115.52	35.26	二类区（混合区）
郑州市	1	监测站	113.36	34.44	综合区
	2	郑大新区	113.32	34.5	高新技术开发区
	3	供水公司	113.12	34.48	高新技术开发区
	4	航空港区点位	113.51	34.34	对外交通运输区
	5	新密	113.19	34.32	工业区 / 西南
新乡市	1	环保西院	113.81	35.32	二类区（混合区）
	2	环保东院	113.82	35.30	二类区（混合区）
	3	委党校	113.61	35.31	二类区（混合区）
鹤壁市	1	鹤壁交警支队	114.31	35.76	混合区
	2	鹤壁监测站	114.19	35.90	工业区
	3	浚县卫溪	114.54	35.67	文教区
	4	淇县骏港水务	114.25	35.69	混合区
安阳市	1	银杏小学	114.37	36.07	商业、交通、居民混合区
	2	铁佛寺	114.29	36.10	工业区
	3	红庙街小学	114.36	36.10	居住区
	4	环保局	114.40	36.09	商业、交通、居民混合区
焦作市	1	高新区站点	113.26	35.18	居民、商业、交通混合区
	2	环保局站点	113.24	35.22	居民、商业、交通混合区
	3	马村区站点	113.33	35.27	居民、商业、交通混合区
濮阳市	1	濮水河管理处	115.00	35.77	公园、工业、交通、住宅混合区
	2	环保局	115.03	35.76	行政、文化、商业、住宅、交通混合区
	3	油田运输公司	115.06	35.76	商业、餐饮、住宅、交通混合区
开封市	1	河南大学金明校区	114.19	34.50	文教区
	2	河大一附院	114.20	34.48	混合区
	3	祥符区环保局	114.27	34.45	工业区

表 5-7　化学组分种类

种类	化学组成
碳组分	OC、EC
水溶性离子	Na^+、NH_4^+、K^+、Mg^{2+}、Ca^{2+}、F^-、Cl^-、NO_3^-、SO_4^{2-}
元素	Na、Mg、Al、Si、K、Ca、Ti、V、Cr、Mn、Fe、Co、Ni、Cu、Zn、As、Se、Rb、Cd、Sn、Sb、Ba、Pb

分析样品中 Al 和 Si 的含量，或利用 X 射线荧光光谱法直接测定。基于颗粒物组分数据，利用受体模型，解析出主要一次排放源和二次来源；利用空气质量模式，将二次来源追溯到一次排放源；最后利用大气污染源排放清单对一次排放源类进行精细化解析。该方法满足了解析结果在源类、空间、时间等角度的精细化需求，最终完成了对颗粒物来源解析结果的精细化分类。

5.3.1 “2+26”城市秋冬季 $PM_{2.5}$ 化学组分特征

2017 ～ 2018 年和 2018 ～ 2019 年秋冬季“2+26”城市 $PM_{2.5}$ 主要组分浓度见表 5-8。2017 ～ 2018 年秋冬季，以有机物为首要组分的城市包括北京市、石家庄市、唐山市、邯郸市、邢台市、保定市、沧州市、廊坊市、衡水市、太原市、阳泉市、长治市、晋城市、济宁市、德州市、滨州市、开封市、安阳市和濮阳市 19 个城市，以硝酸根离子为首要组分的城市包括天津市、济南市、淄博市、聊城市、菏泽市、郑州市、鹤壁市、新乡市和焦作市 9 个城市。2018 ～ 2019 年秋冬季，天津市、菏泽市、鹤壁市、新乡市和焦作市有机物浓度超过硝酸根离子浓度，有机物成为首要组分；晋城市、济宁市、开封市和濮阳市硝酸根离子成为首要组分。

表 5-8 2017 ～ 2018 年和 2018 ～ 2019 年秋冬季“2+26”城市 $PM_{2.5}$ 主要组分浓度 （单位：$\mu g/m^3$）

城市	$PM_{2.5}$		有机物		硝酸根离子		硫酸根离子		铵根离子		元素碳		氯离子		地壳物质		微量元素	
	2017～2018年秋冬季	2018～2019年秋冬季	2017～2018年秋冬季	2018～2019年秋冬季	2017～2018年秋冬季	2018～2019年秋冬季	2017～2018年秋冬季	2018～2019年秋冬季	2017～2018年秋冬季	2018～2019年秋冬季	2017～2018年秋冬季	2018～2019年秋冬季	2017～2018年秋冬季	2018～2019年秋冬季	2017～2018年秋冬季	2018～2019年秋冬季	2017～2018年秋冬季	2018～2019年秋冬季
北京市	53.5	52.2	16.6	13.1	13.0	11.7	5.4	4.2	6.3	4.9	4.4	2.7	ND	1.4	4.9	7.6	1.4	1.4
天津市	73.2	66.1	14.1	15.7	16.2	11.7	6.0	4.8	5.9	3.3	3.2	3.6	3.2	2.5	6.3	7.8	6.6	2.2
石家庄市	87.5	108.6	18.8	32.7	17.1	20.4	8.0	9.7	6.7	7.0	5.7	6.9	3.1	3.9	5.6	8.6	5.0	2.2
唐山市	84.0	77.2	23.3	19.3	8.6	10.1	6.4	6.9	6.3	6.9	7.2	2.9	4.5	3.2	12.8	15.3	4.0	3.1
邯郸市	110.0	100.2	32.6	25.7	20.3	21.0	13.7	11.3	12.7	13.9	4.8	4.2	5.9	4.8	10.5	4.9	2.8	3.8
邢台市	120.9	102.6	28.7	28.3	21.5	18.3	11.7	9.9	11.6	8.3	7.7	7.9	4.4	4.3	12.5	12.2	3.0	3.1
保定市	109.2	108.6	29.8	56.5	10.7	14.8	5.4	7.6	6.3	10.4	5.4	3.6	3.9	4.4	12.2	10.5	2.6	2.9
沧州市	88.9	80.0	20.0	20.7	12.8	13.2	10.4	8.0	7.0	9.1	4.9	2.6	4.6	3.7	17.0	11.0	3.1	2.3
廊坊市	104.0	70.1	28.4	26.3	13.2	14.2	7.2	5.5	7.4	7.1	4.6	6.1	4.4	2.8	5.9	6.0	12.6	2.6
衡水市	85.7	87.0	20.3	16.5	15.5	15.3	7.0	7.1	9.6	6.6	2.2	3.2	4.2	3.0	13.9	9.4	7.2	4.2
太原市	59.9	81.9	16.1	20.8	6.2	11.4	6.5	8.9	4.9	8.6	6.0	6.5	2.1	2.5	8.1	9.1	3.2	2.0
阳泉市	123.0	77.4	18.7	16.1	7.1	14.1	6.7	8.4	3.2	9.4	10.4	5.5	2.0	2.8	40.1	7.3	2.8	1.7
长治市	65.5	67.5	17.7	17.3	8.7	12.1	6.5	7.6	5.6	9.0	6.6	4.6	2.1	2.4	9.2	7.3	1.4	1.5
晋城市	54.4	74.5	11.7	13.8	8.8	15.9	6.8	10.3	5.5	8.8	2.9	3.5	1.5	2.4	6.5	5.9	1.1	1.7
济南市	80.3	77.1	6.6	14.1	17.9	17.0	9.6	8.1	9.0	8.1	4.7	4.2	2.7	1.5	7.9	3.7	2.5	1.5
淄博市	90.6	83.0	15.8	14.6	19.2	16.3	11.1	8.9	10.7	8.7	5.8	4.1	3.7	2.7	6.7	2.8	2.9	1.8
济宁市	95.9	71.0	23.8	12.6	21.7	14.8	11.3	6.9	11.4	6.7	5.9	4.3	3.5	1.6	7.2	4.8	9.7	2.1
德州市	81.9	80.6	21.3	22.5	19.6	18.7	8.5	8.4	9.9	9.6	5.3	5.9	3.1	2.9	4.0	4.7	8.4	1.4
聊城市	122.0	87.6	19.8	18.0	22.7	20.2	10.8	8.1	9.7	6.3	5.8	5.7	3.9	3.1	26.1	10.3	3.6	2.1
滨州市	72.0	76.0	45.8	25.5	16.1	15.7	18.7	7.7	14.5	8.3	12.5	7.1	7.6	3.2	11.8	5.7	7.5	2.3

续表

城市	$PM_{2.5}$		有机物		硝酸根离子		硫酸根离子		铵根离子		元素碳		氯离子		地壳物质		微量元素	
	2017～2018年秋冬季	2018～2019年秋冬季	2017～2018年秋冬季	2018～2019年秋冬季	2017～2018年秋冬季	2018～2019年秋冬季	2017～2018年秋冬季	2018～2019年秋冬季	2017～2018年秋冬季	2018～2019年秋冬季	2017～2018年秋冬季	2018～2019年秋冬季	2017～2018年秋冬季	2018～2019年秋冬季	2017～2018年秋冬季	2018～2019年秋冬季	2017～2018年秋冬季	2018～2019年秋冬季
菏泽市	110.5	99.1	19.1	20.4	21.4	18.8	10.2	6.4	11.0	9.8	4.9	3.5	3.6	3.0	8.9	8.0	2.4	3.4
郑州市	79.0	98.1	11.5	24.4	22.1	25.9	11.5	9.9	12.3	12.2	2.4	1.2	2.9	2.8	9.9	6.8	13.0	2.1
开封市	98.9	108.3	28.2	22.2	13.7	25.3	23.9	10.2	13.1	13.1	5.0	7.2	4.1	3.0	15.2	7.3	10.8	3.1
安阳市	103.6	110.6	63.1	20.3	15.3	15.3	9.3	15.0	6.8	9.5	18.0	4.9	3.5	2.6	12.9	5.4	10.9	4.9
鹤壁市	88.0	82.7	13.2	19.9	20.2	16.9	11.9	10.4	10.8	9.1	7.4	6.4	3.4	2.7	13.5	5.3	3.3	3.5
新乡市	88.3	88.5	20.2	18.2	24.8	15.8	12.9	8.6	10.0	4.7	3.9	3.3	4.3	2.8	4.3	11.4	7.8	2.9
焦作市	89.1	92.7	15.8	28.0	21.2	15.8	14.5	7.5	14.8	10.9	2.1	2.6	4.5	2.6	3.0	9.9	2.1	3.5
濮阳市	110.3	106.3	26.1	23.6	25.4	23.9	12.4	9.2	12.3	9.6	7.6	7.4	4.2	3.3	13.1	9.1	3.3	4.0

注：$PM_{2.5}$ 浓度为所在城市所有手工监测站点均值；ND 表示未检测出。

与 2017～2018 年秋冬季相比，2018～2019 年秋冬季有机物浓度升高的城市有 11 个，增幅最大的是济南市（114%），降幅最大的是安阳市（–68%）。硝酸根离子浓度升高的城市有 12 个，增幅最大的是阳泉市(99%),降幅最大的是新乡市(–36%)。硫酸根离子浓度升高的城市有9个,增幅最大的是安阳市(61%),降幅最大的是滨州市（–59%）。铵根离子浓度升高的城市有 10 个，增幅最大的城市是阳泉市（194%），降幅最大的城市是新乡市（–53%）。元素碳浓度升高的城市有 10 个，增幅最大的城市是衡水市（45%），降幅最大的是安阳市（–73%）。氯离子浓度升高的城市有 6 个，增幅最大的城市是晋城市（60%），降幅最大的是滨州市（–58%）。地壳物质浓度升高的城市有 9 个，增幅最大的城市是焦作市（230%），降幅最大的城市是阳泉市（–82%）。微量元素浓度升高的城市有 9 个，增幅最大的城市是焦作市（67%），降幅最大的城市是德州市（–83%）和郑州市（–84%）。

5.3.2 “2+26”城市秋冬季 $PM_{2.5}$ 精细化源解析

基于多技术融合的城市 $PM_{2.5}$ 精细化源解析技术体系，跟踪研究工作组对“2+26”城市进行了精细化源解析，解析的污染源类型由区域整体的 5 类进一步精细化到 15 类。一级源类分为 5 类，分别是固定燃烧源、工艺过程源、移动源、扬尘源和其他。为获得主要污染源的精细化源谱，对各一级源类进一步根据燃料类型或行业构建了 100 余条精细化的子源类综合源谱。对固定燃烧源按照燃料类型建立二级源类，分为燃煤源、垃圾焚烧两类。燃煤源按照不同行业建立三级源类，分别是电厂燃煤、民用燃烧和锅炉。工艺过程源按照不同行业建立二级源类，主要分为水泥、玻璃、焦化、石油化工、钢铁和其他工业。移动源包括 3 个二级源类：汽油车、柴油车和非道路移动源。扬尘源根据具体的排放特性建立二级分类，主要分为道路扬尘、施工扬尘 (即建筑扬尘) 和其他扬尘。

跟踪研究工作组完成了对“2+26”城市 2017～2018 年和 2018～2019 年采暖季颗粒物的组分特征分析和源解析。2017～2018 年和 2018～2019 年采暖季城市精细化源解析结果见表 5-9～表 5-12。从结果可以看出，“2+26”城市在城市层面贡献较大的源有工业源、移动源、燃煤源和扬尘源。

5.3.2.1 “2+26”城市污染源解析

“2+26”城市中，2018～2019 年秋冬季工业源对 $PM_{2.5}$ 的贡献较高的城市包括唐山市、邢台市、沧州

表 5-9　2017 ~ 2018 年秋冬季“2+26”城市本地行业贡献　（单位：μg/m³）

城市	道路扬尘	施工扬尘	其他扬尘	电厂燃煤	民用燃烧	锅炉	水泥	玻璃	焦化	石油化工	钢铁	其他工业	汽油车	柴油车	非道路移动源
北京市	1.6	3.2	0.2	0.6	3.7	1.4	0.6	0.0	0.0	1.3	0.1	0.2	3.2	6.1	3.8
天津市	1.8	1.1	1.6	0.4	3.4	1.2	0.2	1.4	0.1	0.3	3.3	1.1	0.6	4.5	2.4
石家庄市	6.4	3.1	1.7	1.7	5.4	5.0	1.8	0.3	0.5	3.4	1.7	10.2	1.7	5.5	7.5
唐山市	5.7	0.7	0.8	0.6	6.0	0.1	0.9	0.0	1.3	0.0	8.1	9.1	0.2	3.1	0.0
保定市	7.5	4.2	1.0	1.0	14.3	2.6	6.4	0.0	0.0	1.4	0.2	15.0	2.2	13.9	2.7
廊坊市	0.3	0.3	0.0	0.0	0.7	5.4	0.6	0.5	0.0	0.1	3.4	1.7	0.6	2.6	2.4
沧州市	4.2	1.0	0.0	0.2	2.7	5.3	1.8	0.0	2.7	0.9	5.6	4.2	0.3	2.2	3.7
衡水市	9.9	3.1	0.2	0.2	2.2	4.6	1.2	0.0	0.0	1.3	0.0	3.1	0.3	1.0	3.4
邯郸市	5.6	0.5	2.2	1.2	6.7	1.6	2.0	0.3	0.9	0.2	12.2	3.5	1.5	2.3	2.5
邢台市	1.0	2.0	2.2	0.4	3.4	1.5	2.6	7.7	0.9	0.1	12.0	1.7	0.1	2.7	1.5
太原市	4.4	4.9	0.8	0.7	7.6	1.8	0.8	0.1	5.4	0.1	2.5	7.4	1.4	7.1	6.9
阳泉市	6.4	0.5	3.3	0.3	5.6	0.2	0.1	0.0	0.0	0.0	0.0	1.6	0.3	2.2	2.2
长治市	2.2	3.8	1.1	0.9	10.6	1.2	0.4	0.1	3.6	0.0	1.5	0.6	0.5	4.1	2.4
晋城市	7.5	1.8	2.9	0.8	10.8	1.9	0.3	0.2	0.3	0.1	1.5	5.8	0.2	1.4	2.9
济南市	3.3	1.0	0.4	0.5	2.6	0.4	0.4	0.0	0.0	0.7	0.3	0.7	0.6	5.2	4.5
淄博市	2.6	2.5	0.8	1.9	0.7	3.9	2.2	0.4	0.01	0.3	0.2	0.8	0.4	4.2	3.8
聊城市	7.7	1.9	3.1	0.9	6.0	0.4	0.5	0.0	1.0	1.7	0.3	8.1	0.5	3.2	4.1
德州市	0.9	2.1	0.8	1.3	5.2	2.6	0.3	0.0	0.8	1.3	1.7	4.7	0.5	2.4	2.7
滨州市	3.1	0.2	1.8	0.9	2.2	3.5	4.2	0.0	0.6	1.0	0.7	4.9	0.2	1.3	0.9
济宁市	1.2	0.4	0.3	1.9	4.6	3.8	0.7	0.0	0.3	0.1	0.0	1.8	0.4	8.0	3.1
菏泽市	4.2	2.5	0.3	1.1	7.1	1.0	0.1	0.5	3.8	0.7	0.0	0.8	0.1	1.8	5.7
郑州市	2.4	1.5	0.03	1.8	2.1	0.6	5.2	0.0	0.0	0.4	0.9	9.7	1.1	3.6	3.3
新乡市	1.1	0.2	0.2	0.4	2.4	5.0	3.1	0.0	0.0	4.1	0.0	0.8	0.4	3.0	1.2
鹤壁市	1.5	0.7	0.6	0.3	2.1	1.2	1.8	0.0	0.0	0.4	0.0	5.2	0.2	1.1	4.0
安阳市	0.8	0.7	0.1	0.2	3.4	0.0	0.2	0.1	4.6	0.9	3.0	5.6	0.3	1.8	2.7
开封市	4.5	1.2	0.1	0.3	0.0	0.6	0.0	0.0	0.0	1.1	0.0	1.3	0.2	0.6	0.9
焦作市	5.8	0.6	1.1	1.6	11.3	0.5	0.6	0.0	0.0	1.1	0.0	2.9	0.2	3.8	0.7
濮阳市	5.4	1.0	0.6	0.1	10.2	1.2	0.0	0.0	0.0	1.2	0.0	2.6	0.3	1.6	0.8

表 5-10　2017 ~ 2018 年秋冬季“2+26”城市本地行业贡献占比　（单位：%）

城市	道路扬尘	施工扬尘	其他扬尘	电厂燃煤	民用燃烧	锅炉	水泥	玻璃	焦化	石油化工	钢铁	其他工业	汽油车	柴油车	非道路移动源
北京市	6.2	12.3	0.8	2.3	14.2	5.4	2.3	0.0	0.0	5.0	0.4	0.8	12.3	23.5	14.5
天津市	7.7	4.7	6.8	1.7	14.5	5.1	0.9	6.0	0.4	1.3	14.1	4.7	2.6	19.2	10.3
石家庄市	11.4	5.6	3.0	3.0	9.7	9.0	3.2	0.5	0.9	6.1	3.0	18.2	3.1	9.9	13.4
唐山市	15.6	1.9	2.2	1.6	16.4	0.3	2.5	0.0	3.6	0.0	22.1	24.8	0.5	8.5	0.0
保定市	10.4	5.8	1.4	1.4	19.8	3.6	8.8	0.0	0.0	1.9	0.3	20.7	3.0	19.2	3.7
廊坊市	1.6	1.6	0.0	0.0	3.8	29.0	3.2	2.7	0.0	0.5	18.3	9.1	3.2	14.0	13.0

续表

城市	道路扬尘	施工扬尘	其他扬尘	电厂燃煤	民用燃烧	锅炉	水泥	玻璃	焦化	石油化工	钢铁	其他工业	汽油车	柴油车	非道路移动源
沧州市	12.1	2.9	0.0	0.6	7.8	15.2	5.2	0.0	7.8	2.6	16.1	12.1	0.9	6.3	10.4
衡水市	32.5	10.2	0.7	0.7	7.2	15.1	3.9	0.0	0.0	4.3	0.0	10.2	1.0	3.3	10.9
邯郸市	13.0	1.2	5.1	2.8	15.5	3.7	4.6	0.7	2.1	0.5	28.2	8.1	3.5	5.3	5.7
邢台市	2.5	5.0	5.5	1.0	8.5	3.8	6.5	19.3	2.3	0.3	30.2	4.3	0.3	6.8	3.7
太原市	8.5	9.4	1.5	1.3	14.6	3.5	1.5	0.2	10.4	0.2	4.8	14.3	2.7	13.7	13.4
阳泉市	28.2	2.2	14.5	1.3	24.7	0.9	0.4	0.0	0.0	0.0	0.0	7.0	1.3	9.7	9.8
长治市	6.7	11.5	3.3	2.7	32.1	3.6	1.2	0.3	10.9	0.0	4.5	1.8	1.5	12.4	7.5
晋城市	19.5	4.7	7.6	2.1	28.1	4.9	0.8	0.5	0.8	0.3	3.9	15.1	0.5	3.6	7.6
济南市	16.0	4.9	1.9	2.4	12.6	1.9	1.9	0.0	0.0	3.4	1.5	3.4	2.9	25.2	22.0
淄博市	10.5	10.1	3.2	7.7	2.8	15.8	8.9	1.6	0.0	1.2	0.8	3.2	1.6	17.0	15.6
聊城市	19.5	4.8	7.9	2.3	15.2	1.0	1.3	0.0	2.5	4.3	0.8	20.6	1.3	8.1	10.4
德州市	3.3	7.7	2.9	4.8	19.0	9.5	1.1	0.0	2.9	4.8	6.2	17.2	1.8	8.8	10.0
滨州市	12.2	0.8	7.1	3.5	8.6	13.7	16.5	0.0	2.4	3.9	2.7	19.2	0.8	5.1	3.5
济宁市	4.5	1.5	1.1	7.1	17.3	14.3	2.6	0.0	1.1	0.4	0.0	6.8	1.5	30.1	11.7
菏泽市	14.1	8.4	1.0	3.7	23.9	3.4	0.3	1.7	12.8	2.4	0.0	2.7	0.3	6.1	19.2
郑州市	7.4	4.6	0.1	5.5	6.4	1.8	15.9	0.0	0.0	1.2	2.8	29.7	3.4	11.0	10.2
新乡市	5.0	0.9	0.9	1.8	11.0	22.8	14.2	0.0	0.0	18.7	0.0	3.7	1.8	13.7	5.5
鹤壁市	7.9	3.7	3.1	1.6	11.0	6.3	9.4	0.0	0.0	2.1	0.0	27.2	1.0	5.8	20.9
安阳市	3.3	2.9	0.4	0.8	13.9	0.0	0.8	0.4	18.9	3.7	12.3	23.0	1.2	7.4	11.0
开封市	41.7	11.1	0.9	2.8	0.0	5.6	0.0	0.0	0.0	10.2	0.0	12.0	1.9	5.6	8.2
焦作市	19.2	2.0	3.6	5.3	37.4	1.7	2.0	0.0	0.0	3.6	0.0	9.6	0.7	12.6	2.3
濮阳市	21.6	4.0	2.4	0.4	40.8	4.8	0.0	0.0	0.0	4.8	0.0	10.4	1.2	6.4	3.2

表 5-11　2018 ~ 2019 年秋冬季“2+26”城市本地行业贡献　　（单位：μg/m³）

城市	道路扬尘	施工扬尘	其他扬尘	电厂燃煤	民用燃烧	锅炉	水泥	玻璃	焦化	石油化工	钢铁	其他工业	汽油车	柴油车	非道路移动源
北京市	1.7	2.4	0.0	0.7	3.7	1.3	0.9	0.0	0.0	1.0	0.0	0.7	3.4	7.1	4.5
天津市	1.3	0.8	1.1	0.4	1.6	0.6	0.3	0.1	0.1	0.4	6.7	1.9	0.7	5.8	3.9
石家庄市	5.7	2.2	1.5	1.4	3.2	4.4	1.7	0.3	0.5	4.3	1.8	13.4	1.8	5.7	5.1
唐山市	7.0	0.8	1.9	0.2	5.1	0.1	2.6	0.0	0.5	0.0	11.2	15.8	0.2	2.7	0.0
保定市	7.2	2.8	1.1	0.9	7.8	2.2	4.2	0.0	0.0	1.9	0.0	11.2	2.3	5.6	4.1
廊坊市	0.6	0.1	0.0	0.1	0.9	0.9	1.0	0.9	0.0	0.2	2.1	2.0	0.9	4.1	3.4
沧州市	2.9	0.3	0.1	0.2	2.9	2.8	0.3	0.0	0.5	2.5	6.5	9.1	0.2	2.1	2.1
衡水市	3.4	0.8	0.1	0.3	4.7	1.5	0.5	0.2	0.0	1.1	0.0	7.8	0.5	1.3	1.8
邯郸市	5.8	0.4	4.1	2.1	5.8	1.6	1.8	0.3	1.0	0.2	12.7	3.6	1.7	2.8	2.7
邢台市	2.0	0.5	0.0	0.3	1.5	0.8	0.9	7.6	0.7	1.3	4.8	4.6	0.1	5.0	2.2
太原市	1.8	1.2	2.8	0.6	5.8	0.4	0.9	0.1	4.3	0.0	2.4	6.5	1.0	5.3	0.4
阳泉市	5.4	0.1	0.2	0.3	4.2	0.4	0.4	0.0	0.1	0.0	0.0	6.4	0.4	3.2	2.4

续表

城市	道路扬尘	施工扬尘	其他扬尘	电厂燃煤	民用燃烧	锅炉	水泥	玻璃	焦化	石油化工	钢铁	其他工业	汽油车	柴油车	非道路移动源
长治市	1.7	1.9	2.1	0.5	5.0	0.9	3.0	0.2	4.3	0.1	2.0	0.7	0.3	2.6	2.5
晋城市	3.6	1.6	0.0	0.9	3.2	1.0	1.4	0.5	0.4	1.2	0.4	10.8	0.3	2.5	2.3
济南市	1.1	0.7	0.2	0.8	2.6	0.6	0.3	0.0	0.0	1.3	0.02	1.4	0.7	5.7	4.2
淄博市	0.8	0.8	0.0	2.4	0.6	1.2	0.8	0.2	0.02	1.3	0.6	1.1	0.5	4.3	1.8
聊城市	3.0	0.3	0.8	0.7	2.9	0.3	0.3	0.0	0.7	1.0	0.2	6.5	0.5	3.3	4.0
德州市	0.9	4.0	0.2	1.0	7.4	1.0	0.3	0.0	0.4	0.1	1.1	2.8	0.2	1.3	2.3
滨州市	2.6	0.3	1.0	0.8	1.5	2.3	2.6	0.0	1.4	0.7	0.6	2.3	0.3	2.0	0.0
济宁市	0.2	0.0	0.3	2.5	3.9	1.1	0.7	0.0	2.0	0.2	0.0	4.6	0.3	6.2	3.2
菏泽市	1.1	0.9	0.1	1.8	2.9	1.6	1.0	0.5	11.2	0.6	0.0	1.7	0.1	3.1	6.4
郑州市	1.9	0.9	0.08	1.7	1.3	0.6	1.6	0.1	0.0	0.1	0.0	9.8	1.2	5.4	3.2
新乡市	6.4	0.7	0.7	0.7	4.7	2.6	3.0	0.0	0.0	2.5	0.0	4.8	1.1	10.0	3.9
鹤壁市	0.0	0.2	1.1	0.3	1.8	1.3	2.4	0.0	0.0	0.2	0.0	7.2	0.2	1.5	3.7
安阳市	2.5	1.3	0.5	0.1	3.6	0.0	1.2	0.1	1.4	0.8	3.0	8.0	0.2	1.6	2.4
开封市	2.4	0.9	0.1	0.6	4.1	0.7	0.0	0.0	0.0	1.3	0.0	4.0	0.6	4.6	1.7
焦作市	6.9	0.8	1.0	0.5	5.3	0.5	0.3	0.1	0.0	1.7	0.0	4.6	0.2	2.2	0.6
濮阳市	0.1	8.1	0.0	0.1	5.3	0.1	0.0	0.0	0.0	0.9	0.0	6.0	0.3	2.2	2.7

表 5-12　2018 ~ 2019 年秋冬季“2+26”城市本地行业贡献占比　　（单位：%）

城市	道路扬尘	施工扬尘	其他扬尘	电厂燃煤	民用燃烧	锅炉	水泥	玻璃	焦化	石油化工	钢铁	其他工业	汽油车	柴油车	非道路移动源
北京市	6.2	8.8	0.0	2.6	13.5	4.7	3.3	0.0	0.0	3.6	0.0	2.6	12.4	25.9	16.4
天津市	5.1	3.1	4.3	1.6	6.2	2.3	1.2	0.4	0.4	1.6	26.1	7.4	2.7	22.6	15.0
石家庄市	10.8	4.2	2.8	2.6	6.0	8.3	3.2	0.6	0.9	8.1	3.4	25.3	3.4	10.8	9.6
唐山市	14.6	1.7	4.0	0.4	10.6	0.2	5.4	0.0	1.0	0.0	23.3	32.8	0.4	5.6	0.0
保定市	14.0	5.5	2.1	1.8	15.2	4.3	8.2	0.0	0.0	3.7	0.0	21.8	4.5	10.9	8.0
廊坊市	3.5	0.6	0.0	0.6	5.2	5.2	5.8	5.2	0.0	1.2	12.2	11.6	5.2	23.8	19.9
沧州市	8.9	0.9	0.3	0.6	8.9	8.6	0.9	0.0	1.5	7.7	20.0	28.0	0.6	6.5	6.6
衡水市	14.2	3.3	0.4	1.3	19.6	6.3	2.1	0.8	0.0	4.6	0.0	32.5	2.1	5.4	7.4
邯郸市	12.4	0.9	8.8	4.5	12.4	3.4	3.9	0.6	2.1	0.4	27.3	7.7	3.6	6.0	6.0
邢台市	6.2	1.5	0.0	0.9	4.6	2.5	2.8	23.5	2.2	4.0	14.9	14.2	0.3	15.5	6.9
太原市	5.4	3.6	8.4	1.8	17.3	1.2	2.7	0.3	12.8	0.0	7.2	19.4	3.0	15.8	1.1
阳泉市	23.0	0.4	0.9	1.3	17.9	1.7	1.7	0.0	0.4	0.0	0.0	27.2	1.7	13.6	10.2
长治市	6.1	6.8	7.6	1.8	18.0	3.2	10.8	0.7	15.5	0.4	7.2	2.5	1.1	9.4	8.9
晋城市	12.0	5.3	0.0	3.0	10.6	3.3	4.7	1.7	1.3	4.0	1.3	35.9	1.0	8.3	7.6
济南市	5.6	3.6	1.0	4.1	13.3	3.1	1.5	0.0	0.0	6.6	0.1	7.1	3.6	29.1	21.3
淄博市	4.9	4.9	0.0	14.6	3.7	7.3	4.9	1.2	0.1	7.9	3.7	6.7	3.0	26.2	10.9
聊城市	12.2	1.2	3.3	2.9	11.8	1.2	1.2	0.0	2.9	4.1	0.8	26.5	2.0	13.5	16.4
德州市	3.9	17.4	0.9	4.3	32.2	4.3	1.3	0.0	1.7	0.4	4.8	12.2	0.9	5.7	10.0

续表

城市	道路扬尘	施工扬尘	其他扬尘	电厂燃煤	民用燃烧	锅炉	水泥	玻璃	焦化	石油化工	钢铁	其他工业	汽油车	柴油车	非道路移动源
滨州市	14.1	1.6	5.4	4.3	8.2	12.5	14.1	0.0	7.6	3.8	3.3	12.5	1.6	11.0	0.0
济宁市	0.8	0.0	1.2	9.9	15.5	4.4	2.8	0.0	7.9	0.8	0.0	18.3	1.2	24.6	12.6
菏泽市	3.3	2.7	0.3	5.5	8.8	4.8	3.0	1.5	33.9	1.8	0.0	5.2	0.3	9.4	19.5
郑州市	6.8	3.2	0.3	6.1	4.7	2.2	5.7	0.4	0.0	0.4	0.0	35.2	4.3	19.4	11.3
新乡市	15.6	1.7	1.7	1.7	11.4	6.3	7.3	0.0	0.0	6.1	0.0	11.7	2.7	24.3	9.5
鹤壁市	0.0	1.0	5.5	1.5	9.0	6.5	12.1	0.0	0.0	1.0	0.0	36.2	1.0	7.5	18.7
安阳市	9.4	4.9	1.9	0.4	13.5	0.0	4.5	0.4	5.2	3.0	11.2	30.0	0.7	6.0	8.9
开封市	11.4	4.3	0.5	2.9	19.5	3.3	0.0	0.0	0.0	6.2	0.0	19.0	2.9	21.9	8.1
焦作市	27.9	3.2	4.0	2.0	21.5	2.0	1.2	0.4	0.0	6.9	0.0	18.6	0.8	8.9	2.6
濮阳市	0.4	31.4	0.0	0.4	20.5	0.4	0.0	0.0	0.0	3.5	0.0	23.3	1.2	8.5	10.4

市、安阳市、鹤壁市、晋城市、菏泽市、太原市、邯郸市、郑州市、石家庄市、滨州市和衡水市。唐山市和邢台市工业源对 $PM_{2.5}$ 的贡献在 60% 以上，分别达到了 62.5% 和 61.6%；唐山市钢铁行业在工业源中对 $PM_{2.5}$ 的贡献较高，为 23.3%；邢台市玻璃行业对 $PM_{2.5}$ 的贡献最高，为 23.5%。沧州市和安阳市工业源对 $PM_{2.5}$ 的贡献亦相对较高，在 50% ～ 59%，并且工业源中钢铁行业对 $PM_{2.5}$ 的贡献较高，对沧州市和安阳市 $PM_{2.5}$ 的贡献分别为 20.0% 和 11.2%。北京市工业源对 $PM_{2.5}$ 的贡献最低，仅为 9.5%，其中工业源中对 $PM_{2.5}$ 的贡献较高的是石油化工和水泥，分别为 3.6% 和 3.3%。济南市、德州市、淄博市、新乡市、开封市、濮阳市、焦作市、阳泉市和济宁市工业源对 $PM_{2.5}$ 的贡献为 15% ～ 30%；淄博市、焦作市、济南市、开封市和濮阳市工业源中均是石油化工行业对 $PM_{2.5}$ 的贡献较高，分别为 7.9%、6.9%、6.6%、6.2% 和 3.5%；德州市钢铁行业对 $PM_{2.5}$ 的贡献较高，为 4.8%；新乡市和阳泉市水泥行业对 $PM_{2.5}$ 的贡献较高，分别为 7.3% 和 1.7%；济宁市焦化行业对 $PM_{2.5}$ 的贡献较高，为 7.9%。其他城市工业源对 $PM_{2.5}$ 的贡献在 30% ～ 50%，滨州市、鹤壁市、保定市、郑州市和晋城市水泥行业对 $PM_{2.5}$ 的贡献较高，分别为 14.1%、12.1%、8.2%、5.7% 和 4.7%；菏泽市、长治市和太原市焦化行业对 $PM_{2.5}$ 的贡献较高，分别为 33.9%、15.5% 和 12.8%；石家庄市、衡水市和聊城市石油化工行业对 $PM_{2.5}$ 的贡献较高，分别为 8.1%、4.6% 和 4.1%；邯郸市、天津市和廊坊市钢铁行业对 $PM_{2.5}$ 的贡献较高，分别为 27.3%、26.1% 和 12.2%。

“2+26”城市中，2018 ～ 2019 年秋冬季移动源对 $PM_{2.5}$ 的贡献较高的城市包括北京市、济南市、廊坊市、天津市和淄博市，在 40% 以上，北京市移动源贡献最高，达到了 54.7%，其次为济南市和廊坊市的 54.0% 和 48.9%；唐山市移动源贡献最低，为 6.0%，另外，太原市、长治市、晋城市、德州市、安阳市、邯郸市、衡水市、沧州市、滨州市和焦作市机动车贡献亦相对较低，贡献占比在 12.3% ～ 19.9%。

“2+26”城市中，2018 ～ 2019 年采暖季燃煤源对 $PM_{2.5}$ 的贡献最高的为德州市，达 40.8%；济宁市、衡水市、开封市、淄博市、焦作市、滨州市、长治市、濮阳市、保定市、阳泉市、北京市、济南市、邯郸市和太原市燃煤源对 $PM_{2.5}$ 的贡献在 20% ～ 30%；安阳市、郑州市、唐山市、廊坊市、天津市和邢台市燃煤源对 $PM_{2.5}$ 的贡献较低，低于 15%；其他城市基本在 15% ～ 20%。从民用燃烧贡献占比看，德州市、焦作市和濮阳市民用燃烧对 $PM_{2.5}$ 的贡献较高，在 20% 以上，分别达到了 32.2%、21.5% 和 20.5%；鹤壁市、沧州市、菏泽市、滨州市、天津市、石家庄市、廊坊市、郑州市、邢台市和淄博市民用燃烧贡献占比在 10% 以下。

“2+26”城市中，2018 ～ 2019 年采暖季扬尘源对 $PM_{2.5}$ 贡献占比最大的城市是濮阳市和焦作市，分别为 31.8% 和 35.1%；阳泉市、德州市、邯郸市、保定市、滨州市、长治市和唐山市的贡献占比亦相对较高，在 20% ～ 25%；扬尘源对 $PM_{2.5}$ 贡献低于 10% 的有济宁市、廊坊市、鹤壁市、菏泽市、邢台市和淄博市，其他城市扬尘源对 $PM_{2.5}$ 贡献在 10% ～ 20%。

5.3.2.2 典型城市精细化源解析结果分析

针对北京市、天津市、石家庄市、郑州市、济南市和太原市 6 个区域重点城市，同时考虑涵盖主要污染源类型特征，增加焦作市和濮阳市分别作为燃煤源和扬尘源贡献突出的典型城市，进一步分析城市精细化源解析结果，突出不同城市重点污染源管控特征，以进一步指导城市大气污染防治工作。

移动源是北京市 2017 ～ 2018 年秋冬季和 2018 ～ 2019 年秋冬季 $PM_{2.5}$ 的首要贡献源，2018 ～ 2019 年秋冬季，北京市 $PM_{2.5}$ 主要污染源有柴油车（25.9%）、非道路移动源（16.4%）、扬尘源（15.0%）、民用燃烧（13.5%）、汽油车（12.4%）、锅炉（4.7%）、石油化工（3.6%）、水泥（3.3%）、其他工业（2.6%）和电厂燃煤（2.6%），其中其他工业中占比较大的有砖瓦、陶瓷和铸造。与 2017 ～ 2018 年秋冬季相比，2018 ～ 2019 年秋冬季北京市扬尘源、石油化工、民用燃烧、锅炉对 $PM_{2.5}$ 的贡献分别下降 4.3%、1.4%、0.7%、0.7%，但移动源对 $PM_{2.5}$ 的贡献有所增加，汽油车、柴油车和非道路移动源对 $PM_{2.5}$ 的贡献分别增加 0.1%、2.4% 和 1.9%。《北京市 2019 年国民经济和社会发展统计公报》显示，2019 年，北京市机动车保有量为 636.5 万辆，比上年末增加 28.1 万辆。民用汽车 590.8 万辆，增加 16.2 万辆。作为移动源贡献占比最高的城市（54.7%），北京市应该重点加强柴油车、非道路移动源及汽油车的综合管控（图 5-17）。

移动源是天津市 2017 ～ 2018 年秋冬季和 2018 ～ 2019 年秋冬季 $PM_{2.5}$ 的首要贡献源。2018 ～ 2019 年秋冬季，天津市 $PM_{2.5}$ 主要污染源有钢铁（26.1%）、柴油车（22.6%）、非道路移动源（15.0%）、扬

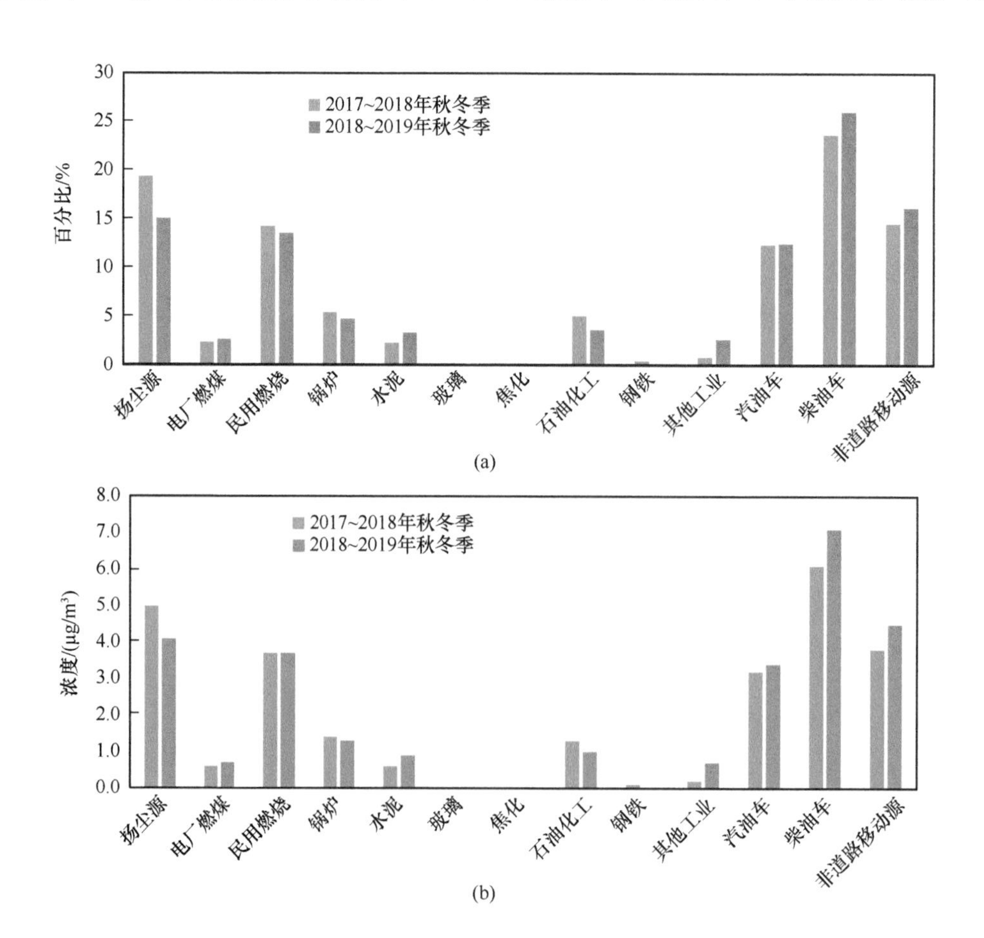

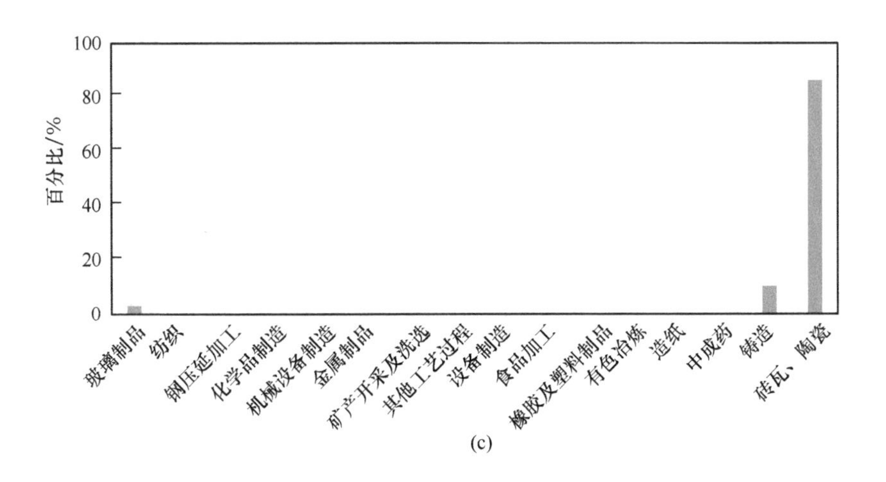

(c)

图 5-17 北京市两年秋冬季主要污染源贡献变化 [（a）和（b）] 及其他工业中各行业占比（c）

尘源（12.5%）、其他工业（7.4%）、民用燃烧（6.2%）、汽油车（2.7%）、锅炉（2.3%）、石油化工（1.6%）、电厂燃煤（1.6%）、水泥（1.2%）、玻璃（0.4%）和焦化（0.4%），其中其他工业中占比较大的有设备制造、其他建材和金属制品。与 2017 ～ 2018 年秋冬季相比，2018 ～ 2019 年秋冬季天津市燃煤源、扬尘源和玻璃对 $PM_{2.5}$ 的贡献分别下降 11.2%、6.7% 和 5.6%，钢铁、移动源、水泥和石油化工对 $PM_{2.5}$ 的贡献分别增加 12.0%、8.2%、0.3% 和 0.3%。作为工业源和移动源贡献突出、扬尘源贡献相对较高的城市，天津市应重点加强钢铁等重点行业和移动源的综合管控，同时注重扬尘控制（图 5-18）。

工业源是石家庄市 2017 ～ 2018 年秋冬季和 2018 ～ 2019 年秋冬季 $PM_{2.5}$ 的首要贡献源，2018 ～ 2019

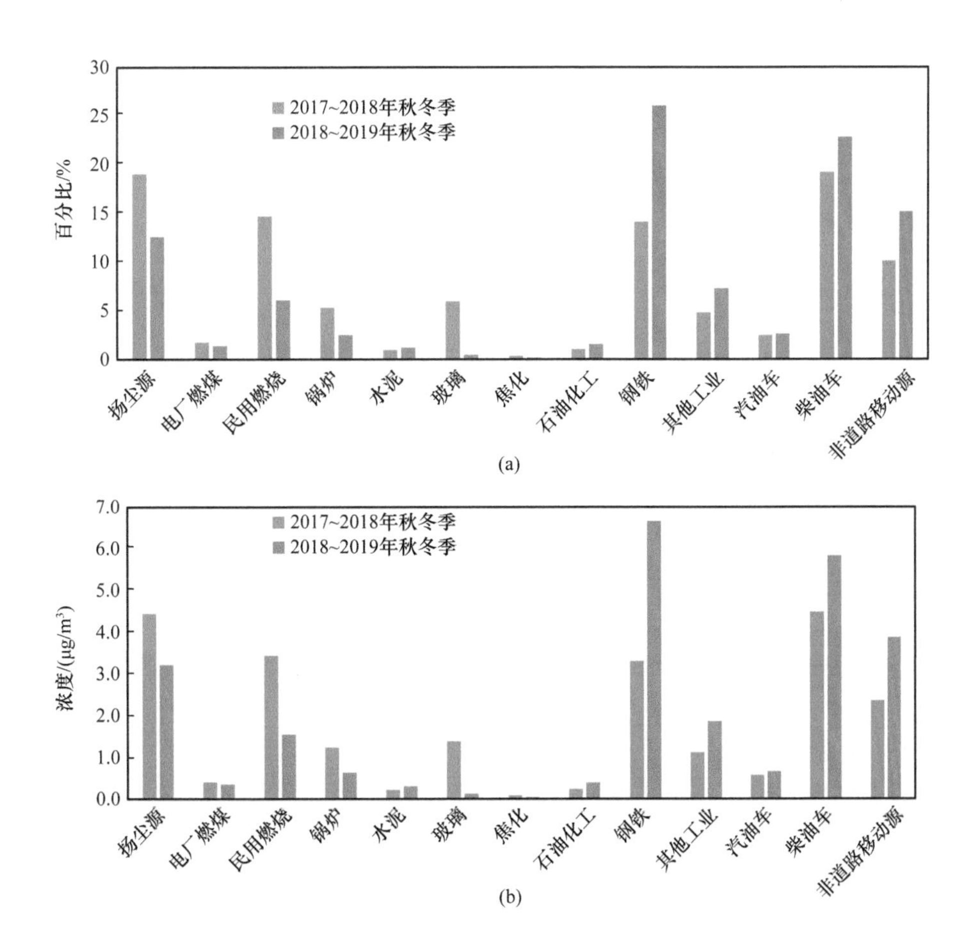

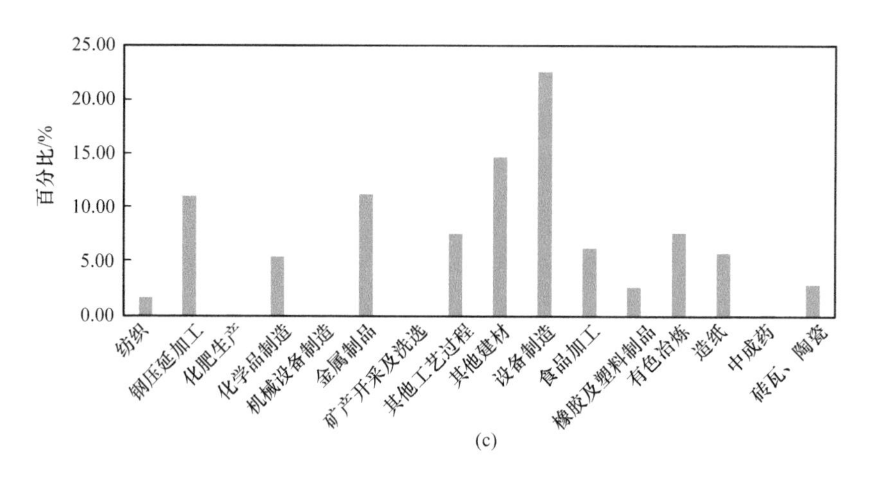

图 5-18 天津市两年秋冬季主要污染源贡献变化 [（a）和（b）] 及其他工业中各行业占比（c）

年秋冬季，石家庄市 $PM_{2.5}$ 主要污染源有其他工业（25.3%）、扬尘源（17.8%）、柴油车（10.8%）、非道路移动源（9.6%）、锅炉（8.3%）、石油化工（8.1%）、民用燃烧（6.0%）、钢铁（3.4%）、汽油车（3.4%）、水泥（3.2%）、电厂燃煤（2.6%）、焦化（0.9%）和玻璃（0.6%），其中其他工业中占比较大的有其他建材、钢压延加工和金属制品。与 2017 ～ 2018 年秋冬季相比，2018 ～ 2019 年秋冬季石家庄市扬尘源、燃煤源和移动源对 $PM_{2.5}$ 的贡献分别下降 2.2%、4.8% 和 2.6%，工业源对 $PM_{2.5}$ 的贡献增加 9.6%。石家庄市工业门类较多，且移动源、燃煤源和扬尘源贡献相对较高，应注重多污染源综合管控，尤其强化对中小工业综合整治（图 5-19）。

工业源是郑州市 2017 ～ 2018 年秋冬季和 2018 ～ 2019 年秋冬季 $PM_{2.5}$ 的首要贡献源，2018 ～ 2019 年

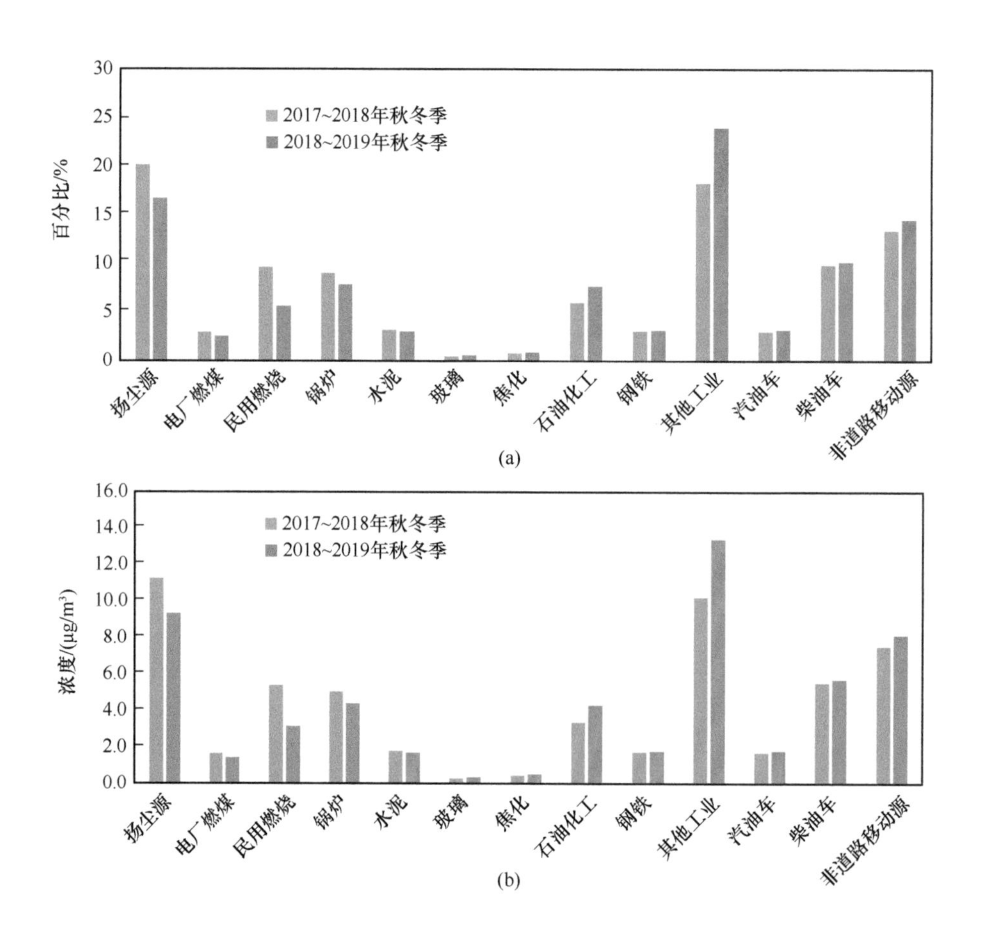

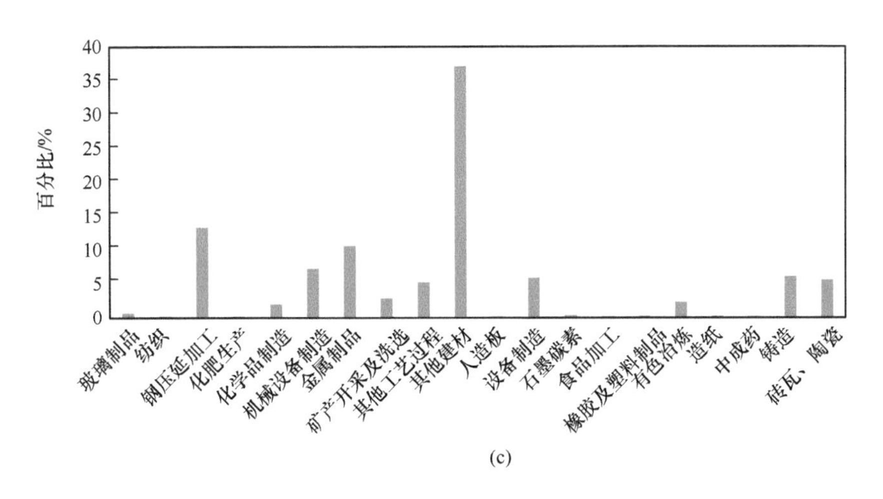

图 5-19 石家庄市两年秋冬季主要污染源贡献变化 [（a）和（b）] 及其他工业中各行业占比（c）

秋冬季，郑州市 $PM_{2.5}$ 主要污染源有其他工业（35.2%）、柴油车（19.4%）、非道路移动源（11.3%）、扬尘源（10.3%）、电厂燃煤（6.1%）、水泥（5.7%）、民用燃烧（4.7%）、汽油车（4.3%）、锅炉（2.2%）、玻璃（0.4%）、石油化工（0.4%），其中其他工业中占比较大的有其他建材、钢压延加工和铸造。与 2017 ～ 2018 年秋冬季相比，2018 ～ 2019 年秋冬季郑州市水泥、钢铁、扬尘源、民用燃烧和石油化工对 $PM_{2.5}$ 的贡献分别下降 10.2%、2.8%、1.8%、1.7% 和 0.8%，表明郑州市采取的严格施工扬尘污染管控，强化道路扬尘污染防治，持续推进清洁取暖工程，实施清洁型煤替代，开展区域性传统产业整合，完成重点行业无组织排放治理，大力推进锅炉综合整治等措施初见成效。而移动源对 $PM_{2.5}$ 的贡献有所增加，汽油车、柴油车和非道路移动源对 $PM_{2.5}$ 的贡献分别增加 0.9%、8.4% 和 1.1%。郑州市与石家庄市类似，应强化多污染源综合管控，进一步提升城市精细管理和精准施策能力（图 5-20）。

移动源是济南市 2017 ～ 2018 年秋冬季和 2018 ～ 2019 年秋冬季 $PM_{2.5}$ 的首要贡献源，2018 ～ 2019 年秋冬季，济南市 $PM_{2.5}$ 主要污染源有非道路移动源（21.3%）、民用燃烧（13.3%）、柴油车（29.1%）、扬尘源（10.2%）、其他工业（7.1%）、电厂燃煤（4.1%）、石油化工（6.6%）、锅炉（3.1%）、汽油车（3.6%）、水泥（1.5%）和钢铁（0.1%），其中其他工业中占比较大的有钢压延加工、有色冶炼和机械设备制造。与 2017 ～ 2018 年秋冬季相比，2018 ～ 2019 年秋冬季济南市扬尘源和钢铁对 $PM_{2.5}$ 的贡献分别下降 12.6% 和 1.4%，燃煤源、石油化工和移动源对 $PM_{2.5}$ 的贡献分别增加 3.6%、3.2% 和 3.9%。移动源对济南市 $PM_{2.5}$ 的贡献最高，且贡献率有所上升，其是济南市下一步着重控制的方向，非道路移动源和柴油车是机动车贡献的主要子源类，是机动车污染防治的重点突破方向。燃煤源是 $PM_{2.5}$ 中的第二大贡献源，燃煤源中民用燃煤的贡献率最大，表明

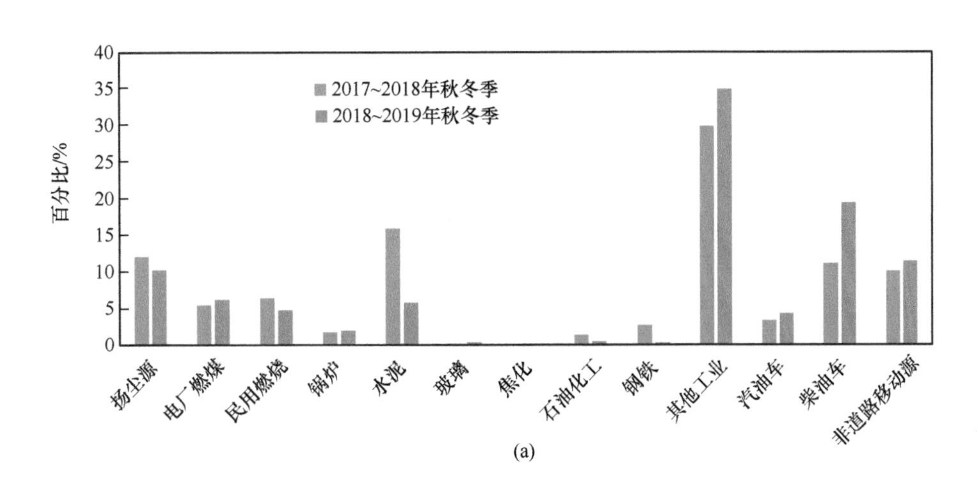

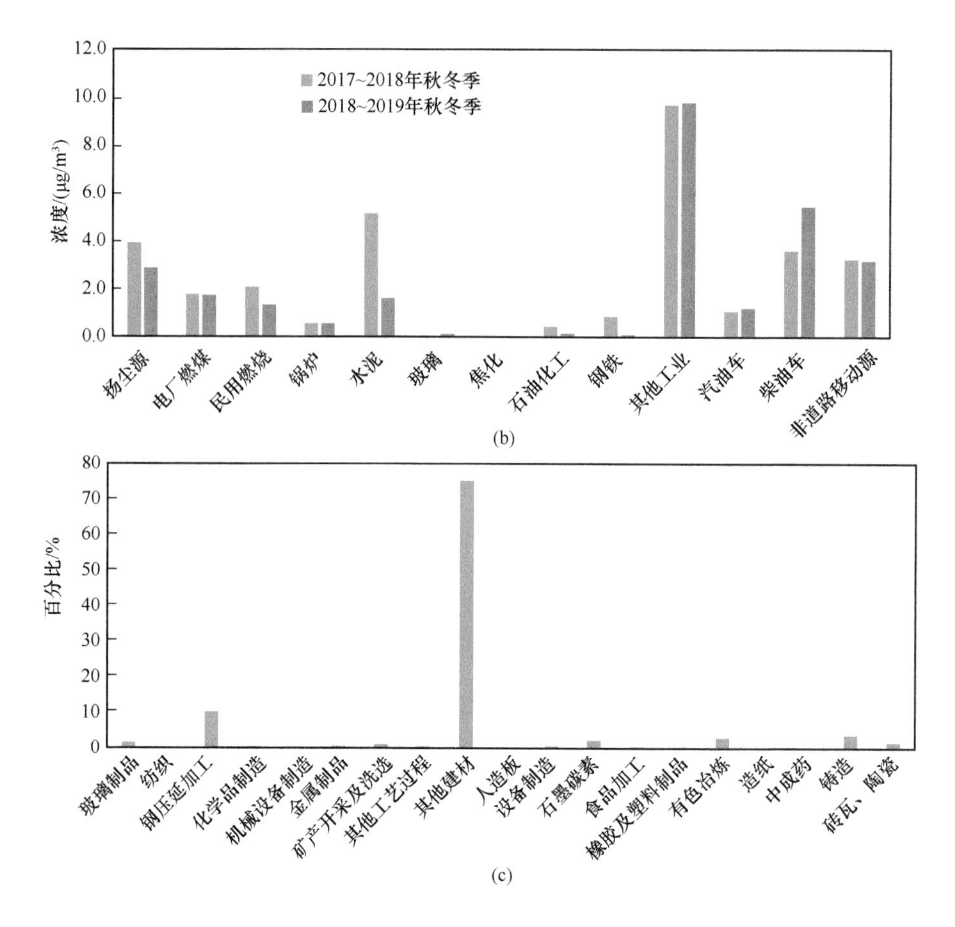

图 5-20　郑州市两年秋冬季主要污染源贡献变化［（a）和（b）］及其他工业中各行业占比（c）

济南市散煤控制还需加强，下一步仍需加快城市及农村地区民用散煤治理（图 5-21）。

工业源是太原市 2017 ～ 2018 年秋冬季和 2018 ～ 2019 年秋冬季 $PM_{2.5}$ 的首要贡献源，2018 ～ 2019 年秋冬季，太原市 $PM_{2.5}$ 主要污染源有其他工业（19.4%）、民用燃烧（17.3%）、扬尘源（17.4%）、柴油车（15.8%）、焦化（12.8%）、钢铁（7.2%）、汽油车（3.0%）、水泥（2.7%）、电厂燃煤（1.8%）、锅炉（1.2%）、非道路移动源（1.1%）和玻璃（0.3%），其中其他工业中占比较大的有矿产开采及洗选、钢压延加工和玻璃制品。与 2017 ～ 2018 年秋冬季相比，2018 ～ 2019 年秋冬季太原市扬尘源和锅炉对 $PM_{2.5}$ 的贡献分别下降 2.0% 和 2.3%，民用燃烧、水泥、焦化、钢铁、汽油车和柴油车对 $PM_{2.5}$ 的贡献分别增加 2.7%、1.2%、2.4%、2.4%、0.3% 和 2.1%。太原市移动源、民用燃烧和扬尘源贡献均较高，应同时加强道路运输、散煤

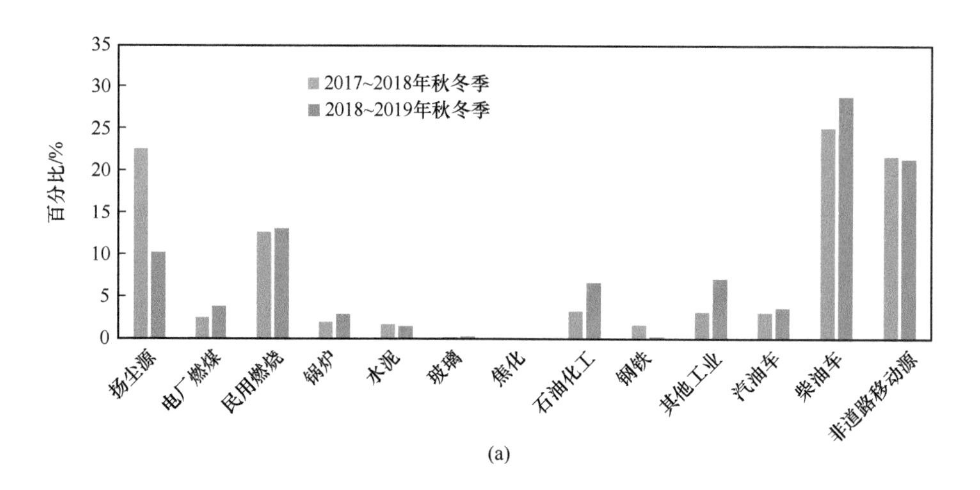

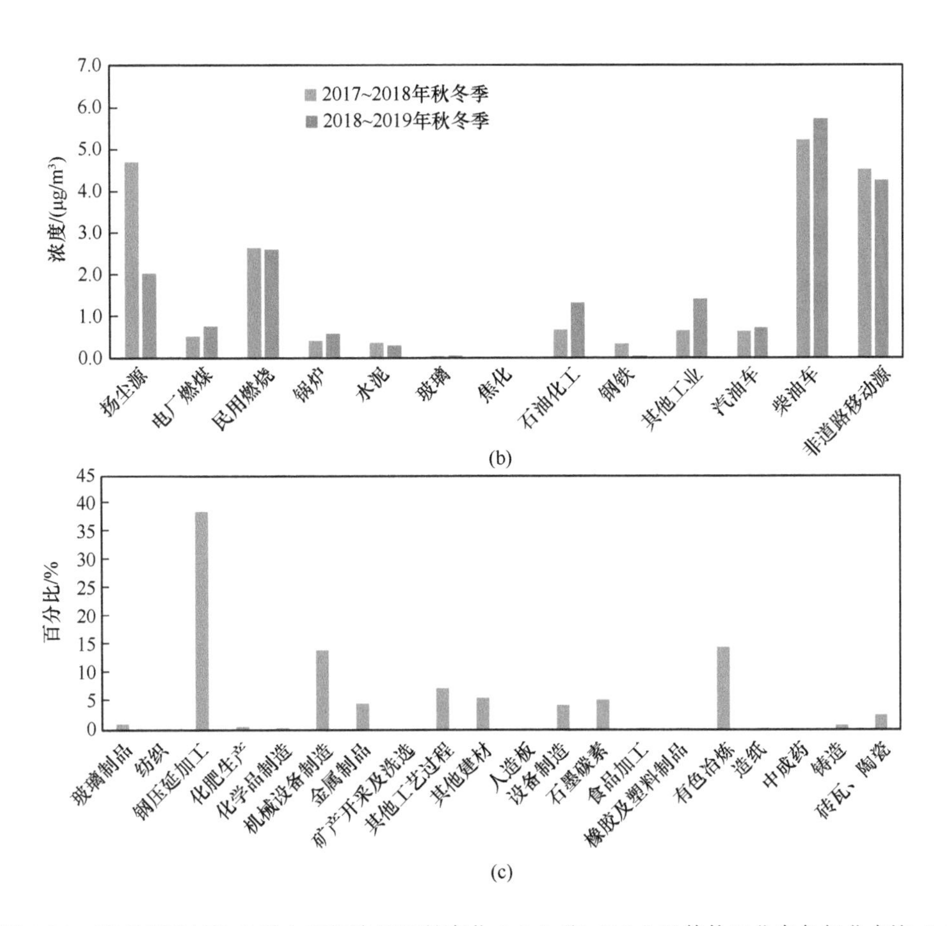

图 5-21 济南市两年秋冬季主要污染源贡献变化 [（a）和（b）] 及其他工业中各行业占比（c）

和重点工业行业的综合管控（图 5-22）。

燃煤源是焦作市 2017 ～ 2018 年秋冬季 $PM_{2.5}$ 的首要贡献源，扬尘源是焦作市 2018 ～ 2019 年秋冬季 $PM_{2.5}$ 的首要贡献源。2018 ～ 2019 年秋冬季，焦作市 $PM_{2.5}$ 扬尘源占比较高，占比 35.1%；工业源占比 27.1%，其中水泥（1.2%）、玻璃（0.4%）、石油化工（6.9%）、其他工业（18.6%）；燃煤源占比（25.5%），其中电厂燃煤（2.0%）、民用燃烧（21.5%）、锅炉（2.0%）；移动源占比 12.3%，其中汽油车（0.8%）、柴油车（8.9%）、非道路移动源（2.6%）。其他工业中占比较大的有砖瓦、陶瓷，其他建材和有色冶炼。与 2017 ～ 2018 年秋冬季相比，2018 ～ 2019 年秋冬季焦作市民用燃烧、水泥和柴油车对 $PM_{2.5}$ 的贡献分别下降 15.9%、0.8% 和 3.7%，表明焦作市采取的清洁取暖、煤炭清洁利用、柴油车管控等措施成效显著。而

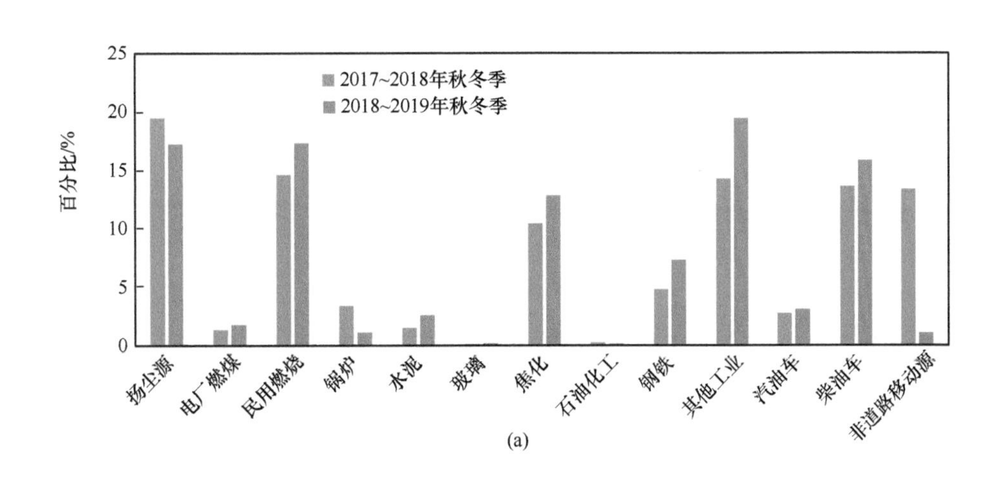

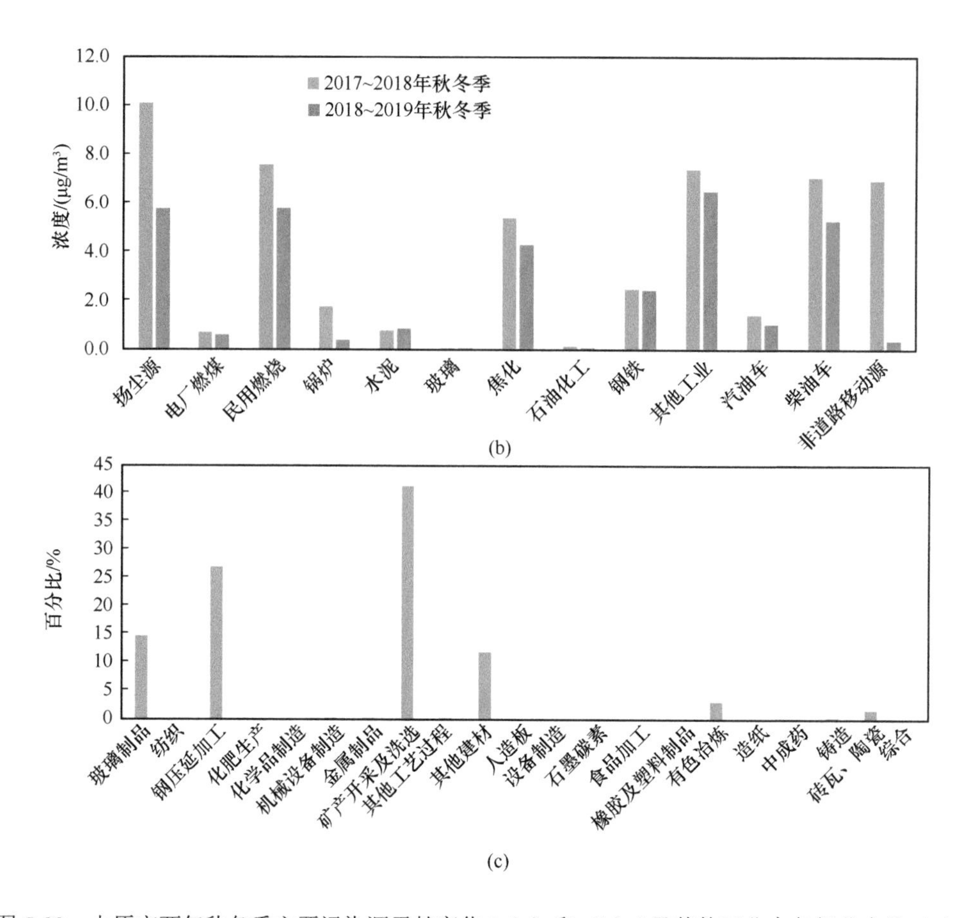

图 5-22　太原市两年秋冬季主要污染源贡献变化 [（a）和（b）] 及其他工业中各行业占比（c）

扬尘源、锅炉和石油化工对 $PM_{2.5}$ 的贡献分别增加 10.3%、0.3% 和 3.3%，焦作市在强化燃煤源尤其是民用燃煤管控的同时，应进一步注重扬尘污染治理，尤其是道路扬尘的污染防治（图 5-23）。

扬尘源是濮阳市 2018 ～ 2019 年秋冬季 $PM_{2.5}$ 的首要贡献源，燃煤源是濮阳市 2017 ～ 2018 年秋冬季 $PM_{2.5}$ 的首要贡献源。2018 ～ 2019 年秋冬季，濮阳市 $PM_{2.5}$ 扬尘源占比较高（31.8%）；其次为工业源（26.8%），其中石油化工（3.5%）、其他工业（23.3%）；燃煤源占比 21.3%，移动源占比 20.1%，其中汽油车（1.2%）、柴油车（8.5%）、非道路移动源（10.4%）。其他工业中占比较大的有其他建材，砖瓦、陶瓷和铸造。与 2017 ～ 2018 年秋冬季相比，2018 ～ 2019 年秋冬季濮阳市民用燃烧、锅炉和石油化工对 $PM_{2.5}$ 的贡献分别下降 20.3%、4.4% 和 1.3%，可见濮阳市推进“双替代”在本地实施效果显著。扬尘源对 $PM_{2.5}$ 的贡献增加

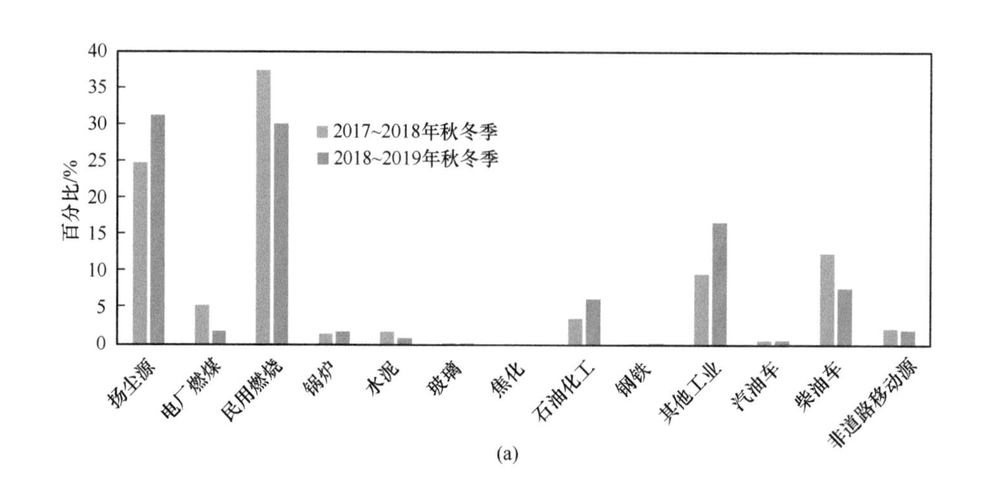

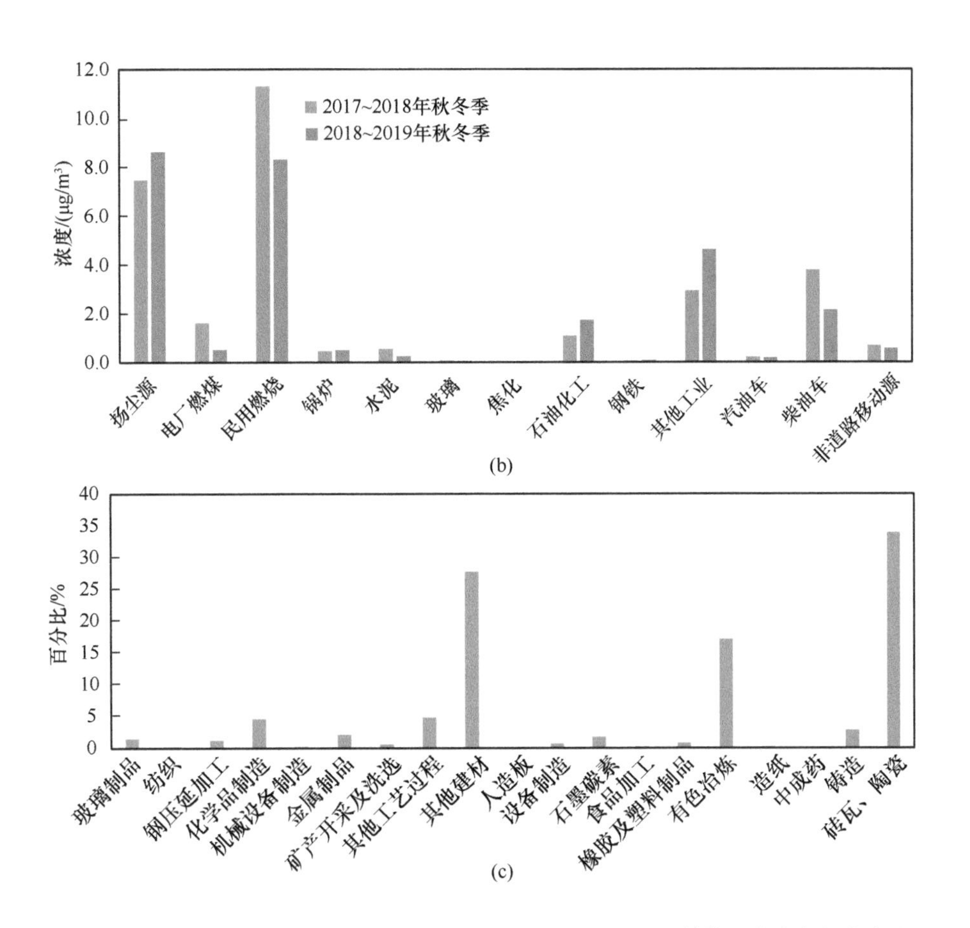

图 5-23 焦作市两年秋冬季主要污染源贡献变化 [（a）和（b）] 及其他工业中各行业占比（c）

3.8%，成为 $PM_{2.5}$ 的首要贡献源，是下一步重点控制的方向。移动源对 $PM_{2.5}$ 的贡献增加 9.3%，濮阳市柴油车污染问题突出，机动车监管工作滞后。机动车保有量达 66 万辆，柴油车约占 10%，重型柴油车约 2.6 万辆。全市机动车尾气 NO_x、$PM_{2.5}$ 年排放量近 10501t、441t，其中柴油车分别排放 9137t、396t，分别占到 87%、90%；重型柴油货车 NO_x、$PM_{2.5}$ 排放量分别占机动车总排放的 72%、66%，污染贡献突出。针对濮阳市以柴油货车为主的交通运输方式，应加大在用车监督执法力度，强化对在用车排放的检验和维修治理，加快老旧车辆淘汰和深度治理，强化柴油货车使用清净增效剂和车用尿素，安装或升级改造柴油货车尾气处理装置，建立实施最严格的柴油货车“全防全控”环境监管制度，优化调整货物运输结构，实现柴油货车排放达标率明显提高（图 5-24）。

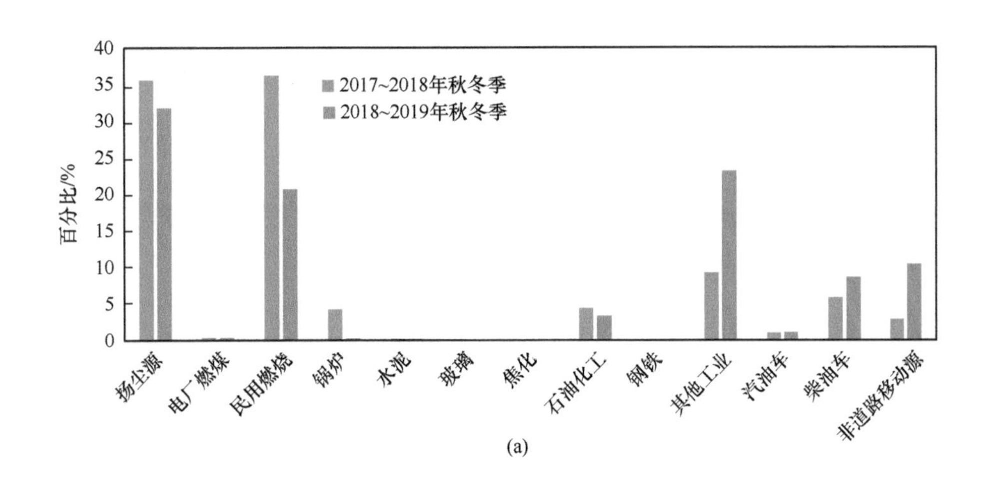

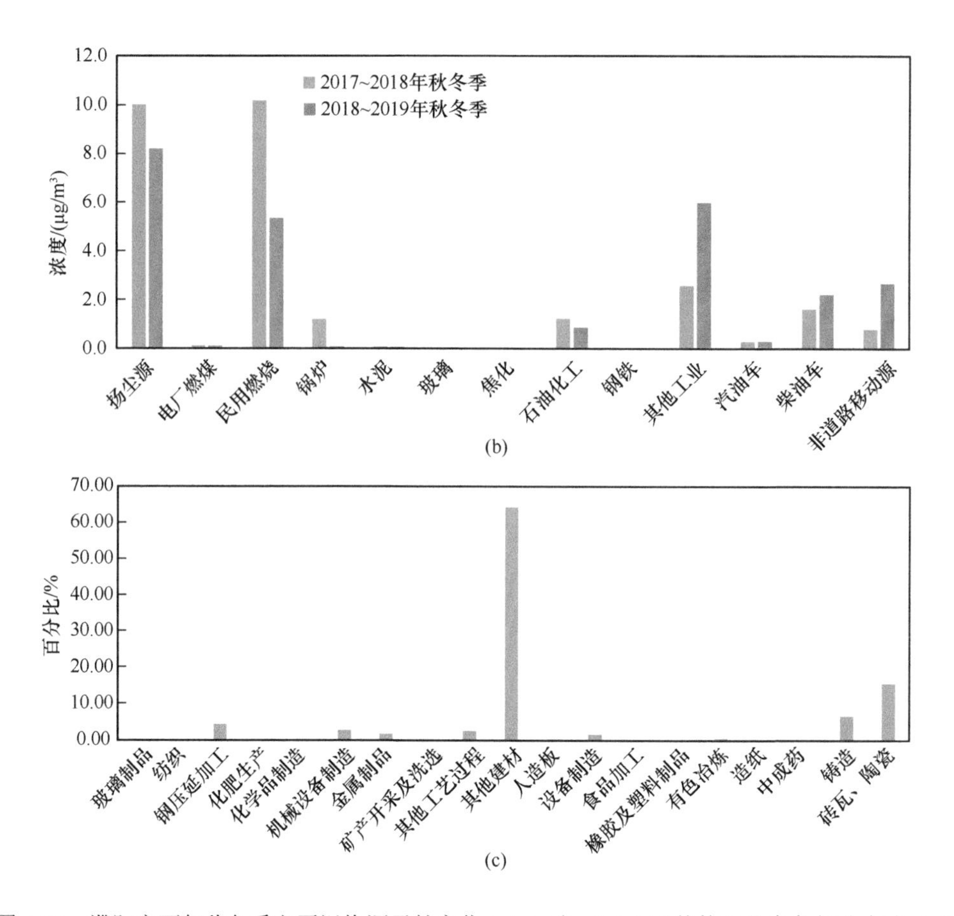

图 5-24　濮阳市两年秋冬季主要污染源贡献变化 [（a）和（b）] 及其他工业中各行业占比（c）

5.4　“2+26”城市秋冬季重污染科学应对

秋冬季重污染天气是影响“2+26”城市环境空气质量的关键因素。自 2013 年以来，从“2+26”城市 $PM_{2.5}$ 重污染天的月度分布来看，区域重污染天具有“秋冬季显著偏高、春夏季总体较低”的特征，重污染高发集中于秋冬季，依次为 1 月、12 月、2 月、11 月、3 月、10 月，分别占 29.0%、22.2%、16.5%、11.2%、7.3% 和 6.7%。为支撑各城市做好重污染天气应对，“2+26”城市跟踪研究团队深入研究各城市重污染天气发生规律，摸清重污染天气成因与来源，结合各城市大气污染源排放特征，提出针对性的管控建议，以有效应对重污染天气。各城市跟踪研究团队共计 2000 多名驻点专家和技术人员，于 2017 年 10 月～ 2018 年 3 月和 2018 年 10 月～ 2019 年 3 月 2 个秋冬季，针对每次重污染过程开展“事前研判—事中跟踪—事后评估”的全过程跟踪研究，在各地建立了重污染天气应对驻点会商机制及“分析研判—应对建议—措施落实—跟踪评估”的闭环工作模式，形成了常规站、微站、超站、走航及垂直探测等技术集成的精细化监测评估方法，有力支撑了各城市科学应对重污染过程，在区域和城市重污染天气削峰工作中发挥了强有力的支撑作用。

5.4.1　秋冬季重污染天气应对驻点会商机制

“2+26”城市驻点跟踪研究工作组会同各城市环保、气象、工信、公安、城管、住建等有关部门和技术单位，建立了“每日一商、每周一报、逢重污染加密”的会商机制，针对气象形势、污染成因、减排措施落实情况和污染走势开展系统分析，提出阶段管控措施建议。驻点会商机制得到各城市市委、市政府的全力支持，多个城市由市委书记和市长亲自挂帅，组织环保、气象、工信、公安、城管、住建等相关职能部门紧密配合，联合各城市跟踪研究团队，形成了“事前研判—事中跟踪—事后评估”的闭环工作模式（图 5-25），及时将研究成果应用于城市环境管理决策。

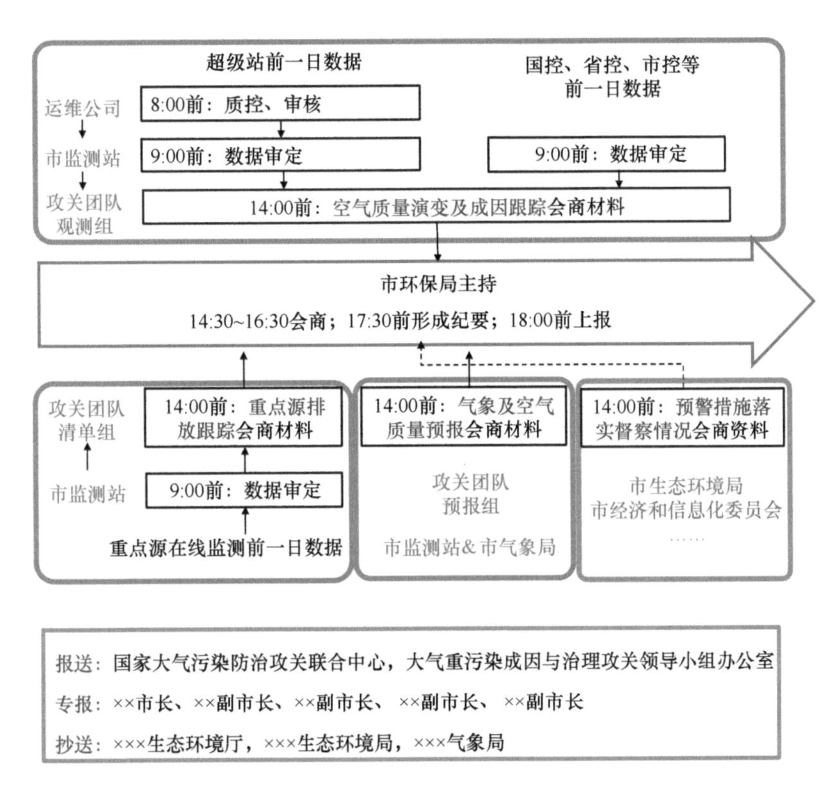

图 5-25 “2+26”城市秋冬季驻点会商机制与决策跟踪闭环模式

5.4.2 城市重污染天气应对典型案例——德州市

针对“2+26”城市大气污染物排放仍处于高位，燃煤、扬尘、机动车、“散乱污”等污染排放问题突出，科研力量和技术装备不足的现状，多个城市驻点跟踪研究团队调配多套先进仪器设备，联合当地生态环境监测部门，组建了由常规站、微站、超级站、走航观测以及垂直探测等多技术手段组成的综合立体观测体系，对各城市重污染过程的成因与来源开展科学诊断和跟踪研判，具体流程如图 5-26 所示。

典型案例：德州市一次重污染过程成因分析与应对

1）污染演变趋势

2017 年 10 月 23 ～ 26 日德州市及周边地区总体处于清洁天气过程，德州市 AQI 指数处于“2+26”城市中低值（图 5-27）。25 ～ 28 日德州市近地面处于均压场，辐合带边缘逐渐影响德州市及周边地区，扩散条件不利，空气质量总体较差，27 日达到重度污染水平。

2）天气形势分析

2017 年 10 月 21 日德州市处于冷空气后的均压场，天气系统移动速度缓慢，风速小，夜间地面湿度大，不利于污染物的扩散。22 日受冷空气影响，东北风 3 ～ 4 级，有利于污染物扩散。23 ～ 24 日处于高压中心均压场，东北风逐渐转为偏南风，风力较小，水平扩散作用转差。25 日夜间出现弱降水天气，25 ～ 27 日，湿度增大，地面处于均压场，风速小于 2m/s，不利于污染物扩散。28 日上午处于冷空气南下前的辐合带内，下午冷空气影响，北风 5m/s，扩散条件非常好（图 5-28）。

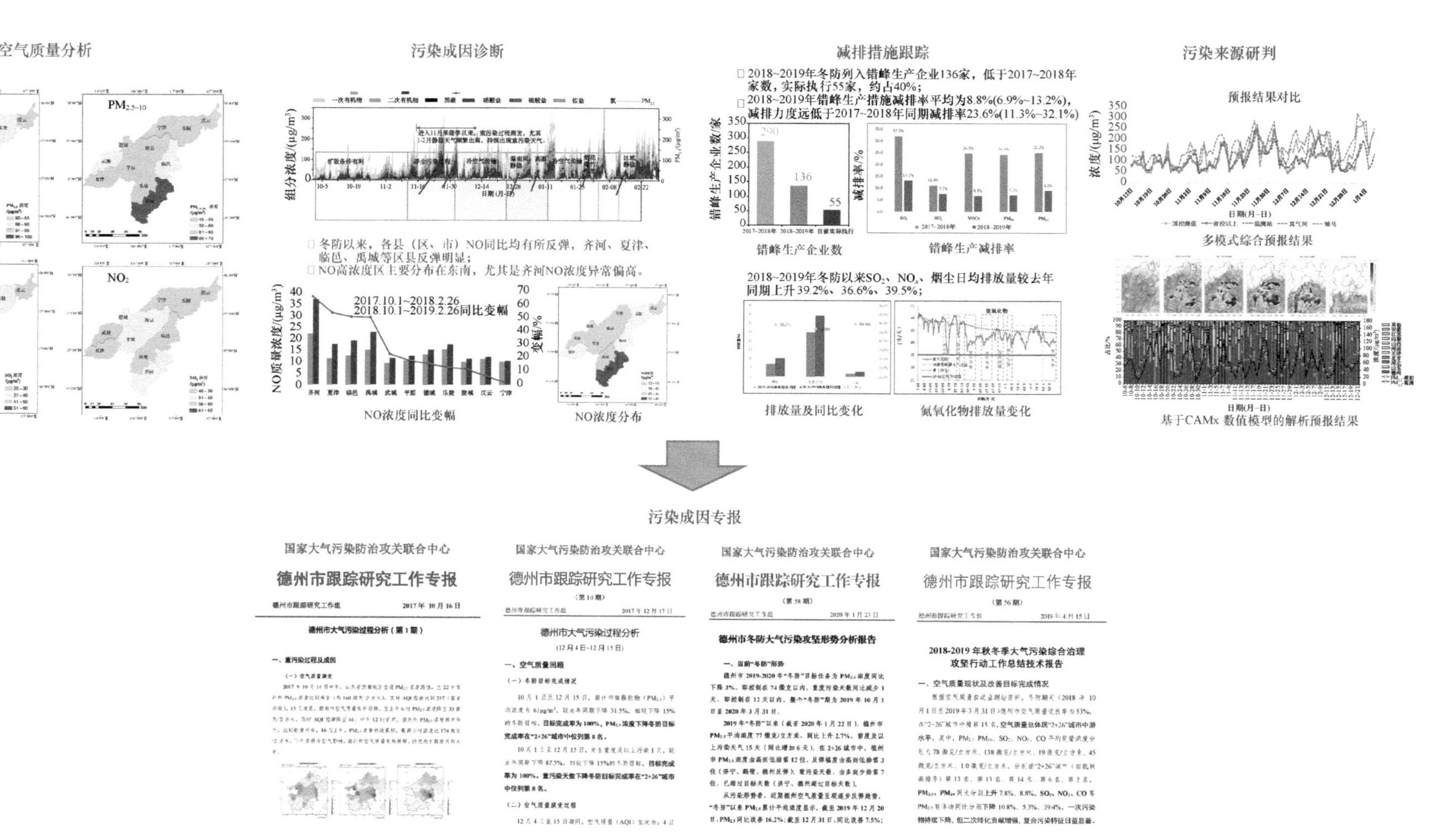

图 5-26 “2+26”城市大气重污染成因分析专报案例

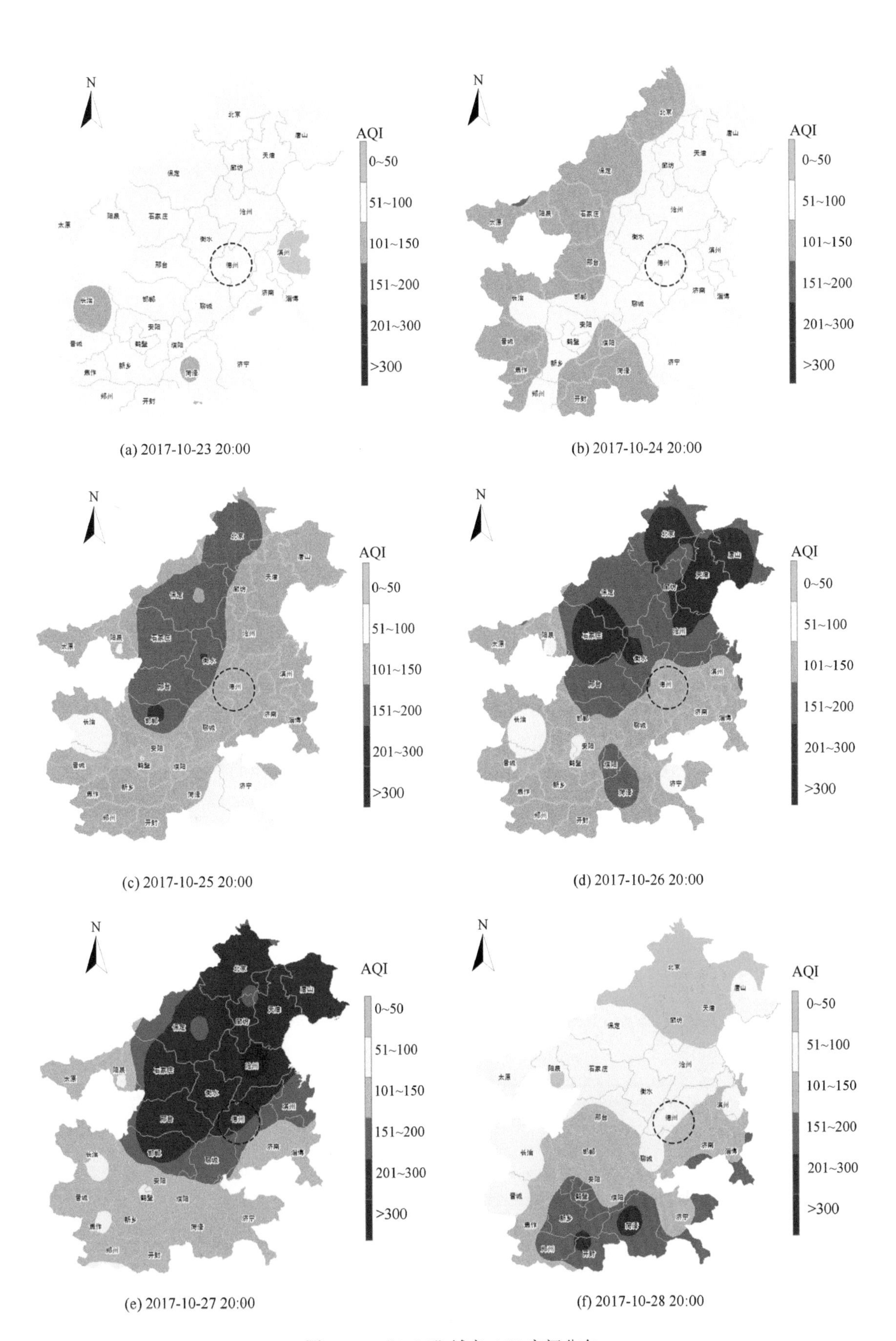

图 5-27 “2+26”城市 AQI 空间分布

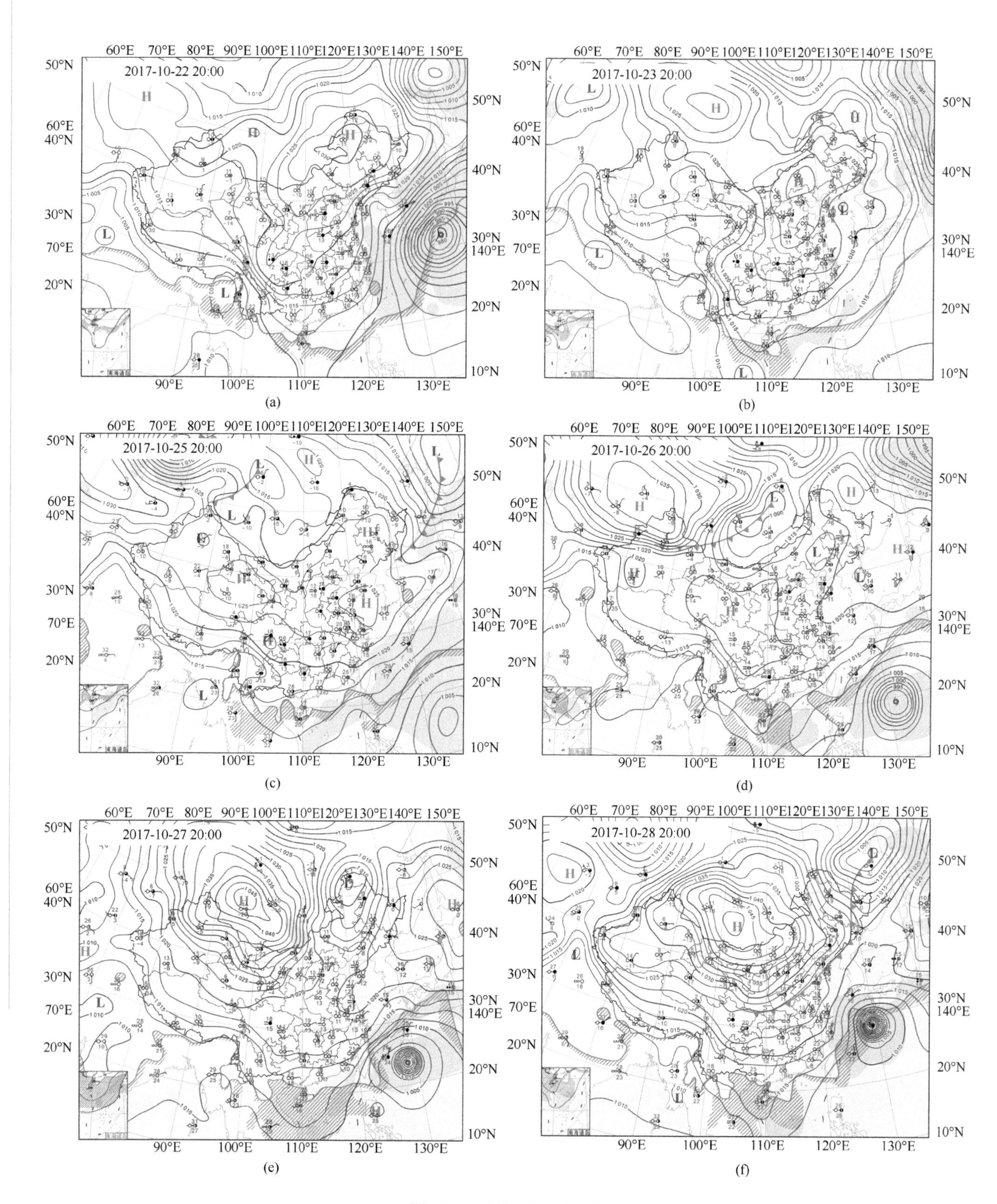

图 5-28　近地面天气形势

3）污染成因诊断

地面均压场、日间近地逆温、边界层高度较低是导致 2017 年 11 月 25 ～ 28 日污染过程的主要不利气象因素。根据气流反向轨迹（48h），22 ～ 24 日清洁天时德州市主要受北方气流影响，气团轨迹传输高度较高，最高在3000m左右；25日气团移动缓慢，传输高度降至500m以下，本地污染累积；26日气流轨迹转成西南方向，传输高度升至1000m左右，存在西南方向的污染物传输。27～28日8时的气流轨迹皆来自辐合带控制的重污染区域。28日20时气流轨迹转成西北方向，气团移动速度快，传输高度升至3000m以上，有利于污染物的扩散（图5-29和图5-30）。

基于超级站$PM_{2.5}$组分观测结果可以看出（图5-31），污染期间（2017年10月21日、25～28日）$PM_{2.5}$中硝酸根离子占比突出，达35%～52%，明显高于硫酸根离子在$PM_{2.5}$中的浓度占比（10%～19%）。25～26日、27～28日污染过程中$PM_{2.5}$中的OC浓度占比分别达30%、10%，表明污染来源显著不同，与气流轨迹的分析结果一致，也表明德州市西南方传输气团中颗粒物老化程度较高。污染期间SOR和NOR显著上升，分别为清洁天的2倍和3倍，表明污染过程中NO_2和SO_2的转化对$PM_{2.5}$浓度贡献突出。由NO_3^-/SO_4^{2-}比值（表征固定源和移动源污染的相对贡献）可见，21日、25～28日NO_3^-/SO_4^{2-}均值分别达2.42和3.09，远高于清洁天（22～24日）平均值的2.05，说明污染期间移动源排放对$PM_{2.5}$浓度增加贡献显著。

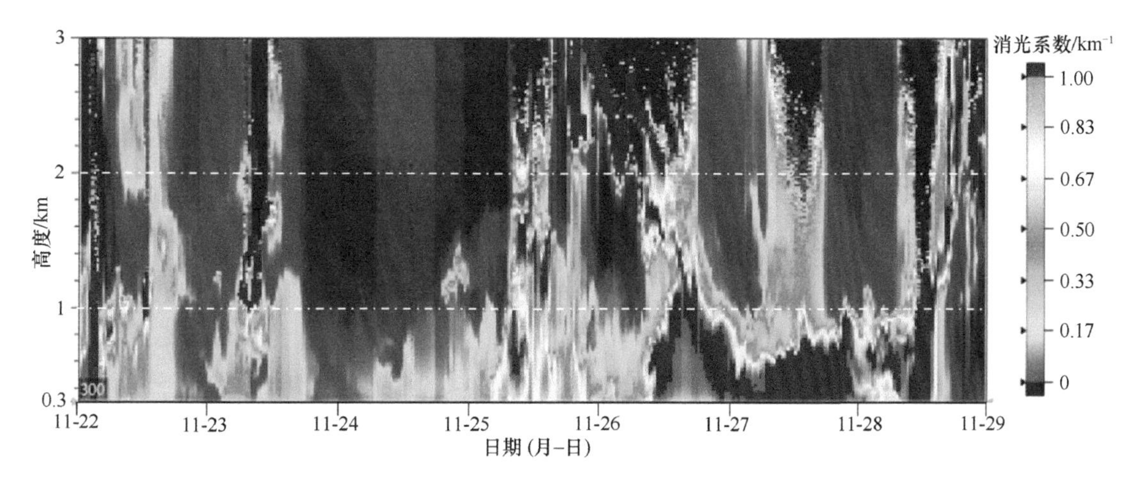

图5-29 激光雷达图

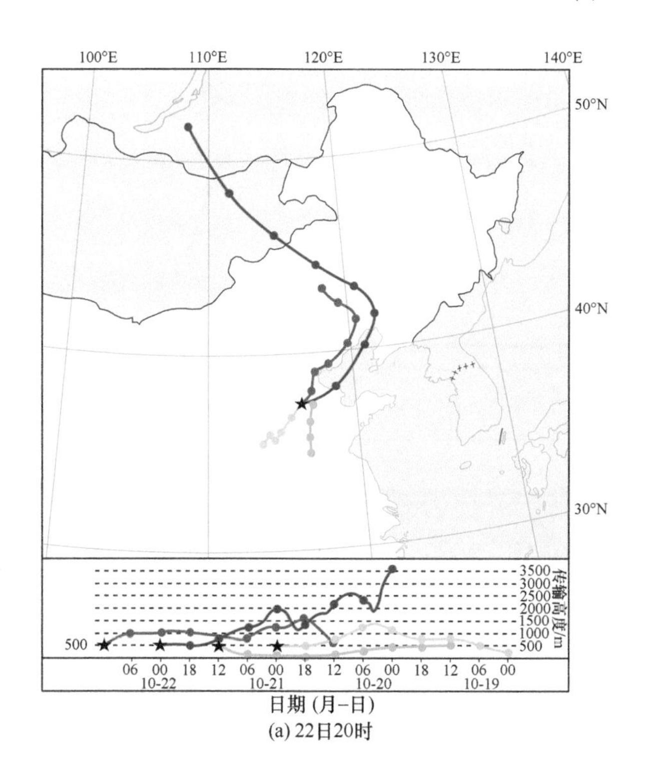

(a) 22日20时

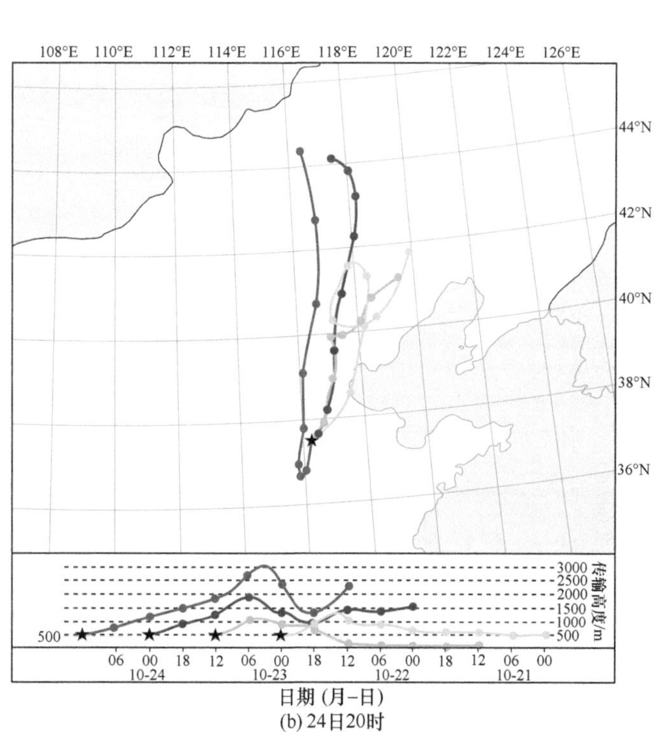

(b) 24日20时

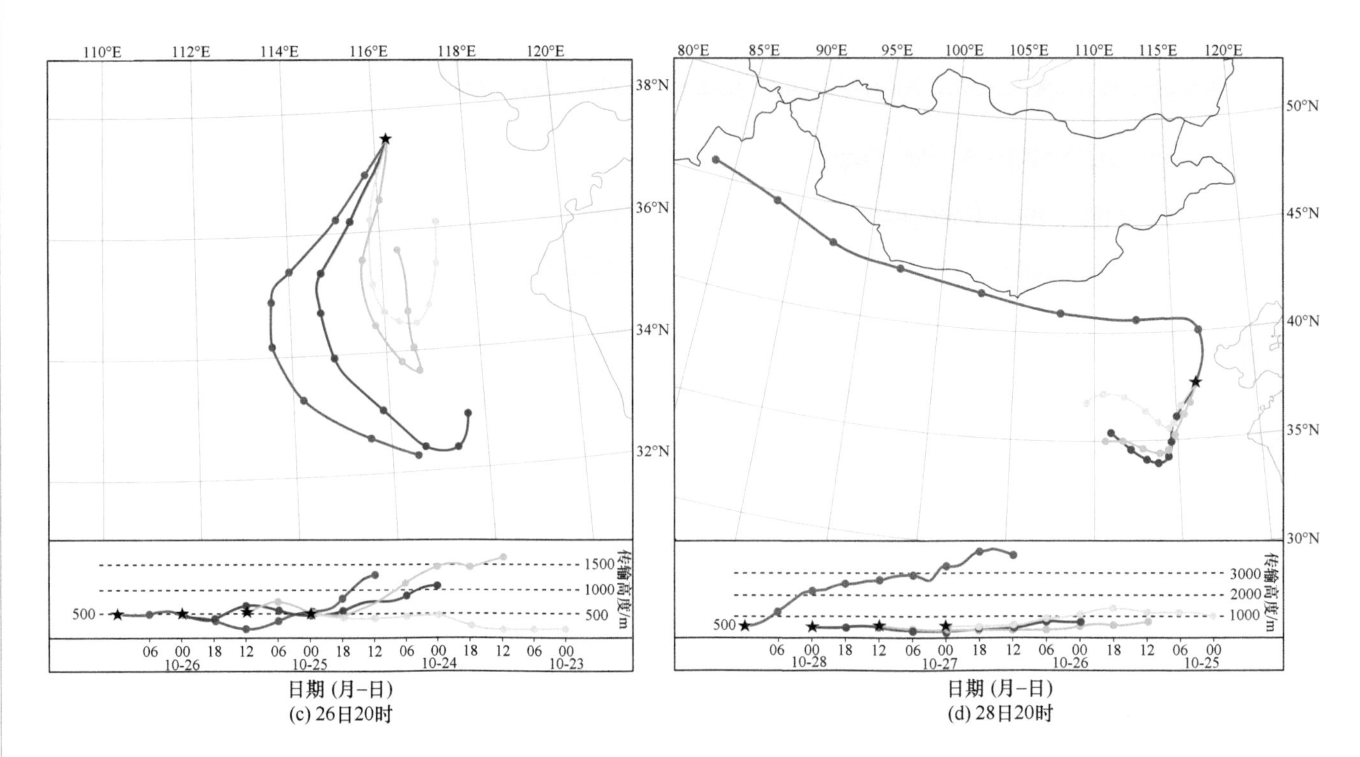

图 5-30 污染期间 48h 气流反向轨迹

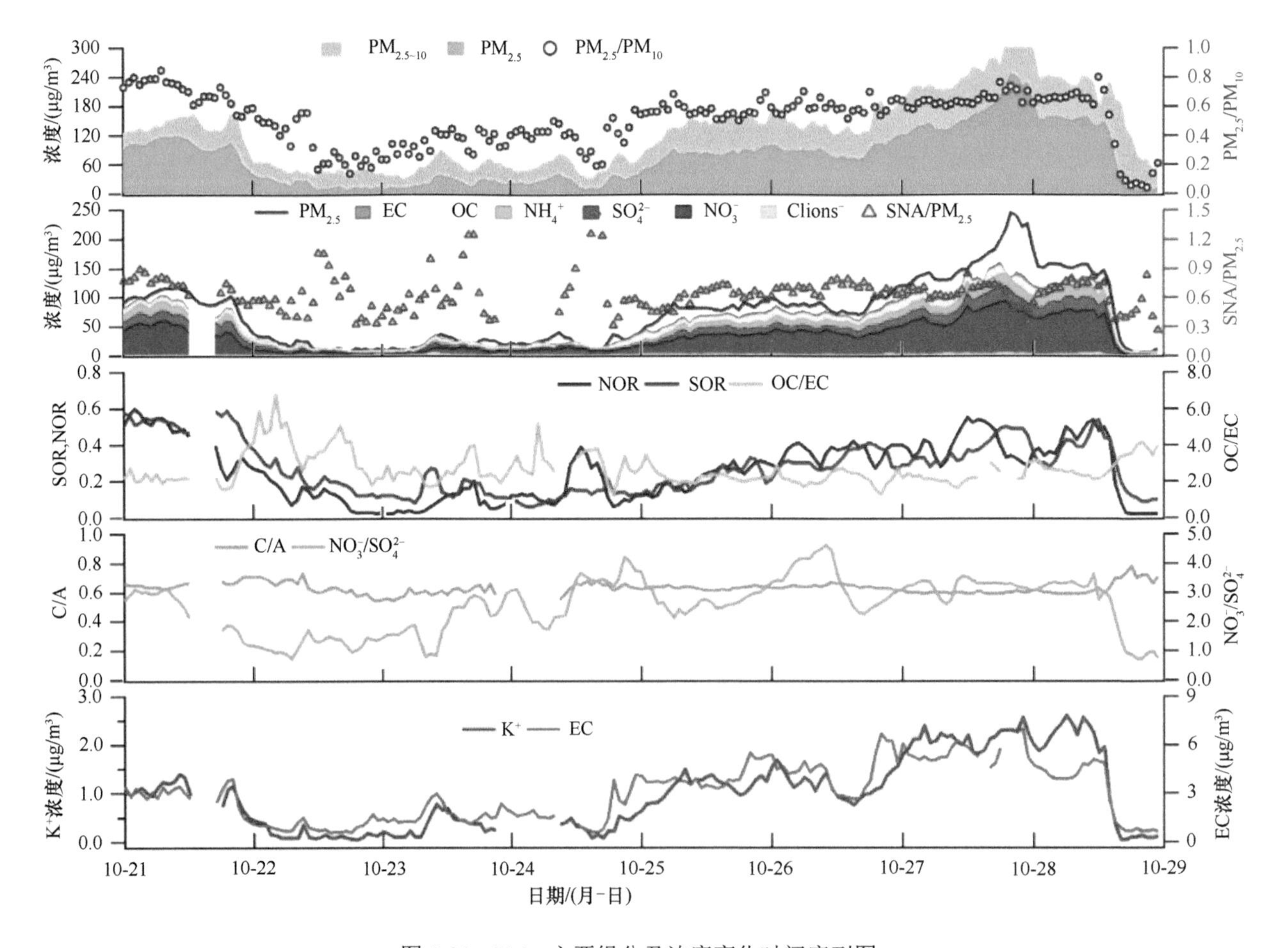

图 5-31 $PM_{2.5}$ 主要组分及浓度变化时间序列图

2017 年 10 月 25 日污染初期 Si、Ca、Al、Cu、Zn、Pb、K 等 $PM_{2.5}$ 组分浓度均出现大幅变化（图 5-32）和阶段性特征，表明本次污染过程中，来自扬尘源、工业源和燃烧源等一次污染源排放贡献显著。

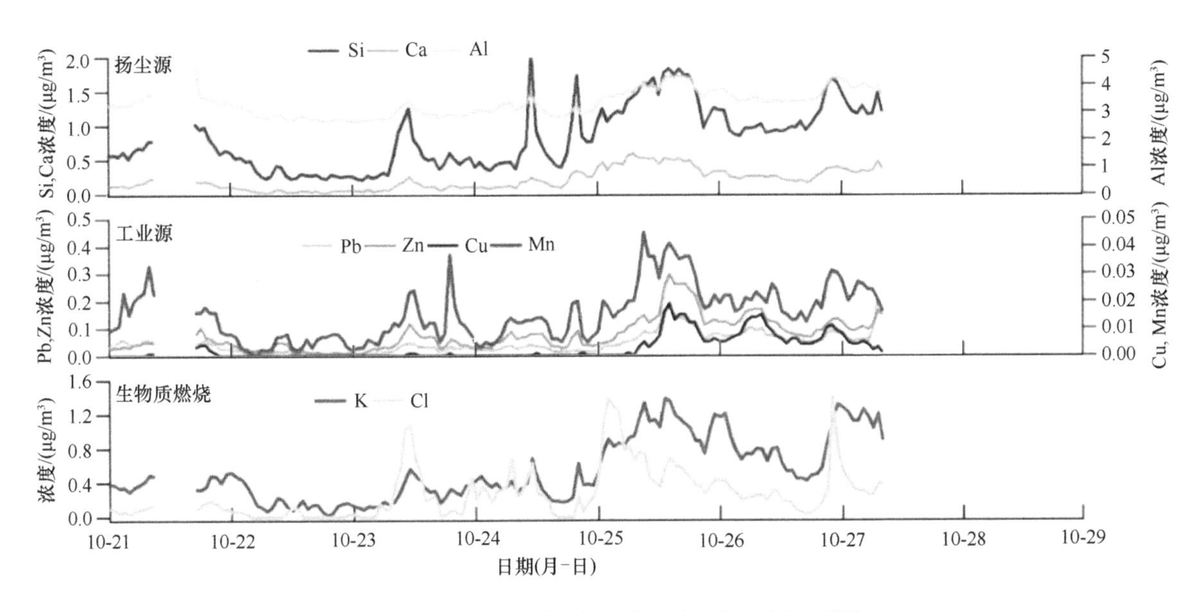

图 5-32 $PM_{2.5}$ 中重金属组分浓度变化时间序列图

4）重污染应急响应措施落实情况检查

2017 年 10 月 17 日 12 时～28 日 12 时，德州市处于橙色预警状态，启动 II 级应急响应措施，主要措施包括：①工业企业减排措施。应急期间，全市共有 1477 家企业停产，779 家企业落实限产措施。②错峰运输措施。火电、钢铁、焦化、有色冶炼、水泥、玻璃、化工、煤矿等涉及大宗原材料及产品运输的重点企业，进出厂区的运输车辆减少 50% 以上。③机动车限行措施。除城市运行保障车辆和执行任务特种车辆外，德州市建成区及各县（区、市）城区内重型柴油货车及非道路工程机械停止使用。④扬尘控制措施。城市主干道道路保洁在正常基础上每天增加 3 次洒水降尘作业频次；建成区建筑、道路、拆迁工地等停止施工作业，建筑垃圾和渣土运输车、混凝土罐车、砂石运输车等重型车辆停止运输作业；所有企业露天堆放的散装物料全部苫盖，增加洒水降尘频次。⑤其他综合性措施。全市所有矿石破碎企业和水泥粉磨站停止生产，混凝土搅拌站和砂浆搅拌站停止原材料运输；停止室外喷涂、粉刷、切割、护坡喷浆作业。

橙色预警期间，全市用电量明显下降，2017 年 10 月 17 ～ 26 日，全市用电量分别为 4408 万 kW·h、4333 万 kW·h、4192 万 kW·h、4133 万 kW·h、4097 万 kW·h、4085 万 kW·h、4172 万 kW·h、4099 万 kW·h、4224 万 kW·h 和 4274 万 kW·h，分别比 16 日启动橙色预警前下降 0.3%、2.0%、5.2%、6.5%、7.4%、7.6%、5.7%、7.3%、4.5% 和 3.4%，累计下降 2205 万 kW·h（图 5-33）。24 日起，全市用电量呈现上升趋势，主要是居民用电量增加所致。工业企业应急措施落实较好。

为保障重污染应急响应措施落实效果，跟踪研究工作组支撑德州市环保、工信、交通、公安等部门，开展了重污染期间应急减排措施落实情况与关键污染源现场检查和数据动态跟踪。检查发现，部分企业在重污染期间应急响应措施落实不力，如某钢铁企业 1 号烧结炉于应急响应措施启动后，NO_x 排放呈明显增加趋势，疑似在应急响应措施解除前提前开工（图 5-34）。针对这一问题，跟踪研究工作组迅速形成会商纪要报市政府。经主要领导批示后，移交相关区县督办落实。同时跟踪研究工作组会同应急管理部门，对这一问题进行持续跟踪，从跟踪结果来看，该企业烧结机 NO_x 排放出现明显下降，较峰值期间下降 30%。

移动源排放是推进京津冀及周边地区重污染过程的重要来源。跟踪研究工作组会商发现，重污染期间德州市主要国省控站点 NO 和 NO_2 浓度短时高浓度现象明显，疑似受该地区局地 NO_x 排放影响（图 5-35）。

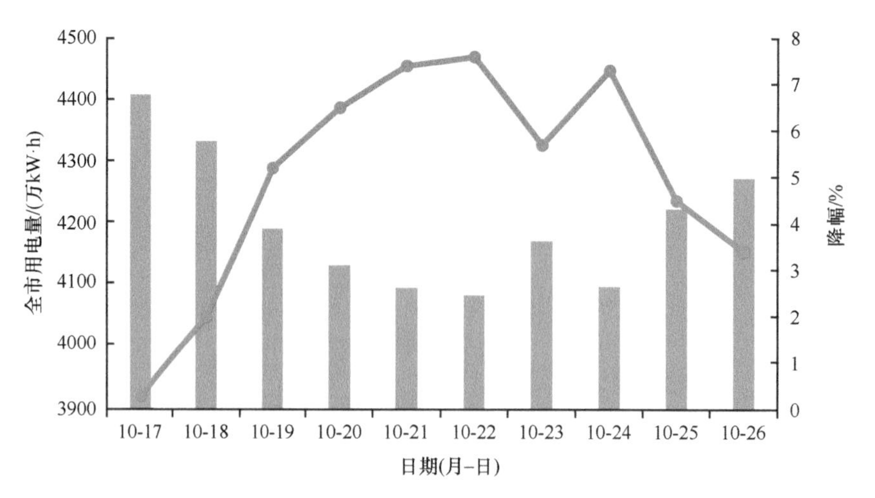

图 5-33　橙色预警期间德州市用电量变化情况

图 5-34　重点源在线监测异常情况落实整改

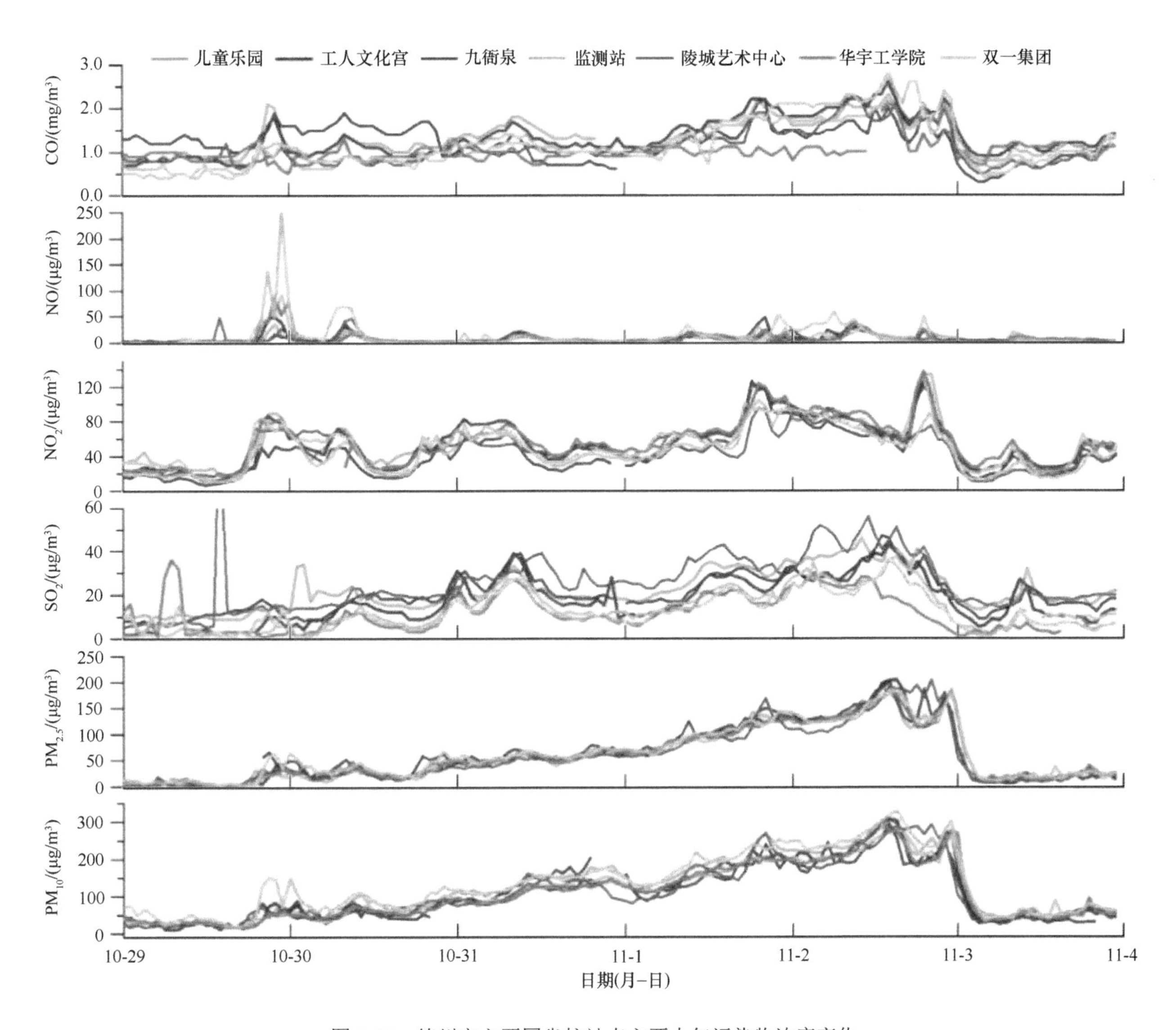

图 5-35 德州市主要国省控站点主要大气污染物浓度变化

跟踪研究工作组会同德州市环保、公安和交通部门现场检查发现，中心城区主干路重型柴油货车持续拥堵造成的高排放是导致周边 NO_x 污染严重的主要因素。针对这一问题，跟踪研究工作组会同市环保等相关部门专报市政府，其提出的强化中心城区重型柴油货车限行管控建议被采纳。

根据跟踪研究工作组建议，德州市适时启动了中心城区高排放柴油货车限行管控措施。评估结果显示，通过实施中心城区重型柴油货车限行措施，城区主要干道大型车流量下降 77% 左右，总车流量下降 27% 左右，大型车流量下降使城区 NO_x 浓度显著改善，湖滨大道（城区）交通监测站 NO_x 浓度下降约 24%，治理成效显著（图 5-36）。

5）重污染应急响应效果评估

经测算，通过实施橙色预警措施，德州市工业、机动车、扬尘等排放源 SO_2、NO_x、VOCs、一次 $PM_{2.5}$ 和 PM_{10} 的减排率分别为 35%、33%、36%、15% 和 45%。在线监测数据显示，自 2017 年 10 月 17 日 12 时启动橙色预警开始，德州市高架源 SO_2、NO_x 和一次颗粒物排放量明显下降（图 5-37），10 月 27 日 SO_2、NO_x 和烟尘排放量分别比橙色预警前下降了 14%、23% 和 21%，减排效果较为显著。

根据模型模拟结果（图 5-38），2017 年 10 月 21 ～ 28 日橙色预警措施实施期间，德州市 $PM_{2.5}$ 浓度平均降低 5.1μg/m³，降低比例平均为 12.8%。整个预警过程中瞬时降幅比例可达 19%，其中，27 日污染过程

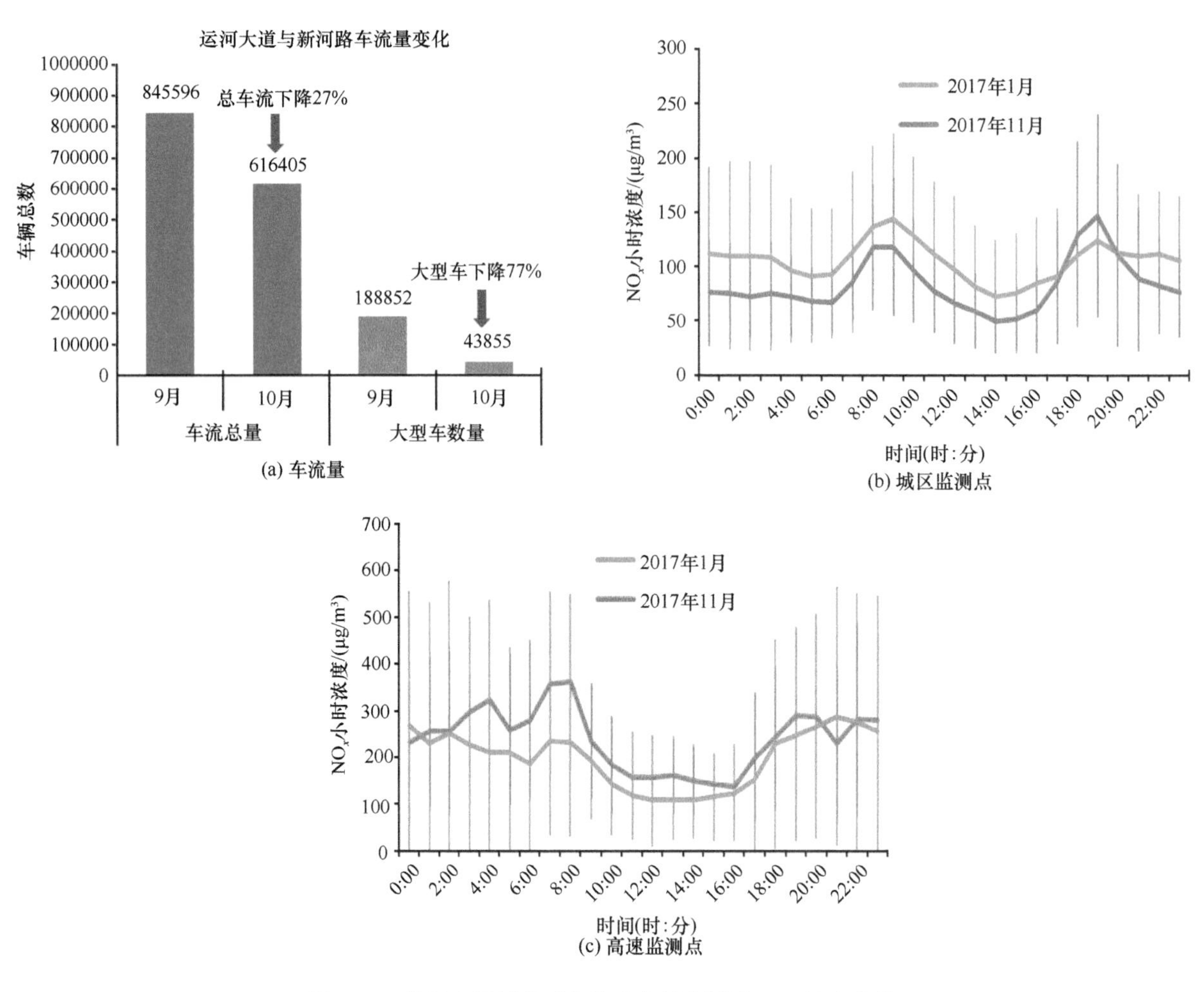

(a) 车流量

(b) 城区监测点

(c) 高速监测点

图 5-36 德州市限行前后车流及交通监测站 NO_x 浓度变化

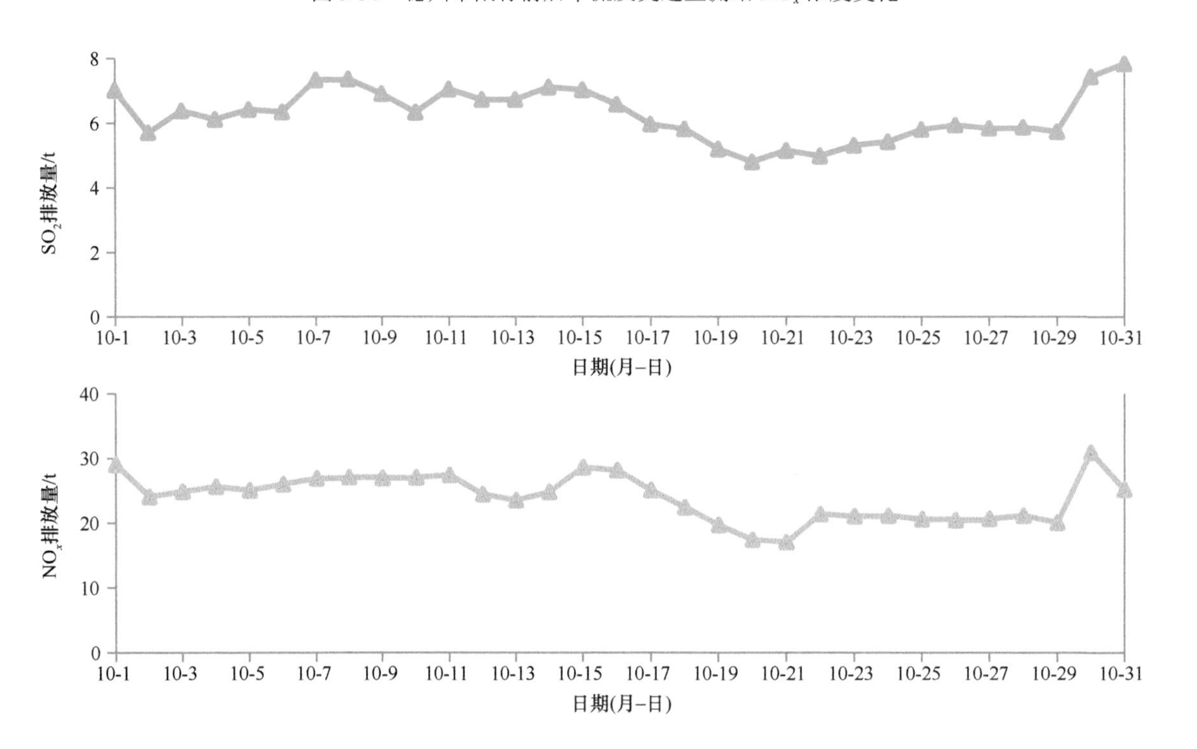

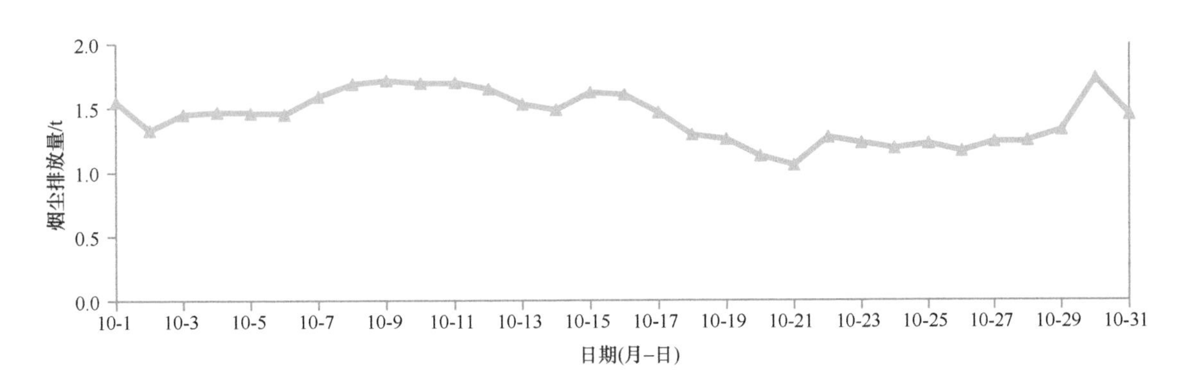

图 5-37 重点源在线监测排放变化情况

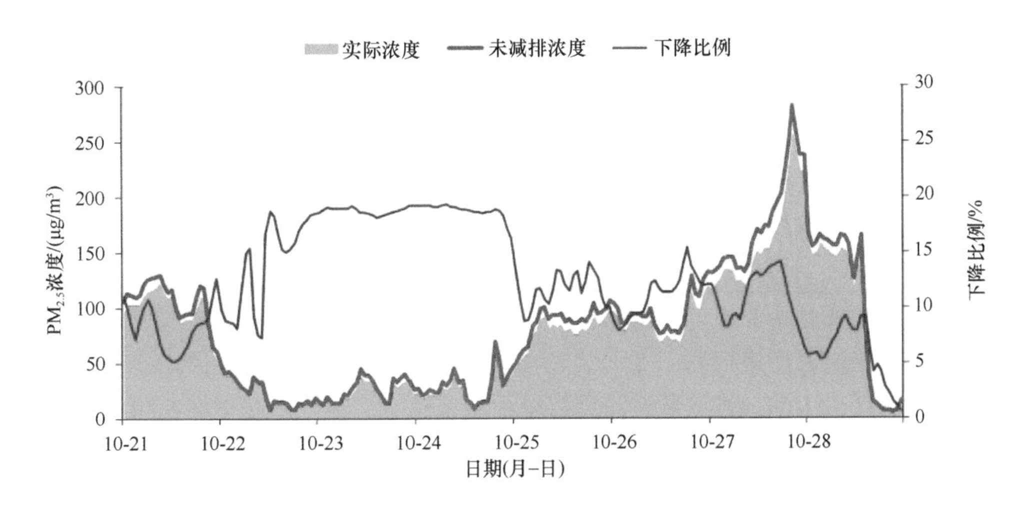

图 5-38 橙色预警措施实施期间 $PM_{2.5}$ 浓度预期降低数值模拟结果

中瞬时改善浓度为 10.9 ～ 24.0μg/m^3，可见橙色预警措施的实施有效缓解了德州市大气重污染程度。

5.4.3 重污染天气应对科学支撑

3 年来，“2+26”城市跟踪研究工作组在深入掌握“2+26”城市大气污染成因与来源的同时，也为科学应对重污染过程提供了关键支撑。截至 2020 年 3 月 20 日，“2+26”城市共报送信息专报、成因分析工作专报和专家解读 1540 期，其紧密结合当地政府需求，建言献策，得到了当地政府的高度重视，为各城市建立了规范的信息资料库。其间，其推动当地政府完成了重污染天气应急预案修订，不断完善应急减排措施和清单。

以北京市、唐山市、邢台市、淄博市为例，介绍了城市跟踪研究工作组基于地方大气重污染应急预案评估，提出的相应的重污染应急预案修订建议。

（1）北京市在落实生态环境部重污染应急预案修订要求的基础上，重点在统一重污染天气预警分级标准、降低橙色预警启动条件、完善应急管理体系、细化污染管控措施方面进行了调整：①防护提示替代蓝色预警。发生 1 天重污染时，不再发布预警，改为随空气质量预报信息发布健康防护提示性信息，空气重污染预警由原来的四级减少为三级，蓝色预警取消，此标准和全国的分级标准实现了统一。②降低橙色预警启动条件。预测全空气质量指数日均值 >200 将持续 3 天（72h）及以上，即发生 3 天重污染时，无论是否达到严重污染程度都可启动橙色预警，采取强化应急措施，最大限度地保护公众健康。③完善应急管理体系。强调建立、区、乡镇（街道）三级预案体系，即乡镇（街道）都要按照市级预案制定应急分预案，细化分解各项应急措施，将措施落实到基层“最后一公里”。④细化污染管控措施。针对涉气工业企业实行“一厂一策”，即每个工业企业根据企业情况制定重污染天气应急响应操作方案，细化在不同预警级别下的应急减排措施、停产生产线和工艺环节，避免措施“一刀切”。

（2）唐山市建议黄色预警的减排措施提前 12 ～ 36h 启动，橙色预警减排措施提前 36 ～ 48h 启动，红色预警减排措施提前 36 ～ 72h 启动，具体启动时间，可根据具体气象、污染特征和部门、专家组会商意见确定。企业限产、机动车限行等措施的知情准备时间、预警发布时间应当比减排措施的启动时间再提前 12 ～ 24h，但健康防护措施不必提前启动，在应急预案中健康防护措施要与污染减排措施区别开来。

（3）邢台市建议应缩短发布重污染天气预警时间以及降低重污染应急预警启动条件，尽可能提前开展各项污染应急响应措施，提高响应时效，有效遏制污染程度的加重。应针对各区县不同情况、不同行业企业布局制定更具有针对性的响应措施，以期更有效地降低重污染天气的污染程度。加强对“一厂一策”实施方案中规定的大宗物料错峰运输落实情况的检查力度，明确重点企业正常生产时重型柴油运输车辆的数量，建立企业大宗运输车辆管理责任制，避免在重污染天气预警期间重点运输行业企业落实不到位。

（4）淄博市 2018 ～ 2019 年重污染天气应急预案主要对以下几个方面进行修订：①严格控制燃煤电厂排放浓度，确保达到超低排放要求。②为避免“一刀切”，应根据企业所用原辅材料、生产设备及环保设施等的不同进行差异化管理；制定绿色标杆企业豁免标准，实施绩效豁免政策。③对水泥、陶瓷、耐火、铸造、钢铁、焦化、碳素等行业实行错峰生产，根据企业生产情况确定停产日期和生产线；对玻璃、有机化工等行业采取限产、限排措施。④严格控制工业涂装、印刷等行业 VOCs 的排放，停止建筑工地喷涂粉刷等使用有机溶剂的作业等来减少 VOCs 排放量。⑤重点企业实施错峰运输。采暖季红色预警及橙色预警期间，重点用车企业或单位采用的运输车辆中，国四及以上排放标准车辆应占全部运输车辆的 80% 以上；重点用车企业或单位在车辆出入口安装视频监控系统；重点用车企业或单位原则上不允许重型载货车进出厂区。⑥控制移动源重型柴油车。红色预警期间，建成区淄博市范围内的国省道禁止国三（含）及以下排放标准的重型柴油货运车辆上路行驶；橙色预警期间，建成区内道禁止国三（含）及以下排放标准的重型柴油货运车辆上路行驶。⑦秋冬季道路扬尘控制措施，根据大气环境湿度、温度等情况，适当调整道路冲洗和保洁作业频次。

2017 ～ 2018 年和 2018 ～ 2019 年秋冬季“2+26”城市应急减排清单管控企业数见表 5-13，与 2017 ～ 2018 年秋冬季相比，除天津市、濮阳市和淄博市 2018 ～ 2019 年秋冬季管控企业数量未增加外，其他城市均有明显增加，其中衡水市增加管控企业最多，增加 3295 家，其次是郑州市增加 2129 家管控企业。

表 5-13　2017 ～ 2018 年和 2018 ～ 2019 年秋冬季“2+26”城市应急减排清单管控企业数

城市	2017 ～ 2018 年秋冬季	2018 ～ 2019 年秋冬季	城市	2017 ～ 2018 年秋冬季	2018 ～ 2019 年秋冬季
北京市	714	1239	鹤壁市	516	674
天津市*	2411	1142	郑州市	2385	4514
石家庄市	3218	4966	开封市	303	1769
廊坊市	2811	3541	济南市	864	1243
保定市	2627	3292	滨州市	518	916
沧州市	5969	7036	济宁市	481	2153
衡水市	1726	5021	德州市	3127	3707
邢台市	1562	3362	唐山市	3383	3865

续表

城市	2017～2018年秋冬季	2018～2019年秋冬季	城市	2017～2018年秋冬季	2018～2019年秋冬季
邯郸市	1456	3435	长治市	749	905
太原市	761	846	安阳市	1400	2504
阳泉市	473	812	濮阳市	796	723
晋城市	791	1110	菏泽市	510	829
新乡市	913	1317	聊城市	940	982
焦作市	577	947	淄博市	1793	1456

* 天津市 2018～2019 年应急企业中扣除了长期停产和一些污染排放小微的企业。

随着重污染应急减排预案的不断优化，“2+26”城市污染物减排效果显著，2015～2019 年“2+26”城市重污染天数和 $PM_{2.5}$ 日均峰值浓度见表 5-14。与 2015 年相比，2019 年除鹤壁市和濮阳市重污染天数有所增加外，其他城市均有明显减少，重污染天数减少最多的城市分别为保定市、德州市、北京市、廊坊市和衡水市，下降天数分别为 53 天、41 天、40 天、39 天和 35 天，降幅分别为 71%、75%、91%、81% 和 65%，重污染天数减少最多的城市为保定市（减少 53 天），降幅最大的城市为北京市（降幅为 91%）。鹤壁市和濮阳市重污染天数有所增加，分别增加 1 和 3 天。

表 5-14 2015～2019 年“2+26”城市重污染天数和 $PM_{2.5}$ 日均峰值浓度统计结果

城市	重污染天数 / 天					$PM_{2.5}$ 日均峰值浓度 / （$\mu g/m^3$）				
	2015年	2016年	2017年	2018年	2019年	2015年	2016年	2017年	2018年	2019年
北京市	44	38	22	14	4	480	396	454	244	217
天津市	25	28	23	9	11	346	334	277	285	248
石家庄市	48	71	46	32	30	420	625	445	364	354
唐山市	36	36	24	12	10	322	367	298	345	279
邯郸市	33	41	40	25	32	450	703	322	316	323
邢台市	44	42	34	29	32	564	424	438	366	347
保定市	75	58	47	24	22	513	407	539	372	396
沧州市	23	26	24	13	14	380	313	275	288	232
廊坊市	48	30	21	10	9	505	393	352	289	316
衡水市	54	41	32	17	19	727	380	335	265	270
太原市	12	25	21	10	11	251	341	377	206	298
阳泉市	12	11	16	12	11	245	241	269	227	201
长治市	13	24	10	8	7	299	293	236	212	289
晋城市	16	25	16	19	15	235	308	247	248	228
济南市	39	23	15	10	11	426	386	289	244	275
淄博市	32	17	16	13	16	403	355	290	266	262
济宁市	28	21	9	9	7	368	370	259	244	217
德州市	55	44	27	10	14	618	312	293	234	310
聊城市	47	34	26	19	20	574	399	303	265	260
滨州市	30	23	17	9	15	346	219	324	252	227

续表

城市	重污染天数 / 天					$PM_{2.5}$ 日均峰值浓度 / ($\mu g/m^3$)				
	2015 年	2016 年	2017 年	2018 年	2019 年	2015 年	2016 年	2017 年	2018 年	2019 年
菏泽市	44	39	19	24	16	476	440	283	316	280
郑州市	46	36	33	26	26	394	608	340	359	275
开封市	30	33	28	27	26	494	557	288	330	278
安阳市	44	44	41	35	38	518	665	370	368	373
鹤壁市	25	26	22	14	26	368	443	300	227	274
新乡市	44	43	18	21	21	668	644	284	270	230
焦作市	38	41	31	27	27	373	564	362	336	251
濮阳市	31	30	29	23	34	488	505	314	330	460

$PM_{2.5}$ 日均峰值浓度整体水平下降显著，至 2019 年，北京市、阳泉市和济宁市 $PM_{2.5}$ 日均峰值浓度下降至 220μg/m^3 以下，其中峰值浓度最低的城市为阳泉市。石家庄市、邯郸市、邢台市、保定市、廊坊市、德州市、安阳市以及濮阳市 $PM_{2.5}$ 日均峰值浓度超过 300μg/m^3，濮阳市浓度最高，也是“2+26”城市中唯一一个日均峰值浓度超过 400μg/m^3 的城市。$PM_{2.5}$ 日均峰值浓度下降幅度较大的城市分别为新乡市、衡水市、北京市、聊城市以及德州市，下降幅度均在 50% 以上（包含 50%），分别为 66%、63%、55%、55% 以及 50%；降幅在 40% ～ 50% 的城市有开封市、菏泽市以及济宁市；降幅在 20% ～ 40% 的城市分别为沧州市、邢台市、廊坊市、济南市、淄博市、滨州市、焦作市、郑州市、天津市、邯郸市、安阳市、鹤壁市以及保定市；降幅在 10% 以下的城市为濮阳市、长治市和晋城市，降幅分别为 6%、3% 和 3%，太原市 2019 年 $PM_{2.5}$ 日均峰值浓度较 2015 年同期相比升高 47μg/m^3，升幅为 19%。

5.5 差异化的“2+26”城市大气污染防治综合解决方案

通过分析“2+26”城市大气颗粒物组分特征、污染来源及污染物排放特征，结合经济、产业、能源现状，明确“2+26”城市大气污染的症结，综合识别出“2+26”城市主要问题，提出基于统一技术规范、体现不同城市差异的“2+26”城市“一市一策”综合解决方案。

5.5.1 城市大气污染防治综合解决方案制定技术

为加强城市大气污染防治综合解决方案编制的科学性和规范性，提高方案的可操作性和针对性，项目编制城市大气污染防治综合解决方案制定技术，以指导“2+26”城市开展统一技术体系下的“一市一策”大气污染防治综合解决方案的编制工作。

城市大气污染防治综合解决方案的编制（图 5-39）的主要内容包括确定大气污染防治目标、环境空气污染特征与问题分析、大气污染排放特征分析、能源和产业发展情况与调整政策分析、污染成因分析、减排压力分析与潜力挖掘、大气污染综合防治措施制定等。为明确大气污染防治主控方向，细化措施的实施内容，首先要根据城市污染排放与环境空气质量现状判断和确定城市空气质量改善所面临的主要问题和挑战，基于大气污染源排放清单分析大气污染物排放特征，筛选重点排放行业和排放源，结合城市自然条件（气

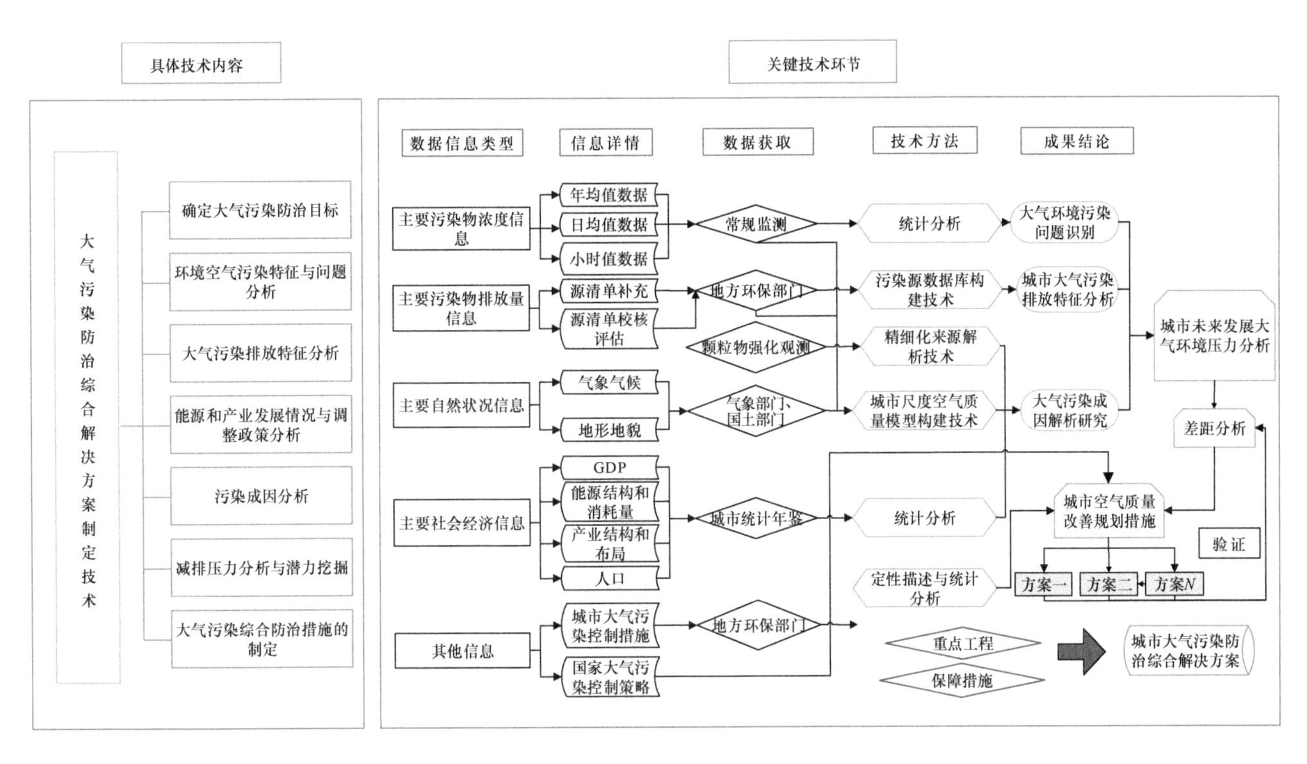

图 5-39 大气污染防治综合解决方案编制技术思路

象气候、地形地貌等）和社会经济状况（经济、产业、能源等）分析大气污染成因。根据国家、区域及省市对空气质量改善的要求，提出各阶段目标年主要污染物浓度目标和减排目标，结合未来社会经济发展带来的压力，从宏观上提出产业、能源、交通及用地结构调整需求，在充分考虑具体措施间协同效应的基础上，有效整合多种控制措施，形成不同情景控制方案，利用空气质量模型对各类控制方案进行模拟分析，对比分析模拟结果与目标年主要污染物目标浓度，确定不同方案的实施效果及差距，通过调整方案中的措施类型、措施内容和措施的执行力度，实现方案的整体优化，从而建立一套环境空气质量改善的最佳方案。

5.5.2 “2+26”城市大气环境问题识别

基于“2+26”城市大气污染源清单、源解析与重污染应对研究成果，结合城市自然、经济与能源发展现状，综合识别出“2+26”城市主要问题，每个城市都存在工业源、扬尘源、燃煤源、移动源 4 种主要来源，它们存在一定共性和个性特征（表 5-15），“2+26”城市的分类体现了不同城市的差异性，其为“一市一策”综合解决方案的制定、分类施策和精准治污提供了重要的依据。

表 5-15 “2+26”城市主要污染问题总结

城市	排放特征	来源解析	经济产业	综合分析
北京市	扬尘源、移动源、溶剂使用及储存运输源、民用燃烧	机动车 + 燃煤	三产	机动车 + 溶剂使用 + 民用燃烧 + 扬尘
天津市	钢铁、移动源、民用燃烧、石化、扬尘源、铸造、砖瓦	工业 + 机动车	三产	工业（钢铁、石化）+ 移动源 + 扬尘
石家庄市	扬尘源、砖瓦、陶瓷、建材、移动源、民用燃烧、工业锅炉、农业源	工业 + 机动车	二产（采矿业）+ 三产	工业（建材）+ 机动车 + 扬尘
廊坊市	移动源、溶剂使用及储存运输源、扬尘源、钢铁、其他工业、建材	机动车 + 工业 + 扬尘	三产 + 二产（电力燃气及水的生产供应业 + 建筑业）	机动车 + 工业（钢铁、溶剂使用）+ 扬尘

续表

城市	排放特征	来源解析	经济产业	综合分析
保定市	移动源、扬尘源、其他工业、农业源、民用燃烧	工业＋扬尘 / 机动车	一产＋三产＋二产（建筑业）	民用燃烧＋扬尘＋机动车
唐山市	钢铁、铸造、陶瓷、扬尘源、民用燃烧、焦化、移动源	工业	二产（制造业＋采矿业＋电力燃气及水的生产供应业）	工业（钢铁、焦化）＋机动车 / 扬尘
衡水市	扬尘源、移动源、农业源、民用燃烧、其他工业	工业＋燃煤	二产（电力燃气及水的生产供应业）＋一产	工业（工业锅炉）＋民用燃烧＋扬尘
邯郸市	钢铁、农业源、砖瓦、铸造、扬尘源、移动源、民用燃烧	工业	一产＋二产（电力燃气及水的生产供应业）	工业（钢铁、砖瓦）
邢台市	民用燃烧、玻璃、其他工业、钢铁、扬尘源、焦化	工业	一产＋二产	工业（玻璃、钢铁、焦化）＋机动车
沧州市	石化、医药制造、建材、有色冶炼、钢铁、扬尘源、移动源、焦化	工业	二产（制造业）＋一产	工业（石化、钢铁）＋扬尘
郑州市	移动源、砖瓦、有色冶炼、扬尘源、溶剂及油气储运、建材	机动车＋工业＋燃煤	三产＋二产（电力燃气及水的生产供应业）	机动车＋工业（建材、有色冶炼、溶剂使用）＋扬尘
新乡市	扬尘源、移动源、铸造、砖瓦、建材、石化、农业源、建材	机动车＋工业＋扬尘	一产＋二产（建筑业）＋三产	工业（建材、铸造）＋机动车＋燃煤
鹤壁市	电力热力、移动源、其他工业、农业源、建材	工业＋机动车	二产（采矿业＋电力燃气及水的生产供应业＋制造业）	工业（电力热力）＋机动车
安阳市	扬尘源、铸造、民用燃烧、移动源、钢铁、焦化	工业＋扬尘 / 机动车 / 燃煤	二产＋一产＋三产	工业（钢铁、焦化）＋扬尘 / 机动车
焦作市	扬尘源、移动源、建材、有色冶炼、民用燃烧、电力热力	燃煤＋扬尘＋工业	二产（采矿业）	扬尘＋民用燃烧＋工业（建材、有色冶炼、电力热力）
濮阳市	扬尘源、移动源、工业锅炉、其他工业、农业源	扬尘＋工业＋燃煤	二产（制造业采矿业）＋一产	扬尘＋工业（生物质锅炉、工业锅炉、石化）＋民用燃烧
开封市	农业源、移动源、扬尘源、石化	机动车＋工业＋燃煤	一产＋三产	机动车＋工业（石化）＋民用燃烧
济南市	扬尘源、移动源、建材、民用燃烧、农业源	机动车＋燃煤＋工业	三产＋二产（建筑业）	机动车＋民用燃烧＋扬尘＋工业（建材）
淄博市	扬尘源、陶瓷、石化、电力热力、建材、钢铁、移动源	工业＋机动车 / 燃煤	三产＋二产（制造业＋建筑业）	工业（陶瓷、石化）＋机动车
聊城市	移动源、其他工业、电力热力、扬尘源、农业源、石化	工业＋机动车	二产（制造业）＋一产	工业（建材、有色冶炼、石化）＋机动车
德州市	扬尘源、移动源、碳素、砖瓦、溶剂使用及储存运输、电力热力	燃煤＋工业＋扬尘	一产＋二产（制造业）＋三产	民用燃烧＋工业（溶剂使用、碳素、砖瓦）＋扬尘
滨州市	电力热力、扬尘源、移动源、有色冶炼、砖瓦、陶瓷	工业＋燃煤	三产＋一产＋二产（电力燃气及水的生产供应＋制造业）	工业（电力热力）＋民用燃烧
济宁市	移动源、扬尘源、农业源、电力热力、石化	机动车＋工业＋燃煤	一产＋三产＋二产（建筑业采矿业）	机动车＋工业（电力热力）＋民用燃烧
菏泽市	农业源、焦化、扬尘源、移动源、电力热力、石化	工业＋机动车	一产＋二产（电力燃气及水的生产供应业）	工业（焦化、电力热力）＋机动车＋民用燃烧
太原市	移动源、焦化、扬尘源、电力热力、钢铁、民用燃烧	工业＋机动车＋燃煤	三产＋一产＋二产（建筑业）	工业（钢铁、焦化）＋机动车
阳泉市	扬尘源、其他工业、移动源、民用燃烧、工业锅炉	工业＋扬尘 / 机动车	二产	工业（建材、焦化）＋扬尘 / 民用燃烧＋机动车
长治市	扬尘源、焦化、民用燃烧、建材、电力热力、钢铁	工业＋机动车 / 扬尘	三产＋二产	工业（焦化、建材）＋民用燃烧＋扬尘＋机动车
晋城市	民用燃烧、其他工业、扬尘源、石化、工业锅炉	工业＋扬尘	二产	工业（石化）＋扬尘

（1）以工业源为主要来源的城市包括天津市、石家庄市、唐山市、衡水市、邯郸市、邢台市、沧州市、新乡市、鹤壁市、安阳市、淄博市、聊城市、滨州市、菏泽市、太原市、长治市、阳泉市和晋城市。虽然

这些城市都是以工业源为主要来源，但每个城市主要工业行业存在差异：天津市和沧州市以钢铁、石化行业为主；唐山市、安阳市、太原市以钢铁、焦化行业为主；邯郸市以钢铁、砖瓦行业为主；新乡市以建材、铸造行业为主；石家庄市以建材行业为主；邢台市以玻璃、钢铁和焦化行业为主；鹤壁市、滨州市以电力热力行业为主；淄博市以陶瓷、石化行业为主；聊城市以建材、有色冶炼、石化行业为主；菏泽市以焦化、电力热力行业为主；晋城市受石化行业影响；阳泉市和长治市以建材、焦化行业为主。

（2）以移动源为主要来源的城市包括北京市、廊坊市、郑州市、开封市、济南市和济宁市。不同城市还有其他相关工业、民用燃烧和扬尘的影响，北京市还存在部分溶剂使用及扬尘等其他来源，廊坊市还受钢铁行业和扬尘源影响，郑州市受工业源和扬尘源影响，开封市受石化行业和民用燃烧影响，济南市受民用燃烧和扬尘源的影响，济宁市受电力热力行业和民用燃烧影响。

（3）以民用燃烧为主要来源的城市包括保定市和德州市，同时还受工业源、扬尘源和移动源的影响，保定市受扬尘源影响较大，德州市还受溶剂使用、碳素和砖瓦行业等工业源影响。

（4）以扬尘源为主要来源的城市是濮阳市和焦作市，另外濮阳市主要还受生物质锅炉、工业锅炉、石化行业的影响，焦作市受民用燃烧及建材行业、有色冶炼行业和电力热力行业等工业源影响较大。

5.5.3 “2+26”城市“一市一策”综合解决方案

在大气污染控制措施上，“2+26”城市坚持开展产业、能源、交通和用地结构调整。在产业结构调整方面，以优化产业布局、严控“两高”行业产能、强化“散乱污”企业综合整治、深化工业污染治理为重点。在能源结构调整方面，以煤炭消费总量控制、燃煤锅炉综合整治、散煤“双替代”、提高能源利用效率等为重点。在交通结构调整方面，以优化货物运输结构、加快车船结构和油品质量升级、强化移动源污染防治等为重点。在用地结构调整方面，以扬尘综合治理、露天矿山综合整治和秸秆综合利用等为重点。同时开展秋冬季攻坚行动、柴油货车污染治理攻坚战、工业窑炉治理专项行动、挥发性有机物专项整治四项专项行动。但是，由于不同城市自然条件、产业结构、经济发展水平存在差异，以及大气污染程度和污染特征不同，各城市在措施制定上着力的方向有所不同，在措施实施的力度上也有差异。

5.5.3.1 以工业源为主要来源的城市

以工业源为主要来源的城市应加强产业结构调整，解决重污染企业围城，以及市区内重污染企业搬迁改造问题，同时强化工业污染源治理升级改造，针对煤炭使用、冶金、建材、涉 VOCs 重点行业、“散乱污”等重点领域，强化行业管控方案在城市的应用，确保各项污染防治与监管措施有效落实。

天津市、唐山市、邯郸市等以钢铁行业为主的城市，需要大幅压减钢铁产能，加快重点污染钢铁企业退城搬迁或短流程改造，加大独立焦化企业淘汰力度，强化“以钢定焦”。

天津市（以钢铁、石化行业为主）在钢铁、石化行业治理方面应加快推进钢铁、化工等高污染高能耗产业转型升级，使其向中高端迈进。加快推进粗钢、生铁、化工等行业过剩低端产能被取缔淘汰，使钢铁产能控制在 1500 万 t 以下，着力解决天津“钢铁围城”、高耗能产业占比过高等问题。加快推进实施石化企业的异地搬迁升级改造，进一步开展现有化工行业工艺技术水平和污染物排放调查，制定新一批高污染高能耗低水平的化工类企业升级改造或淘汰关停计划。同时在能源结构上，要控制燃煤总量，至 2020 年，将煤炭消费总量控制在 4000 万 t 以内，其占一次能源消费比重控制在 45% 以下，并且推动煤炭高效利用。在交通结构上，优化路网结构，发展智能交通，提高交通顺畅程度，大力推广电动公交和新能源汽车，使到 2020 年公共交通占机动化出行比例 60% 以上，新能源和清洁能源公交车保有量比例提高到 50% 以上。

在空间结构上，大力整合现有工业园区，取缔、搬迁一批位于天津主导风向的高能耗高排放企业，特别是市区西南方向和东南方向不宜继续布局高排放工业企业。

沧州市（以钢铁、石化行业为主）在钢铁、石化行业治理上，钢铁行业严格执行国家和河北省钢铁行业大气污染最严格排放标准。钢铁烧结工序同步安装高效除尘、脱硫、脱硝设施，要求污染物排放浓度满足 SO_2 < $50mg/m^3$，NO_x < $100mg/m^3$，烟粉尘< $20mg/m^3$；焦化生产设备安装脱硝设备，要求污染物排放浓度满足 SO_2 < $15mg/m^3$，NO_x < $100mg/m^3$；石化企业石油催化劣化及催化剂再生装置安装脱硝设施，控制 NO_x 排放浓度< $100mg/m^3$。石化、制药企业静设备检测浓度控制在200ppm以下。同时加快调整能源结构，全力推进散煤污染控制。建成区至高速合围区范围内实现区域无散煤化，实现全范围35蒸吨及以下锅炉“无煤化”。2030年之前，在保障能源供应的前提下，全市农村全部完成生活和冬季取暖散煤替代，农村地区全面完成气电代煤。在清洁能源不能覆盖的区域积极推广洁净煤，健全供应保障体系。聚焦重点行业污染治理，推进优化产业布局。推动产业转型升级，进一步提高第三产业比例，使第三产业比例由2017年的42%提高到2020年的50%。全市工业大气污染源实现全面达标排放，以泊头和献县为重点区域，全面整治改造提标升级铸造企业污染防治水平，分批分类整治管理，增强重点行业无组织排放控制。2030年之前，制定工业炉窑综合整治实施方案，开展工业炉窑拉网式排查，分类建立管理清单。加快淘汰中小型煤气发生炉。取缔燃煤热风炉，基本淘汰热电联产供热管网覆盖范围内的燃煤加热、烘干炉（窑）；淘汰炉膛直径3m以下燃料类煤气发生炉，加大化肥行业固定床间歇式煤气化炉整改力度。加快调整交通运输结构。2020年之前，完成沧州市南北绕城公路建设和G337河间绕城公路建设，解决国省干线公路穿城问题；推进清洁低排放的交通结构，到2020年，全市范围内70%的社会车辆更换为新能源汽车，新能源汽车充电桩达到6200个，在用燃油出租车力争达到国五及以上标准。到2030年，城市建成区公交车全部更换为新能源汽车或清洁能源汽车，环卫、邮政、通勤、轻型物流配送车辆采用新能源或清洁能源汽车比例达到100%。全面淘汰高排放的老旧车、老旧船舶、工程机械、农业机械和港作机械，港口码头禁止使用冒黑烟作业机械。强化扬尘污染防控。到2020年，中心城区内道路机械化清扫率达到85%，县城建成区达到75%。加强农业面源管控力度，提升农村人居环境。严格落实重污染天气应急管控措施。

唐山市（以钢铁、焦化行业为主）通过压减产能、调整布局、创新标准和管理等方式治理钢铁行业，2020年全部淘汰 $1000m^3$ 以下高炉、100t以下转炉和 $180m^2$ 以下烧结机，钢铁长流程产能和产量建议控制在8000万t左右；市中心区钢铁企业关停搬迁，25km范围内钢铁企业实现重组搬迁等；深化烧结、焦炉超低排放改造，加大技术支持和监管力度，研究制定并全面推广“唐山标准”和分级管理制度。推进焦化行业污染减排，焦化企业按期完成焦炉烟气排放限值提标改造；推动企业开展对焦化废水集输、储存、处理处置过程中的各构筑物逸散的恶臭VOCs废气的密闭收集与深度治理。同时在产业结构调整上，要加快解决重污染企业围城问题，按照“一港双城”规划，加快市中心区及周边重化工业企业向曹妃甸等沿海区域转移。继续压减钢铁、水泥、平板玻璃、焦炭等产量，到2025年，钢铁产量控制在9万t左右，水泥产量较2017年下降55%、平板玻璃产量下降8%、焦炭产量下降23%；到2030年，全市粗钢产量力争控制在9000万t以下，水泥产量较2017年下降60%左右，平板玻璃产量下降13%左右，焦炭产量下降23%以上。深入开展锅炉综合整治，对35t/h及以下的生物质锅炉和醇基燃料锅炉进行污染物排放深度治理。在天然气管网逐步完善的情况下，逐步用天然气锅炉替代醇基燃料锅炉等，新建天然气锅炉配备低氮燃烧器。到2025年，参考电力行业排放水平，对65蒸吨以上燃煤锅炉进行提标改造和节能改造，企业储煤堆场、粉煤灰储存及运输等要密闭，进一步强化无组织管理。在能源结构调整上，加大散煤替代力度，全市清洁取暖率达到90%以上。控制煤炭消费总量，重点削减化工、钢铁、水泥、燃煤锅炉等领域用煤，削减非电领域用煤量，继续淘汰能耗高、排放水平相对较低的企业，到2025年，全市煤炭消费总量较2017年下降4%，到2030年，全市煤炭消费总量较2017年下降8%，逐步提高可再生能源比例。到2025年，天然气消费量占化石能源消费总量的比例达到 1.8%，到 2030 年，天然气消费量占化石能源消费总量的比重达到 3.5%。在交通结构调整上，优化交通运输结构，2020 年之前，完成曹妃甸通用码头专用线 15km、菱角山站唐钢美锦专用线 15km。大力发展铁路货运和多式联运，2020 年多式联运集装箱吞吐量力争完成 5.3 万标箱。2030 年底前，严格执行《机动车强制报废标准规定》，强化对营运车辆强制报废的有效管理和监控，通过采取划定禁行区域、经济补偿、加强环保检测等方式，淘汰老旧车辆，建立政府机动车提前报废补偿资金。大力推广使用电动、天然气等清洁能源或新能源船舶。到 2025 年底，使用清洁能源船舶数量逐步增加。加强船舶排放控制区管理，采取禁限行等措施限制高排放船舶使用。加快岸电设施建设。在面源污染治理上，强化扬尘治理，2020 年底前实现道路机械化清扫全覆盖，施工扬尘治理达标率 100%。提高秸秆综合利用率，到 2020 年基本实现资源化、全量化利用，到 2025 年，秸秆综合利用率达到 97% 以上，到 2030 年，秸秆综合利用率达到 99% 以上。控制化肥施用量，2020 年，全市化肥施用量实现负增长。2025 年底，化肥利用率达到 40% 以上，到 2030 年，化肥利用率达到 50% 以上。提高畜禽粪污综合利用率，到 2025 年畜禽粪污资源化利用率达到 75%，到 2030 年畜禽粪污资源化利用率达到 80%。

安阳市（以钢铁、焦化行业为主）钢铁企业、焦化企业对排放一氧化碳的工段、设备进行专项治理改造。焦化企业所有煤焦油深加工、焦炉煤气净化处理车间（分厂），要全部实施 LDAR（泄漏监测与修复），对煤焦油深加工部分进行工艺改造，对蒽油储罐放空管等排放的有机废气进行回收净化。钢铁、焦化企业实施低氮燃烧改造并安装脱硝设施，以实现污染物超低排放。同时，所有落料点、破碎设备、筛分设备产尘点实施无组织排放治理改造，产尘点或密闭罩周边 1m 处颗粒物浓度小于 5mg/m^3。全厂各车间不能有可见烟尘外逸。所有氨法脱硝、氨法脱硫氨逃逸小于 5mg/m^3。建议保留 2 ～ 3 个长流程钢厂。同时在产业结构调整方面，要合理规划功能区划，2020 年城区重点污染行业完成搬迁入园，形成有利于大气污染物扩散的城市空间布局。重点行业治理方面，2020 年 10 月底前水泥、玻璃、碳素、砖瓦等行业产量同比下降 30% 以上，并且完成超低排放改造，达不到超低排放限值要求的，实施停产治理。在能源消费结构调整方面，削减煤炭消费需求，2020 年全市煤炭消费总量较 2015 年下降 15%，总量控制在 2518 万 t 以内，煤炭消费占能源消费总量的比重降至 70% 以内。2020 年之前，完成全市城市规划区内工业煤气发生炉（除制备原料的煤气发生炉外）、热风炉、导热油炉的拆除或清洁能源改造工作。加快发展清洁取暖，2020 年全面完成全市“清洁替代”工作。大力发展非化石能源，到 2020 年，可再生能源占全市能源消费总量的比重达到 8% 左右，风电装机规模达到 100 万 kW，光伏发电装机容量达到 100 万 kW。在交通结构调整方面，大力推进电动汽车及充电基础建设，2020 年之前，市区运行的公交车优先调整为纯电动汽车，新增及更换的公交车中新能源公交车比重不低于 80%，党政机关及公共机构购买的新能源汽车占当年配备更新总量的比例不低于 10%。2020 年之前建成各类集中式充换电站超过 7 座、分散式充电桩超过 532 个。全面遏制扬尘污染，施工单位做好“八个百分之百”，对工地出口两侧各 100m 路面实行“三包”（包干净、包秩序、包美化），严格道路保洁管理，使机械化清扫保洁率达到 100%。

太原市（以钢铁、焦化行业为主）针对钢铁行业进一步加强长流程炼钢工艺各工序无组织排放的管控，特别是结合生产操作特点，对重点部位、环节通过视频联网进行有力监管，烧结和焦化工序是监管重点；对大型钢铁联合企业在各工序污染物浓度和企业排放总量双控的基础上，提升企业清洁生产技术水平；根据太原钢铁企业特点，制定更加有针对性的污染物排放地方标准。针对焦化行业鼓励企业关小上大，形成相对集中的焦化产业园区，集中布置焦化、焦炉煤气加工利用，焦油、粗苯精深加工等项目；加强对无组织排放、非正常生产状态排放及环保设施失效时间段的治理；全面推进焦炉脱硝设施的安装与稳定运行，实现大气污染物的深度治理；提升焦炉煤气综合利用水平。同时优化产业结构调整，加大区域产业布局调整力度，从 2019 年 1 月 1 日起，位于城市建成区范围内的钢铁、焦化、化工等重污染企业大气污染物许可排放总量在上年基础上定向逐年递减。深化工业污染治理，建立覆盖所有固定污染源的企业排放许可制度，2020 年之前，完成排污许可管理名录规定的行业许可证核发。推进重点行业污染治理升级改造，全市 SO_2、NO_x、颗粒物和 VOCs 全面执行大气污染物特别排放限值。钢铁企业 2020 年之前基本完成超低排放改造，其他行业积极开展大气污染物超低排放改造。2025 年之前，彻底淘汰小于 20 蒸吨燃煤锅炉，对现有 NO_x 排放超标的燃气锅炉进行低氮燃烧器的更换；继续推进约 10 万户农村居民实施煤改气和煤改电，优先在清徐县东南部平原、阳曲县中部平原开展“双替代”，清徐县进一步充分挖掘工业余热利用潜力，古交市区周边及主要城镇、娄烦县城周边人口较村镇集中，因地制宜采用集中供热改造、煤改气和煤改电以及太阳能、地源热泵等技术实施民用散煤综合治理，在偏远山区和经济欠发达地区积极推行节能炉具配套洁净煤制品（型煤、兰炭、洁净焦等）取暖方案。优化能源结构调整，有效推进清洁取暖，城六区清洁取暖覆盖率达到 100%，县（市）建成区清洁取暖覆盖率达到 100%，农村地区清洁取暖覆盖率力争达到 60% 以上。平原地区基本完成生活及冬季取暖散煤替代。抓好天然气产供储销体系建设，力争 2020 年天然气占能源消费总量的比重达到 10% 左右。实施煤炭消费总量控制，到 2020 年，煤炭在一次能源消费中的比重下降到 80%。煤炭消费总量实现负增长。开展燃煤锅炉综合整治，加大燃煤小锅炉淘汰力度，2020 年 10 月 1 日前，基本淘汰每小时 35 蒸吨以下燃煤锅炉。加快发展清洁能源和新能源，到 2020 年，全市新能源电力装机容量占全市电力总装机容量的比例达到 9.8% 左右，非化石能源占能源消费的比重达到 5% ～ 8%。积极调整运输结构，提升铁路货运比例，2020 年太原市铁路货运量比 2017 年增加 1500 万 t；2020 ～ 2025 年，太原市铁路货运量每年增加 700 万 t；2025 ～ 2030 年，太原市铁路货运量每年增加 800 万 t。铁路、公路在货运方面，单位货物周转量能耗比是 1 ∶ 7，主要污染物排放量是 1 ∶ 13。推广使用新能源汽车，2020 年之前全市新能源或清洁能源汽车使用比例达到 80%。加强扬尘综合治理，大力推进道路清扫保洁机械化作业，2020 年之前，城市建成区道路机械化清扫率达到 86% 以上，县（市）建成区达到 65% 以上。全市实施降尘综合考核，平均降尘量不得高于 $9t/(月\cdot km^2)$。加强秸秆综合利用和氨排放控制，到 2020 年秸秆综合利用率达到 95% 以上，化肥利用率达到 40% 以上。

邯郸市（以钢铁、砖瓦行业为主）推进邯钢、邯电退出主城市区规划，对主城市区及周边地区涉气企业分类完成改造提升、退城搬迁和关停取缔。钢铁企业通过增加外购焦炭比例降低煤耗。钢铁生产点压缩到 8 个（复兴区、永年区、峰峰矿区、涉县各 1 个，武安市 4 个）以下。同时，调整产业结构，进一步压减钢铁、焦化产能，大力发展精品钢材、节能环保等新兴产业，2020 年，服务业增加值占生产总值的比重提高到 45% 以上。加快主城区涉气工业企业退城搬迁至敏感性较低的区域。对全市重点行业进行污染源优化减排分级，根据污染源分级结果，实施差别化管控。对敏感性较高的区县和污染等级较高的企业实施更为严格的错峰生产方案。调整能源结构，积极推动“煤改气”“煤改电”“煤改新”工程。大力发展清洁取暖和集中供热，充分利用企业余热、余气。全面淘汰 35 蒸吨 /h 及以下非采暖燃煤锅炉，35 蒸吨 /h 以上燃煤锅炉要达到超低排放标准。积极协调天然气供应及域外送电，在主城市区和敏感性较高的区县进一步推进煤改，巩固散煤治理成果，在不具备煤改条件的地区推广使用洁净型煤。调整运输结构，大力推进汽运改铁运，加快地方铁路建设，重点货运企业建设铁路运输专线。积极推进邯郸东郊电厂、武安普阳钢铁、武安保税物流中心、武安烘熔钢铁（元宝山）、邯郸国际陆港等专用线建设，打通最后 1km；2020 年之前主城区内重点企业邯钢、邯电和马电铁路运输比例分别达到 95%、70% 和 95%。强化面源污染治理，推进秸秆资源化利用和秸秆收储运体系建设，到 2020 年，农作物秸秆综合利用达到 96% 以上。实施化肥和农药零增长行动，2020 年氮肥当季利用率提高到 40% 以上。严控露天烧烤等居民源，科学清扫严控施工扬尘。

淄博市、新乡市、聊城市等以建材行业为主的城市，基于建材行业在区域内整体分布压减过剩和淘汰落后产能，提升清洁能源比例和清洁生产水平，提高有组织排放污染治理设施水平和无组织排放控制措施的有效性，强化在线监测、运行维护和监管力。

新乡市（以建材、铸造行业为主）推进建材、铸造行业提标治理，水泥行业（含同类生产工业的窑炉）

水泥窑废气在基准氧含量10%的条件下，颗粒物、SO_2和NO_x排放浓度分别不高于10mg/m^3、35mg/m^{3}和100mg/m^3。所有排气筒颗粒物排放浓度小于10mg/m^3。水泥粉磨工序的烘干窑、立磨烘干的颗粒物、SO_2和NO_x排放浓度分别不高于10mg/m^3、50mg/m^{3}和150mg/m^3。所有氨法脱硝、氨法脱硫氨逃逸小于8mg/m^3。铸造行业全部完成提标治理，各工序对落料点和排气点产生的有组织和无组织粉尘实施收集处理，颗粒物排放浓度不高于10mg/m^3。使用冲天炉的窑炉烟气颗粒物、SO_2和NO_x排放浓度分别不高于10mg/m^3、30mg/m^{3}和100mg/m^3。同时调整产业结构，科学规划城区功能，2020年底前，完成新乡市通风廊道管控相关规划，控制一级通风廊道宽度在200m以上，二级通风廊道宽度在50m以上；2025年，按照规划完成新乡市通风廊道的建设。制定产业专项结构调整计划，通过对优势传统产业的扶优汰劣、整合提升，全面提高装备技术水平和绿色低碳发展水平，促进传统产业规模化、园区化发展。2025年，完成水泥、砖瓦、化工、造纸、铸造等重点传统行业的整体产业升级；2030年，完成其他重点行业的整合提升。压减化工行业低效产能，淘汰采用固定床间歇式煤炭汽化炉技术装置和单套装置30万t/a以下的合成氨生产线；淘汰10万t以下独立铝用碳素企业；淘汰2000t/a及以下通用水泥熟料生产线及直径3m及以下水泥粉磨装备。2030年，相比于2017年，全市水泥、耐材、砖瓦、石灰、石材、铸造、磨料磨具行业产能压减40%以上，煤化工行业产能压减20%。优化能源结构，实施煤炭消费总量控制，到2020年，全市煤炭消费量控制在1143万t以内，使其占能源消费的比重控制在70%以内，2025年控制在65%以内，2030年控制在60%以内。重点削减非电用煤，2020年，电煤消耗占煤炭消费总量的比重较2017年上升10%以上；2025年，电煤消耗占煤炭消费总量的75%以上；2030年，电煤消耗占煤炭消费总量的82%以上。引导鼓励燃煤锅炉淘汰，2020年底前，基本淘汰新乡市规划区内35蒸吨/h及以下燃煤锅炉。削减电力行业低效产能，2020年底，完成30万kW以下煤电机组（除承担供暖供热必须保留的机组外）、不实施节能升级改造或改造后供电煤耗仍达不到300g/（kW·h）要求的煤电机组以及污染物排放不能稳定达到超低排放要求的煤电机组关停；2025年，60万kW等级纯凝机组完成供热改造，大容量、高参数比重达到80%以上；2030年，所有30万kW以下燃煤机组完成上大压小超临界机组等容量或减量替代。有效推进清洁取暖，2019年10月底，全市县（区、市）建成区集中供热普及率达到90%以上；2025年，全市县（区、市）建成区集中供热率达到50%以上；2030年，全市县（区、市）建成区集中供热率达到70%以上。提升天然气利用水平，2020年，中心城区管道天然气气化率达到90%以上；2025年，全市县（区、市）建成区管道天然气气化率达到60%以上；2030年，全市县（区、市）建成区管道天然气气化率达到80%以上。大力发展清洁能源及可再生能源，2020年，全市风电装机容量力争达到137.4万kW；2025年，全市风电装机容量力争达到180万kW；2030年，全市风电装机容量力争达到300万kW以上。积极推进光伏发电，到2020年，光伏发电装机容量力争达到27.5万kW以上；到2025年，光伏发电装机容量力争达到50万kW以上；到2030年，光伏发电装机容量力争达到70万kW以上。优化交通运输结构，大幅提高铁路货运比例，2020年，铁路货运量占比达到6%，2025年铁路货运量占比达到10%，2030年铁路货运量占比达到15%。大力提高火车运输和多式联运比例，到2020年，多式联运吞吐量力争完成3万标箱；到2025年，力争完成5～6个省级多式联运示范工程建设，多式联运吞吐量力争完成6万标箱；到2030年，力争完成9～10个省级多式联运示范工程建设，多式联运吞吐量力争完成9万标箱。积极推广新能源车，2019年全市新增及更换的邮政、出租、通勤、轻型物流配送以及旅游景区用车（4.5t以下）等车辆的新能源化比例不低于85%，2020年不低于95%，2022年达到100%。机场新增及更换的作业车辆主要采用新能源车；2025年之前，城市核心区公交车、轻型市政环卫车全部实现电动化；2030年之前，全市范围内邮政、出租车、通勤、轻型物流配送以及旅游景区等领域用车全部为新能源车。加大老旧车淘汰力度，2020年之前基本淘汰国一、国二排放标准的汽油车及使用10年以上国三排放标准的柴油车；2025年，基本淘汰国三以下排放标准的营运柴油车；2030年，基本淘汰国四及以下排放标准的汽、柴油车。加强重型柴油车运输管理，2020年重型柴油车集中企业必须加装监控视频。优化重型车辆行驶线路，加快推进G107国道新乡境东移改线项目，增强货运服务水平。强化面源污染整治，提升道路扬尘治理水平，2020年所有县（区、市）主次干道、城乡接合部、背街小巷采取机械化清扫保洁的路面应达到“双10”标准（道路每平方米浮尘量不超过10g，地表垃圾存留时间不超过10min）；2025年，所有县（区、市）主次干道、城乡接合部、背街小巷等路面基本实现机械化清扫，采取机械化清扫保洁的路面每平方米浮尘量不超过3g，不适宜机械化清扫的路面，要保证洒水降尘常态化、有序化。推进农业面源污染，全面禁止露天焚烧秸秆，实行秸秆禁烧网格化监管机制，提高秸秆综合利用水平，到2020年，秸秆综合利用率达到90%；2025年，全市秸秆综合利用率稳定达到95%以上；2030年，全市农作物秸秆得到全面利用。大力推进种植业化肥、农药减量增效，持续提升测土配方施肥技术覆盖率。2020年，实现主要农作物化肥、农药使用量负增长，化肥利用率达到40%以上；2025年，化肥利用率达到45%以上，主要农作物测土配方施肥技术推广覆盖率力争达到100%；2030年，化肥利用率达到50%以上。

聊城市（以建材、有色冶炼、石化行业为主）在产业结构调整上，以区域性大气污染物排放标准引导产业布局优化，加快“核心控制区、重点控制区、一般控制区”划分工作，实行分区分类管理。推动钢铁、地炼、焦化、轮胎、化肥、氯碱等高耗能行业转型升级，压减过剩产能。对焦化企业实施“以钢定焦”。推动电解铝行业转型升级，压减过剩产能。严禁新增钢铁、焦化、电解铝、铸造、水泥和平板玻璃等产能；严格执行钢铁、水泥、平板玻璃等行业产能置换实施办法。优化电力供应结构，逐步压减火力发电量，提高天然气发电和可再生能源发电量占比，到2033年，全市火力发电量占比不高于59%，天然气发电量占比达到18%，可再生能源发电量占比不低于23%。完成钢铁和焦化产能退出，2025年之前，完成行政区域范围内焦化、烧结（球团）、炼铁、炼钢以及轧钢和钢压延产能全面退出。大力压减水泥产能，到2033年，水泥熟料产能相比2016年削减41%，熟料年产量不高于38万t。严格准入，限制新增电解铝、氧化铝产能，到2033年，电解铝和氧化铝产能总量不高于400万t。在能源消费结构调整上，控制煤炭消费总量，到2020年，煤炭消费总量控制在1560万tce左右，煤炭消费比重降低到60%以下；到2033年，煤炭消费总量不高于4355万tce，煤炭占一次能源消费比例不高于76%。到2020年，天然气消费比重提高到12%，新能源和可再生能源占一次能源消费的比重提高到7%；到2033年，天然气消费量不低于77亿m^3，天然气占一次能源消费的比例不低于18%。推动农村地区清洁取暖，到2020年底，农村地区实现100%清洁取暖。在交通运输结构调整上，以大宗物料运输方式公路改铁路为主要抓手，推动交通运输结构调整。对涉及大宗物料运输的火电、电解铝生产企业，启动铁路联络线建设工作，减少重型柴油车次。优化城区路网结构，大力发展环城公路、环城高速建设，通过错峰上下班、调整停车费等手段，提高机动车通行效率，减少城区道路交通拥堵。实行高污染车辆禁行，未达国四排放标准的重型柴油货车全天禁止驶入市城区四环路（不含）以内区域及各县（市）城市建成区。三轮汽车、低速载货汽车、拖拉机禁止进入中心城区。面源综合整治。加强道路扬尘治理，到2020年，城市、县城快速路、主次干路的车行道机扫率、洒水率分别达到95%、98%，支路、慢车道、人行道机扫率、冲洗率分别达到60%、80%。纳入监管的渣土运输车辆密闭化率、卫星定位系统安装率均达到100%。推进秸秆综合利用，实行农作物秸秆禁烧网格化监管机制，到2020年，秸秆综合利用率提高到90%以上。

阳泉市（以建材、焦化行业为主）建材行业淘汰水泥粉磨站不满足三级清洁生产水平的企业，水泥窑应进行除尘和脱硝技术改造，完成颗粒物和NO_x特别排放限值改造，颗粒物排放限值从30mg/m^3加严到20mg/m^3，NO_x排放限值从400mg/m^3加严到320mg/m^3。焦化行业2020年前完成湿熄焦改干熄焦工艺，大力推进独立焦化企业湿熄焦改干熄焦工艺、焦炉烟气脱硝治理工程。选用湿法熄焦工艺的企业应确保清水熄焦，增建熄焦水质在线监测；捣固焦炉应采用假炉门配合蒸汽密封技术或其他适宜的技术，切实治理装煤过程机侧炉门烟气逸散；对4.3m炭黑室高度的炼焦炉进行污染物排放控制技术评估排名，将其列为优先和重点管控对象，在重污染天气、行业管控方面实施差别化管理；强制要求企业增建 VOCs 治理设施，对炼焦行业化产工序 VOCs 排放进行有效治理；持续加大对炼焦炉无组织排放的管控力度。同时优化能源结构，到 2020 年，全市新能源装机占全市电力总装机容量的比例达到 35%，非化石能源占一次能源消费的比例达到 15%，天然气比例达到 10% 以上，煤炭消费比例控制在 62% 以内。2020 年，县（市）建成区清洁取暖率 100%，农村地区清洁取暖率达到 60% 以上；2030 年农村地区清洁取暖率达到 80% 左右，平原地区基本实现居民家用散煤“清零”。提高建筑用能效率。2020 年在改造 20 万户农户清洁取暖工程的基础上，推动剩余农户的清洁取暖改造工程，2030 年基本完成全市居民燃煤的清洁化。优化产业结构，到 2020 年三产结构调整为 1.7 ∶ 43.3 ∶ 55.0。淘汰分散燃煤锅炉，到 2020 年 10 月 1 日前，县（区）建成区 20 蒸吨以下燃煤锅炉全部拆除。2025 年后大力支持高精尖产业发展，在达标基础上还应进一步压低污染物新增量，装置、工艺、治污、管理等方面都要达到较高水平。削减存量，进一步加大总量减排工作力度，加快实施一般制造业退出，持续推进清洁生产技术改造。2020 年完成 35t/h 以下燃煤工业锅炉清洁能源改造，保留大型集中燃煤供热中心（35t/h），保证除尘、脱硫和脱硝效率，加强对治理设施运行维护的管理。2030 年持续推动燃气工业锅炉低氮改造，降低 NO_x 的排放水平，在用燃气锅炉 NO_x 降至 80μg/m^3 以下，不再新建 35 蒸吨 /h 以下高污染燃料锅炉，35 蒸吨 /h 及以上高污染燃料锅炉全部完成节能和超低排放改造，加快推广余热余压利用成熟技术，提升工业领域余热余压利用水平。优化交通结构，强化在用机动车尾气排放监管，在用机动车 I/M（inspect/maintenance）检测及尾气排放监管；加强对柴油货车的监管，柴油车尾气排放高，尤其是多数柴油车尿素罐不启用，使柴油货车的 NO_x 排放超标。加强对非道路移动源的管控，采取在建成区内绕行，或采取分时段、按排放标准管控，同时建议部分货运可转铁路运输。加强扬尘污染治理，2020 年之前，全面建成颗粒物监测网络，并将颗粒物监测指标纳入乡镇党政领导干部考核问责范围。进一步实施冬防期“限土令”。力争 2025 年装配式建筑占新建建筑比例达到 30%，全市所有土石方建筑工地安装在线监控，接入市扬尘管控平台，市区主要施工工地出口、起重机、料堆等位置安装在线监控，进行精细化管理。2030 年之前，制定施工扬尘的污染排放标准和环境监测技术规范，建立施工工地在线监测、评价、考核、通报的管理体系，并将考评结果纳入行业环保信用管理，倒逼建筑施工单位落实主体责任。

长治市（以建材、焦化行业为主）建材行业淘汰水泥不满足三级清洁生产水平要求的企业，鼓励这部分水泥企业建设超低示范工程。焦化行业实施产能减量置换：4.3m 及以下、运行寿命超过 10 年、炉况较差、规模较小、污染治理水平不高的焦炉淘汰；支持“上大压小”4.3m 及以下焦炉整合，到 2020 年，全省炭化室高度 5.5m 以上的焦炉产能占比达到 50% 以上。提高新建焦炉项目标准：捣鼓焦炉炭化室高度 6m 及以上，顶装焦炉炭化室高度 6.98m 及以上，产能在 200 万 t 以上。同时优化能源结构，到 2020 年，煤炭消费比重控制在 62% 以内，天然气比重达到 10% 以上，非化石能源占一次能源消费比重达到 15%；一次能源消费总量控制在 0.9 亿 tce 左右，主要行业能源消耗总量削减 17.73%。加强散煤治理，2020 年，县（区、市）建成区清洁取暖率 100%，农村地区清洁取暖率达到 50% 左右，平原地区基本实现居民家用散煤“清零”。优化产业结构，钢铁行业开展大气污染物超低排放改造，颗粒物浓度达到 20μg/m^3。对大型钢铁联合企业进行污染物浓度和总量双控，提升企业的清洁生产技术水平；并通过加强对长流程炼钢各工序无组织排放的管控，特别是结合生产操作特点，对重点部位、环节通过视频联网，促进企业动态管理水平提升和进一步精细化操作。化工行业全面开展 LDAR 检测，减少无组织 VOCs 排放；全面开展化工行业有机废气治理，将无组织 VOCs 排放变有组织排放，安装 VOCs 废气治理设施，以减少 VOCs 排放。优化交通结构，强化长治市在用机动车尾气排放监管、在用机动车 I/M 检测及尾气排放监管；加强对柴油货车的监管，柴油车尾气排放高，尤其是多数柴油车尿素罐不启用，使柴油货车的 NO_x 排放超标；对柴油货车采取在建成区内绕行，或采取分时段、按排放标准管控，同时建议部分货运可转铁路运输。

石家庄市（以建材行业为主）建材行业水泥窑全部采用低氮燃烧器、分级燃烧或添加矿化剂等一次控制措施及烟气脱硝、水泥窑及窑磨一体机进行高效除尘改造。NO_x、总悬浮颗粒物（TSP）、$PM_{2.5}$的单位产品一次排放绩效水平分别控制在0.36g/t熟料、0.05g/t熟料、0.02g/t熟料。钢铁企业烧结机和球团设备全部实施全烟气脱硫，开展烧结机烟气脱硝示范工程，烧结机头、机尾、高炉出铁场、转炉烟气除尘等设施实施升级改造。烧结机SO_2、NO_x、TSP、$PM_{2.5}$的单位产品一次排放绩效水平分别控制在0.14g/t烧结矿、0.28g/t烧结矿、0.014g/t烧结矿、0.068g/t烧结矿。同时调整产业结构。优化城市空间布局，2020年底前，完成石家庄市通风廊道管控的相关规划，控制一级通风廊道宽度在1000m以上，二级通风廊道宽度在100m以上；到2025年完成通风廊道建设，形成有利于大气污染物扩散的城市空间布局，提升大气的自净能力。推进重点行业产能压减，2019年之前，压减水泥产能260万t。逐步完成焦炉淘汰工作，2019年之前，压减焦炭产能260万t；2020年之前，压减焦炭产能80万t；到2025年完成炼焦产能的全部退出。按时完成河北省下达的压减钢铁过剩产能、淘汰和置换火电产能任务。到2025年，重点行业过剩产能基本消除；到2033年重点行业低效过剩产能全面消除。调整能源结构。严控煤炭消费总量，到2020年，煤炭消费占一次能源消费的比重控制在62%以下；到2025年，煤炭消费占一次能源消费的比重降到55%以下；到2033年，煤炭消费占一次能源消费的比重降到45%以下。有序压减电厂用煤，严格执行“以热定电”要求，优化燃煤电厂运行调度，到2020年，电煤消费量较2017年下降了2%；到2025年，电煤消费量较2017年下降5%，到2033年电煤消费量较2017年下降10%。逐年降低非电煤消耗占比，2020年非电煤消耗占比达到39%以下；2025年非电煤消耗占比达到35%以下；2033年非电煤消耗占比达到30%以下。扩大集中供热覆盖范围，到2020年，设区市和直管县建成区集中供热和清洁能源供热率达到100%；到2025年全市县级以上建成区集中供热和清洁能源供热率达到90%以上；到2033年全市县级以上建成区全部实现集中供热和清洁能源供热。加强农村清洁能源供暖，2020年，在保障能源供应的前提下，全面取缔乡镇机关及事业单位、服务业分散燃煤，全市平原农村地区分散燃煤基本“清零”，山坝等边远地区农村分散燃煤实现清洁燃料覆盖。加强工业企业用煤管理，2020年生产原煤洗选率达到90%。提高清洁能源使用比重，到2020年，非化石能源占能源消费总量比重达到5%以上；到2025年，非化石能源占能源消费总量比重达到12%以上；到2033年，非化石能源占能源消费总量比重达到18%以上。加强清洁能源供应保障，到2020年全市管道气源保供能力达55亿m^3以上，液化天然气（LNG）利用量达到25万t左右。力争2020天然气占能源消费总量比重达到7%；到2025年天然气占能源消费总量比重达到10%；2033年天然气占能源消费总量比重达到15%。调整交通结构。大幅提升铁路货运比例，到2020年，钢铁、电力等重点企业铁路专用线运输比例达到50%以上；2025年达到65%；2033年达到80%。加强煤炭运输过境车辆通行引导，到2020年，煤炭运输过境车辆通行运煤通道线路比例达到90%；2025年到达95%；2033年力争达到100%。加快城市绿色公共交通建设，到2020年，公共交通机动化出行分担率达到60%以上；2025年达到65%以上，2033年达到70%以上。积极推广新能源汽车，2020年底前，城市建成区公交车全部更换为新能源汽车或达到国六排放标准的清洁能源汽车；到2025年，全市其他区域公交车全部更换为新能源汽车或达到国六排放标准的清洁能源汽车。环卫、邮政、出租、通勤、轻型物流配送新能源汽车或达到国六排放标准的清洁能源汽车的使用比例到2020年底前达到80%；2025年达到90%；2033年达到100%。强化柴油货车污染治理，到2020年，在用柴油车监督抽检排放合格率达到95%以上，高速公路货运车辆平均违法超限超载率不超过0.5%。强化面源污染治理。加强道路扬尘综合整治，加快推进道路机械化清扫，推行“以克论净、深度保洁”的作业模式。到2020年，过村镇路段两侧硬化或绿化率达到100%，市管高速、城市出入口和县城及县级城市主干道机械化清扫率达到100%，扬尘整治达标率100%，所有县（区、市）主次干道、城乡接合部、背街小巷采取机械化清扫保洁的路面每平方米浮土达到3g以下；到2025年，所有县（区、市）主次干道、城乡接合部、背街小巷基本实现机械化清扫，不适宜机械化清扫的路面，要保证洒水降尘常态化、有序化。

滨州市针对电力热力行业，加强燃气电厂氮氧化物排放控制，新建燃气电厂应采用低氮燃烧技术。现有燃气电厂若不能满足 NO_x 排放标准限值要求，则要通过使用新技术降低污染物排放，实现稳定达标。全面开展燃气锅炉 NO_x 排放控制，通过低氮燃烧改造或其他脱硝工艺有效降低 NO_x 排放量。同时优化产业结构与布局。加快落实“生态保护红线、环境质量底线、资源利用上线和环境准入负面清单”，严控新增各类污染源。严格控制钢铁、水泥、电解铝、平板玻璃、船舶、炼油、轮胎、煤炭等行业新增产能，新建项目必须制定产能置换方案，实施减量置换，置换产能列入淘汰计划监督落实。按照《山东省新旧动能转换重大工程实施规划》要求，坚决淘汰落后产能。以钢铁、煤炭、水泥、电解铝等行业为重点，严格常态化执法和强制性标准实施，促使一批能耗、环保、安全、技术达不到标准和生产不合格产品或淘汰类产能依法依规关停退出。加快淘汰小火电。调整能源结构。严格落实《“十三五”生态环境保护规划》要求，到2020年，全市煤炭消费总量控制在5100万t以内。优化煤炭消费结构，逐步提高煤电在煤炭消费中的比重，推进煤电节能减排升级改造。强化对煤炭生产加工、储运配送、经营监管、消费使用等环节的管控，提高煤炭清洁利用水平，到2020年，全省原煤入选率达到80%以上，实现应选尽选。大力发展清洁能源，到2020年，新能源和可再生能源消费比重提高到7%左右。推动重点领域节能，到2020年，工业能源利用效率和清洁化水平显著提高，规模以上工业企业单位增加值能耗比2015年降低20%以上，高耗能行业能源利用效率达到或接近国内先进水平。提高移动源污染防治水平，优化交通运输结构与布局。严格机动车排放管理，加强新车排放管控及在用机动车环境管理；持续提升油品质量，严格执行汽油和柴油最新标准，加大对油品生产、销售、使用监管；加强非道路移动机械管控，提高船舶与港口污染防治能力，以青岛港为标杆，推进滨州港“绿色港口”建设，提高机动车污染监控水平。加强面源污染综合防治，综合整治城市扬尘污染。强化建筑施工扬尘整治。各类工地必须做到“六个百分之百”；推进在线监测和视频监控系统建设，到2020年，辖区内所有建设工地搭建扬尘颗粒物在线监测、视频监控综合平台，全面提升道路扬尘控制水平。加强对砂石料堆场的管理，加强城市烟尘防治，有序开展城市面源VOCs治理。另外，加强农业面源污染控制，全面禁止露天焚烧，到2020年，全市秸秆综合利用率达到92%以上。加强农业面源氨污染控制。

鹤壁市（以电力热力行业为主）调整产业结构，大力发展循环经济，推进再生资源利用产业发展。加大对重点行业的清洁生产审核，针对节能减排关键领域和薄弱环节，实施清洁生产先进技术改造。调整能源结构，控制煤炭消耗总量，加强散煤治理。调整交通结构，加快新能源汽车推广应用，加快淘汰国三及以下排放标准的柴油货车、采用稀薄燃烧技术或“油改气”的老旧燃气车辆，开展非道路移动机械摸底调查和编码登记工作。

淄博市（以陶瓷、石化行业为主）针对水泥行业，水泥窑及粉磨站要严格按照有组织排放控制的要求，在氧含量10%的条件下，颗粒物、NO_x、SO_2 排放浓度分别达到 $10mg/m^3$、$50mg/m^3$、$150mg/m^3$，并稳定运行。对于平板玻璃、日用玻璃行业，淘汰500t/d（不含）以下普通浮法玻璃生产线（不含超薄、超白等）和平拉工艺平板玻璃生产线（含格法）；对于陶瓷行业，淘汰150万 m^2/a 及以下的建筑陶瓷生产线和60万件/年以下的隧道窑卫生陶瓷生产线。同时调整产业结构与布局。严格控制钢铁、水泥、电解铝、平板玻璃、炼油、轮胎、煤炭等行业新增产能，新建项目必须制定产能置换方案，实施减量置换，置换产能列入淘汰计划监督落实。化解过剩产能，到2020年，钢铁、水泥、电解铝、平板玻璃、炼油、煤炭、化工行业产能利用率回升到80%以上。加快淘汰小火电，巩固“散乱污”治理成效。开展重点行业VOCs整治情况专项执法行动，加强VOCs排放源和治理效果的监管和信息公开力度。到2020年，全市挥发性有机物排放总量较2015年下降30%以上；到2025年，全市挥发性有机物排放总量较2015年下降45%以上；到2032年，全市挥发性有机物排放总量较2015年下降55%以上。打造清洁能源体系，优化能源结构。到2020年，全市煤炭消费总量控制在2700万t以内，力争控制在2500万t以内（2017年约2930万t）；到2020年，基本实现主城区无煤化，基本完成生活和冬季取暖散煤代替。加快淘汰燃煤机组，2020年在解决热源替代的情况下，关闭供电煤耗过高、装机容量偏小的机组 9 台，其总装机容量 12.78 万 kW。对于关停机组的装机容量、煤炭消费量和污染物排放量指标，允许进行交易或置换，可统筹安排建设容量超低排放燃煤机组。优化交通运输结构与布局。优化货运结构，加快推进多式联运，减少公路运输，提高铁路货运比例，到 2020 年，全市铁路货运量比 2017 年增长 40%；到 2025 年，全市铁路货运量比 2017 年增长 50%；到 2032 年，全市铁路货运量比 2017 年增长 60%。推进重点工业企业和工业园区的原辅材料及产品由公路运输转向铁路运输。大力发展新能源汽车，完善新能源汽车配套设施，2020 年底前，城市建成区新增和更新的公交、环卫、邮政、出租、通勤、轻型物流配送车辆全部采用新能源或清洁能源，上述车辆中新能源和清洁能源比例累计达到 80%；到 2025 年，上述车辆中新能源和清洁能源比例累计达到 90%；到 2032 年，上述车辆中新能源和清洁能源比例累计达到 100%。加强面源污染综合防治。强化建筑施工扬尘整治，各类工地必须做到“六个百分之百”；全面提升道路扬尘控制水平，到 2020 年全市城市道路机械化清扫覆盖率达到 95% 以上。加强城市烟尘防治，2020 年，城市建成区餐饮企业应 100% 安装高效油烟净化设施，设施正常使用率不低于 90%；全面禁止秸秆露天焚烧，提高秸秆综合利用效率，到 2020 年，实现秸秆综合利用率达到 92% 以上，同时加强农业面源污染控制。

晋城市（以石化行业为主）采用石化行业、煤炭、电力等重点行业“关小改中建大”的方法，强强联合，组建区域性集团，推进行业规模化和集约化，控制污染物排放总量，同时调整优化产业结构。实施污染源头防控工程，严把“两高一资”企业环保准入关口，严格控制新建煤炭、电力、钢铁、化工等高污染、高耗能项目，市区周边半径 20km 范围内严禁新上涉煤项目，2020 年前对市区周边半径 10km 范围内的工艺落后、污染负荷大、严重影响环境空气质量的污染企业实施关停、搬迁。实施产业结构调整工程，着力打好压减过剩产能攻坚战，严禁建设过剩产业项目，加大落后产能淘汰力度，逐渐淘汰工业生产总值低、排污量和排污强度较大的行业。优化能源结构。削减煤炭消费总量，在市区建成区及周边 20km 范围内禁止新建任何耗煤项目，发改部门要制定煤炭消费减量替代工作方案，实现消费总量负增长。提高燃煤供暖设施环保标准，20 蒸吨 /h 及以上锅炉全部安装在线监控设施，并与环保部门联网。推进城市建成区燃煤供热锅炉超低排放改造。淘汰分散燃煤锅炉。市区建成区完成 35 蒸吨 /h 以下除热电联产以外的燃煤锅炉（含煤粉锅炉）淘汰；县城建成区进一步淘汰分散燃煤炉、灶，改用清洁能源；进一步对全市达不到特别排放限值的燃煤锅炉实施淘汰。加强煤质管控，严格执行《晋城市燃煤污染防治实施细则》要求，禁止销售和使用硫分高于 1%、灰分高于 16% 的民用散煤。交通污染防治。严格车用油品管控，定期抽检。完成老旧车淘汰任务。强化对中、重型柴油车辆的管控。加大执法力度，安装固定遥感监测设备。强化工程机械污染防治。优化路网，加强司机文明行车规范以及行人文明过马路规范，减少拥堵。多方式发展公共交通。增加公共汽车，优化公交路线，增加共享单车，提高群众绿色交通理念。新增和更新的公交、市政和物流配送车辆全部替换为新能源车，2025 年新能源车占比达到 80% 以上，完成在用非道路移动机械摸底调查，启动年检制度，在用非道路移动机械年检率达 80%；到 2030 年，新能源车占比达到 90% 以上，在用非道路移动机械年检率达 90%。加强加油站油气回收管理，到 2025 年，晋城市建城区内年销售汽油量大于 5000t 的加油站、储油库全部安装油气回收在线监测设备，严格油气回收装置使用监管。到 2030 年，晋城市辖区范围内汽油销售量 5000t 以上的加油站、储油库油气回收在线监测全覆盖。强化面源污染防控。加强对施工扬尘、道路及交通运输扬尘、各类露天堆放和裸露地面扬尘的整治。加强禁燃禁放管控。

菏泽市（以焦化、电力行业为主）推进焦化行业超低排放改造，对标国内焦化行业标杆企业，着力升级和改造焦炉除尘、脱硫、脱硝设施，提升污染物控制水平。加强焦化企业化产区、煤气深加工区等 VOCs 废气的控制与深度治理。开展电力行业深度治理，在燃煤电厂超低排放的基础上进一步优化运行管理，提高治理设施去除效率，在满足民生供热需求的基础上，含热电联产机组，热电联产锅炉规模应不小于 65t/h，新增燃煤机组规模不低于 30MW。同时，推动传统产业优化升级。推广低能耗、低排放、高附加值的行业，对高能耗、高排放的行业，采用末位淘汰法，发挥生态环保倒逼引导作用，到2020年，全市万元国内生产总值能耗比2015年下降17%，能耗强度指标每年需降低3.6%左右；对板材加工和日用玻璃产业集群实行园区化管理，实现水电气汽集中供应，到2020年板材加工企业数量减少30%；到2025年实现日用玻璃燃料清洁化，板材加工企业50%实现升级改造并入园；到2032年板材加工企业全部实现整合升级改造并入园，企业数量减少50%。到2020年，平板玻璃年深加工率达到60%以上，低辐射镀膜玻璃应用比例达到40%，生产线能耗达到或接近国际先进水平。推动能源结构优化，压减煤炭消费总量。到2020年实现煤炭消费比2017年压减160万t，全市非化石能源占能源消费比重达到7%；到2025年实现煤炭消费达到1150万t以下，全市非化石能源占能源消费比重达到8%；到2032年实现煤炭消费达到1000万t以下，全市非化石能源占能源消费比重达到9%。针对燃煤锅炉，加快供热管网建设，充分释放和提高供热能力，淘汰管网覆盖范围内的燃煤锅炉和散煤。到2025年全市完成35蒸吨以下燃煤锅炉淘汰工作，每小时65蒸吨及以上燃煤锅炉全部完成节能和超低排放改造；到2032年完成65蒸吨及以下燃煤锅炉的淘汰工作。改善运输结构。改善货运运输结构，到2020年，菏泽市铁路货运比例提高到15%；推广新能源和清洁能源车；开展柴油货车超标排放专项治理，到2019年1月1日，提前实施国六重型柴油车标准；实施非道路移动机械集中整治；强化油品质量监管。加强面源管控。扬尘源管控应提高精细化管理水平，全面落实“七个百分之百”，强化渣土车管控，城市道路机械清扫比例不低于95%，吸扫车占比不低于70%，同时加大对城市郊区道路扬尘的管控力度。加强餐饮服务企业油烟排放整治，定期对油烟净化设施进行维护保养，确保油烟稳定达标排放，设施正常使用率不低于90%。

衡水市（以工业源为主）深化拓展“1+27”方案，综合运用多种手段，在清洁取暖、电厂改造、VOCs治理、工业企业达标、清洁降尘、控车减油、面源提升和科技治霾等领域，强力开展攻坚整治，量化措施。调整优化产业结构。以装备制造、食品医药、功能材料、纺织家居四大主导产业培养发展壮大为主线，加快推进工业转型升级，力争到2020年，初步构建现代化工业体系。以规模以上企业转型升级为重点，坚持以产业需求和企业问题为导向，充分发挥中科院科技人才优势，引入国内国际高端科研管理团队，力争到2025年，完成全市规模以上企业转型升级，全市规模以上企业实力稳步提升，自主创新能力显著增强，两化融合迈上新台阶，产业结构持续优化，绿色发展模式逐步形成。2033年，完成四大主导产业转型升级，努力推进全部企业向支柱产业靠拢，基本完成现代化工业体系建设。实施工业企业退城搬迁改造，把推进主城区污染企业退城搬迁作为重中之重，加快退城进园或“退二进三”步伐。主城区和各县（市）要对辖区内现有工业企业制定企业退城搬迁计划。明确全市禁止和限制建设的产业门类和空间区域，严格污染物排放总量控制、污染物排放标准和清洁生产等要求，形成产业结构、生态空间和总量控制“三位一体”的环境准入模式。优化能源结构。按照“宜气则气、宜电则电”的原则，在落实气、电源的前提下，深入推进农村居民生活取暖气代煤、电代煤。到2020年完成清洁取暖建设项目，实现根治农村散煤污染工作目标。持续加强清洁能源供应，到2030年全市全部完成清洁能源替代，持续确保全域范围零散煤。积极推广地热取暖经验，在有条件的乡镇、新农村大力推广地热集中供热，扩大地热供暖面积，到2020年稳步提升全市地热能供暖能力，到2030年所有适宜使用地热取暖的县（区、市）全部改用地热能集中供暖。严格控制散煤经营企业数量，以需定销。依法查处非法劣质煤销售网点，依法取缔散煤无照经营网点。完善电站、输配电网建设，加快城乡电网改造，增强供电可靠性。调整运输结构。建设绿色交通体系，加强城市中心区步行、自行车等非机动车出行的基础设施建设，提高公共交通出行比例，到2020年，中心城区公共交通机动化出行分担率达到30%；到2033年，中心城区公共交通机动化出行分担率达到50%。到2020年信息能源车使用比例达到80%，推广应用各类新能源汽车15000辆（标准车），建成充电桩2500个；到2033年，每年根据新能源车增加量动态增加充电站、充电桩数量，确保数量充足，保证新能源车辆全部“有电可充”。做好普通干线公路绕城规划和项目建设，完善货运车辆绕城通道建设，完善城区环路通行条件。强化运输企业治理主体责任，对运输企业和用车大户建立车辆排放控制档案，加强执法检查。引导企业淘汰使用10年以上的柴油叉车。制定补贴政策，鼓励淘汰国一、国二排放标准的汽油车及使用10年以上国三排放标准的柴油车。严格油气回收装置使用监管。开展扬尘及面源控制行动。主城市区道路清扫范围扩大一倍，各县区实现全域保洁。到2020年，城区道路机械化清扫率均达到85%以上，基本完成全市域城乡环卫一体化；到2033年，城市建成区和县城建成区道路机械化清扫率分别保持在90%、80%以上。全面整治预拌混凝土搅拌站、渣土受纳场扬尘污染。所有堆场改建为封闭半封闭库房、天棚储库。完善降尘监测体系，县（区、市）设立降尘监测点，每月对各县（区、市）降尘量进行排名。积极推广秸秆综合利用，安装视频监控和红外线报警系统，实现对辖区内秸秆禁烧全方位、全覆盖、无缝隙监管，严禁垃圾露天焚烧。改进农业施肥方式，推广测土配方施肥和水肥一体化，扩大有机肥替代化肥范围，减少氮肥表施。

邢台市（以玻璃、钢铁和焦化行业为主）针对玻璃行业，到2020年底前，所有燃煤玻璃企业全部改为天然气或集中供应煤制气，逾期完不成的一律停产改造。从2018年开始，秋冬季所有玻璃生产线限产15%以上。2020年产能控制到1.43亿重量箱以内。深度调整产业结构。钢铁行业综合治理，2018～2020年，全市压减炼铁产能101万t，压减炼钢产能48万t。对于焦化行业，从2018年开始，对年产能低于100万t的焦化企业，两年出清焦化工序，每年压减50%产能；年产能在100万t以上的焦化企业，三年出清焦化工序，每年压减1/3产能。自2018年开始，采暖季，国泰发电等热电联产企业“以热定产”；建投沙河发电等企业限产15%以上。至2025年，确保主城区及周边地区，即“一城五星”地区不存在高排放量的工业企业。同时严禁出现，包括砖瓦、石灰石膏、玻璃制品等“小散乱”类行业企业，至2025年，主城区周边“小散乱”企业淘汰或入园综合管理，“小散乱污”企业整治范围扩大至各区县，逐步对各区县“小散乱”企业进行淘汰、升级改造等，对于符合标准的如工业园统一管理、不符合标准的“小散乱”企业则直接淘汰。至2033年达标年，力争全面清除城市内“小散乱”企业。优化能源结构。大力压减重点企业煤炭消耗量，2015～2020年，削减邢台钢铁有限责任公司、河北中煤旭阳焦化有限公司、建滔（河北）焦化有限公司、邢台国泰发电有限责任公司、河北建投沙河发电有限责任公司、建投邢台热电有限责任公司等市区周边耗煤大户煤炭396万t。实施居民生活散煤替代，2020年，在气源、电源不断优化的前提下，力争实现23.74万户居民“气代煤”供暖、4万户“电代煤”供暖。深入推广清洁能源，到2020年，清洁能源消费量占全部能源消费总量45%以上。示范推广“太阳能+”供暖，2020年新增20万m^2以上。以一城五星为重点区域，深入实施居民取暖清洁能源、集中供热替代。在市区无煤化的基础上，2025年“一城五星”其他地区清洁能源使用占比达到95%以上，其余县区（包括农村地区）全面取缔劣质散煤，逐步采用清洁能源，2025年清洁能源占比60%以上。改善运输结构。完成绕城外环道路建设，实现重型运输车辆绕城通行，提升铁路运输比例，加快推进邢台客运总站、邢西客运站建设，推进中心汽车站搬迁工作。提升油品质量，加强监管，2020年11月1日起，全面禁止国一、国二标准车辆进入市区。完善扬尘的精细化管理体系。“一城五星”城区内，每周开展一次“全民洗城”。严格落实建筑施工工地“六个百分之百”要求。加强道路扬尘污染整治，2020年，城市出入口及城市周边重要干线公路路段、城区道路实现机械化清扫全覆盖。到2020年全市秸秆焚烧点基本遏制，秸秆综合利用率达96%以上。

5.5.3.2 以移动源为主要来源的城市

以移动源为主要来源的城市强调“降氮控车”，强化燃气锅炉NO_x排放控制，鼓励老旧车淘汰以优化车辆构成结构，推进高频使用车辆（如公交、城际客货运和建筑工程运输车等）更新改造，优化车队能源结构（除了在公交、出租等公共车队中推广新能源车和电动车外，鼓励使用纯电动小客车，同时不断完善充电桩建设等基础性建设），加强柴油车污染防治。

北京市：调整优化治理方式，从工程减排向管理减排转变。优化交通布局，强化城市交通管理。开展重型车的精细化管理，将低排放区由六环路内扩展到全域。建设超低排放公共交通车辆结构，推动北京大宗货物由公路运输为主向铁路货运为主的转型，建设低排放高效货物运输系统。完善道路交通和轨道交通建设，提高城际、市内交通的货运能力，使其由现有的不到10%大幅提高到30%以上。加强对重点车辆监管，预测2020年国三柴油车在车队中占比下降到20%左右。发展先进动力技术，推广公交出行，至2020年，新能源车（轻型车队中包括纯电动、插电、混动，公交车队包括纯电动、天然气、混动）将分别占轻型车队和公交车队总数量的20%和65%。加快清洁能源替代，推动能源消费升级。提高天然气消费比重，至2020年，实现城镇居民生活100%使用天然气，一次能源消费比重提高到35%左右。加大北京市天然气供应量，至2020年天然气供应量达到190亿 m^3。城市工业耗能和城市居民耗能所需的天然气供应量增加10%以上。降低煤炭消费总量，实现2020年煤炭消耗总量不超过300万t，煤炭在一次能源消费中的比重降低到3%左右。推进周边区域供电及发展清洁能源。发展冀北、内蒙古、山东等地风电送入工程建设，增加外地电的调入量，比例从目前的22%左右增至30%以上。推进产业结构调整。继续发展第三产业，2020年使第三产业比重达到80%以上，进一步缩减第二产业，预测2020年水泥产量降低50%以上，化工企业产量降低35%以上。炼油量降低至1000万t以下。对于重点行业严格控制产能的增加，钢铁和水泥行业分别在2020年和2025年不再批准增加新项目。深入推行清洁生产技术，进一步提高电炉炼钢比例，2025年和2035年分别达到45%和55%。2025年新型干法水泥生产技术普及率达到100%，2030年淘汰生产能力4000t/d以下的水泥生产线。2030年浮法玻璃生产线占比达到100%。深化面源污染控制。加强对扬尘及餐饮油烟等排放源治理。至2020年，城市全境施工区域视频监控系统安装率达到100%。提高道路机扫率，全市范围内机扫率达到80%以上。增加道路绿化覆盖率，减少路面扬尘。推进大型饮食企业安装高效油烟净化装置，至2020年，北京市大型饮食企业高效油烟净化装置安装率达到100%。

郑州市：在交通运输结构调整方面，大幅提高铁路货运比例，到2020年，铁路货运量占比达到15%，2025年达到25%，2032年达到35%。到2020年，重点企业铁路运输比例达到50%以上，到2025年达到65%，到2032年达到80%。到2020年，大宗货物年货运量150万t以上的大型工矿企业和新建物流园区铁路专用线接入比例达到80%，到2025年和2032年，分别达到85%和90%以上；具有铁路专用线的大型工矿企业和新建物流园区，到2020年，大宗货物铁路运输比例达到80%以上，到2025年和2032年，分别达到85%和90%以上。加快新能源汽车在个人用车领域的推广，到2020年底，制定完成郑州市燃油机动车保有量控制计划及实施方案，逐年提高新能源小客车购置比例；到2025年，新能源小客车购置比例达到60%以上；到2032年达到80%以上。通过新建绕城市环城市道路、优化行驶道路和分时规划路线等方式，严控重型车辆进城市。对重型柴油车开展精细化管理，建立“一车一档”的环保电子档案。持续推进产业结构调整，优化产业布局。依托区域比较优势，鼓励现代服务业、各类新兴产业壮大发展，合理布局制造业主导产业。推进重污染工业企业搬迁改造，2020年底前基本完成中小型危险化学品生产企业和存在重大风险隐患的大型企业搬迁改造。2022年之前完成城市建成区内重污染企业搬迁改造任务。对逾期未完成退城搬迁的企业予以停产。到2025年，县级以上城市建成区重污染企业全部完成搬迁改造或关闭退出。大力压减低效产能，2020年10月之前，淘汰10万t/a以下的独立铝用碳素企业；2020年之前，退出单套装置30万t/a以下的合成氨生产企业；淘汰100t/a以下的独立水泥粉磨站和直径3m及以下水泥粉磨装备。2020年10月之前，全市域基本淘汰35蒸吨/h以下燃煤锅炉。2025年，相比于2017年，全市水泥、棕刚玉、石灰、石材、氯化石蜡、铸造和磨料磨具行业产能压减50%以上；电解铝、碳素、耐火材料和砖瓦产能压减40%以上；到2032年，相比于2017年，全市水泥、棕刚玉、石灰、石材、氯化石蜡、铸造和磨料磨具行业产能压减60%以上；电解铝、碳素、耐火材料和砖瓦产能压减50%以上。加快调整能源结构，建设低碳能源体系。严控煤炭消费总量，到2020年，煤炭消费总量占全市综合能源消费的比重降至58%以下；到2025年，煤炭消费占一次能源消费的比重降到50%以下，到2032年，煤炭消费占一次能源消费的比重降到40%以下。有序控制电厂用煤，2020年燃煤电厂年煤炭消费量较2017年减少25%；2025年燃煤电厂年煤炭消费量较2017年减少30%；2032年燃煤电厂年煤炭消费量较2017年减少35%。重点削减非电用煤，到2020年力争降到20%以下；到2025年，全市非电煤占煤炭消费的比重下降到15%以下；到2032年，全市非电煤占煤炭消费的比重下降到10%以下。构建清洁取暖体系，到2020年，全市县城和城乡接合部清洁供暖率达到70%以上；到2025年，全市县级以上建成区集中供热和清洁能源供热率达到80%以上，其中集中供热率达到50%以上。到2032年，提高城市化率，扩大集中供暖面积，全市包括县级以上建成区、城乡接合部和大部分农村地区集中供热和清洁能源供热基本实现全覆盖。加强农村清洁能源取暖，全面完成“电代煤”和“气代煤”工作任务，农村清洁取暖率达到100%。提高清洁能源利用水平，力争2020年天然气占能源消费的比重达到10%以上；到2025年天然气占能源消费总量的比重达到15%以上；2032年天然气占能源消费总量的比重达到20%以上。提升扬尘集面源的综合治理。提升全域精细化管理水平，全面遏制扬尘等面源污染。健全完善以基层网格为单元的多级大气污染防治监管体系，以降低降尘量为抓手，推动区县、乡镇精细化管理；全域道路按流量、积尘负荷量分级分类管理，加大重点道路清扫力度，到2020年，所有县（区、市）主次干道、城乡接合部和背街小巷采取机械化清扫保洁的路面应达到“双5”标准。到2025年，所有县（区、市）主次干道、城乡接合部和背街小巷基本实现机械化清扫，采取机械化清扫保洁的路面每平方米浮土达到3g以下，不适宜机械化清扫的路面，要保证洒水降尘常态化和有序化。实施降尘考核，2019年各县（区、市）平均降尘量不得高于9t/（月·km^2）；2025年各县（区、市）平均降尘量控制在5t/（月·km^2）以内；2032年各县（区、市）平均降尘量控制在3t/（月·km^2）以内。加强秸秆综合利用，到2020年，全市秸秆综合利用率达到93.5%以上；到2025年，全市秸秆综合利用率达到97%以上；到2032年，全市秸秆得到全面利用。减少化肥使用量，到2020年，测土配方施肥技术推广覆盖率达到90%以上，化肥利用率达到40%以上，实现主要农作物化肥和农药使用量降低；到2025年，化肥利用率达到45%以上，力争主要农作物测土配方施肥技术推广覆盖率达到100%；到2032年，基本实现农业废弃物趋零排放，化肥利用率达到50%以上。

廊坊市：交通结构调整方面，实施公交优先战略，提高公共交通出行比例。至2020年，廊坊市公共交通出行比例提高到40%；至2030年，廊坊市公共交通出行比例提高到50%。强化用车环保监管，重点淘汰国一、国二排放标准的汽油车。制定外埠过廊高排放车辆通行引导方案，促进重型载货汽车远端绕行。发展清洁货运、开展采暖季错峰运输，非道路移动机械实行“一车一档”政策并制定准入许可制度。加快推进非道路移动机械排放标准的实施进程，至2020年，廊坊市实施国家第四阶段非道路移动机械排放标准；至2025年，廊坊市非道路移动机械排放标准的严格程度达到和道路机动车相当。严控高排放车辆入城，逐步完善市区各重型车卡口检查站标准化建设。加快新能源车推广应用步伐，扩大推广应用数量规模。大力实施交通结构优化调整，推进货物运输轨道化，提升铁路货运能力和运输比例。能源结构调整方面，减少煤炭在一次能源消费中的占比，加大清洁能源利用率，增加天然气消费比重，提高电力输入能力，加大太阳能、地热能、生物质能等可再生能源使用比例，优化城市能源消费占比，到2020年实现民用散煤基本清零，工业耗煤大幅下降，电力和天然气成为全社会主要能源，可再生能源消费量持续增加的局面；到2025年基本形成以天然气和电力为主的能源消费格局；到2030年电力在能源消费的比重中占据主导地位。做实“煤替代”工程扫尾，2020年实现全市域散煤彻底“清零”。提高城镇供热清洁化水平，2020年，形成天然气、热电联产、太阳能、浅层地能等多种清洁取暖方式组成的供热体系。产业结构调整方面，建立严格环境准入制度，至2020年，廊坊市将禁止新、改、扩建不符合“上大压小”及非热电联产的燃煤机组。对于已有的火电、钢铁、水泥等行业，应严格执行大气污染物排放特别排放限值；至2025年，廊坊市将严格限制火电、钢铁、水泥、有色冶炼、化工等行业及燃煤锅炉项目；至 2030 年，实现全产业链的清洁化运行。大力淘汰落后产能，至 2020 年，削减 30 万 kW 以下常规燃煤发电机组 30%；至 2025 年，削减 30 万 kW 以下常规燃煤发电机组 60%；至 2030 年，关闭全部 30 万 kW 以下常规燃煤发电机组。淘汰水泥落后产能，至 2020 年，完成湿法窑，以及直径 3m 以下水泥粉磨设备淘汰，同时淘汰日产 2000t 以下新型干法水泥生产线和年产 60 万 t 以下水泥粉磨站；至 2025 年，完成窑径 3m 及以上水泥机立窑、干法中空窑（生产高铝水泥、硫铝酸盐水泥等特种水泥除外）淘汰；至 2030 年，全面完成水泥落后产能淘汰。工业污染源治理方面，2020 年 10 月底前，水泥、玻璃行业全面完成超低排放升级改造，单吨水泥污染物排放量降低 30%，浮法玻璃生产线全部实施烟气脱硫、除尘改造，采用低氮燃烧技术及烟气脱硝设施改造；基本完成有色烟羽治理。深化工业源 VOCs 治理，至 2020 年，廊坊市印刷和制药等重点 VOCs 排放行业基本完成综合整治，建立 VOCs 排放清单，VOCs 排放总量较 2015 年削减 25% 以上；至 2025 年，继续开展廊坊市重点行业 VOCs 排放综合整治，基本建成 VOCs 监测监控体系，VOCs 排放总量较 2020 年削减 10%；至 2030 年，深入开展 VOCs 排放综合整治，完善 VOCs 监测监控体系，使 VOCs 排放总量较 2025 年削减 10%。扬尘污染治理方面，加强城市扬尘综合管理，控制建筑工地扬尘、道路扬尘，开展裸露地治理、料堆治理，提高绿化覆盖率，加强对秸秆焚烧和餐饮油烟控制，不断扩大扬尘污染控制区面积。至 2020 年，核心区和其他地区降尘强度在 2015 年的基础上下降 20% 以上；至 2025 年，在 2020 年的基础上进一步分别降低 l5% 和 10% 以上；至 2030 年，在 2025 年的基础上进一步分别降低 10% 和 8% 以上。

开封市：交通结构调整方面，继续推进老旧车淘汰，并开展重型柴油车超标排放治理，重点加强对物流运输等重型柴油车集中企业所属车辆治理，加快推广应用电动汽车。能源结构调整方面，持续推进城区集中供热供暖建设，不断扩大所辖县（市）城区集中供热覆盖范围，2025 年，开封市集中供热普及率达到 90% 以上，所辖县（市）集中供热普及率平均达 50% 以上。引导鼓励中型燃煤锅炉淘汰。产业结构调整方面，有序推进城市规划区工业企业搬迁改造，2020 年底前完成市区内工业企业的搬迁工作，对不符合产业政策要求的落后产能和“僵尸企业”，以及环境风险、安全隐患突出而又无法搬迁或转型的企业实施关停。严控“散乱污”企业死灰复燃。加快推动工业企业绿色发展。分门别类制定 VOCs 治理规范和技术要求，实现一企一策。通过企业入园、严格执法等手段促进规模小、治理水平差的企业淘汰，剩余企业实现入园和规范化管理。全面取缔烧结砖，实现砖瓦企业转型升级。扬尘综合整治方面，健全扬尘管理机制，安装城市扬尘视频监控和在线监测系统，建设城市扬尘监控平台，对重要扬尘污染源实行物业化管理。到 2025 年底前，市区和县级城市道路机械化清扫率均达到 95% 以上，实施城市道路扬尘监测制度。到 2025 年，装配式建筑达到新建建筑的 40%，到 2030 年，装配式建筑达到新建建筑的 50%。加强种植业氨排放控制，2025 年底，化肥利用率达到 40% 以上，到 2030 年底，化肥利用率达到 50% 以上。提高畜禽粪污综合利用率，到 2025 年畜禽粪污资源化利用率达到 75%，到 2030 年畜禽粪污资源化利用率达到 80%。全面推进秸秆肥料化、饲料化、能源化、原料化等多种途径的利用，积极探索秸秆机械化直接还田、秸秆青贮、秸秆压块、秸秆沼气、秸秆生物质锅炉改造等多种利用模式，有效缓解秸秆废弃和焚烧带来的资源浪费及环境污染，到 2025 年，秸秆综合利用率达到 97% 以上，到 2030 年，秸秆综合利用率达到 99% 以上，基本实现秸秆全量利用。

济宁市：交通结构调整方面，推广使用达到国六排放标准的燃气汽车。加快改造淘汰老旧车辆。推进老旧柴油车深度治理，对超标排放具备改造条件的国三排放标准的柴油货车安装污染控制装置控制污染物排放。大幅提升铁路货运比例，到 2020 年，铁路货运量占比达到 8%；2025 年达到 15%； 2029 年达到 25%。到 2020 年重点企业铁路运输比例达到 40% 以上；2025 年达到 50% 以上； 2029 年达到 60% 以上。提高公共交通分担率，到 2020 年，公共交通机动化分担率达到 40%；到 2025 年，达到 50% 以上；到 2029 年力争达到 60% 以上。逐步加大老旧车淘汰力度，鼓励老旧车提前淘汰，到 2020 年，淘汰全部国二及以下运营柴油车；到 2025 年，淘汰全部国三及以下营运柴油车；到 2029 年，淘汰全部国四及以下排放标准的汽柴油车。能源结构调整方面，到2020年，煤炭消费总量压减到4698万t以内。重点削减非电力用煤，到2020年全市电煤（含热电联产供热用煤）占煤炭消费总量的比重达到国家、省相应目标要求。2020年底前，30万kW及以上热电联产电厂15km供热半径范围内的燃煤锅炉和落后燃煤小热电厂全部关停整合。2020年采暖季前，平原地区基本完成生活和冬季取暖散煤替代。加快天然气产供储销体系建设和储气设施建设。实施非化石能源倍增行动计划，到2020年清洁能源占能源消费的比重力争比2015年提高2个百分点左右。以推广应用促进技术进步和产业发展，力争到2020年太阳能年利用量替代18万tce左右。提高综合利用水平和效益，力争到2020年，生物质能年利用量可以替代20万tce左右。因地制宜建设生物质成型燃料生产基地，到2020年，生物质成型燃料年利用量力争达到10万t。力争到2020年，全市新能源和可再生能源装机占比达到12%左右。2020年全面完成220kV儒林站配出及东部电网改造工程，有效提升济宁市电网供电能力、安全稳定运行能力、新能源消纳承载能力。不断优化能源消费结构，逐步提高城市清洁能源使用比重，努力构建以清洁能源为主的能源保障体系，到2022年，全市全口径新能源开发利用占能源消费总量的比重提高至9%左右，新能源发电装机容量达到4400万kW左右，其占市内电力装机的30%左右；到2028年，全市全口径新能源开发利用占能源消费总量的比重力争提高至15%左右，新能源发电装机容量达到7500万kW左右，占市内电力装机的40%左右。工业污染治理方面，工业污染源全面达标排放持续推进工业污染源提标改造，SO_2、NO_x、颗粒物、VOCs全面执行大气污染物特别排放限值，山东荣信煤化有限责任公司、山东民生煤化有限公司、山东济宁盛发焦化有限公司、微山同泰煤焦化有限公司要于2020年底前完成。到2020年，工业污染源全面执行国家和省大气污染物相应时段排放标准要求。加强VOCs专项整治，到2020年，全市VOCs排放总量较2015年下降10%以上。以火电、焦化、水泥、碳素、砖瓦等行业为重点，加快高耗能重污染行业落后产能淘汰，到2025年，焦化压减20%、铸造压减35%、建筑机械加工压减25%、水泥压减35%、碳素压减35%、玻璃压减10%、陶瓷压减25%、石灰压减35%、石材压减35%、砖瓦压减35%；到2029年，焦化压减10%、铸造压减15%、建筑机械加工压减15%、电解铝压减15%、水泥压减15%、碳素压减15%、玻璃压减10%、陶瓷压减15%、石灰压减15%、石材压减15%、砖瓦压减15%；深入推进对“散乱污”“低小散”等低端落后企业的摸查和治理，切实减少结构性污染对大气环境质量的影响。面源污染综合防治方面，提升施工扬尘防治水平。大力提高城市道路机械化清扫和洒水比例，2020年底前主城区达到70%以上，县级城区达到60%以上。深入推进城市道路深度保洁工作，到2020年主城区和县级城区40%以上的主次干路达到深度保洁标准。开展矿山地质环境恢复和综合治理，到2020年，全市大中型绿色矿山比例力争达到80%。积极推动秸秆综合利用，到2020年，全市秸秆综合利用率达到92%。

济南市：交通结构调整方面，大幅提高铁路货运比例，进一步优化全市货物运输结构，2020年铁路货运量占比达到6%；2025年铁路货运量占比达到10%；2030年铁路货运量占比达到15%。鼓励电力、水泥、化肥等大型生产企业新建或改扩建铁路专用线，2020年重点企业铁路运输比例达到50%以上；2025年达到60%以上；2030年达到70%以上。2020年力争完成1～2个省级多式联运示范工程建设，多式联运吞吐量力争完成3万标箱；2025年力争完成5～6个省级多式联运示范工程建设，多式联运吞吐量力争完成6万标箱；2030年力争完成9～10个省级多式联运示范工程建设，多式联运吞吐量力争完成9万标箱。大力推广城市绿色交通，2020年完成“公交都市”以及公交优先示范城市建设，形成优先发展公共交通的良好示范；2025年，公共交通机动化出行分担率达到65%以上；2030年，达到70%以上。推广新能源车应用，全市新增及更换的邮政、出租以及旅游景区用车（4.5t以下）等车辆的新能源化比例不低于85%；2020年不低于95%；2022年达到100%。能源结构调整方面，严格控制煤炭消费总量，2020年，全市煤炭消费占能源消费的比重控制在70%以内；2025年控制在65%以内；2030年控制在60%以内。有序控制电厂用煤，2020年全市存续热电联产企业实现“以热定电”。重点削减非电行业用煤，2020年，电煤消耗占煤炭消费总量的比重较2017年上升10%以上；2025年，电煤消耗占煤炭消费总量的75%以上；2030年，电煤消耗占煤炭消费总量的 82% 以上。2020 年，全市消费煤炭热值标准力争提高 10% 以上。强化电力结构调整，2020 年完成 30 万 kW 以下煤电机组（除承担供暖供热必须保留的机组外）、不实施节能升级改造或改造后供电煤耗仍达不到 300g/（kW·h）要求的煤电机组以及污染物排放不能稳定达到超低排放要求的煤电机组关停。实施煤电机组降低煤耗行动，2020 年全市现役燃煤发电机组改造后平均供电煤耗低于 300g/（kW·h）；逐步采用超临界或超超临界热电机组替代服役期长的机组。有效推进清洁能源取暖，2020 年 4 月城区清洁取暖率达到 100%，城乡接合部及县城清洁采暖率力争达到 100%，农村地区清洁取暖率达到 70% 以上；2025 年，农村地区清洁取暖率力争达到 90% 以上。提升天然气利用水平，2020 年，中心城区管道天然气气化率达到 90% 以上；2025 年，全市县（区、市）建成区管道天然气气化率达到 60% 以上；2030 年，全市县（区、市）建成区管道天然气气化率达到 80% 以上。产业结构调整方面，利用气象资源进行环境“增容”，2020 年底前，完成济南市通风廊道管控相关规划，控制一级通风廊道宽度在 200m 以上，二级通风廊道宽度在 50m 以上；2025 年，按照规划完成济南市通风廊道的建设。大力推进新型工业化。严控“两高”行业产能、新增燃煤项目建设以及涉 VOCs 项目审核。深化“散乱污”企业排查和整治工作，建立“散乱污”企业动态管理机制。压减低效产能，明确区域产业（块状行业）整治重点清单，以大气环境高敏感区、较高敏感区为重点推进区域，加大各县（区、市）高污染产业集群的淘汰、转型力度。压减化工行业低效产能，淘汰采用固定床间歇式煤炭汽化炉技术装置和单套装置 30 万 t/a 以下的合成氨生产线；淘汰 10 万 t 以下独立铝用碳素企业；淘汰 2000t/d 及以下通用水泥熟料生产线和直径 3m 及以下水泥粉磨装备。对于列入淘汰落后装置的企业，自 2019 年起实行最严格的重污染天气管控措施。2023 年，完成重点行业企业淘汰任务。2030 年，相比于 2017 年，全市水泥、耐材、砖瓦、石灰、石材、铸造、磨料磨具行业产能压减 40% 以上，煤化工行业产能压减 20%。工业污染治理方面，开展重点行业提标治理，水泥窑废气在基准氧含量 10% 的条件下，颗粒物、SO_2 和 NO_x 排放浓度分别不高于 $10mg/m^3$、$35mg/m^3$ 和 $100mg/m^3$。所有排气筒颗粒物排放浓度小于 $10mg/m^3$。水泥粉磨工序的烘干窑、立磨烘干的颗粒物、SO_2 和 NO_x 排放浓度分别不高于 $10mg/m^3$、$50mg/m^3$ 和 $150mg/m^3$。开展 VOCs 综合治理专项行动，加强源头控制，2020 年，木质家具制造行业全面禁止使用溶剂型胶黏剂和有毒板材，低（无）VOCs 环保型涂料使用比例达到 60% 以上。2020 年之前，印刷行业低（无）VOCs 含量绿色原辅材料使用比例不低于 60%。开展重点行业 VOCs 达标治理。至 2020 年全市重点行业（化工、医药、印刷、工业涂装、家具制造等）VOCs 排放量较 2017 年下降 30% 以上，其他行业 VOCs 排放量较 2017 年下降 20% 以上。扬尘源控制方面，制定济南市建设工程文明施工扬尘防控规范标准，持续深化建设工程扬尘防控。全面加强混凝土搅拌站扬尘治理，2020 年之前，搅拌站全部完成绿色转型提升工作，全市 90% 以上的预拌混凝土和预拌砂浆生产企业完成清洁生产改造。建立建筑垃圾和渣土的交易平台，2020 年全市建筑垃圾资源化利用率达到 70%。强化道路扬尘治理，规范堆场扬尘治理，同时加强对矿山粉尘综合整治。提高秸秆综合利用水平，2020 年，全市秸秆综合利用率稳定达到 90% 以上；2025 年，全市秸秆综合利用率达到 95% 以上；2030 年，全市农作物秸秆得到全面利用。大力推进种植业化肥、农药减量增效，2020 年，实现主要农作物化肥、农药使用量负增长，化肥利用率达到 40% 以上；2025 年，化肥利用率达到 45% 以上，主要农作物测土配方施肥技术推广覆盖率力争达到 100%；2030 年，化肥利用率达到 50% 以上。

5.5.3.3 以民用燃烧为主要来源的城市

以民用燃烧源为主要来源的城市积极推进农村散煤双替代工作，严格落实平原地区取暖散煤基本“清零”，实行一城市一集中热源，散煤治理“一村一策”。

保定市：民用燃烧治理方面，推进城镇集中供暖，支持成片区域开发利用地热、热泵和建设燃气分布式电站，允许发展 80 蒸吨及以上高效环保燃煤供热锅炉。3 年内解决平原地区清洁取暖问题，山区农村采用洁净型煤替代散煤。根据资源、设施、经济等多因素合理选择散煤替代方式。加快气源开辟，提高气源保障能力，开拓天然气消费市场，加强储气库建设，做好天然气应急储备工作。保障电力供应，并提高电能清洁化水平。加强散煤质量检验，规范煤质检测站煤质抽检、检测制度，散煤煤质抽检覆盖率不低于90%。机动车污染治理方面，改善交通运输结构，提升铁路运力。严格监管增加公路运输成本，倒逼货运转向铁路运输。到 2020 年之前保定市铁路货运比例提高到 15%。同时加快油品质量升级，到 2020 年车用柴油达标率达到 80%，以及加强柴油车超标排放专项治理，重点做好重型柴油车管控、限行和尾气治理。加快新能源汽车推广。扬尘污染治理方面，开展道路扬尘的监测、研究与监管。严格控制施工现场扬尘污染，坚持施工工地“六个百分百”管理原则。同时提升城市精细化管理水平，开展二环、三环以及国省道净化提升工程，最大限度消灭道路扬尘污染。加强矿山污染、工业料堆场整治。产业结构调整方面，通过改造升级，提升传统产业竞争力。积极发展新兴产业，提高第三产业比重，到 2020 年，第三产业增加值占 GDP 的比重提高到 45%。调整产业布局，到 2020 年，完成竞秀区恒天纤维集团有限公司保定分公司、中国乐凯胶片集团公司、徐水区太行毛纺集团、徐水区双帆蓄电池有限责任公司 4 家企业退城搬迁改造任务；2020 年，实现制药、印刷、涂装等 VOC_S 排放严重行业全部进区入园。工业企业污染治理方面，推动工业清洁生产技术改造，提高企业清洁生产水平，到 2020 年，达到国家排放强度。持续推进“散乱污”企业整改，严控“散乱污”企业“死灰复燃”。

德州市：能源结构调整方面，严格执行煤炭消费等量或减量替代政策，确保 2020 年煤炭消费总量比 2015 年下降 10%；2025 年煤炭消费总量将较 2015 年下降约 15%；2033 年煤炭消费总量将较 2015 年下降约 25%。煤炭开采、炼焦、化工、造纸、钢铁、非金属制品等高耗能行业煤炭消费总量指标每年压减 5%；淘汰市经济技术开发区取暖季 200 蒸吨低效燃煤供热负荷，改由华能德州电厂高效余热负荷供热。到 2020 年，完成 14 万户“气代煤”或“电代煤”改造任务，基本实现主城区无煤化。产业结构调整方面，严格控制各类新增污染源，至 2020 年，钢铁、水泥、电解铝、轮胎、煤炭、化工行业产能利用率达到 80% 以上。坚决杜绝已被取缔的“散乱污”企业异地转移和死灰复燃。工业源污染治理方面，全面完成燃煤机组（锅炉）超低排放改造。全面开展燃油燃气锅炉低氮燃烧改造。强化工业炉窑污染治理，至 2020 年，现役低效和排放不达标的炉窑基本淘汰或升级改造，先进高效锅炉达到 70% 以上。VOCs 专项治理，2020 年，全市重点行业全面完成挥发性有机物治理，排放总量较 2015 年削减 20%。积极推进包装印刷行业使用低（无）VOCs 含量的油墨和低（无）VOCs 含量的胶黏剂等，到 2020 年替代率达到 80% 以上。到 2020 年底全部淘汰玻璃钢制品产量 100t 以下的现有企业或生产项目。推广家具制造行业使用水性、紫外光固化涂料，到 2020 年各县（区、市）替代比例达到 60% 以上。加强废气收集与处理，有机废气收集率不低于 90%，VOCs 处理效率不低于 90%。现有设施必须在 2020 年之前全部改造完成，没有改造完成的全部停产治理。汽车制造行业大力推广使用低挥发性涂料，到 2020 年替代比例达到 30% 以上。能源结构调整方面，优化调整货物运输结构，加快调整中心城物流集中区，2020 年底前，建成区货运物流园区及场站全面完成搬迁调整。合理规划减少中心城区及周边绕城高速重型柴油货车车流量，到 2020 年中心城区及周边国省干道重型柴油货车车流下降 50% 以上。到 2020 年，全市基本淘汰 10 年以上国三及以下柴油车。逐步淘汰国三及以下重型柴油货车，到 2020 年中心城区重点企业重型柴油货车全面达到国四及以上排放标准。加快推进中心城区机动车纯电动化，到 2020 年中心城区率先实现电动化。到 2020 年电动汽车充电设施服务半径中心城区小于 5km。扬尘污染治理方面，强化建筑施工扬尘整治，至 2020 年，全市各建设工地搭建扬尘颗粒物在线监测、视频监控综合平台。2020 年之前全面建成颗粒物监测网络，并将颗粒物监测指标纳入乡镇党政领导干部考核问责范围。至 2020 年全市道路机械化清扫覆盖率达到 95% 以上。加强农业面源污染管控，2020 年全市秸秆综合利用率达到 92% 以上。

5.5.3.4 以扬尘源为主要来源的城市

以扬尘源为主要来源的城市需要进一步强化对施工场地扬尘、道路扬尘、堆场扬尘等的管控，加强城市面源管控与综合治理。

濮阳市：扬尘源治理方面，2020 年，主次干道机械化清扫率达到 90% 以上，县级城市主干道机械化清扫率达到 50% 以上。2025 年，县区及以上城市平均降尘量不得高于 8.5t/（月·km^2）；2030 年，县区及以上城市平均降尘量不得高于 8t/（月·km^2）。建筑面积 1 万 m^2 及以上的施工工地主要扬尘产生点应安装视频监控装置，实行施工全过程监控。产业结构调整方面，通过改造升级提升传统产业竞争力，到 2020 年，科技进步对经济增长的贡献率达到 60%。提高第三产业比重，到 2020 年，第三产业占比达到生产总值的 37% 以上。对整治后仍达不到标准的企业进行清退或转产，至 2020 年全部完成落后产能化工企业技术改造。持续推进“散乱污”企业整改，严控“散乱污”企业“死灰复燃”。严控重点行业，降低污染物排放强度。有序推进城市规划区工业企业搬迁改造。工业企业治理方面，推动规模以上企业按照国家鼓励发展的清洁生产技术、工艺、设备和产品导向目录开展自愿性清洁生产审核，到 2020 年完成 50 家。严格涉 VOCs 建设项目环境影响评价，实行区域内 VOCs 排放等量或倍量削减替代，并将替代方案落实到企业排污许可证中，纳入环境执法管理。加强汽修行业 VOCs 治理。全面整治“散乱污”和依法取缔涉气环保违法违规项目。能源结构调整方面，各县（区）按照《锅炉大气污染物排放标准》（GB 13271—2014）的要求做到达标排放（颗粒物 $\leqslant$ 80mg/m^3、$SO_2 \leqslant$ 400mg/m^3、$NO_x \leqslant$ 400mg/m^3）。2020 年之前，基本淘汰全市规划区内 35 蒸吨 /h 及以下燃煤锅炉 17 台，削减煤炭约 13 万 t。开展燃煤锅炉节能减排管理，到 2020 年，燃煤工业锅炉实行运行效率提高 5 个百分点。加强工业节能，到 2020 年，全市规模以上工业企业单位增加值能耗比 2015 年降低 23% 左右，重点行业煤炭消耗量削减约 30 万 t（包含拆除和改造中小燃煤锅炉削减量）。严格控制煤炭消费总量，逐年递减，加强大气污染防治，强化电力、化工等重点行业煤炭消费减量措施，加强秋冬季煤炭消费控制，削减煤炭消费需求。2025 年濮阳市煤炭消费总量较 2020 年下降 15%，将其控制在 190 万 t 以内；2030 年，濮阳市煤炭消费量较 2025 年继续下降 15%，将其控制在 160 万 t 以内。持续推进“气代煤”“电代煤”，到 2020 年，力争在集中供热不能覆盖的城镇居民小区推广电采暖应用 50 万 m^2，4 万户以上农村居民永久性实施厨炊电气化，在商业和公共领域推广热泵应用 500 万 m^2。到 2020 年，非化石能源占能源消耗总量的比重提高到 8% 以上。

焦作市：能源结构调整方面，严格控制煤炭消费增量，加强燃煤污染控制，进一步削减燃煤总量。严格耗煤项目准入，新建项目禁止配套建设自备燃煤电站，原则上禁止新建除集中供热外的工业燃煤锅炉。推进煤炭清洁利用，构建全市清洁取暖体系。逐步扩大城市高污染燃料禁燃区范围，完成散煤清洁替代的区域划定为高污染燃料禁燃区。运输结构调整方面，大力推进货物运输“公转铁”，不断提升铁路货运比例，提高铁路资源利用效率，有效提高铁路运输量。持续推进老旧车淘汰，严格油品质量监管，保障合格车用燃油供给，中石油、中石化焦作分公司切实做好国六油品供应保障工作。积极推广清洁能源运输车辆。扬尘污染治理方面，开展大规模土地绿化行动，推行城区建筑物屋顶绿化工程，加大城区裸土治理力度，实施植绿、硬化、铺装等降尘措施。大力推进森林焦作建设。深入开展城市清洁行动，严格施工扬尘的监管。大力推进道路机械化清扫保洁作业，深入推进“以克论净、深度保洁”的作业模式。工业企业治理方面，分时段分行业制定重点行业污染源深度治理计划，实施工业锅炉特别排放管理要求。加快推进城市区工业企业搬迁，推动城市发展转型。加大淘汰落后产能力度，重点加快重污染行业及 VOCs 排放类行业的落后产能淘汰步伐，倒逼产业转型升级。强化挥发性有机物治理，提高 VOCs 排放重点行业企业环保准入门槛。加强道路扬尘管控。

5.5.4 城市综合解决方案典型案例——太原市

5.5.4.1 太原市三年行动计划方案制定

基于污染源排放、空气质量现状、受体源解析和模式源解析结果，围绕三年行动计划方案主控方向，结合城市经济社会发展、能源和产业结构等，制定三年行动计划方案情景一、情景二和情景三，见表 5-16～表 5-18。

表 5-16 三年行动计划方案情景一

序号	行业	重点工程	工程内容	污染物减排量 /t						投资 / 万元	年运行费用
				SO_2	NO_x	PM_{10}	$PM_{2.5}$	CO	VOCs		
1	锅炉	燃煤锅炉淘汰	淘汰小于 20 蒸吨燃煤锅炉，合计 3714 蒸吨	2007.3	1732.5	1461.2	738	5247.8	118.1	11142	—
		燃气锅炉低氮改造	600 万 m^2 供暖面积，折算到锅炉约为 600 蒸吨	—	104.2	—	—	—	—	1050	—
2	散煤替代	煤改气、煤改电	10 万户农村居民	2074	118	2471	1922	39254	168	400000	48000 万元 / 年
3	钢铁	太钢集团	太钢搬迁	1823	10550	14697	8714.2	346100.5	12546.6	5000000	16150 万元 / 年
		美锦钢铁	美锦钢铁搬迁	235.9	3302	530.4	423.3	23889.8	5071.3	1000000	6250 万元 / 年
4	焦化	焦化搬迁	清徐县、阳曲县的焦化企业关停，古交市的 4 个焦化厂就地改造	1170.3	10950	740	444	—	14563	1500000	—
5	化工	太化集团综合治理	将无组织 VOCs 排放变成有组织排放，安装 VOCs 废气治理设施，以减少 VOCs 排放	—	—	—	—	—	607.4	20000	400 万元 / 年
6	汽修	建设喷涂工艺中心	在郊区统一建设喷涂工艺中心，集中处理喷涂废气	—	—	—	—	—	40	5000	300 万元 / 年
7	建材	水泥企业脱硝改造	高效再燃脱硝技术（ERD），即组合脱硝	—	700	560.1	213.4	—	—	500	0～3 元 / 吨熟料
		耐火企业烟气脱硝	配套 SCR 烟气脱硝系统	—	15	—	—	—	—	300	约 100 元 / 吨产品
8	餐饮	油烟净化全覆盖	通过升级改造提高 5% 的去除率	—	—	36.7	29.4	—	3.4	710.2	—
9	油气储运	加油站油气回收系统改造工程	对辖区内汽油年销售量达到 5000t 以上的 23 座加油站安装在线监测设备	—	—	—	—	—	40	460	—
10	移动源	铁路运力提升工程	对既有线路进行扩能改造、设备升级，提高铁路货运量，提升铁路货运比例，形成辐射资源腹地、服务工业园区的区域地方铁路网，将太原地区 4% 的货运量由公路运输调整为铁路运输	113.9	5700	280	210.8	11503.8	182.3	—	—
合计				7424.4	33171.7	20776.4	12695.1	425995.9	33340.1	7939162.2	—

表 5-17 三年行动计划方案情景二

序号	行业	重点工程	工程内容	污染物减排量 /t						投资 / 万元	年运行费用
				SO_2	NO_x	PM_{10}	$PM_{2.5}$	CO	VOCs		
1	锅炉	燃煤锅炉淘汰	淘汰小于 20 蒸吨燃煤锅炉，合计 3714 蒸吨	2007.3	1574	1461.2	738	5247.8	118.1	11142	—
		燃气锅炉低氮改造	600 万 m^2 供暖面积，折算到锅炉约为 600 蒸吨	—	104.2	—	—	—	—	1050	—
2	散煤替代	煤改气、煤改电	10 万户农村居民	2074	118	2471	1922	39254	168	400000	48000 万元 / 年
3	钢铁	太钢集团	焦化、烧结企业搬迁，离开太原盆地	1621.6	8553.6	12683.36	7533.16	209753.1	9679.2	600000	16150 万元 / 年
		美锦钢铁	全面提标改造，加强无组织排放管控	150	200	188.5	87.01	13463.9	112.8	20000	6250 万元 / 年
4	焦化	搬迁入园，集中治理	集中入园，烟气脱硝，焦炉煤气综合利用，实施干熄焦改造，焦化废水集中治理，无组织排放治理，VOCs 治理	445	7586.2	470	282	—	6867.2	1050000	60000 万元 / 年
5	化工	太化集团综合治理	将无组织 VOCs 排放变成有组织排放，安装 VOCs 废气治理设施，以减少 VOCs 排放	—	—	—	—	—	607.4	20000	400 万元 / 年
6	汽修	建设喷涂工艺中心	在郊区统一建设喷涂工艺中心，集中处理喷涂废气	—	—	—	—	—	40	5000	300 万元 / 年
7	建材	水泥企业脱硝改造	高效再燃脱硝技术（ERD），即组合脱硝	—	700	560.1	213.4	—	—	500	0 ～ 3 元 / 吨熟料
		耐火企业烟气脱硝	配套 SCR 烟气脱硝系统	—	15	—	—	—	—	300	约 100 元 / 吨产品
8	餐饮	油烟净化全覆盖	通过升级改造提高 5% 的去除率	—	—	36.7	29.4	—	3.4	710.2	—
9	油气储运	加油站油气回收系统改造工程	对辖区内汽油年销售量达到 5000t 以上的 23 座加油站安装在线监测设备	—	—	—	—	—	40	460	—
10	移动源	铁路运力提升工程	对既有线路进行扩能改造、设备升级，提高铁路货运量，提升铁路货运比例，形成辐射资源腹地、服务工业园区的区域地方铁路网，将太原地区 4% 的货运量由公路运输调整为铁路运输	113.9	5700	280	210.8	11503.8	182.3	—	—
合计				6411.8	24551	18150.86	11015.77	279222.6	17818.4	2109162.2	—

表 5-18 三年行动计划方案情景三

序号	行业	重点工程	工程内容	污染物减排量 /t						投资 / 万元	年运行费用
				SO_2	NO_x	PM_{10}	$PM_{2.5}$	CO	VOCs		
1	锅炉	燃煤锅炉淘汰	淘汰小于 20 蒸吨燃煤锅炉，合计 3714 蒸吨	2007.3	1574	1461.2	738	5247.8	118.1	11142	—
		燃气锅炉低氮改造	600 万 m^2 供暖面积，折算到锅炉约为 600 蒸吨	—	104.2	—	—	—	—	1050	—
2	散煤替代	煤改气、煤改电	10 万户农村居民	2074	118	2471	1922	39254	168	400000	48000 万元 / 年

续表

序号	行业	重点工程	工程内容	污染物减排量 /t						投资 / 万元	年运行费用
				SO_2	NO_x	PM_{10}	$PM_{2.5}$	CO	VOCs		
3	钢铁	太钢集团	焦炉烟气脱硫脱硝、深化烧结烟气脱硝，全面达到特别排放限值	140	500	47.76	28.71	—	—	30000	14330 万元 / 年
		美锦钢铁	全面提标改造，加强无组织排放管控	150	200	188.5	87.01	13463.9	112.8	20000	6250 万元 / 年
4	焦化	就地提升改造	烟气脱硝，实施无组织排放治理	—	4152.2	—	—	—	2335.4	45000	48300 万元 / 年
5	化工	太化集团综合治理	将无组织 VOCs 排放变成有组织排放，安装 VOCs 废气治理设施，以减少 VOCs 排放	—	—	—	—	—	607.4	20000	400 万元 / 年
6	汽修	建设喷涂工艺中心	在郊区统一建设喷涂工艺中心，集中处理喷涂废气	—	—	—	—	—	40	5000	300 万元 / 年
7	建材	水泥企业脱硝改造	高效再燃脱硝技术（ERD），即组合脱硝	—	700	560.1	213.4	—	—	500	0 ～ 3 元 / 吨熟料
		耐火企业烟气脱硝	配套 SCR 烟气脱硝系统	—	15	—	—	—	—	300	约 100 元 / 吨产品
8	餐饮	油烟净化全覆盖	通过升级改造提高 5% 的去除率	—	—	36.7	29.4	—	3.4	710.2	—
9	油气储运	加油站油气回收系统改造工程	对辖区内汽油年销售量达到 5000t 以上的 23 座加油站安装在线监测设备	—	—	—	—	—	40	460	—
合计				4371.3	7363.4	4765.26	3018.52	57965.7	3425.1	534162.2	

情景一是高方案情景，高方案情景包含太钢集团和美锦钢铁搬离太原盆地，清徐县和阳曲县焦化企业关停，部分公路货运量调整为铁路运输等工程量大、投资大的污染治理措施，该方案情景下，将于 2015 ～ 2020 年，实施散煤治理、锅炉淘汰及燃气锅炉低氮燃烧改造，太钢集团和美锦钢铁搬迁，部分焦化企业关停，太化集团综合治理、水泥除尘、脱硝升级改造、耐火材料脱硝改造和餐饮油烟净化效率升级等措施，分别减排 SO_2、NO_x、$PM_{2.5}$、PM_{10} 和 CO 7424.4t、33171.7t、12695.1t、20776.4t 和 425995.9t，初步估算该情景需投资 794 亿元。

情景二是中方案情景，其与情景一的差异是太钢烧结和焦化重污染工序搬迁，清徐县焦化企业集中入园实现污控措施综合提升，阳曲县焦化企业关停，其他与情景一相同。在此减排案情景下，2015 ～ 2020 年分别减排 SO_2、NO_x、$PM_{2.5}$、PM_{10} 和 CO 6411.8t、24551t、11015.77t、18150.86t 和 279222.6t，初步估算该情景需投资 211 亿元。

情景三是低方案情景，其与情景二的差别是太钢集团焦化和烧结工序污染治理设施就地升级改造，焦化企业就地提升改造，按照该方案，将于 2015 ～ 2020 年实施散煤治理、锅炉淘汰及燃气锅炉改造，太钢重污染工序升级改造，美锦钢铁升级改造，焦化就地升级改造，水泥除尘、脱硝升级改造，耐火材料脱硝改造和餐饮油烟净化效率升级等措施，分别减排 SO_2、NO_x、$PM_{2.5}$、PM_{10} 和 CO 4371.3t、7363.4t、3018.52t、4765.26t 和 57965.7t，初步估算该情景需投资 53 亿元。

根据前述大气污染排放、空气质量现状以及源解析结果对以上 3 个方案进行综合分析后提出：要实现 $PM_{2.5}$ 浓度达到 55μg/m^3 的目标，太原市 2015 ～ 2020 年需要实施高方案或中方案开展大气污染综合治理。

5.5.4.2 方案目标可达性分析

基于半定量公式 $\frac{(1-\alpha)A_1}{B_1} \approx \frac{A_2}{B_2}$ 和 CAMx-DDM 敏感性分析技术初步推算出 2020 年 3 种情景的空气质量，见表 5-19。

表 5-19 各类减排情景下太原市 2020 年的空气质量

情景	SO_2/（μg/m^3）	$PM_{2.5}$/（μg/m^3）	PM_{10}/（μg/m^3）	CO/（μg/m^3）	综合空气质量指数
情景一	30	51	128	1.10	6.55
情景二	32	53	129	1.50	6.74
情景三	34	60	131	1.78	7.10

情景一中 2020 年环境空气中 SO_2、$PM_{2.5}$、PM_{10} 和 CO 的浓度分别为 30μg/m^3、51μg/m^3、128μg/m^3 和 1.10μg/m^3，根据近年来空气质量变化趋势，假设 O_3、NO_2 的浓度与 2017 年持平，则 2020 年的综合空气质量指数为 6.55。

情景二中 2020 年环境空气中 SO_2、$PM_{2.5}$、PM_{10} 和 CO 的浓度分别为 32μg/m^3、53μg/m^3、129μg/m^3 和 1.50μg/m^3，假设 O_3、NO_2 的浓度与 2017 年持平，则 2020 年的综合空气质量指数为 6.74。

情景三中 2020 年环境空气中 SO_2、$PM_{2.5}$、PM_{10} 和 CO 的浓度分别为 34μg/m^3、60μg/m^3、131μg/m^3 和 1.78μg/m^3，假设 O_3、NO_2 的浓度与 2017 年持平，则 2020 年的综合空气质量指数为 7.10。情景一和情景二可能达到太原市 $PM_{2.5}$ 实现 55μg/m^3 的目标。

5.5.4.3 重点工程

根据 2015 ～ 2020 年大气污染主控方向、各类污染源减排潜力挖掘以及三年行动计划方案设计，结合太原市大气污染防治工作的紧迫性，筛选列出具体的重点工程，并综合考虑各项重点工程的工程量、施工周期以及投资额度，将项目工程落实到具体年度，提出太原市三年行动计划重点工程计划表，见表 5-20。

表 5-20 重点工程计划表

序号	行业	重点工程	工程内容	污染物减排量 /t	投资 / 万元	年运行费用	时间进度
1	燃煤污染	燃煤锅炉淘汰	淘汰小于 20 蒸吨燃煤锅炉，合计 3714 蒸吨	SO_2：2007.3；NO_x：1732.5；PM_{10}：1461.2；$PM_{2.5}$：738.0；CO：5247.8；VOCs：115.1	11142	—	2018 年
		煤改气、煤改电	10 万户农村居民	SO_2：2074；NO_x：118；PM_{10}：2471；$PM_{2.5}$：1922；CO：39254；VOCs：168	400000	48000 万元 / 年	2018 年
		燃气锅炉低氮改造	600 万 m^2 供暖面积，折算到锅炉约为 600 蒸吨	NO_x：104.2	1050	—	2018 年
2	钢铁	太钢集团	方案一：太钢搬离太原盆地	SO_2：1823；NO_x：10550；PM_{10}：14697；$PM_{2.5}$：8714.2；CO：346100.5；VOCs：12546.6	5000000	—	2015 ～ 2020 年
			方案二：焦化、烧结企业搬迁，离开太原盆地	SO_2：1621.6；NO_x：8553.6；PM_{10}：12683.4；$PM_{2.5}$：7533.16；CO：209753.1；VOCs：9679.2	烧结 200000 焦化 400000	烧结 10000 万元 / 年 焦化 6150 万元 / 年	2015 ～ 2019 年
			方案三：焦炉烟气脱硫脱硝、深化烧结烟气脱硝，全面达到特别排放限值	SO_2：140；NO_x：500；PM_{10}：47.76；$PM_{2.5}$：28.71	烧结 15000 焦化 15000	烧结 9000 万元 / 年 焦化 5330 万元 / 年	2015 ～ 2019 年
		美锦钢铁	方案一：美锦钢铁搬离太原盆地	SO_2：235.9；NO_x：3302；PM_{10}：530.4；$PM_{2.5}$：423.3；CO：23889.8；VOCs：5071.3	20000	6250 万元 / 年	2015 ～ 2019 年
			方案二：全面提标改造，加强无组织排放管控	SO_2：150；NO_x：200；PM_{10}：115.5；$PM_{2.5}$：87.01；CO：13463.9；VOCs：112.8	20000	6250 万元 / 年	2015 ～ 2019 年
			方案三：全面提标改造，加强无组织排放管控	SO_2：150；NO_x：200；PM_{10}：115.5；$PM_{2.5}$：87.01；CO：13463.9；VOCs：112.8	20000	6250 万元 / 年	2015 ～ 2019 年

续表

序号	行业	重点工程	工程内容	污染物减排量/t	投资/万元	年运行费用	时间进度
3	焦化	部分焦化搬迁	方案一：清徐县、阳曲县的焦化企业关停，古交市的4个厂就地改造	SO_2：1170；NO_x：10950；PM_{10}：740；$PM_{2.5}$：444；VOCs：14563.2	1500000	—	2015～2020年
		搬迁入园，集中治理	方案二：清徐县的焦化企业搬迁集中入园，集中治理，执行特别排放限值，阳曲县的焦化企业关停，古交市的4个厂就地改造	SO_2：445.0；NO_x：7586.2；PM_{10}：470；$PM_{2.5}$：282；VOCs：6867.2	1050000	60000万元/年	2015～2019年
		就地提升改造	方案三：烟气脱硝，实施技改治理无组织排放，古交市的4个厂就地改造	NO_x：4152.2；VOCs：2335.4	45000	48300万元/年	2015～2019年
4	化工	太化集团综合治理	将无组织VOCs排放变为有组织排放，安装VOCs废气治理设施，以减少VOCs排放	VOCs：607.4	20000	400万元/年	2018年
5	汽修	建设喷涂工艺中心	在郊区统一建设喷涂工艺中心，集中处理喷涂废气	VOCs：40	5000	300万元/年	2015～2019年
6	建材	水泥企业脱硝改造	高效再燃脱硝技术（ERD），即组合脱硝	NO_x：700；PM_{10}：560.1；$PM_{2.5}$：213.4	300～500	0～3元/吨熟料	2015～2019年
		耐火企业烟气脱硝	配套SCR烟气脱硝系统	NO_x：15	200～300	约100元/吨产品	2018年
7	餐饮	油烟净化全覆盖	通过升级改造提高5%的去除率	PM_{10}：36.7；$PM_{2.5}$：29.4；BC：0.6；OC：20.5；VOCs：3.4	710.2	—	2018年
8	移动源	加油站油气回收系统改造工程	对辖区内汽油年销售量达到5000t以上的23座加油站安装在线监测设备	VOCs：40	460	—	2015～2019年
		铁路运力提升工程	对既有线路进行扩能改造、设备升级，提高铁路货运量，提升铁路货运比例，形成辐射资源腹地、服务工业园区的区域地方铁路网，将太原地区4%的货运量由公路运输调整至铁路运输	SO_2：113.9；NO_x：5700；PM_{10}：280；$PM_{2.5}$：210.8；CO：11503.8；VOCs：182.3	—	—	2015～2019年
9	能源方面	农村光伏发电工程	为阳曲县、古交市、清徐县相关村建设屋顶分布式光伏发电系统或村级光伏发电站（涉及工程类型、装机容量选择，故相关参数不能确定）	—	—	—	—
		储气库建设工程	建设天然气储转中心和天然气管网连接枢纽（涉及库容规模及有效工作气量等工程设计）	—	—	—	—
		LNG接收站工程	建设加气站房（设置收费室、值班室、控制室等），购置安装LNG储罐、LNG替液泵、LNG加气机及控制系统等	—	—	—	—

5.6 “2+26”城市跟踪研究效果评估

跟踪研究工作组通过对“2+26”城市2017～2018年和2018～2019年2个秋冬季的驻点跟踪研究，参与地方政府会商，参与重污染过程全过程跟踪、应对与评估，对秋冬季攻坚行动方案落实情况开展评估，从而有效支撑“2+26”城市空气质量改善。

5.6.1 综合评估

“2+26”城市跟踪研究工作组扎根驻点，协助地方政府有效开展秋冬季大气重污染过程应对工作，经过 2017 ～ 2018 年和 2018 ～ 2019 年 2 个秋冬季的长期驻点和持续努力，“2+26”城市秋冬季环境空气质量得到持续改善，$PM_{2.5}$ 浓度及日均峰值浓度、重污染天数及主要化学组分浓度改善明显，具体见表 5-21 和图 5-40。

表 5-21 “2+26”城市空气质量改善效果

城市	$PM_{2.5}$ 浓度 / ($\mu g/m^3$)			$PM_{2.5}$ 日均峰值浓度 / ($\mu g/m^3$)			重污染天数 / 天			有机物浓度 / ($\mu g/m^3$)		硝酸根离子浓度 / ($\mu g/m^3$)		硫酸根离子浓度 / ($\mu g/m^3$)	
	2016 ～ 2017 年秋冬季	2017 ～ 2018 年秋冬季	2018 ～ 2019 年秋冬季	2016 ～ 2017 年秋冬季	2017 ～ 2018 年秋冬季	2018 ～ 2019 年秋冬季	2016 ～ 2017 年秋冬季	2017 ～ 2018 年秋冬季	2018 ～ 2019 年秋冬季	2017 ～ 2018 年秋冬季	2018 ～ 2019 年秋冬季	2017 ～ 2018 年秋冬季	2018 ～ 2019 年秋冬季	2017 ～ 2018 年秋冬季	2018 ～ 2019 年秋冬季
北京市	94.7	53.5	52.5	454	244	228	39	10	9	16.6	13.1	13.0	11.7	5.4	4.2
天津市	94.6	62.9	66.3	292	285	259	35	8	12	14.1	15.7	16.2	11.7	6.0	4.8
石家庄市	163.9	95.8	99.9	625	364	354	83	30	35	18.8	32.7	17.1	20.4	8.0	9.7
唐山市	102.4	71.7	71.7	367	345	288	39	11	12	23.3	19.3	8.6	10.1	6.4	6.9
邯郸市	120.7	101.6	95.8	703	316	323	53	31	30	32.6	25.7	20.3	21.0	13.7	11.3
邢台市	127.8	96.6	97.7	438	366	347	55	26	34	28.7	28.3	21.5	18.3	11.7	9.9
保定市	141.5	85.1	96.9	539	324	396	70	21	33	29.8	56.5	10.7	14.8	5.4	7.6
沧州市	99.5	76.7	74.5	351	288	242	34	15	15	20.0	20.7	12.8	13.2	10.4	8.0
廊坊市	95.8	55.3	67.4	393	238	316	34	5	14	28.4	26.3	13.2	14.2	7.2	5.5
衡水市	114.7	84.2	82.7	379	265	270	46	21	17	20.3	16.5	15.5	15.3	7.0	7.1
太原市	105.5	75.2	75.1	377	228	298	37	11	15	16.1	20.8	6.2	11.4	6.5	8.9
阳泉市	86.5	72.9	75.3	269	227	204	22	8	14	18.7	16.1	7.1	14.1	6.7	8.4
长治市	87.6	72.4	67.4	236	212	289	17	7	9	17.7	17.3	8.7	12.1	6.5	7.6
晋城市	84.9	75.4	74.9	308	248	228	22	20	15	11.7	13.8	8.8	15.9	6.8	10.3
济南市	90.7	68.9	74.9	386	269	275	20	9	12	6.6	14.1	17.9	17.0	9.6	8.1
淄博市	92.8	73.5	79.9	355	271	262	20	12	17	15.8	14.6	19.2	16.3	11.1	8.9
济宁市	77.5	69.2	65.3	364	244	165	11	12	5	23.8	12.6	21.7	14.8	11.3	6.9
德州市	104.0	71.2	77.7	312	259	310	39	12	12	21.3	22.5	19.6	18.7	8.5	8.4
聊城市	102.8	79.1	84.4	399	265	260	33	13	27	19.8	18.0	22.7	20.2	10.8	8.1
滨州市	94.0	70.0	75.0	324	252	227	26	10	14	45.8	25.5	16.1	15.7	18.7	7.7
菏泽市	95.5	82.3	89.9	429	316	280	26	19	25	19.1	20.4	21.4	18.8	10.2	6.4
郑州市	109.4	85.0	92.2	608	359	275	39	24	29	11.5	24.4	22.1	25.9	11.5	9.9
开封市	98.9	84.6	100.6	379	330	286	34	23	32	28.2	22.2	13.7	25.3	23.9	10.2
安阳市	137.4	97.4	109.3	665	368	373	57	31	39	63.1	20.3	15.3	15.3	9.3	15.0
鹤壁市	106.4	73.8	82.1	443	227	274	38	15	18	13.2	19.9	20.2	16.9	11.9	10.4
新乡市	104.2	77.3	85.6	468	270	230	29	18	23	20.2	18.2	24.8	15.8	12.9	8.6
焦作市	116.8	86.5	91.6	564	336	251	45	25	28	15.8	28.0	21.2	15.8	14.5	7.5
濮阳市	104.6	85.4	101.1	389	330	460	40	18	36	26.1	23.6	25.4	23.9	12.4	9.2

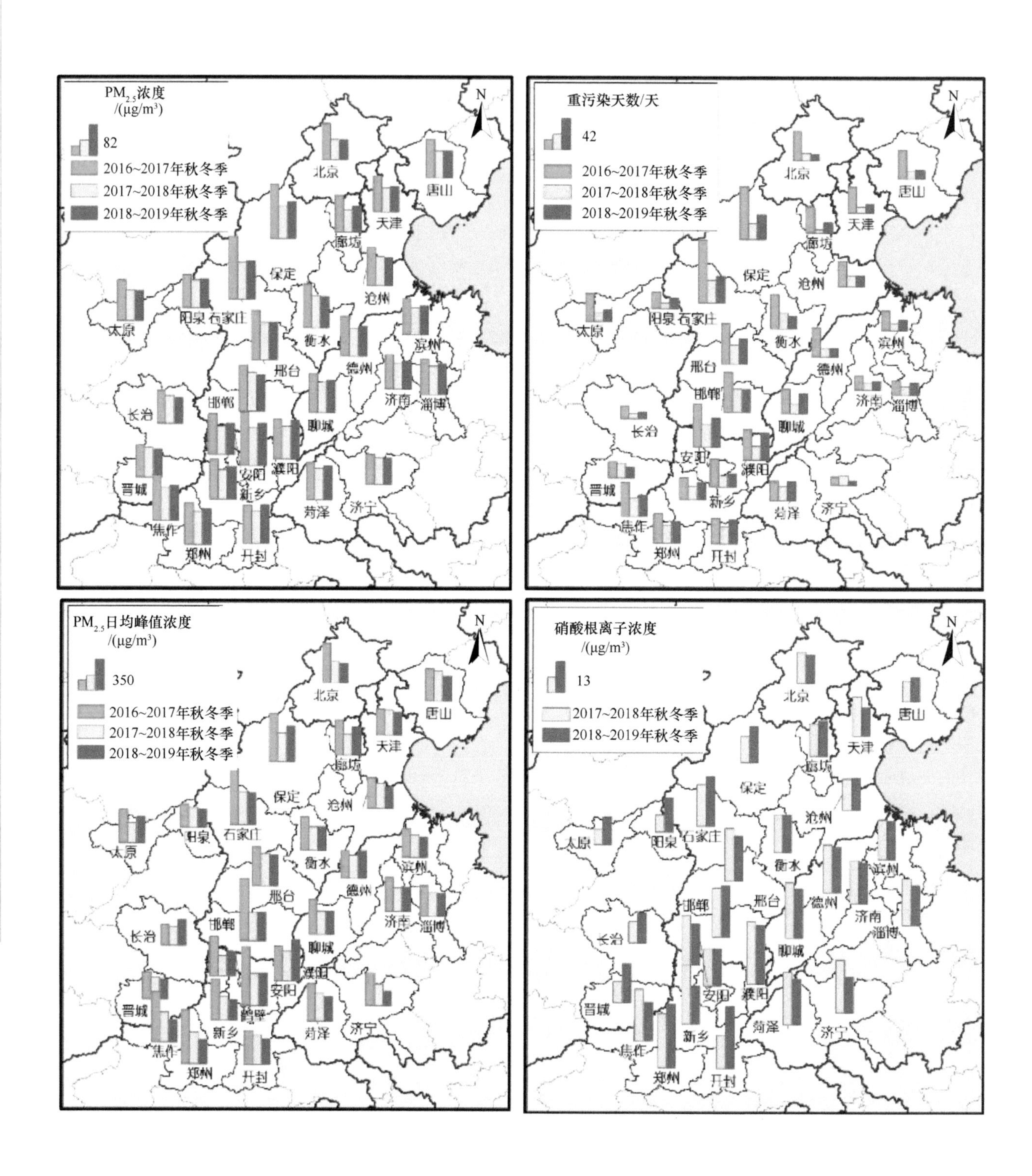
PM2.5浓度
/(μg/m³)
82
2016~2017年秋冬季
2017~2018年秋冬季
2018~2019年秋冬季
重污染天数/天
42
2016~2017年秋冬季
2017~2018年秋冬季
2018~2019年秋冬季
PM2.5日均峰值浓度
/(μg/m³)
350
2016~2017年秋冬季
2017~2018年秋冬季
2018~2019年秋冬季
硝酸根离子浓度
/(μg/m³)
13
2017~2018年秋冬季
2018~2019年秋冬季
北京
天津
唐山
廊坊
保定
沧州
太原
阳泉
石家庄
衡水
邢台
德州
滨州
济南
淄博
长治
邯郸
聊城
安阳
濮阳
鹤壁
晋城
新乡
焦作
郑州
开封
菏泽
济宁
N

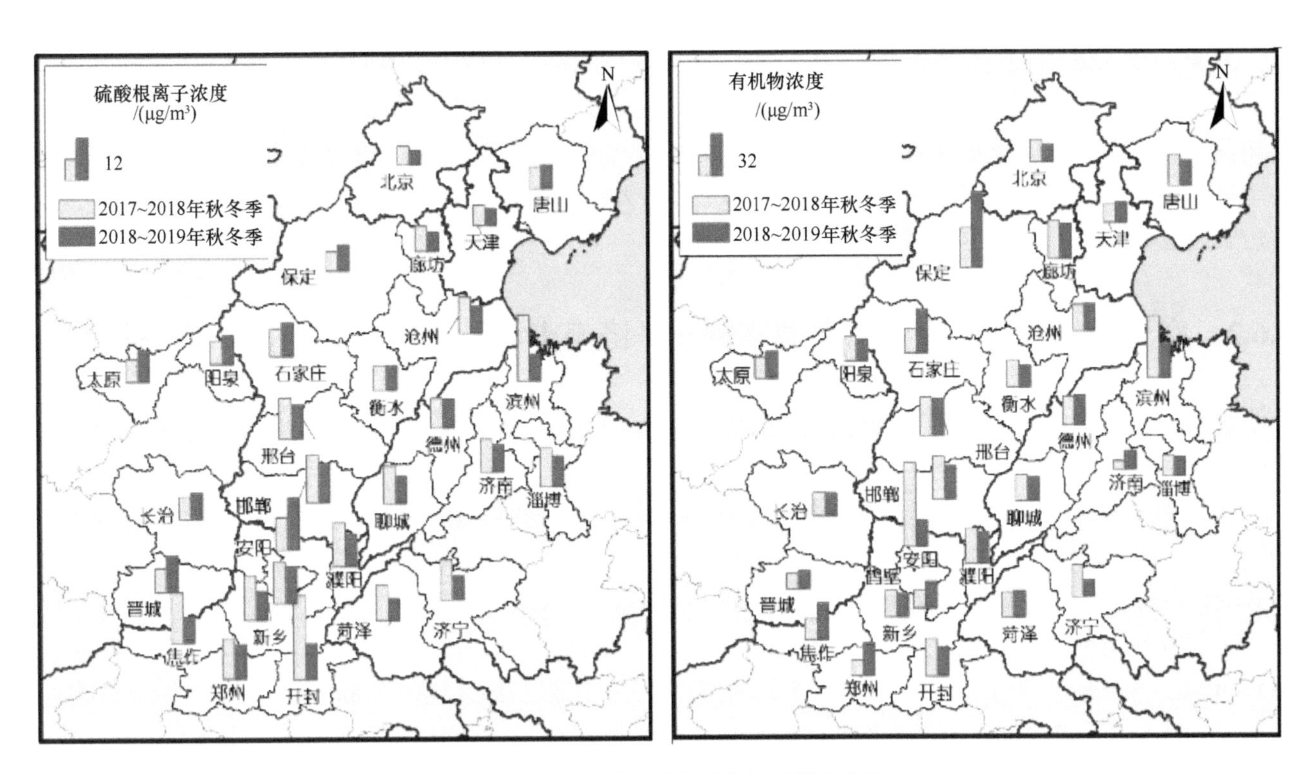

图 5-40 “2+26”城市秋冬季空气质量改善情况

从 $PM_{2.5}$ 浓度改善情况看，与 2016 ～ 2017 年秋冬季相比，2017 ～ 2018 年秋冬季北京市 $PM_{2.5}$ 浓度改善幅度最大，为 44%。$PM_{2.5}$ 浓度改善幅度在 30% 以上（含 30%）的城市包括北京市、石家庄市、保定市、唐山市、天津市、廊坊市、德州市以及鹤壁市。$PM_{2.5}$ 浓度改善幅度在 20% ～ 30% 的城市包括衡水市、太原市、沧州市、邢台市、焦作市、安阳市、滨州市、聊城市、新乡市、济南市、郑州市以及淄博市。$PM_{2.5}$ 浓度改善幅度在 10% ～ 20% 的城市包括长治市、邯郸市、阳泉市、晋城市、济宁市、菏泽市、濮阳市以及开封市。与 2016 ～ 2017 年秋冬季相比，2018 ～ 2019 年秋冬季北京市 $PM_{2.5}$ 浓度改善幅度最大，改善幅度为 45%，$PM_{2.5}$ 浓度改善幅度在 30% 以上（含 30%）的城市包括北京市、石家庄市、保定市、唐山市、天津市以及廊坊市。$PM_{2.5}$ 浓度改善幅度在 20% ～ 30%（含 20%）的城市包括衡水市、太原市、德州市、沧州市、邢台市、长治市、鹤壁市、焦作市、邯郸市、安阳市以及滨州市。$PM_{2.5}$ 浓度改善幅度在 10% ～ 20%（不含 20%）的城市包括聊城市、新乡市、济南市、郑州市、淄博市、阳泉市、济宁市以及晋城市。$PM_{2.5}$ 浓度改善幅度在 10% 以下的城市包括菏泽市和濮阳市，开封市 $PM_{2.5}$ 平均浓度升高 2%。

从 $PM_{2.5}$ 日均峰值浓度看，与 2016 ～ 2017 年秋冬季相比，2017 ～ 2018 年秋冬季各城市均有明显下降，邯郸市降幅最大（55%），降幅在 40% ～ 50%（含 40%）的城市包括鹤壁市、北京市、安阳市、石家庄市、新乡市、郑州市、保定市、太原市、焦作市，降幅在 20% ～ 40%（不含 40%）的城市包括廊坊市、聊城市、济宁市、济南市、衡水市、菏泽市、淄博市和滨州市，降幅在 20% 以下的城市包括晋城市、沧州市、德州市、邢台市、阳泉市、濮阳市、开封市、长治市、唐山市和天津市。与 2016 ～ 2017 年秋冬季相比，2018 ～ 2019 年秋冬季长治市 $PM_{2.5}$ 日均峰值浓度升高 22%，濮阳市升高 18%，其他城市均有不同程度下降，降幅在 50% 及以上的城市包括焦作市、郑州市、济宁市、邯郸市、新乡市和北京市，降幅在 40% ～ 50%（不含 40%）的城市包括安阳市和石家庄市，降幅在 20% ～ 40%（含 20%）的城市包括鹤壁市、聊城市、菏泽市、沧州市、滨州市、衡水市、济南市、保定市、淄博市、晋城市、开封市、阳泉市、唐山市、太原市、邢台市和廊坊市，降幅在 20% 以下的城市包括天津市和德州市。

从重污染天数变化情况看，与 2016 ～ 2017 年秋冬季相比，2017 ～ 2018 年秋冬季除济宁市重污染天数上升 1 天以外，其他城市重污染天数均下降显著。石家庄重污染天数下降最多（53 天），其次是保定市（49 天），重污染天数下降超过 20 天的城市有 14 个。与 2016 ～ 2017 年秋冬季相比，2018 ～ 2019 年秋冬季所有城市重污染天数均明显下降。石家庄市重污染天数下降最多（48 天），其次是保定市（37 天），重污染天数下降超过 20 天的城市有 10 个。

5.6.2 空气质量改善效果评估典型案例——济南市

5.6.2.1 空气质量改善效果评估技术方法

采用国家或地方环境空气质量监测网中的空气质量评价点监测数据，通过规范不同评价时段内各污染物统计值的计算方法，直接对比环境空气质量标准，从而对区县、城市的环境空气质量达标情况进行判断，对其变化趋势和空气质量的优劣情况进行对比分析。

依据《环境空气质量评价技术规范（试行）》（HJ 663—2013），分别计算基准年和评价年的 SO_2、NO_2、PM_{10} 和 $PM_{2.5}$ 的年平均值，CO 24h 平均的第 95 百分位数以及 O_3 日最大 8h 平均的第 90 百分位数。

对比评价年和基准年 6 类污染物的浓度水平，若浓度上升，则表明污染加重；若浓度下降，则表明空气污染程度有所减轻。采用污染物浓度变化比例进一步量化空气质量的变化趋势，其计算方法见式（5-2）和式（5-3）。

$$P=\frac{c_n-c_0}{c_0}\times 100\ \% \tag{5-2}$$

式中，c_0 和 c_n 分别为基准年和评价年污染物的质量浓度，μg/m^3（CO 质量浓度单位为 mg/m^3）；P 为变化比例，%。

$$D_i=\left(A_i/B_i\right)\times 100\ \% \tag{5-3}$$

式中，D_i 为评价项目 i 的达标率，%；A_i 为评价年内评价项目 i 的达标天数，天；B_i 为评价年内评价项目 i 的有效监测天数，天。

5.6.2.2 空气质量改善效果评估

济南市积极制定并落实科学减排方案，持续开展大气污染防治强化督查，重点致力于散煤治理、高排放车辆淘汰和改造、工业污染源深度治理、燃煤锅炉替代、环保能力建设等领域。济南市环境监测中心站负责济南市日常环境空气质量监测、质控及预报工作，跟踪团队参与预报会商工作。针对重污染过程，由济南市环境监测中心站和跟踪研究工作组共同分析成因，若启动应急预案，还需进行后评估，并形成相应的总结报告。基于济南市空气质量预报会商结果，针对 AQI 指数可能超过 200 的重污染过程提前 3 天进行预报，结合气象条件重点研判，给出重污染过程的开始时间、持续时间、首要污染物及污染程度；并对应急方案进行预评估，选取相应的重污染应急预案级别（I ～ IV 级），并给出应急预案的启动和解除时间。

图 5-41 为 2015 ～ 2019 年济南市主要空气污染物浓度变化趋势。从图 5-41 中可以看出，自 2015 年以来，随着济南市大气环境治理工作的开展，济南市空气质量得到了一定程度的改善，其中颗粒物（$PM_{2.5}$ 和 PM_{10}）、SO_2 和 CO 浓度整体下降，NO_2 浓度略有降低，O_3 浓度呈现出一定的增加趋势。2018 年秋冬季（2018 年 10 月～ 2019 年 3 月），济南市 $PM_{2.5}$ 平均浓度较 2017 年秋冬季同比下降 2%。

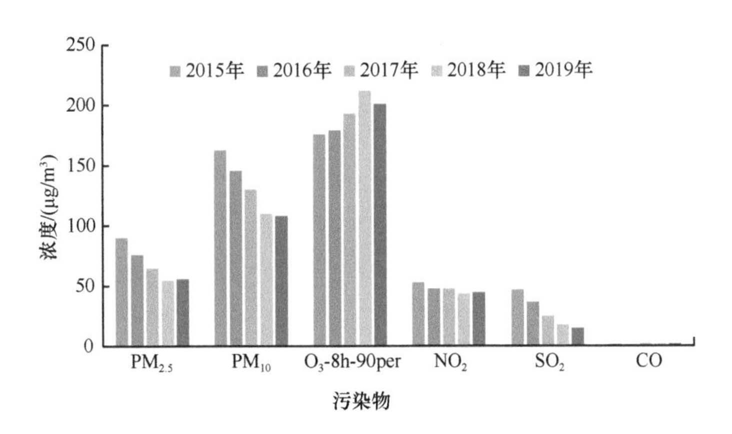

图 5-41 2015 ～ 2019 年济南市主要空气污染物浓度变化

图 5-42 为 2015 ～ 2019 年济南市重污染天数和 $PM_{2.5}$ 日均峰值浓度变化。从图 5-42 中可以看出，济南市 2015 ～ 2019 年重污染天数和 $PM_{2.5}$ 日均峰值浓度均明显下降，与 2015 年相比，2019 年重污染天数减少 28 天，$PM_{2.5}$ 日均峰值浓度下降 35.4%。

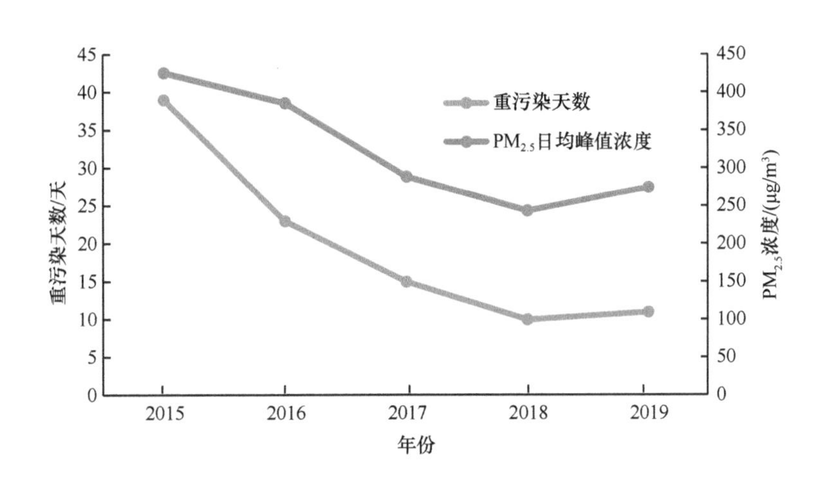

图 5-42 2015 ～ 2019 年济南市重污染天数和 $PM_{2.5}$ 日均峰值浓度变化

5.6.3 秋冬季攻坚方案措施效果评估典型案例——北京市

以北京市为例，评估 2017 ～ 2018 年秋冬季和 2018 ～ 2019 年秋冬季大气污染防治措施的减排效果。

1）2017 ～ 2018 年秋冬季大气污染防治措施减排效果评估

评估散煤治理、“散乱污”整治、燃煤锅炉治理、工业企业治理、VOCs 企业治理、移动源治理、扬尘治理 7 项措施的 SO_2、NO_x、PM 和 VOCs 的减排量。从图 5-43 可以看出，散煤治理对于 SO_2 的削减最为有效，削减量达到 16165t，占总 SO_2 削减比例的 67.2%；其次是燃煤锅炉治理，削减量为 4211t，削减比例为 17.5% 左右；“散乱污”整治削减 3575t，削减率为 14.9% 左右。NO_x 排放量削减最多的是移动源治理，削减量为 9730t，占总削减量的约 50.7%，其次是燃煤锅炉治理，削减量为 3964t，约占总削减量的 20.7%；散煤治理对 NO_x 削减量的贡献约为 18.4%，削减 3521t。PM 治理措施最有效的为扬尘治理，削减量为 11859t，削减率约为 36.2%；散煤治理的削减量为 11713t，削减率约为 35.8%；“散乱污”整治的削减量为 6760t，削减率约为 20.6% 左右。VOCs 治理减排量最大的措施是 VOCs 企业治理，为 10840t，削减率为 37.2% 左右；其次是“散乱污”治理，减排量是 8268t，占比 28.4% 左右；散煤治理和移动源治理

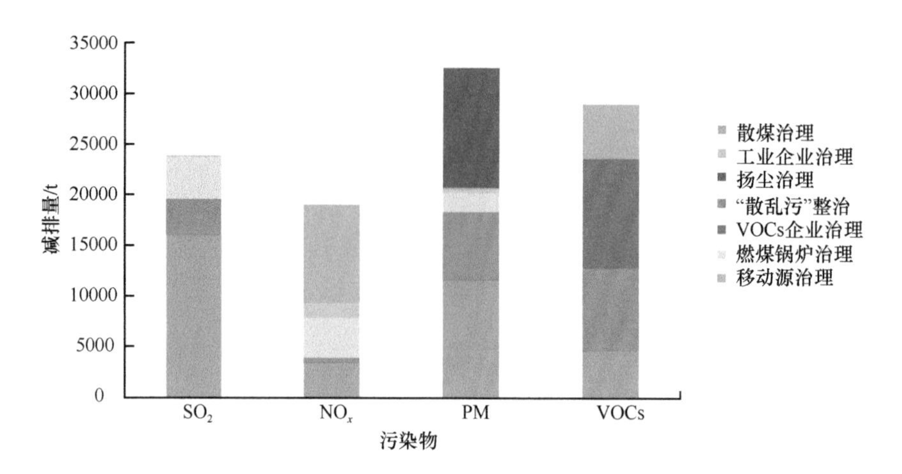

图 5-43　2017 ~ 2018 年秋冬季不同措施下不同污染物的减排量

的减排量分别为 4680t 和 5372t。

2）2018 ~ 2019 年秋冬季大气污染防治措施减排效果评估

分别计算错峰生产、加强 VOCs 源头控制、加强非道路移动机械污染防治、老旧车淘汰、强化 VOCs 无组织排放管控、清洁能源替代散煤、全面推进油品储运销 VOCs 治理、燃煤锅炉清洁能源改造、深入推进重点行业 VOCs 专项整治以及扬尘综合治理 10 项措施的减排量（图 5-44）。其中，SO_2 总减排量为 986t，减排量最大的措施为燃煤锅炉清洁能源改造，削减 540t，其次是清洁能源替代散煤，削减量为 411t。NO_x 的削减量为 6019t，其中减排量最大的是老旧车淘汰，削减量为 4736t。VOCs 的总减排量为 2369t，其中贡献量最大的是深入推进重点行业 VOCs 专项整治，减排量为 1072t，其次是加强 VOCs 源头控制，削减量为 310t。颗粒物减排量的最大措施为扬尘综合治理，PM_{10} 和 $PM_{2.5}$ 的削减量分别为 4349t 和 920t，其次是清洁能源替代散煤，分别削减 216t 和 103t。

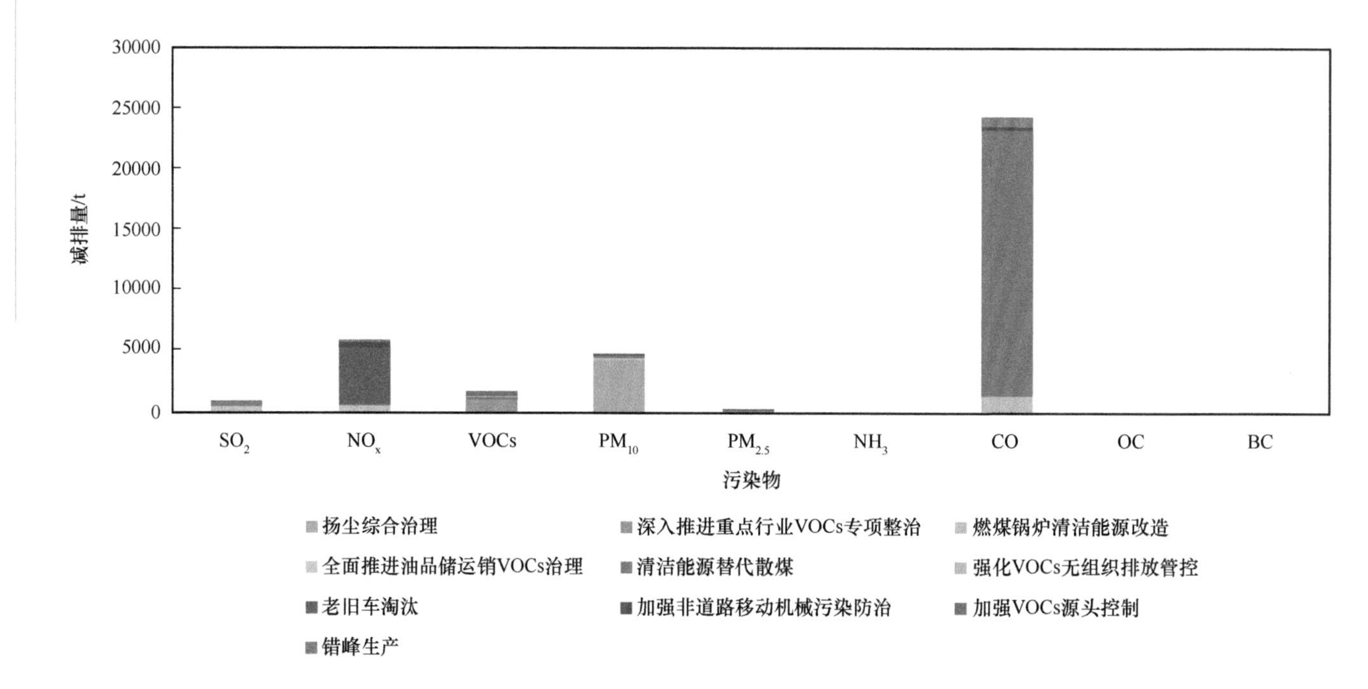

图 5-44　2018 ~ 2019 年大气污染防治措施的减排效果评估

5.7 小 结

“2+26”城市跟踪研究团队深入各城市大气污染防治工作一线，支撑各城市开展了大气 $PM_{2.5}$ 源解析、大气污染源排放清单、重污染天气应对以及大气污染防治综合解决方案研究等工作。

（1）“2+26”城市能源、经济和产业结构发展不平衡。2017 年北京市、天津市和淄博市人均 GDP 最高，邢台市和保定市最低；第一产业比例在 10% 以上的城市集中在河北省、山东省和河南省的部分城市，第二产业比例在 50% 以上的城市包括鹤壁市、焦作市、唐山市、长治市、晋城市、淄博市、菏泽市和濮阳市，第三产业比例超过第二产业的城市主要是省会城市；单位 GDP 能耗较高的城市主要集中在第二产业比例较高的城市，煤炭消费量最高的城市为滨州市和唐山市，北京市和濮阳市煤炭消费量低于 500 万 t。“2+26”城市空气质量改善明显，颗粒物浓度不断下降，但距离达标仍然存在较大差距，重污染天气仍时有发生。2017 ～ 2019 年，除北京市 2019 年 PM_{10} 浓度达标外，其余 27 个城市 PM_{10} 和 $PM_{2.5}$ 浓度均未达标，北京市 $PM_{2.5}$ 浓度也未达标，并且 2017 年、2018 年和 2019 年分别有 75%、60% 和 43% 的城市 4 项污染物（PM_{10}、$PM_{2.5}$、NO_2 和 O_3）同时超标。虽然重污染发生的天数和峰值浓度明显下降，但是 2019 年“2+26”城市平均重污染天数仍有 18.7 天，平均重污染次数 7.8 次。

（2）2016 ～ 2018 年“2+26”城市主要大气污染物排放量下降明显，但是城市间差异较大。与 2016 年相比，2018 年 28 个城市 SO_2 排放量均有明显下降，降幅最大的是北京市、衡水市和聊城市，均约为 75%；NO_x 排放量降幅最大的是淄博市（约 54%），其次是晋城市（约 50%）；VOCs 排放量降幅最大的是邢台市（约 61%），其次是廊坊市（约 59%）；一次 $PM_{2.5}$ 排放量降幅最大的是廊坊市（约 70%），其次是衡水市（约 52%）。与 2016 年相比，2018 年 SO_2 单位 GDP 排放量降幅最大的是衡水市（77.9%），其次是北京市（77.8%）；NO_x 单位 GDP 排放量降幅最大的是晋城市（61%），其次是淄博市（60%）；VOCs 单位 GDP 排放量降幅最大的是邢台市和廊坊市，均为 64%；一次 $PM_{2.5}$ 单位 GDP 排放量降幅最大的是廊坊市（74%），其次是衡水市（56%）。

（3）燃煤源、工业源、移动源和扬尘源是“2+26”城市 $PM_{2.5}$ 的主要来源，但是不同城市污染来源差别较大。精细化源解析结果表明，2018 ～ 2019 年秋冬季唐山市和邢台市工业源占比在 60% 以上；北京市移动源贡献最高，达到 54.7%，其次为廊坊市（48.9%）和济南市（54.0%）；燃煤源贡献占比最高为德州市（40.8%）；扬尘源占比最大的城市是焦作市（35.1%）。

（4）“2+26”城市跟踪研究团队协助地方构建了重污染会商及全过程跟踪研究评估机制，有效地支撑了“2+26”城市秋冬季重污染应对，确保了“2+26”城市重污染天气“削峰降频”，其改善效果显著。各城市跟踪研究团队于 2017 年 10 月～ 2018 年 3 月和 2018 年 10 月～ 2019 年 3 月 2 个秋冬季，针对每次重污染过程开展“事前研判—事中跟踪—事后评估”的全过程跟踪研究，在各地建立了重污染天气应对驻点会商机制及“分析研判—应对建议—措施落实—跟踪评估”的闭环工作模式，形成了常规站、微站、超级站、走航及垂直探测等技术集成的精细化监测评估方法，有力地支撑了各城市科学应对重污染过程。与 2015 年相比，2019 年重污染天数减少最多的城市分别为保定市、德州市、北京市、廊坊市以及衡水市，下降天数分别为 53 天、41 天、40 天、39 天以及 35 天，降幅分别为 71%、75%、91%、81% 及 65%。2019 年，北京市、阳泉市及济宁市 $PM_{2.5}$ 日均峰值浓度下降至 220μg/m^3 以下，削峰效果明显。

（5）基于“2+26”城市大气污染特征、污染排放现状与来源特征，识别出不同城市主要环境问题，提出“一市一策”大气污染防治综合解决方案。以工业源为主要来源的城市（包括天津市、石家庄市、唐山市、衡水市、邯郸市、邢台市、沧州市、新乡市、鹤壁市、安阳市、淄博市、聊城市、滨州市、菏泽市、太原市、晋城市、阳泉市和长治市）加强产业结构调整，解决重污染企业围城，以及市区内重污染企业搬迁改造问题，同时强化工业污染源治理升级改造。针对煤炭使用、冶金、建材、涉 VOCs 重点行业、“散乱污”等重点领域，强化行业管控方案在城市的应用，确保各项污染防治与监管措施有效落实。以移动源为主要来源的城市（包括北京市、廊坊市、郑州市、开封市、济南市和济宁市）强调“降氮控车”，强化燃气锅炉 NO_x 排放控制，鼓励老旧车淘汰以优化车辆构成结构，推进高频使用车辆（如公交、城际客货运和建筑工程运输车等）更新改造，优化车队能源结构（除了在公交、出租等公共车队中推广新能源车和电动车外，鼓励使用纯电动小客车，同时不断完善充电桩建设等基础性建设），加强柴油车污染防治。以民用燃烧为主要来源的城市（保定市和德州市）积极推进农村散煤“双替代”工作，严格落实平原地区取暖散煤基本“清零”，实行一城一集中热源，散煤治理“一村一策”。以扬尘源为主要来源的城市（濮阳市和焦作市）需要进一步强化对施工场地扬尘、道路扬尘、堆场扬尘等的管控，加强城市面源管控与综合治理。

（6）“2+26”城市跟踪研究空气质量改善明显。跟踪研究工作组经过 2017 ～ 2018 年和 2018 ～ 2019 年 2 个秋冬季的长期驻点和持续努力，有效地支撑了“2+26”城市秋冬季大气重污染过程应对工作。与 2016 ～ 2017 年秋冬季相比，2018 ～ 2019 年秋冬季北京市 $PM_{2.5}$ 浓度改善幅度最大，改善幅度为 45%，6 个城市 $PM_{2.5}$ 浓度改善幅度在 30%（含 30%）以上；$PM_{2.5}$ 日均峰值浓度降幅较大的是焦作市、郑州市、济宁市，8 个城市降幅在 40% 以上；石家庄市重污染天数下降最多（48 天），其次是保定市（37 天），重污染天数下降超过 20 天的城市有 10 个。

参 考 文 献

[1] 北京市统计局，国家统计局北京调查队 . 北京统计年鉴 2018[M]. 北京：中国统计出版社，2018.
[2] 天津市统计局，国家统计局天津调查队 . 天津统计年鉴 2018[M]. 北京：中国统计出版社，2018.
[3] 石家庄市统计局，国家统计局石家庄调查队 . 石家庄统计年鉴 2018[M]. 北京：中国统计出版社，2018.
[4] 唐山市统计局，国家统计局唐山调查队 . 唐山统计年鉴 2018[M]. 北京：中国统计出版社，2018.
[5] 邯郸市统计局，国家统计局邯郸调查队 . 邯郸统计年鉴 2018[M]. 北京：中国统计出版社，2018.
[6] 邢台市统计局，国家统计局邢台调查队 . 邢台统计年鉴 2018[M]. 北京：中国统计出版社，2018.
[7] 保定市统计局，国家统计局保定调查队 . 保定统计年鉴 2018[M]. 北京：中国统计出版社，2018.
[8] 沧州市统计局，国家统计局沧州调查队 . 沧州统计年鉴 2018[M]. 北京：中国统计出版社，2018.
[9] 廊坊市统计局，国家统计局廊坊调查队 . 廊坊统计年鉴 2018[M]. 北京：中国统计出版社，2018.
[10] 衡水市统计局，国家统计局衡水调查队 . 衡水统计年鉴 2018[M]. 北京：中国统计出版社，2018.
[11] 太原市统计局，国家统计局太原调查队 . 太原统计年鉴 2018[M]. 北京：中国统计出版社，2018.
[12] 阳泉市统计局，国家统计局阳泉调查队 . 阳泉统计年鉴 2018[M]. 北京：中国统计出版社，2018.
[13] 长治市统计局，国家统计局长治调查队 . 长治统计年鉴 2018[M]. 北京：中国统计出版社，2018.
[14] 晋城市统计局，国家统计局晋城调查队 . 晋城统计年鉴 2018[M]. 北京：中国统计出版社，2018.
[15] 济南市统计局，国家统计局济南调查队 . 济南统计年鉴 2018[M]. 北京：中国统计出版社，2018.
[16] 淄博市统计局，国家统计局淄博调查队 . 淄博统计年鉴 2018[M]. 北京：中国统计出版社，2018.
[17] 济宁市统计局，国家统计局济宁调查队 . 济宁统计年鉴 2018[M]. 北京：中国统计出版社，2018.
[18] 德州市统计局，国家统计局德州调查队 . 德州统计年鉴 2018[M]. 北京：中国统计出版社，2018.
[19] 聊城市统计局，国家统计局聊城调查队 . 聊城统计年鉴 2018[M]. 北京：中国统计出版社，2018.
[20] 滨州市统计局，国家统计局滨州调查队 . 滨州统计年鉴 2018[M]. 北京：中国统计出版社，2018.
[21] 菏泽市统计局，国家统计局菏泽调查队 . 菏泽统计年鉴 2018[M]. 北京：中国统计出版社，2018.
[22] 郑州市统计局，国家统计局郑州调查队 . 郑州统计年鉴 2018[M]. 北京：中国统计出版社，2018.
[23] 开封市统计局，国家统计局开封调查队 . 开封统计年鉴 2018[M]. 北京：中国统计出版社，2018.
[24] 安阳市统计局，国家统计局安阳调查队 . 安阳统计年鉴 2018[M]. 北京：中国统计出版社，2018.

[25] 鹤壁市统计局，国家统计局鹤壁调查队. 鹤壁统计年鉴 2018[M]. 北京：中国统计出版社，2018.
[26] 新乡市统计局，国家统计局新乡调查队. 新乡统计年鉴 2018[M]. 北京：中国统计出版社，2018.
[27] 焦作市统计局，国家统计局焦作调查队. 焦作统计年鉴 2018[M]. 北京：中国统计出版社，2018.
[28] 濮阳市统计局，国家统计局濮阳调查队. 濮阳统计年鉴 2018[M]. 北京：中国统计出版社，2018.

6 区域空气质量调控技术与决策支持平台

大气污染防治和环境治理由于其紧迫性和复杂性依赖于科学有效的决策，而基于费效评估的区域空气质量调控技术是支撑环境决策和管理的重要工具。研究建立了大气污染物排放与空气质量的非线性响应模型，该模型突破了“2+26”城市在特定空气目标下的污染物减排需求反算技术，研究基于费效评估的大气污染防治方案优化技术，构建大气污染防治综合科学决策支持平台，实现对特定环境空气质量目标下减排策略的优化和大气污染防治措施的费效评估。

6.1 大气污染物排放与空气质量的非线性响应模型

研究基于遥感高分辨率下垫面信息及气象参数改进了京津冀及周边“2+26”城市空气质量数值模拟系统，提高了在城市复杂地形下的模拟准确性；解决了对响应曲面模型（RSM）的显性解析式的拟合，即利用一组多项式函数量化空气质量对排放控制的响应，建立了京津冀及周边“2+26”城市分区域、分行业、分物种共 588 个排放调控因子与细颗粒物（$PM_{2.5}$）和臭氧浓度的 RSM，量化了京津冀及周边地区空气质量与不同区域、不同行业、不同污染物排放量的快速响应关系，支撑了后续实现大规模情景的筛选与优化及环境目标约束下减排需求的反算，以及后续决策优化的研究工作。

6.1.1 基于多项式的排放－浓度响应模型

为了解决传统 RSM 非线性关系不清的问题，本书研究开发了 RSM 中的一个函数的多项式集群，用来代表 $PM_{2.5}$ 对前体物排放的响应。使用基于回归的 RSM 表示污染物对浓度的非线性响应方面的准确性已经在之前研究中通过不同方法进行了验证，包括交叉验证、样本外验证和等值验证等。基于回归的 RSM 隐含了污染物对排放的响应与基本化学函数和物理定律之间的关系。然而，本书研究中采用了多项式向量空间基的线性组合对其进行明确的参数化，以替代原有的黑箱统计方法，在保证系统精度的前提下降低了 70% 的运算量，实现了环境质量对不同物种浓度影响的快速量化。

建立多项式函数 RSM（pf-RSM）的方法如下：

$$\Delta\text{Conc} = \sum_{i=1}^{n} X_i \cdot \left(E_{\text{NO}_x}\right)^{a_i} \cdot \left(E_{\text{SO}_2}\right)^{b_i} \cdot \left(E_{\text{NH}_3}\right)^{c_i} \cdot \left(E_{\text{VOCs}}\right)^{d_i} \cdot \left(E_{\text{POA}}\right)^{e_i} \tag{6-1}$$

式中，ΔConc 为 $PM_{2.5}$ 的浓度对排放变化的响应（相对于基准年），目标地区的单个网格或者聚合网格中的污染物浓度可以表示为小时、日、月以及年均值；E_{NO_x}、E_{SO_2}、E_{NH_3}、E_{VOCs} 和 E_{POA} 分别为 NO_x、SO_2、NH_3、VOCs 和一次有机气溶胶（POA）排放量相对于基准年排放量的比例；a_i、b_i、c_i、d_i 和 e_i 分别为 E_{NO_x}、E_{SO_2}、E_{NH_3}、E_{VOCs} 和 E_{POA} 的非负整数幂；X_i 为项 i 的系数。ΔConc 通过 5 个变量（E_{NO_x}、E_{SO_2}、E_{NH_3}、E_{VOCs}、E_{POA}）计算得出。图 6-1 给出了 $PM_{2.5}$ 对前体物排放的非线性响应关系的多项式表达式。

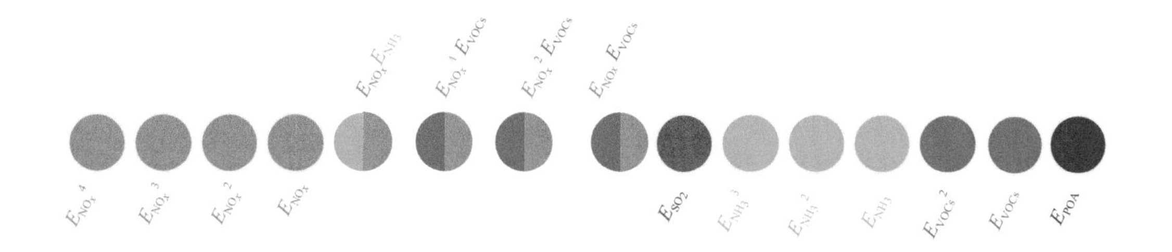

图 6-1 $PM_{2.5}$ 对前体物排放的非线性响应关系的多项式表达式

表 6-1 给出了 pf-RSM 预测的校验结果。外样本测试表明，pf-RSM 的预测和社区多尺度空气质量模型（CMAQ）的模拟结果具有较好的一致性。即使只有 20 个训练样本（仅比多项式函数中的项数多 5 个），平均标准误差（MeanNE）也低于 3.1%，最大标准误差（MaxNE）低于 15.1%，并且相关系数（R）大于 0.9。采用 40 个边缘加密的训练样本，可以保证平均标准误差在 2.2% 以内和最大标准误差在 9% 以内。

表 6-1 不同样本选取方法下 **pf-RSM** 预测的校验结果

样本数量 / 个	校验数据库	分布	1月					7月				
			MeanNE/%	MaxNE/%	MeanFE/%	MaxFE/%	R	MeanNE/%	MaxNE/%	MeanFE/%	MaxFE/%	R
20	留一法交叉验证	均匀采样	1.92	9.47	0.95	4.54	0.96	1.92	9.47	0.95	4.54	0.96
		边缘加密	6.69	40.42	3.19	16.36	0.54	3.28	10.70	1.64	5.08	0.95
	外部验证（区域联合控制 100 个样本）	均匀采样	2.50	15.09	1.24	6.98	0.94	1.03	5.56	0.52	2.77	0.99
		边缘加密	3.07	15.02	1.52	6.97	0.93	1.66	6.89	0.83	3.59	0.98
	外部验证（单一区域控制 15 个样本）	均匀采样	0.76	1.86	0.38	0.93	0.99	1.79	3.33	0.91	1.69	0.97
		边缘加密	1.61	3.38	0.80	1.66	0.96	2.59	5.23	1.27	2.53	0.95
30	留一法交叉验证	均匀采样	2.00	5.30	1.00	2.62	0.97	1.73	7.00	0.86	3.37	0.98
		边缘加密	3.35	9.25	1.67	4.64	0.93	2.06	7.88	1.03	3.84	0.98
	外部验证（区域联合控制 100 个样本）	均匀采样	1.89	9.90	0.94	4.71	0.97	1.14	4.34	0.57	2.12	0.99
		边缘加密	2.19	11.96	1.09	5.63	0.97	1.07	4.11	0.53	2.03	0.99
	外部验证（单一区域控制 15 个样本）	均匀采样	1.13	2.32	0.57	1.18	0.99	1.49	2.64	0.75	1.34	0.98
		边缘加密	0.74	1.77	0.37	0.89	0.99	1.21	2.35	0.60	1.17	0.99
40	留一法交叉验证	均匀采样	1.25	4.71	0.62	2.34	0.98	0.23	1.60	0.11	0.80	1.00
		边缘加密	2.12	8.00	1.06	4.07	0.97	0.27	1.64	0.14	0.83	1.00
	外部验证（区域联合控制 100 个样本）	均匀采样	1.79	8.60	0.89	4.12	0.98	0.81	5.37	0.40	2.61	0.99
		边缘加密	1.88	8.25	0.93	3.95	0.98	1.00	4.28	0.50	2.17	0.99
	外部验证（单一区域控制 15 个样本）	均匀采样	0.35	0.79	0.18	0.39	1.00	1.12	2.05	0.56	1.03	0.99
		边缘加密	0.85	1.80	0.43	0.91	0.99	1.07	2.08	0.54	1.05	0.99
50	留一法交叉验证	均匀采样	1.20	3.91	0.60	1.94	0.98	0.94	5.29	0.47	2.65	0.99
		边缘加密	1.47	6.35	0.74	3.28	0.99	1.34	4.88	0.67	2.47	0.99
	外部验证（区域联合控制 100 个样本）	均匀采样	1.53	8.17	0.76	3.92	0.98	0.74	3.77	0.37	1.88	1.00
		边缘加密	1.71	8.66	0.84	4.15	0.98	0.86	3.81	0.43	1.89	0.99
	外部验证（单一区域控制 15 个样本）	均匀采样	0.88	1.39	0.44	0.70	0.99	0.72	1.92	0.36	0.97	0.99
		边缘加密	0.93	2.48	0.47	1.26	0.99	0.81	1.70	0.41	0.86	0.99

6.1.2 “2+26”城市多区域排放－浓度响应模型

为了解析城市群大气污染物排放与空气质量间的非线性响应关系，研究建立了多区域的排放－浓度非线性响应曲面模型，旨在准确量化各区域间前体物及二次 $PM_{2.5}$ 的复杂传输关系对目标区域 $PM_{2.5}$ 浓度的影响。

图 6-2 给出了多区域排放－浓度响应模型的模型框架。源区域的前体物排放影响目标区域 $PM_{2.5}$ 浓度的途径有两种：①前体物从源区域传输到目标区域，进而在目标区域发生化学反应生成二次 $PM_{2.5}$；②前体物在源区域或者传输过程中发生化学反应生成二次 $PM_{2.5}$，进而传输到目标区域。此外，模型还考虑了间接效应贡献的部分。因此，对受体区域 i 的污染物 X 的贡献可表示为

$$\mathrm{Conc}_i^X = \sum_{j=1,\cdots,n} \mathrm{CM}_{j\to i} + \mathrm{CM\_IND}_i + \sum_{j=1,\cdots,i-1,i+1,\cdots,n} \mathrm{TP}_{j\to i} + \mathrm{TP\_IND}_i \tag{6-2}$$

式中，Conc_i^X 为受体区域 i 的污染物 X 的浓度；$\mathrm{CM}_{j\to i}$ 为从区域 j 输送至受体区域 i 的前体物并在区域 i 形成二次污染物的部分；$\mathrm{CM\_IND}_i$ 为多区域排放变化对本地化学生成产生的间接影响所贡献的部分；$\mathrm{TP}_{j\to i}$ 为污染物 X 从区域 j 直接传输至区域 i 的部分；$\mathrm{TP\_IND}_i$ 为多区域排放对直接传输产生的间接影响所贡献的部分。

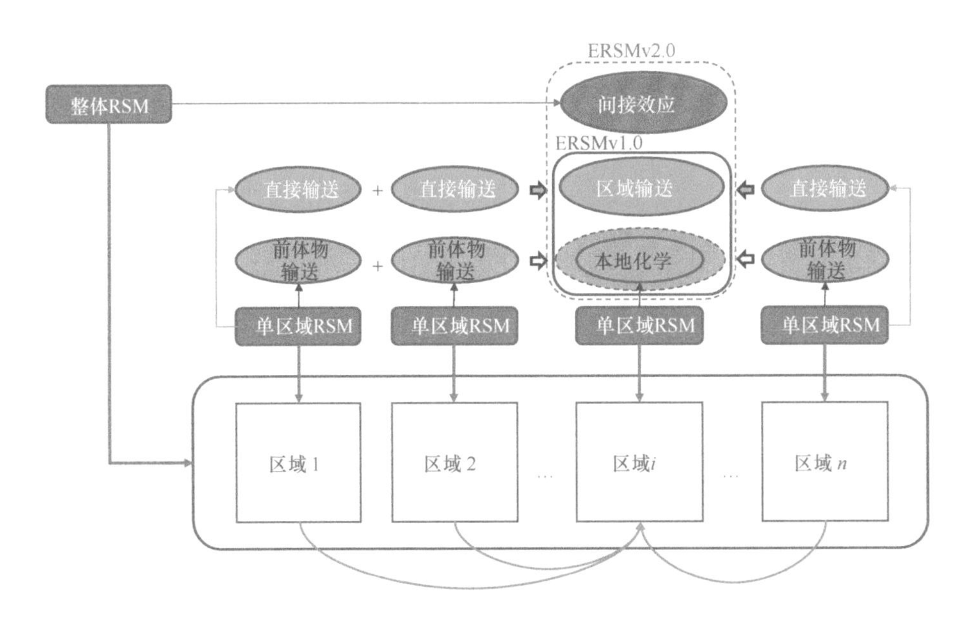

图 6-2　多区域排放－浓度响应模型的模型框架

ERSM，extended response surface model，扩展响应曲面模型；RSM，response surface model，响应曲面模型

各部分量化的方法具体说明如下：

（1）受体区域 i 的污染物 X 的浓度对从区域 j 传输过来的前体物，以及区域 i 本地排放生成部分的响应如下：

$$\mathrm{CM}_{j\to i} = \mathrm{rsm}_i^X\left(\mathrm{Conc}_i^{\mathrm{precursors}}\right) = \mathrm{rsm}_i^X\left[\mathrm{rsm}_i^{\mathrm{precursors}}\left(\mathrm{emis}_j\right)\right]$$
$$\mathrm{CM}_{j\to i} = \mathrm{rsm}_i^X\left(\mathrm{emis}_i\right) \tag{6-3}$$

式中，emis_j 为来源于区域 j 的 5 个前体物的排放；$\mathrm{Conc}_i^{\mathrm{precursors}}$ 为区域 i 的 5 个前体物的浓度；$\mathrm{rsm}_i^X\left(\mathrm{Conc}_i^{\mathrm{precursors}}\right)$ 表示 RSM 系统基于单一区域 RSM 模型计算污染物浓度 Conc_i^X 对前体物浓度 $\mathrm{Conc}_i^{\mathrm{precursors}}$ 变化的响应；$\mathrm{rsm}_i^{\mathrm{precursors}}\left(\mathrm{emis}_j\right)$ 表示 RSM 系统基于单一区域 RSM 模型计算前体物浓度 $\mathrm{Conc}_i^{\mathrm{precursors}}$ 对前体物排

放 $emis_i$ 变化的响应；$rsm_i^X(emis_i)$ 表示基于本地 RSM 模型计算污染物浓度对本地排放变化 $emis_i$ 的响应。

（2）从区域 j 到区域 i 的 CM 的贡献取决于区域 i 中由所有区域传输的前体物浓度水平。来自每个单独区域的 CM 的总和可能不等于所有区域的总 CM，这 2 个值之间的差异被定义为对 CM 的间接影响（表示为 CM_IND）：

$$CM\_IND_i = rsm_i^X\left[\sum_{j=1,n} rsm_i^{precursors}\left(emis_j\right)\right] - \sum_{j=1,n} rsm_i^X\left[rsm_i^{precursors}\left(emis_j\right)\right] \tag{6-4}$$

（3）污染物在来源区域生成然后传输至受体区域的部分用式（6-5）计算，对于受体区域 i 的污染物 X 来说，其表示污染物浓度对区域 j 排放的响应减去从区域 j 传输到 i 的前体物生成的部分：

$$TP_{j\to i} = rsm_i^X\left(emis_j\right) - CM_{j\to i} \tag{6-5}$$

式中，$rsm_i^X\left(emis_j\right)$ 表示基于单一区域 RSM 计算 $Conc_i^X$ 对 $emis_j$ 的响应。

（4）多区域协同控制时，某区域前体物排放的变化可能会影响区域 j 中的污染物 X，进而影响 X 到区域 i 的传输，用 TP_IND 来估计区域整体变化的预测值与以上过程叠加后影响的差异：

$$TP\_IND_i = rsm\_tt_i^X\left(\overline{emis}\right) - \sum_{j=1,n} CM_{j\to i} - CM\_IND_i - \sum_{j=1,\cdots,i-1,i+1,\cdots,n} TP_{j\to i} \tag{6-6}$$

式中，$\overline{emis}$ 为利用每个区域贡献作为权重计算的所有来源区域的排放 $emis_1,\cdots,emis_{i-1},emis_{i+1},\cdots,emis_n$ 的加权平均值；$rsm\_tt_i^X\left(\overline{emis}\right)$ 为建立的关于区域 i 污染物 X 对于区域整体排放变化的响应系统。

基于以上方法，研究建立了京津冀及周边“2+26”城市大气污染物排放与 $PM_{2.5}$ 年均浓度（区域平均）的 RSM，并利用 RSM 对各城市的 $PM_{2.5}$ 来源进行了分析，如图 6-3 所示。2017 年研究结果显示，本地排放对各城市 $PM_{2.5}$ 绝对浓度贡献最大（8.9 ～ 31.0μg/m^3），占 28 个城市对该受体城市总贡献的 20% ～ 64%（暂不考虑背景 / 区域外影响）。但各城市之间均存在一定的相互影响（0.1 ～ 9.43μg/m^3），相邻城市贡献较大，不容忽视。其中，北京本地排放贡献 29.9μg/m^3、占 64%，周边贡献最大的为天津（3.1μg/m^3）和保定（3.1μg/m^3）。

同时，研究建立了京津冀及周边地区“2+26”城市 $PM_{2.5}$ 年均浓度（国控站点所属网格平均）的响应曲面，并对各城市的 $PM_{2.5}$ 进行了来源解析（表 6-2 和表 6-3）。由于测点大多处于城市中心，本地贡献相比区域平均的结果明显增加（8.8 ～ 42.8μg/m^3），占 28 个城市对该受体城市总贡献的 19% ～ 74%，周边城市贡献相对减少。而廊坊和滨州由于测点靠近城市交界，本地贡献减少，周边影响增加。

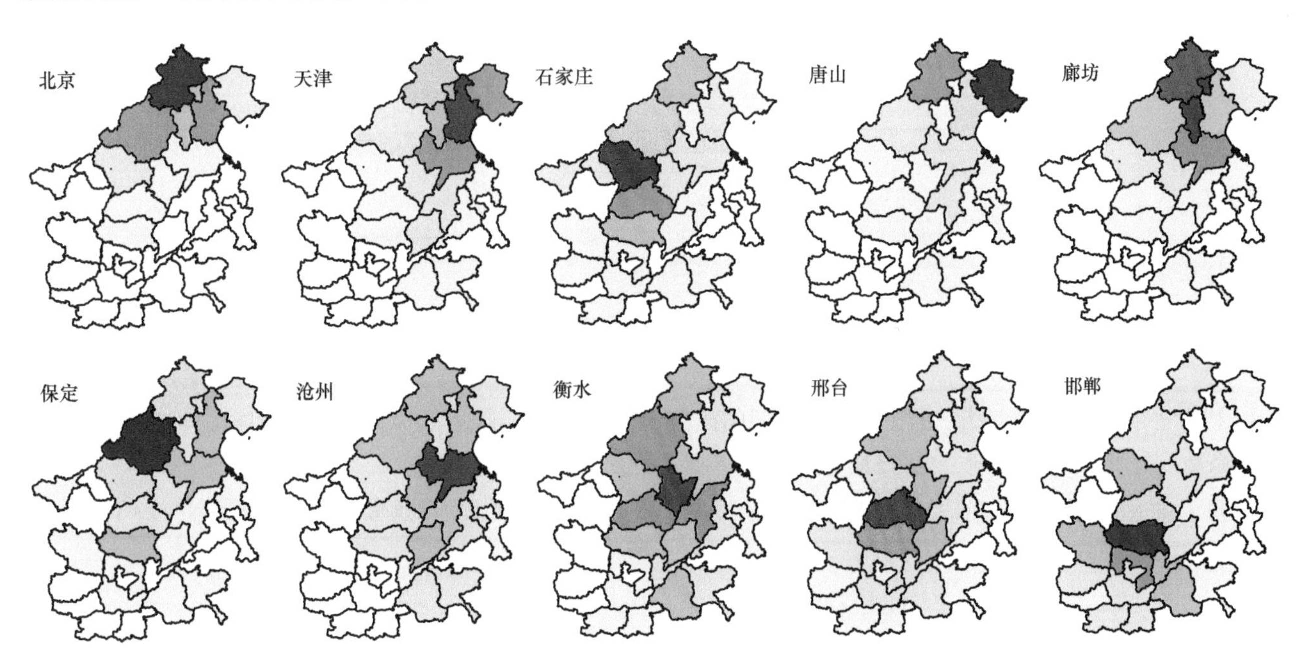

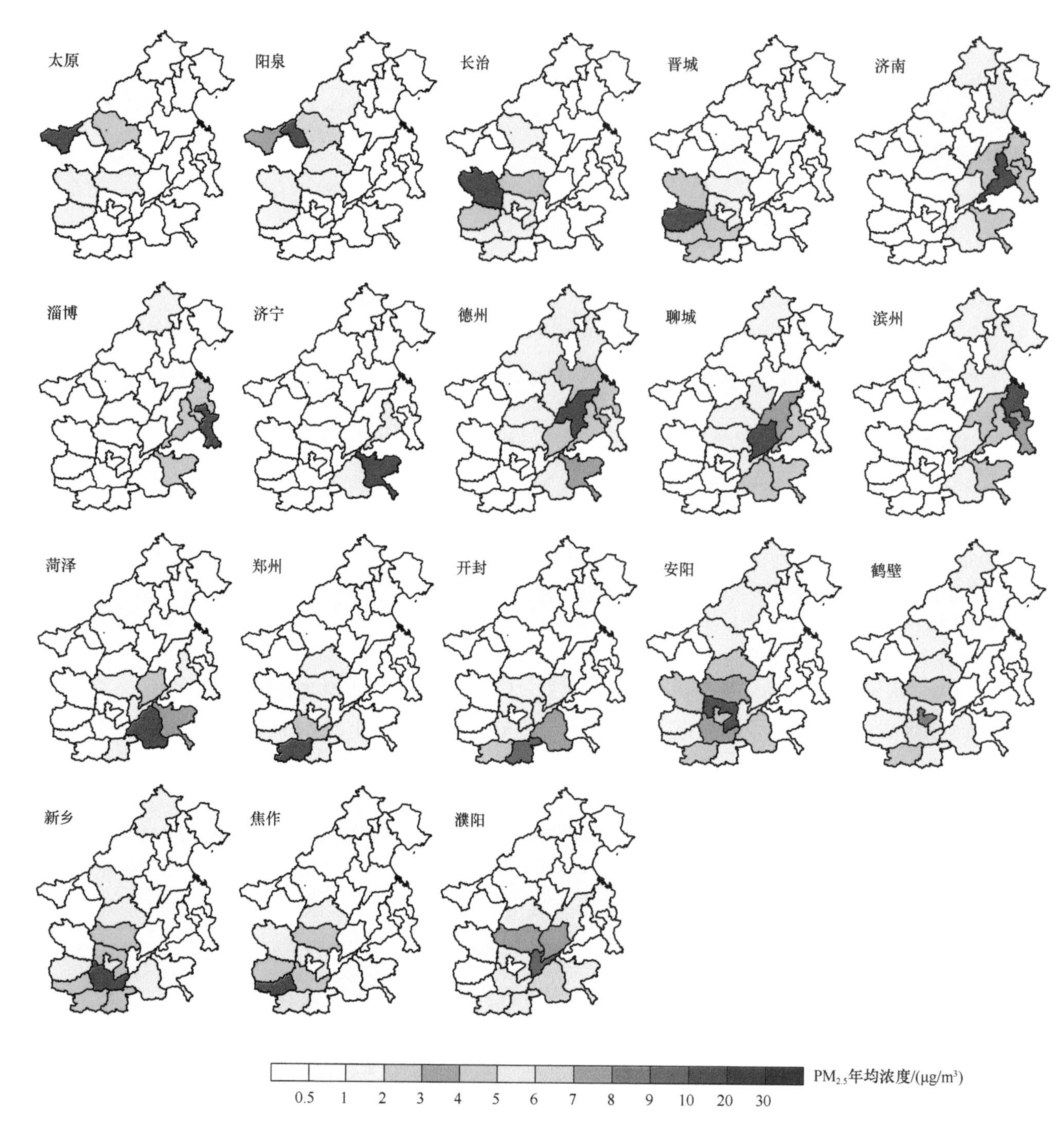

图 6-3 "2+26"城市 $PM_{2.5}$ 年均浓度（区域平均）来源解析

6.1.3 分行业的排放 – 浓度响应模型

利用等效排放率的方法，将各物种分部门的排放、根据浓度的响应大小等效为该物种总排放的占比（即映射系数），将其纳入已建立的 RSM 模型进行等效替代，实现分部门解析。

首先建立污染物 X 的浓度关于 SO_2、NO_x、NH_3、VOCs 和一次 $PM_{2.5}$ 这 5 个物种总排放的 RSM，自变量为 5 种污染物的总排放：

$$\mathrm{Conc}_i^X = \mathrm{rsm}_i^X\left(\mathrm{emis}_{SO_2}, \mathrm{emis}_{NO_x}, \mathrm{emis}_{NH_3}, \mathrm{emis}_{VOCs}, \mathrm{emis}_{PM_{2.5}}\right) \tag{6-7}$$

表 6-2　2017 年“2+26”城市 $PM_{2.5}$ 平均值传输矩阵（国控站点）

（单位：μg/m³）

城市	北京	天津	石家庄	唐山	廊坊	保定	沧州	衡水	邢台	邯郸	太原	阳泉	长治	晋城	济南	淄博	济宁	德州	聊城	滨州	菏泽	郑州	开封	安阳	鹤壁	新乡	焦作	濮阳
北京	37.0	4.4	1.7	2.8	18.0	4.4	2.8	2.2	1.4	1.3	0.4	0.7	0.5	0.5	1.0	1.0	0.7	1.5	1.0	1.7	0.8	0.8	0.8	1.2	0.9	0.8	0.7	0.8
天津	2.3	21.5	1.2	5.7	5.9	2.3	3.4	1.5	0.9	0.8	0.2	0.4	0.2	0.3	0.8	0.7	0.5	1.3	0.8	1.4	0.6	0.5	0.6	0.7	0.5	0.5	0.4	0.6
石家庄	0.8	0.8	39.0	0.5	0.9	3.9	0.9	3.0	4.7	2.7	1.8	3.9	0.8	0.6	0.6	0.6	0.4	1.0	0.8	0.7	0.6	0.7	0.7	1.7	1.3	1.0	0.9	0.9
唐山	1.3	2.3	0.6	32.9	1.7	1.3	1.1	0.8	0.5	0.5	0.2	0.3	0.2	0.2	0.7	0.7	0.4	0.7	0.6	1.2	0.5	0.4	0.5	0.4	0.4	0.3	0.3	0.5
廊坊	1.5	1.8	0.5	0.7	8.8	1.2	1.2	0.7	0.3	0.2	0.1	0.2	0.1	0.1	0.2	0.2	0.1	0.5	0.2	0.3	0.2	0.1	0.2	0.2	0.1	0.1	0.1	0.2
保定	2.4	1.5	4.3	0.9	3.4	42.8	1.5	2.8	1.9	1.4	0.6	1.1	0.4	0.4	0.6	0.6	0.4	1.1	0.6	0.8	0.5	0.5	0.6	1.0	0.7	0.6	0.6	0.7
沧州	0.6	3.5	1.0	1.3	1.6	1.7	17.7	3.3	0.9	0.8	0.2	0.3	0.2	0.2	0.6	0.5	0.3	2.8	0.7	1.1	0.5	0.4	0.5	0.6	0.5	0.4	0.4	0.6
衡水	0.4	1.1	0.9	0.5	0.8	1.1	2.0	16.9	0.9	0.9	0.1	0.3	0.2	0.2	0.4	0.3	0.2	4.7	0.7	0.5	0.5	0.4	0.5	0.7	0.5	0.4	0.4	0.7
邢台	0.4	0.6	2.9	0.4	0.5	1.7	0.9	4.0	26.3	5.5	0.5	0.8	0.7	0.7	0.5	0.4	0.4	1.2	0.9	0.6	0.7	1.0	1.0	2.7	1.7	1.3	1.1	1.6
邯郸	0.5	0.8	2.2	0.5	0.6	1.8	1.0	2.9	9.8	32.5	1.1	1.7	2.0	1.5	0.7	0.6	0.5	1.3	1.1	0.7	1.2	1.8	1.9	8.8	4.3	2.7	2.3	3.6
太原	0.1	0.1	0.7	0.0	0.1	0.2	0.1	0.3	0.8	0.5	27.3	2.4	0.4	0.3	0.2	0.1	0.1	0.2	0.2	0.2	0.2	0.1	0.2	0.4	0.3	0.2	0.3	0.2
阳泉	0.1	0.1	1.5	0.0	0.1	0.3	0.1	0.2	0.5	0.3	1.7	19.0	0.1	0.1	0.1	0.1	0.1	0.1	0.1	0.1	0.1	0.1	0.1	0.2	0.1	0.1	0.1	0.1
长治	0.1	0.2	0.8	0.1	0.1	0.4	0.2	0.4	1.5	1.8	1.6	2.0	23.5	1.4	0.2	0.2	0.2	0.3	0.3	0.2	0.4	0.4	0.4	2.0	1.4	1.0	1.6	0.4
晋城	0.0	0.1	0.4	0.0	0.0	0.2	0.1	0.3	0.7	0.7	0.8	1.1	4.8	27.0	0.2	0.2	0.2	0.2	0.3	0.2	0.4	0.9	0.8	1.1	1.2	1.7	6.2	0.4
济南	0.2	0.7	0.2	0.5	0.3	0.3	1.2	0.7	0.2	0.2	0.1	0.2	0.1	0.2	18.0	2.1	1.1	1.6	2.2	3.3	0.9	0.3	0.5	0.2	0.2	0.2	0.2	0.6
淄博	0.2	0.4	0.2	0.4	0.2	0.2	0.6	0.5	0.2	0.2	0.1	0.1	0.1	0.1	1.7	19.3	0.7	0.7	0.8	5.5	0.5	0.2	0.3	0.2	0.2	0.2	0.2	0.4
济宁	0.2	0.8	0.3	0.5	0.3	0.4	1.5	1.2	0.4	0.5	0.1	0.2	0.3	0.3	4.2	2.0	18.9	2.4	5.3	2.0	1.9	0.5	0.8	0.5	0.4	0.4	0.4	1.1
德州	0.3	1.5	0.4	0.8	0.5	0.6	3.9	2.0	0.5	0.5	0.1	0.2	0.2	0.2	2.3	0.8	0.6	14.4	3.0	1.7	0.8	0.4	0.6	0.4	0.4	0.3	0.4	0.9
聊城	0.3	1.2	0.4	0.8	0.5	0.7	2.4	3.4	0.4	0.5	0.2	0.2	0.3	0.3	1.2	0.7	0.7	5.0	16.7	1.1	2.5	0.5	1.1	0.5	0.4	0.4	0.5	2.3
滨州	0.2	0.7	0.2	0.5	0.3	0.4	1.3	0.7	0.2	0.2	0.1	0.1	0.1	0.1	1.2	2.2	0.4	1.1	0.8	11.3	0.4	0.2	0.3	0.2	0.2	0.2	0.2	0.4
菏泽	0.2	0.8	0.4	0.5	0.4	0.5	1.2	2.0	0.7	1.0	0.2	0.3	0.4	0.5	1.2	0.7	1.7	2.0	3.6	0.9	21.6	0.9	2.0	1.1	0.9	0.8	0.8	4.9
郑州	0.1	0.2	0.4	0.2	0.1	0.3	0.4	0.6	0.8	1.1	0.5	0.6	1.7	2.6	0.4	0.3	0.4	0.4	0.6	0.4	1.0	21.1	3.4	2.0	2.4	4.6	4.7	1.1
开封	0.1	0.2	0.2	0.1	0.1	0.2	0.3	0.5	0.4	0.6	0.2	0.2	0.4	0.4	0.3	0.2	0.2	0.3	0.4	0.2	1.1	1.4	10.6	0.8	0.9	1.1	0.7	1.8
安阳	0.2	0.3	0.7	0.2	0.2	0.6	0.4	0.8	2.0	4.2	0.4	0.7	0.9	1.0	0.3	0.3	0.2	0.4	0.5	0.3	0.6	1.4	1.4	20.0	6.8	2.5	1.9	2.1
鹤壁	0.1	0.1	0.3	0.0	0.0	0.2	0.1	0.2	0.6	1.2	0.2	0.3	0.4	0.4	0.1	0.1	0.1	0.1	0.2	0.1	0.2	0.8	0.4	4.0	9.8	1.8	0.9	0.4
新乡	0.1	0.2	0.4	0.1	0.1	0.4	0.3	0.6	1.0	1.6	0.5	0.7	1.1	1.7	0.4	0.3	0.3	0.4	0.6	0.3	0.8	3.1	2.5	3.5	5.2	16.8	4.2	1.6
焦作	0.0	0.1	0.2	0.0	0.0	0.1	0.2	0.3	0.4	0.6	0.4	0.5	1.7	3.8	0.2	0.2	0.2	0.2	0.3	0.2	0.5	1.7	1.0	1.1	1.4	3.0	21.2	0.5
濮阳	0.1	0.3	0.2	0.2	0.2	0.4	0.4	1.2	0.4	0.6	0.1	0.1	0.2	0.2	0.3	0.2	0.2	0.6	1.2	0.3	1.4	0.4	1.1	0.6	0.4	0.4	0.3	12.8

注：行代表来源城市，列代表受体城市。

表 6-3 2017 年秋冬季“2+26”城市 $PM_{2.5}$ 传输矩阵（国控站点） （单位：$\mu g/m^3$）

城市	北京	天津	石家庄	唐山	廊坊	保定	沧州	衡水	邢台	邯郸	太原	阳泉	长治	晋城	济南	淄博	济宁	德州	聊城	滨州	菏泽	郑州	开封	安阳	鹤壁	新乡	焦作	濮阳
北京	44.2	7.0	3.0	4.7	28.8	6.8	4.7	3.7	2.7	2.5	0.6	1.1	0.9	0.9	1.8	1.8	1.3	2.5	1.9	2.8	1.4	1.6	1.6	2.5	2.0	1.7	1.5	1.7
天津	1.8	27.5	1.5	6.1	5.1	2.2	4.7	2.0	1.3	1.3	0.3	0.4	0.4	0.4	1.1	1.0	0.7	1.8	1.1	1.8	0.8	0.8	0.9	1.1	0.8	0.8	0.7	1.0
石家庄	0.6	0.8	50.1	0.6	0.9	3.5	0.9	3.8	5.4	3.0	1.3	2.6	0.9	0.6	0.9	0.8	0.6	1.3	1.1	0.9	0.7	0.9	1.0	1.9	1.4	1.2	1.1	1.1
唐山	0.8	2.5	0.5	39.8	1.4	1.0	1.2	1.0	0.6	0.7	0.2	0.2	0.3	0.3	0.8	0.8	0.6	0.8	0.7	1.2	0.7	0.5	0.7	0.6	0.5	0.5	0.4	0.7
廊坊	1.3	2.3	0.7	1.0	11.0	1.2	1.8	1.1	0.5	0.5	0.1	0.2	0.2	0.2	0.3	0.3	0.2	0.7	0.4	0.5	0.2	0.3	0.3	0.4	0.3	0.3	0.3	0.3
保定	2.3	1.8	5.8	1.2	3.9	60.0	2.2	4.1	2.7	2.1	0.6	1.0	0.7	0.6	1.0	0.9	0.6	1.8	0.9	1.2	0.8	0.8	1.0	1.7	1.2	1.0	1.0	1.3
沧州	0.6	3.7	1.4	1.4	1.8	2.2	22.3	4.7	1.2	1.1	0.3	0.4	0.3	0.3	0.8	0.8	0.5	3.8	1.0	1.6	0.7	0.6	0.8	1.0	0.7	0.7	0.6	1.0
衡水	0.4	1.1	1.4	0.6	0.8	1.2	2.0	21.3	1.3	1.1	0.3	0.4	0.3	0.3	0.6	0.5	0.3	6.3	0.9	0.7	0.6	0.6	0.8	1.0	0.7	0.6	0.6	1.0
邢台	0.4	0.8	2.7	0.5	0.6	1.7	0.9	4.2	36.0	6.5	0.6	0.9	0.8	0.7	0.6	0.6	0.6	1.3	1.3	0.7	0.8	1.2	1.2	3.2	2.0	1.5	1.3	1.9
邯郸	0.5	0.8	1.7	0.5	0.5	1.4	0.9	2.4	8.5	36.9	1.2	1.5	1.6	1.3	0.8	0.8	0.7	1.0	1.2	0.8	1.3	1.9	2.1	10.6	4.2	2.6	2.3	4.4
太原	0.1	0.1	1.0	0.1	0.1	0.2	0.2	0.3	1.3	0.7	35.7	3.3	0.5	0.3	0.2	0.2	0.2	0.2	0.3	0.2	0.2	0.2	0.2	0.5	0.4	0.3	0.3	0.3
阳泉	0.1	0.1	1.7	0.1	0.1	0.2	0.1	0.2	0.7	0.3	1.3	21.6	0.1	0.1	0.1	0.1	0.1	0.1	0.2	0.1	0.1	0.1	0.1	0.2	0.1	0.1	0.1	0.1
长治	0.1	0.2	0.9	0.1	0.1	0.3	0.2	0.4	1.5	1.6	1.7	2.1	30.0	1.2	0.4	0.3	0.3	0.3	0.4	0.2	0.5	0.6	0.5	2.7	2.0	1.2	2.0	0.6
晋城	0.0	0.1	0.6	0.1	0.1	0.2	0.2	0.3	0.8	0.8	1.0	1.3	5.1	30.5	0.3	0.2	0.3	0.3	0.3	0.2	0.5	1.1	1.0	1.3	1.6	2.0	8.1	0.5
济南	0.2	0.5	0.2	0.4	0.2	0.4	1.0	0.7	0.3	0.4	0.2	0.2	0.3	0.3	20.6	2.2	1.2	1.2	2.2	2.7	1.0	0.4	0.6	0.4	0.3	0.4	0.4	0.8
淄博	0.1	0.3	0.2	0.3	0.2	0.3	0.5	0.5	0.2	0.2	0.1	0.2	0.2	0.2	1.8	21.8	0.7	0.6	0.9	5.5	0.7	0.3	0.5	0.3	0.3	0.3	0.3	0.5
济宁	0.1	0.8	0.4	0.6	0.4	0.5	1.7	1.2	0.5	0.7	0.2	0.3	0.5	0.5	4.4	2.0	22.9	2.5	5.5	2.1	2.4	0.8	1.2	0.8	0.7	0.7	0.7	1.5
德州	0.3	1.5	0.6	0.9	0.5	0.8	3.9	2.1	0.8	0.8	0.3	0.3	0.4	0.4	2.8	1.1	0.8	16.1	3.5	1.8	1.0	0.6	0.8	0.8	0.6	0.6	0.6	1.3
聊城	0.3	1.2	0.5	0.8	0.5	0.6	2.2	3.0	0.5	0.7	0.3	0.3	0.5	0.5	1.3	0.8	0.9	4.2	19.9	1.0	2.9	0.8	1.4	0.8	0.7	0.7	0.7	2.9
滨州	0.2	0.6	0.3	0.5	0.3	0.5	1.2	0.8	0.3	0.3	0.1	0.1	0.2	0.2	1.3	2.7	0.4	1.2	0.9	13.2	0.6	0.3	0.5	0.4	0.3	0.3	0.3	0.6
菏泽	0.2	0.9	0.5	0.6	0.5	0.6	1.5	2.3	0.8	1.2	0.3	0.4	0.7	0.9	1.2	1.0	1.7	2.6	4.1	1.0	26.8	1.4	2.6	1.5	1.3	1.3	1.3	5.5
郑州	0.1	0.3	0.5	0.3	0.2	0.4	0.5	0.8	1.0	1.2	0.7	0.7	1.4	1.8	0.6	0.5	0.5	0.6	0.7	0.5	1.1	25.0	3.6	2.2	2.4	4.6	3.3	1.4
开封	0.1	0.3	0.3	0.2	0.2	0.3	0.4	0.8	0.5	0.7	0.3	0.4	0.5	0.5	0.4	0.3	0.3	0.5	0.5	0.3	1.3	1.5	11.9	0.9	0.8	0.9	0.8	2.3
安阳	0.2	0.3	0.7	0.2	0.2	0.5	0.4	0.8	1.8	3.5	0.6	0.8	1.0	1.0	0.4	0.4	0.3	0.4	0.5	0.3	0.7	1.4	1.6	24.8	7.9	2.5	1.8	2.5
鹤壁	0.1	0.1	0.3	0.1	0.1	0.2	0.2	0.2	0.6	1.1	0.3	0.4	0.5	0.4	0.2	0.2	0.1	0.2	0.2	0.1	0.3	0.8	0.4	3.8	11.0	1.9	0.9	0.6
新乡	0.2	0.3	0.6	0.2	0.2	0.4	0.5	0.7	1.0	1.6	0.7	0.8	1.2	1.7	0.5	0.4	0.4	0.5	0.6	0.4	0.8	3.5	3.2	3.0	4.3	19.5	4.3	1.7
焦作	0.0	0.1	0.3	0.1	0.1	0.2	0.3	0.3	0.5	0.7	0.6	0.6	1.6	2.9	0.4	0.3	0.3	0.3	0.4	0.2	0.6	2.2	1.4	1.3	1.5	3.3	21.4	0.7
濮阳	0.2	0.4	0.3	0.3	0.3	0.4	0.5	1.4	0.5	0.7	0.2	0.3	0.4	0.4	0.4	0.3	0.3	0.7	1.2	0.4	1.8	0.7	1.4	0.8	0.6	0.6	0.6	17.2

注：行代表来源城市，列代表受体城市。

物种之间对二次污染物的非线性响应关系仍由RSM来体现，多部门映射关系的建立主要依据物种浓度对各部门排放的响应。对各个物种的排放依次单独设置为0，计算其对该前体物浓度的贡献，并将其作为该物种分部门的映射系数。以SO_2为例，工业SO_2排放对环境SO_2浓度的贡献比例如下：

$$S_{SO_2\_IN}=\frac{\Delta Conc_{SO_2\_IN}}{\Delta Conc_{SO_2\_IN}+\Delta Conc_{SO_2\_PP}+\Delta Conc_{SO_2\_DO}+\Delta Conc_{SO_2\_TR}} \tag{6-8}$$

则依据等效排放的方法将SO_2的总排放分为4个部门的排放：

$$\begin{aligned}emis_{SO_2}=&S_{SO_2\_IN}\times emis_{SO_2\_IN}+S_{SO_2\_PP}\times emis_{SO_2\_PP}+S_{SO_2\_DO}\times emis_{SO_2\_DO}\\&+S_{SO_2\_TR}\times emis_{SO_2\_TR}\end{aligned} \tag{6-9}$$

其他各物种（NO_x、VOCs、NH_3）的分行业映射系数的计算方法与SO_2的相同。“2+26”城市5种主要前体物分部门排放对其浓度贡献占比如图6-4所示。将其代入RSM，将原来的各污染物总排放的单一控制因子扩展为分部门的控制因子，响应关系也相应地扩展为环境污染物浓度关于SO_2、NO_x、NH_3、VOCs和一次$PM_{2.5}$分部门排放之间的关系。

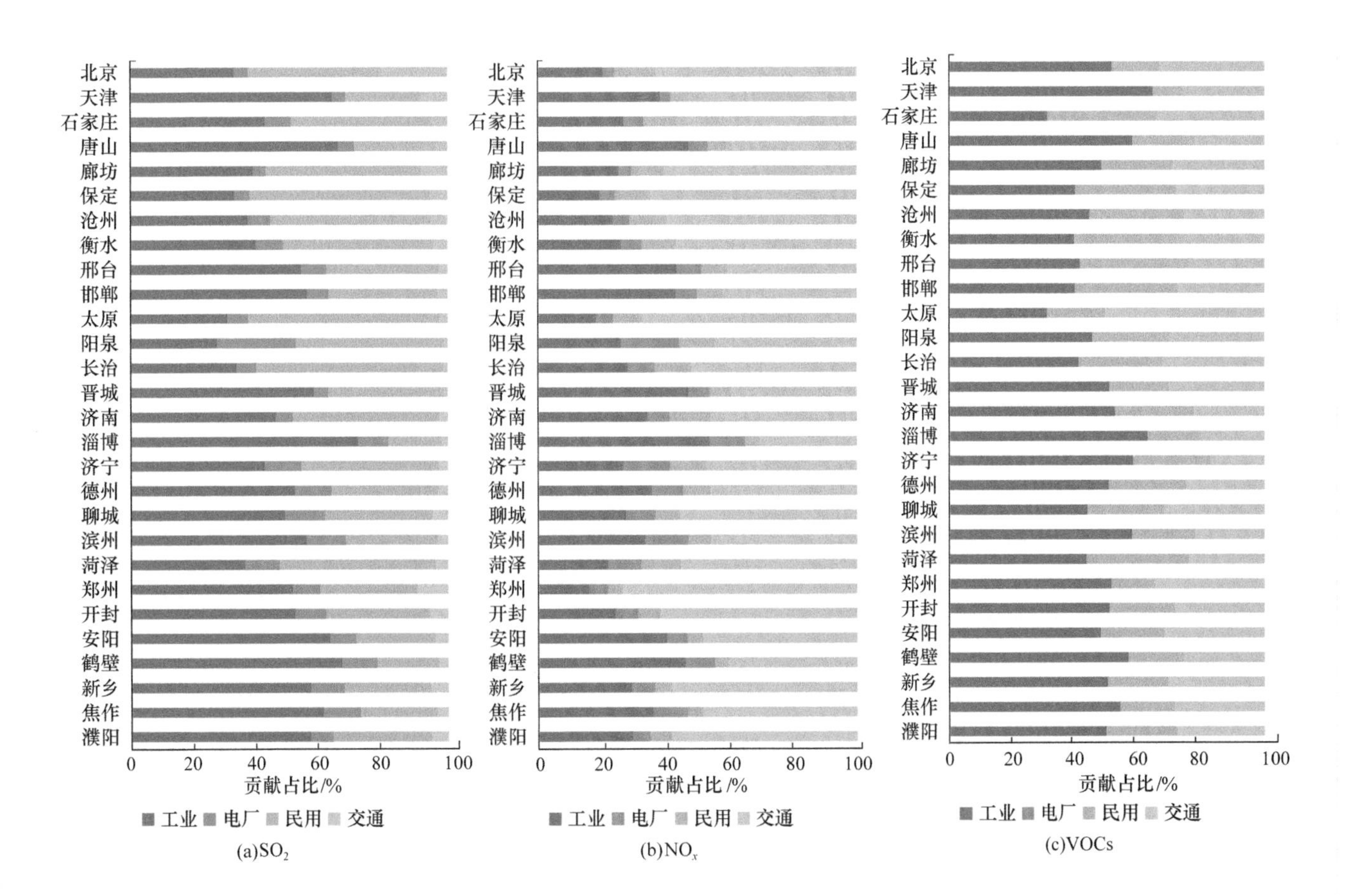

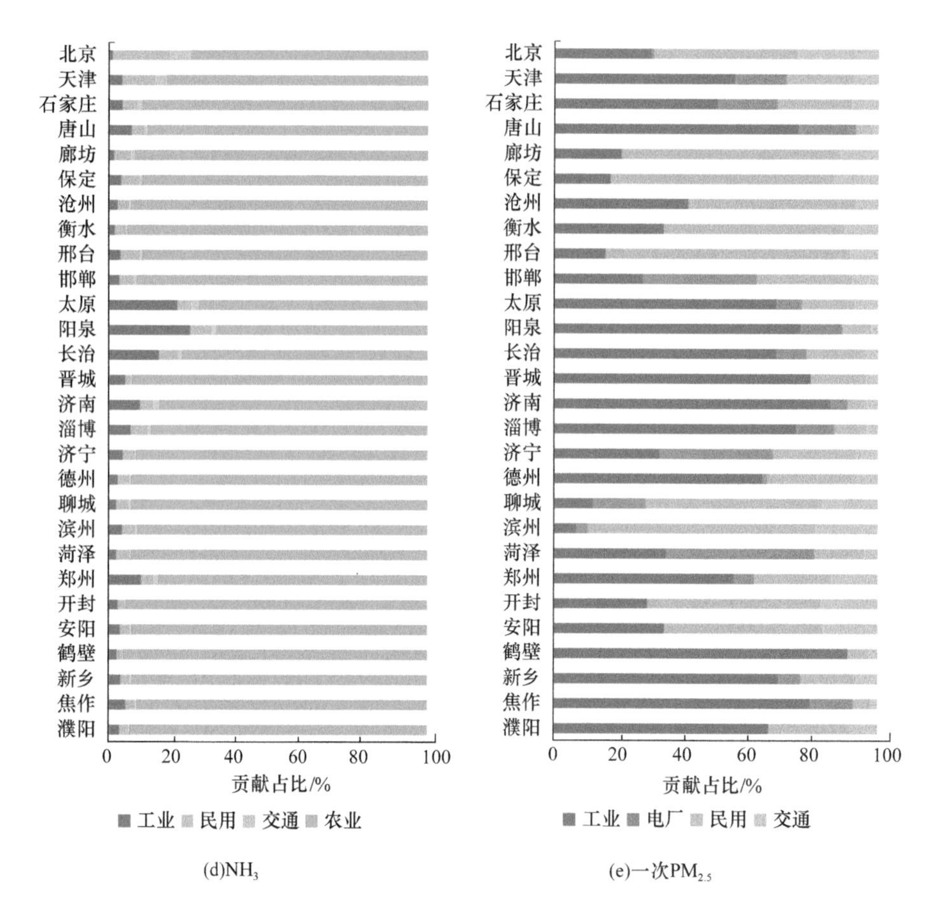

图 6-4　5 种主要前体物分部门排放对其浓度贡献占比

6.2　基于费效评估的大气污染防治方案优化技术

基于京津冀及周边“2+26”城市大气污染综合数据共享和分析平台，攻关项目研发了大气污染防治边际成本优化模型，实现了对未来不同能源与污控情景组合下的控制成本与减排效果的动态计算；对不同环境浓度下的人群及农作物暴露水平进行了量化，建立了空气污染的健康损害及农作物产量损失的货币化方法，量化了排放控制到环境收益的非线性动态响应关系；以环境目标为约束条件，以成本最低为优化目标，基于经济成本与各项环境效益的关系，建立了不同环境目标下的基于成本效益最优化的多污染物协同减排决策技术，并将其应用于“2+26”城市空气质量达标的情景分析与成本效益评估，实现了不同阶段空气质量目标下多行业、多污染物减排量的科学确定与分配。

6.2.1　减排成本估算与边际成本优化模型

本书研究调研了电力行业、工业锅炉、民用锅炉及工业过程（钢铁、水泥、玻璃、炼焦等）不同工序采用脱硫（FGD）、脱硝（SCR/SNCR）和袋式除尘、电除尘等的固定投资成本、运行维护成本等；对于机动车在不同燃料使用下各排放标准 NO_x 和 VOCs 的控制成本；针对 VOCs 的控制，石化部门采用的蒸气回收、焚烧、密封等控制措施；溶剂使用、油漆、制药、印刷、有机化学、食品加工、工业胶水和黏合剂等采用的替代、工业过程调整和替代、吸附、焚烧等控制方法的去除成本。在此基础上，本书研究参考了经济学理论，考虑了不同控制技术、区域等，从而建立了边际成本优化模型：

$$
\begin{gathered}
\text{Cost}_{p,i}^{r} = \text{UC}_{p,i} \times \Delta\text{emis}_{p,i}^{r} \\
\Delta\text{emis}_{p,i}^{r} = \left(1-\text{CE}_{p,i}\right) \times \left(\text{App}R_{p,i}^{r} - \text{Cur\_App}R_{p,i}^{r}\right) \times \text{Unabated\_emis}_{p}^{r,s} \\
\text{Unabated\_emis}_{p}^{r,s} = \frac{\text{baseline\_emis}_{p}^{r,s}}{1-\sum_{i}\left[\left(1-\text{CE}_{p,i}\right) \times \text{Cur\_App}R_{p,i}^{r}\right]} \\
\text{Cur\_App}R_{p,i}^{r} \leqslant \text{App}R_{p,i}^{r} \leqslant \text{max\_App}R_{p,i}^{r}
\end{gathered}
\tag{6-10}
$$

式中，i，p，r 分别表示末端控制技术、污染物及区域；$\text{Cost}_{p,i}^{r}$ 为某项控制技术的成本；$\text{UC}_{p,i}$ 为某项控制技术的单位成本；$\Delta\text{emis}_{p,i}^{r}$ 为减排量；$\text{Cur\_App}R_{p,i}^{r}$ 为当前应用比例；$\text{baseline\_emis}_{p}^{r,s}$ 为应用控制技术的基准情景排放量；$\text{CE}_{p,i}$ 为去除率；$\text{App}R_{p,i}^{r}$ 为控制技术的应用比例；$\text{Unabated\_emis}_{p}^{r,s}$ 为无控情景的排放量；$\text{max\_App}R_{p,i}^{r}$ 为控制技术的应用潜势。

图 6-5 为京津冀地区 5 种污染物的减排成本曲线。减排成本曲线代表了每一种污染物的控制技术的最优组合。考虑所有可能的控制措施之后，以 2017 年基准年为基准，NO_x、SO_2、NH_3、VOCs 和一次颗粒物的最大减排潜力分别为 85%、75%、75%、65% 和 95%。

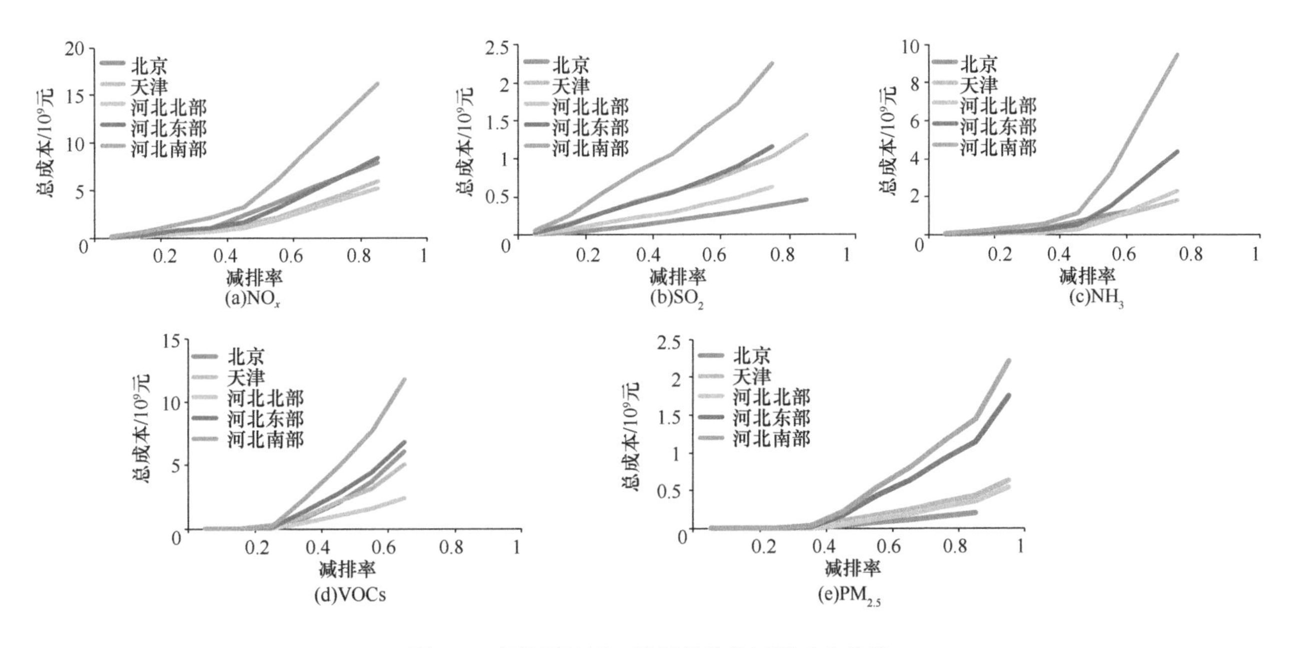

图 6-5 京津冀地区 5 种污染物的减排成本曲线

6.2.2 基于成本和环境目标的控制策略优化

6.2.2.1 基于最小成本的控制策略优化模型（LE-CO）

在本书研究建立的多项式拟合响应曲面模型、边际成本优化模型的基础上，综合了多目标函数、响应关系、协同效应的污染控制决策问题，采用最优化等数学方法求解最佳控制策略，实现了对应不同环境目标的反算优化，突破了特定空气质量目标下减排需求的反算技术，解决了传统重复试算方法效率低下的问题。针对京津冀及周边“2+26”城市的不同环境目标要求，反算京津冀及周边地区“2+26”城市不同行业不同污染物的减排量需求。

图 6-6 展示了 LE-CO 的结构框架。LE-CO 模型用于选择控制策略的最优组合，这种组合不仅能够满足空气质量达标的要求，而且具有最高的成本效益比。本书研究以国家环境空气质量标准作为空气质量改善的目标，$PM_{2.5}$ 年均浓度的目标值为 35μg/m^3，与我国空气质量二级标准相对应。由于北京位于京津冀地区的中心，选择北京代表京津冀地区，并将其作为目标城市。$PM_{2.5}$ 浓度与 5 种污染物排放之间的实时响应通过 RSM 计算得出，这 5 种污染物包括京津冀地区的 NO_x、SO_2、NH_3、VOCs 和一次颗粒物，不同地区不同污染物的减排比例由 LE-CO 通过非线性规划程序最优化得出。

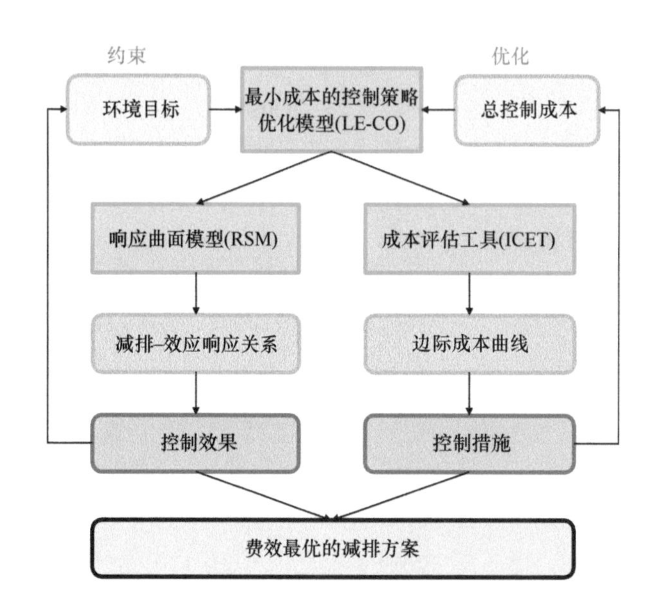

图 6-6　LE-CO 结构框架

因为 RSM 在预测不同减排情况下空气质量的响应非常高效，所以可以通过网格搜索的方法选择成本最低的能够满足空气质量目标的控制策略。首先，对于 5 种前体物的控制比例组合在高维空间上均匀采样，依次在 5% ～ 95% 变化区间内以 10% 为间隔变化，因此共有 10 万种组合方式（即控制情景）。其次，将污染物对于所有减排情景的浓度响应都通过 RSM 进行估算。再次，计算每种污染物控制情景的控制成本。最后，既能满足空气质量目标又具有最小成本的污染控制情景即最优的控制情景。

所有污染物的边际减排成本曲线被导入 LE-CO 中，用于最优化控制污染物的组合。需要注意的是，每一种污染物的边际减排成本曲线都是单独计算的。一种控制措施对多种污染物具有减排效果，如机动车污染控制技术可以减少 NO_x、VOCs 和一次颗粒物的含量。为了避免重复计算，此类控制措施的成本仅包括在对其具有最高使用率的污染物中，其他污染物的此项控制措施的成本则被设置为 0。为简化最优化过程，本书研究中假设控制技术在每个地区都单独应用，这可能会导致一定的不确定性，当仅对本地加强控制时，其中一些控制技术的实施需要在省份之间达成一致（如提高燃料品质和机动车排放标准）。但是，当区域间协同控制策略被实施时，这种不确定性可以忽略。

6.2.2.2　不同环境目标下的成本最优化控制途径

大气中污染物浓度受到多种前体物排放的影响，因此研究设计了前体物控制的多种组合情况，在控制矩阵中以 5% 为间隔对每个污染物的控制比例进行采样并组合，并对各情景进行达标评估。以北京空气 $PM_{2.5}$ 年均浓度达标为例，如果设定北京 $PM_{2.5}$ 浓度低于 35μg/m^3，在不考虑控制成本时，使空气质量达标的措施有很多种选择。通过LE-CO模型，比较考虑控制和不控制NH_3排放两种大气污染物控制组合。结果表明，一次$PM_{2.5}$的控制是非常重要的，而为了在控制$PM_{2.5}$的同时确保O_3不上升，需要考虑对NO_x和VOCs协同控制。因此，在持续控制一次$PM_{2.5}$的同时，大力强化NO_x与VOCs减排，实现对$PM_{2.5}$与O_3的协同控制，主要污染物的减排率和减排成本如图6-7所示。

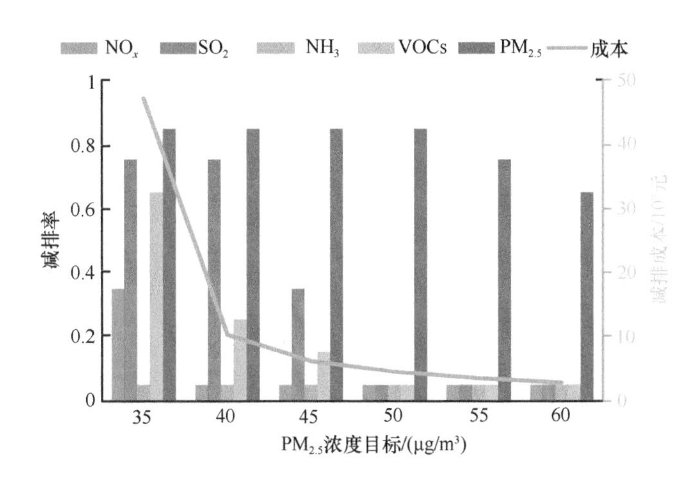

图6-7 $PM_{2.5}$达标的控制途径及其成本

为了进一步探究本地控制和区域控制的最佳组合，通过LE-CO计算了实现不同$PM_{2.5}$浓度目标的成本曲线。在北京，根据本地控制（表示为L）和区域控制（表示为R）的不同比例，得到5种本地控制和区域控制组合之间完全不同的控制成本。5种组合包括：①L ∶ R=1 ∶ 1，表示本地控制和区域控制具有相同的减排率；②L ∶ R=1 ∶ 0.75，表示区域控制减排率为本地控制减排率的75%；③L ∶ R=1 ∶ 0.5，表示本地控制减排率为区域控制减排率的2倍；④L ∶ R=0.5 ∶ 1，表示本地控制减排率为区域控制减排率的一半；⑤L ∶ R=1 ∶ 0，表示只考虑本地控制。

图6-8给出了北京$PM_{2.5}$年均浓度达标的多区域联合减排成本曲线。在宽松的$PM_{2.5}$浓度目标下（45～80μg/m³），高的本地控制比例（L ∶ R=1 ∶ 0.5和L ∶ R=1 ∶ 0.75）成本低于区域控制比例更高的情况。当要求$PM_{2.5}$浓度<45μg/m³时，在本地控制和区域控制占比相等（L ∶ R=1 ∶ 1）的情况下，成本最低；并且在仅考虑本地控制、不考虑或者极少考虑区域控制的情况下，$PM_{2.5}$不能达到较严格的目标。京津冀地区的其他4个区域也发现了相同的规律。这一结果表明，为了实现更严格的目标，整个京津冀地区需实施同样严格的控制措施。

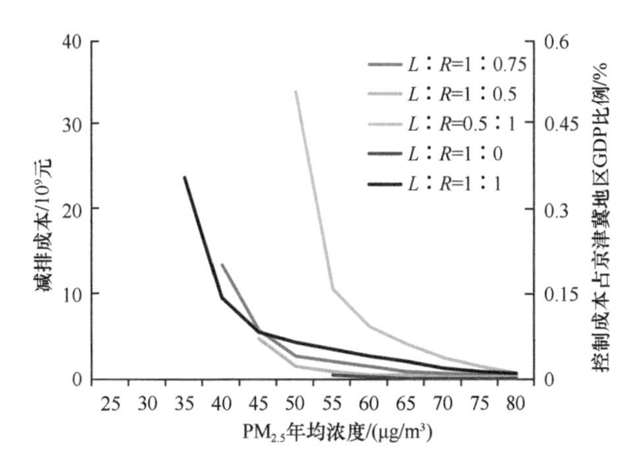

图6-8 北京$PM_{2.5}$年均浓度达标的多区域联合减排成本曲线

6.2.2.3 “2+26”城市大气 $PM_{2.5}$ 年均浓度达标的减排需求

为了给各区域、各行业的减排方案提供依据，研究利用前述建立的 RSM 解析了“2+26”城市各行业各污染物排放对城市 $PM_{2.5}$ 年均浓度的贡献，如图 6-9 所示。交通与工业部门 NO_x 排放对“2+26”城市 $PM_{2.5}$ 年均浓度的贡献最大，其次为民用与电厂。工业与民用 SO_2 排放对 $PM_{2.5}$ 的贡献最大，其次为电厂，交通排放的影响很小。NH_3 的排放主要来自农业部门。工业部门 VOCs 排放对 $PM_{2.5}$ 的贡献最大，其次为交通与民用。一次 $PM_{2.5}$ 排放差异比较大，贡献最大的为工业部门，其次是民用，而电厂和交通贡献较小。

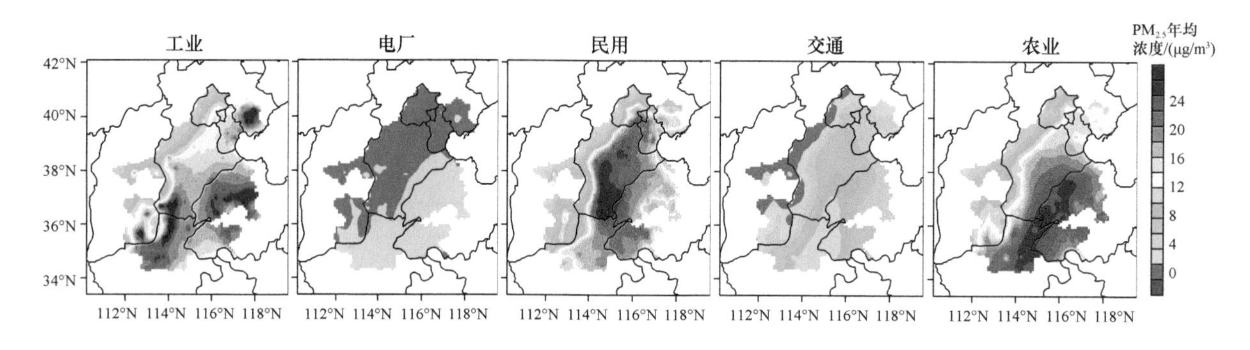

图 6-9 分部门排放对“2+26”城市 $PM_{2.5}$ 年均浓度的贡献

基于建立的减排量反算技术，结合减排潜力评估的结果计算了 2035 年“2+26”城市 $PM_{2.5}$ 年均浓度均达到国家环境空气质量二级标准（35μg/m³）的可能减排情景。利用 LE-CO 模型对各情景进行筛选，评估得到成本最小的减排情景，进一步利用各行业减排效益占比将减排总量分配至各行业，结果见表 6-4。

表 6-4 $PM_{2.5}$ 年均浓度达到国家环境空气质量二级标准目标下的前体物分行业减排需求比例（单位：%）

城市	NO_x				SO_2				NH_3				VOCs		
	工业	电厂	民用	交通	工业	电厂	民用	交通	工业	民用	交通	农业	工业	民用	交通
北京	25.1	5.0	12.9	57.7	54.9	10.1	31.9	3.9	0.1	1.2	0.2	16.1	49.6	12.2	17.0
天津	34.4	4.7	6.3	46.1	38.6	6.1	22.8	3.8	0.2	0.5	0.1	14.2	45.6	18.1	22.3
石家庄	41.7	18.3	7.0	45.8	45.3	19.5	31.2	1.8	0.5	0.7	0.1	19.8	46.9	33.7	28.9
唐山	39.5	6.3	3.7	25.8	36.7	4.8	12.6	1.6	0.3	0.4	0.1	11.6	45.0	14.3	17.8
廊坊	15.3	3.5	6.1	35.3	24.8	4.6	33.1	3.4	0.0	0.1	0.0	1.7	32.9	18.2	18.7
保定	19.8	5.2	7.6	53.3	32.7	6.5	49.1	4.3	0.3	0.8	0.1	18.9	42.8	37.4	36.2
沧州	27.7	7.6	7.8	42.9	41.6	9.1	33.3	3.2	0.2	0.4	0.1	13.7	44.4	24.1	21.9
衡水	22.9	7.9	8.9	48.7	39.0	9.2	43.4	4.0	0.2	0.5	0.1	13.4	42.2	29.0	25.4
邢台	51.3	15.1	3.3	23.8	49.2	8.7	13.2	1.1	0.5	0.8	0.1	17.8	45.6	33.8	26.5
邯郸	33.1	8.8	13.5	82.8	46.0	7.4	35.6	3.3	0.4	0.8	0.1	21.4	46.3	42.9	30.2
太原	13.6	5.0	7.6	44.3	22.1	10.3	37.8	1.5	0.0	0.0	0.0	0.0	20.3	23.1	42.9
阳泉	14.1	25.0	3.2	14.0	14.1	20.0	20.1	0.3	0.0	0.0	0.0	0.0	19.7	10.7	13.2
长治	41.2	10.4	8.3	51.6	41.8	8.6	41.5	1.0	1.8	0.7	0.1	10.8	43.0	15.3	13.9
晋城	34.3	19.3	4.6	38.5	39.2	13.6	14.9	1.3	1.5	0.4	0.1	10.6	45.1	9.1	14.7
济南	36.7	10.1	6.7	41.2	41.3	6.6	20.3	1.8	0.7	0.5	0.1	11.7	45.5	12.5	17.5
淄博	38.9	7.0	3.3	20.4	35.4	5.0	8.6	1.0	0.3	0.4	0.0	6.6	39.4	15.4	15.8

续表

城市	NO_x				SO_2				NH_3				VOCs		
	工业	电厂	民用	交通	工业	电厂	民用	交通	工业	民用	交通	农业	工业	民用	交通
济宁	45.9	13.0	7.4	51.4	48.7	7.9	26.0	3.4	0.1	0.5	0.0	11.3	40.6	29.4	20.7
德州	36.2	10.3	6.0	39.7	44.0	8.9	19.4	2.4	0.3	0.4	0.1	14.3	46.6	18.4	22.2
聊城	27.7	10.3	11.1	73.0	53.8	13.6	46.4	6.4	0.2	0.6	0.1	16.3	44.0	29.2	28.7
滨州	44.9	20.7	4.8	37.9	61.0	18.5	18.9	2.8	0.1	0.2	0.0	7.5	40.7	14.7	18.5
菏泽	14.6	5.7	9.5	55.3	36.8	8.8	53.2	5.9	0.2	0.6	0.0	17.0	43.9	34.9	27.9
郑州	34.9	15.9	3.4	43.2	50.0	13.0	16.9	3.4	1.3	0.5	0.1	17.9	50.0	9.5	21.0
开封	13.5	4.7	4.4	43.3	38.7	7.9	29.0	5.7	0.2	0.1	0.0	8.4	40.3	16.4	21.6
安阳	26.4	8.5	8.2	61.1	41.0	9.3	32.5	4.9	0.3	0.4	0.0	16.3	45.9	25.7	25.3
鹤壁	31.3	6.0	2.5	23.8	28.7	4.7	11.0	1.7	0.0	0.0	0.0	0.0	34.6	8.3	11.4
新乡	22.4	7.2	4.8	63.3	45.6	8.6	22.3	5.3	0.5	0.3	0.1	14.4	44.7	16.8	29.5
焦作	28.4	10.8	4.8	61.6	47.8	10.5	21.7	4.5	0.4	0.3	0.1	11.5	42.3	14.0	26.4
濮阳	17.3	4.6	5.6	36.7	38.3	7.9	30.3	4.1	0.2	0.2	0.0	7.6	37.2	23.0	23.6

6.2.3 “2+26”城市 $PM_{2.5}$ 达标策略的成本效益评估

6.2.3.1 “2+26”城市 $PM_{2.5}$ 达标策略

根据 6.2.2 节中反算的各部门的减排比例，制定“2+26”城市 $PM_{2.5}$ 达标策略。

能源方面，实施区域煤炭总量控制，不断降低煤炭在一次能源中所占的比重。到 2030 年，煤炭在一次能源消耗中所占的比重持续降低，京津冀区域降至 20% 以内。优化区域能源消费结构。2020 年，京津冀区域城镇居民生活 100% 使用天然气，可再生能源占一次能源消费的比重达到 20% 左右。在京津冀周边投运核电装机容量不低于 800 万 kW。到 2030 年，可再生能源占一次能源消费的比重不低于 40%。强化用能管理。2025 年，淘汰 30 万 kW 以下非热电联产燃煤机组，城镇绿色建筑占新建建筑的 100%，公交车新能源汽车比例不低于 100%，出租车新能源汽车比例不低于 50%。2030 年实现京津冀核心区、周边地区城市建成区建筑和公共交通绿色全覆盖。

工业源方面，严格产业准入，2025 年不再审批火电、钢铁、水泥、有色、化工及燃煤锅炉项目。2030 年底现役企业实现全产业链清洁化运行。加快落后产能淘汰。2025 年底，全部关停核心区 30 万 kW 以下常规燃煤发电机组，周边关停 30%，所有区域淘汰日产 2000t 以下新型干法水泥生产线和年产 60 万 t 以下水泥粉磨站，城乡接合部区域范围内大幅减少燃煤锅炉使用，采用外调电力、清洁能源等。2030 年，关停 30 万 kW 以下常规燃煤发电机组，实现京津冀及周边地级以上城市全面清洁化用能。加强各行业末端控制。2025 年，电厂烟气脱硫 98% 以上、脱硝 80% 以上，实现超低排放。2030 年，脱硫和脱硝效率分别提高到 99% 和 90%。燃煤锅炉采用低硫煤，配套高效脱硫、脱硝、除尘装置。2030 年达到特别排放限值以及地方污染物排放标准的要求。烧结、球团生产设备安装脱硫、除尘装置，确保脱硫效率达到 85% 以上，水泥、玻璃、焦化等行业配套脱硫、脱硝、除尘装置，以满足行业排放标准的要求。

移动源方面，提升移动源排放标准，2022 年前在京津冀地区实施更为严格的排放标准。2025 年非道路移动机械排放水平达到和道路移动机械相当的水平。推动船舶和飞机排放标准制定，2020 年前启动实施相关排放标准。进一步提升油品质量。2020 年，京津冀区域全面供应符合国六标准的车用汽柴油。加快高排放车淘汰。强化老旧车的淘汰更新，确保按计划全面淘汰黄标车，对符合要求的重型柴油车和非道路移动机械开展治理，鼓励在用车合理的技术升级，强化技术准入监管和对改造车辆的排放监管。对于用车强度高的出租车队和公交车队，强化排放监管。

6.2.3.2 “2+26”城市 $PM_{2.5}$ 达标成本及环境效益

本书研究基于不同减排情景下的空气质量浓度、人体健康的浓度－反应关系（C-R）和人口分布，建立了减排－环境效益响应方法。对于某一健康终端 i 而言，大气污染治理带来的健康效果按式（6-11）计算：

$$\Delta Y_i = Y_i - Y_{0,i} = y_{0,i} P\left[\mathrm{e}^{\beta_i(C-C_0)} - 1\right] \tag{6-11}$$

式中，ΔY_i 为减排情景相对于基准情景的健康终端 i 的案例变化量；P 为暴露人口，人；β_i 为健康终端 i 的 C-R 参数；C 为减排情景 $PM_{2.5}$ 暴露浓度，$\mu g/m^3$；C_0 为基准情景 $PM_{2.5}$ 暴露浓度，$\mu g/m^3$。

基于减排－生态风险评估模型，本书研究评估了不同减排情景下臭氧污染改善的生态效益。臭氧对农作物产量的影响采用 AOT40 的阈值估算方法：

$$\mathrm{AOT40} = \sum_{i=1}^{n} \max\left[c_i - 40, 0\right] \times \Delta t \tag{6-12}$$

式中，c_i 为臭氧小时浓度，ppb；Δt 为时间，设为 1h；n 为作物 / 植被生长季节臭氧浓度的总小时数。随着臭氧暴露浓度的增加，其对植物的影响可以用相对产量 / 生物量损失表示，即高浓度暴露时的生物量与臭氧指标低于阈值不产生影响时的生物量之比。

大气 $PM_{2.5}$ 改善的健康效益采用疾病成本法和支付意愿法进行货币化，臭氧改善带来的农作物产量效益采用联合国粮食及农业组织给出的不同农作物价格估算。本书研究结果表明，在达标情景下，“2+26”城市大气 $PM_{2.5}$ 污染导致的早逝人数相比于 2015 年减少 23%，臭氧污染导致的小麦产量损失相对于 2017 年减少 60% 左右。

6.3 大气污染防治综合决策支持平台

研究开发了多尺度大气污染防治综合决策支持平台，实现了“经济发展—能源消耗—防控措施—污染排放—空气质量—人群健康”一体化和多目标管理量化评估，并在京津冀及周边地区和典型城市进行了示范应用。

6.3.1 大气污染防治综合决策支持平台架构

图 6-10 给出了大气污染防治综合决策支持平台的总体架构。整个平台基于免费开源数据库开发，通过数据接口与大数据中心及各类政府专业数据库交互，采用 C/S 和 B/S 混合架构搭建，可满足海量数据的清洗、存储、分发、管理以及多维、多时态、多形态数据的高并发计算需求，突出了我国生态环境部—省—市大气环境管理辅助决策的多层级、多区域、多行业需求特色。

6.3.2 大气污染防治综合决策支持平台功能

6.3.2.1 功能概述

如图 6-11 所示，大气污染防治综合决策支持平台由减排措施与减排潜力动态评估系统、社会经济成本评估

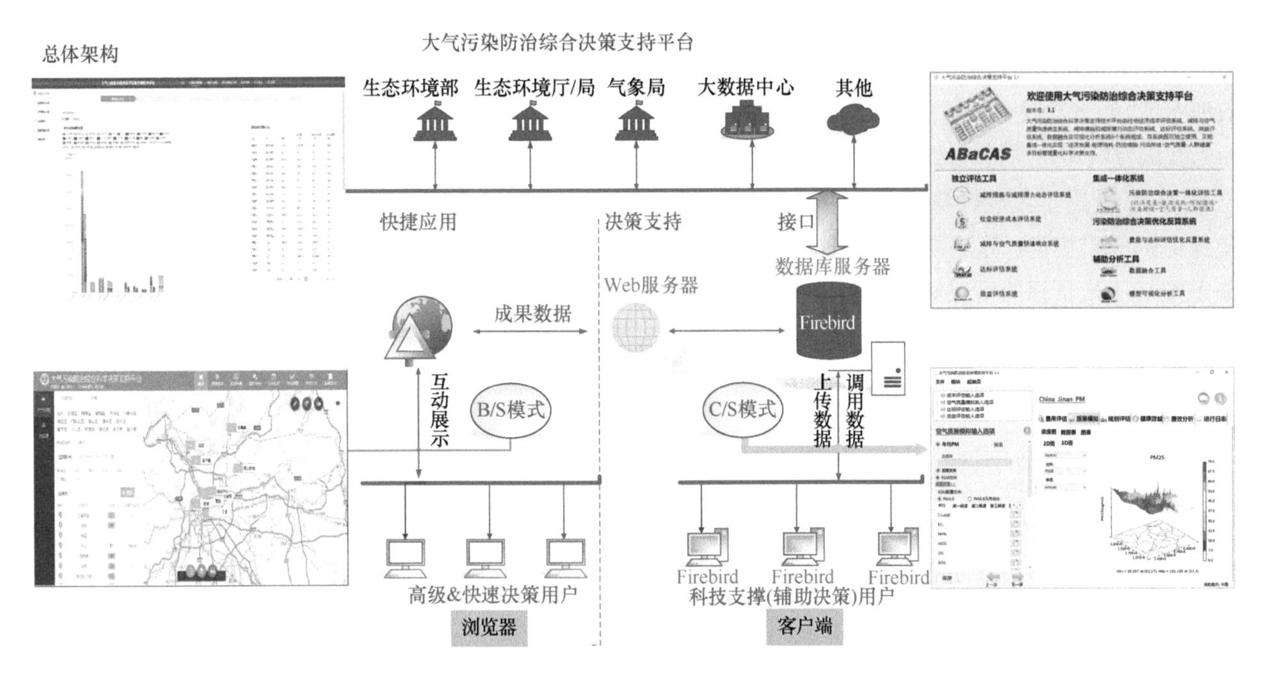

图 6-10　大气污染防治综合决策支持平台的总体架构

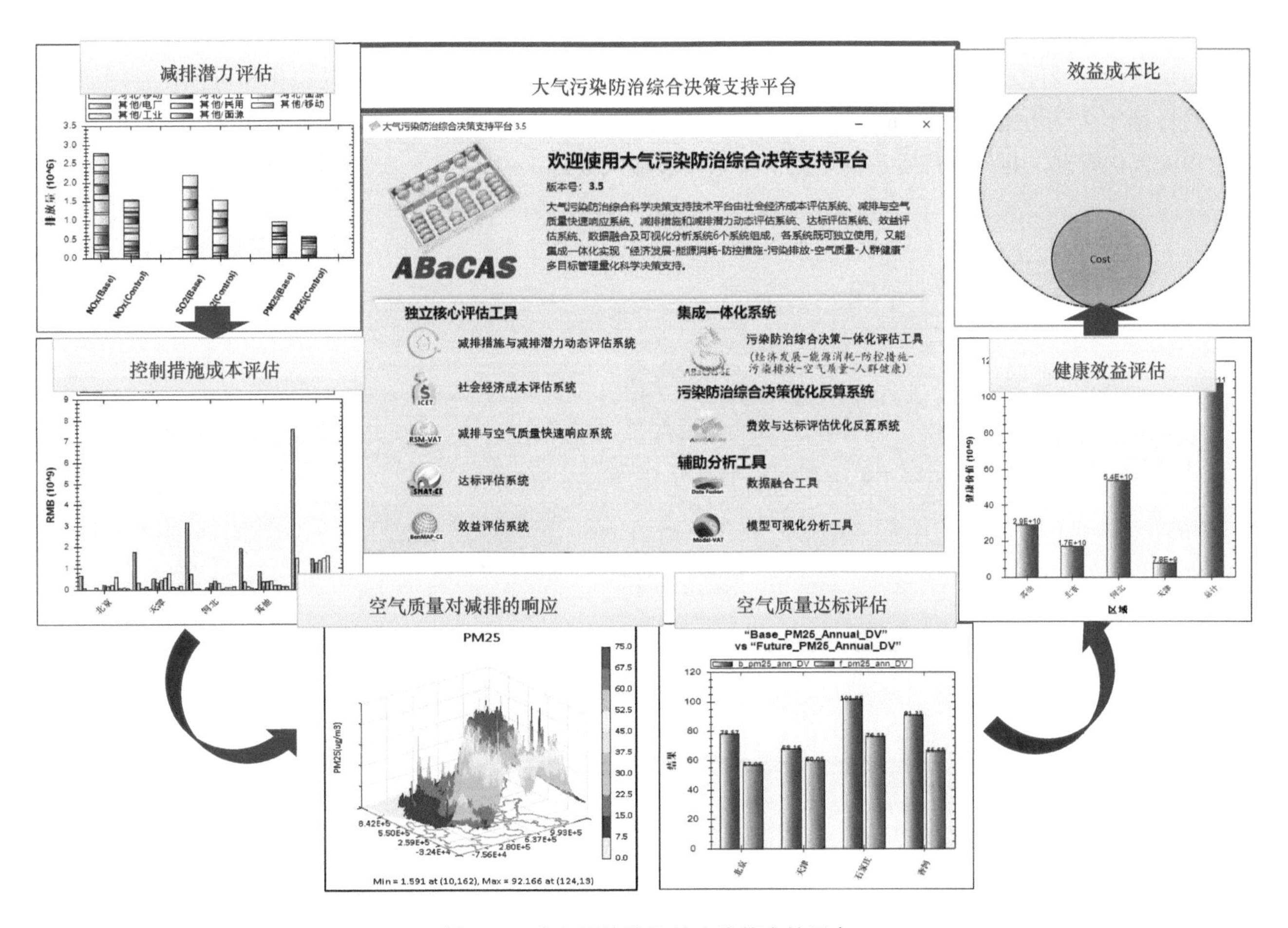

图 6-11　大气污染防治综合决策支持平台

系统、减排与空气质量快速响应系统、空气质量改善健康效益评估系统（以下简称效益评估系统）、空气质量达标评估系统（以下简称达标评估系统）、数据融合及可视化分析系统 6 个子系统组成。这些子系统既可以针对特定的业务需求独立使用，也可以经由“集成一体化系统”以及“污染防治综合决策优化反算系统”便捷、高效地实现“经济发展—能源消耗—防控措施—污染排放—空气质量—人群健康”一体化和多目标管理量化评估，从而为我国空气质量的持续改善提供科技支撑。

图 6-12 给出了大气污染防治综合决策支持平台的核心内容。由图 6-12 可见，平台集成了各相关子课题及任务的成果模型、算法及基础数据，并将各任务的核心技术内容模块化、流程化、可视化，分别实现了：①基于空气质量目标的污染物减排量反算；②从措施到减排量的动态化和可视化管理及区域减排潜力评估；③“经济发展 – 能源结构 – 污染控制 – 气候友好”多目标管理量化调控技术评估；④区域多污染物协同控制方案费效评估优化。

6.3.2.2 减排措施与减排潜力动态评估系统

集成任务 2 的京津冀及周边“2+26”城市本地化的各行业类别污染物的控制工具库和适用于各类污染源的长效措施库，研发了减排措施与减排潜力动态评估系统。基于区域层面和典型城市本地化主要行业关键污染物的减排政策和技术措施，可实现对本地化方案 / 措施 / 重点减排工程的减排量和减排潜力的快速核算。图 6-13 为减排措施与减排潜力动态评估系统界面。

减排措施与减排潜力动态评估系统评估流程如图 6-14 所示。根据用户输入的减排方案 / 措施 / 重点减排工程，确定不同区域不同部门不同污染物采取的控制措施等形成配置文件，经由减排措施和减排潜力动态评估系统计算减排方案 / 措施 / 重点减排工程减排量，实现从措施到减排量的动态化和可视化管理。计算得到的目标年大气污染排放清单还可以为空气质量模型提供动态排放输入数据，实现从措施到减排量的动态化和可视化管理，并为空气质量模型提供动态排放输入数据。

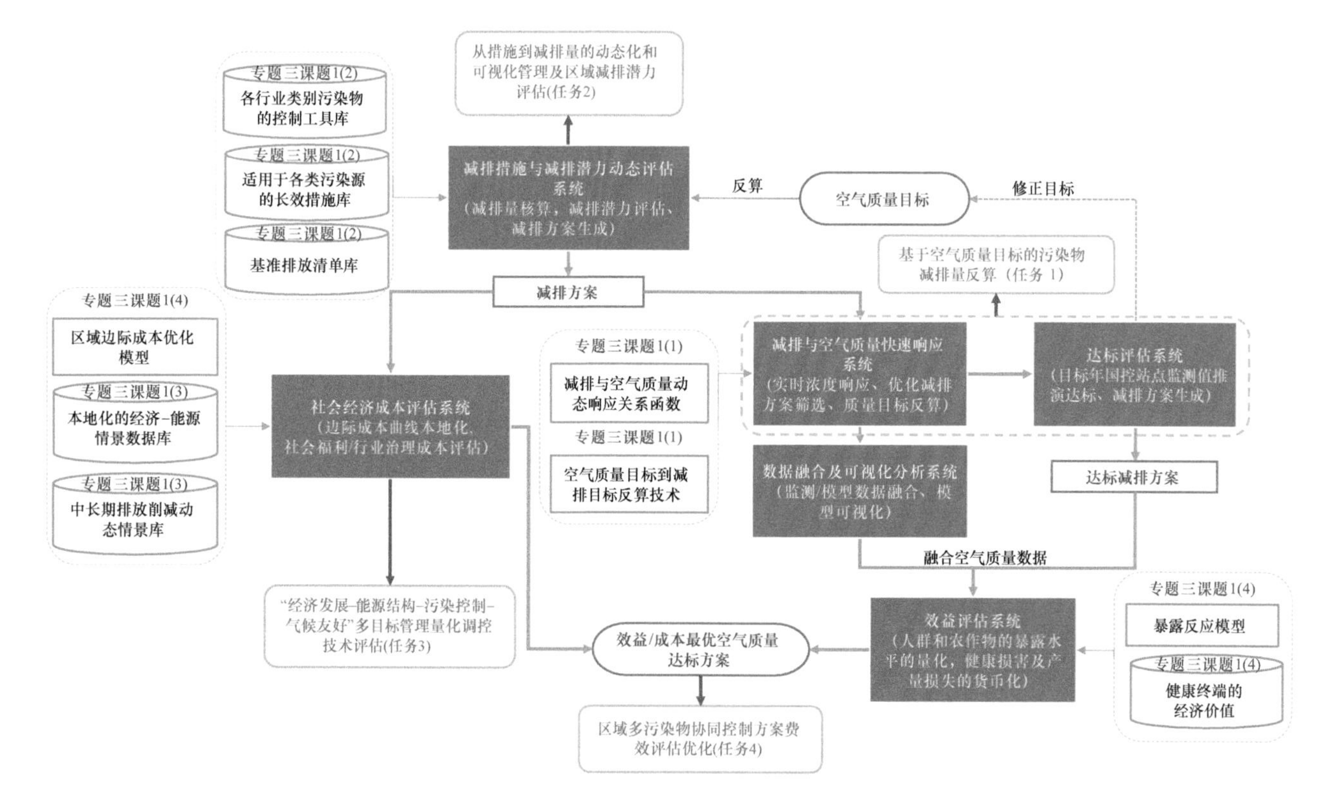

图 6-12　大气污染防治综合决策支持平台核心内容

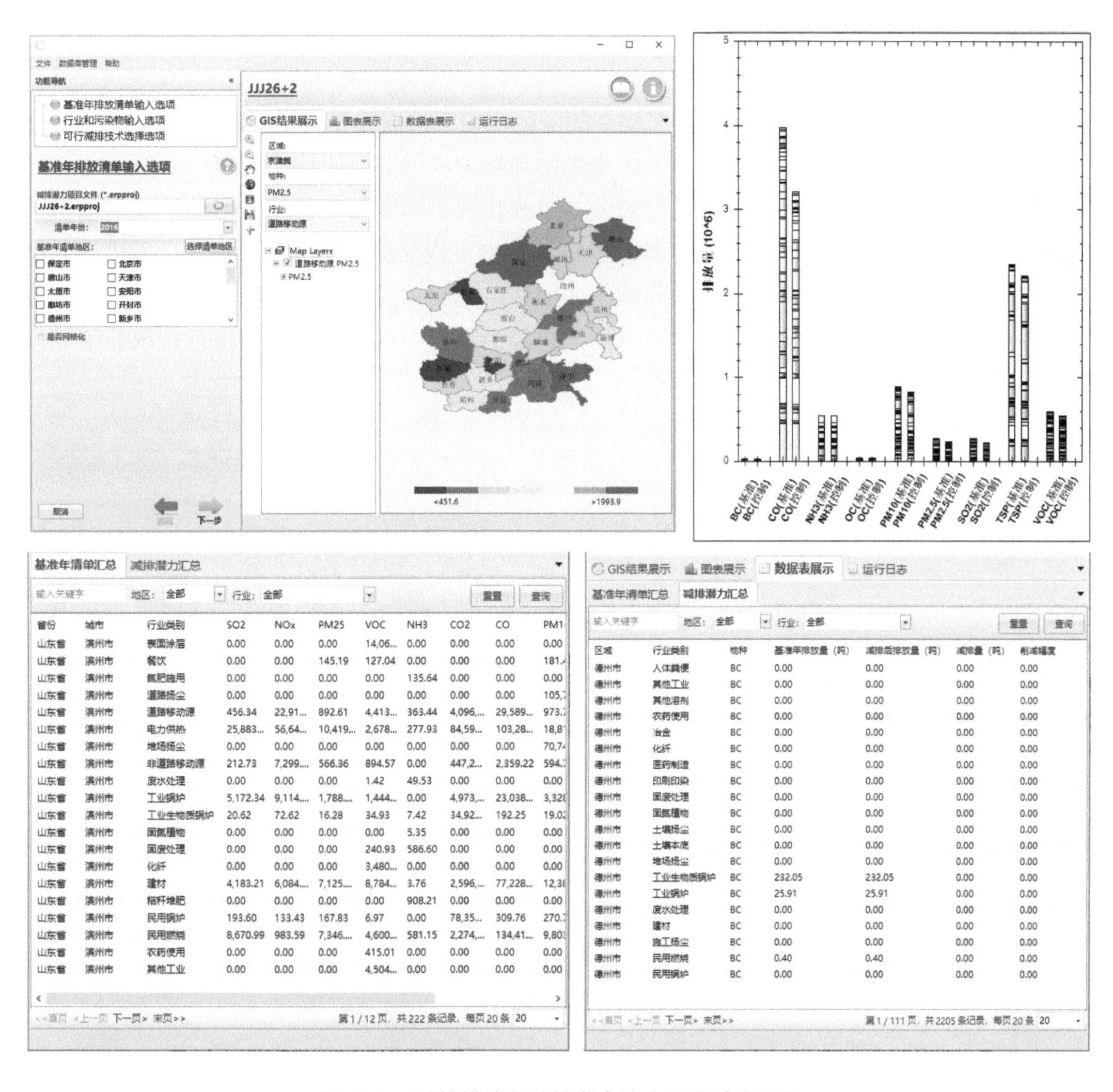

图 6-13　减排措施与减排潜力动态评估系统界面

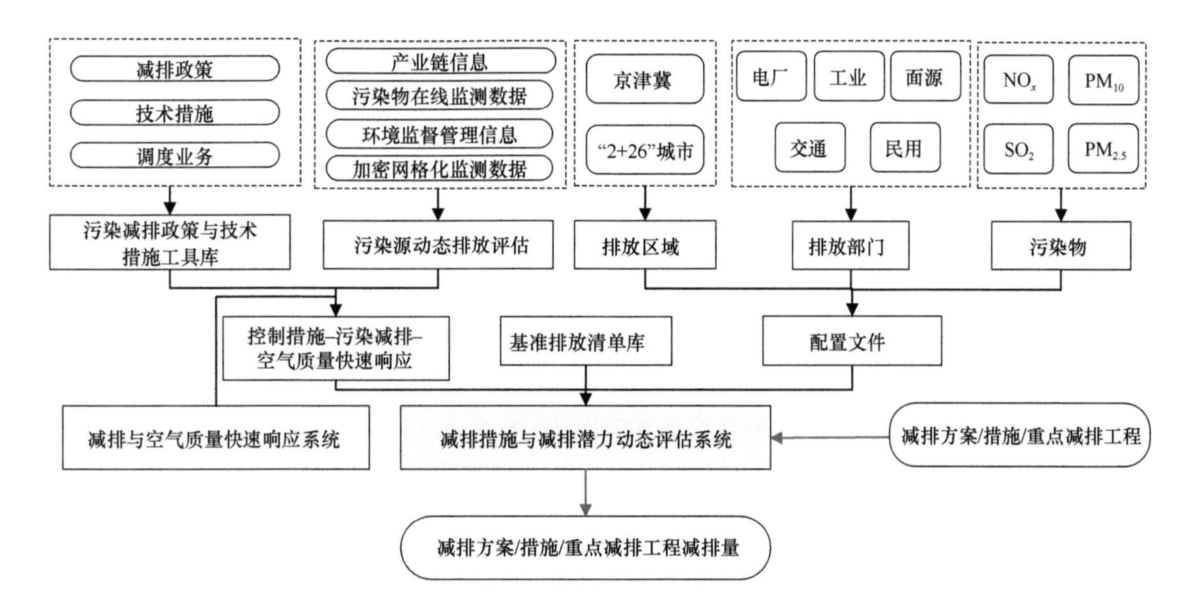

图 6-14　减排措施与减排潜力动态评估系统评估流程

6.3.2.3 减排与空气质量快速响应系统

减排与空气质量快速响应系统是利用研究建立的多区域响应曲面建模技术，基于 CMAQ 模型模拟的结果，通过构建可控人为排放源排放控制因子与污染物的环境浓度的实时响应面模型，开发了相邻行政区域不同控制情景（减排策略）下的环境浓度实时响应、可视化展示和数据分析等功能的可视化分析工具。如图 6-15 所示，该系统由响应曲面模型建模、数据验证和数据可视化分析 3 个模块组成，各模块分别负责实现不同功能。响应曲面模型建模模块负责创建响应曲面并结合相关参数生成策略文件，经过数据验证模块确认所建立的响应曲面模型预测误差在合理范围后，再经由数据可视化分析模块进行排放控制和预测环境浓度之间的实时展示和内在规律分析。

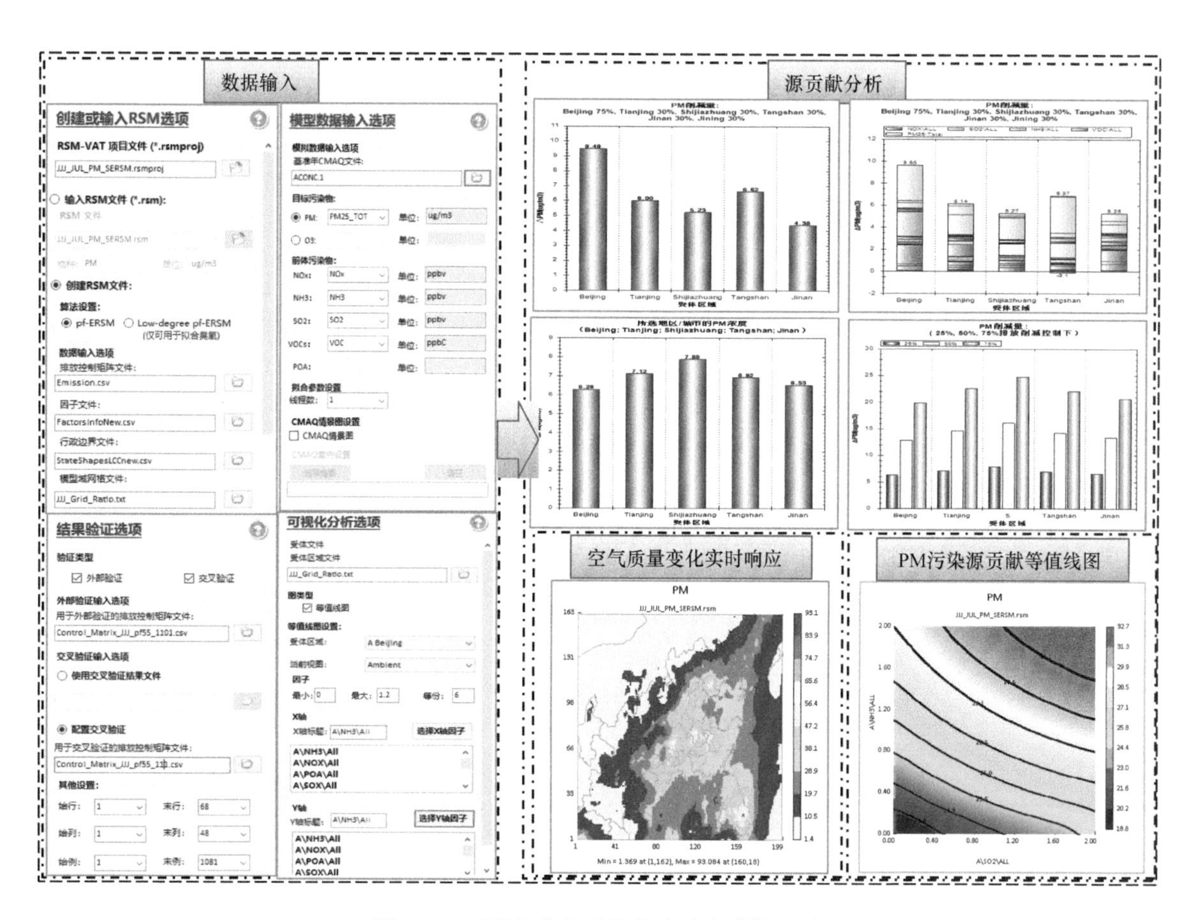

图 6-15　减排与空气质量快速响应系统界面

减排与空气质量快速响应系统评估流程如图 6-16 所示，该系统联合应用达标评估系统和减排措施与减排潜力动态评估系统，实现基于空气质量目标的污染物减排量反算及批量减排方案快速筛选这一核心功能。用户输入研究区域的不同空气质量目标可经由达标评估系统，利用国控站点基准年空气质量监测及模拟数据，推演得到目标年网格化空气质量连续浓度分布；该浓度流入减排与空气质量快速响应系统后经由区域多尺度减排 – 空气质量动态响应曲面模型反算得到各区域不同行业、不同污染物的减排量，反算结果将进一步流入减排措施与减排潜力动态评估系统，评估是否小于或等于给定区域及行业的最大减排潜力，最终得到空气质量目标可达的区域减排优化措施组合方案。用户也可选择由减排措施与减排潜力动态评估系统批量生成的小于或等于给定区域及行业的最大减排潜力的减排方案，再由减排与空气质量快速响应系统快速生成对应网格化空气质量，利用达标评估系统筛选得到满足空气质量目标的可行方案。

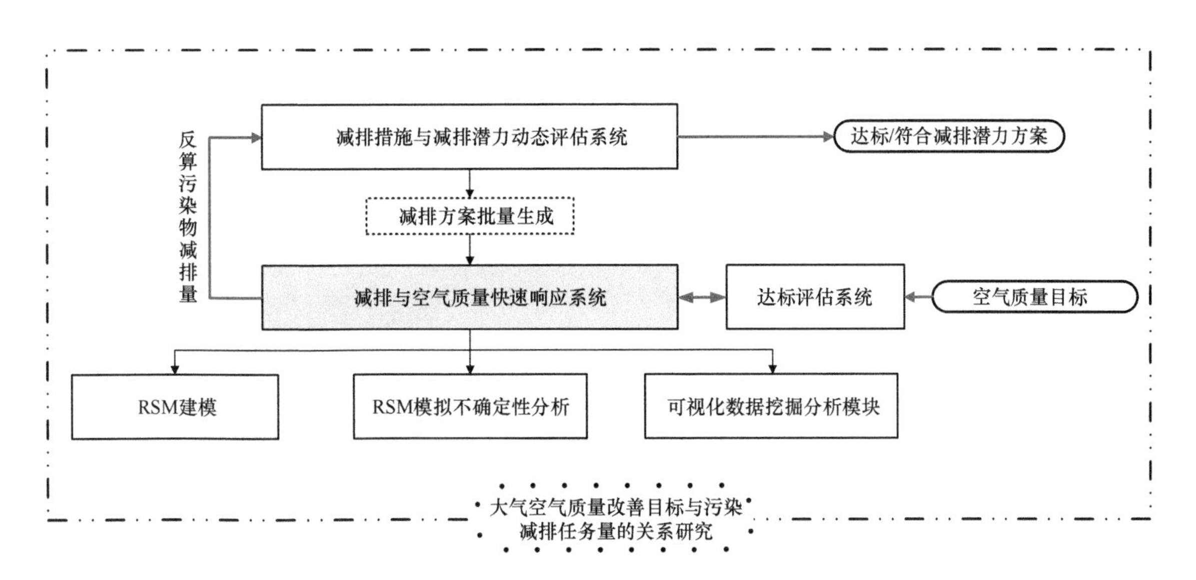

图 6-16 减排与空气质量快速响应系统评估流程

6.3.2.4 达标评估系统

达标评估系统是基于研究建立的数据融合方法，综合利用实际监测数据和减排与空气质量快速响应系统提供的空气质量模型数据，通过空间插值的方法，开发了可实现对历史和现状的真实反演及模型的预测等功能的达标分析工具。达标评估系统界面如图 6-17 所示。

图 6-18 给出了达标评估系统的评估流程。用户可以将批量减排方案输入减排与空气质量快速响应系统中生成对应网格化空气质量，经由达标评估系统推演得到目标年国控站点监测值，从而对不同控制方案的空气质量达标可行性进行评估。用户还可以输入设定的空气质量目标，联合应用减排与空气质量快速响应系统和减排措施与减排潜力动态评估系统，筛选出达标 / 符合减排潜力的方案，从而为各级环保管理部门实现空气质量达标分析提供核心技术。

6.3.2.5 社会经济成本评估系统

社会经济成本评估系统基于京津冀及周边“2+26”城市本地化的经济 – 能源情景数据库、末端治理数据库及气候驱动下的能源与末端技术的边际成本优化技术，建立了适用于本地的边际成本曲线，其是可以快速估算不同减排情景下减排量和控制成本的可视化分析工具。社会经济成本评估系统界面如图 6-19 所示。

如图 6-20 所示，用户根据经由减排措施与减排潜力动态评估系统、减排与空气质量快速响应系统和达标评估系统筛选得到满足空气质量目标的京津冀及周边“2+26”城市减排量分配方案与减排技术路径，形成不同区域不同部门每种污染物的削减比例等排放削减动态情景，最后经由社会经济成本评估系统计算得到各减排量分配方案与减排技术路径的总体减排量和控制成本，并筛选出成本最优的减排量分配方案与减排技术路径。

6.3.2.6 效益评估系统

效益评估系统是基于研究建立的健康终端的经济价值数据库、暴露反应模型开发的一款效益评估的可视化分析工具，其基于环境监测数据、环境模拟数据、居民人口数据等基础数据，使用由用户指定的人体

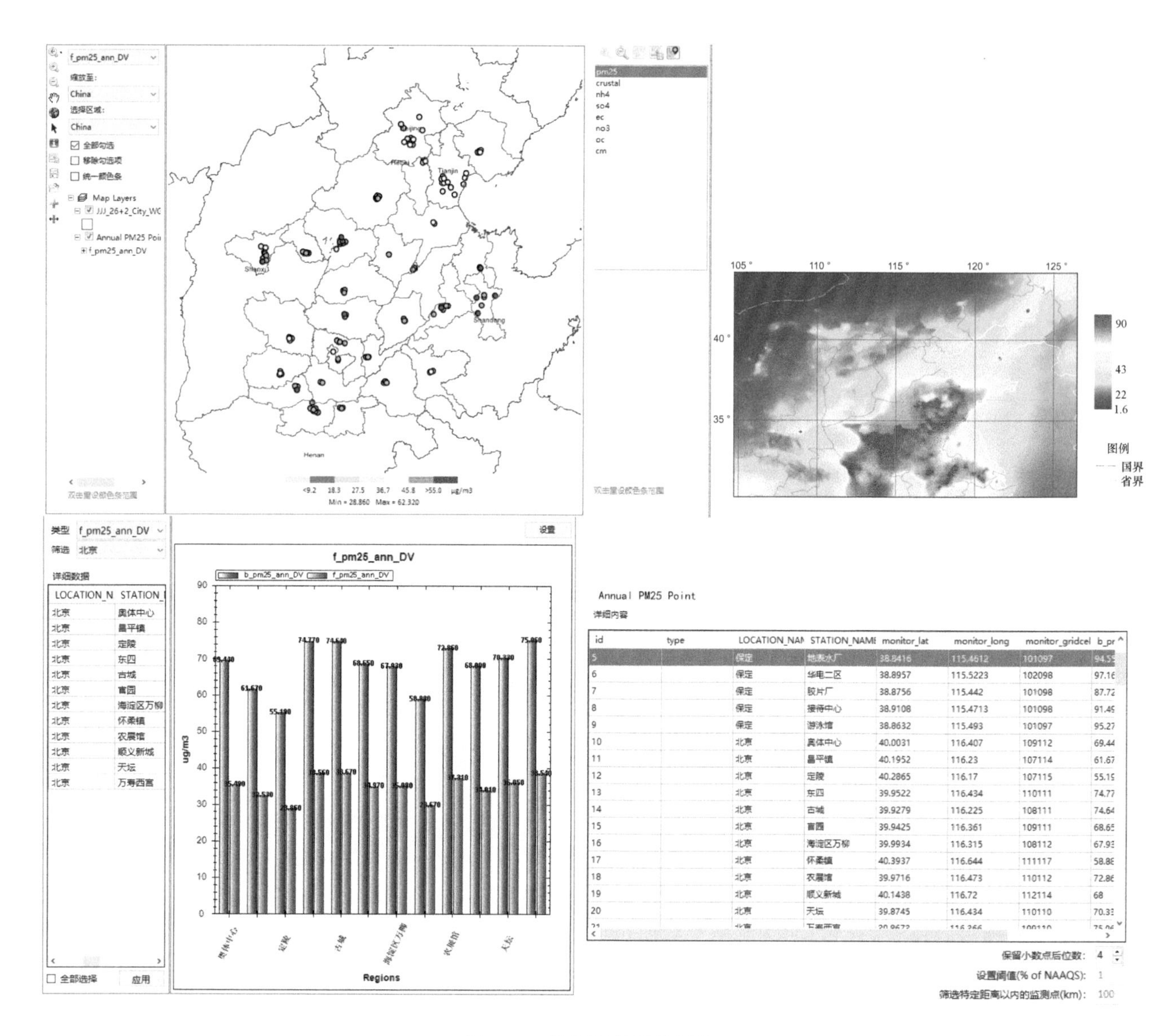

图 6-17 达标评估系统界面

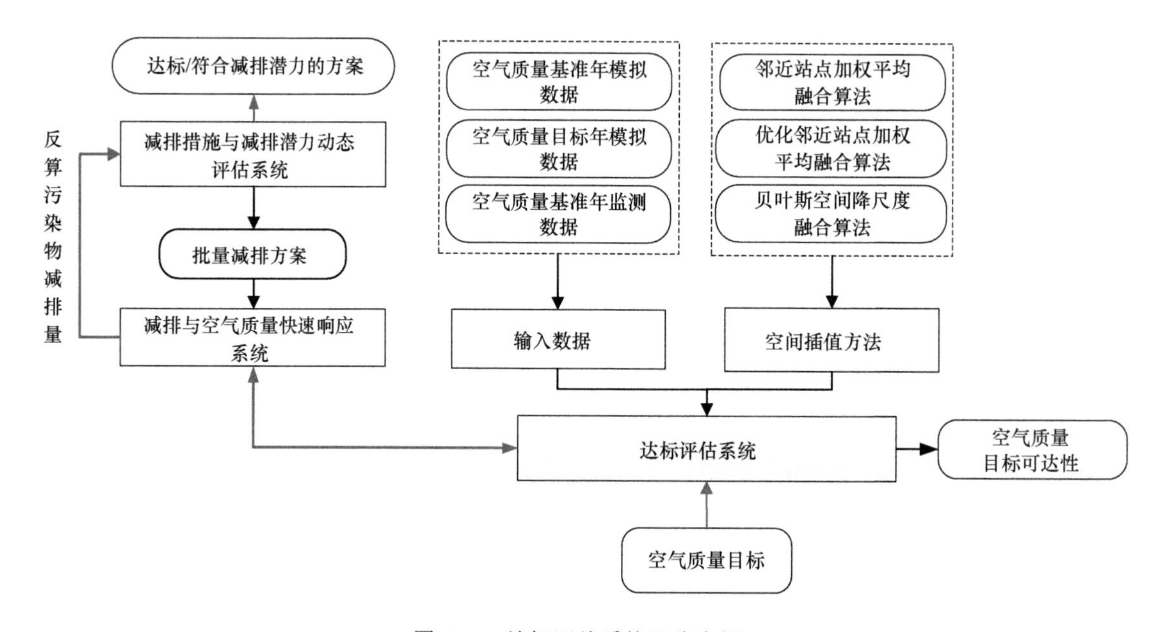

图 6-18 达标评估系统评估流程

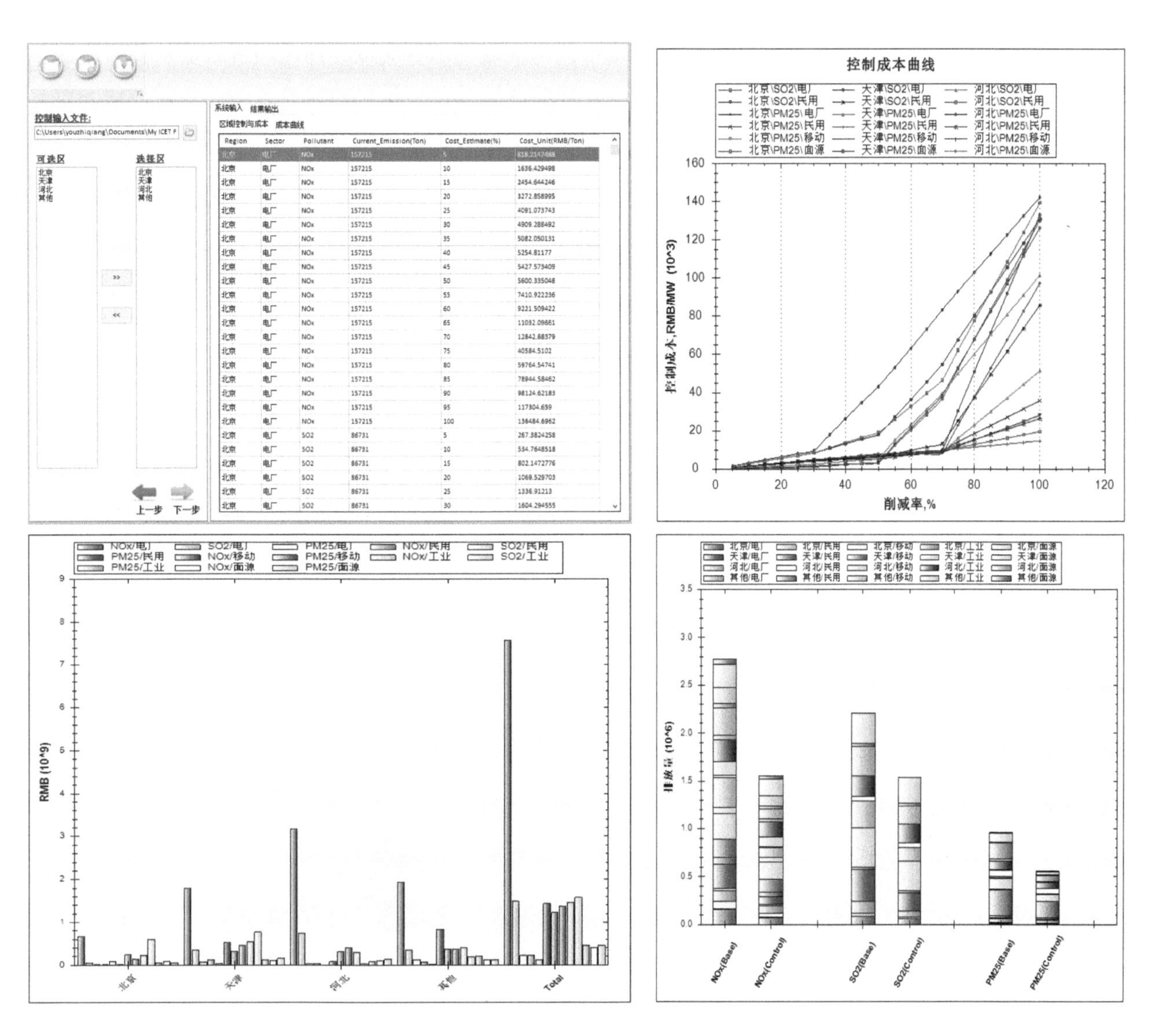

图 6-19　社会经济成本评估系统界面

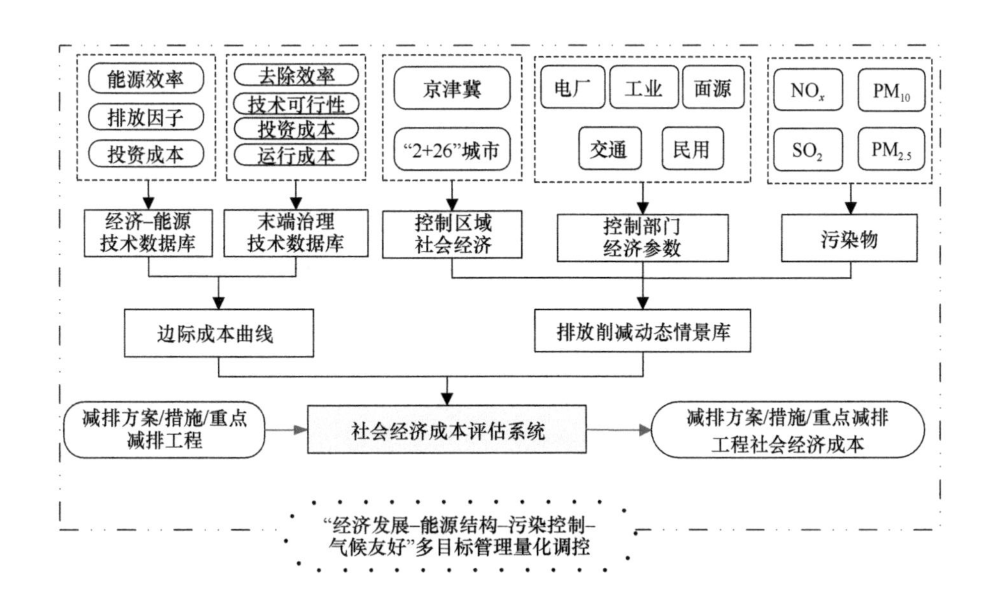

图 6-20　社会经济成本评估系统评估流程

健康评估算法与经济效益评估算法，分析空气质量变化与区域人体健康以及环境经济效益的关系，实现对空气质量改善带来的非正常死亡与疾病案例数减少、环境经济效益定量化的快速评估。效益评估系统界面如图 6-21 所示。

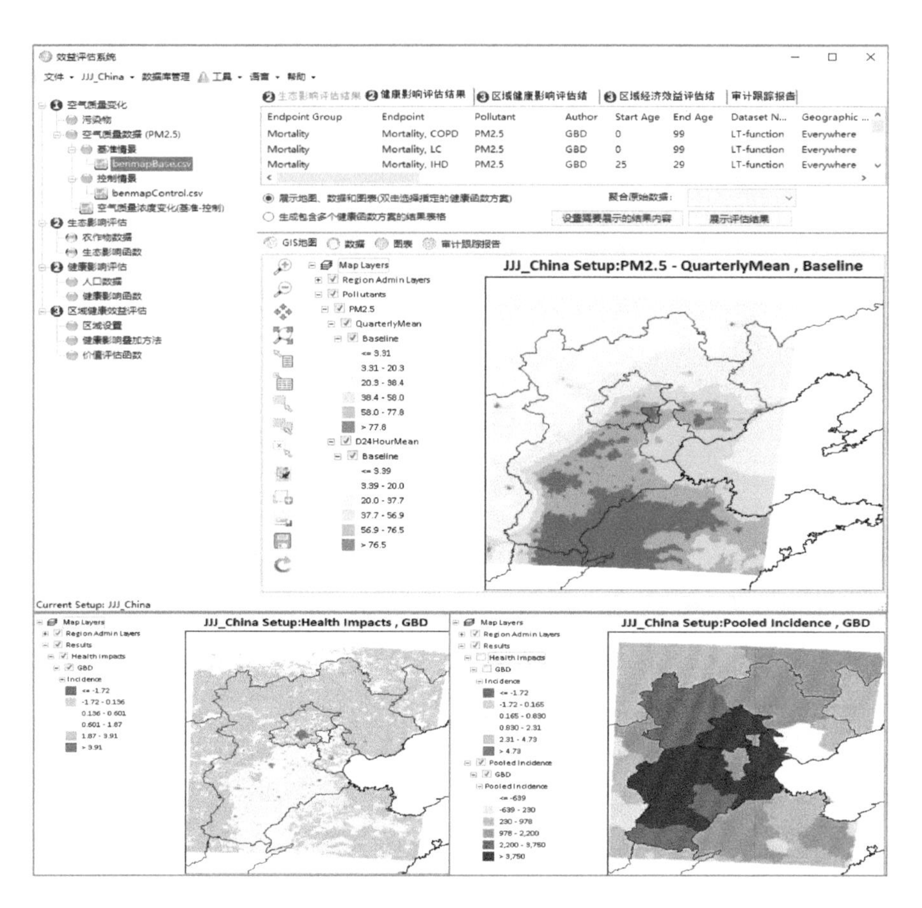

图 6-21 效益评估系统界面

结合减排与空气质量快速响应系统和达标评估系统、效益评估系统，可实现从排放控制到环境效益的非线性动态响应关系的建立这一核心功能。图 6-22 给出了效益评估系统的评估流程。用户输入减排方案 / 措施后，减排与空气质量快速响应系统快速生成对应的网格化空气质量，然后利用达标评估系统评估是否满足空气质量目标要求，满足目标要求的方案再经效益评估系统计算得到其环境经济效益，用户还可以利用社会经济成本评估系统得到各减排方案的控制成本，筛选得到效益 / 成本最优的减排方案。通过上述建立的排放控制与环境效益的非线性动态响应关系，可以为筛选不同环境目标下的基于成本效益最优化的多污染物协同控制技术途径提供科学工具和数据支撑。

6.3.2.7 数据融合及可视化分析系统

数据融合及可视化分析系统是一款基于研究建立的空气质量模拟及观测数据融合方法，集成开源地理信息系统（GIS）组件和 R 语言统计成图组件搭建的数据融合分析工具。其可对空气质量监测数据、模拟数据及其他相关数据进行数据融合运算，对数据融合结果进行校验，得出并分析不同情景下的融合结果并以多种展示方式进行实时可视化分析，从而为用户提供精细化空间叠加分析功能与专业的空间数据挖掘和时态图形分析服务。数据融合及可视化分析系统界面如图 6-23 所示。

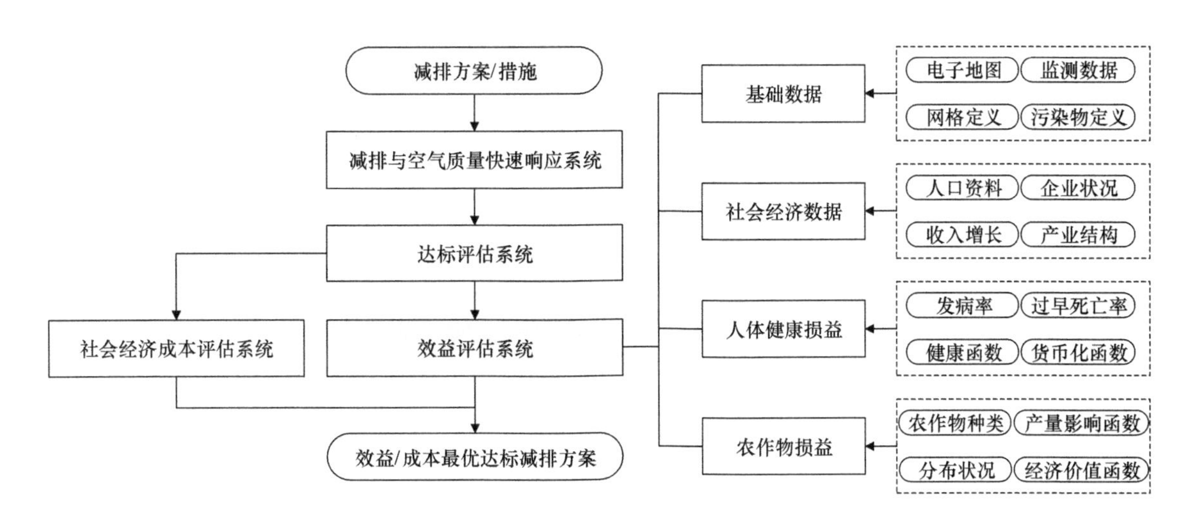

图 6-22　效益评估系统评估流程

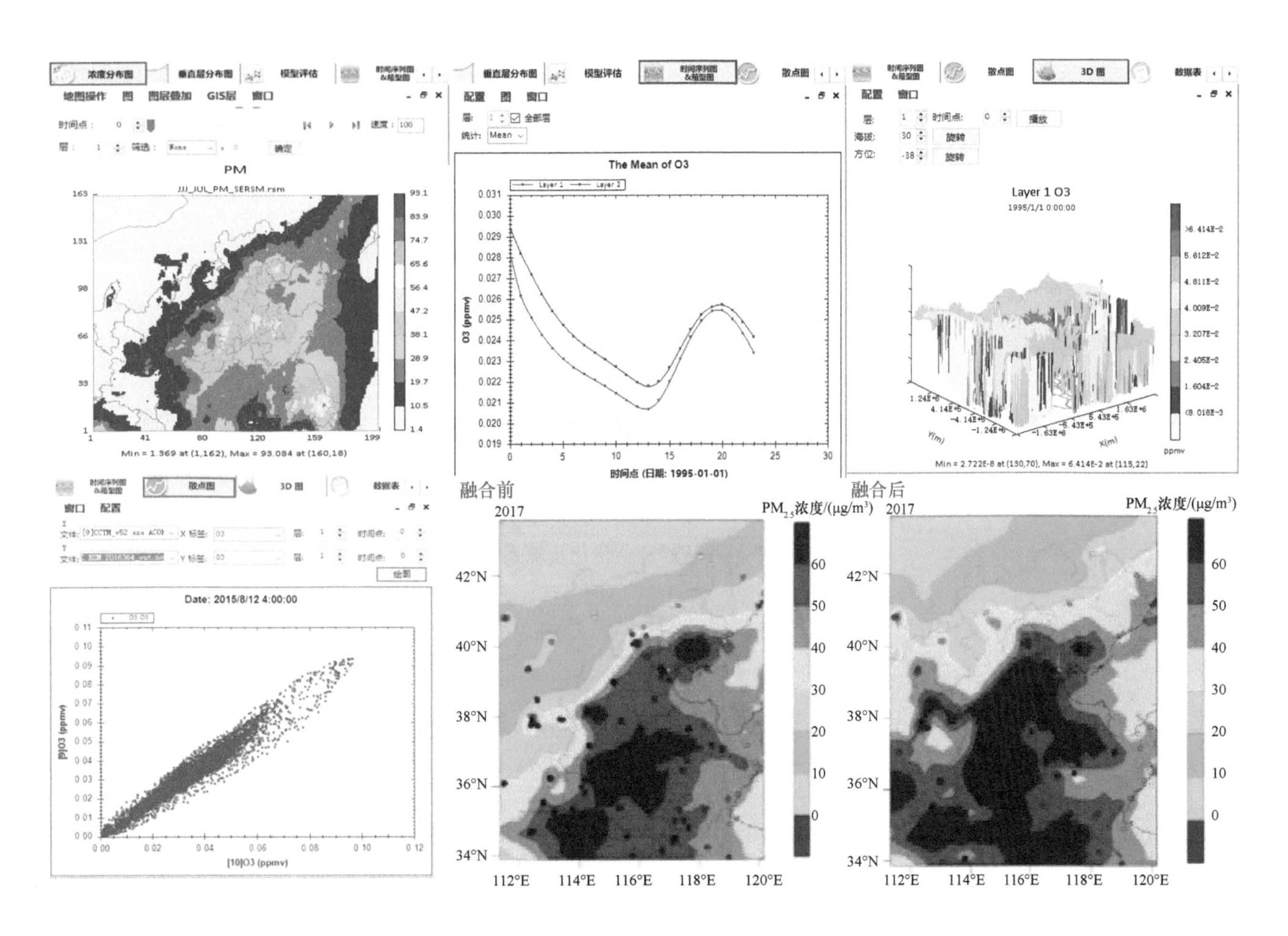

图 6-23　数据融合及可视化分析系统界面

6.3.2.8　费效与达标评估优化反算系统

费效与达标评估优化反算系统是基于研究建立的多区域响应曲面建模、费效优化反算和边际成本优化模型等技术，集成了达标评估系统、减排措施与减排潜力动态评估系统、效益评估系统，可实现基于设定空气质量目标反算各区域、各污染物减排量，并快速筛选得到优化减排方案组合的可视化分析评估系统。费效与达标评估优化反算系统界面如图 6-24 所示。

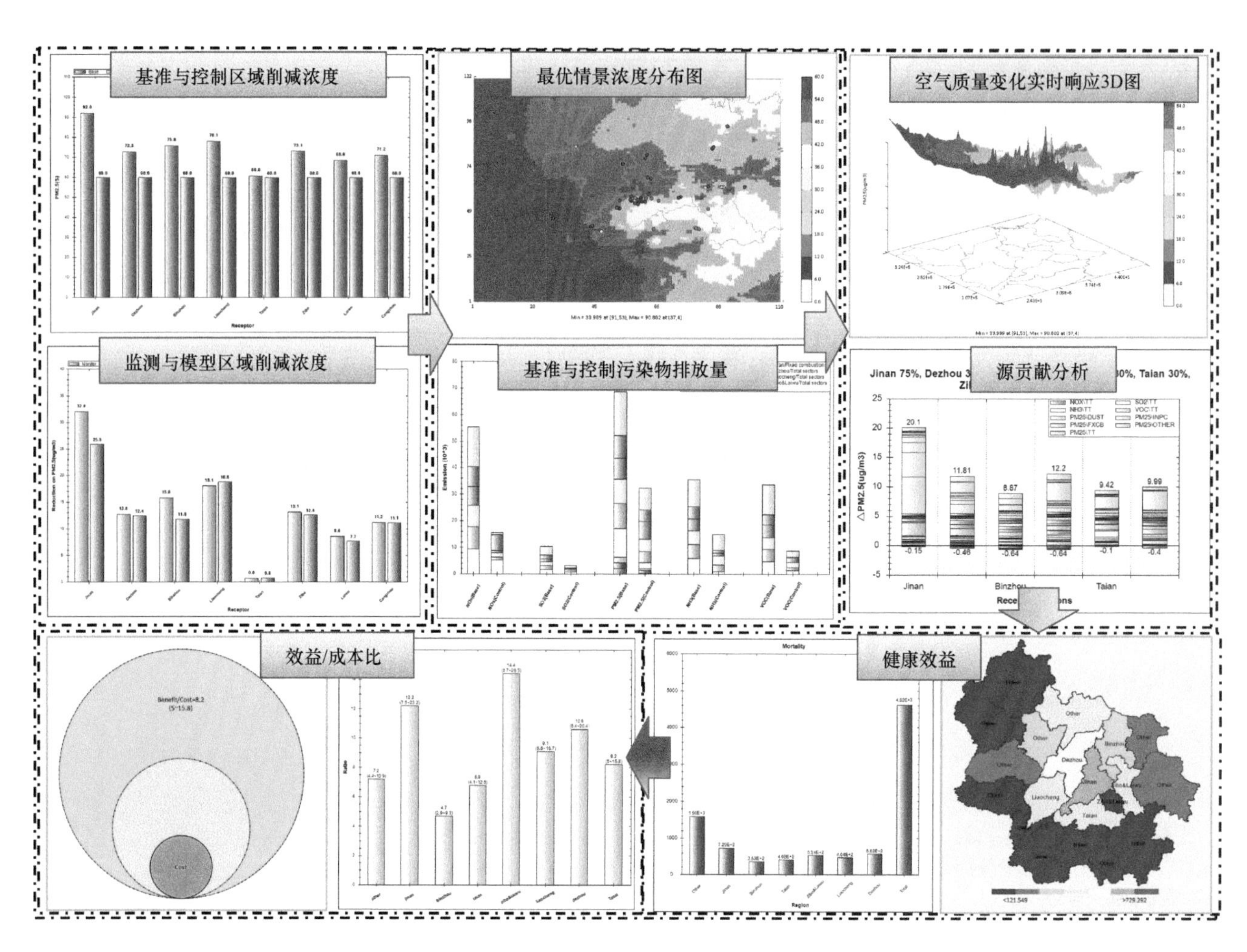

图 6-24 费效与达标评估优化反算系统界面

图 6-25 给出了费效与达标评估优化反算系统评估流程。用户输入京津冀及周边“2+26”城市的不同环境目标（如 $PM_{2.5}$：35μg/m^3），再经由达标评估系统国控站点基准年空气质量监测及模拟数据，推演得到目标年网格化空气质量连续浓度分布，然后进入 LE-CO 系统，该系统利用减排与空气质量快速响应系统和社会经济成本评估系统的空气质量快速响应和成本快速评估功能，进行多次迭代运算，最终找出以最小成本满足环境目标的优化控制成本策略。之后，优化的控制成本策略将输入效益评估系统，估算空气质量变化带来的健康和经济效益与最终为这些优化的排放控制策略输出的成本 / 效益比。

6.3.2.9 污染防治综合决策一体化评估系统

污染防治综合决策一体化评估系统（以下简称集成一体化系统）是基于研究建立的边际成本优化、多区域响应曲面建模、达标评估、效益评估、数据融合等成果模型、算法及相关基础数据，通过后台智能运行脚本形式将社会经济成本评估系统、减排与空气质量快速响应系统、达标评估系统、效益评估系统等核心功能集成一体化，实现任意减排情景的“经济发展—能源消耗—防控措施—污染排放—空气质量—人群健康”一体化和多目标管理量化的便捷综合评估系统。其系统界面如图 6-26 所示。

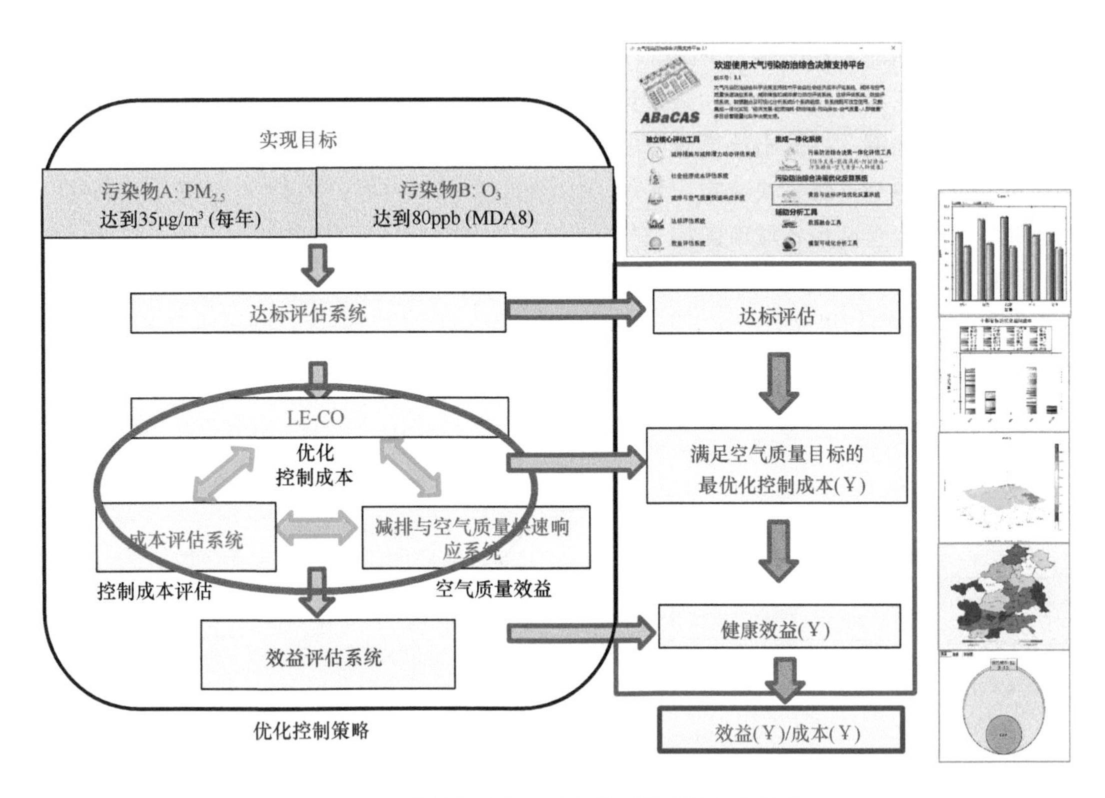

图 6-25 费效与达标评估优化反算系统评估流程

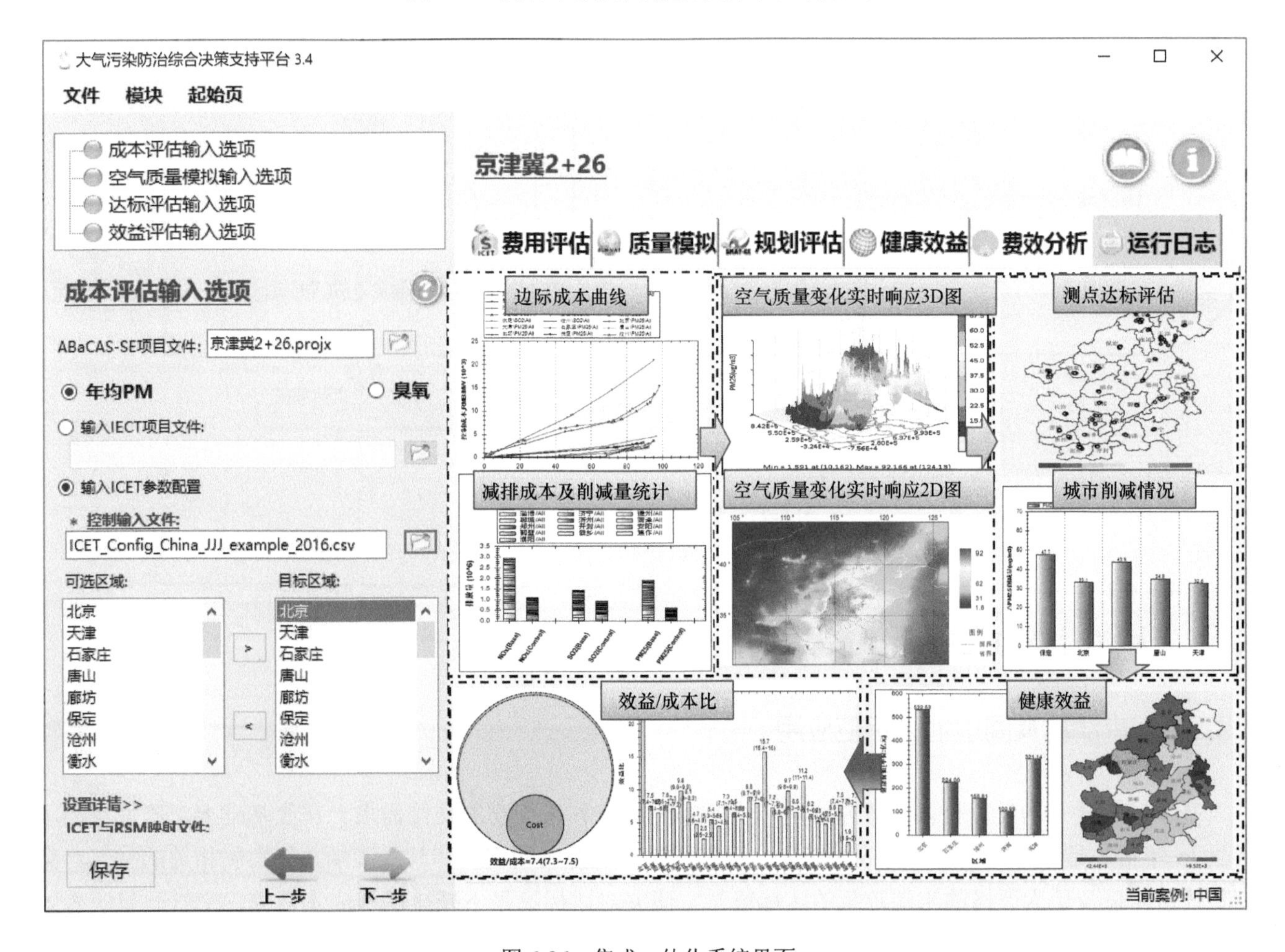

图 6-26 集成一体化系统界面

集成一体化系统评估流程如图 6-27 所示。首先，用户可输入任意减排情景，社会经济成本评估系统会自动计算出该情景下所花费的减排成本和减排量；其次，减排与空气质量快速响应系统利用社会经济成本评估系统中的排放削减比例，核算出该情景下实时空气质量响应浓度；再次，达标评估系统将结合各站点的自动监测值来对减排与空气质量快速响应系统输出的空气质量响应浓度进行空间数理统计融合修正，并进一步评估该减排情景能否满足各城市国控空气质量自动监测点所在网格的达标要求；这之后，效益评估系统基于达标评估系统实际监测融合修正后的空气质量模拟浓度，估算空气质量改善所带来的健康与经济效益；最后，系统将上述评估结果结合起来，计算出成本 / 效益的比值，评估该减排情景下的投入产出效益，从而为控制情景 / 措施提供基于成本效益的科学评估依据。

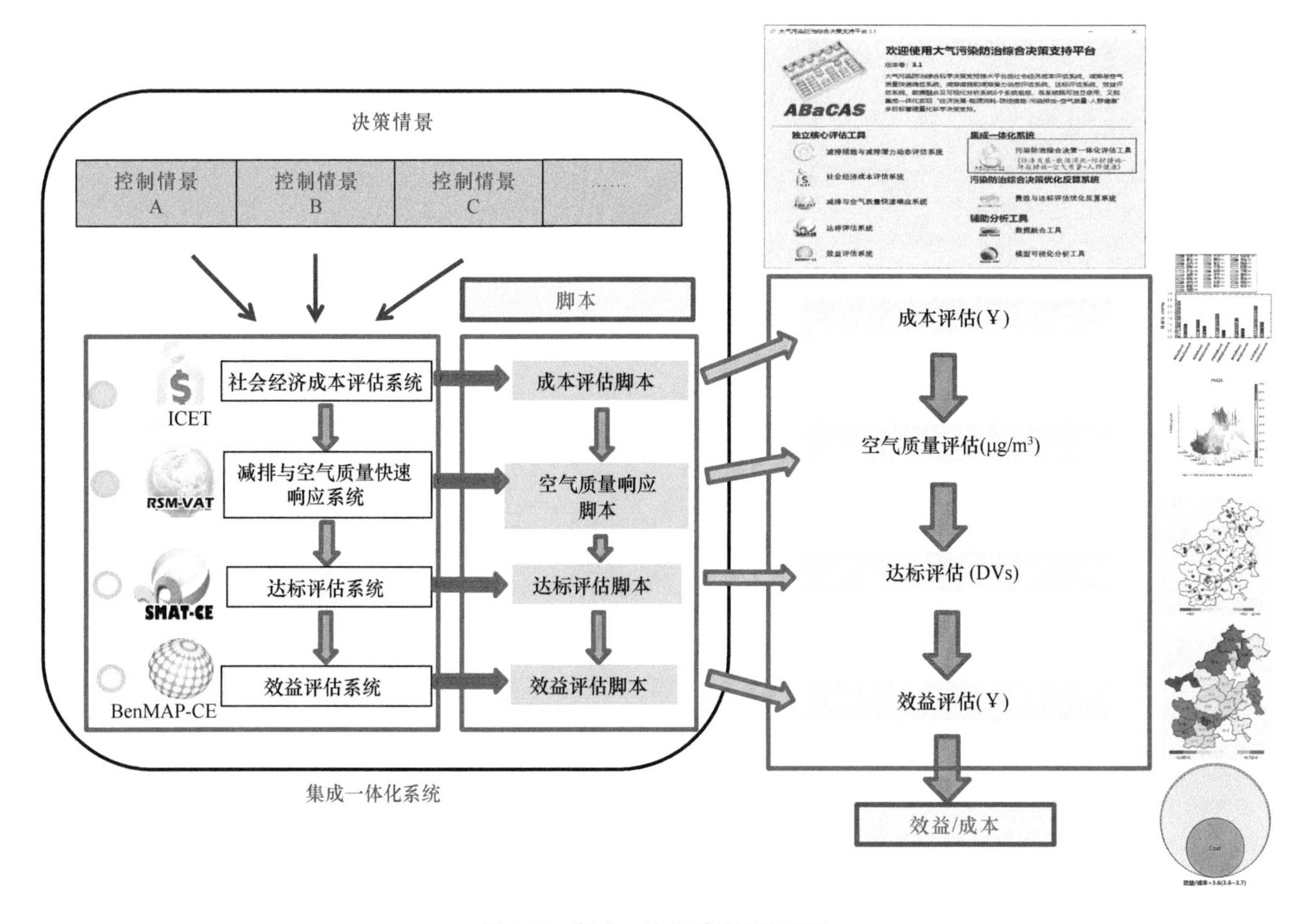

图 6-27　集成一体化系统评估流程

6.3.3　大气污染防治综合决策支持平台应用

6.3.3.1　京津冀及周边地区示范应用

基于研究建立的反算技术，研究确定了“2+26”城市各污染物的减排需求。在此基础上，研究预测了至 2035 年增长带来的大气污染排放的变化，设计了考虑能源结构调整和与能源端总量控制相关的空气污染控制政策，以及更为严格的末端政策的达标情景。研究对达标情景下减排措施成本估算、空气质量改善效益以及大气污染综合防治方案进行了效益评估。

2035 年京津冀及周边地区的 $PM_{2.5}$、SO_2、NO_x、VOCs、NH_3 排放量相对于 2015 年分别减少 70% ～ 87%、49% ～ 85%、66% ～ 74%、51% ～ 66%、40%。各省份减排比例有所差异，山东和河南的 $PM_{2.5}$ 减排效果略低于其他几个地区；北京现有的 SO_2 控制水平较为严格，其未来 SO_2 减排潜力明显低于其他省份；整体上，非甲烷挥发性有机物（NMVOCs）和 NH_3 的减排比例明显低于其他污染物。对于 SO_2，山东、山西及河北表现出较高的减排潜力和减排成本；对于一次 $PM_{2.5}$，山东、河南及河北表现出较高的减排潜力和减排成本；对于 NO_x 和 VOCs，山东、河北及河南减排成本较高；对于 NH_3，河南的减排潜力和减排成本最高。NO_x 控制主要是针对交通与工业部门，其次为民用与电厂；SO_2 控制主要针对工业与民用，其次为电厂，交通部门排放的影响很小；NH_3 贡献最大的是农业部门；VOCs 控制主要为工业部门，其次为交通与民用；一次 $PM_{2.5}$ 的分部门排放中，贡献较大的为工业和民用，其次为扬尘（北京较高为 64%，其余城市为 6% ～ 18%）、电厂和交通。评估结果显示，“2+26”城市空气质量达标可以带来可观的效益，2035 年在达标情景下“2+26”城市大气 $PM_{2.5}$ 污染导致的早逝人数相比于 2015 年减少 23%，环境效益 / 减排成本比约为 3.7。

6.3.3.2 城市尺度示范应用

本书研究建立的平台与北京、济南等城市的大气环境管理业务相结合，实现了在不同政策需求下设计不同污染物排放情景，以及在不同空气质量控制目标下城市大气污染防治费用效益优化的评估，其为地方环保部门开展城市大气污染防治政策 / 策略制定提供了辅助决策工具，并形成了动态更新与维护的长效支持机制。

以济南为例，为完成 2018 年 $PM_{2.5}$ 平均浓度同比下降 18% 的目标，济南市环境保护局制定了 2018 年大气污染治理“十大措施”实施方案，推算得出各污染物 NO_x、SO_2、VOCs、一次 $PM_{2.5}$ 排放量分别削减 58%、47%、44% 和 61%。在此基础上，开展了济南大气污染防治费用效益分析，预测“十大措施”实施后济南减排空气质量效果及人体健康效益。预测结果表明，“十大措施”实施后对济南 $PM_{2.5}$ 环境浓度改善效果明显，2018 年同比 2017 年理论平均可下降 19%，而济南空气质量国控站点监测数据实际平均同比下降为 17.5%。预测结果和实际监测浓度结果的差异主要是由于济南针对道路移动源、扬尘源等污染源的管控措施没有完全落实，污染物减排力度仍需进一步加强。减排成本预测结果表明，“十大措施”总削减成本约 10.3 亿元，以 VOCs 和 NO_x 为主，它们分别约占总成本 47.3% 和 46.8%；$PM_{2.5}$ 减排幅度最大，其成本仅占总成本 4.4% 左右，这表明优先削减本地一次颗粒物排放是降低 $PM_{2.5}$ 浓度最为经济有效的手段。人体健康效益评估结果表明，2018 年 $PM_{2.5}$ 年均浓度下降可使济南全因死亡人数相比 2017 年减少 8%，人体健康效益与污染治理成本的比值为 5.7 ∶ 1，表明“十大措施”的实施可获得较大的经济效益，可行性较高。

此外，根据《山东省 2013—2020 年大气污染防治规划》要求，济南于 2020 年 $PM_{2.5}$ 实现 $53\mu g/m^3$ 的目标，基于研发的由空气质量目标智能反算减排比例技术，以济南 2017 年为基准年，将 2020 年济南 $PM_{2.5}$ 年均浓度 $53\mu g/m^3$ 设定为空气质量目标，经过决策支持平台反算系统的智能寻优，为决策者筛选出 $PM_{2.5}$ 达标且减排成本最低的济南优化减排方案——本地 NO_x、SO_2、NH_3、VOCs 和一次颗粒物的减排率相对基准年分别为 15%、40%、15%、5% 和 80%。在此优化控制情景下，$PM_{2.5}$ 浓度降低可使济南的全因死亡人数相比 2017 年减少 7.3%，人体健康效益与污染治理成本的费效比可达 22 ∶ 1。对比“十大措施”的预测费效比，反算系统寻优的减排方案，其侧重于降低 VOCs 和 NO_x 的减排力度，提高一次颗粒物的削减力度，并适当加入 NH_3 控制，从而有效降低污染物总体减排成本。这主要是因为污染物的削减率在控制比例较小时，成本比较平稳，随着控制力度加大，控制成本会急剧上升，尤其是 VOCs 和 NO_x，所以系统优先对控制成本较低的一次颗粒物进行削减，从而在满足设定空气质量目标的前提下，极大地降低了削减成本，提高了减排方案的经济效益。

上述 2 个示范案例均源于济南大气环境管理的实际业务需求。一个从总量减排角度分析设定的减排方案空气质量目标的可达性和减排效益；另一个从设定空气质量目标出发，通过海量方案智能组合优选，反算得到满足空气质量目标且成本最优的减排方案。2 个示范案例从不同方向开展了“经济发展—能源消耗—防控措施—污染排放—空气质量—人群健康”的系统化评估，为济南以及其他城市的大气污染防治规划或污控措施优选提供了科学决策依据和应用示范参考。

通过上述案例研究，大气污染防治综合科学决策支持平台在大气环境管理方面具有以下优势：①空气质量快速模拟。基于海量情景建立了污染排放与空气质量曲面模型，实现了任意排放情景下对空气质量的实时模拟，可量化任意排放情景下不同区域、不同行业、不同污染物对空气质量的贡献，实现空气污染的动态溯源。②达标评估。将响应模型预测结果与观测数据进行数据融合，更合理地预测城市的空气质量浓度变化，实现对不同减排情景下空气质量目标的可达性评估。③优化控制。基于建立的响应曲面模型和边际成本优化模型，利用遗传算法等机器学习技术，实现大规模情景的筛选与优化，找到满足空气质量目标且成本最优的减排方案。

未来大气污染防治综合决策支持平台的研究将基于大数据和机器学习等技术，进一步改进面向多目标—多行业—多组分—多区域的精细化调控技术，并整合能源系统的综合评估模型，从而实现经济—能源—排放—浓度—成本—健康—生态—气候的一体化综合决策。

6.4 小　　结

研究突破“2+26”城市在特定空气目标下的污染物减排需求反算技术，建立了基于遥感高分辨率下垫面信息及气象参数的大气污染物排放与空气质量的非线性响应模型，研发了大气污染防治边际成本优化模型，并综合基于费效的达标路径优化技术，建立了多尺度大气污染防治综合科学决策支持平台，实现了对拟定环境目标下减排策略的优化，具体成果如下：

（1）建立了分城市、分行业、分物种共 588 个排放因子与空气质量的快速响应模型，实现了减排措施对空气质量改善效果的动态实时评估，解决了传统方法因子单一、效率低下等技术问题。

（2）建立了“2+26”城市大气污染物减排技术措施库，研发了大气污染物边际成本优化模型，实现了对未来不同能源与污控情景下的控制成本与减排效果的动态预测；以成本最低和效益最高为优化目标，根据不同的环境空气质量改善目标，研发了大气污染物减排量反算技术，提出了成本最优的多污染物减排目标及其行业和空间分配方案。

（3）建立了“社会经济—能源—措施—排放—空气质量—人体健康”全链条费效评估及优化技术，开发了区域空气质量双向调控与综合决策支持平台，并在区域和城市层面进行了示范应用。平台应用示范结果表明，针对设定空气质量目标智能优选多区域、多行业、多污染物削减比例组合的技术方法，在达到同样空气质量目标的前提下，有可能找到经济成本更低的区域大气污染控制措施。

7 京津冀及周边地区空气质量改善路线图

针对京津冀及周边地区大气细颗粒物浓度超标严重、大气重污染频发这两方面挑战，研究人员研发了以 $PM_{2.5}$ 为约束的多污染物大气环境容量模型算法，提出了在以细颗粒物年均浓度达标和基本消除重度及以上污染这两个大气环境质量改善目标为约束的情况下，京津冀及周边地区大气环境容量集成大气污染物排放与空气质量快速响应技术、特定空气质量目标下污染物减排需求反算技术、减排措施和减排潜力动态评估技术、大气污染防治措施费效评估技术，建立了区域空气质量调控技术体系，开发了大气污染防治综合决策支持技术平台，实现了“经济发展—能源消耗—防控措施—污染排放—空气质量—人体健康”全链条费效评估。综合分析京津冀及周边地区的大气污染防治需求和宏观社会经济政策、治污减排技术、管理体系等方面的发展趋势，以大气细颗粒物为重点，提出了京津冀及周边地区“2+26”城市不同阶段的空气质量改善目标，以及相应的 SO_2、NO_x、PM、VOCs 及 NH_3 等污染物减排目标，解析了不同类别城市以及区域整体空气质量逐步改善直至达标的技术路径。

7.1 区域大气环境容量测算

大气环境容量是在一定时段、一定空间范围内，大气环境在保障自然功能、人类健康不受损害的前提下，所能容纳的由人类活动所产生的大气污染物排放量。“大气环境容量”这一概念通常用于描述大气污染过程、规划和决策制定等领域。在上述整体定义的基础上，由于应用场景和目的不尽相同，相关的研究方法、基本假设都有所区别[1-6]。不同学者和用户对于“大气环境容量”的理解常存在差异，“大气环境容量”也尚未形成系统的理论和实践体系[7-9]。目前，在“大气环境容量”这一定义下衍生出的大气环境理论主要包括“大气自净容量”和“规划环境容量”。大气自净容量指在给定空气质量控制目标的条件下，一定空间边界内大气自身运动（如扩散、稀释、沉降、化学转化等物理化学过程）对污染物的清除能力[10-12]；规划环境容量是指在给定自然（气象）条件和污染源特征的条件下，以一定的环境空气质量标准或特定控制目标为约束，在特定时间和区域内大气环境可容纳的污染物的最大排放量；这是针对不同分析方法的大气环境容量核算，本质上并无区别。为定量回答京津冀及周边地区的年度大气环境容量状况，客观反映气象条件对日大气环境容量的波动影响，回应社会对重污染天气成因的关切以及对大气环境容量的理解，以下重点研究 $PM_{2.5}$ 年均浓度达标约束下的规划环境容量和采暖季、典型污染过程的大气自净容量。

7.1.1 $PM_{2.5}$ 年均浓度达标约束的大气环境容量

7.1.1.1 技术方法

以 $PM_{2.5}$ 达标为约束的多污染物大气环境容量本质上是各空间大气污染物的最大允许排放量，核心技术是多种污染物指标及其排放在空间上的优化问题和污染物指标的多要素最优化问题。此外，气象条件也是影响 $PM_{2.5}$ 污染程度的因素之一，气象条件变化可能导致不同年份、不同季节的大气环境容量存在较大差异 [13-17]。本书研究建立了一种综合考虑气象、空间、前体物三维因素的大气多污染物大气环境容量的计算方法，理论体系更加合理 [18]。

采用气象研究与预报（WRF）模型模拟气象场，采用大气排放源清单处理（SMOKE）模型实现清单网格化，以第三代空气质量模型社区多尺度空气质量（CMAQ）为基础，通过分段线性迭代算法，建立“多污染物大气环境容量迭代模型”，以此计算不同气象条件下，满足各种空气质量目标的区域大气环境容量。该模型充分考虑了污染物物理输送和化学转化过程。

1）基本假设

本书研究的空间尺度为区域及其包含的所有城市，时间尺度为年，约束指标为 $PM_{2.5}$。$PM_{2.5}$ 浓度阈值为《环境空气质量标准》（GB 3095—2012）中 $PM_{2.5}$ 年均浓度二级标准限值，即 35μg/m^3。

2）筛选气象年

由于地形地貌在一定时期内相对稳定，污染排放布局、污染物构成等因素在短期内不会有显著变化，因此造成一个区域内大气环境容量变化的主要因素是气象条件。利用气象 – 空气质量模型系统，模拟分析 2000 ～ 2019 年 20 年气象条件变化对 $PM_{2.5}$ 污染的影响特征，并筛选出典型气象年、最不利气象年、最有利气象年。

3）迭代计算大气环境容量

多污染物大气环境容量迭代算法具体为：以 2016 年排放清单为基准，并以空间、前体物两个维度贡献率为削减权重系数，基于贡献大的行业优先削减、贡献大的前体物优先削减的原则，制定各空间单元、各污染物的削减方案，利用空气质量模型迭代计算，直到 $PM_{2.5}$ 年均浓度达标，得到 SO_2、NO_x、一次 $PM_{2.5}$、VOCs、NH_3 等大气环境容量，具体如图 7-1 所示。

4）模型验证

通过比对模型基准年的模拟数据与监测数据，验证 WRF-CMAQ 模型模拟结果的准确性。结果表明，

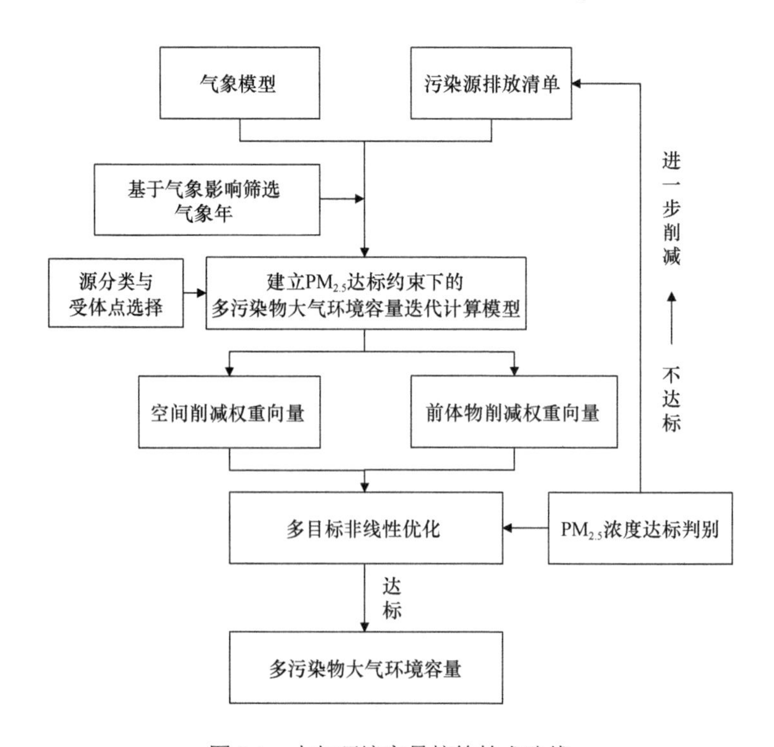

图 7-1　大气环境容量核算技术路线

模拟的 $PM_{2.5}$ 浓度与观测数据的相关系数（R）为 0.66 ～ 0.86，标准化平均偏差（NMB）为 –26% ～ 17%，标准化平均误差（NME）为 25% ～ 35%（表 7-1）。结果表明，模拟结果与观测结果具有良好的一致性，模型总体可靠。

表 7-1　$PM_{2.5}$ 逐月模拟浓度验证结果

月份	R	NMB	NME
1	0.77	–25	31
2	0.82	–18	29
3	0.69	–21	35
4	0.69	–26	30
5	0.80	–16	26
6	0.74	–18	32
7	0.80	7	33
8	0.86	17	25
9	0.83	10	32
10	0.75	–21	34
11	0.66	–19	30
12	0.68	–25	31
年均值	0.79	–20.69	27.76

7.1.1.2　气象变化对 $PM_{2.5}$ 浓度的影响

基于 20 年（2000 ～ 2019 年）全球分析资料（FNL）、地面气象观测数据等，利用 WRF 气象模型，模拟 20 年的气象场。在此基础上，利用 CMAQ 空气质量模型，采用“固定排放清单，改变气象场”的方法，模拟分析 20 年气象条件对“2+26”城市 $PM_{2.5}$ 年均浓度以及大气环境容量的影响[19]。从气象条件对 $PM_{2.5}$ 的影响和 $PM_{2.5}$ 监测浓度变化趋势来看，该方法能较为准确地再现污染波动情况（图 7-2）。从区域来看，以年为单位的气象条件 $PM_{2.5}$ 浓度波动较小，在 –6% ～ 6% 变化（图 7-3），其中年均浓度最小值约是最大值的 88%。根据气象条件对 $PM_{2.5}$ 浓度的定量影响，筛选出典型气象年为 2011 年、最不利气象年为 2007 年、最有利气象年为 2016 年。采暖季的 $PM_{2.5}$ 平均浓度在 –11% ～ 12% 变化，其中年均浓度最小值约是最大值的 78%，自 2013 年开展全国 $PM_{2.5}$ 监测以来，2016 ～ 2017 年采暖季的气象条件最差（图 7-4）。

7.1.1.3　大气环境容量计算结果

以京津冀及周边地区“2+26”城市 $PM_{2.5}$ 年均浓度达标为约束目标，核算典型气象年（2011 年）、最不利气象年（2007 年）、最有利气象年（2016 年）SO_2、NO_x、一次 $PM_{2.5}$、VOCs、NH_3 的年度大气环境容量。

在不同的气象条件下，大气环境所能容纳的污染物排放量存在差异。由于气象条件对区域 $PM_{2.5}$ 浓度年际波动的影响大致在 10% 这一量级，区域大气环境容量的年际波动也相对较小。在典型气象年，“2+26”

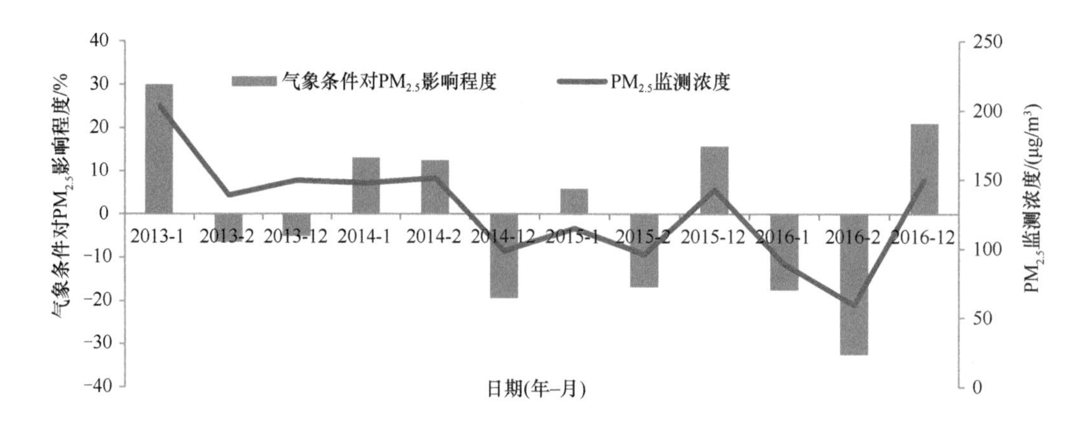

图 7-2　气象条件对京津冀 $PM_{2.5}$ 的影响和 $PM_{2.5}$ 监测浓度变化趋势

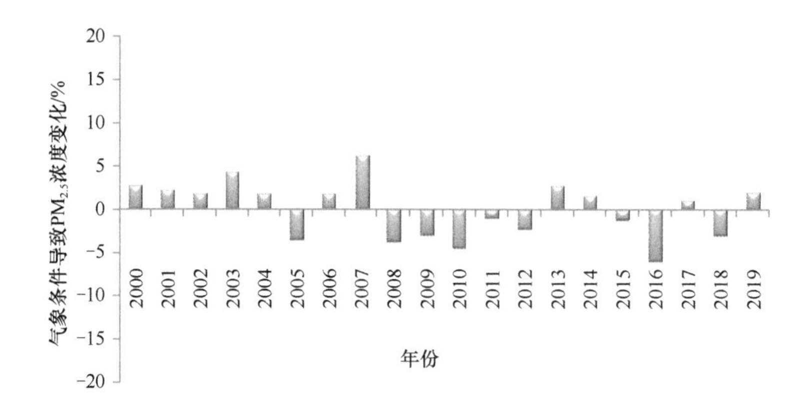

图 7-3　2000 ～ 2019 年“2+26”城市气象条件变化对区域 $PM_{2.5}$ 年均浓度的影响

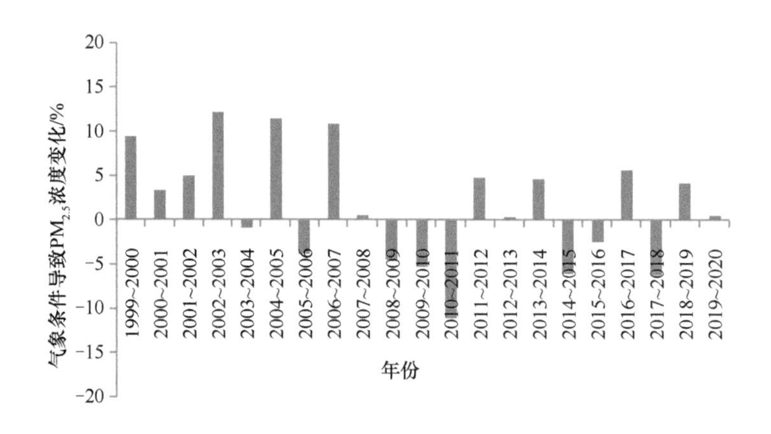

图 7-4　1999 ～ 2020 年“2+26”城市采暖季气象条件变化对区域 $PM_{2.5}$ 浓度的影响

城市整个区域的 SO_2、NO_x、一次 $PM_{2.5}$、NH_3 及 VOCs 的年度大气环境容量分别为 105.3 万 t、158.6 万 t、79.5 万 t、81.5 万 t 和 112.7 万 t。在最不利气象年，大气扩散条件差，大气环境容量有所减少，SO_2、NO_x、一次 $PM_{2.5}$、NH_3 及 VOCs 的年度大气环境容量分别为 98.7 万 t、149.0 万 t、74.8 万 t、76.7 万 t 和 105.5 万 t；在最有利气象年，大气扩散条件好，大气环境容量有所增加，SO_2、NO_x、一次 $PM_{2.5}$、NH_3 及 VOCs 的年度大气环境容量分别为 111.9 万 t、168.9 万 t、84.6 万 t、86.1 万 t 和 119.3 万 t。各城市大气环境容量见表 7-2 ～表 7-4。

表 7-2 典型气象年（2011 年）大气环境容量、环境超载率及污染物削减率

城市	大气环境容量/万 t					环境超载率/%					污染物削减率/%				
	SO_2	NO_x	一次 $PM_{2.5}$	NH_3	VOCs	SO_2	NO_x	一次 $PM_{2.5}$	NH_3	VOCs	SO_2	NO_x	一次 $PM_{2.5}$	NH_3	VOCs
北京市	3.6	6.6	1.8	2	6.2	—	80	144	70	108	—	45	59	41	52
天津市	10.2	9.8	6.8	2.9	8.3	2	74	129	66	117	2	43	56	40	54
石家庄市	6.6	7.7	3.3	5.2	5.1	74	138	227	150	214	43	58	69	60	68
唐山市	12.3	13.8	9.3	5.7	9.6	56	93	160	79	116	36	48	62	44	54
邯郸市	5	6.9	3.1	5.4	2.3	60	107	184	113	165	38	52	65	53	62
邢台市	4.8	4.8	2.9	1.6	6.8	79	123	203	119	149	44	55	67	54	60
保定市	2.2	4.9	3	3.2	3.3	68	129	203	131	176	41	56	67	57	64
沧州市	3	6.4	3.8	4.6	4.9	37	73	124	72	106	27	42	55	42	51
廊坊市	4.2	4.1	2.5	2.6	3.6	—	73	124	65	89	—	42	55	40	47
衡水市	2	2.8	1.4	2.6	2.1	40	100	193	115	176	29	50	66	54	64
太原市	5.7	6.7	3.6	0.6	3.7	65	67	111	50	92	39	40	53	33	48
阳泉市	1.4	1.6	0.5	0.2	1.5	50	63	100	100	100	33	38	50	50	50
长治市	6.8	8.2	3.7	1.2	6.9	66	66	127	75	100	40	40	56	43	50
晋城市	4.6	4.9	2.5	1.1	1.5	61	53	112	45	87	38	35	53	31	46
济南市	1.2	3.8	2.3	4.8	4	50	84	157	94	140	33	46	61	48	58
淄博市	4.9	9.2	3	2	7.8	76	95	173	85	127	43	49	63	46	56
济宁市	3.1	7.7	3	4	3.6	45	68	130	78	103	31	40	57	44	51
德州市	1.1	6	2.2	3.6	4.2	45	82	164	106	138	31	45	62	51	58
聊城市	2.7	5.4	1.8	3	2.1	41	93	206	120	148	29	48	67	55	60
滨州市	4	6.6	4.7	4.1	4.6	43	68	136	85	115	30	41	58	46	54
菏泽市	1.4	4.5	1	6.9	3.4	43	76	180	94	138	30	43	64	49	58
郑州市	2.8	9.1	3	1.8	5.2	29	99	173	106	148	22	50	63	51	60
开封市	0.9	2.7	1.7	3.3	1.5	22	70	141	79	113	18	41	59	44	53
安阳市	4.1	4.5	3.4	1.3	3.3	80	104	188	108	155	45	51	65	52	61
鹤壁市	1	1.7	0.5	1.1	0.6	50	82	160	91	117	33	45	62	48	54
新乡市	1.7	3	1.3	2.8	2.5	53	103	162	114	136	35	51	62	53	58
焦作市	1.4	2.6	1	1	1.4	57	100	200	110	157	36	50	67	52	61
濮阳市	2.6	2.6	2.4	2.9	2.7	19	65	113	66	96	16	40	53	40	49
“2+26”城市	105.3	158.6	79.5	81.5	112.7	46	88	156	95	128	32	47	61	49	56

注：“—”表示实际排放量低于大气环境容量。

表 7-3 最不利气象年（2007 年）大气环境容量、环境超载率及污染物削减率

城市	大气环境容量/万 t					环境超载率/%					污染物削减率/%				
	SO_2	NO_x	一次 $PM_{2.5}$	NH_3	VOCs	SO_2	NO_x	一次 $PM_{2.5}$	NH_3	VOCs	SO_2	NO_x	一次 $PM_{2.5}$	NH_3	VOCs
北京市	3.3	5.9	1.6	1.9	5.6	—	101	173	83	132	—	50	63	45	57
天津市	9.8	9.3	6.6	2.8	7.9	6	83	138	72	128	5	45	58	42	56

续表

城市	大气环境容量 / 万 t					环境超载率 /%					污染物削减率 /%				
	SO_2	NO_x	一次 $PM_{2.5}$	NH_3	VOCs	SO_2	NO_x	一次 $PM_{2.5}$	NH_3	VOCs	SO_2	NO_x	一次 $PM_{2.5}$	NH_3	VOCs
石家庄市	6.2	7.1	3.0	4.8	4.7	86	157	255	172	239	46	61	72	63	71
唐山市	11.9	13.4	9.0	5.5	9.3	62	99	169	86	123	38	50	63	46	55
邯郸市	4.6	6.4	2.9	4.9	2.1	75	123	205	137	191	43	55	67	58	66
邢台市	4.4	4.4	2.7	1.5	6.3	95	144	226	136	166	49	59	69	58	62
保定市	2.1	4.6	2.8	3.0	3.0	78	142	224	150	199	44	59	69	60	67
沧州市	2.8	5.9	3.6	4.4	4.6	47	87	135	81	119	32	46	58	45	54
廊坊市	3.8	3.7	2.2	2.4	3.2	4	90	154	82	112	4	47	61	45	53
衡水市	1.8	2.6	1.3	2.4	1.9	52	115	218	133	207	34	53	69	57	67
太原市	5.4	6.4	3.4	0.6	3.5	74	76	121	57	101	43	43	55	36	50
阳泉市	1.3	1.5	0.5	0.2	1.4	66	75	118	122	118	40	43	54	55	54
长治市	6.3	7.6	3.4	1.1	6.4	80	78	145	88	115	44	44	59	47	53
晋城市	4.3	4.6	2.4	1.0	1.4	72	63	125	56	98	42	38	56	36	50
济南市	1.1	3.6	2.2	4.5	3.8	57	94	169	105	153	36	48	63	51	60
淄博市	4.6	8.7	2.8	1.9	7.4	86	106	193	94	140	46	52	66	49	58
济宁市	2.9	7.2	2.9	3.8	3.4	54	79	140	86	115	35	44	58	46	54
德州市	1.0	5.6	2.0	3.4	3.9	56	95	184	119	157	36	49	65	54	61
聊城市	2.5	5.2	1.7	2.9	2.0	50	102	224	131	162	33	50	69	57	62
滨州市	3.9	6.4	4.6	4.0	4.4	47	74	144	90	123	32	42	59	47	55
菏泽市	1.3	4.3	0.9	6.5	3.2	55	85	196	107	157	35	46	66	52	61
郑州市	2.6	8.6	2.8	1.7	4.8	39	111	192	119	166	28	53	66	54	62
开封市	0.8	2.5	1.6	3.1	1.4	31	83	161	92	132	24	45	62	48	57
安阳市	3.8	4.1	3.1	1.2	3.1	96	123	212	124	171	49	55	68	55	63
鹤壁市	0.9	1.6	0.5	1.0	0.6	61	99	177	103	132	38	50	64	51	57
新乡市	1.6	2.8	1.2	2.6	2.4	61	116	174	128	147	38	54	63	56	60
焦作市	1.3	2.5	0.9	0.9	1.3	67	112	217	124	175	40	53	68	55	64
濮阳市	2.4	2.5	2.2	2.7	2.5	27	75	131	77	112	21	43	57	43	53
“2+26” 城市	98.7	149.0	74.8	76.7	105.5	56	100	172	108	144	36	50	63	52	59

注：“—” 表示实际排放量低于大气环境容量。

表 7-4 最有利气象年（2016 年）大气环境容量、环境超载率及污染物削减率

城市	大气环境容量 / 万 t					环境超载率 /%					污染物削减率 /%				
	SO_2	NO_x	一次 $PM_{2.5}$	NH_3	VOCs	SO_2	NO_x	一次 $PM_{2.5}$	NH_3	VOCs	SO_2	NO_x	一次 $PM_{2.5}$	NH_3	VOCs
北京市	3.9	7.1	1.9	2.1	6.7	—	69	128	59	91	—	41	56	37	48
天津市	11.1	10.9	7.4	3.2	8.9	—	57	111	51	100	—	36	53	34	50
石家庄市	7.0	8.1	3.4	5.5	5.3	65	127	213	138	201	40	56	68	58	67
唐山市	13.9	16.2	10.8	6.5	11.0	38	65	125	56	87	27	39	56	36	47
邯郸市	5.2	7.2	3.2	5.6	2.4	54	100	172	107	156	35	50	63	52	61
邢台市	5.0	5.0	3.0	1.6	7.1	73	115	193	113	139	42	53	66	53	58
保定市	2.3	5.1	3.1	3.3	3.4	62	121	195	125	167	38	55	66	56	63
沧州市	3.1	6.7	4.0	4.9	5.1	31	66	114	61	97	24	40	53	38	49

续表

城市	大气环境容量 / 万 t					环境超载率 /%					污染物削减率 /%				
	SO_2	NO_x	一次 $PM_{2.5}$	NH_3	VOCs	SO_2	NO_x	一次 $PM_{2.5}$	NH_3	VOCs	SO_2	NO_x	一次 $PM_{2.5}$	NH_3	VOCs
廊坊市	4.6	4.4	2.8	2.9	3.9	—	60	102	48	74	—	37	50	33	43
衡水市	2.1	3.0	1.5	2.7	2.2	32	86	178	105	161	24	46	64	51	62
太原市	5.9	7.0	3.7	0.6	3.9	59	59	103	43	82	37	37	51	30	45
阳泉市	1.5	1.7	0.5	0.2	1.6	39	54	88	86	86	28	35	47	46	46
长治市	7.2	8.8	4.0	1.3	7.4	56	54	113	65	85	36	35	53	39	46
晋城市	4.9	5.2	2.7	1.2	1.6	52	44	100	37	79	34	31	50	27	44
济南市	1.2	3.9	2.4	5.0	4.1	46	79	146	87	131	31	44	59	46	57
淄博市	5.1	9.6	3.1	2.1	8.1	70	87	163	79	118	41	47	62	44	54
济宁市	3.2	7.9	3.1	4.1	3.7	42	64	125	74	98	30	39	56	43	49
德州市	1.2	6.4	2.3	3.8	4.4	38	70	149	96	125	28	41	60	49	56
聊城市	2.9	5.7	1.9	3.2	2.2	33	82	193	108	133	25	45	66	52	57
滨州市	4.2	6.9	4.9	4.3	4.8	36	62	127	76	107	27	38	56	43	52
菏泽市	1.4	4.7	1.0	7.1	3.5	38	69	171	88	129	28	41	63	47	56
郑州市	2.9	9.5	3.2	1.9	5.5	22	90	157	93	134	18	47	61	48	57
开封市	0.9	2.9	1.8	3.5	1.6	16	61	128	71	104	14	38	56	41	51
安阳市	4.2	4.7	3.5	1.4	3.4	75	97	178	100	144	43	49	64	50	59
鹤壁市	1.0	1.8	0.5	1.1	0.6	45	75	149	84	107	31	43	60	46	52
新乡市	1.8	3.1	1.4	2.9	2.6	47	96	149	106	128	32	49	60	51	56
焦作市	1.5	2.7	1.0	1.1	1.5	50	91	188	99	143	33	48	65	50	59
濮阳市	2.7	2.7	2.5	3.0	2.8	14	59	104	58	88	12	37	51	37	47
“2+26”城市	111.9	168.9	84.6	86.1	119.3	38	76	140	85	115	27	43	58	46	54

注：基于 2016 年排放量计算环境超载率；“—”表示实际排放量低于大气环境容量。

图 7-5 为典型气象年大气环境容量空间分布示意图。在太行山东侧“背风坡”和燕山南侧的半封闭地形中，大气扩散能力总体较弱。由于地形和气象场等影响，大气环境容量的空间分布呈现出一定差异性。豫北—冀中南—北京沿线的风场辐合带、向山前平原区域输送和汇聚的形势，导致大气污染物的容纳量降低，特别是位于南部的焦作、新乡、开封等城市的大气环境容量较小。位于区域东部，临近渤海、黄海的天津、唐山、沧州、滨州等城市，大气扩散条件较好，大气环境容量相对较大。但是所有城市目前排放量和排放强度均远远超过大气环境容量，这是多数城市环境污染较重的原因。单位面积大气环境容量较低的城市主要分布在“北京—菏泽”这条垂直线附近（图 7-6）。

基于大气环境容量，可以测算大气污染物超载情况。大气污染物超载率是指大气污染物实际排放量超过大气环境容量的部分占大气环境容量的比例。相比 2016 年大气污染物排放清单，京津冀及周边地区大气污染物超载情况如图 7-7 所示。分析结果表明，区域内大气污染物超载严重，其中一次 $PM_{2.5}$ 和 VOCs、NO_x 等气态污染物超载情况相对更突出，是需要优先控制的污染物。从综合超载率来看，太原市、长治市、晋城市 3 个城市大气污染物超载较少；石家庄市、邯郸市、邢台市、保定市、衡水市、郑州市、安阳市、新乡市、焦作市 9 个城市大气污染物超载较多，属于区域内污染相对严重的城市，应进一步加大控制力度。虽然唐山市、天津市等几个城市大气环境容量相比区域内平均水平较大，但是其排放量也很大，远超大气环境容量，因此 $PM_{2.5}$ 污染同样十分严重。

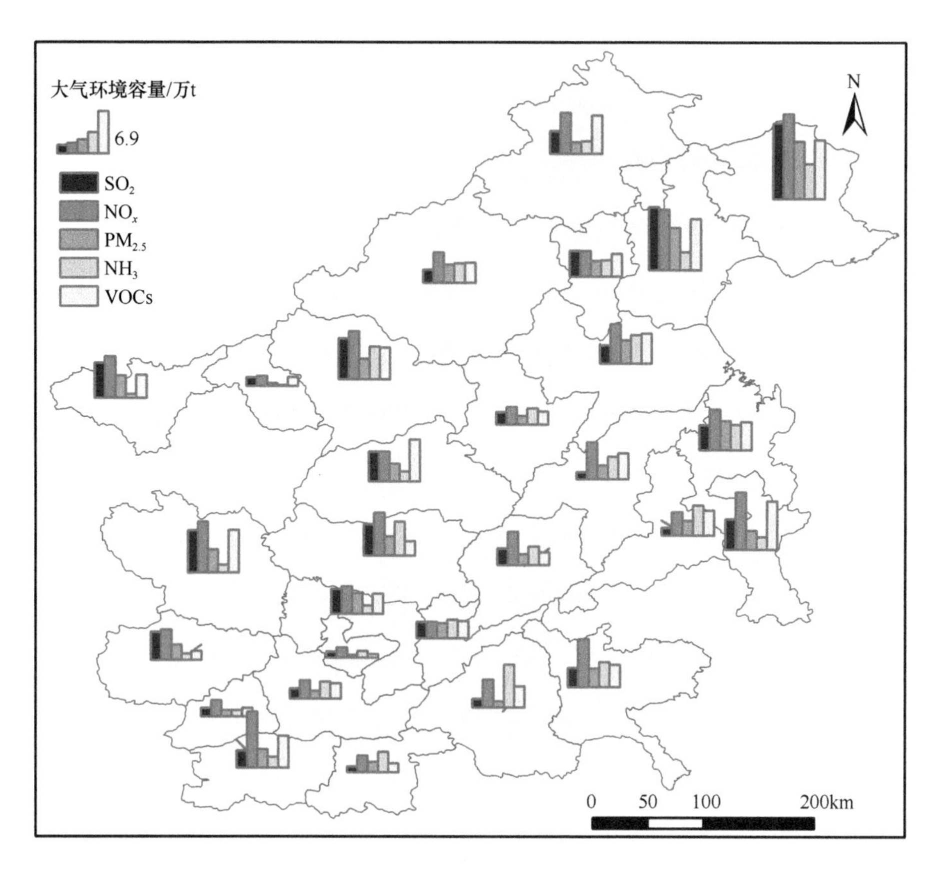

图 7-5 典型气象年大气环境容量空间分布

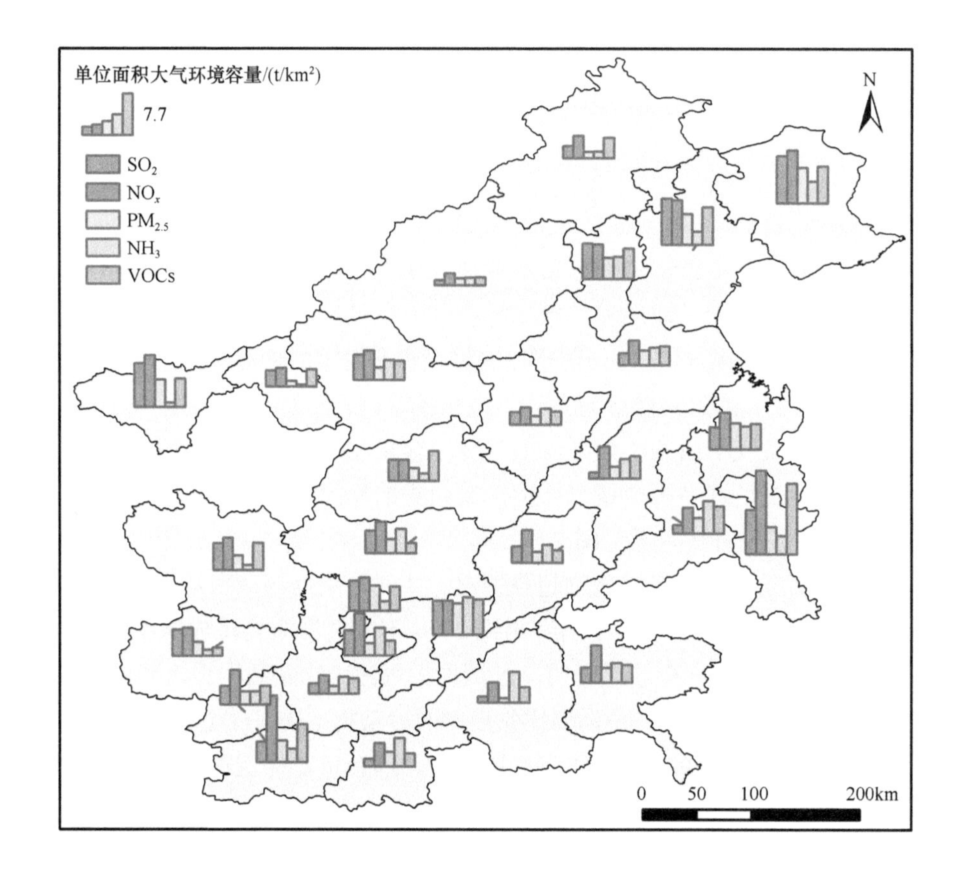

图 7-6 典型气象年单位面积大气环境容量分布

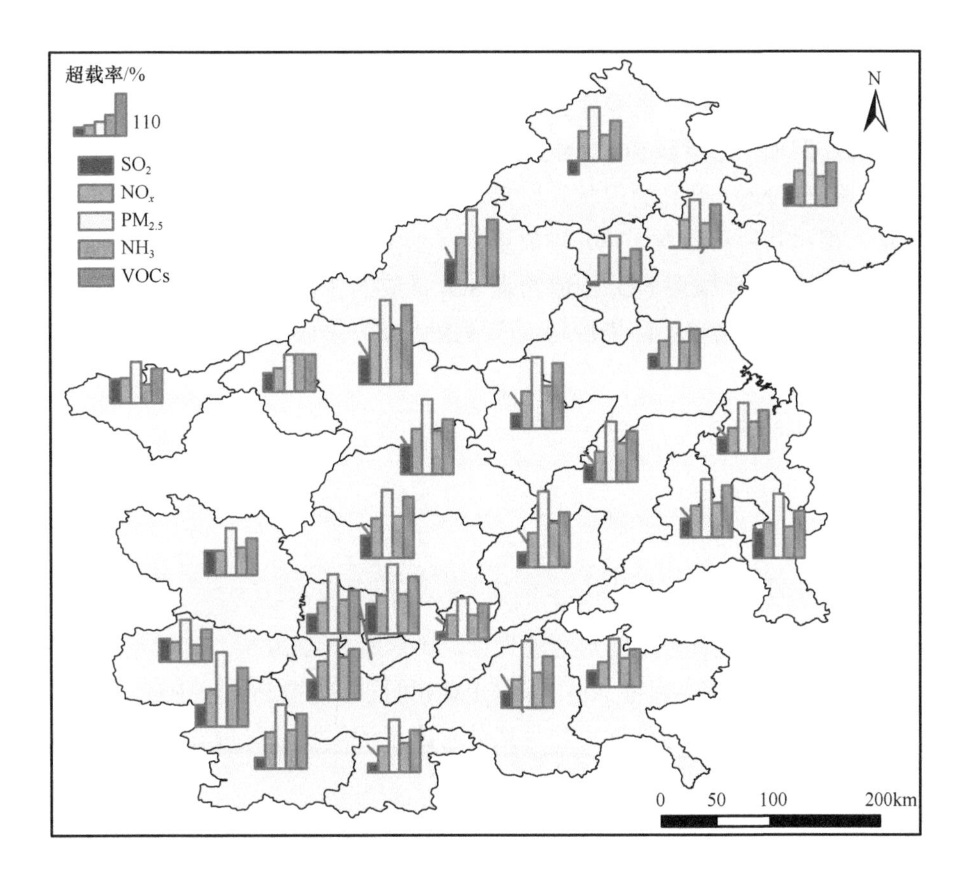

图 7-7 典型气象年大气污染物超载情况分布

随着《大气污染防治行动计划》《打赢蓝天保卫战三年行动计划》等政策的实施，近几年京津冀及周边“2+26”城市排放量显著下降。相比 2018 年大气污染物排放清单，京津冀及周边地区大气污染物综合超载情况见表 7-5。

表 7-5 京津冀及周边地区大气污染物综合超载情况（相比 2018 年排放清单）

地区	综合超载率 /%	地区	综合超载率 /%
北京市	61	淄博市	90
天津市	125	济宁市	65
石家庄市	109	德州市	50
唐山市	62	聊城市	61
邯郸市	133	滨州市	41
邢台市	61	菏泽市	99
保定市	76	郑州市	80
沧州市	65	开封市	92
廊坊市	44	安阳市	60
衡水市	69	鹤壁市	39
太原市	46	新乡市	129
阳泉市	64	焦作市	86
长治市	40	濮阳市	58
晋城市	86	“2+26” 城市	69
济南市	78		

由于直接排放的一次颗粒物和气态污染物形成的二次污染物都对 $PM_{2.5}$ 有所贡献[20,21]，因此以 $PM_{2.5}$ 浓度目标作为约束的大气环境容量事实上是多种 $PM_{2.5}$ 组分及其前体物的综合体现，不同污染物的容量在一定范围内也可以相互调节。例如，考虑到 SO_2、NO_x 在转化形成 SO_4^{2-} 和 NO_3^- 过程中存在竞争机制[22,23]和近年来大气中 SO_4^{2-} 快速降低、NO_3^- 升高的现状，城市可将部分 NO_x 容量来替代 SO_2 容量，即适当降低 NO_x 容量、提高 SO_2 容量。相比其他污染物，NO_x 排放量削减难度较大，2018 年美国 NO_x 排放分别约是 SO_2、$PM_{2.5}$ 排放的 3 倍和 2 倍，2017 年欧盟 NO_x 排放约是 SO_2 排放的 3 倍，NO_x 依然是欧美国家和地区的主要排放指标。建议我国下一步应强化 NO_x 污染控制，严格控制 NO_x 排放规模，提高 NO_x 下降比例。

7.1.2 采暖季大气环境容量

7.1.2.1 技术方法

研究主要使用中科院大气物理研究所开发的 NAQPMS 计算大气环境容量和超载量。NAQPMS 的空间结构为三维欧拉输送模型，垂直坐标采用地形追随坐标，不等距分为 20 层。水平结构为多重网格嵌套，采用双向嵌套技术，此次计算时间分辨率为 5km。NAQPMS 可同时模拟 $PM_{2.5}$、PM_{10}（TSP）、沙尘、SO_2、NO_x、O_3、CO、NH_3、重金属等多种污染物，并且充分考虑了污染物的区域输送，适用于区域 – 城市尺度的空气质量模拟和污染控制策略评估。

1）基本假设

综合考虑“2+26”城市年均浓度达标情况，在核算“2+26”城市采暖季大气环境容量和承载力时，将消除 $PM_{2.5}$ 污染天气作为约束目标，即采暖季“2+26”城市的 $PM_{2.5}$ 日均浓度阈值为 75μg/m^3。

2）模型参数设置

采用气象模式 WRF 模拟计算 2013 ～ 2017 年采暖季“2+26”城市气象场，主要物理过程参数化方案是通过多种方案组合筛选后与实际最吻合的一组方案，获得的主要气象指标为气温、湿度、降水、风向风速、云量、边界层高度等。

大气环境容量和超载量基于 NAQPMS 的过程分析技术进行核算，假定区域内每个网格 $PM_{2.5}$ 日均浓度阈值为 75μg/m^3，计算平流输送、扩散、化学转化、干沉降和湿沉降等物理与化学过程的作用大小，并与区域输入量及排放量进行比较，获得超载量值。

7.1.2.2 大气环境容量计算结果

以“2+26”城市 2013 ～ 2017 年连续 4 年采暖季为研究对象，核算采暖季“2+26”城市 $PM_{2.5}$、SO_2、NO_x、BC、OC 5 种主要污染物的超载量，分析 4 年来采暖季超载量的时空变化趋势，以及采暖季总体超载率。图 7-8 是 2013 ～ 2017 年连续 4 年采暖季“2+26”城市各污染物超载量空间分布，可知在“2+26”城市中，中部和南部的晋冀鲁豫热点地区城市采暖季超载相对严重。从各污染物超载量比较，采暖季 NO_x 超载最为显著，连续 4 年采暖季 NO_x 超载范围和程度均显著大于其他污染物。从连续 4 年采暖季超载水平年际变化来看，2016 ～ 2017 年采暖季超载较其他年份采暖季更为严重，各污染物超载城市和空间范围均大于其他年份。

图 7-9 是 2013 ～ 2017 年连续 4 年采暖季“2+26”城市各污染物超载量平均结果。区域内绝大多数城市污染物排放超出大气环境容量，“2+26”城市中污染物超载较严重的城市主要集中于区域中部和南部。结果显示，NO_x 超载最为严重，超载范围覆盖“2+26”城市中的绝大部分区域，NO_x 超载导致采暖季 $PM_{2.5}$ 不能控制在日均浓度 75μg/m^3 以内。因此，在针对所有大气污染物开展控制的基础上，采暖季应重点强化

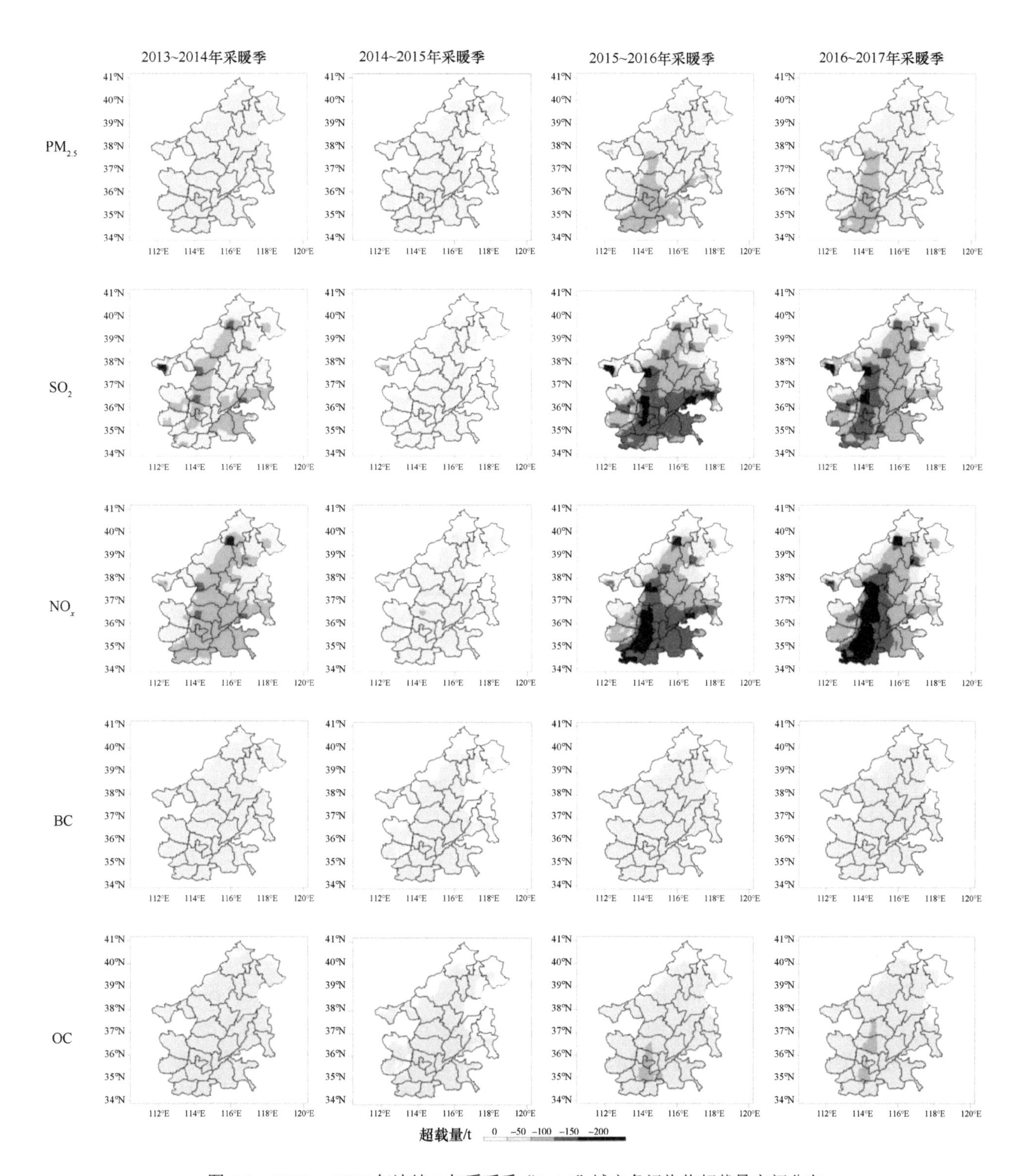

图 7-8　2013 ～ 2017 年连续 4 年采暖季“2+26”城市各污染物超载量空间分布

NO_x 排放削减，加强相关减排措施和监管力度。

7.1.3　典型重污染过程大气环境容量

根据本书研究的重污染过程筛选结果，选取了 2017 年 11 月 3 ～ 7 日、2017 年 11 月 30 日～ 12 月 3 日、2017 年 12 月 26 ～ 30 日、2018 年 1 月 12 ～ 20 日、2018 年 11 月 11 ～ 15 日、2018 年 11 月 23 ～ 27 日、

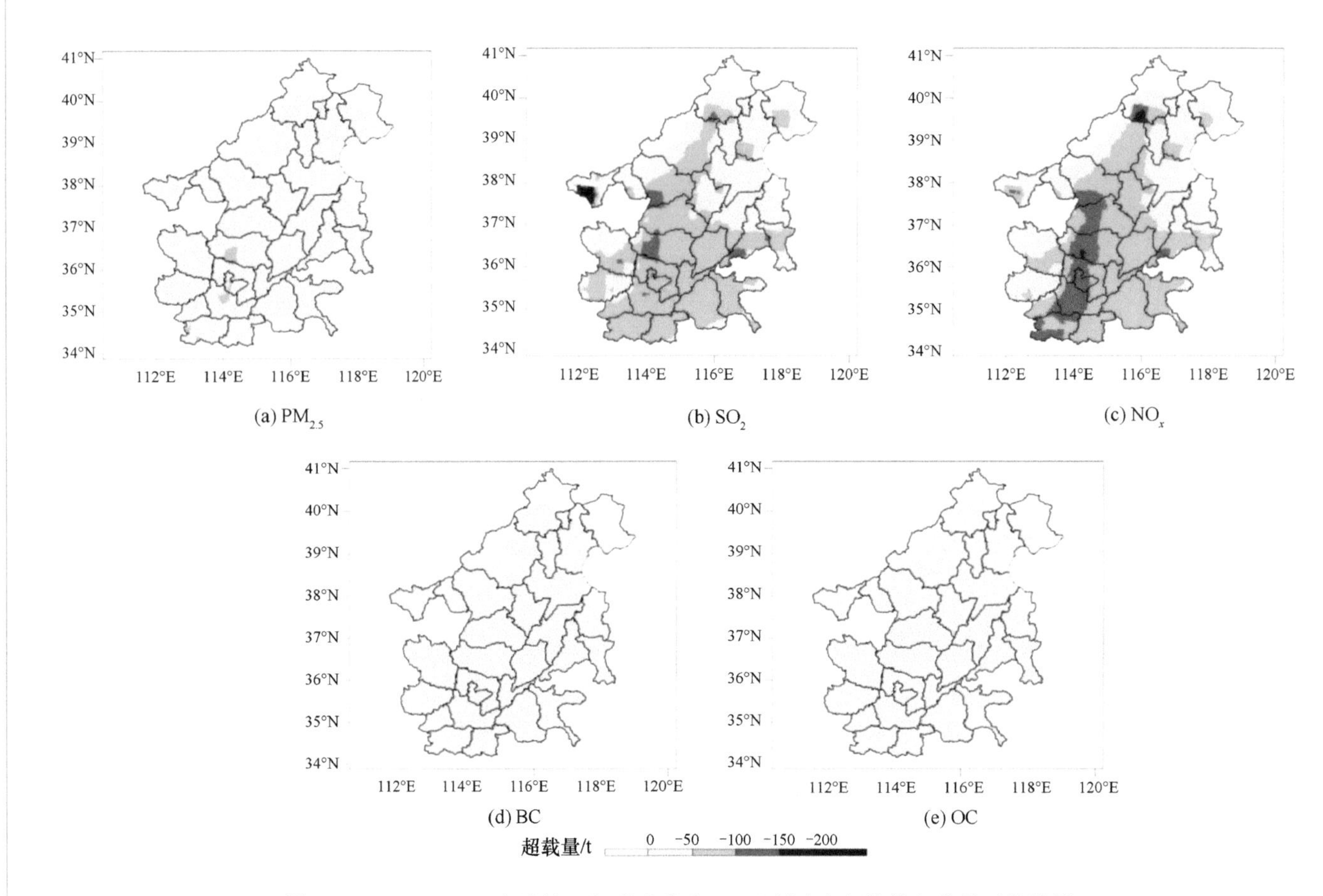

图 7-9　2013～2017 年连续 4 年采暖季"2+26"城市各污染物超载量平均结果

2018 年 11 月 28 日～12 月 3 日、2018 年 12 月 14～16 日、2018 年 12 月 19～21 日 9 次京津冀及周边地区典型重污染过程为研究对象，以消除 $PM_{2.5}$ 污染天气为约束目标，利用 NAQPMS 模型，核算了"2+26"城市在该重污染过程中 $PM_{2.5}$、SO_2、NO_x、BC、OC、NH_3 6 种主要污染物的大气自净容量和容量余量空间分布日变化和重污染过程累积量。

为了详细描述大气自净容量及容量余量在重污染过程的日变化，本书研究给出了 2018 年 1 月 12～20 日区域重污染过程典型城市污染物的大气自净容量及其构成和容量余量日变化时间序列（图 7-10）。本次污染过程主要集中于"2+26"城市中南部，北部城市如北京、唐山等地污染较轻。由各典型城市一次 $PM_{2.5}$ 大气自净容量日变化时间序列可知，随着天气条件变化，各城市每日大气自净容量有所不同，当天气条件较好、有利于污染物扩散稀释时，污染物浓度未超过 $75\mu g/m^3$，大气自净容量总大于容载量（指实际已利用的大气自净容量，主要由污染物本地排放、化学生成、外来输入等组成），大气自净容量有盈余；当污染物浓度超过 $75\mu g/m^3$，大气自净容量总小于容载量，大气自净容量亏空。因此，从整个污染过程来看，污染相对较轻的城市大气自净容量盈余较大，污染较重的城市大气自净容量用尽，超出大气自净容量的部分也是导致污染形成的根本原因。

从大气自净容量的构成来看（图 7-11 和图 7-12），各城市均表现出水平扩散输出量为大气自净容量构成的主要部分，垂直扩散输出量和沉降量也不容忽视，对于 $PM_{2.5}$ 的关键前体物 SO_2、NO_x、NH_3 等来说，化学生成量也是组成大气自净容量不可缺少的部分。

将此次污染过程（共历时 9 天）的大气自净容量和容载量进行累加，最终得到各城市该污染过程各污染物的总自净容量、容载量和容量余量。从结果可知（图 7-13），本次污染过程大气自净容量相对较小的区域是山西的太原、阳泉、晋城以及河南的郑州、开封、鹤壁、新乡、焦作等城市。从容载量累加结果可知，

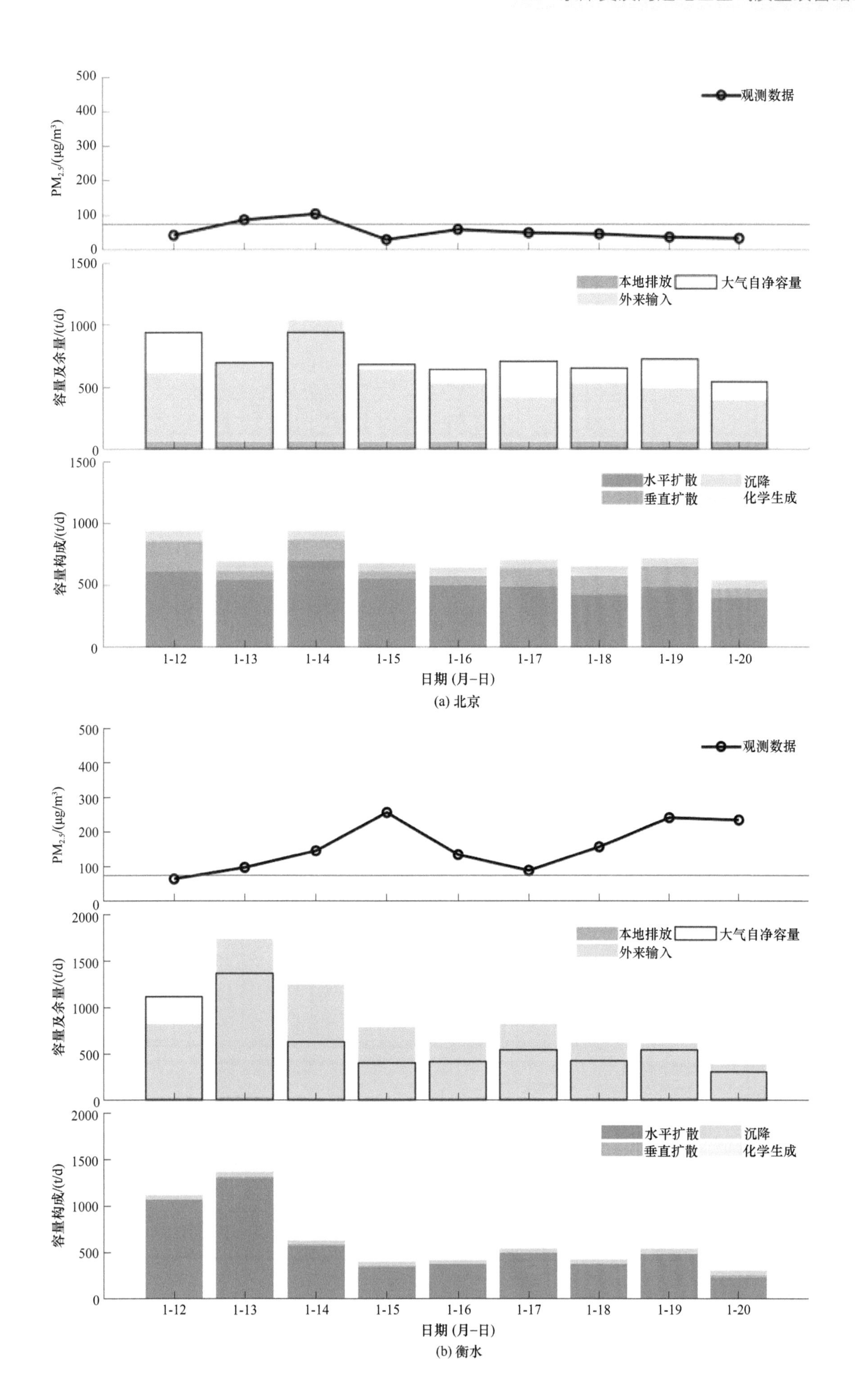
观测数据
PM2.5/(μg/m³)
本地排放
大气自净容量
外来输入
容量及余量/(t/d)
水平扩散
沉降
垂直扩散
化学生成
容量构成/(t/d)
1-12
1-13
1-14
1-15
1-16
1-17
1-18
1-19
1-20
日期 (月-日)
(a) 北京

观测数据
PM2.5/(μg/m³)
本地排放
大气自净容量
外来输入
容量及余量/(t/d)
水平扩散
沉降
垂直扩散
化学生成
容量构成/(t/d)
1-12
1-13
1-14
1-15
1-16
1-17
1-18
1-19
1-20
日期 (月-日)
(b) 衡水

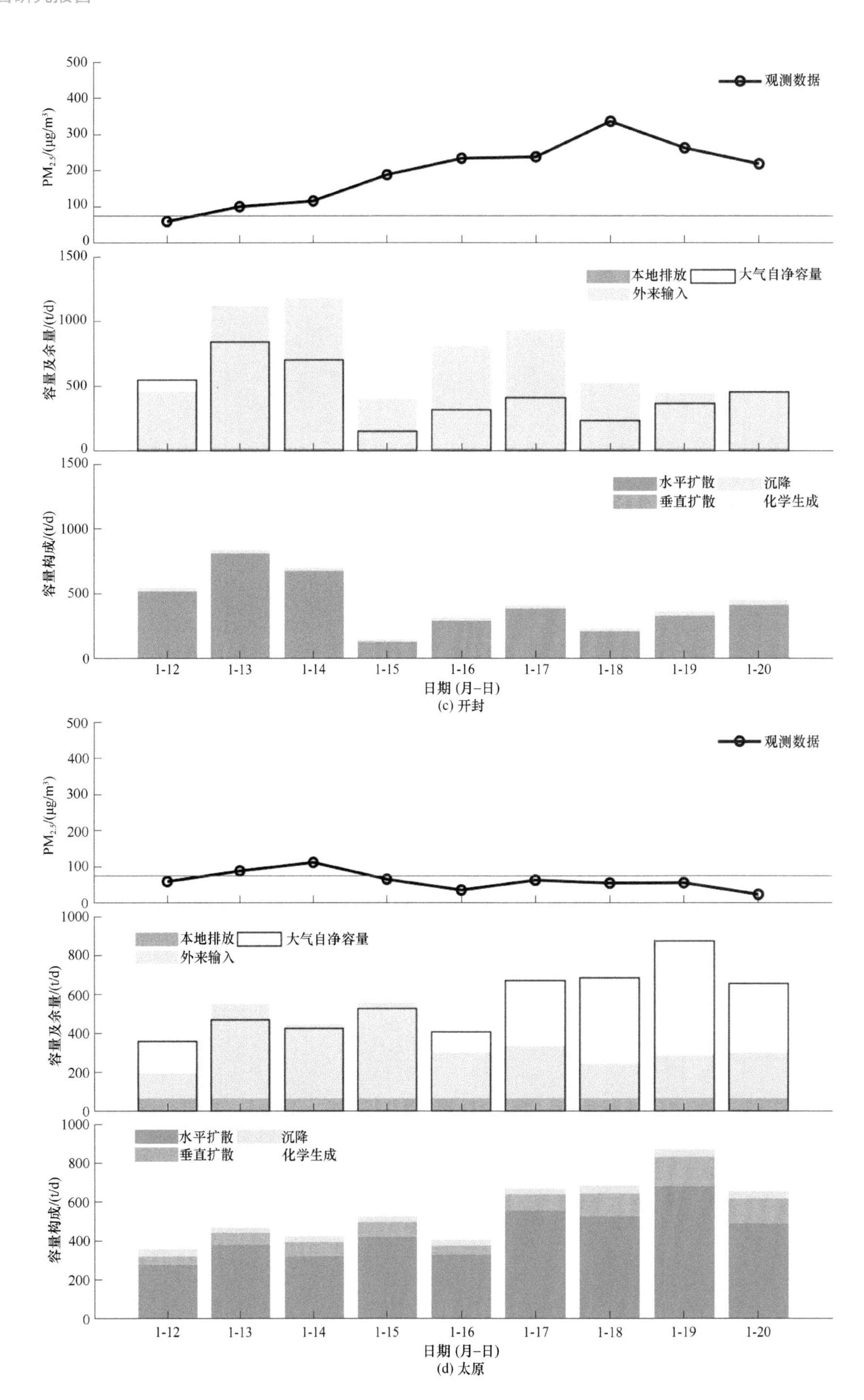

图 7-10　2018 年 1 月 12 ～ 20 日典型城市一次 $PM_{2.5}$ 大气自净容量及其构成和容量余量日变化

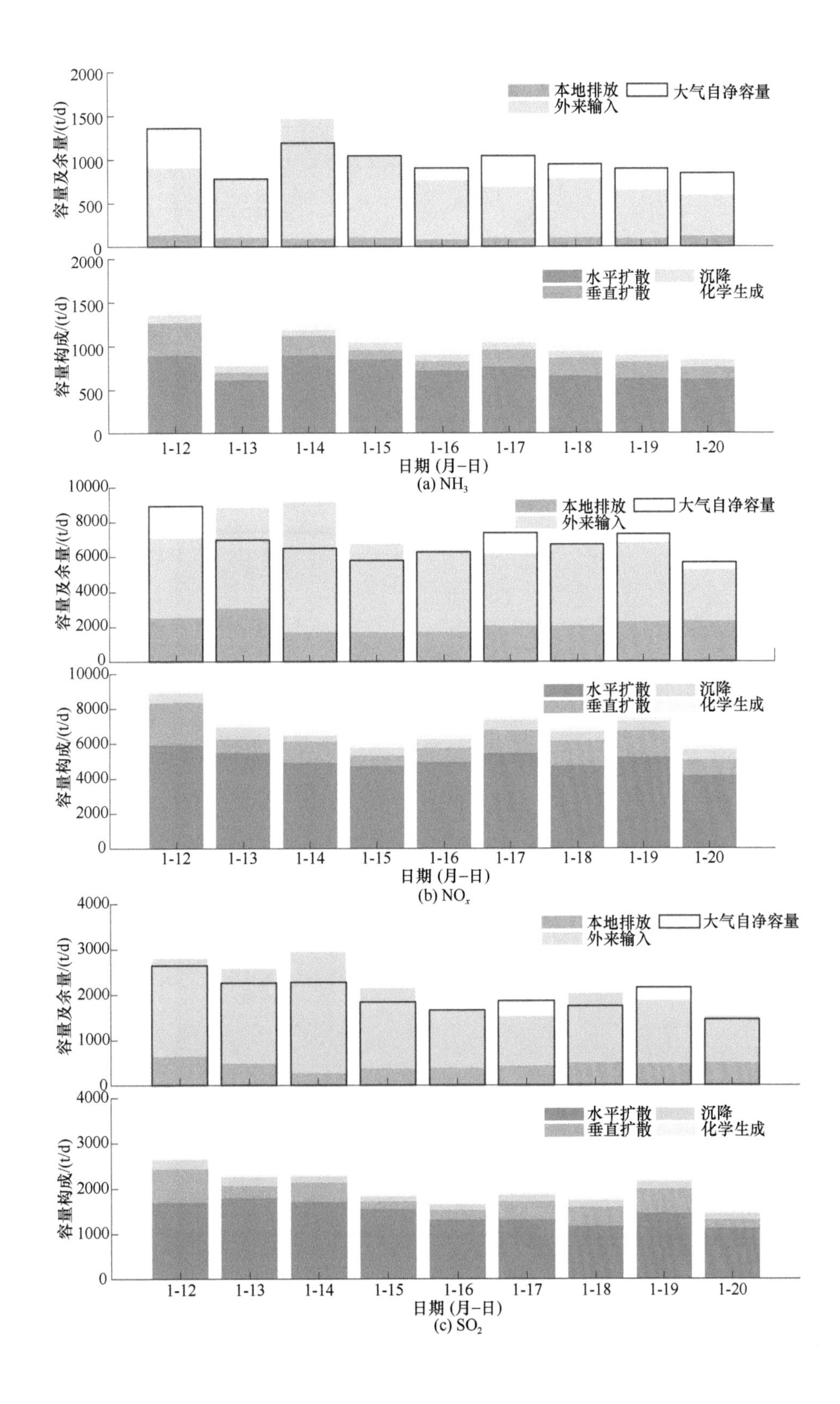

(a) NH_3

(b) NO_x

(c) SO_2

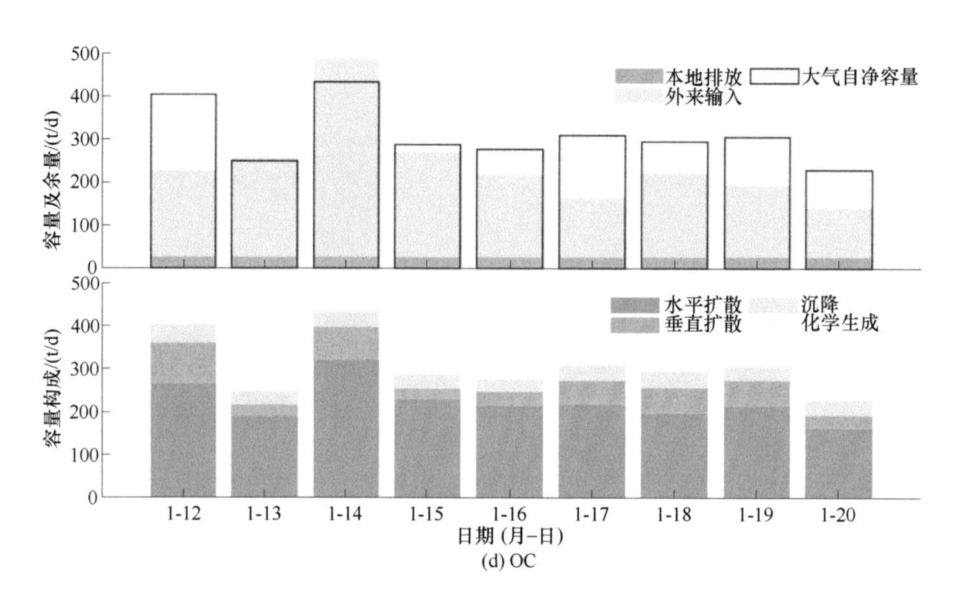

图 7-11　2018 年 1 月 12 ～ 20 日北京污染物大气自净容量及其构成和容量余量日变化

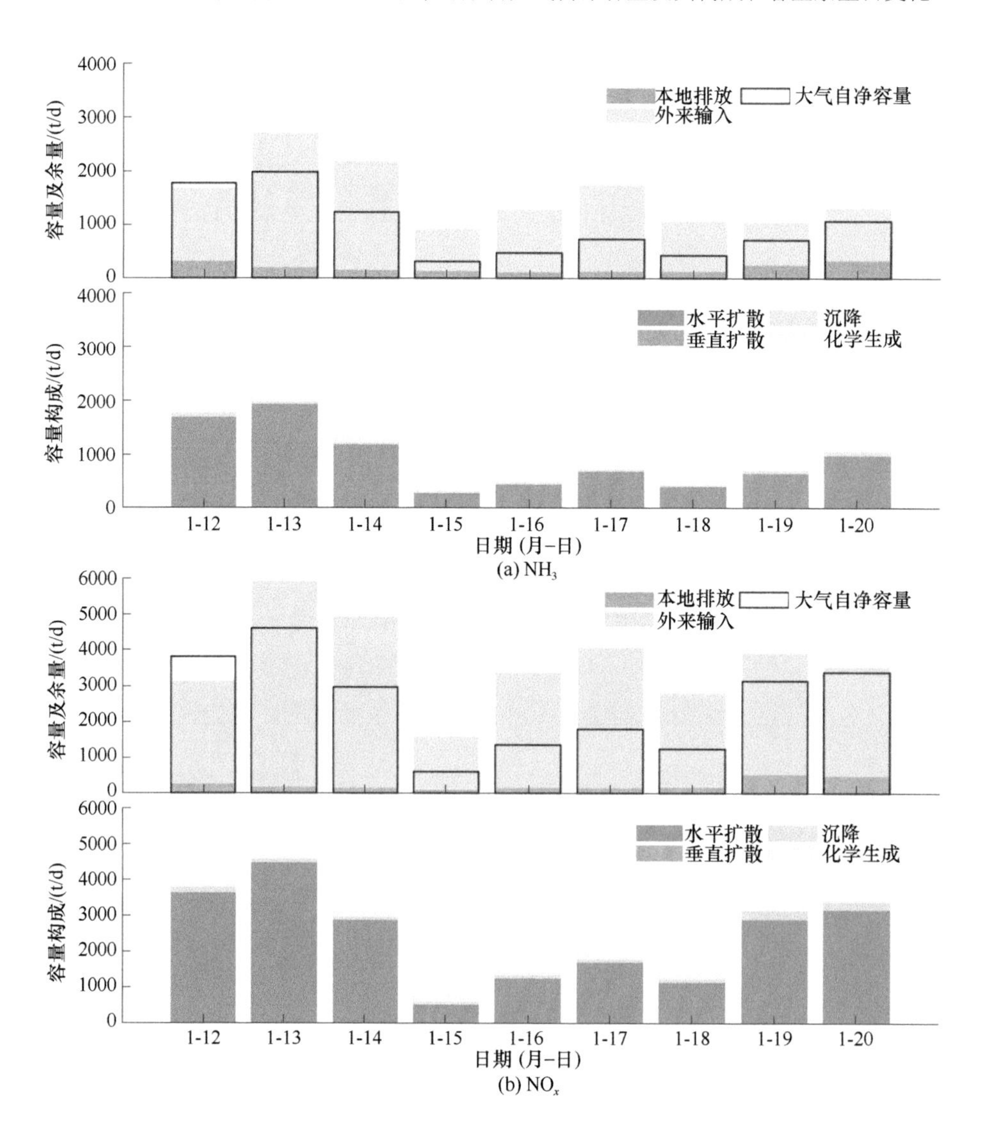

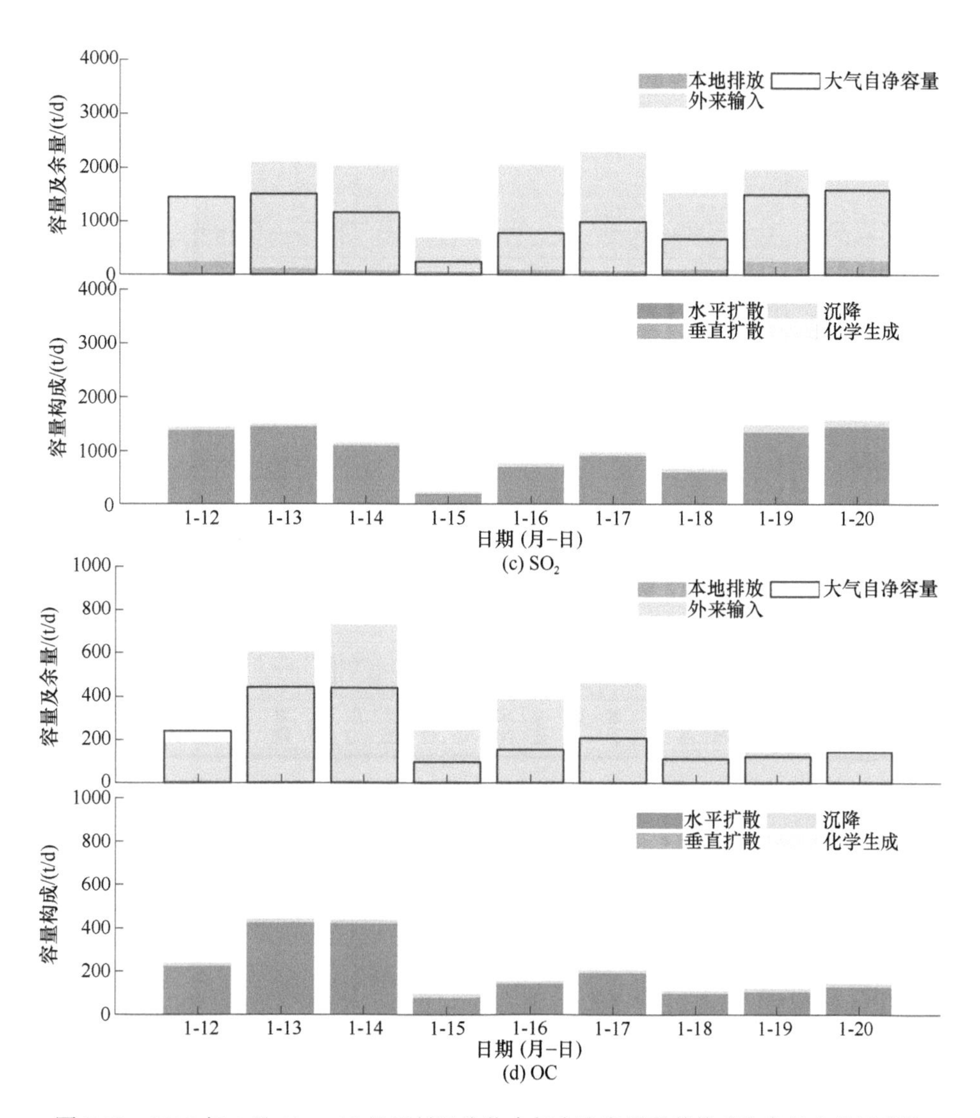

图 7-12　2018 年 1 月 12 ～ 20 日开封污染物大气自净容量及其构成和容量余量日变化

除了北京和山西的个别城市的某个污染物容载量小于大气自净容量外，其他城市容载量均较大，超过了大气自净容量，山东济南、淄博、济宁、德州、聊城、滨州等地容载量超过大气自净容量 1.5 倍以上。

表 7-6 ～表 7-8 分别给出了 3 次典型污染过程各城市的大气自净容量和容量余量累加结果。需要说明的是，若大气自净容量余量为正，则说明气象条件支持现有的区域内外排放格局，区域空气质量可达到给定的环境质量标准要求，值越大，空气质量越好；若大气自净容量余量为负，则说明区域内外排放格局超出了大气自净能力要求，区域空气质量不能达到给定的环境质量标准要求，负值越大，超标越严重。容量余量代表的是输送和排放叠加效应导致的超出大气自净容量的部分，这也是 $PM_{2.5}$ 日均浓度达到 75μg/m^3 时每个城市的应急减排量。由于容量余量包含了区域输送、本地排放、本地生成等因素，因此在应急防控中，应该以优先削减本地排放源为原则，在此基础上考虑城市间相互输送特征，将输入本地贡献较大的周边城市作为重点联防联控城市，并考虑成本效益，最终制定符合各城市的削减方案。

7.1.4　讨论

（1）模型模拟导致的偏差。

大气自净容量算法结果的不确定性主要来源于物理变量数据的不确定性。该算法用到的主要物理变量

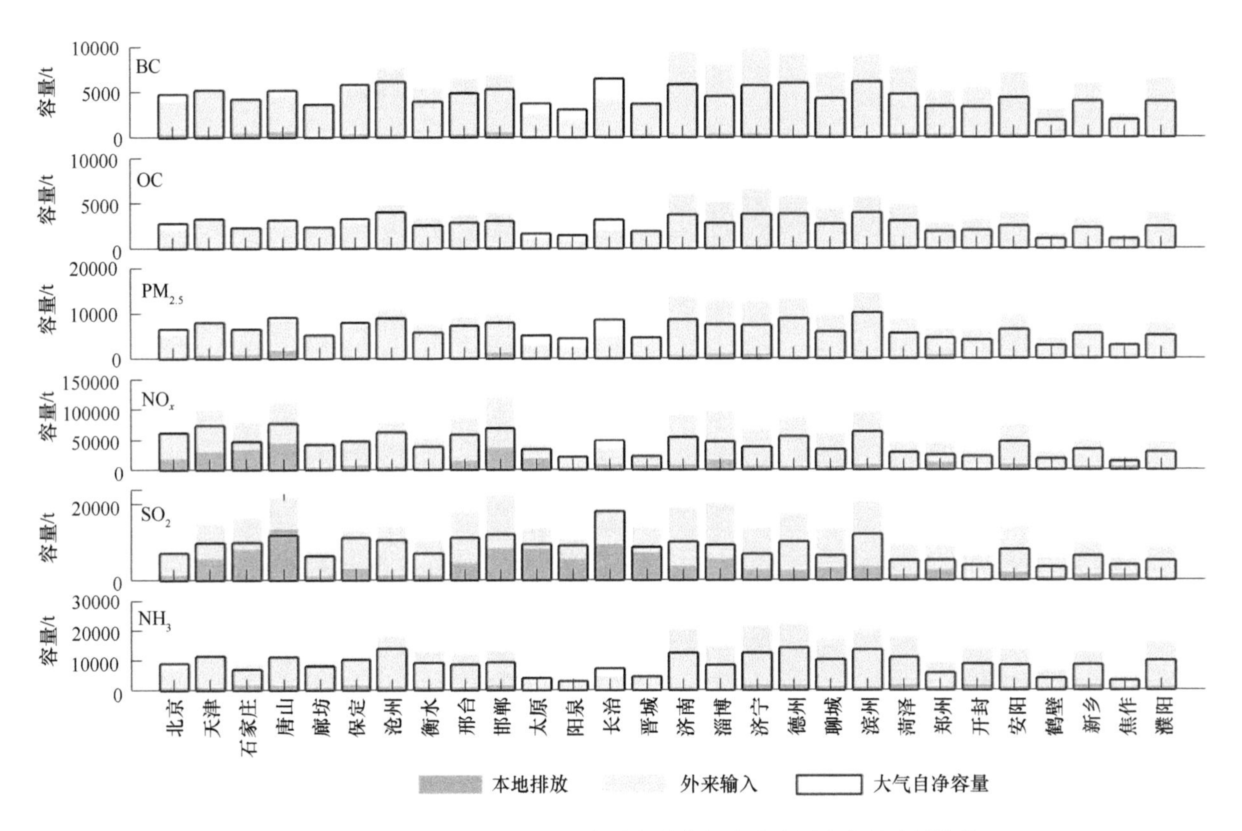

图 7-13　2018 年 1月 12 ～ 20 日各城市的大气自净容量和容量余量比较

表 7-6　2017 年 11 月 3 ～ 7 日 各城市污染物大气自净容量和容量余量

城市	大气自净容量 /t						容量余量 /t					
	一次 $PM_{2.5}$	SO_2	NO_x	BC	OC	NH_3	一次 $PM_{2.5}$	SO_2	NO_x	BC	OC	NH_3
北京	4645	10290	26491	3045	1879	5538	491	−1130	−3535	−215	23	−334
天津	4874	13036	34191	3048	1961	7123	159	−579	−4213	63	18	−686
石家庄	3845	12528	23232	2446	1429	4483	−506	−2087	−5503	−617	−312	−1021
唐山	5730	16158	40604	3217	2016	7356	263	−21	−3736	247	138	−244
廊坊	3071	7845	17475	2106	1391	5168	−3	−659	−1688	−22	−20	−681
保定	4727	14122	21988	3297	1964	6610	4	−1298	−772	−423	−158	−494
沧州	5578	14948	30493	3545	2359	9106	24	−41	708	−95	−58	−714
衡水	3954	10498	21365	2568	1703	6726	−170	−943	−752	−200	−95	−687
邢台	5456	16386	34523	3510	2186	7370	−592	−2686	−4741	−658	−293	−946
邯郸	5890	17058	36519	3764	2299	8162	−501	−2204	−6196	−551	−225	−922
太原	2616	10853	14428	1905	955	2247	−386	−684	−1126	−998	−549	−994
阳泉	2249	8858	7581	1549	821	1618	166	1145	−249	−298	−159	−325
长治	4901	17862	17938	3672	1972	4354	285	1022	−1228	−540	−221	−480
晋城	3199	10919	11497	2313	1263	3089	−222	−1817	−2972	−518	−234	−554
济南	6646	18577	39316	3671	2387	8782	663	1207	2600	209	96	153
淄博	5825	16761	33536	2872	1761	5489	586	1064	−567	195	88	14
济宁	6382	15942	29270	3596	2426	8759	270	−1081	−3363	−48	−4	−895
德州	6203	16698	33708	3688	2477	10249	240	477	1152	29	22	−283

续表

城市	大气自净容量/t						容量余量/t					
	一次 $PM_{2.5}$	SO_2	NO_x	BC	OC	NH_3	一次 $PM_{2.5}$	SO_2	NO_x	BC	OC	NH_3
聊城	4585	12819	24029	2867	1949	7836	199	−333	−727	27	53	−373
滨州	6705	18873	35186	3744	2296	8522	538	1336	2265	363	113	167
菏泽	4576	10914	21277	3026	2078	7910	257	−78	−358	30	95	−345
郑州	3215	8139	15257	2066	1209	4805	−470	−1335	−3838	−390	−209	−724
开封	3115	7305	14445	2127	1385	6575	−87	−225	−544	−187	−60	−247
安阳	4843	12620	27546	3037	1848	7362	−899	−2856	−5205	−875	−446	−1496
鹤壁	2217	5711	12198	1340	812	3836	−314	−828	−1694	−278	−144	−552
新乡	3995	10298	20681	2534	1555	6894	−519	−1639	−1641	−598	−291	−891
焦作	1752	4768	7483	1085	617	2166	−313	−1239	−2152	−342	−176	−567
濮阳	3874	9263	19005	2524	1702	7361	181	40	−812	−6	36	−346

表 7-7 2017 年 12 月 26 ~ 30 日各城市污染物大气自净容量和容量余量

城市	大气自净容量/t						容量余量/t					
	一次 $PM_{2.5}$	SO_2	NO_x	BC	OC	NH_3	一次 $PM_{2.5}$	SO_2	NO_x	BC	OC	NH_3
北京	2573	5351	24213	1697	1098	3793	160	37	1023	118	200	410
天津	3371	8661	31980	1738	1100	3727	223	567	2708	215	167	389
石家庄	3218	10004	21309	2288	1246	3830	−252	−754	−6619	−418	−231	−1202
唐山	4030	11760	32084	1855	1125	4039	678	1502	4359	417	287	782
廊坊	1942	5086	14015	1191	804	2776	46	−92	678	68	61	−35
保定	3352	9227	20386	2624	1444	4384	−849	−2720	−3504	−774	−325	−1373
沧州	3557	8988	23191	2018	1340	4550	−78	−752	347	−50	−16	−418
衡水	2168	5681	13901	1391	929	3335	−520	−1552	−2911	−330	−227	−1002
邢台	3707	12144	25160	2400	1451	4592	−599	−2050	−7651	−543	−346	−1519
邯郸	4227	14143	29518	2588	1543	4994	−879	−2753	−12098	−670	−431	−1955
太原	2444	8896	14260	2141	946	2100	81	−536	−880	−316	−207	−509
阳泉	2175	8668	10058	1726	809	1552	283	843	700	−65	−57	−140
长治	4976	19819	23717	3623	1818	4116	1254	5879	5836	432	178	594
晋城	3196	11697	14407	2375	1223	3013	190	884	761	−63	−48	−74
济南	3817	10190	25063	1854	1229	4449	−1561	−4630	−11198	−761	−507	−2036
淄博	3413	9619	22178	1575	987	3469	−1259	−4070	−10340	−512	−315	−1278
济宁	4091	10015	24004	2285	1554	5759	−1951	−6482	−11380	−991	−636	−3197
德州	3570	8933	20141	1862	1260	4753	−1112	−2909	−7655	−600	−407	−2016
聊城	2410	6227	14332	1386	958	3640	−1230	−3515	−8429	−688	−478	−2185
滨州	4336	10944	25321	2003	1293	4729	−286	−1385	−2904	−96	−84	−611
菏泽	2777	6567	16112	1768	1228	4739	−1438	−3618	−7656	−875	−581	−2571
郑州	3081	9102	16041	1925	1077	3802	−699	−1462	−6615	−415	−281	−1747
开封	2329	5762	13499	1462	930	4155	−982	−2642	−6308	−660	−441	−2388
安阳	3768	11417	21297	2148	1288	4372	−1508	−4185	−11857	−1027	−646	−2604

续表

城市	大气自净容量 /t						容量余量 /t					
	一次 $PM_{2.5}$	SO_2	NO_x	BC	OC	NH_3	一次 $PM_{2.5}$	SO_2	NO_x	BC	OC	NH_3
鹤壁	1759	5298	9394	940	559	2160	–689	–1886	–5540	–435	–280	–1358
新乡	3226	9300	18551	1907	1148	4660	–935	–2536	–7390	–692	–434	–2220
焦作	1897	6193	8607	1160	634	2101	–224	–120	–2303	–230	–144	–725
濮阳	2229	5411	13141	1369	932	4059	–902	–2365	–6680	–594	–431	–2227

表 7-8　2018 年 1 月 12 ~ 20 日各城市污染物大气自净容量和容量余量

城市	大气自净容量 /t						容量余量 /t					
	一次 $PM_{2.5}$	SO_2	NO_x	BC	OC	NH_3	一次 $PM_{2.5}$	SO_2	NO_x	BC	OC	NH_3
北京	6531	17892	61488	4741	2792	8982	704	624	8052	381	424	975
天津	8046	24508	73605	5171	3265	11365	–212	–1376	–5353	–189	–57	–615
石家庄	6464	24818	47180	4191	2299	6957	4	–186	–6165	–87	–61	–1261
唐山	9088	29437	76817	5142	3099	11131	332	896	–3711	209	153	62
廊坊	5167	16013	42046	3592	2342	8094	–173	–783	–1691	–144	–30	–709
保定	7941	27922	47644	5754	3240	10190	280	362	1621	72	149	–552
沧州	8947	26432	62630	6084	3977	13826	–2117	–6479	–13849	–1614	–920	–3918
衡水	5724	17589	38544	3922	2523	9115	–2009	–6274	–12303	–1543	–900	–3519
邢台	7272	27932	58529	4825	2853	8557	–2114	–8380	–17638	–1718	–944	–3328
邯郸	7894	29995	68784	5235	2985	9286	–2287	–9595	–23273	–1810	–1011	–3737
太原	5074	23597	34141	3684	1620	4003	1609	5948	8070	897	338	635
阳泉	4436	22636	21995	3037	1443	3074	1671	7882	6441	985	441	826
长治	8563	45166	48093	6389	3145	7238	3214	18393	17952	1803	877	2150
晋城	4617	21647	22799	3667	1878	4553	5	218	100	–465	–241	–499
济南	8607	25095	54031	5770	3684	12394	–5484	–17257	–35018	–4007	–2499	–7793
淄博	7565	23130	46497	4489	2805	8350	–5572	–17868	–39905	–3710	–2256	–6461
济宁	7367	17056	38142	5645	3768	12413	–5680	–13768	–27993	–4608	–2907	–9140
德州	8816	25200	55392	5928	3802	14090	–4593	–13814	–28196	–3337	–2039	–7673
聊城	5872	16279	33923	4252	2673	10131	–3865	–12001	–23099	–2992	–1821	–6613
滨州	10098	30054	62973	6070	3893	13459	–4588	–15357	–27337	–3000	–1852	–6347
菏泽	5542	12980	28818	4713	3025	10898	–3441	–8558	–16705	–3178	–1912	–6646
郑州	4561	13223	24785	3397	1873	5745	–2196	–5409	–13449	–1953	–1079	–3481
开封	4022	9822	22868	3307	1969	8720	–2393	–5383	–9757	–2168	–1236	–4570
安阳	6359	20139	47101	4322	2466	8356	–3553	–11164	–20167	–2912	–1612	–5010
鹤壁	2863	8572	18822	1842	1048	4037	–1685	–4780	–8798	–1294	–715	–2484
新乡	5514	16091	34020	3952	2265	8483	–2530	–6821	–11823	–2271	–1239	–4137
焦作	2911	9983	14268	1929	1050	3242	–715	–2034	–3598	–835	–446	–1383
濮阳	5053	12797	29768	3909	2402	9877	–3144	–7998	–17066	–2678	–1619	–5998

为气象数据、浓度数据等。气象数据是由中尺度气象模式 WRF 模拟得到的三维气象场，包括风场、温度场、降水场、相对湿度场、边界层高度等，这些物理变量的模拟结果与观测数据之间的误差是该算法不确定性的主要来源之一。为了减小这些物理变量的模拟误差，该算法在 WRF 模拟过程中，将京津冀及周边地区作为核心研究区域，空间分辨率取为 5km×5km，时间分辨率取为 1h，并利用多组物理参数化方案组合的模拟试验比对，获得最接近京津冀及周边地区气象观测数据的一组物理参数化方案，同时采用了四维变分同化技术，完成采暖季和典型重污染过程的模拟，大幅度降低气象场模拟误差。浓度数据是由嵌套式空气质量模式 NAQPMS 模拟得到的采暖季和典型重污染过程的三维浓度场，包括 $PM_{2.5}$ 及其关键组分、SO_2、NO_2、NO、CO 和 O_3 等 30 多种污染物浓度，以及 NAQPMS 的过程分析和污染来源解析结果。多种污染物浓度模拟结果在大气自净容量算法中参与了边界层内空气质量控制目标在垂直方向的浓度场分配，以及 $PM_{2.5}$ 各组分所占比例分配，并提供了关键前体物 SO_2、NO_x、NH_3 等向 $PM_{2.5}$ 转化的化学转化效率；在计算已实际利用的自净容量（即容载量）时，NAQPMS 的过程分析和污染来源解析结果为该算法提供了各物理化学过程分量，即实际区外水平输入量、边界层外垂直输入量、本地排放量、本地排放造成的化学生成量等。为了减小浓度场模拟误差，NAQPMS 采用了多变量跨物种资料同化技术，将稀疏分散的大气污染监测数据同化到 NAQPMS，对关键模式不确定性进行了有效约束，使得重污染期间大气污染物浓度场误差下降 30% 以上。

下一步，将开展模型模拟的不确定性分析，并通过进一步改进空气质量模型模拟方案，降低模型模拟带来的偏差。例如，基于极端不利气象条件下颗粒物污染爆发增长效应的最新研究成果，进一步完善空气质量模型的化学机制，并考虑引入大气重污染累积与天气气候过程的双向反馈机制，提高重污染时段 $PM_{2.5}$ 浓度模拟结果的准确性。

（2）研究以 $PM_{2.5}$、O_3 为核心的双污染指标约束下污染物大气环境容量。

O_3 生成机制比较复杂，下一步将模拟分析气象条件和前体物控制对 O_3 浓度变化的贡献。在此基础上，对大气环境容量迭代模型进行改进，研究以 $PM_{2.5}$、O_3 为核心的双污染指标约束下的多污染物大气环境容量核定技术，分析不同气象条件下主要污染物大气环境容量，提出 SO_2、NO_x、$PM_{2.5}$、VOCs、NH_3 等污染物协同减排优化方案。

（3）规划环境容量的大小，除了与环境标准值和环境背景值有关外，还与环境对污染物的净化能力等自然因素及人为因素有关，如环境空间的大小、污染源排放特征、气象条件、地形地貌及污染物的理化特性等。本书研究在计算以 $PM_{2.5}$ 年均浓度达标为约束的规划环境容量时，把城市和区域作为一个整体，用于计算规划目标下可容纳的污染物排放量，假设对象区域的排放格局没有大的变化，下一步可改进大气环境容量算法，引入环境空间管控和优化工业布局等约束条件。

7.2 2017 ~ 2019 年秋冬季大气污染防治效果评估

在京津冀及周边地区大气污染物排放清单的基础上，分析各类污染控制措施实施后对主要大气污染物的减排效果，通过空气质量模型评估了 2017 年以来主要措施对区域大气环境质量改善的效果。

7.2.1 攻坚行动方案的主要措施

2017 年，“2+26”城市“煤改气”和“煤改电”394.3 万户，减少散煤消费 907.2 万 t。在锅炉整治方面，35 蒸吨以下燃煤锅炉淘汰和改造 5.6 万台，削减煤炭消费量 2704.6 万 t。关停和提升改造涉气“散乱污”

企业共 6.2 万家。区域内采取电力超低排放改造，砖瓦、石化化工深度治理等措施 300 余项。实施错峰生产企业 7403 家，各城市平均启动重污染天气预警 34 天。环渤海港口禁止公路运输煤炭、大宗物料错峰运输[24]。

在 2017 年的基础上，2018 年“2+26”城市完成“煤改气”和“煤改电”合计 384 万户，其中“煤改气”209 万户，“煤改电”175 万户，减少散煤消费 958 万 t。燃煤锅炉淘汰及综合整治 3573 台，消减煤炭消费量 410 万 t。天津、河北、山西、山东、河南铁路货运量同比增加 1.5 亿 t；实施了 400 余项钢铁、焦化及大型燃煤锅炉超低排放升级改造项目。在秋冬季期间，各城市平均启动重污染天气预警 87 天。

7.2.2 各项措施减排对比分析

综合测算结果显示，2017 年采取的各项措施可以减少 2017 ～ 2018 年秋冬季的一次 $PM_{2.5}$ 排放量 27.5 万 t、PM_{10} 47.5 万 t、SO_2 31.1 万 t、NO_x 19.4 万 t、VOCs 13.4 万 t。2018 年采取的措施同比力度减小，污染物减排幅度收窄，各项措施可以减少 2018 ～ 2019 年秋冬季的一次 $PM_{2.5}$ 排放量 11.9 万 t、SO_2 10.1 万 t、NO_x 18.5 万 t、VOCs 8.6 万 t（图 7-14）。

区域内两年采取的秋冬季减排措施评估结果显示，2018 ～ 2019 年秋冬季节采取各项措施带来的 SO_2 及一次 $PM_{2.5}$ 的减排量明显低于 2017 ～ 2018 年。这主要是由于区域内的中小燃煤工业锅炉综合整治、“散乱污”治理等工作在 2017 年已经基本完成，2018 年秋冬季的重点转移到了大型燃煤设施、钢铁、焦化、水泥等重点行业的污控措施升级、超低排放改造及散煤“双替代”。各项措施污染物减排量见表 7-9。

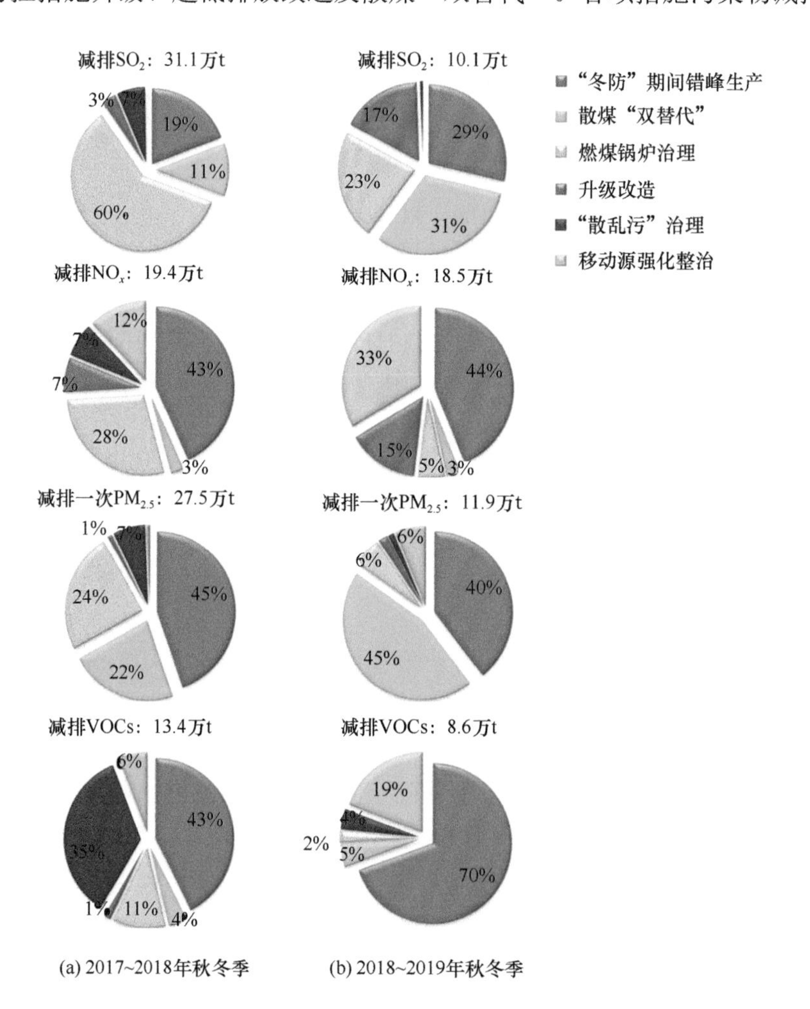

图 7-14　措施污染物减排量占比

图中未显示小于 1% 的数据

表 7-9 2017 ~ 2019 年秋冬季各项措施污染物减排量 （单位：万 t）

措施简称	2017 ~ 2018 年秋冬季				2018 ~ 2019 秋冬季			
	SO_2	NO_x	$PM_{2.5}$	VOCs	SO_2	NO_x	$PM_{2.5}$	VOCs
“冬防”期间错峰生产	6.0	8.4	12.3	5.7	2.9	8.1	4.7	6.0
散煤“双替代”	3.5	0.5	6.2	0.5	3.2	0.5	5.4	0.4
燃煤锅炉治理	18.5	5.5	6.7	1.5	2.3	1.0	0.7	0.2
升级改造	1.0	1.3	0.3	0.2	1.7	2.7	0.2	0.0
“散乱污”治理	2.0	1.3	1.9	4.7	0.1	0.0	0.1	0.4
移动源强化整治	0.1	2.4	0.2	0.8	0.0	6.2	0.7	1.7
合计	31.1	19.4	27.6	13.4	10.2	18.5	11.8	8.7

2017 年采取各项措施后取得的污染物减排量中燃煤锅炉治理、散煤“双替代”和“散乱污”治理等长效措施减排了 80% 的 SO_2，一次 $PM_{2.5}$、NO_x 和 VOCs 减排比例也达到 50% 以上，略高于错峰生产及重污染应急等临时性措施，其成效显著；值得注意的是，错峰生产及重污染应急措施对一次 $PM_{2.5}$、NO_x 和 VOCs 的减排比例都超过 40%，减排作用同样重要。

2018 年区域内采取大部分措施力度较上一年有所减弱，一次 $PM_{2.5}$、SO_2、NO_x 和 VOCs 的减排量较上一年分别减少了 57%、67%、5% 和 36%。由于中小燃煤锅炉和“散乱污”企业在 2017 年已经基本整治完毕，2018 年锅炉整治措施减排量约为 2017 年度的 1/5；“散乱污”企业取缔淘汰措施减排量不足 2017 年的 1/10；2018 年河北大力推行钢铁行业的超低排放改造工作，因而升级改造措施减排量同比增加。

2018 ～ 2019 年秋冬季，“2+26”城市 $PM_{2.5}$ 浓度与 2017 ～ 2018 年秋冬季相比上升 6.5%，PM_{10} 上升 5.3%，NO_x 持平。区域内城市出现重度及以上污染天数平均为 22 天，与 2017 ～ 2018 年秋冬季相比上升 36.8%。

从图 7-15 可以看出，2018 ～ 2019 年秋冬季京津冀及周边地区的主要工业产品及能源产量同比增长，其中生铁和粗钢分别同比增加了 23% 和 21%；焦炭、水泥、平板玻璃分别增加了 12%、3% 和 7%，火力发电增加了 11%。如果不考虑污染治理措施的升级改造，根据排放清单中各行业 2017 年的污染排放水平估算，2018 ～ 2019 年秋冬季，上述原因导致的污染物排放同比增量为一次 $PM_{2.5}$ 1.7 万 t、SO_2 2.8 万 t、NO_x 4.1 万 t、VOCs 2.4 万 t。

由于错峰生产及重污染应急措施的大幅豁免（2018 ～ 2019 年秋冬季错峰企业数量较 2017 ～ 2018 年

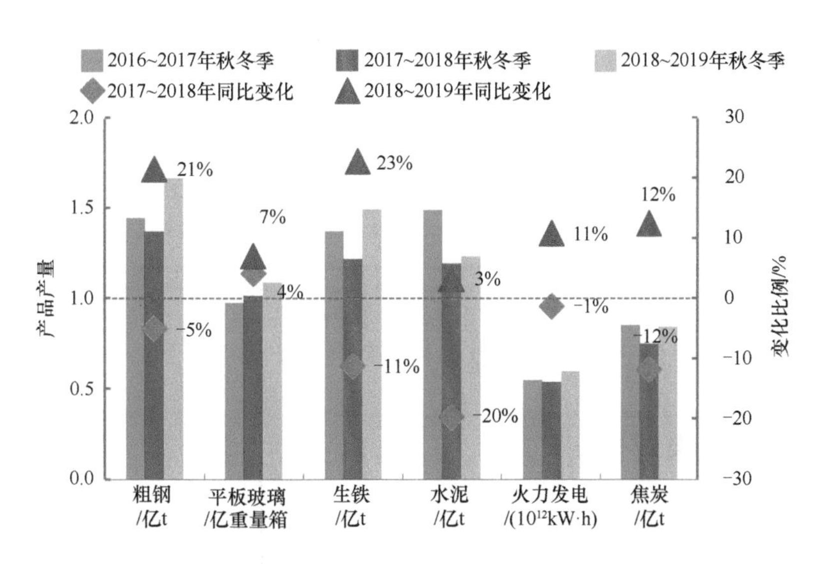

图 7-15 京津冀及周边地区主要工业产品秋冬季产量变化情况

2017 ～ 2018 年秋冬季包括 2017 年 11 月、12 月和 2018 年 1 ～ 3 月；2018 ～ 2019 年秋冬季包括 2018 年 11 月、12 月和 2019 年 1 ～ 3 月；数据来自国家统计局网站，范围包括京津冀晋鲁豫六省市秋冬季减少七成左右，同时增加了近 20% 的豁免企业），一次 $PM_{2.5}$ 排放量在秋冬季同比增加了 7.6 万 t、SO_2 增加了 3.0 万 t、NO_x 增加了 0.3 万 t。

经抽查发现“2+26”城市 2018 ～ 2019 年秋冬季“煤改电”居民有 1.7% 的复燃率，“煤改气”有 9.2% 的复燃率，特别是保定散煤复烧明显，达到了 20.6%（以户计）。据此估算，“2+26”城市散煤使用户数增加 55.8 万户，散煤消费增加 166.0 万 t，污染物排放增量分别为一次 $PM_{2.5}$ 1.1 万 t、SO_2 0.6 万 t、NO_x 0.2 万 t、VOCs 0.1 万 t。

综合考虑上述 2018 年采取的措施带来的减排量以及重污染应急、错峰生产等临时措施放松所带来的污染物排放增加量①，2018 ～ 2019 年秋冬季 4 项污染物的排放总量同比有增有减，其中一次 $PM_{2.5}$ 的排放量同比增加了 1.0 万 t，SO_2、NO_x、VOCs 同比分别减少了 5.0 万 t、6.0 万 t 和 1.7 万 t（图 7-16）。

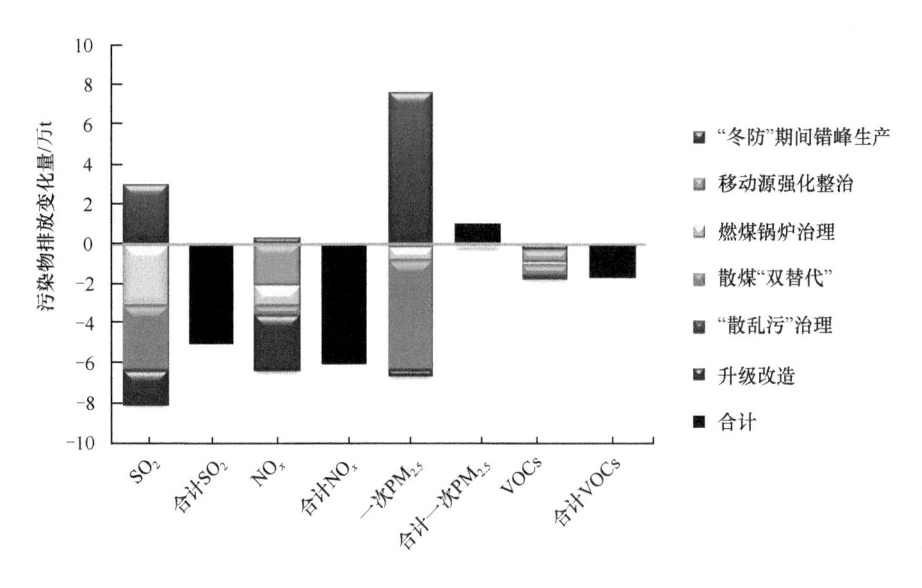

图 7-16　2018 ～ 2019 年秋冬季污染物排放同比变化情况

合计排放量是指由治理措施带来的污染物排放减量与生产活动增加带来的污染物排放增量的加和

北京 2017 ～ 2018 年大气污染防治评估结果显示，SO_2、NO_x、PM 和 VOCs 等污染物减排量分别为 2.5 万 t、2.2 万 t、3.6 万 t 和 3.1 万 t，其中 2017 ～ 2018 年秋冬季污染物减排力度最大，SO_2、NO_x、PM 和 VOCs 污染物削减量分别占 2 年总削减量的 96%、74%、84% 和 93%。对 SO_2 排放削减最为有效的措施是散煤治理，2 年共削减 1.7 万 t，其占总 SO_2 削减比例的 67%；燃煤锅炉治理和“散乱污”治理对 SO_2 削减量贡献相当，分别为 19% 和 14%。对 NO_x 排放削减最有效的措施是移动源强化整治（包括老旧车辆淘汰）（66%），其次是燃煤锅炉治理（18%）和散煤“双替代”（16%）。对 PM 削减最有效的措施是扬尘治理（48%）和散煤“双替代”（34%），“散乱污”治理削减 18.8% 的颗粒物排放。VOCs 治理减排量最有效的措施是 VOCs 企业治理，2 年共削减 VOCs 排放 1.2 万 t，占比 39%；其次是“散乱污”治理（27% 左右）；散煤“双替代”（17%）和移动源强化整治（17%）对 VOCs 的减排量贡献相当。

7.2.3　空气质量改善效果评估

从污染物改善效果来看，2017 年采暖季污染控制措施对 $PM_{2.5}$ 改善效果最显著的措施是散煤“双替代”，其次是错峰生产 + 应急减排措施；对 SO_2 改善效果最明显的措施是燃煤锅炉治理，其次是散煤“双替代”；

① 工业产品增加量与错峰应急减少带来的增量有部分重复，因此不计入加和范围内。

对 NO_2 改善效果最明显的措施是错峰生产 + 应急减排，其次是燃煤锅炉治理。

由表 7-10 ～表 7-12 可以看出，2017 年散煤“双替代”措施使“2+26”城市 $PM_{2.5}$ 下降比例范围为 2.23% ～ 28.50%，北京下降 14.79%；SO_2 下降比例范围为 1.34% ～ 26.24%，北京下降 12.10%；NO_2 下降比例范围为 0.17% ～ 2.95%，北京下降 2.95%。燃煤锅炉治理措施使“2+26”城市 $PM_{2.5}$ 的下降比例范围为 1.23% ～ 15.60%，北京下降 11.45%；SO_2 的下降比例范围为 1.95% ～ 70.99%，北京下降 23.43%；NO_2 的下降比例范围为 0.36% ～ 7.03%，北京下降 4.46%。错峰生产 + 应急减排措施使得“2+26”城市 $PM_{2.5}$ 的下降比例范围为 4.11% ～ 21.36%，北京下降 4.11%；SO_2 的下降比例范围为 5.32% ～ 25.42%，北京下降 5.32%；NO_2 的下降比例范围为 3.58% ～ 16.17%，北京下降 3.58%。

表 7-10 2017 年和 2018 年采暖季“2+26”城市控制措施使得 SO_2 下降比例 （单位：%）

城市	2017 年冬防措施			2018 年冬防措施		
	散煤“双替代”	燃煤锅炉治理	错峰生产 + 应急减排	散煤“双替代”	燃煤锅炉治理	错峰生产 + 应急减排
北京	12.10	23.43	5.32	13.47	6.50	2.46
天津	5.36	31.21	12.66	3.49	11.54	1.59
石家庄	22.04	26.39	15.39	12.06	25.56	10.41
唐山	1.63	9.64	23.66	2.98	5.30	5.40
保定	11.94	40.78	11.98	4.24	8.45	4.38
廊坊	13.48	30.71	10.06	10.56	4.34	2.19
沧州	8.57	27.74	20.07	6.23	18.98	3.98
衡水	13.30	27.25	14.48	14.08	6.53	6.56
邯郸	18.45	24.42	22.33	6.17	4.25	15.23
邢台	26.24	20.94	21.82	3.71	13.05	31.66
太原	17.81	40.80	8.45	11.66	8.42	7.59
阳泉	10.79	5.60	13.25	8.74	21.48	5.65
长治	6.61	31.28	13.24	17.27	29.09	5.96
晋城	6.47	70.99	15.83	21.02	7.34	3.38
济南	4.47	7.29	10.62	1.53	0.68	2.68
淄博	2.01	5.95	13.59	2.63	0.74	10.02
聊城	1.75	21.33	14.91	5.04	0.88	9.27
德州	1.34	12.59	12.89	4.82	1.36	7.24
滨州	3.17	29.68	8.15	1.76	0.58	6.36
济宁	1.36	1.95	14.08	1.98	0.42	5.19
菏泽	2.30	15.90	14.08	1.72	2.53	18.31
郑州	3.90	6.61	19.39	5.30	5.48	12.30
新乡	3.36	15.16	20.08	4.33	4.53	15.26
鹤壁	5.01	13.92	20.50	5.93	4.71	16.67
安阳	4.14	15.66	23.20	4.41	4.94	25.14
焦作	4.63	24.87	25.42	5.65	5.83	15.16
濮阳	2.88	18.89	20.36	5.02	2.64	6.07
开封	2.30	10.14	19.16	3.47	2.52	7.03

表 7-11 2017 年和 2018 年采暖季“2+26”城市控制措施使得 NO_2 下降比例 （单位：%）

城市	2017 年冬防措施			2018 年冬防措施		
	散煤“双替代”	燃煤锅炉治理	错峰生产 + 应急减排	散煤“双替代”	燃煤锅炉治理	错峰生产 + 应急减排
北京	2.95	4.46	3.58	0.99	0.94	3.18
天津	0.71	2.99	6.73	0.41	5.15	10.05
石家庄	1.92	2.29	7.26	1.28	6.97	33.77
唐山	0.17	0.92	8.32	0.52	3.58	11.09
保定	1.23	5.83	7.09	0.65	2.36	23.53
廊坊	2.07	6.38	6.16	0.98	1.39	8.47
沧州	0.86	3.15	11.67	0.64	4.33	41.96
衡水	1.18	3.02	7.89	1.60	1.94	21.75
邯郸	1.50	2.09	9.25	0.78	1.41	17.98
邢台	2.27	1.94	8.46	0.77	5.30	31.02
太原	1.98	6.84	5.54	0.60	1.32	17.29
阳泉	1.94	1.38	14.70	0.72	4.16	27.49
长治	0.87	2.70	7.22	1.40	11.53	11.60
晋城	1.06	6.32	11.33	1.61	3.66	14.05
济南	0.92	0.88	5.39	0.13	0.15	7.47
淄博	0.43	1.02	6.25	0.42	0.34	22.42
聊城	0.39	2.67	7.29	0.50	0.29	7.07
德州	0.28	2.02	7.17	0.61	0.59	13.40
滨州	0.67	6.95	5.74	0.31	0.32	6.45
济宁	0.27	0.36	5.92	0.21	0.09	22.25
菏泽	0.51	3.44	7.36	0.27	0.67	10.85
郑州	0.62	0.99	8.51	0.46	1.07	34.61
新乡	0.45	2.14	16.17	0.55	1.32	18.54
鹤壁	0.82	2.09	12.64	0.82	1.43	18.00
安阳	0.58	1.80	10.70	0.78	1.83	20.44
焦作	0.61	7.03	12.60	0.74	1.65	13.63
濮阳	0.54	2.55	10.83	0.72	0.95	18.44
开封	0.50	2.54	11.70	0.40	0.62	33.09

表 7-12 2017 年和 2018 年采暖季“2+26”城市控制措施使得 $PM_{2.5}$ 下降比例 （单位：%）

城市	2017 年冬防措施			2018 年冬防措施		
	散煤“双替代”	燃煤锅炉治理	错峰生产 + 应急减排	散煤“双替代”	燃煤锅炉治理	错峰生产 + 应急减排
北京	14.79	11.45	4.11	8.46	0.54	4.44
天津	9.04	12.70	7.29	5.42	1.69	5.06
石家庄	16.24	5.62	6.15	12.67	3.44	7.09
唐山	2.23	4.24	20.80	7.54	1.91	8.79

续表

城市	2017 年冬防措施			2018 年冬防措施		
	散煤“双替代”	燃煤锅炉治理	错峰生产 + 应急减排	散煤“双替代”	燃煤锅炉治理	错峰生产 + 应急减排
保定	12.40	9.05	5.59	6.03	1.14	3.80
廊坊	20.82	13.55	6.10	8.10	0.67	8.41
沧州	7.22	8.13	7.46	9.24	3.33	7.12
衡水	17.73	7.42	7.33	13.54	0.86	5.19
邯郸	24.00	6.38	21.36	7.78	0.91	15.95
邢台	28.50	6.80	17.07	5.58	2.08	25.89
太原	11.04	5.44	14.65	4.97	1.02	12.92
阳泉	8.91	1.63	10.73	5.48	2.79	5.50
长治	6.43	4.26	10.91	9.69	5.79	4.06
晋城	6.16	6.79	9.83	7.54	3.64	5.04
济南	5.01	2.57	5.44	1.69	0.22	2.59
淄博	4.63	2.34	9.07	3.00	0.23	10.03
聊城	3.56	9.22	7.23	4.33	0.26	2.93
德州	3.04	5.32	7.33	5.72	0.38	3.89
滨州	4.79	15.60	6.33	2.54	0.23	7.53
济宁	2.70	1.23	8.26	2.20	0.21	3.96
菏泽	4.33	8.45	5.42	2.05	0.35	2.91
郑州	5.45	2.60	10.60	3.64	0.58	7.66
新乡	4.68	5.76	13.73	3.96	0.77	6.66
鹤壁	7.27	5.14	12.34	5.14	0.74	10.49
安阳	5.90	4.63	15.32	4.75	0.73	9.82
焦作	5.43	11.23	10.19	3.62	0.83	5.58
濮阳	4.88	4.85	9.44	4.11	0.45	3.64
开封	4.12	3.72	13.24	2.71	0.37	6.04

2018 年各项措施中，错峰生产与应急减排措施对 $PM_{2.5}$ 的改善效果较其他措施更为显著，其次是散煤“双替代”。

由表 7-10 ～表 7-12 可以看出，2018 年散煤“双替代”措施使“2+26”城市 $PM_{2.5}$ 下降比例范围为 1.69% ～ 13.54%，北京下降 8.46%；SO_2 下降比例范围为 1.53% ～ 21.02%，北京下降 13.47%；NO_2 下降比例范围为 0.13% ～ 1.61%，北京下降 0.99%。燃煤锅炉治理措施使“2+26”城市 $PM_{2.5}$ 的下降比例范围为 0.21% ～ 5.79%，北京下降 0.54%；SO_2 的下降比例范围为 0.42% ～ 29.09%，北京下降 6.50%；NO_2 的下降比例范围为 0.09% ～ 11.53%，北京下降 0.94%。错峰生产 + 应急减排措施使得“2+26”城市 $PM_{2.5}$ 的下降比例范围为 2.59% ～ 25.89%，北京下降 4.44%；SO_2 的下降比例范围为 1.59% ～ 31.66%，北京下降 2.46%；NO_2 的下降比例范围为 3.18% ～ 41.96%，北京下降 3.18%。

通过 2017 年和 2018 年采暖季“2+26”城市采取的各项大气污染防治措施的效果评估结果可以看出，散煤“双替代”作为长效措施对 $PM_{2.5}$ 的改善效果较其他措施更为显著，其次是错峰生产与应急减排措施。相比 2017 年的治理措施，2018 年散煤“双替代”、错峰生产和应急减排措施力度不减，燃煤锅炉治理因为在 2017 年已基本完成，所以 2018 年的治理效果没有其他两项措施显著。

7.3 空气质量达标差距分析和改善目标设计

研究分析了国内污染形势与达标面临的挑战，通过详细梳理京津冀及周边地区“2+26”城市 $PM_{2.5}$ 浓度、重污染天数的变化情况，分析了区域与各城市离“打赢蓝天保卫战”目标的差距。结合“打赢蓝天保卫战”和“基本实现美丽中国目标”的战略要求，以及我国国民经济与社会发展阶段性规划的时限要求，基于污染形势现状和达标差距分析，考虑国内外 $PM_{2.5}$ 年均浓度改善经验，提出了 2020 ～ 2035 年，区域和城市 $PM_{2.5}$ 年均浓度 3 年滑动平均值的分阶段改善目标。

7.3.1 国内污染形势与达标面临的挑战

近几年来，国内主要城市空气治理改善明显，京津冀区域 2013 年和 2017 年的 $PM_{2.5}$ 浓度分别为 106μg/m^3 和 64μg/m^3，5 年间年均 $PM_{2.5}$ 浓度下降 42μg/m^3，降幅达 40%。北京市 $PM_{2.5}$ 浓度由 90μg/m^3 下降至 58μg/m^3，5 年间年均浓度下降 32μg/m^3，降幅达 36%。

但我国的大气污染形势仍然严峻，达标压力大。《2018 中国生态环境状况公报》显示，全国 338 地级及以上城市中，只有 121 个城市环境空气质量达标（即六项污染物浓度均达标），达标比例为 36%。就 $PM_{2.5}$ 而言，全国仅有 148 个城市的 $PM_{2.5}$ 浓度达到 35μg/m^3 的《环境空气质量标准》（GB 3095—2012），达标率为 44%；仍然有 190 个城市 $PM_{2.5}$ 浓度超标，超标率为 56%。2018 年，338 个城市发生重度污染 1899 天次、严重污染 822 天次，其中以 $PM_{2.5}$ 为首要污染物的天数占重度及以上污染天数的 60%，以 PM_{10} 为首要污染物的占 37%，以 O_3 为首要污染物的占 4%。京津冀及周边地区作为全国大气污染最严重的区域之一，“2+26”城市 $PM_{2.5}$ 的 2018 年均值浓度为 60μg/m^3，超出全国平均水平（39μg/m^3）54%，且在空气质量达标率和重污染天数等方面，都和全国平均水平有相当大的差距，其是“打赢蓝天保卫战”最重要的战场。

2017 ～ 2018 年大气污染防治工作中所采取的散煤“双替代”、燃煤锅炉治理、“散乱污”治理、“冬防”期间错峰生产和移动源强化整治等综合措施对大气重污染治理成效显著，环境空气质量改善明显，也增加了人群的健康和经济收益；但是，除北京市以外，京津冀及周边地区的能源、产业、交通结构未发生根本性转变；空气质量改善的技术难度增大，边际成本提高，污染治理进入深水区，越来越触及深层次的问题。

打赢蓝天保卫战，是党的十九大做出的重大决策部署，事关满足人民日益增长的美好生活需要，事关全面建成小康社会，事关经济高质量发展和美丽中国建设。但是，目前打赢蓝天保卫战依然存在诸多挑战，最直接最主要的影响因素是各城市 $PM_{2.5}$ 浓度能否按期完成目标。为此，攻关项目基于环境、经济和健康收益预期，提出了基于承载力分析的区域空气质量改善路线图及减排路径建议，提出了产业、能源、交通等结构调整建议，形成了能够有效支撑中长期大气污染防治科学决策的技术能力，以全面支撑区域和城市大气污染防治综合科学决策的相关需求。

7.3.2 空气质量达标差距分析

7.3.2.1 实现 2020 年蓝天保卫战目标的差距分析

从 2020 年 $PM_{2.5}$ 浓度目标来看，2018 年鹤壁市、北京市、济宁市、新乡市、德州市、济南市、菏泽市、廊坊市、淄博市、天津市、聊城市和郑州市 12 个城市已基本完成打赢蓝天保卫战三年作战计划目标。另外，

16 个城市 2018 年 $PM_{2.5}$ 浓度与 2020 年目标值相差 1 ～ 13μg/m³，其中差距超过 10μg/m³ 的城市有太原市、晋城市和阳泉市；差距在 5 ～ 10μg/m³ 的城市有安阳市、石家庄市和长治市（图 7-17）。

从 2020 年重污染天数目标来看，2018 年已有 20 个城市基本完成打赢蓝天保卫战三年作战计划目标，德州市、廊坊市、北京市、济南市、聊城市、唐山市、济宁市、淄博市和保定市 9 个城市重污染天数与目标值相比减少 10 天及以上；菏泽市、新乡市、天津市、滨州市、郑州市、鹤壁市、濮阳市、沧州市、邯郸市、衡水市和邢台市 11 个城市重污染天数与目标值相比减少天数范围为 2 ～ 9 天；长治市、焦作市、石家庄市、阳泉市、安阳市、太原市、晋城市和开封市 8 个城市重污染天数与 2020 年目标值相差 2 ～ 7 天，其中开封市和晋城市相差最多，超过 5 天（图 7-18）。

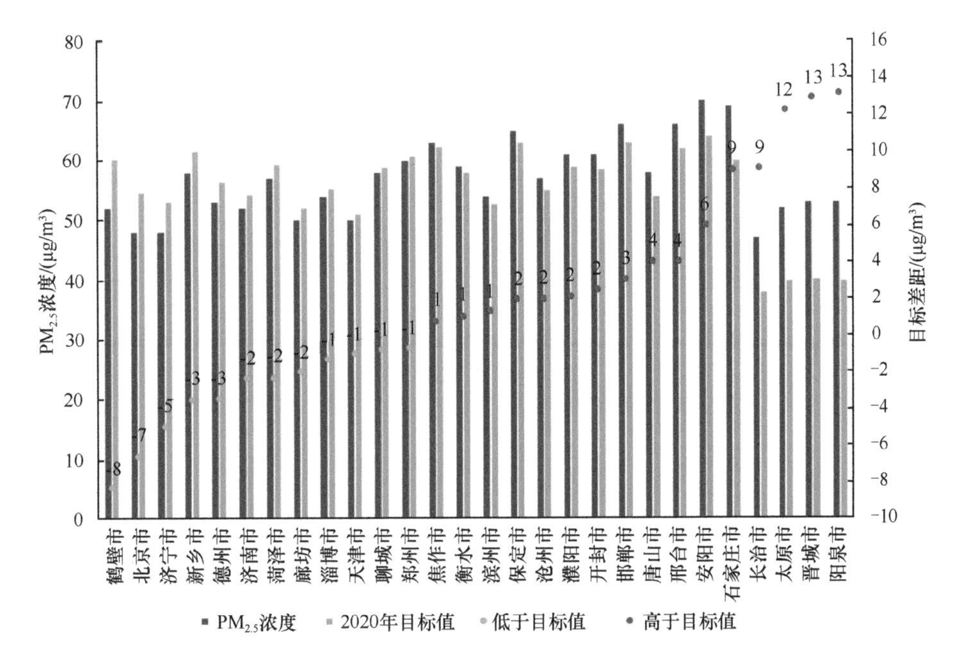

图 7-17　2018 年“2+26”城市 $PM_{2.5}$ 浓度与 2020 年目标差距分析

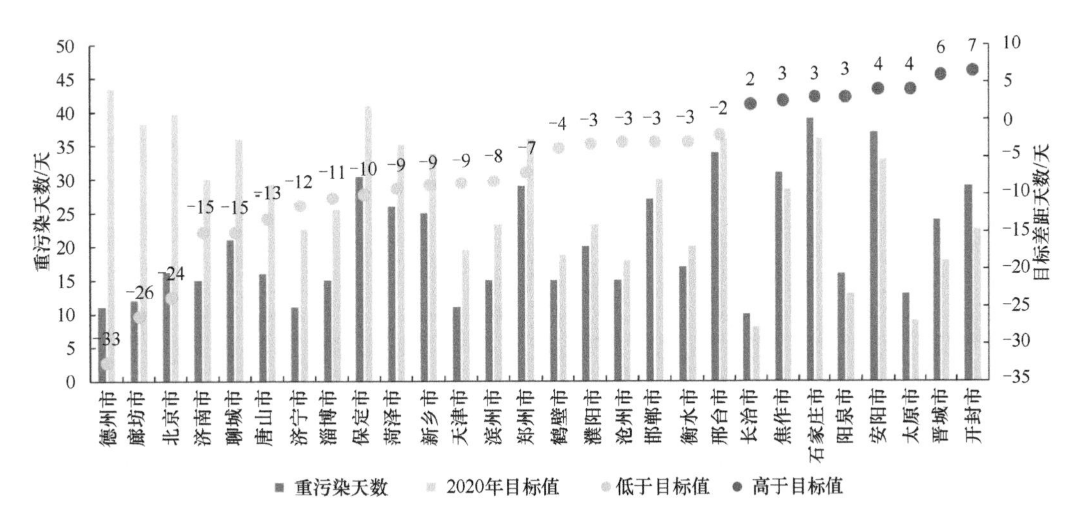

图 7-18　2018 年“2+26”城市重污染天数与 2020 年目标差距分析

7.3.2.2　实现 2019 ～ 2020 年秋冬季大气污染综合治理攻坚行动目标的差距分析

从 2019 ～ 2020 年秋冬季 $PM_{2.5}$ 浓度目标来看，截至 2020 年 3 月 17 日，已有 26 个城市暂时完成

2019 ～ 2020 年秋冬季大气污染综合治理攻坚行动目标，其中太原市仅比目标浓度低 1μg/m³。济宁市和鹤壁市未完成目标，与目标浓度的差距分别为 15μg/m³ 和 2μg/m³（图 7-19）。

从 2019 ～ 2020 年秋冬季重污染天数目标来看，截至 2020 年 3 月 17 日，已有 25 个城市基本完成 2019 ～ 2020 年秋冬季大气污染综合治理攻坚行动目标，但其中鹤壁市、唐山市、北京市、太原市、沧州市和衡水市 6 个城市重污染天数与目标值相比仅减少 1 ～ 3 天，仍有无法完成目标的风险；济宁市、德州市和天津市未完成目标，重污染天数分别超过目标值 6 天、4 天和 2 天（图 7-20）。

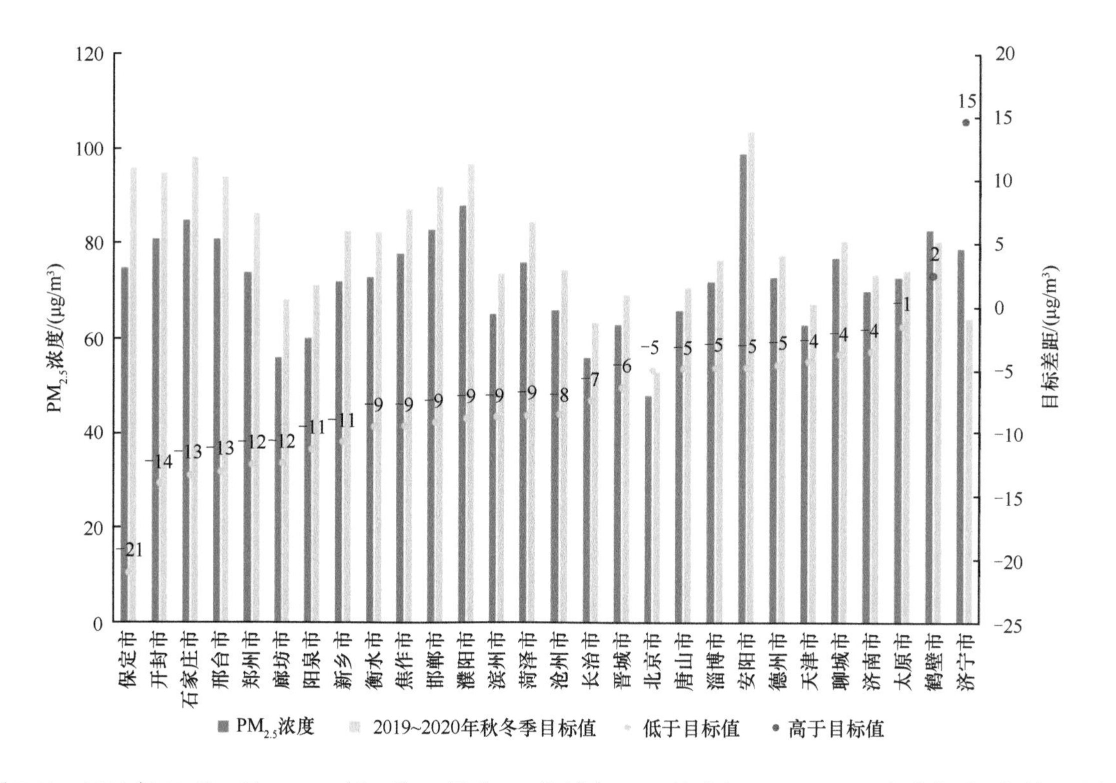

图 7-19　2019 年 10 月 1 日～ 2020 年 3 月 17 日“2+26”城市 $PM_{2.5}$ 浓度与 2019 ～ 2020 年秋冬季目标差距分析

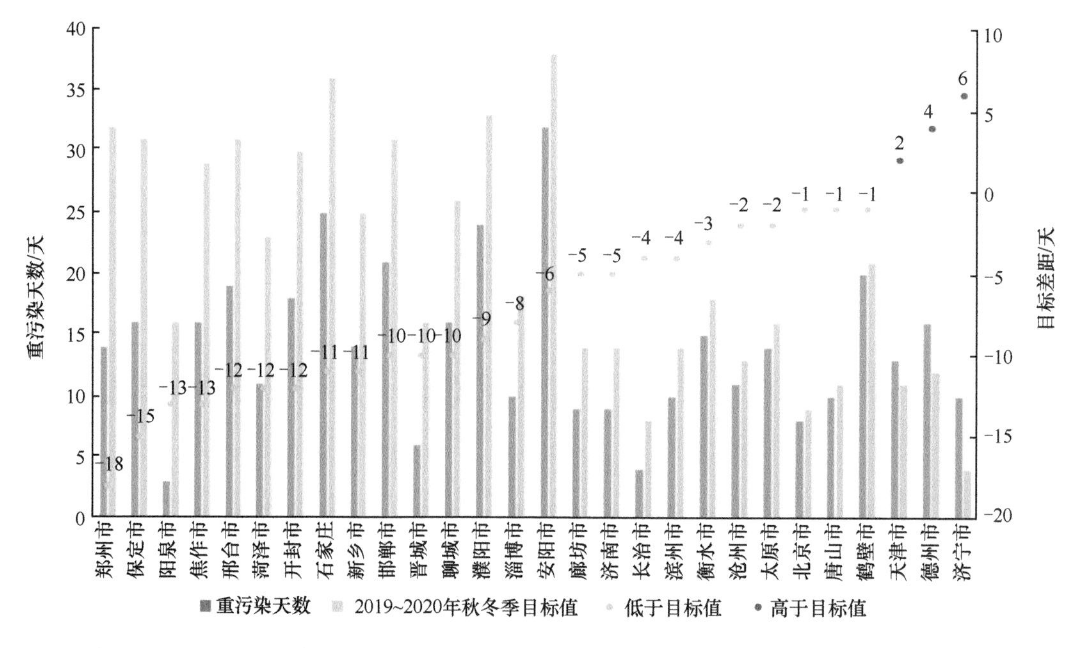

图 7-20　2019 年 10 月 1 日～ 2020 年 3 月 17 日“2+26”城市重污染天数与 2019 ～ 2020 年秋冬季目标差距分析

7.3.2.3 实现 $PM_{2.5}$ 达标的（35μg/m³）差距分析

从 $PM_{2.5}$ 浓度达标分析来看（小于 35μg/m³），2017 ～ 2019 年“2+26”城市 $PM_{2.5}$ 年均浓度 3 年滑动平均值达标差距为 13 ～ 37μg/m³，其中达标差距小于 20μg/m³ 的有 7 个城市，分别为北京市、长治市、廊坊市、济宁市、阳泉市、天津市和晋城市；达标差距为 20 ～ 30μg/m³ 的有 16 个城市，分别为太原市、济南市、沧州市、鹤壁市、滨州市、德州市、新乡市、淄博市、唐山市、郑州市、开封市、菏泽市、濮阳市、聊城市、衡水市和焦作市；达标差距大于 30μg/m³ 的有 5 个城市，分别为保定市、邢台市、邯郸市、石家庄市和安阳市（图 7-21）。

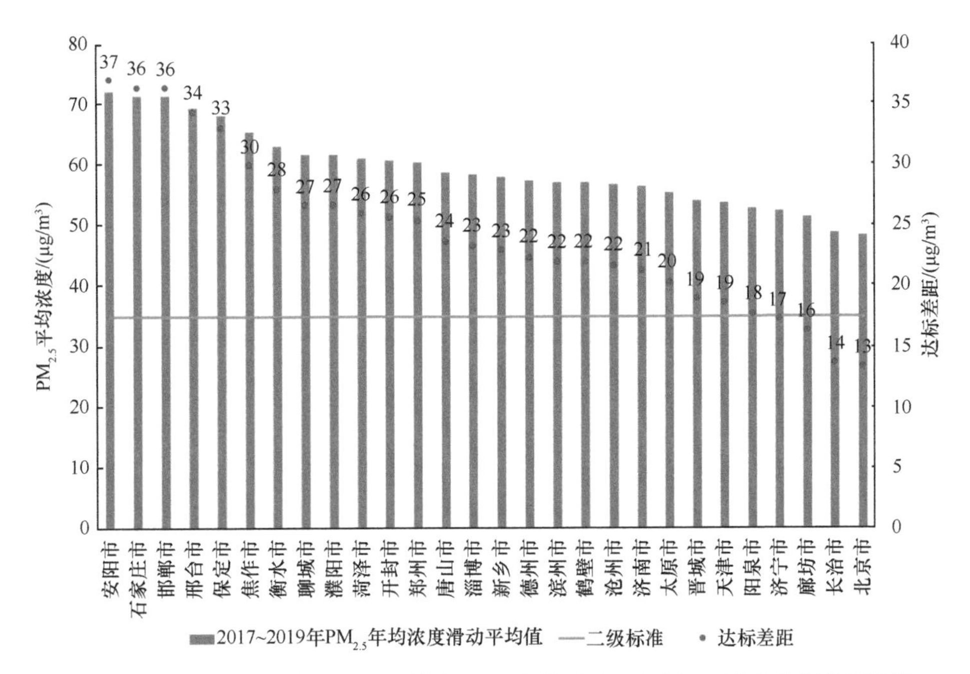

图 7-21　2017 ～ 2019 年“2+26”城市 $PM_{2.5}$ 年均浓度 3 年滑动平均值达标差距分析

7.3.2.4 消除重污染天数的差距分析

按照基本消除重污染天数目标，以 2018 年为基准，“2+26”城市消除重污染天数仍有较大差距。2018 年“2+26”城市重污染天数在 10 ～ 39 天，其中小于 20 天的城市有 15 个，分别为长治市、天津市、济宁市、德州市、廊坊市、太原市、沧州市、鹤壁市、滨州市、淄博市、济南市、阳泉市、唐山市、北京市和衡水市；在 20 ～ 30 天的城市有 8 个，分别为濮阳市、聊城市、晋城市、新乡市、菏泽市、邯郸市、开封市和郑州市；大于 30 天的城市有 5 个，分别为焦作市、保定市、邢台市、安阳市和石家庄市（图 7-22）。

7.3.3 区域及城市 $PM_{2.5}$ 浓度分阶段目标

7.3.3.1 方法和基本假设

京津冀及周边地区 28 个城市 $PM_{2.5}$ 年均浓度都远高于国家环境空气质量标准中 35μg/m³ 的浓度限值，要实现 $PM_{2.5}$ 年均浓度达标，还需要一个长期艰巨的过程。2000 ～ 2019 年气象条件波动对 $PM_{2.5}$ 浓度影响

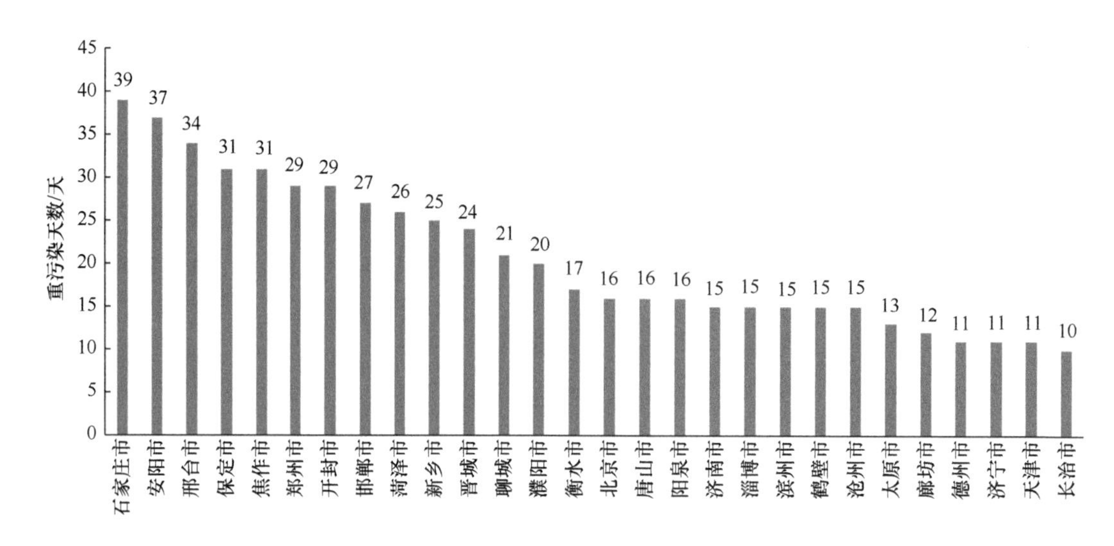

图 7-22 2018 年“2+26”城市重污染天数

的研究表明，气象条件对区域 $PM_{2.5}$ 年均浓度影响的幅度可达 10%，对个别城市可达 15%。

为消除气象条件波动的影响，美国、欧洲国家和地区等均利用大气污染物浓度的 3 年滑动平均值来确定空气质量目标[25-27]，借鉴其经验，本书研究以 2015 ～ 2017 年 $PM_{2.5}$ 年均浓度的平均值代表 2017 年 $PM_{2.5}$ 平均浓度，并作为基准年浓度，以 $PM_{2.5}$ 浓度 3 年滑动平均值达到《环境空气质量标准》（GB 3095—2012）中 35μg/m^3 的浓度限值为主要目标，结合“打赢蓝天保卫战”和“基本实现美丽中国目标”的战略要求，研究提出“2+26”城市分阶段 $PM_{2.5}$ 浓度目标。其中，以 2018 ～ 2020 年、2023 ～ 2025 年、2028 ～ 2030 年和 2033 ～ 2035 年每 3 年 $PM_{2.5}$ 预期浓度均值作为“十三五”“十四五”“十五五”“十六五”4 个阶段的目标。

发达国家和我国的经验均表明，在 $PM_{2.5}$ 浓度较高时，其浓度下降速率相对更快；随着 $PM_{2.5}$ 浓度的降低，污染物排放削减和大气环境管理的边际成本逐渐升高，$PM_{2.5}$ 浓度的下降速度有所降低。因此，城市 $PM_{2.5}$ 年均浓度预期下降比例应与其 $PM_{2.5}$ 浓度相关。

根据 $PM_{2.5}$ 年均浓度超过国家空气质量二级标准限值的程度，研究设计了超标等级，对城市进行了分类：年均浓度超标 20% 及以内的为轻度超标，超标 20% ～ 50%（包含 50%）的为中度超标，超标 50% ～ 100%（包含 100%）的为重度超标，超标 100% 以上的为严重超标（表 7-13）。

表 7-13 超标等级对应的超标程度

污染物	超标等级	超标程度
$PM_{2.5}$ 年均浓度	未超标	—
	轻度超标	超标（0，20%]
	中度超标	超标（20%，50%]
	重度超标	超标（50%，100%]
	严重超标	超标 100% 以上

在“2+26”城市中，2015 ～ 2017 年 $PM_{2.5}$ 年均浓度 3 年滑动平均值超标 50% ～ 100% 的城市有 12 个，占 42.9%，分别为廊坊市、北京市、濮阳市、开封市、济宁市、沧州市、天津市、鹤壁市、太原市、长治市、晋城市和阳泉市；超标 100% 以上的城市 16 个，占到 57.1%，分别为保定市、石家庄市、邢台市、衡水市、邯郸市、聊城市、安阳市、德州市、菏泽市、焦作市、新乡市、郑州市、淄博市、济南市、唐山市和滨州市（图 7-23）。

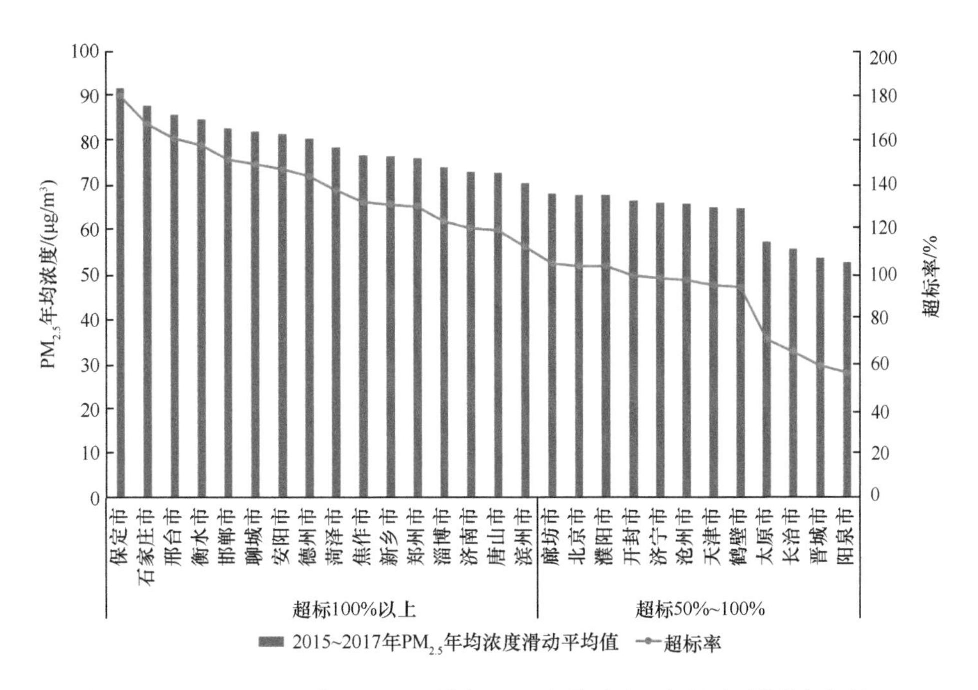

图 7-23　2015 ～ 2017 年“2+26”城市 $PM_{2.5}$ 年均浓度 3 年滑动平均值超标情况

以我国城市 $PM_{2.5}$ 浓度 3 年滑动平均值达到《环境空气质量标准》（GB 3095—2012）为主要目标，结合“打赢蓝天保卫战”和“基本实现美丽中国目标”的战略要求，以及我国国民经济与社会发展阶段性规划的时限要求，总体上将 $PM_{2.5}$ 年均浓度改善路线划分为 2018 ～ 2020 年、2021 ～ 2025 年、2026 ～ 2030 年和 2031 ～ 2035 年 4 个阶段。综合考虑国内外 $PM_{2.5}$ 年均浓度改善经验和城市 $PM_{2.5}$ 现状污染程度，研究设置了城市 $PM_{2.5}$ 浓度改善情景，见表 7-14。

表 7-14　城市 $PM_{2.5}$ 年均浓度 3 年滑动平均值改善情景

污染程度	改善情景	
已达标	持续改善（年均下降 2% 左右）	每 5 年下降 9.6%
超标 20% 及以内	年均降低 3.5% 左右	每 5 年下降 16%
超标 20% ～ 50%（含 50%）	年均下降 4.5% 左右	每 5 年下降 20%
超标 50% ～ 100%（含 100%）	年均降低 6% 左右	每 5 年下降 26%
超标 100% 以上	年均降低 8% 左右	每 5 年下降 34%

7.3.3.2　分阶段浓度目标

根据所设计的 $PM_{2.5}$ 浓度下降速度计算，全国 2018 ～ 2020 年、2023 ～ 2025 年、2028 ～ 2030 年和 2033 ～ 2035 年 $PM_{2.5}$ 年均浓度分别为 36μg/m³、31μg/m³、27μg/m³ 和 25μg/m³，全国 $PM_{2.5}$ 年均浓度将在“十四五”期间达到二级标准浓度限值。

京津冀及周边地区在 2018 ～ 2020 年、2023 ～ 2025 年、2028 ～ 2030 年和 2033 ～ 2035 年 $PM_{2.5}$ 浓度均值分别为 58μg/m³、48μg/m³、39μg/m³ 和 32μg/m³，其中北京市 2018 ～ 2020 年、2023 ～ 2025 年、2028 ～ 2030 年和 2033 ～ 2035 年 $PM_{2.5}$ 浓度均值分别为 44μg/m³、36μg/m³、32μg/m³ 和 29μg/m³。各城市不同阶段 $PM_{2.5}$ 年均浓度的预期见表 7-15。

表 7-15 "2+26"城市不同阶段 $PM_{2.5}$ 年均浓度预期 （单位：μg/m³）

城市	2015 ～ 2017 年基数	2018 ～ 2020 年	2023 ～ 2025 年	2028 ～ 2030 年	2033 ～ 2035 年
北京市	68	44	36	32	29
天津市	65	51	40	34	31
石家庄市	88	64	48	39	33
唐山市	73	56	43	36	32
邯郸市	83	62	47	38	33
邢台市	86	63	47	39	33
保定市	92	66	49	39	33
沧州市	66	53	43	36	32
廊坊市	68	53	42	35	31
衡水市	85	62	47	38	33
太原市	57	46	37	33	30
阳泉市	53	43	36	32	29
长治市	56	46	37	33	30
晋城市	54	44	36	32	29
济南市	73	56	44	36	32
淄博市	74	57	44	36	32
济宁市	66	52	41	34	31
德州市	80	60	46	37	33
聊城市	82	61	46	38	33
滨州市	70	54	42	35	31
菏泽市	78	59	45	37	32
郑州市	76	58	45	37	32
开封市	66	52	41	34	31
安阳市	81	61	46	37	33
鹤壁市	65	50	41	34	31
新乡市	76	57	44	36	32
焦作市	77	57	44	36	32
濮阳市	68	53	41	35	31
区域平均	72	58	48	39	32

总体而言，上述目标需要整个区域在较长时间内保持相对较高的 $PM_{2.5}$ 浓度下降速度。区域 $PM_{2.5}$ 平均浓度需要从 2015 ～ 2017 年的 72μg/m³ 下降到 2018 ～ 2020 年的 58μg/m³，降幅为 19%。为实现这一浓度降幅，各种污染物排放量在"十三五"期间需要减少 25% 以上，在以后的每个 5 年也需要减少 25% 左右。

7.4 深化大气污染防治路线图和对策

基于区域大气环境承载力分析，综合考虑"2+26"城市社会经济现状和城市定位差异，利用区域空气质量调控技术，基于“社会经济—能源—排放—空气质量”全链条分析，研究了京津冀区域空气质量改善路线图；设置了区域协同发展情景，从产业、能源、交通等结构调整和多污染物协同控制等角度提出减排路径。

7.4.1 城市定位差异和区域协同发展情景的基本假设

各类城市在经济、能源、环境状况等方面差异较大，同类型城市在环境协同方面具有一致性。根据各类型城市的特点，分析近10年产业、能源和交通结构变化，发现实施不同环境政策，各类型城市可以达到不同的减排效果。使用“经济–能源”模型，对28个城市进行能源情景分析，重点考虑城市人口、经济、产业、技术以及环境发展的目标。

相关情景假设的核心背景是京津冀协同发展，在这一大背景下，区域能源转型可以支持区域大气环境质量持续改善，同时，良好的能源发展和转型也可以支持区域经济的发展。在此假设下，区域内不同城市发展呈现不同的格局和模式，石家庄市、济南市、郑州市、太原市、开封市、廊坊市和保定市等将打造以服务业为主的城市经济模式，新乡市、安阳市、邢台市和邯郸市将呈现经济逆转型格局，工业越来越聚集，成为区域工业发展的重心，而德州市、沧州市、济宁市、唐山市、淄博市和滨州市等维持其既有经济发展格局，山西省的几个城市需要挖掘新的产业经济，但是现有经济发展模式和差的环境质量，将会对其人口迁移产生负面影响，进而影响未来消费和经济发展[28-31]。

在上述假设下，综合使用IPAC-AIM/Local和LEAP模型[32-35]，针对区域内28个城市，研究定量分析了区域协同发展情景下，各城市对大气污染物排放量影响较大的社会经济和能源活动量，并在原有数据的基础上对典型城市淄博市和菏泽市构建模型框架，设置终端能源需求模块和能源加工转换模块，并对农业、服务业、交通和工业4个部门进行分析，预测环境协同政策下2016～2035年的能源需求量和污染物排放量，评估环境协同政策对城市节能工作和污染物控制工作的作用。研究发现，环境协同政策实施后，相比2016年，2035年区域电煤、工业用煤、民用燃煤消费量分别下降24%、47%和89%，粗钢、水泥、平板玻璃和焦炭等主要产品产量分别下降31%、43%、59%和49%，区域产业结构、能源结构和交通运输结构得到优化，同时大气污染物排放量进一步减少。

7.4.2 各部门污染物减排的措施和潜力分析

7.4.2.1 减排情景的参数化方案

在“经济–能源”模型中构造的城市社会经济和能源发展情景的基础上，考虑不同阶段京津冀及周边地区可采取的主要减排措施，构造不同目标年相应的主要大气污染物排放清单，从而得到目标年排放量与2016年排放量的比值，并分析减排潜力。

由于关于产业结构调整、能源结构调整和交通运输结构调整的主要措施都已经在能源情景的构造过程中得以体现，为了避免重复计算，估算过程中主要考虑各类末端减排技术的发展对主要污染源排放系数的影响，以及用地结构调整过程对农业氨排放的影响。

对于电力和工业部门的燃煤锅炉，考虑到“2+26”城市基本上已经完成对于小型锅炉的淘汰工作，保留的锅炉到2020年都应该完成超低排放改造，满足超低排放要求。因此，仅对2016年尚未完成超低排放改造的部分锅炉，使用对应超低排放要求的排放因子来作为未来几个目标年污染物排放量的测算依据，其他锅炉的排放与2016年保持不变。

对于天然气机组和天然气锅炉，考虑到《打赢蓝天保卫战三年行动计划》明确要求在2020年前完成低氮燃烧改造，因此在几个目标年，根据低氮燃烧前后排放系数的变化程度，估算天然气机组和天然气锅炉NO_x排放量，其他污染排放系数保持不变。

对于钢铁行业，考虑到2016年京津冀及周边地区还未开展超低排放改造，但基本上所有企业能满足特别排放限值的要求。根据《关于推进实施钢铁行业超低排放的意见》，到2020年底前，重点区域率先推动300万t及以上钢铁企业实施超低排放改造，按80%计，改造产能3.4亿t，占区域总产能的60%左右；2022年底前，重点区域保留的钢铁企业基本完成改造，改造产能约1.5亿t。到2020年，区域内63%的产能完成超低排放改造，到2025年，区域内保留的所有产能都完成超低排放改造。根据超低排放控制的要求，钢铁行业内SO_2、NO_x和一次颗粒物排放系数到2020年将下降到2016年的55%～76%，到2025年将下降到2016年的21%～52%，并在未来保持不变。

对于水泥、平板玻璃等建材行业，使用与钢铁行业类似的估算方法。由于建材行业超低排放改造比钢铁行业滞后，假设在“十四五”期间全面启动建材行业超低排放改造工作，那么其整体推进速度比钢铁行业滞后5年左右。

对于移动源，整体上分为两部分进行考虑。由于区域内船舶和飞机的排放量占总量比重不大，且在地域方面影响较小，假设整体排放维持在2016年水平。对于机动车和非道路移动机械，考虑到排放标准提升进度、机动车和非道路移动机械的典型使用年限和替代过程，使用模型计算得到不同目标年单位汽油消费量和单位柴油消费量的污染物排放系数[36]和2016年的比值，并将其作为不同目标年排放量估算的参数。

对于和VOCs有关的工业工艺源、民用燃烧源和溶剂使用源，考虑到“2+26”城市VOCs污染治理在源头替代、无组织排放控制、末端治理、精细化管控等方面已有的工作基础和未来的工作需求，以及随上述石油化工、钢铁、其他工业、工业涂装、汽油车、民用燃烧等主要VOCs排放行业发展可能新增的VOCs排放量趋势，2020年的VOCs综合去除效率取20%、2025年取30%、2030年取50%、2035年取60%。

对于农业源、生物质燃烧源和废弃物处理源，假设2020年、2025年、2030年和2035年污染物排放量分别在2016年的基础上下降5%、10%、15%和20%。

7.4.2.2 减排情景下主要部门的减排潜力

基于未来的活动水平和减排措施预测进行了减排情景和排放估算，分部门梳理了主要污染物排放量的未来减排比例。

对于电力部门，到2020年，区域SO_2、NO_x、一次$PM_{2.5}$和NH_3排放量将比2016年分别减少22%、35%、32%和9%；到2035年，上述几种污染物排放量将比2016年分别减少38%、45%、46%和24%。2020年以前，减排主要来自燃煤电厂超低排放改造和燃气电厂低氮燃烧改造；2020年以后，减排主要来自电煤用量的变化（表7-16）。

表7-16 京津冀及周边地区不同目标年电力部门大气污染物减排比例（相对于2016年）（单位：%）

污染物	2020年	2025年	2030年	2035年
SO_2	22	25	31	38
NO_x	35	37	41	45
一次$PM_{2.5}$	32	34	40	46
PM_{10}	35	37	43	49

续表

污染物	2020 年	2025 年	2030 年	2035 年
TSP	37	39	44	50
BC	24	26	31	36
OC	15	16	19	22
CO	0	2	8	17
NH_3	9	13	18	24

对于工业锅炉，到 2020 年，区域 SO_2、NO_x、一次 $PM_{2.5}$ 和 NH_3 排放量将比 2016 年分别减少 33%、36%、40% 和 14%；到 2035 年，上述几种污染物排放量将比 2016 年分别减少 63%、27%、64% 和 42%。在 2020 年以前，减排主要来自燃煤锅炉超低排放改造和燃气锅炉低氮燃烧改造，2020 年以后，减排主要来自工业锅炉燃煤用量的减少；但是由于 2020年以后燃气锅炉的大量增长，NO_x 排放会呈现先减少后增加的态势（表 7-17）。

表 7-17　京津冀及周边地区不同目标年工业锅炉大气污染物减排比例（相对于 2016 年）（单位：%）

污染物	2020 年	2025 年	2030 年	2035 年
SO_2	33	46	56	63
NO_x	36	40	37	27
一次 $PM_{2.5}$	40	52	59	64
PM_{10}	44	55	62	68
TSP	45	56	63	69
BC	40	49	54	60
OC	28	33	28	31
CO	10	15	2	–8
NH_3	14	24	33	42

对于民用燃烧，到 2020 年，区域 SO_2、NO_x、一次 $PM_{2.5}$ 和 NH_3 排放量将比 2016 年分别减少 32%、28%、25% 和 32%；到 2035 年，上述几种污染物排放量将比 2016 年分别减少 82%、66%、75% 和 72%。2020 年以前，减排主要来自清洁采暖过程中的取暖燃煤替代为天然气和电；2020 年以后，随着人们生活水平的进一步提高，民用燃烧的能源结构将进一步清洁化，减排量将进一步加大（表 7-18）。

表 7-18　京津冀及周边地区不同目标年民用燃烧大气污染物减排比例（相对于 2016 年）（单位：%）

污染物	2020 年	2025 年	2030 年	2035 年
SO_2	32	67	75	82
NO_x	28	56	61	66
一次 $PM_{2.5}$	25	57	68	75
PM_{10}	23	54	65	73
TSP	22	51	63	72
BC	32	65	73	78
OC	24	57	67	74
CO	30	64	74	81
NH_3	32	57	66	72

对于钢铁行业，到 2020 年，区域 SO_2、NO_x 和一次 $PM_{2.5}$ 排放量将比 2016 年分别减少 33%、41% 和 49%；到 2035 年，上述几种污染物排放量将比 2016 年分别减少 58%、68% 和 82%。2020 年以前，减排主要来自超低排放改造工程；2020 年以后，钢铁超低排放将进一步推进，同时产量将逐步减少到峰值的 70% 左右，从而造成减排量持续加大（表 7-19）。

表 7-19　京津冀及周边地区不同目标年钢铁行业大气污染物减排比例（相对于 2016 年）（单位：%）

污染物	2020 年	2025 年	2030 年	2035 年
SO_2	33	56	57	58
NO_x	41	67	68	68
一次 $PM_{2.5}$	49	80	81	82
PM_{10}	52	82	83	83
TSP	52	83	84	84
BC	49	80	81	81
OC	48	80	81	82
CO	18	23	24	26
NH_3	0	0	0	0

对于水泥行业，到 2020 年，区域 SO_2、NO_x 和一次 $PM_{2.5}$ 排放量将比 2016 年分别减少 58%、19% 和 55%；到 2035 年，上述几种污染物排放量将比 2016 年分别减少 72%、82% 和 70%。2020 年以前，减排主要来自水泥行业推进治污升级改造工程；2020 年以后，水泥行业超低排放将进一步推进，同时产量将逐步减少到峰值的 70% 左右，从而造成减排量持续加大（表 7-20）。

表 7-20　京津冀及周边地区不同目标年水泥行业大气污染物减排比例（相对于 2016 年）（单位：%）

污染物	2020 年	2025 年	2030 年	2035 年
SO_2	58	62	67	72
NO_x	19	49	70	82
一次 $PM_{2.5}$	55	60	65	70
PM_{10}	57	61	66	71
TSP	59	63	67	72
BC	56	60	65	70
OC	56	60	65	70
CO	15	24	33	42
NH_3	0	0	0	0

对于移动源，到 2020 年，区域 SO_2、NO_x 和一次 $PM_{2.5}$ 排放量将比 2016 年分别增加 10%（机动车数量增加因素）、减少 9% 和减少 16%；到 2035 年，上述几种污染物排放量将比 2016 年分别减少 1%、74% 和 90%。由于区域汽油和柴油消费量将在一个比较稳定的平台上小幅波动，机动车排放标准和非道路移动源排放标准的持续加严是其排放量变化的主要驱动力（图 7-21）。

表 7-21　京津冀及周边地区不同目标年移动源大气污染物减排比例（相对于 2016 年）（单位：%）

污染物	2020 年	2025 年	2030 年	2035 年
SO_2	–10	–11	–7	1
NO_x	9	28	60	74
一次 $PM_{2.5}$	16	55	84	90
PM_{10}	16	55	84	90
TSP	16	55	84	90
BC	16	57	86	91
OC	15	54	83	89
CO	12	37	56	71
NH_3	–14	–19	–16	–4

到 2020 年，石油化工、钢铁、其他工业、工业涂装、汽油车、民用燃烧等主要部门的人为源 VOCs 排放量将分别比 2016 年减少 20% 左右；到 2035 年，上述几个部门 VOCs 排放量将分别比 2016 年减少 60% 左右。根据分部门主要污染物排放量的减排比例估算结果，分析京津冀及周边地区的减排潜力。总体来看，到 2020 年，区域 SO_2、NO_x、一次 $PM_{2.5}$、VOCs 和 NH_3 排放量将比 2016 年分别减少 26%、23%、26%、20% 和 5%；到 2035 年，上述几种污染物排放量将比 2016 年分别减少 51%、56%、53%、60% 和 19%。事实上，由于估算方法的限制，针对扬尘等措施的减排量、通过加强管理带来的减排量，以及未来进一步技术创新所带来的减排量都没有在计算中得以体现，因此这里的减排比例是相对保守的（图 7-22）。

表 7-22　京津冀及周边地区不同目标年大气污染物减排比例（相对于 2016 年）　（单位：%）

污染物	2020 年	2025 年	2030 年	2035 年
SO_2	26	40	46	51
NO_x	23	36	50	56
一次 $PM_{2.5}$	26	43	49	53
PM_{10}	27	42	48	52
TSP	29	44	49	53
BC	26	52	64	68
OC	22	45	55	60
CO	16	28	32	36
NH_3	5	10	14	19
VOCs	20	30	50	60

7.4.3　基于减排潜力分析的污染防治重点对策

7.4.3.1　推进“热点地区”产业结构升级，强化工业源监管与“散乱污”企业综合整治

推进“热点地区”产业结构升级。晋冀鲁豫交界地区处于“背风坡”区域，且钢铁、焦化、有色冶金等高污染、高耗能行业聚集，常成为区域大气重污染的“热点地区”，其在区域内先达到重度污染，进而

通过区域传输等作用影响到整个区域。因此，在产业结构调整方面，应重点推进晋冀鲁豫交界地区的产业结构升级，消除“热点地区”，稳步推进其他区域产业结构调整，形成多重效益。

优化重点工业行业布局。针对钢铁行业，在区域内大力推进压减产能，优化行业整体布局，全面推进超低排放改造。建议“2+26”城市长流程钢铁产能限制在 2 亿 t 以内。唐山市、天津市及晋冀鲁豫交界地区（石家庄市、邢台市、邯郸市和安阳市等）钢铁产能需大幅压减：唐山市钢铁产能限制在 1 亿 t 以内，除迁安市、曹妃甸区、乐亭县和迁西县外，不再新布局长流程钢铁项目；石家庄市、邢台市、邯郸市和安阳市等城市的钢铁总产能控制在 6000 万 t 左右。加快重点污染钢铁企业退城搬迁或短流程改造，退出“2+26”城市。京津冀及周边地区加大独立焦化企业淘汰力度，实施“以钢定焦”，严格按照国家产业结构调整目录限期淘汰 4.3m 及以下焦炉，以标准倒逼产业转型升级改造，力争炼焦产能与钢铁产能比达到 0.4 以下。2025 年底前，“2+26”城市钢铁企业全面完成超低排放改造，短流程工艺占比达 20% 左右。针对建材行业，在区域内大力压减过剩产能和淘汰落后产能，优化行业整体布局，提升清洁能源比例和清洁生产水平，提高有组织排放污染治理设施水平和无组织排放控制措施的有效性，加强在线监测能力建设、运行维护和监管力度。2000t/d 以下水泥窑（特种水泥除外）和无自有矿山水泥企业应限期淘汰，制定 NO_x 超低排放限值，逐步实现区域内全行业超低排放；处于污染治理设施长期超标的普通平板玻璃产品生产线应限期淘汰，进一步加严 NO_x 排放限值为 $300mg/m^3$；将以煤（包括煤制气）为燃料的喷雾干燥塔和陶瓷窑更换为天然气等清洁能源、淘汰或转移到区域外；产能规模 3000 万块标砖 / 年以下的烧结砖瓦生产线和位于煤炭生产区 50km 外的煤矸石砖生产线应限期淘汰。2025 年底前，“2+26”城市水泥熟料、普通平板玻璃、陶瓷行业产能在 2016 年的基础上压减 10% ～ 20%、烧结砖瓦压减 30% ～ 40% 产能。

强化工业源排放监管。目前污染源排放在线监测存在设备良莠不齐、第三方监测人员素质差、运行不规范和弄虚作假等问题。在当前环境空气质量监测数据归真的基础上，应努力实现大气污染源排放数据的归真。尽快实现在线监控全覆盖，制定并落实严格的在线监测数据质控体系。创新监管技术体系，通过视频监控、分表计电等用电量监管方式，实现精细化管控。

针对“散乱污”企业，建立有效管控的长效机制。形成“卫星遥感 + 高清视频 + 网格核查 + 公众举报”的识别体系，实现“散乱污”企业快速粗筛和快速定位，采用“卫星遥感初步识别 + 地面核查发现问题 + 环境执法”的工作模式，严防“死灰复燃”现象发生。从行业污染特征和污染物治理设施两个角度进行分类管控，包括关停取缔、搬迁入园和限期整改等，形成针对“散乱污”企业从监测监管、分类管控到减排潜力评估与核算的全方位管控技术体系，确保“散乱污”企业得到有效管控。

7.4.3.2 稳步推进区域内散煤治理工作，提高清洁能源有效利用

稳步推进散煤治理工作。2017 ～ 2018 年秋冬季，“2+26”城市主要污染物浓度同比总体呈下降趋势，区域北部 $PM_{2.5}$ 浓度下降最为显著，结合 2016 年、2017 年排放清单的对比分析，充分说明北京及周边地区近万平方千米的“禁煤区”成效显著，形成了长期的空气质量改善效益。在能源结构调整方面，坚持因地制宜，采取多种途径稳步推进京津冀及周边地区的散煤治理工作。实施清洁能源替代，促进可再生能源发展，民用散煤减排主要来自集中供热、煤改电、煤改气、工业余热利用、煤炭清洁高效利用等，2035 年，区域民用散煤降至 500 万 t 以内。2020 年，北京市在平原地区已经实现“无煤化”的基础上，有序推进其他区县改造；天津市除山区使用无烟型煤外，其他地区取暖散煤基本“清零”，河北省平原地区的农村取暖散煤基本“清零”。

持续提高清洁能源使用比例，进一步降低煤炭消费占比。因地制宜、分行业推进煤炭治理工作。针对

各项污染设施稳定运行、达到稳定超低排放及使用清洁煤的大型燃煤电厂，原则上不需进一步压减产能；重点控制散煤治理，实施清洁能源替代，促进可再生能源发展。增加天然气供应渠道，保障天然气供应；发展可再生能源，统筹区域规划，指导光伏行业健康有序发展，充分利用太阳能资源等。到2035年，煤炭消费量占区域能源消费总量的比重需降至40%以下，区域天然气占能源消费总量的比重需达到15%；燃油消费量将在2030年左右达峰。

7.4.3.3 继续深化多污染物协同治理，重点强化 NO_x 和 VOC_S 减排

随着燃煤治理初见成效，京津冀及周边地区 SO_2 排放大幅减少，$PM_{2.5}$ 中硫酸盐占比显著下降，硝酸盐和二次有机物的占比持续升高。因此，在继续深化一次 $PM_{2.5}$、SO_2、NO_x、VOCs 和 NH_3 等多污染物协同治理的同时，应重点强化 NO_x 和 VOCs 减排。

在强化 VOCs 治理方面，构建 VOCs 监测监管技术体系。在环境空气质量监测中，增加光化学评价的56种 VOCs 监测。石化、化工、包装印刷、工业涂装等 VOCs 排放重点源纳入重点排污单位名录，主要排污口安装自动监控设施，并与生态环境管理部门联网，“2+26”城市于2025年底全部完成上述工作。鼓励重点区域对无组织排放突出的企业在主要排放工序安装视频监控设施。鼓励企业配备便携式 VOCs 监测仪器，及时了解掌握排污状况。具备条件的企业，应通过分布式控制系统（DCS）等，自动连续记录治理设施运行及相关生产过程的主要参数。利用先进技术实现在大型石化或化工园区构建立体化监测系统，加强对 VOCs 排放的管控。

强化 VOCs 源头控制，全面推进 VOCs 深度治理和减排。制修订制药、集装箱制造、涂料油墨等重点行业 VOCs 排放标准，完善涂料、油墨、胶黏剂等产品 VOCs 含量限值标准。推进水性涂料、水性油墨等低 VOCs 含量的原辅材料替代工作，通过“2+26”城市所有使用溶剂型原辅材料企业的清洁生产审核和后评估工作，提出生产及使用溶剂型原辅材料企业的淘汰方案。全面加强 VOCs 无组织排放管控，加快完成涉 VOCs 企业的密闭化改造、废气收集、治污设施建设工作，至2025年 VOCs 收集效率应达95%以上。深化末端治理，鼓励企业采用多种技术的组合工艺，提高 VOCs 治理效率。深入推进移动源 VOCs 减排，重点控制汽油车蒸发和尾气排放等。

强化 VOCs 活性物种的控制，至2025年烯烃、苯系物等 VOCs 活性物种的年均浓度比2020年下降20%。夏季控制的关键 VOCs 为烯烃、苯系物和醛类等，重点控制加油站、汽油车、炼焦、秸秆燃烧、塑料制造等污染源；冬季控制的关键 VOCs 为苯系物和烷烃类等，重点控制炼焦、炼铁、建筑材料制造、沥青铺路、泡沫塑料、建筑表面涂装、汽油车、重型货车和加油站等污染源。

2020年、2025年、2030年和2035年“2+26”城市 VOCs 排放量较2015年减少10%、30%、50%和60%。北京市重点推进石化、包装印刷、工业涂装等行业 VOCs 治理升级改造，全面推动实施餐饮油烟深度治理；天津市重点推进石化、塑料、橡胶制品、家具等工业涂装、包装印刷等行业 VOCs 综合治理，持续推进餐饮油烟深度治理和汽修行业喷漆作业综合治理；河北省重点推进石化、焦化、制药、橡胶制品、塑料、工业涂装、包装印刷等行业 VOCs 综合治理；山西省重点推进有机化工、焦化、橡胶制品、工业涂装行业 VOCs 综合治理；山东省重点推进石化、制药、农药、工业涂装、包装印刷等行业 VOCs 综合治理；河南省重点推进煤化工、农药、制药、橡胶制品、工业涂装等行业 VOCs 综合治理。

7.4.3.4 重点以“公转铁”推动货运结构调整，以“治管疏”强化柴油车污染防治

在货运结构调整方面，加快制定国家或区域货物运输战略规划，谋划“十四五”及以后货物运输结构布局，

重点发挥铁路在大宗物资长距离运输中的骨干作用，发展中长距离大宗货物铁水联运，配套相应财税和价格等政策，加速形成空间分布合理、功能完善、信息畅通的公铁融合衔接物流枢纽布局。加快港口、物流园区、大型工矿企业铁路专用线建设，重点港口实现煤炭、矿石等100%铁路运输，2020年底前大宗货物年货运量150万t以上的新建物流园区和大型工矿企业铁路专用线接入比例达到80%以上，提出货运“最后一公里”的解决方案。推进城市绿色配送和生活物资公铁联运，完善城际货运和城市配送的高效衔接。

在强化柴油车污染治理方面，实施“油路车”统筹联合管控的减排方案。开展油品专项监督检查，大力打击非法加油站点，提升油品达标能力；强化新车环保信息公开、生产一致性、在用符合性监管和在用车检测、维护的全链条监管；开展在用柴油机颗粒物和NO_x排放治理改造；加强机动车监管能力建设，推进“天地车人”一体化监控。加强非道路移动源排放监管，摸清基数，建立工程机械等非道路移动源精细化排放清单，完善低排放区监管体系。2020年，基本完成柴油货车污染治理攻坚战部署要求，颗粒物和NO_x比2017年分别减排15%和13%。2025年，通过大宗货物运输基本实现公转铁、全面实施国六排放标准和老旧柴油车淘汰等，颗粒物和NO_x比2020年分别减排40%和49%。2035年，新能源车使用比例大幅提高，纯电动车占比达35%以上。

7.4.3.5 实行重点行业重污染天气应对差异化管控

对于钢铁、焦化、铸造、玻璃、石化等重点行业，根据其环保绩效水平采取更精准、更科学的差异化应急管控措施，减少对企业正常生产经营的影响，促进全行业提标改造升级转型，推动其高质量发展。对承担协同处置城市生活垃圾、危险废物和利用工业余热供暖等的保民生企业，根据其承担的协同处置量和供暖面积等参数，核定最大允许生产负荷。建立大型用车企业移动源管控和错峰运输方案，开发配套执法平台，全面推行重污染天气应急期间企业错峰运输。研究基于费效分析的重点行业重污染天气应急管控措施评价体系，提出减排量最大化、经济社会影响最小化的应急管控技术方案。

7.4.3.6 引导农民科学施肥，推动规模化畜禽养殖氨排放管控，强化工艺过程及脱硝设施氨排放控制

引导农民科学施肥，采用覆土深施等方式，按照测土配方模式合理施肥。研究表明，肥料机械化和使用脲酶抑制剂技术的氨减排潜力可达78%和60%，有条件的地方可以作为试点并进行效果评估。对于规模化以上畜禽养殖企业，可推行低蛋白日粮、标准化养殖场建设和除臭控氨技术。研究表明，密闭式堆肥生物除臭控氨等技术可减少40%～50%的氨排放，有条件的地方可以作为试点。

通过改进工艺和提升污染治理水平，来减少合成氨和焦化等工艺过程的有组织和无组织氨排放。采取清洁生产和低氮改造减少氨的使用量，通过脱硝技术优化和脱硝设施运行管理水平提升减少氨逃逸。

7.4.3.7 推进城市空气质量精细化管控

为提高城市大气污染防治的科学水平与精细化管理能力，建议以“空气质量—污染源排放—决策支持”这三大大气环境管理的核心业务为引导，采用云计算、大数据和可视化分析方法，通过整合大气污染源排放、环境监测数据以及其他部门数据信息，实现排放清单动态更新管理、空气质量实时预报、空气污染精准溯源、污染减排措施调度管理、污染减排效果快速评估、空气质量目标考核管理、大气污染源集成监管等一系列决策管理，也实现空气质量管理与综合决策的业务化。

7.5 小　结

研究在以细颗粒物年均浓度达标和基本消除重度及以上污染这两个大气环境质量改善目标为约束的情况下，根据京津冀及周边地区能承载的主要大气污染物排放量上限，提出京津冀及周边地区“2+26”城市不同阶段的空气质量改善目标、不同阶段重点控制的SO_2、NO_x、颗粒物、VOCs及NH_3等污染物减排指标、不同类别城市以及区域整体实现空气质量逐步改善直至达标的技术路径和政策实施方案，具体成果如下：

（1）在典型气象年，“2+26”城市整个区域的SO_2、NO_x、一次$PM_{2.5}$、NH_3及VOCs的年度大气环境容量分别为105.3万t、158.6万t、79.5万t、81.5万t和112.7万t。年际气象条件波动较小，其导致年度大气环境容量变化范围为–6%～6%。从空间分布看，豫北—冀中南—北京沿线的风场辐合带，大气污染物的容纳量降低。石家庄市、邢台市、保定市、安阳市等城市，各种污染物削减率均达到40%以上才能达标，应被列为污染控制的重点城市。连续多年采暖季大多数城市容量用尽，超载较严重的城市主要集中于区域中部和南部，又以NO_x超载最为严重，在采暖季应强化NO_x排放削减。多次区域典型重污染过程的大气自净容量各有不同，水平扩散输出量是大气自净容量的最主要组成部分，其次是垂直扩散输出量和沉降量，SO_2、NO_x、NH_3等的化学消耗量不容忽视；各城市每日大气自净容量随天气条件而变化，当天气条件不利于污染物清除时，大气自净容量亏空，最大超载可达1.5倍，导致污染形成，反之大气自净容量盈余。因此，在重污染应急防控中，应优先削减本地排放，并将输送贡献较大的周边城市作为重点联防联控城市。

（2）全国2018～2020年、2023～2025年、2028～2030年和2033～2035年$PM_{2.5}$年均浓度分别为36μg/m^3、31μg/m^3、27μg/m^{3}和25μg/m^3，全国$PM_{2.5}$年均浓度将在“十四五”期间达到二级标准浓度限值。京津冀及周边地区在2018～2020年、2023～2025年、2028～2030年和2033～2035年$PM_{2.5}$浓度均值分别为58μg/m^3、48μg/m^3、39μg/m^{3}和32μg/m^3。其中，北京市2018～2020年、2023～2025年、2028～2030年和2033～2035年$PM_{2.5}$浓度均值分别为44μg/m^3、36μg/m^3、32μg/m^{3}和29μg/m^3。

（3）基于未来的活动水平和减排措施预测进行减排情景和排放估算，到2020年，区域SO_2、NO_x、一次$PM_{2.5}$、VOCs和NH_3排放量将比2016年分别减少26%、23%、26%、20%和5%；到2035年，上述几种污染物排放量将比2016年分别减少51%、56%、53%、60%和19%。为推动区域协同发展，实现空气质量目标，应进一步优化调整产业、能源、交通运输和用地结构，推进治污减排走向深入：推进“热点地区”产业结构升级，强化工业源监管与“散乱污”企业综合整治；稳步推进区域内散煤治理工作，提高清洁能源有效利用；继续深化多污染物协同治理，重点强化NO_x和VOCs减排；重点以“公转铁”推动货运结构调整，以“治管疏”强化柴油车污染防治；实行重点行业重污染天气应对差异化管控；引导农民科学施肥，推动规模化畜禽养殖氨排放管控，强化工艺过程及脱硝设施氨排放控制；推进城市空气质量精细化管控。

参考文献

[1] 薛文博，付飞，王金南，等．基于全国城市$PM_{2.5}$达标约束的大气环境容量模拟[J]. 中国环境科学，2014, 34(10): 2490-2496.

[2] 李云生．城市区域大气环境容量总量控制技术指南[M]. 北京：中国环境科学出版社，2005.

[3] Amann M, Bertok I, Borken K J, et al. Cost-effective control of air quality and greenhouse gases in Europe: Modeling and policy applications[J]. Environmental Modelling and Software, 2011, 26(12): 1489-1501.

[4] 王自发，向伟玲．一种运用区域空气质量模式的大气环境容量新算法：201210210323. 4[P]. 2012-12-12.

[5] 段雷，郝吉明，周中平，等．确定不同保证率下的中国酸沉降临界负荷[J]. 环境科学，2002, 23(5): 25-28.

[6] 柴发合，陈义珍，文毅，等．区域大气污染物总量控制技术与示范研究[J]. 环境科学研究，2006, 19(4): 163-171.

[7] Wang W Y, Chen N, Ma X J. Research on atmospheric environmental capacity model of urban agglomeration[J]. Advanced Materials Research, 2012, 518: 1311-1320.
[8] 许艳玲，薛文博，王金南，等．大气环境容量理论与核算方法演变历程与展望 [J]. 环境科学研究，2018, 31(11): 1835-1840.
[9] 朱蓉，张存杰，梅梅．大气自净能力指数的气候特征与应用研究 [J]. 中国环境科学，2018, 38(10): 3601-3610.
[10] 梅梅，徐大海，朱蓉，等．基于城市大气环境荷载指数的大气污染排放变率估算 [J]. 中国环境科学，2020, 40(2): 465-474.
[11] 梅梅，朱蓉，孙朝阳．京津冀及周边“2+26”城市秋冬季大气重污染气象条件及其气候特征研究 [J]. 气候变化研究进展，2019, 15(3): 270-281.
[12] 曾佩生，朱蓉，范广洲，等．京津冀地区低层局地大气环流的气候特征研究 [J]. 气象，2019, 45(3): 381-394.
[13] Li L J, Li Y L, Li X Y. On coordinated development of BTH urban agglomeration subjected to atmospheric environmental capacity[J]. Bulgarian Chemical Communications, 2017, 49: 95-100.
[14] Liu T T, Gong S L, He J J, et al. Attributions of meteorological and emission factors to the 2015 winter severe haze pollution episodes in China's Jing-Jin-Ji area[J]. Atmospheric Chemistry and Physics, 2017, 17: 2971-2980.
[15] He J, Gong S, Liu H, et al. Influences of meteorological conditions on interannual variations of particulate matter pollution during winter in the Beijing-Tianjin-Hebei area[J]. Journal of Meteorological Research, 2018, 31: 1062-1069.
[16] Xu Y L, Xue W B, Lei Y, et al. Impact of meteorological conditions on $PM_{2.5}$ pollution in China during winter[J]. Atmosphere, 2018, 9(11): 1-18.
[17] Han X, Liu Y Q, Gao H. et al. Forecasting $PM_{2.5}$ induced male lung cancer morbidity in China using satellite retrieved $PM_{2.5}$ and spatial analysis[J]. Science of the Total Environment, 2017, 607: 1009-1017.
[18] 王金南，薛文博，许艳玲，等．大气多污染环境容量三维迭代计算方法：201610890597. 0. [P]. 2016-10-12.
[19] 薛文博，雷宇，许艳玲，等．2000—2016 年气象条件对全国 $PM_{2.5}$ 污染影响数据集 [M]. 北京：中国环境出版社，2018.
[20] Liao Z, Gao M, Sun J, et al. The impact of synoptic circulation on air quality and pollution-related human health in the Yangtze River Delta region[J]. Science of the Total Environment, 2017, 607: 838-846.
[21] Goebes M D, Strader R, Davidson C. An ammonia emission inventory for fertilizer application in the United States[J]. Atmospheric Environment, 2003, 37(18): 2539-2550.
[22] 周静，刘松华，谭译，等．苏州市人为源氨排放清单及其分布特征 [J]. 环境科学研究，2016, 29(8): 1137-1144.
[23] 许艳玲，薛文博，雷宇，等．中国氨减排对控制 $PM_{2.5}$ 污染的敏感性研究 [J]. 中国环境科学，2017, 37(7): 2482-2491.
[24] Feng Y Y, Ning M, Lei Y, et al. Defending blue sky in China: Effectiveness of the “Air Pollution Prevention and Control Action Plan” on air quality improvements from 2013 to 2017[J]. Journal of Environmental Management, 2019, 252: 109603.
[25] European Commission. Air Quality standards [EB/OL]. https: //ec. europa. eu/environment/air/quality/standards. htm. [2018-05-03].
[26] United States Environmental Protection Agency. NAAQS Table [EB/OL]. https: //www. epa. gov/criteria-air-pollutants/naaqs-table. [2019-12-31].
[27] Canadian Council of Ministers of the Environment. CAAQS Management Levels [EB/OL]. http: //airquality-qualitedelair. ccme. ca/en/. [2019-12-31].
[28] Jiang K, Hu X, Matsuoka Y, et al. Energy Technology Changes and CO_2 Emission Scenarios in China[J]. Environment Economics and Policy Studies, 1998, 1: 141-160.
[29] 吴剑，许嘉钰．碳约束下的京津冀 2035 年能源消费路径分析 [J]. 科学技术与工程，2020, 24: 10089-10096.
[30] 柳君波，高俊莲，徐向阳．中国煤炭供应行业格局优化及排放 [J]. 自然资源学报，2019, 34(3): 473-486.
[31] 柳君波，张静静，徐向阳，等．中国城市分布式光伏发电经济性与区域利用研究 [J]. 经济地理，2019, 39(10): 54-61.
[32] 姜克隽．北京市能源和大气雾霾相关污染物排放情景解析 [J]. 环境影响评价，2017, (4): 10.
[33] Jiang K, Chen S, He C, et al. Energy transition, CO_2 mitigation and air pollutant emission reduction: Scenario analysis from IPAC model[J]. Natural Hazards, 2019, 99: 1277-1293.
[34] 柳君波，高俊莲，徐向阳．中国煤炭供应行业格局优化及排放 [J]. 自然资源学报，2019, 34(3): 473-486.
[35] 陈莎，刘影影，李素梅，等．京津冀典型城市 $PM_{2.5}$ 污染的健康风险及经济损失研究 [J]. 安全与环境学报，2020, (3): 1146-1153.
[36] 石晓丹，陈莎，李素梅，等．确定道路交通氨排放因子方法研究与应用 [J]. 环境与可持续发展，2019, 44(4): 149-153.

8 研究结论

按照党中央、国务院的决策部署，生态环境部牵头成立多部门协作的大气攻关领导小组，以“1+X”模式组建攻关联合中心，聚集295家科研单位、2903名优秀科研人员开展协同攻关；组建28个专家团队深入“2+26”城市一线，开展“一市一策”驻点跟踪研究和技术帮扶。其在弄清秋冬季重污染成因、支撑区域和城市污染治理、回应社会关切等方面取得了积极进展，圆满完成了各项目标任务，取得了丰硕成果，实现一批关键突破，有力支撑了《大气污染防治行动计划》的圆满收官和《打赢蓝天保卫战三年行动计划》的制定和实施，推动了京津冀及周边地区空气质量的持续改善。2019年，“2+26”城市$PM_{2.5}$浓度较2016年下降26%，重污染天数减少44%；北京市$PM_{2.5}$浓度由73μg/m^{3}下降到42μg/m^3，重污染天数由34天下降至4天。2019～2020年秋冬季，“2+26”城市$PM_{2.5}$浓度较2016～2017年秋冬季下降33%，重污染天数减少61%，公众的蓝天获得感和幸福感大幅提升。

第一，弄清了京津冀及周边地区秋冬季大气重污染的成因。

京津冀及周边地区“2+26”城市地理条件先天不足，秋冬季扩散条件较差，大气污染物排放总量远超大气环境容量，大气强氧化性加速了气态污染物向颗粒物的二次转化，叠加城市间相互传输等影响，是秋冬季区域内大气重污染形成的原因。

（1）污染物排放量超出大气环境容量50%以上，是重污染频发的根本原因。

近20年大气污染物排放量变化趋势表明，2013年以来京津冀及周边地区主要大气污染物排放量显著减少。2000～2018年，京津冀及周边地区GDP增长8倍，粗钢产量增长9.6倍，公路货运量增长2.3倍，化石能源消费量增长2倍，大气污染物产生量大幅增加。2005年以来，通过实施总量减排制度，SO_2和NO_x排放得到初步控制。2013年国家实施“大气十条”以来，京津冀及周边地区的一次$PM_{2.5}$、SO_2和NO_x排放量显著减少，分别下降了45%、67%和27%。

目前，区域内主要大气污染物排放量仍然处于高位，单位土地面积主要污染物排放量（排放强度）是全国平均水平的2～5倍、美国的3～13倍。测算表明，以$PM_{2.5}$年均浓度达标（35μg/m^3）为约束，京津冀及周边地区“2+26”城市大气中一次$PM_{2.5}$、SO_2、NO_x、VOCs和NH_3的常年平均大气环境容量分别约为80万t、105万t、160万t、110万t和80万t。2018年，“2+26”城市共排放一次$PM_{2.5}$ 95.0万t、SO_2 74.6万t、NO_x 232.5万t、VOCs 218.7万t、NH_3 140.7万t；除SO_2外，主要污染物排放量超出环境容量50%以上，部分城市超出80%～150%。

高度聚集的重化工产业、煤炭占比70%的能源利用方式和公路运输占比80%的货运方式，是导致区域污染物排放量居高不下的重要原因。钢铁焦化、建材、石油化工等工业行业对一次$PM_{2.5}$、SO_2、NO_x和VOCs等污染物排放量的贡献均较高（27%、46%、27%和38%），而且存在大量不可中断的生产工序，重污染期间难以采取临时停产等应急减排措施；民用燃烧对一次$PM_{2.5}$和SO_2排放量的贡献较高（11%和22%），主要集中在采暖季（11月至次年3月）；移动源对NO_x和VOCs排放量的贡献较高（52%和15%）；畜禽养殖对NH_3排放量的贡献居于主导地位（59%）。

以晋城、邯郸、聊城、安阳为代表的晋冀鲁豫交界地区，以石家庄、邢台为代表的太行山沿线城市扩散条件更差，环境容量偏小，集聚了大量钢铁、建材企业等高耗能、高污染企业，秋冬季污染严重，是大气污染的“热点地区”。以唐山、天津、沧州、滨州为代表的渤海湾沿线城市环境容量相对较大，但钢铁、化工企业高度集聚，污染物排放量巨大，污染发生初期多位于上风向，对区域空气质量影响大。

（2）高浓度的 NO_x 和 VOCs 造成大气氧化性强，是重污染期间二次 $PM_{2.5}$ 快速增长的关键因素。

$PM_{2.5}$ 中既有一次排放的颗粒物，也有 SO_2、NO_x、VOCs、NH_3 等气态污染物二次化学转化生成的颗粒物。2013 年以来，$PM_{2.5}$ 的组分构成发生了较大变化，一次组分的浓度和占比均显著下降，如地壳物质占比从 20% 下降至 10% 左右，这反映了扬尘控制成效；二次组分（硝酸根离子、硫酸根离子、铵根离子和二次有机物等）浓度有所下降，但占比从 40% 上升至 50% 左右；重污染期间颗粒物组分以二次无机组分为主，占到 60% 以上。

$PM_{2.5}$ 中的二次组分来自各种气态前体物的化学转化。硝酸盐主要来自 NO_x 的气相氧化与凝结过程，羟基自由基氧化贡献约 70%，硝酸自由基氧化贡献约 30%。硫酸盐的生成主要来自 SO_2 的气相氧化、H_2O_2 主导的非均相氧化和过渡金属的催化氧化。二次有机物来自羟基自由基等对 VOCs 的气相氧化（贡献约 40%）和非均相氧化（贡献约 60%）。重污染发展阶段，二次组分成倍增长且吸湿性强；特别是近年来硝酸盐逐渐成为二次颗粒物污染的主导组分，增强了吸湿能力，在 80% 的高湿度条件下颗粒物可吸收相当于 $PM_{2.5}$ 本身质量约 60% 的液态水，其在加速二次化学转化的同时显著降低大气能见度。

研究表明，大气氧化性决定了二次化学转化的快慢。区域内 NO_x 和 VOCs 浓度高，在大气中发生快速的光化学反应产生大量的氢氧自由基等氧化剂，导致大气氧化性总体处于高位。例如，北京大气中羟基自由基（主要大气氧化剂）浓度高出纽约、伯明翰和东京地区 1 ～ 2 倍，羟基自由基氧化速率高出 2 ～ 4 倍。重污染期间，氧化剂浓度低和二次化学转化速率高是大气强氧化性的显著特征，羟基自由基因参与化学反应浓度降低 50% ～ 70%，而气态污染物反应活性（浓度）增加约一个量级，自由基循环速度和去除速率加快 4 ～ 5 倍，污染物二次化学转化速率升高 3 ～ 5 倍。高浓度的 NO_x 和 VOCs 是导致大气氧化性强的主要原因，这和区域柴油货车和工业炉窑等 NO_x 排放量下降不明显、VOCs 排放量居高不下密切相关。秋冬季重污染过程中大气氧化性的反应机制在夏季也呈现类似情形，形成以臭氧为典型特征的光化学污染。

（3）不利气象条件导致环境容量大幅降低，其是大气重污染过程形成的必要条件。

京津冀及周边地区位于太行山东侧和燕山南侧的半封闭地形中，存在大地形“背风坡”弱风区及其对流层中层气温距平“暖盖”结构等特征，其地理地形条件不利于大气污染物的扩散。在气候变暖背景下，大气环境容量受气象综合因素影响而动态变化，存在明显的年代际、年际、季节、月度和日际差异，近年来区域大气环境容量整体呈下降态势。

20 世纪 60 年代以来，受气候变暖影响，我国北方地区秋冬季盛行的西北季风减弱，气温偏高，京津冀区域边界层结构日趋稳定，气象条件总体转差，2010 年后更为显著。京津冀近 10 年（2010 ～ 2019 年）较之前 30 年（1980 ～ 2010 年）冬季气温平均升高 8.7%，风速平均降低 3.1%（其中北京降低 10.5%），气象条件总体转差 10% 左右。

2000 年以来，受气象条件影响，区域环境容量的年际波动幅度达 10% 左右，个别城市环境容量的年际波动幅度可达 15% 左右，从而导致空气质量变化趋势出现相应波动。环境容量呈现显著的季度和月度差异，秋冬季比春夏季平均小 30% 左右，1 月的环境容量是 7 月的 50% 左右；这与排放量月际分布正好相反，冬季环境容量最小，排放量却最大，从而导致出现重污染天气。

近 10 年对重污染过程的分析表明，区域内持续性不利气象条件与斯堪的纳维亚和鄂霍茨克海阻塞高压（即“双阻塞”）的特殊气象背景密切相关，这类环流形势维持使区域处于高压系统控制，甚至可形成长达 6 天及以上的区域重污染天气。当区域处于高层高压“停滞”、低层高压后部或低压控制下的辐合区等气象条件时，容易出现重污染天气。若近地面风速小于 2m/s、逆温导致边界层高度降至 500m 以下（清洁天的 1/3 ～ 1/2）、相对湿度高于 60%，大气可容纳的污染物排放量会进一步减少 50% ～ 70%，造成污染物快速累积和二次转化，诱发重污染天气。同时，不利气象条件与 $PM_{2.5}$ 污染之间存在“双向反馈”机制，不利气象条件造成 $PM_{2.5}$ 积累，而高浓度 $PM_{2.5}$ 又会导致气象条件持续转差。

（4）各城市 $PM_{2.5}$ 污染受传输影响幅度为 20% ～ 30%，重污染期间进一步增加到 35% ～ 50%。

京津冀及周边地区区域性污染特征突出，城市之间相互影响，但因污染状况、所处地理位置不同，影响程度有所差异。总体来看，大气污染来源以本地为主，占 70% ～ 80%；污染传输对各城市 $PM_{2.5}$ 的全年平均贡献率为 20% ～ 30%，重污染期间会增加到 35% ～ 50%。各城市也对区域整体污染产生影响，贡献率为 1% ～ 5%。

重污染期间，区域传输对二次 $PM_{2.5}$ 的影响较大，贡献率为 50% ～ 80%。其中，以颗粒态输送的二次 $PM_{2.5}$ 占 40% ～ 70%，以气态污染物输送并在下风向受影响城市发生化学转化的二次 $PM_{2.5}$ 约占 10%。区域传输对一次 $PM_{2.5}$ 的影响较小，贡献率约为 20%。

对北京而言，污染传输在重污染过程中对 $PM_{2.5}$ 的平均贡献率为 45%，个别过程可达 70%。对北京大气污染影响较大的传输通道主要有西南、东南和偏东三条通道，西南通道（河南北部—邯郸—石家庄—保定沿线）影响频率最高、输送强度最大，重污染过程中的平均贡献率为 20%，个别重污染过程可达 40% 左右。定量分析显示，在典型重污染过程起始阶段，向北京的输送通量最高可达 500 ～ 800μg/（m^2·s），重污染形成阶段的输送通量为 100 ～ 200μg/（m^2·s）。东南通道（山东中部—沧州—廊坊沿线）平均贡献率为 10% 左右，近年来秋冬季有加重趋势；偏东通道（唐山—天津沿线）平均贡献率为 5% 左右，主要集中在 10 月和 2 ～ 3 月。

（5）工业、散煤和柴油车是采暖季区域内 $PM_{2.5}$ 的主要来源，对 $PM_{2.5}$ 浓度的贡献随污染加重而上升。

2018 ～ 2019 年秋冬季 $PM_{2.5}$ 来源解析结果表明，工业源为区域 $PM_{2.5}$ 首要来源（包括工业燃煤和工艺过程），贡献浓度 39.4μg/m^3，占比 36.0%，其中钢铁焦化行业贡献最大（8.6%），其次是水泥行业（4.2%），钢压延加工（3.3%）、石油化工（2.3%）、有色冶炼（2.1%）等行业也有一定贡献。燃煤源为区域 $PM_{2.5}$ 第二来源，贡献浓度 28.0μg/m^3，占比 25.6%，包括民用燃煤（16.8%）和电厂燃煤（8.8%）。机动车源对区域 $PM_{2.5}$ 贡献浓度 20.7μg/m^3，占比 18.9%，柴油车（16.5%）贡献远大于汽油车和其他燃料车。扬尘源对区域 $PM_{2.5}$ 贡献浓度 12.3μg/m^3，占比 11.2%。各城市 $PM_{2.5}$ 主要来源存在差异，如柴油车是北京的首要来源（贡献占比达 26%）；钢铁行业是唐山的首要来源（23%）；民用燃烧和道路扬尘是保定的主要来源（各占 15% 左右）。

与 2017 ～ 2018 年采暖季相比，工业源和燃煤源对 $PM_{2.5}$ 的贡献浓度分别上升 27.3% 和 13.2%，扬尘源的贡献浓度下降 16.4%，机动车的贡献浓度基本持平。这印证了大气污染治理工作的进展：近年来，通过采取精细化管控措施，以扬尘为代表的粗颗粒污染基本得到控制，2017 ～ 2018 年秋冬季采取的工业企业错峰生产措施是当年 $PM_{2.5}$ 浓度下降的决定性因素之一，未来减排潜力大；2018 ～ 2019 年秋冬季燃煤贡献有反弹趋势，这与发现多地散煤复烧且非电行业排放反弹的相关现象吻合；机动车排放仍居高不下，NO_x 排放无明显下降。

在重污染期间，区域内工业、燃煤和机动车对 $PM_{2.5}$ 的贡献浓度较优良天分别升高 1.8 倍、2.1 倍和 1.7 倍，而扬尘源的浓度贡献降低了 36%，反映出重污染主要受工业、散煤和柴油车影响，应将其作为秋冬季重污染治理的重点。

关于 NH_3 对 $PM_{2.5}$ 的影响问题，我们开展了专题研究。NH_3 作为大气中主要的碱性气体，极易与 SO_2、NO_x 等酸性气体发生化学反应生成硫酸铵、硝酸铵等二次颗粒物。“2+26”城市整体处于富氨状态，过量 20% 左右；区域秋冬季铵根离子在 $PM_{2.5}$ 中质量占比 10% 左右，低于硝酸根离子、有机物和硫酸根离子。在重污染期间，SO_2、NO_x 等酸性气体氧化速率加快，导致硫酸铵和硝酸铵浓度显著上升。NH_3 减排能够降低 $PM_{2.5}$ 的浓度，但与 SO_2、NO_x 相比，NH_3 对秋冬季 $PM_{2.5}$ 重污染没有起到主导作用。欧美发达国家和地区普遍采取以削减一次颗粒物、SO_2、NO_x、VOCs 为主，以控 NH_3 为辅的策略，实现了空气质量的显著改善。

2020 年春节期间京津冀及周边地区出现的重污染过程印证了上述研究结论。在污染物排放方面，2020 年 1 月下旬至 2 月中旬交通、建筑工地、餐饮等排放显著下降，但含有大量不可中断工序的电力、钢铁、玻璃、石化等重点行业活动水平变化不大，民用采暖需求增加，区域内一次 $PM_{2.5}$、SO_2、NO_x 和 VOCs 排放量较春节前分别减少 17%、10%、46% 和 26%。在气象条件方面，北京及周边出现了长时间高湿、静稳、逆温不利的气象条件，造成区域环境容量同比减少约 1/3，北京南部减少 50% 左右。在化学转化方面，除夕和元宵节夜间的烟花爆竹集中燃放排放了大量的一次颗粒物，为 $PM_{2.5}$ 二次组分生成提供了“种子”，而随后北京及周边出现的静稳、高湿条件导致气态污染物快速转化，硝酸根、硫酸根和铵根离子等二次组分在 $PM_{2.5}$ 中占比升高至约 60%。在污染传输方面，重污染过程初期，污染物沿偏东通道和西南通道向太行山 – 燕山交界处传输，显著推高了北京 $PM_{2.5}$ 浓度。总体来看，虽然春节期间机动车污染物排放量大幅减少，但区域内重点工业行业排放基本持平，民用散煤燃烧排放有所增加，污染物排放总体减少，不足以抵消不利气象条件造成的环境容量大幅减小，从而导致北京及周边出现了两次重污染过程。

第二，厘清了京津冀及周边地区重点行业和关键领域大气污染物排放现状与问题，提出系统性深度治理方案。

（1）冶金行业重污染工艺偏多，高炉、焦炉限制类工艺产能占比高达 55% 以上，应压减钢铁产能，实施全行业超低排放改造。

“2+26”城市冶金行业产能集中，钢铁焦化行业污染物排放量占比高。2018 年“2+26”城市粗钢产量约 3 亿 t，约占全国产量的 30%，单位面积粗钢产量是全国平均水平的 12 倍。焦炭产量 9911 万 t，单位土地面积焦炭产量 326.3t/km^2，是全国平均水平的 7 倍。钢铁焦化行业一次 $PM_{2.5}$、SO_2、NO_x、VOCs 和 CO 的排放量分别占区域总排放量的 12%、21%、14%、13% 和 52%。

冶金行业存在的主要问题：一是产业布局点面混杂。“2+26”城市中 15 个城市有钢铁企业，18 个城市有焦化企业；其中，唐山钢铁产能约占全国的 13%，邯郸、安阳等太行山沿线城市钢铁产能约占全国的 9%。二是重污染工艺偏多。采用高炉 – 转炉长流程生产工艺的钢铁企业单位产品污染物排放量是采用电炉短流程生产工艺的 5 倍；“2+26”城市采用长流程工艺的钢铁企业占比高达 95%，远高于欧美发达国家和地区 50% 以下的水平；焦化是钢铁生产链条中污染最重的环节，“2+26”城市独立焦化企业数量占比高达 89%，焦炭和钢铁产能比值比正常值高出近 1 倍。三是企业清洁生产和污染治理水平较低。“2+26”城市 1000m^3 以下高炉和 4.3m 及以下焦炉等限制类装备的产能占比分别达到 65% 和 56%；钢铁企业普遍生产布局不合理，物料二次装卸、倒运量大，无组织排放严重；有组织排放治理设施低质低价情况突出，钢铁企业烟粉尘、SO_2、NO_x 等污染物单位产品排放量平均值是超低排放要求的 2 ～ 3 倍；70% 的铸造企业未达到中铸协《铸造行业大气污染物排放限值》（T/CFA 030802-2—2017）的排放要求。四是企业监管难度大。钢铁企业工序复杂，1000 万 t/a 产能的钢铁企业有组织排放源多达上百个，无组织排放源多达数千个，传统手段难以实现有效监管。

针对上述问题，综合评估现有治理方案的投资及减排效益，钢铁焦化行业管控方案的优先性顺序是：管理减排 > 工程减排 > 结构减排，其具体有四个方面的解决路线，一是优化产业布局，压减“2+26”城市钢铁产能，将区域内钢铁产能控制在 2 亿 t 以内，优先压减唐山和石家庄、邢台、邯郸、安阳等太行山沿线城市钢铁产能，唐山钢铁产能控制在 8000 万 t 左右，太行山沿线区域钢铁产能控制在 6000 万 t 左右。二是调整产业结构，唐山、石家庄、邢台、邯郸、安阳严格执行以钢定焦政策，淘汰独立焦化企业；不再新建长流程钢铁项目，鼓励低水平长流程装备置换为短流程。三是提高污染治理水平，钢铁、焦化企业实施超低排放改造，铸造、铁合金、有色企业进一步实施提标改造。在区域内通过实施有组织超低排放 + 无组织“管控治” + 大宗货物运输监管，钢铁行业 NO_x 和颗粒物减排量预计分别可达 38% 和 77%。四是创新监管手段，采用“环保 + 工业互联网”智能管控模式，将无组织排放源进行集中有组织管理。

（2）建材行业燃煤炉窑多、清洁生产水平低、部分子行业排放标准宽松，应推进落后产能淘汰及治污设施提标升级改造。

河北、河南和山东是传统的建材大省，2018 年“2+26”城市聚集了全国 23% 的平板玻璃、16% 的卫生陶瓷、10% 的水泥熟料产能，水泥和玻璃行业一次 $PM_{2.5}$、SO_2、NO_x 排放量分别占“2+26”城市排放量的 6%、6%、4%。

建材行业存在的主要问题如下：一是行业布局高度集中。玻璃行业在邢台沙河地区最为集中，占“2+26”城市产能的 59%；水泥和陶瓷行业分别在 4 ～ 5 个城市存在产业集群；砖瓦行业广泛分布在“2+26”城市，其中济宁、邯郸、新乡尤为突出，单线生产规模小、数量多。二是燃煤炉窑存量大。“2+26”城市涉及建材行业的工业窑炉有近 5000 座，以燃煤、煤制气、煤矸石为燃料的占 80%。烧结砖瓦行业的主要燃料为劣质煤和煤矸石，陶瓷行业的主要燃料为原煤和煤制气。三是清洁生产和污染治理水平普遍较低。砖瓦行业生产工艺装备水平落后，简易湿法和双碱法等低端脱硫技术仍占 50% 以上；玻璃等行业含有大量不可中断工序，重污染天气预警期间无法采取应急减排措施，且脱硝过程消耗大量氨，存在氨逃逸风险。四是部分子行业排放标准宽松。部分建材子行业执行的《工业炉窑大气污染物排放标准》（GB 9078—1996）对工业窑炉烟气排放没有 NO_x 标准限值要求；颗粒物和 SO_2 标准限值分别为 200mg/m^3 和 850mg/m^3，分别是现有技术普遍可实现排放浓度的 4 倍和 4.3 倍；平板玻璃行业 NO_x 和 SO_2 标准限值分别为 700mg/m^3 和 400mg/m^3，也远超现有石灰－石膏法、SCR 等技术可控制的排放浓度。

针对上述问题提出三方面的解决路线，一是淘汰落后产能。水泥熟料单线产能 2000t/d 及以下新型干法熟料生产线，玻璃行业单线生产规模小于 500t/d（不含）的普通浮法生产线、格法生产线、环保不达标的普通平板玻璃和日用玻璃生产线，陶瓷行业产能小于 150 万 m^2/a（不含）的建筑陶瓷、小于 20 万件 / 年（不含）的卫生陶瓷及以煤为基础燃料的陶瓷生产线全部淘汰；砖瓦行业于 2020 年底前全部淘汰轮窑及小于 3000 万块 / 年的烧结砖瓦生产线。二是优化产业结构。水泥熟料部分单线产能 2000t/a 以上的熟料生产线实施转型，协同处置城市固体废物；压缩烧结砖瓦市场，提高绿色墙体材料使用比例。通过压减产能、优化结构，实现“十四五”期间“2+26”城市水泥、玻璃、陶瓷行业产能较 2016 年压减 10%，烧结砖瓦产能压减 50%。三是推进污染治理设施升级。加快修订建材相关行业标准，推广深度治理技术，有序推进超低排放和提标改造。水泥、玻璃、陶瓷、砖瓦行业 NO_x 排放浓度分别要求达到 100mg/m^3、200mg/m^3、100mg/m^3、100mg/m^3，颗粒物排放浓度达到 10mg/m^3；产业集聚城市优先实施，全行业于 2025 年底前实现稳定达标。

在区域内通过实施结构调整＋有组织超低排放＋无组织“管控治”+ 大宗货物运输监管，建材行业颗粒物、SO_2 和 NO_x 减排量预计可分别达 51%、68% 和 70%。

（3）芳香烃、长链烷烃等活性 VOCs 对二次有机颗粒物贡献大，应着力提升化工和工业涂装等行业过程管控的效率和源头替代的力度。

“2+26”城市涉 VOCs 排放的行业和领域众多，除煤化工分布相对集中外，其他行业分布较为分散。以石化、化工为主的工艺过程源是 VOCs 排放的首要污染源，占区域 VOCs 排放总量的 49%，工业涂装、包装印刷等溶剂使用源占比 19%，移动源占比 16%。

基于重点行业 VOCs 排污节点及排放特征，本研究梳理了治理和监管中存在的问题。一是大多数中小企业的源头控制推进缓慢，低 VOCs 含量的工业涂料使用比例不足 20%，远低于欧美等发达国家和地区 40% ～ 60% 的水平。二是过程控制松散，多数企业针对含 VOCs 原辅材料存储、调配和使用过程未采取有效的收集和管控措施，导致无组织排放严重；石化和化工行业的 LDAR 实施效果不理想，存在泄漏点检测不规范、识别不完全、修复不及时等问题，实际控制效率偏低。三是末端技术及设备缺乏针对性，低价低效的低温等离子、紫外光分解和疏于管理的活性炭吸附等处理技术占 80% 以上，应付监管、无效治理等现象突出。四是缺乏系统的监测规范、排放及环境标准，其导致执法依据不足，不能有效监管和评估 VOCs

排放状况，无法对污染防治不力的企业形成实质性管控。

研究提出，国家层面应加快发布并实施已立项的排放标准，同时制定煤化工、制药、工业涂装等重点行业 VOCs 污染控制的技术指南，指导企业高效治理和达标排放。重点区域应统一管控，完善区域 VOCs 管理标准体系，实现区域排放标准一体化。行业层面，“2+26”城市石化行业仍存在低端产能过剩、高端产能不足的问题，应进行产能整合和布局优化，加快淘汰工艺技术落后、污染严重的产能，以置换标准不低于 1 ∶ 1.25 的目标对小型炼油企业进行产能减量整合，2022 年和 2025 年分别完成 300 万 t 和 500 万 t 及以下炼油产能的分批分步转移整合，形成大型炼化一体化的特色产业集群；禁止在化工园区以外批准建设化工企业，既有园区外化工企业尽快实现“退城入园”。物种方面，烯烃、芳香烃和醛类的臭氧生成潜势（OFP）较高，需加强北京南部、环渤海地区、山东西部、河南北部等 OFP 高值区的活性物种减排；芳香烃和长链烷烃的二次有机气溶胶生成潜势（SOAFP）较高，需加强北京南部、天津东南部、济南、淄博和郑州等 SOAFP 高值区的活性物种减排。治理技术方面，着力推进低 VOCs 原辅材料的替代，制定 VOCs 含量限值；全面强化密闭化改造和集气系统优化，形成以 VOCs 逸散率为主的无组织排放控制指标；切实提高 VOCs 精细化管理水平，持续推进 VOCs 全过程污染防治技术与监管体系的建设。

（4）能源结构偏煤，工业用煤量大面广，民用散煤复燃问题凸显，应推进煤炭减量替代、集中清洁利用。

2018 年“2+26”城市煤炭消费总量达 7.05 亿 t，单位土地面积煤炭消费量超过 2500t/km^2，是全国平均水平的 6.5 倍。从能耗结构看，发电供热用煤约 3.6 亿 t，占比 51.1%；炼焦用煤约 1.54 亿 t，占比 21.8%；钢铁、建材用煤分别为 4300 万 t、1800 万 t；民用散煤、工业锅炉用煤分别约 3300 万 t、3500 万 t。从空间分布看，滨州、唐山煤炭消费量超过 7000 万 t，济宁、邯郸超过 4000 万 t，天津、石家庄、长治超过 3000万 t，这七个城市的耗煤量占比近 50%。从污染物排放结构看，燃煤发电的一次 $PM_{2.5}$、SO_2、NO_x 排放量贡献分别为 3%、18%、15%，单位能耗的排放强度低，已达到国际先进水平；民用散煤消费了区域内不到 5% 的煤炭，却贡献了 11% 的一次 $PM_{2.5}$、22% 的 SO_2、33% 的有机碳和 37% 的黑炭排放，清洁利用水平低。

区域煤炭消费存在的主要问题如下：一是能源结构偏煤。“2+26”城市清洁能源资源禀赋条件差，2018 年煤炭占能源消费总量的比重约 64%，比全国平均水平约高 5 个百分点；清洁能源占比仅约 18%，比全国平均水平约低 4 个百分点。二是工业用煤量大面广，清洁利用水平参差不齐。除发电供热和民用散煤外，尚有近 45% 的煤炭广泛应用于炼焦、钢铁、建材、洗选、化工、食品、纺织等工业各领域，各领域煤炭清洁利用和污染治理水平差异大。三是散煤复燃问题凸显。“煤改气”“煤改电”主要依靠财政补贴，未形成长效的运行机制，2018 年“2+26”城市约 8% 的“煤改气”“煤改电”用户复燃，2019 年约 15% 的用户复燃。四是工业燃煤锅炉污染控制技术水平有待进一步提升。中小工业燃煤锅炉系统自动化水平低，完成超低排放改造的工业锅炉中，污染物排放达标率不高，NO_x 超标较多。

针对上述问题，综合考虑燃煤控制的环境效益、实施成本以及清洁能源保障，提出煤炭减量替代和清洁能源供应保障方案。一是以外来电和天然气为主要替代能源，实施煤炭消费总量控制策略。2025 年与 2030 年，京津冀及周边 6 省市外来电规模分别达到 7500 万 kW 和 9000 万 kW；“2+26”城市分别利用 800 亿 m^3 和 1000 亿 m^3 天然气，实现煤炭消费总量分别控制在 5.9 亿 t 和 5.4 亿 t，煤炭占能源消费比重分别下降到 47% 和 41% 左右。二是实施“煤改气”“煤改电”分区治理、分步推进策略。强化农村建筑节能，“宜电则电、宜气则气、宜煤则煤、宜热则热”，由近及远依次推进郊区、农村、山区散煤治理，推动民用散煤可持续削减，2025 年与 2030 年散煤消费量分别控制在 1000 万 t 和 800 万 t。三是实施燃煤锅炉分级淘汰、改燃和超低排放改造措施。淘汰 35 蒸吨 /h 以下燃煤锅炉，推进 65 蒸吨 /h 以下燃煤锅炉改用清洁能源，65 蒸吨 /h 及以上燃煤锅炉实施超低排放改造，燃煤锅炉用煤量到 2025 年和 2030 年分别控制在 2000 万 t 和 1300 万 t。四是根据“2+26”城市各自煤炭消费结构特征，因地制宜制定煤炭减量替代措施。

测算表明，通过实施上述措施，燃煤发电、工业锅炉和民用散煤领域的颗粒物、SO_2 和 NO_x 排放量均大幅度下降，与 2018 年相比，2025 年将分别削减 66.5%、58.8%、48.5%，2030 年将分别削减 72.0%、63.6%、51.4%。

（5）公路运输占比大，柴油车超标严重，应推进“公转铁”运输结构调整，强化柴油车污染综合管控。

2018 年，“2+26”城市柴油车保有量 349.7 万辆，占全国总保有量的 15.1%。柴油车颗粒物和 NO_x 排放量分别为 5.9 万 t 和 58.9 万 t，占全国柴油车颗粒物和 NO_x 排放量的 16.3% 和 15.9%。工程机械颗粒物和 NO_x 排放量分别为 1.0 万 t 和 23.9 万 t，分别占全国工程机械总排放量的 8.6% 和 13.6%。

区域内柴油机行业存在的主要问题如下：一是柴油车使用强度高。“2+26”城市位于“三西”（山西、陕西、蒙西）地区北煤南运、钢铁工业生产基地、北方煤炭下水港和进口矿石接卸港的重要通道上，56 条公路货运通道运输量大，基本承担了“三西”到环渤海港口的煤炭集港运输，以及自青岛港、日照港、天津港和唐山港的矿石疏港运输。2018 年，京津冀及周边六省市货运总量 114.7 亿 t，占全国运输总量的 22.7%，其中公路运输 95.6 亿 t，占比高达 83.3%。“2+26”城市重型柴油车年均行驶里程比全国平均水平高出 38.3%，其中 28t 以上的柴油车平均高出 50% 以上。二是“公转铁”项目推进缓慢。区域内铁路货运网络布局不完善，干支及专用线布局不合理，运能虚糜与紧张并存，张唐、大秦以及朔黄铁路未发挥全部运力。唐山港、天津港等重要港口铁水联运、多式联运比例低，与其他运输方式的衔接不畅通，导致煤炭、矿石到港后，仍然需要公路转运。铁路市场化运行机制不完善，导致铁路运价居高不下，服务体系和能力无法与公路竞争。三是柴油车实际行驶排放控制效果差。由于车辆生产一致性不稳定、使用劣质燃油、运输超载、维护保养不到位等，实际行驶中的柴油车排放超标现象严重。“2+26”城市柴油车污染控制装置失效现象普遍，导致实际排放高出正常水平 3 ～ 7 倍。四是柴油车使用劣质燃油现象十分严重。从柴油车油箱中抽取柴油的超标率达到 27%，非法加油站点（移动黑加油车）柴油超标率更是高达 81%。

针对上述问题，建议如下：坚持“车、油、路、企、管”的思路，标本兼治和道路与非道路柴油机并重的原则，确保柴油机达标排放。一是坚持新车源头减排，严格实施国家第六阶段排放标准。强化用车企业主体责任，综合利用 OBD、遥感监测、远程在线监控等先进技术手段，快速高效识别超标车辆，及时进行维修治理，确保尾气达标排放。二是强化车油联合管控，严厉打击非法加油站。加大柴油车油箱抽查力度，充分利用油品快速检测和溯源识别技术，提高监管效能。完善打击非法加油站点相关法律法规，规范执法流程，出台油品快速检测标准和现场快速处罚程序。三是建立和完善柴油车管控区域联动机制。打破传统的柴油车属地管理模式，区域统一立法、统一管控标准、统一执法尺度。四是出台促进“公转铁”运输结构调整政策。制定“十四五”和中长期国家货物运输发展规划，改变目前“重客轻货”的现状。加大对“公转铁”的支持力度，解决铁路建设用地瓶颈问题，延续车购税资金支持集疏港铁路建设，出台财税优惠政策支持物流园区和工矿企业铁路专用线建设，推进清理规范铁路货物运输收费，支持“一口价”结算政策。

（6）区域内农业源 NH_3 排放量大，应推动将农业源 NH_3 排放逐步纳入减排体系。

农业是“2+26”城市 NH_3 排放的主要来源。2018 年区域内 NH_3 排放量为 141 万 t（占全国的 14%），是全国 NH_3 排放的“热点”地区。农业源约占 NH_3 排放总量的 85%，其中种植业和畜禽养殖业 NH_3 排放分别占总量的 22% 和 59%。

研究表明，种养分离、农业规模化和机械化程度偏低、治理水平落后，导致区域内 NH_3 排放量大。一是畜禽粪污处理难度大。畜禽养殖规模小、分布散，NH_3 排放未纳入管控要求，畜禽粪污非密闭堆放普遍。二是化肥利用率低。我国规模化种植的耕地仅占 1/4，机械深施、水肥一体化等技术普及率低，化肥利用率不到 40%，比欧美国家和地区约低 10 个百分点。三是种养分离问题突出。种植养殖主体分离、空间分离，畜禽粪肥就近就地还田难度大；粪肥施用机械化、规范化程度低，还田过程养分损失大，部分氮素以 NH_3 形式排放。

基于研究成果，研究人员提出了农业源下一步排放治理对策。以畜禽养殖业 NH_3 减排为重点，全面推广使用低蛋白日粮，完成养殖场粪污处理设施密闭化改造，在京津冀及周边地区推行种养结合农牧循环；种植业深入推进测土配方施肥，推广应用高效新型肥料，大力推广化肥机械深施和水肥一体化。农业 NH_3 减排，可同步减轻大气、土壤和水体污染。

第三，攻关项目科技支撑区域空气质量改善。

在深入开展大气复合污染基础研究和治理技术研发的同时，本研究还特别注重实现科研成果向行政管理的快速转化应用，这样有力助推了“大气十条”圆满收官，全面支撑了“十三五”大气环境管理的目标设立、措施制定和保障体系构建，扎实践行了精准治污、科学治污，为区域和全国“十四五”大气污染防治工作奠定了技术基础。

（1）支撑《打赢蓝天保卫战三年行动计划》和《秋冬季大气污染综合治理攻坚行动方案》的编制及实施。

攻关项目弄清了京津冀及周边地区秋冬季大气重污染的成因，精准识别了主要污染物来源、排放现状及时空变化规律，明确分析了长期以来存在的产业结构偏重工业、能源结构偏煤、运输结构偏公路等突出问题，论证提出了将 $PM_{2.5}$ 作为重点改善因子，将秋冬季作为重点时段开展攻坚行动，将产业、能源、运输、用地四大结构调整、重点行业和领域的大气污染深度治理和管控作为重点等观点和建议，从而为《打赢蓝天保卫战三年行动计划》绘制了作战图，明确了主攻方向。

围绕优化产业结构，攻关项目提出了加大力度推动过剩产能化解、落后产能淘汰、“散乱污”企业整治、工业企业达标排放、钢铁和火电等行业超低排放改造等措施建议，在减少污染物排放的同时，推动经济高质量发展。围绕调整能源结构，提出了继续稳步推进北方地区清洁取暖、大力淘汰关停不达标的燃煤小火电机组、开展燃煤锅炉综合整治、着力发展清洁能源等措施建议，持续推动近年来 SO_2 浓度大幅下降。围绕优化运输结构，提出了推动“公转铁”、开展柴油货车超标排放的专项整治、继续推动老旧车淘汰、发展新能源汽车等措施建议，推动了 NO_x 排放量持续削减。围绕调整用地结构，提出了继续大力开展造林、种草等绿化行动，着力整治露天矿山开采，加强扬尘综合治理和秸秆禁烧管控，有效降低了一次 $PM_{2.5}$ 和 PM_{10} 的浓度。

（2）支撑重点行业和关键领域大气污染深度治理。

攻关项目支撑了重点行业综合治理方案的出台。攻关项目系统评估了“大气十条”主要措施对空气质量改善的贡献，总结好的经验做法；识别行业综合整治重点问题，量化重点行业减排潜力，提出有效减排路径及可行技术，有力支撑了重点行业综合治理方案、技术路线和配套政策的出台。研究论证散煤清洁化替代是对京津冀地区 $PM_{2.5}$ 污染改善贡献最大的措施之一，其为《北方地区冬季清洁取暖规划（2017—2021年）》出台提供了科学依据，推动了各地完成散煤治理任务1800万户，这样不但改善了环境空气质量，而且提升了人民生活质量，保障人民温暖过冬。深入分析移动源污染治理存在的突出问题，提出管控思路和治理技术建议，为《柴油货车污染治理攻坚战行动计划》《机动车污染防治技术政策》《非道路移动机械污染防治技术政策》等文件出台提供技术支撑，推动统筹“车、油、路、企、管”污染治理，促成绿色低碳运输体系。

（3）支撑区域秋冬季重污染天气的及时有效应对。

持续跟踪重点区域重污染过程，支撑重污染天气应急管控决策会商。制定差异化应急减排技术指南，开展应急减排措施制定技术培训，指导地方修编重污染天气应急预案，夯实重点行业应急减排措施，这样显著提升了地方重污染天气应对的精细化管理水平。开展应急减排措施动态评估，研究表明，采取应急减排措施可使区域重污染期间 $PM_{2.5}$ 浓度峰值下降10%～25%。2019～2020年秋冬季“2+26”城市 $PM_{2.5}$ 日均浓度峰值较2016～2017年秋冬季下降42%，重污染天气应对成效显著。攻关项目实施期间，圆满完成了庆祝中华人民共和国成立70周年等国家重大活动空气质量保障任务。

（4）支撑“2+26”城市实施“一市一策”精细化管控。

“一市一策”各专家团队建立“边研究、边产出、边应用、边反馈、边完善”的工作模式，结合当地大气污染特征，提出针对性的综合解决方案，服务地方政府大气污染防治工作，构建“问题识别—目标提出—减排分析—方案提出—评估优化”的大气污染防治方案编制技术体系，编制高分辨率动态大气污染源排放清单，综合分析各地 $PM_{2.5}$ 组分、来源解析及污染物排放特征，精准识别主要污染源，深入挖掘减排潜力，研究提出符合地方实际的大气污染防治综合方案，为“2+26”城市编制《打赢蓝天保卫战三年行动计划》及秋冬季攻坚行动方案提供技术支持；协助各地开展重污染天气应对，推动建设完善大气污染防治综合指挥平台，全方位提升地方大气污染精细化管控能力，切实解决地方“有想法、没办法”的难题，建立健全大气污染防治长效决策支撑机制。

从监测数据上看，2019 年，“2+26”城市 $PM_{2.5}$ 浓度较 2016 年下降 26%，重污染天数减少 44%；北京 $PM_{2.5}$ 浓度由 73μg/m^3 下降到 42μg/m^3，重污染天数由 34 天下降至 4 天。2019 ～ 2020 年秋冬季，“2+26”城市 $PM_{2.5}$ 浓度较 2016 ～ 2017 年秋冬季下降 33%，重污染天数减少 61%。目前，“一市一策”跟踪研究机制已推广至汾渭平原 11 个城市和长江流域 58 个城市。

（5）支撑科学普及和舆情引导，提升公众科学认知。

攻关项目构建了涵盖微信公众号、腾讯新闻等五大板块的网络宣传矩阵平台。截至 2020 年 4 月，累计发布各类大气污染防治科普产品近百件，其中科普宣传片 3 部、科普图解 20 个、动画 30 部、短视频 15 部。针对大气重污染成因、燃煤电厂烟羽等大气污染热点问题组织专家及时发声，发表解读文章近千篇，累计阅读量 3500 余万次；积极、正面引导公众舆情，做到污染过程说得清楚、老百姓听得明白。

第四，提出了京津冀及周边地区空气质量持续改善的时间表和路线图。

在梳理区域空气质量状况、经济社会发展水平、减排潜力的基础上，针对目前到 2035 年区域社会经济、产业能源、交通运输进行情景分析，研究拟定了“2+26”城市空气质量达标时间表，并基于费效分析提出了与之相匹配的技术和政策路线图。

（1）以控制秋冬季 $PM_{2.5}$ 污染为核心，促进“2+26”城市空气质量持续改善。

2019 年，“2+26”城市 $PM_{2.5}$ 浓度为 57μg/m^3，超过二级标准 63%；秋冬季 $PM_{2.5}$ 浓度是春夏季的 2 倍左右，污染问题更为突出，$PM_{2.5}$ 仍是制约空气质量持续改善的关键指标。解决 $PM_{2.5}$ 污染，各项主要大气污染物排放量均需大幅削减，臭氧等污染问题也将相应得以解决，优良天数比率会随之显著提升。因此，未来一段时期，要坚持将秋冬季 $PM_{2.5}$ 作为重中之重，持之以恒抓下去；同时加强 $PM_{2.5}$ 与臭氧的协同控制，统筹考虑 NO_x 和 VOCs 的削减比例、时空和行业分布。

基于 2035 年美丽中国目标要求，以 2015 ～ 2017 年三年 $PM_{2.5}$ 浓度均值（73μg/m^3）为基准，提出“2+26”城市 $PM_{2.5}$ 浓度下降时间表：到 2025 年、2030 年和 2035 年分别达到 48μg/m^3、39μg/m^3 和 32μg/m^3；其中，北京 $PM_{2.5}$ 年均浓度分别达到 36μg/m^3、32μg/m^3 和 29μg/m^3。

基于不同环境空气质量改善目标情景下的大气污染物减排量反算技术，提出了成本最优的多污染物减排目标：与 2016 年相比，“2+26”城市主要大气污染物排放量需进一步大幅削减，2025 年各种污染物需减少 30% ～ 45%，2030 年减少 35% ～ 60%，2035 年减少 40% ～ 75%。

（2）以 NO_x 和 VOCs 为重点，实施多污染物协同控制。

“2+26”城市 $PM_{2.5}$ 中硝酸根离子和二次有机物占比持续升高，大气氧化性强，夏季臭氧污染日益突出，这与 NO_x 和 VOCs 排放量大直接相关。下一步要加大控制力度，将 NO_x 和 VOCs 纳入国民经济与社会发展规划的约束性指标中，实施总量控制。

在强化 NO_x 减排方面，主要深化移动源和工业源治理。针对移动源，加强柴油车和天然气车 NO_x 排放监管，严格实施非道路移动机械排放标准，推进重点场所清洁能源机械替代；针对工业源，推进钢铁行业超低排放改造，制定水泥行业 NO_x 超低排放限值，提高玻璃等其他涉工业炉窑行业的污染治理水平。

在强化 VOCs 治理方面，开展综合精准强化控制。加大低 VOCs 含量原辅材料替代力度；全面提升过程管控水平，推进密闭化改造，大幅提高 VOCs 收集效率、减少无组织排放；深入推进移动源 VOCs 减排，重点控制汽油车蒸发和尾气排放；强化对苯系物等 VOCs 活性物种的控制，到 2025 年，活性物种在环境空气中的年平均浓度下降 20%。

此外，在“2+26”城市开展 NH_3 减排试点，对规模以上畜禽养殖场配套废气收集和治理设施，减少工业和机动车大气氨逃逸。

（3）加强传输通道城市污染管控，扩大京津冀及周边地区联防联控范围。

在继续强化西南传输通道的大气污染管控的基础上，重点加大晋冀鲁豫交界地区钢铁、焦化和有色行业过剩和落后产能淘汰力度，优化产业布局，加快绿色经济转型。保留的冶金企业全部实施污染深度治理，使其达到超低排放标准或特别排放限值要求。东南传输通道城市推动钢铁焦化产业结构调整优化，淘汰建材行业落后产能，强化石化行业 VOCs 污染治理并推进小型炼油企业产能减量整合，持续促进煤炭减量替代。偏东传输通道城市大幅压减钢铁行业产能，加快高污染钢铁企业退城搬迁、重组搬迁或短流程改造，加大独立焦化企业淘汰力度，强化“以钢定焦”。

将苏皖鲁豫交界地区纳入联防联控范围，全面对标“2+26”城市大气污染治理要求，统一区域治污标准，推动产业、能源和交通运输结构调整和优化。打通京津冀及周边地区和长三角地区的边界，实施更大范围的区域联防联控。

（4）以能源、产业、交通运输等结构调整为重点，推动经济绿色高质量发展。

在能源结构方面，稳步推进煤炭减量替代，持续提升清洁能源使用比例。强化建筑节能改造，因地制宜推动“煤改气”“煤改电”、余热供暖以及生物质供暖，到 2035 年“2+26”城市民用散煤降至 500 万 t 以内。全面实施大中型燃煤工业锅炉超低排放改造，结合产业结构调整，减少工业用煤，到 2035 年控制在 1000 万 t 以内。持续发展光伏和风力发电，增加外来电供应比例，区域内 2020 ～ 2035 年不再新增燃煤电厂。深入推进天然气产供储销体系建设，全面提高管网通达程度和储气调峰能力，力争到 2035 年天然气占能源消费总量的比重达到 15%。

加快产业结构调整与布局优化。钢铁、焦化、玻璃、石油炼制、制药等十几个行业，重污染期间生产工序不可中断且污染排放量大，应将其作为产业结构调整优化的重点。冶金行业力争区域焦炭和钢铁产能比值降到 0.4 以下，位于城市建成区的钢铁、焦化企业完成异地搬迁升级改造；建材行业大力提升清洁能源比例和清洁生产水平，逐步淘汰落后产能；石化行业按照“控炼增化、优化重组、减量整合”原则，制定落后炼油产能退出细则。强化工业污染综合防治。健全排放标准并推进标准与执法联动，一方面对钢铁、焦化等重点行业有序推进超低排放改造，另一方面通过污染源排放在线监测数据归真和强化监管，确保工业企业排放稳定达标。针对“散乱污”企业，建立“卫星遥感 + 高清视频 + 网格核查 + 公众举报”的识别体系，实现快速粗筛和定位，严防反弹。

以“公转铁”和柴油车污染治理为重点，打造绿色交通运输体系。在货运结构调整方面，重点发挥铁路在大宗物资长距离运输中的骨干作用，发展集装箱铁水联运；加快铁路专用线建设，重点港口实现煤炭、矿石等 100% 铁路运输，完善运输价格形成机制，制定相关支持政策，突破货运“最后一公里”瓶颈。在柴油车强化治理方面，实施“车、油、路、企、管”统筹，强化用车企业在线监管，倒逼超标车辆退出市场，建立油品溯源体系；大幅提高新能源车使用比例，2030 年纯电动车占比应超三成。

（5）以差异化精细管控为导向，着力提升重污染天气应对的精准度和时效性。

在预测预报方面，进一步加强预报能力，开展中长期预报研究，扩大 5km×5km 精细化预报范围，提升污染过程和污染程度预报的准确率。在应急管控方面，在现有重点行业绩效分级差异化管控的基础上，进一步扩大绩效分级行业，鼓励“先进”企业、鞭策“后进”企业，促进全行业提标改造升级转型。在应急核查方面，探索应急减排措施落实情况，核查新技术新方法，加强企业用电量、污染源在线数据等多源大数据在重污染天气应对工作中的运用。

虽然科技支撑大气污染防治取得显著成效，仍需持续深入开展攻关研究，来满足我国现代化建设的高质量发展需求。目前，全国空气质量改善成效还不稳固、区域间不平衡，“2+26”城市 $PM_{2.5}$ 年均浓度距达到国家二级标准（35μg/m^3）还有一定距离，与珠三角地区（<35μg/m^3）、欧美发达国家和地区（10 ～ 15μg/m^3）相比还有很大差距，夏季臭氧污染问题日益凸显，大气污染治理愈发复杂和艰巨，于是对科技支撑工作提出了更高要求。

下一步，在科技支撑方面，建议重点开展以下研究：一是针对夏季臭氧问题不断加剧的态势，聚焦 $PM_{2.5}$ 和臭氧复合污染的机制与协同控制途径研究；二是深入研究气候变暖对我国大气污染形势的影响；三是研发 NO_x、VOCs、NH_3 等二次污染前体物的深度治理技术，推动多污染物协同减排；四是深化大气污染对人群健康长期影响的研究，全面评估空气质量改善的健康效益；五是加强对重点污染源排放特征的动态化分析，研究经济激励政策和手段，创新执法监管技术。在机制建设方面，建议结合生态环境领域的特点，建立健全跨部门、央地结合的科技创新协作机制，完善“大兵团联合作战”协同攻关模式，充分发挥集中力量办大事的体制优势，继续实施“一市一策”驻点跟踪研究与技术帮扶工作机制。在平台建设方面，建议稳步推进攻关联合中心实体化，将其打造成为我国大气领域的国家实验室，由中央财政提供稳定的资金支持，持续充分发挥攻关人才队伍、综合立体观测网和数据共享平台等资源对依法治污、科学治污、精准治污的重要支撑作用。

附录　已发表成果

一、论文、图书类

安澜，曾红梅，郑荣寿，等. 2015 年中国肝癌流行情况分析 [J]. 中华肿瘤杂志，2019, 1(41): 717-721.

北京市环境保护科学研究院. 专家建议京津冀雾霾联防联控需加大挥发性有机物治理力度 [N]. 光明日报.

陈楚，王体健，鄢袁，等. 濮阳市秋冬季大气细颗粒物污染特征及来源解析 [J]. 环境科学，2019, 40(8): 3421-3430.

陈辉，厉青，王中挺，等. 利用高分五号卫星遥感反演近地面细颗粒物浓度方法 [J]. 上海航天，2019, 36(S2): 181-186.

陈辉，王桥，厉青，等. 大气环境热点网格遥感筛选方法研究 [J]. 中国环境科学，2018, 38(7): 2461-2470.

邓矗岭. 傅里叶变换红外气体二维浓度分布重构与源反演研究 [D]. 合肥：中国科学技术大学，2019.

丁点. 大气 $PM_{2.5}$ 与 O_3 对前体物排放的响应曲面模型及其应用 [D]. 北京：清华大学，2020.

段小琳，闫雨龙，邓萌杰，等. 长治市冬季典型大气重污染过程特征分析 [J]. 环境化学，2020, (12): 3327-3335.

樊守彬，杨涛，王凯，等. 道路扬尘排放因子建立方法与应用 [J]. 环境科学，2019, 40(4): 1664-1669.

高爽，伯鑫，马岩，等. 基于 SOA 转化机制的沧州市重点企业秋冬季大气污染模拟 [J]. 环境科学，2019, 40(4): 1575-1584.

弓原. 钢铁行业超低排放形势下除尘技术研讨 [J]. 冶金经济与管理，2020, 10(5): 7-9.

何捷，崔敬轩，聂卿. 重点地区建材领域大气污染治理及调控政策 [J]. 中国建材，2020, (4): 96-100.

何伟，张文杰，王淑兰，等. 京津冀地区大气污染联防联控机制实施效果及完善建议 [J]. 环境科学研究，2019, 32(10): 1696-1703.

李晴. 京津冀主要作物氮肥施用氨排放趋势分析及减排对策研究 [D]. 保定：河北农业大学，2019.

李硕，王选，张西群，等. 猪场肥水施用对玉米–小麦农田氨排放、氮素利用与表观平衡的影响 [J]. 中国生态农业学报（中英文），2019, 27(10): 1502-1514.

李新创. 全面落实超低排放要求 加快钢铁行业绿色转型 [N]. 世界金属导报，2018-12-11(B12).

李新创. 深化钢铁企业环保改造 加快实现绿色发展 [J]. 冶金经济与管理，2018, (5): 1.

李新创. 扎实推进超低排放改造 夯实钢铁高质量发展基础 [N]. 中国环境报，2019-05-08(003).

李亚林，郭秀锐，程水源，等. 邯郸市大气污染源排放清单建立及总量校验 [J]. 环境科学研究，2020, 33(1): 1-8.

梁晓宇，单春艳，孟瑶，等. 唐山一次冬季重污染过程污染特征及成因分析 [J]. 中国环境科学，2019, 39(5) 1804-1812.

刘靖，单春艳，梁晓宇. 唐山市基于 GIS 的 $PM_{2.5}$ 空间聚集性及分区管控 [J]. 中国环境科学，2020, 40(2): 513-522.

刘涛. 新环保形势下钢铁、焦化行业发展建议 [N]. 现代物流报，2018-03-21(011).

刘文文. 京津冀及周边地区印刷行业 VOCs 排放特征及控制对策研究 [D]. 北京：北京工业大学，2019.

刘文文，方莉，郭秀锐，等. 京津冀地区典型印刷企业 VOCs 排放特征及臭氧生成潜势分析 [J]. 环境科学，2019, 40(9): 3942-3948.

刘文雯，段菁春，胡京南，等. 基于环境监测数据的大气重污染应急减排措施效果评估 [J]. 环境科学研究，2019, 32(5): 734-741.

刘泽龙. 畜禽废弃物反应器堆肥技术分析与通气方式优化研究 [D]. 石家庄：中国科学院遗传与发育生物学研究所，2020.

刘喆，王秦，徐东群. $PM_{2.5}$ 个体健康防护干预研究进展 [J]. 卫生研究，2019, 48(1): 165-172.

罗宏，张保留，张型芳，等. 中国煤炭消费总量优化分配研究 [M]. 北京：中国环境科学出版社，2018.

吕连宏，张保留，罗宏，等. 京津冀及周边地区产业与能源结构优化研究 [M]. 北京：中国环境科学出版社，2019.

马岩，伯鑫，高爽，等. 沧州主城区重点企业大气环境影响研究 [J]. 环境影响评价，2019, 41(2): 16-19.

缪海超，羌宁，刘涛，等. 活性炭吸附缓冲非稳态 VOCs 研究进展 [J]. 化工环保，2019, 39(2): 122-128.

宁淼，刘伟，刘桐珅. 工业涂装 VOCs 排放管控途径研究 [J]. 环境保护，2017, 45(15): 54-56.

宁淼，邵霞，刘杰，等．对构建工业涂装 VOC 全过程管控体系的系统思考 [J]. 涂料工业，2017, 47(12): 42-47, 52.
亓浩雲，樊守彬，王凯．北京市不同功能区机动车排放特征研究 [J]. 环境污染与防治，2019, 41(9): 1056.
羌宁，史天哲，缪海超．挥发性有机物污染控制方案的运行费用效能比较 [J]. 环境科学，2020, 41(2): 638-646.
屈加豹，王鹏，伯鑫，等．超低改造下中国火电排放清单及分布特征 [J]. 环境科学，2020, (9): 3969-3975.
冉海潮，雷团团，伯鑫，等．基于管理数据的工业源排放清单校核研究 [J]. 环境影响评价，2019, 41(4): 46-49.
生态环境部．印刷工业污染防治可行技术指南：HJ1089—2020[S]. 北京：中国环境科学出版社，2020.
汤铃，贾敏，伯鑫，等．中国钢铁行业排放清单及大气环境影响研究 [J]. 中国环境科学，2020, 40(4): 1493-1506.
陶士康，张清爽，安静宇，等．基于地基观测及源清单的 2017—2019 年德州市秋冬季大气污染防治效果评估 [J]. 环境科学研究，2019, 32(10): 1739-1746.
田澍，刘涛．打赢蓝天保卫战背景下的钢铁行业超低排放政策探讨 [J]. 环境保护，2019, 47(10): 20-22.
王成，闫雨龙，谢凯，等．阳泉市秋冬季 $PM_{2.5}$ 化学组分及来源分析 [J]. 环境科学，2020, 41(3): 1037.
王德羿，王体健，韩军彩，等．"2+26"城市大气重污染下 $PM_{2.5}$ 来源解析 [J]. 中国环境科学，2020, 40(1): 92-99.
王德征，江国虹，张爽，等．1999—2015 年天津市白血病死亡率变化趋势分析 [J]. 中华预防医学杂志，2019, 3(53): 319-322.
王德征，王冲，张爽，等．天津市微信虚拟社区居民癌症防治知识知晓现状及影响因素的分类树分析 [J]. 中国慢性病预防与控制，2018, 12(26): 910-915.
王德征，张爽，张辉，等．天津市结直肠癌死亡率 1999—2015 年变化趋势分析 [J]. 中华胃肠外科杂志，2019, 6(22): 579-586.
王红梅．新形势下砖瓦工业污染防治技术进展与思考 [J]. 墙材革新与建筑节能，2018, (12): 20-27.
王红梅．砖瓦企业排污许可证申领及技术建议 [J]. 墙材革新与建筑节能，2019, (4): 4-9.
王凯，樊守彬，亓浩雲，等．北京市农业机械排放因子与排放清单 [J]. 环境科学，2020, 6: 2602-2608.
王凯，樊守彬，孙改红，等．基于行驶里程的北京市延庆区机动车排放清单建立及特征分析 [J]. 环境工程技术学报，2019, 9(2): 119-125.
王宁，刘伟，宁淼．涂料 VOCs 含量环保标准制定研究 [J]. 环境保护，2017, 45(13): 34-36.
王桥．一种 $PM_{2.5}$ 浓度的估算方法及系统：CN105678085B[P]. 2019-1-1.
王瑞鹏，周颖，程水源，等．华北地区典型机场清单建立及空气质量影响 [J]. 中国环境科学，2020, 40(4): 1468-1476.
王少博，王涵，张敬巧，等．邢台市秋季 $PM_{2.5}$ 及水溶性离子污染特征 [J]. 中国环境科学，2020, 40(5): 1877-1884.
王雨，王丽涛，杨光，等．邯郸市秋季大气挥发性有机物污染特征 [J]. 环境科学研究，2019, 32(7): 1134-1142.
吴建国，徐天莹．气候变化对河北坝上地区草地土壤风蚀扬尘季节和年排放速率的影响 [J]. 气象与环境学报，2019, 35(3): 68-78.
吴姗姗，牛健植，蔺星娜．京郊延庆农田保护性耕作措施对土壤风蚀的影响 [J]. 中国水土保持科学，2020, 18(1): 57-67.
谢时茵．保护性耕作对土壤风蚀扬尘的防治作用研究 [D]. 北京：北京林业大学，2019.
邢佳，王书肖，朱云，等．大气污染防治综合科学决策支持平台的开发及应用 [J]. 环境科学研究，2019, 32(10): 1713-1719.
薛志钢，杜谨宏，任岩军，等．我国大气污染源排放清单发展历程和对策建议 [J]. 环境科学研究，2019, 32(10): 1678-1686.
阳晓燕，李立，孔建，等．$PM_{2.5}$ 急性暴露对健康儿童 3 项炎症和氧化应激指标的影响研究 [J]. 卫生研究，2020, 49(3): 409-415.
阳晓燕，王秦，徐东群．儿童呼吸系统氧化应激和炎症检测指标研究进展 [J]. 环境卫生学杂志，2019, 9(1): 78-84.
姚燕，权宗刚，何捷，等．烧结砖瓦行业环保发展对策与建议 [J]. 砖瓦，2020, (4): 28-30.
余鑫．腐熟堆肥基料生物滤池对猪粪堆肥过程氨气减排效果研究 [D]. 北京：中国农业科学院，2020.
张敬巧，罗达通，王涵，等．廊坊市开发区冬季颗粒物碳组分污染特征及来源分析 [J]. 环境科学研究，2019, 32(5): 802-812.
张敬巧，吴亚君，李慧，等．廊坊开发区秋季 VOCs 污染特征及来源解析 [J]. 中国环境科学，2019, 39(8): 3186-3192.
张凯，吕文丽，王婉，等．保定市大气污染来源与燃煤治理成效 [J]. 环境科学研究，2019, 32(10): 1720-1729.
张爽，沈成凤，王德征，等．天津市宫颈癌流行特征与控制措施的研究 [J]. 中国慢性病预防与控制，2018, 7(26): 517-520.
张爽，沈成凤，张辉，等．2014 年天津市恶性肿瘤流行情况及疾病负担分析 [J]. 中国肿瘤，2019, 3(28): 167-174.
张钰萌，陈辉，马鹏飞，等．从短波红外与红光波段反演华北地区气溶胶 [J]. 遥感信息，2020, 35(1): 45-52.
张志麒，张保留，罗宏．工业大气污染治理的环境经济政策体系研究 [J]. 环境工程技术学报，2019, 9(3): 311-319.
赵静琦，姬亚芹，李越洋，等．天津市道路车流量特征分析 [J]. 环境科学研究，2019, 32(3): 399-405.
赵静琦，姬亚芹，张蕾，等．基于样方法的天津市春季道路扬尘 $PM_{2.5}$ 中水溶性离子特征及来源解析 [J]. 环境科学，2018, (5): 1994-1999.
赵晴，李岩岩，贺克斌，等．2019 年元宵节重污染期间济宁市 $PM_{2.5}$ 化学组分特征及污染成因分析 [J]. 环境化学，2020, 39(4): 900-910.

赵妤希，陈义珍，杨欣.2018 年 3 月两会期间北京重污染过程边界层气象的演变分析 [J]. 环境科学研究，2019, 32(9): 1492-1499.

郑悦，程方，张凯，等. 保定市大气污染特征和潜在输送源分析 [J]. 环境科学研究，2020, 33(2): 260-270.

智静，乔琦，李艳萍，等. “散乱污”企业定义及分类管控方法框架 [J]. 环境保护，2019, 47(20): 46-50.

中国建筑材料科学研究总院有限公司. 建材行业污染减排要走技术路线 [N]. 中国建材报，2020-03-27(003).

An Z, Huang R J, Zhang R, et al. Severe haze in northern China: A synergy of anthropogenic emissions and atmospheric processes[J]. Proceedings of the National Academy of Sciences of the United States of America, 2019, 116 (18): 8657.

Bo X, Li Z L, Qu J B, et al. The spatial-temporal pattern of sintered flue gas emissions in iron and steel enterprises of China[J]. Journal of Cleaner Production, 2020, 266: 121667.

Bo X, Xue X, Xu J, et al. Aviation’s emissions and contribution to the air quality in China[J]. Atmospheric Environment, 2019, 201: 121-131.

Chen D S, Li Y T, Zhong X M, et al. Preparation of novel MOF with multipolar pore and adsorption properties of VOCs[J]. Earth and Environmental Science, 2019, 300: 032008.

Chen D S, Xu Z Y, Zhong S T, et al. Preparation and application of VOCs adsorption materials in textile industry[J]. Earth and Environmental Science, 2020, 450: 012041.

Chen T, Chu B, Ge Y, et al. Enhancement of aqueous sulfate formation by the coexistence of NO_2/NH_3 under high ionic strengths in aerosol water[J]. Environmental Pollution, 2019, 252: 236-244.

Chen X, Han Y, Chen W, et al. Respiratory inflammation and short-term ambient air pollution exposures in adult Beijing residents with and without prediabetes: A panel study [J]. Environmental Health Perspectives, 2020, 128(6): 067004.

Chen X, Wang T, Qiu X, et al. Susceptibility of individuals with chronic obstructive pulmonary disease to air pollution exposure in Beijing, China: A case-control panel study (COPDB) [J]. Science of the Total Environment, 2020, 717: 137285.

Deng F, Lv Z, Qi L, et al. A big data approach to improving the vehicle emission inventory in China[J]. Nature Communications, 2020, 11(1): 1-12.

Ding D, Xing J, Wang S X, et al. Estimated contributions of emissions controls, meteorological factors, population growth, and changes in baseline mortality to reductions in ambient $PM_{2.5}$ and $PM_{2.5}$-related mortality in China, 2013—2017[J]. Environmental Health Perspectives, 2019, 127(6): 067009.

Fang X, Hu M, Shang D, et al. Observational evidence for the involvement of dicarboxylic acids in particle nucleation[J]. Environmental Science & Technology Letters, 2020, 7 (6): 388-394.

Fu J P, Jin C J, Zhang J G, et al. Pore structure and VOCs adsorption characteristics of activated coke powders derived via one-step rapid pyrolysis activation method[J]. Asia-Pacific Journal of Chemical Engineering, 2020, 15(5): e2503.

Fu J P, Zhou B X, Zhang Z, et al. One-step rapid pyrolysis activation method to prepare nanostructured activated coke powder[J]. Fuel, 2020, 262 : 116514.

Han Y, Wang Y, Li W, et al. Susceptibility of prediabetes to the health effect of air pollution: A community-based panel study with a nested case-control design [J]. Environmental Health, 2019, 18(1): 65.

Jiang X, Xu F, Qiu X, et al. Hydrophobic organic components of ambient fine particulate matter ($PM_{2.5}$) are associated with inflammatory cellular response [J]. Environmental Science & Technology, 2019, 53(17): 10479-10486.

Li J, Hao Y F, Simayi M, et al. Verification of anthropogenic VOC emission inventory through ambient Measurements and satellite retrievals[J]. Atmospheric Chemistry and Physics, 2019, 19: 5905-5921.

Li J, Zhou Y, Simayi M, et al. Spatial-temporal variations and reduction potentials of volatile organic compound emissions from the coking industry in China[J]. Journal of Cleaner Production, 2019, 214: 224-235.

Li Z Y, Gu S T, Li Z X, et al. $PM_{2.5}$ associated phenols, phthalates, and water soluble ions from five stationary combustion sources [J]. Aerosol and Air Quality Research, 2020, 20: 61-75.

Li Z Y, Wang Y T, Gu S T, et al. $PM_{2.5}$ associated PAHs and inorganic elements from combustion of biomass, cable wrapping, domestic waste, and garbage for power generation[J]. Aerosol and Air Quality Research, 2019, 19: 2502-2516.

Liu H, Qi L, Liang C, et al. How aging process changes characteristics of vehicle emissions? A review[J]. Critical Reviews in Environmental Science and Technology, 50(17): 1796-1828.

Liu L, Zhang X, Zhong J, et al. The ‘two-way feedback mechanism’ between unfavorable meteorological conditions and cumulative

$PM_{2.5}$ mass existing in polluted areas south of Beijing[J]. Atmospheric Environment, 2019, 208: 1-9.
Lu K, Guo S, Tan Z, et al. Exploring atmospheric free-radical chemistry in China: The self-cleansing capacity and the formation of secondary air pollution[J]. National Science Review, 2018, 6 (3): 579-594.
Ma X, Tan Z, Lu K, et al. Winter photochemistry in Beijing: Observation and model simulation of OH and HO_2 radicals at an urban site[J]. Science of the Total Environment, 2019, 685: 85-95.
Pan Y P, Tian S L, Zhao Y H, et al. Identifying ammonia hotspots in China using a national observation network[J]. Environmental Science & Technology, 2018, 52(7): 3926-3934.
Sha Z P, Ma X, Loick N, et al. Nitrogen stabilizers mitigate reactive N and greenhouse gas emissions from an arable soil in North China Plain: Field and laboratory investigation[J]. Journal Cleaner Production, 2020, 258: 121025.
Simayi M, Hao Y F, Li J, et al. Establishment of county-level emission inventory for industrial NMVOCs in China and spatial-temporal characteristics for 2010—2016[J]. Atmospheric Environment, 2019, 211: 194-203.
Simayi M, Hao Y F, Xie S D. Speciated NMVOCs emission inventories from industrial sources in China and spatial patterns of ozone formation potential in 2016[J]. Earth and Environmental Science, 2020, 489(01): 2004.
Simayi M, Shi Y Q, Xi Z Y, et al.Understanding the sources and spatiotemporal characteristics of VOCs in the Chengdu Plain, China, through measurement and emission inventory[J]. Science of the Total Environment, 2020, 714(13): 6692.
Tang L, Qu J B, Mi Z F, et al. Substantial emission reductions from Chinese power plants after the introduction of ultra-low emission standards[J]. Nature Energy, 2019, 4: 929-938.
Wang J, Liu Y, Ding Y, et al. Impacts of climate anomalies on the interannual and interdecadal variability of autumn and winter haze in North China: A review[J]. International Journal of Climatology, 2020, 40(10): 4309-4325.
Wang Q, Li Q, Wang Z, et al. Key technologies of remote sensing monitoring of air pollution enterprises in Beijing-Tianjin-Hebei and its surrounding areas of China [J]. Engineering, Under review.
Wang S, Xing J, Jang C, et al. Impact assessment of Ammonia emissions on inorganic aerosols in East China using response surface modeling technique[J]. Environmental Science & Technology, 2011, 45(21): 9293-9300.
Wang Y, Han Y, Zhu T, et al. A prospective study (SCOPE) comparing the cardiometabolic and respiratory effects of air pollution exposure on healthy and pre-diabetic individuals [J]. Science China Life Sciences, 2017, 61 (1): 1-11.
Wang Y, Li X, Yang J, et al. Mitigating greenhouse gas and ammonia emissions from beef cattle feedlot production—A system meta-analysis[J]. Environmental Science & Technology, 2018, 52: 11232-11242.
Wang Y, Xue W, Zhu Z, et al. Mitigating ammonia emissions from typical broiler and layer manure management—A system analysis[J]. Waste Management, 2019, 93: 23-33.
Wang Y, Yu M, Wang Y, et al. Rapid formation of intense haze episodes via aerosol-boundary layer feedback in Beijing[J]. Atmospheric Chemistry and Physics, 2020, 20 (1): 45-53.
Wu R, Xu H L, Liu J, et al. Layout methods of monitoring stations for diesel freight trucks emission supervision using highway traffic survey data-taking Shanxi Province as an example[J]. E3S Web of Conferences, 2020, (145): 02026
Wu R R, Xie S D. Spatial distribution of secondary organic aerosol formation potential in China derived from speciated anthropogenic volatile organic compound emissions[J]. Environmental Science & Technology, 2018, 52: 8146-8156.
Xiao Q, Li M, Liu H, et al. Characteristics of marine shipping emissions at berth: Profiles for particulate matter and volatile organic compounds[J]. Atmospheric Chemistry & Physics, 2018, 18(13): 9527-9545.
Xing C Z, Liu C, Hu Q H, et al. Identifying the wintertime sources of volatile organic compounds (VOCs) from MAX-DOAS measured formaldehyde and glyoxal in Chongqing, southwest China[J]. Science of the Total Environment, 2020, 715: 136258.
Xing J, Ding D, Wang S, et al. Quantification of the enhanced effectiveness of NO_x control from simultaneous reductions of VOC and NH_3 for reducing air pollution in the Beijing-Tianjin-Hebei region, China[J]. Atmospheric Chemistry and Physics, 2018, 18(11): 7799-7814.
Xing J, Zhang F, Zhou Y, et al. Least-cost control strategy optimization for air quality attainment of Beijing-Tianjin-Hebei region in China[J]. Journal of Environmental Management, 2019, 245: 95-104.
Xu Z C, Li Y R, Guo J X, et al. An efficient and sulfur resistant K-modified activated carbon for SCR denitrification compared with acid- and Cu-modified activated carbon[J]. Chemical Engineering Journal, 2020, 395: 125047.
Xu Z Y, Liu M X, Zhang M S, et al. High efficiency of livestock ammonia emission controls in alleviating particulate nitrate during a

severe winter haze episode in northern China[J]. Atmospheric Chemistry and Physics, 2019, 19(8): 5605-5613.

Ye C, Liu P, Ma Z, et al. High H_2O_2 Concentrations observed during haze periods during the winter in Beijing: Importance of H_2O_2 oxidation in sulfate formation[J]. Environmental Science & Technology Letters, 2018, 5 (12): 757-763.

Zhang C, Liu C, Hu Q, et al. Satellite UV-Vis spectroscopy: implications for air quality trends and their driving forces in China during 2005—2017 [J]. Light: Science & Applications, 2019, 8(1): 1-12.

Zhang F, Chen Y, Chen Q, et al. Real-world emission factors of gaseous and particulate pollutants from marine fishing boats and their total emissions in China[J]. Environmental Science & Technology, 2018, 52(8): 4910-4919.

Zhang F, Chen Y, Cui M, et al. Emission factors and environmental implication of organic pollutants in PM emitted from various vessels in China[J]. Atmospheric Environment, 2019, 200: 302-311.

Zhang F, Guo H, Chen Y J, et al. Size-segregated characteristics of organic carbon (OC), elemental carbon (EC) and organic matter in particulate matter (PM) emitted from different types of ships in China[J]. Atmospheric Chemistry and Physics, 2020, 20(3): 1549-1564.

Zhang K, Chai F H, Zheng Z L, et al. Size distribution and source of heavy metals in particulate matter on the lead and zinc smelting affected area[J]. Journal of Environmental Sciences, 2018, 71: 188-196.

Zhang K, Shang X N, Herrmann H, et al. Approaches for identifying $PM_{2.5}$ source types and source areas at a remote background site of South China in spring[J]. Science of the Total Environment, 2019, 691: 1320-1327.

Zhang X, Xu X, Ding Y, et al. The impact of meteorological changes from 2013 to 2017 on $PM_{2.5}$ mass reduction in key regions in China[J]. Science China Earth Sciences, 2019, 62 (12): 1885-1902.

Zhang X, Zhang K, Lv W L, et al. Characteristics and risk assessments of heavy metals in fine and coarse particles in an industrial area of central China[J]. Ecotoxicology and Environmental Safety, 2019, 179: 1-8.

Zhang X, Zhong J, Wang J, et al. The interdecadal worsening of weather conditions affecting aerosol pollution in the Beijing area in relation to climate warming[J]. Atmospheric Chemistry and Physics, 2018, 18 (8): 5991-5999.

Zhang Y, Deng F, Man H, et al. Compliance and port air quality features with respect to ship fuel switching regulation: A field observation campaign, SEISO-Bohai[J]. Atmospheric Chemistry and Physics, 2019, 19(7): 4899-4916.

Zhong J, Zhang X, Wang Y. Reflections on the threshold for $PM_{2.5}$ explosive growth in the cumulative stage of winter heavy aerosol pollution episodes (HPEs) in Beijing[J]. Tellus B: Chemical and Physical Meteorology, 2019, 71(1): 1528134.

Zhong J, Zhang X, Wang Y. Relatively weak meteorological feedback effect on $PM_{2.5}$ mass change in Winter 2017/18 in the Beijing area: Observational evidence and machine-learning estimations[J]. Science of the Total Environment, 2019, 664: 140-147.

Zhong J, Zhang X, Wang Y, et al. The two-way feedback mechanism between unfavorable meteorological conditions and cumulative aerosol pollution in various haze regions of China[J]. Atmospheric Chemistry and Physics, 2019, 19 (5): 3287-3306.

Zhong S T, Chen D S, Zhong P Y, et al. Catalytic oxidation of toluene from textile printing and dyeing heat setting machine[J]. Earth and Environmental Science, 2020, 450: 012040.

Zhu W, Xu X, Zheng J, et al. The characteristics of abnormal wintertime pollution events in the Jing-Jin-Ji region and its relationships with meteorological factors[J]. Science of the Total Environment, 2018, 626: 887-898.

二、动画、短视频类

柴发合 . 打赢蓝天保卫战 没有任何理由停顿 . http: //m. gmw. cn/2019-06/03/content_32890262. htm(短视频).

柴文轩 . 傍晚也好凌晨也好 说走就要走 追着污染走 . http: //m. gmw. cn/2019-06/03/content_32890263. htm(短视频).

打好蓝天保卫战丨直击环保督查现场 VOCs 有哪些危害？ http: //kepu. gmw. cn/2017-08/22/content_25769892. htm(短视频).

打赢蓝天保卫战丨京津冀“散乱污”企业整治见实效 . http: //kepu. gmw. cn/2017-11/26/content_26904576. htm(短视频).

独家现场视频！三分钟看懂大气污染治理攻坚战 . http: //kepu. gmw. cn/2017-09/07/content_26058410. htm(短视频).

环保科普 100 问 | 重污染应急措施没什么用？ http: //kepu. gmw. cn/2018-01/18/content_27382861. htm(动画).

环保科普 100 问 | 吃鸭血猪血可除霾？ http: //kepu. gmw. cn/2017-11/03/content_26692890. htm(动画).

环保科普 100 问 | 抗霾只能等风来？ http: //kepu. gmw. cn/2017-11/24/content_26888617. htm(动画).

环保科普 100 问 | 雾霾来袭，全因防护林“偷”走了风？ http: //kepu. gmw. cn/2017-11/08/content_26724337. htm(动画).

环保科普 100 问丨“2+26”城市大气重污染成因是什么？ http: //kepu. gmw. cn/2018-03/07/content_27914381. htm(短视频).

回望 2017, 满满的“蓝天幸福感”从何而来？ http: //kepu. gmw. cn/2018-01/05/content_27274022. htm(动画).

蒋大伟．一旦环境事件险情发生，做“逆行者”就是我们的使命．http: //m. gmw. cn/2019-06/10/content_32906960. htm（短视频）．
近 4000 万巨额罚单！这两家车企为何受罚？ http: //m. gmw. cn/2018-01/11/content_27329228. htm（短视频）．
晋善晋美丨蓝天多了，山西太原实现清洁供暖全覆盖．http: //kepu. gmw. cn/2017-12/14/content_27099382. htm（短视频）．
京津冀及周边地区秋冬季大气污染怎么治？ http: //kepu. gmw. cn/2018-10/10/content_31625160. htm（图解）．
清洁能源取暖 好空气和暖气一个都不能少．http: //tech. gmw. cn/2017-12/20/content_27136327. htm（短视频）．
守护蓝天这件事儿很燃，听环保人为你讲述．http: //m. gmw. cn/2019-05/31/content_32883772. htm（宣传片）．
数说“气荒”真相．http: //kepu. gmw. cn/2017-12/18/content_27124385. htm（图解）．
数说京津冀及周边地区秋冬大气污染治理攻坚战．http: //kepu. gmw. cn/2017-09/06/content_26032014. htm（图解）．
我用“眼神”锁定你丨漫解生态环境部“千里眼计划”．http: //kepu. gmw. cn/2018-09/07/content_31036811. htm（图解）．
解荣．督察很苦 但发现并推动环境问题解决的过程很快乐．http: //m. gmw. cn/2019-06/10/content_32906959. htm（短视频）．
杨海军．八年飞了几千架次 用无人机探寻环境问题．http: //m. gmw. cn/2019-06/04/content_32892329. htm（短视频）．
用数据说话！ 2 分钟解读 2017 年全国空气质量．http: //kepu. gmw. cn/2018-01/22/content_27414433. htm（短视频）．
张昊龙．凡是从事生态环境工作的，都是有情结的．http: //m. gmw. cn/2019-06/06/content_32900366. htm（短视频）．
郑东洋．我们的办公室，大家叫它“永不熄灯的 1201”．http: //m. gmw. cn/2019-06/05/content_32896870. htm（短视频）．